FRANZ NEUMANNS GESAMMELTE WERKE.

HERAUSGEGEBEN VON SEINEN SCHÜLERN.

FRANZ NEUMANNS GESAMMELTE WERKE.

DRITTER BAND.

BEI DER HERAUSGABE DIESES BANDES SIND TÄTIG GEWESEN
DIE HERREN:

C. NEUMANN (LEIPZIG), W. VOIGT (GÖTTINGEN), A. WANGERIN (HALLE A. S.).

MIT 23 FIGUREN IM TEXT.

LEIPZIG,
DRUCK UND VERLAG VON B. G. TEUBNER.
1912.

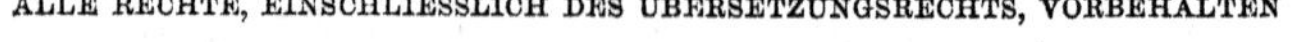

VORWORT ZUM DRITTEN BANDE.

Im vorliegenden dritten Bande*) der Werke sind die Abhandlungen wiederabgedruckt, die *F. Neumann* in den Jahren 1838—1848 veröffentlicht hat. Ihre Zahl ist nicht so gross wie die der von 1831—1837 erschienenen Schriften, die in Band II der Werke abgedruckt sind; um so bedeutungsvoller sind sie ihrem Inhalt nach. Die fünf Abhandlungen, um die es sich handelt, zerfallen in drei Gruppen, die resp. die Nummern 1, No. 2 und 3, No. 4 und 5 des vorliegenden Bandes umfassen.

No. 1. — Etwa die Hälfte des Bandes nimmt die grosse Arbeit über die sogenannte accidentelle Doppelbrechung ein, d. h. die Doppelbrechung, die in unkrystallinischen Körpern durch Compression oder ungleichförmige Erwärmung hervorgebracht wird. Diese Abhandlung ist 1841 der Berliner Akademie vorgelegt; ein Theil derselben ist aber jedenfalls schon 1838 oder noch früher verfasst, wie aus einem Briefe *Neumanns* an *Weiss* vom Herbst 1839 hervorgeht.**)

Die Erscheinungen der accidentellen Doppelbrechung waren bis dahin lediglich experimentell untersucht, insbesondere von *Brewster*. *Neumann* ist der erste, der es unternahm, eine Theorie derselben aufzustellen. Sehr bemerkenswerth ist die Ueberlegung, durch die im ersten Abschnitt die Grundlagen der Theorie gewonnen werden. Den Ausgangspunkt bildet die Betrachtung eines *gleichförmig*, d. h. derart comprimirten oder dilatirten Körpers, dass die Hauptdruckaxen in jedem Punkte dieselbe Richtung und die Dilatationen längs dieser Axen überall dieselbe Grösse haben. Durch Erörterung der verschiedenen Möglichkeiten über das Zustandekommen der Doppelbrechung in einem solchen Körper wird gezeigt, dass diese Doppelbrechung dieselben Gesetze befolgen muss wie in einem Krystall, dessen senkrechte Symmetrieaxen mit den Hauptdruckaxen zusammenfallen. Für die drei optischen Constanten (die Axen der optischen Elasticitätsfläche) wird der einfache, durch die Beobachtungen ge-

*) Der erste Band soll, wie schon im Vorwort zu Band II bemerkt ist, zuletzt erscheinen.

**) S. *Franz Neumann*, Erinnerungsblätter von seiner Tochter Luise Neumann. Tübingen und Leipzig 1904. S. 343.

rechtfertigte Ansatz gemacht, dass sie lineare Funktionen der Hauptdilatationen sind; und durch Betrachtung solcher Wellen, die sich längs der Axen fortpflanzen, ergiebt sich weiter das wichtige Resultat, dass jene drei linearen Funktionen ausser der Fortpflanzungsgeschwindigkeit des Lichtes in dem uncomprimirten Körper nur *zwei* dem Körper eigenthümliche Constanten p, q enthalten können (s. S. 33). *Neumann* versucht auch die numerischen Werthe der Constanten p, q für gewöhnliches Spiegelglas durch eine sinnreiche Combination zweier verschiedener Beobachtungen zu bestimmen. Von diesen Beobachtungen kommt übrigens für die folgenden Anwendungen nur die eine in Betracht, aus der sich die Differenz $p - q$ ergiebt.

Im zweiten Abschnitt wendet sich *Neumann* den ungleich dilatirten Körpern zu, die Aggregaten von unendlich vielen sehr kleinen Krystallen zu vergleichen sind. Den Gang der Lichtstrahlen in einem solchen Krystallaggregat zu ermitteln, würde an sich ausserordentlich schwierig sein. Doch vereinfacht sich die Aufgabe wesentlich für den Fall, dass die Unterschiede der optischen Elasticitätsaxen so klein sind, dass ihre Quadrate gegen die ersten Potenzen vernachlässigt werden können. Unter dieser Voraussetzung werden die Formeln für die Farbenerscheinungen entwickelt, welche ein ungleichförmig dilatirter Körper im polarisirten Lichte zeigt. Diese in § 8 zusammengestellten Formeln sind als die Hauptformeln der ganzen Arbeit anzusehen. Sie werden angewandt auf die Interferenzerscheinungen an einem tordirten Glascylinder.

Der dritte Abschnitt, der umfangreichste und wichtigste der Arbeit, betrifft die Theorie der Farben, welche bei durchsichtigen unkrystallinischen Körpern durch ungleiche Temperaturvertheilung entstehen. Den Grund für die Doppelbrechung bilden hier die durch jene Temperaturvertheilung hervorgerufenen, nach verschiedenen Richtungen ungleichen Dilatationen des Körpers. Somit ist zunächst die Aufgabe zu lösen, das System der Dilatationen zu bestimmen, das in einem Körper durch eine beliebige Temperaturvertheilung hervorgebracht wird. *Neumann* löst diese (schon 1838 von *Duhamel* behandelte) Aufgabe, indem er den *Poisson*'schen Gleichungen für das Gleichgewicht elastischer Körper Zusatzglieder hinzufügt, die den Differentialquotienten der Temperatur nach den Coordinaten, in den Grenzbedingungen der Temperatur selbst proportional sind. Dass die in Rede stehende Erweiterung der elastischen Gleichungen von *Neumann* unabhängig von *Duhamel* gefunden ist, geht daraus hervor, dass *Neumann* ausdrücklich angiebt, er sei schon seit vielen Jahren im Besitz dieser Gleichungen. Ausserdem leitet *Neumann* jene Gleichungen in einer Form ab, die auch für krystallinische Medien gilt. Dass er sich hier, wie im zweiten Abschnitt, der Formeln der *einconstantigen* Elasticitätstheorie bedient, obwohl er sich später auf den Boden der zweiconstantigen Theorie gestellt hat, ist daraus zu erklären, dass zur Zeit der Abfassung der Abhandlung die erstgenannte Theorie noch allgemein angenommen wurde. Uebrigens lassen sich, wie in Anmerkungen der Redaction gezeigt ist, die wichtigsten Resultate leicht in die zweiconstantige Theorie übersetzen. — Die allgemeinen Gleichungen werden auf eine Reihe von Einzelproblemen angewandt, und zwar ist für alle der Gang der Entwickelung folgender: Die Temperaturvertheilung muss entweder gegeben sein oder mittelst der *Fourier*'schen Gleichung für die Wärmeleitung ermittelt werden. Ist die Temperatur bekannt, so sind durch Integration der erweiterten elastischen Gleichungen die Dilatationen zu berechnen; und kennt man letztere, so ergeben sich aus den Hauptformeln des zweiten Abschnitts die gesuchten Farben. Die Anwendungen betreffen zunächst Kugeln und Kugelschalen, dann vor allem dünne, von parallelen Ebenen begrenzte Platten, und zwar theils von Kreisen begrenzte, theils rechteckige. Bei solchen dünnen Platten gestaltet sich die Integration der elastischen Gleichungen einfacher, da man es nur mit zwei abhängigen und zwei unabhängigen Variabeln zu thun hat. Zwei der Anwendungen bieten neben dem theoretischen auch ein praktisches Interesse dar. So können die für einen dünnen Kreisring entwickelten Formeln benutzt werden zur Ermittelung der Fehler, welche beim Winkelmessen aus der ungleichen Erwärmung des zum Messen dienenden Kreises entstehen.

Die Untersuchungen des dritten Abschnitts sind nicht nur der dadurch gewonnenen, durchweg mit den Beobachtungen übereinstimmenden Resultate wegen von grossem Interesse, sondern auch wegen der Art und Weise, wie der mathematische Ansatz der einzelnen Aufgaben gefunden wird und besonders auch wegen der analytischen Entwickelungen, die zum Ziele führen. Sehr bemerkenswerth ist namentlich eine nach trigonometrischen und linearen Funktionen der Variabeln fortschreitende Reihe, deren einzelne Glieder von den complexen Wurzeln einer transcendenten Gleichung abhängen (§ 19). Allerdings ist *Neumann* die allgemeine Bestimmung der Coefficienten der Reihe nicht gelungen. Ferner ist aus demselben Paragraphen hervorzuheben die Integration eines gewissen Paares simultaner linearer Differentialgleichungen mit constanten Coefficienten, deren Ordnung unendlich gross ist. Die Rechnung wird mehrfach viel weiter geführt, als für die Anwendung auf das gerade behandelte physikalische Problem erforderlich ist, sodass man erkennt, dass *Neumann* auch auf die mathematische Entwickelung an sich grossen Werth legte.

Hinsichtlich weiterer Einzelheiten betreffs der im dritten Abschnitt behandelten Aufgaben und der dabei sich ergebenden Resultate sei auf die ausführliche Uebersicht verwiesen, die *Neumann* selbst in der Einleitung der Abhandlung giebt (S. 12—16).

Neben der Theorie der vorübergehenden Farben, welche mit den Temperaturdifferenzen zugleich verschwinden, hat *Neumann* auch eine Theorie der bleibenden Farben entwickelt, die durch Härtung der festen durchsichtigen Körper oder ihre schnelle Abkühlung entstehen. Die Mittheilung dieser Theorie hat er einer späteren Abhandlung vorbehalten, die leider nicht erschienen ist. Doch hat er in der Einleitung zu No. 1 die Principien erörtert, mittelst deren die bleibenden Farben dem Calcul unterworfen werden können, auch in einem Anhange unter dem Titel „Erläuterungen“ für einige specielle Fälle Formeln aufgestellt zur Berechnung der inneren Spannungen, welche aus bleibenden Deformationen eines festen Körpers entstehen.

Endlich ist noch der *Neumann*'schen Dispersionstheorie zu gedenken, deren Grundzüge ganz nebenbei, in einer Anmerkung versteckt, im ersten Abschnitt der Abhandlung dargelegt werden. Nach *Neumann*'s Ansicht rührt die Dispersion von Kräften her, die zwischen den schwingenden Theilchen des Lichtäthers und den ponderablen Atomen des durchsichtigen Körpers wirksam sind. In erster Näherung kann man von den sehr kleinen Bewegungen der ponderablen Theilchen absehen und deren Einwirkung auf die Aethertheilchen als den Projectionen der Verrückungen letzterer proportional annehmen. Fügt man diese Kräfte den zwischen den Aethertheilchen wirkenden elastischen Kräften hinzu, so ergiebt sich für die Fortpflanzungsgeschwindigkeit v des Lichtes in isotropen Medien die Formel:

$$v^2 = k(1 + MT^2),$$

wo T die Schwingungsdauer bezeichnet, während k und M Constante sind.

No. 2 und 3. — Die zweite Gruppe umfasst *Neumann*'s Untersuchungen über inducirte elektrische Ströme. In diesen, wohl seinen berühmtesten Abhandlungen geht er nicht wie *Wilhelm Weber* (dessen Arbeit 1846 zwischen No. 2 und No. 3 publicirt ist) darauf aus, aus dem Wesen der elektrischen Anziehung und Abstossung heraus die ersten Thatsachen der Induction zu erklären. Er will nur die Grundsätze entwickeln, nach denen die elektrodynamische und elektromagnetische Induction vor sich gehen, und die allgemeinen Gesetze aufstellen, aus denen sich die beobachteten Einzelerscheinungen durch rein mathematische Deduction ableiten lassen. Er beschränkt sich dabei auf lineare Leiter, verspricht aber in einer weiteren Abhandlung die Ausdehnung seiner Untersuchungen auf nicht lineare Leiter, ein Versprechen, das er leider nicht erfüllt hat. Eine weitere Einschränkung bezieht sich darauf, dass die inducirende Ursache mit einer Geschwindigkeit eintreten muss, welche als klein in Beziehung auf die Fortpflanzungsgeschwindigkeit der Elektricität angesehen werden kann, sodass die Resultate z. B. nicht angewandt werden können auf die durch elektrische Entladungen inducirten Ströme.

Den Ausgangspunkt der Untersuchung bildet die durch eine grosse Zahl von Beobachtungen als allgemein gültig erwiesene *Lenz*'sche Regel über die Richtung des inducirten Stromes. Indem er diese mit dem Satze verbindet, dass die Intensität der momentanen Induction proportional ist der Geschwindigkeit, mit welcher der Leiter bewegt wird, leitet *Neumann* zunächst einen Ausdruck für die in einem Element des bewegten linearen Leiters durch einen ruhenden Inducenten erregte elektromotorische Kraft ab, dann mittelst des *Ohm*'schen Gesetzes, dessen Anwendbarkeit gerechtfertigt wird, eine Formel für die Intensität des Inductionsstromes. Der umgekehrte Fall, dass der Inducent bewegt wird, während der Leiter ruht, wird dadurch erledigt, dass die Induction nur von der *relativen* Bewegung der Elemente abhängen kann. Die Anwendung der abgeleiteten Formeln auf die Induction durch einen Solenoid- oder Magnetpol, weiter durch einen Magneten führt auf das wichtige Princip: dass als die eigentliche Ursache der Induction die Veränderung des Potentialwerthes anzusehen ist. Dies Princip liefert die Mittel zur Untersuchung derjenigen Induction, die durch eine Intensitätsänderung des Inducenten entsteht; es lässt sich ferner auf den durch einen galvanischen Strom erregten Inductionsstrom anwenden und führt zu den wichtigen Sätzen S. 314, 317, 322. Von grossem Interesse ist sodann die sehr einfache geometrische Deutung, welche das Potential eines Solenoid- oder Magnetpoles zulässt durch Einführung des Begriffs der Kegelöffnung.*)

In No. 3 werden die in No. 2 abgeleiteten Resultate nach folgender Richtung hin erweitert. Waren dort nur solche Fälle der Induction behandelt, in denen die bewegten Stücke lediglich ihre Lage, nicht aber ihre Form ändern, so werden hier beliebige Aenderungen der Lage und Gestalt einzelner Theile des Leiters und des Inducenten in Betracht gezogen. Diese Aenderungen sind nur der Beschränkung unterworfen, dass die Elemente eines jeden der beiden Systeme unter einander in leitender Verbindung bleiben. Leiter und Inducent

*) *Neumann* hatte dafür, wie aus seinem Briefwechsel mit *Jacobi* hervorgeht, die Bezeichnung Kegelecke gewählt, diese aber auf *Jacobi*'s Veranlassung durch das von *Dirichlet* vorgeschlagene Wort Kegelöffnung ersetzt. (S. L. Koenigsberger: C. G. J. Jacobi, Leipzig 1904, S. 363.)

können also „Gleitstellen" besitzen. Der Reihe nach werden die Fälle behandelt, wo der Leiter allein oder der Inducent allein oder beide sich bewegen, oder wo daneben noch die Stromstärke des Inducenten sich ändert. Alle so gewonnenen Resultate, einschliesslich der in No. 2 abgeleiteten, lassen sich zu einem sehr einfachen und allgemeinen Theorem zusammenfassen, dem *Neumann'schen Princip* der inducirten Ströme (s. S. 347—348), einem Princip von ähnlicher Universalität wie das Princip der lebendigen Kraft. In einem Schlussparagraphen untersucht *Neumann* noch, wie weit die von ihm entwickelten Resultate mit den aus dem *Weber*'schen Grundgesetz der elektrischen Wirkung abgeleiteten Inductionsgesetzen übereinstimmen. Von besonderem Interesse sind dabei die Erörterungen über die Art und Weise, wie bei Anwendung des *Weber*'schen Gesetzes die Gleitstellen zu behandeln sind.

Schon in No. 2 tritt gelegentlich der Begriff des Potentials zweier geschlossenen Ströme auf; in einem Anhang zu No. 3 werden die wichtigsten Eigenschaften dieses Begriffs, die das *Neumann'sche Potentialgesetz* repräsentieren, abgeleitet. Von dem Potential der Wirkung zweier Stromelemente auf einander ist bei *Neumann* nie die Rede. Dagegen finden sich in No. 2 und No. 3 Andeutungen über das Elementargesetz der elektrischen Induction, d. h. über die von einem einzelnen Stromelement theils durch seine Ortsveränderung, theils durch seine Intensitätsveränderung hervorgebrachte inducirende Wirkung. Diese Andeutungen sind in den Zusätzen der Redaction zu No. 3 weiter verfolgt.

No. 4 und 5. — Die Abhandlungen der *dritten* Gruppe beziehen sich auf die Kugelfunctionen und ihre Anwendungen. No. 4, zuerst im Jahre 1838 veröffentlicht, behandelt die Bestimmung der Coefficienten in einer *endlichen* Reihe von Kugelfunctionen auf Grund gegebener Beobachtungen. Unter gewissen Voraussetzungen über die Vertheilung der Beobachtungen auf der Kugel wird für die Berechnung der Coefficienten ein sehr einfaches Verfahren gelehrt, das ein Analogon und zugleich eine Erweiterung eines bekannten, bei trigonometrischen Reihen angewandten Verfahrens ist. *Lagrange* hat zuerst gezeigt, dass man in der endlichen Sinusreihe

$$\sum_1^{n-1} a_s \sin(sx)$$

die Coefficienten a_s durch sehr einfache Rechnungen so bestimmen kann, dass die Reihe für die Argumente $x = \frac{1}{n}\pi, \frac{2}{n}\pi, \cdots, \frac{n-1}{n}\pi$ gegebene Werthe annimmt. Sollen auf analoge Weise die Coefficienten in einer nach den *Laplace*'schen Kugelfunctionen $Y^{(n)}$ fortschreitenden Reihe ermittelt werden, so bedarf es gewisser Hülfssätze über *endliche* Summen von Kugelfunctionenprodukten. Die Aufstellung dieser Sätze und ihre Anwendung auf die vorgenannte Aufgabe bildet den Inhalt von No. 4.

No. 5 betrifft die Potentialaufgaben für Rotationsellipsoide, und zwar sowohl verlängerte als verkürzte. Diese Potentialaufgaben waren 1839 von *Lamé* für den Innenraum, 1843 von *Heine* für den Aussenraum von Rotationsellipsoiden gelöst. Letzterer hatte zugleich erkannt, dass die bei *Lamé* auftretenden Reihen die zugeordneten Kugelfunctionen P_{nm}, die in seiner eigenen Lösung auftretenden die zugeordneten Kugelfunctionen zweiter Art Q_{nm} sind; doch hatte er die Q_{nm} nur in Form hypergeometrischer Reihen dargestellt. An *Heine* anknüpfend, zeigt *Neumann* hier zunächst, dass die Q_{nm} sich durch ein einfaches Integral, das *Neumann*'sche Integral, darstellen lassen, aus dem eine weitere Darstellung durch geschlossene logarithmische oder cyclometrische Ausdrücke folgt. Er untersucht ferner die P_{nm} und Q_{nm} für einige besondere Werthe des Arguments und entwickelt dann die in elliptischen Coordinaten ausgedrückte reciproke Entfernung zweier Punkte. War durch die Arbeiten von *Lamé* und *Heine* auch die Form der Entwickelung gegeben, so hat doch *Neumann* die in diesem speciellen, aber fundamentalen Falle auftretenden Constanten zuerst bestimmt. Dazu kommt noch ein weiterer Punkt, der hier zum ersten Male exakt erledigt ist: Geht man von der transformirten *Laplace*'schen Gleichung $\Delta V = 0$ aus, so erkennt man bei verlängerten Rotationsellipsoiden leicht, dass bei der Lösung für den Innenraum nur Kugelfunctionen erster Art P_{nm} auftreten können, nicht aber die Q_{nm}. Denn das Argument der Kugelfunctionen wird auf der Verbindungslinie der beiden Brennpunkte $= 1$, und daher würden dort die $Q_{nm} = \infty$. Anders bei den abgeplatteten Rotationsellipsoiden. Hier wird für Punkte innerhalb des Brennkreises das Argument der Kugelfunctionen $i = \sqrt{-1}$, und $Q_{nm}(i)$ hat einen endlichen Werth. Auf den ersten Blick scheint es daher, als könnten hier für den Innenraum neben den P_{nm} auch die Q_{nm} auftreten. Dass das nicht der Fall ist, beweist *Neumann* dadurch, dass er zeigt, dass bei Beibehaltung der Q_{nm} für Punkte innerhalb des Brennkreises zwar das Potential endlich bleiben würde, nicht aber seine Ableitungen. — Den Schluss der Arbeit bildet die Anwendung der abgeleiteten Formeln auf die Bestimmung des magnetischen Zustandes eines Rotationsellipsoides bei beliebigen vertheilenden Kräften. In Zusätzen der Redaction werden die Beziehungen zwischen den für das abgeplattete und den für das verlängerte Ellipsoid gültigen Formeln erläutert; auch wird für einige dieser Formeln eine etwas andere Ableitung gegeben.

Im October 1911. **Die Redaction.**

VERZEICHNISS
DER IM DRITTEN BANDE ENTHALTENEN ABHANDLUNGEN.

Nachträgliche Verbesserungen.

1) S. 112. Die letzte Formel des Textes enthält einen Vorzeichenfehler. Sie muss heissen:

$$S = \frac{1}{5} fs - \frac{D\varrho^3 - D'\varrho'^3}{5k(\varrho^3 - \varrho'^3)} - \frac{(D - D')\varrho^3\varrho'^3}{4k(\varrho^3 - \varrho'^3)r^3}. -$$

2) Das *Ampère'sche Gesetz* ist von Seiten der Redaction auf Seite 410 in völlig correcter Weise angegeben. Gleiches gilt daher auch von dem Inhalt der ersten Note auf Seite 352. Hieraus aber folgt, dass in der Note auf Seite 281 das Wort „*Anziehungs*-Kraft" zu ersetzen ist durch „*Abstossungs*-Kraft".

Die

Gesetze der Doppelbrechung des Lichts

in

comprimirten oder ungleichförmig erwärmten unkrystallinischen Körpern.

Eine am 8ten November 1841 in der Königlichen Akademie der Wissenschaften zu Berlin gelesene Abhandlung

von

F. E. NEUMANN,

Professor der Physik zu Königsberg und Correspondenten der Akademie.

Zu den Abhandlungen der Akademie der Wissenschaften zu Berlin für 1841 gehörig.

Berlin.

Gedruckt in der Druckerei der Königlichen Akademie der Wissenschaften.

1842.

In Commission bei F. Dümmler.

Bemerkung der Redaction.

Dieses Titelblatt ist ein Wiederabdruck des Titelblatts der Separatabzüge der *Neumann*'schen Abhandlung. Doch steht dort irrthümlich: „Zu den Abhandlungen der Akademie der Wissenschaften zu Berlin für 1842 gehörig." Die Zahl 1842 ist hier durch die richtige Zahl 1841 ersetzt.

Vorwort der Redaction *(W. V.)*.

Die vorliegende Arbeit ist dadurch epochemachend gewesen, dass sie zum ersten Male und in gewisser Hinsicht mit durchgreifendem Erfolge versucht hat, die merkwürdigen, besonders von *Brewster* untersuchten Erscheinungen der Doppelbrechung mechanisch und thermisch deformirter Körper theoretisch verständlich zu machen.

Die Grundlage der *Neumann*'schen Theorie ist die durch Einfachheit und Allgemeinheit ausgezeichnete Annahme, dass jedes Volumenelement durch die Deformation (gemäss der ihm hierbei aufgeprägten Symmetrie nach den Richtungen der drei Hauptdilatationen) die Natur eines rhombischen Krystalles annimmt, dessen optische Constanten aber lineäre Functionen der drei Hauptdilatationen sind. Die Eigenart der Substanz gewinnt dabei in *zwei* ihr individuellen Parametern (ihren piezooptischen Constanten) Ausdruck.

Diese Annahme wird durch die Erfahrung in allen Fällen *mechanischer* Deformation bestätigt, und es gelingt auch, durch geeignete Beobachtungen an theoretisch besonders einfachen Fällen die piezooptischen Constanten des benutzten Körpers zu bestimmen. Zur Umfassung der optischen Erscheinungen, welche *thermische* Dilatationen begleiten, reicht sie dagegen nicht völlig aus. Die Temperaturänderung wirkt, wie sich später gezeigt hat, auf die optischen Eigenschaften nicht nur *indirect*, durch Vermittelung der erzeugten Deformationen, sondern auch *direct*, d. h. also auch bei *aufgehobener* Deformation. Indessen hat dieser Umstand in Bezug auf die wichtigsten in der vorliegenden Arbeit behandelten Probleme, welche Fragen der *Doppelbrechung* betreffen, keinen Einfluss.

Zur Ableitung der Gesetze der beobachtbaren Erscheinungen, insbesondere auch in den Fällen ungleichförmiger Deformation, waren mit der oben angeführten Grundannahme die Gesetze der Elasticitätstheorie zu verbinden und zwar unter Rücksicht auf die Einwirkung von Temperaturänderungen. Die Einführung der letzteren ist *Neumann*'s geistiges Eigenthum, wenn auch die bezüglichen allgemeinen Gleichungen zuerst von *Duhamel* publicirt worden sind.

Unter den von *Neumann* gemachten Anwendungen der erweiterten Elasticitätstheorie haben einige ein Interesse, das über die speciell daran geknüpften optischen Fragen hinausreicht.

Was die Form angeht, in der *Neumann* die elastischen Gleichungen benutzte, so brachte die Zeit, in der vorliegende Arbeit entstand, es mit sich, dass der Verfasser sich dabei der durch *Navier* und *Poisson* ausgebildeten und durch Einfachheit ausgezeichneten *ein*constantigen Elasticitätstheorie bediente, um so mehr, als die ersten experimentellen Prüfungen derselben zu einer Bestätigung zu führen schienen.

Nachdem später Widersprüche dieser Theorie mit der Erfahrung hervorgetreten waren, hat *Neumann* nicht gezögert, sich auf den Boden der allgemeinen *zwei*constantigen

Elasticitätstheorie zu stellen, die besonders durch *Cauchy* eingeführt war. Verschiedene Abschnitte im II. Bande dieses Werkes legen hiervon Zeugniss ab. Folgerungen für die Optik deformirter Medien hat *Neumann* indessen nicht gezogen, und es ist somit in dieser Hinsicht die Grundlage seiner theoretischen Entwickelungen unvollständig geblieben.

Da mehrere der interessantesten Probleme sich verhältnissmässig leicht in die zweiconstantige Elasticitätstheorie übersetzen lassen, so hat die Redaction die sie betreffenden allgemeinen Formeln dem Text in Anmerkungen beigefügt. Einiges Anderes hierhergehörige findet man bei *Lord Rayleigh* (Phil. Mag. (6) **1**, p. 169, 1901), der die *Neumann*'sche Arbeit nicht gekannt hat, aber analog verfährt.

Neumann hat für die von ihm benutzte Glassorte durch eigenartige Beobachtungen die piezooptischen Constanten zu bestimmen versucht. Gegen die Art der Verwerthung seiner Messungen hierbei ist von verschiedenen Autoren bereits vor längerer Zeit ein Einwand erhoben worden, dem Berechtigung zugesprochen werden muss. Der Verfasser des Vorworts hat an seiner Stelle in einer ausführlichen Note die nöthigen Correcturen angebracht. Sie beziehen sich natürlich nur auf gewisse numerische Folgerungen und haben mit den allgemeinen theoretischen Entwickelungen nichts zu thun. Ausserdem wird glücklicher Weise die Bestimmung der *Differenz* der beiden piezooptischen Constanten, welche bei allen die Doppelbrechung betreffenden Anwendungen der Theorie allein in Frage kommt, von dem Versehen nicht berührt. Auf diese Weise bleiben die interessantesten Bestätigungen, die *Neumann* seiner Theorie zu geben vermocht hat, im Wesentlichen unerschüttert bestehen.

Ausser der Theorie der *vorübergehenden* Deformationen und deren optischer Wirkung, welcher die eigentliche Abhandlung gewidmet ist, behandelt *Neumann*, erst andeutungsweise im Vorwort, dann ausführlicher in einem Anhang, auch den Effect *dauernder* Deformationen. Das Problem ist von grossem Interesse und dabei von ausserordentlicher Schwierigkeit; man wird die dasselbe betreffenden Abschnitte zu den geistvollsten der Abhandlung rechnen. Leider liegen die Verhältnisse so verwickelt, dass die durchgeführten einfachsten Beispiele bei Grundannahmen, die nur das Wesentlichste des Vorganges zum Ausdruck bringen und die in Wirklichkeit in Wirkung tretenden Nebenumstände vernachlässigen, bereits auf Formeln von grösster Complication führen. In der That ist auch, soweit dem Verfasser des Vorworts bekannt, in der Richtung dieser Untersuchungen von andern Forschern nicht weitergearbeitet worden. —

Der Druck der *Neumann*'schen Abhandlung in den Abhandlungen der Berliner Akademie enthält eine sehr grosse Zahl meist kleiner und vielfach versteckter Druckfehler, die sich jedenfalls aus der Schwierigkeit des damaligen Verkehrs zwischen Berlin und Königsberg und aus der daraus folgenden Beschränkung der Satzcorrecturen erklärt. Die Redaction hat sich bemüht, den Text richtig zu stellen, und hat die offenbaren Druck- oder Schreibfehler ohne besonderen Hinweis beseitigt. Auch sind, um Verwechselungen zwischen Symbolen, die in kurzen Intervallen in verschiedenen Bedeutungen benutzt sind, möglichst auszuschliessen, einige Veränderungen in den Bezeichnungen vorgenommen worden.

Wo es zur Erleichterung des Verständnisses erwünscht schien, sind kurze Einschaltungen in den Text gefügt und als solche durch eckige Klammern gekennzeichnet. Ausführlichere Erläuterungen sind in Anmerkungen unter den Text verwiesen.

DIE GESETZE DER DOPPELBRECHUNG DES LICHTES IN COMPRIMIRTEN ODER UNGLEICHFÖRMIG ERWÄRMTEN UNKRYSTALLINISCHEN KÖRPERN. 1841.

Einleitung.*)

Die vorliegende Abhandlung zerfällt in drei Abschnitte. In dem ersten Abschnitt (§ 1 bis § 4) beschäftige ich mich mit dem Gesetz der Doppelbrechung des Lichts in *gleichförmig* dilatirten oder comprimirten unkrystallinischen Körpern. Gleichförmig nenne ich die Dilatation (oder Contraction) eines Körpers, wenn dieselbe an jeder Stelle desselben sowohl in Beziehung auf Richtung als Grösse gleich ist, wiewohl sie in den verschiedenen Richtungen verschieden ist. Wenn ein rechtwinkliges Parallelepipedon, welches mit einer seiner Seitenebenen auf einer festen Unterlage ruht, durch einen gleichmässig über die gegenüberstehende Seitenebene vertheilten, senkrecht gegen dieselbe gerichteten Druck comprimirt wird, so ist dieser Körper gleichförmig comprimirt; er ist dies auch noch, wenn ein zweiter und ein dritter Druck auf die zwei andern Flächenpaare ebenso wirkt, wie der erste Druck auf das erste Flächenpaar. Die Werthe dieser drei Druckkräfte können in einem beliebigen Verhältniss stehen, in einem davon abhängigen Verhältniss stehen die Werthe der lineären Contractionen in den drei Kanten des Parallelepipedons. Ich nenne a, b, c diese drei Kanten vor dem Druck, während des Drucks bezeichne ich sie durch $a(1+\alpha)$, $b(1+\beta)$, $c(1+\gamma)$**); die drei Grössen α, β, γ heissen die lineären Dilatationen respective der Kanten a, b, c.

*) Die Einleitung ist in dem Bericht über die Verhandlungen der Berliner Akademie, Jahrgang 1841, 330—353, sowie in Poggendorff's Annalen **54**, 449—476, 1841 mit geringfügigen Aenderungen abgedruckt. — (*Red.*)

**) In dem Abdruck im Bericht der Akademie und in dem in Pogg. Ann. ist die Länge der Kanten während des Drucks mit $a(1-\alpha)$, $b(1-\beta)$, $c(1-\gamma)$ bezeichnet, und entsprechend ist an Stelle von $1+\frac{\Delta\varrho}{\varrho}$ gesetzt $1-\frac{\Delta\varrho}{\varrho}$. — *A. W.*

Mittelst dieser drei Grössen kann man die lineäre Dilatation einer jeden andern Richtung in dem Körper bestimmen. Es bilde eine begrenzte Linie von der Länge ϱ in dem Körper vor dem Druck mit den drei Kanten a, b, c die Winkel m, n, p, und während des Drucks verwandele sich ihre Länge in: $\varrho\left(1+\frac{\varDelta\varrho}{\varrho}\right)$, wo also $\frac{\varDelta\varrho}{\varrho}$ die lineäre Dilatation von ϱ ist, dann ist

$$(1.)\qquad \left(1+\frac{\varDelta\varrho}{\varrho}\right)^2 = (1+\alpha)^2\cos^2 m + (1+\beta)^2\cos^2 n + (1+\gamma)^2\cos^2 p.$$

Betrachtet man diese Gleichung als die Gleichung einer Oberfläche, deren Radiusvector $1+\frac{\varDelta\varrho}{\varrho}$ mit den Coordinatenaxen a, b, c die Winkel m, n, p bildet, so ist sie nach *Fresnel's* Benennung eine *Elasticitätsfläche.* Ich nenne sie die *Elasticitätsfläche des Drucks;* ihre Axen sind: $1+\alpha$, $1+\beta$, $1+\gamma$, ich nenne sie die *Hauptdruckaxen.* Die Werthe von α, β, γ sind überall innerhalb der Grenze der Elasticität so klein, dass ihre Quadrate und höheren Potenzen gegen die erste vernachlässigt werden können. — In jedem gleichförmig dilatirten Körper giebt es immer, welches auch die Ursache der Verrückung seiner Theilchen sei, drei aufeinander rechtwinklig stehende Hauptdruckaxen, welche die Eigenschaft haben, dass das ganze System der Dilatationen symmetrisch ist in Beziehung auf Ebenen, welche durch dieselben gelegt sind, und dass durch die Dilatationen in den Hauptdruckaxen die Dilatation in jeder andern Richtung, deren Neigung gegen sie gegeben ist, mittelst der Gleichung (1.) bestimmt wird. In jedem *ungleichförmig dilatirten* Körper lassen sich durch jeden seiner Punkte drei rechtwinklige Hauptdruckaxen legen, die sich aber nur auf diejenigen Theile des Körpers beziehen, von welchen dieser Punkt unmittelbar umgeben ist; sie variiren in Richtung und Grösse von einer Stelle des Körpers zur andern.

Die doppelte Strahlenbrechung, welche ein gleichförmig dilatirter unkrystallinischer Körper besitzt, kann ihren Grund haben entweder in einer veränderten Anordnung der Theilchen des schwingenden Lichtäthers, oder in einer veränderten Einwirkung der festen Theile des Körpers auf dieselben, oder in der gleichzeitigen Wirkung dieser beiden Ursachen. Ich weise nach, dass der vorzüglichste Theil der Doppelbrechung des Lichts durch eine veränderte Anordnung der Aethertheile hervorgebracht wird, und dass, wenn eine Veränderung der Einwirkung der festen Theile des Körpers auf die Bewegung der Aethertheile auch stattfindet, diese nur von der Ordnung der Veränderung der Dispersion des Lichts, welche durch die Dilatation hervorgebracht ist, sein kann. Die neue Anordnung der Licht-Aethertheile, wie sie auch sonst beschaffen ist, muss dieselbe Symmetrie als die der festen Theile des Körpers besitzen. Hieraus wird geschlossen, dass die Doppelbrechung des gleichförmig dilatirten unkrystallinischen Körpers dieselben Gesetze befolgen muss, welche *Fresnel* für die Doppelbrechung in krystallinischen Medien entdeckt hat.

Der einfachste Ausdruck für diese Gesetze ist in ihrer geometrischen Construction mittelst der Elasticitätsfläche enthalten, welche ich die *optische Elasticitätsfläche* nenne. Die Axen der optischen Elasticitätsfläche und der Elasticitätsfläche des Drucks müssen in dem dilatirten Körper dieselben Richtungen haben, und die ersteren müssen Functionen der letzteren sein. Ich weise nach, daß, wenn mit A, B, C die drei optischen Elasticitätsaxen bezeichnet werden, und mit α, β, γ die Dilatationen in den drei Hauptdruckaxen, welche parallel respective mit A, B, C sind, die Relationen zwischen diesen Grössen folgende Form haben müssen:

$$\begin{aligned} A &= G' + q\alpha + p\beta + p\gamma, \\ B &= G' + p\alpha + q\beta + p\gamma, \\ C &= G' + p\alpha + p\beta + q\gamma, \end{aligned} \tag{2.}$$

worin p und q zwei von der Natur des dilatirten Mediums abhängige Constanten sind, und G' entweder gleich ist der Fortpflanzungsgeschwindigkeit des Lichts in diesem Medium in seinem natürlichen Zustande, oder von dieser doch nur um eine kleine Grösse verschieden ist, welche von den Quadraten und höheren Potenzen von α, β, γ abhängt.

Aus diesen Relationen zwischen den Axen der beiden Elasticitätsflächen ergeben sich einige merkwürdige geometrische Folgerungen, welche eine physikalische Bedeutung haben. Beide Flächen haben die Kreisschnitte gemeinschaftlich; in beiden Flächen haben in demselben Schnitt die grössten und kleinsten Radiivectoren dieselben Richtungen, so aber, dass [bei positivem $p-q$] der grösste Radius der einen Fläche die Richtung des kleinsten der andern hat; die Unterschiede des grössten und kleinsten Radiusvector haben in jedem gemeinschaftlichen Schnitt in beiden Oberflächen ein constantes Verhältniss. Aus diesen Sätzen folgt, dass, wenn eine ebene Lichtwelle durch einen gleichförmig dilatirten Körper geht, diese polarisirt ist entweder parallel mit der grössten oder der kleinsten Dilatation aller der Richtungen, die mit ihr parallel sind. Je nachdem die Welle nach der einen oder der andern dieser beiden Richtungen polarisirt ist, pflanzt sie sich mit einer andern Geschwindigkeit fort, der Unterschied dieser beiden Geschwindigkeiten ist proportional mit dem Unterschied der grössten und kleinsten der mit ihrer Ebene parallelen Dilatationen des Körpers.

In der Abhandlung werden die numerischen Werthe von p und q für gewöhnliches Spiegelglas bestimmt. Es werden dazu zwei Verfahrungsarten angewandt, die einander ergänzen. Das erste Verfahren besteht in der Beobachtung der Lage der Farbencurven, welche ein gekrümmter Glasstreifen im polarisirten Lichte zeigt. Diese Beobachtung giebt den Werth für die Differenz $\frac{p-q}{G}$, wo G die Fortpflanzungsgeschwindigkeit des Lichts im Glase in seinem natürlichen Zustande bezeichnet. Ich fand

$$\frac{p-q}{G^2} = 0{,}126, \quad G = 0{,}654,$$

wobei die Geschwindigkeit des Lichts in atmosphärischer Luft als Einheit genommen ist.

Das zweite Verfahren besteht in der Beobachtung eines teleskopischen Diffractionsbildes, welches durch zwei gleiche Oeffnungen in dem Schirme vor dem Fernrohr hervorgebracht ist. Wird vor diese Oeffnungen ein gekrümmter Glasstreifen gestellt, so verdoppelt sich das Bild, es entstehen zwei Bilder, das eine ist parallel mit dem Streifen, das andere senkrecht darauf polarisirt, beide erleiden eine Verrückung nach derselben Richtung in Beziehung auf das ursprüngliche Bild, das Verhältniss dieser Verrückungen ist unabhängig von der Grösse der Krümmung und hängt allein durch eine einfache Relation von den Werthen von $\frac{p}{G}$ und $\frac{q}{G}$ ab. Ich fand dieses Verhältniss gleich zwei. Hieraus und aus dem schon gefundenen Werthe von $\frac{p-q}{G^2}$ ergab sich*):

$$\frac{p}{G} = -0{,}131, \quad \frac{q}{G} = -0{,}213.$$

Das Resultat dieser experimentellen Bestimmung ist nun dies. Wenn in einem gleichförmig dilatirten Glaskörper in den Hauptdruckaxen a, b, c die Dilatationen α, β, γ stattfinden, so haben die Axen der optischen Elasticitätsflächen A, B, C, respective parallel mit a, b, c folgende Werthe:

$$\begin{aligned} A &= G'\{1 - 0{,}213\alpha - 0{,}131\beta - 0{,}131\gamma\}, \\ B &= G'\{1 - 0{,}131\alpha - 0{,}213\beta - 0{,}131\gamma\}, \\ C &= G'\{1 - 0{,}131\alpha - 0{,}131\beta - 0{,}213\gamma\}, \end{aligned}$$

worin α, β, γ positive Grössen sind, wenn sie wirkliche Dilatationen bezeichnen, negative aber, wenn sie Contractionen bedeuten. Wenn ein rechtwinkliges

*) Die nachstehenden numerischen Beziehungen bedürfen sämmtlich einer Correctur, die unten am Schluss von § 4 mitgetheilt und begründet werden wird. — *W. V.*

Glas-Parallelepipedon z. B. durch einen auf zwei gegenüberstehende Seitenebenen ausgeübten Druck gleichförmig und zwar um die Grösse γ' comprimirt wird, so ist in den vorstehenden Ausdrücken zu setzen: $\gamma = -\gamma'$, $\beta = \alpha = \frac{1}{4}\gamma'$, woraus sich ergiebt:

$$A = B = G'\{1 + 0{,}045\gamma'\},$$
$$C = G'\{1 + 0{,}148\gamma'\}.$$

Dieser Körper verhält sich also wie ein Kalkspath-Krystall, indem in ihm der gewöhnliche Strahl die langsamere Fortpflanzungsgeschwindigkeit besitzt.

Sehr merkwürdig ist das Resultat, welches man aus den allgemeinen Werthen für A, B, C erhält, wenn darin $\alpha = \beta = \gamma$ gesetzt wird, d. h. wenn man dieselben auf einen Glaskörper anwendet, welcher nach allen Richtungen hin gleich stark dilatirt ist. In diesem Falle erhält man

$$A = B = C = G'\{1 - 0{,}475\alpha\},$$

also eine Verminderung der Lichtgeschwindigkeit, obgleich die Dichtigkeit des Körpers in dem Verhältniss von 1 zu $1 - 3\alpha$ geringer geworden ist. Hiernach war es wahrscheinlich, dass auch eine gleichförmige Temperaturerhöhung des Glases die Geschwindigkeit des Lichts in ihm vermindern müsse. Ich habe bei directen Refractionsbeobachtungen in gewöhnlicher und in erhöhter Temperatur wirklich eine solche Verminderung gefunden, aber diese betrug nur etwas mehr als die Hälfte derjenigen, die aus den Beobachtungen der mechanischen Dilatation hier abgeleitet ist.

In dem zweiten Abschnitt (§ 5 bis § 9) werden die allgemeinen Formeln für die Farbenerscheinungen entwickelt, welche ein *ungleichförmig dilatirter* Körper unter den bekannten Bedingungen im polarisirten Lichte zeigt. Ein gleichförmig dilatirter Körper verhält sich für das Licht wie ein Krystall-Individuum, ein ungleichförmig dilatirter Körper ist einem Aggregat von unendlich vielen sehr kleinen Krystallindividuen zu vergleichen, deren optische Elasticitätsaxen eine stetige Function des Orts sind, sowohl in Beziehung auf ihre Richtung als ihre Grösse. Wenn ein polarisirter Strahl auf ein solches Aggregat trifft, so theilt er sich nicht allein bei seinem Eintritt in zwei rechtwinklig polarisirte Strahlen, sondern auf jeder Stelle der Bahn theilt sich jeder Strahl, sowie er in ein neues Krystallindividuum tritt, wieder in zwei Theile, sodass der eintretende Strahl sich in eine Unzahl von Strahlen im Innern des Aggregats zerspaltet. Müsste man alle diese Theilungen verfolgen, so würde die Untersuchung über die Interferenz des austretenden Lichts in der That sehr schwierig sein. Die Untersuchung wird aber sehr einfach, wenn die Unterschiede der optischen Elasticitätsaxen so klein sind, dass ihre Quadrate als verschwindend gegen ihre ersten Potenzen behandelt werden können. Unter dieser Voraussetzung beweise ich folgende zwei Theoreme: 1) die Bahnen der Lichtstrahlen im Innern des Körpers können bei der Berechnung der Interferenz als geradlinig betrachtet werden; 2) die nach dem Austritt mit einander interferirenden Strahlen können angesehen werden, als hätten sie den Körper in derselben Richtung durchlaufen. Mit Hülfe dieser Sätze entwickele ich den allgemeinen Ausdruck für die Differenz der Verzögerung, mit welcher die mit einander interferirenden Strahlen aus dem Körper heraustreten. Diese Differenz der Verzögerung hängt ab von dem Gesetz der Drehungen, welchen die Polarisationsebene des Strahls im Innern des Körpers unterworfen ist, und von dem Gesetz seiner Fortpflanzungsgeschwindigkeiten. Beide müssen als Functionen des Orts gegeben sein. Mittelst der Resultate, welche im ersten Abschnitt der Abhandlung erhalten sind, lassen sich diese Functionen leicht ableiten aus dem System der Dilatationen des Körpers, oder, was darauf hinauskommt, aus dem System der Verrückungen seiner Theilchen. Das System von Verrückungen muss entweder gegeben sein, oder durch eine unabhängige Untersuchung ermittelt werden.

Zur Erläuterung der Formeln werden dieselben angewandt zur Erklärung der Farben, welche ein tordirter Cylinder im polarisirten Lichte zeigt in Richtungen, welche seine Axe schneiden. Er zeigt Farbenringe, deren Durchmesser sich nahe wie die Quadratwurzeln der natürlichen Zahlen und umgekehrt wie die Quadratwurzel aus dem Torsionswinkel verhalten.*)

Diese beiden Abschnitte bilden die Grundlage des dritten Abschnitts, in welchem ich die Theorie der Farben entwickele, welche in durchsichtigen unkrystallinischen Körpern im polarisirten Lichte aus der ungleichen Temperaturvertheilung entstehen. Wenn die Temperatur in einem Körper ungleich vertheilt ist, so können die einzelnen Theile desselben sich nicht so ausdehnen, als sie sich zufolge ihrer Temperatur ausdehnen würden, wenn sie mit den umgebenden Theilen nicht cohärirten. Die aus diesem Zusammenhang entstehenden, nach den verschiedenen Richtungen ungleichen Dilatationen des Theilchens sind der Grund für die Doppelbrechung, welche dasselbe auf das Licht ausübt, und für die daraus entstehenden Farbenerscheinungen. Ich ent-

---

*) Im Original steht hier fälschlich: „deren Durchmesser sich nahe wie natürliche Zahlen und umgekehrt wie die Torsionswinkel verhalten". Die Nothwendigkeit der Aenderung ergab sich aus dem Schluss von § 9 der Abhandlung. Der Fehler ist auch in den Abdruck der Einleitung im Bericht der Berliner Akademie sowie in Pogg. Ann. 54 übergegangen. — *A. W.*

wickele die allgemeinen Differentialgleichungen, von welchen das System der Dilatationen des Körpers abhängt, welches durch eine beliebige Temperaturvertheilung in ihm hervorgebracht wird. Man erhält diese Gleichungen, wenn man in die Poisson'schen Gleichungen für das Gleichgewicht elastischer Körper (*Mém. de l'Ac. de Par.* T. VIII.) die Repulsivkraft einführt, welche aus der Erhöhung der Temperatur entsteht. Diese Repulsivkraft wirkt wie der Druck einer Flüssigkeit an jeder Stelle nach allen Seiten gleich, und ist eine Function der erhöhten Temperatur. Ich habe diese Function lineär angenommen, was nur innerhalb mässiger Temperaturgrenzen richtig ist, man kann aber jede andere Function substituiren, ohne dass dadurch die Form der Gleichungen geändert wird. Uebrigens, obgleich ich seit vielen Jahren im Besitz dieser Gleichungen bin, hat *Duhamel*, der seinerseits zu denselben Gleichungen gekommen ist, die Priorität ihrer Publication (*Mém. présent.* T. V. 1838). Diese Gleichungen, welche, wie aus dem Folgenden erhellen wird, bei mir nur einen besonderen Fall von viel allgemeineren Gleichungen bilden, können unmittelbar auf krystallinische Medien angewandt werden, nur müssen dann für die Molekularkräfte die auf krystallinische Medien sich beziehenden Ausdrücke derselben gesetzt werden. Dabei entsteht aber die physikalisch wichtige Frage, ob auch in krystallinischen Medien die aus der Temperaturerhöhung entstehende Repulsion nach allen Richtungen hin dieselbe ist, oder ob sie von der Lage der krystallinischen Axen abhängt, eine Frage, die sich durch Beobachtungen entscheiden lässt.*)

Durch Integration der in Rede stehenden Gleichungen erhält man das System von Dilatationen, welche in dem Körper durch die gegebene Temperaturvertheilung hervorgebracht werden. Substituirt man dieselben in die Formeln des vorhergehenden Abschnitts, so erhält man die allgemeinen Ausdrücke für die Farben, welche ein ungleichförmig erwärmter, durchsichtiger, unkrystallinischer Körper im polarisirten Lichte zeigt.

Ich wende diese Gleichungen zuerst auf eine Kugel an, in welcher die Temperatur concentrisch um ihren Mittelpunkt vertheilt ist. Dieser Fall ist z. B. realisirt, wenn eine Kugel gleichförmig erwärmt in eine Flüssigkeit getaucht wird von höherer oder niedrigerer Temperatur. Eine solche Kugel zeigt im polarisirten Licht unter den bekannten Bedingungen concentrische Farbenringe, deren Gesetz ich angebe. Für den Charakter dieser Farben, ob sie positiv sind wie im Bergkrystall, oder negativ wie im Kalkspath, finde ich die einfache Bestimmung: je nachdem die mittlere Temperatur vom Mittel-

*) Diese Frage ist seitdem durch die Beobachtung im letzteren Sinne entschieden worden. — *W. V.*

punkt bis zur Oberfläche beständig wächst oder abnimmt, sind die Farben positiv oder negativ. Bei der Erwärmung zeigt die Kugel also Ringe, die gleichen Charakter mit denen des Bergkrystalls haben, bei der Abkühlung aber solche, die gleichen Charakter mit denen des Kalkspaths besitzen. Wenn die Erwärmung oder Abkühlung so weit fortgeschritten ist, dass die Temperatur der Kugel sich durch das erste Glied der Reihe darstellen lässt, welche *Fourier* für die concentrische Wärmevertheilung in einer Kugel gegeben hat, so giebt es einen Ring der höchsten Farbe, welcher seinen Ort nicht weiter verändert, wiewohl seine Farbe stets fällt. Dieser Ring der höchsten Färbung wird von Strahlen gebildet, welche durch die Kugel in einer Entfernung von ihrem Mittelpunkt gegangen sind, deren erste Annäherung etwa $\frac{4}{5}$ des Halbmessers der Kugel beträgt.

Eine *hohle Kugel,* gegen deren innere und äussere Oberfläche ein verschiedener Druck wirkt, zeigt Farbenringe, deren Gesetz ich angebe; sie sind positiv, wenn der innere Druck der grössere ist, und negativ, wenn der äussere Druck der überwiegende ist.

Die allgemeinen Gleichungen, von welchen die innern Temperaturspannungen in festen Körpern abhängen und die daraus hervorgehenden Farben, sind partielle Differentialgleichungen zwischen drei abhängigen und drei unabhängigen Variabeln. Nach den vorhandenen analytischen Methoden kann man nur hoffen, Resultate aus ihnen zu ziehen, welche sich mit den Beobachtungen vergleichen lassen, in den Fällen, in welchen sich die Anzahl dieser Variabeln auf eine geringere zurückführt. Ein sehr allgemeiner Fall der Art ist der, wo der Körper eine so dünne Platte ist, dass man Alles, was von dem Quadrate und den höheren Potenzen der Dicke abhängt, vernachlässigen kann. In diesem Falle reduciren sich die Variabeln auf zwei abhängige und zwei unabhängige. Dieser Fall ist auch für die Beobachtung besonders geeignet, weil es leichter ist, die Körper in der Form dünner Platten frei von permanenten inneren Spannungen, welche bei der Solidifikation so leicht entstehen, zu erhalten. Es ist wahr, dass der Einfluss solcher dünnen Platten auf das Licht, wegen der Kürze des Weges desselben in ihnen, nur gering ist, dieser kann aber bis auf eine beliebige Höhe gesteigert werden, wenn man den Lichtstrahl nicht durch eine einzelne Platte, sondern durch eine grössere Anzahl derselben gehen lässt, die so gestellt sind, dass jede dieselbe Wirkung auf den Strahl ausübt.

Nachdem die allgemeinen Gleichungen auf den Fall einer dünnen, von parallelen Ebenen begrenzten Platte transformirt sind, wende ich dieselben zuerst auf eine kreisförmige Scheibe an, in welcher die Temperatur concentrisch um den Mittelpunkt vertheilt ist. Ich finde das einfache Resultat, dass der Unterschied der Zeit, in welcher der gewöhnliche und ungewöhnliche Strahl sich senkrecht durch die Platte in der Entfernung r von ihrem Mittelpunkt bewegen, proportional mit $r\frac{d\mu}{dr}$ ist, wo μ die mittlere Temperatur des Theils der Platte bezeichnet, welcher innerhalb des mit r um ihre Axe beschriebenen Cylinders liegt. Der Charakter der Farben fällt zusammen mit dem Vorzeichen von $\frac{d\mu}{dr}$. Wenn also die Platte, gleichförmig erwärmt, sich in der Atmosphäre abkühlt, zeigt sie Farbenringe von demselben Charakter wie der Kalkspath. Wenn die Durchmesser dieser Ringe klein sind, was durch eine hinlängliche Anzahl von Platten immer erreicht werden kann, so verhalten sich dieselben wie die Quadratwurzeln der Glieder der natürlichen Zahlenreihe, also wie die Durchmesser der Newtonschen Ringe.

Der Fall, wo die Platte in einen Kreisring verwandelt wird, erhält dadurch ein besonderes Interesse, dass hier bei stationärer Temperaturvertheilung eine neutrale Zone einsetzt. Nennt man $\varrho_{,}$ und $\varrho_{,,}$ den inneren und äusseren Halbmesser des Ringes, M seine mittlere Temperatur, s die Temperatur in der Entfernung r vom Mittelpunkt, und nimmt μ in der obigen Bedeutung, so ist der Unterschied der Durchgangszeit des gewöhnlichen und ungewöhnlichen Strahls, welche senkrecht durch die Ringscheibe in der Entfernung r vom Mittelpunkt gegangen sind, proportional mit:

$$(r^2 - \varrho_{,}^2)(s - \mu) + \varrho_{,}^2(s - M).$$

Wenn s vom inneren Rande zum äusseren beständig wächst oder abnimmt, so giebt es immer einen Werth von r zwischen $\varrho_{,}$ und $\varrho_{,,}$, für welche der vorstehende Ausdruck verschwindet, und dies ist der Halbmesser der neutralen Zone. Innerhalb dieser neutralen Zone haben die Farben einen negativen Charakter, wenn s von $\varrho_{,}$ bis $\varrho_{,,}$ abnimmt, ausserhalb derselben einen positiven. Umgekehrt verhält es sich, wenn die Temperatur vom innern nach dem äussern Rande zu wächst.

Eine zweite Anwendung, welche ich von den Gleichungen für dünne Platten mache, bezieht sich auf die Verzerrungen, welche in einem schmalen und dünnen Kreisringe, oder in einem Stücke eines solchen, durch ungleiche Erwärmung hervorgebracht werden. Die Breite des Ringes, d. h. der Unterschied seines innern und äussern Halbmessers, wird so gering angenommen, dass die Temperatur innerhalb eines jeden Querschnitts als constant angesehen werden kann und diese also nur eine Function des Bogens ist. Die Untersuchung dieser Verzerrungen hat mir ausser ihrem theoretischen Interesse noch einiges praktische Interesse zu haben geschienen, wegen ihrer Anwendung auf die Bestimmung der Fehler, welche beim Winkelmessen aus der ungleichen Erwärmung des zum Messen dienenden Kreises entstehen. *Poisson* hat sich in einer Abhandlung in der *Connaissance d. t. p. A.* 1826 mit diesem Gegenstande beschäftigt, nach dem damaligen Standpunkt nimmt er aber die Ausdehnung, welche jeder Theil des Kreises erfährt, proportional mit seiner Temperatur, ohne die Modifikationen, welche aus seinem Zusammenhang mit den umgebenden Theilen entstehen, zu berücksichtigen. Für den Fall, dass der Kreis frei ist, d. h. nicht von Speichen, die in seiner Axe zusammenstossen, getragen wird, gebe ich in einer einfachen Formel den Fehler an, welcher bei der Winkelmessung aus der ungleichen Temperaturvertheilung im Kreise entsteht. Ein solcher Ring hat auch ein einfaches Verhalten im polarisirten Licht. Er theilt sich durch einen *neutralen* Durchmesser in zwei Hälften, die in Hinsicht ihrer Farben einen entgegengesetzten Charakter haben. In der einen Hälfte liegen auf der concaven Seite des Ringes positive Farben, auf der convexen negative, in der andern Hälfte verhält es sich umgekehrt. Die positiven und die negativen Farben sind in jeder Hälfte durch den neutralen mittleren Bogen getrennt.

Wenn der Kreis von Speichen getragen wird, wie dies bei den zum Winkelmessen dienenden gewöhnlich der Fall ist, so üben dessen Speichen und der Kreisring eine gegenseitige Deformation aus, welche die Verzerrungen des Ringes ausser von seiner Temperaturvertheilung noch abhängig macht von der Anzahl, den Dimensionen, der Substanz der Speichen und der Temperaturvertheilung in ihnen. Meine Formeln können auf jeden gegebenen Fall angewandt werden.

Wenn heterogene feste Substanzen, d. h. solche, welche in ihrem Elasticitätsmodul oder thermischen Ausdehnungscoëfficienten verschieden sind, auf eine feste Weise mit einander verbunden sind, so entstehen bei Veränderung der Temperatur, auch bei gleichförmiger Vertheilung derselben, Spannungen, welche bei schicklich gewählten Dimensionen der an einander befestigten Stücke sehr merkbare Formveränderungen hervorbringen können. Hierauf beruhen die Metallthermometer, welche aus zusammengelötheten Streifen zweier differenter Metalle bestehen. Ein solches System heterogener fester Substanzen, die in einer höheren Temperatur fest mit einander verbunden worden sind, zeigt in der gewöhnlichen Temperatur die Farben der doppeltbrechenden Körper, und zwar *permanent*, während dieselben in den vorhergehenden Fällen nur *vorübergehend* waren, ähnlich wie die gehärteten (rasch abgekühlten) Gläser.

Ich beschäftige mich in der Abhandlung mit dem einfacheren Falle, wo zwei rechtwinklige gerade Streifen von differenten Stoffen in ihren längeren Randebenen bei einer bestimmten Temperatur an einander gelöthet sind. So wie diese Temperatur sich ändert, krümmen sich die Streifen, die an einander gelötheten Randebenen verwandeln sich in gerade Cylinderflächen, für deren Durchmesser D ich folgenden Ausdruck finde:

$$D = \frac{5}{3}\,\frac{h^4\frac{k}{k'} + 4h^3h' + 6h^2h'^2 + 4hh'^3 + \frac{k'}{k}h'^4}{s(f'-f)hh'(h+h')},$$

worin h und h' die Höhen der Streifen, d. h. diejenigen Dimensionen bezeichnen, welche senkrecht auf der gemeinschaftlichen Grenze stehen, k und k', f und f' ihre respectiven Elasticitätsmoduln und thermischen Ausdehnungscoëfficienten, und s den Unterschied der vorhandenen Temperatur von derjenigen, bei welcher die Zusammenlöthung stattfand. Die concave Seite der Cylinderfläche liegt auf der Seite des Streifen mit dem kleineren Ausdehnungscoëfficienten. — Die isochromatischen Curven dieser Streifen sind parallel mit der gemeinschaftlichen Grenze; jeder der Streifen hat eine neutrale, schwarze Linie bei rechtwinkliger Stellung der beiden Turmaline. Auf der einen Seite dieser neutralen Linie liegen positive, auf der andern negative Farben, in der gemeinschaftlichen Grenze beider Streifen stossen Farben entgegengesetzten Characters zusammen. Die Lage der schwarzen Linie ist unabhängig vom Ausdehnungscoëfficienten, sie hängt allein von den Dicken der Streifen und vom Verhältniss ihrer Elasticitätsmoduln ab. Ihre Entfernung von der gemeinschaftlichen Grenze in dem Streifen von der Dicke h und dem Elasticitätsmodul k ist:

$$\frac{1}{6}\,\frac{\left\{4h^3 + 3h^2h' + \frac{k'}{k}h'^3\right\}}{h(h+h')}\ ^{*)}.$$

Das letzte Problem, mit welchem ich mich in der Abhandlung beschäftige, hat seit der Entdeckung der durch Temperaturvertheilung hervorgebrachten Farben wohl am meisten das Interesse der Physiker auf sich gezogen, sowohl wegen der Schönheit der Farben, als wegen der unerwarteten Symmetrie in ihrer Vertheilung. Ich meine die Farben, welche eine recht-

*) Diese Formel ist im Original unrichtig. Die richtige Formel findet sich am Schluss von § 18. *A. W.*

winklige Platte zeigt, wenn sie mit einem ihrer Ränder auf eine erhitzte Metallplatte gestellt wird, oder, selbst erhitzt, mit diesem Rande auf eine kalte Unterlage gelegt wird. Die Erklärung der Farben einer solchen Platte, und ihrer Vertheilung habe ich, seitdem ich im Besitz der Principien der Theorie dieser Phänomene bin, für ihren vorzüglichsten Prüfstein gehalten. Indess bin ich dabei auf analytische Schwierigkeiten gestossen, welche die Publikation dieser Arbeit so lange verzögert haben, deren Beseitigung jedoch mir auch jetzt nicht gelungen ist, und auf welche ich nur wünschen kann, die Aufmerksamkeit eines Geometers zu lenken. Reihen, deren Glieder nach den Wurzeln einer transcendenten Gleichung fortschreiten, haben sich in mathematisch-physikalischen Untersuchungen häufig dargeboten, aber diese Gleichungen hatten immer lauter reelle Wurzeln. Hier hat sich, ich glaube zum erstenmal, der Fall dargeboten, wo diese Gleichung lauter imaginäre Wurzeln besitzt. Das zu lösende Problem besteht darin, die constanten Coëfficienten der Glieder einer solchen nach den imaginären Wurzeln einer transcendenten Gleichung fortschreitenden Reihe zu bestimmen. Das Interesse dieses Problems ist um so größer, da auf Reihen der Art viele andere Untersuchungen führen, welche von den Gleichungen des Gleichgewichts elastischer Körper abhängen.

Meine Resultate über die Farben, welche in rechtwinkligen Platten unter den bezeichneten Bedingungen auftreten, beschränken sich auf die Fälle, für welche sich nachweisen lässt, dass der Werth der in Rede stehenden Reihen unmerklich ist und sie also vernachlässigt werden dürfen. Meine Formeln setzen Platten voraus, bei denen die Höhe die Breite mehrere Mal übertrifft, oder umgekehrt die Breite mehrere Mal größer ist als die Höhe, und in denen die Temperaturen nur Functionen der Entfernung vom untern Rande sind, oder doch als solche angesehen werden können. Diese Formeln dürfen im ersteren Falle nicht auf Stellen angewandt werden, welche in der Nähe des unteren oder oberen Randes liegen, im zweiten Falle nicht auf Stellen, welche sich in der Nähe der Seitenränder befinden. Eine Platte, deren Höhe die Breite mehrere Mal übertrifft, zeigt im polarisirten Lichte, wenn ihre Temperatur stationär geworden ist, vier Farbenfelder, nämlich ein centrales, zwei Seitenfelder und ein unteres Farbenfeld. Diese Felder sind durch schwarze Zonen von einander getrennt, wenn die Polarisationsebenen des einfallenden Lichtes und des analysirenden Turmalins rechtwinklig stehen und die Ränder der Platte 45° mit ihnen bilden. Meine Formeln erklären die Seitenfelder und das centrale Feld vollständig, können aber auf das untere

Feld nicht angewandt werden. Sie zeigen z. B., dass die Seitenfelder immer negativ sind, dass der Character des centralen Feldes aber von der Breite der Platte abhängt; für geringe Breiten bis zu einer bestimmten Grenze sind die centralen Farben positiv, zwischen dieser Grenze und einer zweiten werden sie negativ, jenseits dieser zweiten Grenze wiederum positiv u. s. w. Diese merkwürdige Umkehrung des Characters der Farben, bei wachsender Breite, habe ich durch Beobachtungen bestätigt gefunden. — Die schwarzen Zonen, durch welche das centrale Feld von den Seitenfeldern getrennt wird, sind zufolge meiner Formeln keine neutralen Zonen, wie z. B. die Mittellinie in einem gekrümmten Streifen, sondern entstehen daraus, dass in ihnen die Polarisationsebenen des gewöhnlichen und ungewöhnlichen Strahles mit den Rändern der Platte 45^0 bilden. Die Entfernung dieser schwarzen Zonen von der Mitte der Platte finde ich annähernd gleich der halben Breite derselben, dividirt durch $\sqrt{3}$.*)

Platten, bei welchen die Breite mehrere Mal die Höhe übertrifft, zeigen sich im polarisirten Lichte in fünf Felder getheilt, ein centrales, ein oberes und unteres Randfeld, und zwei Seitenfelder. Meine Formeln erklären das Verhalten der Platte in den drei ersten Feldern vollständig, dürfen aber auf die Seitenfelder nicht angewandt werden. Ich wende die Formeln auf eine bestimmte Platte an, deren Dicke, Höhe und Breite beiläufig 1, 10 und 40 Linien betrug, und berechne für den Fall einer stationären Temperatur die höchsten Farben im centralen Felde und in den beiden Randfeldern, sowie die Lage der Grenzen dieser drei Felder. Die numerischen Resultate, welche ich erhalte, stimmten mit den Beobachtungen so gut als die ungenau gekannten Coëfficienten der inneren und äusseren Wärmeleitungsfähigkeit es erwarten liessen. Die Formeln wie die Beobachtungen geben die Farbenvertheilung und die Lage der schwarzen Zonen, welche das centrale Feld von den Randfeldern trennen, symmetrisch in Beziehung auf den unteren und oberen Rand, wiewohl die Wärme vom unteren Rande nach dem oberen Rande zu stetig abnimmt. Die Entfernung dieser schwarzen Zonen von der Mitte der Platte finde ich annähernd gleich der halben Höhe derselben, dividirt durch $\sqrt{3}$. — Die stationäre Temperatur in der Platte wurde dadurch hervorgebracht, dass ihr unterer Rand in einer festen Temperatur, welche ich mit A bezeichnen will, erhalten wurde. Ich berechne die Dilatationen, welche die Theile in der Mitte des unteren und oberen Randes bei dieser stationären Temperatur erfahren. Ich

*) Das Resultat ist in §. 19 zwar nicht in dieser Form ausgesprochen; es stimmt aber mit den am Schluss von § 19 angegebenen numerischen Werthen überein. — *A. W.*

finde die Theile in der Mitte des unteren und oberen Randes gleich stark in der Richtung der Breite contrahirt und in der Richtung der Höhe dilatirt, in Beziehung auf die ihren Temperaturen entsprechenden Dilatationen, nämlich contrahirt um so viel, als wäre ihre Temperatur um $\frac{1}{20}A$ geringer, als sie ist, und dilatirt um so viel, als wäre ihre Temperatur um $\frac{1}{80}A$ grösser. In der Mitte der Platte hingegen finde ich die Theile in der Richtung der Breite dilatirt, und senkrecht darauf contrahirt in Beziehung auf die Ausdehnungen, die sie nach der hier vorhandenen Temperatur haben sollten; die Dilatation ist so gross, als die freie Wärmeausdehnung von $\frac{1}{39}A$, und die Contraction so gross, als die freie Ausdehnung von $\frac{1}{136}A$ beträgt.

Aus meinen Formeln leitet sich eine einfache geometrische Construction ab für den Unterschied der Verzögerung der beiderlei aus der Platte austretenden mit einander interferirenden Strahlen. Man construire über einer Linie, welche in der Ebene der Platte durch ihre Mitte senkrecht auf ihren unteren Rand gezogen ist, als über einer Abscissenlinie eine Curve, deren Ordinaten die Temperaturen der Platte darstellen, und ziehe eine gerade Linie, die so liegt, dass die Summe der Quadrate der Differenzen ihrer Ordinaten und der Ordinaten der Temperaturcurve ein Minimum ist. Die Unterschiede dieser Ordinaten sind an jeder Stelle proportional mit dem Unterschied der Verzögerung des gewöhnlichen und ungewöhnlichen Strahls, welche an dieser Stelle senkrecht durch die Platte gegangen sind. In den Durchschnittspunkten der geraden Linie mit der Temperaturcurve ist dieser Unterschied der Verzögerung gleich Null, ihre Abscissen bestimmen die Lage der schwarzen neutralen Zonen, welche Farbenfelder entgegengesetzten Characters trennen. Je nachdem nämlich der Unterschied der Ordinaten an einer Stelle positiv oder negativ ist, ist auch die Farbe an dieser Stelle positiv oder negativ. Die Construction ist gültig, nach welchem Gesetz die Temperatur in der Platte auch vertheilt ist, vorausgesetzt, dass sie allein eine Function der Entfernung vom unteren oder oberen Rande ist, oder doch als solche angesehen werden kann. Die Construction zeigt unter Anderem sogleich, dass bei der Erwärmung und bei der Abkühlung der Platte der Character der Farben ein entgegengesetzter ist; dies folgt in der That unmittelbar daraus, weil im ersteren Falle die Temperaturcurve ihre convexe Seite der Abscissenlinie zukehrt, im zweiten Falle aber die concave Seite.

Die Uebereinstimmung der Theorie mit den Beobachtungen überall, wo ich den Calcul bis zu dem einzelnen Fall habe durchführen können, lässt über die Richtigkeit ihrer Principien keinen Zweifel. Was in Hinsicht der Erklärung und Berechnung der Farben, welche durch ungleiche Temperaturvertheilung hervorgebracht werden, zu wünschen übrig bleibt, ist die Vervollkommnung der analytischen Methoden und die Verificirung der Gleichungen, von welchen die Bewegung der Wärme abhängt, namentlich in Beziehung auf schlecht leitende Körper. Dann erst wird es auch von Interesse sein, in den Gleichungen für die durch Temperaturdifferenzen hervorgebrachten Spannungen die Wärmerepulsion nicht, wie es hier geschehen ist, proportional mit der Temperatur zu nehmen, sondern die vollständigere Function, wodurch diese Repulsion dargestellt wird, in die Gleichungen einzuführen, wodurch übrigens ihre Form keine Veränderung erleidet.

Diese Theorie bezieht sich auf die *vorübergehenden* Farben, welche mit den Temperaturdifferenzen zugleich verschwinden. Ich bin aber auch im Besitz der Principien, mittelst deren die *bleibenden* Farben, welche durch Härtung der festen durchsichtigen Körper, durch rasche Abkühlung, entstanden sind, auf den Calcul zurückgeführt werden. Ich werde diese Principien hier in aller Kürze näher bezeichnen, die weitere Entwickelung einer späteren Abhandlung vorbehaltend.

Die Theorie der bleibenden Farben, welche durch rasche Abkühlung, oder überhaupt durch schnelle Solidifikation in durchsichtigen Körpern entstehen, ist nur eine specielle Anwendung einer allgemeinen Theorie, deren Gegenstand die Veränderungen sind, welche in der relativen Lage der Theile eines festen Körpers hervorgebracht werden, wenn einige derselben oder sämmtliche *bleibende Dilatationen* erlitten haben. Diese bleibenden Dilatationen entstehen, wenn, sei es bei einer mechanischen Formveränderung des Körpers oder bei einem physikalischen Process, die Grenze der Elasticität überschritten wird. Wenn z. B. ein geradliniger Stab über eine gewisse Grenze hinaus gekrümmt wird, so kehrt er nach Aufhebung der krümmenden Kraft nicht vollständig zur geradlinigen Gestalt zurück; er hat eine *bleibende* Krümmung erlitten. Einige seiner Theile haben in der *vorübergehenden* Krümmung die Grenze der Elasticität überschritten, die Wirkung dieser Theile theils auf einander, theils auf diejenigen, welche ihre Grenze der Elasticität nicht überschritten haben, bestimmt die Grösse der bleibenden Krümmung. Könnte man die ersteren Theile, welche permanente Dilatationen erlitten haben, trennen, so würden diese letzteren zu der ursprünglichen geradlinigen Lage wieder zurückkehren. Im polarisirten Lichte würde ein permanent gekrümmter Stab ein System bleibender Farben zeigen, welches sehr verschieden ist von demjenigen, welches aus der vorübergehenden Krümmung entsteht. Auf jeder Seite der

Mittelebene des Stabes würde man ein doppeltes System Farben beobachten, ein positives und ein negatives, die durch eine neutrale Zone getrennt sind. Hier würden also drei neutrale Zonen vorhanden sein, während bei der vorübergehenden Krümmung nur eine solche Zone vorhanden ist. — Aehnlich wie bei der permanenten Krümmung verhält es sich bei der permanenten Torsion. Der Winkel der permanenten Torsion hängt nur auf eine indirecte Weise von dem Winkel der vorübergehenden Torsion ab, aus welcher sie entstanden ist, direct hängt die permanente Torsion wieder ab von der Wirkung der Theile, deren Elasticitätsgrenze überschritten ist, auf einander und auf die Theile, deren Verschiebung innerhalb ihrer Elasticitätsgrenze geblieben ist.

Ich werde das Princip angeben, welches zu den Gleichungen führt, welche die relative Lage der Theilchen in einem durch *bleibende Dilatationen* gespannten Körper bestimmen, woraus sich dann sowohl seine Formveränderung als die Farben, welche er im polarisirten Lichte zeigt, ergeben. Man denke sich in dem Körper in seinem natürlichen Zustande ein kleines rechtwinkliges Prisma, befreit von seinem Zusammenhang mit den umgebenden Theilen, so dass es, nachdem die bleibende Dilatation eingetreten ist, diese hat vollständig annehmen können. Das Prisma ist so klein, dass diese Dilatation als gleichförmig betrachtet werden kann. Durch äussere, gegen seine Oberfläche wirkende Druckkräfte denke man sich dieses bleibend dilatirte Prisma auf sein ursprüngliches Volumen [resp. seine ursprüngliche Gestalt] zurückgeführt. Theilt man dieses reducirte Prisma durch eine Ebene, so stossen sich die beiden Theile von einander ab, und sie werden nur durch die auf die Oberfläche des Prismas wirkenden Druckkräfte in ihrer relativen Lage erhalten. Die Grösse dieser Abstossung nenne ich den *bleibenden molekularen Druck* gegen die theilende Ebene, im Gegensatz gegen den *vorübergehenden molekularen Druck*, welcher durch eine vorübergehende Dilatation hervorgerufen wird.*)

Der bleibende molekulare Druck ist der Richtung und Grösse nach durch die Lage der Ebene, gegen welche er gerichtet ist, gegeben, wenn die bleibende Dilatation des Prismas gegeben ist. Wenn also das System der

*) Wie aus der mathematischen Ausführung dieses Gedankens im Anhang hervorgeht, ist die Vorstellung die, dass bei dieser Zurückführung des Prismas auf seine ursprüngliche Form die Elasticitätsgrenze nicht erneut (im umgekehrten Sinne) überschritten wird, und dass dabei die Drucke durch dieselben Relationen mit den Dilatationen verknüpft bleiben, die für das *nicht* bleibend deformirte Medium galten. Es sei ausdrücklich darauf aufmerksam gemacht, dass der im Text eingeführte *bleibende molekulare Druck* nicht wirklich vorhanden ist, sondern nur bei Ausführung einer gedachten Deformation auftritt. — *W. V.*

bleibenden Dilatationen im ganzen Körper bekannt ist, so kann man für jeden Punkt desselben den bleibenden molekularen Druck angeben, welcher in demselben gegen eine durch ihn gelegte Ebene stattfindet. Die Gleichgewichtsgleichungen für den durch bleibende Dilatationen gespannten Körper erhält man, wenn man ausdrückt, dass in jedem Element desselben die auf die Oberfläche desselben wirkenden Druckkräfte mit einander im Gleichgewicht stehen, nämlich die bleibenden molekularen Druckkräfte und die vorübergehenden, welche durch die Verrückungen der Theilchen aus ihrer ursprünglichen natürlichen Lage erregt werden. Mit andern Worten, man hat, um die in Rede stehenden Gleichungen zu bilden, nur die bleibenden molekularen Druckkräfte des Körpers [neben den vorübergehenden] in die Poisson'schen Gleichungen des Gleichgewichts elastischer Körper einzuführen.

Die auf diesem Wege erhaltenen Gleichungen gelten für jeden Punkt im Innern des Körpers; zu ihnen treten noch die Bedingungsgleichungen, welchen die Integrale jener Gleichungen für jeden Punkt der Oberfläche des Körpers genügen müssen. Diese Bedingungsgleichungen drücken aus, dass die Summe des bleibenden und des vorübergehenden molekularen Drucks in jeder Stelle der Oberfläche gleich Null ist, wenn dieselbe frei ist, oder, wenn auf die Oberfläche noch äussere Druckkräfte wirken, mit diesen im Gleichgewicht stehen. Diese Bedingungsgleichungen machen die Integrale der allgemeinen Gleichungen abhängig von der Form der Oberfläche des Körpers, und dies ist der Grund, warum dasselbe System bleibender Dilatationen ein anderes System von inneren Spannungen hervorbringt, wenn die Oberfläche des Körpers eine andere wird. Dies erklärt die merkwürdige Thatsache, welche ich immer für die schönste Entdeckung *Brewster*'s im Kreise der hierher gehörigen Phänomene gehalten habe, dass mit der Form eines innerlich gespannten, gehärteten Körpers zugleich die relative Lage seiner sämmtlichen Theile eine Aenderung erfährt, und man kennt jetzt den Weg, diese Aenderung durch den Calcul im Voraus zu bestimmen.

Uebrigens findet dieselbe Abhängigkeit von der Oberfläche des Körpers statt in Beziehung auf die vorübergehenden Spannungen, welche durch Temperaturdifferenzen hervorgebracht werden, nur dass hier in der Regel die Temperaturvertheilung mit der Oberfläche sich verändert.

Die Gleichungen, von welchen die durch Temperaturdifferenzen hervorgebrachten Spannungen abhängen, sind nur ein besonderer Fall der hier in Rede stehenden Gleichungen, welcher dadurch characterisirt ist, dass der bleibende molekulare Druck für jede Stelle des Körpers nach allen Richtungen hin derselbe ist. Man kann in der That die thermische Ausdehnung eines Elements des Körpers, welche der Temperatur des Körpers angehört, betrachten als eine nach allen Richtungen hin gleich grosse bleibende Dilatation dieses Elements, und erhält dann dieselben Gleichungen, welche ich in der Abhandlung für die durch Temperaturvertheilung bewirkten inneren Spannungen entwickelt habe.

In der Theorie der bleibenden inneren Spannungen der festen Körper, müssen dreierlei Arten von Dilatationen unterschieden werden, nämlich zuerst: die [gesammten] in dem Körper wirklich vorhandenen Dilatationen, und die bleibenden Dilatationen, welche in seinen Theilen erregt worden sind; diese beiden Dilatationen beziehen sich auf die natürliche ursprüngliche Entfernung der Theilchen des Körpers von einander, und ich nenne die erstere die *absolute Dilatation.* Ausser dieser *absoluten* und der *bleibenden Dilatation* muss drittens die *relative Dilatation* in den Körpern unterschieden werden; dies ist die vorhandene Dilatation, bezogen nicht auf die ursprüngliche Entfernung der Theilchen, sondern auf die bleibend dilatirte Entfernung derselben. Wenn, wie in allen diesen Untersuchungen vorausgesetzt wird, die Dilatationen kleine Grössen sind, so ist die relative Dilatation die Differenz der absoluten und der bleibenden Dilatation. Die relativen Dilatationen sind es, welche sowohl die inneren Spannungen des Körpers hervorbringen, als die Farben, welche derselbe, wenn er durchsichtig ist, im polarisirten Lichte zeigt.*) Um diese Farben durch den Calcul zu bestimmen, dürfen nur in die allgemeinen Formeln für diese Farben, welche ich in der vorliegenden Abhandlung entwickelt habe, die Ausdrücke für die relativen Dilatationen substituirt werden.

Die Anwendung der in Rede stehenden Gleichungen auf einen bestimmten Fall setzt die Kenntniss des Systems bleibender Dilatationen, welches in diesem Fall stattfindet, voraus. Dies muss gegeben sein oder durch eine besondere Untersuchung aus dem Process, welcher die bleibenden Dilatationen hervorgebracht hat, abgeleitet werden, ebenso wie bei den Gleichungen für die vorübergehenden Spannungen, welche durch Temperaturdifferenz hervorgebracht werden, die Vertheilung der Temperatur gegeben sein muss, oder durch eine besondere Untersuchung aus den Umständen, durch welche sie hervorgebracht ist, ermittelt werden muss.

Unter den verschiedenen Fällen, auf welche man diese Gleichungen anwenden kann, hat mir der des rasch abgekühlten Glases der wichtigste geschienen, weil man hier die inneren Spannungen durch Beobachtungen mittelst

*) Ueber die hier gemachte Annahme, dass es lediglich auf die relativen Dilatationen ankommt, vergleiche man die Noten zu dem „Erläuterungen" betitelten Anhang dieser Abhandlung. — *W. V.*

des polarisirten Lichts verfolgen kann, und weil diese Anwendung zur Erklärung und Berechnung eines der schönsten Farbenphänomene führt. Die Vorstellungen, welche ich zum Grunde gelegt habe, um den Process der Härtung des rasch abgekühlten Glases dem Calcul zu unterwerfen, sind folgende. Inmitten dieses Processes, der eine Zeit hindurch dauert, fixiren wir einen Moment. Der Körper besteht jetzt aus zwei Theilen, der eine glüht noch und ist weich, der andere ist schon erstarrt und fest. Die Grenze beider Theile bildet die Schicht, welche gerade die Erstarrungstemperatur besitzt, d. h. die Temperatur, bei welcher die Theile nur gegen die Verdichtung und Verdünnung einen Widerstand leisten, aber eben anfangen wollen, auch ihrer Verschiebung zu widerstehen. Beide Theile adhäriren fest mit einander. Der feste Theil nun übt einen gewissen Druck oder Zug gegen den weichen, weil er bestrebt ist, diejenige Form anzunehmen, welche ihm zufolge seiner Temperatur und zufolge der bleibenden Dilatationen, die er erlitten hat, zukommt. Der weiche Theil, der wie ein Flüssiges angesehen werden darf, widersteht diesem Druck oder Zug nur mit einer Kraft, die senkrecht gegen seine Oberfläche ist, und erleidet dabei eine Contraction oder Dilatation.

Unter dieser bestimmten Contraction oder Dilatation erhärtet die Schicht, welche die Erstarrungstemperatur besitzt, wegen des fortgehenden Temperaturverlustes. Die Differenz dieser Contraction oder Dilatation und derjenigen Dilatation, welche diese Schicht zufolge ihrer Erstarrungstemperatur haben sollte, ist ihre bleibende Dilatation. Das Problem der bleibenden Dilatationen, welche bei der raschen Abkühlung eines Glaskörpers entstehen, führt also zunächst zu der Aufgabe: die Form zu bestimmen, welche der schon fest gewordene Theil des Körpers annimmt, in Folge der Temperaturvertheilung in ihm und der bleibenden Dilatationen, welche er erlitten hat, und unter dem Druck, welchen der weiche glühende Theil gegen seine innere Oberfläche ausübt. Dieser Druck, welchen der weiche Theil ausübt, ist senkrecht gegen seine Oberfläche und proportional mit dem Unterschied der Vergrösserung, welche sein Volumen in Folge seiner Temperatur haben sollte, und derjenigen Vergrösserung, welche es wirklich besitzt. Das Volumen aber, welches der weiche Theil wirklich einnimmt, ist dasjenige, welches die innere Oberfläche des festen Theils des Körpers einschliesst.

Das Problem ist hiermit vollständig bestimmt, und es ist leicht, das System Differentialgleichungen, von denen es abhängt, anzugeben. Die Integrirung dieser Gleichungen giebt unmittelbar die Dilatation des noch glühenden Theils des Körpers, und somit die bleibende Dilatation der eben erhärtenden

Schicht, aber diese ausgedrückt durch die noch unbekannte Function, welche die bleibenden Dilatationen darstellt, die der feste Theil des Körpers schon erlitten hatte. Geht man nun aber zur nächstfolgenden erhärtenden Schicht über, so erhält man eine Differentialgleichung für diese Function, deren Integral die bleibenden Dilatationen, welche aus dem Process der Härtung hervorgehen, für den ganzen Körper darstellt.

Diese Principien der Theorie der Härtung glasartiger Körper umfassen nur die wesentlichsten Umstände, von denen ihre bleibenden Dilatationen abhängen; einige andere Umstände, welche von untergeordneterem Einfluss sind, wird man später berücksichtigen können, und so diese Theorie vervollständigen. Dahin gehört namentlich der Umstand, dass die *relativen* Dilatationen in dem schon fest gewordenen Theile des Körpers die Grenze der Elasticität überschritten haben können, und dadurch von Neuem bleibende Dilatationen erzeugt sind. Dies wird besonders gelten für die Theile, welche noch eine sehr hohe Temperatur besitzen, weil sie in dieser eine viel engere Elasticitätsgrenze haben, verbunden mit einer weiteren Grenze der Verschiebbarkeit, als in einer niedrigen Temperatur. Die Berücksichtigung dieses Umstandes erfordert aber noch eine grössere Ausdehnung der experimentellen Untersuchungen über die Elasticitätsgrenzen, namentlich auf welche Weise sie von der Temperatur abhängen, und welche Veränderungen in der relativen Lage der Theilchen hervorgebracht werden, wenn diese Grenze nur in einer Richtung überschritten wird. Uebrigens ist die Vernachlässigung dieses Umstandes ohne Zweifel von geringerem Nachtheil für die Resultate der Theorie, als die mangelhafte Kenntniss von der Bewegung der Wärme in den hohen Temperaturen, unter welchen die Härtung vor sich geht.

Ein allgemeines Resultat, zu welchem diese Principien der Theorie der Härtung glasartiger Körper, welche ich auseinandergesetzt habe, unmittelbar führen, ist, dass, wie verschieden die bleibenden Dilatationen in den verschiedenen Theilen des Körpers auch sein mögen, sie doch in jedem Theilchen nach allen Richtungen hin gleich sind. Dieses Resultat lässt wichtige Folgerungen zu. Es ergiebt sich hieraus, dass das System von Spannungen und Dilatationen, welches in einem Körper durch seine Härtung hervorgebracht wird, immer auch durch eine bestimmte Temperaturvertheilung in ihm hervorgebracht werden kann. Diese Temperaturvertheilung und die aus der Härtung hervorgegangenen bleibenden Dilatationen werden durch dieselbe Function der Coordinaten ausgedrückt. Hierin liegt der Grund der merkwürdigen Übereinstimmung der Farben, welche ein gehärteter Körper im polarisirten Lichte zeigt, mit denjenigen Farben, welche in ihm durch Temperaturdifferenzen können hervorgebracht werden. In der That können von den Resultaten, zu welchen ich in der vorliegenden Abhandlung in Beziehung auf die vorübergehenden Farben, die durch Temperaturvertheilung erzeugt werden, gekommen bin, alle diejenigen, welche unabhängig sind von dem speciellen Gesetze der Temperaturvertheilung, unmittelbar angewandt werden auf die Farben, welche derselbe Körper zeigt, wenn er gehärtet wird, wenn die dabei entstehenden bleibenden Dilatationen nur im Allgemeinen dieselbe Symmetrie als die Temperaturvertheilung befolgen. Ich finde z. B., dass in einer gehärteten Kugel oder einem geraden Cylinder die bleibenden Dilatationen von dem Centrum oder der Axe aus nach der Peripherie zu wachsen; daraus folgt sogleich, dass eine solche Kugel oder ein solcher Cylinder im polarisirten Lichte sich verhalten müssen, als wären sie nicht gehärtet und hätten eine vom Mittelpunkt oder von der Axe aus steigende Temperatur, und dass daher z. B. die Farbenringe, welche sie zeigen, einen positiven Character wie die des Bergkrystalls haben müssen, wie es auch die Beobachtung gezeigt hat. Ebenso kann in Folge dieses Princips umgekehrt aus der Farbenvertheilung in dem gehärteten Körper auf die Vertheilung seiner bleibenden Dilatationen geschlossen werden. Lange Glasstreifen, die gehärtet sind, besitzen eine Farbenvertheilung von demselben Character als diejenige, die sie ungehärtet gezeigt haben würden, wenn sie mit einem Längenrande auf eine heisse Unterlage gestellt worden wären; daraus folgt sogleich, dass die bleibenden Dilatationen von den Längenrändern aus nach der Mitte der Platte zu abnehmen, und dass die Entfernung der schwarzen neutralen Zonen, welche das centrale Farbenfeld von den Randfeldern trennen, von der Mitte der Platte nahe gleich sein muss der halben Breite der Platte dividirt durch $\sqrt{3}$.

Erster Abschnitt.

Gleichförmig dilatirte Körper.

§ 1.

Die Elasticitätsfläche des Druckes und die optische Elasticitätsfläche. Relationen zwischen den Axen der einen und denen der andern.

Ich gehe von dem durch *Brewster* (*Philos. Transact.* 1816) entdeckten und durch die späteren Beobachtungen bestätigten Gesetze aus: dass in einem unkrystallinischen Körper, in welchem durch Compression oder Dilatation doppelte Strahlenbrechung hervorgebracht ist, die Grösse dieser Doppelbrechung eine lineäre Function der Contractionen oder Dilatationen der Theilchen des Körpers ist, und werde hieraus mittelst einiger geometrischen Sätze über Dilatationen überhaupt die allgemeinen Relationen entwickeln, welche zwischen den drei optischen Elasticitätsaxen und dem System von Dilatationen und Contractionen eines comprimirten Körpers stattfinden müssen. Unter Dilatation der Theilchen eines comprimirten Körpers ist folgende Grösse zu verstehen; es sei A ein beliebiges Theilchen des Körpers und B ein anderes ihm sehr nahe gelegenes; die ursprüngliche Entfernung beider Theilchen, d. h. ihre Entfernung im nicht comprimirten Zustande des Körpers, sei ϱ, ihre Entfernung im comprimirten Zustande des Körpers aber $\varrho(1+\alpha)$; die Grösse α ist *die Dilatation des Körpers an der Stelle A in der Richtung AB.* Diese Grösse bezeichnet, wenn sie einen positiven Werth hat, eine wirkliche Dilatation, im entgegengesetzten Falle aber eine Contraction. Im Allgemeinen ist α eine Function der Richtung AB und des Ortes von A, d. i. der Coordinaten von A; sie hängt ab von den Kräften, welche auf die Theilchen des Körpers wirken und von der Figur seiner Oberfläche. Wie aber auch diese Function α beschaffen sein mag, immer giebt es für jeden Punkt A drei auf einander rechtwinklige Richtungen, für welche dieselbe ein Maximum oder Minimum ist. Mit anderen Worten, wie auch das System von Verrückungen der Theilchen eines Körpers beschaffen sein mag, oder durch welche Ursache sie auch hervorgebracht sind, immer giebt es an jeder Stelle A desselben drei auf einander rechtwinklige Richtungen, in welchen die Dilatationen die grössten und kleinsten sind. Diese drei rechtwinkligen Richtungen nenne ich die Richtungen der Hauptdruck*axen**) des Theilchens A. Bezeichnet man mit α, β, γ die Dilatationen in den Richtungen der Hauptdruckaxen, so nenne ich $1+\alpha$, $1+\beta$, $1+\gamma$ die Hauptdruckaxen des Theilchens A. Wenn die Hauptdruckaxen ihrer Richtung und Grösse nach für ein Theilchen A bekannt sind, so kann man die Dilatation an der Stelle A in jeder anderen Richtung, deren Neigung gegen die Hauptdruckaxen gegeben ist, angeben. Es seien m, n, p die Winkel, welche irgend eine Richtung mit den Hauptdruckaxen $1+\alpha$, $1+\beta$, $1+\gamma$ bilde, die Dilatation in derselben werde mit δ bezeichnet, dann ist

$$(1+\delta)^2 = (1+\alpha)^2 \cos^2 m + (1+\beta)^2 \cos^2 n + (1+\gamma)^2 \cos^2 p.$$

Betrachtet man $1+\delta$ als einen Radiusvector, welcher mit den Hauptdruckaxen die Winkel m, n, p einschliesst, so stellt die vorstehende Gleichung eine Oberfläche dar, welcher *Fresnel* den Namen der Elasticitätsfläche gegeben hat. Ich nenne sie *Elasticitätsfläche des Drucks oder der Dilatationen.* — Denkt man sich um das Theilchen A in dem natürlichen Zustand des Körpers eine Kugel von beliebigem, aber sehr kleinem Halbmesser ϱ beschrieben, so kommen alle Theilchen, welche auf dieser Kugel liegen, nachdem durch irgend eine Ursache eine Verrückung in der relativen Lage der Theilchen eingetreten ist, auf die Oberfläche der Elasticitätsfläche der Dilatationen zu liegen, deren Hauptaxen $\varrho(1+\alpha)$, $\varrho(1+\beta)$, $\varrho(1+\gamma)$ sind. Wegen der Kleinheit der Werthe von α, β, γ, die hier immer vorausgesetzt wird, kann statt dieser Elasticitätsoberfläche auch die Oberfläche eines um dieselben Hauptaxen construirten Ellipsoids gesetzt werden. Daher kann auch gesagt werden: nach eingetretener Verrückung der relativen Lage der Theilchen des Körpers befinden sich diejenigen, welche sich ursprünglich auf der Kugelfläche vom Halbmesser ϱ befanden, auf der Oberfläche eines dreiaxigen Ellipsoids, dessen Radiusvector ϱ' ist, und wo

$$\frac{1}{\varrho'^2} = \frac{\cos^2 m}{\varrho^2(1+\alpha)^2} + \frac{\cos^2 n}{\varrho^2(1+\beta)^2} + \frac{\cos^2 p}{\varrho^2(1+\gamma)^2}.$$

Die obenstehenden Sätze hat *Cauchy* (*Exercices de Math.*) zuerst aufgestellt; da ihre Herleitung sehr einfach ist, werde ich dieselbe in der untenstehenden

*) Es mag darauf hingewiesen werden, dass diese Bezeichnungen abweichen von den durch *Neumann* selbst anderwärts, insbesondere in seinen Vorlesungen über die Theorie der Elasticität benutzten. — *W. V.*

Note beifügen*). Von diesen Sätzen hängen die Gesetze derjenigen Doppelbrechung des Lichtes ab, welche durch Druck in einem unkrystallinischen Medium hervorgebracht wird, oder allgemeiner: welche aus den kleinen Verrückungen der Theilchen in ihrer relativen Lage innerhalb ihrer Elasticitätsgrenze oder aus den daraus hervorgehenden inneren Spannungen eines solchen Mediums entsteht.

Ich betrachte zuerst einen solchen Zustand des Körpers, wo die relative Verrückung seiner Theilchen von der Art ist, dass die Hauptdruckaxen in jedem Punkt desselben dieselbe Richtung und denselben Werth haben; ich nenne einen solchen Körper einen *gleichförmig comprimirten.* In ihm ist die neue Anordnung seiner Theilchen in jedem Punkt dieselbe und symmetrisch in Beziehung auf drei rechtwinklige Ebenen, welche durch ihn gelegt werden, und die für jeden Punkt dieselbe Richtung haben. Dieser Fall tritt ein, wenn die Verrückungen eines jeden Teilchen lineäre Functionen der Coordinaten desselben sind, wie dies z. B. der Fall ist, wenn ein rechtwinkliges Parallelepipedon in einer oder zwei oder drei Richtungen durch Druckkräfte, welche über je zwei seiner gegenüberstehenden Seitenflächen gleichmässig vertheilt sind, comprimirt wird. — Dieser gleichförmig comprimirte Körper nun hat durch die Verrückung seiner Theilchen die Eigenschaft erlangt, das Licht doppelt zu brechen. Man kann drei Hypothesen zur Erklärung dieses Phänomens aufstellen. Entweder liegt der Grund in einer durch die veränderte relative Lage der Theile des festen Körpers hervorgebrachten neuen Anordnung der in ihm enthaltenen Licht-Aethertheilchen, oder in der veränderten Einwirkung der Theile des festen Körpers auf die Aethertheilchen, oder diese beiden Ursachen wirken gleichzeitig. Diese Hypothesen lassen sich durch den Calcul verfolgen, und dieser zeigt, dass die zweite Hypothese Resultate giebt, denen durch die Erfahrung widersprochen wird. Aus der Hypothese nämlich, dass die Doppelbrechung von einer durch die Compression veränderten Einwirkung der festen Theile des Körpers auf den in der Anordnung seiner Theilchen nicht geänderten Aether hergebracht werde, erhält man für die Differenz der Geschwindigkeiten der zusammengehörigen Strahlen, des gewöhnlichen und ungewöhnlichen einen Werth, welcher proportional mit dem Quadrat der Undulationsdauer ist**), also kleiner ist für die Strahlen des

---

*) Man findet diese Note zu Ende des gegenwärtigen Paragraphen auf Seite 33—34. — *C. N.*

**) Den Satz, dass unter den angegebenen Umständen der Unterschied der Fortpflanzungsgeschwindigkeiten der beiden zusammengehörigen Strahlen direct mit dem Quadrat der Undulationsdauer derselben proportional ist, werde ich in einer besonderen Note beweisen. — *(Anm. des Originals.)* Zusatz der Redaction. Man findet diese Note zu Ende des gegenwärtigen Paragraphen auf S. 34—38.

violetten Endes des Farbenspektrum, als für die Strahlen des rothen Endes. Hieraus würde in den Interferenzerscheinungen der gewöhnlichen und ungewöhnlichen Strahlen eine Farbenfolge entstehen, welche die entgegengesetzte ist von derjenigen, welche wir beobachten. Wir beobachten nämlich bei den Farben, welche gleichförmig comprimirte Körper unter den bekannten Bedingungen im polarisirten Lichte bei wachsender Compression oder vermehrter Dicke zeigen, eine Folge, welche genau mit der Newton'schen Farbentafel für dünne Blättchen übereinstimmt, oder doch so wenig davon abweicht, dass diese Abweichung der Beobachtung entgeht. Es verhalten sich also die Längen der Wege im Innern des comprimirten Körpers, bei welchen dieselbe Verzögerungsphase eintritt, für verschiedene Strahlen *direct* wie ihre Undulationslängen, woraus folgt, dass der Unterschied der Geschwindigkeiten der mit einander interferirenden Strahlen nicht proportional mit dem Quadrat der Undulationslänge sein kann, indem dann jene Längen der Wege sich *umgekehrt* wie die Undulationslängen verhalten müssten, und die rothen Strahlen bei einem kürzeren Wege oder einer geringeren Compression sich in der Interferenz zerstören müssten als die violetten. Die Hypothese also, dass die Doppelbrechung des comprimirten Körpers allein von einer Veränderung in der Einwirkung der festen Theile auf den Aether herrühre, muss aufgegeben werden. Rührte diese Doppelbrechung aber gleichzeitig von der veränderten Anordnung der Aethertheilchen und der veränderten Einwirkung der Theile des festen Körpers auf dieselben her, so würde die Differenz der Fortpflanzungsgeschwindigkeiten der gewöhnlichen und ungewöhnlichen Strahlen aus zwei Theilen bestehen, einem constanten und einem anderen, welcher mit dem Quadrat der Undulationsdauer proportional wäre; der constante Theil rührt her von der veränderten Anordnung der Aethertheilchen, der mit dem Quadrate der Undulationsdauer variable von der veränderten Einwirkung der festen Theile auf den Aether. Aus der vorher beigebrachten Thatsache aber, dass in der Folge der Farben, welche der comprimirte Körper im polarisirten Lichte zeigt, sich kein Unterschied von der Farbenfolge in den Newton'schen Ringen wahrnehmen lässt, folgt, dass, wenn der zweite Theil in dem Ausdruck für die Differenz der Fortpflanzungsgeschwindigkeiten der gewöhnlichen und ungewöhnlichen Strahlen auch nicht gleich Null ist, er doch so klein ist, dass er gegen den ersten Theil vernachlässigt werden kann.

Demnach bleibt als vorzüglichster Erklärungsgrund der Doppelbrechung des comprimirten Körpers allein zu berücksichtigen die neue Anordnung der Aethertheilchen, welche in Folge der Verrückung der festen Theile des Körpers in ihrer relativen Lage stattgefunden haben muss.

Was diese neue Anordnung der Aethertheilchen in dem gleichförmig comprimirten [ursprünglich isotropen] Körper betrifft, so muss sie, wie sie auch sonst beschaffen sein mag, symmetrisch in Beziehung auf dieselben drei rechtwinkligen Ebenen sein, in Beziehung auf welche die Verrückung der festen Theile des Körpers symmetrisch stattgefunden hat. In Medien aber, in welchen man durch jedes Theilchen drei rechtwinklige Ebenen von *denselben* Richtungen legen kann, in Beziehung auf welche die Anordnung der Theilchen symmetrisch ist, müssen die Geschwindigkeiten der Fortpflanzung von ebenen Wellen in verschiedenen Richtungen dasselbe Gesetz befolgen wie in krystallinischen Medien. Die theoretischen Untersuchungen über die Wellenbewegung in krystallinischen Medien haben nämlich diese Symmetrie in Beziehung auf drei rechtwinklige Ebenen allein vorausgesetzt. Es ist zwar nöthig gewesen, um die Resultate dieser theoretischen Untersuchungen zusammenfallen zu lassen mit den *Fresnel*'schen Gesetzen, welche von *Rudberg* durch genaue Refractionsbeobachtungen bestätigt sind, gewisse Relationen anzunehmen unter den sechs Constanten, von denen die Wellenbewegung in Medien, in welchen die Theilchen in Beziehung auf drei rechtwinklige Ebenen symmetrisch geordnet sind, im Allgemeinen abhängt (vgl. meine Abhandlung über die Theorie der doppelten Strahlenbr. *Pogg. Ann.* B. 25, p. 440*)), von denen man an sich nicht wissen kann, ob sie allgemein stattfinden, oder ob es Ausnahmefälle in der Wirklichkeit giebt, wo sie nicht erfüllt sind. Gäbe es solche Fälle, so würde in ihnen das bis jetzt überall in der Erfahrung bestätigte *Fresnel*'sche Gesetz, dass die Fortpflanzungsgeschwindigkeit eines Strahles mit seiner Richtung sich nur ändert, wenn sich zugleich die Richtung seiner Polarisationsebene verändert, nicht mehr stattfinden. Es würde in einem solchen Falle z. B. in einem krystallinisch einaxigen Medium, wie etwa in einem Medium, dessen Krystallform eine viergliedrige wäre, ein Strahl in Richtungen, die senkrecht gegen die Axe sind, wenn seine Polarisationsebene gleichfalls senkrecht gegen dieselbe ist, sich nicht mehr mit constanter Geschwindigkeit fortpflanzen, sondern mit einer Geschwindigkeit, welche abhängt von der Neigung des Strahles gegen die krystallinischen Queraxen. Die Unmöglichkeit solcher Ausnahmefälle lässt sich nicht darthun, obgleich ihr Vorhandensein überhaupt sehr unwahrscheinlich ist; jedenfalls gehört aber der vorliegende Fall eines gleichförmig comprimirten Körpers nicht zu denen, in welchen die erwähnten Relationen unter den Constanten nicht stattfänden. Dies erhellt daraus, dass diese Relationen hier in gewissen speciellen Fällen und in den Grenzfällen in aller Strenge

*) S. *F. Neumann*'s Gesammelte Werke, Bd. II, S. 159—198. — *(Red.)*

stattfinden müssen. Wenn z. B. die Verrückung der festen Theile des Körpers in Beziehung auf zwei der drei rechtwinkligen symmetrisch theilenden Ebenen dieselbe ist, so ist nur die Richtung der dritten Ebene eine bestimmte, [die der beiden andern sind beliebig]; es findet dann in Beziehung auf jede gegen diese [dritte] senkrechte Ebene dieselbe symmetrische Vertheilung statt. Hieraus folgt, dass jeder Strahl, welcher parallel mit der dritten Ebene ist und dessen Polarisationsebene mit derselben zusammenfällt, sich mit derselben Geschwindigkeit fortpflanzen muss; dies kann nicht anders geschehen, als wenn eine von den erwähnten Relationen in aller Strenge erfüllt ist. Wenn die Verrückungen in Beziehung auf alle drei Ebenen dieselben sind, so müssen diese Relationen alle drei streng erfüllt werden, woraus hervorgeht, dass dieselben überhaupt wenigstens erfüllt werden bei Vernachlässigung von Grössen von der Ordnung des Unterschieds der Verrückungen in den Hauptdruckaxen, oder von der Ordnung des Unterschieds der Fortpflanzungsgeschwindigkeit des Lichts in dem comprimirten Körper in Beziehung auf die absolute Geschwindigkeit in demselben.

Wir sind also berechtigt, die von *Fresnel* entdeckten Gesetze der Doppelbrechung des Lichts durch krystallinische Medien auch als gültig auszudehnen auf die Doppelbrechung des Lichts, welche durch gleichförmig comprimirte unkrystallinische Medien hervorgebracht wird. Das Fundament dieser Gesetze ist das Gesetz für die Fortpflanzungsgeschwindigkeit und die Polarisationsrichtung von ebenen Wellen. Dies Gesetz spricht sich am einfachsten aus in seiner bekannten Construction durch die *optische Elasticitätsfläche.* Die Richtungen der drei Axen dieser optischen Elasticitätsfläche fallen nothwendig zusammen mit den Richtungen der Hauptdruckaxen des gleichförmig comprimirten Körpers. Es handelt sich also allein noch um die Bestimmung der Werthe der Axen der optischen Elasticitätsfläche als Functionen der Hauptdruckaxen oder der Dilatationen in denselben.

Ich nenne a, b, c die Hauptdruckaxen und α, β, γ die Dilatationen in der Richtung derselben. Ich bezeichne durch A_b und A_c die Fortpflanzungsgeschwindigkeiten der beiden Wellenebenen, die senkrecht auf a stehen, von denen die eine nach b, die andere nach c polarisirt ist. Ebenso bezeichnen B_a und B_c die beiden Fortpflanzungsgeschwindigkeiten von Wellenebenen, die senkrecht auf b stehen und respektive nach a und c polarisirt sind, und endlich C_a und C_b sind die Fortpflanzungsgeschwindigkeiten einer auf c senkrecht stehenden Wellenebene, je nachdem sie nach a oder b polarisirt ist. Von diesen sechs Grössen beziehen sich immer zwei auf zwei Wellenebenen, welche eine gemeinschaftliche Polarisationsebene besitzen, wie z. B. A_c und C_a, und da solche Wellenebenen dieselbe Fortpflanzungsgeschwindigkeit besitzen, so müssen unter diesen sechs Grössen folgende Relationen stattfinden:

$$A_b = B_a, \qquad A_c = C_a, \qquad B_c = C_b.$$

Diese Grössen sind Functionen der Dilatationen α, β, γ in den Hauptdruckaxen und zwar solche, dass, wenn die Function für eine derselben bekannt ist, man die der übrigen durch Vertauschung der Buchstaben α, β, γ unter einander daraus ableiten kann. Wenn z. B. C_a bekannt wäre, so fände man daraus C_b durch Vertauschung von α und β, und B_a durch Vertauschung von γ und β. Wegen der Kleinheit der Grössen α, β, γ kann man die Grössen C_a, C_b u. s. w. nach den Potenzen von α, β, γ entwickeln und setzen:

$$C_a = G + p\alpha + q\beta + r\gamma + p'\alpha^2 + q'\beta^2 + r'\gamma^2 + \cdots,$$
$$C_b = G + q\alpha + p\beta + r\gamma + q'\alpha^2 + p'\beta^2 + r'\gamma^2 + \cdots,$$

worin G die Fortpflanzungsgeschwindigkeit des Lichts in dem Körper in seinem natürlichen Zustand bezeichnet. Die Beobachtungen haben gezeigt, dass der Unterschied $C_a - C_b$ eine lineäre Function von den Dilatationen ist; es müssen also die Glieder der höheren Ordnung von α und β entweder für die Beobachtung unmerklich sein, oder es muss $p' = q'$ und überhaupt die Coëfficienten der Glieder höherer Ordnung von α und β unter einander gleich sein. Wendet man dieselbe Betrachtung auf B_a, B_c und A_b, A_c an, so ergiebt sich, dass z. B. C_a nur die Form haben kann

$$C_a = G + p\alpha + q\beta + r\gamma + p'(\alpha^2 + \beta^2 + \gamma^2) + p''(\alpha\beta + \alpha\gamma + \beta\gamma) + \cdots$$

oder

$$C_a = G' + p\alpha + q\beta + r\gamma,$$

worin G' entweder einen von G nicht merklich verschiedenen Werth besitzt oder eine Function von α, β, γ ist, welche nur Glieder der zweiten und höheren Ordnung dieser Grössen enthält, und ihren Werth bei Vertauschung dieser Grössen unter einander, nicht verändert.

Da $C_a = A_c$ und also der Werth von C_a ungeändert bleiben muss, wenn α und γ mit einander vertauscht werden, so muss $r = p$ sein. Man hat also:

$$C_a = A_c = G' + p\alpha + q\beta + p\gamma.$$

Diese Fortpflanzungsgeschwindigkeit $C_a = A_c$ ist die Axe der optischen Elasticitätsfläche parallel mit b, welche ich durch B bezeichnen will. Die beiden andern Axen der optischen Elasticitätsfläche parallel mit a und c bezeichne ich durch A und C, und ihre Werthe sind respective $B_c = C_b$ und $A_b = B_a$; man erhält sie aus C_a durch Vertauschung der Buchstaben α, β, γ, nämlich A

aus B durch Vertauschung von α und β, und C aus B durch Vertauschung von β und γ. Die drei optischen Elasticitätsaxen sind also mit den Dilatationen in den Hauptdruckaxen durch folgende Relationen verbunden:

$$\text{(A.)} \qquad \begin{aligned} A &= B_c = C_b = G' + q\alpha + p\beta + p\gamma, \\ B &= A_c = C_a = G' + p\alpha + q\beta + p\gamma, \\ C &= A_b = B_a = G' + p\alpha + p\beta + q\gamma. \end{aligned}$$

Die Grösse der Doppelbrechung hängt von der Differenz der optischen Elasticitätsaxen ab; sie hängt also nur von zwei Constanten p und q ab. Ob zwischen den Werthen von p und q noch ein constantes Verhältniss stattfindet, oder ob auch ihr Verhältniss durch die individuelle Natur des comprimirten Körpers bedingt ist, lässt sich nicht weiter durch allgemeine Betrachtungen ermitteln, sondern muss der Entscheidung durch Beobachtungen überlassen bleiben. Ebenso kann nur durch die Beobachtungen entschieden werden, ob G' constant und also gleich G ist; jedenfalls wird der Unterschied $G' - G$ nur äusserst klein sein gegen die Glieder erster Ordnung, weil die Erfahrung gezeigt hat, dass gleich grosse Compressionen und Dilatationen desselben Körpers gleiche, aber entgegengesetzte Veränderungen in der Lichtgeschwindigkeit hervorbringen, was nur der Fall sein kann, wenn in $G' - G$ die Glieder von einer geraden Ordnung unmerklich sind.

Erste Note zu Seite 28.*)

Es seien x, y, z die rechtwinkligen Coordinaten eines Theilchens A im Innern des Körpers, ehe seine Theilchen eine Verrückung erlitten haben, und $x + a$, $y + b$, $z + c$ die Coordinaten eines andern Theilchens B, welches sehr nahe bei A liegt. Nach der Verrückung sollen die Ordinaten derselben beiden Theilchen sein respective $x + u$, $y + v$, $z + w$ und $x + a + u'$, $y + b + v'$, $z + c + w'$. Die Verrückungen u, v, w sind Functionen von x, y, z, und man erhält u', v', w', wenn in u, v, w statt x, y, z gesetzt wird $x + a$, $y + b$, $z + c$. Dies giebt, wenn u', v', w' nach den Potenzen von a, b, c entwickelt werden, da a, b, c so klein sind, dass die Glieder der zweiten und höheren Ordnung als unmerklich vernachlässigt werden können:

$$\begin{aligned} u' &= u + \frac{\partial u}{\partial x} a + \frac{\partial u}{\partial y} b + \frac{\partial u}{\partial z} c, \\ v' &= v + \frac{\partial v}{\partial x} a + \frac{\partial v}{\partial y} b + \frac{\partial v}{\partial z} c, \\ w' &= w + \frac{\partial w}{\partial x} a + \frac{\partial w}{\partial y} b + \frac{\partial w}{\partial z} c. \end{aligned}$$

*) Die Redaction hat sich erlaubt, diese und die folgende Note, die im Original unmittelbar in den Text eingeschaltet sind, hier an das Ende des § 1 zu setzen.

Die Entfernung der beiden Theilchen, B von A, nenne ich vor der Verrückung ϱ und nach der Verrückung ϱ'. Es ist also:

$$\varrho^2 = a^2 + b^2 + c^2, \quad \varrho'^2 = (a + u' - u)^2 + (b + v' - v)^2 + (c + w' - w)^2.$$

Setzt man in ϱ'^2 die vorstehenden Werthe für $u' - u$, $v' - v$ und $w' - w$, entwickelt alsdann nach den Potenzen von a, b, c, so erhält man mit Vernachlässigung der zweiten und höheren Potenzen dieser Grössen [d. i. von $u' - u, \ldots$, resp. von $\frac{\partial u}{\partial x}, \frac{\partial u}{\partial y}, \cdots$], wenn man die Winkel m, n, p einführt, welche ϱ mit x, y, z bildet, d. h. wenn man setzt:

$$\cos m = \frac{a}{\varrho}, \quad \cos n = \frac{b}{\varrho}, \quad \cos p = \frac{c}{\varrho},$$

folgenden Ausdruck:

$$(\alpha.) \quad \varrho'^2 = \varrho^2 \Big\{ \Big(1 + \frac{\partial u}{\partial x}\Big)^2 \cos^2 m + \Big(1 + \frac{\partial v}{\partial y}\Big)^2 \cos^2 n + \Big(1 + \frac{\partial w}{\partial z}\Big)^2 \cos^2 p$$
$$+ 2\Big(\frac{\partial u}{\partial y} + \frac{\partial v}{\partial x}\Big) \cos m \cos n + 2\Big(\frac{\partial u}{\partial x} + \frac{\partial w}{\partial x}\Big) \cos m \cos p$$
$$+ 2\Big(\frac{\partial v}{\partial z} + \frac{\partial w}{\partial y}\Big) \cos n \cos p \Big\}.$$

In dieser Gleichung ist die Richtung des Coordinatensystems willkürlich; man kann dieselbe so verändern, dass die Glieder, welche die Producte der Cosinus enthalten, verschwinden. In Beziehung auf dieses neue Coordinatensystem hat man also:

$$(\beta.) \quad \varrho'^2 = \varrho^2 \Big\{ \Big(1 + \frac{\partial u}{\partial x}\Big)^2 \cos^2 m + \Big(1 + \frac{\partial v}{\partial y}\Big)^2 \cos^2 n + \Big(1 + \frac{\partial w}{\partial z}\Big)^2 \cos^2 p \Big\}.$$

Die Gleichungen (α.) und (β.) sind, wenn man ϱ' als Radiusvector betrachtet, welcher mit den Coordinatenaxen die Winkel m, n, p bildet, die Gleichungen für die Elasticitätsfläche der Dilatationen des Theilchen A, die erstere ist auf ein beliebiges Coordinatensystem bezogen, die zweite auf ihre Hauptdruckaxen. Aus diesen Gleichungen ergeben sich von selbst die im Texte angegebenen Sätze.

Zweite Note zu Seite 28.

Aus den Navier'schen Gleichungen für die kleinen Bewegungen in einem elastischen Medium, dessen Theile gegenseitig anziehend und abstossend wirken, ergeben sich für den Fall, dass sich in demselben eine Wellenebene in einer Richtung fortpflanzt, welche mit den Coordinatenaxen Winkel bildet, deren Cosinus α, β, γ sind, die Gleichungen*):

*) Vgl. *F. Neumann*, Theorie der doppelten Strahlenbrechung, Gesammelte Werke II, S. 168. Setzt man in den dort mit (III.) bezeichneten Gleichungen die für nicht krystallinische Medien geltenden Relationen (l. c. S. 166)

$$A = A_{,} = A_{,,} = \tfrac{1}{3}B = \tfrac{1}{3}C = \tfrac{1}{3}D = k,$$

so erhält man die Gleichungen (a.). Sie entsprechen der *ein*constantigen Elasticitätstheorie, über die im Vorwort der Redaction gesprochen ist (s. S. 3 dieser Abhandlung). — *(Red.)*

$$(a.)\qquad \begin{aligned} \frac{\partial^2 u}{\partial t^2} &= k\Big((2\alpha^2+1)\frac{\partial^2 u}{\partial \varrho^2} + 2\alpha\beta\frac{\partial^2 v}{\partial \varrho^2} + 2\alpha\gamma\frac{\partial^2 w}{\partial \varrho^2}\Big), \\ \frac{\partial^2 v}{\partial t^2} &= k\Big(2\alpha\beta\frac{\partial^2 u}{\partial \varrho^2} + (2\beta^2+1)\frac{\partial^2 v}{\partial \varrho^2} + 2\beta\gamma\frac{\partial^2 w}{\partial \varrho^2}\Big), \\ \frac{\partial^2 w}{\partial t^2} &= k\Big(2\alpha\gamma\frac{\partial^2 u}{\partial \varrho^2} + 2\beta\gamma\frac{\partial^2 v}{\partial \varrho^2} + (2\gamma^2+1)\frac{\partial^2 w}{\partial \varrho^2}\Big), \end{aligned}$$

worin u, v, w die Verrückungen der Theilchen parallel mit x, y, z sind und ϱ die Entfernung der Wellenebene vom Anfangspunkt der Coordinaten bedeutet. Diese Gleichungen setzen voraus, dass die Theile des Mediums nach allen Richtungen hin dieselbe Vertheilung haben, und dass keine anderen Kräfte als diejenigen, mit welchen sie sich gegenseitig anziehen und abstossen, wirksam sind. Will man diese Gleichungen auf den Lichtäther anwenden, welcher in einem festen Körper eingeschlossen ist, so muss man berücksichtigen, dass ausser den genannten Kräften noch andere Kräfte wirksam werden, sowie das Aethertheilchen seine Gleichgewichtslage verlässt, nämlich die Abstossungen oder Anziehungen zwischen dem Aethertheilchen und den Theilchen des festen Körpers. Diese neuen Kräfte modificiren nicht allein die Bewegungen der Aethertheilchen, sondern setzen auch die Theile des festen Körpers in Bewegung. Die Bewegung aber der Theile des festen Körpers, welche durch die Lichtwelle hervorgebracht wird, kann man, bei vollkommen durchsichtigen Körpern als sehr klein betrachten gegen die Bewegung der Aethertheilchen, und deshalb dieselbe, wenigstens in einer ersten Annäherung, vernachlässigen. Vernachlässigt man aber die in den festen Theilen des Körpers erregte Bewegung, so werden die drei mit den Coordinatenaxen parallelen Componenten der Einwirkung, welche ein Aethertheilchen von den umgebenden festen Theilen des Körpers erfährt, lineäre Functionen seiner Verrückungen von der Form:

$$\begin{aligned} &-(Mu + nv + pw), \\ &-(nu + Nv + qw), \\ &-(pu + qv + Pw). \end{aligned}$$

Diese drei Componenten sind parallel respective mit x, y, z. Die Lage der Coordinatenaxen ist eine beliebige. *Fresnel* hat in seiner Abhandlung *sur la double réfract.* aber gezeigt, dass es immer ein Coordinatensystem giebt, in Beziehung auf welches die vorstehenden Ausdrücke die einfachere Form erhalten:

$$(b.)\qquad -Mu, \quad -Nv, \quad -Pw,$$

wo M, N, P neue Constanten bezeichnen und u, v, w die Verrückungen parallel mit den neuen Coordinatenaxen respective der x, y, z. Man überzeugt sich nun leicht, 1) dass, wenn die Vertheilung der Theile des festen Körpers nach allen Richtungen hin gleich ist, dann $M = N = P$ und dass das Coordinatensystem in (b.) ein beliebiges ist, 2) dass, wenn die Anordnung der Theile des festen Körpers symmetrisch ist in Beziehung auf drei rechtwinklige Ebenen, welche durch das Aethertheilchen gelegt werden können, die Durchschnittslinien dieser

Ebenen parallel mit den Coordinatenaxen sind, auf welche sich die Ausdrücke in (b.) beziehen. Wenden wir diese Resultate auf den Lichtäther an, welcher in dem gleichförmig comprimirten Körper enthalten ist, bei welchem nach der obigen Voraussetzung die nach allen Richtungen hin gleiche Anordnung seiner Theilchen nicht durch die Verrückung, welche die festen Theile des Körpers erlitten haben, gestört worden sein soll, und nehmen wir zu Coordinatenaxen die Hauptdruckaxen des Körpers, so haben wir, um die Gleichungen für die Fortpflanzung einer Lichtwelle in diesem Aether zu bilden, zu den Gleichungen (a.) rechter Hand nur noch die Ausdrücke (b.) zu addiren. Dies giebt

$$\text{(c.)}\quad \begin{aligned} \frac{\partial^2 u}{\partial t^2} &= -Mu + k\Big((2\alpha^2+1)\frac{\partial^2 u}{\partial \varrho^2} + 2\alpha\beta\frac{\partial^2 v}{\partial \varrho^2} + 2\alpha\gamma\frac{\partial^2 w}{\partial \varrho^2}\Big), \\ \frac{\partial^2 v}{\partial t^2} &= -Nv + k\Big(2\alpha\beta\frac{\partial^2 u}{\partial \varrho^2} + (2\beta^2+1)\frac{\partial^2 v}{\partial \varrho^2} + 2\beta\gamma\frac{\partial^2 w}{\partial \varrho^2}\Big), \\ \frac{\partial^2 w}{\partial t^2} &= -Pw + k\Big(2\alpha\gamma\frac{\partial^2 u}{\partial \varrho^2} + 2\beta\gamma\frac{\partial^2 v}{\partial \varrho^2} + (2\gamma^2+1)\frac{\partial^2 w}{\partial \varrho^2}\Big). \end{aligned}$$

Für den vorliegenden Zweck ist es hinreichend, ein particuläres Integral für (c.) zu finden; ich setze

$$\text{(d.)}\quad \frac{u}{A} = \frac{v}{B} = \frac{w}{C} = \sin\Big(\frac{t}{T} - \frac{\varrho}{\lambda}\Big)2\pi,$$

wo T die Schwingungsdauer, λ die Undulationslänge bedeuten soll, so dass, wenn V die Fortpflanzungsgeschwindigkeit der Welle bezeichnet, man hat $\lambda = VT$. Die Coëfficienten A, B, C sollen die drei Cosinus der Winkel bezeichnen, welche die Richtung der Oscillation mit den Coordinatenaxen bildet.

Substituirt man die Werthe für u, v, w aus (d.) in (c.), so erhält man die Bedingungsgleichungen*):

$$\text{(e.)}\quad \begin{aligned} 0 &= ((2\alpha^2+1)k + M\lambda^2 - V^2)A + 2\alpha\beta kB + 2\alpha\gamma kC, \\ 0 &= 2\alpha\beta kA + ((2\beta^2+1)k + N\lambda^2 - V^2)B + 2\beta\gamma kC, \\ 0 &= 2\alpha\gamma kA + 2\beta\gamma kB + ((2\gamma^2+1)k + P\lambda^2 - V^2)C. \end{aligned}$$

Eliminirt man hieraus A, B, C, so erhält man eine cubische Gleichung für V^2 Setzt man der Kürze wegen

$$V^2 - k = z,$$

so wird diese:

$$\text{(f.)}\quad \begin{aligned} 0 = 2k((N\lambda^2-z)(P\lambda^2-z)\alpha^2 + (M\lambda^2-z)(P\lambda^2-z)\beta^2 + (M\lambda^2-z)(N\lambda^2-z)\gamma^2) \\ + (M\lambda^2-z)(N\lambda^2-z)(P\lambda^2-z). \end{aligned}$$

Zwei Wurzeln dieser Gleichungen verschwinden mit λ^2, und diese gehören zwei transversalschwingenden Wellenebenen an, wie die ihnen zufolge (e.) angehörigen

*) In den Gleichungen (e.) sowie in allen folgenden Gleichungen dieser Note muss es statt M, N, P heissen: $\frac{M}{4\pi^2}$, $\frac{N}{4\pi^2}$, $\frac{P}{4\pi^2}$, oder aber die Constanten in (b.) sind mit $M\cdot 4\pi^2$, $N\cdot 4\pi^2$, $P\cdot 4\pi^2$ statt mit M, N, P zu bezeichnen. — *A. W.*

Werthe von A, B, C zeigen; die dritte Wurzel giebt eine longitudinalschwingende Wellenebene, welche wir unberücksichtigt lassen. Entwickelt man die beiden Wurzeln, welche mit λ^2 verschwinden, in Reihen nach den Potenzen von λ, und vernachlässigt die Glieder, welche von λ^4 abhängen, so kommt dies darauf hinaus, dass in (f.) das Product $(M\lambda^2 - z)(N\lambda^2 - z)(P\lambda^2 - z)$ gegen die übrigen Glieder vernachlässigt wird, und die beiden Wurzeln sind dann die des quadratischen Factors, mit welchem $2k$ multiplicirt ist. Dieser Factor, gleich Null gesetzt, giebt die Gleichung:

$$\text{(g.)} \qquad \frac{\alpha^2}{M\lambda^2 - z} + \frac{\beta^2}{N\lambda^2 - z} + \frac{\gamma^2}{P\lambda^2 - z} = 0,$$

und mittelst dieser Gleichung erhält man aus (e.), wenn die kleinen Glieder, welche von λ^2 abhängen, gegen die davon unabhängigen vernachlässigt werden:

$$\text{(h.)} \qquad A = -\frac{\alpha}{R(M\lambda^2 - z)}, \quad B = -\frac{\beta}{R(N\lambda^2 - z)}, \quad C = -\frac{\gamma}{R(P\lambda^2 - z)},$$

wo

$$R = \sqrt{\left(\frac{\alpha}{(M\lambda^2 - z)}\right)^2 + \left(\frac{\beta}{(N\lambda^2 - z)}\right)^2 + \left(\frac{\gamma}{(P\lambda^2 - z)}\right)^2}.$$

In diesen Gleichungen muss man in $\lambda^2 = V^2 T^2$ für V^2 seine erste Annäherung $= k$ setzen, weil wir Glieder, die von λ^4 abhängen, bereits vernachlässigt haben. Restituirt man demnach für z seinen Werth $V^2 - k$ in (g.) und (h.), so erhält man:

$$\frac{\alpha^2}{k(1 + MT^2) - V^2} + \frac{\beta^2}{k(1 + NT^2) - V^2} + \frac{\gamma^2}{k(1 + PT^2) - V^2} = 0,$$

$$A = \frac{-\alpha}{R[k(1 + MT^2) - V^2]}, \quad B = \frac{-\beta}{R[k(1 + NT^2) - V^2]}, \quad C = \frac{-\gamma}{R[k(1 + PT^2) - V^2]},$$

wo R so zu bestimmen, dass $A^2 + B^2 + C^2 = 1$ ist. Diese Gleichungen zeigen, dass die Fortpflanzungsgeschwindigkeiten der beiden in (a.) enthaltenen transversalschwingenden Wellenebenen und die Richtung ihrer Schwingungen ausgedrückt sind durch die Grösse und Richtung des grössten und kleinsten Radiusvectors in dem Schnitt, in welchem eine Elasticitätsfläche, welche mit den Hauptaxen:

$$\sqrt{k(1 + MT^2)}, \quad \sqrt{k(1 + NT^2)}, \quad \sqrt{k(1 + PT^2)},$$

respective parallel mit x, y, z construirt ist, von der durch ihren Mittelpunkt gelegten Wellenebene geschnitten wird Bezeichnen wir diese drei Axen respective mit a, b, c und nehmen an, dass b die mittlere sei, d. h. dass $b - a$ und $c - b$ dasselbe Vorzeichen haben, so liegen die Normalen der Kreisschnitte der Elasticitätsfläche in der Ebene (a, c) und, wenn die Neigung derselben gegen c mit ν bezeichnet wird, so ist

$$\operatorname{tang} \nu = \sqrt{\frac{b^2 - a^2}{c^2 - b^2}}.$$

Das giebt in unserem Falle

$$\operatorname{tang} \nu = \sqrt{\frac{N - M}{P - N}}.$$

Nennen wir die Winkel, welche eine Wellennormale mit den Normalen der beiden Kreisschnitte bildet, u und u' und bezeichnen wir die dieser Welle angehörigen Fortpflanzungsgeschwindigkeiten mit $V_{,}$ und $V_{,,}$, so ist

$$V_{,}^2 = k(1 + \tfrac{1}{2}(M + P)T^2) + \tfrac{1}{2}(M - P)T^2 \cos(u - u'),$$

$$V_{,,}^2 = k(1 + \tfrac{1}{2}(M + P)T^2) + \tfrac{1}{2}(M - P)T^2 \cos(u + u'),$$

woraus

$$V_{,}^2 - V_{,,}^2 = (M - P)T^2 \sin u \sin u',$$

oder bei Vernachlässigung der höheren Potenzen von T

$$V_{,} - V_{,,} = \frac{M - P}{k} T^2 \sin u \sin u',$$

welches der oben im Texte angewandte Satz ist.*)

Wenn durch die Compression die Kräfte, welche die festen Theile des Körpers auf die Aethertheile bei ihrer Bewegung ausüben, nicht modificirt werden, so kann man $M = N = P$ setzen, und dann ist:

$$V_{,}^2 = V_{,,}^2 = k(1 + MT^2).$$

Dieser Ausdruck zeigt, dass in einem unkrystallinischen Medium die Berücksichtigung der Kräfte, welche die festen Theile auf die Aethertheilchen in ihrer Bewegung ausüben, die Fortpflanzungsgeschwindigkeit einer Welle von der Undulationsdauer abhängig macht; und zwar so, dass die rothen Strahlen sich schneller und die blauen langsamer bewegen.**) Die weitere Entwickelung dieser Bemerkung giebt eine neue, von derjenigen, welche *Cauchy* gegeben hat, sehr verschiedene Erklärung des Phänomens der Dispersion des Lichts.

§ 2.

Folgerungen aus den im vorigen Paragraphen gefundenen Relationen.

Die Vergleichung der Elasticitätsfläche des Drucks und der ihr zugehörigen optischen Elasticitätsfläche führt zu einigen interessanten Sätzen, welche uns im Folgenden von Nutzen sein werden. In beiden Flächen haben die Hauptaxen dieselbe Richtung. In der Elasticitätsfläche des Drucks, welche ich durch

$$\varrho'^2 = a^2 \cos^2 m + b^2 \cos^2 n + c^2 \cos^2 p$$

bezeichne, haben die Hauptaxen die Werthe

$$a = \varrho(1 + \alpha), \quad b = \varrho(1 + \beta), \quad c = \varrho(1 + \gamma),$$

*) Selbstverständlich ruht der genannte Satz auf dem speciellen Ansatz (c.); eine andere Hypothese über den Mechanismus der Lichtschwingungen würde zu einem andern Resultat führen. — *W. V.*

**) Wenn im Original das Gegentheil steht, so beruht dies auf einem Schreib- oder Druckfehler, der von *F. Neumann* selbst verbessert ist, und zwar in dem den Abhandlungen der Berl. Akademie beigegebenen Verzeichniss von Verbesserungen. — *(Red.)*

und in der zugehörigen optischen Elasticitätsfläche, welche ich durch

$$R^2 = A^2 \cos^2 m + B^2 \cos^2 n + C^2 \cos^2 p$$

bezeichne, ist

$$A = G' + q\alpha + p\beta + p\gamma,$$
$$B = G' + p\alpha + q\beta + p\gamma,$$
$$C = G' + p\alpha + p\beta + q\gamma.$$

Wenn in der Elasticitätsfläche des Drucks b die mittlere Axe ist, d. h. wenn die Differenzen $a - b$ und $b - c$ dasselbe Vorzeichen haben, so ist auch in der optischen Elasticitätsfläche B die mittlere Axe, weil alsdann auch $A - B$ und $B - C$ dasselbe Vorzeichen haben. Hieraus folgt, dass die *Kreisschnitte* in beiden Oberflächen die Richtung einer Hauptaxe gemeinschaftlich haben [resp. auf der Ebene ac oder AC senkrecht stehen]. Ich nenne n die Neigung der Normale eines Kreisschnitts in der Elasticitätsfläche des Drucks gegen die Axe C, und N die Neigung der Normale des Kreisschnitts in der optischen Elastizitätsfläche gegen dieselbe Axe C, so ist

$$\operatorname{tg} n = \sqrt{\frac{a^2 - b^2}{b^2 - c^2}}, \qquad \operatorname{tg} N = \sqrt{\frac{A^2 - B^2}{B^2 - C^2}}.$$

Setzt man hierin die Werthe für die Axen, so erhält man bei Vernachlässigung der Quadrate der sehr kleinen Grösse von α, β, γ, $\frac{p\alpha}{G'}$ u. s. w.

$$\operatorname{tg} n = \sqrt{\frac{\alpha - \beta}{\beta - \gamma}} = \operatorname{tg} N.$$

Die Elasticitätsfläche des Drucks und die zugehörige optische Elasticitätsfläche werden also von denselben Ebenen in Kreisen geschnitten. Ich nenne die Normalen der Kreisschnitte der Elasticitätsfläche die *neutralen Axen* des Drucks, während diese Normalen in der optischen Elasticitätsfläche den Namen der *optischen Axen* führen. Das eben genannte Theorem lässt sich also auch so aussprechen: *die neutralen Axen des Drucks und die optischen Axen haben dieselben Richtungen.*

Die Fortpflanzungsgeschwindigkeiten und Polarisationsrichtungen einer Wellenebene erhält man bekanntlich, wenn man durch den Mittelpunkt der optischen Elasticitätsfläche einen Schnitt legt, parallel mit der Wellenebene, und den grössten und kleinsten Radius dieses Schnittes bestimmt; die Werthe dieser Radien sind die zwei Fortpflanzungsgeschwindigkeiten der Wellenebene, und ihre Richtungen bestimmen deren Polarisationsebene. Die Richtungen dieser beiden Radiivectoren erhält man durch eine einfache geometrische Construction: man lege durch die Normale des Schnittes und die beiden optischen

Axen zwei Ebenen, die sich in der Normale schneiden, halbire den spitzen und stumpfen Winkel derselben durch zwei andere Ebenen, diese letzteren schneiden die Schnittebene in den Richtungen ihres grössten und kleinsten Radiusvector. Diese Construction, wodurch die Richtungen der grössten und kleinsten Radiivectoren eines Schnittes bestimmt wird, gilt natürlich für jede Elasticitätsfläche: wendet man sie auf die der optischen Elasticitätsfläche zugehörige Elasticitätsfläche des Drucks an, und bemerkt, dass die optischen Axen und die neutralen Axen des Drucks zusammen fallen, so ergiebt sich: dass in einem gemeinschaftlichen Schnitt der Elasticitätsfläche des Drucks und der zugehörigen optischen Elasticitätsfläche die grössten und kleinsten Radiivectoren in beiden Oberflächen dieselben Richtungen haben.

Ich werde mit $\varrho_{\prime}$ und $\varrho_{\prime\prime}$ den grössten und kleinsten Radiusvector in dem Schnitt, welchen eine Ebene mit der Elasticitätsfläche des Drucks macht, bezeichnen, und mit ω und ε die entsprechenden Radien in dem Schnitt, welcher dieselbe Ebene in der optischen Elasticitätsfläche bildet. Dann ist:

$$\varrho_{\prime}^2 = \tfrac{1}{2}(a^2 + c^2) + \tfrac{1}{2}(a^2 - c^2)\cos(u - v),$$
$$\varrho_{\prime\prime}^2 = \tfrac{1}{2}(a^2 + c^2) + \tfrac{1}{2}(a^2 - c^2)\cos(u + v),$$

wo u und v die beiden Winkel bezeichnet, welche die Normale der schneidenden Ebene mit den Normalen der Kreisschnitte bildet. Ebenso hat man

$$\omega^2 = \tfrac{1}{2}(A^2 + C^2) + \tfrac{1}{2}(A^2 - C^2)\cos(u - v),$$
$$\varepsilon^2 = \tfrac{1}{2}(A^2 + C^2) + \tfrac{1}{2}(A^2 - C^2)\cos(u + v).$$

Substituirt man hierin die Werthe für a, c, A, C, und vernachlässigt die Quadrate der sehr kleinen Grössen $\alpha, \beta, \gamma, p\alpha$ u. s. w., so findet man:

$$\varrho_{\prime}^2 = \varrho^2(1 + \alpha + \gamma) + \varrho^2(\alpha - \gamma)\cos(u - v),$$
$$\varrho_{\prime\prime}^2 = \varrho^2(1 + \alpha + \gamma) + \varrho^2(\alpha - \gamma)\cos(u + v),$$

und

$$\omega^2 = G'^2\left(1 + \frac{p+q}{G'}(\alpha + \gamma) + \frac{2p}{G'}\beta\right) - G'(p - q)(\alpha - \gamma)\cos(u - v),$$

$$\varepsilon^2 = G'^2\left(1 + \frac{p+q}{G'}(\alpha + \gamma) + \frac{2p}{G'}\beta\right) - G'(p - q)(\alpha - \gamma)\cos(u + v),$$

und hieraus:

$$\omega - \varepsilon = -(p - q)\frac{\varrho_{\prime} - \varrho_{\prime\prime}}{\varrho}.$$

Diese letztere Gleichung enthält folgende zwei Theoreme:

Der Unterschied des grössten und kleinsten Radiusvector eines Schnittes der optischen Elasticitätsfläche eines gleichförmig comprimirten Körpers ist proportional mit dem Unterschied der Dilatationen, welche in den Richtungen dieser Radiivectoren stattgefunden haben.

Der grösste Radiusvector in einem Schnitt der optischen Elasticitätsfläche fällt seiner Richtung nach zusammen mit dem kleinsten oder grössten Radiusvector desselben Schnittes der Elasticitätsfläche des Drucks, je nachdem $p - q$ eine positive oder negative Grösse ist.

Aus diesen Sätzen folgen überraschende Analogien zwischen den linearen Dilatationen des gleichförmig comprimirten Körpers und den Fortpflanzungsgeschwindigkeiten der Lichtwellen und ihren Polarisationsrichtungen. Eine Lichtwelle, welche senkrecht auf einer neutralen Axe des Drucks steht, hat nur einerlei Fortpflanzungsgeschwindigkeit und die Richtung ihrer Polarisationsebene ist willkürlich; in allen Richtungen eines Schnittes aber, die senkrecht auf einer neutralen Axe stehen, haben auch die festen Theile des Körpers dieselben Dilatationen erlitten. In jedem andern Schnitt, welchen man durch den Körper macht, giebt es zwei auf einander rechtwinklige Richtungen, in welchen die Dilatation ein Maximum oder Minimum ist; eine Lichtwelle, welche sich parallel mit diesem Schnitt bewegt, ist entweder nach der einen oder der andern dieser beiden Richtungen polarisirt; die raschere Welle ist nach der Richtung der grössten Dilatation polarisirt, wenn $p - q$ einen positiven Werth hat, und nach der Richtung der kleinsten Dilatation, wenn $p - q$ einen negativen Werth hätte. Der Unterschied der grössten und kleinsten Dilatation in einem Schnitt ist proportional mit dem Unterschiede der beiderlei Geschwindigkeiten, mit welchen die mit dem Schnitt parallele Welle sich bewegen kann.

§ 3.

Fortsetzung. Ueber die in jenen Relationen enthaltenen Coëfficienten p und q. Experimentelles Verfahren zur Bestimmung der Differenz $p - q$.

Ich werde jetzt die Methode auseinandersetzen, deren ich mich bedient habe, um die numerischen Werthe von p und q für comprimirtes Glas zu bestimmen. Wenn ein rechtwinkliges Parallelepipedon, dessen Höhe, Breite und Dicke respective seien H, B, D, in der Richtung der Höhe um die Grösse γH gleichförmig comprimirt wird, sodass also diese sich verwandelt in $H(1-\gamma)$, so wird seine Breite und Dicke vergrössert in dem Verhältniss $1 : 1 + \frac{1}{4}\gamma$, und [diese] sind also jetzt $B(1+\frac{1}{4}\gamma)$ und $D(1+\frac{1}{4}\gamma)$*). Lässt man

*) *Neumann* benutzt hier die aus der *Poisson*'schen *ein*constantigen Theorie der Elasticität folgende Beziehung zwischen Längscompression und Querdilatation, welche spätere Beobachtungen nicht bestätigt haben. — *W. V.*

senkrecht durch dieses Parallelepipedon in der Richtung von D einen homogenen Lichtstrahl von der Undulationsdauer T hindurch gehn, dessen Polarisationsebene mit H den Winkel $+45^0$ bildet, und analysirt denselben nach seinem Durchgange mittelst eines Turmalins, dessen Polarisationsaxe mit H den Winkel -45^0 bildet, so ist, wenn ω und ε die beiden Fortpflanzungsgeschwindigkeiten der Lichtwellen, welche senkrecht auf D stehen, bezeichnen, die Intensität des durch den Turmalin durchgehenden Lichtes proportional mit $\sin^2\left\{\frac{D(1+\frac{1}{4}\gamma)}{T}\left(\frac{1}{\omega}-\frac{1}{\varepsilon}\right)\pi\right\}$. Wenn das durch das Parallelepipedon gehende Licht nicht homogen, sondern weisses Licht ist, so wird die Intensität und Farbe des durch den Turmalin gegangenen Lichtes proportional sein mit:

$$\Sigma \sin^2\left\{\frac{D(1+\frac{1}{4}\gamma)}{T}\left(\frac{1}{\omega}-\frac{1}{\varepsilon}\right)\pi\right\},$$

worin das Σ sich auf alle T bezieht, die den im weissen Lichte enthaltenen homogenen Strahlen angehören, und worin das Zeichen Σ die Operation bedeutet, durch welche man nach der *Newton*'schen Regel die Farbe erhält, welche aus mehreren einfachen Farben resultirt.

Die Farbe, welche eine dünne Luftlamelle im gewöhnlichen weissen Licht senkrecht reflectirt, ist proportional mit

$$\Sigma \sin^2 \frac{2\delta}{TV}\pi,$$

wenn δ ihre Dicke ist und V die Fortpflanzungsgeschwindigkeit des Lichts in der Luft bedeutet. Die dünne Luftlamelle wird also Licht von derselben Färbung senkrecht reflectiren, als das durch das comprimirte Glasparallelepipedon gegangene Licht besitzt, wenn

$$2\delta = D(1+\tfrac{1}{4}\gamma)\left(\frac{V}{\omega}-\frac{V}{\varepsilon}\right),$$

wofür man setzen kann, wenn $V=1$ genommen wird, und berücksichtigt wird, dass γ eine sehr kleine Grösse ist:

$$2\delta = D\left(\frac{1}{\omega}-\frac{1}{\varepsilon}\right).$$

Die Werthe von ω und ε sind die optischen Elasticitätsaxen A und C in den Formeln (A.) § 1, wenn darin $\alpha=\beta=\frac{1}{4}\gamma$ gesetzt wird und statt γ gesetzt wird: $-\gamma$. Es ist also:

$$\omega = G' + \tfrac{1}{4}\gamma q + \tfrac{1}{4}\gamma p - \gamma p,$$
$$\varepsilon = G' + \tfrac{1}{4}\gamma p + \tfrac{1}{4}\gamma p - \gamma q,$$

und demnach bei Vernachlässigung der höheren Potenzen von γ:

$$\frac{1}{\omega} - \frac{1}{\varepsilon} = \frac{5}{4}\frac{p-q}{G'^2}\gamma,$$

wonach also

$$\delta = \frac{5}{8}\frac{p-q}{G'^2}\gamma D, \tag{1.}$$

worin statt G' gesetzt werden kann G, d. i. die Fortpflanzungsgeschwindigkeit des Lichts im uncomprimirten Glase [bezogen auf die Geschwindigkeit in Luft als Einheit]. Ist man im Stande, das γ zu messen, so kann man mittelst dieser Formel aus der Beobachtung der Farbe, welche diesem γ und der gegebenen Dicke D angehört, den Werth der Differenz $p-q$ ableiten, indem man für δ aus der *Newton*'schen Tafel den Werth der dieser Farbe zugehörigen Luftdicke setzt.

Die directe Messung einer so kleinen Grösse, als γ ist, würde mit erheblichen Schwierigkeiten verbunden sein. Ich habe daher folgendes Mittel angewandt. Ich habe einen graden Glasstreifen, dessen Querschnitt ein Rechteck ist, an seinen beiden Enden auf feste Unterlagen gelegt, die ich, um die Vorstellung zu fixiren, in einer horizontalen Ebene liegend annehmen will, und den mittleren Querschnitt dieses Streifens, d. h. denjenigen, welcher von beiden Unterlagen gleichweit entfernt ist, um eine Grösse σ, die ich direkt gemessen habe, heruntergedrückt. Aus diesem σ lässt sich das einer bestimmten Stelle des gekrümmten Streifen angehörige γ ableiten.

Ich nenne $2L$ die Entfernung der beiden Unterlagen von einander, H die Höhe des Streifen, D seine Dicke; L und H liegen in der vertikalen Ebene der Krümmung. Die Theile des gekrümmten Streifen in seiner untern Hälfte sind in der Richtung von L dilatirt, in der obern Hälfte comprimirt. Die Theile, welche die Grenzen dieser beiden Hälften bilden, haben ihre ursprüngliche Entfernung von einander nicht geändert; sie liegen auf einer cylindrischen Fläche, welche senkrecht steht gegen die Ebene der Krümmung und aus zwei discontinuirlichen Zweigen besteht, die in dem mittleren Querschnitt des Streifens zusammenstossen. Diese cylindrische Fläche nenne ich die Mittelebene; um ihre Gleichung anzugeben, beziehe ich dieselbe auf zwei rechtwinklige Coordinaten x und y, welche in der Krümmungsebene liegen und von denen x horizontal, y also vertikal sei; der Anfangspunkt soll in dem Durchschnitt der Mittelebene mit dem mittleren Querschnitt des Streifens liegen. Wenn die Krümmung der Mittelebene so gering ist, dass die höheren Potenzen der Winkel, welche sie mit der x-Axe bildet, vernachlässigt werden können, wie dies bei dem Glasstreifen der Fall ist, so ist die Gleichung dieser Mittelebene

$$y = \frac{3}{2}\sigma\left\{\left(\frac{x}{L}\right)^2 - \frac{1}{3}\left(\frac{x}{L}\right)^3\right\},$$

worin σ die Depression der Mitte des Streifens ist. Diese Gleichung gilt nur für den einen Zweig der Cylinderfläche zwischen dem mittleren Querschnitt und einer der festen Unterlagen; der andere Zweig ist symmetrisch mit diesem in Beziehung auf den mittleren Querschnitt.

Die Dilatation, welche ein Theilchen an irgend einer Stelle des Streifens erlitten hat, ist eine Function seiner Entfernung von der Mittelebene und von der Krümmung derselben an der Stelle, wo dieselbe von dem Perpendikel getroffen wird, welches von dem Theilchen auf dieselbe gezogen wird. Ich werde die Entfernung des Theilchens von der Mittelebene durch y' bezeichnen und diese Grösse positiv nehmen, wenn das Theilchen oberhalb der Mittelebene, negativ, wenn es unterhalb derselben liegt; die Dilatation in der Richtung des Durchschnitts der Mittelebene mit der Krümmungsebene bezeichne ich durch γ, dann ist bei Vernachlässigung der höheren Potenzen des Winkels, welchen die Mittelebene mit der x-Axe bildet,

$$\gamma = -\frac{d^2y}{dx^2}y' = -\frac{3\sigma y'}{L^2}\left\{1 - \frac{x}{L}\right\}, \tag{2.}$$

wo x und y die Ordinaten des Punktes sind, in welchem die Mittelebene von dem Perpendikel getroffen wird, welches von dem Theilchen auf dieselbe gezogen ist. Wenn y' negativ ist, so ist γ eine wirkliche Dilatation; wenn y' positiv ist, ist es eine Compression.

Ich construire nun um das seiner Lage nach durch x, y, y' bestimmte Theilchen ein rechtwinkliges Parallelepipedon, dessen eine Kante senkrecht auf der Krümmungsebene steht und gleich der Dicke D des Streifens ist, und dessen zwei andere Kanten, in der Krümmungsebene liegend, sehr klein sind, die eine parallel mit dem Perpendikel, welches von dem Theilchen auf die Mittelebene gezogen wird, die andere senkrecht auf diesem Perpendikel stehend. Die Theilchen innerhalb dieses sehr kleinen Parallelepipedons verhalten sich in dem gekrümmten Glasstreifen, als wäre das Parallelepipedon frei und in der Richtung der Kante, welche parallel mit dem Durchschnitte der Krümmungsebene und Mittelebene ist, um die Grösse γ dilatirt; sie sind also senkrecht auf dieser Richtung um die Grösse $\frac{1}{4}\gamma$ comprimirt. Wenn man also in der Richtung von D senkrecht durch dieses Parallelepipedon einen polarisirten Lichtstrahl gehen lässt, dessen Polarisationsebene mit der Mittelebene den

Winkel $+45^0$ bildet, und analysirt denselben nach seinem Durchgang mittelst eines Turmalins, dessen Axe sich in Azimuth -45^0 befindet, so ist die Farbe durch dieselbe Gleichung wie oben bei dem freien Parallelepipedon bestimmt, und für die ihr entsprechende Luftdicke ist also:

$$\delta = \frac{5}{8} \frac{p-q}{G^2} \gamma D,$$

worin für γ seinen Werth substituirt, gibt*)

$$\delta = -\frac{15}{8} \frac{p-q}{G^2} \frac{\sigma y'}{L^2} \left(1 - \frac{x}{L}\right) D.$$

[Da von δ nur der absolute Werth in Frage kommt, so ist weiterhin das — Zeichen fortgelassen.]

Mittelst dieser Gleichung habe ich die folgenden Beobachtungen, um daraus den Werth von $p-q$ abzuleiten, berechnet. In diesen Beobachtungen wurden entweder die y' gemessen, welche bei einem constanten σ bestimmten Farben der *Newton*'schen Scale angehörten, oder es wurde σ so lange vergrössert, bis eine bestimmte Farbe dieser Skale gerade am Rande des Streifens auftrat und dann das zugehörige σ gemessen. Alle Beobachtungen geschahen in dem mittleren Querschnitt, für welchen $x=0$, wodurch die vorstehende Gleichung wird:

(3.) $$\delta = \frac{15}{8} \frac{p-q}{G^2} \frac{\sigma y'}{L^2} D.$$

Setzt man hierin $y' = \frac{1}{2} H$, so erhält man für die Randfarbe des Streifens die Luftdicke:

(4.) $$\delta = \frac{15}{16} \frac{p-q}{G^2} \frac{\sigma H}{L^2} D.$$

---

*) Man kann in dieser Gleichung statt x die Länge x' des Bogens setzen, in welchem die Mittelebene von der Ebene der x, y geschnitten wird, diesen Bogen vom Anfangspunkt der Coordinaten an gerechnet, bis zum Fusspunkt des Perpendikels y', weil der Unterschied zwischen x und x' von den zweiten und den höheren Potenzen von $\frac{\sigma}{L}$ abhängt. Die Coordinaten eines Theilchen y' und x' sind rechtwinklige Coordinaten desselben im natürlichen Zustande des Streifens.

Betrachtet man nun die Gleichung

$$\delta = -\frac{15}{8} \frac{p-q}{G^2} \frac{\sigma y'}{L^2} \left(1 - \frac{x'}{L}\right) D$$

als eine Gleichung zwischen den rechtwinkligen Coordinaten y' und x', mit dem Parameter δ, so ist sie die Gleichung der isochromatischen Curven, welche der Streifen im polarisirten Lichte zeigt; diese isochromatischen Curven sind Stücke von Hyperbeln, die ihre Mittelpunkte in dem Durchschnitte haben, in welchen die Mittelebene durch die vertikale Ebene geschnitten wird, welche durch eine der festen Unterlagen gelegt wird; sie erstrecken sich von jedem Ende des Streifens bis zu dem vertikalen mittleren Querschnitt, wo sie zusammenstossen mit den Hyperbelstücken, welche ihre Mittelpunkte über der andern festen Unterlage haben. — (*Anm. des Originals.*)

Zu den Beobachtungen wurde ein Mikroskop benutzt mit Mikrometerschraube, bei welcher 18,45 Revolutionen auf eine Par. Linie gingen; vor das Ocular war ein *Nicol'*sches Kalkspathprisma gesetzt. Die Streifen waren von Spiegelglas geschnitten, ich hatte die Randflächen geschliffen und polirt. Diese Streifen A und B (Fig. 1) wurden parallel gegen einander gelegt, getrennt durch die Stahldrähte C und D; mit ihrem mittleren Querschnitt wurden sie auf eine cylindrisch gekrümmte feste Unterlage F gelegt, und dann durch das bewegliche cylindrische Stück E, welches durch eine Schraube heruntergeschoben werden konnte, festgehalten.

Fig. 1.

Dies Stück E wurde nun durch die darauf drückende Schraube entweder so weit herunter gedrückt, bis in α und β bestimmte Farben der *Newton'*schen Scale erschienen und dann mittelst des gegen die Streifen gerichteten Mikroskops die Entfernung $\alpha\beta$ gemessen, welche ich mit t bezeichne, oder es wurden die Streifen in α und β zur Berührung gebracht, und dann in jedem der beiden Streifen die doppelten Werthe der y' gemessen, welche bestimmten Farben angehörten, nämlich die Entfernung der Stellen von gleicher Farbe diesseits und jenseits der Mittelebene.

Wenn die beiden Streifen aus demselben Glas geschnitten sind und gleiche Dimensionen besitzen, so ist, wenn s den Durchmesser der Drahtenden C und D bezeichnet und t die Entfernung $\alpha\beta$: für jeden der Streifen $\sigma = \frac{1}{2}(s-t)$. Wenn die Streifen sich aber, sei es in ihren Dimensionen, oder in ihrem Elasticitätsmodul unterscheiden, und man durch σ' und σ'' die den beiden Streifen angehörigen Werthe von σ unterscheidet, so werden diese Werthe durch folgende zwei Relationen bestimmt:

$$\sigma' + \sigma'' = s - t, \qquad k'D'H'^3\sigma' = k''D''H''^3\sigma'',$$

worin D', D'', H', H'' die Dicken und Höhen der beiden Streifen bezeichnen und k' und k'' ihre Elasticitätsmoduln*). Da meine Streifen zusammengekittet

*) Wird ein Streifen von der Länge $2L$, dessen Querschnitt ein Rechteck ist, dessen Seiten H und D sind, in seiner Mitte auf eine horizontale Unterlage, die parallel mit D ist, gelegt, und an den Enden durch das Gewicht P heruntergedrückt, so ist die Gleichung für jeden der beiden Zweige seiner Mittelebene:

$$y = \frac{6(Lx^2 - \frac{1}{3}x^3)P}{kH^3D},$$

woraus man die Depression des Endes $y = \sigma$ erhält, wenn $x = L$ gesetzt wird:

$$\sigma = \frac{4L^3P}{kH^3D}.$$

Wenn also dieselbe Kraft P auf zweierlei Streifen angewendet wird, für welche L denselben Werth hat, geschliffen worden waren, so war $D' = D''$; auch habe ich geglaubt, $k' = k''$ setzen zu können, obgleich die Streifen nicht aus demselben Glase geschnitten waren. Dadurch verwandelt sich die letztere Relation in

$$H'^3\sigma' = H''^3\sigma''$$

und demnach ist

$$(5.)\qquad \sigma' = \frac{H''^3}{H'^3 + H''^3}(s-t), \qquad \sigma'' = \frac{H'^3}{H'^3 + H''^3}(s-t).$$

Die Dimensionen der Streifen, welche ich anwandte, waren:

$$H' = 1''',959, \qquad H'' = 2''',054,$$
$$D' = D'' = 8''',53.,$$
$$L = 33'''.$$

Der Durchmesser des zwischen gelegten Stahldrahts betrug 0''',293. Diese Angaben sind Pariserlinien. Die Streifen wurden in ihrer Mitte zur Berührung gebracht; demnach ist $t = 0$ und nach (5.):

$$\sigma' = 0''',157, \qquad \sigma'' = 0''',136.$$

Ich mass nun y' für das Violett und Gelb des zweiten Ringes; diesen Farben correspondiren in der *Newton*'schen Tafel die Zahlen $11\frac{1}{6}$ und $16\frac{2}{7}$ Milliontheile eines englischen Zolls, ihre Werthe in Pariserlinien sind also 0,000126 und 0,000183. Die einzelnen Messungen der y' habe ich in der folgenden Tafel zusammengestellt:

δ	Gemessene y' im Streifen *I.*					Mittel	Gemessene y' im Streifen *II.*			Mittel
0''',000126	0''',425	0,395	0,440	0,433	0,404	0,419	0,456	0,452	0,482	0,463
0''',000183	0''',688	0,621	0,673	0,656	—	0,659	0,761	0,718	0,792	0,757

Die Mittelwerthe dieser Beobachtungen in 3 substituirt, giebt*)

die übrigen Dimensionen aber so wie der Elasticitätsmodul verschieden sind, und durch Accente an den Buchstaben unterschieden werden, so ist:

$$P = \frac{1}{4}\frac{k'\sigma' H'^3 D'}{L^3} = \frac{1}{4}\frac{k''\sigma'' H''^3 D''}{L^3}$$

oder:

$$k'\sigma' H'^3 D' = k''\sigma'' H''^3 D'',$$

welches die im Texte gebrauchte Formel ist. — *(Anm. des Originals.)*

*) Die im Text angestellten Ueberlegungen lassen das Vorzeichen von $p - q$ unbestimmt, denn die beobachtete Farbe ist nur von der absoluten Grösse der Verzögerung abhängig. Ob und wie *Neumann* sich von der Richtigkeit seiner Verfügung überzeugt hat, ist nicht erkennbar; vermuthlich ist für ihn das Resultat *Brewster*'scher Beobachtungen massgebend gewesen. — *W. V.*

I.	Berechnet	*II.*	Berechnet
$964\frac{p-q}{G^2} = 126$	119	$925\frac{p-q}{G^2} = 126$	116
$1516\frac{p-q}{G^2} = 183$	188	$1512\frac{p-q}{G^2} = 183$	187

woraus

$$\frac{p-q}{G^2} = 0{,}124 \qquad \frac{p-q}{G^2} = 0{,}125.$$

Nach der zweiten Verfahrungsart wurden folgende Farben am Rande der Streifen beobachtet: 1) das Blau und 2) das Gelb des zweiten Ringes, 3) das Blau und 4) das Gelb des dritten Ringes; diesen Farben entsprechen in der *Newton*'schen Tafel die Luftdicken: 14, 16,3, 23,4 und 27,14 und diese geben auf Par. Linien reducirt:

0,000158, 0,000183, 0,000263, 0,000305.

Die Streifen waren dieselben wie vorher, ebenso die zwischen gelegten Drahtenden, deren halbe Entfernung hier aber war:

$$L = 28''',12.$$

Die folgende Tabelle enthält die Messungen von t in fünf von einander unabhängigen Beobachtungsreihen für jeden der beiden Streifen:

δ	Beobachtete t für den Streifen *II.*					Mittel	$s-t$
0''',000158	0''',173	0,184	0,187	0,181	0,184	0,182	0,111
0 ,000183	0''',153	0,165	0,157	0,163	0,159	0,159	0,134
0 ,000263	0''',104	0,106	0,103	0,108	0,104	0,105	0,188
0 ,000305		0,055	0,064	0,066	0,066	0,063	0,230

δ	Beobachtete t für den Streifen *I.*					Mittel	$s-t$
0''',000158	0,163	0,167	0,171	0,168	0,168	0,167	0,126
0 ,000183	0,140	0,132	0,134	0,122	0,140	0,133	0,160
0 ,000263	0,080	0,080	0,080	0,077	0,077	0,079	0,214
0 ,000305	0,027	0,029	0,033	0,035	0,030	0,031	0,262

Die Mittelwerthe für $s-t$ in (5.) und (4.) substituirt, geben folgende Gleichungen:

I.	Berechnet	*II.*	Berechnet
$1171\frac{p-q}{G^2} = 158$	149	$1208\frac{p-q}{G^2} = 158$	153
1418 „ = 183	180	1538 „ = 183	195
1987 „ = 263	252	2066 „ = 263	275
2449 „ = 305	302	2526 „ = 305	320

woraus

$$\frac{p-q}{G^2} = 0{,}127.$$

Das Mittel aus diesen und den vorhergehenden Beobachtungen ist

$$\frac{p-q}{G^2} = 0{,}126.$$

Die Fortpflanzungsgeschwindigkeit des Lichtes G habe ich an einem kleinen Prisma bestimmt, welches ich aus Spiegelglas geschliffen hatte, dessen brechender Winkel $21^0\,50'$ betrug. Ich beobachtete das Minimum der Ablenkung für rothe Strahlen $11^0\,39'$, woraus sich ergiebt, dass für diese Strahlen $G = 0{,}657$ ist. Ich nehme nach *Brewster*'s Tafel die Dispersion für Crownglas: 0,017; dies giebt für die mittleren Strahlen $G = 0{,}654$ und hieraus:

$$\frac{p-q}{G} = 0{,}082, \qquad p - q = 0{,}054,$$

welchen Zahlen die Fortpflanzungsgeschwindigkeit des Lichts in athmosphärischer Luft als Einheit zum Grunde liegt.

In den *Endinb. Transact.* VIII, 1818, p. 369 giebt *Brewster* eine Reihe Beobachtungen mit den erforderlichen Daten, um daraus den Werth von $\frac{p-q}{G^2}$ abzuleiten. Er beobachtete nämlich, wie ich es hier nach seinem Vorgange gethan habe, die höchste Farbe, welche ein gekrümmter Glasstreifen an seinem Rande im polarisirten Lichte zeigt. Diese Farben bezeichnet er durch ihre Zahlen aus der *Newton*'schen Tafel. Obgleich *Brewster* sich darüber nicht erklärt, habe ich diese Zahlen, seiner sonstigen Gewohnheit gemäss, für Glasdicken nehmen zu müssen geglaubt, und sie durch Multiplication mit 1,55 auf Luftdicken reducirt.

Die folgende Tafel enthält diese Beobachtungen:

δ	L	D	H	σ
6,2	8	0,35	0,133	0,08
13,9	6,5	0,35	0,133	0,08
16,4	6	0,967	0,207	0,024
16,2	3	0,35	0,133	0,027

Diese Abmessungen sind engl. Zolle; die Zahlen unter δ sind Milliontheile desselben. Diese Zahlen, in (4.) substituirt, geben folgende Gleichungen:

	Berechnet
$54{,}5\ \frac{p-q}{G^2} = 6{,}2$	7,3
$82{,}6$ „ $= 13{,}9$	11,0
$124{,}9$ „ $= 16{,}4$	16,7
$130{,}8$ „ $= 16{,}2$	17,2

woraus

$$\frac{p-q}{G^2} = 0{,}134.$$

Dies Resultat weicht um $\frac{1}{17}$ des Werthes von dem meinigen ab; schliesst man jedoch die zweite, stark abweichende Beobachtung von der Berechnung aus, so findet man $\frac{p-q}{G^2} = 0{,}1255$ übereinstimmend mit dem Resultate meiner Beobachtungen [vgl. die folgenden beiden Bemerkungen].

Bemerkungen.*)

1) *Brewster* theilt a. a. O. einige Beobachtungen mit, aus welchen sich mittelst des als bekannt vorausgesetzten Werthes von $\frac{p-q}{G^2}$ *die Grenze der Verschiebbarkeit* der Theile des Glases berechnen lässt. Er giebt an, dass Glasstreifen von der Dicke $D = 0{,}33$ engl. Zolle bei der Biegung zersprangen, als die höchste Farbe am Rande betrug: bei dem einen 10,4, bei einem andern 12 und bei einem dritten 13,55. Das Mittel 12 dieser Zahlen, auf Luftdicke reducirt, giebt 18,6. Die dieser Luftdicke entsprechende Farbe war aufgetreten bei der Grenze der Verschiebbarkeit der Glastheilchen; der numerische Werth dieser Grenze von γ bestimmt sich mittelst der Gleichung

$$\delta = \frac{5}{8}\,\frac{p-q}{G^2}\,\gamma D,$$

wenn darin gesetzt wird $\delta = 0{,}0000186$**), $\frac{p-q}{G^2} = 0{,}126$ und $D = 0{,}33$. Man findet auf diese Weise

$$\gamma = \frac{1}{1443}.$$

Dieser Werth weicht sehr ab von der Bestimmung der Grenze der Verschiebbarkeit, welche *Weber* Pog. An. Bd. XX, p. 13 aus Angaben von *Eitelwein* und *Colladon* und *Sturm* abgeleitet hat, wonach nämlich diese Grenze nur den $\frac{1}{5000}$ Theil der natürlichen Entfernung der Glastheilchen betragen würde. Dass diese Bestimmung wenigstens für Spiegelglas, welches mit mehr Vorsicht ab-

*) Diese Bemerkungen stehen im Original als Anmerkung unter dem Text; und zwar ebenso wie hier am Ende von § 3. — *(Red.)*

**) Im Original steht hier 0,000186. Die richtige Zahl ist einer Randbemerkung in *F. Neumann*'s Handexemplar entnommen. — *C. N.*

Uebrigens ergiebt sich für $\delta = 0{,}0000186$ nicht $\gamma = \frac{1}{1443}$, sondern $\gamma = \frac{1}{1397}$. — *A. W.*

gekühlt wird, als dies bei Glasröhren geschieht, viel zu klein ist, geht auch aus meinen oben mitgetheilten Beobachtungen hervor. Die grösste Dilatation in einem gekrümmten Glasstreifen ist nämlich:

$$\gamma = \frac{3}{2}\frac{\sigma H}{L^2}.$$

Setzt man hierin aus meiner ersten Beobachtungsreihe $H = 1''',959$, $L = 33'''$ $\sigma = 0,157$, so findet man als grösste Dilatation, welche in dem Streifen I bei obigen Beobachtungen stattgefunden hat: $\gamma = \frac{1}{2360}$, und dass dieser Werth der Grenze der Verschiebbarkeit noch nicht sehr nahe gewesen ist, geht daraus hervor, dass ich oft wiederholt den Streifen in diese Spannung habe versetzen können, freilich bei Vermeidung jeder plötzlichen Erschütterung. Die Kenntniss dieser Verschiebbarkeitsgrenze hat bei diesen Beobachtungen den Nutzen, dass man nicht unnöthig die mühsam geschliffenen Streifen zersprengt. Den Grenzwerth, bei welchem z. B. der Streifen I bei $L = 28''',12$ würde zersprungen sein, erhält man aus der vorstehenden Gleichung, wenn darin $\gamma = \frac{1}{1440}$ gesetzt wird, und dies giebt $\sigma = 0,186$.

2) Aus dem für $\frac{p-q}{G}$ gefundenen Werth kann man die Grösse der Trennung der beiden Bilder in dem *Fresnel*'schen Compressionsprisma berechnen, die einer gegebenen Compression angehört. Es sei (Fig. 2) A der Querschnitt eines Prismas, welches in der Richtung seiner brechenden Kante α comprimirt sei; dies Prisma sei durch Prismen B und B', welche aus demselben Glase als A bestehen, und nicht comprimirt sind, achromatisirt. In den Prismen B und B' sei die Fortpflanzungsgeschwindigkeit des Lichtes G, in dem Prisma A bewege sich der Strahl, welcher parallel mit der brechenden Kante α polarisirt ist, d. i. der gewöhnliche Strahl, mit der Geschwindigkeit $G + \Delta_0$, der andere Strahl, welcher senkrecht auf dieser Kante polarisirt ist, der ungewöhnliche, mit der Geschwindigkeit $G + \Delta_e$, der einfallende Strahl [a] bilde mit der ersten Fläche des Prismas A den Winkel φ_0, der daraus entstehende gewöhnliche Strahl bilde mit der ersten und zweiten Fläche desselben die Winkel φ_1 und φ_2 und trete aus dem Prisma heraus unter dem Winkel φ_3. Für den ungewöhnlichen Strahl seien die entsprechenden Winkel ψ_1, ψ_2, ψ_3. Der brechende Winkel des Prismas sei α. Zwischen φ_0, φ_1, φ_2, φ_3 hat man die Relationen:

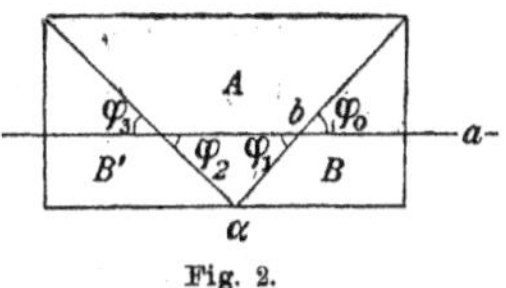

Fig. 2.

(1.) $$\frac{\cos\varphi_0}{G} = \frac{\cos\varphi_1}{G + \Delta_0}, \quad \frac{\cos\varphi_2}{G + \Delta_0} = \frac{\cos\varphi_3}{G},$$

(2.) $$\varphi_1 + \varphi_2 + \alpha = 180^0.$$

Da Δ_0 eine sehr kleine Grösse gegen G ist, so geben die beiden ersten Gleichungen

$$\varphi_1 - \varphi_0 = -\frac{\Delta_0}{G}\operatorname{cotg}\varphi_0, \qquad \varphi_3 - \varphi_2 = \frac{\Delta_0}{G}\operatorname{cotg}\varphi_2.$$

Hieraus und aus (2.) erhält man:

$$\varphi_3 = 180 - \alpha - \varphi_0 + \frac{\Delta_o}{G} \frac{\sin\alpha}{\sin\varphi_0 \sin(\alpha + \varphi_0)},$$

und ebenso ist für den ungewöhnlichen Strahl

$$\psi_3 = 180 - \alpha - \varphi_0 + \frac{\Delta_e}{G} \frac{\sin\alpha}{\sin\varphi_0 \sin(\alpha + \varphi_0)},$$

also

$$\varphi_3 - \psi_3 = \frac{\Delta_o - \Delta_e}{G} \frac{\sin\alpha}{\sin\varphi_0 \sin(\alpha + \varphi_0)}.$$

Wenn die Compression des Prismas A in der Richtung seiner brechenden Kante mit $-\gamma$ bezeichnet wird, und also die Dilatation desselben senkrecht auf dieser Kante $+\frac{1}{4}\gamma$ ist, so erhält man nach den Formeln (A.) § 1

$$\Delta_o - \Delta_e = -\tfrac{5}{4}(p-q)\gamma,$$

demnach ist die Trennung beider Strahlen nach ihrem Austritt aus dem Prisma, welche ich mit J_1 bezeichnen will:

$$J_1 = \varphi_3 - \psi_3 = -\frac{5}{4} \frac{(p-q)\gamma \sin\alpha}{G \sin\varphi_0 \sin(\alpha + \varphi_0)}.$$

Fügt man nun wie in dem *Fresnel*'schen Apparat n comprimirte Prismen mit gleichen brechenden Winkeln an einander, die brechenden Kanten nach derselben Seite gekehrt, die entsprechenden Flächen parallel, die einspringenden Winkel ausgefüllt durch nicht comprimirte Prismen von demselben Glase, und nennt die Trennung der Strahlen nach ihrem Austritt aus dem letzten comprimirten Prisma J_n, so ist $J_n = nJ_1$, also

$$J_n = -\frac{5}{4} n \frac{(p-q)\gamma \sin\alpha}{G \sin\varphi_0 \sin(\varphi_0 + \alpha)}.$$

In dem *Fresnel*'schen Apparat ist $\alpha = 90^0$, $\varphi_0 = 45$; dies giebt

$$J_n = -\frac{5}{2} n \frac{(p-q)\gamma}{G}.$$

Setzt man hierin $\frac{p-q}{G} = 0{,}082$, und für γ seinen grössten Werth $\frac{1}{1440}$, so wird $J_n = 29{,}3\,n$ Secunden, sodass der *Fresnel*'sche Apparat, welcher aus vier comprimirten Prismen besteht, im Maximo der Compression eine Trennung der Bilder von etwa 2 Minuten geben kann.

§ 4.

Fortsetzung. Experimentelles Verfahren zur Bestimmung des Quotienten $p:q$. Die schliesslichen Werthe von p und q.

Die vorstehende Untersuchung diente zur Kenntniss der Differenz $p-q$. Es giebt aber noch eine andere Methode, den Einfluss, welchen die Biegung eines Glasstreifens auf die Bewegung des Lichtes durch denselben ausübt, zu beobachten, welche zur Bestimmung der Werthe von p und q selbst führt. Diese Methode beruht auf der Benutzung folgender Thatsachen. Wenn man vor das Objectiv eines Fernrohrs, welches auf einen leuchtenden Punkt gerichtet ist, einen Schirm mit zwei gleichen Oeffnungen, z. B. mit zwei gleichen kreisförmigen Oeffnungen, stellt, so erhält man im Fernrohr erstens das Diffractionsbild, welches die eine von den Oeffnungen für sich würde hervorgebracht haben, mit verstärkter Intensität, dann aber zweitens eine Reihe dunkler gradliniger Streifen, welche senkrecht stehen auf einer Linie, welche zwei einander entsprechende Punkte der beiden Oeffnungen mit einander verbindet. Diese dunklen Streifen durchschneiden das Diffractionsbild der einzelnen Oeffnung und liegen in Beziehung auf dessen Mittelpunkt symmetrisch, ohne dass durch ihn selbst einer der Streifen geht. Diese Streifen entstehen durch Interferenz des Lichts, welches durch die eine Oeffnung gegangen ist, mit dem Lichte, welches durch die andere Oeffnung ins Fernrohr getreten ist.

Setzt man nun vor die eine der Oeffnungen ein dünnes, durchsichtiges Blättchen, z. B. ein Glimmerblättchen, so erleiden die Strahlen, die von dieser Oeffnung herrühren, eine Verzögerung gegen die Strahlen der andern Oeffnung, welche den Erfolg hat, dass das System der dunkeln Streifen nicht mehr symmetrisch liegt in Beziehung auf den Mittelpunkt des Diffractionsbildes, sondern verrückt ist, und zwar nach der Seite hin, auf welcher sich das vorgesetzte Glimmerblättchen befindet. Misst man die Verrückung des Streifensystems, so kann man daraus die Verzögerung des Lichtes in dem Glimmerblättchen in Beziehung auf ein ebenso dickes Luftblättchen ableiten, und hieraus, wenn die Dicke des Glimmerblättchens gegeben ist, die Fortpflanzungsgeschwindigkeit des Lichtes in demselben. Derselbe Erfolg wie beim Glimmerblättchen findet auch statt, wenn vor beide Oeffnungen durchsichtige Platten gestellt werden, welche in Hinsicht der Zeit, welche das Licht gebraucht, dieselben zu durchlaufen, einen kleinen Unterschied darbieten; die Verrückung, welche sie in den Streifen hervorbringen, die ich mit $\varDelta$ bezeichne, ist*)

$$\varDelta = \frac{e}{\lambda} V \left\{ \frac{d''}{V''} - \frac{d'}{V'} \right\}, \tag{a.}$$

wo e die Entfernung der Streifen von einander ist, d' und d'' die Dicken der

*) Die Formel (a.) ist insofern unvollständig, als in ihr der Einfluss nicht berücksichtigt ist, den die Verschiedenheit der Dicken d' und d'' auf die *in Luft* zurückgelegten Strahlenwege ausübt. Man kann dieses Versehen beseitigen, indem man in der Formel (a.) V' und V'' resp. durch $\frac{VV'}{V-V'}$ und $\frac{VV''}{V-V''}$ ersetzt. Die Resultate dieser Correctur insbesondere auch bezüglich der numerischen Werthe sind von der Redaction am Schluss von § 4 zusammengestellt (s. S. 62—63). — *W. V.*

Platten bezeichnen, V' und V'' die Fortpflanzungsgeschwindigkeit des Lichts in ihnen, V und λ diese Geschwindigkeit und die Undulationslänge der Strahlen in Luft bedeuten.*)

Vor das Objectiv eines Fernrohrs, welches auf einen entfernten leuchtenden Punkt gerichtet war, wurde ein Schirm mit zwei kreisförmigen Oeffnungen gestellt, und vor diesen Schirm ein Glasstreifen in einer Vorrichtung, dass er mittelst einer Schraube mehr oder weniger gekrümmt werden konnte. Das Licht, welches durch die zwei Oeffnungen ins Fernrohr eintrat, war durch zwei Stellen des gekrümmten Glasstreifens gegangen, die in einer Ebene lagen, die sowohl auf der Krümmungsebene als [auf der] Mittelebene des Streifens senkrecht stand. Das Fadenkreuz wurde auf die Mitte der dunkeln Streifen gestellt, welche das Diffractionsbild, ehe der Glasstreifen gebogen wurde, zeigte.

Sowie nun die Biegung des Glasstreifens anfing merklich zu werden, wurde das Diffractionsbild undeutlich, und bald war das System der dunkeln Streifen gar nicht mehr wahrzunehmen. Dies war kein unerwartetes Phänomen und ist leicht zu erklären. Das Licht nämlich, welches parallel mit der Mittelebene des Glasstreifens polarisirt aus ihm heraustritt, d. i. dasjenige, welches sich in ihm mit der *gewöhnlichen* Geschwindigkeit bewegt hat, bringt ein anders liegendes Streifensystem hervor, als die Lichtportionen, welche senkrecht auf der Mittelebene polarisirt aus dem Streifen heraustreten; die Uebereinanderlagerung dieser beiden Streifensysteme verursacht ihre Undeutlichkeit; sie erhalten ihre volle Deutlichkeit wieder, wenn man sie durch ein Kalkspath-Prisma trennt. Vor dem Okular des Fernrohrs wurde demnach ein achromatisirtes Kalkspath-Prisma angebracht, und diesem eine solche Lage gegeben, dass bei dem noch nicht gekrümmten Glasstreifen die dunkeln Streifen in dem gewöhnlichen Bilde des Kalkspaths als die Verlängerung derselben in dem ungewöhnlichen Bilde erschienen. Sowie die Krümmung des Glasstreifens nun beginnt, so sieht man die beiden Bilder sich gegen einander wie ein Nonius gegen seine Scale verschieben; zugleich verschieben sich aber auch beide gegen das feste Fadenkreuz des Fernrohrs. Man beobachtet nun Folgendes:

1) Die Bewegung der Diffractionsbilder ist nach derjenigen Seite hin gerichtet, auf welcher sich die comprimirten Theile des Glasstreifens befinden.

2) Die Grösse der Verrückung bei derselben Krümmung des Streifens ist, so lange die beiden Oeffnungen des Schirms in der Ebene desselben Querschnittes liegen, allein abhängig von der Entfernung der Oeffnungen von einander und unabhängig von ihren Entfernungen von der Mittelebene.

*) Man vgl. die Note zu Ende des gegenwärtigen Paragraphen, auf Seite 60—61.

3) Die Verrückung des Bildes, welches parallel mit der Mittelebene polarisirt ist, geschieht bei zunehmender Biegung des Glasstreifens rascher als die Verrückung des Bildes, welches senkrecht auf der Mittelebene polarisirt ist. Ich beobachtete, dass, wenn das erstere sich um zwei Intervalle der dunkeln Streifen verrückt hatte, das zweite um ein Intervall verrückt war — ferner, dass, wenn das erstere um vier Intervalle sich gegen das Fadenkreuz des Fernrohrs verschoben hatte, das zweite um zwei Intervalle verschoben war. Das Verhältniss der Verrückungen des parallel mit der Mittelebene polarisirten Streifensystems und des Streifensystems, welches senkrecht gegen diese Ebene polarisirt ist, ist also wie 2 : 1, entweder genau oder doch so nahe, dass bei meinen Vorrichtungen die Abweichung davon nicht wahrnehmbar war.

4) Es wurde die Krümmung der Streifen fixirt, als die Differenz der Verrückungen der beiden Bilder gerade ein Intervall der dunkeln Streifen betrug, und nun die Färbung untersucht, welche der [Glas-]Streifen im polarisirten Licht zeigte. In einer Entfernung von der Mittelebene, welche nahe gleich war der Entfernung von einander der beiden Mittelpunkte der kreisförmigen Oeffnungen in dem Schirme, fand sich eine Farbe, welche, wenn die Turmaline sich kreuzten, die Grenze war zwischen dem Roth und Violett des ersten und zweiten *Newton*'schen Ringes.

Da ich mir keine hinlänglich dicken, gut abgekühlten Glasstreifen zu diesen Beobachtungen hatte verschaffen können, so wurden eine grössere Anzahl gleich hoher und langer Spiegelglas-Streifen parallel neben einander gestellt und diese gleichzeitig durch eine darauf wirkende Schraube gekrümmt; sie wirkten auf das durchgehende Licht natürlich wie ein Glasstreifen, dessen Dicke gleich ist der Summe ihrer Dicken. Diese Vorrichtung erlaubte aber nicht die den Verrückungen der Bilder entsprechenden Biegungen zu messen. Es reicht aber auch hin, das Verhältniss der Verrückungen der beiden senkrecht und parallel mit der Mittelebene polarisirten Bilder zu beobachten, um daraus in Verbindung mit den Beobachtungen des vorigen Paragraphen über die Differenz $p-q$ die absoluten Werthe von p und q abzuleiten. Dies will ich jetzt thun.

Die Axen der beiden Lichtkegel, welche den leuchtenden Punkt zur Spitze haben und zur Basis die beiden kreisförmigen Oeffnungen im Schirme vor dem Objectiv sollen den gekrümmten Streifen an zwei Stellen schneiden, deren Coordinaten seien x, y' und x, y'', diese Coordinaten in demselben Sinne genommen wie im vorhergehenden Paragraphen. Das Licht, welches längs der Axe des ersten Lichtkegels durch die Stelle x, y' gegangen ist, besteht aus zwei Portionen, die eine, parallel mit der Mittelebene polarisirt, mit der Fortpflanzungsgeschwindigkeit ω', die andere, senkrecht auf dieser Ebene polarisirt, mit der Geschwindigkeit ε'. Die Werthe von ω' und ε' erhält man aus B und C in den Formeln (A.) § 1, wenn darin $\alpha = \beta = -\frac{1}{4}\gamma$ gesetzt wird, und für γ sein Werth aus (2.) § 3. Dies giebt:

$$\omega' = G' - \frac{3}{4}(3p - q)\frac{\sigma(L-x)y'}{L^3},$$

$$\varepsilon' = G' + \frac{3}{4}(2p - 4q)\frac{\sigma(L-x)y'}{L^3}.$$

Diese Ausdrücke für ω' und ε' können, da der Lichtkegel von hinlänglich kleiner Oeffnung war, als die beiden mittleren Geschwindigkeiten des ganzen Lichtkegels angesehen werden; die entsprechenden mittleren Geschwindigkeiten des zweiten Lichtkegels, welche ich durch ω'' und ε'' bezeichne, erhält man, wenn in den vorstehenden Werthen für ω' und ε' statt y' gesetzt wird y''. Die Werthe y' und y'' in diesen Ausdrücken sind auf der comprimirten Seite des Streifens positiv genommen. Die ursprüngliche Dicke D des Streifens ist auf der comprimirten Seite durch die Biegung vermehrt; ich bezeichne die veränderte Dicke an der Stelle x, y' durch d' und an der Stelle x, y'' durch d'', alsdann ist

$$d' = D\left\{1 + \frac{3}{4}\frac{\sigma(L-x)y'}{L^3}\right\},$$

und d'' erhält man hieraus, wenn statt y' gesetzt wird y''.

Die Verrückung der dunkeln Streifen, welche parallel mit der Mittelebene polarisirt sind, bezeichne ich durch Δ' und die Verrückung der senkrecht auf der Mittelebene polarisirten Streifen durch Δ''. Nach der Formel (a.) dieses Paragraphen ist:

$$\text{(b.)}\qquad \Delta' = \frac{eV}{\lambda}\left\{\frac{d''}{\omega''} - \frac{d'}{\omega'}\right\}, \qquad \Delta'' = \frac{eV}{\lambda}\left\{\frac{d''}{\varepsilon''} - \frac{d'}{\varepsilon'}\right\}.$$

Hieraus erhält man, wenn für d', d'', ω' u. s. w. ihre Werthe substituirt werden und der Kürze wegen gesetzt wird:

$$\varkappa = \frac{3}{4}\frac{\sigma(L-x)}{L^3},$$

$$\text{(c.)}\qquad \Delta' = \frac{eDV}{\lambda G'}\left\{\frac{1+\varkappa y''}{1 - \frac{(3p-q)\varkappa y''}{G'}} - \frac{1+\varkappa y'}{1 - \frac{(3p-q)\varkappa y'}{G'}}\right\},$$

$$\Delta'' = \frac{eDV}{\lambda G'}\left\{\frac{1+\varkappa y''}{1 + \frac{(2p-4q)\varkappa y''}{G'}} - \frac{1+\varkappa y'}{1 + \frac{(2p-4q)\varkappa y'}{G'}}\right\}.$$

Hierin kann man die höheren Potenzen von $\varkappa$ vernachlässigen und statt G' schreiben G; dies giebt

(d.)
$$\Delta' = \frac{eD\varkappa(y''-y')V}{\lambda G}\left\{1+\frac{3p-q}{G}\right\},$$
$$\Delta'' = \frac{eD\varkappa(y''-y')V}{\lambda G}\left\{1-\frac{2p-4q}{G}\right\}.$$

Diese Gleichungen zeigen in Uebereinstimmung mit der zweiten Beobachtung (S. 54), dass die Verrückungen unabhängig von dem absoluten Werth der y' und y'' allein von ihrer Differenz abhängen.

Die vorstehenden Gleichungen bestimmen, wenn die Verrückungen Δ' und Δ'' und die ihnen correspondirende Biegung σ beobachtet werden, die Werthe von p und q. Meine Vorrichtungen erlauben aber nur mit Sicherheit das Verhältnis $\frac{\Delta'}{\Delta''}$ zu beobachten. Dividirt man diese Gleichungen in einander, so findet man:

(e.)
$$\frac{\Delta'}{\Delta''} - 1 = \left(3 + 2\frac{\Delta'}{\Delta''}\right)\frac{p}{G} - \left(1 + 4\frac{\Delta'}{\Delta''}\right)\frac{q}{G}.$$

Setzt man in diese Gleichung den beobachteten Werth $\frac{\Delta'}{\Delta''} = 2$ und verbindet sie mit der im vorigen Paragraphen erhaltenen Bestimmung:

(f.)
$$0{,}082 = \frac{p}{G} - \frac{q}{G},$$

so erhält man

(g.)
$$\frac{p}{G} = -0{,}131, \qquad \frac{q}{G} = -0{,}213.$$

Diese Zahlenwerthe in Δ' und Δ'' substituirt, zeigen, dass diese Verrückungen in der Richtung von der Stelle x, y' nach der Stelle x, y'' stattfinden, wenn $y''-y'$ eine positive Grösse ist. Da nun y' und y'' positiv genommen sind auf der comprimirten Seite des Glasstreifens, so finden also die Verrückungen der dunkeln Streifen in Uebereinstimmung mit der ersten Beobachtung (S. 54), nach der Seite hin statt, wo sich die comprimirten Theile des Glasstreifens befinden.

In der letzten Beobachtung gab ich die Farbe im polarisirten Lichte an, welche gleichzeitig mit einer bestimmten Differenz der Verrückung der dunkeln Streifen beobachtet wurde. Für die Farben im polarisirten Lichte und die gleichzeitig bestehende Differenz der Verrückungen der dunkeln Streifen hat man allgemein folgende zwei Gleichungen*):

---

*) Die erste dieser Gleichungen folgt aus der zweiten Gleichung S. 45 bei Einsetzung der Abkürzung $\varkappa$ aus dem obigen System (c.), falls man von dem Vorzeichen von ϑ abstrahiert. Ferner ist zu beachten, dass dort $V = 1$ gesetzt ist, hier aber nicht. — *W. V.*

$$2\delta = 5\,\frac{D\varkappa V y'''(p-q)}{G^2},$$
(h.)
$$\varDelta' - \varDelta'' = 5e\,\frac{D\varkappa V(y''-y')(p-q)}{\lambda G^2},$$

wo δ die der beobachteten Farbe correspondirende Luftdicke bedeutet und y''' die Entfernung der Stelle, an welcher diese Farbe beobachtet wird, von der Mittelebene. Misst man nun die Differenz der Verrückungen durch die Intervalle der dunkeln Streifen, d. i. durch e, und setzt also $\varDelta' - \varDelta'' = he$, so erhält man aus den vorstehenden Gleichungen

(i.) $$h\lambda = 2\delta\,\frac{y''-y'}{y'''} \quad \text{oder} \quad 2\delta = \frac{h\lambda y'''}{y''-y'}.$$

Die Beobachtung gab für $h = 1$ und $y''' = y'' - y'$ die Farbe an der Grenze des ersten und zweiten Ringes, für welche wirklich die Luftdicke nahe gleich einer halben Undulationslänge der mittleren Strahlen ist.

Die numerischen Werthe für $\frac{p}{G}$ und $\frac{q}{G}$ in die Formeln (A.), § 1, substituirt, geben für die Axen der optischen Elasticitätsfläche des comprimirten gewöhnlichen Glases, wenn die Dilatationen in den Hauptdruckaxen α, β, γ sind, folgende Werthe:

(k.) $$\begin{aligned} A &= G'\{1 - 0{,}213\alpha - 0{,}131\beta - 0{,}131\gamma\},\\ B &= G'\{1 - 0{,}131\alpha - 0{,}213\beta - 0{,}131\gamma\},\\ C &= G'\{1 - 0{,}131\alpha - 0{,}131\beta - 0{,}213\gamma\}. \end{aligned}$$

Wenn ein rechtwinkliges Parallelepipedon durch einen gleichmässigen Druck gegen zwei seiner gegenüberstehenden Ebenen in der Richtung der auf denselben stehenden Kanten um γ zusammengedrückt wird, so sind die Verlängerungen in den beiden anderen Kanten: $\alpha = \beta = \frac{1}{4}\gamma$. Mit diesen Kanten des Parallelepipedons sind zugleich die Hauptdruckaxen und die Axen der optischen Elasticitätsflächen parallel, und man erhält also die Werthe der letzteren Axen, wenn in den vorstehenden Ausdrücken gesetzt wird: $-\gamma$ statt γ und $\alpha = \beta = \frac{1}{4}\gamma$. Dies giebt

(l.) $$\begin{aligned} A = B &= G'\{1 + 0{,}045\gamma\},\\ C &= G'\{1 + 0{,}148\gamma\}.^{*)} \end{aligned}$$

Wenn die Dilatationen in einem Glaskörper nach allen Richtungen hin dieselben sind, d. h. $\alpha = \beta = \gamma$, so ergiebt sich aus denselben Ausdrücken für die optischen Elasticitätsaxen:

(m.) $$A = B = C = G'\{1 - 0{,}475\alpha\}.$$

---

*) Also wie eine Kalkspathplatte (Randbemerkung in *F. Neumann*'s Handexemplar). — *C. N.*

Die ursprüngliche Dichtigkeit des Körpers hat sich bei den Dilatationen $\alpha = \beta = \gamma$ vermindert in dem Verhältnis $1:1+\delta$, wenn $\delta = -3\alpha$ gesetzt wird; man kann also auch diesen Ausdruck schreiben:

$$(n.) \qquad A = B = C = G'\{1 + 0{,}158\,\delta\}.$$

Dies ist ein sehr unerwartetes Resultat, demzufolge nämlich die Fortpflanzungsgeschwindigkeit des Lichts in einem Körper wächst, wenn durch mechanische Operationen seine Dichtigkeit vermehrt wird. Der Brechungscoëfficient nimmt also bei wachsender Dichtigkeit ab, und wächst bei abnehmender Dichtigkeit; nennt man n den ursprünglichen Brechungscoëfficienten, und n' denselben, nachdem die Dichtigkeit des Glases vermehrt worden ist in dem Verhältnis $1:1+\delta$, so ist

$$(o.) \qquad n' = n\{1 - 0{,}158\,\delta\}.$$

Ich habe durch Beobachtungen der Ablenkungen der Lichtstrahlen durch ein Glasprisma gefunden, dass wenn die Verminderung der Dichtigkeit durch Temperaturerhöhung hervorgebracht wird, der Brechungscoëfficient gleichfalls wächst, aber in einem geringern Verhältniss, als wenn dieselbe Verminderung der Dichtigkeit durch mechanische Operationen hervorgebracht wird; der Coëfficient von δ, welcher sich aus der Vermehrung der Ablenkung des Lichtstrahls bei einem Temperaturzuwachs von 63° C ableitet, ist nur etwas mehr als halb so gross, als derjenige, welcher hier für die mechanischen Dilatationen gefunden ist. Ob das Verhältniss von p zu q ein allgemeines ist, oder ob das Verhältniss dieser Grössen eben so gut wie ihr absoluter Werth von der specifischen Natur des comprimirten Körpers abhängt, kann erst entschieden werden, wenn die Untersuchung sich auf eine grössere Anzahl Substanzen wird ausgedehnt haben.

Ich muss noch einer Arbeit von *Fresnel* erwähnen, in welcher er die Grösse der Doppelbrechung des Lichts, welche durch Compression in Glas hervorgebracht wird, bestimmt. (*Ann. d. Ch.* Bd. XV, *Pogg. Ann.* Bd. 30.) Er untersuchte die Verrückungen, welche in den mikroskopischen Diffractionserscheinungen durch einen gekrümmten Glasstreifen hervorgebracht werden. Sein Verfahren ist also im Wesentlichen dasselbe, von dem ich hier nach ihm Gebrauch gemacht habe. Es ist sehr zu bedauern, dass das Detail dieser Beobachtungen nicht bekannt geworden ist. Die Resultate, welche *Fresnel* daraus gezogen hat, sind folgende:

1) Wenn ω und ε die Fortpflanzungsgeschwindigkeit des gewöhnlichen und ungewöhnlichen Strahls in dem gekrümmten Glasstreifen bezeichnen und G diese Geschwindigkeit in dem ungekrümmten Streifen, so ist

$$\omega - G = 2(\varepsilon - G) \qquad \text{oder} \qquad \omega - \varepsilon = \varepsilon - G.$$

2) Wenn D die ursprüngliche Dichtigkeit des Glases bezeichnet, und $D(1+\varDelta)$ die des comprimirten Glases, so ist

$$\omega = G(1 - \tfrac{1}{4}\varDelta).$$

Diese Resultate sind mit den meinigen nicht zu vereinigen und beruhen ohne Zweifel auf einer unrichtigen Berechnung der Beobachtungen. In der That wusste man damals, als *Fresnel* diese Beobachtungen anstellte (i. J. 1820), noch nicht, dass bei der Krümmung des Glasstreifens auch seine Dicke verändert wird, und dass das Licht an der comprimirten Seite einen längeren, an der dilatirten Seite einen kürzeren Weg als in dem ungekrümmten Streifen zu durchlaufen hat. Namentlich möchte die erste Relation aus der, wie es scheint, auch von *Fresnel* gemachten Beobachtung, dass das gewöhnliche Diffractionslicht die doppelte Verrückung von derjenigen des ungewöhnlichen Bildes erleidet, ohne Berücksichtigung der Veränderung der Dicke abgeleitet sein.

Note des Originals zu Seite 54.

Der beschriebene Versuch ist ganz analog demjenigen, den *Fresnel* und *Arago* bei den mikroskopischen Diffractionserscheinungen angestellt haben, und mittelst dessen sie den Unterschied der Geschwindigkeit des Lichts in trockener und feuchter Luft bestimmten. Der Versuch mit dem Fernrohr bietet in Beziehung auf solche Bestimmungen mehrere Vortheile Dieser Versuch ist, glaube ich, zuerst von *Schwerdt* angestellt worden; da er nirgends beschrieben ist, werde ich seine einfache Theorie in dieser Note entwickeln. Es seien A und B die beiden Oeffnungen des Schirms, welcher senkrecht auf der Axe des Fernrohrs vor seinem Objectiv steht. Diese Oeffnungen sind congruent und so gestellt, dass ihre entsprechenden Seiten parallel laufen. Vor diese Oeffnung seien zwei durchsichtige Platten parallel mit dem Schirme gestellt, deren Dicken seien d' und d'' und in denen das Licht sich bewege mit den Geschwindigkeiten V' und V''. Ich lege in der Ebene des Schirms zwei rechtwinklige Coordinaten x und y so, dass x durch zwei entsprechende Punkte der beiden Oeffnungen geht; die Entfernung der entsprechenden Punkte nenne ich α. Sind also x, y die Coordinaten eines Punktes der einen Oeffnung A, so sind $\alpha + x, y$ die Coordinaten des entsprechenden Punktes in der andern Oeffnung B. Strahlen, welche von A und B kommend mit den Coordinaten x und y die Winkel η und ϑ bilden, bringen in ihrem Vereinigungspunkt im Fernrohr Schwingungen hervor, deren Geschwindigkeit proportional ist mit der Summe der beiden Integrale

$$(1.)\quad \begin{aligned} &\int dx\,dy\,\sin\left\{\frac{t}{T}-\frac{d'}{V'T}+\frac{x\cos\eta+y\cos\vartheta}{\lambda}\right\}2\pi,\\ &\int dx\,dy\,\sin\left\{\frac{t}{T}-\frac{d''}{V''T}+\frac{\alpha\cos\eta}{\lambda}+\frac{x\cos\eta+y\cos\vartheta}{\lambda}\right\}2\pi,\end{aligned}$$

die Integrationen ausgedehnt über die Fläche einer der Oeffnungen. Die Buchstaben T und λ bedeuten die Undulationsdauer des Lichts und die Wellenlänge in der Luft.

Ich setze der Kürze wegen

$$\int dx\,dy\,\sin\left\{\frac{x\cos\eta+y\cos\vartheta}{\lambda}\right\}2\pi=S,$$

$$\int dx\,dy\,\cos\left\{\frac{x\cos\eta+y\cos\vartheta}{\lambda}\right\}2\pi=C,$$

und bringe die Summe der beiden Integrale in (1.) auf die Form $A\sin\left\{\frac{t}{T}-\frac{D}{\lambda}\right\}2\pi$, sodass A^2 proportional ist mit der Intensität des Lichtes in der durch η und ϑ bestimmten Richtung. Man findet

$$(2.)\qquad A^2=4(C^2+S^2)\cos^2\left\{\frac{d''}{V''T}-\frac{d'}{V'T}-\frac{\alpha\cos\eta}{\lambda}\right\}\pi.$$

Hierin ist $4(C^2+S^2)$ die verstärkte Intensität des Lichtes, welche eine einzelne Oeffnung in der Richtung η und ϑ gegeben haben würde; der zweite Faktor enthält die in dem Diffractionsbild der einzelnen Oeffnung durch das Zusammenwirken beider Oeffnungen hervorgebrachte Modification. Ich setze $\eta=90-\zeta$, wo ζ die Neigung der gebeugten Strahlen ist gegen eine Ebene, welche senkrecht auf der Linie steht, welche zwei analoge Punkte der Oeffnungen verbindet. Mit ζ' werde ich denselben Winkel bezeichnen in dem Falle, wo die durchsichtigen Platten vor den Oeffnungen fortgenommen sind. In diesem Falle wird der zweite Faktor in der Formel (2.) $\sin^2\left\{\frac{\alpha\sin\zeta'}{\lambda}\right\}\pi$, während er bei vorgesetzten Platten ist: $\sin^2\left\{\frac{d''}{V''T}-\frac{d'}{V'T}-\frac{\alpha\sin\zeta}{\lambda}\right\}\pi$. Nun kann man offenbar ζ' immer so bestimmen, dass dieser Faktor in beiden Fällen gleich ist; dann ist $\sin\zeta-\sin\zeta'=\frac{\lambda}{\alpha T}\left(\frac{d''}{V''}-\frac{d'}{V'}\right)$, wofür man, da ζ und ζ' immer kleine Winkel sind, setzen kann

$$\zeta-\zeta'=\frac{\lambda}{\alpha T}\left(\frac{d''}{V''}-\frac{d'}{V'}\right)=\frac{eV}{\lambda}\left\{\frac{d''}{V''}-\frac{d'}{V'}\right\},$$

wo $e=\frac{\lambda}{\alpha}$ die Entfernung der dunkeln Streifen von einander bezeichnet, die unverändert bleibt, die Platten mögen vor den Oeffnungen sich befinden oder nicht, und wo V die Fortpflanzungsgeschwindigkeit in Luft bedeutet. Der Winkel $\zeta-\zeta'$ ist die im Texte mit Δ bezeichnete Verrückung der dunkeln Streifen, sie hat dieselben Vorzeichen als $\frac{d''}{V''}-\frac{d'}{V'}$, woraus hervorgeht, dass sie nach der Seite hin stattfindet, auf welcher die grössere Verzögerung eintritt.

Anmerkung der Redaction zu Seite 53.

Gemäß der Bemerkung der Redaction auf S. 53 soll im Nachstehenden zusammengestellt werden, wie die Entwickelungen des § 4 sich durch Berücksichtigung der Verschiedenheit der in Luft zurückgelegten Wege modifiziren.

Es ist hier zunächst an die vorstehende Note des Originals anzuknüpfen. Bezeichnet man mit d eine beliebige Länge, die passend grösser als d' und d'' gewählt wird, so verlangt der Umstand, dass der eine Strahl in Luft den Weg $d-d'$, der andere aber $d-d''$ zurücklegt, die Zufügung von

$$\frac{-(d-d')}{TV} \quad \text{resp.} \quad \frac{-(d-d'')}{TV}$$

zu den Argumenten der beiden sinus in Formel (1). In Folge hiervon erscheint in dem Argument des cosinus in Formel (2.)

$$\frac{d''(V-V'')}{VV''T}-\frac{d'(V-V')}{VV'T} \quad \text{an Stelle von} \quad \frac{d''}{V''T}-\frac{d'}{V'T},$$

und es erhellt die in der Anmerkung zu Formel (a.) in § 4 gegebene Regel, dass zur Berichtigung V' und V'' resp. durch $\frac{VV'}{V-V'}$ und $\frac{VV''}{V-V''}$ zu ersetzen sind.

Diese Regel ist nun auch in den aus (a.) abgeleiteten Formeln (b.) zur Anwendung zu bringen, in denen ω', ω'', ε', ε'' an die Stelle von V' und V'' getreten sind. Die Gleichungen (c.) nehmen hiernach die Form an:

$$(\text{c}'.)\quad \begin{aligned} \Delta' &= \frac{eD}{\lambda}\left[(1+\varkappa y'')\left(\frac{V}{G'-(3p-q)\varkappa y''}-1\right)-(1+\varkappa y')\left(\frac{V}{G'-(3p-q)\varkappa y'}-1\right)\right],\\ \Delta'' &= \frac{eD}{\lambda}\left[(1+\varkappa y'')\left(\frac{V}{G'+(2p-4q)\varkappa y''}-1\right)-(1+\varkappa y')\left(\frac{V}{G'+(2p-4q)\varkappa y'}-1\right)\right]; \end{aligned}$$

demgemäss wird in der im Original benutzten Annäherung und bei Einführung des Brechungsindex

$$\frac{V}{G}=n:$$

$$(\text{d}'.)\quad \begin{aligned} \Delta' &= \frac{eDn\varkappa(y''-y')}{\lambda}\left(\frac{n-1}{n}+\frac{3p-q}{G}\right),\\ \Delta'' &= \frac{eDn\varkappa(y''-y')}{\lambda}\left(\frac{n-1}{n}-\frac{2p-4q}{G}\right). \end{aligned}$$

An Stelle der Formel (e.) tritt weiter

$$(\text{e}'.)\quad \left(\frac{\Delta'}{\Delta''}-1\right)\frac{n-1}{n}=\left(3+2\frac{\Delta'}{\Delta''}\right)\frac{p}{G}-\left(1+4\frac{\Delta'}{\Delta''}\right)\frac{q}{G}.$$

Kombinirt man hiermit die nach ihrer Grundlage ungeändert zu lassende Formel (f.), so erhält man (für $n=1,55$) statt (g.)

$$(\text{g}'.)\quad \frac{p}{G}=+\,0{,}192, \quad \frac{q}{G}=+\,0{,}110.$$

Die berichtigten Zahlenwerthe haben also das entgegengesetzte Vorzeichen wie im Text.

Die Formeln (h.) und (i.) bleiben ungeändert. Dagegen nimmt das System (k.) die Gestalt an:

$$(k'.)\quad \begin{aligned} A &= G'(1+0{,}110\,\alpha+0{,}192\,\beta+0{,}192\,\gamma),\\ B &= G'(1+0{,}192\,\alpha+0{,}110\,\beta+0{,}192\,\gamma),\\ C &= G'(1+0{,}192\,\alpha+0{,}192\,\beta+0{,}110\,\gamma); \end{aligned}$$

(l.), (m.), (n.) werden zu

$$(l'.)\quad A=B=G'(1-0{,}116\,\gamma),\qquad C=G'(1-0{,}014\,\gamma),$$

$$(m'.)\quad A=B=C=G'(1+0{,}494\,\alpha),$$

$$(n'.)\quad A=B=C=G'(1-0{,}165\,\delta).$$

Hiernach wird die Geschwindigkeit des Lichtes in dem allseitig comprimirten Körper verringert und nicht, wie im Text gesagt, vergrössert.

Aus Formel (o.) wird

$$(o'.)\quad n'=n(1+0{,}165\,\delta);$$

der Brechungsindex nimmt mit abnehmender Dichte ab. Dies Resultat ist mit der im Text herangezogenen *Zunahme* des Brechungsindex bei einer durch Temperatursteigerung bewirkten Abnahme der Dichte übrigens nicht im Widerspruch, da bei Temperaturänderungen sich noch andere Umstände ändern, als die Dichte der Substanz, insbesondere das Absorptionsvermögen, welches auf den Brechungsindex ganz wesentlichen Einfluss hat, selbst wenn es nur außerhalb des sichtbaren Spectrum merkliche Stärke besitzt. Hierauf ist in dem Vorwort der Redaction (s. S. 3) bereits vorläufig hingewiesen worden.

Es mag schliesslich bemerkt werden, dass die im Text citirte von *Fresnel* herrührende Formel für die Lichtgeschwindigkeit im comprimirten Glase, nämlich

$$\omega = G(1-\tfrac{1}{4}\Delta)$$

mit der (berichtigten) Formel (n.') qualitativ und in Annäherung sogar quantitativ übereinstimmt. — *W. V.*

Zweiter Abschnitt.

Ungleichförmig dilatirte Körper.

---

§ 5.

Es werden zwei allgemeine Sätze aufgestellt, welche die Grundlage der weiteren Untersuchung bilden.

Die vorhergehenden Untersuchungen bezogen sich auf den gleichförmig comprimirten oder dilatirten Zustand der festen, unkrystallinischen Körper, d. h. denjenigen Zustand, bei welchem die Hauptdruckaxen den ganzen Körper hindurch parallel bleiben, und die Grösse der Dilatation oder Contraction [nach irgend einer Richtung] in ihnen überall dieselbe ist. Ein solcher Zustand ist von demjenigen eines Krystallindividuums in optischer Hinsicht nicht verschieden. Ich werde mich jetzt mit demjenigen Zustand beschäftigen, in welchem die Hauptdruckaxen sowohl in ihrer Richtung, als in ihrer Grösse, von Ort zu Ort sich ändern. Dieser Zustand ist analog einem Aggregat von unendlich vielen sehr kleinen Krystallen, die sowohl in Beziehung auf ihre Richtung, als in Beziehung auf die Grösse ihrer doppelten Strahlenbrechung ein stetiges Gesetz befolgen. In einem solchen Zustande befindet sich z. B. ein fester Körper, der nicht überall dieselbe Temperatur hat; oder ein Körper, dessen Theile durch rasche Abkühlung in innere Spannung versetzt worden sind.

Die Aufgabe, die Bahnen zu bestimmen, auf welchen die gewöhnlichen und ungewöhnlichen Lichtstrahlen sich in einem ungleichförmig dilatirten Körper bewegen, hat ein Interesse wegen der Schwierigkeiten, welche die Auflösung darbietet; die Abweichung dieser Bahnen von den gradlinigen ist aber überall eine so geringe, dass sie sich der Beobachtung entzieht. Anders verhält es sich mit den Interferenzerscheinungen, welche die beiderlei Strahlen im polarisirten Licht hervorbringen, deren Resultat z. B. die bekannten lebhaften Farbenerscheinungen in rasch abgekühlten Gläsern sind. Mit diesen Interferenzerscheinungen will ich mich hier beschäftigen.

Die Grundlage dieser Untersuchung bilden *folgende zwei Sätze:*

1) Die Bahnen der Lichtstrahlen im Innern des dilatirten Mediums können bei Berechnung der Interferenzerscheinungen als gradlinig angesehen werden.

2) Die mit einander interferirenden Lichtstrahlen können so behandelt werden, als hätten sie das Medium in derselben Richtung durchlaufen.

Diese Sätze beruhen darauf, dass die Glieder, welche in dem Ausdruck der Zeit, die ein Strahl gebraucht, um durch das Medium zu gehen, von den zweiten und höheren Potenzen der Unterschiede der Druckaxen abhängen, als absolut kleine Grössen vernachlässigt werden können, in allen in der Wirklichkeit vorkommenden Fällen.

Es sei PPQ (Fig. 3) eine Platte eines ungleichförmig dilatirten Mediums, AE und $A'E'$ zwei parallel einfallende Strahlen, welche von einer gemeinschaftlichen Wellenebene $A'B$ herrühren. Der eine AE erzeugt den gewöhnlichen Strahl ACD, der andere $A'E'$ den ungewöhnlichen Strahl $A'C'D$; diese beiden Strahlen stossen in D in einem sehr spitzen Winkel zusammen und treten divergirend wie DF und DF' aus dem Medium heraus, werden aber auf der Retina oder in dem Focus eines Mikroskops wieder vereinigt, und interferiren in diesem Vereinigungspunkt. Diese Interferenz hängt von dem Unterschied der beiden Zeiten ab, mit welchen der eine Strahl den Weg BA und ACD, der andere den Weg $A'C'D$ durchlaufen hat. Die Curven ACD und $A'C'D$, auf welchen die Lichtstrahlen sich bewegen, sind im Allgemeinen doppelter Krümmung, bilden aber überall mit ihren durch zwei in ihnen liegenden Punkte gezogenen Sehnen nur Winkel, welche proportional mit dem Unterschiede der Druckaxen sind. Die Zeit t, in welcher der Strahl die Curve $A'C'D$ durchläuft, ist $t = \int \frac{ds}{g}$, wo ds das Element des Bogens dieser Curve und g die in diesem Element stattfindende Fortpflanzungsgeschwindigkeit bedeutet. Ich nehme die durch D und A' gelegte Sehne der Curve zur Axe x, die Axen y und z stehen senkrecht darauf, sodass $t = \int \frac{dx}{g} \sqrt{1 + \left(\frac{dy}{dx}\right)^2 + \left(\frac{dz}{dx}\right)^2}$. Wenn nun aber die vom Quadrat des Unterschiedes der Druckaxen abhängigen

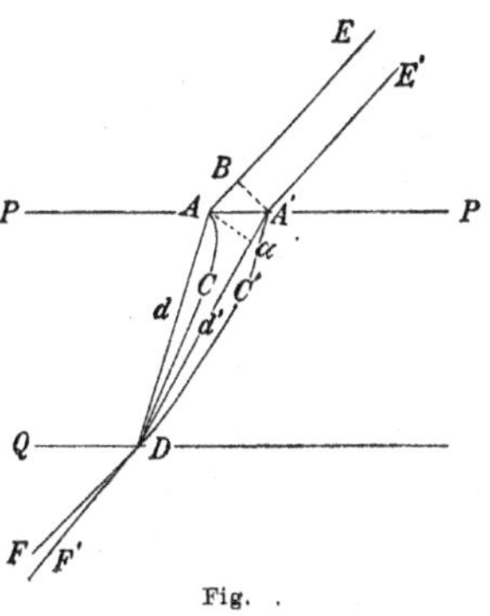

Fig. .

Glieder vernachlässigt werden, so verwandelt sich diese Gleichung in $t = \int \frac{dx}{g}$, d. h. die Bahn des Strahls kann als geradlinig betrachtet werden.

Um den zweiten Satz zu beweisen, substituire ich zufolge des eben bewiesenen Satzes statt der krummlinigen Bahnen der Strahlen die gradlinigen DA und DA' und nehme auf ihnen zwei Elemente in d und d', so gelegen, dass sie gleich weit von D entfernt sind. Die gewöhnliche Fortpflanzungsgeschwindigkeit in d nenne ich ω, die ungewöhnliche ε; für d' bezeichne ich dieselben Geschwindigkeiten respective mit ω' und ε'; der Strahl DA pflanzt sich also fort mit ω, der Strahl DA' mit ε'. Ich bezeichne die Elemente in d und d' mit dx und dx' und mache $DA = D\alpha$. Der Unterschied U der Zeit, mit welchem die beiden Strahlen die Wege DA und $D\alpha$ durchlaufen, ist

$$U = \int \frac{dx}{\omega} - \int \frac{dx'}{\varepsilon'},$$

das erste Integral genommen von $x = 0$ bis $x = DA$, das zweite von $x' = 0$ bis $x' = D\alpha$. Nun lässt sich aber zeigen, dass ε' nur um Grössen zweiter Ordnung der Unterschiede der Druckaxen von ε verschieden ist. Es ist ε von der Form $C + v$, wo C eine constante und v eine mit dem Ort des Elements variabele Grösse, die mit dem Unterschied der Druckaxen zugleich verschwindet. Dasselbe gilt von den Differentialquotienten von v in Beziehung auf die Coordinaten des Elements; diese Differentialquotienten sind also gleichfalls von der Ordnung des Unterschiedes der Druckaxen. Nun ist aber die Differenz $\varepsilon' - \varepsilon$ gleich dem Product aus der Linie dd' mit dem Differential von ε genommen nach der Linie dd', woraus folgt, dass, da die Linie dd' abhängt von der Neigung von DA gegen DA' und also von der Ordnung des Unterschieds der Druckaxen ist, dass $\varepsilon' - \varepsilon$ selbst proportional mit dem Quadrat dieses Unterschiedes ist. Man kann also in U setzen $\varepsilon = \varepsilon'$ und da $DA = D\alpha$ genommen ist, so wird

$$U = \int dx \left(\frac{1}{\omega} - \frac{1}{\varepsilon}\right),$$

dies Integral genommen von $x = 0$ bis $x = DA$.

Es lässt sich nun ferner zeigen, dass auch der Unterschied der Zeit, in welcher BA und $A'\alpha$ durchlaufen wird, zweiter Ordnung ist. Dies beruht darauf, dass $A\alpha$ sowohl als $A'\alpha$ von der Ordnung des Unterschiedes der Druckaxen sind, und man deshalb die Fortpflanzungsgeschwindigkeit in A, A' und α und in allen innerhalb des Dreiecks $AA'\alpha$ liegenden Punkten als gleich ansehen kann, weil die Berücksichtigung ihrer Glieder erster Ordnung, bei Berechnung der Zeiten, in welchen die Linien AB und $A'\alpha$, die selbst erster

Ordnung sind, durchlaufen werden, Glieder zweiter Ordnung geben würde. Legt man daher durch A eine Ebene senkrecht auf DA', so kann man diese als die zur einfallenden Wellenebene $A'B$ gehörige gebrochene Wellenebene ansehen; diese schneidet aber bis auf Grössen zweiter Ordnung von DA' das Stück $A'\alpha$ ab; also verhält sich $BA : A'\alpha = V : \varepsilon'$, wenn V die Fortpflanzungsgeschwindigkeit ausserhalb des comprimirten Mediums bedeutet. Die Stücke BA und $A'\alpha$ werden also bei Vernachlässigung der Glieder zweiter Ordnung in derselben Zeit durchlaufen. Das Integral

$$U = \int dx \left(\frac{1}{\omega} - \frac{1}{\varepsilon}\right),$$

genommen von $x = 0$ bis $x = DA$, ist demnach der vollständige Unterschied der Zeit, mit welcher die beiden in D zusammentreffenden Strahlen ihre Wege, nämlich $BA + ACD$ und $A'C'D$, durchlaufen haben. Die beiden in D austretenden Strahlen verhalten sich also bei der Interferenzberechnung so, als hätten sie den gemeinschaftlichen Weg DA mit den zweierlei Geschwindigkeiten ω und ε durchlaufen, welches der zweite zu beweisende Satz war.

Durch die obigen zwei Sätze wird die Untersuchung der Interferenz sehr vereinfacht. Es erzeugt nämlich ein einfallender Strahl nicht zwei Strahlen im Innern, sondern eine unzählige Anzahl derselben, denn die zwei Strahlen sowohl, welche beim Eintritt entstehen, als diejenigen Strahlen, welche aus jenen bei ihrem Fortgang entstanden sind, zerspalten sich bei ihrem weiteren Fortgang immer wieder von Neuem. Dies rührt daher, dass die Richtung der Polarisationsebene sich stetig im Innern des Mediums ändert und bei jeder Aenderung der Polarisationsrichtung der Strahl zerlegt wird in zwei auf einander rechtwinklig polarisirte Strahlen, die sich mit verschiedener Geschwindigkeit weiter fortpflanzen. Es wäre eine schwierige Aufgabe, alle diese abgespaltenen Strahlen bei der Berechnung der Interferenz zu berücksichtigen, wenn sie nicht alle, zufolge der vorhergehenden Sätze, könnten so behandelt werden, als bewegten sie sich sämmtlich in derselben Richtung. Daraus aber folgt, dass, wie weit die Spaltung der Strahlen auch fortgeschritten sein mag, man alle diese Strahlen, welche auf ein Element dx ihres gemeinschaftlichen Weges treffen, sich wieder zusammengesetzt denken kann in zwei auf einander rechtwinklig polarisirte Strahlen, von denen der eine eine gewisse aus der Zusammensetzung resultirende Verzögerung gegen den andern besitzt. Berechnet man nun den Zuwachs von Verzögerung, der, während sie das Element dx durchlaufen, entsteht, so erhält man das Differential der Verzögerung in Beziehung auf das Element des Weges, von welchem das Integral in

Beziehung auf den ganzen im Innern des comprimirten Mediums durchlaufenen Weg die relative Verzögerung der beiden aus dem Medium heraustretenden, mit einander interferirenden Strahlen giebt. Um aber ihre Interferenz berechnen zu können, muss man ausserdem noch ihre Amplituden kennen. Ich werde zuerst diese Amplituden berechnen, hernach auf dem angegebenen Wege ihre relative Verzögerung ermitteln. Bei diesen Berechnungen wird überall vorausgesetzt, dass die Richtungen und die Grössen der Hauptdruckaxen ein stetiges Gesetz befolgen und demzufolge auch die Polarisationsrichtungen und die Fortpflanzungsgeschwindigkeiten des Lichts. An der Grenze, wo diese Stetigkeit aufhört, muss man das Verfahren eintreten lassen, welches man an der Grenze zweier verschiedenen Medien anzuwenden hat.

§ 6.

Die Formeln (A.) und (A′).

Es seien A und B die Amplituden der beiden rechtwinklig polarisirten Strahlen, in welche man sich die in das Element des Weges dx eintretenden Strahlen zerlegt denken kann, und ihre respectiven Verzögerungen seien o und e, sodass also die Geschwindigkeiten u und v in diesen beiden Strahlen sind:

$$u = A \sin\left(\frac{t}{T} - \frac{o}{\lambda}\right) 2\pi, \qquad v = B \sin\left(\frac{t}{T} - \frac{e}{\lambda}\right) 2\pi.$$

Beide Bewegungen sollen stattfinden in den Azimuthen α und $90 + \alpha$. Innerhalb des Elements verwandeln sich diese Azimuthe in $\alpha + \varDelta\alpha$ und $90 + \alpha + \varDelta\alpha$, und in Folge dieser Veränderung der Azimuthe verwandeln sich die Geschwindigkeiten u und v in u' und v', welche, wenn der geringe Antheil Licht, welcher beim Eintritt in das Element reflectirt wird, vernachlässigt wird, die Ausdrücke haben:

$$\begin{aligned} u' = & \left(A \cos\varDelta\alpha + B \cos\left(\frac{o-e}{\lambda}\right) 2\pi \cdot \sin\varDelta\alpha\right) \sin\left(\frac{t}{T} - \frac{o}{\lambda}\right) 2\pi \\ & + B \sin\varDelta\alpha \sin\left(\frac{o-e}{\lambda}\right) 2\pi \cdot \cos\left(\frac{t}{T} - \frac{o}{\lambda}\right) 2\pi, \\ v' = & -\left(A \cos\left(\frac{o-e}{\lambda}\right) 2\pi \cdot \sin\varDelta\alpha - B \cos\varDelta\alpha\right) \sin\left(\frac{t}{T} - \frac{e}{\lambda}\right) 2\pi \\ & + A \sin\varDelta\alpha \sin\left(\frac{o-e}{\lambda}\right) 2\pi \cdot \cos\left(\frac{t}{T} - \frac{e}{\lambda}\right) 2\pi. \end{aligned}$$

Bringt man nun u' und v' auf die Form

$$u' = A' \sin\left(\frac{t}{T} - \frac{o'}{\lambda}\right) 2\pi, \qquad v' = B' \sin\left(\frac{t}{T} - \frac{e'}{\lambda}\right) 2\pi,$$

und setzt zugleich $\varDelta\alpha$ unendlich klein $= d\alpha$, so ist der Unterschied $A' - A$ offenbar das Differential von A nach α, d. i. $A' - A = \frac{dA}{d\alpha} d\alpha$, und ebenso ist $B' - B = \frac{dB}{d\alpha} d\alpha$. Die Entwickelung giebt:

$$\frac{dA}{d\alpha} = B \cos\left(\frac{o-e}{\lambda}\right) 2\pi,$$

$$\frac{dB}{d\alpha} = -A \cos\left(\frac{o-e}{\lambda}\right) 2\pi.$$

Wenn nun $o - e$ d. i. die relative Verzögerung der beiden Strahlen beim Eintritt in das Element dx auf einem andern Wege als Function von x ermittelt worden ist, wie dies hernach geschehen wird, so findet man aus diesen beiden Gleichungen durch Integration die Amplituden als Functionen von x, da α eine durch die gegebene Dilatation und Contraction des Mediums bestimmte Function von x ist. Multiplicirt man die erste Gleichung mit A, die zweite mit B und addirt sie, so giebt dies

$$A\frac{dA}{d\alpha} + B\frac{dB}{d\alpha} = 0, \quad \text{d. i.} \quad A^2 + B^2 = k^2,$$

wo k^2 eine constante Grösse ist, nämlich die Summe der Intensitäten beider Strahlen unmittelbar nach ihrem Eintritt in das comprimirte Medium. Diese Gleichung ist eine einfache Folge davon, dass die sehr schwachen Reflectionen im Innern des Mediums unberücksichtigt geblieben sind.

Setzt man nun in $\frac{dA}{d\alpha} = B \cos\left(\frac{o-e}{\lambda}\right) 2\pi$ für B seinen Werth: $B = \sqrt{k^2 - A^2}$, so erhält man

$$\frac{dA}{\sqrt{k^2 - A^2}} = d\alpha \cos\left(\frac{o-e}{\lambda}\right) 2\pi,$$

welches giebt

$$\arcsin\frac{A}{k} = \int d\alpha \cos\left(\frac{o-e}{\lambda}\right) 2\pi + F$$

oder

$$A = k \sin\left(F + \int d\alpha \cos\left(\frac{o-e}{\lambda}\right) 2\pi\right),$$

wo F eine noch willkürliche Grösse ist. Aus $A^2 + B^2 = k^2$ ergiebt sich ferner

$$B = k \cos\left(F + \int d\alpha \cos\left(\frac{o-e}{\lambda}\right) 2\pi\right).$$

Bestimmt man als Anfang des Integrals den Eintritt in das comprimirte Medium, so ist beim Eintritt

$$A = k \sin F, \qquad B = k \cos F.$$

Es sind also $k \sin F$ und $k \cos F$ die Amplituden der Strahlen unmittelbar nach ihrem Eintritt in das comprimirte Medium. Ich werde diese Amplituden jetzt bestimmen.

Es sei das einfallende Licht im Azimuth η, dies von der Einfallsebene an gerechnet, polarisirt, und also die Componenten der [gleich Eins angenommenen] Amplitude parallel und senkrecht auf der Einfallsebene $\cos\eta$ und $\sin\eta$; der Einfallswinkel sei φ, die beiden ihm zugehörigen Brechungswinkel φ' und φ''. Die Polarisationsazimuthe der beiden gebrochenen Strahlen unmittelbar nach ihrem Eintritt seien α' und α'_1. Die Differenz $\varphi' - \varphi''$ kann man bei der Berechnung von $k \sin F$ und $k \cos F$ vernachlässigen, alsdann ist $\alpha'_1 = 90 + \alpha'$. Denkt man sich nun die Amplituden der beiden gebrochenen Strahlen zerlegt nach der Einfallsebene und senkrecht darauf, nennt diese Componenten respective D_s und D_p, so ist

$$D_s = k \sin F \cos\alpha' - k \cos F \sin\alpha',$$
$$D_p = k \sin F \sin\alpha' + k \cos F \cos\alpha'.$$

Nun ist aber, wenn $\varphi' - \varphi'' = 0$ gesetzt wird, nach den *Fresnel*'schen Formeln für die gebrochenen und reflectirten Amplituden*)

$$D_s = \frac{\sin 2\varphi}{\sin(\varphi + \varphi')} \cos\eta,$$
$$D_p = \frac{\sin 2\varphi}{\sin(\varphi + \varphi')\cos(\varphi - \varphi')} \sin\eta.$$

Aus diesen Gleichungen ergiebt sich

$$k \sin F = \frac{\sin 2\varphi}{\sin(\varphi + \varphi')} \left\{ \cos\eta \cos\alpha' + \frac{\sin\eta \sin\alpha'}{\cos(\varphi - \varphi')} \right\},$$
$$k \cos F = - \frac{\sin 2\varphi}{\sin(\varphi + \varphi')} \left\{ \cos\eta \sin\alpha' - \frac{\sin\eta \cos\alpha'}{\cos(\varphi - \varphi')} \right\}.$$

In den allgemeinen Ausdrücken für A und B sollte der Anfang des Integrals $\int d\alpha \cos\left(\frac{o-e}{\lambda}\right) 2\pi$ vom Eintritt in das Medium an gerechnet werden, also von α' an; setzt man nun der Abkürzung wegen:

$$\int_{\alpha'}^{\alpha} d\alpha \cos\left(\frac{o-e}{\lambda}\right) 2\pi = \sigma$$

und substituirt die gefundenen Werthe von $k \sin F$, $k \cos F$ in die obigen Ausdrücke für A und B, so ergiebt sich

*) Vgl. *F. Neumann*'s Gesammelte Werke, Bd. II, S. 372, 374. — *(Red.)*

$$A = \frac{\sin 2\varphi}{\sin(\varphi + \varphi')} \left\{ \cos\eta \cos(\alpha' + \sigma) + \frac{\sin\eta \sin(\alpha' + \sigma)}{\cos(\varphi - \varphi')} \right\},$$

$$B = -\frac{\sin 2\varphi}{\sin(\varphi + \varphi')} \left\{ \cos\eta \sin(\alpha' + \sigma) - \frac{\sin\eta \cos(\alpha' + \sigma)}{\cos(\varphi - \varphi')} \right\}.$$

Durch diese Formeln sind die Amplituden der beiden Strahlen an jeder Stelle ihres Weges im Innern des comprimirten Mediums bestimmt; ich werde jetzt ihre Amplituden nach ihrem Austritt aus dem Medium bestimmen.

Es seien α'' und $\alpha'' + 90$ ihre Polarisationsazimuthe in dem Augenblick, in welchem sie an die zweite Grenzfläche des Mediums gelangen, und es sei

$$\int_{\alpha'}^{\alpha''} d\alpha \cos\left(\frac{o - e}{\lambda}\right) 2\pi = \sigma'$$

und die diesem σ' entsprechenden Amplituden seien A' und B'; die Phasen der Strahlen seien respective $\left(\frac{t}{T} - \frac{O}{\lambda}\right) 2\pi$ und $\left(\frac{t}{T} - \frac{E}{\lambda}\right) 2\pi$. Der Strahl $A' \sin\left(\frac{t}{T} - \frac{O}{\lambda}\right) 2\pi$ erzeuge die beiden Componenten parallel und senkrecht auf die Austrittsebene S' und P' und die entsprechenden Componenten von dem Strahl $B' \sin\left(\frac{t}{T} - \frac{E}{\lambda}\right) 2\pi$ seien S'' und P''. Alsdann ist, wenn ψ' den Einfallswinkel der Strahlen im Innern bedeutet und ψ den Austrittswinkel, und man berücksichtigt, dass die Strahlen in den Azimuthen α'' und $90 + \alpha''$ polarisirt sind:

$$S' = \frac{A' \cos\alpha'' \sin 2\psi'}{\sin(\psi + \psi')}, \qquad P' = \frac{A' \sin\alpha'' \sin 2\psi'}{\sin(\psi + \psi') \cos(\psi - \psi')},$$

$$S'' = -\frac{B' \sin\alpha'' \sin 2\psi'}{\sin(\psi + \psi')}, \qquad P'' = \frac{B' \cos\alpha'' \sin 2\psi'}{\sin(\psi + \psi') \cos(\psi - \psi')}.$$

In diesen Formeln ist die geringe Verschiedenheit der Winkel, unter welchen die beiderlei Strahlen auf die Grenzfläche treffen und unter welchen sie austreten, wie oben unberücksichtigt geblieben. Wenn die zweite Grenzfläche parallel mit der ersten ist, so ist $\psi' = \varphi'$ und $\psi = \varphi$, und ich werde im Folgenden, um nicht die Formeln zu compliciren, nur diesen Fall weiter verfolgen.

Die mit einander interferirenden Strahlen sind also, wenn das ausgetretene Licht mit einer Turmalinplatte analysirt wird, welche nur die Componenten der Amplituden im Azimuth ζ durchlässt:

$$(S' \cos\zeta + P' \sin\zeta) \sin\left(\frac{t}{T} - \frac{O}{\lambda}\right) 2\pi,$$

und

$$(S'' \cos\zeta + P'' \sin\zeta) \sin\left(\frac{t}{T} - \frac{E}{\lambda}\right) 2\pi.$$

Werden diese beiden Strahlen zu einem Strahl $J\sin\left(\frac{t}{T}-\frac{\Delta}{\lambda}\right)2\pi$ componirt, so ist die Intensität des Lichts im resultirenden Strahl

$$J^2 = \{(S'+S'')\cos\zeta + (P'+P'')\sin\zeta\}^2$$
$$-4(S'\cos\zeta + P'\sin\zeta)(S''\cos\zeta + P''\sin\zeta)\sin^2\frac{O-E}{\lambda}\pi,$$

und wenn für S', S'', P', P'' ihre Werthe gesetzt werden

$$J^2 = \left\{(A'\cos\alpha'' - B'\sin\alpha'')\cos\zeta + \left(\frac{A'\sin\alpha''+B'\cos\alpha''}{\cos(\varphi-\varphi')}\right)\sin\zeta\right\}^2\left(\frac{\sin 2\varphi'}{\sin(\varphi+\varphi')}\right)^2$$
$$+4A'B'\left(\frac{\sin 2\varphi'}{\sin(\varphi+\varphi')}\right)^2\left(\cos\alpha''\cos\zeta+\frac{\sin\alpha''\sin\zeta}{\cos(\varphi-\varphi')}\right)\left(\sin\alpha''\cos\zeta-\frac{\cos\alpha''\sin\zeta}{\cos(\varphi-\varphi')}\right)$$
$$\times\sin^2\frac{O-E}{\lambda}\pi.$$

Setzt man endlich hierin für A' und B' ihre Werthe und der Abkürzung wegen

$$\frac{\sin 2\varphi\sin 2\varphi'}{\sin^2(\varphi+\varphi')} = D,$$

so erhält man endlich

$$\left(\frac{J}{D}\right)^2 = \left\{\left(\cos\eta\cos\zeta+\frac{\sin\eta\sin\zeta}{\cos^2(\varphi-\varphi')}\right)\cos(\sigma'+\alpha'-\alpha'')+\frac{\sin(\eta-\zeta)\sin(\sigma'+\alpha'-\alpha'')}{\cos(\varphi-\varphi')}\right\}^2$$
$$-4\left(\cos\eta\cos(\alpha'+\sigma')+\frac{\sin\eta\sin(\alpha'+\sigma')}{\cos(\varphi-\varphi')}\right)$$
$$\text{(A.)}\qquad\times\left(\cos\eta\sin(\alpha'+\sigma')-\frac{\sin\eta\cos(\alpha'+\sigma')}{\cos(\varphi-\varphi')}\right)$$
$$\times\left(\cos\zeta\cos\alpha''+\frac{\sin\zeta\sin\alpha''}{\cos(\varphi-\varphi')}\right)$$
$$\times\left(\cos\zeta\sin\alpha''-\frac{\sin\zeta\cos\alpha''}{\cos(\varphi-\varphi')}\right)\sin^2\frac{O-E}{\lambda}\pi.$$

Dies ist der allgemeinste Ausdruck für die Interferenz des Lichts, welches durch eine von parallelen Ebenen begrenzte Platte gegangen ist, die in ihrem Innern beliebige Contractionen und Dilatationen erfahren hat, vorausgesetzt, dass diese ein stetiges Gesetz befolgen. Es ist leicht zu übersehen, welche Abänderungen dieser Ausdruck erfährt in dem Fall, wenn die zweite Grenzfläche nicht parallel mit der erstern ist; ich habe diesen Fall auch aus dem Grunde nicht berücksichtigt, weil er für die Beobachtung kaum von Interesse sein dürfte.

Der allgemeine Ausdruck verwandelt sich für den am häufigsten vorkommenden Fall, wo das Licht senkrecht durch die Platte hindurch geht, wo also $\varphi=\varphi'=0$ ist und $D=m\left(\frac{2}{1+m}\right)^2$, wenn $\frac{1}{m}$ den Brechungscoëfficient bedeutet, sodass $\sin\varphi' = m\sin\varphi$ in:

$$(\mathrm{A}'.)\qquad \frac{1}{m^2}\left(\frac{1+m}{2}\right)^4 J^2 = \cos^2(\sigma' + \alpha' - \alpha'' - \eta + \zeta)$$
$$- \sin 2(\alpha' + \sigma' - \eta) \sin 2(\alpha'' - \zeta) \sin^2 \frac{O-E}{\lambda}\pi.$$

Diese Formeln verwandeln sich in diejenigen, welche ich für die Farben der Krystallblättchen im polarisirten Licht gegeben habe (*Pogg. Ann.* Bd. XXXIII, p. 272 und 273*)), wenn man die bei gleichförmig comprimirten Medien erforderlichen Bedingungen einführt, nämlich $\alpha' = \alpha''$ und $\sigma' = 0$.

§ 7a.

Die Formel (B.).

Es bleibt nun noch zu ermitteln der Werth von $o - e$ als Function des Orts. Zu dem Ende betrachten wir wiederum die beiden nach dem Azimuth α und $90 + \alpha$ polarisirten Strahlen in dem Augenblick, wo sie auf das Element dx ihrer Bahn treffen. Ihre Bewegungen sind unmittelbar vor dem Eintritt in dieses Element nach α und $90 + \alpha$ respective:

$$u = A \sin\left(\frac{t}{T} - \frac{o}{\lambda}\right) 2\pi \quad \text{und} \quad v = B \sin\left(\frac{t}{T} - \frac{e}{\lambda}\right) 2\pi$$

und in dem Augenblick ihres Austritts aus diesem Element nach den Richtungen $\alpha + \varDelta\alpha$ und $90 + \alpha + \varDelta\alpha$:

$$u'' = A' \sin\left(\frac{t}{T} - \frac{o''}{\lambda}\right) 2\pi \quad \text{und} \quad v'' = B' \sin\left(\frac{t}{T} - \frac{e''}{\lambda}\right) 2\pi.$$

Das Inkrement, welches $o - e$ durch das Element des Weges dx erfahren hat, rührt von zwei Ursachen her, einmal von der Drehung der Polarisationsebenen aus den Azimuthen α und $90 + \alpha$ in die Azimuthe $\alpha + \varDelta\alpha$ und $90 + \alpha + \varDelta\alpha$, und dann von der Verschiedenheit der Zeiten, in welchen die beiden Strahlen das Element durchlaufen. Ich werde die Fortpflanzungsgeschwindigkeiten des Lichts innerhalb dieses Elements respective mit ω und ε bezeichnen, dann ist der letztere Theil des Inkrements von**) $o - e = dx\left(\frac{1}{\omega} - \frac{1}{\varepsilon}\right)$. Der erste aber ergiebt sich aus folgender Betrachtung.

Wie oben bezeichne ich die aus u und v entstehenden Bewegungen unmittelbar nach dem Eintritt durch u' und v', sodass also

$$u' = A' \sin\left(\frac{t}{T} - \frac{o'}{\lambda}\right) 2\pi, \qquad v' = B' \sin\left(\frac{t}{T} - \frac{e'}{\lambda}\right) 2\pi,$$

*) *F. Neumann*'s Gesammelte Werke, Bd. II, S. 332, 333. — *(Red.)*

**) Diese Formel zeigt, dass *Neumann* zugleich $\lambda = T$, also die Geschwindigkeit des Lichtes in der Luft wieder gleich Eins setzt. — *W. V.*

und bestimme hierin den Unterschied $(o'-e')-(o-e)$. Dieser Unterschied ist der von der Drehung der Polarisationsebene herrührende Theil in dem Inkrement von $o-e$. Es ist [nach den Ausdrücken für u' und v' auf S. 68]

$$A'\cos\frac{o'}{\lambda}2\pi = A\cos\varDelta\alpha\cos\frac{o}{\lambda}2\pi + B\sin\varDelta\alpha\cos\frac{e}{\lambda}2\pi,$$

$$A'\sin\frac{o'}{\lambda}2\pi = A\cos\varDelta\alpha\sin\frac{o}{\lambda}2\pi + B\sin\varDelta\alpha\sin\frac{e}{\lambda}2\pi,$$

$$B'\cos\frac{e'}{\lambda}2\pi = -A\sin\varDelta\alpha\cos\frac{o}{\lambda}2\pi + B\cos\varDelta\alpha\cos\frac{e}{\lambda}2\pi,$$

$$B'\sin\frac{e'}{\lambda}2\pi = -A\sin\varDelta\alpha\sin\frac{o}{\lambda}2\pi + B\cos\varDelta\alpha\sin\frac{e}{\lambda}2\pi,$$

und hieraus ergiebt sich

$$A'B'\sin\frac{o'-e'}{\lambda}2\pi = AB\sin\frac{o-e}{\lambda}2\pi,$$

woraus folgt, wenn man $\varDelta\alpha$ unendlich klein $= d\alpha$ setzt, dass

$$\frac{d}{d\alpha}\left(AB\sin\frac{o-e}{\lambda}2\pi\right) = 0.$$

Entwickelt giebt die Differentiation

$$\frac{d(o-e)}{d\alpha} = -\frac{\lambda}{2\pi}\operatorname{tang}\frac{o-e}{\lambda}2\pi\,\frac{d(AB)}{AB\,d\alpha}.$$

Aus den oben [S. 69] gegebenen Werthen für A und B ergiebt sich aber

$$AB = \frac{k^2}{2}\sin 2\left(F + \int d\alpha\cos\frac{o-e}{\lambda}2\pi\right).$$

Dies substituirt, und für $\frac{d(o-e)}{d\alpha}$ gesetzt $\frac{d(o-e)}{dx}\frac{dx}{d\alpha}$ giebt

$$\frac{d(o-e)}{dx} = -\frac{\lambda}{\pi}\frac{d\alpha}{dx}\sin\frac{o-e}{\lambda}2\pi\cdot\operatorname{cotg}2\left(F + \int d\alpha\cos\frac{o-e}{\lambda}2\pi\right).$$

Demnach ist das vollständige Differential (= Inkrement) von $o-e$, welches erstens von der Verzögerung innerhalb des Elements dx herrührt und dann von der Drehung der Polarisationsebenen, dieses:

$$\text{(B.)}\quad d(o-e) = dx\left(\frac{1}{\omega}-\frac{1}{\varepsilon}\right) - \frac{\lambda}{\pi}dx\frac{d\alpha}{dx}\sin\frac{o-e}{\lambda}2\pi\cdot\operatorname{cotg}2\left(F + \int d\alpha\cos\frac{o-e}{\lambda}2\pi\right),$$

eine Differentialgleichung zweiter Ordnung für $o-e$, in welcher $\left(\frac{1}{\omega}-\frac{1}{\varepsilon}\right)$ und $\frac{d\alpha}{dx}$ gegebene Functionen von x sind, aus welcher nun $o-e$ bestimmt werden muss. Ohne besondere Voraussetzungen über die Werthe dieser Functionen scheint die Integration dieser Gleichung nicht auf Quadraturen zurückführbar zu sein. In der unten stehenden Bemerkung habe ich den fingirten

Fall behandelt, wo $\frac{1}{\omega} - \frac{1}{\varepsilon} = 0$ ist und α eine beliebige Function von x ist; im Folgenden wende ich diese Gleichung auf mehrere Fälle an, wo $\frac{d\alpha}{dx} = 0$ ist.

Bemerkung des Originals zu § 7a.

Wenn man sich ein Medium denkt, in welchem der Unterschied der Fortpflanzungsgeschwindigkeiten an den verschiedenen Stellen desselben verschwindend klein ist, innerhalb dessen aber die Strahlen fortwährend die Richtungen ihrer Polarisationen verändern, so erhält man, wenn in der obenstehenden Gleichung $\frac{1}{\omega} - \frac{1}{\varepsilon} = 0$ gesetzt wird, und dieselbe mit $\frac{2\pi}{\lambda} \cos \frac{o-e}{\lambda} 2\pi$ multiplicirt wird, durch Integration

$$\text{(1.)} \qquad \sin 2\left(F + \int d\alpha \cos \frac{o-e}{\lambda} 2\pi\right) \sin \frac{o-e}{\lambda} 2\pi = \varkappa,$$

wo $\varkappa$ eine Constante ist, die sich dadurch bestimmt, dass beim Eintritt*) in das Medium die Verzögerung $o - e = O - E$ und F gegeben ist, so dass man hat

$$\sin 2F \sin \left(\frac{O-E}{\lambda} 2\pi\right) = \varkappa.$$

Setzt man in (1.)

$$\sin \frac{o-e}{\lambda} 2\pi = \frac{1}{\sqrt{v}}, \qquad \cos \frac{o-e}{\lambda} 2\pi = \sqrt{1 - \frac{1}{v}},$$

so wird dieselbe

$$\sin 2\left\{F + \int d\alpha \sqrt{1 - \frac{1}{v}}\right\} = \varkappa \sqrt{v}$$

oder

$$2F + 2\int d\alpha \sqrt{1 - \frac{1}{v}} = \arcsin \varkappa \sqrt{v}.$$

Differentirt man diese Gleichung nach α, so erhält man

$$4d\alpha = \frac{\varkappa\, dv}{\sqrt{1 - \varkappa^2 v}\sqrt{v-1}},$$

wovon das Integral, wenn B eine Constante bedeutet, ist:

$$B + 4\alpha = \arcsin \frac{2\varkappa^2 v - (1 + \varkappa^2)}{1 - \varkappa^2},$$

oder

$$(1 - \varkappa^2) \sin (B + 4\alpha) + 1 + \varkappa^2 = 2\varkappa^2 v = \frac{2\varkappa^2}{\sin^2 \frac{o-e}{\lambda} \cdot 2\pi},$$

d. i.

$$\sin^2 \frac{o-e}{\lambda} 2\pi = \frac{2\varkappa^2}{1 + \varkappa^2 + (1 - \varkappa^2) \sin (B + 4\alpha)}$$

und

$$\cos^2 \frac{o-e}{\lambda} 2\pi = \frac{(1 - \varkappa^2)(1 + \sin (B + 4\alpha))}{1 + \varkappa^2 + (1 - \varkappa^2) \sin (B + 4\alpha)}.$$

*) Die Bedeutung von $O - E$ ist somit hier eine andere wie in § 6. — *W. V.*

Die Constante B bestimmt sich dadurch, dass beim Eintritt in das Medium, d. i. bei $\alpha = \alpha'$ ist: $o - e = O - E$. Ohne mich auf die Folgerungen, welche sich aus diesem Ausdruck für $o - e$ ergeben, weiter einlassen zu wollen, bemerke ich nur, dass wenn der austretende Strahl mittelst eines Turmalins analysirt wird, die Perioden seiner Intensität von $\cos \frac{o-e}{\lambda} 2\pi$ abhängen; der Werth dieses Cosinus liegt immer, so lange er mit α, oder was dasselbe ist, mit der Länge des durchlaufenen Weges variabel ist, zwischen 0 und $\sqrt{1 - \varkappa^2}$. Der Verzögerungsunterschied $o - e$ wird unabhängig von der Länge des durchlaufenen Weges, und die Periodicität der resultirenden Intensität verschwindet:

1) wenn $\varkappa = 0$ ist, welcher Fall eintritt, wenn $\sin F = 0$ oder $\cos F = 0$, d. h. wenn das einfallende Licht so polarisirt war, dass beim Eintritt nur *ein* Strahl entstand, oder wenn $\sin \frac{O-E}{\lambda} 2\pi = 0$, d. h. wenn in dem eintretenden Licht keine Verzögerung des einen Theils gegen den andern vorhanden war;

2) wenn $\varkappa = 1$. Dieser Fall tritt ein, wenn $\sin 2F = 1$ und zugleich $\sin \frac{O-E}{\lambda} 2\pi = 1$ ist, d. h. wenn das eingetretene Licht circular polarisirt ist. Der Winkel α ist eine gegebene Function des durchlaufenen Weges; soll das durch den Turmalin analysirte Licht Farben zeigen, so muss diese Function zugleich von λ abhängen.

§ 7b.

Die Formeln (C.) und (D.).

Ich werde jetzt die Grössen $\frac{1}{\omega} - \frac{1}{\varepsilon}$ und $\frac{d\alpha}{dx}$ allgemein als Functionen des Orts des Elements der Bahn dx aus dem gegebenen System von Verrückungen des Mediums entwickeln. Zuerst bemerke ich, dass, wenn man nur die Glieder von der Ordnung der ersten Potenz des Unterschieds der Druckaxen berücksichtigt, man statt $\frac{1}{\omega} - \frac{1}{\varepsilon}$ setzen kann: $-\frac{\omega - \varepsilon}{\omega^2}$ oder, wenn G die Fortpflanzungsgeschwindigkeit in dem Medium in seinem natürlichen Zustand bedeutet, $-\frac{\omega - \varepsilon}{G^2}$. Nun fanden wir oben § 2, dass, wenn man die Dilatationen des Mediums an der Stelle des Elements des Weges dx, und zwar in den Richtungen, welche senkrecht stehen auf den Polarisationsebenen der dieses Element mit den Geschwindigkeiten ω und ε durchlaufenden Strahlen respective mit $\frac{\varrho' - r}{r}$ und $\frac{\varrho'' - r}{r}$ bezeichnet, wo r die natürliche Entfernung der Theilchen bedeutet, dass dann ist [s. S. 40, letzte Gl.]:

$$\omega - \varepsilon = -(p - q)\frac{\varrho' - \varrho''}{r},$$

demnach ist also:

$$\frac{1}{\omega} - \frac{1}{\varepsilon} = \frac{p-q}{G^2} \cdot \frac{\varrho' - \varrho''}{r},$$

und es bleibt nur noch der Werth von $\frac{\varrho' - \varrho''}{r}$ zu entwickeln.

Ich lege durch das Element des Weges, welches ich jetzt durch ds bezeichnen werde, drei rechtwinklige Coordinatenaxen: x, y, z. Das System der Verrückungen der Theilchen, welche ds unmittelbar umgeben, ist bestimmt durch die Gleichung:

(1.) $$\left(\frac{\varrho}{r}\right)^2 = Ma^2 + Nb^2 + Pc^2 + 2\mu bc + 2\nu ac + 2\pi ab,$$

wo ϱ die verlängerte Entfernung der Theilchen in einer Richtung, die mit x, y, z Winkel bildet, deren Cosinus sind a, b, c, während r die ursprüngliche Entfernung derselben bedeutet; die Grössen $M, N, \ldots$ haben folgende Werthe:

$$M = \left(1 + \frac{\partial u}{\partial x}\right)^2, \quad \mu = \frac{\partial v}{\partial z} + \frac{\partial w}{\partial y},$$

$$N = \left(1 + \frac{\partial v}{\partial y}\right)^2, \quad \nu = \frac{\partial u}{\partial z} + \frac{\partial w}{\partial x},$$

$$P = \left(1 + \frac{\partial w}{\partial z}\right)^2, \quad \pi = \frac{\partial u}{\partial y} + \frac{\partial v}{\partial x}.$$

Hierin bezeichnen u, v, w die Verrückungen parallel mit x, y, z, welche das Element ds durch die Dilatation des Körpers erfahren hat.

Die zu entwickelnde Grösse $\frac{\varrho' - \varrho''}{r}$ ist die Differenz der grössten und kleinsten Dilatation um das Element ds in der Ebene, welche senkrecht gegen ds steht.

Die Ebene, welche durch dieses Element senkrecht auf seine Richtung gelegt ist, sei:

(2.) $$\alpha x + \beta y + \gamma z = 0$$

und die Gleichung einer in dieser Ebene liegenden Linie sei

$$x = mz, \qquad y = nz,$$

sodass

$$a = \frac{m}{\sqrt{1+m^2+n^2}}, \quad b = \frac{n}{\sqrt{1+m^2+n^2}}, \quad c = \frac{1}{\sqrt{1+m^2+n^2}}.$$

Dadurch verwandeln sich die beiden Gleichungen (1.) und (2.) in

(3.) $$\left(\frac{\varrho}{r}\right)^2 (1+m^2+n^2) = Mm^2 + Nn^2 + P + 2\mu n + 2\nu m + 2\pi mn,$$

$$0 = \alpha m + \beta n + \gamma.$$

Aus diesen beiden Gleichungen sind diejenigen Werthe für m und n abzuleiten, für welche $\frac{\varrho}{r}$ ein Minimum oder Maximum wird. Aus der letztern zieht man $\frac{dn}{dm} = -\frac{\alpha}{\beta}$ und die erstere nach m differentiirt, $\frac{d\varrho}{dm} = 0$ gesetzt und für $\frac{dn}{dm}$ seinen Werth substituirt, giebt

$$(4.)\qquad \left\{\left[\left(\frac{\varrho}{r}\right)^2 - M\right]m - \nu - \pi n\right\}\beta - \left\{\left[\left(\frac{\varrho}{r}\right)^2 - N\right]n - \mu - \pi m\right\}\alpha = 0.$$

Die erste Gleichung (3.) lässt sich aber auch so schreiben:

$$(5.)\qquad \begin{aligned} &\left\{\left[\left(\frac{\varrho}{r}\right)^2 - M\right]m - \nu - \pi n\right\}m + \left\{\left[\left(\frac{\varrho}{r}\right)^2 - N\right]n - \mu - \pi m\right\}n \\ &\qquad + \left\{\left[\left(\frac{\varrho}{r}\right)^2 - P\right] - \mu n - \nu m\right\} = 0. \end{aligned}$$

Aus diesen beiden Gleichungen (4.) und (5.), die zugleich stattfinden, zieht man mit Rücksicht auf $\alpha m + \beta n = -\gamma$

$$\left\{\left[\left(\frac{\varrho}{r}\right)^2 - M\right]m - \nu - \pi n\right\}\gamma = \left\{\left[\left(\frac{\varrho}{r}\right)^2 - P\right] - \mu n - \nu m\right\}\alpha,$$

$$\left\{\left[\left(\frac{\varrho}{r}\right)^2 - N\right]n - \mu - \pi m\right\}\gamma = \left\{\left[\left(\frac{\varrho}{r}\right)^2 - P\right] - \mu n - \nu m\right\}\beta,$$

woraus sich folgende Werthe von m und n ergeben, wenn ihr gemeinschaftlicher Nenner mit D bezeichnet wird:

$$(6.)\qquad \begin{aligned} Dm &= \left\{\left[\left(\frac{\varrho}{r}\right)^2 - P\right]\alpha + \nu\gamma\right\}\left\{\left[\left(\frac{\varrho}{r}\right)^2 - N\right]\gamma + \mu\beta\right\} \\ &\quad - \left\{\left[\left(\frac{\varrho}{r}\right)^2 - P\right]\beta + \mu\gamma\right\}\{\alpha\mu - \gamma\pi\}, \\ Dn &= \left\{\left[\left(\frac{\varrho}{r}\right)^2 - P\right]\beta + \mu\gamma\right\}\left\{\left[\left(\frac{\varrho}{r}\right)^2 - M\right]\gamma + \nu\alpha\right\} \\ &\quad - \left\{\left[\left(\frac{\varrho}{r}\right)^2 - P\right]\alpha + \nu\gamma\right\}\{\beta\nu - \pi\gamma\}, \end{aligned}$$

worin:

$$D = \left\{\left[\left(\frac{\varrho}{r}\right)^2 - M\right]\gamma + \nu\alpha\right\}\left\{\left[\left(\frac{\varrho}{r}\right)^2 - N\right]\gamma + \mu\beta\right\} - (\alpha\mu - \gamma\pi)(\beta\nu - \pi\gamma).$$

Setzt man diese Werthe in $\alpha m + \beta n + \gamma = 0$, so erhält man eine quadratische Gleichung für $\left(\frac{\varrho}{r}\right)^2$, deren Wurzeln die grössten und kleinsten Verlängerungen in der auf dem Element ds senkrecht stehenden Ebene $\alpha x + \beta y + \gamma z = 0$ sind. Nach einigen Reductionen erhält diese Gleichung folgende Form:

$$\begin{aligned} &\left(\frac{\varrho}{r}\right)^4 - \left\{\begin{matrix} M(1-\alpha^2) + N(1-\beta^2) + P(1-\gamma^2) \\ -2\mu\beta\gamma - 2\nu\alpha\gamma - 2\pi\alpha\beta \end{matrix}\right\}\left(\frac{\varrho}{r}\right)^2 \\ &\quad + (NP - \mu^2)\alpha^2 + (MP - \nu^2)\beta^2 + (MN - \pi^2)\gamma^2 \\ &\quad - 2(M\mu - \nu\pi)\beta\gamma - 2(N\nu - \mu\pi)\alpha\gamma - 2(P\pi - \mu\nu)\alpha\beta = 0. \end{aligned}$$

Um diese Ausdrücke zu vereinfachen, nehme ich an, dass die x-Axe zusammenfalle mit der Richtung des Elements der Bahn ds; dann ist $\alpha = 1$, $\beta = 0$, $\gamma = 0$, und dadurch verwandelt sich die quadratische Gleichung in folgende

$$\left(\frac{\varrho}{r}\right)^4 - (N+P)\left(\frac{\varrho}{r}\right)^2 + NP - \mu^2 = 0$$

oder

$$\left(\frac{\varrho}{r}\right)^2 = \frac{N+P}{2} \pm \frac{1}{2}\sqrt{(N-P)^2 + 4\mu^2}.$$

Nennt man nun in Uebereinstimmung mit der obigen Bezeichnung die beiden Wurzeln $\left(\frac{\varrho'}{r}\right)^2$ und $\left(\frac{\varrho''}{r}\right)^2$, so erhält man hieraus für die gesuchte Grösse, wenn die höheren Potenzen von $\varrho' - \varrho''$ vernachlässigt werden, diesen Werth:

$$\frac{\varrho' - \varrho''}{r} = \sqrt{\frac{1}{2}}\,\frac{\sqrt{(N-P)^2 + 4\mu^2}}{\sqrt{(N+P)}}.$$

Werden hierin endlich für N, P, μ ihre Werthe substituirt und die höheren Potenzen der Differentiale von u, v, w vernachlässigt, so erhält man

$$\frac{\varrho' - \varrho''}{r} = \sqrt{\left(\frac{\partial v}{\partial y} - \frac{\partial w}{\partial z}\right)^2 + \left(\frac{\partial v}{\partial z} + \frac{\partial w}{\partial y}\right)^2}$$

und demnach

(C.) $$\frac{1}{\omega} - \frac{1}{\varepsilon} = \frac{p-q}{G^2}\sqrt{\left(\frac{\partial v}{\partial y} - \frac{\partial w}{\partial z}\right)^2 + \left(\frac{\partial v}{\partial z} + \frac{\partial w}{\partial y}\right)^2}.$$

Aus den obigen Gleichungen ergeben sich zugleich die beiden Richtungen, in welchen die das Element ds durchlaufenden Strahlen polarisirt sind; es sind dies nach § 2 die Richtungen, in welchen in der auf ds senkrecht stehenden Ebene die grössten und kleinsten Dilatationen der Theile stattgefunden haben, d. i. die Richtungen von ϱ' und ϱ''. Diese werden durch die m und n bestimmt, nachdem in ihren Ausdrücken in (6.) für $\left(\frac{\varrho}{r}\right)^2$ dessen grösster und kleinster Werth gesetzt ist. Bei dem Coordinatensystem, wo ds zusammenfällt mit der Richtung der x-Axe, d. h. wo $\beta = 0$, $\gamma = 0$ ist, wird $m = 0$, und für n ergiebt sich:

$$n = \frac{\mu}{\left(\frac{\varrho}{r}\right)^2 - N},$$

d. i.

$$n = \frac{\mu}{\frac{P-N}{2} \pm \frac{1}{2}\sqrt{(P-N)^2 + 4\mu^2}} \left[= \frac{1}{\mu}\left(\frac{N-P}{2} \pm \frac{1}{2}\sqrt{(P-N)^2 + 4\mu^2}\right)\right].$$

Die Richtung der grössten und kleinsten Dilatation in der Ebene der y, z ist bestimmt durch $y = nz$; lässt man die Axe z zusammenfallen mit der Einfallsebene, so ist n die Tangente des Winkels, den wir oben mit α bezeichnet haben. Setzt man in den Ausdruck von n die Werthe μ, P, N, so ist also

$$\text{(D.)}\qquad n = \operatorname{tang}\alpha = \frac{\frac{\partial v}{\partial z}+\frac{\partial w}{\partial y}}{\frac{\partial w}{\partial z}-\frac{\partial v}{\partial y}\pm\sqrt{\left(\frac{\partial w}{\partial z}-\frac{\partial v}{\partial y}\right)^2+\left(\frac{\partial v}{\partial z}+\frac{\partial w}{\partial y}\right)^2}}\,.\text{*)}$$

In Beziehung auf das doppelte Zeichen der Wurzelgrösse in dieser Formel muss Folgendes bemerkt werden. Ich habe in der Formel (C.) der Wurzelgrösse das positive Vorzeichen gegeben; dies kömmt darauf hinaus, dass in dem Schnitt der Wellenebene mit der optischen Elasticitätsfläche ε den grössten und ω den kleinsten Radius, und in dem Schnitte mit der Elasticitätsfläche des Drucks ϱ' den grössten und ϱ'' den kleinsten Radius bezeichnet. Es haben aber, wenn $p-q$ wie beim Glase einen positiven Werth hat, was ich, um die Vorstellung zu fixiren, annehmen werde, ϱ' und ω dieselbe Richtung und ebenso ϱ'' und ε; denn alsdann hat der grösste Radius des Schnittes der optischen Elasticitätsfläche dieselbe Richtung wie der kleinste Radius des Schnittes der Elasticitätsfläche des Drucks, und umgekehrt. Die Formel (D.) bestimmt

---

*) Der Inhalt der Formeln (C.) und (D.) lässt sich dem Verständniss näher bringen, wenn man sich an die bekannten Bedeutungen der in ihnen auftretenden Differentialausdrücke erinnert. $\frac{\partial v}{\partial y}$ und $\frac{\partial w}{\partial z}$ sind die bei den Deformationen auftretenden linearen Dilatationen in den Richtungen der zum Lichtstrahl normalen Axen der Y und Z; von diesen Grössen tritt in beiden Formeln nur die Differenz auf, ihre absolute Grösse ist ohne Einfluss.

$\frac{\partial v}{\partial z}+\frac{\partial w}{\partial y}$ stellt die Aenderung dar, welche die Deformation dem Winkel zwischen zwei im Körper markirten Richtungen ertheilt, wenn diese Richtungen anfänglich mit der Y- und der Z-Axe parallel waren. Es giebt jederzeit eine Lage des YZ-Axenkreuzes, für welches diese Aenderung verschwindet; bei Einführung derselben wird

$$\frac{\varrho'}{r}-\frac{\varrho''}{r}=\frac{\partial v}{\partial y}-\frac{\partial w}{\partial z},\qquad \operatorname{tg}\alpha = 0 \text{ oder } \infty,$$

wie nach dem Vorstehenden zu erwarten.

Sind v und w als Functionen des Ortes gegeben, so ist ein Verschwinden von $\frac{1}{\omega}-\frac{1}{\varepsilon}$ und somit der Doppelbrechung in der Richtung der X-Axe an die Erfüllung der beiden Bedingungen geknüpft, dass

$$\frac{\partial v}{\partial y}=\frac{\partial w}{\partial z}\quad\text{und}\quad\frac{\partial v}{\partial z}+\frac{\partial w}{\partial y}=0.$$

Jede dieser Gleichungen stellt eine Curve dar; die Doppelbrechung wird also im Allgemeinen nur in einzelnen Punkten verschwinden.

Eine verschwindende optische Wirkung der Deformation bei Beobachtung zwischen Polarisatoren ist übrigens bekanntlich nicht an das Verschwinden der Doppelbrechung gebunden. Eine solche tritt vielmehr nach Formel (A.) in § 6 auch dann ein, wenn die Polarisationsebene von Analysator oder Polarisator einer der beiden Polarisationsebenen des doppelbrechenden Körpers parallel liegt. Dies ist späterer Anwendungen wegen zu beachten wichtig. — *W. V.*

das Azimuth α für den grössten Radius ϱ', wenn die Wurzelgrösse positiv genommen wird. Die nach dem grössten Radius des Schnittes der Elasticitätsfläche des Drucks polarisirte Welle hat die grössere Fortpflanzungsgeschwindigkeit. *Wenn demnach in* (D.) *das positive Vorzeichen genommen wird, so erhält man das Polarisationsazimuth der Welle mit der grössten Fortpflanzungsgeschwindigkeit.**)

§ 8.

Recapitulation der Formeln (A.), (B.), (C.), (D.).

Die Formeln (A.), (B.), (C.), (D.) enthalten die vollständige Lösung des Problems über die Farbenerscheinungen, welche ein Körper im polarisirten Lichte zeigt, wenn seine Theilchen nach irgend einem stetigen Gesetz aus ihrer natürlichen Gleichgewichtslage innerhalb der Elasticitätsgrenzen verrückt sind. Der bequemen Uebersicht wegen werde ich diese Formeln hier noch einmal hinschreiben und die Bedeutung der darin gebrauchten Buchstaben erklären.

Die Intensität J^2 des Lichtstrahls, nachdem er durch den von parallelen Ebenen begrenzten Körper gegangen ist, und vom Turmalin zerlegt, ist allgemein bei schiefem Durchgang:

$$
\text{(A.)}\quad
\begin{aligned}
\left(\frac{J}{D}\right)^2 = \Big\{ & \left(\cos\eta\cos\zeta + \frac{\sin\eta\sin\zeta}{\cos^2(\varphi-\varphi')}\right)\cos(\sigma'+\alpha'-\alpha'') + \frac{\sin(\eta-\zeta)\cdot\sin(\sigma'+\alpha'-\alpha'')}{\cos(\varphi-\varphi')}\Big\}^2 \\
& - 4\left(\cos\eta\cos(\alpha'+\sigma') + \frac{\sin\eta\sin(\alpha'+\sigma')}{\cos(\varphi-\varphi')}\right) \\
& \times\left(\cos\eta\sin(\alpha'+\sigma') - \frac{\sin\eta\cos(\alpha'+\sigma')}{\cos(\varphi-\varphi')}\right) \\
& \times\left(\cos\zeta\cos\alpha'' + \frac{\sin\zeta\sin\alpha''}{\cos(\varphi-\varphi')}\right) \\
& \times\left(\cos\zeta\sin\alpha'' - \frac{\sin\zeta\cos\alpha''}{\cos(\varphi-\varphi')}\right)\sin^2\frac{O-E}{\lambda}\pi,
\end{aligned}
$$

worin:

$$D = \frac{\sin 2\varphi\sin 2\varphi'}{\sin^2(\varphi+\varphi')}.$$

*) Gewisser weiter unten gemachter Anwendungen wegen ist die Bemerkung nützlich, dass nach der Formel (D.) sich α bei proportionaler Veränderung aller u, v, w nicht ändert, also auch dann constant bleibt, wenn u, v, w bei diesem Vorgang zu Null abnehmen, d. h. wenn der Körper überhaupt nicht deformirt ist. Der undeformirte Körper würde hiernach also für jede Fortpflanzungsrichtung bestimmte Polarisationsrichtungen besitzen, die überdies je nach der Deformationsart, die zum Verschwinden gebracht ist, verschieden wären. Die hier scheinbar vorliegende Schwierigkeit verschwindet, wenn man überlegt, dass nach (C.) mit verschwindender Deformation die Geschwindigkeitsdifferenz $\omega - \varepsilon$ auch verschwindet und hierdurch die Polarisationen unwirksam werden. — *W. V.*

Wenn der Lichtstrahl senkrecht durch die Platte gegangen ist, verwandeln sich diese Ausdrücke in:

$$D = m\left(\frac{2}{1+m}\right)^2,$$

$$\text{(A'.)}\qquad \left(\frac{J}{D}\right)^2 = \cos^2(\sigma' + \alpha' - \alpha'' - \eta + \zeta) - \sin 2(\alpha' + \sigma' - \eta)\sin 2(\alpha'' - \zeta)\sin^2\frac{O-E}{\lambda}\pi.$$

In den folgenden Gleichungen ist das Coordinatensystem x, y, z so gelegt, dass x zusammenfällt mit der als geradlinig genommenen Bahn des Strahls im Innern und z parallel mit der Einfallsebene ist.

$$\text{(B.)}\qquad \frac{d(o-e)}{dx} = \frac{1}{\omega} - \frac{1}{\varepsilon} - \frac{\lambda}{\pi}\frac{d\alpha}{dx}\sin\frac{o-e}{\lambda}2\pi\cdot\operatorname{cotg} 2\left(F + \int d\alpha\cos\frac{o-e}{\lambda}2\pi\right),$$

worin F bestimmt ist durch die Gleichung [s. S. 70]

$$-\operatorname{tang} F = \frac{\cos\eta\cos\alpha' + \dfrac{\sin\eta\sin\alpha'}{\cos(\varphi-\varphi')}}{\cos\eta\sin\alpha' - \dfrac{\sin\eta\cos\alpha'}{\cos(\varphi-\varphi')}},$$

ferner

$$\text{(C.)}\qquad \frac{1}{\omega} - \frac{1}{\varepsilon} = \frac{p-q}{G^2}\sqrt{\left(\frac{\partial v}{\partial y} - \frac{\partial w}{\partial z}\right)^2 + \left(\frac{\partial v}{\partial z} + \frac{\partial w}{\partial y}\right)^2}$$

und

$$\text{(D.)}\qquad \operatorname{tang}\alpha = \frac{\dfrac{\partial v}{\partial z} + \dfrac{\partial w}{\partial y}}{\dfrac{\partial w}{\partial z} - \dfrac{\partial v}{\partial y} \pm \sqrt{\left(\dfrac{\partial w}{\partial z} - \dfrac{\partial v}{\partial y}\right)^2 + \left(\dfrac{\partial v}{\partial z} + \dfrac{\partial w}{\partial y}\right)^2}}.$$

Die Bedeutung der gebrauchten Buchstaben ist folgende:

1) φ und φ' sind der Einfallswinkel und Brechungswinkel des Strahls;

2) η das Polarisationsazimuth des einfallenden Strahls, gerechnet von der Einfallsebene an;

3) ζ das Polarisationsazimuth des analysirenden Prismas oder Turmalins;

4) α und $90^0 + \alpha$ die Polarisationsazimuthe der beiderlei Strahlen im Innern des comprimirten Mediums;

5) α' und $90 + \alpha'$ dieselben Azimuthe unmittelbar nach dem Eintritt in das Medium, und α'' und $90 + \alpha''$ unmittelbar vor dem Austritt. Diese Azimuthe α, α' und α'' beziehen sich gleichfalls auf die Einfallsebene, welche mit der Ebene der (x, z) zusammenfallend angenommen worden ist, was zu bemerken besonders nöthig ist, wenn die Strahlen senkrecht einfallen;

6) $o - e$ ist der Unterschied der Zeit, mit welcher die beiderlei Strahlen an demselben Ort ihrer Bahn im Innern des comprimirten Mediums anlangen, den Anfang der Zeit von ihrem Eintritt in dasselbe an gerechnet;

7) $O - E$ ist der Unterschied der Zeit, in welcher die beiderlei Strahlen ihren Weg im Innern beendigen;

8) das Integral $\int d\alpha \cos \frac{o-e}{\lambda} \pi$ in (B.) ist von α' bis α zu nehmen;

9) $\sigma' = \int_{\alpha}^{\alpha''} d\alpha \cos \frac{o-e}{\lambda} 2\pi$;

10) λ bedeutet die Undulationslänge in Luft, worin die Fortpflanzungsgeschwindigkeit $= 1$ gesetzt ist;

11) ω und ε sind die beiden Fortpflanzungsgeschwindigkeiten innerhalb des Elements dx der Bahn der Lichtstrahlen.

12) Die Bedeutung von u, v, w ist folgende. Wenn x, y, z die Coordinaten eines Punktes des Körpers im natürlichen Zustande sind, so sind die Coordinaten desselben in dem verrückten Zustand: $x + u,\ y + v,\ z + w$;

13) $\frac{p-q}{G}$ ist eine Zahl, die von der Natur des Mediums abhängt, dessen Theile verrückt worden sind; sein Werth für gewöhnliches Spiegelglas ist oben gefunden zu 0,082; für diese Substanz fanden wir auch $\frac{p-q}{G^2} = 0{,}127$;

14) G [ist] die Fortpflanzungsgeschwindigkeit des Lichts in dem comprimirten Medium in seinem natürlichen Zustand.

§ 9.

Erläuterung der Formeln (A.), (B.), (C.), (D.) durch Anwendung auf ein einfaches Beispiel.

Ich werde jetzt zur Erläuterung diese Formeln auf ein einfaches Beispiel anwenden, das aber auch ein Interesse für sich darbietet. Ich werde das Gesetz für die Interferenzerscheinungen entwickeln, welche ein tordirter Glascylinder im polarisirten Licht zeigt, wenn die Strahlen durch die gegenüberstehenden Grundflächen desselben so gehen, dass sie mit der Axe des Cylinders nur kleine Winkel bilden. Die obere Basis nehme ich als fest, die untere soll um den Winkel ψ' aus ihrer natürlichen Lage gedreht sein. In den Mittelpunkt der obern Basis lege ich den Anfangspunkt der Coordinaten x, y, z und zwar x in die Axe des Cylinders. Die Länge des Cylinders bezeichne ich mit l.*) Den Winkel ψ' nehme ich so klein an, dass man annehmen kann, die Theilchen des Cylinders innerhalb eines Querschnitts haben ihre Lage in

*) Im Original ist die Länge mit a bezeichnet. Die Aenderung der Bezeichnung ist vorgenommen, weil sonst der Buchstabe a in der folgenden Anmerkung (S. 88—91) in zwei verschiedenen Bedeutungen vorkäme. — *A. W.*

Beziehung auf einander nicht verändert, nur die Querschnitte selbst. Ich nenne ψ den Winkel, um welchen sich der Querschnitt in der Enfernung x vom Anfangspunkt der Coordinaten gedreht hat, so ist

$$\psi = \frac{x}{l}\psi'.$$

Die Lage eines Theilchens in diesem Querschnitt in seiner natürlichen Lage will ich durch r und ϑ bestimmen, wo r die Entfernung des Theilchens von der Axe x ist und ϑ der Winkel, den die Linie r mit der festen Ebene der x und y bildet.

Die rechtwinkligen Coordinaten des Theilchens im natürlichen Zustande des Cylinders sind dann:

$$x, \quad y = r\cos\vartheta, \quad z = r\sin\vartheta,$$

und im deformirten*) Zustande

$$x, \quad y + v = r\cos(\vartheta + \psi), \quad z + w = r\sin(\vartheta + \psi),$$

woraus sich ergiebt, dass für diesen Zustand ist

$$u = 0, \quad v = -z\psi, \quad w = y\psi,$$

oder wenn für ψ sein Werth gesetzt wird

$$u = 0, \quad v = -\frac{\psi'}{l}xz, \quad w = \frac{\psi'}{l}yx.$$

Ich werde nun die Interferenzerscheinungen untersuchen, welche ein polarisirter Strahl zeigt, der durch die gegenüberstehenden Grundflächen des Cylinders schief gegangen ist, sodass er im Innern des Cylinders mit der Axe den Winkel φ' gebildet hat. Die noch willkürliche Lage von y und z bestimme ich dahin, dass z parallel mit der Einfallsebene ist. Ich verändere das Coordinatensystem x, y, z [durch Drehung um den Anfangspunkt] in x', y', z' so, dass y' die unveränderte Richtung von y behält, x' aber zusammenfällt [oder parallel wird] mit der Richtung des Strahls im Innern.**) Es bildet also x' mit x den Winkel φ', und gegen y steht es senkrecht; demach hat man:

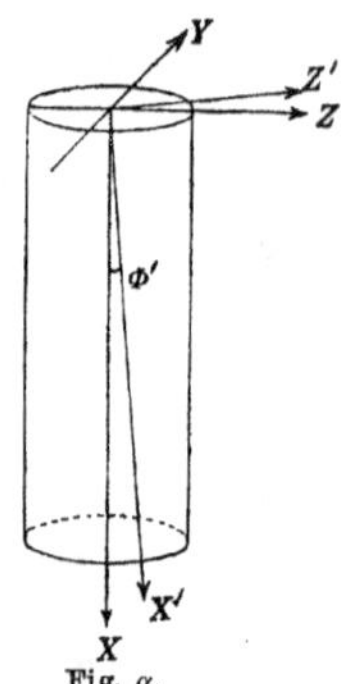

Fig. α.

$$x = x'\cos\varphi' - z'\sin\varphi',$$
$$y = y',$$
$$z = x'\sin\varphi' + z'\cos\varphi',$$

*) Im Original steht hier „im comprimirten Zustande". — *W. V.*

**) Fig. α ist zur Veranschaulichung dem Text von Seiten der Redaction eingefügt. — *W. V.*

und wenn die Verrückungen der Theilchen parallel mit x', y', z' bezeichnet werden durch u', v', w', so ist

$$u' = u\cos\varphi' + w\sin\varphi' = \frac{\psi'}{l}\,yx\sin\varphi',$$

$$v' = v \qquad\qquad = -\frac{\psi'}{l}\,xz,$$

$$w' = -u\sin\varphi' + w\cos\varphi' = \frac{\psi'}{l}\,yx\cos\varphi',$$

oder, wenn hierin die Werthe für x, y, z durch x', y', z' gesetzt werden,

$$u' = \frac{\psi'}{l}\sin\varphi'\{x'\cos\varphi' - z'\sin\varphi'\}y',$$

$$v' = -\frac{\psi'}{l}\{(x'^2 - z'^2)\sin\varphi'\cos\varphi' + x'z'\cos 2\varphi'\},$$

$$w' = \frac{\psi'}{l}\cos\varphi'\{x'\cos\varphi' - z'\sin\varphi'\}y'.$$

Hieraus ergiebt sich

$$\frac{\partial v'}{\partial y'} - \frac{\partial w'}{\partial z'} = \frac{\psi'}{l}\,y'\sin\varphi'\cos\varphi',$$

$$\frac{\partial v'}{\partial z'} + \frac{\partial w'}{\partial y'} = \frac{\psi'}{l}\sin\varphi'\{x'\sin\varphi' + z'\cos\varphi'\};$$

man hat also nach (C.) des vorigen Paragraphen

$$\frac{1}{\omega} - \frac{1}{\varepsilon} = \frac{p-q}{G^2}\,\frac{\psi'}{l}\sin\varphi'\sqrt{(y'\cos\varphi')^2 + \{x'\sin\varphi' + z'\cos\varphi'\}^2}$$

und nach (D.) daselbst:

$$\operatorname{tang}\alpha = \frac{-(x'\sin\varphi' + z'\cos\varphi')}{y'\cos\varphi' \mp \sqrt{(y'\cos\varphi')^2 + (x'\sin\varphi' + z'\cos\varphi')^2}}.$$

Dieser Ausdruck nimmt eine einfachere Gestalt an, wenn man dafür schreibt:

$$\operatorname{tang} 2\alpha = -\frac{x'\sin\varphi' + z'\cos\varphi'}{y'\cos\varphi'},$$

woraus man erhält*)

$$\frac{d\alpha}{dx'} = -\frac{\frac{1}{2}y'\sin\varphi'\cos\varphi'}{(y'\cos\varphi')^2 + (x'\sin\varphi' + z'\cos\varphi')^2}.$$

Den Werth für α' erhält man aus dem Werthe von α, wenn man darin setzt:

$$x = 0, \qquad y = b_1, \qquad z = c_1,$$

wo also b_1 und c_1 die Coordinaten parallel mit y und z für den Punkt der obern Basis sind, durch welchen der Strahl eintritt in den Cylinder; diese Werthe b_1 und c_1 geben, wenn man sie in die Gleichungen:

*) Im Zähler dieser Formel fehlt im Original der Factor $\frac{1}{2}\cos\varphi'$. — *W. V.*

$$x' = x \cos\varphi' + z \sin\varphi',$$
$$y' = y,$$
$$z' = -x \sin\varphi' + z \cos\varphi'$$

substituirt,

$$x' = c_1 \sin\varphi', \qquad y' = b_1, \qquad z' = c_1 \cos\varphi',$$

und dies giebt

(f.)
$$\operatorname{tang} 2\alpha' = \frac{-c_1}{b_1 \cos\varphi'}.$$

Um α'' zu bestimmen, hat man [da l die Länge des Cylinders ist und sowohl x' als z' in der Einfallsebene liegt] in den Werth von α $x = l$, $y = b_1$ zu setzen, und z so zu bestimmen, dass z' den unveränderten Werth: $c_1 \cos\varphi'$ behält; dies giebt

$$z = c_1 + l \operatorname{tang}\varphi',$$

und demnach hat man in dem Werthe für $\operatorname{tang} 2\alpha$, um daraus den für $\operatorname{tang} 2\alpha''$ zu erhalten, zu setzen die Ordinaten des Austrittspunkts der Strahlen in der untern Basis des Cylinders:

$$x' = \frac{l}{\cos\varphi'} + c_1 \sin\varphi',$$
$$y' = b_1,$$
$$z' = c_1 \cos\varphi',$$

woraus sich ergiebt

(g.)
$$\operatorname{tang} 2\alpha'' = -\frac{l \operatorname{tang}\varphi' + c_1}{b_1 \cos\varphi'}.$$

Diese Formeln zeigen [durch das Auftreten von l in dem Ausdruck für $\operatorname{tang} 2\alpha''$ resp. durch die aus (f.) und (g.) entspringende Relation

$$\operatorname{tg} 2\alpha'' - \operatorname{tg} 2\alpha' = -\frac{l \operatorname{tg}\varphi'}{b_1 \cos\varphi'}\Big],$$

dass im Allgemeinen eine continuirliche Drehung der Polarisationsrichtung der Strahlen im Innern stattfindet, und zwar drehen sie sich in demselben Sinn, in welchem der Cylinder tordirt ist*); diese Drehungen sind um so grösser, je grösser φ' ist bei constantem b_1. Die Werthe für $\frac{d\alpha}{dx}$ und $\frac{1}{\omega} - \frac{1}{\varepsilon}$ müssen nun in (B.), § 8, substituirt werden; das Integral dieser Gleichung giebt $o - e$ als Function von x, b_1, c_1 und φ; die Constanten in diesem Integral werden dadurch bestimmt, dass unmittelbar nach dem Eintritt $o - e$ und die Amplituden der beiden Strahlen, welche von $o - e$ abhängen, gegeben sind. Aus $o - e$ leitet

*) Diese Bemerkung lässt sich nicht aufrecht erhalten, da in dem Ausdruck für $\operatorname{tg} 2\alpha'' - \operatorname{tg} 2\alpha'$ das ψ' gar nicht auftritt, derselbe also bei Umkehrung des Drillungssinnes sich nicht ändert. Im Uebrigen sei bezüglich dieser Unabhängigkeit auf die Anmerkung zu S. 81 verwiesen. — *W. V.*

sich $O - E$ ab, wenn darin die Ordinaten des Austrittspunkts gesetzt werden. Dieser Werth von $O - E$ und der Wert von $\sigma' = \int_{\alpha'}^{\alpha''} d\alpha \cos \frac{o-e}{\lambda} 2\pi$ und α' und α'' in (A.) gesetzt geben die Intensität J des durch den Turmalin zerlegten Strahls. Ich werde hier nur weiter verfolgen den Fall, wo das Auge sich in der verlängerten Axe des Cylinders befindet, wo es also nur solche Strahlen erhält, die in Ebenen liegen, welche durch diese Axe gelegt sind. Für solche Strahlen ist $y' = b_1 = 0$, und hieraus folgt

$$\operatorname{tang} \alpha = \pm 1, \qquad \frac{d\alpha}{dx} = 0;$$

diese Strahlen erleiden also im Innern des Cylinders keine Drehung ihrer Polarisationsebenen; letztere bilden während des ganzen Durchgangs mit der durch die Axe und den Strahl gelegten Ebene einen Winkel von 45°. Für solche Strahlen ist ferner

$$\frac{1}{\omega} - \frac{1}{\varepsilon} = \frac{p-q}{G^2} \frac{\psi'}{l} \sin \varphi' \{x' \sin \varphi' + z' \cos \varphi'\}.$$

Demnach wird die Gleichung (B.) § 8

$$o - e = \frac{p-q}{G^2} \frac{\psi'}{l} \sin \varphi' \int dx' \{x' \sin \varphi' + z' \cos \varphi'\}.$$

Dieses Integral muss so genommen werden, dass für den Eintritt des Strahls in den Cylinder, d. i. für $x' = c_1 \sin \varphi'$ und $z' = c_1 \cos \varphi'$ der Werth von $o - e = 0$ wird. Dies giebt:

$$o - e = \frac{p-q}{G^2} \frac{\psi'}{l} \sin \varphi' \left\{ \frac{1}{2} x'^2 \sin \varphi' + x'z' \cos \varphi' - \frac{1}{2} c_1^2 \sin \varphi' (1 + \cos^2 \varphi') \right\},$$

und man erhält $O - E$, wenn hierin gesetzt werden die Coordinaten des Punktes der untern Basis des Cylinders, durch welchen der Strahl austritt. d. i. $x' = \frac{l}{\cos \varphi'} + c_1 \sin \varphi'$, $z' = c_1 \cos \varphi'$. Dies giebt

$$O - E = \frac{p-q}{G^2} \psi' \operatorname{tang} \varphi' \left\{ \frac{1}{2} l \operatorname{tang} \varphi' + c_1 \right\}.$$

Dieser Werth muss in (A.) § 8, gesetzt werden, und zugleich [wegen $d\alpha = 0$] $\sigma' = 0$, $\alpha' = \alpha'' = 45°$. Wenn φ' nur klein ist, kann $\cos(\varphi - \varphi') = 1$ gesetzt werden, und also statt der Formel (A.) die Formel (A'.) daselbst angewandt werden. Man hat also in diesem Falle:

$$\left(\frac{J}{D}\right)^2 = \cos^2(\eta - \xi) - \cos 2\eta \cos 2\xi \sin^2 \left\{ \frac{p-q}{G^2 \lambda} \psi' \left(c_1 + \frac{1}{2} l \operatorname{tang} \varphi'\right) \operatorname{tang} \varphi' \right\} \pi.$$

Es bilde die Polarisationsebene der Turmalinplatte mit der ursprünglichen Polarisationsebene den Winkel β, so ist $\zeta - \eta = \beta$ und $\zeta = \beta + \eta$. Es sei (Fig. 4) MN ein Längenschnitt des Cylinders, in O befinde sich das Auge, OA sei ein ausgetretener Strahl, AB der ihm angehörige gebrochene Strahl, so ist die Linie $BC = -c_1$. Setzt man $OD = O$, so ist $BC = -c_1 = O \operatorname{tang} \varphi + l \operatorname{tang} \varphi'$. Substituiert man diese Werthe in den Ausdruck für $\left(\frac{J}{D}\right)^2$, so erhält man:

$$\left(\frac{J}{D}\right)^2 = \cos^2 \beta - \cos 2\eta \cos 2(\beta + \eta)$$

$$\sin^2 \left\{\frac{p-q}{G^2 \lambda} \psi' \left(O \operatorname{tang} \varphi + \frac{1}{2} l \operatorname{tang} \varphi'\right) \operatorname{tang} \varphi'\right\} \pi \,.$$

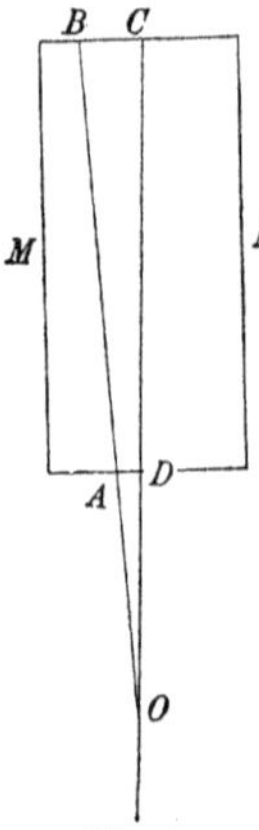

Fig. 4.

Diese Formel zeigt, dass hier ein System concentrischer Ringe um die Axe entsteht, deren Durchmesser, wie bei einaxigen Krystallen, sich nahe wie die Quadratwurzeln der natürlichen Zahlen verhalten [da das Argument des sinus bei kleinem φ mit φ^2 proportional wird]; sie sind ausserdem nahe umgekehrt proportional mit der Quadratwurzel aus dem Torsionswinkel ψ'. Wenn $\beta = 90^0$, so sind diese Ringe durchschnitten von einem liegenden schwarzen Kreuz, dessen Schenkel unter 45^0 gegen die Polarisationsebene des einfallenden Lichts geneigt sind. Wenn β nicht 90^0 beträgt, sind die Ringe von zwei farblosen Kreuzen durchschnitten, die Lage des einen ist durch $\cos 2\eta = 0$ bestimmt, die Lage des andern Kreuzes durch $\cos 2\zeta = 0$. Die Winkel η und ζ sind hier diejenigen, welche die Radien der Ringe mit den beiden Polarisationsebenen, nämlich des einfallenden Lichtes und des Turmalins, bilden.

Bemerkung des Originals.

Die eben entwickelten Resultate hätte man auch leicht direkt aus einer genaueren Betrachtung des Systems der Verrückungen ableiten können, welche die Theilchen des Cylinders bei der Torsion erlitten haben.

Aus der allgemeinen Gleichung für das System der lineären Verlängerungen und Verkürzungen um den Punkt x, y, z (§ 7b, (1.)):

$$\left(\frac{\varrho}{r}\right)^2 = Ma^2 + Nb^2 + Pc^2 + 2\mu bc + 2\nu ac + 2\pi ab$$

erhält man die drei grössten und kleinsten Verlängerungen, d. h. die Werthe der Hauptdruckaxen als Wurzeln der cubischen Gleichung

$$(1.) \qquad \left[M - \left(\frac{\varrho}{r}\right)^2\right]\left[N - \left(\frac{\varrho}{r}\right)^2\right]\left[P - \left(\frac{\varrho}{r}\right)^2\right]$$

$$- \mu^2\left[M - \left(\frac{\varrho}{r}\right)^2\right] - \nu^2\left[N - \left(\frac{\varrho}{r}\right)^2\right] - \pi^2\left[P - \left(\frac{\varrho}{r}\right)^2\right] + 2\mu\nu\pi = 0,$$

und die Richtungen derselben sind bestimmt durch die Cosinus a, b, c, welche genügen den Gleichungen:

$$
(2.)\qquad
\begin{aligned}
\left[M-\left(\frac{\varrho}{r}\right)^2\right]a+\pi b+\nu c&=0,\\
\pi a+\left[N-\left(\frac{\varrho}{r}\right)^2\right]b+\mu c&=0,\\
\nu a+\mu b+\left[P-\left(\frac{\varrho}{r}\right)^2\right]c&=0,
\end{aligned}
$$

wo für $\left(\frac{\varrho}{r}\right)$ der aus (1.) sich ergebende Werth zu setzen ist. Bei dem tordirten Cylinder nun hat man zufolge der Werthe von M, N, P und μ in § 7b, wenn für u, v, w die hier im Texte angegebenen Werthe substituirt werden:

$$M=N=P=1, \quad \text{und} \quad \mu=0.$$

Dadurch verwandelt sich (1.) und (2.) in:

$$
(3.)\qquad \left\{\left[1-\left(\frac{\varrho}{r}\right)^2\right]^2-\nu^2-\pi^2\right\}\left[1-\left(\frac{\varrho}{r}\right)^2\right]=0
$$

und

$$
(4.)\qquad
\begin{aligned}
\left[1-\left(\frac{\varrho}{r}\right)^2\right]a+\pi b+\nu c&=0,\\
\pi a+\left[1-\left(\frac{\varrho}{r}\right)^2\right]b&=0,\\
\nu a+\left[1-\left(\frac{\varrho}{r}\right)^2\right]c&=0.
\end{aligned}
$$

Die Wurzeln von (3.) sind

$$
\begin{aligned}
\varrho^2&=r^2,\\
\varrho^2&=r^2\left(1\pm\sqrt{\nu^2+\pi^2}\right).
\end{aligned}
$$

Setzt man für ν und π ihre Werthe aus § 7b [S. 77], nämlich

$$\nu=\frac{\partial u}{\partial z}+\frac{\partial w}{\partial x}, \qquad \pi=\frac{\partial u}{\partial y}+\frac{\partial v}{\partial x},$$

und für u, v, w ihre obenstehenden Werthe

$$u=0, \qquad v=-xz\frac{\psi'}{l}, \qquad w=xy\frac{\psi'}{l},$$

sodass

$$\nu=\frac{y\psi'}{l}, \qquad \pi=-\frac{z\psi'}{l},$$

so wird [aus dem zweiten Werte von ϱ^2]

$$\varrho^2=r^2\left(1\pm\frac{\psi'}{l}\sqrt{y^2+z^2}\right).$$

Für die Wurzel $\varrho^2=r^2$ findet man $a=0$ und $\frac{b}{c}=-\frac{\nu}{\pi}=\frac{y}{z}$. Diese Wurzel entspricht der mittleren Druckaxe, während die beiden andern der grössten und kleinsten Druckaxe angehören. Die mittlere Druckaxe für irgend ein Theilchen fällt also ihrer Richtung nach zusammen mit dem Perpendikel, welcher von dem Theilchen auf die Axe des Cylinders gezogen wird. Die grösste Druckaxe ist $\varrho^2=r^2\left(1+\sqrt{\nu^2+\pi^2}\right)$ und dieser Werth in (4.) gesetzt giebt

$$a = \sqrt{\frac{1}{2}}, \quad b = \frac{\pi\sqrt{\frac{1}{2}}}{\sqrt{\nu^2 + \pi^2}}, \quad c = \frac{\nu\sqrt{\frac{1}{2}}}{\sqrt{\nu^2 + \pi^2}},$$

oder für ν und π ihre Werthe gesetzt

$$a = \sqrt{\frac{1}{2}}, \quad b = \frac{-z\sqrt{\frac{1}{2}}}{\sqrt{y^2 + z^2}}, \quad c = \frac{y\sqrt{\frac{1}{2}}}{\sqrt{y^2 + c^2}}.$$

Die grösste Druckaxe für irgend ein Theilchen liegt also in einer Ebene, welche durch das Theilchen gelegt ist senkrecht auf den Perpendikel, welcher von dem Theilchen auf die Cylinderaxe gezogen ist, und bildet mit der Linie, welche durch das Theilchen parallel mit jener Axe gezogen wird, einen Winkel von 45°; diese Axe liegt nach der Seite hin, nach welcher die Torsion hin stattgefunden hat. Die kleinste Druckaxe, gleichfalls auf dem Radiusvector des Theilchens senkrecht stehend, bildet mit der durch das Theilchen und [die] Axe gelegten Ebene gleichfalls 45°, liegt aber auf der Seite, von welcher her die Drehung stattgefunden hat. Nennt man die kleinste, die mittlere und die grösste Druckaxe α, β und γ, wo also

$$\alpha^2 = 1 - \frac{\psi'}{l}\sqrt{y^2 + z^2}, \quad \beta^2 = 1, \quad \gamma^2 = 1 + \frac{\psi'}{l}\sqrt{y^2 + z^2},$$

und nennt man χ den Winkel, welchen die Normalen der Kreisschnitte mit der Druckaxe γ bilden, wo also

$$\sin^2\chi = \frac{\beta^2 - \alpha^2}{\gamma^2 - \alpha^2},$$

so findet man

$$\sin^2\chi = \frac{1}{2},$$

und hieraus folgt, dass die Normalen der beiden Kreisschnitte einen rechten Winkel mit einander bilden, und dass die eine von ihnen senkrecht steht auf der Ebene, welche durch das Theilchen und durch die Axe des Cylinders gelegt ist, die andere aber parallel mit der Axe des Cylinders ist. Ich werde jene Ebene, welche durch das Theilchen und durch die Cylinderaxe gelegt ist, die Radiusvector-Ebene des Theilchens nennen. Die Kreisschnitte für irgend ein Theilchen sind zwei Ebenen durch dasselbe gelegt, von denen die eine mit seiner Radiusvector-Ebene zusammenfällt, die andere senkrecht auf der Axe des Cylinders steht. Eine Folge hiervon ist, dass, wenn man durch das Theilchen irgend einen Schnitt senkrecht auf der Radiusvector-Ebene macht, die grösste und kleinste Verrückung in der Ebene dieses Schnittes in Beziehung auf das Theilchen immer in den zwei Richtungen stattfinden, welche mit der Radiusvector-Ebene 45° bilden. Das Quadrat des grössten und kleinsten Radiusvectors des Schnitts, welchen diese Ebene mit der Elasticitätsfläche des Drucks des Theilchens macht, ist allgemein

$$\varrho^2 = \frac{\alpha^2 + \gamma^2}{2} + \frac{\alpha^2 - \gamma^2}{2}\cos(u \pm v),$$

wo u und v die Winkel bedeuten, welche die Normalen der schneidenden Ebene mit den Normalen der Kreisschnitte bilden. Steht die schneidende Ebene senkrecht auf der Radiusvector-Ebene des Theilchens, dann ist $v = 90$, und wir erhalten, wenn für α und γ ihre Werthe gesetzt werden und zugleich die Radiusvector-Ebene als die Ebene der xz genommen wird:

$$\varrho^2 = r^2\left(1 \pm \frac{\psi'}{l} z \sin u\right),$$

woraus sich ergiebt, wenn die beiderlei Werthe der ϱ durch ϱ' und ϱ'' unterschieden werden und die höhern Potenzen von $\varrho' - \varrho''$ vernachlässigt werden:

$$\frac{\varrho' - \varrho''}{r} = \frac{\psi'}{l} z \sin u.$$

Hierin ist u die Neigung der Normale der schneidenden Ebene gegen die Cylinderaxe.

Wenn also ein Lichtstrahl das Theilchen in der Richtung der Normale des in Rede stehenden Schnitts durchwandert, so ist, da wir für die beiderlei Fortpflanzungsgeschwindigkeiten ω und ε allgemein fanden in § 7b [S. 77]:

$$\frac{1}{\omega} - \frac{1}{\varepsilon} = \frac{p-q}{G^2} \frac{\varrho' - \varrho''}{r},$$

in dem gegenwärtigen Fall

$$\frac{1}{\omega} - \frac{1}{\varepsilon} = \frac{p-q}{G^2} \frac{\psi'}{l} z \sin u.$$

Verändert man die Coordinaten x und z in x' und z', während y unverändert bleibt, sodass x' zusammenfällt mit der Richtung des Strahls, also mit der x-Axe den $\angle\, u$ bildet, so wird

$$z = x' \sin u + z' \cos u;$$

dies giebt

$$\frac{1}{\omega} - \frac{1}{\varepsilon} = \frac{p-q}{G^2} \frac{\psi'}{l} \sin u\,(x' \sin u + z' \cos u),$$

welches genau derselbe Ausdruck ist, der oben aus den allgemeinen Gleichungen abgeleitet wurde, nur dass hier der Winkel mit u bezeichnet ist, welcher oben mit φ' bezeichnet wurde.

Dritter Abschnitt.

Theorie der Farben, welche in durchsichtigen unkrystallinischen Körpern im polarisirten Licht aus der ungleichen Temperaturvertheilung entstehen.

---

§ 10.

Entwickelung der allgemeinen Gleichungen.

Ich werde mich jetzt mit den Farben beschäftigen, welche durchsichtige Körper im polarisirten Licht zeigen, wenn die Temperatur in ihnen nicht gleichförmig vertheilt ist. Wenn die Temperatur ungleichförmig in einem Körper vertheilt ist, so werden einige Theile stärker ausgedehnt, andere weniger stark, als sie würden ausgedehnt worden sein bei derselben Temperatur, wenn sie frei gewesen wären und nicht unter einander cohärirten. Die Cohärenz der Theilchen eines Körpers unter einander modificirt diejenigen Verrückungen, welche ohne diese Cohärenz durch die Temperatur allein würden hervorgebracht sein. Die Aufgabe, mit welcher ich mich zunächst beschäftigen will, ist dieses System von Verrückungen, welches aus der Zusammenwirkung der Ausdehnung durch die Temperatur und des Widerstandes, die der Zusammenhang der Theilchen dieser Ausdehnung entgegengesetzt, resultirt, zu entwickeln. Ist diese Aufgabe gelöst, so bleibt nur noch übrig, die gefundenen Werthe für diese Verrückungen in die Formeln (A.), (B.), (C.), (D.) des § 8 zu substituiren, um den Ausdruck für die Farben im polarisirten Lichte zu erhalten, welche von den inneren Spannungen des Körpers herrühren, die durch ungleiche Temperaturvertheilung in ihm entstehen.

Denken wir uns die Temperatur in einem Körper von 0^0 bis s^0 gestiegen, das Volumen aber, welches er bei 0^0 hatte, noch unverändert, und theilen wir durch eine beliebige Ebene den Körper in zwei Theile, so stossen sich diese beiden Hälften gegenseitig ab, sie können nur in dieser unveränderten Lage erhalten werden durch eine bestimmte äussere Kraft, welche senkrecht gegen die theilende Ebene gerichtet ist und proportional mit der Grösse dieser Ebene und proportional mit der Temperatur s^0 ist, vorausgesetzt, dass s^0 innerhalb der Grenzen liegt, innerhalb welcher die thermische Ausdehnung proportional mit der Temperatur ist. Wenn diese äussere Kraft nicht vorhanden ist, so entfernen sich die beiden Hälften von einander, und zwar so weit, bis die aus dieser Verrückung entstehende Molekularkraft gleich aber entgegengesetzt ist jener Abstossung, mit welcher die vorhandene Temperaturerhöhung wirkt; dann ist ein neues Gleichgewicht zwischen den Anziehungen und Abstossungen beider Hälften eingetreten. Um die Vorstellung zu fixiren, sei ε bei der Temperatur 0^0 die Entfernung der beiden Theile des Körpers von einander, in welche er durch eine Ebene getheilt wird, und $\varepsilon + \delta$ diese Entfernung bei der Temperatur s^0. Es sei $\varphi(\varepsilon)$ das Gesetz der Anziehung und $\psi(\varepsilon)$ das Gesetz der Abstossung, mit welcher die beiden Theile auf einander wirken. Die Wirkung beider Theile auf einander bei der Temperatur 0^0 sei: $S\psi(\varepsilon) - T\varphi(\varepsilon)$, wo S und T zwei Constanten bedeuten, die von der Natur des Körpers abhängen, proportional sind mit der Grösse des Schnitts, welcher die beiden Theile des Körpers trennt, und wo S noch von der Quantität der Wärme, welche der Körper enthält, abhängt. Die Entfernung ε, in welcher die beiden Hälften des Körpers sich bei 0^0 befinden, wenn keine äusseren Kräfte auf denselben wirken, ist bestimmt durch die Gleichung

$$S\psi(\varepsilon) - T\varphi(\varepsilon) = 0.$$

Wenn nun die Temperatur um s^0 erhöht wird, so erhält S einen Zuwachs proportional mit s, den ich durch $\wp' s$ bezeichnen will, und die Entfernung ε verwandelt sich in $\varepsilon + \delta$. Dies δ wird bestimmt durch die neue Gleichung

$$(S + \wp' s)\psi(\varepsilon + \delta) - T\varphi(\varepsilon + \delta) = 0,$$

wofür man setzen kann, da wir voraussetzen wollen, dass s innerhalb solcher Temperaturgrenzen liege, innerhalb welcher die Inkremente der Temperatur nahe proportional mit den ihnen entsprechenden Ausdehnungen sind:

$$\wp' s\psi(\varepsilon) = -\left\{S\frac{d\psi(\varepsilon)}{d\varepsilon} - T\frac{d\varphi(\varepsilon)}{d\varepsilon}\right\}\delta,$$

worin für ε sein Werth aus $S\psi(\varepsilon) - T\varphi(\varepsilon) = 0$ zu setzen ist.

Ich werde den constanten Factor, mit welchem s multiplicirt ist, nachdem er durch den Inhalt des Schnitts dividirt ist, durch $\wp$ bezeichnen und

$-\left(S\frac{d\psi}{d\varepsilon}-T\frac{d\varphi}{d\varepsilon}\right)\varepsilon$, diese Grösse gleichfalls durch den Schnitt dividirt, durch A bezeichnen. Dann ist

$$\wp s = A\frac{\delta}{\varepsilon}.$$

Hierin ist also $\wp s$ die Abstossung der beiden durch den Schnitt getrennten Theile des Körpers, welche durch die Erhöhung der Temperatur hervorgebracht worden ist, diese Kraft bezogen auf die Einheit der Fläche, und $A\frac{\delta}{\varepsilon}$ ist die durch die Vermehrung der Entfernung der beiden Theile von einander hervorgerufene molekulare Anziehung, gleichfalls auf die Einheit der Fläche bezogen.

Da $\wp$ und A constante, allein von der Natur des Körpers und von der Temperatur, welche wir mit 0^0 bezeichnet haben, abhängige Grössen sind, so folgt aus der vorstehenden Gleichung, dass wenn wir in der Richtung von ε innerhalb des Körpers eine beliebige Länge x bei der Temperatur 0^0 nehmen, dass sich diese bei s^0 verlängert hat um Δx, sodass

$$\frac{\Delta x}{x} = \frac{\delta}{\varepsilon} = \frac{\wp s}{A}.$$

Diese Verlängerung der Einheit der Länge um die Grösse $\frac{\wp s}{A}$ ist, wenn der Körper ein unkrystallinischer ist, nach allen Richtungen hin dieselbe, da bei einem solchen $\wp$ und A denselben Werth haben, welche Richtung auch x hat.*)

*) Bei krystallinischen Körpern gilt die hier angestellte Betrachtung gleichfalls, aber der Quotient $\frac{\wp}{A}$ hat einen von der Richtung von x abhängigen Werth, woher denn hier die lineäre Ausdehnung $\frac{\Delta x}{x}$ in den verschiedenen Richtungen verschieden ist. Die Abhängigkeit des Quotienten $\frac{\wp}{A}$ von der Richtung kann daher rühren, dass sowohl $\wp$ als A Functionen von der Richtung sind, oder dass A allein eine solche Function ist. Im zweiten Falle würde die durch Erhöhung der Temperatur hervorgebrachte Abstossung der Theilchen nach allen Richtungen dieselbe sein, und nur die Anziehungen, welche durch die Verrückungen der Theilchen hervorgerufen sind, verschieden in den verschiedenen Richtungen, während im ersten Fall auch die Wärmeabstossungen verschieden nach den Richtungen wären. Die Frage, welcher von diesen zwei Fällen in der Natur stattfindet, ist von grossem physikalischen Interesse, und ist nicht von der Art, dass sie nicht durch Beobachtungen könnte entschieden werden. Wenn nämlich die Zusammenziehungen oder Ausdehnungen in den verschiedenen Richtungen, welche in einem krystallinischen Körper hervorgebracht werden, wenn auf seine ganze Oberfläche ein gleichförmiger Druck ausgeübt wird, unter einander in demselben Verhältnisse stehen, wie diejenigen, welche durch eine Erniedrigung der Temperatur entstehen, so sind die Wärmeabstossungen unabhängig von den Richtungen. Diese Ausdehnungen zu beobachten sind aber Mittel vorhanden. (Vgl. meine Abhandlung in *Pogg. Ann.* Bd. XXXI.) — *(Anm. des Originals.)*

Die citirte Abhandlung ist abgedruckt in *F. Neumann's* Gesammelten Werken, Bd. II, S. 299. — *(Red.)*

Zusatz der Redaction. — Nach neueren Beobachtungen sind die Wärmeabstossungen in Krystallen Functionen der Richtung. S. hierzu *W. Voigt*, mehrere Abhandlungen in Wied. Ann., Bd. 31 bis 41.
W. V.

Wenn die Grösse des Schnitts, durch welchen ein Körper in zwei Theile getheilt wird, durch Ω bezeichnet wird, so ist dem Vorhergehenden zufolge die ganze Abstossung, mit welcher der eine Theil auf den andern wirkt, in Folge einer Temperaturerhöhung von s^0 ausgedrückt durch $\wp s \Omega$. Zerlegen wir nun den einen Theil des Körpers in Elemente durch ein System von zwei auf einander rechtwinkligen Ebenen, die beide senkrecht auf dem Schnitt stehen. Diese Ebenen theilen den einen Theil des Körpers in lauter unendlich dünne senkrecht auf dem Schnitt stehende Prismen, deren Grundfläche, in dem Schnitte liegend, ich mit ω bezeichnen will. Die Wirkung des andern Theils des Körpers auf ein solches unendlich dünnes Prisma ist offenbar $\wp s \omega$ und die Richtung dieser Wirkung steht senkrecht auf ω. Die Höhe eines solchen Prismas ist dabei gleichgültig, nur muss sie grösser sein, als die Wirkungssphäre der Theilchen. Dies kommt darauf hinaus, dass der Schnitt von der Oberfläche des Körpers weiter als diese Wirkungssphäre entfernt sein muss. Bei der Ableitung des Ausdrucks $\wp s \omega$ für die Wirkung des Theils des Körpers, welcher auf der einen Seite einer beliebig in ihm gelegten Ebene liegt, auf ein unendlich dünnes Prisma, welches senkrecht über der unendlich kleinen Basis ω in der Ebene des Schnittes in dem andern Theile des Körpers construirt ist, ist vorausgesetzt, dass der Körper in allen seinen Theilen dieselbe Temperaturerhöhung s erlitten hat. Es lässt sich aber leicht nachweisen, dass diese Wirkung dieselbe Richtung, nämlich senkrecht auf der Ebene, in welcher die Basis ω liegt, und denselben Ausdruck unverändert behalten muss, wenn auch die Temperaturvertheilung in dem Körper eine beliebige, aber ein stetiges Gesetz befolgende ist, nur bedeutet dann in diesem Ausdruck $\wp s \omega$ die Grösse s die Temperatur an der Stelle des Körpers, an welcher die Basis ω des Prismas construirt ist. Man muss zu dem Ende von der Vorstellung ausgehen, dass $\wp s \omega$ die Resultante der Abstossungen ist, womit jedes Theilchen der einen Hälfte des Körpers auf jedes Theilchen in dem unendlich dünnen Prisma, welches in der andern Hälfte liegt, wirkt.

Die Abstossung zweier unendlich kleinen Theilchen in Folge der Erhöhung ihrer Temperaturen, ist, wenn beide dieselbe Erhöhung erfahren haben, proportional mit dieser Erhöhung, wenn aber das eine die Temperaturerhöhung s', das andere s'' erlitten hat, ist ihre Abstossung proportional mit dem arithmetischen Mittel $\frac{s'+s''}{2}$. Im natürlichen Zustande nämlich, d. h. vor der Temperaturerhöhung, ist, wenn W die absoluten Wärmemengen jedes Theilchens bezeichnet, die Abstossung zweier Theilchen proportional mit dem Product WW; erhöht sich aber die Temperatur des einen Theilchens um

s' Grade, der des andern um s'', und also das W des einen Theilchens um qs', das W des andern Theilchens um qs'', so ist ihre Abstossung proportional mit dem Product $(W+qs')(W+qs'')$, wofür man, da s' und s'' immer klein gegen W sind, schreiben kann $WW+2Wq\left(\frac{s'+s''}{2}\right)$, sodass die durch die Erhöhung der Temperatur hervorgebrachte Abstossung proportional ist mit $2Wq\left(\frac{s'+s''}{2}\right)$. Ich werde diese Abstossung durch $P\frac{s'+s''}{2}\varphi(\varrho)$ bezeichnen, wo ϱ die Entfernung der beiden Theilchen bedeutet, $\varphi(\varrho)$ das Gesetz der Abnahme dieser Kraft mit der Entfernung bezeichnet und P ein constanter Coëfficient ist. Die Function φ hat nur einen von Null verschiedenen Werth für äusserst kleine Werthe von ϱ. Von den beiden in Rede stehenden Theilchen liege das eine innerhalb unseres unendlich dünnen Prismas, das andere in dem Theile des Körpers diesseits der verlängerten Basis ω des Prismas. Ich zerlege ihre Abstossung nach drei auf einander rechtwinkligen Richtungen, von denen die eine parallel mit der Axe des Prismas sei, die beiden andern parallel mit der Ebene seiner Basis ω; die Entfernung ϱ bilde mit der Axe des Prismas den Winkel α, mit den beiden andern die Winkel β und γ. Dann erhält man als Componenten der Wirkung dieser beiden Theilchen

$$P\frac{s'+s''}{2}\varphi(\varrho)\cos\alpha,\qquad P\frac{s'+s''}{2}\varphi(\varrho)\cos\beta,\qquad P\frac{s'+s''}{2}\varphi(\varrho)\cos\gamma.$$

Bildet man diese Componenten für je zwei Theilchen aus dem Prisma und der andern Hälfte des Körpers und summirt diejenigen derselben Richtung, so erhält man die drei resultirenden Componenten für die Kraft, mit welcher das Prisma abgestossen wird von dem Theile des Körpers, welcher diesseits seiner verlängerten Basis ω liegt.

Bezeichnet man nun mit s die Temperatur des Körpers an dem Ort, an welchem die Basis ω des Prismas construirt ist, und berücksichtigt, dass in jenen zu summirenden Reihen nur solche Theilchen zu berücksichtigen sind, deren Entfernungen von ω die Wirkungssphäre der Theilchen nicht übersteigt, weil für die übrigen $\varphi(\varrho)$ gleich Null wird, so sieht man, dass s' und s'' überall nur um äusserst kleine Grössen von s verschieden sind, um Grössen von der Ordnung der Wirkungssphäre der Theilchen, die man gegen s als verschwindend betrachten kann.*) Die obigen Componenten werden also:

$$Ps\cos\alpha\varphi(\varrho),\qquad Ps\cos\beta\varphi(\varrho),\qquad Ps\cos\gamma\varphi(\varrho),$$

*) Genauer kann man sich von der Zulässigkeit dieser Vernachlässigung Rechenschaft geben, wenn man s' und s'' nach den relativen Coordinaten der Theilchen in Bezug auf den Mittelpunkt von ω entwickelt. — *W. V.*

welches dieselben Componenten sind, als hätten alle Theilchen des ganzen Körpers die Temperaturerhöhung s erfahren. Hieraus ergiebt sich die obige Behauptung, dass nämlich, wenn die Temperaturerhöhung eines Körpers eine beliebige Function des Orts ist, und man eine Ebene innerhalb des Körpers legt, auf derselben über einer unendlich kleinen Basis ω ein senkrechtes Prisma auf der einen Seite der Ebene construirt, die Resultante der Abstossungen, mit welcher die Theilchen auf der andern Seite der Ebene auf dieses Prisma wirken, senkrecht steht auf der Basis und gleich ist $\wp s\omega$, worin s die Temperatur des Körpers an dem Orte, an welchem die Basis construirt ist, bedeutet.

Ich werde nun die Bedingungen entwickeln, welche zwischen den Abstossungen, welche durch die Temperaturerhöhung hervorgebracht sind, und den Molekularkräften, welche durch die Verrückungen der Theilchen hervorgebracht worden sind, stattfinden müssen, wenn diese Kräfte sich im Gleichgewicht befinden. Ich werde zuerst die Componenten der Molekularkräfte berechnen. Ich betrachte wiederum die Molekularwirkung aller Theilchen, welche auf der einen Seite einer innerhalb des Körpers gelegten Ebene liegen, auf ein auf der andern Seite derselben liegendes Prisma, welches senkrecht gegen die Ebene über der unendlich kleinen Basis ω construirt ist.

Ich bezeichne die Normale der Ebene [nach der Seite des Prismas] mit ν und zerlege die Gesammtwirkung nach den drei Coordinatenaxen x, y, z und bezeichne diese Componenten respective mit

$$X_\nu \omega, \quad Y_\nu \omega, \quad Z_\nu \omega.$$

Diese drei Grössen nenne ich die Molekularcomponenten in Beziehung auf die Ebene ν an der Stelle x, y, z, wenn x, y, z die Coordinaten von ω bezeichnen.

Ist diese Ebene nach und nach parallel mit den drei Coordinatenebenen, so erhält man neue*) Molekularcomponenten in Beziehung auf die drei Coordinatenebenen, diese durch den Punkt x, y, z gelegt. Bezieht man diese Componenten nicht auf die Fläche ω, sondern auf die Flächeneinheit, so sind ihre Zeichen folgende:

$$\begin{matrix} X_x, & Y_x, & Z_x, \\ X_y, & Y_y, & Z_y, \\ X_z, & Y_z, & Z_z. \end{matrix}$$

Ich bestimme diese Bezeichnung noch näher dahin, dass das unendlich dünne Prisma immer in der Verlängerung der Coordinaten der Basis construirt ge-

*) Im Original steht hier „neun". Die Aenderung ist einer Randbemerkung in *F. Neumann*'s Handexemplar entnommen. — *C. N.*

dacht werden soll, und dass die Vorzeichen der Componenten so gewählt werden sollen, dass sie positiv sind, wenn sie streben, das Prisma vom Anfangspunkt der Coordinaten zu entfernen. Construirt man das Prisma auf der entgegengesetzten Seite als die angegebene und betrachtet die Molekularwirkungen der Theile auf der andern Seite der Ebene, so haben deren Componenten dieselben Werthe, aber die entgegengesetzten Vorzeichen.

Die Werthe der neun Componenten X_x, Y_x, ... reduciren sich auf sechs, wegen folgender Relationen unter ihnen:

$$X_y = Y_x, \quad X_z = Z_x, \quad Y_z = Z_y,$$

welche man bei der angenommenen Bezeichnung der Molekularcomponenten so aussprechen kann, dass der Buchstabe immer mit seinem Index vertauscht werden kann, ohne den Werth zu verändern. Für die Herleitung der Werthe dieser Componenten verweise ich auf *Poisson*'s Abhandlung *sur le mouvement des corps élastiques* in den Par. Mem. T. VIII. 1829.

Ich nenne u, v, w die Verrückungen eines Theilchens des Körpers, parallel mit den drei Coordinatenaxen x, y, z, sodass, wenn die Coordinaten eines Punktes im ursprünglichen Zustande des Körpers waren x, y, z, diese im verrückten Zustande sein sollen $x+u$, $y+v$, $z+w$, dann ist nach *Poisson* a. a. O.*)

$$\text{(A.)} \quad \left\{ \begin{aligned} X_x &= -k\left\{3\frac{\partial u}{\partial x} + \frac{\partial v}{\partial y} + \frac{\partial w}{\partial z}\right\}, \\ Y_y &= -k\left\{\frac{\partial u}{\partial x} + 3\frac{\partial v}{\partial y} + \frac{\partial w}{\partial z}\right\}, \\ Z_z &= -k\left\{\frac{\partial u}{\partial x} + \frac{\partial v}{\partial y} + 3\frac{\partial w}{\partial z}\right\}, \\ X_y &= Y_x = -k\left(\frac{\partial u}{\partial y} + \frac{\partial v}{\partial x}\right), \\ X_z &= Z_x = -k\left(\frac{\partial u}{\partial z} + \frac{\partial w}{\partial x}\right), \\ Y_z &= Z_y = -k\left(\frac{\partial v}{\partial z} + \frac{\partial w}{\partial y}\right). \end{aligned} \right.$$

*) Das System (A.) enthält die Grundformeln der *ein*constantigen Elasticitätstheorie, über die bereits im Vorwort der Redaction S. 3 gesprochen ist. Sie führen unter Anderem auf dasjenige specielle Verhältniss der Quercontraction zur Längsdilatation eines Cylinders bei einseitigem Zug, mit welchem oben S. 41 u. f. gerechnet ist. Die zweiconstantige Theorie liefert statt (A.) das System

$$X_x = -\left(k_1\frac{\partial u}{\partial x} + k\frac{\partial v}{\partial y} + k\frac{\partial w}{\partial z}\right), \ldots,$$

$$X_y = Y_x = -\frac{1}{2}(k_1 - k)\left(\frac{\partial u}{\partial y} + \frac{\partial v}{\partial x}\right), \ldots,$$

das für $k_1 = 3k$ in obiges übergeht. Bei Körpern, deren Elasticitätsconstanten diese Relation angenähert erfüllen, gewinnen also die im Text abgeleiteten Resultate auch direct angenäherte Gültigkeit. — *W. V.*

Ich werde jetzt die Gleichungen bilden, welche die Relationen enthalten, welche zwischen den Verrückungen u, v, w und der Temperaturerhöhung s, diese als stetige Function der Coordinaten betrachtet, stattfinden müssen. Zu dem Ende construire ich im Innern des Körpers ein kleines rechtwinkliges Prisma, dessen Kanten α', β', γ' parallel mit den Coordinatenaxen sind. Diese Kanten, obgleich klein, sollen doch die Wirkungssphäre der Theilchen sehr vielmal übersteigen. Dies Prisma muss als ein kleiner freibeweglicher Körper angesehen werden, der an seinem Orte im Gleichgewicht erhalten wird durch die auf ihn wirkenden Wärmeabstossungen, welche der erhöhten Temperatur s angehören, und durch die auf ihn wirkenden Molekularkräfte des Theils des Körpers, von dem das Prisma umgeben ist. Es müssen daher die drei Componenten parallel mit den drei Coordinatenaxen sämmtlicher auf dies Prisma wirkenden Kräfte gleich Null sein. Diese drei Gleichungen bestimmen die Relationen, welche zwischen u, v, w und s stattfinden.

Die Coordinaten der Ecke des Prismas, welche dem Anfangspunkt der Coordinaten am nächsten liegt, seien x, y, z, also die der gegenüberstehenden Ecke $x+\alpha'$, $y+\beta'$, $z+\gamma'$. Ich betrachte zuerst die Wirkung auf das Prisma von dem Theile des Körpers, welcher diesseits der verlängerten Seitenebene des Prismas liegt, die in der Ecke x, y, z senkrecht auf x steht. Die Coordinaten eines Punktes dieser Seitenebene seien x, $y+\beta$, $z+\gamma$, in diesem Punkte construire ich das unendlich kleine Rechteck, dessen Seiten parallel mit β und γ und gleich $d\beta$ und $d\gamma$ seien. Dieses Rechteck betrachte ich als die Basis eines unendlich dünnen Prismas, welches im Innern des Prismas $\alpha'\beta'\gamma'$ liegt. Die Wirkung des oben besagten Theils des Körpers auf dieses unendlich dünne Prisma hat, da die Basis ω hier gleich ist $d\beta\, d\gamma$, die drei Componenten

$$(X'_x + \wp s')\, d\beta\, d\gamma, \qquad Y'_x\, d\beta\, d\gamma, \qquad Z'_x\, d\beta\, d\gamma,$$

wo ich durch die angehängten Striche [Accente] bezeichnen will, dass diese Grössen sich auf ein Prisma beziehen, dessen Basis nicht die Coordinaten x, y, z, sondern x, $y+\beta$, $z+\gamma$ hat.

Um die Wirkung des besagten Theils des Körpers auf das ganze Prisma $\alpha'\beta'\gamma'$ zu erhalten, hat man diese Componenten zu integriren in Beziehung auf β und γ und 0 bis $\beta=\beta'$, $\gamma=\gamma'$. Ich werde diese drei Integrale mit A_x, B_x, C_x bezeichnen. Da β und γ immer nur sehr kleine Grössen sind, obwohl sie die Wirkungssphäre der Theilchen sehr vielmal übertreffen, so können die Grössen $X'_x+\wp s'$, Y'_x und Z'_x nach den Potenzen von β und γ entwickelt werden. Bezeichnet man die Werthe dieser Grössen für $\beta=0$, $\gamma=0$

durch $X_x + \wp s$, Y_x, Z_x und führt die angegebene Integration nach der Reihenentwickelung aus, so erhält man:

$$A_x = \beta'\gamma'\left\{X_x + \wp s + \frac{\partial(X_x + \wp s)}{\partial y}\frac{\beta'}{2} + \frac{\partial(X_x + \wp s)}{\partial z}\frac{\gamma'}{2} + \cdots\right\},$$

$$B_x = \beta'\gamma'\left\{Y_x + \frac{\partial Y_x}{\partial y}\frac{\beta'}{2} + \frac{\partial Y_x}{\partial z}\frac{\gamma'}{2} + \cdots\right\},$$

$$C_x = \beta'\gamma'\left\{Z_x + \frac{\partial Z_x}{\partial y}\frac{\beta'}{2} + \frac{\partial Z_x}{\partial z}\frac{\gamma'}{2} + \cdots\right\}.$$

Die entsprechenden Componenten in Beziehung auf die Seite des Prismas, welche durch die Ecke $x + \alpha'$, $y + \beta'$, $z + \gamma'$ gehend mit der eben betrachteten parallel ist, erhält man, wenn A_x, B_x, C_x negativ genommen werden und zugleich statt x gesetzt $x + \alpha'$. Ich werde diese entsprechenden Componenten durch A'_x, B'_x, C'_x bezeichnen, dann ist

$$A'_x = -\left\{A_x + \frac{\partial A_x}{\partial x}\alpha' + \frac{\partial^2 A_x}{\partial x^2}\frac{\alpha'^2}{2} + \cdots\right\},$$

$$B'_x = -\left\{B_x + \frac{\partial B_x}{\partial x}\alpha' + \cdots\right\},$$

$$C'_x = -\left\{C_x + \frac{\partial C_x}{\partial x}\alpha' + \cdots\right\}.$$

Bildet man für jede der beiden übrigen Flächenpaare die analogen sechs Componenten, welche ich nach der Analogie bezeichnen will durch A_y, B_y, C_y, A'_y, B'_y, C'_y und A_z, B_z, C_z, A'_z, B'_z, C'_z, so sind diese 18 Grössen die Componenten der gesammten Kräfte, mit welchen die umgebenden Theile des Körpers auf das Prisma $\alpha'\beta'\gamma'$ wirken. Hierbei sind zwar einige Theile des Körpers zwei und dreimal in Rechnung gezogen, nämlich diejenigen, welche den Kanten und Ecken des Prismas gegenüberliegen, diese aber bilden, da die Dimensionen des Prisma als sehr gross in Beziehung auf die Wirkungssphäre der Theilchen genommen sind, einen verschwindenden Theil der Gesammtwirkung. Wenn das Gleichgewicht des Prismas unter Einwirkung dieser Kräfte bestehen soll, so muss die Summe der Componenten parallel jeder der drei Axen gleich Null sein. Man erhält also z. B. parallel mit der x Axe:

$$A_x + A'_x + A_y + A'_y + A_z + A'_z = 0$$

oder

$$0 = \frac{\partial A}{\partial x}\alpha' + \frac{\partial^2 A_x}{\partial x^2}\frac{\alpha'^2}{2} + \cdots + \frac{\partial A_y}{\partial y}\beta' + \frac{\partial^2 A_y}{\partial y^2}\frac{\beta'^2}{2} + \cdots + \frac{\partial A_z}{\partial z}\gamma' + \frac{\partial^2 A_z}{\partial z^2}\frac{\gamma'^2}{2} + \cdots.$$

Substituirt man hierin die Werthe für A_x, A_y, A_z, ausgedrückt durch X_x, X_y, X_z und deren Differentialquotienten, so erhält man eine Reihe von der Form

$$0 = \alpha'\beta'\gamma'\left\{\frac{\partial(X_x+\wp s)}{\partial x}+\frac{\partial X_y}{\partial y}+\frac{\partial X_z}{\partial z}+M\alpha'+N\beta'+P\gamma'+M'\alpha'^2+\cdots\right\},$$

[in der M, N, P, M' Abkürzungen für Glieder darstellen, welche α', β', γ' nicht enthalten.] Diese Gleichung soll für beliebige Werthe von α', β', γ' bestehen, wenn diese nur sehr gross in Beziehung auf Wirkungssphäre der Theilchen sind, und klein genug, damit die Reihenentwickelungen convergent sind. Dies ist nur möglich, wenn die Coëffizienten dieser Grössen und ihrer Potenzen gleich Null sind. Es muss also sein

$$0 = \frac{\partial(X_x+\wp s)}{\partial x}+\frac{\partial X_y}{\partial y}+\frac{\partial X_z}{\partial z}.$$

Verfährt man auf dieselbe Weise in Beziehung auf die Summen der Componenten parallel mit y und z, so erhält man noch zwei analoge Gleichungen, welche in Verbindung mit der vorstehenden die Relationen zwischen den Molekularcomponenten und der Wärmeabstossung vollständig enthalten; die übrigen Coëffizienten $M=0$, $N=0$ u. s. w. geben Relationen, welche Folgen von den drei genannten sind.

Das Endresultat dieser Untersuchung ist also:

$$\text{(B.)}\quad \begin{aligned}\frac{\wp\partial s}{\partial x} &= -\left\{\frac{\partial X_x}{\partial x}+\frac{\partial X_y}{\partial y}+\frac{\partial X_z}{\partial z}\right\},\\ \frac{\wp\partial s}{\partial y} &= -\left\{\frac{\partial Y_x}{\partial x}+\frac{\partial Y_y}{\partial y}+\frac{\partial Y_z}{\partial z}\right\},\\ \frac{\wp\partial s}{\partial z} &= -\left\{\frac{\partial Z_x}{\partial x}+\frac{\partial Z_y}{\partial y}+\frac{\partial Z_z}{\partial z}\right\},\end{aligned}$$

worin die Werthe der Componenten, ausgedrückt durch u, v, w aus (A.) auf S. 98 zu setzen sind.

Diese Gleichungen gelten für jeden Punkt im Innern des Körpers, der weiter als die Wirkungssphäre von seiner Oberfläche entfernt ist. An der Oberfläche sind es andere Gleichungen, welche die Molekularcomponenten, oder die ihnen entsprechenden Verrückungen erfüllen müssen. Um diese zu bilden, werde ich zuerst die Molekularcomponenten in Beziehung auf irgend eine Ebene, in einem ihrer Punkte ausdrücken durch die Molekularcomponenten in Beziehung auf drei durch denselben Punkt gelegte Coordinatenebenen. Ich nenne ν die Normale dieser Ebene und die Winkel, welche ν mit x, y, z bildet, bezeichne ich durch (ν, x), (ν, y), (ν, z), so ist

$$\begin{aligned}X_\nu &= X_x\cos(\nu,x)+X_y\cos(\nu,y)+X_z\cos(\nu,z),\\ Y_\nu &= Y_x\cos(\nu,x)+Y_y\cos(\nu,y)+Y_z\cos(\nu,z),\\ Z_\nu &= Z_x\cos(\nu,x)+Z_y\cos(\nu,y)+Z_z\cos(\nu,z);\end{aligned}$$

siehe *Poisson* a. a. O. Es sei nun M ein Punkt innerhalb des Körpers, von seiner Oberfläche sehr wenig, aber weiter als die Wirkungssphäre der Theilchen entfernt, durch M ziehe ich eine Normale an die Oberfläche und eine Ebene senkrecht auf dieser Normale. In dieser Ebene construire ich um M ein unendlich kleines quadratisches Element, dessen Inhalt ω sei, und betrachte dasselbe als die eine Basis eines graden Prismas, dessen andere Basis auf der Oberfläche des Körpers liegt. In diesem kleinen Prisma müssen die Kräfte, mit welchen die umgebenden Körpertheile auf dasselbe wirken, und diejenigen, welche als äusserer Druck gegen diejenige Basis, welche in der Oberfläche des Körpers liegt, gerichtet sind, einander das Gleichgewicht halten. Bildet man die Gleichungen, welche ausdrücken, dass die Summe der Componenten dieser Kräfte parallel jeder der drei Axen gleich Null sei, so erhält man die drei Gleichungen, denen die Molekularcomponenten an der Oberfläche genügen müssen. Auf dieses Prisma wirken folgende Kräfte:

1) Gegen die Basis um M die Wärmeabstossung $\wp s\omega$, senkrecht gegen die Basis gerichtet von innen nach aussen; ihre Componenten nach den drei Coordinatenaxen sind: $\wp s\omega \cos(\nu, x)$, $\wp s\omega \cos(\nu, y)$ und $\wp s\omega \cos(\nu, z)$.

2) Die molekulare Anziehung des Theils des Körpers, welcher diesseits der verlängerten Basis um M liegt, deren Componenten sind $X_\nu \omega$, $Y_\nu \omega$ und $Z_\nu \omega$.

3) Der äussere Druck, welcher gegen die Basis des Prismas, welche in der Oberfläche des Körpers gelegen ist, gerichtet ist, und dessen Componenten ich mit $X\omega$, $Y\omega$ und $Z\omega$ bezeichnen will. Alle diese Kräfte sind in Beziehung auf die Dimensionen des Prismas zweiter Ordnung, nämlich proportional mit seiner Basis ω. Nun wirken aber

4) noch die Anziehungen und Abstossungen auf dies Prisma, welche herrühren von den Theilen des Körpers, welche zwischen der durch M senkrecht auf der Normale gelegten Ebene und der Oberfläche des Körpers liegen; die Resultante dieser Einwirkungen ist aber dritter Ordnung, weil in der Summe der Componenten in Beziehung auf je zwei parallele Seitenflächen des Prismas die Grössen zweiter Ordnung verschwinden. — Es müssen also die Componenten parallel mit jeder der drei Axen der unter 1), 2), 3) genannten Kräfte für sich verschwinden. Dies giebt

$$\wp s \cos(\nu, x) + X_\nu + X = 0,$$
$$\wp s \cos(\nu, y) + Y_\nu + Y = 0,$$
$$\wp s \cos(\nu, z) + Z_\nu + Z = 0,$$

oder für X_ν, Y_ν, Z_ν ihre Werthe gesetzt, erhalten wir als die Bedingungsgleichungen für die Oberfläche des Körpers:

$$
\text{(C.)}\quad
\begin{aligned}
0 &= \wp s \cos(\nu,x) + X + X_x \cos(\nu,x) + X_y \cos(\nu,y) + X_z \cos(\nu,z),\\
0 &= \wp s \cos(\nu,y) + Y + Y_x \cos(\nu,x) + Y_y \cos(\nu,y) + Y_z \cos(\nu,z),\\
0 &= \wp s \cos(\nu,z) + Z + Z_x \cos(\nu,x) + Z_y \cos(\nu,y) + Z_z \cos(\nu,z).
\end{aligned}
$$

Die Gleichungen (A.), (B.), (C.) enthalten [innerhalb der S. 93 ausgesprochenen Beschränkung] vollständig die Theorie der aus der Erhöhung und beliebigen Vertheilung der Temperatur in einem festen Körper entstehenden Verrückungen seiner Theilchen, und der daraus hervorgehenden inneren Spannungen. Die Temperatur ist entweder eine gegebene Function der drei Coordinaten des Orts allein oder, wenn die Temperaturvertheilung keine stationäre ist, eine gegebene Function des Orts und der Zeit.

Um von der Constante $\wp$ eine deutliche Vorstellung zu erhalten, wenden wir das System Gleichungen (A.), (B.), (C.) an auf den Fall, wo ein Körper gleichmässig in allen seinen Theilen dieselbe Temperaturerhöhung s erfahren hat. Man weiss, dass in diesem Fall u, v, w dieselben lineären Functionen respective von x, y, z sind. Ich werde also setzen $u = Mx$, $v = My$, $w = Mz$. Diese Annahme genügt in der That den Gleichungen (A.), (B.), (C.). Man erhält aus (A.): $X_x = Y_y = Z_z = -5kM$ und $X_y = X_z = Y_z = 0$, die Gleichungen (B.) werden von selbst erfüllt. Die Gleichungen (C.) geben [da X, Y, Z verschwinden] die eine Gleichung:

$$\wp s = 5kM.$$

Diese Gleichung zeigt, dass $\frac{\wp}{5k}$ gleich dem lineären thermischen Ausdehnungscoëfficienten ist, den ich mit ε bezeichnen will, oder dass $\wp = 5\varepsilon k$.*)

Man kann $\wp$ auch noch aus einem andern Gesichtspunkte definiren. Es sei M' die lineäre Ausdehnung für 1^0, sodass also

$$\wp = 5kM'.$$

Ohne nun die Temperatur des Körpers zu erhöhen, hätte man durch eine äussere auf die Oberfläche des Körpers wirkende Kraft, welche ich mit P bezeichnen will, dieselbe lineäre Verlängerung hervorbringen können, und man hätte dann

$$P = 5kM'.$$

Hieraus geht hervor, dass $\wp$ gleich ist demjenigen äusseren Druck, welcher gleichförmig auf die Oberfläche wirkend dieselbe Volumensverkleinerung hervorbringt, als 1^0 Temperaturerniedrigung.

*) Auch dies Resultat setzt natürlich die *ein*constantige Elasticitätstheorie voraus. — *W. V.*

§ 11.

Anwendung der allgemeinen Gleichungen auf eine Kugel, deren Temperatur eine Function allein des Radius ist.

Ich werde in diesem Paragraphen die Gleichungen des vorhergehenden Paragraphen anwenden zur Erklärung der Farbenerscheinungen, welche eine Kugel darbietet, wenn in ihr die Temperatur concentrisch vertheilt ist; wie dies z. B. der Fall ist, wenn die Kugel mit einer niedrigeren Temperatur in eine Flüssigkeit mit höherer Temperatur gebracht wird. In diesem Falle finden die Verrückungen der Theile der Kugel allein in der Richtung der Radien statt. Es sei r die ursprüngliche Entfernung eines Theilchens vom Mittelpunkt, und nach der durch die Temperaturvertheilung erlittenen Verrückung sei diese Entfernung $r+R$, wo R allein eine Function von r ist. Demnach ist

$$u=\frac{xR}{r},\qquad v=\frac{yR}{r},\qquad w=\frac{zR}{r},$$

und

$$r^2=x^2+y^2+z^2.$$

Setzt man der Kürze wegen

$$\frac{R}{r}=S,$$

so erhält man

$$\frac{\partial u}{\partial x}=S+\frac{x^2}{r}\frac{dS}{dr},\qquad \frac{\partial v}{\partial x}=\frac{xy}{r}\frac{dS}{dr},\qquad \frac{\partial w}{\partial x}=\frac{xz}{r}\frac{dS}{dr},$$

$$\frac{\partial u}{\partial y}=\frac{xy}{r}\frac{dS}{dr},\qquad \frac{\partial v}{\partial y}=S+\frac{y^2}{r}\frac{dS}{dr},\qquad \frac{\partial w}{\partial y}=\frac{yz}{r}\frac{dS}{dr},$$

$$\frac{\partial u}{\partial z}=\frac{xz}{r}\frac{dS}{dr},\qquad \frac{\partial v}{\partial z}=\frac{yz}{r}\frac{dS}{dr},\qquad \frac{\partial w}{\partial z}=S+\frac{z^2}{r}\frac{dS}{dr},$$

und hieraus nach (A.) § 10

$$X_x=-k\left[5S+\left(\frac{2x^2}{r^2}+1\right)r\frac{dS}{dr}\right],$$

$$Y_y=-k\left[5S+\left(\frac{2y^2}{r^2}+1\right)r\frac{dS}{dr}\right],$$

$$Z_z=-k\left[5S+\left(\frac{2z^2}{r^2}+1\right)r\frac{dS}{dr}\right],$$

$$X_y=Y_x=-2k\frac{xy}{r}\frac{dS}{dr},$$

$$X_z=Z_x=-2k\frac{xz}{r}\frac{dS}{dr},$$

$$Y_z=Z_y=-2k\frac{yz}{r}\frac{dS}{dr}.$$

Diese Werthe in die Gleichung (B.) § 10 substituirt, erhält man, wenn man berücksichtigt, dass s allein eine Function von r ist, und dass also $\frac{\partial s}{\partial x} = \frac{ds}{dr}\frac{x}{r}$, für die erste der Gleichungen (B.)

$$0 = \frac{x}{r}\left\{\wp \frac{ds}{dr} - 3k\left(4\frac{dS}{dr} + r\frac{d^2S}{dr^2}\right)\right\},$$

und die zweite und dritte Gleichung, welche aus (B.) entstehen, unterscheiden sich von dieser nur dadurch, dass sie statt $\frac{x}{r}$ den Factor $\frac{y}{r}$ und $\frac{z}{r}$ haben. Demnach reduciren sich die allgemeinen Gleichungen (B.) für den Fall einer Kugel mit concentrischer Vertheilung der Wärme auf diese eine Gleichung*):

$$(1.) \qquad \frac{1}{3}\frac{\wp}{k}\frac{ds}{dr} = 4\frac{dS}{dr} + r\frac{d^2S}{dr^2}.$$

Von den Gleichungen (C.) verwandelt sich [da wieder $X = Y = Z = 0$ ist] die erste in

$$\frac{x}{r}(\wp s + X_x) + \frac{y}{r}X_y + \frac{z}{r}X_z = 0$$

und diese, wenn für X_x, X_y, X_z die obigen Werthe gesetzt werden, in

$$\frac{x}{r}\left\{\wp s - k\left(5S + 3r\frac{dS}{dr}\right)\right\} = 0.$$

Die zweite und dritte der Gleichungen (C.) geben dieselbe Gleichung, mit dem Unterschied, dass statt des gemeinschaftlichen Factors $\frac{x}{r}$ die Factoren $\frac{y}{r}$ und $\frac{z}{r}$ auftreten. Die Bedingungsgleichungen für die Oberfläche reduciren sich demnach auf diese eine**)

$$(2.) \qquad \frac{\wp s}{k} = 5S + 3r\frac{dS}{dr} \quad \text{für} \quad r = \varrho,$$

wenn ϱ den Halbmesser der Kugel bezeichnet.

Da S in (1.) durch eine Differentialgleichung zweiter Ordnung bestimmt ist, so enthält diese Grösse zwei Constanten, von denen die eine durch die Bedingung (2.) bestimmt wird; die andere bestimmt sich durch den Umstand, dass für $r = 0$ auch $R = 0$ sein muss, woraus folgt, dass S für $r = 0$ einen endlichen Werth haben muss. Dieser Umstand ist zu berücksichtigen bei einer vollen Kugel; ist die Kugel aber hohl, so fällt seine Berücksichtigung fort, und dann erhalten wir noch eine Bedingungsgleichung für die innere Oberfläche, welche der Form nach von (2.) nicht verschieden ist, nämlich**)

$$(3.) \qquad \frac{\wp s}{k} = 5S + 3r\frac{dS}{dr} \quad \text{für} \quad r = \varrho',$$

*) Die zweiconstantige Elasticitätstheorie (vgl. die Note Seite 98) liefert dieselbe Formel, nur steht k_1 an Stelle von $3k$. — *W. V.*

**) Die zweiconstantige Theorie ergiebt die Grenzbedingungen (2.) und (3.) in der Form

$$\wp s = (k_1 + 2k)S + k_1 r\frac{dS}{dr}. \quad \text{— } W.\ V.$$

wo ϱ' den Halbmesser der inneren Oberfläche bedeutet. Ich werde im Folgenden statt $\frac{\wp}{k}$ einen Buchstaben einführen und setzen:

$$\frac{\wp}{k} = f.$$

Das vollständige Integral von (1.) ist

$$(4.)\qquad S = M + \frac{N}{r^3} + \frac{1}{3} f \int \frac{dr}{r^4} \int r^3 \frac{ds}{dr}\, dr,$$

welches durch partielle Integration im zweiten Theile sich reducirt auf

$$(5.)\qquad S = M + \frac{N}{r^3} + \frac{1}{3} f \frac{1}{r^3} \int r^2 s\, dr,$$

worin M und N die beiden Constanten des Integrals bedeuten. Ist die Kugel eine volle, so muss, weil S für $r = 0$ einen endlichen Werth haben muss, $N = 0$ sein und M bestimmt sich aus (2.), welche Gleichung giebt:

$$M = \frac{4}{15} f \frac{1}{\varrho^3} \int r^2 s\, dr,$$

worin nach der Integration $r = \varrho$ zu setzen ist. Man hat also für eine volle Kugel*)

$$(6.)\qquad \frac{R}{r} = S = \frac{4f}{15\varrho^3} \left(\int r^2 s\, dr \right)_{r=\varrho} + \frac{1}{3} f \frac{1}{r^3} \int r^2 s\, dr.$$

Ich werde jetzt annehmen, die Kugel sei durchsichtig und befinde sich in einer Flüssigkeit, welche denselben Brechungscoëfficient hat als ihre Masse. Es gehe polarisirtes Licht parallel der Richtung der Axe x durch dieselbe, und dies werde nach seinem Austritt durch eine Turmalinplatte analysirt. Es sollen die Gesetze der Interferenzerscheinungen bestimmt werden, welche durch die aus der Verrückung der Theilchen der Kugel hervorgegangene doppelte Strahlenbrechung entstehen.

Wir haben zunächst in die Formel (C.) § 8, nämlich

$$(7.)\qquad \frac{1}{\omega} - \frac{1}{\varepsilon} = \frac{p-q}{G^2} \sqrt{\left(\frac{\partial v}{\partial y} - \frac{\partial w}{\partial z}\right)^2 + \left(\frac{\partial v}{\partial z} + \frac{\partial w}{\partial y}\right)^2},$$

---

*) Nach der zweiconstantigen Theorie gilt

$$\frac{R}{r} = S = \frac{2(k_1 - k)}{k_1(k_1 + 2k)} \frac{\wp}{\varrho^3} \left(\int r^2 s\, dr \right)_{r=\varrho} + \frac{\wp}{k_1 r^3} \int r^2 s\, dr.$$

Da weiterhin nur $\frac{dS}{dr}$ zur Anwendung kommt, so unterscheiden sich hier die Resultate der *ein-* und *zweiconstantigen* Theorie nur durch die Bedeutung der Constante f, die in der letzteren gleich $\frac{3\wp}{k_1}$ ist. Da aber für die Verwerthung der Formeln keine Beobachtungen über Elasticitätsconstanten herangezogen werden, so ist dieser Unterschied ohne jede practische Bedeutung. In dem vorliegenden speciellen Problem sind also die ein- und zweiconstantige Theorie einander gleichwertig. — *W. V.*

die Werthe für $\frac{\partial v}{\partial y}$, $\frac{\partial w}{\partial z}$ u. s. w. zu setzen. Man erhält allgemein für eine Kugel [bei ausschliesslich radialen Verschiebungen]

$$\frac{\partial w}{\partial z} - \frac{\partial v}{\partial y} = \frac{z^2 - y^2}{r} \frac{dS}{dr},$$

$$\frac{\partial v}{\partial z} + \frac{\partial w}{\partial y} = \frac{2yz}{r} \frac{dS}{dr};$$

also ist

(8.)
$$\frac{1}{\omega} - \frac{1}{\varepsilon} = \frac{p-q}{G^2} \frac{y^2 + z^2}{r} \frac{dS}{dr}.$$

Man findet ferner aus der Formel (D.) § 8 das Polarisationsazimuth im Innern, nämlich aus

(9.)
$$\operatorname{tang} \alpha = \frac{\frac{\partial v}{\partial z} + \frac{\partial w}{\partial y}}{\frac{\partial w}{\partial z} - \frac{\partial v}{\partial y} \pm \sqrt{\left(\frac{\partial w}{\partial z} - \frac{\partial v}{\partial y}\right)^2 + \left(\frac{\partial v}{\partial z} + \frac{\partial w}{\partial y}\right)^2}},$$

[so] dass, je nachdem das positive oder negative Vorzeichen der Wurzelgrösse genommen wird:

$$\operatorname{tang} \alpha = \frac{y}{z} \quad \text{oder} \quad = -\frac{z}{y}.$$

Hieraus geht hervor, dass für jeden Strahl das Polarisationsazimuth auf dem ganzen Wege innerhalb der Kugel unveränderlich ist, und entweder zusammenfällt mit der durch den Strahl und den Mittelpunkt der Kugel gelegten Ebene, oder senkrecht auf dieser Ebene steht. Geht also ein System divergirender Strahlen durch die Kugel, so verhalten sich diese in Hinsicht ihrer Polarisationszustände gerade so, als wären sie durch eine Platte eines einaxigen Krystalls gegangen, die senkrecht auf der Axe geschliffen ist, und so gestellt ist, dass ihre Axe zusammenfällt mit der Linie, welche durch den Mittelpunkt der Kugel und den Divergenzpunkt gezogen ist.

Da α unabhängig von x ist, so verwandelt sich die Gleichung (B.) § 8 in:

$$\frac{d(o-e)}{dx} = \frac{1}{\omega} - \frac{1}{\varepsilon},$$

und es wird

$$O - E = \int dx \left(\frac{1}{\omega} - \frac{1}{\varepsilon}\right)$$

oder

(10.)
$$O - E = \frac{p-q}{G^2} \int dx \frac{y^2+z^2}{r} \frac{dS}{dr} = \frac{p-q}{G^2} (y^2 + z^2) \int \frac{dS}{dr} \frac{dx}{r},$$

dies Integral genommen vom Eintritt des Strahls bis zum Austritt.

Wenn, wie ich annehme, die Kugel sich in einer Flüssigkeit befindet, welche denselben oder nahe denselben Brechungscoëfficienten als ihre Masse besitzt, so ist $\varphi = \varphi'$ zu setzen, wodurch sich die Formel (A.) § 8 verwandelt in die Formel (A.') daselbst. In dieser Formel (A.') nun haben wir zu setzen:

$$\alpha' - \alpha'' = 0,$$

$$\sigma' = \int_{\alpha'}^{\alpha''} d\alpha \cos \frac{o-e}{\lambda} 2\pi = 0,$$

und dadurch verwandelt sie sich in:

$$(11.)\qquad \left(\frac{J}{D}\right)^2 = \cos^2(\eta - \zeta) - \sin 2(\alpha - \eta) \sin 2(\alpha - \zeta) \sin^2 \frac{O-E}{\lambda}\pi.$$

Wenn die Axe des Turmalins senkrecht steht auf der ursprünglichen Polarisationsebene, und $\eta = 0$ gesetzt wird, was erlaubt ist, da die Ebene, von welcher an die Polarisationsazimuthe gerechnet werden, in dem vorliegenden Fall willkürlich ist, so verwandelt sich dieser Ausdruck in

$$(12.)\qquad \left(\frac{J}{D}\right)^2 = \sin^2 2\alpha \sin^2 \frac{O-E}{\lambda}\pi.$$

Es ergiebt sich hieraus und aus der Bemerkung, dass nach (7.) der Werth von $O - E$ allein mit dem Werthe von $y^2 + z^2$, d. i. mit der Entfernung des Strahls im Innern der Kugel von ihrem Mittelpunkt variirt, dass ein mit einem Turmalin bewaffnetes Auge in der Kugel ein System von Farbenringen sehen wird, ähnlich demjenigen in einem einaxigen Krystall, welches im Allgemeinen von zwei farblosen Kreuzen durchschnitten ist, die sich in ein schwarzes Kreuz verwandeln, wenn die Polarisationsebene des Turmalins einen rechten Winkel bildet mit der Polarisationsebene des einfallenden Lichts. Der Mittelpunkt dieser Ringe liegt in der Linie, welche vom Auge nach dem Mittelpunkt der Kugel gezogen ist, weil $O - E$ zugleich mit $y^2 + z^2$ verschwindet.

Der Character der Ringe ist [bei Körpern mit positivem $(p - q)$] der eines positiven Krystalls, wie z. B. Bergkrystall, so lange $\frac{dS}{dr}$ positiv ist, weil dann der Strahl, dessen Polarisationsebene durch den Mittelpunkt der Ringe geht, die schnellere Fortpflanzungsgeschwindigkeit hat; dieser Character wird der eines negativen Krystalls, wie z. B. Kalkspath, wenn $\frac{dS}{dr}$ negativ wird, weil dann der Strahl, dessen Polarisationsebene durch den Mittelpunkt geht, der langsamere ist. Dies ergiebt sich aus der in § 7b [s. S. 80] gegebenen Erläuterung über die Bedeutung der Vorzeichen in der Formel (D.) daselbst, wonach nämlich, wenn in (7.) und (9.) die Wurzelgrösse positiv genommen wird, die Gleichung (9.) immer das Polarisationsazimuth des Strahls mit der grösseren Fortpflanzungsgeschwindigkeit bestimmt.

Die Durchmesser der Ringe sind bestimmt durch die Wurzeln der Gleichung:

$$O - E = m\lambda,$$

wo m den Werth von 1, 2, 3 u. s. w. hat und λ die Undulationslänge des Strahls bedeutet. Setzt man in (10.) für $\frac{dS}{dr}$ seinen Werth aus (6.) und der Kürze wegen $y^2 + z^2 = \varepsilon^2$, so wird:

$$O - E = \frac{1}{3}\frac{p-q}{G^2} f \varepsilon^2 \int \frac{dx}{r}\frac{d}{dr}\left(\frac{1}{r^3}\int r^2 s\, dr\right). \tag{13.}$$

Dies Integral genommen von $-\sqrt{\varrho^2 - \varepsilon^2}$ bis $+\sqrt{\varrho^2 - \varepsilon^2}$ oder von 0 bis $\sqrt{\varrho^2 - \varepsilon^2}$ und verdoppelt.

Führt man die Differentiation unter dem Integralzeichen aus, und setzt, da $x^2 + \varepsilon^2 = r^2$ ist: $\frac{dx}{r} = \frac{dr}{\sqrt{r^2 - \varepsilon^2}}$, so wird:

$$O - E = \frac{2}{3}\frac{p-q}{G^2} f \varepsilon^2 \int_{\varepsilon}^{\varrho} \frac{dr}{r\sqrt{r^2 - \varepsilon^2}} \left\{ s - \frac{3}{r^3}\int r^2 s\, dr \right\}. \text{*)} \tag{14.}$$

Aus diesen Ausdrücken erhellt, dass, so lange die mittlere Temperatur vom Mittelpunkt der Kugel nach ihrer Oberfläche zu wächst, $\frac{dS}{dr}$ einen positiven Werth hat, und das Ringsystem ein positives wie z. B. im Bergkrystall ist; nimmt aber die mittlere Temperatur ab, so ist das Ringsystem negativ. Das Ringsystem ist z. B. durchweg ein positives, wenn die Kugel mit einer ursprünglich gleichförmigen Temperatur in eine Flüssigkeit von höherer Temperatur gebracht wird, und ein negatives, wenn diese Flüssigkeit eine niedrigere Temperatur besitzt.

Um die Wurzeln der Gleichung $O - E = m\lambda$ zu berechnen oder überhaupt den numerischen Werth von $O - E$ in (14.), muss darin der Ausdruck für s als Function von r substituirt werden. Nach *Fourier***) ist der allgemeine Ausdruck für s in einer Kugel, vom Halbmesser ϱ, in welcher die Temperatur allein eine Function von r ist, dieser:

$$s = A + \sum \frac{B}{r} e^{-\frac{Kn^2\pi^2 t}{\varrho^2}} \sin\frac{nr\pi}{\varrho}, \tag{15.}$$

---

*) Hierin ist

$$F = \frac{3}{r^3}\int r^2 s\, dr$$

die mittlere Temperatur der Kugel vom Radius r; man kann demgemäss ein Theorem aussprechen, das ein Analogon zu dem von *Neumann* an die Formel (6.) in § 13 geknüpften ist. — *W. V.*

**) Vgl. *Fourier,* Théorie analytique de la chaleur, Chap. V. — *(Red.)*

worin K die innere Wärmeleitungs-Fähigkeit der Masse der Kugel, dividirt durch die Wärmecapacität der Einheit ihres Volumens, ist, und A die Temperatur des umgebenden Mediums bedeutet. Durch t ist die Zeit bezeichnet. Die Grösse $n\pi$ ist eine Wurzel der transcendenten Gleichung

$$\operatorname{tang} n\pi = \frac{n\pi}{1 - \frac{H}{K}\varrho},$$

in welcher H die äussere Wärmeleitungs-Fähigkeit der Kugel, dividirt durch die Wärmecapacität der Einheit ihres Volumens bezeichnet. Das Summenzeichen in (15.) bezieht sich auf sämmtliche Wurzeln dieser Gleichung, und die Coëfficienten B müssen so bestimmt werden, dass s für $t = 0$ den gegebenen Anfangszustand der Temperaturvertheilung darstellt. Da n sehr rasch wächst, z. B., wenn $\frac{H\varrho}{K}$ gross ist gegen 1, nahe wie die Zahlen 1, 2, 3 u. s. w., so verschwinden sehr bald, wenn t wächst, alle Glieder unter dem Summenzeichen gegen das erste, welches von der kleinsten Wurzel abhängt, und man kann dann setzen:

$$s = A + \frac{B}{r} e^{-\frac{Kn^2\pi^2 t}{\varrho^2}} \sin\frac{nr\pi}{\varrho},$$

worin $n\pi$ die kleinste Wurzel der transcendenten Gleichung bezeichnet. Dieser Werth in (14.) substituirt, giebt:

$$(16.)\qquad O - E = L\int_{\alpha}^{n\pi} \frac{dz}{z^4\sqrt{z^2-\alpha^2}}\left((z^2-3)\sin z + 3z\cos z\right),$$

worin der Kürze wegen gesetzt ist:

$$z = \frac{nr\pi}{\varrho}, \qquad \alpha = \frac{n\varepsilon\pi}{\varrho},$$

$$L = \frac{2}{3}\,\frac{p-q}{G^2} f \left(\frac{n\varepsilon\pi}{\varrho}\right)^2 B e^{-\frac{Kn^2\pi^2 t}{\varrho^2}}$$

Das Integral in (16.) lässt sich nicht in endlicher Form angeben, man kann dasselbe, wenn $\frac{\varepsilon}{\varrho}$ klein ist, nach den Potenzen von α entwickeln, und wenn $1 - \frac{\varepsilon}{\varrho}$ klein ist, nach den Potenzen von $((n\pi)^2 - \alpha^2)$. Setzt man

$$(17.)\qquad \frac{(z^2-3)\sin z + 3z\cos z}{z^4} = Z \quad \text{und} \quad \int\frac{dz\, Z}{\sqrt{z^2-\alpha^2}} = \sqrt{z^2-\alpha^2}\,P,$$

so findet man für P die Differentialgleichung:

$$(z^2-\alpha^2)\frac{dP}{dz} + zP = Z,$$

mittelst welcher P leicht nach den Potenzen von α entwickelt werden kann. Setzt man nämlich:

$$P = A_0 + A_2\alpha^2 + A_4\alpha^4 + \cdots,$$

so erhält man:

$$A_0 = \frac{1}{z}\int\frac{Z\,dz}{z}, \qquad A_2 = \frac{1}{z}\int\frac{dA_0}{z\,dz}dz,$$

$$A_4 = \frac{1}{z}\int\frac{dA_2}{z\,dz}dz \text{ etc.}$$

Man hat demnach:

$$(18.)\qquad O - E = \frac{2}{3}\frac{p-q}{G^2}f\left(\frac{n\pi}{\varrho}\right)^3 Be^{-\frac{Kn^2\pi^2 t}{\varrho^2}}\varepsilon^2\sqrt{\varrho^2-\varepsilon^2}\left\{A_0 + A_2\left(\frac{n\varepsilon\pi}{\varrho}\right)^2 + \cdots\right\},$$

wo in den Ausdrücken von A_0, A_2 u. s. w. nach der Integration überall statt z zu setzen ist $n\pi$.

Für den Fall, dass $1 - \frac{\varepsilon}{\varrho}$ klein ist, erhält man durch partielle Integration

$$\int\frac{dz\,Z}{\sqrt{z^2-\alpha^2}} = \sqrt{z^2-\alpha^2}\left\{B_0 - \frac{z^2-\alpha^2}{3}B_2 + \frac{(z^2-\alpha^2)^2}{3\cdot 5}B_4 - \cdots\right\},$$

wo

$$B_0 = \frac{1}{z}Z, \qquad B_2 = \frac{dB_0}{z\,dz}, \qquad B_4 = \frac{dB_2}{z\,dz} \text{ u. s. w.}$$

und demnach:

$$(19.)\qquad O - E = \frac{2}{3}\frac{p-q}{G^2}f\left(\frac{n\pi}{\varrho}\right)^3 Be^{-\frac{Kn^2\pi^2 t}{\varrho^2}}\varepsilon^2\sqrt{\varrho^2-\varepsilon^2}\left\{B_0 - \frac{z^2-\alpha^2}{3}B_2 + \cdots\right\},$$

worin nach ausgeführter Differentiation überall statt z muss $n\pi$ gesetzt werden. Da der Werth von $O - E$ sowohl für $\varepsilon = 0$ als für $\varepsilon = \varrho$ verschwindet, so muss derselbe ein Maximum besitzen. Differentiirt man also (18.) in Beziehung auf ε, setzt $\frac{d(O-E)}{d\varepsilon} = 0$, und bestimmt hieraus nach der *Lagrange*'schen Reihe den Werth von ε, so erhält man den Halbmesser des Ringes der höchsten Färbung. Begnügt man sich mit der ersten Annäherung, so erhält man

$$\varepsilon^2 = \varrho^2\left\{\frac{2}{3} + \frac{4}{27}\frac{A_2(n\pi)^2}{A_0} + \cdots\right\}.$$

Wenn die Kugel hohl ist, so hat man in (10.) den vollständigen Werth von S zu setzen, nämlich [s. Gl. (4.)]

$$S = M + \frac{N}{r^3} + \frac{1}{3}f\frac{1}{r^3}\int r^2 s\,dr,$$

worin die Constanten M und N durch die Bedingungen (2.) und (3.) für die äussere und für die innere Oberfläche bestimmt werden, nämlich für $r = \varrho$ und für $r = \varrho'$.

Ich werde annehmen, dass gegen beide Oberflächen noch ein Druck ausgeübt wird, gegen die innere der Druck D', gegen die äussere der Druck D;

man hat alsdann in den Gleichungen (2.) und (3.) zu den Theilen linker Hand noch die Grössen respective $-\frac{D}{k}$ und $-\frac{D'}{k}$ hinzuzufügen.*) Dadurch und durch die Substitution des vorstehenden Werthes von S verwandeln sich diese Gleichungen in folgende:

$$\frac{4}{3}f\frac{1}{\varrho^3}\int\limits_{(\varrho)} r^2 s\,dr - \frac{D}{k} = 5M - \frac{4N}{\varrho^3} \quad \text{für} \quad r = \varrho,$$

$$\frac{4}{3}f\frac{1}{\varrho'^3}\int\limits_{(\varrho')} r^2 s\,dr - \frac{D'}{k} = 5M - \frac{4N}{\varrho'^3} \quad \text{für} \quad r = \varrho',$$

woraus sich ergiebt

$$M = \frac{4}{15}f\frac{\int_{\varrho'}^{\varrho} r^2 s\,dr}{\varrho^3 - \varrho'^3} - \frac{D\varrho^3 - D'\varrho'^3}{5k(\varrho^3 - \varrho'^3)},$$

$$-N = \frac{\frac{1}{3}f\left\{\frac{1}{\varrho^3}\int\limits_{(\varrho)} r^2 s\,dr - \frac{1}{\varrho'^3}\int\limits_{(\varrho')} r^2 s\,dr\right\}}{\frac{1}{\varrho^3} - \frac{1}{\varrho'^3}} - \frac{D - D'}{4k\left(\frac{1}{\varrho^3} - \frac{1}{\varrho'^3}\right)}.\text{**)}$$

Ich werde in Beziehung auf die Farbenerscheinungen nur den Fall weiter verfolgen, wo die Temperaturvertheilung gleichförmig in der Kugelschale ist, und die Farben allein von den Druckkräften D und D' hervorgebracht werden. In diesem Fall, da s constant ist, erhält man***)

$$M = \frac{4}{45}fs - \frac{D\varrho^3 - D'\varrho'^3}{5k(\varrho^3 - \varrho'^3)},$$

$$-N = \frac{(D - D')\varrho^3\varrho'^3}{4k(\varrho^3 - \varrho'^3)}$$

und dies giebt:

$$S = \frac{1}{5}fs - \frac{D\varrho^3 - D'\varrho'^3}{5k(\varrho^3 - \varrho'^3)} + \frac{(D - D')\varrho^3\varrho'^3}{4k(\varrho^3 - \varrho'^3)r^3}.$$

---

*) In den nach der zweiconstantigen Elasticitätstheorie gemäss der zweiten Anmerkung auf S. 105 corrigirten Formeln (2.) und (3.) ist ebenso links $-D$ und $-D'$ hinzuzufügen. — *W. V.*

**) In dieser und der 6 Zeilen weiter unten folgenden Formel für N fehlt im Original das Minuszeichen. — *A. W.*

***) Nach der zweiconstantigen Theorie gilt

$$M = \frac{2(k_1 - k)\wp s}{3k_1(k_1 + 2k)} - \frac{D\varrho^3 - D'\varrho'^3}{(k_1 + 2k)(\varrho^3 - \varrho'^3)},$$

$$-N = \frac{(D - D')\varrho^3\varrho'^3}{2(k_1 - k)(\varrho^3 - \varrho'^3)};$$

dies ist von dem obigen Resultat der einconstantigen Theorie nicht unwesentlich verschieden, da die beiden von r abhängenden Glieder in dem Ausdruck für S Parameter besitzen, welche die beiden Elasticitätsconstanten k_1 und k in verschiedenen Combinationen enthalten. — *W. V.*

Hieraus erhält man nach (10):

$$O - E = -3N\frac{p-q}{G^2}\varepsilon^2\int\frac{dx}{r^5},$$

worin wie oben $y^2 + z^2 = \varepsilon^2$ gesetzt ist. Dieser Ausdruck verwandelt sich, wenn $x = \varepsilon \operatorname{tang}\alpha$, $r = \frac{\varepsilon}{\cos\alpha}$ gesetzt wird, in

$$O - E = -3N\frac{p-q}{G^2\varepsilon^2}\int d\alpha\cos^3\alpha.$$

Es müssen zwei Fälle unterschieden werden, ob der Strahl in den hohlen Raum, welchen die Kugelschale umschliesst, eintritt, oder ob er seinen ganzen Weg im Innern der Kugelschale durchläuft. Im ersteren Falle ist $\varrho' > \varepsilon$, und dann ist das vorstehende Integral von $\sin\alpha = \sqrt{1-\left(\frac{\varepsilon}{\varrho'}\right)^2}$ bis $\sin\alpha = \sqrt{1-\left(\frac{\varepsilon}{\varrho}\right)^2}$ zu nehmen und mit zwei zu multipliciren, im zweiten Fall ist $\varrho' < \varepsilon$ und in diesem Fall ist das Integral zwischen den Grenzen $\sin\alpha = -\sqrt{1-\left(\frac{\varepsilon}{\varrho}\right)^2}$ und $\sin\alpha = \sqrt{1-\left(\frac{\varepsilon}{\varrho}\right)^2}$ zu nehmen.

Im ersten Falle erhält man, wenn zugleich für N sein Werth gesetzt wird:

$$O - E = \frac{D-D'}{k}\frac{p-q}{G^2}(\varrho\varrho')^3\frac{\left\{\left(1+\frac{1}{2}\left(\frac{\varepsilon}{\varrho}\right)^2\right)\sqrt{1-\left(\frac{\varepsilon}{\varrho}\right)^2}-\left(1+\frac{1}{2}\left(\frac{\varepsilon}{\varrho'}\right)^2\right)\sqrt{1-\left(\frac{\varepsilon}{\varrho'}\right)^2}\right\}}{\varepsilon^2(\varrho^3-\varrho'^3)}$$

und im zweiten Falle

$$O - E = \frac{D-D'}{k}\frac{p-q}{G^2}(\varrho\varrho')^3\frac{\left(1+\frac{1}{2}\left(\frac{\varepsilon}{\varrho}\right)^2\right)\sqrt{1-\left(\frac{\varepsilon}{\varrho}\right)^2}}{\varepsilon^2(\varrho^3-\varrho'^3)}.$$

Entwickelt man den ersteren Ausdruck nach den Potenzen von ε, so erhält man

$$O - E = \frac{3}{8}\frac{D-D'}{k}\frac{p-q}{G^2}\varepsilon^2\frac{\left\{\frac{1}{\varrho'^4}-\frac{1}{\varrho^4}+\frac{1}{3}\varepsilon^2\left(\frac{1}{\varrho'^6}-\frac{1}{\varrho^6}\right)+\cdots\right\}}{\left(\frac{1}{\varrho'}\right)^3-\left(\frac{1}{\varrho}\right)^3}.$$

In beiden Fällen ist also die mit $D - D'$ multiplicirte Grösse [für $p - q > 0$] eine positive.*) Hieraus ergiebt sich, dass, wenn der innere Druck D' kleiner ist, die Ringe, welche hier im polarisirten Lichte entstehen, den positiven Character wie im Bergkrystall haben, wenn aber der äussere Druck kleiner ist, haben sie den negativen Character wie die Kalkspathringe.**)

*) Im Original ist, wie schon S. 112 bemerkt ist, das Vorzeichen des Ausdrucks von N unrichtig. Die Aenderung dieses Vorzeichens bedingte auch die Aenderung der Vorzeichen in den letzten drei Ausdrücken für $O - E$, die im Original alle das Zeichen — haben. Weiter mussten auch die Worte „negative" und „grösser" des Originals in „positive" und „kleiner" umgeändert werden. — *A. W.*

**) Ist $\varrho' = 0$, die Kugel also voll, so kommt der erste Fall nicht in Betracht; zugleich verschwindet der zweite Werth von $O - E$ und damit die Doppelbrechung. — *W. V.*

§ 12.

Die allgemeinen Gleichungen für den Fall einer unendlich dünnen Platte.

Aus den allgemeinen Gleichungen des § 10 zwischen u, v, w, welche von drei unabhängigen Variabeln x, y, z abhängen, darf man nach den vorhandenen analytischen Methoden nur hoffen, Resultate, welche sich mit den Beobachtungen vergleichen lassen, zu ziehen in den Fällen, in welchen sich die Anzahl dieser unabhängigen Variabeln auf eine geringere reducirt. Ein sehr allgemeiner Fall, wo dies stattfindet, ist der, wenn die eine Dimension des Körpers, auf welchen jene Gleichungen sollen angewandt werden, so klein ist, dass die von ihr abhängigen Grössen nach den Potenzen derselben entwickelt werden können, und in dieser Entwickelung die Glieder der höheren Ordnung vernachlässigt werden können. Es ist dies der Fall, wenn der Körper die Form von *dünnen Platten* hat, eine Form, welche zu den Beobachtungen vorzugsweise angewandt worden ist und in der That besonders dazu geeignet ist. Diese Platten sind nämlich viel leichter frei von den bei der Solidifikation gewöhnlich entstehenden inneren Spannungen zu haben, welche unabhängig von der Temperaturvertheilung schon Farben im polarisirten Lichte hervorbringen, und diejenigen, welche durch die Temperaturvertheilung bedingt sind, modificiren oder verdecken. Die Wirkung einer solchen Platte auf das Licht ist zwar gering, kann aber beliebig verstärkt werden, wenn man dasselbe nach und nach durch mehrere gleiche Platten gehen lässt, in welchen die Temperatur auf dieselbe Weise vertheilt ist, und welche so gestellt sind, dass jede einzelne Platte dieselbe Wirkung auf den durch sämmtliche Platten gehenden Strahl hervorbringen muss.

Ich werde in den folgenden Paragraphen mich mit folgenden speciellen Fällen beschäftigen.

1) Mit dem Fall einer dünnen kreisförmigen Scheibe, in welcher die Temperatur der Theile eine Function ihrer Entfernung von dem Mittelpunkt der Scheibe ist.

2) Mit dem Fall eines dünnen Ringes von geringer Breite, in welchem die Vertheilung der Temperatur allein eine Function des Bogens des Ringes ist. Die [elastischen] Resultate, welche ich hier entwickeln werde, finden ausser ihrem optischen Interesse noch ein practisches in ihrer Anwendung auf die Bestimmung der Fehler, welche in den zur Winkelmessung dienenden Kreisen durch ungleiche Temperaturvertheilung hervorgebracht werden.

3) Mit dem Falle, wo zwei dünne und schmale Streifen von verschiedenen Stoffen so an einander gelöthet sind, dass sie bei einer bestimmten Temperatur gerade sind. Wird diese Temperatur verändert, so krümmen sie sich. Ich werde die Relation entwickeln, in welcher diese Krümmung mit den beiden Elasticitätsmoduln und den Ausdehnungscoëfficienten und den Dimensionen der beiden Streifen steht. Diese Untersuchung hat gleichfalls wegen der Anwendung, die sie auf die Theorie der Metallthermometer findet, noch ein practisches Interesse.

4) Mit dem Falle einer dünnen rechtwinkligen Platte, in welcher die Temperaturvertheilung eine Function der Höhe der Platte ist. Dies ist sehr nahe der Fall in der schönen Reihe von Experimenten von *Brewster* (*Phil. Trans.* 1816), in welchen er eine Glasplatte von gewöhnlicher Temperatur auf eine heisse Metallplatte stellte, oder umgekehrt eine heisse Glasplatte auf eine kalte Metallplatte.

In diesem Paragraphen werde ich die allgemeinen Gleichungen entwickeln, welche sich für den Fall einer dünnen geraden Platte mit parallelen Seitenebenen aus den Gleichungen des § 10 ergeben, unter der Voraussetzung, dass die Temperaturvertheilung in dieser Platte von der Art ist, dass sie dadurch nicht gekrümmt wird, also symmetrisch in Beziehung auf die Ebene, welche durch den Mittelpunkt der Platte parallel mit ihren Seitenebenen gelegt ist. Diese Ebene, durch welche die Platte in zwei gleiche Hälften getheilt wird, nenne ich ihre Mittelebene. Ich lege die Coordinatenaxen x, y in diese Mittelebene und nenne $2z'$ die Dicke der Platte. Die Randfläche der Platte soll senkrecht stehen auf den Seitenebenen; den Winkel, welchen eine Normale der Randfläche mit der Axe x bildet, nenne ich ν.

Hiernach werden die Bedingungsgleichungen der Oberfläche (C.) § 10 folgende:

1) für jeden Punkt der Randfläche:

$$(1.)\qquad \begin{aligned} 0 &= (\wp s + X_x)\cos\nu + X_y \sin\nu, \\ 0 &= Y_x \cos\nu + (\wp s + Y_y)\sin\nu, \\ 0 &= Z_x \cos\nu + Z_y \sin\nu, \end{aligned}$$

2) für jeden Punkt der Seitenebenen, d. i. für $z = \pm z'$:

$$(2.)\qquad 0 = X_z, \quad 0 = Y_z, \quad 0 = Z_z + \wp s.$$

Entwickelt man nun die Molekularcomponenten nach den Potenzen von z und setzt z. B.

$$X_z = (X_z) + \left(\frac{\partial X_z}{\partial z}\right) z + \left(\frac{\partial^2 X_z}{\partial z^2}\right)\frac{z^2}{1\cdot 2} + \cdots,$$

wo die Parenthesen anzeigen sollen, dass in den durch sie eingeschlossenen Grössen $z=0$ gesetzt werden soll, so verwandeln sich die drei Gleichungen in (2.) [da sie sowohl für $z=+z'$, als für $z=-z'$ gelten sollen] in folgende sechs:

$$0=(X_z)+\left(\frac{\partial^2 X_z}{\partial z^2}\right)\frac{z'^2}{1\cdot 2}+\cdots,\qquad 0=(Y_z)+\left(\frac{\partial^2 Y_z}{\partial z^2}\right)\frac{z'^2}{1\cdot 2}+\cdots,$$

$$0=\left(\frac{\partial X_z}{\partial z}\right)+\left(\frac{\partial^3 X_z}{\partial z^3}\right)\frac{z'^2}{1\cdot 2\cdot 3}+\cdots,\qquad 0=\left(\frac{\partial Y_z}{\partial z}\right)+\left(\frac{\partial^3 Y_z}{\partial z^3}\right)\frac{z'^2}{1\cdot 2\cdot 3}+\cdots,$$

$$0=(\wp s+Z_z)+\frac{\partial^2(\wp s+Z_z)}{\partial z^2}\frac{z'^2}{1\cdot 2}+\cdots,$$

$$0=\frac{\partial(\wp s+Z_z)}{\partial z}+\frac{\partial^3(\wp s+Z_z)}{\partial z^3}\frac{z'^2}{1\cdot 2\cdot 3}+\cdots,$$

oder, wenn schon die Glieder, welche vom Quadrat von z' abhängen, vernachlässigt werden, in:

(4.)
$$0=(X_z),\qquad 0=(Y_z),\qquad 0=(Z_z)+\wp(s),$$
$$0=\left(\frac{\partial X_z}{\partial z}\right),\qquad 0=\left(\frac{\partial Y_z}{\partial z}\right),\qquad 0=\left(\frac{\partial Z_z}{\partial z}\right)+\wp\left(\frac{\partial s}{\partial z}\right),$$

wonach die dritte Gleichung aus den Randgleichungen (1.) bei derselben Annäherung [als identisch erfüllt] fortfällt.

Aus den beiden ersten Gleichungen (B.) § 10 erhält man, wenn darin $z=0$ gesetzt wird, mit Berücksichtigung von (4.)

(5.)
$$0=\wp\left(\frac{\partial s}{\partial x}\right)+\left(\frac{\partial X_x}{\partial x}\right)+\left(\frac{\partial X_y}{\partial y}\right),$$
$$0=\wp\left(\frac{\partial s}{\partial y}\right)+\left(\frac{\partial Y_x}{\partial x}\right)+\left(\frac{\partial Y_y}{\partial y}\right).$$

Da die Platte eben bleibt, so ist:

(5b.)
$$(w)=0,\qquad \left(\frac{\partial w}{\partial x}\right)=0,\qquad \left(\frac{\partial w}{\partial y}\right)=0,$$

wo die Parenthesen immer anzeigen sollen, dass in diesen Gleichungen $z=0$ gesetzt ist. Substituirt man nun in die drei ersten Gleichungen von (4.) ihre Werthe aus (A.) § 10 und berücksichtigt die Gleichungen (5b.), so erhält man

$$\left(\frac{\partial u}{\partial z}\right)=0,\qquad \left(\frac{\partial v}{\partial z}\right)=0,\qquad \frac{\wp}{k}(s)-\left(\frac{\partial u}{\partial x}\right)-\left(\frac{\partial v}{\partial y}\right)-3\left(\frac{\partial w}{\partial z}\right)=0.$$

Die letztere giebt

$$\left(\frac{\partial w}{\partial z}\right)=\frac{1}{3}\left(\frac{\wp}{k}(s)-\left(\frac{\partial u}{\partial x}\right)-\left(\frac{\partial v}{\partial y}\right)\right)$$

und diesen Werth von $\left(\frac{\partial w}{\partial z}\right)$ in (A.) § 10 substituirt, erhält man [wenn hierbei der Einfachheit halber die Klammern ( ) fortgelassen werden]:

(6.)
$$X_x = -\frac{1}{3}\wp s - \frac{1}{3}k\left\{8\frac{\partial u}{\partial x} + 2\frac{\partial v}{\partial y}\right\},$$
$$Y_y = -\frac{1}{3}\wp s - \frac{1}{3}k\left\{2\frac{\partial u}{\partial x} + 8\frac{\partial v}{\partial y}\right\},$$
$$X_y = Y_x = -k\left\{\frac{\partial u}{\partial y} + \frac{\partial v}{\partial x}\right\}.$$

Setzt man diese Werthe in (5.), so ergiebt sich endlich:

(7.)
$$2\wp\frac{\partial s}{\partial x} = k\left\{8\frac{\partial^2 u}{\partial x^2} + 5\frac{\partial^2 v}{\partial x \partial y} + 3\frac{\partial^2 u}{\partial y^2}\right\},$$
$$2\wp\frac{\partial s}{\partial y} = k\left\{3\frac{\partial^2 v}{\partial x^2} + 5\frac{\partial^2 u}{\partial x \partial y} + 8\frac{\partial^2 v}{\partial y^2}\right\}.$$

Dies sind die Endgleichungen*), durch welche die Verrückungen u und v parallel mit x und y bestimmt werden; sie sind genau bis auf Grössen von der Ordnung z'^2. In derselben Annäherung haben wir, wegen $\left(\frac{\partial u}{\partial z}\right) = 0$ und $\left(\frac{\partial v}{\partial z}\right) = 0$:

(8.)
$$u = (u),$$
$$v = (v),$$
$$w = \frac{1}{3}\left\{\frac{\wp}{k}(s) - \left(\frac{\partial u}{\partial x}\right) - \left(\frac{\partial v}{\partial y}\right)\right\} z,$$

*) Die zweiconstantige Elasticitätstheorie liefert statt (6.):

(1'.)
$$\begin{cases} X_x = -\frac{k\wp s}{k_1} - \frac{k_1 - k}{k_1}\left((k_1 + k)\frac{\partial u}{\partial x} + k\frac{\partial v}{\partial y}\right), \\ Y_y = -\frac{k\wp s}{k_1} - \frac{k_1 - k}{k_1}\left(k\frac{\partial u}{\partial x} + (k_1 + k)\frac{\partial v}{\partial y}\right), \\ X_y = Y_x = -\frac{1}{2}(k_1 - k)\left(\frac{\partial u}{\partial y} + \frac{\partial v}{\partial x}\right); \end{cases}$$

für gewisse unten zu machende Anwendungen sei dies abgekürzt in

(1''.)
$$X_x = -\wp^0 s - \left(k_1^0\frac{\partial u}{\partial x} + k^0\frac{\partial v}{\partial y}\right),$$
$$Y_y = -\wp^0 s - \left(k^0\frac{\partial u}{\partial x} + k_1^0\frac{\partial v}{\partial y}\right),$$
$$X_y = Y_x = -\frac{1}{2}(k_1^0 - k^0)\left(\frac{\partial u}{\partial y} + \frac{\partial v}{\partial x}\right).$$

In der That ist $k_1 - k = k_1^0 - k^0$.

An die Stelle von (7.) und (8.) tritt analog:

(2'.)
$$\begin{cases} 2\wp\frac{\partial s}{\partial x} = 2(k_1 + k)\frac{\partial^2 u}{\partial x^2} + (k_1 + 2k)\frac{\partial^2 v}{\partial x \partial y} + k_1\frac{\partial^2 u}{\partial y^2}, \\ 2\wp\frac{\partial s}{\partial y} = k_1\frac{\partial^2 v}{\partial x^2} + (k_1 + 2k)\frac{\partial^2 u}{\partial x \partial y} + 2(k_1 + k)\frac{\partial^2 v}{\partial y^2}; \\ u = (u), \quad v = (v), \quad w = \left(\wp(s) - k\left(\frac{\partial u}{\partial x} + \frac{\partial v}{\partial y}\right)\right)\frac{z}{k_1}. \end{cases}$$

W. V.

Die Randgleichungen in (1.), von welchen die dritte nach (4.) fortgefallen ist, werden durch Substitution der Werthe aus (6.) folgende:

$$(9.)\quad \begin{aligned} &\left\{\wp s - k\left(4\frac{\partial u}{\partial x} + \frac{\partial v}{\partial x}\right)\right\}\cos\nu - \frac{3}{2}k\left\{\frac{\partial u}{\partial y} + \frac{\partial v}{\partial x}\right\}\sin\nu = 0,\\ &\left\{\wp s - k\left(\frac{\partial u}{\partial x} + 4\frac{\partial v}{\partial y}\right)\right\}\sin\nu - \frac{3}{2}k\left\{\frac{\partial u}{\partial y} + \frac{\partial v}{\partial x}\right\}\cos\nu = 0.\text{*)} \end{aligned}$$

In mehreren Fällen ist es angemessener, statt der rechtwinkligen Coordinaten sich der Polarcoordinaten zu bedienen. Ich werde deshalb die

---

*) Dem entspricht

$$(3'.)\quad \left\{\begin{aligned} &\left[\wp s - (k_1+k)\frac{\partial u}{\partial x} - k\frac{\partial v}{\partial y}\right]\cos\nu - \frac{1}{2}k_1\left(\frac{\partial u}{\partial y} + \frac{\partial v}{\partial x}\right)\sin\nu = 0,\\ &\left[\wp s - k\frac{\partial u}{\partial x} - (k_1+k)\frac{\partial v}{\partial y}\right]\sin\nu - \frac{1}{2}k_1\left(\frac{\partial u}{\partial y} + \frac{\partial v}{\partial x}\right)\cos\nu = 0. \end{aligned}\right.$$

Die Abweichungen zwischen den Formeln der ein- und zweiconstantigen Theorie sind hiernach sehr gross; es ist demgemäss weiterhin von der durchgehenden Angabe der Veränderungen, welche die Resultate beim Uebergang von der ersteren zur letzteren erfahren, abgesehen worden. Doch sind die Endresultate bei den wichtigsten der unten behandelten Probleme in die zweiconstantige Theorie übersetzt.

Eine allgemeine Bemerkung mag noch eingefügt werden. Bei manchen Problemen ist es vortheilhaft, die Bestimmung der Verrückungscomponenten *in zwei Stufen* auszuführen, derart, dass zuerst Ausdrücke für die *Druckcomponenten* aufgesucht werden, welche den Bedingungen des Problems genügen, und *von ihnen aus* zu den Verrückungen fortgeschritten wird.

Die allgemeinen Bedingungen für die Druckcomponenten bei Ausschluss äusserer mechanischer Wirkungen lauten nun nach (B.) § 10

$$(2''.)\quad \wp\frac{\partial s}{\partial x} = -\left\{\frac{\partial X_x}{\partial x} + \frac{\partial X_y}{\partial y}\right\},\quad \wp\frac{\partial s}{\partial y} = -\left\{\frac{\partial Y_x}{\partial x} + \frac{\partial Y_y}{\partial y}\right\};$$

dazu tritt durch Elimination von u und v aus den Gleichungen (1'.)

$$(3''.)\quad \frac{\partial^2}{\partial x^2}(X_x k^0 - Y_y k_1^0 - \wp s k^0) - \frac{\partial^2}{\partial y^2}(X_x k_1^0 - Y_y k^0 + \wp s k^0) + 2(k_1^0 + k^0)\frac{\partial^2 Y_x}{\partial x\,\partial y} = 0.$$

Hinzu kommen für die Ränder der Prismen nach (C.) § 10 die Formeln

$$(4''.)\quad \begin{aligned} 0 &= (\wp s + X_x)\cos(\nu, x) + X_y\cos(\nu, y) + X,\\ 0 &= (\wp s + Y_y)\cos(\nu, y) + Y_x\cos(\nu, x) + Y. \end{aligned}$$

Der Uebergang von den gefundenen Ausdrücken für X_x, Y_y, X_y zu denen für u und v vollzieht sich mit Hülfe der Gleichungen (1'.) und bietet niemals Schwierigkeiten.

Handelt es sich aber nur um die optischen Wirkungen der Deformationen, so ist die Bestimmung der Verrückungen *unnötig*; denn nach den Grundformeln (C.) und (D.) § 8, S. 79 und 80 kommen hierfür nur die Aggregate

$$\frac{\partial u}{\partial x} - \frac{\partial v}{\partial y} \quad\text{und}\quad \frac{\partial u}{\partial y} + \frac{\partial v}{\partial x}$$

in Betracht. Diese berechnen sich aber direct aus den Druckcomponenten. Es gilt nämlich nach (1'.)

$$(5''.)\quad \begin{aligned} -(X_x - Y_y) &= (k_1 - k)\left(\frac{\partial u}{\partial x} - \frac{\partial v}{\partial y}\right),\\ -2X_y = -2Y_x &= (k_1 - k)\left(\frac{\partial u}{\partial y} + \frac{\partial v}{\partial x}\right), \end{aligned}$$

wobei $k_1 - k = k_1^0 - k^0$. Diese Bemerkung ist für spätere Anwendungen von Bedeutung. — *W. V.*

allgemeinen Gleichungen (7.) und die Randgleichungen (9.) noch auf Polarcoordinaten transformiren. Ich setze

$$x = r\cos\vartheta, \qquad y = r\sin\vartheta,$$

und

$$u = \varphi\cos\vartheta - r\psi\sin\vartheta,$$
$$v = \varphi\sin\vartheta + r\psi\cos\vartheta,$$

wonach ein Punkt, welcher im anfänglichen Zustande die Coordinaten r und ϑ hatte, nach der Verrückung der Theilchen die Coordinaten $r+\varphi$ und $\vartheta+\psi$ hat. Man erhält hieraus:

$$(10.)\quad \begin{aligned} 4\frac{\partial u}{\partial x}+\frac{\partial v}{\partial y} &= (1+3\cos^2\vartheta)\frac{\partial\varphi}{\partial r}+(1+3\sin^2\vartheta)\left(\frac{\varphi}{r}+\frac{\partial\psi}{\partial\vartheta}\right)\\ &\quad -3\sin\vartheta\cos\vartheta\left(\frac{r\,\partial\psi}{\partial r}+\frac{1}{r}\frac{\partial\varphi}{\partial\vartheta}\right),\\ \frac{\partial u}{\partial x}+4\frac{\partial v}{\partial y} &= (1+3\sin^2\vartheta)\frac{\partial\varphi}{\partial r}+(1+3\cos^2\vartheta)\left(\frac{\varphi}{r}+\frac{\partial\psi}{\partial\vartheta}\right)\\ &\quad +3\sin\vartheta\cos\vartheta\left(\frac{r\,\partial\psi}{\partial r}+\frac{1}{r}\frac{\partial\varphi}{\partial\vartheta}\right),\\ \frac{\partial u}{\partial y}+\frac{\partial v}{\partial x} &= \sin 2\vartheta\frac{\partial\varphi}{\partial r}-\sin 2\vartheta\left(\frac{\varphi}{r}+\frac{\partial\psi}{\partial\vartheta}\right)\\ &\quad +\cos 2\vartheta\left(r\frac{\partial\psi}{\partial r}+\frac{1}{r}\frac{\partial\varphi}{\partial\vartheta}\right). \end{aligned}$$

Setzt man nun in

$$\frac{\partial s}{\partial r} = \frac{\partial s}{\partial x}\cos\vartheta+\frac{\partial s}{\partial y}\sin\vartheta,$$
$$\frac{\partial s}{r\,\partial\vartheta} = -\frac{\partial s}{\partial x}\sin\vartheta+\frac{\partial s}{\partial y}\cos\vartheta$$

für $\frac{\partial s}{\partial x}$ und $\frac{\partial s}{\partial y}$ ihre Werthe aus (7.) und statt der Differentialquotienten von u und v nach x und y diejenigen von φ und ψ nach r und ϑ aus (10.), so erhält man

$$(11.)\quad \begin{aligned} \frac{2\wp}{k}\frac{\partial s}{\partial r} &= 8\left(r\frac{\partial^2\frac{1}{r}\varphi}{\partial r^2}+\frac{3\,\partial\frac{1}{r}\varphi}{\partial r}\right)+\frac{3}{r^2}\frac{\partial^2\varphi}{\partial\vartheta^2}+\frac{5\,\partial^2\psi}{\partial r\,\partial\vartheta}-\frac{6\,\partial\psi}{r\,\partial\vartheta},\\ \frac{2\wp}{k}\frac{\partial s}{r\,\partial\vartheta} &= 3\left(r\frac{\partial^2\psi}{\partial r^2}+3\frac{\partial\psi}{\partial r}\right)+\frac{8}{r}\frac{\partial^2\psi}{\partial\vartheta^2}+\frac{5}{r}\frac{\partial^2\varphi}{\partial r\,\partial\vartheta}+\frac{11}{r^2}\frac{\partial\varphi}{\partial\vartheta}. \end{aligned}$$

Setzt man in die Randgleichungen (9.) die Werthe der Differentialquotienten von u und v aus (10.), multiplicirt die erste und zweite zuerst respective mit $\cos\nu$ und $\sin\nu$ und addirt sie, und dann mit $\sin\nu$ und $\cos\nu$ und zieht sie von einander ab, so erhält man:

$$(12.)\quad \begin{aligned} \frac{\wp s}{k} &= (1+3\cos^2(\vartheta-\nu))\frac{\partial\varphi}{\partial r} + (1+3\sin^2(\vartheta-\nu))\left(\frac{\varphi}{r}+\frac{\partial\psi}{\partial\vartheta}\right) \\ &\quad -\frac{3}{2}\sin 2(\vartheta-\nu)\left(r\frac{\partial\psi}{\partial r}+\frac{1}{r}\frac{\partial\varphi}{\partial\vartheta}\right), \\ 0 &= \sin 2(\vartheta-\nu)\left(\frac{\partial\varphi}{\partial r}-\frac{\varphi}{r}-\frac{\partial\psi}{\partial\vartheta}\right)+\cos 2(\vartheta-\nu)\left(r\frac{\partial\psi}{\partial r}+\frac{1}{r}\frac{\partial\varphi}{\partial\vartheta}\right). \end{aligned}$$

Wenn die Platte kreisförmig ist und man den Anfangspunkt der Coordinaten in ihren Mittelpunkt setzt, so ist $\vartheta=\nu$, und demnach verwandeln sich in diesem Falle die vorstehenden Gleichungen in folgende:

$$(13.)\quad \begin{aligned} \frac{\wp s}{k} &= 4\frac{\partial\varphi}{\partial r}+\frac{\varphi}{r}+\frac{\partial\psi}{\partial\vartheta}, \\ 0 &= r\frac{\partial\psi}{\partial r}+\frac{1}{r}\frac{\partial\varphi}{\partial\vartheta}. \end{aligned}$$

Wenn die Platte die Form einer Ellipse hat, welche wenig von einem Kreise verschieden ist, und man a und b ihre Axen, mit welchen die Coordinaten parallel liegen sollen, nennt, und $\frac{b^2-a^2}{a^2}=\delta^2$ gesetzt wird, wo δ eine kleine Grösse ist, deren vierte und höhere Potenzen vernachlässigt werden, dann ist

$$\begin{aligned} \sin\nu &= (1-\delta^2\cos^2\vartheta)\sin\vartheta, \\ \cos\nu &= (1+\delta^2\sin^2\vartheta)\cos\vartheta, \end{aligned}$$

woraus sich ergiebt, dass

$$\sin(\nu-\vartheta) = -\delta^2\sin\vartheta\cos\vartheta, \qquad \cos(\nu-\vartheta)=1.$$

Dies in (12.) substituirt, giebt für eine solche elliptische, beinahe kreisförmige Platte, folgende Randgleichungen:

$$(14.)\quad \begin{aligned} \frac{\wp s}{k} &= 4\frac{\partial\varphi}{\partial r}+\frac{\varphi}{r}+\frac{\partial\psi}{\partial\vartheta}-3\delta^2\sin\vartheta\cos\vartheta\left(r\frac{\partial\psi}{\partial r}+\frac{1}{r}\frac{\partial\varphi}{\partial\vartheta}\right), \\ 0 &= r\frac{\partial\psi}{\partial r}+\frac{1}{r}\frac{\partial\varphi}{\partial\vartheta}+\delta^2\sin 2\vartheta\left(\frac{\partial\varphi}{\partial r}-\frac{\varphi}{r}-\frac{\partial\psi}{\partial\vartheta}\right). \end{aligned}$$

Ich werde jetzt noch die Formeln (A.), (B.), (C.), (D.) in § 8 auf die hier gebrauchten Polarcoordinaten transformiren. Bei jenen Formeln ist vorausgesetzt, dass die Strahlen parallel mit x sich bewegen. Da hier aber die z-Axe senkrecht auf der Ebene der Platte steht, so werde ich dieselben erst so umformen, dass der Strahl parallel mit z durch die Platte geht. Diese Umformung erhält man, wenn überall z und w mit x und u vertauscht wird, während y und v unverändert bleibt. Dies giebt

$$(D.)\quad \operatorname{tang}\alpha = \frac{\frac{\partial v}{\partial x}+\frac{\partial u}{\partial y}}{\frac{\partial u}{\partial x}-\frac{\partial v}{\partial y}\pm\sqrt{\left(\frac{\partial u}{\partial x}-\frac{\partial v}{\partial y}\right)^2+\left(\frac{\partial v}{\partial x}+\frac{\partial u}{\partial y}\right)^2}},$$

wobei noch zu bemerken ist, dass das Azimuth α gerechnet wird von der Ebene der x und z [nach der Ebene y und z hin], und dass, wenn der Strahl nicht senkrecht durch die Platte geht, die x-Axe parallel mit der Einfallsebene ist.

Die Formel (C.) wird

$$\text{(C.)} \qquad \frac{1}{\omega} - \frac{1}{\varepsilon} = \frac{p-q}{G^2} \sqrt{\left(\frac{\partial u}{\partial x} - \frac{\partial v}{\partial y}\right)^2 + \left(\frac{\partial v}{\partial x} + \frac{\partial u}{\partial y}\right)^2}.$$

In der Formel (B.) muss statt $\frac{d\alpha}{dx}$ gesetzt werden $\frac{d\alpha}{dz}$. Dieser Differentialquotient ist aber bei der Annäherung, worauf die Formeln dieses Paragraphen gegründet sind, gleich Null, wegen $\frac{\partial u}{\partial z} = 0$, $\frac{\partial v}{\partial z} = 0$, und demnach giebt (B.):

$$o - e = \int dz \left(\frac{1}{\omega} - \frac{1}{\varepsilon}\right).$$

Da $\frac{1}{\omega} - \frac{1}{\varepsilon}$ hier unabhängig von z ist, so erhält man hieraus, wenn das Integral vom Eintritt bis zum Austritt des Strahls genommen wird, d. i. von $-z'$ bis z':

$$\text{(B.)} \qquad O - E = 2z'\left(\frac{1}{\omega} - \frac{1}{\varepsilon}\right) = 2\frac{p-q}{G^2} z' \sqrt{\left(\frac{\partial u}{\partial x} - \frac{\partial v}{\partial y}\right)^2 + \left(\frac{\partial u}{\partial y} + \frac{\partial v}{\partial x}\right)^2}.$$

Endlich wird die Formel (A.), weil hier $\sigma' = 0$ und $\alpha' = \alpha'' = \alpha$ ist:

$$\text{(A.)} \qquad \left(\frac{J}{D}\right)^2 = \cos^2(\eta - \xi) - \sin 2(\alpha - \eta) \sin 2(\alpha - \xi) \sin^2 \frac{O-E}{\lambda} \pi.$$

Um nun diese Ausdrücke auf Polarcoordinaten zu reduciren, hat man aus (10.) zu setzen:

$$\text{(E.)} \qquad \begin{aligned} \frac{\partial u}{\partial x} - \frac{\partial v}{\partial y} &= \left(\frac{\partial \varphi}{\partial r} - \frac{\varphi}{r} - \frac{\partial \psi}{\partial \vartheta}\right) \cos 2\vartheta - \left(r\frac{\partial \psi}{\partial r} + \frac{1}{r}\frac{\partial \varphi}{\partial \vartheta}\right) \sin 2\vartheta, \\ \frac{\partial u}{\partial y} + \frac{\partial v}{\partial x} &= \left(\frac{\partial \varphi}{\partial r} - \frac{\varphi}{r} - \frac{\partial \psi}{\partial \vartheta}\right) \sin 2\vartheta + \left(\frac{r\,\partial \psi}{\partial r} + \frac{1}{r}\frac{\partial \varphi}{\partial \vartheta}\right) \cos 2\vartheta. \end{aligned}$$

Diese Werthe in (D.) substituirt, bestimmen das Azimuth α durch φ und ψ. Da aber diese Substitution keine weitere Reduction zulässt, schreibe ich sie nicht her. Die Substitution in (B.) aber giebt:

$$\text{(J.)} \qquad O - E = 2\frac{p-q}{G^2} z' \sqrt{\left(\frac{\partial \varphi}{\partial r} - \frac{\varphi}{r} - \frac{\partial \psi}{\partial \vartheta}\right)^2 + \left(r\frac{\partial \psi}{\partial r} + \frac{1}{r}\frac{\partial \varphi}{\partial \vartheta}\right)^2}.$$

§ 13.

Anwendung auf eine kreisförmige Platte bei concentrischer Temperaturvertheilung.

Die einfachste Anwendung der Gleichungen (11.) und (12.) des vorhergehenden Paragraphen bietet der Fall dar, wenn s allein eine Function von r

ist, und die Randfläche eine kreisförmige Cylinderfläche, oder mit andern Worten, wenn in einer kreisförmigen Platte die Temperatur concentrisch um ihren Mittelpunkt vertheilt ist. Hierher gehört z. B. der Fall, wo die Temperatur der Platte gleichförmig erhöht wird, und sie sich dann frei in der Atmosphäre abkühlt. Dieser Fall lässt sich leicht für die Beobachtung realisiren. Ein zweiter solcher Fall, der sich leicht für die Beobachtung darstellen lässt, ist der, wo die Peripherie der Platte einer constanten Wärmequelle ausgesetzt wird, und ein dritter Fall, wenn die Platte einen kreisförmigen Ring bildet, dessen innerer Rand in einer constanten Temperatur erhalten wird, dessen übrige Oberfläche aber die Wärme frei ausstrahlt. Die beiden letzteren Fälle haben noch das besondere Interesse, dass in ihnen die Platte in einen stationären Spannungszustand gebracht werden kann, während dieser in dem ersteren Falle ein mit der Dauer der Abkühlung variabeler ist, und endlich aufhört, bemerkbar zu sein.*) Jene Fälle eignen sich also vorzugsweise zu Messungen, um durch sie die Theorie zu prüfen.

Die allgemeinen Gleichungen für eine dünne Platte (11.) und (12.) im § 12 verwandeln sich hier, wo s allein eine Function von r sein soll, und $\vartheta - \nu = 0$ und wo dann offenbar auch φ nur eine Function von r ist, und $\psi = 0$ ist, in folgende, nämlich: 1) für jeden Punkt im Innern der Scheibe:

$$\frac{1}{4}\frac{\wp}{k}\frac{ds}{dr} = r\frac{d^2\frac{1}{r}\varphi}{dr^2} + 3\frac{d\frac{1}{r}\varphi}{dr} = \frac{d^2\varphi}{dr^2} + \frac{1}{r}\frac{d\varphi}{dr} - \frac{1}{r^2}\varphi \tag{1.}$$

und 2) für jeden Punkt des Randes

$$\frac{\wp}{k}s = 4\frac{d\varphi}{dr} + \frac{1}{r}\varphi, \tag{2.}$$

wozu noch im Falle einer vollen Scheibe die Bedingung hinzuzufügen ist, dass φ mit $r = 0$ verschwinden muss. In dem Falle eines Ringes aber muss die Gleichung (2.) sowohl für den inneren als äusseren Rand erfüllt werden.

---

*) Ich habe den Fall der stationären Spannung in dem Glasring so realisirt, dass ich denselben auf ein Rohr steckte, durch welches Dämpfe von siedendem Wasser strichen. Auf eine ähnliche Weise lässt sich der zweite Fall darstellen. Ich will hier noch, sowohl in Beziehung auf diese kreisförmigen Platten, als auf die weiter unten noch zu behandelnden Platten, bemerken, dass, wenn man sie im polarisirten Licht untersucht, die Wirkung der einzelnen Platten gewöhnlich zu schwach ist, um eine Reihe von Farben zu erzeugen, dass man die Farbenphänomene aber in aller ihrer Pracht erhält, wenn man das Licht durch eine geeignete Anzahl solcher Platten, welche hinter einander aufgestellt sind, gehen lässt. Die Wirkung jeder folgenden Platte besteht allein in der Vermehrung des Unterschiedes der Phasen der beiderlei Strahlen, d. i. der Grösse $O - E$ um eine ihrer Dicke proportionale Grösse. Ein solches System von Platten wirkt also wie in eine Platte, deren Dicke gleich der Summe der Dicken der Platten in dem Systeme ist und in welcher der Spannungszustand derselbe wie in einer sehr dünnen Platte ist. — *(Anm. des Originals.)*

Ich werde zuerst mich mit dem Fall einer vollen Scheibe beschäftigen. Das vollständige Integral von (1.) ist:

$$r\varphi = A + Br^2 + \frac{1}{4}\frac{\wp}{k}\int rs\,dr,$$

worin A und B die beiden Constanten der Integration sind und wo das Integral von 0 bis r genommen werden soll. Die Constante A muss hier aber gleich Null sein, weil sonst φ unendlich werden würde für $r = 0$. Die Constante B bestimmt man, indem man den Werth von φ in die Gleichung (2.) setzt, und darin, wenn ϱ den Halbmesser der Scheibe bedeutet, $r = \varrho$ setzt. Diese Substitution giebt:

$$5B - \frac{3}{4}\frac{\wp}{k}\frac{1}{\varrho^2}\int_0^{\varrho} rs\,dr = 0.$$

Demnach ist der vollständig bestimmte Werth von φ durch folgende Gleichung gegeben:

$$\text{(3.)}\qquad r\varphi = \frac{3}{20}\frac{\wp}{k}\left(\frac{r}{\varrho}\right)^2\int_0^{\varrho} rs\,dr + \frac{1}{4}\frac{\wp}{k}\int_0^{r} rs\,dr.$$

Für den Fall einer gleichförmigen Temperatur, d. h. wo s constant ist, giebt dies $\varphi = \frac{1}{5}\frac{\wp}{k}sr$. Aus (10.) in § 12 erhält man:

$$\frac{\partial u}{\partial x} + \frac{\partial v}{\partial y} = \frac{d\varphi}{dr} + \frac{\varphi}{r},$$

woraus, wenn s constant ist, sich ergiebt $\frac{\partial u}{\partial x} + \frac{\partial v}{\partial y} = \frac{2}{5}\frac{\wp}{k}s$; setzt man diesen Werth in die dritte der Gleichungen (8.), so erhält man $w = \frac{1}{5}\frac{\wp}{k}sz$. Die Scheibe erleidet also nach allen Seiten hin eine gleiche lineäre Dilatation, nämlich $\frac{1}{5}\frac{\wp}{k}s$. Dies ist in Uebereinstimmung mit dem Resultat, welches am Schlusse des 11. Paragraphen erhalten wurde, wo S*) diese gleichförmige Dilatation bezeichnete.

Aus dem Werthe von φ in (3.) findet man die Farbenerscheinungen, welche die Platte im polarisirten Lichte zeigt, wenn dieses senkrecht hindurch geht, mittelst der Formeln (A.), (D.), (E.), (J.) im § 12. Die Formel (J.) giebt, da $\frac{\partial\varphi}{\partial\vartheta} = 0$ und $\psi = 0$ ist, zunächst

$$\text{(4.)}\qquad O - E = 2\frac{p-q}{G^2}z'\left(\frac{d\varphi}{dr} - \frac{\varphi}{r}\right),$$

und die Formeln (D.) und (E.) geben

$$\text{(5.)}\qquad \operatorname{tang}\alpha = \frac{\sin 2\vartheta}{\cos 2\vartheta \pm 1},$$

*) Im Original steht hier M. Dass es S heissen muss, zeigt die letzte Formel von S. 112, wenn man darin $D = D' = 0$ setzt. — *A. W.*

d. i. tang $\alpha =$ tang ϑ oder tang $\alpha = -$ cotg ϑ. Die Richtungen der Polarisationsebenen der beiderlei Strahlen sind also so bestimmt, dass an der ganzen Scheibe immer die eine durch den Strahl und durch den Mittelpunkt der Scheibe geht, die andere senkrecht auf dieser steht.

Setzt man nun in (4.) für φ seinen Werth aus (3.) und schreibt f statt $\frac{\wp}{k}$, so erhält man

(6.) $$O - E = \frac{1}{2}\frac{p-q}{G^2}z'f\left\{s - \frac{2}{r^2}\int_0^r rs\,dr\right\}.$$

Die mittlere Temperatur einer Scheibe vom Halbmesser r und der Dicke $2z'$ ist gleich dem Integral $4z'\pi\int_0^r rs\,dr$ dividirt durch das Volumen der Scheibe: $2\pi r^2 z'$; sie ist also $= \frac{2}{r^2}\int_0^r rs\,dr$. Demnach enthält die Formel (6.) folgendes Theorem:

Die Differenz der Durchgangszeit für Strahlen, welche senkrecht durch eine kreisförmige Platte gehen, in welcher die Temperaturvertheilung concentrisch ist, ist proportional mit dem Unterschiede der Temperatur, welche an der Durchgangsstelle stattfindet, und der mittleren Temperatur desjenigen Theils der Platte, der innerhalb des um ihren Mittelpunkt durch die Durchgangsstelle beschriebenen Kreises liegt, oder, da $s - \frac{2}{r^2}\int rs\,dr = \frac{r\,d\left(\frac{1}{r^2}\int rs\,dr\right)}{dr}$, *jene Differenz der Durchgangszeit ist proportional mit der Entfernung der Durchgangsstelle vom Mittelpunkt und mit dem Differentialquotienten jener mittleren Temperatur in Beziehung auf diese Entfernung.**)

---

*) In der zweiconstantigen Elasticitätstheorie lautet die Gleichung (1.)

$$\wp\frac{ds}{dr} = (k+k_1)\left(\frac{d^2\varphi}{dr^2} + \frac{1}{r}\frac{d\varphi}{dr} - \frac{\varphi}{r^2}\right),$$

und für den freien Rand gilt statt (2.)

$$s = (k_1+k)\frac{d\varphi}{dr} + k\frac{\varphi}{r} = \frac{1}{r}\left[(k_1+k)\frac{dr\varphi}{dr} - k_1\varphi\right].$$

Es kann hier also dasselbe allgemeine Integral für φ benutzt werden; nur die Bestimmung der Constanten hat etwas anders zu geschehen als im Text. So erhält man hier

$$(k_1+2k)B = \frac{\wp k_1}{(k_1+k)\varrho^2}\int_0^\varrho rs\,dr,$$

und an Stelle von Gleichung (6.) tritt

$$O - E = \frac{2\wp}{k+k_1}\frac{p-q}{G^2}z'\left\{s - \frac{2}{r^2}\int_0^r rs\,dr\right\};$$

der schöne Satz über das Verhalten von $O - E$ bleibt also auch in der zweiconstantigen Theorie erhalten. — *W. V.*

Zur Vereinfachung der Formel (A.) werde ich dieselbe auf den besonderen Fall anwenden, in welchem die Polarisationsebene des einfallenden Lichts und die des analysirenden Turmalins senkrecht aufeinanderstehen, d. i. wo $\eta - \zeta = 90$. In diesem Falle wird:

$$\left(\frac{J}{D}\right)^2 = \sin^2 2(\alpha - \eta) \sin^2 \frac{O-E}{\lambda} \pi. \tag{7.}$$

Man ersieht aus dieser Formel, dass die kreisförmige Platte eine Reihe concentrischer Farbenringe zeigen muss, welche von einem schwarzen Kreuz durchschnitten sind, welches parallel ist mit der Polarisationsebene des einfallenden Lichts und derjenigen des analysirenden Prismas. Wenn die Platte ursprünglich eine erhöhte gleichförmige Temperatur hatte und sich frei in einer kälteren Umgebung abkühlt, so übersieht man, ohne genauer auf das Gesetz einzugehen, durch welches die Temperaturvertheilung für jeden Zeitmoment bestimmt wird, dass die Temperatur vom Centrum der Scheibe aus nach ihrer Peripherie zu während der ganzen Abkühlungsdauer fällt. Aus dieser Bemerkung in Verbindung mit dem obigen Theorem über den Werth von $O-E$ folgt, dass in diesem Fall $O-E$ immer einen negativen Werth hat, und an keiner Stelle, ausser im Mittelpunkt $= 0$ wird. Die entwickelte Farbenreihe wird also nirgends durch eine neutrale Zone unterbrochen werden. Der Character der Farben ist wegen des [bei positivem $p-q$] negativen Vorzeichens von $O-E$ derselbe, wie in einer Kalkspathplatte, welche senkrecht auf der Axe geschnitten ist, d. h. die Strahlen, deren Polarisationsebene nach dem Centrum der Platte gerichtet ist, haben die geringere Fortpflanzungsgeschwindigkeit. Umgekehrt verhält es sich in dieser Hinsicht, wenn die Platte in solche Umstände versetzt wird, wo die Temperatur continuirlich von der Peripherie gegen das Centrum fällt, dann ist der Unterschied der Temperatur s an einer Stelle a und der mittleren Temperatur des Theils der Platte, welcher innerhalb des um den Mittelpunkt durch a beschriebenen Kreises liegt, immer positiv, also auch $O-E$, woraus folgt, dass hier der Character der Farben der entgegengesetzte ist von demjenigen in einer Kalkspathplatte. Dieser Fall realisirt sich z. B., wenn die Platte in einen heissen Metallring gelegt wird.

Ich werde nun einen bestimmten Fall der Temperaturvertheilung für die Formeln (6.) und (7.) näher entwickeln. Ich werde annehmen, die Peripherie der Scheibe werde in einer constanten Temperatur erhalten, während die Seitenflächen die Wärme frei ausstrahlen und die Formeln, welche in diesem Fall s als Function von r ausdrücken, entwickeln.

Wenn K die innere Wärmeleitungsfähigkeit der Substanz der Scheibe bezeichnet, und H ihre äussere, wenn C ihre specifische Wärme, und D ihre Dichtigkeit, so ist die Gleichung für die Bewegung der Wärme in der Scheibe, ihre Dicke so gering angenommen, dass man die Temperatur als unabhängig von z betrachten kann, folgende:

$$\text{(a.)} \qquad \frac{\partial s}{\partial t} = \frac{K}{CD}\left(\frac{\partial^2 s}{\partial r^2} + \frac{1}{r}\frac{\partial s}{\partial r}\right) - \frac{H}{2CDz'}s,$$

worin $2z'$ die Dicke der Platte bezeichnet und s den Temperaturunterschied der Platte in Beziehung auf die Umgebung. Am Rande soll unabhängig von der Zeit die constante Temperatur S stattfinden, d. i.

$$\text{(b.)} \qquad r = \varrho: \quad s = S.$$

Im Anfange der Zeit soll s einen constanten Werth C_0 haben, d. i.

$$\text{(c.)} \qquad t = 0: \quad s = C_0.$$

Fügen wir hierzu noch die Bedingung, dass s für $r = 0$ einen endlichen Werth haben muss, so ist die Grösse s vollständig als Function von r und t durch die Gleichungen (a.) und die Bedingungen (b.) und (c.) bestimmt.

Ich setze

$$s = \sigma + w,$$

wo σ allein eine Function von r sein soll, und w eine Function von r und t. Die Grösse σ ist die stationäre Temperatur, welche nach hinlänglich langer Zeit eintritt. Durch Substitution des Werthes von s in (a.) erhalte ich für σ [falls $\frac{H}{2Kz'}$ in λ^2 abgekürzt*) wird]:

$$\text{(d.)} \qquad \frac{d^2\sigma}{dr^2} + \frac{1}{r}\frac{d\sigma}{dr} - \lambda^2\sigma = 0, ^{*)}$$

und über die in σ enthaltenen Constanten disponire ich so, dass für

$$\text{(e.)} \qquad r = \varrho: \quad \sigma = S.$$

Für w bleibt (a.) der Form nach unverändert,

$$\text{(f.)} \qquad \frac{\partial w}{\partial t} = \frac{K}{CD}\left(\frac{\partial^2 w}{\partial r^2} + \frac{1}{r}\frac{\partial w}{\partial r}\right) - \frac{H}{2CDz'}w;$$

die Bedingung (b.) aber giebt jetzt, in Folge von (e.),

$$\text{(g.)} \qquad r = \varrho: \quad w = 0,$$

die Bedingung (c.) giebt:

$$\text{(h.)} \qquad t = 0: \quad C_0 = \sigma + w.$$

Die Grösse σ ist durch (d.) und (e.) und die Bedingung, dass σ für

*) Im Original ist die Abkürzung λ erst später eingeführt. — *W. V.*

$r = 0$ einen endlichen Werth haben muss, vollständig bestimmt. Das hier genügende Integral von (d.) ist*)

$$\sigma = B\int_0^\pi d\vartheta \,\{e^{r\lambda\cos\vartheta} + e^{-r\lambda\cos\vartheta}\},$$

wo B, eine Constante der Integration, durch (e.) bestimmt werden muss; dies giebt

$$\sigma = S\,\frac{\int_0^\pi d\vartheta\,\{e^{r\lambda\cos\vartheta} + e^{-r\lambda\cos\vartheta}\}}{\int_0^\pi d\vartheta\,\{e^{\varrho\lambda\cos\vartheta} + e^{-\varrho\lambda\cos\vartheta}\}}.$$

Der Gleichung (f.) giebt man eine einfachere Form, wenn man setzt

$$w = u\,e^{-\frac{Ht}{2CD_z'}},$$

wodurch sie wird:

(i.) $$\frac{\partial u}{\partial t} = \frac{K}{CD}\left(\frac{\partial^2 u}{\partial r^2} + \frac{1}{r}\frac{\partial u}{\partial r}\right),$$

und die Bedingungsgleichungen (g.) und (h.) werden

(k.) $$r = \varrho:\quad u = 0 \quad\text{und}\quad t = 0:\quad C_0 - \sigma = u.$$

Für die Gleichung (i.) hat *Fourier***) das Integral gegeben:

(l.) $$u = \frac{1}{\pi}\sum Q\,e^{-\frac{qKt}{CD\varrho^2}}\int_0^\pi d\vartheta\,\cos\left(\frac{r}{\varrho}\sqrt{q}\cos\vartheta\right),$$

worin q eine Wurzel der transcendenten Gleichung:

(m.) $$\int_0^\pi d\vartheta\,\cos\left(\sqrt{q}\cos\vartheta\right) = 0$$

bezeichnet und das $\sum$-Zeichen auf alle Wurzeln dieser Gleichung auszudehnen ist. Dieser Werth für u genügt der Differentialgleichung (i.) und der Bedingung: $r = \varrho$: $u = 0$. Die Constanten Q werden bestimmt durch

---

*) Die Gleichung (d.) ist die Differentialgleichung der Cylinderfunctionen (*Bessel*'schen Functionen) mit dem Index 0 und dem imaginären Argument $ir\lambda$, nach der üblichen Bezeichnung also

$$\sigma = 2\pi B\cdot J_0(ir\lambda).$$

Auch die weiterhin auftretende Function R ist eine Cylinderfunction

$$R = J_0\left(\frac{r}{\varrho}\sqrt{q}\right);$$

und das Verfahren zur Bestimmung der Constanten Q beruht auf bekannten Sätzen über Cylinderfunctionen. — *A. W.*

**) Vgl. *Fourier,* Théorie analytique de la chaleur, Chapitre VI. — *(Red.)*

$$C_0 - \sigma = \frac{1}{\pi} \sum Q \int_0^\pi d\vartheta \cos\left(\frac{r}{\varrho} \sqrt{q} \cos\vartheta\right).$$

Ich werde der Kürze wegen setzen

$$\text{(m'.)} \qquad \frac{1}{\pi} \int_0^\pi d\vartheta \cos\left(\frac{r}{\varrho} \sqrt{q} \cos\vartheta\right) = R$$

und die verschiedenen q und die entsprechenden R durch $q_,, q_{,,}$ u.s.w. $R_,, R_{,,}$ u.s.w. bezeichnen, sodass man hat

$$C_0 - \sigma = Q_, R_, + Q_{,,} R_{,,} + \cdots.$$

Das Verfahren, um die Coëfficienten $Q_,$, $Q_{,,}$ u.s.w. zu bestimmen, ist bekannt. Um z. B. $Q_,$ zu bestimmen, hat man diese Gleichung mit $r R_, dr$ zu multipliciren, und von 0 bis $r = \varrho$ zu integriren; wodurch alle Glieder bis auf dasjenige, welches von $q_,$ abhängt, verschwinden. Allgemein also ist

$$\int_0^\varrho r\, dr (C_0 - \sigma) R = Q \int_0^\varrho r R^2 dr.$$

Die Integration ist leicht auszuführen mittelst der Differentialgleichung für σ in (d.) und der Differentialgleichung, welcher R genügt. Aus (l.) und (m'.) nämlich folgt:

$$u = \sum Q e^{-\frac{qK}{CD\varrho^2} t} R.$$

Dieser Werth in (i.) gesetzt zeigt, dass jedes R genügen muss der Gleichung

$$\text{(n.)} \qquad R = -\frac{\varrho^2}{q} \left\{ \frac{d^2 R}{dr^2} + \frac{1}{r} \frac{dR}{dr} \right\}.$$

Mittelst (n.) und (d.) führen nun sich die Integrationen in der Gleichung für Q leicht aus, und man erhält:

$$Q = 2 \frac{\left\{ \frac{1}{1 + \frac{\lambda^2 \varrho^2}{q}} S - C_0 \right\}}{\varrho \left(\frac{dR}{dr}\right)},$$

wo nach der Differentiation in $\frac{dR}{dr}$ zu setzen ist $r = \varrho$, was ich durch die Parenthesen bezeichnen will. Ich werde der Einfachheit wegen $C_0 = 0$ nehmen; dann wird der vollständige Ausdruck für s, wenn ich der Kürze wegen noch setze

$$\text{(p.)} \qquad \mathrm{R} = \frac{1}{2\pi} \int_0^\pi d\vartheta \left(e^{r\lambda \cos\vartheta} + e^{-r\lambda \cos\vartheta}\right)$$

und durch (R) den Werth von R für $r = \varrho$ bezeichne:

$$s = S\frac{\mathrm{R}}{(\mathrm{R})} + 2 S e^{-\frac{Ht}{2CDz'}} \sum \frac{e^{-\frac{qKt}{CD\varrho^2}} R}{\left(1+\frac{\lambda^2\varrho^2}{q}\right)\varrho\left(\frac{dR}{dr}\right)}$$

Dieser Werth für s ist nun in die Formel (6.) [S. 124] zu setzen. Durch partielle Integration verwandelt sich diese in

$$O - E = \frac{z'}{2}\frac{p-q}{G^2} f \frac{1}{r^2}\int dr\, r^2 \frac{ds}{dr},$$

und demnach hat man also:

$$O - E = \frac{z'}{2} f \frac{p-q}{G^2} S \left\{ \frac{\frac{1}{r^2}\int dr\, r^2 \frac{d\mathrm{R}}{dr}}{(\mathrm{R})} + 2 e^{-\frac{Ht}{CDz'}} \sum \frac{e^{-\frac{qKt}{CD\varrho^2}} \frac{1}{r^2}\int dr\cdot r^2 \frac{dR}{dr}}{\left(1+\frac{\lambda^2\varrho^2}{q}\right)\varrho\left(\frac{dR}{d\varrho}\right)} \right\}.$$

Will man diesen Ausdruck in Reihen nach den Potenzen von r entwickeln, so hat man nur für R und R in (p.) und (m'.) ihre Reihenentwickelung zu setzen:

$$\mathrm{R} = 1 + \frac{r^2\lambda^2}{2^2} + \frac{r^4\lambda^4}{2^2 \cdot 4^2} + \cdots,$$

$$R = 1 - \frac{\left(\frac{r}{\varrho}\right)^2}{2^2} q + \frac{\left(\frac{r}{\varrho}\right)^4}{2^2 \cdot 4^2} q^2 - \frac{\left(\frac{r}{\varrho}\right)^6}{2^2 \cdot 4^2 \cdot 6^2} q^3 + \cdots.$$

Dies giebt:

$$O - E = \frac{z'}{2} f \frac{p-q}{G^2} S \left\{ \begin{array}{l} \dfrac{\frac{1}{2}\frac{r^2\lambda^2}{2^2} + \frac{2}{3}\frac{r^4\lambda^4}{2^2 \cdot 4^2} + \frac{3}{4}\frac{r^6\lambda^6}{2^2 \cdot 4^2 \cdot 6^2} + \cdots}{1 + \frac{\varrho^2\lambda^2}{2^2} + \frac{\varrho^4\lambda^4}{2^2 \cdot 4^2} + \frac{\varrho^6\lambda^6}{2^2 \cdot 4^2 \cdot 6^2} + \cdots} \\ + e^{-\frac{Ht}{2CDz'}} \sum \dfrac{e^{-\frac{qKt}{CD\varrho^2}} \left(\frac{\frac{1}{2}\left(\frac{r}{\varrho}\right)^2 q}{2^2} - \frac{\frac{2}{3}\left(\frac{r}{\varrho}\right)^4 q^2}{2^2 \cdot 4^2} + \frac{\frac{3}{4}\left(\frac{r}{\varrho}\right)^6 q^3}{2^2 \cdot 4^2 \cdot 6^2} - \cdots \right)}{\left(1+\frac{\lambda^2\varrho^2}{q}\right)\left(\frac{q}{2^2} - \frac{2q^2}{2^2 \cdot 4^2} + \frac{3q^3}{2^2 \cdot 4^2 \cdot 6^2} - \cdots\right)} \end{array} \right\}.$$

Die Werthe der Wurzeln q wachsen rasch; für die grösseren Wurzeln hat man annäherungsweise

$$q = (n + \tfrac{3}{4})^2 \pi^2,$$

wo n ein Glied der natürlichen Zahlenreihe ist. Hieraus folgt, dass, wenn t wächst, unter dem $\sum$-Zeichen bald alle Glieder bis auf das erste verschwinden. Den kleinsten Werth von q findet man durch Probiren, wenn die Gleichung (m.) in eine Reihe aufgelöst wird, nämlich in

$$1 - \frac{q}{2^2} + \frac{q^2}{2^2 \cdot 4^2} - \frac{q^3}{2^2 \cdot 4^2 \cdot 6^2} + \cdots = 0$$

zwischen 5,6 und 6 liegend, also näherungsweise ist $q = 5{,}8$ oder $\sqrt{q} = 2{,}4$. Demnach hat man, wenn t nicht mehr klein ist:

$$O - E = \frac{z'}{2} f \frac{p-q}{G^2} S \left\{ \frac{\frac{1}{2}\frac{r^2\lambda^2}{2^2} + \frac{2}{3}\frac{r^4\lambda^4}{2^2 \cdot 4^2} + \cdots}{1 + \frac{\varrho^2\lambda^2}{2^2} + \frac{\varrho^4\lambda^4}{2^2\cdot 4^2} + \cdots} + \frac{e^{-\left(\frac{H}{2CDz'} + \frac{5{,}8\cdot K}{CD\varrho^2}\right)t}}{0{,}623\cdots\left(1 + \frac{H\varrho^2}{11{,}6\,Kz'}\right)} \left(\frac{\frac{1}{2}\left(\frac{12r}{5\varrho}\right)^2}{2^2} - \frac{\frac{2}{3}\left(\frac{12r}{5\varrho}\right)^4}{2^2\cdot 4^2} + \cdots \right) \right\}.$$

Für kleine Werthe von r verhalten sich hiernach die Durchmesser der Farbenringe nahe wie [die] Quadratwurzeln der natürlichen Zahlen, d. i. wie die Durchmesser in den *Newton*'schen Ringen.

§ 14.

Betrachtung eines Kreisringes.

Ich werde jetzt den Fall behandeln, wo der centrale Theil der Kreisscheibe fortgenommen ist, d. i. wo die Scheibe im Mittelpunkt durchbohrt ist, und sie dadurch in einen kreisförmigen Ring verwandelt ist. Ich werde aber hier nur den Fall verfolgen, wo die Temperatur stationär geworden ist, unter der Bedingung, dass der innere Rand oder der äussere in einer constanten Temperatur erhalten wird, während der übrige Theil der Oberfläche die Wärme frei ausstrahlt. Dieser Fall gewinnt dadurch ein besonderes Interesse, dass in dem Ringe sich eine neutrale Zone zeigt. Ich werde die Stelle dieser neutralen Zone bestimmen.

Die Gleichung (1.) und (2.) des vorigen Paragraphen gilt auch für diesen Fall, letztere aber gilt sowohl für den inneren als den äusseren Rand, d. i. für $r = \varrho_,$ und für $r = \varrho_{,,}$. Das vollständige Integral von (1.) § 13 ist:

$$(1.) \qquad r\varphi = A + Br^2 + \frac{1}{4}\frac{\wp}{k}\int_0^r rs\,dr.$$

Die Gleichung (2.) § 13 giebt:

$$3A - 5B\varrho_,^2 + \frac{3}{4}\frac{\wp}{k}\int_0^{\varrho_,} rs\,dr = 0,$$

$$3A - 5B\varrho_{,,}^2 + \frac{3}{4}\frac{\wp}{k}\int_0^{\varrho_{,,}} rs\,dr = 0,$$

oder

$$(2.)\quad A = \frac{1}{4}\frac{\wp}{k}\frac{\varrho_,^2\varrho_{,,}^2}{\varrho_{,,}^2-\varrho_,^2}\left(\frac{1}{\varrho_{,,}^2}\int_0^{\varrho_{,,}} rs\,dr - \frac{1}{\varrho_,^2}\int_0^{\varrho_,} rs\,dr\right),$$

$$B = \frac{\frac{3}{20}\frac{\wp}{k}}{\varrho_{,,}^2-\varrho_,^2}\int_{\varrho_,}^{\varrho_{,,}} rs\,dr.\text{*)}$$

Die Gleichung (4.) des vorigen Paragraphen, nämlich

$$O - E = 2\frac{p-q}{G^2}z'\left(\frac{d\varphi}{dr} - \frac{\varphi}{r}\right)$$

giebt, den Werth von φ aus (1.) substituirt und wieder $\frac{\wp}{k} = f$ gesetzt:

$$O - E = 2\frac{p-q}{G^2}z'\left\{\frac{1}{4}f\left(s - \frac{2}{r^2}\int_0^r rs\,dr\right) - \frac{2A}{r^2}\right\},$$

oder den Werth für A gesetzt:

$$(3.)\quad O - E = \frac{1}{2}f\frac{p-q}{G^2}z'\left\{s - \frac{2}{r^2}\int_0^r rs\,dr - \frac{2\varrho_,^2\varrho_{,,}^2}{r^2(\varrho_{,,}^2-\varrho_,^2)}\left(\frac{1}{\varrho_{,,}^2}\int_0^{\varrho_{,,}} rs\,dr - \frac{1}{\varrho_,^2}\int_0^{\varrho_,} rs\,dr\right)\right\}.$$

Die Grösse in der Parenthese { } kann man auch so schreiben

$$(4.)\quad \left(\frac{r^2-\varrho_,^2}{r^2}\right)\left(s - \frac{2}{r^2-\varrho_,^2}\int_{\varrho_,}^r rs\,dr\right) + \frac{\varrho_,^2}{r^2}\left(s - \frac{2}{\varrho_{,,}^2-\varrho_,^2}\int_{\varrho_,}^{\varrho_{,,}} rs\,dr\right).$$

Bezeichnet man die mittlere Temperatur des ganzen Ringes durch μ und die mittlere Temperatur desjenigen Theils, dessen innere Grenze dem Halbmesser $\varrho_,$, dessen äussere Grenze dem Halbmesser r angehört, mit μ_r, sodass also $\mu_r = \frac{2}{r^2-\varrho_,^2}\int_{\varrho_,}^r rs\,dr$ und $\mu = \frac{2}{\varrho_{,,}^2-\varrho_,^2}\int_{\varrho_,}^{\varrho_{,,}} rs\,dr$ ist, so wird der vorhergehende Ausdruck

$$\frac{1}{r^2}\{(r^2-\varrho_,^2)(s-\mu_r) + \varrho_,^2(s-\mu)\}.$$

Diese Form der Grösse in der Parenthese in der Gleichung (3.) lässt sogleich erkennen, dass dieselbe im Allgemeinen ihr Vorzeichen ändert, wenn r von $\varrho_,$ bis $\varrho_{,,}$ wächst. Für $r = \varrho_,$ verschwindet das erste Glied, und wir erhalten $\varrho_,^2(s_, - \mu)$; für $r = \varrho_{,,}$ verwandelt sich jener Ausdruck in $\varrho_{,,}^2(s_{,,} - \mu)$, wo $s_,$ und $s_{,,}$ die den Rändern $\varrho_,$ und $\varrho_{,,}$ angehörigen Temperaturen bezeichnen

*) Nach dem in der Note zu S. 124 Gesagten lassen sich die Resultate des Textes mit geringer Umrechnung der zweiconstantigen Elasticitätstheorie anpassen. — *W. V.*

sollen. Wenn die Temperatur von dem Rande $\varrho_{,}$ an bis $\varrho_{,,}$ abnimmt, so ist $s_{,}-\mu$ positiv und $s_{,,}-\mu$ negativ, und umgekehrt verhält es sich, wenn die Temperatur von $\varrho_{,}$ bis $\varrho_{,,}$ wächst. In diesen beiden Fällen giebt es also einen bestimmten Werth von r zwischen $\varrho_{,}$ und $\varrho_{,,}$, für welchen $O-E$ verschwindet. Durch dieses r ist die Lage der neutralen Zone in dem Ringe bestimmt. Wenn s abnimmt von $\varrho_{,}$ bis $\varrho_{,,}$, so haben [bei positivem $p-q$] die Farben ausserhalb der neutralen Zone den Character der Farben einer Kalkspathplatte, innerhalb den entgegengesetzten; nimmt die Temperatur aber von $\varrho_{,}$ bis $\varrho_{,,}$ zu, so haben die Farben innerhalb der neutralen Zone den Kalkspathcharacter, ausserhalb den entgegengesetzten.

Ich werde nun die Lage der neutralen Zone annähernd bestimmen für den Fall der stationären Temperaturvertheilung, wenn der innere Rand in einer constanten Temperatur S erhalten wird. Für diesen Fall verwandelt sich die Gleichung (a.) des vorigen Paragraphen in:

(a.) $$0=\frac{d^2s}{dr^2}+\frac{1}{r}\frac{ds}{dr}-\lambda^2 s$$

und die Bedingung für den Rand:

(b.) $$r=\varrho_{,}:\quad s=S,$$

während für den andern Rand erfüllt werden muss:

(c.) $$r=\varrho_{,,}:\quad \frac{ds}{dr}+\frac{H}{K}s=0\quad \left[\text{oder}\quad \frac{ds}{dr}+2\lambda^2 z' s=0\right].$$

Die Lage der neutralen Zone ist nach (4.) bestimmt durch:

$$r^2 s-2\int_{\varrho_{,}}^{r} rs\,dr=\frac{2\varrho_{,}^2}{\varrho_{,,}^2-\varrho_{,}^2}\int_{\varrho_{,}}^{\varrho_{,,}} rs\,dr,$$

welche Gleichung, wenn nach (a.) gesetzt wird:

$$\lambda^2\int_0^r rs\,dr=r\frac{ds}{dr}$$

sich verwandelt in:

(5.) $$\frac{1}{2}\lambda^2 r^2 s-r\frac{ds}{dr}=\frac{\varrho_{,}^2\varrho_{,,}^2}{\varrho_{,,}^2-\varrho_{,}^2}\left(\frac{1}{\varrho_{,,}}\left(\frac{ds}{dr}\right)_{,,}-\frac{1}{\varrho_{,}}\left(\frac{ds}{dr}\right)_{,}\right),$$

worin $\left(\frac{ds}{dr}\right)_{,}$ und $\left(\frac{ds}{dr}\right)_{,,}$ bezeichnen sollen, dass in $\frac{ds}{dr}$ zu setzen ist respective $\varrho_{,}$ und $\varrho_{,,}$.

Das vollständige Integral von (a.) ist*)

(d.) $$s = \frac{1}{2}\int_0^\pi d\vartheta\,\{A + B\log(r\sin^2\vartheta)\}\{e^{\lambda r\cos\vartheta} + e^{-\lambda r\cos\vartheta}\},$$

wo A und B die beiden Constanten der Integration sind, die ihre Bestimmung erhalten mittelst der Bedingungsgleichungen (b.) und (c.).

Die Wurzel der Gleichung (5.) kann nur durch Näherung erhalten werden. Ich werde die dahin führende Entwickelung für zwei Fälle geben, nämlich erstens wenn $\lambda\varrho_{,,}$ hinlänglich klein ist, damit s in eine Reihe nach den *steigenden* Potenzen von λr entwickelt werden kann, welche rasch convergirt, und dann, wenn $\lambda\varrho_{,,}$ und $\lambda\varrho_{,}$ hinlänglich gross, um s nach den *fallenden* Potenzen von λr entwickeln zu können.

1) Setzt man

$$\int_0^\pi d\vartheta\cos^n\vartheta = A_n \quad \text{und} \quad \int_0^\pi d\vartheta\cos^n\vartheta\log(\sin^2\vartheta) = B_n,$$

so erhält man aus (d.) [durch Entwickelung der Exponentialgrössen]

$$s = [(A + B\log r)A_0 + BB_0] + [(A + B\log r)A_2 + BB_2]\frac{\lambda^2 r^2}{1\cdot 2} + \cdots.$$

Setzt man diese Reihenentwickelung in (5.), so erhält man nach einigen leichten Reductionen:

(6.) $$\begin{aligned} & r^2\{(A + B\log r)(\tfrac{1}{2}A_0 - A_2) + B(\tfrac{1}{2}B_0 - B_2 - \tfrac{1}{2}A_2)\} \\ & + \frac{\lambda^2 r^4}{1\cdot 2\cdot 3}\{(A + B\log r)(\tfrac{3}{2}A_2 - A_4) + B(\tfrac{3}{2}B_2 - B_4 - \tfrac{1}{4}A_4)\} \\ & + \frac{\lambda^4 r^6}{1\cdot 2\cdots 5}\{(A + B\log r)(\tfrac{5}{2}A_4 - A_6) + B(\tfrac{5}{2}B_4 - B_6 - \tfrac{1}{6}A_6)\} \\ & + \cdots\cdots\cdots \\ = {} & BA_2\frac{(\varrho_{,}\varrho_{,,})^2}{\varrho_{,,}^2 - \varrho_{,}^2}\log\frac{\varrho_{,,}}{\varrho_{,}} \\ & + \frac{\lambda^2(\varrho_{,}\varrho_{,,})^2}{1\cdots 3(\varrho_{,,}^2 - \varrho_{,}^2)}\{(AA_4 + B(B_4 + \tfrac{1}{4}A_4))(\varrho_{,,}^2 - \varrho_{,}^2) + BA_4(\varrho_{,,}^2\log\varrho_{,,} - \varrho_{,}^2\log\varrho_{,})\} \\ & + \frac{\lambda^4(\varrho_{,}\varrho_{,,})^2}{1\cdots 5(\varrho_{,,}^2 - \varrho_{,}^2)}\{(AA_6 + B(B_6 + \tfrac{1}{6}A_6))(\varrho_{,,}^4 - \varrho_{,}^4) + BA_6(\varrho_{,,}^4\log\varrho_{,,} - \varrho_{,}^4\log\varrho_{,})\} \\ & + \cdots. \end{aligned}$$

Die Coëfficienten A_0, A_2 u. s. w. sind bekannte Integrale:

$$A_0 = \pi, \quad A_2 = \frac{1}{2}\pi, \quad A_4 = \frac{1\cdot 3}{2\cdot 4}\pi \text{ u. s. w.}$$

*) Das Integral (d.) setzt sich aus Cylinderfunctionen erster und zweiter Art zusammen. — *A. W.*

und allgemein

$$A_{2n} = \frac{1 \cdot 3 \cdot 5 \cdots (2n-1)}{2 \cdot 4 \cdot 6 \cdots 2n} \pi.$$

Die Werthe von B_{2n} können leicht von B_0 abhängig gemacht werden. Es ist:

$$B_{2n} = \int_0^{\pi} dx \cos^{2n} x \log(\sin^2 x) = 4 \int_0^{\frac{1}{2}\pi} dx \cos^{2n} x \log(\sin x);$$

da aber

$$4 \int dx \cos^{2n} x \log(\sin x) = 4 \log(\sin x) \int \cos^{2n} x \, dx - 4 \int \frac{dx \cos x}{\sin x} \int \cos^{2n} x \, dx$$

und $\log(\sin x) \int dx \cos^{2n} x$ für $x = 0$ und für $x = \frac{1}{2}\pi$ verschwindet, so ist

$$B_{2n} = -4 \int_0^{\frac{1}{2}\pi} \frac{dx \cos x}{\sin x} \left(\int dx \cos^{2n} x \right).$$

Nun ist aber

$$\int dx \cos^{2n} x = \frac{1 \cdot 3 \cdot 5 \cdots (2n-1)}{2 \cdot 4 \cdot 6 \cdots 2n} \cdot$$
$$\cdot \left\{ x + \sin x \left(\cos x + \frac{2}{3} \cos^3 x + \frac{2 \cdot 4}{3 \cdot 5} \cos^5 x + \cdots + \frac{2 \cdot 4 \cdots (2n-2)}{3 \cdot 5 \cdots (2n-1)} \cos^{2n-1} x \right) \right\},$$

also

$$B_{2n} = -\frac{1 \cdot 3 \cdot 5 \cdots (2n-1)}{2 \cdot 4 \cdot 6 \cdots 2n} \cdot$$
$$\cdot \left\{ 4 \int_0^{\frac{1}{2}\pi} dx \frac{x \cos x}{\sin x} + 4 \int_0^{\frac{1}{2}\pi} dx \left(\cos^2 x + \frac{2}{3} \cos^4 x + \frac{2 \cdot 4}{3 \cdot 5} \cos^6 x + \cdots + \frac{2 \cdot 4 \cdots (2n-2)}{3 \cdot 5 \cdots (2n-1)} \cos^{2n} x \right) \right\}.$$

Da

$$\int dx \log(\sin x) = x \log(\sin x) - \int dx \frac{x \cos x}{\sin x}$$

und $x \log(\sin x)$ mit $x = 0$ und $x = \frac{1}{2}\pi$ verschwindet, so ist

$$\int_0^{\frac{1}{2}\pi} dx \frac{x \cos x}{\sin x} = -\int_0^{\frac{1}{2}\pi} dx \log(\sin x).$$

Ferner ist

$$\int_0^{\frac{1}{2}\pi} dx \cos^{2n} x = \frac{1 \cdot 3 \cdot 5 \cdots (2n-1)}{2 \cdot 4 \cdot 6 \cdots 2n} \frac{1}{2} \pi.$$

Dies in B_{2n} substituirt, giebt

$$B_{2n} = \frac{1\cdot 3\cdot 5\cdots(2n-1)}{2\cdot 4\cdot 6\cdots 2n}\left\{4\int_0^{\frac{1}{2}\pi} dx\log(\sin x) - \pi\left(1+\frac{1}{2}+\frac{1}{3}+\frac{1}{4}+\cdots+\frac{1}{n}\right)\right\}.$$

Das noch übrig bleibende Integral ist bekannt*), nämlich:

$$4\int_0^{\frac{1}{2}\pi} dx\log(\sin x) = B_0 = \pi\log\frac{1}{4},$$

demnach also ist

$$B_0 = \pi\log\frac{1}{4},$$

$$B_2 = \frac{1}{2}\pi\left(\log\frac{1}{4} - 1\right),$$

$$B_4 = \frac{1\cdot 3}{2\cdot 4}\pi\left(\log\frac{1}{4} - \frac{3}{2}\right),$$

$$B_6 = \frac{1\cdot 3\cdot 5}{2\cdot 4\cdot 6}\pi\left(\log\frac{1}{4} - \frac{11}{6}\right),$$

. . . .

Diese Werthe für A_{2n} und B_{2n} [in den Ausdruck für s gesetzt liefert

$$s = \pi\Big[\left(A + B\log\frac{r}{4}\right) + \frac{1}{2}\left(A + B\left(\log\frac{r}{4} - 1\right)\right)\frac{\lambda^2 r^2}{1\cdot 2} + \frac{1\cdot 3}{2\cdot 4}\left(A + B\left(\log\frac{r}{4} - \frac{3}{2}\right)\right)\frac{\lambda^4 r^4}{1\cdot 2\cdot 3\cdot 4} + \cdots\Big];$$

---

*) Dieser Werth ergiebt sich aus *Euler*'s Entwickelung des Integrals $\int d\varphi\log(1+n\cos\varphi)$ nach den Vielfachen von φ. S. *Euler*'s Integr.-Rechn. T. 1, p. 165 in d. Uebs. Herr Studiosus *Borchardt* aber hat mir eine directe Herleitung des Werths dieses Integrals mitgetheilt, die ich wegen ihrer Eleganz hier mittheilen zu müssen glaube. Es ist:

$$B_0 = 2\int_0^{\pi} dx\log(\sin x) = 2\pi\log 2 + 2\int_0^{\pi} dx\log(\sin\tfrac{1}{2}x) + 2\int_0^{\pi} dx\log(\cos\tfrac{1}{2}x).$$

Nun ist aber:

$$\tfrac{1}{2}\int_0^{\pi} dx\log(\sin\tfrac{1}{2}x) = \int_0^{\frac{1}{2}\pi} dy\log(\sin y) = \tfrac{1}{2}\int_0^{\pi} dx\log(\cos\tfrac{1}{2}x).$$

Also hat man

$$B_0 = 4\int_0^{\frac{1}{2}\pi} dx\log\sin x = 2\pi\log 2 + 8\int_0^{\frac{1}{2}\pi} dx\log\sin x,$$

und dies giebt

$$B_0 = 4\int_0^{\frac{1}{2}\pi} dx\log\sin x = \pi\log\tfrac{1}{4}.$$ — *(Anm. des Originals.)*

der so erhaltene Werth] in (6.) substituirt, giebt*):

$$\frac{Br^2}{4}+\frac{\lambda^2 r^4}{2^2 4}\left\{A+B\left(\log\frac{r}{4}-1+\frac{1}{4}\right)\right\}$$
$$+2\frac{\lambda^4 r^6}{2^2 4^2 6}\left\{A+B\left(\log\frac{r}{4}-\left(1+\frac{1}{2}\right)+\frac{1}{2}\cdot\frac{1}{6}\right)\right\}$$
$$+3\frac{\lambda^6 r^8}{2^2 4^2 6^2 8}\left\{A+B\left(\log\frac{r}{4}-\left(1+\frac{1}{2}+\frac{1}{3}\right)+\frac{1}{3}\frac{1}{8}\right)\right\}$$
$$+4\frac{\lambda^8 r^{10}}{2^2 4^2 6^2 8^2 10}\left\{A+B\left(\log\frac{r}{4}-\left(1+\frac{1}{2}+\frac{1}{3}+\frac{1}{4}\right)+\frac{1}{4}\frac{1}{10}\right)\right\}$$
$$+\cdots$$

$$(7.)\quad =\frac{1}{2}B\frac{(\varrho_{,}\varrho_{,,})^2}{\varrho_{,,}^2-\varrho_{,}^2}\log\frac{\varrho_{,,}}{\varrho_{,}}$$
$$+\frac{\lambda^2}{2^2\cdot 4}\frac{(\varrho_{,,}\varrho_{,})^2}{\varrho_{,,}^2-\varrho_{,}^2}\left\{A(\varrho_{,,}^2-\varrho_{,}^2)+B\left(\varrho_{,,}^2\log\frac{\varrho_{,,}}{4}-\varrho_{,}^2\log\frac{\varrho_{,}}{4}-\left(1+\frac{1}{4}\right)(\varrho_{,,}^2-\varrho_{,}^2)\right)\right\}$$
$$+\frac{\lambda^4}{2^2\cdot 4^2\cdot 6}\frac{(\varrho_{,,}\varrho_{,})^2}{\varrho_{,,}^2-\varrho_{,}^2}\left\{A(\varrho_{,,}^4-\varrho_{,}^4)+B\left(\varrho_{,,}^4\log\frac{\varrho_{,,}}{4}-\varrho_{,}^4\log\frac{\varrho_{,}}{4}-\left(1+\frac{1}{2}+\frac{1}{6}\right)(\varrho_{,,}^4-\varrho_{,}^4)\right)\right\}$$
$$+\frac{\lambda^6}{2^2\cdot 4^2\cdot 6^2\cdot 8}\frac{(\varrho_{,,}\varrho_{,})^2}{\varrho_{,,}^2-\varrho_{,}^2}\left\{A(\varrho_{,,}^6-\varrho_{,}^6)+B\left(\varrho_{,,}^6\log\frac{\varrho_{,,}}{4}-\varrho_{,}^6\log\frac{\varrho_{,}}{6}-\left(1+\frac{1}{2}+\frac{1}{3}+\frac{1}{8}\right)(\varrho_{,,}^6-\varrho_{,}^6)\right)\right\}$$
$$+\cdots\cdots$$

Setzt man die Reihenentwickelung für s in (b.) und (c.), so erhält man zur Bestimmung von A und B folgende zwei Gleichungen:

$$\frac{1}{\pi}S=\left(A+B\log\frac{\varrho_{,}}{4}\right)\left\{1+\frac{(\lambda\varrho_{,})^2}{2^2}+\frac{(\lambda\varrho_{,})^4}{2^2\cdot 4^2}+\frac{(\lambda\varrho_{,})^6}{2^2\cdot 4^2\cdot 6^2}+\cdots\right\}$$
$$-B\left\{\frac{(\lambda\varrho_{,})^2}{2^2}+\left(1+\frac{1}{2}\right)\frac{(\lambda\varrho_{,})^4}{2^2\cdot 4^2}+\left(1+\frac{1}{2}+\frac{1}{3}\right)\frac{(\lambda\varrho_{,})^6}{2^2\cdot 4^2\cdot 6^2}+\cdots\right\},$$

$$(8.)\quad 0=\left(A+B\log\frac{\varrho_{,,}}{4}\right)\left\{2\lambda^2 z'\varrho_{,,}+(2+2\lambda^2\varrho_{,,}z')\frac{(\lambda\varrho_{,,})^2}{2^2}+(4+2\lambda^2\varrho_{,,}z')\frac{(\lambda\varrho_{,,})^4}{2^2\cdot 4^2}+\cdots\right\}$$
$$+B\left\{1-(2+2\lambda^2\varrho_{,,}z'-1)\frac{(\lambda\varrho_{,,})^2}{2^2}-\left(\left(1+\frac{1}{2}\right)(4+2\lambda^2\varrho_{,,}z')-1\right)\frac{(\lambda\varrho_{,,})^4}{2^2\cdot 4^2}\right.$$
$$\left.+\left(\left(1+\frac{1}{2}+\frac{1}{3}\right)(6+2\lambda^2\varrho_{,,}z')-1\right)\frac{(\lambda\varrho_{,,})^6}{2^2\cdot 4^2\cdot 6^2}+\cdots\right\}.$$

Nachdem hieraus A und B berechnet sind und diese in (7.) substituirt, muss man durch Probiren die erste Näherung für r aus (7.) ableiten und dann durch fortschreitende Approximation diese Grösse weiter bestimmen. [Die zwischen $\varrho_{,}$ und $\varrho_{,,}$ liegende Wurzel r stellt den gesuchten Radius der neutralen Zone dar.]

Wenn $\lambda\varrho_{,,}$ sehr klein ist, kann man nach (8.) als erste Annäherung setzen:

$$B=-\frac{1}{2}A\left(1+\frac{4z'}{\varrho_{,,}}\right)(\lambda\varrho_{,,})^2$$

---

*) Die Formel (7.) enthält, ebenso wie die Formel (6.) S. 133, im Original mehrere Fehler, die hier verbessert sind. — *A. W.*

und das in (7.) gesetzt, giebt diese erste Annäherung:

$$r^4 - 2\left(1+\frac{4z'}{\varrho_{\prime\prime}}\right)\varrho_{\prime\prime}^2 r^2 = (\varrho_\prime \varrho_{\prime\prime})^2 \left\{1 - \frac{4\left(1+\frac{4z'}{\varrho_{\prime\prime}}\right)}{\varrho_{\prime\prime}^2 - \varrho_\prime^2}\,\varrho_{\prime\prime}^2 \log\frac{\varrho_{\prime\prime}}{\varrho_\prime}\right\}$$

oder

$$\left(\frac{r}{\varrho_{\prime\prime}}\right)^4 - 2\left(1+\frac{4z'}{\varrho_{\prime\prime}}\right)\left(\frac{r}{\varrho_{\prime\prime}}\right)^2 = \left(\frac{\varrho_\prime}{\varrho_{\prime\prime}}\right)^2 \left\{1 - \frac{4\left(1+\frac{4z'}{\varrho_{\prime\prime}}\right)}{1-\left(\frac{\varrho_\prime}{\varrho_{\prime\prime}}\right)^2} \log\frac{\varrho_{\prime\prime}}{\varrho_\prime}\right\}.$$

Um die Lage der neutralen Zone anschaulicher zu machen, setze ich $\varrho_{\prime\prime} = 5$ Lin. und nehme $\varrho_\prime$ nach und nach gleich 1 Linie, gleich 2, 3, 4 Linien. Die folgende kleine Tafel giebt an das Verhältniss der Entfernung $r - \varrho_\prime$ der neutralen Zone vom inneren Rande zur Breite des Ringes, wenn die Dicke der Platte, d. i. $2z'$, gleich $\frac{1}{2}$ Linie ist.

$\varrho_{\prime\prime} = 5'''$

$\varrho_\prime$	$\frac{r-\varrho_\prime}{\varrho_{\prime\prime}-\varrho_\prime} =$
1'''	0,19
2	0,29
3	0,36
4	0,42

Man überzeugt sich leicht, dass, indem das Verhältniss $\frac{\varrho_\prime}{\varrho_{\prime\prime}}$ von 0 bis 1 wächst, die neutrale Zone vom inneren Rande des Ringes wandert bis in die Mitte zwischen beiden Rändern.

2) Wenn $\varrho_\prime \lambda$ gross ist, muss man s nach den fallenden Potenzen von $r\lambda$ entwickeln. Ich werde der Kürze wegen setzen

$$r\sqrt{\frac{H}{2Kz'}} = r\lambda = x,$$

sodass die Gleichung (a.) wird:

$$0 = \frac{d^2s}{dx^2} + \frac{1}{x}\frac{ds}{dx} - s = 0.$$

Diese Gleichung lässt sich in die Form

$$\text{(e.)} \qquad \frac{d^2 s\sqrt{x}}{dx^2} - \left(1 - \frac{1}{4x^2}\right) s\sqrt{x} = 0$$

bringen. Nimmt man nun für $s\sqrt{x}$ die Reihe an*):

$$s\sqrt{x} = e^x\left\{A_0 + \frac{A_1}{x} + \frac{A_2}{x^2} + \frac{A_3}{x^3} + \cdots\right\}$$
$$+ e^{-x}\left\{B_0 + \frac{B_1}{x} + \frac{B_2}{x^2} + \frac{B_3}{x^3} + \cdots\right\}$$

und substituirt dieselbe in (e.), so findet man

$$A_1 = \frac{1}{8}A_0, \qquad B_1 = -\frac{1}{8}B_0,$$
$$A_2 = \frac{3^2}{2\cdot 8^2}A_0, \qquad B_2 = \frac{3^2}{2\cdot 8^2}\cdot B_0,$$
$$A_3 = \frac{3^2\cdot 5^2}{2\cdot 3\cdot 8^3}A_0, \qquad B_3 = -\frac{3^2\cdot 5^2}{2\cdot 3\cdot 8^3}B_0,$$

u. s. w. u. s. w.

und demnach

$$\text{(f.)}\quad \begin{aligned} s &= A\frac{e^x}{\sqrt{x}}\left\{1 + \frac{1}{8}\frac{1}{x} + \frac{3^2}{2}\frac{1}{8^2}\frac{1}{x^2} + \frac{3^2}{2}\frac{5^2}{3}\frac{1}{8^3}\frac{1}{x^3} + \cdots\right\} \\ &+ B\frac{e^{-x}}{\sqrt{x}}\left\{1 - \frac{1}{8}\frac{1}{x} + \frac{3^2}{2}\frac{1}{8^2}\frac{1}{x^2} - \frac{3^2\cdot 5^2}{2\cdot 3}\frac{1}{8^3}\frac{1}{x^3} + \cdots\right\}, \end{aligned}$$

worin die beiden willkürlichen A und B den Bedingungen (b.) und (c.) gemäss bestimmt werden müssen. Führt man diese Bestimmung aus, so sieht man, dass A den Factor $e^{-(x_{\prime\prime}-x_{\prime})}$, wo $x_{\prime\prime} = \lambda\varrho_{\prime\prime}$, $x_{\prime} = \lambda\varrho_{\prime}$ ist, erhält. Ich werde annehmen, dass nicht nur der innere Durchmesser, sondern auch die Breite des Ringes, d. i. $\varrho_{\prime\prime} - \varrho_{\prime}$, einen grossen Werth habe, alsdann kann man in dem Werthe von s die mit A multiplicirte Reihe vernachlässigen, und setzen

$$\text{(g.)}\qquad s = B\frac{e^{-x}}{\sqrt{x}}\left\{1 - \frac{1}{8x} + \frac{3^2}{2}\left(\frac{1}{8x}\right)^2 - \cdots\right\}$$

und hieraus

$$\text{(h.)}\quad \frac{ds}{dx} = -B\frac{e^{-x}}{\sqrt{x}}\left\{1 + \frac{1\cdot 3}{1}\left(\frac{1}{8x}\right) - \frac{3\cdot 5}{2}\left(\frac{1}{8x}\right)^2 + \frac{5\cdot 7}{3}\frac{3^2}{2}\left(\frac{1}{8x}\right)^3 - \frac{7\cdot 9}{4}\frac{3^2\cdot 5^2}{2\cdot 3}\left(\frac{1}{8x}\right)^4 + \cdots\right\}.$$

Die Gleichung (5.), wodurch die Lage der neutralen Zone bestimmt wird, verwandelt sich wegen $x = r\lambda$ in

$$x^2\left(s - \frac{2}{x}\frac{ds}{dx}\right) = \frac{2x_{\prime}^2 x_{\prime\prime}^2}{x_{\prime\prime}^2 - x_{\prime}^2}\left\{\frac{1}{x_{\prime\prime}}\frac{ds_{\prime\prime}}{dx_{\prime\prime}} - \frac{1}{x_{\prime}}\frac{ds_{\prime}}{dx_{\prime}}\right\},$$

welche Gleichung, da nach unserer Voraussetzung $e^{-(x_{\prime\prime}-x_{\prime})}$ eine kleine Grösse sein soll, auch geschrieben werden kann

$$x^2\left(s - \frac{2}{x}\frac{ds}{dx}\right) = \frac{-2x_{\prime}x_{\prime\prime}^2}{x_{\prime\prime}^2 - x_{\prime}^2}\frac{ds_{\prime}}{dx_{\prime}},$$

*) Die hier abgeleiteten Reihen sind die semikonvergenten Entwickelungen der Cylinderfunctionen. — *A. W.*

und setzt man hierin die Werthe für s und $\frac{ds}{dx}$ aus (g.) und (h.):

$$\frac{x^2 e^{-x}}{\sqrt{x}}\left\{1+\frac{3\cdot 5}{1}\frac{1}{8x}+\frac{3\cdot 5\cdot 7}{1\cdot 2}\left(\frac{1}{8x}\right)^2-\frac{3\cdot 5\cdot 7\cdot 9}{1\cdot 2\cdot 3}\left(\frac{1}{8x}\right)^3+\cdots\right\}$$

$$=\frac{2(x_{,}x_{,,})^2}{(x_{,,}^2-x_{,}^2)x_{,}}\frac{e^{-x_{,}}}{\sqrt{x_{,}}}\left\{1+\frac{1\cdot 3}{2}\left(\frac{1}{8x_{,}}\right)-\frac{3\cdot 5}{2}\left(\frac{1}{8x_{,}}\right)^2+\frac{5\cdot 7}{3}\frac{3^2}{2}\left(\frac{1}{8x_{,}}\right)^3-\cdots\right\}.$$

Durch allmälige Näherung zieht man hieraus den Werth von x; als erste Annäherung hat man

$$x^{\frac{3}{2}}e^{-x}=2\sqrt{x_{,}}\frac{x_{,,}^2}{x_{,,}^2-x_{,}^2}e^{-x_{,}},$$

welche Gleichung mittelst der Logarithmentafeln sich leicht auflösen lässt.

§ 15.

Die Hauptgleichungen für einen sehr dünnen und schmalen Kreisring.

Ich werde in diesem Paragraphen die allgemeinen Gleichungen entwickeln für die Biegungen, welche *ein sehr dünner und schmaler Kreisring* oder ein Stück eines solchen erfährt, wenn die Temperaturvertheilung in ihm allein eine Function des Bogens ist. Diese Gleichungen enthalten sechs willkürliche Constanten, welche durch die verschiedenen Bedingungen, welche an den Enden des Ringbogens erfüllt werden müssen, ihre Bestimmung erhalten; diese Bedingungsgleichungen werde ich im folgenden Paragraphen aufstellen.

Ich lege durch den Radius r eine Ebene senkrecht auf der Ebene des Ringes, zerlege den gegen diese Ebene stattfindenden [und nach den früheren Annahmen in der Ringebene liegenden] Druck in die Componente A senkrecht gegen diese Ebene und in die Componente F parallel mit dem Radius r. Ich lege ferner eine Ebene senkrecht gegen den Radius r, und nenne die Componente des Drucks gegen diese Ebene, welche parallel mit r ist: B; die andere Componente dieses Drucks, welche senkrecht auf r steht und in der Ebene des Ringes liegt, hat den Werth F.*) Zwischen diesen A, B, F und den Componenten X_x, X_y, Y_y finden die Relationen statt:

$$\begin{aligned}A&=X_x\sin^2\vartheta+Y_y\cos^2\vartheta-2X_y\sin\vartheta\cos\vartheta,\\ B&=X_x\cos^2\vartheta+Y_y\sin^2\vartheta+2X_y\sin\vartheta\cos\vartheta,\\ F&=(Y_y-X_x)\sin\vartheta\cos\vartheta+X_y\cos 2\vartheta,\end{aligned}\tag{1a.}$$

worin ϑ den Winkel bezeichnet, welchen r mit der Axe x bildet.

*) In den früheren Bezeichnungen könnte somit $B=R_r$, $A=\Theta_\vartheta$ und $F=R_\vartheta=\Theta_r$ gesetzt werden, was der Anschaulichkeit wegen bemerkt sein möge. — *W. V.*

Setzt man hierin die Werthe für X_x, Y_y, X_y aus (6.) § 12 und drückt die Differentialquotienten der Verrückungen u, v durch die Verrückungen φ und ψ [welche die Zuwachse von r und ϑ bezeichnen] und deren Differentialquotienten nach (10.) § 12 aus, so erhält man

$$(1b.)\quad \begin{aligned} -A &= \tfrac{1}{3}\wp s + \tfrac{2}{3}k\left\{\frac{\partial\varphi}{\partial r} + 4\left(\frac{\varphi}{r} + \frac{\partial\psi}{\partial\vartheta}\right)\right\}, \\ -B &= \tfrac{1}{3}\wp s + \tfrac{2}{3}k\left\{4\frac{\partial\varphi}{\partial r} + \frac{\varphi}{r} + \frac{\partial\psi}{\partial\vartheta}\right\}, \\ -F &= k\left\{\frac{\partial\varphi}{r\,\partial\vartheta} + r\frac{\partial\psi}{\partial r}\right\}. \end{aligned}$$

Führt man die Grössen A, B, F in die Gleichungen (11.) § 12 ein, so erhält man

$$(2.)\quad \begin{aligned} 0 &= \wp\frac{\partial s}{\partial r} + \frac{\partial B}{\partial r} + \frac{B-A}{r} + \frac{\partial F}{r\,\partial\vartheta}, \\ 0 &= \wp\frac{\partial s}{r\,\partial\vartheta} + \frac{\partial A}{r\,\partial\vartheta} + \frac{2}{r}F + \frac{\partial F}{\partial r}. \end{aligned}$$

Diese Gleichungen gelten für jeden Punkt im Innern des Ringes; an seinem inneren und äusseren Rande, d. i. sowohl für $r = r'$ als $r = r''$, muss den Gleichungen (13.) in § 12 genügt werden, diese verwandeln sich nach (1b.) in

$$(3.)\quad r = r' \text{ und } r = r''\colon\quad 0 = \wp s + B,\quad 0 = F\,^{*)}.$$

Ich werde nun setzen $r = a + \varrho$, wo a der Halbmesser für die Mitte zwischen dem inneren und äusseren Rande sein soll; für den inneren Rand sei $r' = a - \varrho_{,}$, für den äusseren $r'' = a + \varrho_{,}$; ich setze ferner $a\vartheta = \sigma$ und $\frac{1}{a} = \alpha$; endlich sei $r\psi = \xi$. [ξ stellt hiernach die dem Bogenelement parallele Componente der Verrückung dar, σ den längs der Mittellinie des Kreisringes gemessenen Abstand eines seiner Querschnitte von dem Querschnitt $\vartheta = 0$.]

Hierdurch verwandeln sich die Gleichungen (1b.) in:

$$(4.)\quad \begin{aligned} -A &= \tfrac{1}{3}\wp s + \tfrac{2}{3}k\left\{\frac{\partial\varphi}{\partial\varrho} + 4\,\frac{\left(\frac{\partial\xi}{\partial\sigma} + \alpha\varphi\right)}{1+\alpha\varrho}\right\}, \\ -B &= \tfrac{1}{3}\wp s + \tfrac{2}{3}k\left\{4\,\frac{\partial\varphi}{\partial\varrho} + \frac{\left(\frac{\partial\xi}{\partial\sigma} + \alpha\varphi\right)}{1+\alpha\varrho}\right\}, \\ -F &= k\left\{\frac{\partial\xi}{\partial\varrho} + \frac{\frac{\partial\varphi}{\partial\sigma} - \alpha\xi}{1+\alpha\varrho}\right\}. \end{aligned}$$

*) Die Gleichung $0 = F$ fehlt im Original, findet sich aber als Randbemerkung in *F. Neumann*'s Handexemplar. — *C. N.*

Die Gleichungen (2.) werden, wenn, wie ich im Folgenden immer voraussetzen werde, s allein eine Function von σ ist, und unabhängig von ϱ:

$$(5.)\quad \begin{aligned} 0 &= \frac{\partial(1+\alpha\varrho)B}{\partial\varrho} - \alpha A + \frac{\partial F}{\partial\sigma}, \\ 0 &= \frac{\wp\,\partial s}{\partial\sigma} + \frac{\partial(1+\alpha\varrho)^2 F}{(1+\alpha\varrho)\,\partial\varrho} + \frac{\partial A}{\partial\sigma}. \end{aligned}$$

[Wenn man in diese Formeln die Ausdrücke (4.) für A, B, F einführt, um ξ und φ aus ihnen zu bestimmen, so nehmen sie eine sehr complicirte Form an. Man kann die Rechnung etwas bequemer machen, indem man A, B, F als intermediäre Unbekannte einführt und zunächst der Bestimmung unterwirft. Dabei ist Folgendes zu beachten.]

Die Grössen A, B, F sind nicht unabhängig von einander; man erhält die unter ihnen stattfindende Relation, wenn man aus (4.) die Grössen φ und ξ eliminirt. Aus den beiden ersten dieser Gleichungen erhält man*)

$$\begin{aligned} -k\frac{\partial\varphi}{\partial\varrho} &= \frac{1}{10}(4B-A) + \frac{1}{10}\wp s, \\ -k\frac{\partial^2\xi}{\partial\varrho\,\partial\sigma} &= \frac{1}{10}\frac{\partial}{\partial\varrho}((1+\alpha\varrho)(4A-B)) - \frac{\alpha}{10}(4B-A). \end{aligned}$$

Substituirt man diese Werthe in die dritte der Gleichungen (4.), nachdem dieselbe mit $(1+\alpha\varrho)$ multiplicirt und nach ϱ und σ differentiirt ist, so erhält man

$$\begin{aligned} 0 = &-\frac{\partial(1+\alpha\varrho)\dfrac{\partial F}{\partial\sigma}}{\partial\varrho} + \frac{1+\alpha\varrho}{10}\,\frac{\partial^2(1+\alpha\varrho)(4A-B)}{\partial\varrho^2} \\ &- \frac{\alpha(1+\alpha\varrho)}{10}\,\frac{\partial(4B-A)}{\partial\varrho} + \frac{1}{10}\left(4\frac{\partial^2 B}{\partial\sigma^2} - \frac{\partial^2 A}{\partial\sigma^2} + \wp\frac{\partial^2 s}{\partial\sigma^2}\right). \end{aligned}$$

Mit Berücksichtigung der Gleichungen (5.) reducirt sich diese Gleichung aber auf

$$(6.)\quad 0 = (1+\alpha\varrho)\frac{\partial^2(1+\alpha\varrho)A}{\partial\varrho^2} + 2\frac{\partial^2 A}{\partial\sigma^2} + \frac{\partial^2 B}{\partial\sigma^2} - \alpha^2(A-B) + 3\alpha\frac{\partial F}{\partial\sigma} + \frac{5}{2}\frac{\wp\,\partial^2 s}{\partial\sigma^2}.$$

Durch (5.) und (6.) sind die drei Grössen A, B, F bestimmt; die willkürlichen Functionen, welche durch die Integration eingeführt werden, erhalten ihre Bestimmung theils durch die Gleichungen (3.), welche die Form annehmen:

$$(7.)\quad \varrho = \pm\varrho':\quad 0 = \wp s + B,\quad 0 = F,$$

theils durch die Bedingungen, welche weiterhin noch für die Enden des Bogens aufgestellt werden sollen.

*) Diese Gleichungen wie auch die beiden folgenden enthalten im Original verschiedene Fehler, die hier verbessert sind. Das machte auch weiterhin in mehreren Formeln kleine Aenderungen nöthig, die von der Redaction ohne Weiteres ausgeführt sind. — *A. W.*

Ich setze voraus, dass die Breite $2\varrho'$ des Ringes so klein ist, dass die Grössen A, B, F nach den Potenzen von ϱ entwickelt werden können. Ich setze also

$$(8.)\qquad \begin{aligned} A &= A_0 + A_1\varrho + A_2\frac{\varrho^2}{2} + \cdots, \\ B &= B_0 + B_1\varrho + B_2\frac{\varrho^2}{2} + \cdots, \\ F &= F_0 + F_1\varrho + F_2\frac{\varrho^2}{2} + \cdots. \end{aligned}$$

Die Gleichungen (5.) geben, wenn diese Reihen darin substituirt werden:

$$\begin{aligned} 0 &= \wp\frac{ds}{d\sigma} + F_1 + 2\alpha F_0 + \frac{dA_0}{d\sigma}, & 0 &= B_1 + \alpha B_0 - \alpha A_0 + \frac{dF_0}{d\sigma}, \\ 0 &= F_2 + 3\alpha F_1 + \frac{dA_1}{d\sigma}, & 0 &= B_2 + 2\alpha B_1 - \alpha A_1 + \frac{dF_1}{d\sigma}, \\ 0 &= F_3 + 4\alpha F_2 + \frac{dA_2}{d\sigma}, & 0 &= B_3 + 3\alpha B_2 - \alpha A_2 + \frac{dF_2}{d\sigma}, \end{aligned}$$

. . . .

woraus sich ergiebt:

$$(9a.)\qquad \begin{aligned} F_1 &= -2\alpha F_0 - \frac{dA_0}{d\sigma} - \frac{\wp\, ds}{d\sigma}, \\ F_2 &= +2\cdot 3\alpha^2 F_0 + 3\alpha\frac{dA_0}{d\sigma} - \frac{dA_1}{d\sigma} + 3\alpha\frac{\wp\, ds}{d\sigma}, \\ F_3 &= -2\cdot 3\cdot 4\alpha^3 F_0 - 3\cdot 4\alpha^2\frac{dA_0}{d\sigma} + 4\alpha\frac{dA_1}{d\sigma} - \frac{dA_2}{d\sigma} - 3\cdot 4\alpha^2\frac{\wp\, ds}{d\sigma}, \\ &\cdots\cdots\cdots \\ B_1 &= -\alpha B_0 + \alpha A_0 - \frac{dF_0}{d\sigma}, \\ B_2 &= +2\alpha^2 B_0 - 2\alpha^2 A_0 + \alpha A_1 + 2\cdot 2\alpha\frac{dF_0}{d\sigma} + \frac{d^2A_0}{d\sigma^2} + \frac{\wp\, d^2s}{d\sigma^2}, \\ B_3 &= -2\cdot 3\alpha^3 B_0 + 2\cdot 3\alpha^3 A_0 - 3\alpha^2 A_1 + \alpha A_2 - 3\cdot 3\cdot 2\alpha^2\frac{dF_0}{d\sigma} \\ &\quad - 2\cdot 3\alpha\frac{d^2A_0}{d\sigma^2} + \frac{d^2A_1}{d\sigma^2} - 2\cdot 3\alpha\frac{\wp\, d^2s}{d\sigma^2}, \\ &\cdots\cdots\cdots \end{aligned}$$

Aus (6.) erhält man:

$$(9b.)\qquad \begin{aligned} 0 &= A_2 + 2\alpha A_1 + 2\frac{d^2A_0}{d\sigma^2} + \frac{d^2B_0}{d\sigma^2} - \alpha^2(A_0 - B_0) + 3\alpha\frac{dF_0}{d\sigma} + \frac{5}{2}\frac{\wp\, d^2s}{d\sigma^2}, \\ 0 &= A_3 + 4\alpha A_2 + 2\alpha^2 A_1 + 2\frac{d^2A_1}{d\sigma^2} + \frac{d^2B_1}{d\sigma^2} - \alpha^2(A_1 - B_1) + 3\alpha\frac{dF_1}{d\sigma}, \cdots. \end{aligned}$$

Hiernach lassen sich sämmtliche Coëfficienten in (8.) durch die vier Coëfficienten A_0, A_1, B_0, F_0 ausdrücken; diese vier Coëfficienten erhalten ihre Bestimmung durch die Gleichungen (7.), welche, da sie für $+\varrho'$ und $-\varrho'$ gelten sollen, sich in vier Gleichungen auflösen, nämlich in:

$$(9c.)\qquad \begin{aligned} 0 &= \wp s + B_0 + B_2\frac{\varrho_,^2}{2} + \cdots, & 0 &= F_0 + F_2\frac{\varrho_,^2}{2} + \cdots,\\ 0 &= \qquad B_1 + B_3\frac{\varrho_,^2}{6} + \cdots, & 0 &= F_1 + F_3\frac{\varrho_,^2}{6} + \cdots. \end{aligned}$$

Werden hieraus die Coëfficienten $B_1, B_2, B_3, \ldots, F_1, F_2, F_3, \cdots$ mittelst der vorhergehenden Gleichungen eliminirt, und vernachlässigt man die Glieder, welche mit den vierten Potenzen von $\varrho_,$ multiplicirt sind, so erhält man:

$$(10.)\qquad \begin{aligned} 0 &= \wp s + \frac{1}{2}\varrho_,^2\wp\frac{d^2s}{d\sigma^2} + (1+\alpha^2\varrho_,^2)B_0 - \alpha^2\varrho_,^2 A_0 + \frac{1}{2}\alpha\varrho_,^2 A_1\\ &\qquad + 2\alpha\varrho_,^2\frac{dF_0}{d\sigma} + \frac{1}{2}\frac{\varrho_,^2 d^2A_0}{d\sigma^2},\\ 0 &= \alpha\varrho_,^2\wp\frac{d^2s}{d\sigma^2} + \alpha(1+\alpha^2\varrho_,^2)B_0 - \alpha(1+\alpha^2\varrho_,^2)A_0 + \frac{1}{2}\alpha^2\varrho_,^2 A_1\\ &\qquad - \frac{1}{6}\alpha\varrho_,^2 A_2 + (1+3\alpha^2\varrho_,^2)\frac{dF_0}{d\sigma} + \alpha\varrho_,^2\frac{d^2A_0}{d\sigma^2} - \frac{1}{6}\varrho_,^2\frac{d^2A_1}{d\sigma^2},\\ 0 &= \frac{3}{2}\alpha\varrho_,^2\wp\frac{ds}{d\sigma} + (1+3\alpha^2\varrho_,^2)F_0 + \frac{3}{2}\alpha\varrho_,^2\frac{dA_0}{d\sigma} - \frac{1}{2}\varrho_,^2\frac{dA_1}{d\sigma},\\ 0 &= (1+2\alpha^2\varrho_,^2)\wp\frac{ds}{d\sigma} + 2\alpha(1+2\alpha^2\varrho_,^2)F_0 + (1+2\alpha^2\varrho_,^2)\frac{dA_0}{d\sigma}\\ &\qquad - \frac{2}{3}\alpha\varrho_,^2\frac{dA_1}{d\sigma} + \frac{1}{6}\varrho_,^2\frac{dA_2}{d\sigma}. \end{aligned}$$

[Es handelt sich nunmehr um die Bestimmung von A_0, A_1, B_0, F_0 aus diesen Formeln.]

Zieht man die zweite dieser Gleichungen von der ersten ab, nachdem diese mit α multiplicirt ist:

$$0 = \alpha\wp s - \frac{1}{2}\alpha\varrho_,^2\frac{\wp\, d^2s}{d\sigma^2} + \alpha A_0 + \frac{\alpha\varrho_,^2}{6}A_2 - (1+\alpha^2\varrho_,^2)\frac{dF_0}{d\sigma} - \frac{1}{2}\alpha\varrho_,^2\frac{d^2A_0}{d\sigma^2} + \frac{1}{6}\varrho_,^2\frac{d^2A_1}{d\sigma^2},$$

und die [mit α multiplicirte] dritte von der vierten:

$$0 = \left(1+\frac{1}{2}\alpha^2\varrho_,^2\right)\wp\frac{ds}{d\sigma} + \alpha(1+\alpha^2\varrho_,^2)F_0 + \left(1+\frac{1}{2}\alpha^2\varrho_,^2\right)\frac{dA_0}{d\sigma} - \frac{1}{6}\alpha\varrho_,^2\frac{dA_1}{d\sigma} + \frac{1}{6}\varrho_,^2\frac{dA_2}{d\sigma},$$

und eliminirt zwischen diesen beiden Gleichungen die Grösse F_0, so erhält man:

$$(11.)\qquad 0 = \alpha^2\wp s + \wp\frac{d^2s}{d\sigma^2} + \alpha^2 A_0 + \frac{1}{6}\alpha^2\varrho_,^2 A_2 + \frac{d^2A_0}{d\sigma^2} + \frac{1}{6}\varrho_,^2\frac{d^2A_2}{d\sigma^2}.$$

Eliminiert man zwischen der dritten und vierten Gleichung in (10.) gleichfalls die Grösse F_0, so findet man

$$0 = (1+2\alpha^2\varrho_,^2)\wp\frac{ds}{d\sigma} + (1+2\alpha^2\varrho_,^2)\frac{dA_0}{d\sigma} + \frac{1}{3}\alpha\varrho_,^2\frac{dA_1}{d\sigma} + \frac{1}{6}(1+3\alpha^2\varrho_,^2)\varrho_,^2\frac{dA_2}{d\sigma},$$

wofür man auch schreiben kann, wenn man die Glieder vierter Ordnung vernachlässigt:

$$(12.)\qquad 0 = \wp\frac{ds}{d\sigma} + \frac{dA_0}{d\sigma} + \frac{1}{3}\alpha\varrho_,^2\frac{dA_1}{d\sigma} + \frac{1}{6}\varrho_,^2\frac{dA_2}{d\sigma}.$$

Differentiirt man diese Gleichung und zieht sie von (11.) ab, so erhält man:

$$0 = \alpha^2 \wp s + \alpha^2 A_0 + \tfrac{1}{6}\alpha^2 \varrho_{\prime}^2 A_2 - \tfrac{1}{3}\alpha \varrho_{\prime}^2 \frac{d^2 A_1}{d\sigma^2}. \tag{13.}$$

Differentiirt man diese Gleichung und zieht sie von der Gleichung (12.), nachdem diese mit α^2 multiplicirt ist, ab, so erhält man

$$0 = \alpha^2 \frac{dA_1}{d\sigma} + \frac{d^3 A_1}{d\sigma^3}.$$

Durch diese Gleichung wird A_1 richtig bis auf Grössen von der zweiten Ordnung bestimmt; sie giebt

$$A_1 = P + M\cos\alpha\sigma + N\sin\alpha\sigma, \tag{14.}$$

wo P, M, N die Constanten der Integration sind.

Aus [der ersten Gleichung] (9b.) erhält man den Werth für A_2 mit Vernachlässigung der von $\varrho_{\prime}^2$ abhängigen Glieder, wenn man darin zufolge (9c.) setzt $B_0 = -\wp s$, $F_0 = 0$ und nach der zweiten die Gleichungen (10.) $A_0 = B_0$; dies giebt

$$A_2 = -2\alpha A_1 + \tfrac{1}{2}\wp \frac{d^2 s}{d\sigma^2}.$$

Aus (13.) erhält man, mit Berücksichtigung der Glieder zweiter Ordnung, wenn für A_2 der eben gefundene Werth gesetzt wird

$$A_0 = -\wp s - \tfrac{1}{12}\varrho_{\prime}^2 \wp \frac{d^2 s}{d\sigma^2} + \tfrac{1}{3}\alpha\varrho_{\prime}^2 \left(A_1 + \frac{1}{\alpha^2}\frac{d^2 A_1}{d\sigma^2}\right),$$

welches zufolge (14.) sich verwandelt in:

$$A_0 = -\wp s - \tfrac{1}{12}\varrho_{\prime}^2 \wp \frac{d^2 s}{d\sigma^2} + \tfrac{1}{3}\varrho_{\prime}^2 \alpha P.$$

Aus der dritten Gleichung in (10.) erhält man bei Vernachlässigung der Glieder vierter Ordnung:

$$F_0 = \tfrac{1}{2}\varrho_{\prime}^2 \frac{dA_1}{d\sigma},$$

aus (9a.) bis auf Glieder der zweiten Ordnung

$$F_1 = 0, \quad F_2 = -\frac{dA_1}{d\sigma}.$$

Endlich erhält man aus der ersten Gleichung in (10.) bei Vernachlässigung der Glieder vierter Ordnung

$$B_0 = -\vartheta s - \tfrac{1}{2}\alpha\varrho_{\prime}^2 A_1$$

und bis auf Glieder zweiter Ordnung aus (9a.)

$$B_1 = 0, \quad B_2 = \alpha A_1.$$

Man hat also bei Vernachlässigung der Glieder von der dritten und höheren Ordnung

$$\text{(15.)}\qquad \begin{aligned} A &= A_0 + A_1\varrho + \tfrac{1}{2}A_2\varrho^2, \\ B &= B_0 + B_1\varrho + \tfrac{1}{2}B_2\varrho^2, \\ F &= F_0 + F_1\varrho + \tfrac{1}{2}F_2\varrho^2, \end{aligned}$$

worin

$$\text{(16.)}\qquad \begin{aligned} &A_0 = -\wp s - \frac{1}{12}\varrho_{,}^2\wp\frac{d^2 s}{d\sigma^2} + \frac{1}{3}\alpha\varrho_{,}^2 P, \\ &A_1 = P + M\cos\alpha\sigma + N\sin\alpha\sigma, \\ &A_2 = \frac{1}{2}\wp\frac{d^2 s}{d\sigma^2} - 2\alpha A_1, \\ &F_0 = \frac{1}{2}\varrho_{,}^2\frac{dA_1}{d\sigma}, \qquad B_0 = -\wp s - \tfrac{1}{2}\alpha\varrho_{,}^2 A_1, \\ &F_1 = 0, \qquad\qquad\quad B_1 = 0, \\ &F_2 = -\frac{dA_1}{d\sigma}, \qquad\ B_2 = \alpha A_1. \end{aligned}$$

Entwickelt man nun φ und ξ gleichfalls nach den Potenzen von ϱ und setzt:

$$\begin{aligned} \varphi &= \varphi_0 + \varphi_1\varrho + \tfrac{1}{2}\varphi_2\varrho^2 + \cdots, \\ \xi &= \xi_0 + \xi_1\varrho + \tfrac{1}{2}\xi_2\varrho^2 + \cdots \end{aligned}$$

und substituirt diese Werthe und die von A, B, F aus (15.) in die Gleichungen (4.), so erhält man:

$$\text{(17.)}\qquad \begin{aligned} &1)\ B_0 = -\frac{1}{3}\wp s - \frac{2}{3}k\left(4\varphi_1 + \frac{d\xi_0}{d\sigma} + \alpha\varphi_0\right), \\ &2)\ A_0 = -\frac{1}{3}\wp s - \frac{2}{3}k\left(\varphi_1 + 4\left(\frac{d\xi_0}{d\sigma} + \alpha\varphi_0\right)\right), \\ &3)\ F_0 = \qquad\qquad -k\left(\xi_1 + \frac{d\varphi_0}{d\sigma} - \alpha\xi_0\right), \\ &4)\ B_1 = -\frac{2}{3}k\left(4\varphi_2 + \frac{d\xi_1}{d\sigma} + \alpha\varphi_1 - \alpha\left(\frac{d\xi_0}{d\sigma} + \alpha\varphi_0\right)\right), \\ &5)\ A_1 = -\frac{2}{3}k\left(\varphi_2 + 4\left(\frac{d\xi_1}{d\sigma} + \alpha\varphi_1\right) - 4\alpha\left(\frac{d\xi_0}{d\sigma} + \alpha\varphi_0\right)\right), \\ &6)\ F_1 = -k\left(\xi_2 + \frac{d\varphi_1}{d\sigma} - \alpha\xi_1 - \alpha\left(\frac{d\varphi_0}{d\sigma} - \alpha\xi_0\right)\right). \end{aligned}$$

Mittelst dieser Gleichungen kann man $\varphi_0, \varphi_1, \ldots, \xi_0, \xi_1, \ldots$ durch $A_0, B_0, F_0, A_1, \ldots$ ausdrücken. Man erhält nämlich aus der ersten und zweiten dieser Gleichungen:

$$\text{(18.)}\qquad \begin{aligned} 4B_0 - A_0 &= -10k\varphi_1 - \wp s, \\ B_0 - 4A_0 &= 10k\left(\frac{d\xi_0}{d\sigma} + \alpha\varphi_0\right) + \wp s, \end{aligned}$$

und aus (4.) und (5.)

$$B_1 - 4A_1 = 10k\left\{\frac{d\xi_1}{d\sigma} + \alpha\varphi_1 - \alpha\left(\frac{d\xi_0}{d\sigma} + \alpha\varphi_0\right)\right\},$$

woraus man mittelst (18.) die mit α multiplicirten Glieder fortschaffen kann, wodurch man erhält:

$$B_1 - 4A_1 + 5\alpha(B_0 - A_0) = 10k\frac{d\xi_1}{d\sigma},$$

und hieraus durch Integration, wenn Q eine willkürliche Constante bezeichnet:

$$(19.)\qquad 10k\xi_1 = Q + \int d\sigma\,\{B_1 - 4A_1 + 5\alpha(B_0 - A_0)\}.$$

Dieser Werth von ξ_1 in die dritte der Gleichungen (17.) substituirt, giebt

$$F_0 + \frac{1}{10}Q + \frac{1}{10}\int d\sigma\,\{B_1 - 4A_1 + 5\alpha(B_0 - A_0)\} = -k\left(\frac{d\varphi_0}{d\sigma} - \alpha\xi_0\right).$$

Aus dieser Gleichung und der zweiten in (18.) erhalten φ_0 und ξ_0 ihre Bestimmung; durch Elimination von ξ_0 erhält man aus ihnen

$$\frac{1}{10}\alpha\wp s + \frac{dF_0}{d\sigma} + \frac{1}{10}(B_1 - 4A_1 + \alpha(4B_0 - A_0)) = -k\left\{\frac{d^2\varphi_0}{d\sigma^2} + \alpha^2\varphi_0\right\}.$$

Bezeichnet man der Kürze wegen den Theil linker Hand dieser Gleichung mit $-G$, so ergiebt sich aus derselben:

$$(20.)\qquad \varphi_0 = \frac{\cos\alpha\sigma}{\alpha k}\left(\mu - \int d\sigma\,G\sin\alpha\sigma\right) + \frac{\sin\alpha\sigma}{\alpha k}\left(\nu + \int d\sigma\,G\cos\alpha\sigma\right),$$

worin μ und ν zwei willkürliche Constanten sind; aus der vorhergehenden Gleichung ergiebt sich:

$$(21.)\qquad \xi_0 = \frac{1}{\alpha}\frac{d\varphi_0}{d\sigma} + \frac{1}{\alpha k}\left(F_0 + \frac{1}{10}Q + \frac{1}{10}\int d\sigma\,\{B_1 - 4A_1 + 5\alpha(B_0 - A_0)\}\right).$$

Diese Ausdrücke für φ_0, ξ_0 und die für ξ_1 aus (19.) und für φ_1 aus der ersten Gleichung in (18.) sind genau; substituirt man aber die in (16.) gefundenen Werthe für $A_0, A_1, B_0, \ldots$, so geben diese Annäherungen für $\varphi_0, \xi_0, \ldots$ nur Werthe, in welchen die Glieder, welche von $\varrho_{,}^2$ abhängen, vernachlässigt sind. Die Annäherung in (16.) führt also nur zu Werthen

$$\varphi = \varphi_0 + \varrho\varphi_1,$$
$$\xi = \xi_0 + \varrho\,\xi_1,$$

die nur richtig sind bis zu den Gliedern zweiter Ordnung. Man kann also in φ_0, ξ_0 und ξ_1 und φ_1 alles vernachlässigen, was von $\varrho_{,}^2$ abhängt; unter dieser Voraussetzung erhält man

$$G = \frac{1}{5}\alpha\wp s + \frac{2}{5}A_1$$

und

$$\varphi_0 = \frac{\cos\alpha\sigma}{\alpha k}\left\{\mu - \frac{1}{5}\int d\sigma(2A_1 + \alpha\wp s)\sin\alpha\sigma\right\}$$
$$+ \frac{\sin\alpha\sigma}{\alpha k}\left\{\nu + \frac{1}{5}\int d\sigma(2A_1 + \alpha\wp s)\cos\alpha\sigma\right\},$$
$$\xi_0 = \frac{Q}{10\alpha k} - \frac{2}{5\alpha k}\int d\sigma A_1 - \frac{\sin\alpha\sigma}{\alpha k}\left\{\mu - \frac{1}{5}\int d\sigma(2A_1 + \alpha\wp s)\sin\alpha\sigma\right\}$$
$$+ \frac{\cos\alpha\sigma}{\alpha k}\left\{\nu + \frac{1}{5}\int d\sigma(2A_1 + \alpha\wp s)\cos\alpha\sigma\right\},$$
$$\varphi_1 = \frac{1}{5}\frac{\wp}{k}s,$$
$$\xi_1 = \frac{1}{10k}Q - \frac{2}{5k}\int d\sigma A_1,$$

oder, wenn für A_1 sein Werth aus (14.) gesetzt wird:

$$\alpha^2 k\varphi_0 = \frac{2}{5}P + \mu\alpha\cos\alpha\sigma + \nu\alpha\sin\alpha\sigma$$
$$+ \frac{1}{10}M(2\alpha\sigma\sin\alpha\sigma + \cos\alpha\sigma) - \frac{1}{10}N(2\alpha\sigma\cos\alpha\sigma - \sin\alpha\sigma)$$
$$- \frac{1}{5}\wp\alpha^2\left(\cos\alpha\sigma\int d\sigma\, s\sin\alpha\sigma - \sin\alpha\sigma\int d\sigma\, s\cos\alpha\sigma\right),$$

(22.)
$$\alpha^2 k\xi_0 = \frac{\alpha Q}{10} - \frac{2}{5}P\alpha\sigma - \mu\alpha\sin\alpha\sigma + \nu\alpha\cos\alpha\sigma$$
$$+ \frac{1}{10}M(2\alpha\sigma\cos\alpha\sigma - 3\sin\alpha\sigma) + \frac{1}{10}N(2\alpha\sigma\sin\alpha\sigma + 3\cos\alpha\sigma)$$
$$+ \frac{1}{5}\wp\alpha^2\left(\sin\alpha\sigma\int d\sigma\, s\sin\alpha\sigma + \cos\alpha\sigma\int d\sigma\, s\cos\alpha\sigma\right),$$
$$\varphi_1 = \frac{\wp s}{5k},$$
$$\xi_1 = \frac{1}{10k}Q - \frac{2}{5k\alpha}(P\alpha\sigma + M\sin\alpha\sigma - N\cos\alpha\sigma).$$

[Es sei daran erinnert, dass $\alpha\sigma = \frac{\sigma}{a} = \vartheta$ der Winkel ist, welchen der Radius r nach der betrachteten Stelle mit der X-Axe einschliesst.]

Die verschiedenen Bedingungen an den Enden des Bogens, die eintreten können, wodurch die sechs willkürlichen Constanten [μ, ν, M, N, P, Q], welche φ_0, ξ_0 u. s. w. enthalten, bestimmt werden, werde ich im folgenden Paragraphen entwickeln, hier will ich noch die allgemeine Gleichung für den Unterschied der Verzögerung der beiderlei Strahlen aufstellen, wenn polarisirtes Licht senkrecht gegen die Ebene des Ringes durch denselben geht.

Diese Verzögerung ist durch die Formel (B.) in § 12 bestimmt:

$$O - E = 2\frac{p-q}{G^2}z'\sqrt{\left(\frac{\partial u}{\partial x} - \frac{\partial v}{\partial y}\right)^2 + \left(\frac{\partial v}{\partial x} + \frac{\partial u}{\partial y}\right)^2}$$

und die Polarisationsebenen der beiderlei Strahlen im Innern des Ringes haben die Azimuthe α, wo nach (D.) in § 12 ist

$$\operatorname{tang}\alpha = \frac{\frac{\partial v}{\partial x}+\frac{\partial u}{\partial y}}{\frac{\partial u}{\partial x}-\frac{\partial v}{\partial y}\pm\sqrt{\left(\frac{\partial u}{\partial x}-\frac{\partial v}{\partial y}\right)^2+\left(\frac{\partial u}{\partial y}+\frac{\partial v}{\partial x}\right)^2}}.$$

Die Grösse unter dem Wurzelzeichen in dem Werthe von $O-E$ kann man schreiben:

$$\frac{1}{k^2}\left\{\left(\frac{X_x-Y_y}{2}\right)^2+(X_y)^2\right\},$$

wie dies aus den Werthen für X_x, X_y, Y_y in (6.) § 12 erhellt. Aus den Formeln (1a.) dieses Paragraphen ergiebt sich aber, dass

$$\left(\frac{A-B}{2}\right)^2+F^2=\left(\frac{X_x-Y_y}{2}\right)^2+(X_y)^2$$

und demzufolge hat man

$$O-E=2\frac{p-q}{G^2}\frac{z'}{k}\sqrt{\left(\frac{A-B}{2}\right)^2+F^2}.$$

Setzt man hierin für A, B, F ihre Werthe aus (15.) und (16.), so sieht man, dass, da in diesem Werthe die Glieder von der dritten und höheren Ordnung vernachlässigt sind, und F^2 von der vierten Ordnung ist, man auch schreiben kann

$$O-E=\frac{p-q}{G^2}\frac{z'}{k}(A-B),$$

oder

$$(23.)\quad O-E=\frac{p-q}{G^2}\frac{z'}{k}\left\{A_1\varrho-3\left(\alpha A_1-\frac{1}{6}\wp\frac{d^2s}{d\sigma^2}\right)\frac{\varrho^2}{2}+\left(\frac{1}{3}\alpha P+\frac{1}{2}\alpha A_1-\frac{1}{12}\frac{\wp\, d^2s}{d\sigma^2}\right)\varrho_{,}^2\right\}.$$

Den Werth für tang α kann man auch so schreiben:

$$\operatorname{tang}\alpha=\frac{X_y}{\frac{1}{2}(X_x-Y_y)\pm\sqrt{\frac{1}{4}(X_x-Y_y)^2+(X_y)^2}}.$$

Aus (1a.) dieses Paragraphen findet man aber

$$-X_y=\tfrac{1}{2}(A-B)\sin 2\vartheta-F\cos 2\vartheta,$$
$$-\tfrac{1}{2}(X_x-Y_y)=\tfrac{1}{2}(A-B)\cos 2\vartheta+F\sin 2\vartheta.$$

Setzt man diese Werthe, so erhält man

$$(24.)\quad \operatorname{tang}\alpha=\frac{+\frac{1}{2}(A-B)\sin 2\vartheta-F\cos 2\vartheta}{+\frac{1}{2}(A-B)\cos 2\vartheta+F\sin 2\vartheta\pm\sqrt{\frac{1}{4}(A-B)^2+F^2}}.$$

Berücksichtigt man nur die Glieder erster Ordnung in (23.) und (24.), so erhält man [bei Rücksicht auf (14.)]

$$(25.)\qquad O - E = \frac{p-q}{G^2}\,\frac{z'}{k}\,A_1\varrho = \frac{p-q}{G^2}\,\frac{z'}{k}\,\{P + M\cos\alpha\sigma + N\sin\alpha\sigma\}\,\varrho,$$

$$(26.)\qquad \operatorname{tang}\alpha = \operatorname{tang}\vartheta \text{ oder } = -\operatorname{cotg}\vartheta.$$

Die beiderlei Strahlen sind also in der Richtung des Radius des Ringes und senkrecht darauf polarisirt. Die Formel (25.) zeigt, dass die Farbe [d. h. die Verzögerung], welche der Ring im polarisirten Lichte zeigt, im Allgemeinen aus zwei Theilen besteht, von denen der eine, unabhängig vom Bogen σ, allein von ϱ abhängt, der andere Theil hängt von ϱ und σ ab. Wenn der erste Theil verschwindet, d. i. wenn $P = 0$ ist, und der Ring ein voller Kreisbogen ist, so theilt er sich, welches auch die Vertheilung der Wärme in ihm ist, immer in zwei Hälften, deren Farben einen entgegengesetzten Character haben; in der einen Hälfte ist das Maximum der Verzögerung proportional mit $+\sqrt{M^2 + N^2}$, in der andern Hälfte mit $-\sqrt{M^2 + N^2}$. Diese Maxima der Verzögerung, also auch der Färbung, liegen diametral gegenüber, und zwar auf den Bögen, für welche

$$\operatorname{tang}\alpha\sigma = \frac{N}{M}.$$

Die neutrale Grenze der beiden Hälften ist bestimmt durch

$$\operatorname{tang}\alpha\sigma = -\frac{M}{N}.\text{*)}$$

§ 16.

Durchführung des Problems des Kreisringes in einigen speciellen Fällen.

Die Enden des Ringes nehme ich an begrenzt durch zwei ebene Schnitte, welche senkrecht stehen auf seinem Bogen. Die Bedingungen der Enden können bestehen

1) darin, dass beide Endschnitte eine gegebene Lage haben, oder

2) dass der eine Endschnitt eine gegebene Lage hat, während auf den andern gegebene Kräfte wirken, oder

3) dass die Endschnitte mit andern festen Körpern unveränderlich verbunden sind, wie z. B. der Kreisbogen in einem Sextanten mit seinen Speichen.

---

*) Diese Resultate erhellen unmittelbar, wenn man $M = L\cos\Theta$, $N = L\sin\Theta$, $\alpha\sigma = \vartheta$ setzt, wodurch dann (25.) die Form annimmt

$$O - E = \frac{p-q}{G^2}\,\frac{z'}{k}\,\varrho L\cos(\vartheta - \Theta).$$

Dies giebt das Maximum und das Minimum von $O - E$ für $\vartheta - \Theta = 0$ resp. $= \pi$, dagegen den Werth Null für $\vartheta - \Theta = \pm\frac{1}{2}\pi$. — *W. V.*

Ich werde diese drei Fälle nach einander durchgehen. Wenn die Lagen der beiden Endschnitte des Ringstückes vorgeschrieben sind und man bezeichnet durch σ' und σ'' den Anfang und das Ende desselben, so hat man die sechs Bedingungsgleichungen zu erfüllen:

$$(1.)\qquad \begin{array}{l} \sigma = \sigma' :\quad \varphi_0 = \varphi_0',\quad \xi_0 = \xi_0',\quad \xi_1 = \xi_1', \\ \sigma = \sigma'' :\quad \varphi_0 = \varphi_0'',\quad \xi_0 = \xi_0'',\quad \xi_1 = \xi_1'', \end{array}$$

worin φ_0', ξ_0', ξ_1', φ_0'' u. s. w. die gegebenen Verrückungen und Drehungen der Endschnitte sind.*) Substituirt man hierin für φ_0, ξ_0, ξ_1 ihre Werthe aus (22.) des vorigen Paragraphen, so erhält man sechs Gleichungen, durch welche die in (22.) enthaltenen sechs Constanten bestimmt werden.

Ich werde dies anwenden auf den Fall eines *vollen Ringes*, bei dem ich annehme, dass nur einer seiner Querschnitte an seinem anfänglichen Ort festgehalten worden ist. Hier fällt σ' mit σ'' zusammen, und wenn $\sigma' = 0$ gesetzt wird, so ist $\alpha\sigma'' = 2\pi$ [da $\frac{2\pi}{\alpha} = 2\pi a$ den Umfang des Ringes bezeichnet].

Die sechs Bedingungsgleichungen erhält man hier also, wenn man die φ_0, ξ_0, ξ_1 in (22.) sowohl für $\sigma = 0$ als für $\sigma = \frac{2\pi}{\alpha}$ verschwinden lässt; dies giebt:**)

$$0 = \frac{2}{5} P + \mu\alpha + \frac{1}{10} M - \frac{1}{5} \wp \alpha^2 \int\limits_{(0)} d\sigma\, s \sin \alpha\sigma,$$

$$0 = \frac{2}{5} P + \mu\alpha + \frac{1}{10} M - \frac{2}{5} \pi N - \frac{1}{5} \wp \alpha^2 \int\limits_{\left(\frac{2\pi}{\alpha}\right)} d\sigma\, s \sin \alpha\sigma,$$

$$0 = \frac{\alpha}{10} Q + \nu\alpha + \frac{3}{10} N + \frac{1}{5} \wp \alpha^2 \int\limits_{(0)} d\sigma\, s \cos \alpha\sigma,$$

$$0 = \frac{\alpha}{10} Q - \frac{4\pi}{5} P + \nu\alpha + \frac{2\pi}{5} M + \frac{3}{10} N + \frac{1}{5} \wp \alpha^2 \int\limits_{\left(\frac{2\pi}{\alpha}\right)} d\sigma\, s \cos \alpha\sigma,$$

$$0 = \frac{\alpha}{10} Q + \frac{2}{5} N,$$

$$0 = \frac{\alpha}{10} Q - \frac{4}{5} P + \frac{2}{5} N.$$

---

*) φ_0, ξ_0 sind die Componenten der Verrückung für einen Punkt der Mittellinie $\varrho = 0$ des Ringes; $\varphi_1 = \frac{\wp s}{5k}$ ist völlig bestimmt, unterliegt somit keiner weiteren Bedingung. $\xi_1 = \frac{\partial \xi}{\partial \varrho}$ giebt die Drehung des Querschnitts an der Stelle σ. — *W. V.*

**) Die Indices (0) und $\left(\frac{2\pi}{\alpha}\right)$ an den Integralzeichen bedeuten, dass nach ausgeführter Integration σ resp. gleich 0 oder gleich $\frac{2\pi}{\alpha}$ gesetzt werden soll. — *W. V.*

Hieraus erhält man:

$$P = 0, \qquad Q = \frac{2\wp\alpha}{\pi}\int_0^{\frac{2\pi}{\alpha}} d\sigma\, s \sin\alpha\sigma,$$

(2.)
$$N = -\frac{\wp\alpha^2}{2\pi}\int_0^{\frac{2\pi}{\alpha}} d\sigma\, s\sin\alpha\sigma, \qquad M = -\frac{\wp\alpha^2}{2\pi}\int_0^{\frac{2\pi}{\alpha}} d\sigma\, s\cos\alpha\sigma,$$

$$\mu = +\frac{1}{20}\frac{\wp\alpha}{\pi}\int_0^{\frac{2\pi}{\alpha}} d\sigma\, s\cos\alpha\sigma + \frac{1}{5}\wp\alpha\int_{(0)} d\sigma\, s\sin\alpha\sigma,$$

$$\nu = -\frac{1}{20}\frac{\wp\alpha}{\pi}\int_0^{\frac{2\pi}{\alpha}} d\sigma\, s\sin\alpha\sigma - \frac{1}{5}\wp\alpha\int_{(0)} d\sigma\, s\cos\alpha\sigma.$$

Ich werde diese Resultate beispielsweise anwenden auf den Fall, dass der volle Ring ein getheilter, zum Winkelmessen bestimmter Kreisring sei, dessen Centrum, um welches sich die zum Messen dienende Alhidade drehte, mit dem festgehaltenen Querschnitt des Kreises durch einen festen Stab verbunden sei. Ich nehme an, man machte die beiden Ablesungen σ' und σ'' für einen zu messenden Winkel, welcher, wenn der Kreis keine Verzerrungen erlitten hatte, entsprechen würde dem Winkel $\alpha(\sigma''-\sigma')$; jetzt aber bei den durch die Temperaturvertheilung s hervorgebrachten Verzerrungen, entsprechen diese Ablesungen dem Winkel $\alpha(\sigma''+\xi_0''-\sigma'-\xi_0')$, wo ξ_0'' und ξ_0' die Werthe sein sollen, welche man aus ξ_0 erhält, wenn darin statt σ gesetzt wird respective σ'' und σ'. Man hat also einen Winkel von der Theilung abgelesen, welcher um $\alpha(\xi_0''-\xi_0')$ zu klein ist. Um diesen Fehler von demjenigen Theil, welcher von der durch die ungleichförmige Erwärmung entstandene Excentricität herrührt, zu befreien, nehme ich an, dass der Winkel noch einmal an der Stelle, welche von der vorhergehenden um 180^0 entfernt ist, gemessen werde, also zwischen $\sigma''+\frac{\pi}{\alpha}$ und $\sigma'+\frac{\pi}{\alpha}$; den hierbei entstehenden Fehler bezeichne ich durch $\alpha(\xi_0^{IV}-\xi_0''')$, worin ξ_0^{IV} und ξ_0''' die Werthe von ξ_0 sind, welche entstehen, wenn darin für σ gesetzt wird respective $\sigma''+\frac{\pi}{\alpha}$ und $\sigma'+\frac{\pi}{\alpha}$. Das Mittel aus beiden Fehlern giebt den von der entstandenen Excentricität befreiten Fehler der Messung, welchen ich durch Δ bezeichnen will. Es ist also

$$2\Delta = \alpha(\xi_0^{IV}-\xi_0'''+\xi_0''-\xi_0').$$

Substituirt man hierin die Werthe für ξ_0^{IV}, ξ_0''' u. s. w. nach (22.), so erhält man

$$2\varDelta = -\frac{1}{5}\frac{\pi M}{k\alpha}(\cos\alpha\sigma'' - \cos\alpha\sigma') - \frac{1}{5}\frac{\pi N}{k\alpha}(\sin\alpha\sigma'' - \sin\alpha\sigma')$$
$$-\frac{1}{5}\frac{\wp\alpha}{k}\left\{\int_{\sigma''}^{\sigma''+\frac{\pi}{\alpha}} d\sigma\, s\cos\alpha(\sigma-\sigma'') - \int_{\sigma'}^{\sigma'+\frac{\pi}{\alpha}} d\sigma\, s\cos\alpha(\sigma-\sigma')\right\},$$

oder wenn für M und N ihre Werthe gesetzt werden

$$(3.)\quad 2\varDelta = \frac{1}{5}\frac{\wp\alpha}{k}\sin\alpha\left(\frac{\sigma''-\sigma'}{2}\right)\int_0^{\frac{2\pi}{\alpha}} d\sigma\, s\sin\alpha\left(\sigma - \frac{\sigma'+\sigma''}{2}\right)$$
$$-\frac{1}{5}\frac{\wp\alpha}{k}\left\{\int_{\sigma''}^{\sigma''+\frac{\pi}{\alpha}} d\sigma\, s\cos\alpha(\sigma-\sigma'') - \int_{\sigma'}^{\sigma'+\frac{\pi}{\alpha}} d\sigma\, s\cos\alpha(\sigma-\sigma')\right\},$$

worin nun nur noch der jedesmalige Werth von s zu setzen ist. Den Ausdruck dieses Werthes als Function von σ findet man in einer Abhandlung von *Poisson* in d. *Connaissance des temps* A. 1826.

In Beziehung auf die Farben, welche dieser Ring, wenn er durchsichtig ist, im polarisirten Lichte zeigen wird, hat man nach (25.) in § 15, wenn für M, N, P ihre Werthe gesetzt werden:

$$(4.)\quad O - E = -\frac{p-q}{G^2}\frac{\wp}{k}\frac{\alpha^2 z'\varrho}{2\pi}\left\{\cos\alpha\sigma\int_0^{\frac{2\pi}{\alpha}} d\sigma\, s\cos\alpha\sigma + \sin\alpha\sigma\int_0^{\frac{2\pi}{\alpha}} d\sigma\, s\sin\alpha\sigma\right\},$$

woraus hervorgeht, dass der ganze Ring sich in zwei Hälften theilt, die in einem neutralen Durchmesser an einander stossen und die in Hinsicht der Farben, welche auftreten, sich entgegengesetzt verhalten; in jeder der Hälften ist die Vertheilung der Farben ähnlich wie in einem gebogenen Glasstreifen, sie liegen diesseits und jenseits des mittleren Bogens symmetrisch, aber mit entgegengesetztem positiven und negativen Character; in der einen Hälfte aber liegt die positive Farbe am äusseren Rande, während in der andern Hälfte diese am inneren Rande liegt. Die Lage des neutralen Durchmessers hängt ab von der jedesmaligen Vertheilung der Temperaturen im Ringe.*) —

*) In der That, setzt man

$$\int_0^{\frac{2\pi}{\alpha}} s\cos\alpha\sigma\, d\sigma = L\cos\Theta,\qquad \int_0^{\frac{2\pi}{\alpha}} s\sin\alpha\sigma\, d\sigma = L\sin\Theta,\qquad \alpha\sigma = \vartheta,$$

so wird aus (4.)

$$O - E = -\frac{p-q}{G^2}\frac{\wp}{k}\frac{\alpha^2 z'\varrho L}{2\pi}\cos(\vartheta - \Theta),$$

und dieser Ausdruck wechselt seine Vorzeichen einmal für $\vartheta - \Theta = \pm\frac{1}{2}\pi$, sodann für $\varrho = 0$. — *W. V.*

Ich werde jetzt die Bedingungen aufstellen für den Fall, wo der untere Endschnitt des Ringes fest ist, der obere frei, und auf diesen sollen gegebene Kräfte wirken. Der untere Endschnitt gehöre zu σ', der obere zu σ''. Demnach muss sein für

(5.) $$\sigma = \sigma': \quad \varphi_0 = 0, \quad \xi_0 = 0, \quad \xi_1 = 0.$$

Ich nenne a den Endschnitt bei σ'', er steht senkrecht auf σ; ich lege einen zweiten Schnitt sehr nahe an a, gleichfalls senkrecht auf σ, und nenne diesen b; die beiden Schnitte a und b können als die Grundflächen eines sehr niedrigen Prismas, welches sie von dem Ringe abschneiden, angesehen werden. Auf dieses Prisma wirken auf der einen Seite, nämlich derjenigen, auf welcher es durch b begrenzt ist, die Molekularkräfte und die Wärmerepulsion des Ringes, auf der andern Seite die gegebene äussere Kraft, welche gegen das Ende $\sigma = \sigma''$ des Ringes gerichtet ist. Die Bedingungen des Gleichgewichts zwischen diesen zweierlei Kräften geben die Bedingungsgleichungen dieses Endes, welche in Verein mit (5.) die sechs Constanten in (22.) des vorigen Paragraphen bestimmen. Die äussere Kraft zerlege ich in zwei Componenten R und S parallel mit r und senkrecht darauf. Die Componenten des molekulären Drucks und der Wärmeabstossung, respective parallel mit r und σ, sind F und $A + \wp s$; diese Componenten können als in derselben Richtung wirkend wie R und S genommen werden, und demnach haben wir als Bedingung des Gleichgewichts, wenn mit $dz\,d\varrho$ das Element des Schnitts b bezeichnet wird:

(6.) $$\begin{aligned} 0 &= R + \iint dz\,d\varrho\,F, \\ 0 &= S + \iint dz\,d\varrho\,(A + \wp s). \end{aligned}$$

Ausserdem muss [da ein äusseres Moment nicht vorgesehen ist] noch die Summe der Momente dieser Kräfte in Beziehung auf die Axe z verschwinden. Ich lege durch die Mitte des Prismas eine Linie parallel mit z, und nehme in Beziehung auf diese die Momente. Dies giebt

(7.) $$0 = \iint dz\,d\varrho\,(A + \wp s)\,\varrho.$$

Diese Gleichungen (6.) und (7.) gelten für $\sigma = \sigma''$, und die Integrationen sind in Beziehung auf den ganzen Querschnitt zu nehmen, dessen Grösse ich mit f bezeichnen will [d. h. in Bezug auf z von $-z'$ bis $+z'$, in Bezug auf ϱ von $-\varrho_,$ bis $+\varrho_,$].

Setzt man hierin für A und F ihre Reihenentwickelung aus (15.) des vorigen Paragraphen und für die Coëfficienten der Potenzen von ϱ ihre Werthe aus (16.), führt dann die Integration nach ϱ und z aus, so erhält man mit Vernachlässigung der höheren Potenzen von ϱ:

$$(8.)\qquad \begin{aligned} 0 &= R + \tfrac{1}{3} f \varrho_{,}^{2} \frac{dA_1}{d\sigma}, \\ 0 &= S - \tfrac{1}{3} f \varrho_{,}^{2} \alpha (A_1 - P),^{*)} \\ 0 &= \qquad \tfrac{1}{3} f \varrho_{,}^{2} A_1. \end{aligned}$$

Diese Gleichungen bestimmen, wenn für A_1 sein Werth aus (16.) gesetzt wird, die drei Constanten M, N, P, und geben:

$$(9.)\qquad \begin{aligned} M &= \quad \frac{3}{f\varrho_{,}^{2}\alpha} \{R \sin \alpha\sigma'' + S \cos \alpha\sigma''\}, \\ N &= -\frac{3}{f\varrho_{,}^{2}\alpha} \{R \cos \alpha\sigma'' - S \sin \alpha\sigma''\}, \\ P &= -\frac{3}{f\varrho_{,}^{2}\alpha} S \end{aligned}$$

Ich werde beispielsweise den Fall nehmen, wo der Bogen ein Halbkreis ist, dessen beide Enden in eine vertikale Linie gestellt sind; das untere Ende wird festgehalten, auf das obere wirkt das Gewicht: $-R$; ich werde untersuchen, um wie viel dies Gewicht das Ende herunter und seitwärts zieht.

Ich werde für das untere Ende $\sigma' = 0$ setzen, so entspricht das obere Ende $\sigma'' = \frac{\pi}{\alpha}$. Aus den Gleichungen (9.) erhält man sofort, da hier $S = 0$ ist, und $\alpha\sigma'' = \pi$:

$$(10.)\qquad M = 0, \quad P = 0, \quad N = -\frac{3}{f\varrho_{,}^{2}} \frac{R}{\alpha},$$

und die Gleichungen (5.) geben für $\sigma' = 0$:

$$\begin{aligned} 0 &= \mu\alpha - \tfrac{1}{5} \wp \alpha^2 \int_{(0)} d\sigma\, s \sin \alpha\sigma, \\ 0 &= \frac{\alpha Q}{10} + \nu\alpha + \frac{3}{10} N + \frac{1}{5} \wp \alpha^2 \int_{(0)} d\sigma\, s \cos \alpha\sigma, \\ 0 &= \frac{\alpha Q}{10} + \frac{2}{5} N, \end{aligned}$$

woraus sich die drei andern Constanten μ, ν, Q bestimmen, nämlich:

---

*) In dieser Formel fehlt im Original der Factor α, ebenso an den entsprechenden Stellen der daraus gefolgerten Beziehungen. Die betreffenden Correcturen sind im Text von der Redaction ohne Weiteres ausgeführt. — *W. V.*

$$
(11.)\qquad
\begin{aligned}
Q &= -\frac{4N}{\alpha},\\
\mu &= \frac{1}{5}\wp\alpha\int_{(0)} d\sigma\, s\sin\alpha\sigma,\\
\nu &= -\frac{1}{5}\wp\alpha\int_{(0)} d\sigma\, s\cos\alpha\sigma + \frac{1}{10}\frac{N}{\alpha}.
\end{aligned}
$$

Diese Werthe aus (10.) und (11.) in (22.) des vorigen Paragraphen substituirt giebt

$$
(12.)\qquad
\begin{aligned}
\varphi_0 &= \frac{1}{5}\frac{\wp}{k}\left\{\sin\alpha\sigma\int_0^\sigma d\sigma\, s\cos\alpha\sigma - \cos\alpha\sigma\int_0^\sigma d\sigma\, s\sin\alpha\sigma\right\}\\
&\qquad + \frac{3}{5}\frac{R(\alpha\sigma\cos\alpha\sigma - \sin\alpha\sigma)}{f\varrho_,^2\alpha^3 k},\\
\xi_0 &= \frac{1}{5}\frac{\wp}{k}\left\{\sin\alpha\sigma\int_0^\sigma d\sigma\, s\sin\alpha\sigma + \cos\alpha\sigma\int_0^\sigma d\sigma\, s\cos\alpha\sigma\right\}\\
&\qquad - \frac{3}{5}\frac{R(\alpha\sigma\sin\alpha\sigma + 2(\cos\alpha\sigma - 1))}{f\varrho_,^2\alpha^3 k}.
\end{aligned}
$$

Hieraus erhält man die Verrückungen (φ_0), (ξ_0) des oberen Endes, wenn $\alpha\sigma = \pi$ gesetzt wird; dies giebt

$$
(13.)\qquad
\begin{aligned}
(\varphi_0) &= \frac{1}{5}\frac{\wp}{k}\int_0^{\frac{\pi}{\alpha}} d\sigma\, s\sin\alpha\sigma - \frac{3\pi R}{5f\varrho_,^2\alpha^3 k},\\
(\xi_0) &= -\frac{1}{5}\frac{\wp}{k}\int_0^{\frac{\pi}{\alpha}} d\sigma\, s\cos\alpha\sigma + \frac{12R}{5f\varrho_,^2\alpha^3 k}.
\end{aligned}
$$

Was die Farben betrifft, welche der Ringbogen im polarisirten Licht zeigt, so erhält man aus der Combination der Formel (25.) des vorigen Paragraphen und der Gleichungen (9.) allgemein für den Fall, in welchem das eine Ende σ' festgehalten ist, während gegen das andere Ende σ'' die Kräfte R und S gerichtet sind:

$$
O - E = 3\frac{(p-q)}{G^2}\,\frac{z'\varrho}{f\varrho_,^2 k\alpha}\{R\sin\alpha(\sigma''-\sigma) + S(\cos\alpha(\sigma''-\sigma) - 1)\},
$$

oder wenn man die Bogen von dem Ende σ'' an zählt, und $\sigma''-\sigma = \tau$ setzt:

$$
(14.)\qquad O - E = 3\frac{(p-q)}{G^2}\,\frac{z'\varrho}{f\varrho_,^2 k\alpha}\{R\sin\alpha\tau - S(1-\cos\alpha\tau)\}.
$$

Dies Resultat, welches ein sehr einfaches Gesetz für die Vertheilung der Farben in diesem Falle giebt, ist dadurch besonders merkwürdig, weil es zeigt, dass diese Vertheilung unabhängig von der Länge des Bogenstücks zwischen dem festgehaltenen Ende und dem der Einwirkung der äusseren Kräfte ausgesetzten Ende ist, und unabhängig von der Temperaturvertheilung.*)

Wenn beide Enden des Bogens befestigt sind, und gegen einen seiner Querschnitte eine Kraft T gerichtet ist, so muss man den Bogen als aus zwei Stücken zusammengesetzt ansehen, die in dem Querschnitt, gegen welchen T wirkt, zusammenstossen. Für jedes dieser Bogenstücke gelten die Werthe in (16.) und (22.) im vorigen Paragraphen, aber mit verschiedenen Constanten. Wir haben hier also zwölf Constanten zu bestimmen. Ich werde den Anfangspunkt des σ in das erste fixirte Ende setzen, den gemeinschaftlichen Querschnitt, gegen welchen T gerichtet ist, in σ', und das zweite befestigte Ende in σ''. Ich werde für den Theil zwischen $\sigma = 0$ und $\sigma = \sigma'$ die obige Bezeichnung φ, ξ, A, B, F beibehalten, für den zweiten Theil zwischen $\sigma = \sigma'$ und $\sigma = \sigma''$ die entsprechenden Grössen mit φ', ξ', A', B', F' bezeichnen, und ebenso die Constanten, welche in den Werthen dieser Grössen vorkommen, von den entsprechenden Constanten in φ, ξ u. s. w. durch einen oben beigesetzten Strich unterscheiden.

Ich lege sehr nahe an den Querschnitt a in σ' einen zweiten b, sodass diese beiden Schnitte a und b ein sehr niedriges Prisma von dem Ringe abschneiden. Gegen den [äusseren] Rand [$\varrho = \varrho'$] dieses Prismas wirkt die Kraft T, die ich parallel mit ξ und σ in die Componenten R und S zerlege, gegen die beiden Grundflächen desselben a und b wirken der molekuläre Druck und die Wärmeabstossung der angrenzenden Theile des Ringbogens. Zwischen diesen verschiedenen Kräften muss Gleichgewicht sein. Dies giebt die Bedingungsgleichungen an der Stelle $\sigma = \sigma'$, nämlich zwei, nach welchen die Summe der Componenten sämmtlicher Kräfte parallel mit ϱ und σ hier verschwinden muss, und eine, nach welcher die Summe ihrer Momente in Beziehung auf z gleich Null werden muss. Berücksichtigt man nun, dass die Componenten des Drucks und der Wärmeabstossung des Theils des Bogens zwischen σ' und σ'' auf das Prisma sind: $-(A' + \wp s)$ und $-F'$, während diese Componenten herrührend

---

*) Das *Erste* begreift sich, wenn man bedenkt, dass bei eingetretenem Gleichgewicht sich nichts im Verhalten des Ringes ändert, wenn man ausser dem Querschnitt $\sigma = \sigma'$ noch irgend einen andern $\sigma = \sigma^0$ festhält, auch nicht, wenn man danach das ganze Stück $\sigma' < \sigma < \sigma^0$ beseitigt und damit also den Ring *verkürzt*. Durch das umgekehrte Verfahren kann man auch den Ring *verlängern*, ohne die Spannungen zu ändern.

Das *Letzte* ist die Folge der Annahme, dass die Temperatur in jedem Querschnitt constant sein soll. In der hier benützten Annäherung kann sich jedes Längselement des Ringes frei gemäss seiner Temperatur ausdehnen; Spannungen kommen sonach also nicht zu Stande. — *W. V.*

von dem Theile zwischen σ' und $\sigma=0$ sind: $+(A+\wp s)$ und $+F$, so erhält man

$$(15.)\qquad \begin{aligned} 0 &= R+\iint dz\,d\varrho\,(F-F'),\\ 0 &= S+\iint dz\,d\varrho\,(A-A'),\\ 0 &= \varrho_{,}S+\iint \varrho\,dz\,d\varrho\,(A-A'), \end{aligned}$$

wenn $\sigma=\sigma'$ gesetzt wird. Da die beiden in σ' zusammenstossenden Bogenstücke diesen Querschnitt gemeinschaftlich haben, so muss ausserdem noch sein

$$(16.)\qquad \sigma=\sigma':\quad \varphi_0=\varphi_0',\quad \xi_0=\xi_0',\quad \xi_1=\xi_1',\quad \varphi_1=\varphi_1',$$

von denen die letztere Gleichung $\varphi_1=\varphi_1'$ aber, wie aus (22.) § 15 erhellt, sich von selbst erfüllt, da φ_1 und φ_1' keine Willkürlichen enthält.

Ausserdem hat man noch für jedes Ende $\sigma=0$ und $\sigma=\sigma''$ drei Gleichungen, wodurch die Lage der Endquerschnitte bestimmt wird. Ich werde annehmen, diese Endquerschnitte seien in ihrer natürlichen Lage fixirt worden, dann ist

$$(17.)\ \text{und}\qquad \begin{aligned} &\sigma=0:\quad \varphi_0=0,\quad \xi_0=0,\quad \xi_1=0,\\ &\sigma=\sigma'':\quad \varphi_0'=0,\quad \xi_0'=0,\quad \xi_1'=0. \end{aligned}$$

In die Gleichungen (15.) setze ich die Reihenentwickelung

$$\begin{aligned} A &= A_0+A_1\varrho+A_2\frac{\varrho^2}{2},\qquad & A' &= A_0'+A_1'\varrho+A_2'\frac{\varrho^2}{2},\\ F &= F_0+F_1\varrho+F_2\frac{\varrho^2}{2},\qquad & F' &= F_0'+F_1'\varrho+F_2'\frac{\varrho^2}{2}, \end{aligned}$$

und für die Coëfficienten in diesen Reihen ihre Werthe aus (16.) § 15, und führe die Integration aus, so verwandeln dieselben sich in

$$(18.)\qquad \begin{aligned} 0 &= R+\tfrac{1}{3}\varrho_{,}^2 f\left(\frac{dA_1}{d\sigma}-\frac{dA_1'}{d\sigma}\right),\\ 0 &= S-\tfrac{1}{3}\varrho_{,}^2 f\alpha(A_1-P-(A_1'-P')),\\ 0 &= S+\tfrac{1}{3}\varrho_{,}^2 f(A_1-A_1'), \end{aligned}$$

wo f wiederum den Querschnitt des Ringes bezeichnet. Die zwölf Gleichungen in (16.), (17.) und (18.) bestimmen die zwölf Constanten, von denen die Veränderung der Form des Bogens abhängt.

Ich werde, um von diesen Formeln eine Anwendung zu machen, annehmen, es sei ein voller Kreis vertical auf eine horizontale Unterlage gestellt, und an seinem höchsten Querschnitt werde ein Gewicht R angebracht. Hier ist also

$$S = 0, \quad \alpha\sigma' = \pi, \quad \alpha\sigma'' = 2\pi,$$

und demnach geben die Gleichungen (18.) [bei Benutzung der Werthe A_1 und A_1' aus (16.) in § 15]

$$\frac{3R}{f\alpha\varrho_i^2} = N - N',$$
$$0 = M - M',$$
$$0 = P - P'.$$

Die Gleichungen (16.) geben:

$$0 = (\mu - \mu')\alpha - \frac{\pi}{5}(N - N'),$$
$$0 = \frac{1}{10}\alpha(Q - Q') - (\nu - \nu')\alpha - \frac{3}{10}(N - N'),$$
$$0 = \frac{1}{10}\alpha(Q - Q') - \frac{4}{10}(N - N').$$

Ferner geben die Gleichungen (17.)

$$0 = \frac{2}{5}P + \mu\alpha + \frac{1}{10}M - \frac{1}{5}\wp\alpha^2 \int_{(0)} d\sigma\, s \sin\alpha\sigma,$$
$$0 = \frac{1}{10}\alpha Q + \nu\alpha + \frac{3}{10}N + \frac{1}{5}\wp\alpha^2 \int_{(0)} d\sigma\, s \cos\alpha\sigma,$$
$$0 = \frac{1}{10}\alpha Q + \frac{2}{5}N,$$

und

$$0 = \frac{2}{5}P' + \mu'\alpha + \frac{1}{10}M' - \frac{2}{5}\pi N' - \frac{1}{5}\wp\alpha^2 \int_{\left(\frac{2\pi}{\alpha}\right)} d\sigma\, s \sin\alpha\sigma,$$
$$0 = \frac{1}{10}\alpha Q' - \frac{4}{5}\pi P' + \nu'\alpha + \frac{2}{5}\pi M' + \frac{3}{10}N' + \frac{1}{5}\wp\alpha^2 \int_{\left(\frac{2\pi}{\alpha}\right)} d\sigma\, s \cos\alpha\sigma.$$
$$0 = \frac{1}{10}\alpha Q' - \frac{2}{5}(2\pi P' - N').$$

Wenn $R = 0$ wäre, so würden alle accentuirten Grössen gleich den unaccentuirten, und die Werthe für M, N, P u. s. w. würden dieselben als in (2.). Diese Werthe bekommen in dem gegenwärtigen Fall noch ein Glied mehr, welches allein von R abhängt, und man erhält dieses Glied für sich, wenn man in den vorstehenden Gleichungen $s = 0$ setzt. Unter dieser Voraussetzung, dass $s = 0$, findet man, wenn man der Kürze wegen setzt: $\mathrm{R} = 3\frac{R}{\alpha f\varrho_i^2}$ folgende Werthe:

(19.)
$$\begin{aligned}
M &= M' = 0,\\
P &= P' = -\frac{\mathrm{R}}{\pi},\\
N &= -N' = \frac{1}{2}\mathrm{R},\\
Q &= \frac{1}{3}Q' = -\frac{2}{\alpha}\mathrm{R},\\
\mu &= \frac{2}{5\alpha\pi}\mathrm{R},\\
\mu' &= \frac{2}{5\alpha\pi}\left(1-\frac{1}{2}\pi^2\right)\mathrm{R},\\
\nu &= -\nu' = \frac{1}{20\alpha}\mathrm{R}.
\end{aligned}$$

Zu diesen Werthen für die Constanten M, M' u. s. w. hat man also noch die in (2.) gefundenen Werthe zu addiren, um die vollständigen Werthe zu erhalten.

Die Erhebung des höchsten Querschnitts unseres vertical gestellten vollen Kreises durch das Gewicht R ist φ_0, wenn darin $\alpha\sigma = \pi$ gesetzt wird; ich werde diese Erhebung durch (φ_0) bezeichnen. Man hat also nach (22.) § 15

$$(\varphi_0) = \frac{2}{5}\frac{P}{k\alpha^2} - \frac{\mu}{k\alpha} - \frac{1}{10}\frac{M}{k\alpha^3} + \frac{1}{5}\frac{\pi N}{k\alpha^2} + \frac{1}{5}\frac{\wp}{k}\int\limits_{\left(\frac{\pi}{\alpha}\right)} d\sigma\, s \sin\alpha\sigma,$$

und dies giebt, wenn die vollständigen Werthe für M, μ u. s. w. gesetzt werden, d. h. die Summen der in (19.) und (2.) angegebenen Werthe,

$$(\varphi_0) = \frac{4}{5\pi}\left\{\frac{\pi^2}{8} - 1\right\}\frac{3R}{fk\alpha^3\varrho_r^2} + \frac{1}{10}\frac{\wp}{k}\int_0^{\frac{\pi}{\alpha}} d\sigma\, s \sin\alpha\sigma - \frac{1}{10}\frac{\wp}{k}\int_{\frac{\pi}{\alpha}}^{\frac{2\pi}{\alpha}} d\sigma\, s\sin\alpha\sigma.$$

Wenn R negativ gesetzt wird, und $s = 0$, so wird (φ_0) die Depression, welche ein in σ' angehängtes Gewicht R hervorbringt. Vergleichen wir diese Depression mit derjenigen, welche hervorgebracht wird, wenn der Kreis halbirt wird, die beiden Enden der einen Hälfte in eine Verticale gestellt werden, das untere gestützt wird, und das obere mit demselben Gewicht R beschwert wird. Diese letztere Depression ist das (φ_0) in (13.) und ich werde dies jetzt der Unterscheidung wegen mit $((\varphi_0))$ bezeichnen. Wir finden dann

$$(\varphi_0):\ ((\varphi_0)) = \pi^2 - 8 : 2\pi^2.$$

Den vollständigen Ausdruck für $O - E$ erhält man, wenn zu dem Werthe in (4.) noch hinzu addirt wird der Theil, welcher allein von R abhängt; dieser ist nach (25.) des vorigen und nach (19.) dieses Paragraphen:

$$\frac{3(p-q)}{G^2}\frac{R\varrho}{\alpha f\varrho_,^2}\frac{z'}{k}\cdot\left\{-\frac{1}{\pi}\pm\frac{1}{2}\sin\alpha\sigma\right\},$$

wo das Vorzeichen + für den Bogen $\alpha\sigma$ zwischen 0 und π und das Vorzeichen — für den Bogen zwischen π und 2π gilt. Der vorstehende Ausdruck, wenn er gleich $O-E$ gesetzt wird, enthält also das Gesetz der Farben, welche allein durch den Druck R auf den vollen Kreisring hervorgebracht werden.

§ 17.

Ueber einen dünnen geraden Streifen von veränderlicher Breite und über einen von Speichen getragenen Ring.

Wenn der Ring von mehreren Speichen, die in seinem Centrum zusammenstossen, getragen wird, wie dies z. B. bei den zum Winkelmessen dienenden Kreisen der Fall ist, so findet bei ungleicher Temperaturvertheilung eine gegenseitige Einwirkung zwischen den Speichen und dem Kreisring statt, wodurch ein eigenthümliches, von der Lage, der Anzahl der Speichen und ihren Dimensionen abhängiges System von Verrückungen der Theilchen dieses Kreisringes hervorgebracht wird. Um hierauf die allgemeinen Formeln in § 15 anzuwenden, muss man den Kreisring aus soviel Bogenstücken zusammengesetzt ansehen, als Speichen vorhanden; für jedes dieser Stücke gelten die in (16.) und (22.) § 15 angegebenen Ausdrücke für A, B, F, φ und ξ, aber mit eigenthümlichen Constanten, sodass das System der Verrückungen des ganzen Kreisringes, wenn n Speichen vorhanden sind, abhängt von $6n$ Constanten. Diese Constanten können aber nur bestimmt werden durch die Berücksichtigung der gleichzeitig stattfindenden Verrückungen in den Speichen. Die Verrückungen der Theilchen in den Speichen hängen selbst in jeder einzelnen Speiche von sechs Constanten ab, vorausgesetzt, dass ihre Breite von derselben Ordnung wie die des Kreisringes ist; von diesen sechs Constanten verschwinden jedoch drei, wenn, wie dies geschehen kann, das gegen das Centrum gekehrte Ende der Speiche als in seiner Lage unverändert betrachtet wird. So bleiben für jede Speiche drei Constanten, für jedes Bogenstück hatten wir sechs, und demnach hängt das System der Verrückungen der Theilchen in einem mit Speichen versehenen Kreisring, wenn n die Anzahl der Speichen ist, von $9n$ zu bestimmenden Constanten ab.

Ich werde in diesem Paragraphen zuerst die allgemeinen Gleichungen für die Verrückungen in einer Speiche entwickeln [die an sich von Interesse sind, da der Fall eines dünnen Stabes von veränderlichem Querschnitt bei Einwirkung wechselnder Temperatur und Anbringung beliebiger Kräfte auf seine Enden beobachtbar ist] und dann die Bedingungsgleichungen aufstellen, welche an den Stellen, wo die Speichen mit dem Kreisring zusammenstossen, erfüllt werden müssen, deren Anzahl, wie wir sehen werden, sich auf das neunfache der Anzahl der Speichen beläuft, und durch welche die $9n$ Constanten ihre Bestimmung erhalten.

Die Dicke der Speiche, d. h. ihre Dimension parallel mit z, nehme ich der Einfachheit wegen als constant und gleich derjenigen des Kreisringes [d. h. gleich $2z'$] an. Die Breite der Speiche soll von derselben Ordnung wie die des Ringes sein, und sie soll symmetrisch getheilt werden durch einen Radius des Kreises, welchen ich zur x-Axe annehme, sodass die y-Axe also in der Ebene der Speiche senkrecht auf jenem Radius steht. Wegen der geringen Breite, die ich mit 2β bezeichne*), wo aber β nicht constant, sondern eine durch die Figur der Speiche gegebene Function von x ist, kann man sowohl die Verrückungen u und v parallel mit x und y, als auch die Molekularcomponenten X_x, Y_y, X_y und die Temperaturvertheilung s nach den Potenzen von y entwickelbar annehmen. Ich werde diese Componenten der Kürze wegen respective mit a, b, f bezeichnen.

Wegen der geringen Dicke der Speiche haben wir auf den vorliegenden Fall die Gleichungen (6.), (5.), (9.) aus § 12 anzuwenden. Die Gleichungen (6.) daselbst geben

$$(1.)\qquad \begin{aligned} a &= -\tfrac{1}{3}\wp s - \tfrac{1}{3}k\Big(8\frac{\partial u}{\partial x} + 2\frac{\partial v}{\partial y}\Big),\\ b &= -\tfrac{1}{3}\wp s - \tfrac{1}{3}k\Big(2\frac{\partial u}{\partial x} + 8\frac{\partial v}{\partial y}\Big),\\ f &= -k\Big(\frac{\partial u}{\partial y} + \frac{\partial v}{\partial x}\Big). \end{aligned}$$

Die Gleichungen (5.) werden:

$$(2.)\qquad \begin{aligned} 0 &= \wp\frac{\partial s}{\partial x} + \frac{\partial a}{\partial x} + \frac{\partial f}{\partial y},\\ 0 &= \wp\frac{\partial s}{\partial y} + \frac{\partial b}{\partial y} + \frac{\partial f}{\partial x}, \end{aligned}$$

und die Bedingungsgleichungen des Randes (9.) verwandeln sich, wenn man berücksichtigt, dass für $y = +\beta$

*) Im Original steht β, was mit dem Folgenden im Widerspruch ist. — *W. V.*

$$\cos(\nu, x) = -\frac{\frac{d\beta}{dx}}{\sqrt{1+\left(\frac{d\beta}{dx}\right)^2}}, \qquad \sin(\nu, x) = \frac{1}{\sqrt{1+\left(\frac{d\beta}{dx}\right)^2}},$$

und für $y = -\beta$

$$\cos(\nu, x) = -\frac{\frac{d\beta}{dx}}{\sqrt{1+\left(\frac{d\beta}{dx}\right)^2}}, \qquad \sin(\nu, x) = \frac{-1}{\sqrt{1+\left(\frac{d\beta}{dx}\right)^2}},$$

in folgende:

$$(3.) \qquad \begin{aligned} y = +\beta: \quad & 0 = f - (a+\wp s)\frac{d\beta}{dx}, \quad 0 = b + \wp s - f\frac{d\beta}{dx}, \\ y = -\beta: \quad & 0 = f + (a+\wp s)\frac{d\beta}{dx}, \quad 0 = b + \wp s + f\frac{d\beta}{dx}. \end{aligned}$$

[Genau wie in § 15 sollen nun die Druckcomponenten a, b, f als intermediäre Variable geführt und zunächst bestimmt werden.]

Aus den Gleichungen in (1.) ergiebt sich eine Relation, welche zwischen a, b, f stattfinden muss. Aus der dritten erhält man:

$$\frac{\partial^2 f}{\partial x \partial y} = -k\left(\frac{\partial^3 u}{\partial x \partial y^2} + \frac{\partial^3 v}{\partial y \partial x^2}\right)$$

und aus den beiden ersten:

$$k\frac{\partial u}{\partial x} = \frac{1}{10}(b - 4a - \wp s), \qquad k\frac{\partial v}{\partial y} = \frac{1}{10}(a - 4b - \wp s),$$

Diese Werthe substituirt in $\frac{\partial^2 f}{\partial x \partial y}$ giebt die in Rede stehende Relation

$$(4.) \qquad 10\frac{\partial^2 f}{\partial x \partial y} - 4\frac{\partial^2 a}{\partial y^2} - 4\frac{\partial^2 b}{\partial x^2} + \frac{\partial^2 a}{\partial x^2} + \frac{\partial^2 b}{\partial y^2} - \wp\left(\frac{\partial^2 s}{\partial x^2} + \frac{\partial^2 s}{\partial y^2}\right) = 0.$$

Ich werde jetzt in (2.), (3.) und (4.) statt a, b, f und s ihre Reihenentwickelung nach den Potenzen von y setzen, z. B.

$$s = s_0 + s_1 y + s_2\frac{y^2}{2} + \cdots,$$

$$f = f_0 + f_1 y + f_2\frac{y^2}{2} + \cdots.$$

u. s. w.

Die Gleichungen (2.) geben

$$(5.) \qquad \begin{aligned} 0 &= \wp\frac{ds_0}{dx} + \frac{da_0}{dx} + f_1, & 0 &= \wp s_1 + \frac{df_0}{dx} + b_1, \\ 0 &= \wp\frac{ds_1}{dx} + \frac{da_1}{dx} + f_2, & 0 &= \wp s_2 + \frac{df_1}{dx} + b_2, \\ 0 &= \wp\frac{ds_2}{dx} + \frac{da_2}{dx} + f_3, & 0 &= \wp s_3 + \frac{df_2}{dx} + b_3, \end{aligned}$$

u. s. w. u. s. w.

und aus (4.) erhält man:

$$(6.)\qquad 0 = 10\frac{df_1}{dx} - 4a_2 - 4\frac{d^2b_0}{dx^2} + \frac{d^2a_0}{dx^2} + b_2 - \wp\left(\frac{d^2s_0}{dx^2} + s_2\right),$$

u. s. w.

Endlich geben die Gleichungen (3.):

$$(7.)\qquad \begin{aligned} 0 &= f_0 + f_2\frac{\beta^2}{2} + \cdots - \left\{a_1 + a_3\frac{\beta^2}{6} + \cdots + \wp\left(s_1 + s_3\frac{\beta^2}{6} + \cdots\right)\right\}\beta\frac{d\beta}{dx},\\ 0 &= f_1 + f_3\frac{\beta^2}{6} + \cdots - \left\{a_0 + a_2\frac{\beta^2}{2} + \cdots + \wp\left(s_0 + s_2\frac{\beta^2}{2} + \cdots\right)\right\}\frac{1}{\beta}\frac{d\beta}{dx},\\ 0 &= b_0 + b_2\frac{\beta^2}{2} + \cdots + \wp\left(s_0 + s_2\frac{\beta^2}{2} + \cdots\right) - \left\{f_1 + f_3\frac{\beta^2}{6} + \cdots\right\}\beta\frac{d\beta}{dx},\\ 0 &= b_1 + b_3\frac{\beta^2}{6} + \cdots + \wp\left(s_1 + s_3\frac{\beta^2}{6} + \cdots\right) - \left\{f_0 + f_2\frac{\beta^2}{2} + \cdots\right\}\frac{1}{\beta}\frac{d\beta}{dx}. \end{aligned}$$

Man kann nun aus diesen Gleichungen alle Coëfficienten bis auf a_0, a_1, f_0, b_0 mittelst (5.) und (6.) eliminiren, und erhält alsdann vier Differentialgleichungen zwischen a_0, a_1, f_0 und b_0, wodurch diese Grössen als Functionen von x bestimmt werden. Der Werth ihrer Constanten wird durch die Bedingungen bestimmt, welchen an den beiden Enden der Speiche noch genügt werden muss. Ich werde diese Gleichungen aber nur unter der Voraussetzung behandeln, dass β so klein ist, dass die Glieder von der dritten und höheren Ordnung vernachlässigt werden können. Dann erhält man

$$(8.)\qquad \begin{aligned} 0 &= f_0 - \tfrac{1}{2}\beta^2\left(\frac{da_1}{dx} + \wp\frac{ds_1}{dx}\right) - \beta\frac{d\beta}{dx}(a_1 + \wp s_1),\\ 0 &= \frac{da_0}{dx} + \wp\frac{ds_0}{dx} + \tfrac{1}{6}\beta^2\left(\frac{da_2}{dx} + \wp\frac{ds_2}{dx}\right) + \left\{a_0 + \tfrac{1}{2}\beta^2 a_2 + \wp\left(s_0 + \tfrac{1}{2}\beta^2 s_2\right)\right\}\frac{1}{\beta}\frac{d\beta}{dx},\\ 0 &= b_0 + \tfrac{1}{2}\beta^2\left(\frac{d^2a_0}{dx^2} + \wp\frac{d^2s_0}{dx^2}\right) + \wp s_0 + \left\{\frac{da_0}{dx} + \wp\frac{ds_0}{dx}\right\}\beta\frac{d\beta}{dx},\\ 0 &= -\frac{df_0}{dx} + \tfrac{1}{6}\beta^2\left(\frac{d^2a_1}{dx^2} + \wp\frac{d^2s_1}{dx^2}\right) - \left\{f_0 - \tfrac{1}{2}\beta^2\left(\frac{da_1}{dx} + \wp\frac{ds_1}{dx}\right)\right\}\frac{1}{\beta}\frac{d\beta}{dx}. \end{aligned}$$

Die letzte Gleichung kann man in Folge der ersten auch schreiben:

$$0 = -\frac{df_0}{dx} + \tfrac{1}{6}\beta^2\left(\frac{d^2a_1}{dx^2} + \wp\frac{d^2s_1}{dx^2}\right) - \left(\frac{d\beta}{dx}\right)^2(a_1 + \wp s_1).$$

Differentiirt man nun die erste Gleichung in (8.) und addirt sie zu der vorstehenden, so erhält man eine Gleichung, welche [von Unbekannten] nur noch a_1 enthält; multiplicirt man dieselbe mit -3β, so wird sie folgende:

$$\beta^3\frac{d^2}{dx^2}\{a_1 + \wp s_1\} + 6\beta^2\frac{d\beta}{dx}\frac{d}{dx}\{a_1 + \wp s_1\} + 3\left\{\beta^2\frac{d^2\beta}{dx^2} + 2\beta\left(\frac{d\beta}{dx}\right)^2\right\}\{a_1 + \wp s_1\} = 0,$$

welche sich reducirt auf:

$$\frac{d^2}{dx^2}\{\beta^3(a_1 + \wp s_1)\} = 0,$$

woraus also

$$a_1 = -\wp s_1 + \frac{\eta + \vartheta x}{\beta^3},$$

wo η und ϑ zwei willkürliche Constanten sind. Die erste Gleichung in (8.) giebt ausserdem

$$f_0 = \frac{1}{2}\frac{d}{dx}\{\beta^2(a_1 + \wp s_1)\}.$$

In die dritte der Gleichungen (8.) kann für $a_0 + \wp s_0$ die erste Annäherung gesetzt werden, welche man aus der zweiten erhält, wenn in dieser die Glieder zweiter Ordnung vernachlässigt werden, d. i. wenn gesetzt wird

$$0 = \frac{d(a_0 + \wp s_0)}{dx} + (a_0 + \wp s_0)\frac{1}{\beta}\frac{d\beta}{dx},$$

deren Integral ist, wenn ζ die Constante desselben bezeichnet,

$$a_0 + \wp s_0 = \frac{\zeta}{\beta}.$$

Dieser Werth, in die dritte der Gleichungen (8.) substituirt, giebt*)

$$0 = b_0 + \wp s_0 - \frac{1}{2}\zeta\frac{d^2\beta}{dx^2}.$$

Es bleibt noch a_0 zu bestimmen übrig; dies geschieht unter Berücksichtigung der Gleichung (6.) durch die zweite der Gleichungen (8.). Diese letztere lässt sich, nachdem sie mit β multiplicirt ist, schreiben:

$$\beta\frac{d(a_0 + \wp s_0)}{dx} + (a_0 + \wp s_0)\frac{d\beta}{dx} + \frac{1}{6}\frac{d[\beta^3(a_2 + \wp s_2)]}{dx} = 0,$$

deren Integral ist

(9.) $$\beta(a_0 + \wp s_0) + \tfrac{1}{6}\beta^3(a_2 + \wp s_2) = \zeta,$$

wo ζ dieselbe Constante wie oben ist. Aus der Gleichung (6.) erhält man aber, wenn die Glieder, welche von der Ordnung β sind, vernachlässigt werden:

$$a_2 + \wp s_2 = \frac{1}{2}\wp\left(\frac{d^2 s_0}{dx^2} + s_2\right) - 2\frac{d^2(a_0 + \wp s_0)}{dx^2},$$

worin man

$$\frac{d^2(a_0 + \wp s_0)}{dx^2} = \zeta\frac{d^2\frac{1}{\beta}}{dx^2}$$

setzen kann; sodass

$$a_2 = \frac{1}{2}\wp\left(\frac{d^2 s_0}{dx^2} - s_2\right) - 2\zeta\frac{d^2\frac{1}{\beta}}{dx^2}.$$

---

*) Im Original ist in der folgenden Formel der Factor von ζ unrichtig. Dieser Fehler, der hier und in den weiter folgenden Formeln von der Redaction verbessert ist, ist ohne Einfluss auf die schliesslich benutzte Näherung. — *A. W.*

Substituirt man diesen Werth von $a_2 + \wp s_2$ in die vorhergehende Gleichung (9.), so erhält man

$$a_0 + \wp s_0 = \frac{\zeta}{\beta}\left\{1 + \frac{1}{3}\beta^3 \frac{d^2\frac{1}{\beta}}{dx^2}\right\} - \frac{1}{12}\beta^2\wp\left\{\frac{d^2 s_0}{dx^2} + s_2\right\}.$$

[Aus den hiermit bestimmten a_0, a_1, a_2 und f_0 kann man mit Hülfe von (5.) leicht b_1, b_2, b_3, f_1, f_2, f_3 ableiten.]

Stellen wir die gewonnenen Resultate zusammen, so haben wir

(10.)
$$\begin{aligned}
a_0 &= -\wp s_0 - \frac{1}{12}\beta^2\wp\left(\frac{d^2 s_0}{dx^2} + s_2\right) + \frac{\zeta}{\beta}\left(1 + \frac{1}{3}\beta^3 \frac{d^2\frac{1}{\beta}}{dx^2}\right),\\
a_1 &= -\wp s_1 + \left(\frac{\eta + \vartheta x}{\beta^3}\right),\\
a_2 &= \frac{1}{2}\wp\left(\frac{d^2 s_0}{dx^2} - s_2\right) - 2\zeta\frac{d^2\frac{1}{\beta}}{dx^2};\\
b_0 &= -\wp s_0 + \frac{1}{2}\zeta\frac{d^2\beta}{dx^2}, \qquad f_0 = \frac{1}{2}\frac{d}{dx}\frac{\eta + \vartheta x}{\beta},\\
b_1 &= -\wp s_1 - \frac{1}{2}\frac{d^2}{dx^2}\frac{(\eta + \vartheta x)}{\beta}, \qquad f_1 = -\zeta\frac{d\frac{1}{\beta}}{dx},\\
b_2 &= -\wp s_2 + \zeta\frac{d^2\frac{1}{\beta}}{dx^2}, \qquad f_2 = -\frac{d}{dx}\frac{\eta + \vartheta x}{\beta^3}.
\end{aligned}$$

Um hieraus die Verrückungen u und v abzuleiten, entwickele ich diese Grössen gleichfalls nach den Potenzen von y und setze

$$u = u_0 + u_1 y + \cdots, \qquad v = v_0 + v_1 y + \cdots,$$

und substituire diese Reihen, und die für a, b, f, s in die Gleichungen (1.); so erhalte ich aus der Gleichheit der Coëfficienten derselben Potenzen von y folgende Gleichungen:

$$\begin{aligned}
a_0 &= -\frac{1}{3}\wp s_0 - \frac{1}{3}k\left(8\frac{du_0}{dx} + 2v_1\right), \qquad a_1 = -\frac{1}{3}\wp s_1 - \frac{1}{3}k\left(8\frac{du_1}{dx} + 2v_2\right),\\
b_0 &= -\frac{1}{3}\wp s_0 - \frac{1}{3}k\left(2\frac{du_0}{dx} + 8v_1\right), \qquad b_1 = -\frac{1}{3}\wp s_1 - \frac{1}{3}k\left(2\frac{du_1}{dx} + 8v_2\right),\\
f_0 &= \qquad -k\left(u_1 + \frac{dv_0}{dx}\right) \text{ u. s. w.}
\end{aligned}$$

Hieraus erhält man [durch Separation der Unbekannten und Integration], wenn m, n, q drei Constanten bedeuten,

$$
(11.)\qquad
\begin{aligned}
u_0 &= m - \frac{1}{10}\frac{\wp}{k}\int s_0\,dx + \frac{1}{10k}\int dx\,(b_0 - 4a_0),\\
u_1 &= n - \frac{1}{10}\frac{\wp}{k}\int s_1\,dx + \frac{1}{10k}\int dx\,(b_1 - 4a_1),\\
v_0 &= q - nx + \frac{1}{10}\frac{\wp}{k}\iint s_1\,dx^2 - \frac{1}{10k}\iint dx^2(b_1 - 4a_1) - \frac{1}{k}\int f_0\,dx,\\
v_1 &= -\frac{\wp}{10k}s_0 + \frac{1}{10k}(a_0 - 4b_0).
\end{aligned}
$$

Bei der Substitution der Werthe für a_0, a_1 u. s. w. aus (10.) in die vorstehenden Gleichungen muss man berücksichtigen, dass diese den Werth von v nur bis zu den ersten Potenzen von β richtig geben, weil v_0 von a_1 und b_1 abhängt und in diesen Grössen in (10.) die zweiten Potenzen vernachlässigt sind. Ich werde daher in (11.) *alles*, was von der zweiten Potenz von β abhängt, vernachlässigen, und erhalte dann*)

$$
(12.)\qquad
\begin{aligned}
u_0 &= m + \frac{1}{5}\frac{\wp}{k}\int s_0\,dx - \frac{2}{5k}\zeta\int\frac{dx}{\beta},\\
u_1 &= n + \frac{1}{5}\frac{\wp}{k}\int s_1\,dx - \frac{2}{5k}\int\frac{\eta + \vartheta x}{\beta^3}\,dx,\\
v_0 &= q - nx - \frac{1}{5}\frac{\wp}{k}\iint s_1\,dx^2 + \frac{2}{5k}\iint\frac{\eta + \vartheta x}{\beta^3}\,dx^2,\\
v_1 &= \frac{1}{5}\frac{\wp}{k}s_0 + \frac{1}{10k}\frac{\zeta}{\beta}.
\end{aligned}
$$

Die sechs Constanten η, ζ, ϑ, m, n, q, von welchen (10.) und (12.) abhängen, erhalten ihre Bestimmung durch die Bedingungen, welche in den Endquerschnitten der Speichen erfüllt werden müssen. Ich werde annehmen, der erste Querschnitt gehöre zu $x = 0$ und seine Lage sei fixirt; dann muss also mit $x = 0$ zugleich u_0, v_0 und u_1 verschwinden. Lässt man die Integrale in (12.) mit $x = 0$ anfangen, so muss

$$(13.)\qquad m = n = q = 0$$

sein. Am andern Ende sollen Kräfte wirken, deren Componenten parallel mit x und y ich durch A und B bezeichnen will, und deren statisches Moment in Beziehung auf eine durch die Mitte dieses Endquerschnittes parallel mit z gelegte Linie durch T bezeichnet werde. Dann sind die Bedingungen dieses Endes, d. h. für $x = \lambda$, wenn λ die Länge der Speiche bedeutet:

---

*) Bei diesem Uebergang ist (wie man leicht erkennt) auch $\left(\frac{d\beta}{dx}\right)^2$ und $\beta\frac{d^2\beta}{dx^2}$ neben Eins vernachlässigt. Die weiteren Resultate haben somit Gültigkeit nur für Gesetze der Speichenbreite 2β, die hiermit im Einklang sind. — *W. V.*

$$\text{(14.)}\qquad \begin{aligned} &\mathrm{A} + 2\wp z' \int s\,dy + 2z' \int a\,dy = 0, \\ &\mathrm{B} + 2\wp z' \int f\,dy \qquad\qquad = 0, \\ &\mathrm{T} + 2\wp z' \int ys\,dy + 2z' \int ay\,dy = 0, \end{aligned}$$

wo ich die Integration nach z bereits ausgeführt habe, und wo die nach dy zu nehmen ist von $y = -\beta_1$ bis $y = +\beta_1$, wo β_1 der dem $x = \lambda$ entsprechende Werth von β sein soll.

Setzt man hierin für a, f, s ihre Reihen nach den Potenzen von y und führt die Integration zwischen den angegebenen Grenzen aus, so verwandeln sie sich, wenn man mit φ_1 den Querschnitt für $x = \lambda$ bezeichnet, in

$$\begin{aligned} x = \lambda:\quad & 0 = \frac{\mathrm{A}}{\varphi_1} + \wp\left(s_0 + \frac{1}{6}\beta_1^2 s_2\right) + a_0 + \frac{1}{6}\beta_1^2 a_2, \\ & 0 = \frac{\mathrm{B}}{\varphi_1} + f_0 + \frac{1}{6}\beta_1^2 f_2, \\ & 0 = \frac{\mathrm{T}}{\varphi_1} + \frac{1}{3}\wp s_1 \beta_1^2 + \frac{1}{3}\beta_1^2 a_1, \end{aligned}$$

und substituirt man hierin aus (10.) die Werthe für a_0, a_2 u. s. w., so erhält man

$$\text{(15.)}\qquad \begin{aligned} x = \lambda:\quad & 0 = \frac{\mathrm{A}\beta_1}{\varphi_1} + \zeta, \\ & 0 = 3\,\frac{\mathrm{B}\beta_1}{\varphi_1} + \vartheta, \\ & 0 = 3\,\frac{\mathrm{T}\beta_1}{\varphi_1} + \eta + \vartheta\lambda. \end{aligned}$$

Die hieraus sich ergebenden Werthe für η, ϑ, ζ in (12.) gesetzt geben für die Verrückungen der Centrallinie [die nach den Ansätzen für u und v durch u_0 und v_0 bestimmt werden]:

$$\text{(16.)}\qquad \begin{aligned} u_0 &= \frac{1}{5}\frac{\wp}{k}\int s_0\,dx + \frac{2}{5k}\frac{\mathrm{A}\beta_1}{\varphi_1}\int\frac{dx}{\beta}, \\ v_0 &= -\frac{1}{5}\frac{\wp}{k}\iint s_1\,dx^2 - \frac{6}{5k}\frac{\mathrm{T}\beta_1}{\varphi_1}\iint\frac{dx^2}{\beta^3} + \frac{6}{5k}\frac{\mathrm{B}\beta_1}{\varphi_1}\iint dx^2\frac{(\lambda - x)}{\beta^3}. \end{aligned}$$

Ich werde, ehe ich zur Aufstellung der Bedingungsgleichungen gehe, welche aus dem festen Zusammenhange der Speiche mit dem Kreisring hervorgehen, die Resultate in (10.) und (15.) anwenden zur Bestimmung der Farben, welche in der freien, durchsichtigen Speiche entstehen, z. B. in einem Glasstreifen von variabler Breite, aber überall gleicher Dicke, wenn das eine Ende desselben fixirt ist, und auf das andere Ende die Kräfte A und B wirken.

Diese Farben hängen ab von dem Werthe $O-E$ in der Formel (B.) im § 12. Bei Berücksichtigung der Formeln (1.) dieses Paragraphen wird dieser Werth folgender

$$O-E=\frac{p-q}{G^2}\frac{z'}{k}\sqrt{(a-b)^2+4f^2}, \tag{17a.}$$

der sich, wenn für a, b, f ihre Reihen nach den Potenzen von y gesetzt werden, verwandelt in:

$$O-E=\frac{p-q}{G^2}\frac{z'}{k}\left\{\left(a_0-b_0+(a_1-b_1)y+(a_2-b_2)\frac{y^2}{2}\right)^2+4\left(f_0+f_1y+f_2\frac{y^2}{2}\right)^2\right\}^{\frac{1}{2}}, \tag{17b.}$$

wobei aber zu berücksichtigen ist, dass in diesem letzten Ausdruck die Glieder der dritten und höheren Ordnung bereits vernachlässigt sind.

Ich werde in (17.) nicht die vollständigen Werthe für a_0, b_0 u. s. w. substituiren, der Ausdruck wird zu complicirt, sondern diese Formel nur für die drei Hauptfälle entwickeln, nämlich:

1) wenn keine äusseren Kräfte auf den Streifen wirken, d. i. wenn $\mathrm{A}=\mathrm{B}=\mathrm{T}=0$ und die Farben allein von der Vertheilung der Temperatur hervorgebracht werden;

2) wenn der Streifen in der Richtung seiner Axe x comprimirt wird, bei gleichförmiger Temperaturvertheilung und ohne Biegung der Centrallinie x, d. h. wo $\mathrm{B}=\mathrm{T}=0$ und $s=\text{const.}$;

3) wo bei gleichförmiger Temperaturvertheilung ohne Compression allein Biegung des Streifens stattfindet, d. i. $s=\text{const.}$, $\mathrm{A}=0$.

In dem ersten Falle erhalten wir [nach (15.) ζ, ϑ, η gleich Null, also] nach (10.)

$$\begin{aligned} &a_0-b_0=-\tfrac{1}{12}\beta^2\wp\left(\frac{d^2s_0}{dx^2}+s_2\right), \quad && a_1-b_1=0, \\ &a_2-b_2=\tfrac{1}{2}\wp\left(\frac{d^2s_0}{dx^2}+s_2\right) && f_0=f_1=f_2=0, \end{aligned} \tag{18.}$$

und demnach erhalten wir für die Verzögerungszeit in (17.), wenn $\frac{\wp}{k}=f$ gesetzt wird:

$$O-E=\frac{p-q}{4G^2}z'f\left(\frac{d^2s_0}{dx^2}+s_2\right)\left(\frac{\beta^2}{3}-y^2\right). \tag{19.}$$

Das Vorzeichen dieses Ausdruckes ist so gewählt, dass derselbe zugleich mit $\frac{\partial u}{\partial x}-\frac{\partial v}{\partial y}=-\frac{1}{2k}(a-b)$ plus und minus wird.

Der Streifen hat zufolge des vorstehenden Ausdrucks von $O-E$ zwei neutrale, d. i. farblose Zonen, parallel mit dem Rande des Streifens, deren Entfernung von der Mitte desselben $+\beta\sqrt{\frac{1}{3}}$ beträgt. Diese neutralen Zonen theilen den ganzen Streifen in drei Felder, ein centrales Feld und zwei Randfelder; in den beiden Randfeldern findet dieselbe Farbenvertheilung statt, und die Farben haben denselben, positiven oder negativen, Character; im centralen Felde haben die Farben immer den entgegengesetzten Character, sie sind [für $p - q > 0$] positiv, d. h. der mit der Längenaxe parallel polarisirte Strahl ist der sich schneller fortpflanzende, wenn $\frac{\partial^2 s}{\partial x^2} + \frac{\partial^2 s}{\partial y^2}$ eine positive Grösse ist; in diesem Falle ist das centrale Feld ein in Richtung der Längenaxe des Streifens dilatirtes, die Randfelder sind aber in derselben Richtung comprimirt. Das Urtheil über das Vorzeichen von $\frac{\partial^2 s}{\partial x^2} + \frac{\partial^2 s}{\partial y^2}$ ergiebt sich aber leicht, wenn wir uns über der Ebene des Streifens eine Fläche construiren, deren auf dieser Ebene senkrechte Coordinaten die in ihrem Fusspunkt stattfindende Temperatur darstellen, d. h. die Fläche $z = s$. Wenn diese Fläche der Ebene des Streifens ihre convexe Seite zukehrt, so ist $\frac{\partial^2 s}{\partial x^2} + \frac{\partial^2 s}{\partial y^2}$ positiv, und negativ, wenn sie die concave Seite dem Streifen zukehrt.*) Der erstere Fall findet statt, wenn der Streifen mit einer äusseren Wärmequelle in Berührung gesetzt wird, und in der Erwärmung sich befindet; der zweite Fall, wenn der Streifen erwärmt mit einem kälteren Mittel in Berührung gebracht wird und in der Abkühlung sich befindet. Dies Verhalten eines Streifens ist einer der interessantesten Fälle unter denen, deren experimentelle Kenntniss wir *Brewster* verdanken (*Ph. Trans.* 1816). Ich werde in einem späteren Paragraphen auf diesen Fall zurückkommen mit einer Analyse, welche die Entwickelbarkeit der Molekularcomponenten und der Temperatur nach den Potenzen von y nicht voraussetzt, und wodurch die Lage der neutralen Zonen schärfer bestimmt wird, in den Fällen, wenn die Temperatur allein eine Function von x oder von y ist. Es ist sehr merkwürdig und unerwartet, dass, wie aus der vorstehenden angenäherten Formel für $O - E$ hervorgeht, die Theilung einer schmalen Platte durch die neutralen

---

*) Die vorstehenden Sätze dürften nur mit gewissen Einschränkungen zutreffend sein. Zunächst ist in Formel (19.) ein Vorzeichenwechsel von $\frac{d^2 s_0}{dx^2} + s_2$ innerhalb der Speiche stillschweigend ausgeschlossen. Sodann ist $\frac{d^2 s_0}{dx^2} + s_2$ mit $\frac{\partial^2 s}{\partial x^2} + \frac{\partial^2 s}{\partial y^2}$ vertauscht, während letzteres in Strenge gleich

$$\frac{d^2 s_0}{dx^2} + y\frac{d^2 s_1}{dx^2} + \frac{y^2}{2}\frac{d^2 s_2}{dx^2} + s_2$$

ist, und diese beiden Ausdrücke sind nur für $y = 0$, d. h. in der Mittellinie der Speiche identisch. Schliesslich sind die Bezeichnungen „concav“ und „convex“ im Text nicht im strengen Sinne der Worte sondern für „im Mittel“ concav und convex benutzt. — *W. V.*

Zonen unabhängig von der Vertheilung der Wärme in dem Streifen ist, diese nur die Intensität der Färbung und deren Character bestimmt.*)

---

*) Man wird das Bedürfniss empfinden, die letzte Thatsache dem Verständniss näher zu bringen. Da die zwei Glieder $\frac{d^2 s_0}{dx^2}$ und s_2 sich in ihrer Wirkung superponiren, so kann man sie einzeln behandeln. Zu dem ersteren Glied gelangt man, wenn man die Temperatur nur in der Längsrichtung der Speiche variirend annimmt.

Betrachtet man dann einen kurzen Abschnitt der Speiche in der Umgebung von $x = x^0$ und setzt dort $x = x^0 + \xi$, $s = s^0 + \xi\left(\frac{ds}{dx}\right)^0 + \frac{1}{2}\xi^2\left(\frac{d^2s}{dx^2}\right)^0$, so ergiebt Formel (19.), dass das erste und zweite Glied hiervon, d. h. also der Absolutwerth und der Gradient der Temperatur, keine Wirkung auf die Doppelbrechung üben. In der That macht man sich leicht klar, dass bei einer in ξ lineären Temperatur sich die einzelnen Volumenelemente des Abschnittes frei ausdehnen können, ohne sich gegenseitig zu behindern. Die entstehende Deformation ist in Fig. β veranschaulicht, wobei die eingetragenen Linien die Begrenzungen der ursprünglich prismatischen Volumenelemente darstellen, die auch nach der Deformation noch quadratische Grundflächen haben.

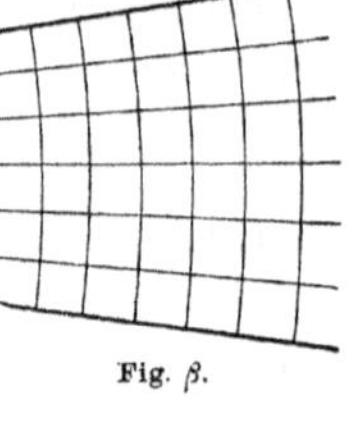

Fig. β.

Da die elastischen Differentialgleichungen lineär sind, also die verschiedenen Deformationen sich superponiren, so kann man das Temperaturgesetz $s = \frac{1}{2}\xi^2\left(\frac{d^2s}{dx^2}\right)^0$ für sich betrachten. Bei einer solchen Vertheilung können sich die Volumenelemente nicht ohne gegenseitige Störung ausdehnen. Ist $\frac{d^2s}{dx^2} < 0$, hat also s bei $x = x^0$ ein Maximum, so werden die Theile des dort befindlichen Querschnittes durch die benachbarten, niedriger temperirten Theile in ihrer Dilatation behindert. Fig. γ veranschaulicht den so entstehenden Deformationszustand durch schematische Darstellung der Begrenzungen, welche die ursprünglich prismatischen Volumenelemente durch die Temperaturänderung annehmen.

Bei den äusseren Elementen wird die Längsdehnung durch die Wirkung der Nachbarelemente vergrössert, bei den inneren wird sie verkleinert. Dazwischen liegt eine Zone, wo keine derartige Wirkung und somit auch keine Doppelbrechung eintritt, — die neutrale Zone.

Durch genau die entsprechenden Ueberlegungen kann man sich klar machen, dass *nicht* der Term $y s_1$, wohl aber der Term $\frac{1}{2}y^2 s_2$ zu einer Doppelbrechung und einer neutralen Zone Veranlassung giebt.

Fig. γ.

Dass die Lage der neutralen Zone von der Grösse der Temperatur, der Breite der Speiche und von dem Material derselben unabhängig ist, erhellt unmittelbar aus den Gleichungen (2.) und (3.) dieses Paragraphen, die für $f = 0$ die Gestalt annehmen:

$$0 = \frac{\partial(\wp s + a)}{\partial x}, \qquad 0 = \frac{\partial(\wp s + b)}{\partial\left(\frac{y}{\beta}\right)},$$

$$\frac{y}{\beta} = \pm 1: \quad 0 = \wp s + a, \quad 0 = \wp s + b.$$

Wird also s durch einen Factor modificirt, so geschieht Gleiches mit a und b; da überdies y nur in der Combination $\frac{y}{\beta}$ auftritt, so ist für alle s und alle β die für die neutrale Zone characteristische Bedingung $a = b$ bei demselben $\frac{y}{\beta}$ erfüllt. — *W. V.*

Ich wende mich zum zweiten Fall, wo s beständig ist und $B = T = 0$ und also auch nach (15.) $\eta = \vartheta = 0$. Hier ist [wegen $s_1 = 0$, $s_2 = 0$ und $\frac{d^2 s_0}{dx^2} = 0$]

$$a_0 - b_0 = \frac{\zeta}{\beta}\left(1 + \frac{1}{3}\beta^3 \frac{d^2 \frac{1}{\beta}}{dx^2} - \frac{1}{2}\beta \frac{d^2\beta}{dx^2}\right),$$

$$a_1 - b_1 = 0, \qquad a_2 - b_2 = -3\zeta \frac{d^2 \frac{1}{\beta}}{dx^2},$$

$$f_0 = 0, \qquad f_1 = -\zeta \frac{d\frac{1}{\beta}}{dx}, \qquad f_2 = 0.$$

Diese Werthe in (17.) substituirt, geben nach einigen Reductionen und Entwickelung der Wurzelgrösse in eine Reihe, in welcher die Glieder dritter Ordnung vernachlässigt worden sind:

$$(20.)\quad O - E = -\frac{p-q}{G^2}\frac{z'}{k}\frac{\zeta}{\beta}\left\{1 + \frac{2}{3}\left(\frac{d\beta}{dx}\right)^2 - \frac{5}{6}\beta\frac{d^2\beta}{dx^2} - \left(\left(\frac{d\beta}{dx}\right)^2 - \frac{3}{2}\beta\frac{d^2\beta}{dx^2}\right)\left(\frac{y}{\beta}\right)^2\right\}.$$

Diese Formel zeigt, dass, wenn die Breite des Streifens continuirlich wächst, von einem Ende bis zu dem andern Ende, nach einem übrigens beliebigen Gesetz, die Färbung in der Mittellinie des Streifens vom breiteren Ende nach dem schmaleren Ende auch continuirlich steigt. Die Färbung [d. i. die Verzögerung] in der Mittellinie ist nahe umgekehrt proportional mit der Breite. Indem man sich von der Mittellinie nach dem Rande zu entfernt, fällt oder steigt die Färbung, je nachdem der Factor von y^2 in (20.) positiv oder negativ ist. Die Farbe wird unabhängig von y, wenn dessen Factor verschwindet, d. h. wenn

$$\left(\frac{d\beta}{dx}\right)^2 - \frac{3}{2}\beta\frac{d^2\beta}{dx^2} = 0,$$

welches die endliche Gleichung $\beta = (ax + b)^3$ giebt, wo a und b zwei willkürliche Constanten bedeuten. In diesem Fall ist in jeder Linie, welche senkrecht auf der Mittellinie steht, dieselbe Färbung oder mit andern Worten die isochromatischen Curven sind jene senkrechten graden Linien; im Allgemeinen sind diese isochromatischen Linien Curven. Wenn die Breite der Streifen continuirlich zunimmt, und $\left(\frac{d\beta}{dx}\right)^2 - \frac{3}{2}\beta\frac{d^2\beta}{dx^2}$ einen positiven Werth hat, wie z. B. wenn die Ränder gradlinig sind, so haben diese Isochromaten ihre concave Seite dem schmaleren Ende zugekehrt.

Was die Richtung der Polarisationsebenen betrifft, so bilden sie mit der x-Axe den Winkel α, für welchen

$$\operatorname{tang}\alpha = \frac{2f}{a - b \pm \sqrt{(a-b)^2 + 4f^2}}.$$

Setzt man hierin $f = f_0 + f_1 y + f_2 y^2$ und ebenso für a und b ihre Reihen und für die Coëfficienten ihre Werthe aus (10.) und vernachlässigt die Glieder zweiter Ordnung, so wird

$$\operatorname{tang} \alpha' = -\beta \frac{d\frac{1}{\beta}}{dx} y = \frac{d\beta}{dx} \frac{y}{\beta} \quad \text{und} \quad \operatorname{tang} \alpha'' = -\frac{\beta}{\frac{d\beta}{dx} y},$$

woraus hervorgeht, dass die eine Polarisationsebene in der Mittellinie parallel mit dieser Linie ist, von hier aus nach dem Rande zu sich dreht, bis sie im Rande parallel mit dessen Tangente geworden ist*); die Ränder werden also an den Stellen farblos erscheinen, wo ihre Tangente 45^0 mit der x-Axe bildet**), wenn die Mittellinie sich im Azimuth 45 befindet und die Turmalinplatte im Azimuth 90^0 in Beziehung auf die ursprüngliche Polarisationsebene. Bei Anstellung der Experimente über dies Phänomen muss aber grosse Sorge getragen werden, dass die Endflächen recht eben sind, damit der Druck A gleichmässig über diese vertheilt ist.

Der dritte Fall, für welchen ich die Formeln noch entwickeln will, ist $s = \text{const.}$, $\mathrm{A} = 0$. Hier ist nach (10.) [wegen $\zeta = 0$, $s_1 = s_2 = \frac{d^2 s_0}{dx^2} = 0$]

$$a_0 - b_0 = 0, \quad a_1 - b_1 = \frac{\eta + \vartheta x}{\beta^3} + \frac{1}{2} \frac{d^2}{dx^2} \frac{\eta + \vartheta x}{\beta}, \quad a_2 - b_2 = 0,$$

$$f_0 = \frac{1}{2} \frac{d}{dx} \frac{\eta + \vartheta x}{\beta}, \quad f_1 = 0, \quad f_2 = -\frac{d}{dx} \frac{\eta + \vartheta x}{\beta^3}.$$

Diese Werthe in (17.) gesetzt und die Glieder der vierten Ordnung vernachlässigt, giebt

$$O - E = \frac{p-q}{G^2} \frac{z'}{k} \frac{1}{\beta^3} \left\{ \eta + \vartheta x + \frac{1}{2} \beta^3 \frac{d^2}{dx^2} \frac{\eta + \vartheta x}{\beta} \right\} y,$$

oder, wenn die Differentiation ausgeführt wird:

$$(22.) \qquad O - E = \frac{p-q}{G^2} \frac{z'}{k} \frac{y}{\beta^3} \left\{ (\eta + \vartheta x) \left(1 + \left(\frac{d\beta}{dx} \right)^2 - \frac{1}{2} \beta \frac{d^2 \beta}{dx^2} \right) - \frac{\vartheta \beta \, d\beta}{dx} \right\},$$

woraus hervorgeht, dass innerhalb eines jeden auf der Mittellinie senkrechten Schnittes die Farben das im Anfang dieser Abhandlung entwickelte Gesetz eines gekrümmten überall gleich breiten Streifens befolgen. Setzt man $\mathrm{T} = 0$ in (15.) und vernachlässigt in (22.) die Glieder zweiter Ordnung, so erhält man als erste Annäherung [wenn man das Vorzeichen so wählt wie S. 168]

$$O - E = \frac{p-q}{G^2} \frac{z'}{k} \frac{y}{\beta^3} \vartheta (\lambda - x),$$

---

*) In der That liegen nach den allgemeinen Grenzbedingungen nächst dem Rande die Hauptspannungen resp. parallel und normal zum Randelement. — *W. V.*

**) Die Anwendung der Formeln auf derartig schnell variirende Breiten β erscheint nach der Note zu S. 166 einigermassen bedenklich. — *W. V.*

welches, wenn darin $O - E$ constant gesetzt wird, die Gleichung für die isochromatischen Curven zwischen y und x ist.

Ich werde jetzt die Gleichungen aufstellen, welche für die Stellen gelten, an welchen die Speichen mit dem Kreisring zusammenstossen. In Fig. 5 soll $AB\alpha\beta$ eine Speiche vorstellen, ab einen Theil des Kreisringes. Das Stück $\alpha\beta\delta\gamma$, begrenzt von den Graden $\alpha\beta$, dem Bogen $\gamma\delta$ und den beiden Graden $\alpha\gamma$ und $\beta\delta$, welche senkrecht stehen auf dem mittleren Bogen des Kreisringes, welchen wir σ im vorhergehenden Paragraphen genannt haben, nenne ich das der Speiche und dem Kreisringe gemeinschaftliche Stück; auf dieses Stück sind weder die Gleichungen für den Kreisring, noch diejenigen für die Speichen anwendbar, weil hier für die Randflächen die dort vorausgesetzten Umstände nicht stattfinden. Ich betrachte dies gemeinschaftliche Stück als absolut fest, d. h. ich nehme an, dass die Theilchen desselben keine relativen Verrückungen erlitten haben. Diese Vorstellung ist eine erste Annäherung und beruht darauf, dass man sich die Verrückungen der Theilchen in dem gemeinschaftlichen Stück nach den Potenzen ihrer Entfernungen von zwei durch dessen Mittelpunkt rechtwinklig gelegten Ebenen, die perpendiculär auf der Ebene des Ringes stehen, entwickelt denken kann und bei der Kleinheit der Dimensionen des Stücks für die erste Annäherung alles, was von jenen Entfernungen abhängt, vernachlässigen kann. Die Lage jedes Theilchens des gemeinschaftlichen Stücks $\alpha\beta\delta\gamma$ ist demnach bestimmt durch die Verrückungen seines Mittelpunktes D, welche ich parallel mit x und y respective durch U und V bezeichnen werde, und durch den Winkel, um welchen sich das Stück um eine durch diesen Punkt mit der z-Axe parallel gelegte Linie gedreht hat; diesen Winkel werde ich $-\psi$ nennen. Bis auf Grössen, welche von den Dimensionen des Stücks abhängen, welche wir aber vernachlässigen, haben die Mitten der Seiten $\alpha\beta$, $\alpha\gamma$, $\beta\delta$ dieselben Verrückungen U und V erlitten, und die Seiten $\alpha\gamma$ und $\beta\delta$ haben sich um den Winkel ψ, $\alpha\beta$ aber um den Winkel $-\psi$ gedreht.*) Die Axe x lasse ich mit dem Radius CD des Ringes zu-

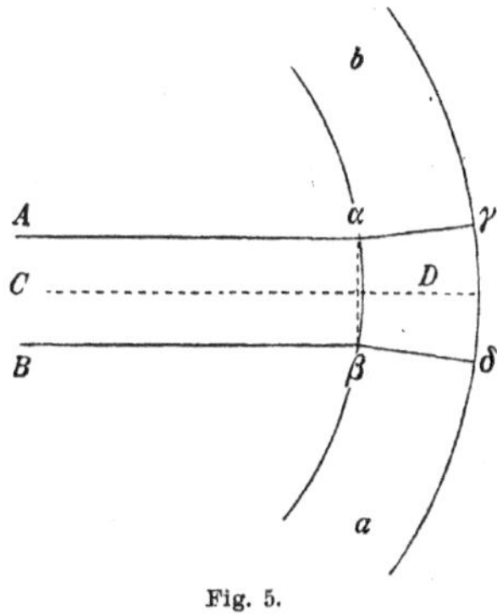

Fig. 5.

*) Diese auf den ersten Blick befremdliche Bemerkung, dass von dem *starren* Stück $\alpha\beta\delta\gamma$ sich eine Seite im andern Sinne drehen solle, als die andern, ist so zu verstehen, dass *dieselbe* Drehung sich *in den Coordinatensystemen*, auf welche die Ringtheile a und b einerseits, die Speiche andererseits bezogen sind, verschiedensinnig darstellt. — *W. V.*

sammenfallen, durch welchen die Speiche symmetrisch getheilt wird. Die Verrückungen der Theilchen in der Speiche parallel mit x und y sind u und v, ihre Molekularcomponenten a, b, f. Die Temperatur in der Speiche, um sie von derjenigen im Ringe zu unterscheiden, bezeichne ich durch $\acute{s}$. Die Verrückungen und Molekularcomponenten und die Temperatur des Bogenstücks unterhalb $\beta\delta$ bezeichne ich durch die oben gebrauchten Buchstaben φ, ξ, A, B, F, s; für das Bogenstück aber oberhalb $\alpha\gamma$ unterscheide ich dieselben Grössen durch einen oben beigesetzten Accent.

Die Verrückungen, welche das gemeinschaftliche Stück $\alpha\beta\delta\gamma$ erfährt, sind nun dadurch bestimmt, dass die molekulären Kräfte und die Wärmeabstossungen, welche einerseits gegen die Seite $\alpha\beta$, andererseits gegen die Seiten $\alpha\gamma$ und $\beta\delta$ wirken, einander das Gleichgewicht halten müssen. Dies giebt für die Stelle, wo Ring und Speiche zusammenstossen, drei Bedingungsgleichungen. Die übrigen Gleichungen erhält man durch die Bemerkung, dass die Lage des Endquerschnitts der Speiche $\alpha\beta$ durch U, V und ψ bestimmt ist. Die Länge der Speiche $=\lambda$ gesetzt, sind die Verrückungen des Mittelpunkts des Endquerschnitts $\alpha\beta$ [in den Bezeichnungen von S. 165] gleich u_0 und v_0 und die Drehung desselben u_1, in diesen Grössen $x=\lambda$ gesetzt. Wir haben also

$$x=\lambda:\quad u_0=U,\quad v_0=V,\quad u_1=-\psi.$$

Ebenso sind die Orte und Richtungen der Querschnitte $\beta\delta$ und $\alpha\gamma$ des Kreisringes durch U, V, ψ bestimmt. Die Verrückungen ihrer Mittelpunkte sind [in den Bezeichnungen von S. 145, resp. 150] respective φ_0, ξ_0 und φ_0', ξ_0'; diese Verrückungen finden statt in der Richtung des Radius des Ringes, mit welchem die Seiten $\beta\delta$ und $\alpha\gamma$ ursprünglich parallel waren, und senkrecht darauf; diese Richtungen fallen zwar nicht zusammen mit denen von x und y; die Winkel aber, welche sie mit ihnen bilden, hängen nur von den Dimensionen des gemeinschaftlichen Stücks ab, die wir also vernachlässigen. Demnach haben wir bei der Annäherung, bei welcher wir stehen geblieben sind,

$$\varphi_0=\varphi_0'=U,\qquad \xi_0=\xi_0'=V.$$

Die Drehung, welche die Endquerschnitte $\beta\delta$ und $\alpha\gamma$ der Bogenstücke erlitten haben, sind ξ_1 und ξ_1', diese müssen gleich sein dem Winkel ψ; also

$$\xi_1=\xi_1'=\psi.$$

In diesen Gleichungen muss man für σ die Werthe setzen, wodurch die Schnitte $\beta\delta$ und $\alpha\gamma$ in ihrer ursprünglichen Lage bestimmt waren, man kann aber dafür den gemeinschaftlichen Werth für σ setzen, wodurch die ursprüngliche Lage des Radius CD bestimmt wird; ich werde diesen Werth σ' nennen.

Eliminirt man aus den vorstehenden Gleichungen die unbekannten Grössen U, V, ψ, so erhält man

(23.) $$x = \lambda,\quad \sigma = \sigma':\quad \varphi_0 = \varphi_0' = u_0,\quad \xi_0 = \xi_0' = v_0,\quad \xi_1 = \xi_1' = -u_1.$$

Diese sechs Gleichungen, welche für jede Stelle, wo eine Speiche mit dem Kreisringe verbunden ist, gelten, verbunden mit den drei Gleichungen einer jeden solchen Stelle, welche sich aus dem Gleichgewicht der auf das gemeinschaftliche Stück wirkenden Kräfte noch ergeben, sind ausreichend alle Constanten, von denen das Problem der gegenseitigen Biegungen und Drehungen zwischen einem Kreisring und seinen Speichen abhängt, zu bestimmen.

Die Kräfte, welche auf das gemeinschaftliche Stück $\alpha\beta\delta\gamma$ wirken, sind: 1) Die zwei Druckcomponenten der Speiche a und f und die Wärmeabstossung $'\wp\,'s$; diese drei Kräfte wirken gegen die Seite $\alpha\beta$. 2) Gegen die Seite $\beta\delta$ wirken A, F und $\wp s$ und 3) gegen die Seite $\alpha\gamma$ die Kräfte $-A'$, $-F'$, $-\wp s'$. Die Kräfte F, $-F'$ und A, $-A'$ haben Richtungen, welche parallell sind mit den ursprünglichen Richtungen der Seiten $\beta\delta$, $\alpha\gamma$ und senkrecht darauf; bei Vernachlässigung der Glieder aber, welche von den Dimensionen des gemeinschaftlichen Stücks abhängen, können wir sie betrachten als wirkend in der Richtung CD und senkrecht darauf, also parallel respective mit f und a. Demnach müssen, da diese Kräfte unter einander sich das Gleichgewicht halten, die Gleichungen stattfinden:

(24.) $$\begin{gathered}\int (a + {}'\wp\,'s)\, dy\, dz + \int (F - F')\, d\varrho\, dz = 0,\\ \int f\, dy\, dz + \int \{A - A' + \wp(s - s')\}\, d\varrho\, dz = 0.\end{gathered}$$

Ausserdem muss die Summe der statischen Momente dieser Kräfte gleich Null sein; ich nehme dieselben in Beziehung auf eine durch die Mitte D des gemeinschaftlichen Stücks parallel mit z gelegte Linie und erhalte, da $\varrho_,$ und β_1 [s. S. 167] die halben Dimensionen des Stücks bezeichnen:

(25.) $$\begin{aligned}0 = &\int (a + {}'\wp\,'s)\, y\, dy\, dz + \varrho_, \int f\, dy\, dz\\ &-\int \varrho\, dz\, d\varrho\, (A - A' + \wp(s - s')) - \beta_1 \int (F - F')\, dz\, d\varrho.\end{aligned}$$

Die Integrationen in (24.) und (25.) sind in Beziehung auf die ganzen Querschnitte respective der Speiche und des Ringes zu nehmen. In diesen Gleichungen ist $x = \lambda$ zu setzen und $\sigma = \sigma'$, d. h. der Werth von σ, durch welchen die ursprüngliche Lage des Radius CD bestimmt ist; man kann in diesen Gleichungen $'s = s = s'$ setzen, da diese Temperaturen nur um Grössen von einander differiren, welche von den Dimensionen des Zwischenstücks $\alpha\beta\delta\gamma$ abhängen. Ich habe den Temperaturcoëfficienten in der Speiche hier mit $\wp'$ unterschieden, und werde ihren Elasticitätsmodul mit k' bezeichnen, da die Substanz, aus welcher die Speiche besteht, von derjenigen des Ringes verschieden sein kann.

Setzt man für a, f, A u. s. w. [gemäss S. 162, resp. 145] ihre Reihen nach den Potenzen respective nach y und ϱ und führt die Integrationen aus, bezeichnet mit g den Endquerschnitt der Speiche $\alpha\beta$ und mit γ den Querschnitt des Ringes, so erhält man

$$\begin{aligned}
0 &= g\{a_0 + \wp' s' + \tfrac{1}{6}(a_2 + \wp' s_2)\beta_1^2\} + \gamma\{F_0 - F_0' + \tfrac{1}{6}(F_2 - F_2')\varrho_,^2\},\\
0 &= g\{f_0 + \tfrac{1}{6}f_2\beta_1^2\} + \gamma\{A_0 - A_0' + \tfrac{1}{6}(A_2 - A_2')\varrho_,^2\},\\
0 &= g\{\tfrac{1}{3}(a_1 + \wp' s_1)\beta_1^2 + \varrho_,(f_0 + \tfrac{1}{6}f_2\beta_1^2)\}\\
&\qquad - \gamma\{\tfrac{1}{3}(A_1 - A_1')\varrho_,^2 + \beta_1(F_0 - F_0' + \tfrac{1}{6}(F_2 - F_2')\varrho_,^2)\}.
\end{aligned}$$

Hierin sind nun die Werthe für a_0, a_1 u. s. w. aus (10.) dieses Paragraphen und für A_0, A_1 u. s. w. aus (16.) des vorhergehenden Paragraphen zu substituiren. Man erhält dann, wenn man in der dritten Gleichung noch die Glieder höherer Ordnung, nämlich die, welche von f_0, f_2 und F_0, F_2 abhängen, vernachlässigt, welches Glieder von derselben Ordnung sind, wie diejenigen, welche wir bei Aufstellung dieser Bedingungsgleichung überhaupt vernachlässigt haben, folgende Gleichungen:

$$(26.)\quad \begin{aligned}
x = \lambda,\ \sigma = \sigma':\quad & g\frac{\zeta}{\beta_1} - \frac{1}{3}\gamma\varrho_,^2\alpha\{(M - M')\sin\alpha\sigma' - (N - N')\cos\alpha\sigma'\} = 0,\\
& \frac{1}{3}g\frac{\vartheta}{\beta_1} - \frac{1}{3}\gamma\varrho_,^2\alpha\{(M - M')\cos\alpha\sigma' + (N - N')\sin\alpha\sigma'\} = 0,\\
& \frac{1}{3}g\left(\frac{\eta + \vartheta\lambda}{\beta_1}\right) - \frac{1}{3}\gamma\varrho_,^2\{P - P' + (M - M')\cos\alpha\sigma' + (N - N')\sin\alpha\sigma'\} = 0,
\end{aligned}$$

worin die entsprechenden Constanten in A_0, A_0' u. s. w. auch durch beigefügte Accente unterschieden sind. In u_0, v_0 und u_1 sind die Constanten m, n, q entweder gleich Null nach (13.), oder sie müssen durch die Bedingungen des Querschnitts, welcher dem Centrum des Kreisringes zugekehrt ist, für sich, unabhängig von η, ϑ, ζ bestimmt werden. Die sechs Gleichungen in (23.) enthalten also als noch zu bestimmende Constanten der Speiche nur η, ϑ, ζ. Diese können mittelst (26.) eliminirt werden, und diese Elimination giebt sechs Bedingungsgleichungen unter den Constanten der Bogenstücke des Ringes für jede Stelle, wo der Kreis mit einer Speiche verbunden ist, wodurch sich sämmtliche Constanten des Ringes vollständig bestimmen.

Wollte man die Annäherung bei der Bildung der Bedingungsgleichungen für die Stellen, welche der Speiche und dem Kreisringe gemeinschaftlich sind, weiter treiben, so müssten die Verrückungen in dem gemeinschaftlichen, trapezartigen Stück $\alpha\beta\delta\gamma$, auf dessen drei Seiten die Kräfte a, f, A, F, A', F' wirken, erst für sich untersucht werden, und nach den Potenzen der Coordinaten eines jeden Theilchens, deren Anfangspunkt in der Mitte des Stücks ist, entwickelt werden. Bei dieser Entwickelung müssen aber die Glieder von der zweiten und höheren Ordnung vernachlässigt werden. Alsdann die Verrückungen der Theilchen an den Grenzen des Stücks, in welchen dasselbe mit der Speiche und den Bogenstücken zusammenstösst, den Verrückungen der Theilchen in der Speiche und den Bogenstücken gleichgesetzt, giebt sechs Gleichungen, und drei andere erhält man aus den sich im Gleichgewicht befindenden Kräften a, f, A, F, A', F', welches die neun erforderlichen Bedingungsgleichungen sind mit Berücksichtigung der ersten Potenzen der Dimensionen der Speiche und des Kreisringes.

§ 18.

Betrachtung zweier heterogener Streifen, die fest mit einander verbunden sind.

Wenn heterogene Substanzen, d. h. solche, welche in ihrem Elasticitätsmodul und thermischen Ausdehnungscoëfficienten verschieden sind, auf eine feste Weise mit einander bei einer bestimmten Temperatur verbunden werden, so entstehen bei Veränderung dieser Temperatur, auch bei gleichförmiger Vertheilung derselben über das ganze System, Spannungen, und daraus gehen Verrückungen der Theilchen hervor, die bei schicklich gewählten Dimensionen bedeutende Formveränderungen des Systems hervorbringen. Im polarisirten Licht zeigt ein solches System Färbungen, die *bleibend* genannt werden, im Gegensatz gegen die vorübergehenden Färbungen, welche durch die ungleichförmige Verbreitung der Wärme im Innern eines homogenen Körpers hervorgebracht werden. Ein solches System verhält sich wie die rasch abgekühlten Gläser mit ihren bleibenden Färbungen. Ich werde in diesem Paragraphen für einen der einfacheren hierher gehörigen Fälle die Theorie entwickeln, nämlich für den Fall, wo zwei dünne lange rechtwinklige Platten mit zwei ihrer Ränder an einander gelöthet sind, sodass die Ebenen der beiden Platten zusammenfallen. Sind die Breiten dieser Platten, d. h. diejenigen Dimensionen, welche auf den gelötheten Rändern senkrecht stehen, gering, so entstehen bei jeder Temperaturveränderung messbare Biegungen der Streifen, sie bilden dann ein bekanntes Metallthermometer. Aus diesen Untersuchungen werden sich die noch nicht bekannten Relationen ergeben zwischen den Biegungen eines solchen

Metallthermometers und den Dimensionen, den Ausdehnungscoëfficienten, Elasticitätsmoduln der beiden Metallstreifen, aus denen dasselbe besteht.

Da die aneinander gelötheteten Platten sehr dünn sind, so kann man auf dieselben die Gleichungen des § 12 anwenden. Ich bezeichne der Kürze wegen wieder die Molekularcomponenten X_x, Y_y, $X_y = Y_x$ durch a, b, f, sodass also nach (6.) § 12 ist

$$(1.)\quad \begin{aligned} a &= -\tfrac{1}{3}\wp s - \tfrac{2}{3}k\left(4\frac{\partial u}{\partial x} + \frac{\partial v}{\partial y}\right), \\ b &= -\tfrac{1}{3}\wp s - \tfrac{2}{3}k\left(\frac{\partial u}{\partial x} + 4\frac{\partial v}{\partial y}\right), \\ f &= -k\left(\frac{\partial u}{\partial y} + \frac{\partial v}{\partial x}\right), \end{aligned}$$

und nach [(5.), resp.] (7.)

$$(2.)\quad \begin{aligned} 0 &= \frac{\partial a}{\partial x} + \frac{\partial f}{\partial y} + \wp\frac{\partial s}{\partial x}, \\ 0 &= \frac{\partial b}{\partial y} + \frac{\partial f}{\partial x} + \wp\frac{\partial s}{\partial y}. \end{aligned}$$

Ich lege den Anfangspunkt der Coordinaten in die Mitte derjenigen Randflächen, mit welchen beide Platten aneinander gelöthet sind, die y-Axe senkrecht auf diese Fläche, die x-Axe parallel mit derselben und parallel mit der Ebene der Platten. Ich nenne die eine Platte die *untere*, die andere die *obere*. Die Randfläche, welche parallel mit der Löthfläche ist, bezeichne ich in der unteren Platte durch $y = -h$, in der oberen durch $y = +h'$; die Ebenen der Seitenränder sollen in beiden Platten durch $x = \pm\lambda$ bezeichnet werden. Die vorstehenden Componenten a, b, f und die Verrückungen u, v, sowie die Constanten $\wp$ und k sollen sich auf die untere Platte beziehen; für die obere Platte sollen die entsprechenden Grössen durch beigesetzte Accente unterschieden werden. Die Gleichungen (1.) und (2.) gelten also für die untere Platte; die entsprechenden Gleichungen für die obere Platte erhält man, wenn darin $a', b', f', u', v', k', \wp'$ statt der unaccentuirten Buchstaben gesetzt wird.

Die Bedingungsgleichungen (9.) § 12 verwandeln sich in folgende

$$(3.)\quad y = -h:\quad b + \wp s = 0,\quad f = 0,$$

$$(4.)\quad y = +h':\quad b' + \wp' s = 0,\quad f' = 0,$$

und für $x = \pm\lambda$:

$$(5.)\quad \text{wenn } y \text{ negativ:}\quad \wp s + a = 0,\quad f = 0,$$

$$(6.)\quad \text{wenn } y \text{ positiv:}\quad \wp' s + a' = 0,\quad f' = 0.$$

Es fehlen noch die an der gemeinschaftlichen Grenze beider Platten zu erfüllenden Bedingungen, nämlich für $y = 0$. Es ist ersichtlich, dass hier die Verrückungen der unteren und oberen Platte denselben Werth haben müssen, also

(7.) $$y = 0:\quad u = u',\quad v = v'.$$

Ausserdem aber muss für diese Grenze noch folgenden Gleichungen genügt werden*):

(8.) $$y = 0:\quad (\wp - \wp')s + b - b' = 0,\quad f - f' = 0.$$

Zu diesen letzteren Gleichungen gelangt man aus der Betrachtung des Gleichgewichts der Kräfte, welche auf ein sehr kleines rechtwinkliges Prisma wirken, dessen Kanten parallel mit den Coordinatenaxen sind, und das so liegt, dass dasselbe von der gemeinschaftlichen Grenzfläche beider Platten halbirt wird.

Ausser diesen Bedingungen haben wir noch auszudrücken, dass der Querschnitt, in welchem die zusammengelötheten Platten gehalten werden, seine Ebene nicht verändert, und dass in diesem Querschnitt auch v mit y zugleich verschwinden muss.**) Dies giebt, wenn $x = \lambda'$ der in Rede stehende Querschnitt ist:

(8b.) $$x = \lambda':\quad u = 0,$$
$$\text{und}\quad x = \lambda',\quad y = 0:\quad v = 0.$$

Ich werde zuerst eine allgemeine Transformation der Gleichungen (1.) und (2.) entwickeln. Aus den Gleichungen (2.) kann man durch Differentiation f eliminiren und erhält

(9.) $$\wp\left(\frac{\partial^2 s}{\partial x^2} - \frac{\partial^2 s}{\partial y^2}\right) + \frac{\partial^2 a}{\partial x^2} - \frac{\partial^2 b}{\partial y^2} = 0,$$

eine andere Relation lässt sich aus (2.) mittelst der Gleichungen (1.) ableiten. Aus (1.) erhält man nämlich:

(10.) $$k\frac{\partial u}{\partial x} = \frac{1}{10}(b - 4a) - \frac{1}{10}\wp s,$$
$$k\frac{\partial v}{\partial y} = \frac{1}{10}(a - 4b) - \frac{1}{10}\wp s,$$

und $$\frac{\partial^2 f}{\partial x \partial y} = -k\left(\frac{\partial^2}{\partial y^2}\left(\frac{\partial u}{\partial x}\right) + \frac{\partial^2}{\partial x^2}\left(\frac{\partial v}{\partial y}\right)\right).$$

Differentiirt man nun die erste Gleichung in (2.) nach x:

$$\wp\frac{\partial^2 s}{\partial x^2} + \frac{\partial^2 a}{\partial x^2} + \frac{\partial^2 f}{\partial x \partial y} = 0,$$

*) In der ersten Gleichung (8.) steht im Original irrthümlich $a - a'$ statt $b - b'$. — *W. V.*

**) Diese Bedingung ist nicht, wie es zunächst scheinen möchte, *physikalisch* gemeint; in der That wäre das *Erzwingen* der dauernd ebenen Gestalt eines beliebigen Querschnittes nicht wohl ausführbar. Sie hat vielmehr nur geometrische Bedeutung, insofern sie unten dahin interpretirt wird, dass der *mittlere* Querschnitt des Systems, der nach Symmetrie von selbst eben bleibt, festgehalten werden soll. *W. V.*

substituirt aus der vorhergehenden Gleichung den Werth für $\frac{\partial^2 f}{\partial x \partial y}$ und eliminirt mittelst (10.) die Grössen $\frac{\partial u}{\partial x}$ und $\frac{\partial v}{\partial y}$, so erhält man [mit Benutzung von (9.)]:

$$(11.)\qquad 5\wp\frac{\partial^2 s}{\partial x^2}+\wp\frac{\partial^2 s}{\partial y^2}+4\frac{\partial^2 a}{\partial x^2}+2\frac{\partial^2 a}{\partial y^2}+2\frac{\partial^2 b}{\partial x^2}=0,$$

und hieraus mittelst (9.) und indem man mit der zweiten Gleichung in (2.) ebenso verfährt, erhält man

$$(12.)\qquad 5\wp\frac{\partial^2 s}{\partial y^2}+\wp\frac{\partial^2 s}{\partial x^2}+4\frac{\partial^2 b}{\partial y^2}+2\frac{\partial^2 a}{\partial y^2}+2\frac{\partial^2 b}{\partial x^2}=0.$$

Addirt man diese Gleichung zur Gleichung (11.), so reducirt sich die Summe auf:

$$(13.)\qquad \frac{3}{2}\wp\left(\frac{\partial^2 s}{\partial x^2}+\frac{\partial^2 s}{\partial y^2}\right)+\frac{\partial^2(a+b)}{\partial x^2}+\frac{\partial^2(a+b)}{\partial y^2}=0.$$

Durch die Gleichungen (9.) und (13.) werden a und b bestimmt; durch diese Grössen erhält man aber u, v, f mittelst Quadraturen. Nämlich aus (10.) haben wir sogleich

$$(14.)\qquad \begin{aligned} ku &= \varphi(y)+\frac{1}{10}\int dx\,(b-4a)-\frac{1}{10}\wp\int s\,dx,\\ kv &= \xi(x)+\frac{1}{10}\int dy\,(a-4b)-\frac{1}{10}\wp\int s\,dy,\end{aligned}$$

und werden diese Werthe in die dritte der Gleichungen (1.) substituirt:

$$(15.)\qquad \begin{aligned} -f=\frac{d\varphi(y)}{dy}+\frac{d\xi(x)}{dx}+\frac{1}{10}\int dx\frac{\partial(b-4a)}{\partial y}+\frac{1}{10}\int dy\frac{\partial(a-4b)}{\partial x}\\ -\frac{1}{10}\int dx\frac{\partial s}{\partial y}-\frac{1}{10}\wp\int dy\frac{\partial s}{\partial x},\end{aligned}$$

worin $\varphi(y)$ und $\xi(x)$ zwei durch die Integration von (10.) eingeführte willkürliche Functionen respective von y und x bezeichnen, deren Ausdrücke sich ergeben, wenn der vorstehende Werth von f in (2.) substituirt wird; dies giebt:

$$(16.)\qquad \frac{d^2\varphi}{dy^2}=\frac{11}{10}\wp\frac{\partial s}{\partial x}+\frac{1}{10}\wp\int dx\frac{\partial^2 s}{\partial y^2}+\frac{\partial a}{\partial x}-\frac{1}{10}\frac{\partial(a-4b)}{\partial x}-\frac{1}{10}\int dx\frac{\partial^2(b-4a)}{\partial y^2},$$

$$(17.)\qquad \frac{d^2\xi}{dx^2}=\frac{11}{10}\wp\frac{\partial s}{\partial y}+\frac{1}{10}\wp\int dy\frac{\partial^2 s}{\partial x^2}+\frac{\partial b}{\partial y}-\frac{1}{10}\frac{\partial(b-4a)}{\partial y}-\frac{1}{10}\int dy\frac{\partial^2(a-4b)}{\partial x^2}.$$

Der Vortheil dieser Transformation, wonach alle gesuchten Grössen von a und b abhängig gemacht werden und diese durch die zwei Differentialgleichungen (9.) und (13.) bestimmt werden, welche ausserdem einfacher sind als die in u und v, welche aus (2.) entstehen, wenn darin die Werthe für a, b, f aus (1.) gesetzt werden, d. i. die Gleichungen (7.) in § 12, beruht darauf, dass die am Rande zu erfüllenden Bedingungen oder doch ein Theil derselben Bedingungen für a, b, f sind.

In dem vorliegenden Problem nun ist s constant, wodurch die Differentialgleichungen (9.) und (13.) werden

$$(18.)\qquad \frac{\partial^2 a}{\partial x^2} = \frac{\partial^2 b}{\partial y^2}, \qquad \frac{\partial^2(a+b)}{\partial x^2} + \frac{\partial^2(a+b)}{\partial y^2} = 0.$$

Ich setze:

$$(19.)\qquad \begin{aligned} a &= \alpha + \beta x + (\gamma + \delta x)y + \eta, & a' &= \alpha' + \beta' x + (\gamma' + \delta' x)y + \eta', \\ b &= \mu + \nu x + (\varrho + \pi x)y + \vartheta, & b' &= \mu' + \nu' x + (\varrho' + \pi' x)y + \vartheta', \end{aligned}$$

wo η, ϑ, η', ϑ' Functionen von x und y vorstellen, und werde zeigen, dass die constanten Coëfficienten α, β, γ, δ, μ, ν, ϱ, π und die entsprechenden accentuirten so bestimmt werden können, dass durch den lineären Theil von a, b, a', b' den Bedingungen (3.), (4.), (7.), (8.) vollständig genügt wird, und sie mit den Gleichungen (5.) und (6.) in Uebereinstimmung sind. Von den Functionen η und ϑ lässt sich zeigen, dass ihr Werth unmerklich ist, wenn der Werth von x nicht in der Nähe von $\pm\lambda$ liegt, d. h. wenn das Theilchen, worauf sie sich beziehen, nicht in der Nähe der Endquerschnitte liegt.

Wegen der lineären Form sowohl der Differentialgleichungen, als der Bedingungsgleichungen lassen sich die beiden Theile, aus welchen a, b, a', b' zusammengesetzt sind, getrennt behandeln.

Ich beschäftige mich zuerst mit dem lineären Theile dieser Grössen. Die Differentialgleichungen (9.) und (13.) [resp. (18.)] erfüllen sich durch ihn von selbst. Die Gleichungen (16.) und (17.) geben

$$\frac{d^2\varphi(y)}{dy^2} = \frac{\partial a}{\partial x} - \frac{1}{10}\frac{\partial(a-4b)}{\partial x} = \beta + \delta y - \frac{1}{10}(\beta - 4\nu + (\delta - 4\pi)y),$$

$$\frac{d^2\xi(x)}{dx^2} = \frac{\partial b}{\partial y} - \frac{1}{10}\frac{\partial(b-4a)}{\partial y} = \varrho + \pi x - \frac{1}{10}(\varrho - 4\gamma + (\pi - 4\delta)x),$$

woraus

$$(20.)\qquad \begin{aligned} \varphi &= n + my + \tfrac{1}{2}\beta y^2 + \tfrac{1}{6}\delta y^3 - \tfrac{1}{20}((\beta - 4\nu)y^2 + \tfrac{1}{3}(\delta - 4\pi)y^3), \\ \xi &= r + tx + \tfrac{1}{2}\varrho x^2 + \tfrac{1}{6}\pi x^3 - \tfrac{1}{20}((\varrho - 4\gamma)x^2 + \tfrac{1}{3}(\pi - 4\delta)x^3), \end{aligned}$$

worin n, m, r, t vier neue Constanten sind.

Diese Werthe in (15.) substituirt, giebt

$$(21.)\qquad -f = m + t + \beta y + \tfrac{1}{2}\delta y^2 + \varrho x + \tfrac{1}{2}\pi x^2.$$

Für den oberen Streifen gelten dieselben Gleichungen (20.), (21.) mit accentuirten Buchstaben. Substituirt man nun in (3.) und (4.) den lineären Theil von b, b' und die daraus nach (21.) sich ergebenden Werthe für f und f', so erhält man:

$$(22.)\quad \begin{cases} 0 = \nu = \varrho = \pi, \\ 0 = \nu' = \varrho' = \pi', \\ \text{und} \quad \wp s + \mu = 0, \quad \wp' s + \mu' = 0, \end{cases}$$

$$(23.)\quad m + t - \beta h + \tfrac{1}{2}\delta h^2 = 0, \quad m' + t' + \beta' h' + \tfrac{1}{2}\delta' h'^2 = 0.$$

Um den Gleichungen (7.) und (8.) zu genügen, müssen wir jetzt nach (14.) die Werthe von u und v bilden. Diese sind mit Rücksicht auf (22.)

$$(24.)\quad \begin{aligned} ku &= n + my + \tfrac{9}{20}(\beta y^2 + \tfrac{1}{3}\delta y^3) - \tfrac{1}{5}\wp sx - \tfrac{4}{10}(\alpha x + \tfrac{1}{2}\beta x^2 + (\gamma x + \tfrac{1}{2}\delta x^2)y), \\ kv &= r + tx + \tfrac{1}{5}(\gamma x^2 + \tfrac{1}{3}\delta x^3) + \tfrac{3}{10}\wp sy + \tfrac{1}{10}((\alpha + \beta x)y + \tfrac{1}{2}(\gamma + \delta x)y^2). \end{aligned}$$

Diese Werthe für u und v, sowie der Werth für f aus (21.) in die Bedingungen (7.) und [die zweite Gleichung] (8.), welche für $y = 0$ erfüllt werden müssen, gesetzt, geben folgende neue Relationen:

$$(25.)\quad \begin{aligned} &1) \quad m + t = m' + t', \\ &2) \quad \frac{n}{k} = \frac{n'}{k'}, \\ &3) \quad \frac{r}{k} = \frac{r'}{k'}, \\ &4) \quad \frac{t}{k} = \frac{t'}{k'}, \\ &5) \quad \frac{1}{2}\left(\frac{\wp}{k} - \frac{\wp'}{k'}\right)s = \frac{\alpha'}{k'} - \frac{\alpha}{k}, \\ &6) \quad \frac{\beta}{k} = \frac{\beta'}{k'}, \\ &7) \quad \frac{\gamma}{k} = \frac{\gamma'}{k'}, \\ &8) \quad \frac{\delta}{k} = \frac{\delta'}{k'}. \end{aligned}$$

[Die erste Gleichung (8.) ist durch die Beziehungen (22.) identisch erfüllt.]

Die Gleichungen (22.), (23.) und (25.) enthalten 18 Relationen unter den Coëfficienten α, α', β u. s. w., m, m', n u. s. w., deren Anzahl 24 beträgt; jenen Relationen kann also genügt werden durch eine schickliche Wahl der Werthe dieser Coëfficienten, und dadurch sind die Bedingungen (3.), (4.), (7.), (8.) vollständig erfüllt. Sechs von den Coëfficienten bleiben noch unbestimmt, von denen drei benutzt werden können, die Gleichungen (8b.) zu erfüllen, und die drei andern dazu verwandt, um drei aus (5.) und (6.) [die sich direct durch die lineären Glieder der Ansätze (19.) nicht befriedigen lassen] abgeleiteten Gleichungen zu genügen. Ich bilde aus (5.) und (6.) folgende drei Gleichungen*):

*) Die Bedeutung dieser Formeln tritt in der Note der Redaction zu S. 179 deutlich in Erscheinung. — *W. V.*

$$x = \pm\lambda:\quad \int_{-h}^{0} dy(\wp s + a) + \int_{0}^{h'} dy(\wp' s + a') = 0,$$

(26.)
$$\int_{-h}^{0} dy f + \int_{0}^{h'} dy f' = 0,$$

$$\int_{-h}^{0} y\, dy(\wp s + a) + \int_{0}^{h'} y\, dy(\wp' s + a') = 0.$$

Ich werde in den Werthen für a, b, a', b' in (19.) die linearen Theile bezeichnen respective mit A, B, A', B', und die aus diesen linearen Theilen sich ergebenden Theile für f und f' mit F und F', hingegen die Theile des Werthes für f und f', welche von η und ϑ, η' und ϑ' abhängen, durch ζ und ζ', sodass man also hat

$$a = A + \eta,\qquad b = B + \vartheta,\qquad f = F + \zeta,$$
$$a' = A' + \eta',\qquad b' = B' + \vartheta',\qquad f' = F' + \zeta'.$$

Für η und ϑ gelten die Differentialgleichungen (9.) und (13.) [resp. (18.)], wo nur a, b mit η und ϑ zu vertauschen ist; dasselbe gilt von den Gleichungen (14.), (15.) und (16.). Die Bedingungen aber an den Grenzen (3.), (4.), (8.) werden folgende:

(27.)
$$y = -h:\quad \vartheta = 0,\quad \zeta = 0,$$
$$y = +h':\quad \vartheta' = 0,\quad \zeta' = 0,$$
$$y = 0:\quad \vartheta = \vartheta',\quad \zeta = \zeta'.$$

Für $y = 0$ müssen ausserdem noch die Theile von u und u', welche von η, ϑ, ζ, η' u. s. w. abhängen, einander gleich sein, sowie dies auch bei denjenigen von v und v' der Fall sein muss.

Nun lässt sich nachweisen, dass wenn η, η' u. s. w. auf die angegebene Weise bestimmt werden, in den Gleichungen (26.) alles verschwindet, was von diesen Grössen abhängt, und diese sich also in folgende verwandeln

$$0 = \int_{-h}^{0} dy(\wp s + A) + \int_{0}^{h'} (\wp' s + A')\, dy,$$

(28.)
$$0 = \int_{-h}^{0} dy\, F + \int_{0}^{h'} dy\, F',$$

$$0 = \int_{-h}^{0} y\, dy(\wp s + A) + \int_{0}^{h'} y\, dy(\wp' s + A').$$

Diese Gleichungen beruhen also darauf, dass

$$1)\ \int_{-h}^{0}\eta\,dy+\int_{0}^{+h'}\eta'\,dy=0,\qquad 2)\ \int_{-h}^{0}\zeta\,dy+\int_{0}^{h'}\zeta'\,dy=0,$$

$$3)\ \int_{-h}^{0}\eta y\,dy+\int_{0}^{h'}\eta' y\,dy=0,$$

was ich jetzt beweisen werde.

Wir haben [nach (18.)] die Differentialgleichungen:

$$(29.)\qquad 0=\frac{\partial^2\eta}{\partial x^2}-\frac{\partial^2\vartheta}{\partial y^2},\qquad 0=\frac{\partial^2(\eta+\vartheta)}{\partial x^2}+\frac{\partial^2(\eta+\vartheta)}{\partial y^2}$$

und zur Bestimmung von ζ [nach (2.)]

$$(30.)\qquad 0=\frac{\partial\eta}{\partial x}+\frac{\partial\zeta}{\partial y},\qquad 0=\frac{\partial\vartheta}{\partial y}+\frac{\partial\zeta}{\partial x}.$$

Den Gleichungen (29.) genügt man durch die partikulären Integrale $\eta=Me^{px}$, $\vartheta=Ne^{px}$, wo p eine beständige Grösse bezeichnet und M und N Funktionen von y sind, welche bestimmt werden durch

$$(31.)\qquad p^2M=\frac{d^2N}{dy^2},\qquad p^2(M+N)+\frac{d^2(M+N)}{dy^2}=0.$$

Die willkürlichen Constanten, welche durch die Integration dieser Gleichungen eingeführt werden, nebst dem noch unbestimmten p sind mehr als hinreichend, um die Bedingungen (27.) an den Grenzen zu erfüllen, sodass man als die vollständigen Werthe für η und ϑ setzen kann

$$(32.)\qquad \begin{aligned}\eta&=\sum e^{px}M, & \vartheta&=\sum e^{px}N,\\ \eta'&=\sum e^{px}M', & \vartheta'&=\sum e^{px}N',\end{aligned}$$

wo dies Summenzeichen sich auf alle Glieder bezieht, welche den Grenzbedingungen genügen.

Da in (27.) die Bedingungen $y=-h$: $\zeta=0$, $y=+h'$: $\zeta'=0$, $y=0$: $\zeta=\zeta'$ für jeden Werth von x erfüllt werden müssen, so muss auch sein für $y=-h$: $\frac{\partial\zeta}{\partial x}=0$, $y=+h'$: $\frac{\partial\zeta'}{\partial x}=0$, $y=0$: $\frac{\partial\zeta}{\partial x}=\frac{\partial\zeta'}{\partial x}$. Da nun nach (30.) $\frac{\partial\zeta}{\partial x}=-\frac{\partial\vartheta}{\partial y}$, so kann man also statt (27.) schreiben:

$$y=-h:\ \vartheta=0,\ \frac{\partial\vartheta}{\partial y}=0;\qquad y=h':\ \vartheta'=0,\ \frac{\partial\vartheta'}{\partial y}=0;$$

$$y=0:\ \vartheta=\vartheta',\ \frac{\partial\vartheta}{\partial y}=\frac{\partial\vartheta'}{\partial y}.$$

Wenn man demnach hierin für ϑ und ϑ' ihre partikulären Werthe Ne^{px}, $N'e^{px}$ setzt, so erhält man statt der Bedingungsgleichungen (27.) folgende:

$$(33.)\quad \begin{aligned} y=-h:&\quad N=0,\quad \frac{dN}{dy}=0,\\ y=h':&\quad N'=0,\quad \frac{dN'}{dy}=0,\\ y=0:&\quad N-N'=0,\quad \frac{dN}{dy}-\frac{dN'}{dy}=0. \end{aligned}$$

Mit Berücksichtigung der ersten Gleichung in (31.) hat man nun für jeden partikulären Werth von η

$$\int_{-h}^{0}\eta\,dy+\int_{0}^{h'}\eta'\,dy=\frac{e^{px}}{p^2}\left(\int_{-h}^{0}dy\frac{d^2N}{dy^2}+\int_{0}^{h'}dy\frac{d^2N'}{dy^2}\right)$$
$$=\frac{e^{px}}{p^2}\left\{\left(\frac{dN}{dy}\right)_0-\left(\frac{dN}{dy}\right)_{-h}-\left(\frac{dN'}{dy}\right)_0+\left(\frac{dN'}{dy}\right)_{h'}\right\}.$$

Die in Parenthese eingeschlossene Grösse verschwindet aber nach (33.). Ebenso hat man

$$\int_{-h}^{0}\eta y\,dy+\int_{0}^{h'}\eta' y\,dy=\frac{e^{px}}{p^2}\left(\int_{-h}^{0}y\,dy\frac{d^2N}{dy^2}+\int_{0}^{h'}y\,dy\frac{d^2N'}{dy^2}\right).$$

Die Integrationen lassen sich ausführen und verschwinden gleichfalls wegen der Grenzwerthe nach (33.). Endlich, um den dritten Satz zu beweisen, hat man durch partielle Integration

$$\int_{-h}^{0}\zeta\,dy+\int_{0}^{h'}\zeta'\,dy=(y\zeta)_{-h}^{0}+(y\zeta')_0^{h'}+\int_{-h}^{0}y\,dy\frac{\partial\eta}{\partial x}+\int_{0}^{h'}y\,dy\frac{\partial\eta'}{\partial x},$$

wo ich statt $\frac{\partial\zeta}{\partial y}$, $\frac{\partial\zeta'}{\partial y}$ nach (30.) gesetzt habe $-\frac{\partial\eta}{\partial x}$, $-\frac{\partial\eta'}{\partial x}$. Der Theil ausserhalb der Integralzeichen verschwindet nach (27.) und man hat also für jeden partikulären Werth von ζ und ζ':

$$\int_{-h}^{0}\zeta\,dy+\int_{0}^{h'}\zeta'\,dy=\frac{e^{px}}{p}\left(\int_{-h}^{0}y\,dy\frac{d^2N}{dy^2}+\int_{0}^{h'}y\,dy\frac{d^2N'}{dy^2}\right)=0.$$

Hierdurch ist die Richtigkeit der Gleichungen (28.) nachgewiesen. Ich werde jetzt darin für A und F ihre Werthe nach (19.) und (21.) setzen, nämlich

$$A=\alpha+\beta x+(\gamma+\delta x)y,$$
$$-F=m+t+\beta y+\tfrac{1}{2}\delta y^2.$$

Die zweite Gleichung in (28.) giebt:

$$0 = (m+t)h - \tfrac{1}{2}\beta h^2 + \tfrac{1}{6}\delta h^3 + (m'+t')h' + \tfrac{1}{2}\beta' h'^2 + \tfrac{1}{6}\delta' h'^3,$$

oder wenn man mittelst [der ersten, sechsten, achten Gleichung] (25.) die accentuirten Coëfficienten eliminirt

$$0 = (m+t)k(h+h') - \tfrac{1}{2}\beta(kh^2 - k'h'^2) + \tfrac{1}{6}\delta(kh^3 + k'h'^3).$$

Diese Gleichung verbunden mit den beiden Gleichungen in (23.), nachdem man aus der zweiten derselben die accentuirten Buchstaben gleichfalls eliminirt hat, giebt

(34.) $$m+t=0, \quad \beta=0, \quad \delta=0,$$

also auch:

$$m'+t'=0, \quad \beta'=0, \quad \delta'=0,$$

sodass man also jetzt hat

$$A = \alpha + \gamma y, \quad F = 0,$$
$$A' = \alpha' + \gamma' y, \quad F' = 0.$$

Die erste und dritte der Gleichungen in (28.) geben

$$0 = (\wp s + \alpha)h - \tfrac{1}{2}\gamma h^2 + (\wp' s + \alpha')h' + \tfrac{1}{2}\gamma' h'^2,$$
$$0 = -\tfrac{1}{2}(\wp s + \alpha)h^2 + \tfrac{1}{3}\gamma h^3 + \tfrac{1}{2}(\wp' s + \alpha')h'^2 + \tfrac{1}{3}\gamma' h'^3.$$

Eliminirt man hieraus mittelst der fünften und siebenten Gleichung in (25.) die Grössen α' und γ', nämlich

$$\alpha' = \frac{k'}{k}\alpha + \frac{1}{2}\left(\frac{k'}{k}\wp - \wp'\right)s, \quad \gamma' = \frac{k'}{k}\gamma,$$

so erhält man:

$$0 = s\left\{\wp h + \frac{1}{2}\left(\frac{k'}{k}\wp + \wp'\right)h'\right\} + \alpha\left\{h + \frac{k'}{k}h'\right\} - \frac{1}{2}\gamma\left\{h^2 - \frac{k'}{k}h'^2\right\},$$
$$0 = \frac{1}{2}s\left\{\wp h^2 - \frac{1}{2}\left(\frac{k'}{k}\wp + \wp'\right)h'^2\right\} + \frac{1}{2}\alpha\left\{h^2 - \frac{k'}{k}h'^2\right\} - \frac{1}{3}\gamma\left\{h^3 + \frac{k'}{k}h'^3\right\}.$$

Diese Gleichungen kann man nach einer kleinen Transformirung des ersten Gliedes auch so schreiben

$$0 = \frac{1}{2}s\left\{\wp' - \wp\frac{k'}{k}\right\}h' + (\alpha + \wp s)\left\{h + \frac{k'}{k}h'\right\} - \frac{1}{2}\gamma\left(h^2 - \frac{k'}{k}h'^2\right),$$
$$0 = \frac{1}{4}s\left\{\wp' - \wp\frac{k'}{k}\right\}h'^2 - \frac{1}{2}(\alpha + \wp s)\left\{h^2 - \frac{k'}{k}h'^2\right\} + \frac{1}{3}\gamma\left\{h^3 + \frac{k'}{k}h'^3\right\},$$

und hieraus ergeben sich, wenn man der Kürze wegen setzt

$$\frac{1}{N} = h^4 + 4\frac{k'}{k}h^3h' + 6\frac{k'}{k}h^2h'^2 + 4\frac{k'}{k}hh'^3 + \left(\frac{k'}{k}\right)^2 h'^4,$$

die Werthe:

$$(35.)\quad \begin{aligned} \alpha &= -\wp s - \tfrac{1}{2} s\left(\wp' - \wp \tfrac{k'}{k}\right) h' \left\{4h^3 + 3h^2 h' + \tfrac{k'}{k} h'^3\right\} N,\\ \gamma &= \quad\; - 3\, s\left(\wp' - \wp \tfrac{k'}{k}\right) h h' (h + h') N,\\ \alpha' &= -\wp' s + \tfrac{1}{2} s \left(\wp' - \wp \tfrac{k'}{k}\right) h \left\{4 \tfrac{k'}{k} h'^3 + 3 \tfrac{k'}{k} h h'^2 + h^3\right\} N,\\ \gamma' &= \quad\; - 3\, s\left(\wp' - \wp \tfrac{k'}{k}\right) \tfrac{k'}{k} h h' (h + h') N. \end{aligned}$$

Die Formeln (19.) [und (21.)] haben sich nach (22.) und (34.) verwandelt in

$$(36.)\quad \begin{aligned} a &= \alpha + \gamma y + \eta, & a' &= \alpha' + \gamma' y + \eta',\\ b &= -\wp s + \vartheta, & b' &= -\wp' s + \vartheta',\\ f &= \zeta, & f' &= \zeta', \end{aligned}$$

und wenn man die von η und ϑ abhängigen Glieder in u und v mit U und V bezeichnet, so hat man nach (24.)

$$(37.)\quad \begin{aligned} k u &= n + m y - \tfrac{1}{5} \wp s x - \tfrac{2}{5}(\alpha + \gamma y) x + k U,\\ k v &= r - m x + \tfrac{1}{5} \gamma x^2 + \tfrac{3}{10} \wp s y + \tfrac{1}{10}\left(\alpha y + \tfrac{1}{2} \gamma y^2\right) + k V,\\ k' u' &= \tfrac{k'}{k} n + \tfrac{k'}{k} m y - \tfrac{1}{5} \wp' s x - \tfrac{2}{5}(\alpha' + \gamma' y) x + k' U',\\ k' v' &= \tfrac{k'}{k} r - \tfrac{k'}{k} m x + \tfrac{1}{5} \gamma' x^2 + \tfrac{3}{10} \wp' s y + \tfrac{1}{10}\left(\alpha' y + \tfrac{1}{2} \gamma' y^2\right) + k' V'. \end{aligned}$$

In dem folgenden Paragraphen entwickele ich in der Behandlung eines andern Problems die Functionen η und ϑ genauer, und aus der dortigen Untersuchung wird sich ergeben, dass diese Functionen einen ganz unmerklichen Werth haben, wenn der Werth von x nicht in die Nähe von $\pm \lambda$ fällt, d. h. wenn die vorstehenden Formeln nicht auf Theile in der Nähe der Endquerschnitte bezogen werden, weil die einzelnen Glieder, aus welchen diese Functionen nach (32.) zusammengesetzt sind, den Factor $e^{-p\lambda}$ haben. Mit η und ϑ bekommen aber zugleich ζ und U, V einen unmerklichen Werth, da sie aus ähnlichen Gliedern wie η und ϑ in (32.) zusammengesetzt sind und den Factor $e^{-p\lambda}$ enthalten. Setzt man also λ unendlich gross, so verschwinden η, ϑ, ζ, U, V, und die linearen Theile in a, b, f, u, v werden die genauen Ausdrücke dieser Grössen.*)

*) Bei dem grossen Interesse, welches das im Text behandelte Problem besitzt, ist vielleicht die Mittheilung eines Weges, auf dem sich die letzteren Formeln auch bei Benutzung der zweiconstantigen Elasticitätstheorie *ganz direct* ergeben, angezeigt.

Wird die Länge des Streifens von allem Anfang an unendlich genommen, so kann das singuläre Verhalten der unendlich fernen Endquerschnitte im Endlichen keine Wirkung üben: die Druckcomponenten und die Deformationen müssen hier von x unabhängig sein. Da überdies die Temperatur s con-

Was die hierin noch nicht bestimmten drei Constanten m, n, r betrifft, so erhalten diese ihre Bestimmung durch den Querschnitt, in welchem die zusammengelötheten Platten gehalten werden, für welchen nämlich $u=0$ und $u'=0$ sein muss, und v und v' mit y zugleich verschwinden. Ich werde der Einfachheit wegen annehmen, es sei dies der Schnitt $x=0$, dann ist

$$n=m=r=0.$$

---

stant angenommen ist, so ergiebt sich aus den Formeln (2.) und (18.) sogleich *in Strenge* a als in y lineär, b und f constant; Gleiches gilt für a', b', f'.

Aus (3.) und (4.) folgt dann

$$b=-\wp s, \qquad b'=-\wp' s, \qquad f=0, \qquad f'=0,$$

wodurch (8.) identisch erfüllt ist.

Da die Deformation des Streifens nur durch die Temperaturänderung bewirkt sein soll, also an den freien Enden weder Zugkräfte noch Momente wirken sollen, so muss für jeden Querschnitt gelten

$$\int_{-h}^{0}(a+\wp s)\,dy+\int_{0}^{h'}(a'+\wp' s)\,dy=0, \qquad \int_{-h}^{0}f\,dy+\int_{0}^{h'}f'\,dy=0, \qquad \int_{-h}^{0}(a+\wp s)\,y\,dy+\int_{0}^{h'}(a'+\wp' s)\,y\,dy=0;$$

diese Bedingungen, von denen die zweite in unserem Falle identisch erfüllt ist, treten an die Stelle von (5.) und (6.). Setzt man

$$a=\alpha+\gamma y, \qquad a'=\alpha'+\gamma' y,$$

so liefert die erste und dritte Formel

$$(1'.)\qquad \begin{gathered}(\alpha+\wp s)h-\tfrac{1}{2}\gamma h^2+(\alpha'+\wp' s)h'+\tfrac{1}{2}\gamma' h'^2=0,\\ -(\alpha+\wp s)\tfrac{1}{2}h^2+\tfrac{1}{3}\gamma h^3+(\alpha'+\wp' s)\tfrac{1}{2}h'^2+\tfrac{1}{3}\gamma' h'^3=0.\end{gathered}$$

Für die Druckcomponenten liefert die zweiconstantige Elasticitätstheorie die in Formel (1'.) der Note zu S. 117 angegebenen Werthe, wobei $X_x=a$, $Y_y=b$, $X_y=f$. Setzt man in die ersten beiden Formeln die Werthe von a und b ein, löst sie nach $\frac{\partial u}{\partial x}$ und $\frac{\partial v}{\partial y}$ auf und integrirt, so erhält man, falls $(k_1-k)(k_1+2k)=H$ gesetzt wird und X, Y Functionen von x, y bezeichnen

$$(2'.)\qquad \begin{gathered}-Hu=[(\alpha+\gamma y)(k_1+k)+2\wp sk]x+Y,\\ +Hv=(\alpha y+\tfrac{1}{2}\gamma y^2)k+\wp sk_1 y+X.\end{gathered}$$

Die Functionen X und Y bestimmen sich aus der Bedingung $f=0$, welche die Form

$$\gamma(k_1+k)x+\frac{dY}{dy}-\frac{dX}{dx}=0$$

annimmt, zu

$$X=m+qx+\tfrac{1}{2}\gamma(k_1+k)x^2, \qquad Y=n+qy,$$

worin m, n, q neue Constanten bezeichnen. Mit diesen Ausdrücken sind noch die Formeln (7.) und (8b.) zu erfüllen. Nimmt man $\lambda'=0$, also den Querschnitt $x=0$ festgehalten, so liefert (8b.) $n=0$, $q=0$, $m=0$; aus (7.) folgt

$$(3'.)\qquad \frac{\alpha(k_1+k)+2\wp sk}{H}=\frac{\alpha'(k_1'+k')+2\wp' sk'}{H'}, \qquad \frac{\gamma(k_1+k)}{H}=\frac{\gamma'(k_1'+k')}{H'}.$$

Diese Formeln bestimmen schliesslich mit (1'.) zusammen die vier noch übrigen Constanten $\alpha, \alpha', \gamma, \gamma'$, womit das ganze Problem gelöst ist.

Die für die optische Wirkung des deformirten Streifens characteristischen Functionen $\frac{\partial u}{\partial x}-\frac{\partial v}{\partial y}$ und $\frac{\partial u}{\partial y}+\frac{\partial v}{\partial x}$ berechnen sich nach der Bemerkung am Schluss der Note zu S. 118 direct aus den Functionen $a-b$ und f resp. $a'-b'$ und f'. — *W. V.*

Als Gleichung für die Fläche, in welche sich die gemeinschaftliche Ebene beider Platten bei einer Temperaturveränderung verwandelt, erhält man, wenn in v oder in v' in (37.) $y=0$ gesetzt wird:

$$v=\frac{\gamma x^2}{5k}. \tag{38.}$$

Diese Ebene hat sich also in eine gerade Cylinderfläche verwandelt*), deren Durchmesser D gleich $\frac{5k}{\gamma}$ ist, d. i.

$$D=-\frac{5}{3}\frac{\left(h^4+4\frac{k'}{k}h^3h'+6\frac{k'}{k}h^2h'^2+4\frac{k'}{k}hh'^3+\left(\frac{k'}{k}\right)^2h'^4\right)k}{s\left(\wp'-\wp\frac{k'}{k}\right)hh'(h+h')}. \tag{39.}$$

Aus dem Vorzeichen von D sieht man, dass die Cylinderfläche ihre concave Seite nach unten gekehrt hat oder nach oben, je nachdem der thermische Ausdehnungscoëfficient $\frac{\wp'}{5k'}$ grösser oder kleiner als $\frac{\wp}{5k}$ ist.

Wenn die Breiten der Platten oder Streifen h und h' einander gleich sind, so wird:

$$(D)=-\frac{5}{6}hkk'\frac{\left\{\frac{14}{kk'}+\frac{1}{k^2}+\frac{1}{k'^2}\right\}}{s\left(\frac{\wp'}{k'}-\frac{\wp}{k}\right)}, \tag{40.}$$

und die Hebung oder Senkung des Endes ist:

$$(v)=\frac{-\frac{6}{5}s\left(\frac{\wp'}{k'}-\frac{\wp}{k}\right)\lambda^2}{hkk'\left\{\frac{14}{kk'}+\frac{1}{k^2}+\frac{1}{k'^2}\right\}}. \tag{41.}$$

In Beziehung auf die Farben im polarisirten Licht haben wir nach (17a.) in § 17

$$O-E=\frac{p-q}{G^2}\frac{z'}{k}\sqrt{(a-b)^2+f^2}$$

woraus für den gegenwärtigen Fall, wo $f=0$ ist, wird für die untere Platte:

$$O-E=-\frac{p-q}{G^2}\frac{z'}{k}(a-b)=-\frac{p-q}{G^2}\frac{z'}{k}(\alpha+\wp s-\gamma y), \tag{42.}$$

und für die obere

$$O'-E'=-\frac{p'-q'}{G^2}\frac{z'}{k'}(a'-b')=-\frac{p'-q'}{G^2}\frac{z'}{k'}(\alpha'+\wp's+\gamma'y). \tag{43.}$$

---

*) Dies Resultat ist natürlich nur innerhalb der hier benutzten Annäherung, die Glieder vernachlässigt, welche quadratisch in der Dicke der Platte sind, als richtig anzusehen. Bei weitergetriebener Annäherung tritt an die Stelle der Cylinderfläche eine Sattelfläche. — *W. V.*

Ich habe der Wurzel das Zeichen — gegeben, damit $O-E$ und $\frac{\partial u}{\partial x}-\frac{\partial v}{\partial y}$ dasselbe Vorzeichen haben; ich habe ferner für den unteren Streifen ein negatives y gesetzt, sodass jetzt sowohl in (42.) als in (43.) y nur positive Werthe haben darf. Substituirt man die Werthe für α und γ, α', γ' aus (35.), so erhält man

$$O-E=\frac{p-q}{G^2}\frac{z'}{k}s\left(\wp'-\wp\frac{k'}{k}\right)\left\{\frac{1}{2}h'\left(4h^3+3h^2h'+\frac{k'}{k}h'^3\right)-3hh'(h+h')y\right\}N,$$

$$O'-E'=-\frac{p'-q'}{G^2}\frac{z'}{k'}s\left(\wp'-\wp\frac{k'}{k}\right)\left\{\frac{1}{2}h\left(4\frac{k'}{k}h'^3+3\frac{k'}{k}h'^2h+h^3\right)-3hh'(h+h')\frac{k'}{k}y\right\}N.$$

Jede der Platten ist von einer neutralen Zone, welche parallel ist mit der den beiden Platten gemeinschaftlichen Fläche, in zwei Felder getheilt, in ein positives und negatives. Die untere Platte hat, wenn der Ausdehnungscoëfficient der oberen Platte der grössere ist, ihr positives Feld der gemeinschaftlichen Grenze zugekehrt, die obere ihr negatives Feld. [Dabei ist $p-q>0$ vorausgesetzt.] Ich werde die Entfernung dieser neutralen Zone von der gemeinschaftlichen Grenze in der unteren Platte mit (y), in der oberen mit (y') bezeichnen; dann ist

$$(y)=\frac{1}{6}\frac{h'\left(4h^3+3h^2h'+\frac{k'}{k}h'^3\right)}{hh'(h+h')},$$

$$(y')=\frac{1}{6}\frac{h\left(4h'^3+3h'^2h+\frac{k}{k'}h^3\right)}{hh'(h+h')},$$

woraus hervorgeht, dass die Lage dieser neutralen Zonen unabhängig von den Ausdehnungscoëfficienten ist. Sind die Breiten der Platten gleich: $h=h'$, so wird

$$(y)=\frac{1}{12}\left(7+\frac{k'}{k}\right)h,\qquad (y')=\frac{1}{12}\left(7+\frac{k}{k'}\right)h.$$

Die isochromatischen Curven sind alle parallel mit diesen neutralen Zonen.

§ 19.

Ueber die Farbenerscheinungen, welche entstehen, wenn eine rechtwinklige Glasplatte auf eine erhitzte Unterlage gestellt wird. Betrachtung des Falles, dass die Breite der Platte klein ist neben ihrer Höhe.

Ich werde in diesem Paragraphen mich mit der Erscheinung beschäftigen, welche seit der ersten Bekanntschaft mit den optischen Phänomenen, welche in starren Körpern durch ungleichförmige Vertheilung der Temperatur hervorgebracht werden, am meisten Aufmerksamkeit auf sich gezogen hat, sowohl wegen der Schönheit der sich hier entwickelnden Farben, als wegen ihrer unerwarteten Vertheilung, ich meine den Fall, wo man auf eine erhitzte horizontale Unterlage eine rechtwinklige Glasplatte stellt (*Phil. Trans.* 1816, p. 114, Fig. 1, 2, 3, 4 etc.) oder umgekehrt, wo man eine erhitzte Glasplatte auf eine kalte Unterlage setzt. Die Auflösung der Gleichungen, von denen das Problem der inneren Spannungen in einer solchen rechtwinkligen Platte bei ungleichförmiger Temperaturvertheilung abhängt, hat vollständig mir nicht gelingen wollen, indessen habe ich daraus in *zwei Fällen*, nämlich, wenn *entweder die Breite der Platte in Beziehung auf ihre Höhe*, oder umgekehrt *ihre Höhe in Beziehung auf die Breite bedeutend ist*, die inneren Spannungen und die Gesetze der Farbenvertheilung im polarisirten Licht bis zur numerischen Berechnung abgeleitet. Die Schwierigkeit, welche ich nicht habe überwinden können, und welcher ich die Aufmerksamkeit eines Geometers zuwenden möchte, besteht in der Bestimmung der Coëfficienten der Glieder einer Reihe, welche fortschreiten nach den Wurzeln einer transcendenten Gleichung. Solche Reihen sind häufig vorgekommen bei der Anwendung der Analysis auf physikalische Probleme, hier hat sich aber, zum ersten Male, wie ich glaube, der Fall dargeboten, wo sämmtliche Wurzeln der transcendenten Gleichung imaginär sind. Dieser Fall ist von allgemeinem Interesse, ein grosser Theil der Probleme in der Theorie der Elasticität, Akustik und Optik führt zu ähnlichen Reihen.

Ich lege die rechtwinkligen Coordinaten parallel mit den Kanten der rechtwinkligen Glasplatte, den Anfangspunkt derselben in die Mitte der Platte, die Axe z senkrecht auf der Ebene der Platte, y horizontal, parallel mit der Randebene, mit welcher die Platte auf die erhitzte Metallplatte gestellt ist. Ich nehme an, dass in jedem horizontalen Schnitt der Platte die Temperatur constant sei, also nur eine Function von x sei, eine Annahme, welche der Wirklichkeit streng entsprechen würde, entweder wenn die horizontale Dimension der Platte, d. i. ihre Breite, unendlich klein oder unendlich gross wäre; in allen übrigen Fällen findet diese Annahme nur annäherungsweise statt. Ich nehme ferner an, dass die Dicke der Glasplatte so gering sei, dass auf sie die Gleichungen in § 12 angewandt werden können. Alsdann haben wir für jeden Punkt im Innern der Platte [nach (7.) und (8.) unter Fortlassung der Klammern] die Gleichungen:

(1.)
$$2\varphi\frac{ds}{dx} = k\left(8\frac{\partial^2 u}{\partial x^2} + 5\frac{\partial^2 v}{\partial x\partial y} + 3\frac{\partial^2 u}{\partial y^2}\right),$$
$$0 = \left(3\frac{\partial^2 v}{\partial x^2} + 5\frac{\partial^2 u}{\partial x\partial y} + 8\frac{\partial^2 v}{\partial y^2}\right),$$

(2.)
$$w = \frac{1}{3}\left(\frac{\varphi}{k}s - \frac{\partial u}{\partial x} - \frac{\partial v}{\partial y}\right)z,$$

und die Randgleichungen (9.) in § 12 verwandeln sich, wenn a die Höhe der Platte und $2b$ ihre Breite ist, in folgende:

$$(3a.)\qquad x=\pm\tfrac{1}{2}a:\quad \wp s-k\left(4\frac{\partial u}{\partial x}+\frac{\partial v}{\partial y}\right)=0,\quad \frac{\partial u}{\partial y}+\frac{\partial v}{\partial x}=0,$$

$$(3b.)\qquad y=\pm b:\quad \wp s-k\left(\frac{\partial u}{\partial x}+4\frac{\partial v}{\partial y}\right)=0,\quad \frac{\partial u}{\partial y}+\frac{\partial v}{\partial x}=0.$$

Es ist nun die Aufgabe, Functionen für u und v zu finden, welche den Gleichungen (1.), (3a.), (3b.) genügen. Ich werde statt u eine Grösse u' einführen, wodurch ich in (1.) das Glied linker Hand fortschaffe; ich setze

$$(4.)\qquad \frac{\partial u}{\partial x}=\frac{1}{4}\frac{\wp}{k}s+\frac{\partial u'}{\partial x},$$

wodurch sich (1.), (3a.), (3b.) verwandeln, da s allein eine Function von x ist, in:

$$(5.)\qquad \begin{aligned} 0&=8\frac{\partial^2 u'}{\partial x^2}+5\frac{\partial^2 v}{\partial x\,\partial y}+3\frac{\partial^2 u'}{\partial y^2},\\ 0&=3\frac{\partial^2 v}{\partial x^2}+5\frac{\partial^2 u'}{\partial x\,\partial y}+8\frac{\partial^2 v}{\partial y^2}\end{aligned}$$

und:

$$(6a.)\qquad x=\pm\tfrac{1}{2}a:\quad 4\frac{\partial u'}{\partial x}+\frac{\partial v}{\partial y}=0,\quad \frac{\partial u'}{\partial y}+\frac{\partial v}{\partial x}=0,$$

$$(6b.)\qquad y=\pm b:\quad \tfrac{3}{4}\wp s-k\left(\frac{\partial u'}{\partial x}+4\frac{\partial v}{\partial y}\right)=0,\quad \frac{\partial u'}{\partial y}+\frac{\partial v}{\partial x}=0.$$

Ich werde nun wieder der Kürze wegen den constanten Coëfficienten von s, nämlich $\frac{\wp}{k}=f$ setzen, und drei neue Variabeln p, q, r einführen, welche in einer einfachen Beziehung zu den drei Molekularcomponenten stehen, ich werde setzen:

$$(7.)\qquad \begin{aligned} p&=4\frac{\partial u'}{\partial x}+\frac{\partial v}{\partial y},\\ q&=\frac{\partial u'}{\partial x}+4\frac{\partial v}{\partial y},\\ r&=\frac{\partial u'}{\partial y}+\frac{\partial v}{\partial x}.\end{aligned}$$

Dadurch verwandeln sich die Gleichungen (5.) in:

$$(8.)\qquad \begin{aligned} 0&=2\frac{\partial p}{\partial x}+3\frac{\partial r}{\partial y},\\ 0&=2\frac{\partial q}{\partial y}+3\frac{\partial r}{\partial x},\end{aligned}$$

und die Bedingungsgleichungen (6a.), (6b.) werden:

$$(9a.)\qquad x=\pm\tfrac{1}{2}a:\quad p=0,\quad r=0,$$

$$(9b.)\qquad y=\pm b:\quad \tfrac{3}{4}fs-q=0,\quad r=0.$$

In (9a.) folgt aus $r=0$, welches für jeden Werth von y stattfinden soll, dass auch $\frac{\partial r}{\partial y}=0$, also auch nach (8.) $\frac{\partial p}{\partial x}=0$. Ebenso folgt aus $r=0$ in (9b.), dass auch $\frac{\partial q}{\partial y}=0$ ist. Man hat also auch:

$$(10.)\quad \begin{aligned} x=\pm\tfrac{1}{2}a&: \quad p=0, \quad \frac{\partial p}{\partial x}=0, \\ y=\pm b&: \quad \tfrac{3}{4}fs-q=0, \quad \frac{\partial q}{\partial y}=0. \end{aligned}$$

Aus (8.), mit Berücksichtigung der Gleichungen (7.), [welche liefern

$$15\frac{\partial^2 r}{\partial x\,\partial y}=\frac{\partial^2(4q-p)}{\partial x^2}+\frac{\partial^2(4p-q)}{\partial y^2}]$$

ergiebt sich durch Elimination von r

$$(11.)\quad \begin{aligned} &\frac{\partial^2 p}{\partial x^2}=\frac{\partial^2 q}{\partial y^2}, \\ &\frac{\partial^2 p}{\partial y^2}+\frac{\partial^2 q}{\partial x^2}+2\frac{\partial^2 p}{\partial x^2}=0. \end{aligned}$$

Ich entwickele nun p und q nach den Potenzen von y mittelst der Gleichung (11.) und erhalte, wenn das Product $1.2.3\ldots h$ mit $\overline{h}$ bezeichnet wird:

$$(12.)\quad \begin{aligned} p=m&-2\frac{d^2m}{dx^2}\frac{y^2}{\overline{2}}+3\frac{d^4m}{dx^4}\frac{y^4}{\overline{4}}-4\frac{d^6m}{dx^6}\frac{y^6}{\overline{6}}+\cdots \\ &-\frac{d^2n}{dx^2}\frac{y^2}{\overline{2}}+2\frac{d^4n}{dx^4}\frac{y^4}{\overline{4}}-3\frac{d^6n}{dx^6}\frac{y^6}{\overline{6}}+\cdots, \end{aligned}$$

$$(13.)\quad \begin{aligned} q=\;&\quad n\quad-\frac{d^4n}{dx^4}\frac{y^4}{\overline{4}}+2\frac{d^6n}{dx^6}\frac{y^6}{\overline{6}}-\cdots \\ &+\frac{d^2m}{dx^2}\frac{y^2}{\overline{2}}-2\frac{d^4m}{dx^4}\frac{y^4}{\overline{4}}+3\frac{d^6m}{dx^6}\frac{y^6}{\overline{6}}-\cdots, \end{aligned}$$

worin m und n zwei willkürliche Functionen von x sind. Das Integral von (11.) enthält eigentlich vier willkürliche Functionen, von denen aber zwei fortfallen, deshalb, weil p und q ihre Werthe für positive und negative y nicht ändern; man würde das vollständige Integral erhalten, wenn man zu den vorstehenden Reihen noch diejenigen addirt, welche entstehen, wenn jene mit dy multiplicirt und integrirt werden und statt m und n zwei andere willkürliche Functionen μ und ν gesetzt werden.

Aus der ersten der Gleichungen (8.) erhält man

$$r=F(x)-\frac{2}{3}\left\{\frac{dm}{dx}y-2\frac{d^3m}{dx^3}\frac{y^3}{\overline{3}}+3\frac{d^5m}{dx^5}\frac{y^5}{\overline{5}}-\cdots-\frac{d^3n}{dx^3}\frac{y^3}{\overline{3}}+2\frac{d^5n}{dx^5}\frac{y^5}{\overline{5}}-\cdots\right\},$$

wo $F(x)$ eine durch die Integration eingeführte Function von x ist; setzt man diesen Werth von r in die zweite Gleichung von (8.), so ergiebt sich $\frac{dF(x)}{dx}=0$.

Also hat man statt $F(x)$ eine Constante zu setzen. Diese Constante muss aber gleich Null sein, weil, wenn $x = \pm \frac{1}{2}a$ ist, r für jeden Werth von y [nach (9a.)] verschwinden soll. Demnach ist:

$$(14.)\qquad r = -\frac{2}{3}\left\{\frac{dm}{dx}y - 2\frac{d^3m}{dx^3}\frac{y^3}{3} + 3\frac{d^5m}{dx^5}\frac{y^5}{4} - \cdots - \frac{d^3n}{dx^3}\frac{y^3}{3} + 2\frac{d^5n}{dx^5}\frac{y^5}{5} - \cdots\right\}.$$

Um die Functionen m und n zu bestimmen, sind die Werthe von q und r aus (13.) und (14.) in die Gleichung (9b.) für $y = \pm b$ zu setzen. Dies giebt

$$(15.)\qquad \frac{3}{4}fs = n - \frac{d^4n}{dx^4}\frac{b^4}{4} + 2\frac{d^6n}{dx^6}\frac{b^6}{6} - \cdots + \frac{d^2m}{dx^2}\frac{b^2}{2} - 2\frac{d^4m}{dx^4}\frac{b^4}{4} + \cdots,$$

$$(16.)\qquad 0 = -\frac{d^3n}{dx^3}\frac{b^3}{3} + 2\frac{d^5n}{dx^5}\frac{b^5}{5}\cdots\cdots + \frac{dm}{dx}b - 2\frac{d^3m}{dx^3}\frac{b^3}{3} + \cdots,$$

zwei gewöhnliche Differentialgleichungen von einer unendlich hohen Ordnung, deren Integral die Functionen m und n bestimmt. Es ist mir nicht bekannt, dass das Verfahren, ein solches System gewöhnlicher Differentialgleichungen mit constanten Coëfficienten, wo auf der linken Seite eine beliebige Function der unabhängigen Variabeln sich befindet, [zu integriren,] irgendwo entwickelt ist. Ich werde daher ein allgemeines Verfahren hier auseinandersetzen. Um dies aber übersichtlicher thun zu können, werde ich ausgehen von einem System Differentialgleichungen zweier abhängigen Variabeln zweiter Ordnung. Die Methode dehnt sich von selbst aus auf jede beliebige Ordnung.

[Excurs über die Integration eines gewissen Paares simultaner Differentialgleichungen.]

Es sei:

$$(17.)\qquad \begin{aligned} X &= An + B\frac{dn}{dx} + C\frac{d^2n}{dx^2} + am + b\frac{dm}{dx} + c\frac{d^2m}{dx^2}, \\ X' &= A'n + B'\frac{dn}{dx} + C'\frac{d^2n}{dx^2} + a'm + b'\frac{dm}{dx} + c'\frac{d^2m}{dx^2}, \end{aligned}$$

wo die Coëfficienten A, B u. s. w. constant sind, und X und X' zwei willkürliche Functionen von x vorstellen. Der Kürze wegen setze ich

$$An + B\frac{dn}{dx} + C\frac{d^2n}{dx^2} = N,$$

$$A'n + B'\frac{dn}{dx} + C'\frac{d^2n}{dx^2} = N',$$

sodass also

$$(18.)\qquad \begin{aligned} X - N &= am + b\frac{dm}{dx} + c\frac{d^2m}{dx^2}, \\ X' - N' &= a'm + b'\frac{dm}{dx} + c'\frac{d^2m}{dx^2}. \end{aligned}$$

Differentiirt man nun die erste dieser Gleichungen nach und nach so oft, als die Ordnungszahl der zweiten Einheiten hat, und ebenso die zweite so oft, als die Ordnungszahl der ersten Gleichung Einheiten hat, so erhält man

(19.)
$$\begin{aligned}
X - N &= am + b\frac{dm}{dx} + c\frac{d^2m}{dx^2},\\
\frac{dX}{dx} - \frac{dN}{dx} &= a\frac{dm}{dx} + b\frac{d^2m}{dx^2} + c\frac{d^3m}{dx^3},\\
\frac{d^2X}{dx^2} - \frac{d^2N}{dx^2} &= a\frac{d^2m}{dx^2} + b\frac{d^3m}{dx^3} + c\frac{d^4m}{dx^4};\\
X' - N' &= a'm + b'\frac{dm}{dx} + c'\frac{d^2m}{dx^2},\\
\frac{dX'}{dx} - \frac{dN'}{dx} &= a'\frac{dm}{dx} + b'\frac{d^2m}{dx^2} + c'\frac{d^3m}{dx^3},\\
\frac{d^2X'}{dx^2} - \frac{d^2N'}{dx^2} &= a'\frac{d^2m}{dx^2} + b'\frac{d^3m}{dx^3} + c'\frac{d^4m}{dx^4}.
\end{aligned}$$

Aus diesen sechs Gleichungen kann man m und seine vier Differentialquotienten eliminiren. Wenn die erste der Gleichungen (18.) von der Ordnung p und die zweite von der Ordnung q gewesen wäre, hätte man $p+q+2$ Gleichungen erhalten, und diese hätten m und seine Differentialquotienten bis $\frac{d^{p+q}m}{dx^{p+q}}$ enthalten, sodass m immer eliminirt werden kann.

Um diese Elimination in (19.) auszuführen, übersieht man sogleich, dass die erste, zweite und dritte Gleichung respective mit a', b', c' und die vierte, fünfte und sechste mit $-a$, $-b$, $-c$ zu multipliciren und dann die Summe sämmtlicher Gleichungen zu nehmen ist. Man erhält also aus (19.) durch die Elimination von m und seiner Differentialquotienten:

(20.)
$$\left\{\begin{matrix} a'X + b'\frac{dX}{dx} + c'\frac{d^2X}{dx^2} \\ -aX' - b\frac{dX'}{dx} - c\frac{d^2X'}{dx^2}\end{matrix}\right\} = \left\{\begin{matrix} a'N + b'\frac{dN}{dx} + c'\frac{d^2N}{dx^2} \\ -aN' - b\frac{dN'}{dx} - c\frac{d^2N'}{dx^2}\end{matrix}\right\}.$$

Setzt man hierin für N und N' ihre Werthe, so erhält man eine gewöhnliche lineäre Differentialgleichung mit constanten Coëfficienten von der vierten Ordnung, oder wenn (17.) von der Ordnung p und q gewesen wären, von der Ordnung $p+q$.

Das vollständige Integral von (20.) erhält man nach dem bekannten Verfahren, indem man in dieser Gleichung zuerst den Theil linker Hand gleich 0 setzt, und dem Theile rechter Hand genügt durch den partikulären Werth

(21.)
$$n = Pe^{\pi x},$$

wo für jetzt P constant ist. Das π wird bestimmt durch die Gleichung

$$(22.)\quad 0=(A+B\pi+C\pi^2)(a'+b'\pi+c'\pi^2)-(A'+B'\pi+C'\pi^2)(a+b\pi+c\pi^2),$$

deren verschiedene Wurzeln seien: π, π', π'', π'''. Der Ausdruck

$$n=Pe^{\pi x}+P_{,}e^{\pi' x}+P_{,,}e^{\pi'' x}+P_{,,,}e^{\pi''' x}$$

genügt also der Gleichung (20.), wenn ihr Theil links vom Gleichheitszeichen $=0$ ist. Hieraus erhält man das Integral von der vollständigen Gleichung (20.), indem man die P als Functionen von x betrachtet, und findet z. B.

$$(23.)\quad P=\frac{1}{(Cc'-C'c)(\pi-\pi')(\pi-\pi'')(\pi-\pi''')}\int dx\, e^{-\pi x}\left\{\begin{array}{l} a'X+b'\dfrac{dX}{dx}+c'\dfrac{d^2X}{dx^2}\\ -aX'-b\dfrac{dX'}{dx}-c\dfrac{d^2X'}{dx^2}\end{array}\right\}.$$

Den Werth für P', P'', P''' erhält man hieraus, indem man [cyklisch] vertauscht π mit π' oder π'' oder π'''. Ich werde der Kürze wegen die Producte

$$(23\text{b.})\quad \begin{array}{l}(\pi-\pi')(\pi-\pi'')(\pi-\pi''')=T\ ,\\ (\pi'-\pi'')(\pi'-\pi''')(\pi'-\pi)=T'\ ,\\ (\pi''-\pi''')(\pi''-\pi)(\pi''-\pi')=T''\ ,\\ (\pi'''-\pi)(\pi'''-\pi')(\pi'''-\pi'')=T'''\end{array}$$

setzen. Unter diesen Producten T, T' u. s. w. finden bekanntlich folgende Relationen statt*):

$$(23\text{c.})\quad \begin{array}{l}\dfrac{1}{T}+\dfrac{1}{T'}+\dfrac{1}{T''}+\dfrac{1}{T'''}=0,\\[2mm] \dfrac{\pi}{T}+\dfrac{\pi'}{T'}+\dfrac{\pi''}{T''}+\dfrac{\pi'''}{T'''}=0,\\[2mm] \dfrac{\pi^2}{T}+\dfrac{\pi'^2}{T'}+\dfrac{\pi''^2}{T''}+\dfrac{\pi'''^2}{T'''}=0,\\[2mm] \dfrac{\pi^3}{T}+\dfrac{\pi'^3}{T'}+\dfrac{\pi''^3}{T''}+\dfrac{\pi'''^3}{T'''}=1.\end{array}$$

Schafft man aus (23.) die Differentialquotienten unter dem Integralzeichen durch partielle Integration fort, berücksichtigt, dass in n nur die Summe $e^{\pi x}P+e^{\pi' x}P'+\cdots$ vorkommt, und berücksichtigt die eben aufgestellten Relationen unter den T, T' u. s. w., so findet man, dass die Glieder, welche ausserhalb des Integralzeichens zu stehen kommen, in dieser Summe verschwinden. Hieraus folgt, dass der in der Summe, durch welche n dargestellt wird, wirksame Theil von P wird

*) Dass für die Producte T, T', ... die Relationen (23 c.) gelten, folgt am einfachsten daraus, dass man die Gleichungen (23 c.) nach $\frac{1}{T}$, $\frac{1}{T'}$, ... auflöst. Um aus (23 c.) $\frac{1}{T}$ zu erhalten, multiplicirt man die vier Gleichungen der Reihe nach mit $-\pi'\pi''\pi'''$, $\pi'\pi''+\pi'\pi'''+\pi''\pi'''$, $-(\pi'+\pi''+\pi''')$, $+1$ und addirt sie. Dann ergiebt sich unmittelbar die erste Gleichung (23 b.). — *A. W.*

$$\frac{1}{(Cc'-C'c)T}\left\{(a'+b'\pi+c'\pi^2)\int e^{-\pi x}X\,dx-(a+b\pi+c\pi^2)\int e^{-\pi x}X'dx\right\},$$

oder wenn die Constante, welche die Integration vervollständigt, mit k bezeichnet wird, dass dieser in der Summe n wirksame Theil P ist:

$$k\left\{\frac{a'+b'\pi+c'\pi^2-(a+b\pi+c\pi^2)}{(Cc'-C'c)T}\right\}+\frac{(a'+b'\pi+c'\pi^2)\int e^{-\pi x}X\,dx-(a+b\pi+c\pi^2)\int e^{-\pi x}X'dx}{(Cc'-C'c)T},$$

und hieraus ergibt sich der vollständige Werth für n:

$$(24.)\quad \begin{aligned} n=&\sum\left\{\frac{(a'+b'\pi+c'\pi^2)-(a+b\pi+c\pi^2)}{(Cc'-C'c)T}\right\}ke^{\pi x}\\ &+\sum\frac{\left\{(a'+b'\pi+c'\pi^2)e^{\pi x}\int e^{-\pi x}X\,dx-(a+b\pi+c\pi^2)e^{\pi x}\int e^{-\pi x}X'\,dx\right\}}{(Cc'-C'c)T},\end{aligned}$$

und da gerade dasselbe Verfahren, wodurch n erhalten ist, auch zu dem Ausdruck für m führt, hat man in dem Ausdruck für n nur die kleinen Buchstaben a, a', b u. s. w. mit den grossen A, A', B u. s. w. zu vertauschen, um den Ausdruck für m zu erhalten; m ist also:

$$(25.)\quad \begin{aligned} m=&-\sum\left\{\frac{(A'+B'\pi+C'\pi^2)-(A+B\pi+C\pi^2)}{(Cc'-C'c)T}\right\}ke^{\pi x}\\ &-\sum\frac{(A'+B'\pi+C'\pi^2)e^{\pi x}\int e^{-\pi x}X\,dx-(A+B\pi+C\pi^2)e^{\pi x}\int e^{-\pi x}X'dx}{(Cc'-C'c)T},\end{aligned}$$

worin die Constante k unverändert bleiben muss, weil die Integrale in n und m zwischen denselben Grenzen zu nehmen sind, wie erhellt, wenn die Werthe von n und m in (17.) substituirt werden*).

Die Werthe von $(Cc'-C'c)T$, $(Cc'-C'c)T'$ etc. erhält man bekanntlich aus [dem Ausdruck auf der rechten Seite] der Gleichung (22.), wenn man diese nach π differentiirt und nach der Differentiation die Wurzeln dieser Gleichung setzt: π, π' u. s. w.

Nur der leichteren Darstellung wegen bin ich bei der Herleitung dieses Integrals von den Gleichungen (17.) von der zweiten Ordnung ausgegangen. Das Resultat kann unmittelbar übertragen werden auf Gleichungen von einer beliebigen Ordnung.

Jedoch werde ich, ehe ich dies thue, für X und X' eine Form annehmen, welche erlaubt, die Summenzeichen, unter welchen sich diese Functionen in den Ausdrücken für n und m befinden, fortzuschaffen und so die von X

*) Der Deutlichkeit wegen sei hierzu bemerkt, dass die Constanten k nur in entsprechenden Summanden von m und n den gleichen Werth haben, dagegen in den verschiedenen Summanden verschiedene Werthe. — *A. W.*

und X' abhängigen Theile in (24.) und (25.) unabhängig von den Wurzeln π zu machen, ohne dadurch die Werthe der Functionen X und X' weiter zu beschränken, als dass sie innerhalb der Grenzen, für welche die gegebenen Differentialgleichungen (17.) gelten sollen, nicht unendlich werden sollen. Ich werde annehmen, dass

$$X = \mathfrak{S}\, He^{hx}, \qquad X' = \mathfrak{S}\, H'e^{h'x},$$

wo das vorgesetzte $\mathfrak{S}$ ein Summenzeichen sein soll, welches sich auf eine beliebige Anzahl Glieder mit verschiedenen H und h beziehen soll, und wo diese Constanten möglich oder imaginär sein können. Nicht nur, dass X und X' in den meisten Fällen in dieser Form sich darbieten; bekanntlich kann man auch jede Function innerhalb gegebener Grenzen durch solche Reihen ausdrücken. Ich setze zuerst:

$$X = He^{hx}, \qquad X' = H'e^{h'x}.$$

Das Glied in n in (24.), welches von diesem besonderen Werth von X herrührt, wird:

$$H\sum \frac{a'+b'\pi+c'\pi^2}{(Cc'-Cc')T} e^{\pi x} \int e^{(h-\pi)x}\, dx = He^{hx} \sum \frac{a'+b'\pi+c'\pi^2}{(Cc'-C'c)T(h-\pi)},$$

wo das Summenzeichen $\sum$ sich auf alle Werthe von π bezieht.

Nun ist aber, wie erhellt, wenn man aus den fünf Grössen $h, \pi, \pi', \pi'', \pi'''$ fünf Producte bildet, analog den vier Producten, welche (23b.) aus den vier Grössen π, π', π'', π''' gebildet sind, und die fünf Relationen berücksichtigt, welche unter diesen fünf Producten stattfinden, die ganz analog sind den vier Relationen in (23c.):

$$\frac{1}{(Cc'-C'c)} \sum \frac{1}{(h-\pi)T} = \frac{1}{(Cc'-C'c)(h-\pi)(h-\pi')(h-\pi'')(h-\pi''')},$$

wo die in 1 dividirte Grösse linker Hand nichts Anderes ist, als der Werth [der rechten Seite] der Gleichung (22.), wenn darin statt π die Grösse h gesetzt wird. Ich werde der Kürze wegen setzen

$$G(h) = (A+Bh+Ch^2)(a'+b'h+c'h^2) - (A'+B'h+C'h^2)(a+bh+ch^2),$$

so ist also

$$\frac{1}{Cc'-C'c} \sum \frac{1}{(h-\pi)T} = \frac{1}{G(h)},$$

und ebenso hat man

$$\frac{1}{Cc'-C'c} \sum \frac{\pi}{(h-\pi)T} = \frac{h}{G(h)},$$

$$\frac{1}{Cc'-C'c} \sum \frac{\pi^2}{(h-\pi)T} = \frac{h^2}{G(h)}.$$

Demnach wird

$$\sum \frac{a'+b'\pi+c'\pi^2}{(Cc'-C'c)T} e^{\pi x} \int e^{-\pi x} X\, dx = \frac{H e^{hx}(a'+b'h+c'h^2)}{G(h)}.$$

Ein entsprechendes Resultat geben die andern Glieder in n und m. Wenn also

$$X = He^{hx}, \qquad X' = H'e^{h'x}$$

gesetzt wird, verwandeln sich die Gleichungen (24.) und (25.) in folgende:

$$\begin{aligned}
n = {} & \frac{H(a'+b'h+c'h^2)}{G(h)} e^{hx} - \frac{H'(a+bh'+ch'^2)}{G(h')} e^{h'x} \\
& + \sum \left\{ \frac{a'+b'\pi+c'\pi^2-(a+b\pi+c\pi^2)}{\left(\frac{dG}{d\pi}\right)} \right\} k e^{\pi x}, \\
m = {} & -\frac{H(A'+B'h+C'h^2)}{G(h)} e^{hx} + \frac{H'(A+Bh'+Ch'^2)}{G(h')} e^{h'x} \\
& - \sum \left\{ \frac{(A'+B'\pi+C'\pi^2)-(A+B\pi+C\pi^2)}{\left(\frac{dG}{d\pi}\right)} \right\} k e^{\pi x},
\end{aligned} \tag{26.}$$

worin ich den Werth von $(Cc'-C'c)T$ bezeichnet habe durch $\left(\frac{dG}{d\pi}\right)$, d. h. durch das Differential der Gleichung (22.), worin nach der Differentiation die Wurzel π oder π' oder u. s. w. zu setzen ist. Ist nun

$$X = He^{hx} + H_{,}e^{h_{,}x} + \cdots = \mathrm{S}\, He^{hx},$$
$$X = H'e^{h'x} + H_{,}'e^{h_{,}'x} + \cdots = \mathrm{S}\, H'e^{h'x},$$

so hat man in den vorhergehenden Ausdrücken für n und m vor H und H' nur noch das Summenzeichen S zu setzen, welches sich auf alle H, h und H', h' bezieht.

Hierin können die Constanten H, h u. s. w. mögliche oder imaginäre Grössen sein. Wenn daher z. B.

$$X = H \sin hx, \qquad X' = H' \sin h'x$$

wäre, so ist zu setzen:

$$X = \frac{H}{2\sqrt{-1}} \left\{ e^{hx\sqrt{-1}} - e^{-hx\sqrt{-1}} \right\}, \qquad X' = \frac{H'}{2\sqrt{-1}} \left\{ e^{h'x\sqrt{-1}} - e^{-h'x\sqrt{-1}} \right\},$$

und dies giebt:

$$\begin{aligned}
n = {} & \frac{H}{2\sqrt{-1}} \left\{ \frac{a'+b'h\sqrt{-1}-c'h^2}{G(h\sqrt{-1})} e^{hx\sqrt{-1}} - \frac{a'-b'h\sqrt{-1}-c'h^2}{G(-h\sqrt{-1})} e^{-hx\sqrt{-1}} \right\} \\
& - \frac{H'}{2\sqrt{-1}} \left\{ \frac{a+bh'\sqrt{-1}-ch'^2}{G(h'\sqrt{-1})} e^{h'x\sqrt{-1}} - \frac{a-bh'\sqrt{-1}-ch'^2}{G(-h'\sqrt{-1})} e^{-h'x\sqrt{-1}} \right\} \\
& - \sum \frac{a'+b'\pi+c'\pi^2-(a+b\pi+c\pi^2)}{\left(\frac{dG}{d\pi}\right)} k e^{\pi x},
\end{aligned}$$

woraus $-m$ erhalten wird, wenn die kleinen Buchstaben $a, a', b, \ldots$ mit den grossen A, A', B u. s. w. vertauscht werden.

Es seien nun die zwei Differentialgleichungen (17.) von einer *beliebigen* Ordnung gegeben:

$$
(27.)\quad \begin{aligned}
X &= An + B\frac{dn}{dx} + C\frac{d^2n}{dx^2} + \cdots + am + b\frac{dm}{dx} + c\frac{d^2m}{dx^2} + \cdots,\\
X' &= A'n + B'\frac{dn}{dx} + C'\frac{d^2n}{dx^2} + \cdots + a'm + b'\frac{dm}{dx} + c'\frac{d^2m}{dx^2} + \cdots,
\end{aligned}
$$

Ich setze

$$
(28.)\quad \begin{aligned}
A + B\pi + C\pi^2 + D\pi^3 + \cdots &= L(\pi),\\
a + b\pi + c\pi^2 + d\pi^3 + \cdots &= l(\pi),\\
A' + B'\pi + C'\pi^2 + D'\pi^3 + \cdots &= \varLambda(\pi),\\
a' + b'\pi + c'\pi^2 + d'\pi^3 + \cdots &= \lambda(\pi)
\end{aligned}
$$

und

$$
(29.)\quad L(\pi)\lambda(\pi) - \varLambda(\pi)l(\pi) = G(\pi),
$$

wo $L, l, \varLambda, \lambda, G$ Functionenzeichen bedeuten. Die Wurzeln der Gleichung

$$G(\pi) = 0$$

bezeichne ich durch

$$\pi,\ \pi',\ \pi''\ \text{u. s. w.}$$

Wendet man das Verfahren, welches zu den Ausdrücken von n und m in (24.) und (25.) als Integrale der Gleichungen (17.) geführt hat, auf die Gleichungen (27.) an, so erhält man:

$$
(30.)\quad \begin{aligned}
n &= \sum\left\{\frac{\lambda(\pi)}{\frac{dG(\pi)}{d\pi}}e^{\pi x}\int e^{-\pi x}X\,dx - \frac{l(\pi)}{\frac{dG(\pi)}{d\pi}}e^{\pi x}\int e^{-\pi x}X'\,dx\right\}\\
&\quad + \sum\frac{\lambda(\pi)-l(\pi)}{\frac{dG(\pi)}{d\pi}}ke^{\pi x},\\
m &= -\sum\left\{\frac{\varLambda(\pi)}{\frac{dG(\pi)}{d\pi}}e^{\pi x}\int e^{-\pi x}X\,dx - \frac{L(\pi)}{\frac{dG(\pi)}{d(\pi)}}e^{\pi x}\int e^{-\pi x}X'\,dx\right\}\\
&\quad - \sum\frac{\varLambda(\pi)-L(\pi)}{\frac{dG(\pi)}{d\pi}}ke^{\pi x},
\end{aligned}
$$

wo das Zeichen $\sum$ sich auf alle Wurzeln π, π', π'' u. s. w. der Gleichung $G(\pi) = 0$ bezieht. Wenn X und X' durch eine Reihe von Gliedern von der Form $He^{h x}$ gegeben sind, d. h. wenn

$$X = \mathfrak{S}\,He^{hx} \quad \text{und} \quad X' = \mathfrak{S}\,H'e^{h'x},$$

so hat man ebenso, ganz analog der Gleichung in (26.):

$$(31.)\quad \begin{aligned} n &= \mathrm{S}\left\{\frac{H\lambda(h)e^{hx}}{G(h)} - \frac{H'l(h')e^{h'x}}{G(h')}\right\} + \sum \frac{\lambda(\pi)-l(\pi)}{\frac{dG(\pi)}{d\pi}} k e^{\pi x}, \\ m &= -\mathrm{S}\left\{\frac{HA(h)e^{hx}}{G(h)} - \frac{H'L(h')e^{h'x}}{G(h')}\right\} - \sum \frac{A(\pi)-L(\pi)}{\frac{dG(\pi)}{d\pi}} k e^{\pi x}, \end{aligned}$$

und hierin können die h und H mögliche oder imaginäre Grössen vorstellen, sodass diese Ausdrücke sich auf den Fall beziehen, wo X und X' durch Sinus- und Cosinusreihen ausgedrückt sind.

Die allgemeinen Ausdrücke (30.) erhalten einen Theil von der Form $\frac{0}{0}$, wenn zwei oder mehrere Wurzeln der Gleichung $G(\pi)=0$ unter einander gleich werden, dessen Werth besonders bestimmt werden muss. In (31.) fällt diese Unbestimmtheit aus den Gliedern unter S fort und trifft allein die unter $\sum$ stehenden. Ich werde hier nur näher den Fall entwickeln, wenn *zwei* Wurzeln der Gleichung $G(\pi)=0$ gleich sind.

Es sei $\pi=\pi'$. Die beiden ersten Glieder in dem Ausdruck für n in (30.), welche den Wurzeln π und π' entsprechen, sind:

$$\frac{\lambda(\pi)e^{\pi x}\int e^{-\pi x}X\,dx - l(\pi)e^{\pi x}\int e^{-\pi x}X'\,dx}{\frac{dG(\pi)}{d\pi}},$$

$$+\frac{\lambda(\pi')e^{\pi' x}\int e^{-\pi' x}X\,dx - l(\pi')e^{\pi' x}\int e^{-\pi' x}X'\,dx}{\frac{dG(\pi')}{d\pi}}.$$

Wenn π und π' zwei reelle oder imaginäre Grössen sind, die sich der Gleichheit unter einander immer mehr nähern, so nähern sich die Ausdrücke

$$\frac{dG(\pi)}{d\pi} = (\pi-\pi')(\pi-\pi'')(\pi-\pi''')\cdots \quad \text{und} \quad \frac{dG(\pi')}{d\pi'} = (\pi'-\pi)(\pi'-\pi'')(\pi'-\pi''')\cdots$$

der Grenze Null, aber mit entgegengesetzten Vorzeichen. Hieraus ergiebt sich, dass die vorstehenden Glieder für $\pi=\pi'$ die Form $\frac{0}{0}$ annehmen und dass ihr Werth ist

$$\frac{\frac{d}{d\pi}\left\{\lambda(\pi)e^{\pi x}\int dx\,e^{-\pi x}X - l(\pi)e^{\pi x}\int dx\,e^{-\pi x}X'\right\}}{\frac{d^2G(\pi)}{d\pi^2}};$$

dies giebt

$$(32.)\quad \left\{\frac{d\lambda(\pi)}{d\pi}\int dx\,e^{-\pi x}X + \lambda(\pi)\int dx\int dx\,e^{-\pi x}X - \frac{dl(\pi)}{d\pi}\int dx\,e^{-\pi x}X' - l(\pi)\int dx\int dx\,e^{-\pi x}X'\right\}\frac{e^{\pi x}}{\frac{d^2G(\pi)}{d\pi^2}},$$

und hieraus erhält man den Werth der Summe der beiden entsprechenden Glieder in dem Ausdruck für $-m$, welche gleichfalls die Form $\frac{0}{0}$ annimmt, wenn $\lambda(\pi)$ und $l(\pi)$ mit $\varLambda(\pi)$ und $L(\pi)$ vertauscht werden.

Die Integrale in (32.) und in dem entsprechenden Gliede für m sind zwischen denselben Grenzen zu nehmen. Bezeichnet man durch k und k' die Constanten, welche den Integralen in (32.) noch hinzuzufügen sind, so geben diese Constanten in n das Glied:

$$\frac{k\left(\frac{d\lambda(\pi)}{d\pi}-\frac{dl(\pi)}{d\pi}+x(\lambda(\pi)-l(\pi))\right)+k'(\lambda(\pi)-l(\pi))}{\frac{d^2G(\pi)}{d\pi^2}}e^{\pi x},$$

und in $-m$ das Glied:

$$\frac{k\left(\frac{d\varLambda(\pi)}{d\pi}-\frac{dL(\pi)}{d\pi}+x(\varLambda(\pi)-L(\pi))\right)+k'(\varLambda(\pi)-L(\pi))}{\frac{d^2G(\pi)}{d\pi^2}}e^{\pi x}.$$

[Wiederaufnahme des eigentlichen Problemes.]

Ich werde nun diese Resultate auf die Integrierung der beiden Gleichungen (15.) und (16.) anwenden. Wir erhalten für die Ausdrücke in (28.)

(33.)
$$\begin{aligned}
L(\pi) &= 1-\frac{b^4\pi^4}{\underline{4}}+2\frac{b^6\pi^6}{\underline{6}}+\cdots=\frac{1}{2}(2\cos\pi b+\pi b\sin\pi b),\\
l(\pi) &= +\frac{b^2\pi^2}{\underline{2}}-2\frac{b^4\pi^4}{\underline{4}}+3\frac{b^6\pi^6}{\underline{6}}-\cdots=\frac{1}{2}\pi b\sin\pi b,\\
\varLambda(\pi) &= -\frac{b^3\pi^3}{\underline{3}}+2\frac{b^5\pi^5}{\underline{5}}-\cdots=\frac{1}{2}(\pi b\cos\pi b-\sin\pi b),\\
\lambda(\pi) &= \frac{b\pi}{\underline{1}}-2\frac{b^3\pi^3}{\underline{3}}+3\frac{b^5\pi^5}{\underline{5}}-\cdots=\frac{1}{2}(\sin\pi b+\pi b\cos\pi b),
\end{aligned}$$

und hieraus ergiebt sich zufolge (29.) nach einer kleinen Reduction

(33a.)
$$G(\pi)=\frac{1}{4}(\sin 2\pi b+2\pi b),\quad\text{und}$$
$$\frac{dG(\pi)}{d\pi}=\frac{b}{2}(\cos 2\pi b+1).$$

Diese Werthe für $L(\pi)$, $l(\pi)$, $\varLambda(\pi)$, $\lambda(\pi)$, $G(\pi)$ und $\frac{dG(\pi)}{d\pi}$ in (30.) gesetzt, und zugleich $X'=0$ und $X=\frac{3}{4}fs$ gesetzt, giebt das vollständige Integral von (15.) und (16.). Ich werde aber für s, welches die Vertheilung der Wärme in der Platte bezeichnet, und welches nach der analytischen Theorie der Bewegung der Wärme immer durch eine Reihe von Exponentialgrössen dargestellt wird, den Ausdruck setzen:

$$(34.)\qquad \tfrac{3}{4} fs = \mathfrak{S}\, H e^{hx},$$

worin h und H reelle oder imaginäre Grössen bedeuten können. Alsdann sind die Formeln (31.) anzuwenden und man erhält [da alle $H' = 0$ sind]:

$$(35.)\qquad \begin{aligned} n &= \mathfrak{S}\, H \frac{2(\sin hb + hb \cos hb)}{\sin 2hb + 2hb} e^{hx} + \sum \frac{\sin \pi b + \pi b \cos \pi b - \pi b \sin \pi b}{b(\cos 2b\pi + 1)} k e^{\pi x}, \\ m &= \mathfrak{S}\, H \frac{2(\sin hb - hb \cos hb)}{\sin 2hb + 2hb} e^{hx} + \sum \frac{(\sin \pi b - \pi b \cos \pi b + 2 \cos \pi b + \pi b \sin \pi b)}{b(\cos 2b\pi + 1)} k e^{\pi x}, \end{aligned}$$

worin das Zeichen $\sum$ sich bezieht auf alle π, d. i. alle Wurzeln der Gleichung:

$$G(\pi) = 0, \quad \text{resp.} \quad \sin 2\pi b + 2\pi b = 0.$$

Die Substitution dieser Werthe von n und m in (12.), (13.) und (14.) giebt [mit Benutzung der Gleichung $G(\pi) = 0$]:

$$(36.)\qquad \begin{aligned} p &= 2\, \mathfrak{S} \frac{H}{\sin 2hb + 2hb} \{(\sin hb - hb \cos hb) \cos hy - hy \sin hb \sin hy\} e^{hx} \\ &\quad + \sum k \frac{\sin \pi b + \cos \pi b}{b(\cos 2\pi b + 1)} \{(1 + \cos^2 \pi b) \cos \pi y - \pi y \sin \pi y\} e^{\pi x}, \\ q &= 2\, \mathfrak{S} \frac{H}{\sin 2hb + 2hb} \{(\sin hb + hb \cos hb) \cos hy + hy \sin hb \sin hy\} e^{hx} \\ &\quad + \sum k \frac{\sin \pi b + \cos \pi b}{b(\cos 2\pi b + 1)} \{(1 - \cos^2 \pi b) \cos \pi y + \pi y \sin \pi y\} e^{\pi x}, \\ r &= \tfrac{4}{3}\, \mathfrak{S} \frac{H}{\sin 2hb + 2hb} \{hb \cos hb \sin hy - hy \sin hb \cos hy\} e^{hx} \\ &\quad - \tfrac{2}{3} \sum k \frac{\sin \pi b + \cos \pi b}{b(\cos 2\pi b + 1)} \{\cos^2 \pi b \sin \pi y + \pi y \cos \pi y\} e^{\pi x}. \end{aligned}$$

In diesen Ausdrücken bleiben nun nur noch die Coëfficienten k zu bestimmen übrig; sie müssen so bestimmt werden, dass den Gleichungen (9.) genügt wird, d. i. für $x = \pm \frac{1}{2} a$ muss sein

$$p = 0 \quad \text{und} \quad r = 0.$$

Bezeichnet man in den Werthen von p und r in (36.) die Summe der Glieder, welche unter dem $\mathfrak{S}$ stehen, respective mit $P(x, y)$ und $R(x, y)$ und berücksichtigt, dass jeder positiven Wurzel von $0 = G(\pi) = \frac{1}{4}(\sin 2\pi b + 2\pi b)$ eine negative entspricht, so ergiebt sich, dass p und r auch geschrieben werden können unter der Form:

$$(37.)\qquad \begin{aligned} p &= P(x,y) + \sum \{F(e^{\pi x} + e^{-\pi x}) + F'(e^{\pi x} - e^{-\pi x})\} \{(1 + \cos^2 \pi b) \cos \pi y - \pi y \sin \pi y\}, \\ r &= R(x,y) - \tfrac{2}{3} \sum \{F(e^{\pi x} - e^{-\pi x}) + F'(e^{\pi x} + e^{-\pi x})\} \{\cos^2 \pi b \sin \pi y + \pi y \cos \pi y\}, \end{aligned}$$

wo nämlich, wenn k' der Coëfficient des Gliedes in (36.) ist, welches dem negativen π entspricht, gesetzt ist:

$$2b(\cos 2\pi b+1)F = (\cos\pi b+\sin\pi b)k + (\cos\pi b-\sin\pi b)k',$$
$$2b(\cos 2\pi b+1)F' = (\cos\pi b+\sin\pi b)k - (\cos\pi b-\sin\pi b)k'.$$

Hieraus ergeben sich, wenn $p=0$, $r=0$ für $x=\pm\frac{1}{2}a$ gesetzt werden, die vier Gleichungen:

$$\begin{aligned}
0 &= \tfrac{1}{2}(P(\tfrac{1}{2}a,y)+P(-\tfrac{1}{2}a,y))\\
&\quad+\textstyle\sum F\left(e^{\frac{1}{2}\pi a}+e^{-\frac{1}{2}\pi a}\right)((1+\cos^2\pi b)\cos\pi y-\pi y\sin\pi y),\\
0 &= \tfrac{1}{2}(R(\tfrac{1}{2}a,y)-R(-\tfrac{1}{2}a,y))\\
&\quad-\tfrac{2}{3}\textstyle\sum F\left(e^{\frac{1}{2}\pi a}-e^{-\frac{1}{2}\pi a}\right)(\cos^2\pi b\sin\pi y+\pi y\cos\pi y),
\end{aligned}$$

(38.) und

$$\begin{aligned}
0 &= \tfrac{1}{2}(P(\tfrac{1}{2}a,y)-P(-\tfrac{1}{2}a,y))\\
&\quad+\textstyle\sum F'\left(e^{\frac{1}{2}\pi a}-e^{-\frac{1}{2}\pi a}\right)((1+\cos^2\pi b)\cos\pi y-\pi y\sin\pi y),\\
0 &= \tfrac{1}{2}(R(\tfrac{1}{2}a,y)+R(-\tfrac{1}{2}a,y))\\
&\quad-\tfrac{2}{3}\textstyle\sum F'\left(e^{\frac{1}{2}\pi a}+e^{-\frac{1}{2}\pi a}\right)(\cos^2\pi b\cos\pi y+\pi y\sin\pi y),
\end{aligned}$$

worin das $\sum$ nun sich nur noch auf sämmtliche positive Wurzeln der Gleichung

$$\sin 2\pi b+2\pi b=0$$

bezieht.

Die kleinste Wurzel ist $\pi=0$. Diese giebt ein constantes Glied in p, welches ich mit C bezeichnen will, von dem sich aber leicht zeigen lässt, dass es $=0$ sein muss. Multiplicirt man nämlich die erste der Gleichungen in (38.) mit dy und integrirt dieselbe von 0 bis b, so wird man finden, dass alle Glieder bis auf dasjenige, welches von C abhängt und welches Cb giebt, verschwinden, sodass also $C=0$ sein muss.

Ich habe kein Mittel gefunden, die Coëfficienten F, F' u. s. w. zu bestimmen, aber eine einfache Betrachtung zeigt, dass unter der Voraussetzung, dass a gross ist gegen b, alle unter den $\sum$ stehenden Glieder in (37.) vernachlässigt werden können, wenn $x=0$ ist oder x sich auf Stellen bezieht, die hinlänglich weit vom Rande, d. i. von $x=\pm\frac{1}{2}a$ entfernt sind. Bei der kleinsten von 0 verschiedenen Wurzel der Gleichung $\sin 2\pi b+2\pi b=0$ ist nämlich der reelle Theil von $2\pi b$ nahe 4,213..., bei der folgenden Wurzel ist der reelle Theil grösser als 9,4 u. s. w. Wenn nun a gross ist in Beziehung auf $2b$, so sind in (38.) die F kleine Grössen, nämlich von der Ordnung $e^{-\frac{1}{2}\pi a}$. Wenn also in (37.) x nur Werthe hat, die klein in Beziehung auf $\frac{1}{2}a$ sind, so kann der unter den $\sum$ befindliche Theil gegen $P(x,y)$ und $R(x,y)$ vernachlässigt werden.*) Bei einer Platte also, bei welcher die Höhe a die Breite $2b$ bedeutend übertrifft, hat man für alle Stellen, welche hinlänglich weit von dem oberen und unteren Rand entfernt sind, ganz einfach, indem für $P(x, y)$ und $R(x, y)$ ihre Werthe restituirt werden:

$$
(39.)\quad
\begin{aligned}
p &= 2\,\mathrm{S}\frac{H}{\sin 2hb + 2hb}\,\{(\sin hb - hb\cos hb)\cos hy - hy\sin hb\sin hy\}\,e^{hx},\\
q &= 2\,\mathrm{S}\frac{H}{\sin 2hb + 2hb}\,\{(\sin hb + hb\cos hb)\cos hy + hy\sin hb\sin hy\}\,e^{hx},\\
r &= \tfrac{4}{3}\,\mathrm{S}\frac{H}{\sin 2hb + 2hb}\,\{hb\cos hb\sin hy - hy\sin hb\cos hy\}\,e^{hx}.
\end{aligned}
$$

Um von diesen Formeln eine deutlichere Vorstellung zu erhalten, werde ich eine numerische Anwendung von ihnen machen und zu dem Ende die Vertheilung der Temperatur in dem Fall, wo sie stationär geworden ist, berechnen für eine Platte, deren Querdimensionen hinlänglich klein sind, um in jedem derselben eine constante Temperatur annehmen zu können.**) Ich setze voraus, dass die Oberfläche der Platte die Wärme frei ausstrahlt, nur dass die untere Randfläche mit einer Wärmequelle in Verbindung ist, wodurch diese in einer constanten Temperatur erhalten wird, welche die Temperatur der Umgebung um A Grade übersteigen soll. Die Höhe der Platte soll a sein, ihre Breite $2b$ und ihre Dicke $2d$; die Coordinaten x, y, z respective parallel mit a, b, d sollen den Mittelpunkt der Platte zum Anfangspunkt haben, sodass die obere Randfläche ist: $x = \frac{1}{2}a$ und die untere: $x = -\frac{1}{2}a$. Bezeichnet man mit K die innere Leitungsfähigkeit und H die äussere, so hängt die Vertheilung der Temperatur s, nachdem diese stationär geworden ist, ab von der Differentialgleichung:

$$\mathrm{K}\frac{d^2 s}{dx^2} - \mathrm{H}\frac{b+d}{2bd}\,s = 0 \text{ ***)}.$$

*) Dies ist die Betrachtung, auf welche S. 181 im Voraus hingewiesen ist; die Summen $\sum$ sind Functionen der dort mit η, ϑ bezeichneten Art, nur etwas allgemeiner. — *W. V.*

**) Das Problem hat also die nächste Verwandtschaft zu dem auf S. 160 u. f. behandelten, aber einerseits wird das Gesetz der Temperatur im Vergleich mit jenem mehr specialisirt, während andererseits die Annäherung in der Integration weiter getrieben ist. — *W. V.*

***) In dieser Gleichung ist der Factor von Hs unrichtig; statt $\frac{b+d}{2bd}$ muss $\frac{b+d}{bd}$ gesetzt werden. Denn jener Factor ist gleich dem Umfang des Querschnitts, dividirt durch seinen Inhalt, d. h. $= \frac{4b+4d}{4bd} = \frac{b+d}{bd}$. Auch in der weiter folgenden Formel für α [Seite 206, Zeile 6] müsste der Factor 2 getilgt werden. Dasselbe Versehen wiederholt sich im folgenden Paragraphen mehrfach. Eine Verbesserung würde eine vollständige Umarbeitung eines Teils von § 20 erfordern. Eine so einschneidende Aenderung hat die Redaction nicht vornehmen zu sollen geglaubt; sie hat daher den Text des Originals abgedruckt und weist nur auf die erforderlichen Aenderungen hin. — *A. W.*

Die beiden Constanten in dem Integral dieser Gleichung erhalten ihre Bestimmung durch die Bedingungen am unteren und oberen Rande, nämlich:

$$x = -\frac{1}{2}a: \qquad s - A = 0,$$

$$x = +\frac{1}{2}a: \qquad \mathrm{K}\frac{ds}{dx} - \mathrm{H}s = 0.$$

Setzt man der Kürze wegen

$$\alpha = \sqrt{\frac{b+d}{2bd}\frac{\mathrm{H}}{\mathrm{K}}},$$

so giebt die Differentialgleichung

$$s = Me^{\alpha x} + Ne^{-\alpha x},$$

und aus den Bedingungsgleichungen erhält man

$$A = Me^{-\frac{1}{2}\alpha a} + Ne^{\frac{1}{2}\alpha a},$$

$$0 = M\left(1 - \frac{\mathrm{H}}{\alpha\mathrm{K}}\right)e^{\frac{1}{2}\alpha a} - N\left(1 + \frac{\mathrm{H}}{\alpha\mathrm{K}}\right)e^{-\frac{1}{2}\alpha a},$$

woraus

$$M = \frac{A}{T}\left(1 + \frac{\mathrm{H}}{\alpha\mathrm{K}}\right)e^{-\frac{1}{2}\alpha a}, \qquad N = \frac{A}{T}\left(1 - \frac{\mathrm{H}}{\alpha\mathrm{K}}\right)e^{\frac{1}{2}\alpha a},$$

worin

$$T = \left(1 + \frac{\mathrm{H}}{\alpha\mathrm{K}}\right)e^{-\alpha a} + \left(1 - \frac{\mathrm{H}}{\alpha\mathrm{K}}\right)e^{\alpha a}.$$

Wir erhalten demnach nach einer kleinen Transformation

$$s = Ae^{-\alpha(\frac{1}{2}a+x)}\left\{\frac{1 + \frac{\alpha\mathrm{K}+\mathrm{H}}{\alpha\mathrm{K}-\mathrm{H}}e^{-\alpha(a-2x)}}{1 + \frac{\alpha\mathrm{K}+\mathrm{H}}{\alpha\mathrm{K}-\mathrm{H}}e^{-2\alpha a}}\right\}.$$

Ich werde in diese Formel numerische Werthe der Constanten H und K setzen. Ich nehme als Einheit der Länge, der Zeit und der Temperatur eine Pariser Linie, eine Minute und einen Grad Reaumur, und finde aus den Beobachtungen von *Fourier* und *Depretz* für Glas*):

$$\mathrm{H} = 0{,}085, \qquad \mathrm{K} = 6.$$

Wenn nun für die Glasplatte solche Dimensionen angenommen werden, wie diejenigen, mit welchen ich experimentirte, hatten, und z. B. $b = 6$ Lin., $2d = 1$ Lin. gesetzt werden, woraus $\alpha = 0{,}128$**) wird, und für a etwa 4 bis 5 Zoll

*) Der Werth $\mathrm{K} = 6$ gilt zufolge der Beobachtungen von *Depretz* für Porcellan. Da für Glas keine Beobachtungen vorhanden sind, aus welchen sich die innere Leitungsfähigkeit desselben für die Wärme ableiten lässt, und diese wahrscheinlich nicht sehr von derjenigen des Porcellans verschieden ist, so habe ich die angegebene Zahl einstweilen dafür angenommen. — *(Anm. des Originals.)*

**) Für die angegebenen Daten ergiebt die Formel des Textes $\alpha = 0{,}124$. Den Werth $\alpha = 0{,}128$ erhält man, wenn man statt der Formel des Textes die richtige Formel für α [vgl. die letzte Anmerkung auf S. 205] benutzt und zugleich $d = 1$ Lin. statt $2d = 1$ Lin. setzt. — *A. W.*

angenommen werden, so ergiebt sich, dass in dem vorstehenden Werth von s die in der Parenthese eingeschlossene Grösse sich sehr wenig von 1 unterscheidet für Stellen in der Mitte der Platte und nach dem unteren Rande $x = -\frac{1}{2}a$ zu. Für die Stellen nach dem oberen Rande zu, wo dies nicht mehr der Fall ist, hat s schon einen so kleinen Werth, wenn A nicht etwa sehr gross ist, dass dessen Wirkung unmerkbar wird. Man kann demnach statt des obigen Ausdrucks für s schreiben:

$$s = A e^{-\alpha(\frac{1}{2}a + x)},$$

oder wenn für α der angegebene Werth gesetzt wird

$$s = A e^{-0,064\,a}\, e^{-0,128\,x}.$$

In der Formel (39.) fällt, wenn dieser Werth für s darin substituirt wird, das Summenzeichen $\mathfrak{S}$ weg, die darin vorkommenden Grössen H und h bekommen [nach (34.)] die Werthe:

$$H = \tfrac{3}{4} f A e^{-0,064\,a}; \qquad h = -0,128.$$

Setzt man der Kürze wegen

$$hy = 0,128\,y = \vartheta,$$

wo ϑ alle Werthe von 0 bis $\pm 0,768$ erhalten kann, da $b = 6$ genommen ist, so erhält man

$$p = L\{0,1422 \cos\vartheta - 0,6946\,\vartheta \sin\vartheta\}\, e^{-0,128\,x},$$
$$q = L\{1,2471 \cos\vartheta + 0,6946\,\vartheta \sin\vartheta\}\, e^{-0,128\,x},$$
$$r = L\{0,3683 \sin\vartheta - 0,4631\,\vartheta \sin\vartheta\}\, e^{-0,128\,x},$$

worin

$$L = 0,5916\, f A\, e^{-0,064\,a}$$

und f gleich dem fünffachen Ausdehnungscoëfficienten, also für Reaum. Grade und Glas etwa $\frac{1}{18000}$ ist.

Um hieraus $\frac{\partial u}{\partial x}$ und $\frac{\partial v}{\partial y}$ abzuleiten, muß man sich erinnern, dass in (4.) gesetzt wurde:

$$\frac{\partial u}{\partial x} = \frac{1}{4}\frac{\wp}{k} s + \frac{\partial u'}{\partial x}.$$

Hieraus ergiebt sich, für s seinen Werth $s = A e^{-0,064\,a} e^{-0,128\,x}$ gesetzt, wenn A mittelst L eliminirt wird:

$$\frac{\partial u}{\partial x} = 0,4226\, L\, e^{-0,128\,x} + \frac{\partial u'}{\partial x}.$$

Aus (7.) erhalten wir aber

$$\frac{\partial u'}{\partial x} = \frac{1}{15}(4p - q),$$
$$\frac{\partial v}{\partial y} = \frac{1}{15}(4q - p),$$

und demnach

$$
(40.)\quad
\begin{aligned}
\frac{\partial u}{\partial x} &= L e^{-0,128x}\{0,4226 - 0,0452 \cos\vartheta - 0,2315\,\vartheta \sin\vartheta\},\\
\frac{\partial v}{\partial y} &= L e^{-0,128x}\{\qquad\quad + 0,3231 \cos\vartheta + 0,2315\,\vartheta \sin\vartheta\},\\
r = \frac{\partial u}{\partial y} + \frac{\partial v}{\partial x} &= L e^{-0,128x}\{0,3683 \sin\vartheta - 0,4631\,\vartheta \cos\vartheta\},
\end{aligned}
$$

worin

$$\vartheta = 0,128y.$$

Für den mittleren Längenschnitt, d. h. für $y = 0$, geben diese Ausdrücke

$$\frac{\partial u}{\partial x} = 0,3774\,L e^{-0,128x},$$

$$\frac{\partial v}{\partial y} = 0,3231\,L e^{-0,128x}.$$

Wäre das Theilchen, auf welches sich diese Werthe beziehen, frei, so würden seine lineären Ausdehnungen $\frac{\partial u}{\partial x} = \frac{\partial v}{\partial y} = \frac{1}{5} f s = \frac{1}{5} f A e^{-0,064a} \cdot e^{-0,128x}$ sein, oder wenn hierin A durch L eliminirt wird, gleich:

$$0,3381\,L e^{-0,128x},$$

woraus hervorgeht, dass jenes Theilchen durch den Zusammenhang mit seinen umgebenden Theilchen in der Richtung der x um $\frac{1}{9}$ etwa der Ausdehnung, welche durch die ihm mitgetheilte Temperatur hervorgebracht wird, mehr, und in der Richtung der y um $\frac{1}{23}$ etwa dieser Ausdehnung weniger ausgedehnt ist; mit anderen Worten, die Ausdehnung in der Richtung der x ist eine solche, als wäre die Temperatur der Theilchen nicht s, sondern $(1 + \frac{1}{9})s$ und in der Richtung der y, als wäre sie $(1 - \frac{1}{23})s$. Dies Resultat gilt jedoch, wegen der beschränkten Gültigkeit der Gleichungen (39.), nur für solche Theilchen, welche hinlänglich weit vom oberen und unteren Rande entfernt sind.

Die Ausdehnung, welche eine bestimmte Länge einer Querrichtung, welche hinlänglich weit vom unteren und oberen Rande entfernt ist, erfahren hat, erhält man, wenn der Ausdruck für $\frac{\partial v}{\partial y}$ mit dy multiplicirt wird und integrirt zwischen den Grenzen, zwischen welchen die gegebene Länge liegt. Da $\vartheta = 0,128y$ und also $0,128\int\frac{\partial v}{\partial y}dy = \int\frac{\partial v}{\partial y}d\vartheta$ ist, so erhält man aus (40.)

$$v = L\frac{e^{-0,128x}}{0,128}\{0,5546 \sin\vartheta - 0,2315\,\vartheta \cos\vartheta\} + C.$$

Die Constante C muss verschwinden, wenn die Länge, deren Ausdehnung bestimmt werden soll, mit $y = 0$ anfängt; soll diese Länge von $y = 0$ bis $y = b$

reichen, d. i. gleich der halben Breite der Platte sein, so hat man in dem vorstehenden Werth $C = 0$ und $\vartheta = 0,768$ zu setzen. Dies giebt, wenn ich durch v' die Verlängerung dieser halben Breite bezeichne:

$$v' = 1,236\, L\, e^{-0,128x}.$$

Wäre der Querschnitt frei gewesen, so würde diese halbe Breite zufolge seiner Temperaturerhöhung sich ausgedehnt haben um die Grösse v'', wo man

$$v'' = 2,0286\, L\, e^{-0,128x}$$

findet. Dieser Querschnitt hat also in Folge des Zusammenhangs mit den anliegenden Theilchen sich in der Richtung der y nicht ausgedehnt, als wäre sein Temperaturzuwachs s, sondern $0,61\,s$ gewesen*).

Ich werde nun die Gesetze für das Verhalten von schmalen und hohen Glasplatten im polarisirten Lichte, wenn sie auf eine heisse Unterlage gestellt werden, so weit sich diese aus den obigen Formeln (39.) ableiten lassen, entwickeln. Ich werde zuerst nach den Beobachtungen die Haupterscheinungen beschreiben, welche diese Platten zeigen, wenn die Polarisationsebene des analysirenden Turmalins einen rechten Winkel mit der Polarisationsebene des einfallenden Lichts bildet und die Höhendimension der Platten, d. i. die x-Axe, gegen dieselben unter 45^0 geneigt ist. In Fig. 6 stellt ABC die Glasplatte vor, welche auf der erhitzten Unterlage EF ruht.

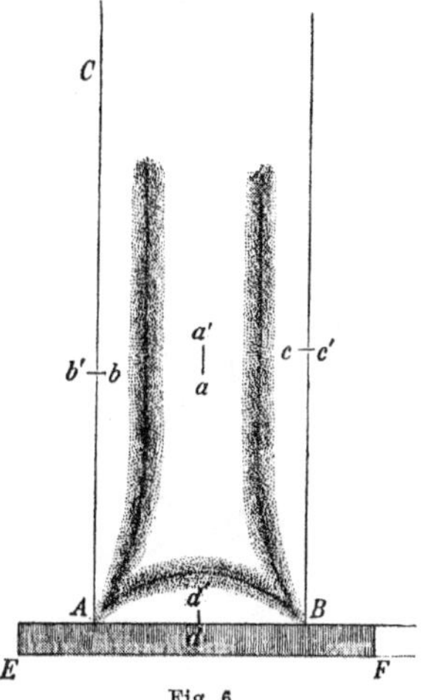

Fig. 6.

Wenn die Temperaturvertheilung in der Platte stationär geworden ist, erscheint sie in vier Felder getheilt, in ein centrales $a - a'$, zwei Seitenfelder $b - b'$ und $c - c'$ und ein unteres $d - d'$. Diese vier Felder sind durch schwarze Zonen von einander getrennt. In der Mitte des centralen Feldes sind die Strahlen parallel mit $a - a'$, d. i. parallel mit der Höhendimension der Platte und senkrecht darauf polarisirt; der nach $a - a'$ polarisirte Strahl hat die grössere Fortpflanzungsgeschwindigkeit. An den Rändern der Platte in den beiden Seitenfeldern sind die Strahlen gleichfalls nach der Höhen- und Breitendimension polarisirt, die nach $b - b'$ und $c - c'$, d. i. parallel mit der Breitendimension

*) Der vorstehende Werth von v' ist nicht richtig. Es ergiebt sich vielmehr

$$v' = 2,0106\, L\, e^{-0,128}.$$

Dem entsprechend ist die Zahl 0,61 des Textes durch 0,991 zu ersetzen. — *A. W.*

polarisirten haben hier aber die grössere Fortpflanzungsgeschwindigkeit. In der Mitte des unteren Randes AB finden gleichfalls dieselben Polarisationsrichtungen statt, hier hat aber wieder der nach $d - d'$, parallel mit der Höhendimension, polarisirte Strahl die grössere Fortpflanzungsgeschwindigkeit. Das centrale und das untere Feld haben also einen positiven Farbencharacter, die Seitenfelder einen negativen. Dies ist das Verhalten bei stationärer Temperatur, ehe diese aber eingetreten ist, bildet sich, besonders wenn die Erwärmung rasch vor sich geht, zwischen dem unteren und dem centralen Felde noch ein fünftes Feld aus mit negativem Character, welches, so wie die Platte der stationären Temperaturvertheilung sich nähert, immer kleiner wird und endlich verschwindet.

Die obigen Formeln (39.) können nicht auf die Erklärung des unteren Feldes angewandt werden, dazu bedarf es der vollständigen Ausdrücke in (36.) oder (37.); sie erklären aber vollständig das Verhalten des centralen Feldes und der Seitenfelder. [Es kommen dabei erneut die Formeln (B.) und (D.) aus § 12 für die Verzögerung und das Azimuth zur Anwendung, die der Uebersichtlichkeit halber hier noch einmal hergesetzt werden mögen. Sie lauten

$$(B.)\qquad O - E = \frac{2(p-q)}{G^2} z' \sqrt{\left(\frac{\partial u}{\partial x} - \frac{\partial v}{\partial y}\right)^2 + \left(\frac{\partial u}{\partial y} + \frac{\partial v}{\partial x}\right)^2},$$

$$(D.)\qquad \operatorname{tang} \alpha = \frac{\frac{\partial v}{\partial x} + \frac{\partial u}{\partial y}}{\frac{\partial u}{\partial x} - \frac{\partial v}{\partial y} \pm \sqrt{\left(\frac{\partial u}{\partial x} - \frac{\partial v}{\partial y}\right)^2 + \left(\frac{\partial u}{\partial y} + \frac{\partial v}{\partial x}\right)^2}}.$$

Die Ausdrücke (39.) gestatten unmittelbar die Berechnung dieser Functionen.| Wir haben nämlich nach (4.)

$$\frac{\partial u}{\partial x} - \frac{\partial v}{\partial y} = \frac{1}{4} fs + \frac{\partial u'}{\partial x} - \frac{\partial v}{\partial y};$$

nach (7.) ist aber

$$\frac{\partial u'}{\partial x} - \frac{\partial v}{\partial y} = \frac{1}{3}(p - q)$$

und nach (34.)

$$\frac{1}{4} fs = \frac{1}{3} \mathrm{S}\, H e^{\lambda x},$$

demnach

$$\frac{\partial u}{\partial x} - \frac{\partial v}{\partial y} = \frac{1}{3}\left\{\mathrm{S}\, H e^{\lambda x} + p - q\right\}$$

und also nach (39.) für solche Stellen, welche hinlänglich von dem unteren und oberen Rand entfernt sind:

$$\frac{\partial u}{\partial x} - \frac{\partial v}{\partial y} = \frac{4}{3} \mathfrak{S} H e^{hx} \left\{ \frac{1}{4} - \frac{hb \cos hb \cos hy + hy \sin hb \sin hy}{\sin 2hb + 2hb} \right\},$$

$$\frac{\partial u}{\partial y} + \frac{\partial v}{\partial x} = \frac{4}{3} \mathfrak{S} H e^{hx} \left\{ \frac{hb \cos hb \sin hy - hy \sin hb \cos hy}{\sin 2hb + 2hb} \right\},$$

worin, wenn die Temperaturvertheilung stationär geworden ist, das Summenzeichen $\mathfrak{S}$ fortfällt.

Der Werth von $\frac{\partial u}{\partial y} + \frac{\partial v}{\partial x}$ verschwindet sowohl für $y = 0$, als für $y = b$, woraus nach (D.) folgt, dass $\alpha = 0$ und $\alpha = 90$ für diese Werthe von y ist. In der Mitte der Platte also und an den Seitenrändern derselben sind die Polarisationsrichtungen der Strahlen parallel mit den Kanten der Platte.

Für $y = 0$ und $y = b$ ist ferner nach (B.)

$$O - E = 2 \frac{p - q}{G^2} z' \left\{ \frac{\partial u}{\partial x} - \frac{\partial v}{\partial y} \right\},$$

worin, wenn die Temperaturvertheilung stationär geworden, für $y = 0$:

$$\frac{\partial u}{\partial x} - \frac{\partial v}{\partial y} = \frac{4}{3} H e^{hx} \left\{ \frac{1}{4} - \frac{hb \cos hb}{\sin 2hb + 2hb} \right\},$$

und für $y = b$:

$$\frac{\partial u}{\partial x} - \frac{\partial v}{\partial y} = \frac{4}{3} H e^{hx} \left\{ \frac{1}{4} - \frac{hb}{\sin 2hb + 2hb} \right\}$$

zu setzen ist.

Die Grösse $\frac{1}{4} - \frac{hb}{\sin 2hb + 2hb}$ ist immer negativ; hieraus folgt [nach dem am Ende von § 2 Gesagten], dass in den Seitenfeldern an den Rändern der Strahl, welcher senkrecht auf denselben polarisirt ist, immer die grössere Fortpflanzungsgeschwindigkeit besitzt. Das Vorzeichen des Werthes von $\frac{1}{4} - \frac{hb \cos hb}{\sin 2hb + 2hb}$ hängt von dem Werthe von hb ab; dieser Ausdruck, gleich Null gesetzt, hat eine unendliche Anzahl reeller Wurzeln, deren angenäherte Werthe sind: $0,\ \frac{5}{3}\pi,\ \frac{7}{3}\pi,\ \frac{11}{3}\pi,\ \frac{13}{3}\pi$ u. s. w. Zwischen $hb = 0$ und $hb = \frac{5}{3}\pi$ hat jener Ausdruck einen positiven Werth; zwischen diesen Grenzen hat also in dem centralen Felde der Platte der mit der Höhenrichtung der Platte polarisirte Strahl die grössere Fortpflanzungsgeschwindigkeit. Dies ist in Uebereinstimmung mit den angegebenen Beobachtungen. Ich habe aber auch den merkwürdigen Umstand durch Beobachtungen bestätigt gefunden, dass, wenn hb zwischen $\frac{5}{3}\pi$ und $\frac{7}{3}\pi$ liegt, umgekehrt der senkrecht auf der Höhenrichtung polarisirte Strahl im centralen Felde die grössere Fortpflanzungsgeschwindigkeit besitzt. Diese Beobachtungen wurden mit Platten angestellt, deren Breite 4 Zoll und [deren] Höhe 10 Zoll betrug.

Die schwarzen Zonen, welche die Seitenfelder von dem centralen Felde trennen, sind keine neutralen Zonen, in welchen die Theilchen der Platte sich in den ihren Temperaturen entsprechenden Dilatationen befinden; für solche Zonen würde $O - E = 0$ sein, was nur in den besonderen Fällen sein kann, wo durch denselben Werth von y gleichzeitig $\frac{\partial u}{\partial x} - \frac{\partial v}{\partial y} = 0$ und $\frac{\partial u}{\partial y} + \frac{\partial v}{\partial x} = 0$ wird. Diese schwarzen Zonen entstehen hier dadurch, dass für einen bestimmten Werth von y, welcher kleiner als b ist,

$$\frac{\partial u}{\partial x} - \frac{\partial v}{\partial y} = 0 \tag{41.}$$

wird, wodurch $\tang \alpha = \pm 1$ nach (D.) wird, oder $\alpha = \pm 45^0$, und also nach (A.) § 12: $J = 0$, wenn $\eta = -\zeta = 45^0$ gesetzt wird.*) Die Lage dieser schwarzen Zonen ist also durch die Wurzel der Gleichung (41.) bestimmt, welche kleiner ist als b, d. i. durch

$$0 = \frac{1}{4} - \frac{hb \cos hb \cos hy + hy \sin hb \sin hy}{\sin 2hb + 2hb}. \tag{42.}$$

Wenn das centrale Feld und die Seitenfelder gleichen Character haben, d. h. wenn in beiden der auf der Höhenrichtung der Platte senkrecht polarisirte Strahl der raschere ist, dann hat diese Gleichung zwei gleiche Wurzeln, und man kann statt derselben ihr Differential nach y setzen; dies giebt

$$0 = \{hb \cos hb - \sin hb\} \sin hy - hy \sin hb \cos hy. \tag{43.}$$

Ich werde jetzt als Beispiel für h, b u. s. w. dieselben numerischen Werthe wie oben in die Formeln (10.) substituiren. Dies giebt für den Fall der stationären Temperatur:

$$\frac{\partial u}{\partial x} - \frac{\partial v}{\partial y} = L e^{-0,128x} \{0,4226 - 0,3683 \cos \vartheta - 0,4630\, \vartheta \sin \vartheta\},$$
$$\frac{\partial u}{\partial y} + \frac{\partial v}{\partial x} = L e^{-0,128x} \{0,3683 \sin \vartheta - 0,4630\, \vartheta \cos \vartheta\},$$

und hieraus erhält man, wenn:

$$y = 0: \quad \frac{\partial u}{\partial x} - \frac{\partial v}{\partial y} = 0,0543\, L e^{-0,128x},$$
$$y = b: \quad \frac{\partial u}{\partial x} - \frac{\partial v}{\partial y} = -0,0894\, L e^{-0,128x},$$

*) Die Verhältnisse sind hier also andere, als in dem verwandten, aber einfacheren S. 168 unter 1) behandeltem Problem, wo f, d. h. $\frac{\partial u}{\partial y} + \frac{\partial v}{\partial x}$, überall verschwand. Im Uebrigen sind die hier angestellten Ueberlegungen eben jene, auf die S. 170 hingewiesen ist. — *W. V.*

woraus hervorgeht, dass die höhere Farbe an den Rändern liegt, welches ich in Platten, ähnlich der hier berechneten, auch immer beobachtet habe. Im vorliegenden Falle verhalten sich die Luftdicken, welche der centralen Farbe und der Randfarbe nach der *Newton*'schen Scale correspondiren, wie 3 : 5, z. B. wie weiss und orange im ersten Ringe.

Aus

$$\frac{\partial u}{\partial x} - \frac{\partial v}{\partial y} = 0$$

findet man für ϑ den angenäherten Werth $\pm 26^0$, woraus $y = \pm 3 \cdot 5$; die schwarzen Zonen liegen also den Rändern etwas näher, als der Mitte der Platte. Ich habe in Platten, die ungefähr solche Dimensionen hatten, als hier der Rechnung zum Grunde gelegt sind, die schwarzen Zonen immer zwischen $\frac{1}{2}$ und $\frac{2}{3}$ der halben Breite der Platte von der Mitte entfernt liegend gesehen, was mit der Rechnung, auch wenn man ihr andere Dimensionen als die hier gewählten zum Grunde legt, übereinstimmt.*)

---

*) In der Form, welche das Problem im Text schliesslich angenommen hat, lässt es sich leicht auch im Rahmen der zweiconstantigen Elasticitätstheorie direct behandeln. Die Aufgabe ist die Bestimmung der optischen Wirkungen eines Streifens, in dem die Temperatur nach einem Gesetz von der Form

$$\wp s = F e^{hx}$$

variirt (unter F und h Constanten verstanden). Parallel der Y-Axe ist der Streifen von den Rändern $y = \pm b$ begrenzt, auf die äussere Wirkungen nicht ausgeübt werden; dort gilt also

$$y = \pm b: \quad Y_y + \wp s = 0, \quad X_y = 0.$$

Parallel der X-Axe ist der Streifen so ausgedehnt, dass die an den betreffenden Rändern stattfindenden Bedingungen ausser Betracht bleiben dürfen.

Man geht passend direct auf die Bestimmung der Drucke X_x, Y_y, X_y aus, wofür die Bedingungen (2″.) und (3″.) der Note auf S. 118 in Anwendung kommen. Wegen des für $\wp s$ gegebenen Werthes $F e^{hx}$ setzen wir

$$-X_x = A e^{hx}, \qquad -Y_y = B e^{hx}, \qquad -Y_x = -X_y = C e^{hx},$$

und verstehen unter A, B, C Functionen von y allein. Dann nehmen die Formeln (2″.) und (3″.) die Gestalt an

$$Fh = Ah + C', \qquad 0 = Ch + B',$$
$$(Ak^0 - Bk_1^0 + Fk^0)h^2 - (A''k_1^0 - B''k^0) + 2(k_1^0 + k^0)hC' = 0,$$

wobei die Indices von A, B, C Differentialquotienten nach y bezeichnen. Hinzukommen die Bedingungen, dass für $y = \pm b$ gelten muss $B = 0$ und $C = 0$.

Allen diesen Bedingungen genügt man durch die Werthe

$$A = F - c\,[(hb \cos hb - \sin hb) \cos hy + hy \sin hb \sin hy],$$
$$B = c\,[(hb \cos hb + \sin hb) \cos hy + hy \sin hb \sin hy] + b,$$
$$C = c\,[hb \cos hb \sin hy - \sin hb\, hy \cos hy],$$

falls

$$c(hb + \sin hb \cos hb) + b = 0, \qquad 2Fk^0 = bk_1^0.$$

Hieraus bestimmen sich nach den Formeln (5″.) der Note auf S. 118 unmittelbar die für die optischen Wirkungen massgebenden Functionen. — *W. V.*

§ 20.

Fortsetzung. Betrachtung des besonderen Falles, dass die Breite der Platte gross ist im Vergleich mit ihrer Höhe.

Ich werde in diesem Paragraphen mich mit dem andern extremen Fall beschäftigen, wo die Breite der Platte $2b$ gross ist in Beziehung auf ihre Höhe a, wiederum unter der Voraussetzung, dass die Temperatur allein mit der Entfernung vom unteren Rande variirt [— eine Annahme, die hier wesentlich unbedenklicher ist, als in dem ersten betrachteten Falle].

Ich lasse die Richtung des Coordinatensystems des vorigen Paragraphen unverändert, lege aber seinen Anfangspunkt in die Mitte des unteren Randes. Die Gleichungen (1.) bis (11.) im vorigen Paragraphen bleiben unverändert, nur dass in den Bedingungsgleichungen für den unteren und oberen Rand überall statt $x = \pm \frac{1}{2} a$ zu setzen ist $x = 0$ oder $x = a$. Ich entwickele p und q nach den Potenzen von x mittelst der Gleichungen (11.) § 19 und erhalte mit Berücksichtigung der Gleichungen (10.) a. a. O., nach welchen mit x zugleich p und $\frac{\partial p}{\partial x}$ verschwinden muss:

$$(8.)\quad \begin{aligned} q = {} & m - 2\frac{d^2m}{dy^2}\frac{x^2}{2} + 3\frac{d^4m}{dy^4}\frac{x^4}{4} - 4\frac{d^6m}{dy^6}\frac{x^6}{6} + \cdots \\ & + nx - 2\frac{d^2n}{dy^2}\frac{x^3}{3} + 3\frac{d^4n}{dy^4}\frac{x^5}{5} - \cdots, \\ p = {} & \frac{d^2m}{dy^2}\frac{x^2}{2} - 2\frac{d^4m}{dy^4}\frac{x^4}{4} + 3\frac{d^6m}{dy^6}\frac{x^6}{6} - \cdots \\ & + \frac{d^2n}{dy^2}\frac{x^3}{3} - 2\frac{d^4n}{dy^4}\frac{x^5}{5} + \cdots, \end{aligned}$$

worin m und n zwei willkürliche Funktionen von y sind. Diese Werthe in (8.) § 19 gesetzt und berücksichtigt, dass, für $x = 0$, r verschwinden muss, erhält man:

$$(9.)\quad r = -\frac{2}{3}\left\{\begin{aligned} & \frac{dm}{dy}x - 2\frac{d^3m}{dy^3}\frac{x^3}{3} + 3\frac{d^5m}{dy^5}\frac{x^5}{5} - \cdots \\ & + \frac{dn}{dy}\frac{x^2}{2} - 2\frac{d^3n}{dy^3}\frac{x^4}{4} + 3\frac{d^5n}{dy^5}\frac{x^6}{6} - \cdots \end{aligned}\right\}.$$

Die beiden willkürlichen Functionen m und n bestimmen sich dadurch, dass für $x = a$, sowohl p als r verschwinden sollen. Dies giebt die folgenden zwei linearen Differentialgleichungen:

$$
(10.)\quad
\begin{aligned}
0 &= \frac{d^2 m}{dy^2}\frac{a^2}{2} - 2\frac{d^4 m}{dy^4}\frac{a^4}{4} + 3\frac{d^6 m}{dy^6}\frac{a^6}{6} - \cdots \\
&+ \frac{d^2 n}{dy^2}\frac{a^3}{3} - 2\frac{d^4 n}{dy^4}\frac{a^5}{5} + 3\frac{d^6 n}{dy^6}\frac{a^7}{7} - \cdots, \\
0 &= \frac{dm}{dy}\,a - 2\frac{d^3 m}{dy^3}\frac{a^3}{3} + 3\frac{d^5 m}{dy^5}\frac{a^5}{5} - \cdots \\
&+ \frac{dn}{dy}\frac{a^2}{2} - 2\frac{d^3 n}{dy^3}\frac{a^4}{4} + 3\frac{d^5 n}{dy^5}\frac{a^6}{6} - \cdots,
\end{aligned}
$$

statt welcher man setzen kann, indem man die erstere zweimal, die letztere einmal nach y integrirt und die dadurch eingeführten Constanten durch A, B, C bezeichnet:

$$
(11.)\quad
\begin{aligned}
A + Cy &= \frac{ma^2}{2} - 2\frac{d^2 m}{dy^2}\frac{a^4}{4} + 3\frac{d^4 m}{dy^4}\frac{a^6}{6} - \cdots \\
&+ \frac{na^3}{3} - 2\frac{d^2 n}{dy^2}\frac{a^5}{5} + 3\frac{d^4 n}{dy^4}\frac{a^7}{7} - \cdots, \\
B &= ma - 2\frac{d^2 m}{dy^2}\frac{a^3}{3} + 3\frac{d^4 m}{dy^4}\frac{a^5}{5} - \cdots \\
&+ \frac{na^2}{2} - 2\frac{d^2 n}{dy^2}\frac{a^4}{4} + 3\frac{d^4 n}{dy^4}\frac{a^6}{6} - \cdots.
\end{aligned}
$$

Aus diesen Gleichungen schafft man die Theile linker Hand fort, indem man m mit $\mu + m$ und n mit $\nu + n$ vertauscht und zugleich:

$$
\begin{aligned}
A + Cy &= \tfrac{1}{2}\mu a^2 + \tfrac{1}{6}\nu a^3, \\
B &= \mu a + \tfrac{1}{2}\nu a^2
\end{aligned}
$$

macht, woraus man erhält:

$$
\begin{aligned}
\mu &= \frac{6A - 2aB}{a^2} + \frac{6C}{a^2}y, \\
\nu &= -\frac{(12A - 6aB)}{a^3} - \frac{12C}{a^3}y.
\end{aligned}
$$

Für die so reducirten Gleichungen (11.) erhält man ein partikuläres Integral, indem man setzt:

$$
(12.)\qquad m = Me^{\pi y}, \qquad n = Ne^{\pi y},
$$

wodurch sich dieselben verwandeln in

$$
\begin{aligned}
0 &= \frac{M}{\pi^2}\left\{\frac{(a\pi)^2}{2} - \frac{2(a\pi)^4}{4} + \cdots\right\} + \frac{N}{\pi^3}\left\{\frac{(a\pi)^3}{3} - \frac{2(a\pi)^5}{5} + \cdots\right\}, \\
0 &= \frac{M}{\pi^2}\left\{a\pi - \frac{2(a\pi)^3}{3} + \cdots\right\} + \frac{N}{\pi^3}\left\{\frac{(a\pi)^2}{2} - \frac{2(a\pi)^4}{4} + \cdots\right\}.
\end{aligned}
$$

Die mit M und N multiplicirten Reihen lassen sich summiren und geben:

$$0 = \frac{1}{2}\frac{M}{\pi^2} a\pi \sin a\pi + \frac{1}{2}\frac{N}{\pi^3}\{\sin a\pi - a\pi \cos a\pi\},$$

$$0 = \frac{1}{2}\frac{M}{\pi^2}\{\sin a\pi + a\pi \cos a\pi\} + \frac{1}{2}\frac{N}{\pi^3} a\pi \sin a\pi.$$

Hieraus ergiebt sich durch Elimination von M und N

(13.) $$0 = \frac{(a\pi)^2 - \sin^2 a\pi}{\pi^2}$$

eine transcendente Gleichung mit unendlich vielen Wurzeln, welche alle imaginär sind. Man kann in dieser Gleichung den Divisor π^2 fortlassen, muss aber dann die beiden Wurzeln $\pi = 0$, welche $(a\pi)^2 - \sin^2 a\pi = 0$ hat, ausschliessen.

Diese Gleichung zerfällt in zwei Factoren und kann also auch geschrieben werden:

(14.) $$0 = a\pi - \sin a\pi, \qquad 0 = a\omega + \sin a\omega.$$

Ich bezeichne die verschiedenen Wurzeln, mit Ausnahme der Wurzel Null, n der ersten dieser Gleichungen durch $\pi_1, \pi_2, \ldots$, in der zweiten durch $\omega_1, \omega_2, \ldots$. Die Wurzeln π geben zwischen N und M die Relation:

$$N = -M\frac{(1+\cos a\pi)}{a},$$

und die Wurzeln ω, wenn hier statt M, N gesetzt wird respective P und Q:

$$Q = -P\frac{(1-\cos a\omega)}{a}.$$

Führt man in den Ausdrücken für μ und ν statt A, B, C drei andere Constanten ein: M_0, N_0, P_0, sodass

$$\mu = M_0 + P_0 y,$$
$$\nu = N_0 - \frac{2}{a} P_0 y,$$

so kann man die vollständigen Werthe der Functionen m und n in (10.) so schreiben:

$$m = M_0 + P_0 y + \sum M e^{\pi y} + \sum P e^{\omega y},$$
$$n = N_0 - \frac{2}{a} P_0 y - \sum M \frac{(1+\cos a\pi)}{a} e^{\pi y} - \sum P \frac{(1-\cos a\omega)}{a} e^{\omega y},$$

worin die Summenzeichen sich auf alle π und ω beziehen.

Diese Werthe sind in (8.) und (9.) zu substituiren. Summirt man die sich ergebenden Reihen, womit die einzelnen Exponentialgrössen zu multipliciren sind, so erhält man

$$q = M_0 + N_0 x + P_0\left(1 - \frac{2x}{a}\right)y + \frac{1}{2}\sum \frac{M}{\pi^2} e^{\pi y}\left\{\frac{d^2(\pi x \sin \pi x)}{dx^2} - \frac{1+\cos a\pi}{a}\frac{d(\pi x \sin \pi x)}{dx}\right\}$$
$$+ \frac{1}{2}\sum \frac{P e^{\omega y}}{\omega^2}\left\{\frac{d^2(\omega x \sin \omega x)}{dx^2} - \frac{1-\cos a\omega}{a}\frac{d(\omega x \sin \omega x)}{dx}\right\},$$

$$p = \frac{1}{2}\sum M e^{\pi y}\left\{\pi x \sin \pi x - \frac{1+\cos a\pi}{a}\int dx(\pi x \sin \pi x)\right\}$$
$$+ \frac{1}{2}\sum P e^{\omega y}\left\{\omega x \sin \omega x - \frac{1-\cos \omega a}{a}\int dx(\omega x \sin \omega x)\right\},$$

$$r = -\frac{2}{3}P_0\left(1 - \frac{x}{a}\right)x - \frac{1}{3}\sum \frac{M e^{\pi y}}{\pi}\left\{\frac{d(\pi x \sin \pi x)}{dx} - \frac{1+\cos a\pi}{a}\pi x \sin \pi x\right\}$$
$$- \frac{1}{2}\sum \frac{P e^{\omega y}}{\omega}\left\{\frac{d(\omega x \sin \omega x)}{dx} - \frac{1-\cos \omega a}{a}\omega x \sin \omega x\right\}.$$

Führt man die Differentiationen [und Integrationen] in diesen Ausdrücken aus, so erhält man nach einigen Reductionen

$$q = M_0 + N_0 x + P_0\left(1 - \frac{2x}{a}\right)y + \sum \mathrm{M}\, e^{\pi y}\{\sin \pi x - \sin \pi(a-x)$$
$$+ \pi x \cos \pi(a-x) - \pi(a-x)\cos \pi x\}$$
$$+ \sum \mathrm{P}\, e^{\omega y}\{\sin \omega x + \sin \omega(a-x) - \omega x \cos \omega(a-x) - \omega(a-x)\cos \omega x\},$$

(16.) $$p = \sum \mathrm{M}\, e^{\pi y}\{\sin \pi x - \sin \pi(a-x) + \pi(a-x)\cos \pi x - \pi x \cos \pi(a-x)\}$$
$$+ \sum \mathrm{P}\, e^{\omega y}\{\sin \omega x + \sin \omega(a-x) + \omega(a-x)\cos \omega x + \omega x \cos \omega(a-x)\},$$
$$r = -\frac{2}{3}P_0(a-x)\frac{x}{a} + \frac{2}{3}\sum \mathrm{M}\, e^{\pi y}\{\pi(a-x)\sin \pi x + \pi x \sin \pi(a-x)\}$$
$$+ \frac{2}{3}\sum \mathrm{P}\, e^{\omega y}\{\omega(a-x)\sin \omega x - \omega x \sin \omega(a-x)\},$$

worin statt $-\frac{M}{2\pi a}$ und $-\frac{P}{2\omega a}$ gesetzt ist M und P.

Es bleibt nun noch übrig die Bestimmung der Coëfficienten $\mathrm{M}_1, \mathrm{M}_2, \ldots$ $\mathrm{P}_1, \mathrm{P}_2, \ldots$, mit welchen die Exponentialgrössen $e^{\pi_1 y}, e^{\pi_2 y}, \ldots, e^{\omega_1 y}, e^{\omega_2 y}, \ldots$ multiplicirt sind. Diese Coëfficienten müssen so bestimmt werden, dass die Werthe von q und r für $y = \pm b$ den Bedingungsgleichungen (9 b.) § 19 genügen. Ich werde der Kürze wegen den Factor von $\mathrm{M}\, e^{\pi y}$ in dem Ausdrucke für q in (16.) mit $X(\pi x)$ und den Factor von $\mathrm{P}\, e^{\omega y}$ mit $X(\omega x)$ bezeichnen; die entsprechenden Factoren in dem Ausdruck für r sind alsdann $-\frac{2}{3}\pi\int dx\, X(\pi x)$ und $-\frac{2}{3}\omega\int dx\, X(\omega x)$, diese Integrale von 0 bis x genommen. Hiernach werden die Ausdrücke für q und r folgende:

$$q = M_0 + N_0 x + P_0\left(1 - \frac{2x}{a}\right)y + \sum \mathrm{M}\, e^{\pi y} X(\pi x) + \sum \mathrm{P}\, e^{\omega y} X(\omega \pi),$$
$$-\frac{3}{2}r = P_0(a-x)\frac{x}{a} + \sum \pi \mathrm{M}\, e^{\pi y}\int dx\, X(\pi x) + \sum \omega \mathrm{P}\, e^{\omega y}\int X(\omega x)\, dx.$$

Aus den Gleichungen (14.), deren Wurzeln die π und ω sind, geht hervor, dass jeder positiven Wurzel π oder ω eine negative entspricht. Da nun $X(\pi x)$ und $X(\omega x)$ mit π und ω ihre Zeichen ändern, während $\pi\int dx\, X(\pi x)$ und $\omega\int dx\, X(\omega x)$ unverändert bleiben, so kann man die Ausdrücke für q und r auch so schreiben:

$$\begin{aligned}
q &= M_0 + N_0 x + P_0\left(1-\frac{2x}{a}\right)y \\
&\quad + \sum M(e^{\pi y}+e^{-\pi y})\,X(\pi x) + \sum P(e^{\omega x}+e^{-\omega y})\,X(\omega x) \\
&\quad + \sum N(e^{\pi y}-e^{-\pi y})\,X(\pi x) + \sum Q(e^{\omega y}-e^{-\omega y})\,X(\omega x), \\
-\frac{3}{2}r &= P_0(a-x)\frac{x}{a} \\
&\quad + \sum M\pi(e^{\pi y}-e^{-\pi y})\int X(\pi x)\,dx + \sum P\omega(e^{\omega y}-e^{-\omega y})\int X(\omega x)\,dx \\
&\quad + \sum N\pi(e^{\pi y}+e^{-\pi y})\int X(\pi x)\,dx + \sum Q\omega(e^{\omega y}+e^{-\omega y})\int X(\omega x)\,dx,
\end{aligned}$$

worin M, N, P, Q auf eine leicht ersichtliche Weise von den M und P abhängen und die Summenzeichen sich nur auf die positiven Wurzeln von (14.) beziehen. Nun soll sowohl, wenn hierin $y=+b$, als wenn $y=-b$ gesetzt wird, q unverändert derselben Function von x, nämlich $\frac{3}{4}fs$ gleich sein, und r soll in beiden Fällen verschwinden; daraus folgt, dass $P_0=0$ sein muss, und alle N und Q unter dem $\sum$ verschwinden müssen.

Die Bedingungsgleichungen (9b.) in § 19 werden demnach folgende:

$$\begin{aligned}
&\frac{3}{4}fs = M_0 + N_0 x \\
(17.)\qquad &\quad + \sum M(e^{\pi b}+e^{-\pi b})\,X(\pi x) + \sum P(e^{\omega b}+e^{-\omega b})\,X(\omega \pi), \\
&0 = \sum \pi M(e^{\pi b}-e^{-\pi b})\int X(\pi x)\,dx + \sum \omega P(e^{\omega b}-e^{-\omega b})\int X(\omega x)\,dx,
\end{aligned}$$

wo statt der zweiten auch ihr Differential nach x gesetzt werden kann, um das Integralzeichen fortzuschaffen. Bemerkt man nun, dass

$$\begin{aligned}
X(\pi x) &= -X[\pi(a-x)], \\
X(\omega x) &= +X[\omega(a-x)]
\end{aligned}$$

und dass von den beiden Integralen $\int X(\pi x)\,dx$ und $\int X(\omega x)\,dx$ das erstere unverändert bleibt, wenn statt x gesetzt wird $a-x$, während das letztere sein Vorzeichen umkehrt, so sieht man, wie aus den vorstehenden beiden Gleichungen die vier folgenden entstehen:

$$(18.)\quad \begin{aligned} \frac{3}{8}\frac{\wp}{k}(s_x - s_{(a-x)}) &= \tfrac{1}{2}N_0(2x-a) + \sum M(e^{\pi b} + e^{-\pi b})\,X(\pi x),\\ 0 &= \sum \pi M(e^{\pi b} - e^{-\pi b})\,X(\pi x), \end{aligned}$$

$$(19.)\quad \begin{aligned} \frac{3}{8}\frac{\wp}{k}(s_x + s_{(a-x)}) &= M_0 + \tfrac{1}{2}N_0 a + \sum P(e^{\omega b} + e^{-\omega b})\,X(\omega x),\\ 0 &= \sum \omega P(e^{\omega b} - e^{-\omega b})\,X(\omega x), \end{aligned}$$

worin $s_{(a-x)}$ den Werth von s bedeuten soll, wenn darin statt x gesetzt wird $a-x$.

Die Bestimmung der Coefficienten M hängt nun ab von der Lösung der Aufgabe, zwei Functionen $\varphi(x,\pi)$ und $\psi(x,\pi)$ zu finden, von der Eigenschaft, dass das Integral

$$(20.)\quad \int dx\,X(\pi x)\{(e^{\pi b} + e^{-\pi b})\,\varphi(x,\pi_1) + \pi b(e^{\pi b} - e^{-\pi b})\,\psi(x,\pi_1)\},$$

genommen von 0 bis a, jedesmal verschwindet, so oft π und π_1 verschiedene Wurzeln der Gleichung $\pi a - \sin\pi a = 0$ bezeichnen. Alsdann bestimmen sich die Coëfficienten M_1, M_2 u. s. w. wie in den Sinus- und Cosinus-Reihen. Diese Aufgabe habe ich nicht lösen können. Ich werde aber zeigen, dass nicht nur, wenn die Breite unendlich gross ist gegen die Höhe des Streifens, d. h. b unendlich gross in Beziehung auf a, sondern auch, wenn b nur überhaupt gross gegen a ist und man sich beschränkt auf die Theile, welche hinlänglich weit von den Seitenrändern entfernt sind, man die Coëfficienten unter dem $\sum$, sowohl die $M_1, M_2, \ldots$ als die $P_1, P_2, \ldots$ gleich Null setzen kann, und nur M_0 und N_0 zu berücksichtigen hat.

Die Bestimmung dieser beiden Grössen beruht aber darauf, dass

$$\int_0^a X(\pi x)\,dx = 0,\quad \int_0^a x\,X(\pi x)\,dx = 0 \quad\text{und}\quad \int_0^a X(\omega x)\,dx = 0,\quad \int x\,X(\omega x)\,dx = 0,$$

wie man sich durch die Ausführung dieser Integration überzeugt. Multiplicirt man also die Gleichung (17.) auf beiden Seiten zuerst mit dx und dann mit $x\,dx$ und integrirt jedesmal von 0 bis a, so erhält man

$$\frac{3}{4}f\int_0^a s\,dx = M_0 a + \tfrac{1}{2}N_0 a^2,$$

$$\frac{3}{4}f\int_0^a sx\,dx = M_0\frac{a^2}{2} + \tfrac{1}{3}N_0 a^3,$$

woraus

$$(21.)\quad \begin{aligned} M_0 &= \frac{f}{a^2}\left\{3a\int_0^a s\,dx - \frac{9}{2}\int_0^a sx\,dx\right\}, \\ N_0 &= -\frac{f}{a^3}\left\{\frac{9}{2}a\int_0^a s\,dx - 9\int_0^a sx\,dx\right\}. \end{aligned}$$

Wenn b gross gegen a ist, so ist $e^{-\pi b}$ eine gegen $e^{\pi b}$ zu vernachlässigende Grösse. Dies erhellt aus folgender Betrachtung. Das Glied $M(e^{\pi b} \pm e^{-\pi b})X(\pi x)$ nimmt, wenn $\pi a = m + n\sqrt{-1}$ und $M = \mu + \nu\sqrt{-1}$, $X(\pi x) = X + Y\sqrt{-1}$ gesetzt wird, die Form an

$$\left\{(\mu X - \nu Y)\cos\frac{bn}{a}\left(1 \pm e^{-\frac{2bm}{a}}\right) - (\mu Y + \nu X)\sin\frac{bn}{a}\left(1 \mp e^{-\frac{2bm}{a}}\right)\right\}e^{\frac{bm}{a}}$$
$$+\left\{(\mu X - \nu Y)\left(1 \mp e^{-\frac{2bm}{a}}\right)\sin\frac{bn}{a} + (\mu Y + \nu X)\cos\frac{bn}{a}\left(1 \pm e^{-\frac{2bm}{a}}\right)\right\}e^{\frac{bm}{a}}\sqrt{-1},$$

und um den Ausdruck für das folgende Glied zu erhalten, welches der Wurzel $m - n\sqrt{-1}$ entspricht, hat man nur $M = \mu - \nu\sqrt{-1}$ und $X(\pi x) = X - Y\sqrt{-1}$ zu setzen, woraus hervorgeht, dass in der Summe dieser beiden Glieder der imaginäre Theil fortfällt und sie von der Form $F\left\{1 \pm e^{\frac{-2bm}{a}}\right\} + F_1\left(1 \mp e^{-\frac{2bm}{a}}\right)$ ist. Nun hat aber in der kleinsten Wurzel m etwa den Werth 2,256, wenn also b auch nur $2a$ ist, so ist $e^{\frac{-2bm}{a}}$ schon etwa 0,0001, und wenn $b = 3a$, so ist der grösste Werth dieser Exponentialgrösse schon etwa $\frac{1}{3}$ dividirt durch zehn Million. Hieraus geht hervor, dass man die Factoren $1 \pm e^{\frac{-2bm}{a}}$ gänzlich vernachlässigen kann, was darauf hinauskommt, in (17.), (18.), (19.) und (20.) statt $e^{\pi b} \pm e^{-\pi b}$ zu schreiben $e^{\pi b}$; und hieraus erhellt, dass die Coefficienten $M_1, M_2, \ldots, P_1, P_2, \ldots$ von der Ordnung $e^{-\pi b}$ sind, also sämmtlich sehr kleine, und da die Wurzeln π und ω sehr rasch wachsen, sehr rasch abnehmende Grössen. Sämmtliche unter den $\sum$ stehenden Glieder können also in [den] vorhergehenden Formeln so lange vernachlässigt werden, als ihr Factor $e^{\pi y} \pm e^{-\pi y}$ nicht einen grossen Werth erhält. Für Werthe von y, die klein sind in Beziehung auf b, d. h. für die Theile des Streifens in dem mittlern Höhenschnitt und in der Nähe desselben, hat man demnach ganz einfach

$$(22\text{a.})\quad \begin{aligned} p &= 0, \\ q &= M_0 + N_0 x, \\ r &= 0, \end{aligned}$$

worin die Werthe M_0 und N_0 zu substituiren sind.*) Hieraus und aus den Formeln

$$\frac{\partial u}{\partial x} = \frac{1}{4}\frac{\wp}{k}s + \frac{\partial u'}{\partial x}, \quad \frac{\partial u'}{\partial x} = \frac{1}{15}(4p - q), \quad \frac{\partial v}{\partial y} = \frac{1}{15}(4q - p)$$

[aus (4.) und (7.) in § 19] ergiebt sich

$$(22\text{b.}) \qquad \begin{aligned} \frac{\partial u}{\partial x} &= \frac{1}{4}fs - \frac{1}{15}(M_0 + N_0 x), \\ \frac{\partial v}{\partial y} &= \frac{4}{15}(M_0 + N_0 x). \end{aligned}$$

Ich werde diese Resultate beispielsweise wieder auf einen Glasstreifen anwenden, für welchen

$$\begin{aligned} \mathrm{H} &= 0{,}085, \quad 2d = 1, \\ \mathrm{K} &= 6, \qquad b = 40, \quad a = 10 \end{aligned}$$

---

*) Das Problem des unendlich langen Streifens, auf das die im Text gemachte Annahme schliesslich führt, lässt sich ganz so, wie in der Note zu S. 213 gezeigt, auch bei Zugrundelegung der zweiconstantigen Elasticitätstheorie direct behandeln. Im Endlichen müssen die Spannungen und Deformationen von y unabhängig sein, und ausserdem müssen für jeden Querschnitt die elastischen und die thermischen Spannungen zusammen verschwindende Gesammtcomponenten und Drehungsmomente liefern.

Es kommen hier wiederum die Grundformeln (1″.) bis (5″.) der Note zu S. 118 zur Anwendung. Nach (2.″) müssen $X_x + \wp s$ und Y_x constant und, da sie nach (4″.) an den Grenzen $x = 0$ und $x = a$ verschwinden sollen, überall gleich Null sein. Die Formel (3″.) liefert hiernach

$$Y_y k_1{}^0 + 2\wp s k^0 = \alpha + \beta x,$$

wobei α und β Constanten bezeichnen.

Die Bedingung, dass die Gesammtdrucke weder Resultirende noch Momente ergeben, gewinnt Ausdruck in den Formeln

$$\int (Y_y + \wp s)\, dx = 0, \quad \int (Y_y + \wp s)\, x\, dx = 0$$

und ergiebt zur Bestimmung von α und β

$$(2k' - k_1')\,\wp \int_0^a s\, dx = \alpha a + \tfrac{1}{2}\beta a^2,$$

$$(2k' - k_1')\,\wp \int_0^a s x\, dx = \tfrac{1}{2}\alpha a^2 + \tfrac{1}{3}\beta a^3.$$

Setzt man die Werte von X_x, Y_y und Y_x in die Gleichungen (1′.) ein, integrirt und bestimmt die Constanten so, dass bei $y = 0$ v für alle Werthe x und u für $x = 0$ verschwindet, so ergiebt sich schliesslich

$$u(k_1'^2 - k'^2) = \frac{\wp}{k_1'}(k_1' + k')(k_1' - 2k') \int_0^x s\, dx + \frac{k'}{k_1'}\left(\alpha x + \frac{1}{2}\beta x^2\right) + \frac{1}{2}\beta y^2,$$

$$v(k_1'^2 - k'^2) = -(\alpha + \beta x)\, y.$$

Die für die optischen Wirkungen massgebenden Functionen bestimmen sich nach (5″.) unmittelbar aus den Werten der Druckcomponenten X_x, Y_y, X_y. — *W. V.*

sein soll. Wenn der untere Rand dieses Streifens die constante Temperatur A hat, während er an seiner übrigen Oberfläche die Wärme frei ausstrahlt, und vorausgesetzt wird, dass seine Temperatur s allein eine Function der Entfernung vom untern Rande sei, so fanden wir im vorigen Paragraphen für dieselbe folgende Ausdrücke*), sobald sie stationär geworden ist:

$$s = M e^{x\sqrt{\frac{H}{2K}\left(\frac{1}{d}+\frac{1}{b}\right)}} + N e^{-x\sqrt{\frac{H}{2K}\left(\frac{1}{d}+\frac{1}{b}\right)}},$$

$$M = \frac{A}{T}\left(1+\sqrt{\frac{H}{K}\frac{2bd}{b+d}}\right) e^{-\frac{1}{2}a\sqrt{\frac{H}{2K}\left(\frac{1}{d}+\frac{1}{b}\right)}},$$

$$N = \frac{A}{T}\left(1-\sqrt{\frac{H}{K}\frac{2bd}{b+d}}\right) e^{+\frac{1}{2}a\sqrt{\frac{H}{2K}\left(\frac{1}{d}+\frac{1}{b}\right)}},$$

$$T = \left(1+\sqrt{\frac{H}{K}\frac{2bd}{d+b}}\right) e^{-a\sqrt{\frac{H}{2K}\left(\frac{1}{d}+\frac{1}{b}\right)}} + \left(1-\sqrt{\frac{H}{K}\frac{2bd}{b+d}}\right) e^{a\sqrt{\frac{H}{2K}\left(\frac{1}{d}+\frac{1}{b}\right)}},$$

in welchen Formeln aber der Anfangspunkt der Coordinaten in der Mitte des Streifens liegt. Verlegt man diesen Anfangspunkt in die Mitte des untern Randes und substituirt die eben angegebenen numerischen Werthe für die H, K, a, b, d, so erhält man**)

$$s = A\{0{,}2028\, e^{0{,}0852x} + 0{,}7972\, e^{-0{,}0852x}\}.$$

Hieraus ergiebt sich

$$\int_0^a s\,dx = 8{,}567A,$$

$$\int_0^a sx\,dx = 41{,}322A,$$

und dies giebt nach (21.)

$$M_0 = 0{,}71064 fA,$$
$$N_0 = -0{,}013617 fA,$$

und demnach geben die Gleichungen (22b.)

$$\frac{\partial u}{\partial x} = fA\{0{,}0507\, e^{0{,}0852x} + 0{,}1993\, e^{-0{,}0852x} - 0{,}04737 + 0{,}000907x\},$$

$$\frac{\partial v}{\partial y} = fA\{0{,}18948 - 0{,}003628x\}.$$

*) Diese Formeln enthalten dasselbe Versehen, auf das schon S. 205 hingewiesen ist. Statt 2K müsste überall K, statt $2bd$ überall bd gesetzt werden. Entsprechende Aenderungen müssten auch weiterhin mehrmals vorgenommen werden. — *A. W.*

**) Aus den vorher angegebenen Zahlenwerthen H, K, d, b ergiebt sich der Factor von x in der Exponentialgrösse nicht $= 0{,}0852$, sondern $= 0{,}1198$. Wie *Neumann* zu dem Werthe 0,0852 gelangt ist, läßt sich nicht ermitteln. Jedenfalls stimmen die folgenden Zahlenrechnungen nicht mit den zu Grunde gelegten Daten überein. — *A. W.*

Für den untern Rand, d. i. für $x = 0$, finden wir hieraus $\frac{\partial u}{\partial x} = 0{,}2026\, fA$, $\frac{\partial v}{\partial y} = 0{,}189\, fA$; wären die Theilchen dieses Randes frei gewesen, so würden ihre Ausdehnungen gewesen sein $\frac{\partial u}{\partial x} = \frac{\partial v}{\partial y} = 0{,}2\, fA$, sodass sie also durch den Zusammenhang mit den daran liegenden Theilchen in der Richtung der Höhe ein klein wenig mehr ausgedehnt sind, in der Richtung der Breite aber um so viel zusammengedrückt sind, als die freie Wärmeausdehnung von $\frac{(0{,}2 - 0{,}18948)A}{0{,}2}$ Graden beträgt, d. i. von etwa $\frac{1}{19}A$ Graden. Für den obern Rand, d. i. für $x = 10$, erhält man $\frac{\partial u}{\partial x} = 0{,}1655\, fA$, $\frac{\partial v}{\partial y} = 0{,}1532\, fA$, während bei ungehemmter Ausdehnung $\frac{\partial u}{\partial x} = 0{,}16306\, fA = \frac{\partial v}{\partial y}$ gewesen sein würde. Der Unterschied der freien und der gehemmten Ausdehnung entspricht in der Richtung der x einem Temperaturzuwachs von $+\frac{1}{82}A$ Graden, und in der Richtung der y: $-\frac{1}{20}A$ Graden. In der Mitte, d. i. für $x = 5$, erhält man $\frac{\partial u}{\partial x} = 0{,}16496\, fA$, $\frac{\partial v}{\partial y} = 0{,}17134\, fA$, während bei freier Ausdehnung die vorhandene Temperatur würde hervorgebracht haben $\frac{\partial u}{\partial x} = \frac{\partial v}{\partial y} = 0{,}16624\, fA$. Dies giebt in der Richtung der y eine grössere von $+\frac{1}{39}A$ Graden, und in der Richtung der x eine kleinere Ausdehnung von $-\frac{1}{136}A$ Graden. Ich stelle diese numerischen Resultate in der folgenden Tafel zusammen:

	x	y
$x = 10$	$+\frac{1}{82}A$	$-\frac{1}{20}A$
$= 5$	$-\frac{1}{136}A$	$+\frac{1}{39}A$
$= 0$	$+\frac{1}{77}A$	$-\frac{1}{19}A$

Dem polarisirten Licht ausgesetzt, sodass die Polarisationsebene des einfallenden Lichts senkrecht steht auf der Polarisationsebene des Turmalins und die Kanten der Platte mit diesen Ebenen 45° bilden, erscheint die Platte $ABCD$ (Fig. 7), wenn sie mit ihrem untern Rande AB auf eine heisse Metallplatte gesetzt ist, durch zwei schwarze Zonen $\alpha\beta$ und $\gamma\delta$ in drei Felder getheilt, ein centrales Feld und zwei Randfelder. Diese schwarzen Zonen $\alpha\beta$ und $\gamma\delta$ sind gerade und parallel laufend mit den Rändern AB und CD, und erst in der Nähe der Seitenränder DB und CA fangen sie an, sich zu krümmen und laufen aus nach den vier Ecken A, B, C, D der Platte. In diesen vier Ecken münden noch zwei andere dunkle gekrümmte Zonen $A\eta C$

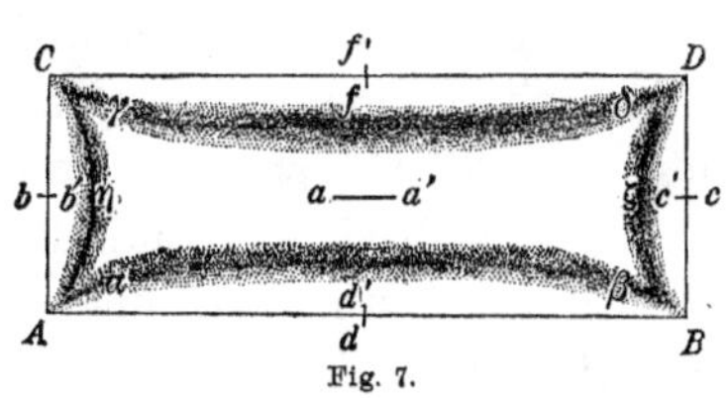

Fig. 7.

und $B\zeta D$, welche von dem centralen Felde zwei Seitenfelder abschneiden. Die Farben steigen überall von diesen schwarzen Zonen aus, wie vom schwarzen Mittelpunkt der Newtonschen Ringe. Der Character dieser Farben ist aber ein doppelter. Sowohl in der Mitte der centralen Zone, als am Rande der beiden Seitenzonen und der beiden Randzonen, sind die beiderlei Strahlen, durch deren Interferenz die Farben entstehen, parallel mit den Rändern der Platte polarisirt; in der centralen Zone und den beiden Seitenzonen bewegen sich aber die Strahlen, welche parallel mit aa' und bb', cc', d. i. parallel mit dem untern oder obern Rande polarisirt sind, rascher, hingegen in den Randzonen bewegen sich die nach dd' und ff' polarisirten rascher, als die senkrecht auf diesen Richtungen polarisirten. Wenn die Temperatur stationär geworden ist, so ist die Höhe der Farbe in dem obern und untern Randfelde nahe dieselbe, ein klein wenig ist sie in dem untern Felde höher; die Farbe in dem centralen Felde ist immer bedeutend niedriger, z. B. wenn am äussersten Rande blau des zweiten Newtonschen Ringes sich findet, so ist in der Mitte des centralen Feldes die Farbe zwischen gelb und orange des ersten Ringes. Die Breiten der beiden Randfelder sind nahe gleich und die Höhe des centralen Feldes ist etwa doppelt so gross als die Höhe eines Randfeldes, sodass die Platte symmetrisch getheilt, sowohl in Beziehung auf die schwarzen Zonen, als in Beziehung auf die übrige Färbung erscheint.

Dies Verhalten der Platte im polarisirten Lichte sind wir im Stande, vollständig zu erklären, mit Ausschluss des Theils, welcher sich auf die Seitenfelder bezieht, da die vorhergehenden Resultate nur auf solche Theile der Platte anwendbar sind, welche hinlänglich weit von den Seitenrändern entfernt sind.

Da wir in (22a.) $r = 0$, d. i. $\frac{\partial u}{\partial y} + \frac{\partial v}{\partial x} = 0$ gefunden haben, so ist nach der Formel (D.) § 12 auch $\alpha = 0$ und 90^0, d. h. die Strahlen im Innern der Platte, welche senkrecht durch sie hindurch gehen, in hinlänglicher Entfernung von den Seitenrändern, haben ihre Polarisationsebenen mit den rechtwinkligen Kanten der Platte parallel. Nach (A.) § 12 wird demnach bei der Stellung der Platte in Beziehung auf die ursprüngliche Polarisationsebene des Lichts und der des Turmalins, die in der vorhergehenden Beschreibung vorausgesetzt wurde:

$$\left(\frac{J}{D}\right)^2 = \sin^2 \frac{O - E}{\lambda} \pi,$$

worin nach (B.) a. a. O.

$$O - E = 0{,}252 \left(\frac{\partial u}{\partial x} - \frac{\partial v}{\partial y}\right) d$$

und nach (22b.) dieses Paragraphen

$$\frac{\partial u}{\partial x} - \frac{\partial v}{\partial y} = \frac{1}{4} f s - \frac{1}{3}(M_0 + N_0 x).$$

Ich werde zunächst für s, M_0, N_0 die numerischen Werthe aus dem vorher gebrauchten Beispiel setzen; diese geben

$$\frac{\partial u}{\partial x} - \frac{\partial v}{\partial y} = fA\{0{,}0507\, e^{0{,}0852x} + 0{,}1993\, e^{-0{,}0852x} - 0{,}23685 + 0{,}004535x\}.$$

Um die Lage der schwarzen Zonen zu bestimmen, wodurch die Randfelder von dem centralen Felde geschieden werden, hat man die Gleichung $\frac{\partial u}{\partial x} - \frac{\partial v}{\partial y} = 0$ in Beziehung auf x aufzulösen; diese Gleichung hat zwei mögliche Wurzeln, nämlich:

$$x = 2{,}1\ldots,$$
$$x = 7{,}9\ldots,$$

sodass also diese schwarzen Zonen nahe gleich weit von dem untern und obern Rande liegen, und zwar um etwas mehr als $\frac{1}{5}$ der ganzen Höhe der Platte, die Höhe des centralen Feldes ist etwas mehr als die halbe Höhe der Platte, nahe $\frac{4}{7}$ derselben.

Die Differenz $\frac{\partial u}{\partial x} - \frac{\partial v}{\partial y}$ hat am untern Rande, am obern Rande und in der Mitte des centralen Feldes folgende Werthe:

$$x = 0:\ \frac{\partial u}{\partial x} - \frac{\partial v}{\partial y} = 0{,}0132 fA,$$
$$x = 10:\ \frac{\partial u}{\partial x} - \frac{\partial v}{\partial y} = 0{,}0132 fA,$$
$$x = 5:\ \frac{\partial u}{\partial x} - \frac{\partial v}{\partial y} = -0{,}00698 fA.$$

Hieraus erhellt, dass auch die Farben symmetrisch in Beziehung auf den untern und obern Rand vertheilt sind, dass ferner diese Farben in den Randfeldern und dem centralen einen entgegengesetzten Character haben, indem in den Randfeldern die Strahlen, welche senkrecht auf den Rand polarisirt sind, sich mit grösserer Geschwindigkeit fortpflanzen, weil hier $\frac{\partial u}{\partial x} - \frac{\partial v}{\partial y}$ einen positiven Werth hat, und es sich umgekehrt in dem centralen Felde verhält. Endlich zeigen die numerischen Werthe, dass die Färbung am Rande etwas weniger, als noch einmal so hoch ist, als in der Mitte des centralen Feldes.

Dass die Gleichung $\frac{\partial u}{\partial x} - \frac{\partial v}{\partial y} = 0$, deren Wurzeln die Lage der beiden mit den Rändern parallelen schwarzen Zonen bestimmen, immer zwei Wurzeln in dem vorliegenden Fall habe, übersieht man aus der Betrachtung, dass

$\frac{\partial u}{\partial x} - \frac{\partial v}{\partial y}$ die Unterschiede der Ordinaten der Curve $z = \frac{1}{4} f s$ und der geraden Linie $z' = \frac{1}{3}(M_0 + N_0 x)$ darstellt, worin M_0 und N_0 so bestimmt worden sind, dass die Summe der Quadrate dieser Unterschiede ein Minimum ist. Wenn also in Fig. 8 CD ein Höhendurchschnitt der Platte ist, und über diesen als der Abscissenlinie durch die Ordinaten der Curve AGB die Werthe von $\frac{1}{4} f s$ dargestellt werden, so wird die gerade Linie $z' = \frac{1}{3}(M_0 + N_0 x)$ eine Lage wie abc haben und die Curve AGB in c und d schneiden. Perpendikel, von c und d auf CD gefällt, bestimmen in E und F die Lage der schwarzen neutralen Zonen. Diese Betrachtung zeigt auch, dass das centrale Feld zwischen E und F ein negatives ist, während die Randfelder CE und DF positive sind.

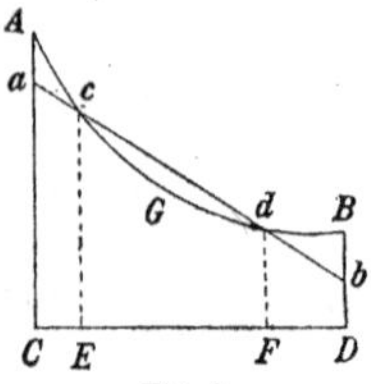

Fig. 8.

Wenn die Platte gleichförmig erhitzt wird und man sie nun frei in der Atmosphäre erkalten lässt oder ihre beiden Breitenränder mit zwei gleich kalten Körpern in Berührung bringt, so wird die Vertheilung ihrer Temperatur durch eine Curve AGB wie in Fig. 9 sich darstellen, welche in ihrer Mitte G convex ist und hier in zwei symmetrische Hälften getheilt wird; die gerade Linie $z' = \frac{1}{3}(M_0 + N_0 x)$ wird hier parallel mit der Abscissenlinie wie ab; ihre Durchschnitte mit der Curve AGB in c und d bestimmen die neutralen schwarzen Zonen in E und F; das neutrale Feld, welches vorher bei der Erwärmung negativ war, ist hier aber positiv und die Randfelder sind negativ, ganz so wie *Brewster* diesen Gegensatz zwischen Erwärmung und Abkühlung beobachtet hat.

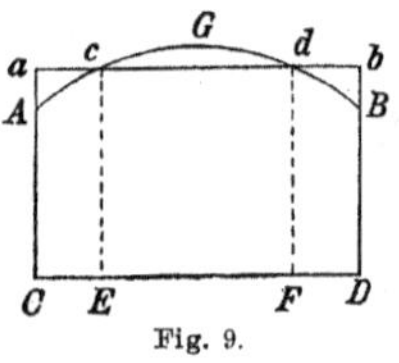

Fig. 9.

Um die beiden Wurzeln der Gleichung $\frac{\partial u}{\partial x} - \frac{\partial v}{\partial y} = 0$ [und zugleich den ungefähren Verlauf der Differenz $\frac{\partial u}{\partial x} - \frac{\partial v}{\partial y}$ quer über den Streifen] für den Fall der stationären Temperatur, wenn der eine Rand in einer constanten Temperatur erhalten wird, während die übrige Oberfläche frei die Wärme ausstrahlt, allgemein darzustellen, entwickele ich s nach den Potenzen von x.

Ich werde in dem Ausdruck für s, den wir im vorigen Paragraphen für diesen Fall fanden, den Anfangspunkt der x aus der Mitte der Platte in die Mitte des untern Randes verlegen, und zugleich der Kürze wegen setzen

$$\frac{1}{2}\left(\frac{1}{d} + \frac{1}{b}\right) = \frac{1}{g}, \quad \sqrt{\frac{\mathrm{H}}{2\mathrm{K}} \frac{d+b}{bd}} = H_{,}, \quad \sqrt{\frac{2db}{d+b} \frac{\mathrm{H}}{\mathrm{K}}} = g H_{,},$$

dadurch wird

$$s = \frac{A}{T}\{(1 + gH_{,})\, e^{(x-a)H_{,}} + (1 - gH_{,})\, e^{-(x-a)H_{,}}\},$$

und dies giebt in der Entwickelung:

$$s = \frac{2A}{T}\left\{1 + gH_,^2\frac{x-a}{1} + H_,^2\frac{(x-a)^2}{1\cdot 2} + gH_,^4\frac{(x-a)^3}{1\cdot 2\cdot 3} + \cdots\right\}.$$

Hieraus erhält man

$$\int_0^a dx\, s = \frac{2A}{T}\left\{a - gH_,^2\frac{a^2}{1\cdot 2} + \frac{H_,^2 a^3}{1\cdot 2\cdot 3} - gH_,^4\frac{a^4}{1\cdot 2\cdot 3\cdot 4} + \cdots\right\},$$

$$\int_0^a sx\,dx = \frac{2A}{T}\left\{\frac{a^2}{1\cdot 2} - gH_,^2\frac{a^3}{1\cdot 2\cdot 3} + H_,^2\frac{a^4}{1\cdot 2\cdot 3\cdot 4} - gH_,^4\frac{a^5}{1\cdot 2\cdot 3\cdot 4\cdot 5} + \cdots\right\}.$$

Nach den obigen Ausdrücken in (21.) ist aber:

$$M_0 = \frac{9}{a^2}f\left\{\frac{1}{3}a\int s\,dx - \frac{1}{2}\int sx\,dx\right\},$$

$$N_0 = -\frac{9}{a^3}f\left\{\frac{1}{2}a\int s\,dx - \int sx\,dx\right\},$$

oder

$$M_0 + N_0 a = -\frac{9}{a^2}f\left\{\frac{1}{3}a\int s\,dx - \int sx\,dx\right\}.$$

Hierin die Werthe der Integrale substituirt, erhält man

$$\frac{1}{3}(M_0 + N_0 a) = \frac{A}{2T}f\left\{1 - \frac{2H_,^2 a^2}{1\cdot 2\cdot 3\cdot 4} + \frac{4gH_,^4 a^3}{1\cdot 2\cdot\cdot 5} - \frac{6H_,^4 a^4}{1\cdots 6} + \cdots\right\},$$

$$\frac{1}{3}N_0 = \frac{A}{2T}f\left\{\frac{6gH_,^2}{1\cdot 2\cdot 3} - \frac{2\cdot 6H_,^2 a}{1\cdot 2\cdot 3\cdot 4} + \frac{3\cdot 6gH_,^4 a^2}{1\cdot 2\cdot\cdot 5} - \cdots\right\}.$$

Substituirt man endlich diese Reihen in

$$\frac{\partial u}{\partial x} - \frac{\partial v}{\partial y} = \frac{1}{4}fs - \frac{1}{3}(M_0 + N_0 a + N_0(x-a))$$

und ordnet zugleich nach den Potenzen von $H_,$, so erhält man

$$\begin{aligned}\frac{\partial u}{\partial x} - \frac{\partial v}{\partial y} = \frac{1}{2}\frac{A}{T}f\Big\{&H_,^2\left(\frac{2a^2}{1\cdot\cdot 4} - \frac{2\cdot 6a}{1\cdots 4}(a-x) + \frac{(a-x)^2}{1\cdot 2}\right)\\ &- gH_,^4\left(\frac{4a^3}{1\cdots 5} - \frac{3\cdot 6a^2}{1\cdots 5}(a-x) + \frac{(a-x)^3}{1\cdot 2\cdot 3}\right)\\ &+ H_,^4\left(\frac{6a^4}{1\cdot\cdot 6} - \frac{4\cdot 6a^3}{1\cdots 6}(a-x) + \frac{(a-x)^4}{1\cdot\cdot 4}\right) + \cdots\Big\}.\end{aligned}$$

Da $H_,^2$ eine kleine Grösse ist, so darf man in einer ersten Annäherung nur die mit $H_,^2$ multiplicirten Glieder berücksichtigen, und erhält dann für $\frac{\partial u}{\partial x} - \frac{\partial v}{\partial y} = 0$ die angenäherte Gleichung:

$$\frac{2a^2}{1\cdot 2\cdot 3\cdot 4} - \frac{2\cdot 6a}{1\cdot 2\cdot 3\cdot 4}(a-x) + \frac{(a-x)^2}{1\cdot 2} = 0,$$

woraus

$$x = a\{0{,}5 \pm \sqrt{\tfrac{1}{12}}\},$$

d. i., wenn x' und x'' die beiden Wurzeln bezeichnen,

$$x' = 0{,}2114a, \quad x'' = 0{,}7886a$$

und

$$x'' - x' = 0{,}5772a.$$

Diese Wurzeln stimmen mit der vorhergehenden strengern Rechnung bis auf die dritte Decimalstelle überein. Diese angenäherte Bestimmung der Wurzeln x' und x'' zeigt das merkwürdige Resultat, dass die Lage der neutralen schwarzen Zonen mit einer starken Annäherung unabhängig von $H_,$ ist, d. i. unabhängig von dem innern und äussern Leitungsvermögen, und ebenso von der Dicke und Breite der Platten, und allein von ihrer Höhe abhängt; dieser Satz ist um so richtiger, je kleiner das Product $H_, a$ [genauer $H_,\sqrt{a}$] ist.

Bei Vernachlässigung der höheren Potenzen von $H_,$ hat man allgemein

$$\frac{\partial u}{\partial x} - \frac{\partial v}{\partial y} = \frac{1}{4}\frac{A}{T} f H_,^2 \left\{\frac{1}{6}a^2 - a(a-x) + (a-x)^2\right\}.$$

Dieser Ausdruck verwandelt sich, wenn man den Anfangspunkt der x nicht in den untern Rand, sondern in die Mitte der Platte setzt, d. i. wenn man $x = \frac{1}{2}a + x_,$ macht, in

$$\frac{\partial u}{\partial x} - \frac{\partial v}{\partial y} = -\frac{1}{4}\frac{A}{T} f \frac{\mathrm{H}}{2\mathrm{K}}\left(\frac{1}{d} + \frac{1}{b}\right)\left\{\frac{1}{12}a^2 - x_,^2\right\},$$

wo für $H_,$ zugleich sein Werth restituirt ist. Die Form dieses Ausdrucks stimmt mit derjenigen überein, welche *Brewster* aus seinen Beobachtungen abgeleitet hat. Er giebt nämlich *Edinb. Transact.* Vol. VIII. p. 355 für die resultirende Farbe an einer Stelle, deren Entfernung von der Linie, welche durch die Mitte des centralen Feldes parallel mit den Breitenrändern gezogen ist, durch d bezeichnet ist, den Ausdruck $\mathrm{T}\left(1 - \frac{d^2}{D^2}\right)$, wo D die halbe Entfernung der schwarzen Zonen von einander ist, und T die Farbe in Newtons Scale der Luftdicke bezeichnet, welche in der Mitte des centralen Feldes sich befindet. Für D giebt er den Ausdruck: $D = \frac{5a}{16{,}02}$, woraus $D^2 = \frac{a^2}{10{,}24}$ *), was ziemlich nahe dem Zahlenwerth unsrer Formel kommt, die nämlich

*) In den Anwendungen, welche *Brewster* später in dieser Abhandlung von seiner Formel $D = \frac{5a}{16{,}02}$ macht, ist ohne Zweifel der Irrthum eingeschlichen, dass er überall den Coëfficienten $\frac{5}{16{,}02} = 0{,}312$ gesetzt hat, statt des Quadrates dieser Zahl: $\frac{1}{10{,}24}$. — *(Anm. des Originals.)*

$D^2 = \frac{a^2}{12}$ giebt. Die theoretische Formel bestimmt aber zugleich den Werth von T; dieser ist nämlich:

$$\mathrm{T} = \frac{0{,}126\, f A \mathrm{H}(b + d) a^2}{48\, T\, \mathrm{K}\, b d}.$$

Wenn die Platte ursprünglich gleichförmig erhitzt wird und nun sich frei in die Atmosphäre abkühlt, so ist die Vertheilung der Temperatur in ihr abhängig von der Gleichung*):

$$\frac{\partial s}{\partial t} = \frac{\mathrm{K}}{CD} \frac{\partial^2 s}{\partial x^2} + \frac{\mathrm{H}}{2CD}\left(\frac{1}{b} + \frac{1}{d}\right) s,$$

wo die Buchstaben K, H, b, d dieselbe Bedeutung haben wie oben, C aber die specifische Wärme und D die specifische Schwere der Substanz der Platte bezeichnen. Ich werde den Anfangspunkt der x in die Mitte der Platte setzen, sodass der obere und untere Rand entspricht den Werthen $x = \frac{1}{2} a$ und $x = -\frac{1}{2} a$; dann muss man zu der vorstehenden Gleichung noch die Bedingungen hinzufügen:

$$x = \frac{1}{2} a: \quad \mathrm{K} \frac{\partial s}{\partial x} + \mathrm{H} s = 0,$$

$$x = -\frac{1}{2} a: \quad \mathrm{K} \frac{\partial s}{\partial x} - \mathrm{H} s = 0.$$

Nimmt man nun allgemein an, dass der Anfangszustand der Temperaturen symmetrisch war, welches die anfängliche gleichförmige Erwärmung der Platte als einen besonderen Fall in sich schliesst, dann ist das vollständige Integral, welches obiger Differentialgleichung und zugleich den Bedingungen an den Rändern genügt, dieses:

$$s = e^{-\frac{\mathrm{H}}{2}\left(\frac{1}{d} + \frac{1}{b}\right) t} \left\{ A_{,} e^{-\frac{4\omega_{,}^2 \mathrm{K} t}{a^2 CD}} \cos \frac{2x}{a} \omega_{,} + A_{,,} e^{-\frac{4\omega_{,,}^2 \mathrm{K} t}{a^2 CD}} \cos \frac{2x}{a} \omega_{,,} + \cdots \right\},$$

worin die Coefficienten $A_{,}$, $A_{,,}$, ... nach dem gewöhnlichen Verfahren so zu bestimmen sind, dass dadurch der Anfangszustand, d. h. der gegebene Werth von s für $t = 0$ dargestellt wird; die Grössen $\omega_{,}$, $\omega_{,,}$, ... aber sind die Wurzeln der Gleichung

$$\operatorname{tang} \omega = \frac{\mathrm{H} a}{2 \mathrm{K}} \frac{1}{\omega}.$$

Man überzeugt sich leicht, dass die Wurzeln dieser Gleichung sehr rasch wachsen; die kleinste ist kleiner als $\frac{1}{2}\pi$, während die folgenden, die zweite, die dritte u. s. w. respective grösser sind als π, 2π u. s. w., woraus folgt, dass in der Reihe, wodurch s ausgedrückt ist, die Glieder, welche von der zweiten und den höhern Wurzeln abhängen, sehr bald, wenn t wächst,

*) Vgl. hierzu die letzte Anmerkung S. 205.

einen verschwindenden Werth gegen das erste Glied erhalten und der Ausdruck von s dann ganz einfach sich darstellt durch

$$s = A e^{-\left(\frac{H}{2}\left(\frac{1}{d}+\frac{1}{b}\right)+\frac{4\omega_{,}^2 K}{a^2 C D}\right)t} \cos\frac{2x\omega_{,}}{a}.$$

Man findet hieraus

$$M_0 = \frac{3}{4}\frac{f}{a}\int_{-\frac{1}{2}a}^{+\frac{1}{2}a} s\,dx = \frac{3}{4} f A e^{-\left(\frac{H}{2}\left(\frac{1}{d}+\frac{1}{b}\right)+\frac{4\omega_{,}^2 K}{a^2 C D}\right)t} \frac{\sin\omega_{,}}{\omega_{,}},$$

$$N_0 = 0,$$

woraus, da

$$\frac{\partial u}{\partial x} - \frac{\partial v}{\partial y} = \frac{1}{4} f s - \frac{1}{3} M_0,$$

sich ergiebt

$$\frac{\partial u}{\partial x} - \frac{\partial v}{\partial y} = \frac{1}{4} f A e^{-\left(\frac{H}{2}\left(\frac{1}{d}+\frac{1}{b}\right)+\frac{4\omega^2 K}{a^2 C D}\right)t} \left\{\cos\frac{2x\omega_{,}}{a} - \frac{\sin\omega_{,}}{\omega_{,}}\right\}.$$

Man ersieht hieraus, dass sehr bald die Vertheilung der Farben eine solche wird, dass das Verhältniss der ihnen correspondirenden Luftdicken unverändert bleibt, dass der absolute Werth derselben aber, wenn die Zeit arithmetisch wächst, in einer geometrischen Reihe abnimmt. Das centrale Feld ist hier immer ein positives, denn für $x = 0$ verwandelt sich der Faktor $\cos\frac{2x\omega_{,}}{a} - \frac{\sin\omega_{,}}{\omega_{,}}$ in $\frac{1}{\omega_{,}}(\omega_{,} - \sin\omega_{,})$, welches immer eine positive Grösse ist, wogegen die Randfelder immer negativ sind; jener Faktor wird nämlich für $x = \pm\frac{1}{2}a : \cos\omega_{,} - \frac{\sin\omega_{,}}{\omega_{,}} = \frac{\cos\omega_{,}}{\omega_{,}}\{\omega_{,} - \operatorname{tang}\omega_{,}\}$, welche Grösse, da ω kleiner als $\frac{1}{2}\pi$ ist, immer eine negative Grösse ist.

Das Verhältniss [der correspondirenden Luftdicke] der Randfarbe zur centralen Farbe ist

$$\frac{\cos\omega_{,}(\omega_{,} - \operatorname{tang}\omega_{,})}{\omega_{,} - \sin\omega_{,}}.$$

Entwickelt man diesen Ausdruck nach den Potenzen von $\omega_{,}$, so erhält man bei Vernachlässigung der vierten Potenzen von $\omega_{,}$ den angenäherten Werth: $-2(1-\frac{1}{20}\omega_{,}^2)$, sodass also [die correspondirenden Luftdicken für] jene beiden Farben sich nahe wie $2:1$ verhalten.

Um eine Vorstellung über den Werth von $\omega_{,}$ festzustellen, werde ich die oben gebrauchten numerischen Werthe für die Constanten annehmen, nämlich $H = 0{,}085$, $K = 6$ und $a = 10$ Linien; dann wird die transcendente Gleichung, deren kleinste Wurzel $\omega_{,}$ ist:

$$\omega \operatorname{tang}\omega = 0{,}07,$$

woraus $\omega_{,} = 0{,}262\ldots$; wenn $a = 20$ Linien, so ergiebt sich für $\omega_{,}$ nahe $0{,}365\ldots$ Hieraus ergiebt sich, dass die Abweichung von dem Verhältniss 2 : 1 in der Randfarbe und der centralen Farbe ganz unwahrnehmbar ist.

Die Lage der schwarzen Zonen, wodurch das Centralfeld von den Randfeldern geschieden wird, ist bestimmt durch die Gleichung

$$\cos\frac{2x\omega_{,}}{a} - \frac{\sin\omega_{,}}{\omega_{,}} = 0,$$

oder, wenn diese Gleichung nach den Potenzen von $\omega_{,}$ entwickelt wird:

$$0 = \left(\frac{1}{3} - \left(\frac{2x}{a}\right)^2\right)\frac{\omega_{,}^2}{1\cdot 2} - \left(\frac{1}{5} - \left(\frac{2x}{a}\right)^4\right)\frac{\omega_{,}^4}{1\cdot 2\cdot 3\cdot 4} + \cdots,$$

wofür man mit hinlänglicher Annäherung setzen kann

$$0 = \frac{1}{3} - \left(\frac{2x}{a}\right)^2 \quad \text{d. i.} \quad x = \frac{1}{2}a\sqrt{\frac{1}{3}},$$

woraus das merkwürdige Resultat folgt, dass die Lage der schwarzen Zonen in dem gegenwärtigen Fall der Abkühlung dieselbe ist, als in dem vorhergehenden der stationären Temperaturvertheilung. Dies beruht darauf, dass in beiden Fällen s in eine rasch convergirende Reihe nach den Potenzen von x entwickelt werden kann.

Die bisherigen Untersuchungen betrafen solche Strahlen, welche senkrecht durch die Platte gingen. Wenn man die Strahlen schief durch die Platte gehen lässt, so bemerkt man: 1) wenn die Strahlen in der Ebene der (x, z), d. i. der Ebene, welche senkrecht auf der untern und obern Kante steht, liegen, dass die Farbe mit der Neigung des Strahls in der Newtonschen Scale steigt, nämlich einer grössern Luftdicke entspricht; 2) wenn die Strahlen in der Ebene der (y, z), d. h. in einer Ebene senkrecht auf den Seitenkanten liegen, die Farbe mit der Neigung des Strahls fällt. Ich werde die vorhergehende Untersuchung noch auf diesen schiefen Durchgang ausdehnen, aber immer mit der Beschränkung, dass die zu untersuchende Stelle der Platte hinlänglich weit von den Seitenrändern entfernt ist. Ich werde zuerst den Fall untersuchen, wo die schief durchgehenden Strahlen in der Ebene der (x, z) liegen.

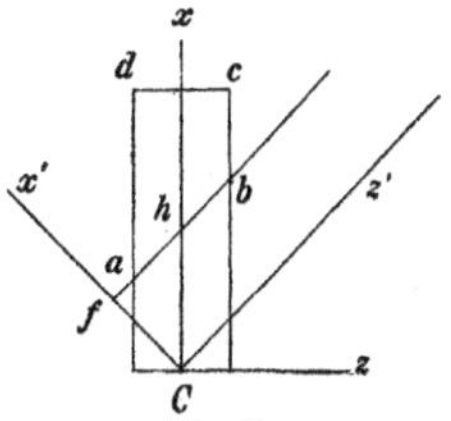

Fig. 10.

Es sei cdC Fig. 10 der Durchnitt der Platte mit der Ebene der (x, z) und ab stelle den schief durchgehenden Strahl vor. Ich verändere die Coordinaten Cx und Cz in die Coordinaten Cx' und Cz', von denen die letztere parallel mit ab ist; die Ordinate y

bleibt unverändert. Ich nenne die neuen Coordinaten x', z' und die Verrückungen der Theilchen parallel mit ihnen u' und w'.

Die Farbenerscheinungen in dem Strahl ab hängen ab von den Werthen $\frac{\partial u'}{\partial x'} - \frac{\partial v}{\partial y}$ und $\frac{\partial u'}{\partial y} + \frac{\partial v}{\partial x'}$; ich werde diese Grössen ausdrücken durch die Differentialquotienten von u, v, w nach den alten Coordinaten.

Es sei der Winkel, welchen Cz' mit Cz bildet, α, sodass

$$x = x' \cos\alpha + z' \sin\alpha, \quad y = y',$$
$$z = -x' \sin\alpha + z' \cos\alpha,$$

und

$$u' = u \cos\alpha - w \sin\alpha, \quad v' = v,$$
$$w' = u \sin\alpha + w \cos\alpha.$$

Man erhält hieraus

$$\frac{\partial u'}{\partial x'} = \frac{\partial u}{\partial x} \cos^2\alpha + \frac{\partial w}{\partial z} \sin^2\alpha - \left(\frac{\partial u}{\partial z} + \frac{\partial w}{\partial x}\right) \sin\alpha \cos\alpha,$$
$$\frac{\partial u'}{\partial y} + \frac{\partial v}{\partial x'} = \left(\frac{\partial u}{\partial y} + \frac{\partial v}{\partial x}\right) \cos\alpha - \left(\frac{\partial w}{\partial y} + \frac{\partial v}{\partial z}\right) \sin\alpha.$$

Nun aber fanden wir in § 12 unter der Voraussetzung, welche wir dieser ganzen Untersuchung zu Grunde gelegt haben, dass nämlich die Platte so dünn sei, dass alle Glieder, welche vom Quadrat der Dicke abhängen, vernachlässigt werden können, dass dann

$$\frac{\partial u}{\partial z} + \frac{\partial w}{\partial x} = 0, \quad \frac{\partial v}{\partial z} + \frac{\partial w}{\partial y} = 0$$

sei. Hiernach werden die vorstehenden Ausdrücke:

$$\frac{\partial u'}{\partial x'} = \frac{\partial u}{\partial x} \cos^2\alpha + \frac{\partial w}{\partial z} \sin^2\alpha,$$
$$\frac{\partial u'}{\partial y} + \frac{\partial v}{\partial x'} = \left(\frac{\partial u}{\partial y} + \frac{\partial v}{\partial x}\right) \cos\alpha.$$

Für den Werth von $\frac{\partial w}{\partial z}$ fanden wir in § 12:

$$\frac{\partial w}{\partial z} = \frac{1}{3} fs - \frac{1}{3}\left(\frac{\partial u}{\partial x} + \frac{\partial v}{\partial y}\right).$$

Hierin die Werthe für $\frac{\partial u}{\partial x}$ und $\frac{\partial v}{\partial y}$ substituirt, nämlich

$$\frac{\partial u}{\partial x} = \frac{1}{4} fs - \frac{1}{15}(M_0 + N_0 x),$$
$$\frac{\partial v}{\partial y} = \frac{4}{15}(M_0 + N_0 x),$$

giebt:

$$\frac{\partial w}{\partial z} = \frac{1}{4} fs - \frac{1}{15}(M_0 + N_0 x) = \frac{\partial u}{\partial x}.$$

Demnach wird $\frac{\partial u'}{\partial x'} = \frac{\partial u}{\partial x}$ und wir haben also

$$\frac{\partial u'}{\partial x'} - \frac{\partial v}{\partial y} = \frac{\partial u}{\partial x} - \frac{\partial v}{\partial y}, \quad \frac{\partial u'}{\partial y} + \frac{\partial v}{\partial x'} = 0.^{*)}$$

Wir haben also:

$$O - E = \frac{p-q}{G^2} \int dz' \left(\frac{\partial u}{\partial x} - \frac{\partial v}{\partial y}\right),$$

dies Integral genommen von fa bis fb (Fig. 10). Die untere Grenze ist der Werth von z', welcher, wenn die Linie Ch in der Figur mit (x) bezeichnet wird, angehört den Werthen $x = (x) - d \operatorname{tang} \alpha$, $z = -d$, und die obere Grenze ist der Werth von z', welcher entspricht $x = (x) + d \operatorname{tang} \alpha$, $z = +d$. Da $\frac{\partial u}{\partial x} - \frac{\partial v}{\partial y}$ eine Function von x ist, in dem x aber x' als constant zu nehmen ist, so kann man auch $dz' = \frac{dx}{\sin \alpha}$ setzen und das Integral nehmen von $x = (x) - d \operatorname{tang} \alpha$ bis $x = (x) + d \operatorname{tang} \alpha$. Hiernach hat man also

$$O - E = \frac{p-q}{G^2} \int\limits_{(x) - d \operatorname{tang} \alpha}^{(x) + d \operatorname{tang} \alpha} \frac{dx}{\sin \alpha} \left(\frac{\partial u}{\partial x} - \frac{\partial v}{\partial y}\right).$$

Da d eine kleine Grösse und $\operatorname{tang} \alpha$, wenn die Platte sich in der Atmosphäre befindet, kleiner als 1 ist**), so kann man diesen Ausdruck nach den Potenzen von d entwickeln, und vernachlässigt man die dritte und die höhern Potenzen dieser Grösse, so wird

$$O - E = 2 \frac{p-q}{G^2} \left(\frac{\partial u}{\partial x} - \frac{\partial v}{\partial y}\right) \frac{d}{\cos \alpha}.$$

Dieser Ausdruck zeigt, dass, wenn die Strahlen schief, in der Ebene x, z liegend, durch die Platte gehen, die Farben steigen, und zwar im graden Verhältniss der Längen ihrer Wege im Innern der Platte.

Ich werde jetzt den Fall betrachten, wo die Strahlen schief, in der Ebene der (y, z) liegend, durch die Platte gehen. Statt der Coordinaten z und y führe ich die Coordinaten z' und y' ein, sodass z' wiederum parallel mit dem schiefen Strahl im Innern ist; die Ordinate x bleibt ungeändert. Die

---

*) Für die letzte Formel ist eine Begründung im Vorstehenden nicht gegeben; die Richtigkeit ergiebt sich folgendermassen. Aus (22a.) folgt $r = 0$, also aus der dritten Formel (7.) in § 19 $\frac{\partial u'}{\partial y} + \frac{\partial v}{\partial x} = 0$, wobei u' durch (4.) definirt ist. Nun ist hier die Annahme verfolgt, dass s nicht von y abhängt; die letztere Formel zeigt, dass in diesem Falle sich u und das dortige u' nur um eine Function von x unterscheiden; es ist somit $\frac{\partial u}{\partial y} + \frac{\partial v}{\partial x} = 0$, woraus nach einer der obigen Gleichungen sogleich auch $\frac{\partial u'}{\partial y} + \frac{\partial v}{\partial x'} = 0$ folgt. — *W. V.*

**) Bei Glas bleibt der Brechungswinkel stets unter 45°. — *W. V.*

Verrückungen, parallel mit y' und z', bezeichne ich durch v', w'. Die Farbe hängt jetzt ab von den Werthen, welche $\frac{\partial u}{\partial x} - \frac{\partial v'}{\partial y'}$ und $\frac{\partial u}{\partial y'} + \frac{\partial v'}{\partial x}$ erhalten. Um diese zu bilden, haben wir, wenn α der Winkel ist, den z mit z' bildet:

$$y = y' \cos\alpha + z' \sin\alpha, \quad y' = y\cos\alpha - z\sin\alpha,$$
$$z = -y'\sin\alpha + z'\cos\alpha, \quad z' = y\sin\alpha + z\cos\alpha,$$
$$v' = v\cos\alpha - w\sin\alpha.$$

Hieraus ergiebt sich allgemein

$$\frac{\partial v'}{\partial y'} = \frac{\partial v}{\partial y}\cos^2\alpha + \frac{\partial w}{\partial z}\sin^2\alpha - \left(\frac{\partial v}{\partial z} + \frac{\partial w}{\partial y}\right)\sin\alpha\cos\alpha,$$
$$\frac{\partial u}{\partial y'} + \frac{\partial v'}{\partial x} = \left(\frac{\partial u}{\partial y} + \frac{\partial v}{\partial x}\right)\cos\alpha - \left(\frac{\partial u}{\partial z} + \frac{\partial w}{\partial x}\right)\sin\alpha.$$

Wegen der geringen Dicke der Platte aber ist:

$$\frac{\partial u}{\partial z} + \frac{\partial w}{\partial x} = 0, \quad \frac{\partial v}{\partial z} + \frac{\partial w}{\partial y} = 0,$$

und im vorliegenden Fall ist auch*) $\frac{\partial u}{\partial y} + \frac{\partial v}{\partial x} = 0$. Ausserdem ergiebt sich, wenn in $\frac{\partial w}{\partial z} = \frac{1}{3}fs - \frac{1}{3}\left(\frac{\partial u}{\partial x} + \frac{\partial v}{\partial y}\right)$ die Werthe für $\frac{\partial u}{\partial x}$ und $\frac{\partial v}{\partial y}$ gesetzt werden, dass $\frac{\partial w}{\partial z} = \frac{\partial u}{\partial x}$. Demnach geben die vorstehenden Ausdrücke:

$$\frac{\partial u}{\partial x} - \frac{\partial v'}{\partial y'} = \left\{\frac{\partial u}{\partial x} - \frac{\partial v}{\partial y}\right\}\cos^2\alpha,$$
$$\frac{\partial u}{\partial y'} + \frac{\partial v'}{\partial x} = 0.$$

Da nun

$$O - E = \frac{p-q}{G^2}\int_{z'}^{z''} dz \left(\frac{\partial u}{\partial x} - \frac{\partial v'}{\partial y'}\right),$$

und da $\frac{\partial u}{\partial x} - \frac{\partial v'}{\partial y'}$ von z unabhängig ist und $z'' - z' = \frac{2d}{\cos\alpha}$ ist, so erhält man, wenn für $\frac{\partial u}{\partial x} - \frac{\partial v'}{\partial y'}$ sein Werth gesetzt wird:

$$O - E = 2\frac{p-q}{G^2}\left(\frac{\partial u}{\partial x} - \frac{\partial v}{\partial y}\right) d\cos\alpha.$$

Dies Resultat zeigt in Uebereinstimmung mit der Beobachtung, dass die Farbe fällt, wenn der Strahl in der Ebene, welche senkrecht auf den Seitenkanten der Platte steht, geneigt wird, und zwar dass ihre correspondirende Luftdicke abnimmt wie der Cosinus der Neigung der Strahlen im Innern gegen die Normale der Platte.

---

*) Ist in der ersten Anmerkung S. 223 begründet. — *W. V.*

Anhang.

Erläuterungen [zu S. 19—25 der Einleitung].

Es hat mir zweckmässig geschienen, die in der Einleitung auseinander gesetzten Principien der Theorie der inneren Spannungen, welche aus *bleibenden* Dilatationen in einem festen Körper entstehen, noch durch einige Formeln zu erläutern und einige ihrer einfachsten Anwendungen zu entwickeln.

I. Die bleibende Dilatation in einem festen Körper in der Richtung ϱ bezeichne ich durch $\frac{\varDelta\varrho}{\varrho}$; der allgemeinste Ausdruck hierfür ist, wenn ϱ mit den Coordinatenaxen die Winkel α, β, γ bildet, dieser

$$(1.)\qquad \frac{\varDelta\varrho}{\varrho} = M\cos^2\alpha + N\cos^2\beta + P\cos^2\gamma + m\cos\beta\cos\gamma + n\cos\alpha\cos\gamma + p\cos\alpha\cos\beta,$$

worin die Coefficienten M, N, P, m, n, p Functionen der Coordinaten sind, die continuirlich oder discontinuirlich sein können. Der Werth dieser Functionen muss aus den Umständen, unter welchen diese bleibenden Dilatationen entstanden sind, abgeleitet werden. Die drei grössten und kleinsten Werthe von $\frac{\varDelta\varrho}{\varrho}$ nenne ich die bleibenden Hauptdilatationen. Wenn die bleibenden Dilatationen aus den vorübergehenden entstanden sind, dadurch dass in diesen die Elasticitätsgrenze überschritten ist, so kann man, wenn diese Grenzen nicht vielmal überschritten sind, die bleibenden Hauptdilatationen als lineäre Functionen der vorübergehenden Dilatationen in den Hauptdruckaxen annehmen. Hierdurch, wenn die Constanten in diesen lineären Functionen durch Beobachtung ermittelt worden sind, und durch den Umstand, dass die vorübergehenden und bleibenden Hauptdilatationen in denselben Richtungen stattfinden, wird der vorstehende Ausdruck für $\frac{\varDelta\varrho}{\varrho}$ vollständig bestimmt.

Wenn die vorübergehenden Dilatationen nach allen Richtungen gleich waren und ihr Werth mit ε bezeichnet wird, so ist $\frac{\varDelta\varrho}{\varrho}$ eine Function von

$\varepsilon - \frac{1}{5}\frac{\wp}{k}s \mp G$, worin s die Temperatur bezeichnet, unter welcher die Dilatation ε stattfand, $\frac{1}{5}\frac{\wp}{k}$ den thermischen Ausdehnungscoefficienten und G die Elasticitätsgrenze. Je nachdem $\varepsilon - \frac{1}{5}\frac{\wp}{k}s$ eine positive oder negative Grösse ist, d. h. die Dilatationen der Theilchen diejenige, welche der vorhandenen Temperatur entspricht, überschritten hatten, oder diese nicht erreicht, muss dem G das negative oder positive Vorzeichen gegeben werden. Die Elasticitätsgrenze G hängt auf eine noch experimentell zu ermittelnde Weise von s ab, sie ist im Allgemeinen kleiner, wenn s grösser ist; ihr Werth ändert sich vielleicht auch mit dem Vorzeichen, welches ihr in dem Argument $\varepsilon - \frac{1}{5}\frac{\wp}{k}s \mp G$ gegeben werden muss. Die Function von $\varepsilon - \frac{1}{5}\frac{\wp}{k}s \mp G$, durch welche $\frac{\Delta\varrho}{\varrho}$ dargestellt wird, ist eine discontinuirliche, sie hat nur Werthe, wenn der absolute Werth von $\varepsilon - \frac{1}{5}\frac{\wp}{k}s$ grösser ist als G; ist der absolute Werth gleich oder kleiner als G, so verschwindet diese Function; übrigens ändert sie ihr Vorzeichen mit demjenigen ihres Arguments. Wenn dies Argument klein ist, kann man $\frac{\Delta\varrho}{\varrho}$ ihm proportional setzen, d. i.

$$\frac{\Delta\varrho}{\varrho} = F\cdot\left(\varepsilon - \frac{1}{5}\frac{\wp}{k}s \mp G\right), \tag{2.}$$

worin F einen constanten Coefficienten bezeichnet, von dem aber zu bemerken ist, dass er nur einen Werth hat, wenn $\varepsilon - \frac{1}{5}\frac{\wp}{k}s$ grösser ist als G.

II. Durch einen Punkt, dessen Coordinaten x, y, z sind, lege ich drei mit den Coordinatenebenen parallele Ebenen. Die drei Componenten des bleibenden molekulären Drucks gegen die auf x senkrecht stehende Ebene, respective parallel mit x, y, z, bezeichne ich durch

$$A_x,\quad B_x,\quad C_x$$

und entsprechend die Componenten des bleibenden Drucks gegen die zwei andern Ebenen:

$$A_y,\quad B_y,\quad C_y,$$
$$A_z,\quad B_z,\quad C_z.$$

Ihre Werthe sind mit Beziehung auf den Ausdruck für die bleibenden Dilatationen in (1.) folgende:

$$\begin{aligned} A_x &= k(3M+N+P), & A_y &= B_x = kp, \\ B_y &= k(M+3N+P), & A_z &= C_x = kn, \\ C_z &= k(M+N+3P), & B_y &= C_z = km, \end{aligned} \tag{3.}$$

worin M, N, P, m, n, p Functionen der Coordinaten x, y, z sind.*) Wenn die bleibenden Dilatationen nach allen Richtungen hin dieselben und gleich η sind, so wird:

(4.) $$A_x = B_y = C_z = 5k\eta, \quad A_y = B_x = A_z = C_x = B_z = C_y = 0.$$

Für jeden Punkt im Innern des Körpers erhält man hieraus, wenn, der Allgemeinheit wegen, noch äussere beschleunigende Kräfte, deren Componenten X, Y, Z seien, berücksichtigt werden und die Temperatur mit s bezeichnet wird, folgende Gleichgewichtsgleichungen:

(5.) $$\begin{aligned} X &= \frac{\partial(X_x + A_x + \wp s)}{\partial x} + \frac{\partial(X_y + A_y)}{\partial y} + \frac{\partial(X_z + A_z)}{\partial z}, \\ Y &= \frac{\partial(Y_x + B_x)}{\partial x} + \frac{\partial(Y_y + B_y + \wp s)}{\partial y} + \frac{\partial(Y_z + B_z)}{\partial z}, \\ Z &= \frac{\partial(Z_x + C_x)}{\partial x} + \frac{\partial(Z_y + C_y)}{\partial y} + \frac{\partial(Z_z + C_z + \wp s)}{\partial z}. \end{aligned}$$

Diese verwandeln sich für den Fall der Gleichheit der bleibenden Dilatationen nach allen Richtungen in folgende:

(6.) $$\begin{aligned} X - \wp\frac{\partial s}{\partial x} - 5k\frac{\partial \eta}{\partial x} &= \frac{\partial X_x}{\partial x} + \frac{\partial X_y}{\partial y} + \frac{\partial X_z}{\partial z}, \\ Y - \wp\frac{\partial s}{\partial y} - 5k\frac{\partial \eta}{\partial y} &= \frac{\partial Y_x}{\partial x} + \frac{\partial Y_y}{\partial y} + \frac{\partial Y_z}{\partial z}, \\ Z - \wp\frac{\partial s}{\partial z} - 5k\frac{\partial \eta}{\partial z} &= \frac{\partial Z_x}{\partial x} + \frac{\partial Z_y}{\partial y} + \frac{\partial Z_z}{\partial z}. \end{aligned}$$

Die Bedingungsgleichungen an der Oberfläche des Körpers sind, wenn deren Normale mit den Coordinaten x, y, z die Winkel α, β, γ bildet und auf diese noch der Nomaldruck D wirkt**), folgende:

(7.) $$\begin{aligned} &\{X_x + A_x + \wp s + D\} \cos\alpha + (X_y + A_y)\cos\beta + (X_z + A_z)\cos\gamma = 0, \\ &(Y_x + B_x)\cos\alpha + (Y_y + B_y + \wp s + D)\cos\beta + (Y_z + B_z)\cos\gamma = 0, \\ &(Z_x + C_x)\cos\alpha + (Z_y + C_y)\cos\beta + (Z_z + C_z + \wp s + D)\cos\gamma = 0, \end{aligned}$$

und wenn die bleibenden Dilatationen nach allen Richtungen dieselben sind:

(8.) $$\begin{aligned} -(\wp s + 5k\eta + D)\cos\alpha &= X_x\cos\alpha + X_y\cos\beta + X_z\cos\gamma, \\ -(\wp s + 5k\eta + D)\cos\beta &= Y_x\cos\alpha + Y_y\cos\beta + Y_z\cos\gamma, \\ -(\wp s + 5k\eta + D)\cos\gamma &= Z_x\cos\alpha + Z_y\cos\beta + Z_z\cos\gamma. \end{aligned}$$

---

*) Die Vorzeichen rechts sind die entgegengesetzten wie bei den Formeln (A.) auf S. 98, weil es sich hier nicht um die Drucke handelt, welche die Deformationen *hervorrufen*, sondern um diejenigen, welche sie *aufheben*. S. dazu die Note zu S. 20. — *W. V.*

**) D ist hierbei positiv gerechnet, wenn es nach aussen, also als Zugkraft wirkt. — *W. V.*

III. Ich bezeichne die absoluten Dilatationen durch $\frac{\partial u}{\partial x}$, $\frac{\partial v}{\partial y}$, $\frac{\partial w}{\partial z}$, $\frac{\partial u}{\partial y}+\frac{\partial v}{\partial x}$ u. s. w., die entsprechenden relativen Dilatationen durch $\frac{\partial U}{\partial x}$, $\frac{\partial V}{\partial y}$ u. s. w. Durch die Gleichungen (5.) und (7.) werden die absoluten Dilatationen bestimmt*); aus diesen erhält man die relativen mit Rücksicht auf den Ausdruck in (1.):

$$(9.)\quad \begin{aligned} \frac{\partial U}{\partial x}&=\frac{\partial u}{\partial x}-M, & \frac{\partial U}{\partial y}+\frac{\partial V}{\partial x}&=\frac{\partial u}{\partial y}+\frac{\partial v}{\partial x}-p,\\ \frac{\partial V}{\partial y}&=\frac{\partial v}{\partial y}-N, & \frac{\partial U}{\partial z}+\frac{\partial W}{\partial x}&=\frac{\partial u}{\partial z}+\frac{\partial w}{\partial x}-n,\\ \frac{\partial W}{\partial z}&=\frac{\partial w}{\partial z}-P, & \frac{\partial V}{\partial z}+\frac{\partial W}{\partial y}&=\frac{\partial v}{\partial z}+\frac{\partial w}{\partial y}-m. \end{aligned}$$

Die Werthe dieser relativen Dilatationen sind in die Formeln (C.), (D.) § 8 zu substituiren, wenn die Farben, welche der Körper in Folge seiner permanenten Spannungen im polarisirten Licht zeigt, berechnet werden sollen. In dem besondern Fall der Gleichheit der bleibenden Dilatationen nach allen Richtungen, wo nämlich $m=n=p=0$ und $M=N=P=\eta$ ist, verschwindet in dieser Substitution die bleibende Dilatation η; die Formeln (C.), (D.) § 8 bleiben also in diesem Falle unverändert.

IV. Ich werde den Werth für die bleibenden Dilatationen entwickeln, welche bei der Härtung (rascher Abkühlung) einer Glaskugel entstehen.

Die Kugel besteht inmitten des Processes der Härtung aus zwei Theilen, einem centralen, welcher noch glühend ist und *weich*, und einem schon *fest* gewordenen Theile, welcher jenen in der Form einer Kugelschale umgiebt.**) Den Halbmesser der Kugel in ihrem natürlichen Zustande bei der Temperatur 0° nenne ich ϱ', und den Halbmesser des Theils, welcher noch weich ist, diesen Theil gleichfalls in seinem natürlichen Zustande bei der Temperatur 0° gedacht, nenne ich ϱ. Die natürliche Entfernung eines Theilchens der schon festgewordenen Kugelschale vom Mittelpunkt bezeichne ich durch r. Die Temperatur dieses Theilchens in der Entfernung r bezeichne ich durch s, die

*) Es liegt hier eine gewisse Schwierigkeit für das Verständniss vor, insofern im Text zwar bemerkt ist, von welchen Argumenten die *bleibenden* Druckcomponenten $A_x, \ldots$ abhängen (s. dazu oben Formel (3.)), nicht aber, von welchen die *vorübergehenden* $X_x, \ldots$ Dazu kommt, dass die Bemerkung von S. 22, wonach die *relativen* Deformationen die innern Spannungen hervorrufen, gleichfalls missverstanden werden kann. Es ist aber keinem Zweifel unterworfen, dass *Neumann* die vorübergehenden Spannungen als durch die *absoluten* Deformationen, also durch $\frac{\partial u}{\partial x}, \ldots$ bestimmt denkt, gemäss den Formeln (A.) auf S. 98. Die obige Bemerkung von S. 22 ist damit vereinbar, wenn man nur unter den „inneren Spannungen" die *gesammten* mit den Componenten $X_x+A_x, \ldots$ versteht. — *W. V.*

**) Ueber die Grundannahmen s. S. 20 ff. — *W. V.*

bleibende Dilatation, welche es erlitten hat, die nach allen Richtungen gleich ist, durch η. Unter dem Druck, welchen die feste Kugelschale auf den centralen weichen Theil ausübt, *erhärtet* die Schicht zwischen ϱ und $\varrho - \Delta\varrho$ mit der diesem Druck entsprechenden Dilatation. Ich nenne diesen Druck D. Nennt man R die Verlängerung des Halbmessers ϱ in dem Augenblick dieser Erhärtung, und bezeichnet mit μ die mittlere Temperatur des centralen weichen Theils, dann ist*)

$$\text{(10.)} \qquad \mathrm{D} = 5\varkappa \frac{\mathrm{R}}{\varrho} - \pi\mu,$$

worin $\varkappa$ der Elasticitätsmodul dieses weichen Theils ist, und $\frac{\pi}{5\varkappa}$ sein thermischer Ausdehnungscoefficient. Als positive Richtung dieses Drucks ist die von der Oberfläche gegen das Centrum zu genommen.

Ich werde nun zunächst die Verrückungen der Theile der festen Kugelschale bestimmen, welche sie bei der Temperatur s, bei der bleibenden Dilatation η und unter dem gegen die innere Oberfläche der Schale gerichteten Druck D erfahren. Ich nenne R die Verlängerung, welche der Halbmesser r erlitten hat, sodass also, wenn u, v, w die Verrückungen eines Theilchens parallel mit den Coordinatenaxen x, y, z bezeichnen, ist:

$$u = \frac{R}{r}x, \qquad v = \frac{R}{r}y, \qquad w = \frac{R}{r}z.$$

Die Grösse R ist allein eine Funktion von r und für $r = \varrho$ wird $R = \mathrm{R}$, für $r = \varrho'$ bezeichne ich dieselbe durch R'.

Die Gleichungen (6.) geben, wenn für X_x, X_y u. s. w. ihre Werthe aus § 10 gesetzt werden und in diesen u, v, w durch R, sowie ihre Differentialquotienten nach x, y, z durch die Differentialquotienten nach r ausgedrückt werden, diese eine Gleichung:

$$\text{(11.)} \qquad \wp \frac{\partial s}{\partial r} + 5k\frac{\partial \eta}{\partial r} = \frac{3k}{r^3}\frac{\partial}{\partial r}\left(r^4 \frac{\partial \frac{R}{r}}{\partial r}\right).$$

Die Bedingungsgleichungen an der Oberfläche der Kugelschale geben

1) an der innern Oberfläche:

$$\text{(12.)} \qquad r = \varrho : \frac{1}{k}\mathrm{D} + 5\eta' + \frac{\wp}{k}\sigma = 5\frac{\mathrm{R}}{\varrho} + 3\varrho\left(\frac{\partial \frac{R}{r}}{\partial r}\right)_{\varrho},$$

*) Man erschliesst dies am einfachsten aus dem System (8.), indem man $\eta = 0$ setzt und für die $X_x, \ldots$ ihre Werthe einsetzt. D ist dabei wieder > 0, wenn eine *Zug*kraft stattfindet. Diese ist dann, soweit sie auf den centralen weichen Kern wirkt, nach *aussen*, in ihrer Reaction auf die feste Schale *nach dem Centrum* hin gerichtet. Auf letzteres bezieht sich die Bemerkung am Schluss des obigen Absatzes. — *W. V.*

2) an der äussern Oberfläche:

$$r = \varrho' : 5\eta'' + \frac{\wp}{k}\sigma' = 5\frac{\mathrm{R}'}{\varrho'} + 3\varrho'\left(\frac{\partial \frac{R}{r}}{\partial r}\right)_{\varrho'}, \tag{13.}$$

worin η' und η'', σ und σ', R und R' die Werthe sind von η, s, R respective für $r = \varrho$ und $r = \varrho'$.

Aus (11.) erhält man, wenn A und B zwei willkürliche Constanten bezeichnen

$$\frac{R}{r} = A + \frac{B}{r^3} + \frac{1}{3kr^3}\int r^2 dr(\wp s + 5k\eta) \tag{14.}$$

und hieraus nach (10.)

$$\mathrm{D} = 5\varkappa A + \frac{5\varkappa B}{\varrho^3} + \frac{5\varkappa}{3k\varrho^3}\int\limits_{(\varrho)} r^2 dr(\wp s + 5k\eta) - \pi\mu,$$

wo $\int\limits_{(\varrho)}$ andeuten soll, dass nach der Integration $r = \varrho$ gesetzt werden soll. Setzt man diese Werthe für $\frac{R}{r}$ und D in (12.) und (13.), so erhält man zur Bestimmung von A und B diese zwei Gleichungen:

$$5\left(1 - \frac{\varkappa}{k}\right)A - \left(4 + 5\frac{\varkappa}{k}\right)\left\{\frac{B}{\varrho^3} + \frac{1}{3k\varrho^3}\int\limits_{\varrho} r^2 dr(\wp s + 5k\eta)\right\} + \frac{\pi}{k}\mu = 0,$$

$$5A - \frac{4B}{\varrho'^3} - \frac{4}{3k\varrho'^3}\int\limits_{(\varrho')} r^2 dr(\wp s + 5k\eta) = 0,$$

aus welchen sich ergiebt:

$$A = \frac{1}{5}\,\frac{\left\{\frac{4\left(1 + \frac{5}{4}\frac{\varkappa}{k}\right)}{3k\varrho^3\varrho'^3}\int_{\varrho}^{\varrho'} r^2 dr(\wp s + 5k\eta) + \frac{\pi}{k}\frac{\mu}{\varrho'^3}\right\}}{\frac{1}{\varrho^3}\left(1 + \frac{5}{4}\frac{\varkappa}{k}\right) - \frac{1}{\varrho'^3}\left(1 - \frac{\varkappa}{k}\right)}, \tag{15.}$$

$$B = \frac{\frac{1 - \frac{\varkappa}{k}}{3k\varrho'^3}\int\limits_{(\varrho')} r^2 dr(\wp s + 5k\eta) - \frac{\left(1 + \frac{5}{4}\frac{\varkappa}{k}\right)}{3k\varrho^3}\int\limits_{(\varrho)} r^2 dr(\wp s + 5k\eta) + \frac{1}{4}\frac{\pi}{k}\mu}{\frac{1}{\varrho^3}\left(1 + \frac{5}{4}\frac{\varkappa}{k}\right) - \frac{1}{\varrho'^3}\left(1 - \frac{\varkappa}{k}\right)}. \tag{16.}$$

Wird dieser Werth von B in (14.) substituirt, so wird

$$\frac{R}{r} = A + \frac{\frac{1 - \frac{\varkappa}{k}}{3k\varrho'^3 r^3}\int_r^{\varrho'} r^2 dr(\wp s + 5k\eta) + \frac{1 + \frac{5}{4}\frac{\varkappa}{k}}{3k\varrho^3 r^3}\int_{\varrho}^{r} r^2 dr(\wp s + 5k\eta) + \frac{1}{4}\frac{\pi}{k}\frac{\mu}{r^3}}{\frac{1}{\varrho^3}\left(1 + \frac{5}{4}\frac{\varkappa}{k}\right) - \frac{1}{\varrho'^3}\left(1 - \frac{\varkappa}{k}\right)}, \tag{17.}$$

worin der Werth von A aus (15.) zu setzen ist. Dies ist der gesuchte Ausdruck für die Verrückungen der Theile der festen Kugelschale, welche durch die Temperatur s, die bleibende Dilatation η und den Druck D hervorgebracht wird.

Setzt man in (17.) $r = \varrho$, so erhält man die Verlängerung R des Halbmessers der innern Oberfläche der Kugelschale, nämlich:

$$(18.)\qquad \frac{\mathrm{R}}{\varrho} = \frac{\frac{3}{5k\varrho}\int\limits^{\varrho'} r^2 dr(\wp s + 5k\eta) + \frac{1}{20}\frac{\pi}{k}(4\varrho^3 + 5\varrho'^3)\mu}{\varrho'^3 - \varrho^3 + \frac{1}{4}\frac{\varkappa}{k}(4\varrho^3 + 5\varrho'^3)}.$$

Ich bezeichne den Werth von R für den Fall, dass die Kugelschale unendlich dünn ist, durch R″. Man erhält den Ausdruck für R″ aus (18.), indem man darin $\varrho = \varrho'$ setzt, und $\mu = \mu'$, wo μ' die mittlere Temperatur der ganzen Kugel bezeichnet, für den Augenblick, in welchem die Oberfläche derselben anfängt sich zu erhärten. Demnach ist

$$(19.)\qquad \frac{\mathrm{R}''}{\varrho'} = \frac{1}{5}\frac{\pi}{\varkappa}\mu'.$$

Wenn $\varrho = 0$ in (17.) gesetzt wird, so erhält man daraus die Verrückungen der Theile der Kugel nach Beendigung des Processes der Härtung, welche ich durch R' bezeichnen will; man findet:

$$(20.)\qquad \frac{R'}{r} = \frac{4}{15k\varrho'^3}\int\limits_0^{\varrho'} r^2 dr(\wp s + 5k\eta) + \frac{1}{3kr^3}\int\limits_0^{r} r^2 dr(\wp s + 5k\eta),$$

und wenn hierin s constant gesetzt wird:

$$(21.)\qquad \frac{R'}{r} = \frac{1}{5}\frac{\wp}{k}s + \frac{4}{3\varrho'^3}\int\limits_0^{\varrho'} r^2\eta dr + \frac{5}{3r^3}\int\limits_0^{r} r^2\eta dr.$$

Ich werde jetzt die unbekannte Function η bestimmen.

Im Act der Erhärtung werden die Theile in der Lage, in welcher sie sich befinden, fixiert*); die vorübergehende, unter der Einwirkung eines äussern Drucks stattfindende Gleichgewichtslage der Theile des weichen Körpers wird im Act der Solidifikation zu einer bleibenden Gleichgewichtslage. Man erhält also für die unmittelbar an die feste Kugelschale angrenzende Schicht die aus

*) Eine Volumenänderung beim Erstarren ist hiermit ausdrücklich ausgeschlossen. — *W. V.*

ihrer Solidifikation hervorgehende bleibende Dilatation, wenn in (2.) gesetzt wird $G = 0$ und $F = 1$ *), also

$$\eta = \varepsilon - \frac{1}{5}\frac{\wp}{k}s,$$

wo ε die vorübergehende Dilatation dieser Schicht im weichen Zustande und s die Temperatur, bei welcher sie erhärtet, bezeichnen. Nun hat sich der Halbmesser ϱ der noch glühenden weichen Kugel um die Grösse R vergrössert, also ist die lineäre Dilatation in diesem Theile überall, also auch in der eben erhärteten Schicht desselben gleich $\frac{\mathrm{R}}{\varrho}$. Die Temperatur dieser Schicht ist von derjenigen, welche in der schon festen Kugelschale an ihrer innern Grenze stattfindet, nur um eine verschwindende Grösse verschieden, und da diese oben durch σ bezeichnet wurde, so ist

$$\eta = \frac{\mathrm{R}}{\varrho} - \frac{1}{5}\frac{\wp}{k}\sigma,$$

oder

$$\frac{\mathrm{R}}{\varrho} = \eta + \frac{1}{5}\frac{\wp}{k}\sigma. \tag{22.}$$

Da die bleibenden Dilatationen ein stetiges Gesetz befolgen, so ist das η in diesem Ausdruck von dem η in der festen Kugelschale an ihrer innern Grenze, d. i. für $r = \varrho$ gleichfalls nur um eine verschwindende Grösse verschieden. Substituirt man vorstehenden Werth von R in die Gleichung (18.), so hat man

$$\begin{aligned}\left\{\eta + \frac{1}{5}\frac{\wp}{k}\sigma\right\}\left\{\varrho'^3 - \varrho^3 + \frac{1}{4}\frac{\varkappa}{k}(5\varrho'^3 + 4\varrho^3)\right\}\\ = \frac{3}{5k}\int_{\varrho}^{\varrho'} r^2 dr(\wp s + 5k\eta) + \frac{1}{20}\frac{\pi}{k}(5\varrho'^3 + 4\varrho^3)\mu,\end{aligned} \tag{23.}$$

woraus sich η als Function von ϱ bestimmt. Setzt man $\varrho = \varrho'$, so erhält man, wenn man berücksichtigt, dass σ einen constanten Werth hat, da es die Temperatur bezeichnet, bei welcher die Erhärtung erfolgt

$$\eta' = \frac{1}{5}\left(\frac{\pi}{\varkappa}\mu' - \frac{\wp}{k}\sigma\right), \tag{24.}$$

worin η' die bleibende Dilatation in der Oberfläche der Kugel ist.

---

*) Dies ist der einfachste Specialfall der in der Formel (2.) ausgedrückten Annahme. Es wird damit die Vorstellung eingeführt, dass der ganze Ueberschuss der factischen Dilatation ε bei dem äussern Druck D über die der Temperatur s bei dem äussern Druck Null entsprechende Dilatation $\wp s/5k$ als bleibende Dilatation fortbesteht. Dass dabei die Elasticitätsgrenze G des weichen Theiles gegen einen allseitigen Druck gleich Null gesetzt ist, erregt Bedenken; indessen ist der *Grundgedanke* der im Folgenden auseinandergesetzten Methode zur Bestimmung von η auch dann anwendbar, wenn die Annahme $F = 1$, $G = 0$ nicht eingeführt wird. — *W. V.*

In (23.) kann ϱ jeden Werth zwischen 0 und ϱ' erhalten. Ich bezeichne darin der Kürze wegen das Integral $\int\limits_{\varrho}^{\varrho'} sr^2 dr$ durch $\sum$ und gehe von der Schicht mit dem Halbmesser ϱ zur Schicht mit dem Halbmesser $\varrho - \varDelta\varrho$ über. Indem ich in (23.) überall statt ϱ setze $\varrho - \varDelta\varrho$ und von der neuen Gleichung die Gleichung (23.) abziehe, erhalte ich

$$\left\{\left(1+\frac{5}{4}\frac{\varkappa}{k}\right)\varrho'^3 - \left(1-\frac{\varkappa}{k}\right)\varrho^3\right\}\frac{\partial\eta}{\partial\varrho} + 3\frac{\varkappa}{k}\varrho^2\eta$$
$$= \frac{3}{5}\left(1-\frac{\varkappa}{k}\right)\frac{\wp}{k}\sigma\varrho^2 + \frac{3\wp}{5k}\frac{\partial\Sigma}{\partial\varrho} + \frac{1}{20}\frac{\pi}{k}\frac{\partial(4\varrho^3+5\varrho'^3)\mu}{\partial\varrho},$$

woraus man durch Integration sofort erhält:

$$\left\{\left(1+\frac{5}{4}\frac{\varkappa}{k}\right)\varrho'^3 - \left(1-\frac{\varkappa}{k}\right)\varrho^3\right\}^{\frac{-\varkappa}{k-\varkappa}}\eta$$
$$(25.)\qquad = C + \int d\varrho \left\{\left(1+\frac{5}{4}\frac{\varkappa}{k}\right)\varrho'^3 - \left(1-\frac{\varkappa}{k}\right)\varrho^3\right\}^{\frac{-k}{k-\varkappa}}$$
$$\left\{\frac{3}{5}\left(1-\frac{\varkappa}{k}\right)\frac{\wp}{k}\sigma\varrho^2 + \frac{3}{5}\frac{\wp}{k}\frac{\partial\Sigma}{\partial\varrho} + \frac{1}{20}\frac{\pi}{k}\frac{\partial(4\varrho^3+5\varrho'^3)\mu}{\partial\varrho}\right\},$$

worin C die Constante der Integration ist, die durch (24.) bestimmt wird, nämlich dadurch, dass wenn in der vorstehenden Gleichung $\varrho = \varrho'$ gesetzt wird, sein muss:

$$\eta = \eta' = \frac{1}{5}\left(\frac{\pi}{\varkappa}\mu' - \frac{\wp}{k}\sigma\right).$$

In (25.) sind die Differentialquotienten $\frac{\partial\Sigma}{\partial\varrho}$ und $\frac{\partial\mu}{\partial\varrho}$ noch näher zu bestimmen. Das Increment, welches das Integral:

$$\sum = \int\limits_{\varrho}^{\varrho'} sr^2 dr$$

erfährt, wenn man von der Schicht ϱ zur Schicht $\varrho - d\varrho$ übergeht, besteht aus zwei Theilen, der eine Theil rührt her von der Erweiterung der Grenzen des Integrals, der andere von der Veränderung des Werthes, den s erfährt in der Zeit, in welcher die Erhärtungstemperatur von der Schicht ϱ zur Schicht $\varrho - d\varrho$ fortschreitet. Der erste Theil ist $\varrho^2\sigma d\varrho$, der zweite aber

$$dt\int\limits_{\varrho}^{\varrho'} r^2\frac{\partial s}{\partial t}dr,$$

und dt hängt von $d\varrho$ ab mittelst der Gleichung*)

$$s = \sigma,$$

woraus

(26.)
$$-\left(\frac{\partial s}{\partial r}\right)_\varrho d\varrho + \left(\frac{\partial s}{\partial t}\right)_\varrho dt = 0,$$

sodass also dieser zweite Theil des Increments von Σ wird:

$$\left\{\frac{\left(\frac{\partial s}{\partial r}\right)_\varrho}{\left(\frac{\partial s}{\partial t}\right)_\varrho}\int_\varrho^{\varrho'} r^2 \frac{\partial s}{\partial t}\, dr\right\} d\varrho.$$

Der an $\frac{\partial s}{\partial r}$ und $\frac{\partial s}{\partial t}$ angehängte Index soll bedeuten, dass in diesen Grössen statt r zu setzen ist ϱ. Man hat demnach:

(27.)
$$\frac{\partial \Sigma}{\partial \varrho} = -\varrho^2\sigma - \frac{\left(\frac{\partial s}{\partial r}\right)_\varrho}{\left(\frac{\partial s}{\partial t}\right)_\varrho}\int_\varrho^{\varrho'} r^2 \frac{\partial s}{\partial t}\, dr.$$

Ebenso besteht das Increment von μ, welches, wenn durch s auch die Temperatur des noch glühenden Theils der Kugel bezeichnet wird, den Ausdruck hat:

$$\mu = \frac{3}{\varrho^3}\int_0^\varrho r^2 s\, dr$$

aus zwei Theilen, gleichfalls herrührend einmal von der Erweiterung der Grenzen des Integrals und dann von der Veränderung von s während des Zeitelements, in welchem die Erhärtungstemperatur von ϱ zu $\varrho - d\varrho$ wandert. Der erste Theil ist:

$$\left\{\frac{9}{\varrho^4}\int_0^\varrho r^2 s\, d\varrho - \frac{3\sigma}{\varrho}\right\} d\varrho,$$

und der zweite:

$$\frac{3}{\varrho^3}\,\frac{\left(\frac{\partial s}{\partial r}\right)_\varrho d\varrho}{\left(\frac{\partial s}{\partial t}\right)_\varrho}\int_0^\varrho r^2 \frac{\partial s}{\partial t}\, dr,$$

sodass also

(28.)
$$\frac{\partial \mu}{\partial \varrho} = \frac{3\sigma}{\varrho} - \frac{9}{\varrho^4}\int_0^\varrho r^2 s\, dr - \frac{3}{\varrho^3}\,\frac{\left(\frac{\partial s}{\partial r}\right)_\varrho}{\left(\frac{\partial s}{\partial t}\right)_\varrho}\int_0^\varrho r^2 \frac{\partial s}{\partial t}\, dr,$$

---

*) s ist nämlich als eine Function von r und t gegeben zu denken, und es wird $s = \sigma$ für $r = \varrho$. — *W. V.*

demnach erhalten wir

$$(29.)\qquad \left\{\left(1+\frac{5}{4}\frac{\varkappa}{k}\right)\varrho'^3-\left(1-\frac{\varkappa}{k}\right)\varrho^3\right\}^{\frac{-\varkappa}{k-\varkappa}}\eta-C$$

$$=-\int d\varrho\left(\left(1+\frac{5}{4}\frac{\varkappa}{k}\right)\varrho'^3-\left(1-\frac{\varkappa}{k}\right)\varrho^3\right)^{\frac{-k}{k-\varkappa}}\left\{\begin{array}{l}\frac{3}{5}\frac{\wp}{k}\left\{\left(\frac{\varkappa}{k}-\frac{\pi}{\wp}\left(1+\frac{5}{4}\left(\frac{\varrho'}{\varrho}\right)^3\right)\right)\sigma\varrho^2+\left(\frac{\frac{\partial s}{\partial r}}{\frac{\partial s}{\partial t}}\right)_\varrho\int_\varrho^{\varrho} r^2\frac{\partial s}{\partial t}dr\right\}\\ +\frac{3}{4}\frac{\pi}{k}\left\{\frac{3\varrho'^3}{\varrho^4}\int_0^\varrho r^2 s\,dr+\frac{1}{5}\left(\frac{4\varrho^3+5\varrho'^3}{\varrho^3}\right)\left(\frac{\frac{\partial s}{\partial r}}{\frac{\partial s}{\partial t}}\right)_\varrho\int_0^\varrho r^2\frac{\partial s}{\partial t}dr\right\}\end{array}\right\},$$

wobei nicht übersehen werden darf, dass die Zeit t, von welcher s eine Function ist, in den Integrationen nach r constant ist, in den Integrationen aber in Beziehung auf ϱ eine Function von ϱ ist; beide Grössen stehen nämlich in dem Zusammenhang, dass

$$(30.)\qquad s=\sigma,$$

wo σ die constante Erstarrungstemperatur bezeichnet.

Die Constante C bestimmt sich dadurch, dass wenn gesetzt wird $\varrho=\varrho'$, sein muss:

$$(31.)\qquad \eta=\frac{1}{5}\left(\frac{\pi}{\varkappa}\mu'-\frac{\wp}{k}\sigma\right).$$

Das Integral (25.) verwandelt sich, wenn $\varkappa=k$ ist, in folgendes:

$$e^{\frac{4}{9}\left(\frac{\varrho}{\varrho'}\right)^3}\eta=C+\frac{4}{15}\frac{\wp}{k}\frac{1}{\varrho'^3}\int d\varrho\, e^{\frac{4}{9}\left(\frac{\varrho}{\varrho'}\right)^3}\left\{\frac{\partial\Sigma}{\partial\varrho}+\frac{1}{12}\frac{\pi}{\wp}\frac{\partial(4\varrho^3+5\varrho'^3)\mu}{\partial\varrho}\right\},$$

worin e die Basis des natürlichen Logarithmensystems ist; hierin die Werthe von $\frac{\partial\Sigma}{\partial\varrho}$ und $\frac{\partial\mu}{\partial\varrho}$ substituirt, giebt

$$(32.)\qquad e^{\frac{4}{9}\left(\frac{\varrho}{\varrho'}\right)^3}\eta=C-\frac{4}{15}\frac{\wp}{k}\frac{1}{\varrho'^3}\int d\varrho\, e^{\frac{4}{9}\left(\frac{\varrho}{\varrho'}\right)^3}\left\{\begin{array}{l}\left\{1-\frac{\pi}{\wp}\left(1+\frac{5}{4}\left(\frac{\varrho'}{\varrho}\right)^3\right)\right\}\varrho^2\sigma+\left(\frac{\frac{\partial s}{\partial r}}{\frac{\partial s}{\partial t}}\right)_\varrho\int_\varrho^{\varrho'} r^2\frac{\partial s}{\partial t}dr\\ +\frac{15}{4}\frac{\pi}{\wp}\frac{\varrho'^3}{\varrho^4}\int_0^\varrho r^2 s\,dr+\frac{\pi}{\wp}\left(1+\frac{5}{4}\left(\frac{\varrho'}{\varrho}\right)^3\right)\left(\frac{\frac{\partial s}{\partial r}}{\frac{\partial s}{\partial t}}\right)_\varrho\int_0^\varrho r^2\frac{\partial s}{\partial t}dr\end{array}\right\},$$

wo in Beziehung auf die Integration nach r und ϱ dieselbe Bemerkung gilt, die in Beziehung auf (29.) eben gemacht wurde, und wo die Constante gleichfalls durch die Gleichung (31.) bestimmt wird.

Ich werde die Formel (32.) auf eine einfache Hypothese anwenden, indem ich annehmen werde, die Temperatur in der Kugel lasse sich in ihrer ganzen Ausdehnung während des Processes ihrer Härtung darstellen durch die Function

$$s = Ae^{-mt}\left\{1 - \frac{\omega^2}{6}\left(\frac{r}{\varrho'}\right)^2\right\},$$

dann erhält man:

$$e^{\frac{4}{9}\left(\frac{\varrho}{\varrho'}\right)^3}\eta - C$$

$$= -\frac{4}{15}\frac{\sigma}{k}\int d\varrho\, e^{\frac{4}{9}\left(\frac{\varrho}{\varrho'}\right)^3}\left\{(\wp - \pi)\frac{\varrho^2}{\varrho'^3} + \frac{\frac{1}{9}\omega^2\left\{(\wp-\pi)\frac{\varrho^4}{\varrho'^5}\left(1 - \frac{1}{10}\omega^2\frac{\varrho^2}{\varrho'^2}\right) - \frac{1}{2}\frac{\varrho}{\varrho'^2}\left(2\wp + \pi - \frac{2}{10}\omega^2\wp\right)\right\}}{\left(1 - \frac{1}{6}\omega^2\left(\frac{\varrho}{\varrho'}\right)^2\right)^2}\right\},$$

worin nach (31.), wenn darin für μ sein Werth gesetzt wird, die Constante C so zu bestimmen ist, dass für $\varrho = \varrho'$ wird

$$\eta = \frac{\sigma}{5k}\left\{\frac{\pi - \wp + \frac{1}{6}(\wp - \frac{3}{5}\pi)\omega^2}{1 - \frac{1}{6}\omega^2}\right\}.$$

V. Ich werde in dieser Note die Verrückungen und innern Spannungen in einem langen graden Cylinder bestimmen, welche durch eine concentrische Temperaturvertheilung in ihm und durch die bleibenden Dilatationen, die aus seiner Härtung entstanden sind, hervorgebracht werden.

Ich nehme die Axe des Cylinders als z-Axe und bezeichne die Entfernung eines Theilchens von der Axe mit r. Die bleibenden Dilatationen und die Temperaturen sollen allein eine Function von r sein. Die aus den bleibenden Dilatationen und der Temperaturvertheilung entstehenden inneren Spannungen und Verrückungen können dann nur eine Function von r und z sein. Ich nenne R die Verlängerung, welche r erleidet, und w die Verrückung des Theilchens parallel mit der Axe des Cylinders, sodass

$$u = \frac{R}{r}x, \qquad v = \frac{R}{r}y$$

ist, wo $r^2 = x^2 + y^2$. Die Gleichungen (6.) geben hiernach

$$\text{(a.)}\quad \begin{cases} \dfrac{\wp}{k}\dfrac{\partial s}{\partial r} + 5\dfrac{\partial \eta}{\partial r} = 9\dfrac{\partial \frac{R}{r}}{\partial r} + 3r\dfrac{\partial^2 \frac{R}{r}}{\partial r^2} + 2\dfrac{\partial^2 w}{\partial r\,\partial z} + r\dfrac{\partial^2 \frac{R}{r}}{\partial z^2}, \\[2ex] 0 = 4\dfrac{\partial \frac{R}{r}}{\partial z} + 2r\dfrac{\partial^2 \frac{R}{r}}{\partial r\,\partial z} + \dfrac{1}{r}\dfrac{\partial w}{\partial r} + \dfrac{\partial^2 w}{\partial r^2} + 3\dfrac{\partial^2 w}{\partial z^2}. \end{cases}$$

Die Bedingungsgleichungen (8.) an der Oberfläche werden, wenn der Cylinder hohl angenommen wird, und sein innerer Halbmesser mit ϱ, sein äusserer mit ϱ' bezeichnet wird, wenn die Höhe desselben $2c$ ist, und der Anfangspunkt der z in die Mitte der Axe gesetzt wird, folgende:

(b.)
$$r = \varrho \text{ oder } = \varrho'\colon\ \frac{\wp}{k} s + 5\eta = 4\frac{R}{r} + 3r\frac{\partial \frac{R}{r}}{\partial r} + \frac{\partial w}{\partial z},$$
$$0 = r\frac{\partial \frac{R}{r}}{\partial z} + \frac{\partial w}{\partial r}.$$

(c.)
$$z = \pm c\colon\ \frac{\wp}{k} s + 5\eta = 2\frac{R}{r} + r\frac{\partial \frac{R}{r}}{\partial r} + 3\frac{\partial w}{\partial z},$$
$$0 = r\frac{\partial \frac{R}{r}}{\partial z} + \frac{\partial w}{\partial r}.$$

Die vollständige Integration von (a.), (b.), (c.) zeigt, dass sowohl $\frac{R}{r}$ als $\frac{\partial w}{\partial z}$ aus zwei Theilen bestehe, von denen der erste in $\frac{R}{r}$ unabhängig von z allein eine Function von r ist. Der erste Theil von $\frac{\partial w}{\partial z}$ ist constant. Die zweiten Theile, welche von z abhängen, haben, wenn die Höhe des Cylinders sehr gross ist in Beziehung auf seinen äussern Halbmesser, einen sehr kleinen Werth für alle Stellen des Cylinders, welche nicht in der Nähe der untern oder obern Basis desselben liegen. Sie lassen sich nämlich darstellen durch Reihen, deren Glieder von der Ordnung $e^{-\frac{m}{\varrho'}(c-z)}$ sind, wo m eine derjenigen Wurzeln einer transcendenten Gleichung ist, in welchen der reelle Theil positiv ist. Diese Glieder verschwinden in aller Strenge, wenn c unendlich gross ist, sehr nahe ist dies aber auch schon der Fall, wenn $\frac{c}{\varrho}$ nur sehr gross ist für alle von den Enden hinlänglich weit entfernten Theile. Man kann also in den vorstehenden Gleichungen $\frac{R}{r}$ unabhängig von z setzen und $\frac{\partial w}{\partial z} = \gamma$, wo γ eine Constante bedeutet. Dadurch wird auch die Annahme gerechtfertigt, dass die aus der raschen Abkühlung entstehende bleibende Dilatation η unabhängig von z sei.

Die Gleichungen (a.) und (b.) verwandeln sich hiernach in

(d.)
$$\frac{\wp}{k}\frac{\partial s}{\partial r} + 5\frac{\partial \eta}{\partial r} = 9\frac{\partial \frac{R}{r}}{\partial r} + 3r\frac{\partial^2 \frac{R}{r}}{\partial r^2},$$

(e.)
$$\left.\begin{matrix} r = \varrho \\ r = \varrho' \end{matrix}\right\}\colon\ \frac{\wp}{k} s + 5\eta = 4\frac{R}{r} + 3r\frac{\partial \frac{R}{r}}{\partial r} + \gamma.$$

Statt der Gleichung (c.) muss man aber diejenige setzen, welche aus ihr entsteht, wenn man sie mit $r\,dr$ multiplicirt und zwischen ϱ und ϱ' integrirt.

Dies ergiebt sich als streng aus der vollständigen Integration von (a.), (b.), (c.). Man hat demnach zu den beiden vorstehenden Gleichungen noch hinzuzufügen:

$$\text{(f.)}\qquad z=\pm c:\quad \frac{\wp}{k}\int_{\varrho}^{\varrho'} rs\,dr+5\int_{\varrho}^{\varrho'} r\eta\,dr=\int_{\varrho}^{\varrho'} r\,dr\left\{2\frac{R}{r}+r\frac{\partial\frac{R}{r}}{\partial r}\right\}+\tfrac{3}{2}\gamma(\varrho'^2-\varrho^2).$$

Aus (d.) erhält man

$$\frac{R}{r}=A+\frac{B}{r^2}+\frac{1}{3kr^2}\int r\,dr\,(\wp s+5k\eta).$$

Die beiden Gleichungen in (e.) und die Gleichung (f.) geben für die Bestimmung der Constanten A, B, γ:

$$r=\varrho:\qquad 0=4A-2\frac{B}{\varrho^2}-\frac{2}{3k\varrho^2}\int_{(\varrho)} r\,dr\,(\wp s+5k\eta)+\gamma,$$

$$r=\varrho':\qquad 0=4A-2\frac{B}{\varrho'^2}-\frac{2}{3k\varrho'^2}\int_{(\varrho')} r\,dr\,(\wp s+5k\eta)+\gamma,$$

$$z=\pm c:\quad 0=2A-\frac{4}{3k(\varrho'^2-\varrho^2)}\int_{\varrho}^{\varrho'} r\,dr\,(\wp s+5k\eta)+3\gamma,$$

woraus

$$A=\frac{1}{15k(\varrho'^2-\varrho^2)}\int_{\varrho}^{\varrho'} r\,dr\,(\wp s+5k\eta),\qquad \gamma=\frac{2}{5k(\varrho'^2-\varrho^2)}\int_{\varrho}^{\varrho'} r\,dr\,(\wp s+5k\eta),$$

$$B=\frac{\varrho^2}{3k(\varrho'^2-\varrho^2)}\int_{\varrho}^{\varrho'} r\,dr\,(\wp s+5k\eta)-\frac{1}{3k}\int_{(\varrho)} r\,dr\,(\wp s+5k\eta),$$

sodass also:

$$\frac{R}{r}=\frac{1}{3k(\varrho'^2-\varrho^2)}\left(\frac{1}{5}+\left(\frac{\varrho}{r}\right)^2\right)\int_{\varrho}^{\varrho'} r\,dr\,(\wp s+5k\eta)+\frac{1}{3kr^2}\int_{\varrho}^{r} r\,dr\,(\wp s+5k\eta),$$

dabei

$$\gamma=\frac{\partial w}{\partial z}=\frac{2}{5k(\varrho'^2-\varrho^2)}\int_{\varrho}^{\varrho'} r\,dr\,(\wp s+5k\eta).$$

Nach der Formel (J.) § 12 ist die Verzögerungszeit $O-E$ des gewöhnlichen Strahls gegen den ungewöhnlichen, wenn beide auf demselben Wege parallel mit der Axe den Cylinder durchlaufen haben,

$$O-E=2\frac{p-q}{G^2}c\left\{r\frac{\partial\frac{R}{r}}{\partial r}\right\}$$

und dies giebt für die aus den bleibenden Dilatationen entstehende Verzögerungszeit, wenn s constant gesetzt wird:

$$O - E = \frac{10}{3}\frac{p-q}{G^2}\frac{c}{r^2}\left\{(r^2-\varrho^2)\left(\eta - 2\frac{\int\limits_\varrho^r r\eta\, dr}{r^2-\varrho^2}\right) + \varrho^2\left(\eta - 2\frac{\int\limits_\varrho^{\varrho'} r\eta\, dr}{\varrho'^2-\varrho^2}\right)\right\},$$

woraus hervorgeht, dass die Vertheilung der Farben in einem sehr langen Cylinder, sei es, dass sie von der Temperaturvertheilung herrühren, oder von der raschen Abkühlung desselben, genau dieselben Gesetze befolgt, welche für eine kreisförmige dünne Scheibe in der Abhandlung § 13 und § 14 gefunden worden sind.

VI. Ich werde jetzt die unbekannte Function η für den Cylinder bestimmen unter der in der vorhergehenden Note gemachten Voraussetzung, dass nämlich der Cylinder sehr lang in Beziehung auf seinen Durchmesser sei.

Ich nenne ϱ' den Halbmesser des Cylinders und $2c$ seine Höhe. Die Ordinate z ist parallel mit der Axe des Cylinders, ihr Anfangspunkt in dessen Mitte, die Entfernung eines Theilchens von der Axe ist r. Die Erhärtung sei fortgeschritten bis $r = \varrho$ und bis $z = +c'$ und $z = -c'$. Der Theil des Cylinders innerhalb der Cylinderfläche, welche mit ϱ beschrieben ist und zwischen den Basen $z = \pm c'$ [liegt], kann in diesem Augenblick als noch glühend und weich angesehen werden, und er übt auf den festgewordenen Theil den Druck D aus. Ich nenne R die Verlängerung des Halbmessers ϱ und $2\gamma c'$ die Verlängerung der Höhe $2c'$; die Vergrösserung des Volumens des Cylinders $2\varrho^2 c'\pi$ ist also $2\varrho^2 c'\pi\left(2\frac{\mathrm{R}}{\varrho} + \gamma\right)$ und demnach die lineäre Dilatation dieses Volumens $\frac{1}{3}\left(2\frac{\mathrm{R}}{\varrho} + \gamma\right)$. Ich nenne die mittlere Temperatur dieses glühenden Cylinders μ, seinen thermischen Ausdehnungscoëfficienten $\frac{1}{5}\frac{\pi}{\varkappa}$. Wenn kein Druck auf seine Oberfläche wirkte, so sollte die lineäre Dilatation seines Volumens sein $\frac{1}{5}\frac{\pi}{\varkappa}\mu$. Demnach ist der Druck D, unter welchem dieses noch glühende Volumen des Cylinders steht:

$$\mathrm{D} = 5\varkappa\left\{\frac{1}{3}\left(2\frac{\mathrm{R}}{\varrho} + \gamma\right) - \frac{1}{5}\frac{\pi}{\varkappa}\mu\right\}.$$

Mit diesem Druck wirkt also auch der noch glühende weiche Kern des Cylinders gegen den schon fest gewordenen concentrischen Mantel. Das Vorzeichen von D ist so gewählt, dass wenn dasselbe positiv ist, dieser Druck gegen den festen Theil des Cylinders die Richtung von der Seite des festen Theils nach der Seite des weichen Theils [also den Character eines Zuges] hat. Dieser Druck wirkt gegen die cylindrische Fläche des festgewordenen Mantels unmittelbar, gegen die Grundflächen desselben aber vermittelst der festen Abschnitte des Cylinders, von welchen der eine zwischen den Ebenen $z = c$ und $z = c'$ und der andere zwischen den Ebenen $z = -c$ und $z = -c'$ liegt. Der Druck findet hier statt gegen die Grundflächen $z = \pm c'$ des mit ϱ um die Axe beschriebenen Cylinders und pflanzt sich von hier aus fort auf die Grundflächen $z = c'$ des mit den Halbmessern ϱ und ϱ' beschriebenen cylindrischen Mantels. Demnach ist der Druck auf die Grundflächen dieses cylindrischen Mantels nicht D, sondern $\frac{\varrho^2}{\varrho'^2 - \varrho^2}$D, und dieser Druck ist, wenn D positiv ist, gerichtet von diesen Grundflächen nach Innen.

Die erste Aufgabe, welche zu lösen ist, ist: die Verrückungen zu bestimmen, welche die Theile des cylindrischen Mantels, welche die Temperatur s und die aus der Erhärtung hervorgegangene bleibende Dilatation η besitzen, erfahren, wenn gegen die innere cylindrische Fläche der Druck D und gegen die Grundflächen der Druck $\frac{\varrho^2}{\varrho'^2 - \varrho^2}$D wirken.

Die Gleichungen dieses Problems erhält man aus den Gleichungen (d.), (e.), (f.) der vorigen Note, wenn man in der Gleichung (e.), welche für $r = \varrho$ gilt, zu dem Gliede linker Hand hinzufügt $\frac{\mathrm{D}}{k}$ und in der Gleichung (f.) zu dem Gliede linker Hand das Integral $-\frac{\varrho^2 \mathrm{D}}{\varrho'^2 - \varrho^2}\int_\varrho^{\varrho'} r\,dr = -\frac{1}{2}\varrho^2\mathrm{D}$; dies giebt:

(1.) $$\frac{1}{3k}\frac{\partial(\wp s + 5k\eta)}{\partial r} = \frac{1}{r^2}\frac{\partial}{\partial r}\left(r^3\frac{\partial\frac{R}{r}}{\partial r}\right),$$

(2.) $$r = \varrho: \quad \frac{\mathrm{D}}{k} + \frac{1}{k}(\wp s + 5k\eta) = 4\frac{R}{r} + 3r\frac{\partial\frac{R}{r}}{\partial r} + \gamma,$$

(3.) $$r = \varrho': \quad \frac{1}{k}(\wp s + 5k\eta) = 4\frac{R}{r} + 3r\frac{\partial\frac{R}{r}}{\partial r} + \gamma,$$

(4.) $$z = \pm c': \quad -\frac{1}{2}\varrho^2\frac{\mathrm{D}}{k} + \frac{1}{k}\int_\varrho^{\varrho'} r\,dr(\wp s + 5k\eta) = \int_\varrho^{\varrho'} r\,dr\left(2\frac{R}{r} + r\frac{\partial\frac{R}{r}}{\partial r}\right) + \frac{3}{2}(\varrho'^2 - \varrho^2)\gamma,$$

worin

(5.) $$\mathrm{D} = \frac{5}{3}\varkappa\left(2\frac{\mathrm{R}}{\varrho} + \gamma\right) - \pi\mu$$

und R den Werth von R für $r = \varrho$ bezeichnet.

Hieraus erhält man, wenn A und B die zwei Constanten der Integration bezeichnen, aus (1.):

$$\frac{R}{r} = A + \frac{B}{r^2} + \frac{1}{3kr^2}\int r\,dr(\wp s + 5k\eta) \tag{6.}$$

und diesen Werth in die Bedingungsgleichungen (2.), (3.), (4.) gesetzt, giebt:

$$\begin{aligned} \frac{\mathrm{D}}{k} &= 4A - \frac{2B}{\varrho^2} - \frac{2}{3k\varrho^2}\int_{(\varrho)} r\,dr(\wp s + 5k\eta) + \gamma, \\ 0 &= 4A - \frac{2B}{\varrho'^2} - \frac{2}{3k\varrho'^2}\int_{(\varrho')} r\,dr(\wp s + 5k\eta) + \gamma, \\ -\frac{\varrho^2}{\varrho'^2 - \varrho^2}\frac{\mathrm{D}}{k} &= 2A - \frac{4}{3k(\varrho'^2 - \varrho^2)}\int_{\varrho}^{\varrho'} r\,dr(\wp s + 5k\eta) + 3\gamma, \end{aligned} \tag{7.}$$

worin nach (5.) ist

$$\mathrm{D} = \frac{10}{3}\varkappa\left\{A + \frac{B}{\varrho^2} + \frac{1}{3k\varrho^2}\int_{(\varrho)} r\,dr(\wp s + 5k\eta)\right\} + \frac{5}{3}\varkappa\gamma - \pi\mu. \tag{8.}$$

Die Auflösung dieser Gleichungen giebt für A und γ folgende Werthe:

$$A = \frac{\frac{1}{15k(\varrho'^2 - \varrho^2)}\left\{\left(1 + \frac{5}{3}\frac{\varkappa}{k}\right)\varrho'^2 - \left(1 + \frac{5\varkappa}{k}\right)\varrho^2\right\}\int_{\varrho}^{\varrho'} r\,dr(\wp s + 5k\eta) + \frac{1}{5}\frac{\pi}{k}\varrho^2\mu}{\left(1 + \frac{5}{3}\frac{\varkappa}{k}\right)\varrho'^2 - \left(1 - \frac{\varkappa}{k}\right)\varrho^2}, \tag{9.}$$

$$\gamma = \frac{\frac{2}{5k(\varrho'^2 - \varrho^2)}\left(\varrho'^2 - \varrho^2 + \frac{5}{3}\frac{\varkappa}{k}\varrho'^2\right)\int_{\varrho}^{\varrho'} r\,dr(\wp s + 5k\eta) + \frac{1}{5}\frac{\pi}{k}\varrho^2\mu}{\left(1 + \frac{5}{3}\frac{\varkappa}{k}\right)\varrho'^2 - \left(1 - \frac{\varkappa}{k}\right)\varrho^2}, \tag{10.}$$

woraus sich der Werth von B mittelst der zweiten Gleichung in (7.) sofort ergiebt. Aus (9.) erhält man

$$\left(2\frac{\mathrm{R}}{\varrho} + \gamma\right) = 2A + 2\frac{B}{\varrho^2} + \gamma + \frac{2}{3k\varrho^2}\int_{(\varrho)} r\,dr(\wp s + 5k\eta).$$

Eliminirt man hieraus die Grösse B mittelst der ersten Gleichung in (7.), nachdem darin für D sein Werth aus (8.) gesetzt ist, so erhält man

$$2\frac{\mathrm{R}}{\varrho} + \gamma = \frac{6A + 2\gamma + \frac{\pi}{k}\mu}{1 + \frac{5}{3}\frac{\varkappa}{k}}$$

und hierin für A und γ ihre Werthe aus (9.) und (10.) substituirt, giebt:

$$(11.)\qquad \frac{1}{3}\left(2\frac{\mathrm{R}}{\varrho}+\gamma\right)=\frac{\frac{2}{5k}\int\limits_{\varrho}^{\varrho'} r\,dr\,(\wp s+5k\eta)+\frac{1}{15}(5\varrho'^2+3\varrho^2)\frac{\pi}{k}\mu}{\varrho'^2-\varrho^2+\frac{1}{3}(5\varrho'^2+3\varrho^2)\frac{\varkappa}{k}}.$$

Dies ist der Ausdruck für die lineäre Dilatation des noch weichen glühenden Theils des Cylinders. Mit dieser Dilatation erhärtet die den schon festen Theil des Cylinders berührende Schicht. Zieht man demnach von dieser Dilatation diejenige ab, welche diese Schicht zufolge ihrer Erhärtungstemperatur σ haben sollte, so erhält man [nach der S. 242 bereits verwendeten Annahme] die bleibende Dilatation derselben, d. i.

$$\eta=\frac{1}{3}\left\{2\frac{\mathrm{R}}{\varrho}+\gamma\right\}-\frac{1}{5}\frac{\wp}{k}\sigma$$

oder

$$\frac{1}{3}\left(2\frac{\mathrm{R}}{\varrho}+\gamma\right)=\eta+\frac{1}{5}\frac{\wp}{k}\sigma.$$

Dieser Werth für $\frac{1}{3}\left(2\frac{\mathrm{R}}{\varrho}+\gamma\right)$ kann in die Gleichung (11.) substituirt werden, weil die bleibende Dilatation der eben erhärtenden und der eben erhärteten Schicht nur um eine verschwindende Grösse verschieden sind. Dies giebt:

$$(12.)\quad \left\{\left(1+\frac{5}{3}\frac{\varkappa}{k}\right)\varrho'^2-\left(1-\frac{\varkappa}{k}\right)\varrho^2\right\}\left(\eta+\frac{1}{5}\frac{\wp}{k}\sigma\right)=\frac{2}{5k}\int\limits_{\varrho}^{\varrho'} r\,dr\,(\wp s+5k\eta)+\frac{\pi}{15k}(5\varrho'^2+3\varrho^2)\mu,$$

woraus nun η als Function von ϱ zu bestimmen ist.

Setzt man hierin $\varrho=\varrho'$, so erhält man die bleibende Dilatation in der Oberfläche des Cylinders, welche ich durch η' bezeichnen will.

Es ist also:

$$(13.)\qquad \eta'=\frac{1}{5}\left(\frac{\pi}{\varkappa}\mu-\frac{\wp}{k}\sigma\right).$$

Durch Differentiation erhält man aus (12.), wenn der Kürze wegen das Integral $\int\limits_{\varrho}^{\varrho'} sr\,dr$ mit Σ bezeichnet wird:

$$(14.)\qquad \left\{\left(1+\frac{5}{3}\frac{\varkappa}{k}\right)\varrho'^2-\left(1-\frac{\varkappa}{k}\right)\varrho^2\right\}\frac{\partial\eta}{\partial\varrho}+2\frac{\varkappa}{k}\varrho\eta=\frac{2\wp\sigma}{5k}\left(1-\frac{\varkappa}{k}\right)\varrho$$
$$+\frac{2\wp}{5k}\frac{\partial\Sigma}{\partial\varrho}+\frac{2\pi}{5k}\left(\varrho\mu+\frac{1}{6}(5\varrho'^2+3\varrho^2)\frac{\partial\mu}{\partial\varrho}\right),$$

woraus durch Integration sich ergiebt:

$$\text{(15.)}\qquad \left\{\left(1+\tfrac{5}{3}\tfrac{\varkappa}{k}\right)\varrho'^2-\left(1-\tfrac{\varkappa}{k}\right)\varrho^2\right\}^{\frac{-\varkappa}{k-\varkappa}}\eta$$

$$=C+\tfrac{2}{5}\int d\varrho\left(\left(1+\tfrac{5}{3}\tfrac{\varkappa}{k}\right)\varrho'^2-\left(1-\tfrac{\varkappa}{k}\right)\varrho^2\right)^{\frac{-k}{k-\varkappa}}\left\{\tfrac{\wp\sigma}{k}\left(1-\tfrac{\varkappa}{k}\right)\varrho\right.$$

$$\left.+\tfrac{\wp}{k}\tfrac{\partial\Sigma}{\partial\varrho}+\tfrac{\pi}{k}\left(\varrho\mu+\tfrac{1}{6}(5\varrho'^2+3\varrho^2)\tfrac{\partial\mu}{\partial\varrho}\right)\right\},$$

worin die Constante C so bestimmt werden muss, dass der Gleichung (13.) Genüge geschieht. Hierin sind die Differentialquotienten von Σ und μ zu substituiren:

Aus $\Sigma=\int\limits_{\varrho}^{\varrho'} rs\,dr$ erhält man [durch eine Ueberlegung, die der S. 243—244 angestellten durchaus analog ist]:

$$\text{(16.)}\qquad \frac{\partial\Sigma}{\partial\varrho}=-\varrho\sigma-\left(\frac{\frac{\partial s}{\partial r}}{\frac{\partial s}{\partial t}}\right)_{\varrho}\int\limits_{\varrho}^{\varrho'} r\frac{\partial s}{\partial t}\,dr,$$

und aus $\mu=\frac{2}{\varrho^2}\int\limits_0^{\varrho} rs\,dr$ ergiebt sich:

$$\text{(17.)}\qquad \frac{\partial\mu}{\partial\varrho}=\frac{2\sigma}{\varrho}-\frac{4}{\varrho^3}\int\limits_0^{\varrho} rs\,dr-\frac{2}{\varrho^2}\left(\frac{\frac{\partial s}{\partial r}}{\frac{\partial s}{\partial t}}\right)_{\varrho}\int\limits_0^{\varrho} r\frac{\partial s}{\partial t}\,dr,$$

wo in der in der Parenthese mit angehängtem ϱ eingeschlossenen Grösse zu setzen ist $r=\varrho$.

Wenn $\varkappa=k$ ist, verwandelt sich das Integral (15.) in folgendes:

$$e^{\frac{3}{8}\left(\frac{\varrho}{\varrho'}\right)^2}\eta=C+\frac{3}{20}\frac{\wp}{k\varrho'^2}\int d\varrho\, e^{\frac{3}{8}\left(\frac{\varrho}{\varrho'}\right)^2}\left\{\frac{\partial\Sigma}{\partial\varrho}+\frac{\pi}{\wp}\left(\varrho\mu+\frac{1}{6}(5\varrho'^2+3\varrho^2)\frac{\partial\mu}{\partial\varrho}\right)\right\},$$

oder wenn hierin für $\frac{\partial\Sigma}{\partial\varrho}$, μ und $\frac{\partial\mu}{\partial\varrho}$ ihre Werthe aus (16.) und (17.) gesetzt werden:

$$e^{\frac{3}{8}\left(\frac{\varrho}{\varrho'}\right)^2}\eta=C-\frac{3}{20}\frac{\wp}{k\varrho'^2}\int d\varrho\, e^{\frac{3}{8}\left(\frac{\varrho}{\varrho'}\right)^2}\left\{\begin{aligned}&\left(1-\frac{\pi}{\wp}\left(1+\frac{5}{3}\left(\frac{\varrho'}{\varrho}\right)^2\right)\right)\varrho\sigma+\left(\frac{\frac{\partial s}{\partial r}}{\frac{\partial s}{\partial t}}\right)_{\varrho}\int\limits_{\varrho}^{\varrho'} r\frac{\partial s}{\partial t}\,dr\\&+\frac{10}{3}\frac{\pi}{\wp}\frac{\varrho'^2}{\varrho^3}\int\limits_0^{\varrho} rs\,dr+\frac{\pi}{\wp}\left(1+\frac{5}{3}\left(\frac{\varrho'}{\varrho}\right)^2\right)\left(\frac{\frac{\partial s}{\partial r}}{\frac{\partial s}{\partial t}}\right)_{\varrho}\int\limits_0^{\varrho} r\frac{\partial s}{\partial t}\,dr\end{aligned}\right\},$$

wobei zu bemerken ist, dass in den Integralen nach r die Zeit t, von welcher s eine Function ist, constant ist, dass aber in den Integrationen nach ϱ die Zeit t eine Function von ϱ ist, welche bestimmt wird durch die Gleichung

$$s = \sigma,$$

wo σ die constante Erhärtungstemperatur bezeichnet.

Inhaltsübersicht.

Anhang.

DIE MATHEMATISCHEN GESETZE DER INDUCIRTEN ELEKTRISCHEN STRÖME.

Aus den Abhandlungen der Berliner Akademie der Wissenschaften für das Jahr 1845.

DIE MATHEMATISCHEN GESETZE DER INDUCIRTEN ELEKTRISCHEN STRÖME. 1845.*)

Wenn**) die magnetische oder elektrodynamische Resultante, auf ein Element eines Leiters bezogen, eine Veränderung ihres Werthes erleidet, so wird in diesem Element eine elektromotorische Kraft erregt, die, wenn ihr ein in sich geschlossener leitender Weg dargeboten wird, einen elektrischen Strom hervorbringt, welcher der *Inductionsstrom* genannt wird. Die folgenden Untersuchungen über diesen Strom setzen voraus, dass die inducirende Ursache, d. i. die Veränderung der magnetischen oder elektrodynamischen Resultante, mit einer Geschwindigkeit eintrete, welche als klein in Beziehung auf die Fortpflanzungsgeschwindigkeit der Elektricität angesehen werden kann. Ohne diese Voraussetzung kann man nicht die inducirten elektrischen Ströme als im stationären Zustand befindlich ansehen und die *Ohm*'schen Gesetze darauf anwenden. Ausgeschlossen von den hier folgenden Betrachtungen sind also z. B. die durch elektrische Entladungen inducirten Ströme.

Das inducirte Element gehört entweder einem Drahte oder einem dünnen Bleche oder einem Leiter an, in dessen Form kein solcher Unterschied der Dimensionen stattfindet. Den ersten Fall nenne ich die lineare Induction; diese ist der Gegenstand der vorliegenden Abhandlung. Die Untersuchung der linearen Induction ist die einfachste, weil hier die in dem Element inducirte Elektricität sich auf einem gegebenen Wege fortpflanzt, während in den beiden andern Fällen, wo das Element einer Fläche oder einem Körper

*) Diese im Jahre 1846 in den Abhandlungen der Berliner Akademie der Wissenschaften erschienene Abhandlung wurde in der Akademie vorgelesen am 27. October 1845. — Ebenfalls im Jahre 1845 wurde von *Neumann* ein kurzer Auszug aus seiner Abhandlung publicirt in Pogg. Annal. Bd. 67. Dieser Auszug ist im Wesentlichen gleichlautend mit den Seiten 259—270 des hier vorliegenden Druckes. — Später, im Jahre 1889, ist die *Neumann*'sche Abhandlung von Neuem abgedruckt worden in *Ostwald*'s Klassikern der exacten Wissenschaften (Nr. 10). — *(Red.)*

**) An diese von *Neumann* gegebene Einleitung (Seite 259—260) schliesst sich eine, ebenfalls von *Neumann* selber gegebene, vorläufige Uebersicht über die einzelnen Paragraphen der Abhandlung. Erst auf Seite 270 beginnt alsdann der eigentliche Text der Abhandlung. — *(Red.)*

angehört, die Wege, auf welchen die Fortpflanzung der erregten Elektricität geschieht, erst bestimmt werden müssen. Die Principien der linearen Induction gestatten aber eine Ausdehnung auf diese complicirteren Fälle, welche der Gegenstand einer zweiten Abhandlung sein soll, in der die Theorie des Rotationsmagnetismus entwickelt werden wird*). Die vorliegende Abhandlung hat auch diejenigen Inductionen, welche durch Formveränderungen des inducirenden Stroms oder inducirten Leiters erregt werden, so wie die Rückwirkungen der inducirten Ströme auf die Inducenten nicht in den Kreis ihrer Untersuchungen gezogen, aber sie enthält die Principien dafür**). Folgende Resultate bilden ihren hauptsächlichen Inhalt.

§ 1. Aus dem *Lenz*'schen Satze: dass die Wirkung, welche der inducirende Strom oder Magnet auf den inducirten Leiter ausübt, wenn die Induction durch eine Bewegung des letzteren hervorgebracht ist, immer einen hemmenden Einfluss auf diese Bewegung ausübt, — in Verbindung mit dem Satze: dass die Stärke der momentanen Induction proportional der Geschwindigkeit dieser Bewegung ist, wird das allgemeine Gesetz der linearen Induction abgeleitet:

$$E \cdot Ds = -\varepsilon v C \cdot Ds.$$

In dieser Formel ist Ds ein Element des inducirten Drahtes und $E \cdot Ds$ die in dem Element Ds inducirte elektromotorische Kraft; v ist die Geschwindigkeit, mit welcher Ds bewegt wird, C die nach der Richtung, in welcher Ds bewegt wird, zerlegte Wirkung des Inducenten auf Ds, dieses Element von der Einheit des Stroms durchströmt gedacht. Die Grösse ε ist unabhängig von der Beschaffenheit des inducirten Leiters und kann bei der linearen Induction als eine Constante angesehen werden, ist aber eine solche Function der Zeit, die sehr rasch abnimmt, wenn ihr Argument einen merklichen Werth erhält, und muss auch als solche bei der Flächeninduction und der Induction in Körpern behandelt werden.

§ 2. Wenn in dem Element Ds eines leitenden Bogens s die elektromotorische Kraft $E \cdot Ds$ erregt wird, und E nicht allein eine Function des Ortes von Ds in s ist, sondern auch eine Function der Zeit, so gilt doch unter der Voraussetzung, dass die Veränderungen, welche E mit der Zeit er-

---

*) Eine solche Abhandlung über die Induction in Leitern von *zwei* oder *drei* Dimensionen ist leider nicht erschienen. Doch könnten hier einigermassen *Neumann*'s *Vorlesungen* in Betracht kommen, namentlich seine Vorlesung über *Magnetismus* (Leipzig, bei Teubner, 1881) und seine Vorlesung über *elektrische Ströme* (Leipzig, bei Teubner, 1884). — *(Red.)*

**) Diese Principien sind von *Neumann* weiter entwickelt in seiner Abhandlung von 1847, d. i. in der dritten Abhandlung dieses Bandes. — *(Red.)*

fährt, nicht mit einer so grossen Geschwindigkeit eintreten, die einen merklichen Werth in Beziehung auf die Fortpflanzungsgeschwindigkeit der Elektricität hat, der *Ohm*'sche Satz: dass der erregte Strom gleich ist der Summe der elektromotorischen Kräfte des ganzen Bogens s, dividirt durch den Widerstand des Weges.

§ 3. Die Stärke des in einem linearen Leiter s, welcher sich unter dem Einfluss eines elektrischen Stroms oder eines Magneten bewegt, inducirten Stromes ist

$$-\varepsilon\varepsilon' \mathfrak{S} v C D s,$$

wo ε' den reciproken Werth des Widerstandes des Weges bedeutet, welchen der Strom zu durchlaufen hat, und $\mathfrak{S}$ eine Integration bezeichnet, welche sich über alle bewegten Theile des Leiters erstreckt. Der vorstehende Ausdruck mit dem Element der Zeit dt multiplicirt giebt den *inducirten Differentialstrom*, dessen Maass die *Wirkung* ist, welche der inducirte Strom während des Elements der Zeit, z. B. auf eine Magnetnadel, ausübt; die Summe der Wirkungen, welche er in einer endlichen Zahl ausübt, ist das Maass des *inducirten Integralstroms.* Der Werth des Integralstroms hängt allein von der Länge und Lage des Weges ab, welchen der Leiter durchlaufen hat, und ist unabhängig von der Geschwindigkeit, mit welcher er durchlaufen wurde.

Die elektromotorische Kraft des Differentialstroms ist das negative *virtuelle Moment* der Kraft, welche der Inducent auf den Leiter ausübt, wenn dieser von dem constanten Strom ε durchströmt gedacht wird.

Die elektromotorische Kraft des Integralstroms, welcher auf dem Wege von w_0 bis w_1 erregt wird, ist der Verlust an *lebendiger Kraft*, welchen der Inducent in dem Leiter hervorbringen würde, wenn dieser sich von w_0 bis w_1 frei bewegte und von dem Strome ε durchströmt gedacht wird.

Der wirkliche Verlust an lebendiger Kraft, welchen ein linearer Leiter, der dem Inductionsstrom einen geschlossenen Weg darbietet, in dem Zeitraum von t_0 bis t_1 erleidet, wenn er sich frei, z. B. in Folge seiner Trägheit, unter dem Einfluss eines Inducenten bewegt, ist

$$2\varepsilon\varepsilon' \int_{t_0}^{t_1} dt (\mathfrak{S} v C D s)^2.$$

Wenn die Componenten der Wirkung des Inducenten auf ein Element des bewegten Leiters, welches von dem Strome ε durchströmt gedacht wird, partielle Differentialquotienten derselben Function sind, und man *die Gleichgewichts-Oberflächen* construirt, für deren jede diese Function einen constanten

Werth hat, welcher der Druck an dieser Oberfläche heisst: so ist die elektromotorische Kraft des Integralstroms, welcher in dem Leiter, wenn er sich parallel mit sich selbst von w_0 bis w_1 bewegt hat, inducirt ist, gleich der Differenz des Drucks an den beiden durch w_0 und w_1 gehenden Gleichgewichts-Oberflächen. — Der Integralstrom ist also unter den angegebenen Bedingungen unabhängig von der Länge und Lage des Weges, auf welchem er inducirt wird, und hängt allein von dem Orte der Endpunkte desselben ab. — Dieser Satz wird in der Folge noch erweitert.

§ 4. Wenn ein Leiter A sich in Beziehung auf einen Leiter B bewegt, so wird diejenige Bewegung, welche B erhält, wenn beiden Leitern eine solche gemeinschaftliche Bewegung ertheilt wird, dass A an seinem Orte verharrt, die der Bewegung von A *entgegengesetzte Bewegung* genannt.

Wenn zwei geschlossene Leiter gegeben sind, so wird dieselbe elektromotorische Kraft inducirt, in welchem von beiden auch der inducirende Strom fliesst, und welcher von beiden bewegt wird, nur muss die Bewegung des einen der Bewegung des andern entgegengesetzt sein.

Dieser Satz kann auch auf ungeschlossene Leiter ausgedehnt werden, wenn nur die Anordnung getroffen ist, dass derselbe Leiter, mag er ruhen oder bewegt werden, der Induction dieselbe Länge darbietet.

§ 5. Die Bewegung eines Leiters in Beziehung auf einen Pol (Solenoid-, oder Magnetpol) kann als zusammengesetzt angesehen werden aus der allen seinen Elementen gemeinschaftlichen progressiven Bewegung, welche auch der Pol haben würde, wenn er, mit dem Leiter fest verbunden, mit ihm zugleich bewegt würde, und aus einer um den auf die bezeichnete Weise bewegten Pol stattfindenden Drehung. Jene soll schlechtweg die *progressive Bewegung* des Leiters, diese die *drehende Bewegung* heissen.

Der Differentialstrom der progressiven Bewegung ist

$$-\varepsilon\varepsilon'\varkappa'\Gamma dw.$$

In dieser Formel ist statt der Bewegung des Leiters die entgegengesetzte des Pols substituirt gedacht; $\varkappa'$ bezeichnet den freien Magnetismus des Pols, dw das Element seines Weges, und Γ die nach der Richtung von dw zerlegte Wirkung, welche der Leiter, durchströmt von der Einheit des Stroms, auf die Einheit des freien Magnetismus im Pole ausübt.

Der Differentialstrom der drehenden Bewegung ist

$$-\varepsilon\varepsilon'\varkappa'\{\cos(a, e'') - \cos(a, e')\}d\psi,$$

wo $d\psi$ das Element des Drehungswinkels bedeutet, und (a, e'') und (a, e') die

Winkel bezeichnen, welche die Drehungsaxe mit den vom Pole nach den Endpunkten des Leiters gezogenen Linien bildet. Dieser Strom ist also unabhängig von der Form des Leiters und hängt allein von der Bewegung seiner Endpunkte ab; er ist immer gleich Null, wenn der Leiter eine geschlossene Curve bildet.

In einem geschlossenen Leiter, der sich um eine Axe dreht, in welcher ein oder mehrere Pole liegen, wird durch diese kein Strom inducirt.

§ 6. Die Induction, welche in einem ruhenden Leiter durch die Bewegung eines Solenoids erregt wird, ist allein von der Bewegung der Pole des Solenoids abhängig.

Der durch die Bewegung eines Poles in einem ruhenden Leiter inducirte Strom besteht aus zwei Theilen; der eine rührt von der progressiven Bewegung des Pols her, der andere von seiner drehenden Bewegung um sich selbst. Der Differentialstrom des ersten Theils ist

$$-\varepsilon\varepsilon'\varkappa'\Gamma dw$$

und der des zweiten Theils:

$$-\varepsilon\varepsilon'\varkappa'\{\cos(a, e'') - \cos(a, e')\}d\psi.$$

In einem geschlossenen ruhenden Leiter wird durch die Drehung des Pols kein Strom inducirt.

In einem nicht geschlossenen Leiter inducirt der Pol, ohne seinen Ort zu verändern, allein durch seine Drehung um sich selbst einen Strom. Dieser Satz enthält die Theorie der sogenannten *unipolaren Induction.*

§ 7. Ein Magnet wird definirt als ein System von unendlich vielen unendlich kleinen Solenoiden (magnetischen Atomen). Der in einem bewegten Leiter durch einen Magneten inducirte Strom ist die Summe der Elementarströme, welche durch seine Solenoide inducirt werden. Dieses System von Solenoiden kann durch ein System von Polen ersetzt werden, die allein auf der Oberfläche des Magneten vertheilt sind, d. i., die durch den Magneten in dem bewegten Leiter erregte Induction kann als durch seine mit freiem Magnetismus belegte Oberfläche hervorgebracht angesehen werden. Diese magnetische Oberfläche ist dieselbe, welche nach dem *Gauss*'schen Satz auf einen äusseren *Pol* gleiche Wirkung wie der im Innern des Magneten vertheilte Magnetismus ausübt.

Man kann statt der Bewegung des Leiters die entgegengesetzte der magnetischen Oberfläche substituiren und umgekehrt. Wenn aber die magnetische Oberfläche bewegt gedacht wird oder wirklich sich bewegt, so hängt der inducirte Strom nicht allein von der Ortsveränderung ab, welche ihre Elemente erfahren, sondern auch von ihren dabei stattfindenden Drehungen. Der Theil des Inductionsstroms, welcher von der Drehung der Elemente der magnetischen Oberfläche herrührt, ist von der Gestalt des inducirten Leiters unabhängig; er hängt allein von der Lage der Endpunkte ab und verschwindet, wenn der Leiter eine geschlossene Curve bildet. —

Wenn das Element $D\omega$ der für den Magneten substituirten magnetischen Oberfläche den freien Magnetismus $\varkappa \cdot D\omega$ enthält, so ist der Differentialstrom, welcher durch die progressive Bewegung der Elemente inducirt wird

$$-\varepsilon\varepsilon' \sum \varkappa \Gamma D\omega\, dw,$$

wo dw das Element des Weges bezeichnet, welches $D\omega$ durchläuft, und Γ die nach dw zerlegte Wirkung des von der Einheit des Stroms durchströmten Leiters auf die Einheit des freien Magnetismus in $D\omega$. Die Integration $\sum$ bezieht sich auf die ganze Oberfläche ω des Magneten. — Der Differentialstrom, welcher durch die Drehung der Elemente inducirt wird, ist

$$-\varepsilon\varepsilon' \sum \varkappa \{\cos(a, e'') - \cos(a, e')\} D\omega\, d\psi,$$

wo (a, e'') und (a, e') die Winkel bezeichnen, welche die Linien, die von dem Elemente $D\omega$ nach den beiden Enden des Leiters gezogen sind, mit der Drehungsaxe bilden; $d\psi$ ist das Element des Drehungswinkels.

§ 8. Nach den der Theorie des Magnetismus zu Grunde liegenden Vorstellungen besteht der Act der Magnetisirung oder Entmagnetisirung in einer Trennung oder Vereinigung der magnetischen Flüssigkeiten innerhalb eines jeden Atoms des Magneten. Der Strom, welcher durch eine solche Bewegung der freien magnetischen Flüssigkeiten in einem geschlossenen Leiter inducirt wird, ist

$$-\varepsilon\varepsilon' \sum (\varkappa'' - \varkappa') V D\omega,$$

wo $\varkappa' \cdot D\omega$ und $\varkappa'' \cdot D\omega$ den freien Magnetismus in dem Element $D\omega$ der Oberfläche des Magneten vor und nach der Veränderung seines magnetischen Zustandes bezeichnen, und $V \cdot D\omega$ das Potential des von der Einheit des Stroms durchströmt gedachten Leiters in Bezug auf das mit der Einheit des Magnetismus erfüllte Element $D\omega$ ist. Die Integration $\sum$ bezieht sich auf die ganze Oberfläche des Magneten.

§ 9. Die Summe der elektromotorischen Kräfte, welche während der Bewegung in einem geschlossenen Leiter durch einen Magneten inducirt werden, ist gleich der Differenz der Werthe, welche das Potential des von dem Strome ε durchströmt gedachten Leiters, bezogen auf den ganzen Magneten (oder das Potential des Magneten bezogen auf den ganzen Leiter) im Anfang und am Ende der Bewegung annimmt. — Der Umstand, dass Richtung und Geschwindigkeit der Bewegung und der durchlaufene Weg selbst in Beziehung auf die Summe der erregten elektromotorischen Kräfte gleichgültig sind, dass diese allein von der Veränderung abhängt, welche *das Potential des Magneten in Beziehung auf den Leiter* erfährt, führt zu der Folgerung, dass jede Ursache, welche den Werth dieses Potentials verändert, einen Strom inducirt, der zum Maass hat: die hervorgebrachte Veränderung des Potentials dividirt durch den Widerstand seines Weges. Eine solche Ursache ist z. B. die Schwächung und Verstärkung des magnetischen Zustandes des Magneten. Dieser Satz giebt für den durch Magnetisirung oder Entmagnetisirung erregten Inductionsstrom denselben Ausdruck, der im vorigen Paragraphen aufgestellt ist.

§ 10. Die in einem geschlossenen Leiter durch einen geschlossenen elektrischen Strom in Folge der Bewegung des Leiters oder des Stroms inducirte elektromotorische Kraft ist gleich der Veränderung des Werthes, welche durch diese Bewegung das in Beziehung auf den inducirenden Strom stattfindende Potential des von dem Strome ε durchströmt gedachten Leiters erfährt (oder das Potential dieses Stroms in Beziehung auf den Leiter). Der Ausdruck des inducirten Stroms ist

$$-\frac{1}{2}\varepsilon\varepsilon' j\, S \sum \frac{d^2}{dn\, d\nu}\left\{\frac{1}{r''}-\frac{1}{r'}\right\} Do\, D\omega,$$

wo j die Stromstärke des inducirenden Stroms ist. Die Bedeutung der übrigen Zeichen ist folgende. Man denke sich durch die Curve des Leiters eine beliebige durch sie begrenzte Oberfläche o gelegt, und eine zweite ω durch die Curve des Inducenten und durch diese begrenzt. Do und $D\omega$ sind Elemente dieser zwei Oberflächen und r' und r'' ihre Entfernungen vor und nach der Bewegung. Das nach n und ν genommene zweite Differential wird so verstanden, dass man zuerst den einen Endpunkt von r in der Normale an Do um dn verrückt, und das hierdurch erhaltene Differential zum zweiten Male differentiirt, indem man den andern Endpunkt von r in der Normale an $D\omega$ um $d\nu$ fortrücken lässt. Die Integrationen S und $\sum$ beziehen sich auf die Oberflächen o und ω.

Aus der Unabhängigkeit der inducirten elektromotorischen Kraft von der Bewegung an sich wird gefolgert, dass jede Ursache, welche eine Veränderung im Werthe des in Beziehung auf einen geschlossenen Leiter stattfindenden Potentials eines geschlossenen Stroms hervorbringt, einen Strom inducirt, dessen elektromotorische Kraft durch die Veränderung, welche das Potential erlitten hat, ausgedrückt ist. Ein ruhender elektrischer Strom inducirt demnach, wenn seine Intensität von j' bis j'' wächst, in einem ruhenden geschlossenen Leiter einen Strom, dessen Ausdruck ist:

$$-\frac{1}{2}\varepsilon\varepsilon'(j''-j')\,\mathrm{S}\sum\frac{d^2\frac{1}{r}}{dn\,dv}Do\,D\omega.$$

§ 11. Die inducirte elektromotorische Kraft hängt von einer dreifachen Integration ab, nämlich von den zwei Integrationen in Bezug auf die Curven des inducirenden Stroms und des inducirten Leiters und von einer dritten in Beziehung auf die Bahn, auf welcher die Elemente des Stroms oder des Leiters bewegt werden. Diese dreifache Integration lässt sich, wenn entweder der Leiter oder der Strom eine geschlossene Curve bilden, immer auf eine zweifache zurückführen.

Das Potential eines geschlossenen Stromes s in Beziehung auf einen andern geschlossenen Strom σ hat den Ausdruck:

$$\frac{1}{2}jj'\,\mathrm{S}\sum\frac{\cos(Ds,\,D\sigma)}{r}Ds\,D\sigma,$$

wo j und j' die Intensitäten der Ströme s und σ bezeichnen, Ds und $D\sigma$ ihre Elemente, r deren Entfernung von einander und $(Ds,\,D\sigma)$ den Winkel, unter welchem Ds gegen $D\sigma$ geneigt ist. — Die beiden Elemente Ds und $D\sigma$ der geschlossenen Ströme s und σ ziehen sich gegenseitig mit einer Kraft an, die gleich ist:

$$\frac{1}{2}jj'\cdot\frac{\cos(Ds,\,D\sigma)}{r^2}Ds\,D\sigma.$$

Wenn ein ungeschlossener Leiter s unter dem Einfluss eines geschlossenen Stroms σ bewegt wird, so ist die Summe der während dieser Bewegung inducirten elektromotorischen Kräfte gleich dem Potential des Stroms σ in Bezug auf die geschlossene Umgrenzung der Oberfläche, welche der Leiter beschrieben hat, diese umgrenzenden Curven, nämlich die beiden des Leiters selbst in seiner Anfangs- und Endposition und die während der Bewegung von seinen beiden Endpunkten beschriebenen, durchströmt gedacht von dem Strome ε.

Dies Theorem giebt, wenn der inducirte Leiter geschlossen ist, den Satz des vorigen Paragraphen über die Induction eines geschlossenen Leiters durch einen geschlossenen Strom. Es folgt ferner aus demselben Theorem der Satz:

Wenn ein ungeschlossener Leiter eine geschlossene Bahn durchlaufen hat, d. h. wenn er am Ende der Bewegung in die Lage, aus welcher er ausging, zurückgekehrt ist, so ist die auf dieser Bahn durch einen geschlossenen Strom inducirte elektromotorische Kraft die Differenz der Werthe des Potentials des Stroms in Beziehung auf die zwei Curven, welche die Endpunkte des Leiters durchlaufen haben, diese Curven von dem Strome ε durchströmt gedacht.

Wenn ein geschlossener Leiter in einer geschlossenen Bahn unter dem Einfluss eines geschlossenen Stroms bewegt worden ist, so ist die Summe der inducirten elektromotorischen Kräfte immer gleich Null.

Diese Sätze gelten auch, wenn die Induction nicht durch einen geschlossenen Strom, sondern durch einen Magneten hervorgebracht wird.

Auf den Fall, auf welchen die vorstehenden Sätze sich beziehen, den Fall nämlich der Bewegung eines Leiters unter dem Einfluss eines inducirenden geschlossenen Stroms, lassen sich derjenige, wo der geschlossene Strom statt des Leiters bewegt wird, sowie die Fälle zurückführen, wo der inducirte Leiter geschlossen, der inducirende Strom aber nicht geschlossen ist, es mag der Leiter oder der Strom bewegt werden.

§ 12. *Die Kegelöffnung einer geschlossenen Curve in Bezug auf einen Punkt* wird das Kugelflächenstück genannt, welches der aus dem Punkte durch die Curve gelegte Kegel von der um diesen Punkt mit dem Radius 1 beschriebenen Kugelfläche abschneidet.

Das Potential eines Solenoids, dessen Wirkung nach aussen durch die des freien Magnetismus $\varkappa'$ an seinen Enden ersetzt werden kann, hat in Bezug auf einen geschlossenen Strom s von der Intensität 1 den Werth

$$\varkappa'(K'' - K'),$$

wo K'' und K' die Kegelöffnungen der Curve s in Bezug auf die Pole des Solenoids sind.

Das Potential eines Magneten in Bezug auf einen geschlossenen Strom s von der Intensität 1 ist

$$\mathrm{S}\,\varkappa K D\omega,$$

wo $\varkappa \cdot D\omega$ den freien Magnetismus auf dem Element $D\omega$ der Oberfläche des Magneten und K die Kegelöffnung von s in Bezug auf dieses Element vorstellt. Das Integral S ist auf die ganze Oberfläche des Magneten auszudehnen.

Wenn dieser Magnet aus der Lage w' in die Lage w'' fortgeführt wird, so ist der dadurch in s inducirte Strom:

$$-\varepsilon\varepsilon' \mathrm{S}\, \varkappa (K''-K') D\omega,$$

wo K' und K'' die Werthe von K in der Lage w' und w'' bezeichnen.

Der in einem ungeschlossenen Leiter, welcher eine geschlossene Bahn durchlaufen hat, inducirte Strom ist:

$$-\varepsilon\varepsilon' \mathrm{S}\, \varkappa (K''-K') D\omega,$$

wo K' und K'' die Kegelöffnungen der von den Endpunkten des Leiters beschriebenen geschlossenen Curven in Bezug auf den Punkt bezeichnen, in dem sich das Element $D\omega$ befindet.

Ist weder der Leiter noch seine Bahn eine geschlossene Curve, so ist der in ihm durch den Magneten inducirte Integralstrom:

$$-\varepsilon\varepsilon' \mathrm{S}\, \varkappa K D\omega,$$

wo K die Kegelöffnung der geschlossenen Umgrenzung der Oberfläche, welche der Leiter beschrieben hat, in Bezug auf das Element $D\omega$ ist.

Wenn der magnetische Zustand des Magneten eine Aenderung erleidet, sodass der freie Magnetismus $\varkappa \cdot D\omega$ des Elements $D\omega$ der Oberfläche des Magneten sich in $\varkappa' \cdot D\omega$ verwandelt, so wird dadurch in dem ruhenden geschlossenen Leiter s ein Strom inducirt, dessen Werth ist:

$$-\varepsilon\varepsilon' \mathrm{S}\, (\varkappa'-\varkappa) K D\omega,$$

wo K die Kegelöffnung von s in Bezug auf $D\omega$ ist.

Regeln, nach welchen das Vorzeichen von K bestimmt wird, und ob für K das kleinere oder grössere Kegelflächenstück zu nehmen ist, welches der Kegel abschneidet.

§ 13. Anwendungen der Formeln des vorigen Paragraphen auf einige einfache specielle Fälle von Inductionen.

1) Es wird der Strom bestimmt, welcher durch den Erdmagnetismus in einem ebenen geschlossenen Leiter, der um eine Axe rotirt, inducirt wird. Der Inhalt des von dem Leiter eingeschlossenen ebenen Raums sei F, das auf seiner Ebene errichtete Perpendikel sei gegen die Drehungsaxe unter dem Winkel c geneigt, diese letztere bilde mit der Richtung der magnetischen Inclination den Winkel (a, r); der Drehungswinkel φ werde von *der* Lage der Leiterebene an gerechnet, in welcher sie auf der durch die Drehungsaxe und die Richtung der magnetischen Inclination gelegten Ebene senkrecht steht;

M bezeichne die Stärke des Erdmagnetismus. Nach diesen Bestimmungen wird der durch eine Drehung des Leiters von φ' bis φ'' in ihm inducirte Integralstrom:

$$-\varepsilon\varepsilon' MF \sin(a, r) \sin c \{\cos\varphi'' - \cos\varphi'\}.$$

2) In allen folgenden Anwendungen ist der Inducent ein prismatischer Magnet, dessen freier Magnetismus $\varkappa$ als gleichförmig über seine beiden Grundflächen vertheilt angesehen werden kann, die in Bezug auf ihre Entfernung von den Elementen des inducirten Leiters als klein betrachtet werden.

Formeln für die Ströme, welche in kreisförmigen Leitern oder in cylindrischen Spiralen durch Magnetisierung oder Ortsveränderung des Magneten inducirt werden. — Der Magnet, dessen Grundfläche durch f bezeichnet wird, befinde sich in einer Spirale, von welcher er ganz bedeckt sei; ihre Länge sei L, ihr Durchmesser R und die Anzahl ihrer Windungen sei N. Der in dieser Spirale durch den Akt der Magnetisirung inducirte Strom ist

$$-4\pi\varepsilon\varepsilon'\varkappa f N\left\{\sqrt{1+\left(\frac{R}{L}\right)^2}-\frac{R}{L}\right\},$$

also, wenn $\frac{R}{L}$ klein ist, proportional der Anzahl der Windungen und unabhängig von ihrem Durchmesser.

Derselbe Strom wird inducirt, wenn die Spirale dem Magneten aus grosser Entfernung genähert und auf ihn gesteckt wird.

3) Derselbe Magnet ist hufeisenförmig gebogen; die beiden Pole werden mit o und u bezeichnet, die Mitte von ou durch m. Durch m geht senkrecht auf ou eine Drehungsaxe, mit welcher ein kreisförmiger Leiter, dessen Mittelpunkt C ist, so verbunden ist, dass die Linie mC auf ihr und auf der Ebene des Leiters senkrecht steht. Jede halbe Umdrehung, durch welche C aus der Linie ou heraus- und wieder hineingeführt wird, inducirt den Strom

$$4\pi\varepsilon\varepsilon'\varkappa f\left\{2-\frac{a-x}{\sqrt{(a-x)^2+R^2}}-\frac{a+x}{\sqrt{(a+x)^2+R^2}}\right\},$$

wo die Linie $mo = mu$ mit a, der Halbmesser des Leiters mit R und die Linie mC mit x bezeichnet ist. Damit die Drehung möglich sei, muss $x^2 + R^2 < a^2$ sein.

4) Mit derselben Drehungsaxe sei ein kreisförmiger Leiter vom Halbmesser R so verbunden, dass seine Ebene auf ihr senkrecht steht und sein Mittelpunkt um $mo = a$ von ihr entfernt ist; die Entfernung der Pole von der Leiterebene sei x. Der durch eine halbe Umdrehung, durch welche der Mittelpunkt des Leiters aus der kleinsten Entfernung von dem einen Pole in die

kleinste Entfernung von dem andern Pole geführt wird, inducirte Strom hat den angenäherten Werth:

$$-4\pi\varepsilon\varepsilon'\varkappa f\left\{1-\frac{x}{\sqrt{R^2+x^2}}-\frac{\frac{1}{2}R^2x}{(4a^2+x^2)^{\frac{3}{2}}}\right\}.$$

5) Der im Vorigen betrachtete prismatische Magnet, dessen Länge h sei, rotire um seine Axe uo; mit ihr seien fest verbunden zwei leitende kreisförmige Scheiben mit den Halbmessern R und R', senkrecht auf ou stehend, deren Mittelpunkte C und C' in der über o verlängerten Axe uo von o um x und x' entfernt liegen. Diese Scheiben sind leitend unter einander verbunden; während der Magnet mit ihnen rotirt, schleifen gegen ihre Ränder zwei Metallfedern, die durch einen Leitungsdraht, z. B. den Multiplicatordraht, verbunden sind. Diese Federn mit ihrem Verbindungsdraht bilden einen ruhenden ungeschlossenen Leiter, in welchem durch die Rotation des Magneten um seine Axe ein Strom inducirt wird, dessen Ausdruck ist:

$$2\pi\varepsilon\varepsilon' f\varkappa\left\{\frac{x}{\sqrt{x^2+R^2}}-\frac{h+x}{\sqrt{(h+x)^2+R^2}}-\frac{x'}{\sqrt{x'^2+R'^2}}+\frac{h+x'}{\sqrt{(h+x')^2+R'^2}}\right\}.$$

Setzt man hierin $R'=0$ und $x=-\frac{1}{2}h$, so erhält man die vortheilhafteste Anordnung für die *Weber*'sche unipolare Induction; der bei dieser Anordnung inducirte Strom ist

$$\frac{-4\pi\varepsilon\varepsilon'\varkappa f}{\sqrt{1+\left(\frac{2R}{h}\right)^2}}.$$

§ 1.

Ueber die in einem linearen Leiterelement inducirte elektromotorische Kraft.

Herr *Lenz* hat, um die Richtung eines inducirten Stroms zu bestimmen, folgenden Satz gegeben*):

> Wenn sich ein metallischer Leiter in der Nähe eines galvanischen Stromes oder eines Magneten bewegt, so wird in ihm ein Strom erregt, der eine solche Richtung hat, dass er in dem Drahte, wenn er in Ruhe wäre, eine gerade entgegengesetzte Bewegung hervorbringen würde, wofern man denselben nur in der Richtung der ertheilten Bewegung und der entgegengesetzten beweglich voraussetzt.

*) Pogg. Annalen der Physik und Chemie, Bd. 31, S. 483. — *(Anm. des Originals.)*

Eine weitere Reflexion über diesen schönen Satz und seine Verbindung mit dem Satz: *dass die Intensität der momentanen Induction proportional ist der Geschwindigkeit, mit welcher der Leiter bewegt wird*, hat mich zu einem einfachen und allgemeinen Inductionsgesetz geführt, welches, soweit fremde und eigene Beobachtungen vorliegen, sich in seinen Folgerungen überall als richtig bewährt hat. Dieses Gesetz enthält den *Lenz*'schen Satz in Beziehung auf die *Richtung* des inducirten Stroms, und erlaubt in jedem einzelnen Falle, seine *Intensität* numerisch zu bestimmen. Die Auseinandersetzung desselben ist die Absicht der folgenden Abhandlung.

Der *Lenz*'sche Satz lässt sich auch so aussprechen: *die nach der Richtung der Bewegung des Leiters zerlegte Wirkung des inducirenden auf den inducirten Strom ist immer negativ.* Wir denken uns zunächst den Leiter parallel mit sich selbst bewegt, sodass alle Elemente Ds desselben die Geschwindigkeit v haben, und nehmen an, dass die nach der Richtung der Bewegung stattfindende Componente der Wirkung des inducirenden Stromes auf ein Element des bewegten Drahtes für jedes Element denselben Werth habe, welchen wir mit $C \cdot Ds$ bezeichnen wollen in dem Falle, dass das Element von einem Strome mit der Intensität $=1$ durchströmt ist. Die Summe dieser Componenten in Beziehung auf den ganzen bewegten Draht, dessen Länge λ sei, $C\lambda$ bezeichne ich durch C'. Diese Componente C' wird also, wenn der bewegte Draht von einem Strome mit der Intensität k durchströmt wird, gleich kC'. Soll dies k der inducirte Strom sein, so muss k proportional der momentanen Geschwindigkeit v oder $k = Lv$ sein, wodurch die Componente wird: $LC'v$. Nach dem *Lenz*'schen Satze ist $LC'v$ immer eine negative Grösse. Hieraus geht hervor, dass, da C' mit der Richtung der Bewegung sein Vorzeichen ändert, L eine Function von C' sein muss, und zwar eine solche, welche zu gleicher Zeit mit C' ihr Vorzeichen ändert. Die einfachste Annahme, die man in dieser Hinsicht machen kann, und die in ihren Folgerungen sich als genügend erweist, ist, dass man, wenn e einen constanten Coëfficienten bedeutet, setzt: $L = -eC'$.

Der momentane inducirte Strom erhält also den Ausdruck: $-evC'$. Dieser Strom befolgt in Beziehung auf Fortleitung und Verzweigung die bekannten *Ohm*'schen Gesetze. Wir müssen in seinem Ausdrucke also unterscheiden den Theil, welcher von dem Widerstand herrührt, und den Theil, welcher analog der elektromotorischen Kraft ist. Nennen wir l die durch die Leitungsfähigkeit dividirte Länge des Weges, welchen der inducirte Strom zu durchlaufen hat, sei es, dass dieser ganz aus dem bewegten oder zum Theil aus einem ruhenden Leiter gebildet wird, und setzen wir $e = \frac{\varepsilon}{l}$, so wird der Ausdruck für den inducirten Strom: $-\frac{\varepsilon v C'}{l}$, wo nun $-\varepsilon v C'$ seine elektromotorische Kraft bezeichnet. Da nach der Voraussetzung v und C für jedes Element des inducirten Leiters denselben Werth haben, so nimmt jedes Element einen gleichen Antheil an der Induction, d. h. in jedem Element wird eine gleiche elektromotorische Kraft inducirt, welche man erhält, wenn die ganze elektromotorische Kraft $-\varepsilon v C'$ multiplicirt wird mit $\frac{1}{\lambda} Ds$, und dies giebt: $-\varepsilon v C \cdot Ds$. Der von dieser elementaren elektromotorischen Kraft herrührende Strom ist: $\frac{-\varepsilon v C \cdot Ds}{l}$.

Bei dieser Herleitung des Ausdrucks für die elementare inducirte elektromotorische Kraft lag die Vorstellung zu Grunde, dass alle Elemente des inducirten Drahtes dasselbe v haben. Aber offenbar bleibt dieser Ausdruck ungeändert, wenn man einen grösseren oder geringeren Theil des Leiters ruhen lässt, d. h. für diesen Theil $v = 0$ macht, oder wenn man dem Leiter eine solche Gestalt giebt, dass für einen Theil desselben $C = 0$; hieraus geht hervor, dass die in dem bewegten Element inducirte elektromotorische Kraft unabhängig ist von dem Zustand der übrigen Elemente, und hieraus folgt, dass der gefundene Ausdruck für die inducirte elementare elektromotorische Kraft unabhängig ist von der Voraussetzung, dass alle Elemente des Leiters denselben Werth von v und C besitzen.

Demnach spricht sich das allgemeine Inductionsgesetz so aus: *die in einem Elemente des bewegten Drahtes inducirte elektromotorische Kraft ist gleich einer Constante ε multiplicirt mit der Geschwindigkeit des Elements und mit der nach der negativen Richtung der Bewegung zerlegten Wirkung des iuducirenden Stromes auf das Element, dieses durchströmt gedacht von einem positiven Strom mit der Intensität* $= 1$. Bezeichnet man mit $E \cdot Ds$ die elementare inducirte elektromotorische Kraft, so ist also:

(1.) $$E \cdot Ds = -\varepsilon v C \cdot Ds,$$

wo v und C im Allgemeinen Functionen der Coordinaten des Orts des Elements sind, die ihrerseits Functionen der Zeit sind.

Was die Constante ε betrifft, so haben *Faraday* und *Lenz* gezeigt, dass sie unabhängig von der Beschaffenheit des Leiters ist; ihr numerischer Werth hängt also nur von den Einheiten der Länge, der Zeit und der Stromstärke ab. Indessen giebt es Inductionserscheinungen, welche nur durch die Annahme erklärt werden zu können scheinen, dass eine momentan wirkende Ursache die elektromotorische Kraft nicht bloss momentan inducirt, sondern während einer gewissen, wenn auch äusserst kurzen Zeit, wonach ε also nicht constant, sondern eine Function der Zeit ist, die aber verschwindet, wenn ihr Argument nicht sehr klein ist. Ich werde diesen Umstand später weiter auseinandersetzen, wenn ich die hier für lineare Induction zu entwickelnden Principien auf die in bewegten Flächen und Körpern inducirten Ströme ausdehnen werde, wo sein Einfluss vorzugsweise bemerklich wird, wie dies die Theorie der *Arago*'schen Scheibe zeigen wird. Hier will ich nur bemerken, dass diese nicht momentane Induction bei Drähten ohne erheblichen Einfluss auf die Summe der elektromotorischen Kräfte ist, die während einer gewissen Zeit erregt werden, und ohne allen Einfluss, wenn die inducirende Ursache am Anfange und Ende dieser Zeit denselben Werth hat, z. B. wenn sie periodisch wirkt.

§ 2.

Ueber die Abhängigkeit des in einem linearen Leiter inducirten Stromes von den in ihm inducirten elektromotorischen Kräften.

In einem geschlossenen linearen Leiter, in welchem ich die Länge eines unbestimmten Stücks, gerechnet von einem festen Querschnitt, durch s bezeichne, werde in jedem Element zur Zeit t die elektromotorische Kraft $E \cdot Ds$ erregt, wo E eine Function von s und t ist: es soll die daraus hervorgehende Stromstärke bestimmt werden. Wäre E unabhängig von t und allein eine Function von s, so könnte diese Stromstärke sofort nach dem *Ohm*'schen Satze bestimmt werden, dass die Stromstärke in einem geschlossenen Leiter gleich ist der Summe der elektromotorischen Kräfte, dividirt durch den Leitungswiderstand, und nennen wir diesen w, so wäre die Stromstärke $\frac{1}{w}\int E \cdot Ds$, die Integration über den ganzen Leiter ausgedehnt. Dieser Satz beruht aber auf der Voraussetzung eines stationären, d. h. von der Zeit unabhängigen Zustandes der Strömung, welcher, wenn E eine Function von t ist, nicht vorhanden ist. Ich werde aber nachweisen, dass dessen ungeachtet dieser Satz angewandt werden kann, wenn sich E nur nicht äusserst rasch mit t verändert. Diese Nachweisung beruht darauf, dass der absolute Werth der Leitungsfähigkeit des erregten Leiters, welche wir mit k bezeichnen, ausserordentlich gross ist; man muss sich diese Grösse vorstellen als von der Ordnung des Quadrats der Fortpflanzungsgeschwindigkeit der Elektricität in dem Leiter; wir besitzen kein Mittel, ihren Werth näher zu begrenzen.

Die erregte elektromotorische Kraft denken wir uns als eine Folge der durch die Induction erregten elektrischen Spannung. Ich bezeichne diese zur Zeit t in Ds erregte elektrische Spannung mit U, wo U also eine Function von s und t ist. Die erregte elektromotorische Kraft ist hiernach: $-\frac{dU}{ds}Ds = E \cdot Ds$ und die in Folge dieser Erregung durch einen Querschnitt q strömende Elektricitätsmenge ist $-qk\frac{dU}{ds} = qkE$. Ich bezeichne durch u die zur Zeit t bereits vorhandene elektrische Spannung. In Folge dieser vorhandenen Spannung strömt durch einen Querschnitt q die Elektricitätsmenge $-qk\frac{du}{ds}$ und diese ertheilt dem Elemente Ds einen Zuwachs an Spannung, welcher $= qk\frac{d^2u}{ds^2}Ds$. Fände keine *erregte* Strömung statt, so würde hieraus sich ergeben:

(1.) $$\frac{du}{dt} = k\frac{d^2u}{ds^2}.$$

Die erregte Strömung qkE vermehrt aber den Zuwachs der elektrischen Spannung um $-qk\frac{dE}{ds}Ds$, sodass unter dem Einfluss der Induction die Gleichung stattfindet:

(2.) $$\frac{du}{dt} = k\left\{\frac{d^2u}{ds^2} - \frac{dE}{ds}\right\}.$$

Ist aus dieser Gleichung u bestimmt worden, so ist die einen Querschnitt q durchströmende Elektricitätsmenge oder die *Stromstärke*

$$-kq\left(\frac{du}{ds} - E\right).$$

Das vollständige Integral von (2.) besteht aus zwei Theilen, von welchen der eine das Integral von (1.) ist, der zweite von der Function E abhängt. Der erste Theil lässt sich durch eine Reihe darstellen, welche nach den negativen Potenzen von e^{kt} fortschreitet, wo e die Basis des natürlichen Logarithmensystems ist, und verschwindet wegen des grossen Werthes, den k besitzt, für irgend merkliche Werthe von t. Der zweite Theil kann durch eine Reihe dargestellt werden, die nach den negativen Potenzen von k fortschreitet, nämlich

$$u = a + bs + \int E\,ds + \frac{1}{k}\int^{3}\frac{dE}{dt}ds^3 + \frac{1}{k^2}\int^{5}\frac{d^2E}{dt^2}ds^5 + \cdots,$$

wo a und b zwei willkürliche Constanten bedeuten. Hieraus geht hervor, dass, wenn E sich nicht äusserst rasch mit der Zeit verändert, sodass sein Differentialquotient nach t einen mit k vergleichbaren Werth erhält, man setzen kann:

$$u = a + bs + \int E\,ds.$$

Ist der Leiter geschlossen und bezeichnet man seine Länge durch L, so muss für $s=0$ und für $s=L$ sowohl die Spannung u als die Stromstärke $-kq\left(\frac{du}{ds}-E\right)$ denselben Werth haben. Die zweite Bedingung erfüllt sich von selbst; die erste giebt: $a=a+bL+\int\limits_0^L E\,ds$, sodass die eine Constante a unbestimmt bleibt, und für b folgt: $b=-\frac{1}{L}\int\limits_0^L E\,ds$. Hieraus ergiebt sich die Stromstärke:

$$-qk\left(\frac{du}{ds}-E\right)=\frac{qk}{L}\int\limits_0^L E\,ds,$$

wodurch die Anwendung des *Ohm*'schen Satzes, dass die Stromstärke gleich ist der Summe der elektromotorischen Kräfte, dividirt durch den Widerstand des Weges, auch für den Fall gerechtfertigt ist, wenn die elektromotorischen Kräfte Functionen der Zeit sind. Ich habe der Einfachheit wegen die Leiter als homogen und von constantem Querschnitt vorausgesetzt: die entgegengesetzte Annahme ändert aber nichts Wesentliches an diesem Satze.

§ 3.

Der Inducent ist in Ruhe, während der lineare Leiter sich bewegt.

Aus den beiden vorhergehenden Paragraphen ergiebt sich, dass allgemein die inducirte Stromstärke ausgedrückt wird durch das Integral

(f.) $$-\varepsilon\varepsilon' \mathsf{S}\, v\,C\,Ds,$$

wo ε' den reziproken Werth des Widerstandes der Leitung bedeutet und die Summation auf den ganzen bewegten Leiter auszudehnen ist.

Die Stromstärke wird durch die Wirkung gemessen, welche der Strom in einer gewissen Zeit z. B. auf eine Magnetnadel hervorbringt. Wir nehmen an, dass der constante Coëfficient ε so bestimmt worden sei, dass der vorstehende Ausdruck die Wirkung bezeichnet, welche durch den Strom in dem Falle, dass er constant ist, in der Einheit der Zeit hervorgebracht wird. Dann ist bei variabler Stromstärke seine Wirkung während des Zeitelements dt:

(1.) $$-\varepsilon\varepsilon'\,dt \mathsf{S}\, v\,C\,Ds,$$

und seine Wirkung während des Zeitraums von t_0 bis t_1:

(2.) $$-\varepsilon\varepsilon'\int\limits_{t_0}^{t_1} dt \mathsf{S}\, v\,C\,Ds.$$

Die Summation, welche durch $\mathfrak{S}$ bezeichnet wird, ist immer für den ganzen bewegten Theil des inducirten Leiters zu nehmen.

Den Strom (1.) nenne ich den *Differentialstrom*, und den Strom (2.) den *Integralstrom*. Ich bezeichne diese Ströme respective mit D und J. Gewöhnlich ist es der Integralstrom, welcher gemessen wird; der Differentialstrom lässt sich (wenn nicht etwa sein Zeitelement gemessen wird) nur, wenn er constant ist, direct beobachten, und dann durch eine andere constante Kraft, mit welcher er ein Gleichgewicht bildet, z. B. den Erdmagnetismus, messen.

Die beiden Ausdrücke (1.) und (2.) lassen sich in eine andere Form bringen. Nennt man dw das Element des Weges w, welches von dem Drahtelement Ds während dt beschrieben wird, so ist $v = \frac{dw}{dt}$, und man erhält den Differentialstrom

$$(3.)\qquad \mathrm{D} = -\varepsilon\varepsilon' \mathfrak{S}\, C\, dw\, Ds,$$

und den Integralstrom

$$(4.)\qquad J = -\varepsilon\varepsilon' \int_{w_0}^{w_1} \mathfrak{S}\, C\, dw\, Ds,$$

wo w_0 und w_1 die Orte der Bahn w des Leiters bezeichnen, an welchen sich derselbe zu den Zeiten t_0 und t_1 befand. Hiernach kann der Differentialstrom definirt werden als der auf dem unendlich kleinen Wege dw inducirte Strom, und der Integralstrom als der, welcher auf dem ganzen Wege von w_0 bis w_1 inducirt ist. Beide Ströme sind, wie sich hieraus ergiebt, von der Geschwindigkeit unabhängig und hängen nur von der Lage und Länge des Weges ab.

Das Product $\varepsilon\, C\, dw\, Ds$ ist das *virtuelle Moment* der Kraft, welche der inducirende Strom in Bezug auf das Element Ds ausübt, wenn man sich dieses von einem Strome ε durchströmt vorstellt; ich nenne es kurzweg *das virtuelle Moment des Inducenten*. Die elektromotorische Kraft des Differentialstroms ist demnach das negative virtuelle Moment des Inducenten in Bezug auf den ganzen bewegten Leiter; die elektromotorische Kraft des Integralstroms ist die Summe dieser virtuellen Momente, welche auf dem Wege von w_0 bis w_1 erzeugt werden. Da diese Summe der virtuellen Momente zugleich das Maass der auf dem Wege von w_0 bis w_1 entwickelten lebendigen Kraft ist, so kann man auch sagen: *die elektromotorische Kraft des Integralstroms ist der Verlust an lebendiger Kraft, welchen der Inducent in dem bewegten Leiter auf dem Wege von w_0 bis w_1 hervorbringt*, den Leiter immer von dem constanten Strome ε durchströmt gedacht. Der effective Verlust an lebendiger Kraft, welchen der

Leiter durch die Induction in dem Zeitraume von t_0 bis t_1 erfährt, wenn er sich frei z. B. in Folge seiner Trägheit bewegt, ist:

$$(4\text{a.})\qquad 2\,\varepsilon\,\varepsilon'\int_{t_0}^{t_1} dt\,(\mathsf{S}\,v\,C\,Ds)^2.$$

Die drei rechtwinkligen Coordinaten des Elements Ds bezeichne ich durch x, y, z und seine Projectionen auf diese Coordinaten durch Dx, Dy, Dz. Die Projectionen des Elements dw des Weges, auf welchem Ds fortbewegt wird, seien dx, dy, dz, und die drei mit ihnen parallelen Componenten der Wirkung des Inducenten auf Ds, wenn Ds von der Einheit des Stroms durchströmt wird,

$$X_\sigma Ds, \qquad Y_\sigma Ds, \qquad Z_\sigma Ds.$$

Diese Componenten sollen positiv genannt werden, wenn ihre Richtung die positive der Coordinaten ist.

Hiernach ist:

$$C\cdot Ds = Ds\left\{X_\sigma \frac{dx}{dw} + Y_\sigma \frac{dy}{dw} + Z_\sigma \frac{dz}{dw}\right\};$$

und dieser Werth in (3.) und (4.) gesetzt giebt

$$(5.)\qquad \mathrm{D} = -\,\varepsilon\,\varepsilon'\,\mathsf{S}\,Ds\,\{X_\sigma dx + Y_\sigma dy + Z_\sigma dz\},$$

$$(6.)\qquad J = -\,\varepsilon\,\varepsilon'\int_{w_0}^{w_1}\mathsf{S}\,Ds\,\{X_\sigma dx + Y_\sigma dy + Z_\sigma dz\}.$$

Das Summenzeichen S bezieht sich immer auf das Element Ds des bewegten Leiters und $\int$ auf das Element dw des Weges, auf welchem Ds sich bewegt.

Die Verhältnisse der Projectionen $dx:dy:dz$ sind durch die Natur der Curve w gegebene Functionen von x, y, z, welche im Allgemeinen noch von s abhängen. Bewegt sich der Leiter parallel mit sich selbst, so haben dx, dy, dz für alle Elemente Ds denselben Werth, und in diesem Falle kann man schreiben:

$$(7.)\qquad J = -\,\varepsilon\,\varepsilon'\int_{w_0}^{w_1}(dx\,\mathsf{S}\,X_\sigma Ds + dy\,\mathsf{S}\,Y_\sigma Ds + dz\,\mathsf{S}\,Z_\sigma Ds).$$

Wenn die unter dem Integralzeichen $\int$ stehende Grösse das vollständige Differential einer Function von x, y, z ist, welche ich mit V bezeichnen will, sodass

$$(8.)\qquad dV = dx\,\mathsf{S}\,X_\sigma Ds + dy\,\mathsf{S}\,Y_\sigma Ds + dz\,\mathsf{S}\,Z_\sigma Ds,$$

so wird

$$J = -\varepsilon\varepsilon'(V_{w_1} - V_{w_0}). \tag{9.}$$

Setzt man $\varepsilon V = p$, wo p eine willkürliche Constante sein soll, so ist dies die Gleichung einer der Gleichgewichtsoberflächen einer Flüssigkeit von constanter Dichtigkeit ε, auf welche die drei rechwinkligen Kräfte $\mathrm{S}\, X_\sigma Ds$, $\mathrm{S}\, Y_\sigma Ds$, $\mathrm{S}\, Z_\sigma Ds$ wirken, und p der auf ihr senkrechte constante Druck, der nur von einer Oberfläche zur andern variirt. Schreibt man also statt (9.):

$$J = -\varepsilon'(p_{w_1} - p_{w_0}), \tag{10.}$$

so sieht man, dass, wenn der Leiter sich parallel mit sich selbst bewegt und die Bedingung (8.) erfüllt ist, die *elektromotorische Kraft des Integralstroms definirt ist durch die Differenz des Drucks auf den beiden Gleichgewichts-Oberflächen, welche durch die Endpunkte der Bahn des Leiters gelegt sind*, sodass dieser Integralstrom unabhängig ist von der Lage und Länge des Weges, auf welchem der Leiter von der einen Oberfläche zur andern gelangt ist.

§ 4.

Uebergang zu dem umgekehrten Fall, dass der gegebene lineare Leiter in Ruhe ist, während der Inducent sich bewegt.

In dem Ausdruck für die in dem Element Ds inducirte elektromotorische Kraft: $-\varepsilon v C \cdot Ds$ ist C die Summe der nach der Richtung der Bewegung von Ds zerlegten Kräfte, mit welchen die einzelnen Elemente des Inducenten auf die Einheit des Stroms in Ds wirken. Ich werde mit σ den Bogen des Inducenten bezeichnen, mit $D\sigma$ sein Element, und mit $c \cdot D\sigma$ die nach der Richtung der Bewegung von Ds zerlegte Wirkung, welche $D\sigma$ auf die Einheit des Stroms in Ds ausübt. Dann ist der Antheil, welchen das Element $D\sigma$ an der in Ds inducirten elektromotorischen Kraft nimmt:

$$-\varepsilon v c \cdot Ds\, D\sigma.$$

Dies ist der Ausdruck für die elementare Induction, welche zwischen dem Element des Inducenten und dem Element des bewegten Leiters stattfindet. Die doppelte Integration dieses Ausdrucks nach der ganzen Länge von s und nach der ganzen Länge von σ giebt die elektromotorische Kraft, welche der ganze Inducent in dem ganzen bewegten Leiter hervorruft. Ich werde diese Integrationen nach Ds und $D\sigma$ immer durch die Zeichen S und $\sum$ unterscheiden.

Die Betrachtungen, welche zu dem vorstehenden Ausdrucke für die elementare Induction geführt haben, gingen von der Vorstellung aus, dass der Inducent ruhe und der inducirte Leiter bewegt werde. Die Induction kann aber nur abhängig sein von der *relativen* Bewegung der Elemente. Denn man kann beiden Elementen ausser den Bewegungen, welche sie besitzen, noch eine solche gemeinschaftliche geben, dass das eine oder das andere Element in Ruhe bleibt, und diese beiden Elementen gemeinschaftliche Bewegung kann keine Induction hervorbringen, denn sonst würde auch in dem neben dem Inducenten ruhenden Leiter schon durch die Bewegung der Erde ein Strom erregt werden müssen. Es wird also dieselbe elektromotorische Kraft erregt, wenn das Element des Leiters Ds, oder das Element des Inducenten $D\sigma$ in entgegengesetzter Richtung bewegt wird. Wir wollen nun annehmen, das Element des Inducenten $D\sigma$ werde mit der Geschwindigkeit v bewegt, wo jetzt v, unabhängig von s, eine Function von σ ist. Die inducirte elektromotorische Kraft ist: $+\varepsilon v c Ds D\sigma$, wo $c Ds D\sigma$ die nach der Richtung der Bewegung von $D\sigma$ zerlegte Wirkung des Elements $D\sigma$ auf die Einheit des Stroms in Ds ist. Bezeichnen wir mit γ die nach der Richtung der Bewegung von $D\sigma$ zerlegte Gegenwirkung, welche die Einheit des Stroms in Ds auf $D\sigma$ ausübt, wo also $\gamma = -c$, so wird die inducirte elektromotorische Kraft: $-\varepsilon v \gamma Ds D\sigma$. Wenn das Integral $S\gamma Ds$, auf die ganze Länge von s ausgedehnt, durch Γ bezeichnet wird, so wird die elektromotorische Kraft, welche in dem ganzen Leiter durch die Bewegung eines Elements des Inducenten erregt wird und welche durch $E' \cdot D\sigma$ bezeichnet werden soll, folgenden Werth haben:

$$E' \cdot D\sigma = -\varepsilon v \Gamma \cdot D\sigma, \tag{1.}$$

wo Γ die nach der Richtung der Bewegung von $D\sigma$ zerlegte Wirkung des ganzen ruhenden Leiters, wenn er von der Einheit des Stroms durchströmt gedacht wird, auf das Element $D\sigma$ vorstellt.

Hieraus ergiebt sich der Werth des Differentialstroms D′, welcher in dem ruhenden Leiter durch die Bewegung des inducirenden Leiters erregt wird:

$$\mathrm{D}' = -\varepsilon\varepsilon' dt \sum v \Gamma D\sigma, \tag{2.}$$

und der Integralstrom J' wird

$$J' = -\varepsilon\varepsilon' \int_{t_0}^{t_1} dt \sum v \Gamma D\sigma. \tag{3.}$$

Wird der Weg, auf welchem $D\sigma$ fortbewegt wird, durch w und sein Element durch dw bezeichnet, dann ist

(4.) $$\mathrm{D}' = -\varepsilon\varepsilon' \sum \Gamma\, dw\, D\sigma,$$

(5.) $$J' = -\varepsilon\varepsilon' \int_{w_0}^{w_1} \sum \Gamma\, dw\, D\sigma.$$

Der für die elektromotorische Kraft in (1.) dieses Paragraphen gegebene Ausdruck fällt mit dem Ausdruck (1.) in § 1 zusammen, wenn man, mag sich der inducirende Strom im ruhenden oder bewegten Leiter befinden, $C \cdot Ds$ oder $\Gamma \cdot D\sigma$ so definirt, dass dadurch immer die nach der Richtung der Bewegung des bewegten Elements zerlegte Wirkung des ruhenden Leiters auf das bewegte Element bezeichnet wird, den inducirten Leiter von der Einheit des Stroms durchströmt gedacht. Hieraus folgt der Satz: *Wenn von zwei Leitern A und B der Leiter A sich gegen B bewegt, so wird dieselbe elektromotorische Kraft erzeugt, der inducirende Strom mag in A oder B fliessen, und die in B oder A inducirten Ströme verhalten sich umgekehrt wie die Leitungswiderstände ihrer Bahnen.* Ich werde jetzt nachweisen, dass es, wenn die Leiter A und B geschlossen sind, gleichgültig ist, ob A bewegt wird oder B in der entgegengesetzten Richtung; es wird in beiden Fällen dieselbe elektromotorische Kraft erzeugt.

Die Coordinaten eines Elements dw des Weges w, auf welchem das inducirende Element $D\sigma$ fortgeführt wird, werde ich mit ξ, η, ζ bezeichnen, und die Projectionen von dw mit $d\xi, d\eta, d\zeta$. Die drei rechtwinkligen Componenten der Wirkung, welche auf das inducirende Element $D\sigma$ von dem ruhenden Leiter s ausgeübt wird, wenn dieser von der Einheit des Stroms durchströmt wird, sollen mit $X_s D\sigma$, $Y_s D\sigma$, $Z_s D\sigma$ bezeichnet werden. Dann ist

$$\Gamma D\sigma = \left\{ X_s \frac{d\xi}{dw} + Y_s \frac{d\eta}{dw} + Z_s \frac{d\zeta}{dw} \right\} D\sigma,$$

und dieser Werth, in (4.) und (5.) substituirt, giebt:

(6.) $$\mathrm{D}' = -\varepsilon\varepsilon' \sum \{ X_s d\xi + Y_s d\eta + Z_s d\zeta \} D\sigma,$$

(7.) $$J' = -\varepsilon\varepsilon' \int_{w_0}^{w_1} \sum \{ X_s d\xi + Y_s d\eta + Z_s d\zeta \} D\sigma.$$

Es seien $x_{\prime}, y_{\prime}, z_{\prime}$ die Coordinaten des Elements Ds. Durch die Accente an den Buchstaben der Coordinaten soll hier und im Folgenden immer angedeutet werden, dass ihre Werthe, unabhängig von der Zeit, allein von dem Bogen des Leiters abhängen, also sich auf einen ruhenden Leiter beziehen, während die nicht accentuirten, z. B. ξ, η, ζ, sich auf einen bewegten Leiter beziehen, und deshalb zugleich Functionen vom Bogen und von der Zeit sind. Mit $\mathrm{R}\cdot Ds\,D\sigma$ bezeichne ich die Wirkung, welche die Einheit des Stroms in Ds auf das Element $D\sigma$ des Inducenten ausübt*). Nach dem *Ampère*'schen Gesetz hat R folgenden Werth:

$$\mathrm{R} = \frac{j}{r^2}\left\{r\frac{\partial^2 r}{\partial s\,\partial\sigma} - \frac{1}{2}\frac{\partial r}{\partial s}\cdot\frac{\partial r}{\partial\sigma}\right\}, \tag{8.}$$

wo j die Stromstärke im Leiter σ und r die Entfernung der Elemente Ds und $D\sigma$ bezeichnet, sodass:

$$r^2 = (x_, - \xi)^2 + (y_, - \eta)^2 + (z_, - \zeta)^2. \tag{9.}$$

Die drei rechtwinkligen Componenten von $\mathrm{R}\cdot Ds\,D\sigma$ nenne ich $X\cdot Ds\,D\sigma$, $Y\cdot Ds\,D\sigma$, $Z\cdot Ds\,D\sigma$, wo

$$X = -\frac{x_, - \xi}{r}\mathrm{R}, \qquad Y = -\frac{y_, - \eta}{r}\mathrm{R}, \qquad Z = -\frac{z_, - \zeta}{r}\mathrm{R},$$

und es wird demnach

$$X_s = -\mathrm{S}\frac{x_, - \xi}{r}\mathrm{R}\,Ds,$$

$$Y_s = -\mathrm{S}\frac{y_, - \eta}{r}\mathrm{R}\,Ds,$$

$$Z_s = -\mathrm{S}\frac{z_, - \zeta}{r}\mathrm{R}\,Ds.$$

Berücksichtigt man, dass

$$(x_, - \xi)\,d\xi + (y_, - \eta)\,d\eta + (z_, - \zeta)\,d\zeta = -r\,dr,$$

und also

$$X_s d\xi + Y_s d\eta + Z_s d\zeta = \mathrm{S}\,\mathrm{R}\,dr\,Ds,$$

so wird:

$$\mathrm{D}' = -\varepsilon\varepsilon'\sum\mathrm{S}\,\mathrm{R}\,dr\,Ds\,D\sigma, \tag{10.}$$

$$J' = -\varepsilon\varepsilon'\int_{r_0}^{r_1}\sum\mathrm{S}\,\mathrm{R}\,dr\,Ds\,D\sigma. \tag{11.}$$

Man muss wohl bemerken, dass in allen diesen Ausdrücken das Differentialzeichen d und das Integralzeichen $\int$ sich immer auf den Weg des bewegten Elements beziehen oder, was auf dasselbe hinauskommt, auf die Zeit; während sich die Integralzeichen S und $\sum$ auf die Bogen s und σ beziehen und die Differentiation nach diesen Bogen durch D bezeichnet wird. —

Ich nehme an, dass die Form der Leiter unverändert bleibe, alsdann erhalten wir den allgemeinsten Ausdruck für die Abhängigkeit der Coordinaten ξ, η, ζ vom Bogen σ und der Zeit, wenn wir ein neues Coordinaten-

*) Unter der Wirkung ist hier die *Anziehungs*-Kraft zu verstehen. — *C. N.*

system $\xi_{,}$, $\eta_{,}$, $\zeta_{,}$ einführen, welches sich mit dem Leiter σ zugleich bewegt. Zwischen diesem Coordinatensystem und dem der ξ, η, ζ finden die Gleichungen statt:

$$\begin{aligned} \xi &= \alpha + a\,\xi_{,} + b\,\eta_{,} + c\,\zeta_{,}, \\ \eta &= \beta + a_{,}\,\xi_{,} + b_{,}\,\eta_{,} + c_{,}\,\zeta_{,}, \\ \zeta &= \gamma + a_{,,}\xi_{,} + b_{,,}\eta_{,} + c_{,,}\zeta_{,}, \end{aligned} \tag{12.}$$

wo die neun Grössen a, b, c, $a_{,}$ etc. den bekannten Relationen der Coordinatenverwandlung genügen müssen, im übrigen aber, sowie auch α, β, γ, gegebene Functionen der Zeit sind, während $\xi_{,}$, $\eta_{,}$, $\zeta_{,}$ nur Functionen des Bogens σ sind. Man hat also z. B.

$$\begin{aligned} d\xi &= d\alpha + \xi_{,}da + \eta_{,}db + \zeta_{,}dc, \\ D\xi &= \qquad\; aD\xi_{,} + bD\eta_{,} + cD\zeta_{,}. \end{aligned}$$

Substituirt man die Werthe von ξ, η, ζ in den Ausdruck (9.) von r^2, so erhält man

$$\begin{aligned} r^2 = (x_{,}-\alpha)^2 + (y_{,}-\beta)^2 + (z_{,}-\gamma)^2 + \xi_{,}^2 + \eta_{,}^2 + \zeta_{,}^2 \\ - 2\xi_{,}(a(x_{,}-\alpha) + a_{,}(y_{,}-\beta) + a_{,,}(z_{,}-\gamma)) \\ - 2\eta_{,}(b(x_{,}-\alpha) + b_{,}(y_{,}-\beta) + b_{,,}(z_{,}-\gamma)) \\ - 2\zeta_{,}(c(x_{,}-\alpha) + c_{,}(y_{,}-\beta) + c_{,,}(z_{,}-\gamma)). \end{aligned}$$

Denselben Ausdruck für r^2 würde man erhalten haben, wenn man in

$$r^2 = (x-\xi)^2 + (y-\eta)^2 + (z-\zeta)^2$$

statt ξ, η, ζ die von der Zeit unabhängigen Coordinaten $\xi_{,}$, $\eta_{,}$, $\zeta_{,}$ gesetzt hätte und statt x, y, z die Werthe

$$\begin{aligned} x &= (x_{,}-\alpha)a + (y_{,}-\beta)a_{,} + (z_{,}-\gamma)a_{,,}, \\ y &= (x_{,}-\alpha)b + (y_{,}-\beta)b_{,} + (z_{,}-\gamma)b_{,,}, \\ z &= (x_{,}-\alpha)c + (y_{,}-\beta)c_{,} + (z_{,}-\gamma)c_{,,}, \end{aligned} \tag{13.}$$

welche dieselben sind, die man diesen Grössen zu ertheilen gehabt hätte, wenn statt des inducirenden Stromleiters der inducirte mit derselben, aber entgegengesetzten Bewegung fortgeführt worden wäre. Da nun R nach (8.) nur von r und seinen Differentialquotienten nach s und σ abhängt, und dr das Differential nach der Zeit ist, so hat $\mathrm{R}\,dr\,Ds\,D\sigma$ denselben Werth, man mag die Bewegung dem inducirenden Leiter oder dem inducirten in entgegengesetzter Richtung ertheilen. Hieraus folgt, dass, wenn in diesen beiden Fällen die Grenzen der Integration in (10.) und (11.) dieselben bleiben, die elektromotorische Kraft der Ströme D′ und J' in beiden Fällen dieselbe ist, und sie selbst sich umgekehrt wie ihre Leitungswiderstände verhalten. Die Grenzen der Integration sind aber in beiden Fällen dieselben, wenn der bewegte Leiter die ganze Bahn des in ihm fliessenden Stroms enthält, d. h. wenn die bewegten Leiter geschlossen sind.

Hieraus ergiebt sich folgender Satz:

Wenn zwei geschlossene Leiter gegeben sind, so wird dieselbe elektromotorische Kraft inducirt, welcher von beiden Leitern auch sich bewegt und in welchem von beiden auch der inducirende Strom fliesst, nur muss die Bewegung des einen Leiters die der Bewegung des andern entgegengesetzte sein. Die in dem einen oder dem andern Falle inducirten Ströme verhalten sich umgekehrt wie ihre Leitungswiderstände.

Man kann diesen Satz auch auf ungeschlossene Leiter ausdehnen, nur darf die Substitution der Bewegung des einen Leiters statt der entgegengesetzten des andern nicht die Länge des ruhenden und des bewegten verschieden machen. Dies ist nur dadurch möglich, dass ein Theil der Bahn, welche der Strom des einen Leiters durchläuft, an der Bewegung des andern Leiters Theil nimmt, wodurch der erste Leiter, d. h. so weit er ruht oder bewegt wird, zu einem ungeschlossenen wird. — Beispiele von solcherlei Anordnungen sind mehrere bekannt; unter andern gehört hierher die Anordnung, welche *Weber* in seinen Versuchen über unipolare Induction beschreibt. — Bewegt sich aber ein ungeschlossener Leiter, während der übrige Theil der Bahn, in welchem der in dem Leiter fliessende Strom strömt, ruht, und bleibt dieser Theil in Ruhe, wenn der Leiter selbst ruht, so kann statt der Bewegung dieses Leiters im Allgemeinen nicht die entgegengesetzte des andern substituirt werden, weil, je nachdem der Leiter ruht oder bewegt wird, die Grenzen der Integration in (10.) und (11.) verschieden sind. Nur dann ist diese Substitution noch erlaubt, wenn das Stück, welches die Grenzen dieser Integration erweitert, sei es in seiner Richtung oder seiner Entfernung vom Inducenten wegen, überhaupt unwirksam ist, in welchem Falle der ungeschlossene Leiter überall als ein geschlossener angesehen werden kann.

Der vorstehende Satz gilt nicht allein für zwei Leiter, sondern ebenso für zwei Systeme von Leitern.

Die Formeln (6.) und (7.) müssen sich zufolge dieses Satzes auf die Formeln (5.) und (6.) des vorigen Paragraphen reduciren, was auch leicht nachzuweisen ist. Die Formeln (6.) und (7.) sind nämlich gleichbedeutend mit denen in (10.) und (11.). Setzen wir in diese den Werth von dr, der aus der Gleichung

$$r^2 = (x-\xi_{\prime})^2 + (y-\eta_{\prime})^2 + (z-\zeta_{\prime})^2,$$

folgt, nämlich, da hier nur x, y, z von der Zeit abhängen,

$$dr = \frac{x-\xi_{\prime}}{r}dx + \frac{y-\eta_{\prime}}{r}dy + \frac{z-\zeta_{\prime}}{r}dz,$$

so erhalten wir z. B.

$$\mathrm{D}' = -\varepsilon\varepsilon' \sum \mathrm{S}\, Ds\, D\sigma\, \mathrm{R} \left\{ \frac{x-\xi_{\prime}}{r}dx + \frac{y-\eta_{\prime}}{r}dy + \frac{z-\zeta_{\prime}}{r}dz \right\},$$

und bezeichnen wir, wie im vorhergehenden Paragraphen, die Componenten der Wirkung des ganzen inducirenden Stroms σ auf das Element Ds durch $X_\sigma \cdot Ds$, $Y_\sigma \cdot Ds$, $Z_\sigma \cdot Ds$, sodass

$$X_\sigma = \sum D\sigma\, \mathrm{R} \frac{x-\xi_{\prime}}{r},$$

$$Y_\sigma = \sum D\sigma\, \mathrm{R} \frac{y-\eta_{\prime}}{r},$$

$$Z_\sigma = \sum D\sigma\, \mathrm{R} \frac{z-\zeta_{\prime}}{r},$$

so wird

$$\mathrm{D}' = -\varepsilon\varepsilon' \mathrm{S}\, Ds \{ X_\sigma dx + Y_\sigma dy + Z_\sigma dz \},$$

und also

$$J' = -\varepsilon\varepsilon' \int_{w_0}^{w_1} \mathrm{S}\, Ds \{ X_\sigma dx + Y_\sigma dy + Z_\sigma dz \},$$

welches die Formeln (5.) und (6.) des vorigen Paragraphen sind.

§ 5.

Ueber die durch einen Solenoidpol oder Magnetpol hervorgebrachte Induction.

Die im Vorigen angestellten Betrachtungen verstatten eine Anwendung auf die durch einen magnetischen Pol hervorgebrachte Induction, da man diesen nach der *Ampère*'schen Theorie als das eine Ende eines Solenoids ansehen kann, dessen anderes Ende im Unendlichen liegt. Die Betrachtung der durch einen magnetischen Pol erregten Induction giebt die Principien für die Untersuchung der durch einen Magneten inducirten Ströme und derjenigen, welche durch das Auftreten und Verschwinden des Magnetismus erregt werden, sowie sie auch auf die durch geschlossene galvanische Ströme inducirten Ströme eine Anwendung findet, da geschlossene galvanische Ströme nach einem *Ampère*'schen Satze immer in ihrer Wirkung auf einander als ein System magnetischer Pole angesehen werden können.

Wenn ein Solenoid gegen einen ruhenden Leiter bewegt wird, so hat man zur Bestimmung des Differential- oder Integralstroms die Formeln des vorigen Paragraphen anzuwenden, z. B. (2.) oder (3.), und also eine Integration nach dem Element $D\sigma$ des Stromes, welcher das Solenoid bildet, auszuführen, nachdem dies Element mit $v\Gamma$ multiplicirt ist. *Man kann aber für die Bewegung des Solenoids immer die entgegengesetzte des inducirten Leiters substituiren.* Ist dieser Leiter nämlich ein geschlossener, so ergiebt sich dies unmittelbar aus dem Satz des vorigen Paragraphen; ist er aber ein ungeschlossener, so erfüllt er doch die Bedingungen, unter welchen jener Satz auch auf ungeschlossene Leiter ausgedehnt werden darf. Denn da der inducirte Strom immer eine geschlossene Bahn haben muss, kann der ruhende inducirte Leiter nur dadurch zu einem ungeschlossenen gemacht worden sein, dass ein Theil der Bahn des inducirten Stromes mit dem Solenoid zugleich bewegt wird, mit diesem also fest verbunden ist, und daher in Ruhe bleibt, wenn statt des Solenoids der inducirte Leiter entgegengesetzt bewegt wird. — Umgekehrt kann nicht immer, wenn der inducirte Leiter eine Bewegung hat, dafür die entgegengesetzte des Solenoids substituirt werden; nur dann ist diese Substitution zulässig, wenn der bewegte Leiter ein geschlossener ist, oder der an seinem Schluss fehlende Theil mit dem Solenoid fest verbunden ist, sodass er mit diesem zugleich in Bewegung gesetzt wird. Die Substitution der entgegengesetzten Bewegung des Solenoids statt der Bewegung des inducirten Leiters, wo sie zulässig ist, scheint für die Rechnung zunächst noch keinen Vortheil zu gewähren, weil sie die Berücksichtigung aller Elemente des Solenoidstroms erforderlich macht. Ich werde jetzt aber nachweisen, dass der Inductionsstrom von der Bewegung der Elemente des Solenoidstroms unabhängig ist und, wenn der inducirte Leiter geschlossen ist, allein von der Bewegung der Solenoidpole abhängt. Ist der Leiter nicht geschlossen, so ist zu dem Ausdruck für den durch die Bewegung der Pole inducirten Strom noch ein Glied hinzuzufügen, das allein von der Bewegung der Endpunkte des Leiters um die ruhenden Solenoidpole abhängt, sei es, dass der Leiter sich wirklich bewegt oder dass seine Bewegung statt der der Solenoidpole substituirt gedacht wird.

Ich untersuche zuerst den Fall, wo ein Leiter sich unter dem Einfluss eines Solenoids bewegt; dies ist der allgemeinere Fall, da auf ihn sich immer, wie wir gesehen haben, der Fall, wo ein Solenoid in Bezug auf einen ruhenden Leiter bewegt wird, zurückführen lässt. Ich werde die Untersuchung nur für ein Solenoid durchführen, von welchem das eine Ende im Unendlichen liegt. Aus den Formeln für ein solches Solenoid ergeben sich die für ein begrenztes Solenoid von selbst.

Ich bezeichne, wie oben, die Coordinaten des Elements Ds des bewegten Leiters durch x, y, z und die Projectionen von Ds auf diese Coordinaten durch Dx, Dy, Dz. Den Weg, auf welchem Ds bewegt wird, bezeichne ich wieder durch w, sein Element durch dw und die Projectionen von dw auf die Coordinaten x, y, z durch dx, dy, dz. Der Pol des Solenoids habe die Coordinaten $\xi_{,}, \eta_{,}, \zeta_{,}$. Ich werde der Kürze wegen im Folgenden nur von dem Integralstrom sprechen, aus welchem man, wenn er unbestimmt bleibt, d. h. sich nicht auf eine geschlossene Bahn bezieht, durch eine Differentiation nach der Bahn w den Differentialstrom ableitet. Der durch die Bewegung eines Leiters unter dem Einfluss eines Solenoids inducirte Integralstrom ist nach (6.) § 3:

$$(1.)\qquad J = -\varepsilon\varepsilon' \int_{w_0}^{w_1} \mathsf{S}\, Ds\{X_\sigma dx + Y_\sigma dy + Z_\sigma dz\},$$

wo $X_\sigma Ds$, $Y_\sigma Ds$, $Z_\sigma Ds$ die mit x, y, z parallelen Componenten der Wirkung des ganzen Solenoids auf das Element Ds sind, dieses von der Stromeinheit durchströmt gedacht. Nach den *Ampère*'schen Formeln ist, wenn der eine Pol des Solenoids, wie wir voraussetzen, im Unendlichen liegt,

$$(2.)\qquad \begin{aligned} X_\sigma Ds &= \frac{\varkappa'}{r^3}\{(z-\zeta_{,})Dy - (y-\eta_{,})Dz\}, \\ Y_\sigma Ds &= \frac{\varkappa'}{r^3}\{(x-\xi_{,})Dz - (z-\zeta_{,})Dx\}, \\ Z_\sigma Ds &= \frac{\varkappa'}{r^3}\{(y-\eta_{,})Dx - (x-\xi_{,})Dy\}, \end{aligned}$$

wo

$$(3.)\qquad r^2 = (x-\xi_{,})^2 + (y-\eta_{,})^2 + (z-\zeta_{,})^2,$$

und der constante Factor $\varkappa' = \frac{1}{2}\alpha\lambda j$ ist, wenn j die Stärke des Solenoidstroms bezeichnet, λ den Querschnitt des Solenoids und α die Anzahl der Umgänge, in welchen der Strom die Einheit der Länge umkreist. Wird der Solenoidpol als magnetischer Pol betrachtet, so bezeichnet $\varkappa'$ die Quantität seines freien Magnetismus. Aus diesen Formeln leitet man bekanntlich diejenigen für ein begrenztes Solenoid ab, indem man die entsprechenden Ausdrücke für den zweiten Pol bildet und sie von den vorstehenden abzieht.

Die allgemeinste Form der Abhängigkeit der Coordinaten x, y, z von dem Bogen s und von der Zeit erhält man, wenn ein Coordinatensystem $x_{,}, y_{,}, z_{,}$ eingeführt wird, welches sich mit dem Leiter zugleich bewegt. Es sei also:

$$(4.)\qquad \begin{aligned} x &= \alpha + a\, x_{,} + b\, y_{,} + c\, z_{,}, \\ y &= \beta + a_{,} x_{,} + b_{,} y_{,} + c_{,} z_{,}, \\ z &= \gamma + a_{,,} x_{,} + b_{,,} y_{,} + c_{,,} z_{,}, \end{aligned}$$

wo α, β, γ beliebige Functionen der Zeit sind, zwischen den neun Coëfficienten $a, b, c, a_,$ etc. aber, welche gleichfalls, unabhängig von s, nur Functionen der Zeit sind, die bekannten sechs Relationen stattfinden. Die Werthe von $x_,, y_,, z_,$ dagegen sind von der Zeit unabhängig und nur Functionen des Bogens s. Die von der Zeit unabhängigen Coordinaten unterscheide ich immer, wie oben schon bemerkt wurde, durch beigesetzte Accente. Es ist demnach:

(5.)
$$\begin{aligned} dx &= d\alpha + x_, da + y_, db + z_, dc\,, \\ dy &= d\beta + x_, da_, + y_, db_, + z_, dc_,\,, \\ dz &= d\gamma + x_, da_{,,} + y_, db_{,,} + z_, dc_{,,}, \end{aligned}$$

und

(6.)
$$\begin{aligned} Dx &= a\, Dx_, + b\, Dy_, + c\, Dz_,\,, \\ Dy &= a_, Dx_, + b_, Dy_, + c_, Dz_,\,, \\ Dz &= a_{,,} Dx_, + b_{,,} Dy_, + c_{,,} Dz_,\,. \end{aligned}$$

Eliminirt man aus (5.) die Coordinaten $x_,, y_,, z_,$ mittelst der Gleichungen (4.) und führt die Grössen dL, dM, dN mit folgender Bedeutung ein:

(7.)
$$\begin{aligned} dL &= a_, da_{,,} + b_, db_{,,} + c_, dc_{,,} = -(a_{,,} da_, + b_{,,} db_, + c_{,,} dc_,), \\ dM &= a_{,,} da + b_{,,} db + c_{,,} dc = -(a\, da_{,,} + b\, db_{,,} + c\, dc_{,,}), \\ dN &= a\, da_, + b\, db_, + c\, dc_, = -(a_, da + b_, db + c_, dc), \end{aligned}$$

so erhält man z. B. $dx = d\alpha + (z - \gamma)dM - (y - \beta)dN$, was ich auf die Form $dx = d\lambda + (z - \zeta_,)dM - (y - \eta_,)dN$ bringe, wo die Grössen $d\lambda, d\mu, d\nu$ durch folgende Gleichungen bestimmt werden:

(8.)
$$\begin{aligned} d\lambda &= d\alpha + (\zeta_, - \gamma)dM - (\eta_, - \beta)dN, \\ d\mu &= d\beta + (\xi_, - \alpha)dN - (\zeta_, - \gamma)dL, \\ d\nu &= d\gamma + (\eta_, - \beta)dL - (\xi_, - \alpha)dM. \end{aligned}$$

Die Werthe von dx, dy, dz werden hiernach:

(9.)
$$\begin{aligned} dx &= d\lambda + (z - \zeta_,)dM - (y - \eta_,)dN, \\ dy &= d\mu + (x - \xi_,)dN - (z - \zeta_,)dL, \\ dz &= d\nu + (y - \eta_,)dL - (x - \xi_,)dM. \end{aligned}$$

Die durch (7.) und (8.) eingeführten Grössen haben eine einfache geometrische Bedeutung. Nämlich dL, dM, dN sind die während des Zeitelements um die Axen x, y, z beschriebenen Drehungswinkel des Leiters, und $d\lambda, d\mu, d\nu$ die mit den Coordinaten x, y, z parallelen Verrückungen, welche der Pol des Solenoids beschreiben würde, wenn er sich mit dem Leiter zugleich bewegte. Die Gleichungen (9.) setzen also die momentanen Verrückungen eines jeden Elements des bewegten Leiters aus denjenigen zusammen, welche der Pol, wenn er mit ihm verbunden wäre, erleiden würde, und aus denjenigen, welche durch die Drehungen des Leiters um den Pol entstehen.

Durch die Substitution der Werthe von dx, dy, dz aus (9.) in die Gleichung (1.) zerfällt der Ausdruck von J von selber in zwei Theile, von denen der erste allein von den Componenten der fortschreitenden Bewegung $d\lambda$, $d\mu$, $d\nu$, der andere von den Componenten der Drehung dL, dM, dN abhängt. Ich bezeichne den ersten Theil durch J_p, den zweiten durch J_d. Hat der Leiter nur eine fortschreitende Bewegung, sodass er immer mit sich parallel bleibt, so ist $J_d = 0$, und hat er nur eine um den ruhenden Solenoidpol stattfindende drehende Bewegung, so ist $J_p = 0$. Allgemein ist

$$(10.) \qquad J_p = -\varepsilon\varepsilon' \int_{w_0}^{w_1} \mathrm{S}\, Ds\, \{X_\sigma d\lambda + Y_\sigma d\mu + Z_\sigma d\nu\},$$

$$(11.) \qquad J_d = -\varepsilon\varepsilon' \int_{w_0}^{w_1} \mathrm{S}\, Ds \begin{Bmatrix} X_\sigma \{(z-\zeta_,)\, dM - (y-\eta_,)\, dN\} \\ + Y_\sigma \{(x-\xi_,)\, dN - (z-\zeta_,)\, dL\} \\ + Z_\sigma \{(y-\eta_,)\, dL - (x-\xi_,)\, dM\} \end{Bmatrix}$$

und

$$J = J_p + J_d.$$

Ich werde zuerst den Ausdruck von J_p weiter entwickeln. Ich substituire darin die Ausdrücke von X_σ, Y_σ, Z_σ aus (2.) und setze für Dx, Dy, Dz ihre Werthe aus (6.); ich ordne das Resultat nach $Dx_,$, $Dy_,$ und $Dz_,$ und gebe ihm die Form:

$$(12.) \qquad J_p = -\varepsilon\varepsilon'\varkappa' \int_{w_0}^{w_1} \mathrm{S}\,(A \cdot Dx_, + B \cdot Dy_, + C \cdot Dz_,),$$

wo

$$(13.) \qquad A = \frac{1}{r^3} \begin{Bmatrix} \{(z-\zeta_,)\, a_, - (y-\eta_,)\, a_{,,}\}\, d\lambda \\ + \{(x-\xi_,)\, a_{,,} - (z-\zeta_,)\, a\}\, d\mu \\ + \{(y-\eta_,)\, a - (x-\xi_,)\, a_,\}\, d\nu \end{Bmatrix},$$

woraus man B und C durch Vertauschung von a, $a_,$, $a_{,,}$ resp. mit b, $b_,$, $b_{,,}$ und c, $c_,$, $c_{,,}$ erhält. Es sind nun hierin die Werthe von x, y, z aus (4.) zu setzen. Dadurch wird zunächst $r^2 = (x-\xi_,)^2 + (y-\eta_,)^2 + (z-\zeta_,)^2$ in

$$(14.) \qquad r^2 = (x_, - \xi)^2 + (y_, - \eta)^2 + (z_, - \zeta)^2$$

verwandelt, wo ξ, η, ζ die Bedeutung haben:

$$(15.) \qquad \begin{aligned} \xi &= a(\xi_, - \alpha) + a_,(\eta_, - \beta) + a_{,,}(\zeta_, - \gamma), \\ \eta &= b(\xi_, - \alpha) + b_,(\eta_, - \beta) + b_{,,}(\zeta_, - \gamma), \\ \zeta &= c(\xi_, - \alpha) + c_,(\eta_, - \beta) + c_{,,}(\zeta_, - \gamma). \end{aligned}$$

Der Factor von $\frac{1}{r^3}$ in (13.) erhält folgenden Werth:

$$(16.)\quad \begin{aligned} &\{(\gamma-\zeta_{,})a_{,}-(\beta-\eta_{,})a_{,,}+y_{,}(a_{,}b_{,,}-a_{,,}b_{,})-z_{,}(a_{,,}c_{,}-a_{,}c_{,,})\}\,d\lambda\\ +&\{(\alpha-\xi_{,})a_{,,}-(\gamma-\zeta_{,})a\;+y_{,}(a_{,,}b\;-a\;b_{,,})-z_{,}(a\;c_{,,}-a_{,,}c\;)\}\,d\mu\\ +&\{(\beta-\eta_{,})a\;-(\alpha-\xi_{,})a_{,}+y_{,}(a\;b_{,}-a_{,}b\;)-z_{,}(a_{,}c\;-a\;c_{,})\}\,d\nu.\end{aligned}$$

Aus den zwischen den neun Grössen a, b, c, $a_{,}$ etc. stattfindenden Relationen folgt:

$$(17.)\quad \begin{aligned} &a_{,}b_{,,}-a_{,,}b_{,}=c\;, && a_{,,}c_{,}-a_{,}c_{,,}=b\;, && b_{,}c_{,,}-b_{,,}c_{,}=a\;,\\ &a_{,,}b\;-a\;b_{,,}=c_{,}\,, && a\;c_{,,}-a_{,,}c\;=b_{,}\,, && b_{,,}c\;-b\;c_{,,}=a_{,}\,,\\ &a\;b_{,}-a_{,}b\;=c_{,,}\,, && a_{,}c\;-a\;c_{,}=b_{,,}\,, && b\;c_{,}-b_{,}c\;=a_{,,}\,.\end{aligned}$$

In den allgemeinen Transformationsformeln der Coordinaten können die Grössen rechts auch mit dem Minuszeichen behaftet werden; wenn aber das eine System durch Bewegung des andern erhalten wird, gelten nur die Formeln (17.). Diese verwandeln den Ausdruck (16.) in folgenden:

$$\begin{aligned} &\{(\gamma-\zeta_{,})a_{,}-(\beta-\eta_{,})a_{,,}+y_{,}c\;-z_{,}b\;\}\,d\lambda\\ +&\{(\alpha-\xi_{,})a_{,,}-(\gamma-\zeta_{,})a\;+y_{,}c_{,}-z_{,}b_{,}\}\,d\mu\\ +&\{(\beta-\eta_{,})a\;-(\alpha-\xi_{,})a_{,}+y_{,}c_{,,}-z_{,}b_{,,}\}\,d\nu,\end{aligned}$$

und eliminirt man hieraus $\alpha-\xi_{,}$, $\beta-\eta_{,}$, $\gamma-\zeta_{,}$ mittelst der Gleichungen (15.) mit Benutzung von (17.), so erhält man dafür:

$$\{c(y_{,}-\eta)-b(z_{,}-\zeta)\}\,d\lambda+\{c_{,}(y_{,}-\eta)-b_{,}(z_{,}-\zeta)\}\,d\mu+\{c_{,,}(y_{,}-\eta)-b_{,,}(z_{,}-\zeta)\}\,d\nu.$$

Ich setze

$$(18.)\quad \begin{aligned} a\,d\lambda+a_{,}\,d\mu+a_{,,}\,d\nu&=dl\;,\\ b\,d\lambda+b_{,}\,d\mu+b_{,,}\,d\nu&=dm,\\ c\,d\lambda+c_{,}\,d\mu+c_{,,}\,d\nu&=dn\;,\end{aligned}$$

wodurch der vorstehende Ausdruck (13.) sich in den folgenden einfachen Ausdruck verwandelt:

$$A=\frac{1}{r^3}\{(y_{,}-\eta)\,dn-(z_{,}-\zeta)\,dm\}.$$

In gleicher Weise erhält man

$$B=\frac{1}{r^3}\{(z_{,}-\zeta)\,dl\;-(x_{,}-\xi)\,dn\},$$

$$C=\frac{1}{r^3}\{(x_{,}-\xi)\,dm-(y_{,}-\eta)\,dl\;\},$$

und diese Werthe in (12.) gesetzt geben

$$J_p=-\varepsilon\varepsilon'\varkappa'\int_{w_0}^{w_1}\mathrm{S}\frac{1}{r^3}\left\{\begin{aligned} &\{(z_{,}-\zeta)\,Dy_{,}-(y_{,}-\eta)\,Dz_{,}\}\,dl\\ +&\{(x_{,}-\xi)\,Dz_{,}-(z_{,}-\zeta)\,Dx_{,}\}\,dm\\ +&\{(y_{,}-\eta)\,Dx_{,}-(x_{,}-\xi)\,Dy_{,}\}\,dn\end{aligned}\right\}.$$

Nun sind nach (8.) $d\lambda$, $d\mu$, $d\nu$ die elementaren Verrückungen, welche der Pol parallel mit x, y, z erführe, wenn er mit dem Leiter s fest verbunden und mit ihm zugleich bewegt würde. Hieraus folgt, dass dl, dm, dn die Verrückungen bezeichnen, welche der Pol, wenn er gleichzeitig mit dem Leiter bewegt wird, parallel mit den Coordinatenaxen $x_,$, $y_,$, $z_,$ erfährt, oder die Projectionen des Weges, welchen er in einem Zeitelement beschreibt, auf diese Coordinatenaxen. Nach (15.) sind ξ, η, ζ die Coordinaten des Pols, parallel mit $x_,$, $y_,$, $z_,$, wenn der Pol nicht in der eben bezeichneten Richtung, sondern in der entgegengesetzten bewegt wird. Also sind dl, dm, dn die negativen Veränderungen, welche ξ, η, ζ erleiden, wenn in ihren Ausdrücken die Zeit um ein Element wächst, oder es ist

$$dl = -d\xi, \qquad dm = -d\eta, \qquad dn = -d\zeta.$$

Diese Gleichungen lassen sich übrigens auch direct aus den Gleichungen (15.) und (8.) ableiten. Demnach verwandelt sich der vorstehende Ausdruck von J_p in folgenden:

$$(19.) \qquad J_p = -\varepsilon\varepsilon'\varkappa' \int_{w_0}^{w_1} \mathrm{S}\frac{1}{r^3} \left\{ \begin{array}{l} \{(y_, - \eta) Dz_, - (z_, - \zeta) Dy_,\} d\xi \\ + \{(z_, - \zeta) Dx_, - (x_, - \xi) Dz_,\} d\eta \\ + \{(x_, - \xi) Dy_, - (y_, - \eta) Dx_,\} d\zeta \end{array} \right\}.$$

Bezeichnet man mit X_p, Y_p, Z_p die Componenten der Wirkung des ganzen ruhenden Leiters auf den Solenoidpol, d. h. setzt man

$$(20.) \qquad \begin{aligned} X_p &= \mathrm{S}\frac{1}{r^3}\{(y_, - \eta) Dz_, - (z_, - \zeta) Dy_,\}, \\ Y_p &= \mathrm{S}\frac{1}{r^3}\{(z_, - \zeta) Dx_, - (x_, - \xi) Dz_,\}, \\ Z_p &= \mathrm{S}\frac{1}{r^3}\{(x_, - \xi) Dy_, - (y_, - \eta) Dx_,\}, \end{aligned}$$

so wird

$$(21.) \qquad J_p = -\varepsilon\varepsilon'\varkappa' \int_{w_0}^{w_1} \{X_p d\xi + Y_p d\eta + Z_p d\zeta\},$$

und der dem Strome J_p angehörige Differentialstrom, welchen ich durch D_p bezeichne, ist

$$(22.) \qquad \mathrm{D}_p = -\varepsilon\varepsilon'\varkappa' \{X_p d\xi + Y_p d\eta + Z_p d\zeta\}.$$

Aus der ganzen vorstehenden Untersuchung ergiebt sich nun Folgendes. Die Bewegung eines Leiters unter dem Einfluss eines Solenoidpols kann zusammengesetzt gedacht werden: 1) aus einer allen seinen Elementen gemeinschaftlichen Bewegung und zwar derjenigen, welche der Pol haben würde, wenn er sich mit dem Leiter zugleich und mit ihm fest verbunden bewegte;

2) aus einer um den ruhenden Pol stattfindenden Drehung. *Der Theil des ganzen Inductionsstroms, welcher durch den ersten Theil der Bewegung des Leiters hervorgerufen wird, wo derselbe nur parallel mit sich selbst fortschreitet, ist derselbe, der erregt wird, wenn der Leiter ruht und der Pol sich in entgegengesetzter Richtung bewegt, ferner die elektromotorische Kraft des erregten Differentialstroms gleichgesetzt wird der Geschwindigkeit des Pols multiplicirt mit der negativen in der Richtung der Bewegung des Pols gemessenen Wirkung des Leiters auf den Pol, die Stromstärke im ruhenden Leiter* $= \varepsilon$ *gesetzt.*

Man darf jedoch aus diesem Satz für sich noch nicht schliessen, dass die Substitution der Bewegung des Pols statt der parallel fortschreitenden Bewegung des Leiters *experimentell* zulässig ist, wiewohl sich dies unter einer einschränkenden Bedingung sofort aus dem folgenden Paragraphen ergeben wird.

Was nun den zweiten Theil der ganzen Induction des unter dem Einfluss eines Pols bewegten Leiters betrifft, der aus seiner drehenden Bewegung entsteht, und dessen Integralwerth wir mit J_d bezeichnet haben, dessen Differentialwerth also mit D_d zu bezeichnen ist, so nimmt sein Ausdruck in (11.), wenn er nach dL, dM, dN geordnet wird, die Form an:

$$(23.)\qquad J_d = -\varepsilon\varepsilon'\int \mathrm{S}\, Ds \left\{\begin{array}{l} \{Z_\sigma(y-\eta_{,}) - Y_\sigma(z-\zeta_{,})\}\, dL \\ + \{X_\sigma(z-\zeta_{,}) - Z_\sigma(x-\xi_{,})\}\, dM \\ + \{Y_\sigma(x-\xi_{,}) - X_\sigma(y-\eta_{,})\}\, dN \end{array}\right\}.$$

Betrachten wir zuerst den von dL abhängigen Theil

$$-\varepsilon\varepsilon'\int \mathrm{S}\, \{Z_\sigma(y-\eta_{,}) - Y_\sigma(z-\zeta_{,})\}\, dL\, Ds,$$

und setzen darin die Werthe von Z_σ und Y_σ aus (2.), so wird derselbe:

$$-\varepsilon\varepsilon'\varkappa'\int \mathrm{S}\, \frac{1}{r^3} \left\{\begin{array}{l} \{(x-\xi_{,})^2 + (y-\eta_{,})^2 + (z-\zeta_{,})^2\}\, Dx \\ -(x-\xi_{,})\,\{(x-\xi_{,})\, Dx + (y-\eta_{,})\, Dy + (z-\zeta_{,})\, Dz\} \end{array}\right\} dL.$$

Die in dL multiplicirte Grösse unter dem Integralzeichen S, welches sich auf den Bogen s bezieht, ist das vollständige Differential von $\frac{x-\xi_{,}}{r}$ nach dem Bogen s. Bezeichnet man die Differenz der Werthe, welche $\frac{x-\xi_{,}}{r}$ für die Endpunkte des Bogens s annimmt, durch $\left[\frac{x-\xi_{,}}{r}\right]$, so verwandelt sich der vorstehende Ausdruck in

$$-\varepsilon\varepsilon'\varkappa'\int \left[\frac{x-\xi_{,}}{r}\right] dL.$$

Bedient man sich immer derselben Klammern zur Bezeichnung der Differenz der auf die Endpunkte des Bogens sich beziehenden Werthe, und braucht man für die von dM und dN abhängigen Glieder in (23.) eine ähnliche Reduction, so erhält man

$$J_d = -\varepsilon\varepsilon'\varkappa'\int\left[\frac{x-\xi_{\prime}}{r}\,dL+\frac{y-\eta_{\prime}}{r}\,dM+\frac{z-\zeta_{\prime}}{r}\,dN\right], \tag{24.}$$

und also

$$\mathrm{D}_d = -\varepsilon\varepsilon'\varkappa'\left[\frac{x-\xi_{\prime}}{r}\,dL+\frac{y-\eta_{\prime}}{r}\,dM+\frac{z-\zeta_{\prime}}{r}\,dN\right]. \tag{25.}$$

Wenn der Bogen des Leiters s geschlossen ist, so verschwindet der in die Klammern eingeschlossene Ausdruck, weil die Endpunkte des Bogens s zusammenfallen, und es wird demnach $\mathrm{D}_d = 0$. Hieraus ergeben sich folgende Sätze:

I. *Wenn der Leiter, welcher unter dem Einfluss eines Solenoidpols bewegt wird, eine geschlossene Curve bildet, so verschwindet der von seiner Drehung herrührende Antheil des inducirten Stroms, und es wird dann derselbe Strom inducirt, als hätte der Leiter nur eine fortschreitende Bewegung, in welcher er parallel mit sich selbst bleibt, und zwar diejenige, welche der Pol haben würde, wenn er sich zugleich mit dem Leiter und mit ihm fest verbunden bewegte.*

Diese fortschreitende Bewegung verschwindet, wenn der Leiter nur eine drehende Bewegung, und zwar um eine durch den Pol selbst gehende Axe hat. Hieraus ergiebt sich:

II. *In einem geschlossenen Leiter, der sich um eine Axe dreht, in welcher der Pol eines Solenoids liegt, wird durch diesen Pol kein Strom inducirt.* Dasselbe gilt, wenn in der Drehungsaxe mehrere Pole liegen. Daraus folgt:

III. *In einem geschlossenen Leiter, der sich um die Axe eines begrenzten Solenoids dreht, wird durch das Solenoid kein Strom inducirt.*

IV. *In einem ungeschlossenen Leiter, der sich unter dem Einfluss eines Solenoidpols bewegt, rührt ein Theil des inducirten Stroms von der drehenden Bewegung des Leiters her; dieser Theil ist aber von der Gestalt des Leiters unabhängig, und allein durch die Bewegung seiner Endpunkte bestimmt.*

Bezeichnet man mit $d\psi$ das Element des Drehungswinkels, welches während eines Zeitelements beschrieben wird, sodass $d\psi = \sqrt{dL^2+dM^2+dN^2}$, und nennt l, m, n die Winkel, welche die Drehungsaxe mit den Coordinaten x, y, z bildet, sodass $dL = \cos l\,d\psi$, $dM = \cos m\,d\psi$, $dN = \cos n\,d\psi$, so verwandelt sich die Formel (25.) in die folgende:

$$\mathrm{D}_d = -\varepsilon\varepsilon'\varkappa'\left[\frac{x-\xi_{\prime}}{r}\cos l+\frac{y-\eta_{\prime}}{r}\cos m+\frac{z-\zeta_{\prime}}{r}\cos n\right]d\psi. \tag{26.}$$

Der Differentialstrom ist also gleich dem Producte aus $-\varepsilon\varepsilon'\varkappa'$ und dem Elemente $d\psi$ des Drehungswinkels, multiplicirt mit der Differenz der Cosinus der Winkel, welche die Drehungsaxe mit den beiden von dem ruhenden Pole nach den bewegten Endpunkten des Bogen s gezogenen Linien bildet.

Man kann die Ausdrücke in (24.), (25.) und (26.) auch noch dadurch transformiren, dass der Leiter mit seinen Endpunkten ruhend und der Pol bewegt gedacht wird. Zu dem Ende nenne man $dL_{,}$, $dM_{,}$, $dN_{,}$ die elementaren Drehungswinkel um die Axen der Coordinaten $x_{,}$, $y_{,}$, $z_{,}$, sodass

$$dL = a\, dL_{,} + b\, dM_{,} + c\, dN_{,},$$
$$dM = a_{,}\, dL_{,} + b_{,}\, dM_{,} + c_{,}\, dN_{,},$$
$$dN = a_{,,} dL_{,} + b_{,,} dM_{,} + c_{,,} dN_{,}.$$

Setzt man diese Werthe in (24.), (25.) und zugleich statt x, y, z ihre Werthe aus (4.), und drückt die Grössen $\xi_{,}$, $\eta_{,}$, $\zeta_{,}$ mittelst (15.) durch ξ, η, ζ aus, so ergiebt sich

(27.) $$\mathrm{D}_d = -\varepsilon\varepsilon'\varkappa'\left[\frac{x_{,}-\xi}{r}\,dL_{,} + \frac{y_{,}-\eta}{r}\,dM_{,} + \frac{z_{,}-\zeta}{r}\,dN_{,}\right],$$

(28.) $$J_d = -\varepsilon\varepsilon'\varkappa'\int\left[\frac{x_{,}-\xi}{r}\,dL_{,} + \frac{y_{,}-\eta}{r}\,dM_{,} + \frac{z_{,}-\zeta}{r}\,dN_{,}\right],$$

oder wenn $dL_{,} = \cos l'\, d\psi$, $dM_{,} = \cos m'\, d\psi$, $dN_{,} = \cos n'\, d\psi$ substituirt wird,

(29.) $$\mathrm{D}_d = -\varepsilon\varepsilon'\varkappa'\left[\frac{x_{,}-\xi}{r}\cos l' + \frac{y_{,}-\eta}{r}\cos m' + \frac{z_{,}-\zeta}{r}\cos n'\right]d\psi.$$

Der Differentialstrom D_d ist also gleich dem Producte aus $-\varepsilon\varepsilon'\varkappa' d\psi$ und der Differenz der Cosinus der Winkel, welche die Drehungsaxe mit den beiden Linien bildet, welche von den Endpunkten des Leiters nach dem Pol gezogen werden, wenn man den Leiter mit seinen Endpunkten ruhen lässt und dem Pole die entgegengesetzte Bewegung von derjenigen giebt, welche er bei einer festen Verbindung mit dem bewegten Leiter gehabt haben würde.

§ 6.

Fortsetzung. Ueber die sogenannte unipolare Induction.

Im vorigen Paragraphen wurden die allgemeinen Formeln für die Werthe des Inductionsstroms entwickelt, welcher erregt wird, wenn ein Leiter sich unter dem Einfluss eines Pols bewegt. Die Nachweisung, dass statt der Bewegung des Leiters immer die entgegengesetzte des Pols substituirt werden und er selbst als ruhend angesehen werden kann, hat zunächst nur eine analytische Bedeutung, d. h. sie gewährt zunächst nur den Rechnungsvortheil, dass der von der Bewegung der einzelnen Elemente des Leiters abhängige Werth des Inductionsstroms dadurch von der blossen Bewegung eines Punktes abhängig gemacht wird. Aber es lässt sich leicht nachweisen, dass die Substitution der entgegengesetzten Bewegung des Leiters auch experimentell zulässig ist.

Wenn nämlich ein Solenoidstrom sich gegen einen ruhenden Leiter bewegt, so wird nach § 4 derselbe Strom inducirt, wie wenn der Solenoidstrom ruht und dem Leiter die entgegengesetzte Bewegung ertheilt wird. Es kann also die entgegengesetzte Bewegung des Leiters statt der Bewegung des Solenoids experimentell substituirt werden. Nach der Bemerkung im Eingange des § 5 ist diese Substitution zulässig, der Leiter mag eine geschlossene Curve bilden oder nicht. Nun kann die substituirte Bewegung des Leiters in dem Fall, dass der eine Pol des Solenoids im Unendlichen liegt, analytisch wieder durch die ihr entgegengesetzte Bewegung, welche man dem im Endlichen liegenden Pol des Solenoids ertheilt, ersetzt werden. Diese Bewegung des Pols ist aber dieselbe, die er ursprünglich wirklich besass. Hieraus geht aber dreierlei hervor:

1) dass die Induction, welche durch ein bewegtes Solenoid hervorgebracht wird, allein von der Bewegung der Pole abhängt;

2) dass die *analytische* Substitution der entgegengesetzten Bewegung des Pols statt der Bewegung des Leiters, zu welcher der vorige Paragraph führte, auch *experimentell* zulässig ist, wenn die Anordnung getroffen ist, dass dadurch die Länge des inducirten Leiters keine Aenderung erleidet;

3) dass die Werthe der durch die Bewegung eines Solenoidpols in einem ruhenden Leiter inducirten Ströme durch die Formeln (21.), (22.), (27.), (28.), (29.) des vorigen Paragraphen ausgedrückt sind.

Aus dem zuletzt Bemerkten ergiebt sich, dass, wenn ein Solenoidpol in Bezug auf einen ruhenden Leiter bewegt wird, in seiner Bewegung, obwohl er nur als ein Punkt betrachtet wird, doch die fortschreitende und die drehende unterschieden werden muss. Die Werthe des ganzen inducirten Stroms sollen, ähnlich wie oben, durch D' und J', und die Werthe der Theile, die von der fortschreitenden und von der drehenden Bewegung der Pole herrühren, durch D'_p, J'_p und durch D'_d, J'_d bezeichnet werden, sodass $\mathrm{D}' = \mathrm{D}'_p + \mathrm{D}'_d$ und $J' = J'_p + J'_d$. Die mit der Zeit variabeln Coordinaten des Pols seien ξ, η, ζ; er bewege sich auf der Curve w, deren Element dw die Projectionen $d\xi$, $d\eta$, $d\zeta$ habe. Die mit den Coordinaten parallelen Componenten der Wirkung, welche der ganze ruhende Leiter, durchströmt von der Einheit des Stroms, auf den Pol ausübt, seien X_p, Y_p, Z_p. Dann ist nach (21.) und (22.) des vorigen Paragraphen:

$$\text{(1.)} \qquad D'_p = -\varepsilon\varepsilon'\varkappa'\{X_p d\xi + Y_p d\eta + Z_p d\zeta\},$$

$$\text{(2.)} \qquad J'_p = -\varepsilon\varepsilon'\varkappa'\int\{X_p d\xi + Y_p d\eta + Z_p d\zeta\}.$$

Dies sind die Werthe des durch die fortschreitende Bewegung des Pols inducirten Stroms. Erleidet der Pol nun aber auf seiner Bahn noch eine Drehung um sich selbst, so entsteht ein zweiter Strom, dessen Werthe mit D'_d und J'_d bezeichnet werden, je nachdem der Differentialstrom oder Integralstrom gemeint ist. Es bilde die Drehungsaxe mit den Coordinaten ξ, η, ζ die Winkel l', m', n', und der elementare Drehungswinkel sei $d\psi$, dann ist nach (29.) des vorigen Paragraphen:

$$\text{(3.)} \qquad D'_d = -\varepsilon\varepsilon'\varkappa'\left[\frac{x_{,}-\xi}{r}\cos l' + \frac{y_{,}-\eta}{r}\cos m' + \frac{z_{,}-\zeta}{r}\cos n'\right]d\psi,$$

$$\text{(4.)} \qquad J'_d = -\varepsilon\varepsilon'\varkappa'\int\left[\frac{x_{,}-\xi}{r}\cos l' + \frac{y_{,}-\eta}{r}\cos m' + \frac{z_{,}-\zeta}{r}\cos n'\right]d\psi,$$

wo durch die eckigen Klammern immer die Differenz je zweier Werthe bezeichnet wird, welche sich auf den Anfangspunkt und Endpunkt des inducirten Leiters beziehen.

Die Ausdrücke D'_d und J'_d sind immer $= 0$, wenn der Leiter eine geschlossene Curve bildet. Hieraus folgt:

Wenn ein Solenoidpol sich gegen einen ruhenden Leiter, welcher eine geschlossene Curve bildet, bewegt, so hängt sein Inductionsstrom allein von seiner fortschreitenden Bewegung ab. Ferner:

Ein Pol, welcher keine fortschreitende Bewegung besitzt, inducirt in einem geschlossenen Leiter keinen Strom. Ferner:

Ein Pol inducirt in einem nicht geschlossenen Leiter einen Strom, ohne seinen Ort zu verlassen, allein durch seine Drehung um sich selbst.

In dem letzten Satze liegt der Aufschluss über alle die Inductionserscheinungen, welche durch die Drehung eines Magneten um seine Axe hervorgebracht werden, über diejenigen z. B., denen *Weber* den Namen *unipolare Induction* gegeben hat.

§ 7.

Ueber die durch einen Magneten hervorgebrachte Induction.

Ich werde jetzt die Resultate der vorhergehenden Paragraphen zur Bestimmung der Inductionsströme, welche durch Magnete erregt werden, anwenden. Dieser Anwendung liegt die Ansicht der *Ampère*'schen Theorie zum Grunde, dass ein Magnet ein System von unendlich vielen unendlich kleinen Solenoiden ist. In der Terminologie der Theorie des Magnetismus wird ein unendlich kleines Solenoid als magnetisches Atom bezeichnet; beide Ausdrücke betrachte ich als gleich.

Ich bestimme zunächst den Inductionsstrom, welcher durch ein sehr kleines Solenoid in einem Leiter erregt wird, der sich gegen das ruhende Solenoid bewegt. Der Bogen des Leiters ist s, sein Element Ds hat die Coordinaten x, y, z; es bewegt sich auf der Curve w, deren Element dw die Projectionen dx, dy, dz hat. Die Coordinaten *des* Pols des Solenoids, welcher, wenn es beweglich wäre, sich nach Süden richten würde, sind $\xi_{,}, \eta_{,}, \zeta_{,}$, und die Coordinaten des andern Pols: $\xi_{,}+\alpha, \eta_{,}+\beta, \zeta_{,}+\gamma$, wo α, β, γ so kleine Werthe besitzen, dass in der Entwickelung einer Function von $\xi_{,}, \eta_{,}, \zeta_{,}$ nach der *Taylor*'schen Reihe ihre höheren Potenzen vernachlässigt werden können. Die Intensität der Pole $\xi_{,}, \eta_{,}, \zeta_{,}$ und $\xi_{,}+\alpha, \eta_{,}+\beta, \zeta_{,}+\gamma$ wird durch $\varkappa'$ und $-\varkappa'$ bezeichnet; in der Theorie des Magnetismus heisst $\varkappa'$ und $-\varkappa'$ die Quantität des freien nördlichen und südlichen Magnetismus des magnetischen Atoms. Ich werde der Kürze wegen im Folgenden immer nur die Ausdrücke für den Integralstrom angeben, aus welchen sich durch eine Differentiation die des Differentialstroms ergeben.

Nach (1.) § 5 ist der in dem Leiter durch den Pol $(\xi_{,}, \eta_{,}, \zeta_{,})$ inducirte Integralstrom

$$(1.)\qquad J = -\varepsilon\varepsilon' \int_{w_0}^{w_1} \mathsf{S}\, Ds\,\{X_\sigma dx + Y_\sigma dy + Z_\sigma dz\},$$

wo $X_\sigma Ds$, $Y_\sigma Ds$, $Z_\sigma Ds$ die mit x, y, z parallelen Componenten der Wirkung bezeichnen, welche der Pol $(\xi_{,}, \eta_{,}, \zeta_{,})$ auf die Einheit des Stroms in Ds ausübt. Die Werthe dieser Grössen sind in (2.) § 5 angegeben. Setzt man im vorstehenden Ausdruck $\xi_{,}+\alpha, \eta_{,}+\beta, \zeta_{,}+\gamma$ statt $\xi_{,}, \eta_{,}, \zeta_{,}$ und giebt ihm das entgegengesetzte Vorzeichen, so erhält man den von dem zweiten Pol des Solenoids inducirten Strom. Die Summe beider Ströme, welche ich durch $J^{(a)}$ bezeichne, ist der Inductionsstrom des magnetischen Atoms. Entwickelt man diese Summe nach der *Taylor*'schen Reihe und berücksichtigt nur die ersten Potenzen von α, β, γ, so ergiebt sich

$$(2.)\qquad J^{(a)} = + \frac{\varepsilon\varepsilon'}{\varkappa'} \int_{w_0}^{w_1} \mathrm{S}\, Ds \left\{ \begin{array}{l} \left(a \frac{\partial X_\sigma}{\partial \xi_,} + b \frac{\partial X_\sigma}{\partial \eta_,} + c \frac{\partial X_\sigma}{\partial \zeta_,}\right) dx \\ + \left(a \frac{\partial Y_\sigma}{\partial \xi_,} + b \frac{\partial Y_\sigma}{\partial \eta_,} + c \frac{\partial Y_\sigma}{\partial \zeta_,}\right) dy \\ + \left(a \frac{\partial Z_\sigma}{\partial \xi_,} + b \frac{\partial Z_\sigma}{\partial \eta_,} + c \frac{\partial Z_\sigma}{\partial \zeta_,}\right) dz \end{array} \right\},$$

wo $a = \varkappa'\alpha$, $b = \varkappa'\beta$, $c = \varkappa'\gamma$ gesetzt ist, und die partielle Differentiation durch die Characteristik ∂ bezeichnet wird. Der gemeinschaftliche Divisor $\varkappa'$ vor dem Integralzeichen fällt bei Einführung der Werthe von X_σ, Y_σ, Z_σ, welche den gemeinschaftlichen Factor $\varkappa'$ haben, fort. Die Grössen a, b, c heissen nach der von *Gauss* eingeführten Benennung die magnetischen Momente des Atomes.

Ich beschreibe um $\xi_,$, $\eta_,$, $\zeta_,$ einen kleinen Raum Dv, der jedoch viele magnetische Atome enthält, und bezeichne mit $J^{(e)}$ die Summe aller von denselben erregten Inductionsströme. Durch a', b', c' bezeichne ich das arithmetische Mittel der Werthe von a, b, c, welche den verschiedenen in Dv enthaltenen Solenoiden angehören, und mit nDv die Anzahl dieser Solenoide: dann erhält man jene Summe $J^{(e)}$ bis auf Grössen zweiter Ordnung, die vernachlässigt werden müssen, wenn man statt a, b, c in (2.) a', b', c' setzt und das Glied rechter Hand mit nDv multiplicirt. Ich setze statt na', nb', nc' respective α', β', γ'. Es sind dies die drei magnetischen Momente des in der Raumeinheit befindlichen Magnetismus, wenn in dieser eine gleichförmige Vertheilung von magnetischen Atomen in der nämlichen Dichtigkeit wie in Dv stattfindet, und die magnetischen Momente eines jeden derselben denselben Werth haben als die arithmetischen Mittel der Momente der Atome in Dv. Demnach wird der Inductionsstrom, welcher durch das Element Dv erregt wird:

$$(3.)\qquad J^{(e)} = \frac{\varepsilon\varepsilon'}{\varkappa'} \int_{w_0}^{w_1} \mathrm{S} \left\{ \begin{array}{l} \left(\alpha' \frac{\partial X_\sigma}{\partial \xi_,} + \beta' \frac{\partial X_\sigma}{\partial \eta_,} + \gamma' \frac{\partial X_\sigma}{\partial \zeta_,}\right) dx \\ + \left(\alpha' \frac{\partial Y_\sigma}{\partial \xi_,} + \beta' \frac{\partial Y_\sigma}{\partial \eta_,} + \gamma' \frac{\partial Y_\sigma}{\partial \zeta_,}\right) dy \\ + \left(\alpha' \frac{\partial Z_\sigma}{\partial \xi_,} + \beta' \frac{\partial Z_\sigma}{\partial \eta_,} + \gamma' \frac{\partial Z_\sigma}{\partial \zeta_,}\right) dz \end{array} \right\} Ds\, Dv\,.$$

Die Summation dieses Ausdrucks in Bezug auf Dv, auf den ganzen Magneten ausgedehnt, giebt den ganzen von ihm inducirten Integralstrom, welchen ich mit $J^{(m)}$ bezeichne. Die magnetischen Momente α', β', γ' sind in diesem Ausdrucke als stetige Functionen der Coordinaten $\xi_,$, $\eta_,$, $\zeta_,$ des Elements Dv zu betrachten, wodurch sich wegen der Kleinheit von Dv die Summe nach Dv in ein dreifaches Integral verwandelt, welches, ausgedehnt auf den ganzen Magneten, durch $\sum$ bezeichnet werden soll. Diese *dreifache Integration,* werde ich zeigen, *kann immer durch eine doppelte nach der Oberfläche des Magneten ersetzt werden.*

Ich setze aus (2.) § 5 die Werthe für X_σ, Y_σ, Z_σ, und zwar in folgender Form:

$$
\begin{aligned}
X_\sigma Ds &= \varkappa' \left\{ \frac{\partial \frac{1}{r}}{\partial \xi_,} Dy - \frac{\partial \frac{1}{r}}{\partial \eta_,} Dz \right\}, \\
Y_\sigma Ds &= \varkappa' \left\{ \frac{\partial \frac{1}{r}}{\partial \xi_,} Dz - \frac{\partial \frac{1}{r}}{\partial \zeta_,} Dx \right\}, \qquad (4.) \\
Z_\sigma Ds &= \varkappa' \left\{ \frac{\partial \frac{1}{r}}{\partial \eta_,} Dx - \frac{\partial \frac{1}{r}}{\partial \xi_,} Dy \right\},
\end{aligned}
$$

wo

$$r^2 = (x - \xi_,)^2 + (y - \eta_,)^2 + (z - \zeta_,)^2.$$

Setzt man der Kürze wegen

$$P = \alpha' \frac{\partial \frac{1}{r}}{\partial \xi_,} + \beta' \frac{\partial \frac{1}{r}}{\partial \eta_,} + \gamma' \frac{\partial \frac{1}{r}}{\partial \zeta_,},$$

so ergiebt sich aus (3.):

$$
(5.) \qquad J^{(e)} = \varepsilon \varepsilon' \int_{w_0}^{w_1} \mathrm{S} \left\{ \begin{array}{l} (dy\, Dz - dz\, Dy) \frac{\partial P}{\partial \xi_,} \\ + (dz\, Dx - dx\, Dz) \frac{\partial P}{\partial \eta_,} \\ + (dx\, Dy - dy\, Dx) \frac{\partial P}{\partial \zeta_,} \end{array} \right\} Dv.
$$

Ich setze $Dv = D\xi_, D\eta_, D\zeta_,$ und führe eine Grösse Q ein, welche durch die Gleichung

$$
(6.) \qquad Q = \sum \left\{ \alpha' \frac{\partial \frac{1}{r}}{\partial \xi_,} + \beta' \frac{\partial \frac{1}{r}}{\partial \eta_,} + \gamma' \frac{\partial \frac{1}{r}}{\partial \zeta_,} \right\} D\xi_, D\eta_, D\zeta_,
$$

definirt wird. Man erhält dann, wenn man in (5.) statt der partiellen Differentialquotienten nach $\xi_,$, $\eta_,$, $\zeta_,$ die negativen nach x, y, z setzt,

$$
(7.) \qquad J^{(m)} = -\varepsilon \varepsilon' \int_{w_0}^{w_1} \mathrm{S} \left\{ \begin{array}{l} (dy\, Dz - dz\, Dy) \frac{\partial Q}{\partial x} \\ + (dz\, Dx - dx\, Dz) \frac{\partial Q}{\partial y} \\ + (dx\, Dy - dy\, Dx) \frac{\partial Q}{\partial z} \end{array} \right\}.
$$

Wenn durch $X_m Ds$, $Y_m Ds$, $Z_m Ds$ die Componenten der Wirkung bezeichnet werden, welche der ganze Magnet auf die Einheit des Stroms in Ds ausübt, sodass

$$(8.)\quad \begin{aligned} X_m Ds &= \frac{\partial Q}{\partial z} Dy - \frac{\partial Q}{\partial y} Dz, \\ Y_m Ds &= \frac{\partial Q}{\partial x} Dz - \frac{\partial Q}{\partial z} Dx, \\ Z_m Ds &= \frac{\partial Q}{\partial y} Dx - \frac{\partial Q}{\partial x} Dy, \end{aligned}$$

so kann man statt (7.) schreiben:

$$(9.)\quad J^{(m)} = -\varepsilon\varepsilon' \int_{w_0}^{w_1} \mathfrak{S} Ds \{X_m dx + Y_m dy + Z_m dz\}.$$

Die Grösse Q nenne ich das in Bezug auf einen in dem Punkte (x, y, z) befindlichen Pol stattfindende *Potential* des Magneten, dessen partielle Differentialquotienten nach x, y, z die Componenten der Wirkung des Magneten auf diesen Pol sind. Von solchem Potential hat *Gauss* gezeigt, dass es in Bezug auf einen ausserhalb des Magneten liegenden Pol immer durch ein Potential der Oberfläche des Magneten ersetzt werden kann, und dass die entsprechende auf dieser Oberfläche anzunehmende Vertheilung des Magnetismus vollkommen bestimmt und nur auf eine einzige Art möglich ist. Nennen wir $\varkappa$ die Dicke, welche man der magnetischen Oberfläche ertheilen muss, $D\omega$ das Element der Oberfläche, so ist

$$(10.)\quad Q = \sum \frac{\varkappa D\omega}{r},$$

wo durch $\sum$ die Integration nach der ganzen Oberfläche bezeichnet ist. Befindet sich der Magnet im Gleichgewichtszustand zwischen dem in ihm erregten Magnetismus und solchen äusseren erregenden Kräften, welche sich durch ein Potential darstellen lassen, so sind die drei magnetischen Momente α', β', γ' eines in dem Punkte $(\xi_{,}, \eta_{,}, \zeta_{,})$ befindlichen Elementes nach *Poisson*'s Theorie der magnetischen Vertheilung die nach $\xi_{,}$, $\eta_{,}$, $\zeta_{,}$ genommenen partiellen Differentialquotienten einer Function φ dieser Coordinaten, nämlich

$$\alpha' = \frac{\partial \varphi}{\partial \xi_{,}}, \qquad \beta' = \frac{\partial \varphi}{\partial \eta_{,}}, \qquad \gamma' = \frac{\partial \varphi}{\partial \zeta_{,}},$$

und diese Function genügt der Gleichung

$$(11.)\quad \frac{\partial^2 \varphi}{\partial \xi_{,}^2} + \frac{\partial^2 \varphi}{\partial \eta_{,}^2} + \frac{\partial^2 \varphi}{\partial \zeta_{,}^2} = 0.$$

In diesem Falle ergiebt sich dann durch partielle Integration des Ausdrucks von Q in (6.) vermittelst der Gleichung (11.), wenn man einige einfache geometrische Betrachtungen zu Hülfe ruft:

$$Q = \sum \frac{d\varphi}{dN} \cdot \frac{D\omega}{r}, \tag{12.}$$

wo die Grösse $\frac{d\varphi}{dN}$, welche ich den für die Oberfläche des Magneten geltenden, nach ihrer Normale genommenen Differentialquotienten von φ nenne, die folgende Bedeutung hat. Nennt man nämlich ϱ, σ, τ die Winkel, welche die nach aussen gerichtete Normale mit der positiven Richtung der Coordinatenaxen bildet, so wird $\frac{d\varphi}{dN} = \cos\varrho \frac{\partial\varphi}{\partial\xi_,} + \cos\sigma \frac{\partial\varphi}{\partial\eta_,} + \cos\tau \frac{\partial\varphi}{\partial\zeta_,}$, und $\frac{d\varphi}{dN} dN$ gleich dem Werthe der Function φ an einem Punkte der Oberfläche weniger ihrem Werthe in einem Punkte der in ihm errichteten und nach innen gerichteten Normale der Oberfläche, welcher von ihr um dN entfernt ist. Aehnlicher Bezeichnungen und Benennungen werde ich mich auch in der Folge bedienen. Die Vergleichung mit dem Ausdruck in (10.) zeigt, dass in dem angenommenen Falle $\frac{d\varphi}{dN} = \varkappa$ ist.

Substituirt man den Werth von Q aus (10.) in die Gleichungen (8.) und (9.), so erhält man

$$J^{(m)} = -\varepsilon\varepsilon' \sum \varkappa D\omega \int \mathrm{S} \frac{1}{r^3} \begin{Bmatrix} \{(y-\eta_,)Dz - (z-\zeta_,)Dy\}\,dx \\ + \{(z-\zeta_,)Dx - (x-\xi_,)Dz\}\,dy \\ + \{(x-\xi_,)Dy - (y-\eta_,)Dx\}\,dz \end{Bmatrix}. \tag{13.}$$

Dies ist die einfachste Form, auf die sich im Allgemeinen der Ausdruck für den Inductionsstrom, welcher durch einen ruhenden Magneten in einem bewegten Leiter erregt wird, reduciren lässt. Man erhält denselben Ausdruck, wenn man in der Gleichung (1.) § 5 für X_σ, Y_σ, Z_σ ihre Werthe aus (2.) desselben Paragraphen einführt, ferner $-\varkappa D\omega$ statt $\varkappa'$ setzt und das Integral über die Oberfläche des Magneten ausdehnt. Die unter dem Zeichen $\sum$ stehende Grösse, multiplicirt mit $\varepsilon\varepsilon'$, kann also als der Werth des durch das Element $D\omega$ der magnetischen Oberfläche inducirten Stroms angesehen werden, und sie erlaubt ganz dieselbe Transformation, wie der Ausdruck (1.) in § 5. Demnach kann der von $D\omega$ inducirte Strom auch so angesehen werden, als wäre er dadurch hervorgebracht, dass man statt des bewegten Leiters das Element $D\omega$ in entgegengesetzter Richtung bewegt. Es zerfällt daher sein Ausdruck in zwei Theile, $J_p^{(m)}$ und $J_d^{(m)}$, von denen der erste allein von dem Wege, auf welchem $D\omega$ fortgeführt wird, der andere von der Drehung abhängt, welche $D\omega$ auf diesem Wege erfährt. Nimmt man also die Buchstaben $x_{,}$, $y_{,}$, $z_{,}$, ξ, η, ζ, l', m', n', $d\psi$ in derselben Bedeutung wie in § 5, so hat man

$$J^{(m)} = J_p^{(m)} + J_d^{(m)}, \tag{14.}$$

$$J_p^{(m)} = -\varepsilon\varepsilon' \sum \varkappa D\omega \int \mathrm{S} \frac{1}{r^3} \begin{Bmatrix} \{(z_{,}-\zeta) Dy_{,} - (y_{,}-\eta) Dz_{,}\} d\xi \\ + \{(x_{,}-\xi) Dz_{,} - (z_{,}-\zeta) Dx_{,}\} d\eta \\ + \{(y_{,}-\eta) Dx_{,} - (x_{,}-\xi) Dy_{,}\} d\zeta \end{Bmatrix}, \tag{15.}$$

$$J_d^{(m)} = +\varepsilon\varepsilon' \sum \varkappa D\omega \int d\psi \left[\frac{x_{,}-\xi}{r}\cos l' + \frac{y_{,}-\eta}{r}\cos m' + \frac{z_{,}-\zeta}{r}\cos n'\right], \tag{16.}$$

$$r^2 = (x_{,}-\xi)^2 + (y_{,}-\eta)^2 + (z_{,}-\zeta)^2. \tag{17.}$$

Wir haben bis jetzt den Magneten als ruhend und den Leiter als bewegt betrachtet. Der entgegengesetzte Fall, wenn der Leiter ruht und der Magnet bewegt wird, lässt sich leicht hierauf zurückführen. Da der Magnet als ein System von Solenoidströmen angesehen wird, so ist nach § 4 der Strom, welcher durch seine Bewegung in dem ruhenden Leiter inducirt wird, derselbe, welcher erregt wird, wenn statt seiner dem Leiter die entgegengesetzte Bewegung ertheilt wird; und nach der im Eingange zu § 5 gemachten Bemerkung ist dies gültig, der Leiter mag eine geschlossene Curve bilden oder nicht. Hieraus folgt, dass durch die Gleichung (13.) der durch die Bewegung des Magneten inducirte Integralstrom dargestellt wird, wofern man nur den Grössen x, y, z, dx, dy, dz die Werthe ertheilt, die ihnen zukommen, wenn dem Leiter die der Bewegung des Magneten entgegengesetzte Bewegung gegeben wird, während man diesen selbst als ruhend betrachtet. Der durch (13.) gegebene Ausdruck für diesen Integralstrom ist gleichwerthig mit dem durch (14.), (15.) und (16.) gegebenen Ausdruck. In diesen Gleichungen aber haben die Buchstaben ξ, η, ζ, $d\xi$ etc. diejenigen Werthe, welche der im Experiment gegebenen Bewegung des Magneten entsprechen, und welche direct die durch die Bewegung eines Magneten in einem ruhenden Leiter inducirten Ströme bestimmen.

Hieraus ergeben sich folgende Sätze:

I. *Wenn in einem Leiter nur eine fortschreitende und keine drehende Bewegung gegeben wird, so kann man immer, er mag eine geschlossene Curve bilden oder nicht, wenn nur seine Länge nicht verändert wird, seiner Bewegung die entgegengesetzte des Magneten substituiren, und die elektromotorische Kraft des inducirten Differentialstroms ausdrücken durch die Geschwindigkeit dieser Bewegung, multiplicirt mit der negativen, ihrer Richtung parallelen Componente der Wirkung,* *die auf den Magneten von dem ruhenden Leiter ausgeübt wird, wenn man letzteren von einem Strome mit der Intensität ε durchströmt denkt.*

Bei der fortschreitenden Bewegung ist nämlich $d\psi = 0$, und dx, dy, dz unabhängig von x, y, z, sowie auch $d\xi$, $d\eta$, $d\zeta$ unabhängig von ξ, η, ζ, weshalb diese Projectionen der Elemente der beschriebenen Wege in (13.) und (15.) ausserhalb der Integralzeichen S und $\sum$ gestellt werden können.

II. *Wenn der Leiter eine geschlossene Curve bildet, kann statt seiner Bewegung immer die entgegengesetzte Bewegung des Magneten gesetzt, und die elektromotorische Kraft des inducirten Differentialstroms ausgedrückt werden durch die Summe der Producte aus der Geschwindigkeit der Elemente der magnetischen Oberfläche in die negative, der Richtung ihrer Bewegung parallele Componente der Wirkung, welche der von dem Strome ε durchströmte Leiter auf sie ausübt.*

Wenn der Leiter eine geschlossene Curve bildet, verschwindet nämlich in (16.) die unter dem Zeichen $\int$ stehende Grösse.

III. *Wenn die Bewegung des Leiters keine parallel fortschreitende ist, und er keine geschlossene Curve bildet, so kann zwar seiner Bewegung die entgegengesetzte des Magneten gleichfalls substituirt werden, vorausgesetzt, dass seine Länge dadurch nicht geändert wird, und die elektromotorische Kraft des Differentialstroms kann ebenso wie im vorigen Satz bestimmt werden; es muss aber dieser noch eine andere von der Drehung herrührende elektromotorische Kraft hinzugefügt werden, welche von der Lage der Endpunkte des Leiters abhängt und von dessen Gestalt unabhängig ist.* Es ist dies diejenige, welche den in (16.) angegebenen Strom $J_d^{(m)}$ erzeugt.

IV. *Wenn ein Magnet so bewegt wird, dass er parallel mit sich selbst bleibt, so ist die in einem ruhenden Leiter, er mag geschlossen sein oder nicht, erregte elektromotorische Kraft des Differentialstroms das Product aus der Geschwindigkeit in die negative, der Richtung der Bewegung parallele Componente der Wirkung, welche der ruhende von dem Strome ε durchströmte Leiter auf den Magneten ausübt.*

V. *Die durch eine beliebige Bewegung eines Magneten in einem ruhenden Leiter erregte elektromotorische Kraft des Differentialstroms ist, wenn der Leiter eine geschlossene Curve bildet, die Summe der Producte aus der Geschwindigkeit der Elemente der magnetischen Oberfläche in die negative, der Richtung der Bewegung parallele Componente der Wirkung, welche auf sie der vom Strome ε durchströmte Leiter ausübt.*

VI. *Die durch die Bewegung eines Magneten in einem ruhenden Leiter erregte elektromotorische Kraft des Differentialstroms wird, wenn der Leiter nicht eine geschlossene Curve bildet, wie im vorigen Satze bestimmt; es muss derselben aber noch eine zweite, von der Drehung des Magneten herrührende elektromotorische Kraft hinzugefügt werden, welche von der Lage der Endpunkte des Leiters abhängt und von seiner Gestalt unabhängig ist.* Es ist dies diejenige, welche den in (16.) gegebenen Strom $J_d^{(m)}$ erzeugt.

§ 8.

Ueber die durch den Act der Magnetisirung oder Entmagnetisirung entstehende Induction.

Ich will jetzt die Ausdrücke für die Inductionsströme angeben, welche durch ein *plötzliches* Auftreten oder Verschwinden von Magnetismus erregt werden, indem ich im Sinne der bekannten Theorie des Magnetismus den Act der Magnetisirung oder Entmagnetisirung als eine Bewegung der beiden magnetischen Flüssigkeiten ansehen werde, in Folge deren die vereinigten sich trennen oder die getrennten sich vereinigen. Dieselben Resultate werde ich aber im folgenden Paragraphen noch auf eine andere Weise aus einem *neuen allgemeinen Princip* ableiten, welches durch eine Verallgemeinerung der aus den vorhergehenden Paragraphen sich für die Induction zwischen geschlossenen Strömen und geschlossenen Leitern ergebenden Resultate erhalten wird, und mittelst dessen sich auch diejenigen Inductionsströme bestimmen lassen, welche in einem Leiter durch Schwächung oder Verstärkung der Intensität eines in seiner Nähe fliessenden galvanischen Stromes erregt werden.

Ich werde zuerst den Gesichtspunkt verfolgen, zufolge dessen der durch Entmagnetisierung inducirte Strom durch die Bewegung der entgegengesetzten freien magnetischen Flüssigkeiten hervorgebracht wird, wenn dieselbe bis zu ihrer gegenseitigen Durchdringung, d. i. bis zu ihrer Neutralisierung, fortgesetzt wird. Ich gehe von der Betrachtung eines magnetischen Atomes aus, auf dessen Oberfläche die freien magnetischen Flüssigkeiten irgendwie vertheilt sind. Die Coordinaten des Mittelpunktes des Atoms nenne ich ξ, η, ζ, die Coordinaten eines Elements $D\omega$ seiner Oberfläche $\xi+\xi_0$, $\eta+\eta_0$, $\zeta+\zeta_0$, und die eines beliebigen Punktes im Innern des Atoms $\xi+a$, $\eta+b$, $\zeta+c$. Ich nenne $\varkappa D\omega$ die Quantität von magnetischer Flüssigkeit, welche sich auf $D\omega$ befindet; $\varkappa$ ist eine Function von ξ_0, η_0, ζ_0, und genügt, wenn durch $\sum$ das Integral nach der ganzen Oberfläche des Atoms bezeichnet wird, der Gleichung $\sum \varkappa D\omega = 0$. Bei der Entmagnetisierung bewegen sich die auf der Oberfläche des Atoms vertheilten Flüssigkeiten ins Innere desselben, und ein Theil von ihnen neutralisirt sich gegenseitig in dem Punkte (a, b, c). Ich nenne $\varkappa' D\omega$

die Menge, welche das Element $D\omega$ zu den in (a, b, c) sich neutralisirenden Flüssigkeiten hergiebt. Es ist $\varkappa'$ eine Function von ξ_0, η_0, ζ_0 und genügt gleichfalls der Gleichung $\sum \varkappa' D\omega = 0$. Die Projectionen des Elements des Weges, auf welchem sich $\varkappa' D\omega$ von (ξ_0, η_0, ζ_0) nach (a, b, c) bewegt, nenne ich $d\xi$, $d\eta$, $d\zeta$. Der durch die Bewegung von $\varkappa' D\omega$ erregte Inductionsstrom kann nur in einem geschlossenen Leiter zu Stande kommen, und daher wird der Integralstrom dieser Bewegung vollständig durch den Strom $J_p^{(m)}$ in (15.) des vorhergehenden Paragraphen dargestellt, den ich jetzt kurzweg mit J bezeichnen will. In diesem Ausdruck (15.) kann man wegen der Kleinheit des magnetischen Atoms die Componenten der Wirkung, welche der von der Einheit des Stroms durchströmte Leiter auf $\varkappa' D\omega$ ausübt, für jedes Element $D\omega$ und auf dem ganzen Wege, welchen $\varkappa' D\omega$ beschreibt, als constant ansehen. Bezeichnet man der Kürze wegen diese Componenten mit $A\varkappa' D\omega$, $B\varkappa' D\omega$, $C\varkappa' D\omega$, sodass

$$(1.)\qquad \begin{aligned} A &= \mathrm{S}\frac{1}{r^3}\{(z_{,}-\zeta)Dy_{,}-(y_{,}-\eta)Dz_{,}\},\\ B &= \mathrm{S}\frac{1}{r^3}\{(x_{,}-\xi)Dz_{,}-(z_{,}-\zeta)Dx_{,}\},\\ C &= \mathrm{S}\frac{1}{r^3}\{(y_{,}-\eta)Dx_{,}-(x_{,}-\xi)Dy_{,}\}, \end{aligned}$$

so erhält man

$$(1a.)\qquad J = -\varepsilon\varepsilon'\sum\int \varkappa' D\omega\{A\,d\xi + B\,d\eta + C\,d\zeta\},$$

oder, indem man die Integration in Bezug auf den Weg, welchen $\varkappa\, D\omega$ durchläuft, ausführt, d. h. das durch $\int$ bezeichnete Integral von (ξ_0, η_0, ζ_0) bis (a, b, c) erstreckt,

$$J = +\varepsilon\varepsilon'\sum \varkappa' D\omega\{A(\xi_0 - a) + B(\eta_0 - b) + C(\zeta_0 - c)\}.$$

Da die Summirung $\sum$ sich nur auf ξ_0, η_0, ζ_0 bezieht, und in ihr a, b, c constant sind, so reducirt sich wegen der Gleichung $\sum \varkappa' D\omega = 0$ der vorstehende Ausdruck auf

$$(2.)\qquad J = \varepsilon\varepsilon'\{A\sum \varkappa'\xi_0 D\omega + B\sum \varkappa'\eta_0 D\omega + C\sum \varkappa'\zeta_0 D\omega\}.$$

Der Strom J ist also von der Lage des Punktes (a, b, c) unabhängig. Und hieraus folgt, wenn mit $\varkappa'' D\omega$, $\varkappa''' D\omega$, etc. die Quantitäten Flüssigkeiten bezeichnet werden, welche das Element $D\omega$ nach einem zweiten, dritten u. s. w. Punkte zur Neutralisation sendet, und man

$$\begin{aligned} \alpha &= \sum(\varkappa' + \varkappa'' + \cdots)\xi_0 D\omega,\\ \beta &= \sum(\varkappa' + \varkappa'' + \cdots)\eta_0 D\omega,\\ \gamma &= \sum(\varkappa' + \varkappa'' + \cdots)\zeta_0 D\omega \end{aligned}$$

setzt, dass der durch die Neutralisation aller auf der Oberfläche des Atoms vertheilten Flüssigkeiten inducirte Strom, den ich durch E bezeichne, den Werth hat:

$$E = \varepsilon\varepsilon'(A\alpha + B\beta + C\gamma), \tag{3.}$$

wo $\varkappa' + \varkappa'' + \cdots = \varkappa$ ist, und daher die Grössen α, β, γ die magnetischen Momente des Atoms bedeuten.

Der vorstehende Werth von E ist der Ausdruck des durch die Entmagnetisierung des Atoms inducirten Stroms. Den Strom, welcher durch dessen Magnetisierung erregt wird, den ich durch M bezeichne, erhält man auf dieselbe Weise, nur dass bei der Integration von (1a.) die Grenzen der Integration umzukehren sind, weil sich jetzt das Flüssigkeitsquantum $\varkappa' D\omega$ von dem Punkte (a, b, c) nach dem Punkte (ξ_0, η_0, ζ_0) bewegt. Hierdurch wird in (2.) und (3.) nur das Vorzeichen geändert, sodass

$$M = -\varepsilon\varepsilon'(A\alpha + B\beta + C\gamma). \tag{4.}$$

Beschreibt man, wie oben, um (ξ, η, ζ) einen kleinen Raum Dv und versteht unter α, β, γ die arithmetischen Mittelwerthe der magnetischen Momente aller in Dv enthaltenen Atome, nennt ihre Anzahl nDv und setzt $n\alpha = \alpha'$, $n\beta = \beta'$, $n\gamma = \gamma'$, so erhält man für den durch die Magnetisirung inducirten Strom, den ich mit M' bezeichnen will, den Ausdruck:

$$M' = -\varepsilon\varepsilon'(A\alpha' + B\beta' + C\gamma')Dv, \tag{5.}$$

wo α', β', γ' in demselben Sinne wie in § 7 die magnetischen Momente der Einheit des Raumes sind. Betrachtet man Dv als ein Element des Magneten, und nimmt von dem vorstehenden Ausdruck die Summe in Bezug auf alle Dv, so erhält man den durch den Act seiner Magnetisirung inducirten Strom, den ich durch $J^{(\mu)}$ bezeichnen will:

$$J^{(\mu)} = -\varepsilon\varepsilon'\sum\{A\alpha' + B\beta' + C\gamma'\}Dv. \tag{6.}$$

Diese Summe erheischt wegen der Kleinheit von Dv nur eine dreifache Integration, welche über den ganzen Magnet auszudehnen ist.

Da der inducirte Leiter immer eine geschlossene Curve bildet, weil, wenn Magnet und Leiter ruhen, die Induction nothwendig den ganzen Weg trifft, auf welchem der inducirte Strom sich fortpflanzt, und da nach einem *Ampère*'schen Satz die Wirkung, welche ein geschlossener Strom auf einen Magnetpol ausübt, sich durch ein *Potential* darstellen lässt*), so können A, B, C,

*) Ich drücke mich der Kürze halber auf diese Weise aus, statt zu sagen, dass die rechtwinkligen Componenten der Wirkung die partiellen Differentialquotienten des Potentials sind.

(Anm. des Originals.)

welches die drei rechtwinkligen Componenten einer solchen Wirkung sind, als die partiellen Differentialquotienten eines Potentials V in Bezug auf die Coordinaten ξ, η, ζ angesehen werden. Es ist also

$$(7.)\qquad A = \frac{\partial V}{\partial \xi}, \qquad B = \frac{\partial V}{\partial \eta}, \qquad C = \frac{\partial V}{\partial \zeta}.$$

Der magnetische Zustand, der hier in Rede steht, ist immer ein Gleichgewichtszustand zwischen dem erregten Magnetismus und solchen erregenden äusseren Kräften, welche sich auch ihrerseits durch ein Potential darstellen lassen. Die erregenden Kräfte rühren nämlich entweder von äusseren Magnetpolen oder geschlossenen galvanischen Strömen her. Deshalb sind α', β', γ' immer die nach ξ, η, ζ genommenen partiellen Differentialquotienten einer Function, welche wir im vorigen Paragraphen schon mit φ bezeichnet haben:

$$(8.)\qquad \alpha' = \frac{\partial \varphi}{\partial \xi}, \qquad \beta' = \frac{\partial \varphi}{\partial \eta}, \qquad \gamma' = \frac{\partial \varphi}{\partial \zeta},$$

und diese Function φ hat die Eigenschaft:

$$(9.)\qquad \frac{\partial^2 \varphi}{\partial \xi^2} + \frac{\partial^2 \varphi}{\partial \eta^2} + \frac{\partial^2 \varphi}{\partial \zeta^2} = 0.$$

Setzt man die Werthe aus (7.) und (8.) in (6.) und zugleich $Dv = D\xi\, D\eta\, D\zeta$, so wird

$$(10.)\qquad J^{(\mu)} = -\varepsilon\varepsilon' \sum \left\{ \frac{\partial V}{\partial \xi} \cdot \frac{\partial \varphi}{\partial \xi} + \frac{\partial V}{\partial \eta} \cdot \frac{\partial \varphi}{\partial \eta} + \frac{\partial V}{\partial \zeta} \cdot \frac{\partial \varphi}{\partial \zeta} \right\} D\xi\, D\eta\, D\zeta.$$

Die einzelnen Glieder dieses Ausdrucks integrire ich partiell, und setze z. B.

$$\sum \frac{\partial V}{\partial \xi} \cdot \frac{\partial \varphi}{\partial \xi} D\xi\, D\eta\, D\zeta = \sum \left[V \frac{\partial \varphi}{\partial \xi} \right] D\eta\, D\zeta - \sum V \frac{\partial^2 \varphi}{\partial \xi^2} D\xi\, D\eta\, D\zeta,$$

wo durch die Klammer die Differenz der beiden Werthe von $V \frac{\partial \varphi}{\partial \xi}$ bezeichnet werden soll, welche dieser Ausdruck an den Punkten annimmt, in welchen die Oberfläche des Magneten von einer mit der Coordinate ξ parallelen Linie geschnitten wird. Reducirt man auf eine ähnliche Art die beiden andern Terme, wobei man der Einfachheit wegen voraussetzt, dass jede gerade Linie die Oberfläche nur zweimal schneidet, so erhält man

$$J^{(\mu)} = -\varepsilon\varepsilon' \sum \left[V \frac{\partial \varphi}{\partial \xi} D\eta\, D\zeta + V \frac{\partial \varphi}{\partial \eta} D\xi\, D\zeta + V \frac{\partial \varphi}{\partial \zeta} D\xi\, D\eta \right]$$
$$+ \varepsilon\varepsilon' \sum V \left\{ \frac{\partial^2 \varphi}{\partial \xi^2} + \frac{\partial^2 \varphi}{\partial \eta^2} + \frac{\partial^2 \varphi}{\partial \zeta^2} \right\} D\xi\, D\eta\, D\zeta.$$

Das zweite Glied verschwindet wegen (9.), und die Integration in dem ersten Gliede bezieht sich nur noch auf die Oberfläche. Wenn durch $D\omega$ das Element der Oberfläche bezeichnet wird, durch (N, ξ), (N, η), (N, ζ) die Winkel, welche die Normale dieses Elementes respective mit den Coordinaten ξ, η, ζ bildet, so wird $D\eta D\zeta = D\omega \cos(N, \xi)$, etc., und es nimmt daher der vorstehende Ausdruck die Form an:

$$(11.) \qquad J^{(\mu)} = -\varepsilon\varepsilon' \sum V \left\{ \cos(N, \xi) \frac{\partial\varphi}{\partial\xi} + \cos(N, \eta) \frac{\partial\varphi}{\partial\eta} + \cos(N, \zeta) \frac{\partial\varphi}{\partial\zeta} \right\} D\omega.$$

Die in der Parenthese eingeschlossene Grösse will ich *das Differential von* φ *nach der Normale der Oberfläche des Magneten* nennen und mit $\frac{d\varphi}{dN}$ bezeichnen; es wird demnach

$$(12.) \qquad J^{(\mu)} = -\varepsilon\varepsilon' \sum V \frac{d\varphi}{dN} D\omega.$$

Auf dieselbe Weise erhält man für $J^{(\mu)}$ aus (10.), weil auch V als ein Potential der Gleichung

$$\frac{\partial^2 V}{\partial\xi^2} + \frac{\partial^2 V}{\partial\eta^2} + \frac{\partial^2 V}{\partial\zeta^2} = 0$$

genügt, den Ausdruck:

$$(13.) \qquad J^{(\mu)} = -\varepsilon\varepsilon' \sum \varphi \frac{dV}{dN} D\omega.$$

Die Integrationen in (12.) und (13.) sind auf die ganze Oberfläche des Magneten auszudehnen, und für φ, V, $\frac{d\varphi}{dN}$, $\frac{dV}{dN}$ die an der Oberfläche in dem Element $D\omega$ geltenden Werthe dieser Grössen zu setzen.

Die Gleichungen (12.) und (13.) haben die einfachste Form, auf welche sich der Ausdruck für den durch den Act der Magnetisirung inducirten Strom im Allgemeinen reduciren lässt. Kehrt man in den Gliedern rechter Hand die Vorzeichen um, so drücken sie den durch den Act der Entmagnetisirung inducirten Strom aus.

Es ist bis jetzt angenommen worden, dass die Erregung des magnetischen Zustandes vom neutralen Zustande aus stattfinde, und ebenso, dass die Aufhebung desselben vollständig sei. Wenn die Magnetisirung oder Entmagnetisirung nur in einer Veränderung des magnetischen Zustandes besteht, sind in den vorstehenden Ausdrücken des inducirten Stroms $J^{(\mu)}$ unter φ und $\frac{d\varphi}{dN}$ nur die Theile des ganzen Werthes dieser Functionen zu verstehen, welche durch die Veränderung des magnetischen Zustandes entstanden oder verschwunden sind. Bezeichnet man also den Werth, welchen φ in dem Endzustand des Magneten besitzt, durch φ'', und nimmt an, dass dieser Zustand aus einem andern hervorgegangen ist, in welchem φ den Werth φ' hatte, so wird der durch diese Veränderung des magnetischen Zustandes inducirte Strom den Ausdruck haben

(14.) $$J^{(\mu)} = \varepsilon\varepsilon' \sum V\left(\frac{d\varphi'}{dN} - \frac{d\varphi''}{dN}\right) D\omega,$$

oder auch

(15.) $$J^{(\mu)} = \varepsilon\varepsilon' \sum \frac{dV}{dN}(\varphi' - \varphi'') D\omega.$$

Das dreifache Integral, wodurch $J^{(\mu)}$ in (6.) ausgedrückt ist, lässt sich immer, welche Werthe α', β', γ' auch haben, auf eine Integration nach der Oberfläche des Magneten zurückführen. Der *Gauss*'sche Satz, dass statt des im Innern des Magneten vertheilten Magnetismus immer eine Vertheilung desselben auf seiner Oberfläche gesetzt werden kann, welche dieselbe Wirkung auf einen äusseren Pol ausübt, giebt die Gleichheit der beiden Ausdrücke von Q in (6.) und (10.) des vorigen Paragraphen, d. i.

$$\sum \left\{\alpha' \frac{\partial \frac{1}{r}}{\partial \xi} + \beta' \frac{\partial \frac{1}{r}}{\partial \eta} + \gamma' \frac{\partial \frac{1}{r}}{\partial \zeta}\right\} D\xi\, D\eta\, D\zeta = \sum \frac{\varkappa}{r} D\omega,$$

wo r die Entfernung eines Elements des Magneten oder seiner Oberfläche von einem ausserhalb derselben gelegenen Punkte bezeichnet. Diese Gleichung kann auf die Weise erweitert werden, dass statt $\frac{1}{r}$ das Potential von Massen gesetzt wird, welche auf eine beliebige Weise ausserhalb der Oberfläche des Magneten vertheilt sind. Setzt man nämlich $U = \frac{m}{r} + \frac{m'}{r'} + \cdots$, so giebt jedes Glied in dem Werthe von U eine Gleichung wie die vorstehende, und die Summe aller dieser Gleichungen giebt

$$\sum \left\{\alpha' \frac{\partial U}{\partial \xi} + \beta' \frac{\partial U}{\partial \eta} + \gamma' \frac{\partial U}{\partial \zeta}\right\} D\xi\, D\eta\, D\zeta = \sum \varkappa U D\omega.$$

Hieraus folgt, dass der Aúsdruck für $J^{(\mu)}$ in (6.), da nach (7.) die Grössen A, B, C die partiellen Differentialquotienten von V sind, und V als das Potential von ausserhalb des Magneten gelegenen Massen angesehen werden kann, auch die folgende Form annimmt:

(16.) $$J^{(\mu)} = -\varepsilon\varepsilon' \sum \varkappa V D\omega.$$

Eine Veränderung des magnetischen Zustandes, in welcher der freie Magnetismus an der Oberfläche aus $\varkappa'$ in $\varkappa''$ übergeht, erzeugt also allgemein den Integralstrom

(17.) $$J^{(\mu)} = -\varepsilon\varepsilon' \sum (\varkappa' - \varkappa'') V D\omega.$$

§ 9.

Als die eigentliche Ursache der Induction ist die Veränderung des Potentialwerthes anzusehen. Dieses Princip liefert die Mittel zur Untersuchung derjenigen Induction, die durch eine Intensitätsveränderung des Inducenten entsteht.

Ich werde jetzt die Formel (14.) des vorigen Paragraphen, welche den durch die Veränderung des magnetischen Zustandes eines Magneten erregten Inductionsstrom ausdrückt, aus einem *allgemeinen Princip* ableiten. Ich gehe hierbei von der Betrachtung des Stroms aus, welcher in einem geschlossenen Leiter durch eine Ortsveränderung, sei es des Magneten oder des Leiters, inducirt wird. Es ist leicht nachzuweisen, dass dieser Strom allein von der durch die Ortsveränderung hervorgebrachten Veränderung des Werthes des *Potentials* abhängt, durch welches die Wirkung eines von der Einheit des Stroms durchströmten Leiters auf einen Magneten dargestellt wird. Ich verallgemeinere dies Resultat und setze als Princip:

> dass die Veränderung des Potentials, durch welches die Wirkung eines von der Einheit des Stromes durchströmten Leiters auf einen Magneten dargestellt wird, die *Ursache* und das *Maass* des inducirten Stromes ist, und es hierbei gleichgilt, wodurch diese Veränderung des Werthes des Potentials hervorgebracht wird, ob durch eine veränderte relative Lage des Magneten und des Leiters oder durch einen andern Umstand, wie z. B. durch eine Schwächung des Magneten.

Der in einem geschlossenen Leiter durch die Bewegung eines Magneten inducirte Strom, den ich kurzweg durch J bezeichnen werde, ist vollständig durch die Formel (15.) § 7 ausgedrückt, oder durch die Formel (1a.) des vorhergehenden Paragraphen:

$$J = -\varepsilon\varepsilon'\sum\int \varkappa\,\{A\,d\xi + B\,d\eta + C\,d\zeta\}\,D\omega,$$

wo A, B, C die Componenten der Wirkung des von der Stromeinheit durchströmten Leiters auf die Einheit der magnetischen Flüssigkeit in $D\omega$ darstellen und die in (1.) § 8 angegebenen Werthe haben. Es ist aber $D\omega$ das Element der magnetischen Oberfläche, dessen Coordinaten ξ, η, ζ sind, und $d\xi$, $d\eta$, $d\zeta$ sind seine elementaren Verrückungen im Sinne dieser Coordinaten.

Da der Leiter eine geschlossene Curve bildet, so gelten für A, B, C die Gleichungen (7.) des vorigen Paragraphen, und ihre Substitution giebt

$$J = -\varepsilon\varepsilon'\sum\int \varkappa\left\{\frac{\partial V}{\partial \xi}d\xi + \frac{\partial V}{\partial \eta}d\eta + \frac{\partial V}{\partial \zeta}d\zeta\right\}D\omega,$$

woraus erhellt, dass die durch $\int$ bezeichnete Integration sich ausführen lässt. Bezeichnet man durch V' und V'' die Werthe, welche V an dem Anfangs- und Endpunkte der Bahn hat, auf welcher $D\omega$ sich bewegt, so erhält man

$$(1.)\qquad J = \varepsilon\varepsilon' \sum \varkappa (V' - V'') D\omega .$$

Hat sich der Magnet aus sehr grosser Entfernung dem Leiter genähert, so ist $V' = 0$ und

$$(2.)\qquad (J) = -\varepsilon\varepsilon' \sum \varkappa V'' D\omega .$$

Die Gleichungen (1.) und (2.) drücken auch den Inductionsstrom aus, welcher erregt wird, wenn sich statt des Magneten der Leiter bewegt.

Wenn der magnetische Zustand ein Gleichgewichtszustand zwischen Kräften, die sich durch ein Potential darstellen lassen, und dem durch sie erregten Magnetismus ist, so lässt sich $\varkappa$ mittelst der im vorigen Paragraphen mit φ bezeichneten Function durch die Formel

$$(3.)\qquad \varkappa = \frac{d\varphi}{dN}$$

darstellen. Die Grösse εV ist das Potential des von dem Strome ε durchströmten Leiters in Bezug auf die Einheit der magnetischen Flüssigkeit in $D\omega$. Ich nenne es kurzweg *das Potential des Leiters.* Demnach werde ich die Grösse $\varepsilon \sum \varkappa V D\omega$ *das Potential des Leiters in Bezug auf den ganzen Magnet,* oder was identisch ist, *das Potential des Magneten in Bezug auf den ganzen Leiter* nennen. Die Gleichung (1.) sagt also: *die elektromotorische Kraft, welche in einem geschlossenen Leiter durch einen Magnet inducirt wird, sei es, dass der Magnet oder der Leiter bewegt wird, ist gleich der Differenz der Werthe, welche das Potential des Leiters in Bezug auf den ganzen Magnet am Anfang und Ende der Bewegung annimmt.* — Nähert sich der Magnet aus grosser Entfernung dem Leiter oder umgekehrt der Leiter dem Magneten, so ist nach (2.) die inducirte elektromotorische Kraft dem Werthe gleich, welchen das Potential des Leiters in Bezug auf den ganzen Magnet in derjenigen Lage annimmt, in welcher die Bewegung aufhört. Es ist gleichgültig, ob der Magnet oder der Leiter oder auch beide zugleich, auf welchen Bahnen und in welcher Art sie bewegt werden, ob mit rein fortschreitender oder mit drehender Bewegung. Die erregte elektromotorische Kraft hängt allein von der Grösse der Veränderung ab, welche das Potential erfährt. Hat dieses am Anfang und Ende der Bewegung denselben Werth, so ist die erregte elektromotorische Kraft gleich Null. — Man kann den Grund für die Induction also nicht in der Bewegung an sich, sondern allein in der dadurch hervorgebrachten Aenderung im Werthe des Potentials suchen, und es muss demnach gleichgültig sein, *wodurch* diese Veränderung selbst hervorgebracht ist. *Jeder Umstand, wodurch das Potential des Leiters in Bezug auf den ganzen Magnet verändert wird, kann als die Ursache eines Inductionsstroms angesehen werden, und dessen Stärke ist dem Zuwachs gleich, welchen das durch den Leitungswiderstand dividirte Potential des Leiters erfährt.* Ein solcher Umstand ist die Veränderung des magnetischen Zustandes des Magneten. Den Werth des dadurch erregten Inductionsstroms, welchen ich wie im vorigen Paragraphen durch $J^{(\mu)}$ bezeichnen will, erhält man sofort als die Differenz der Werthe, welche das Potential des Leiters in Bezug auf den ganzen Magnet in den beiderlei Zuständen des letzteren annimmt. Es sei $\varkappa'$ die Dicke der magnetischen Schicht an der Oberfläche des Magneten, und diese werde in $\varkappa''$ verändert. Das Potential des Leiters in Bezug auf den Magnet in dem ersten und zweiten Zustande ist respective $\varepsilon\sum\varkappa' V D\omega$, $\varepsilon\sum\varkappa'' V D\omega$, wo εV dieselbe Bedeutung wie vorher hat. Demnach ist

$$(4.)\qquad J^{(\mu)} = \varepsilon\varepsilon'\sum(\varkappa' - \varkappa'')\, V D\omega,$$

oder wenn die beiden magnetischen Zustände solche Gleichgewichtszustände sind, dass nach (3.) $\varkappa' = \frac{d\varphi'}{dN}$ und $\varkappa'' = \frac{d\varphi''}{dN}$ gesetzt werden kann,

$$(5.)\qquad J^{(\mu)} = \varepsilon\varepsilon'\sum\left(\frac{d\varphi'}{dN} - \frac{d\varphi''}{dN}\right) V D\omega,$$

welches genau der Ausdruck (14.) in § 8 ist.

§ 10.

Wie sich, unter Anwendung des Potentials, die Theorie derjenigen Induction gestaltet, die von einem linearen Inducenten in einem linearen Leiter hervorgebracht wird.

Das Princip, welches im vorigen Paragraphen zu dem Ausdruck (4.) oder (5.) geführt hat, lässt sich auf diejenigen Ströme ausdehnen, welche in einem ruhenden Leiter durch einen ruhenden galvanischen Strom inducirt werden, der in seiner Intensität eine Aenderung erleidet. Zu diesem Zwecke werde ich zunächst den Ausdruck für diejenigen Ströme weiter entwickeln, welche inducirt werden, wenn sich ein Leiter unter dem Einfluss eines galvanischen Stroms bewegt, und entweder der Leiter oder der inducirende Strom eine geschlossene Curve bildet.

Es bewege sich der Leiter unter dem Einfluss eines geschlossenen galvanischen Stroms. Der inducirte Strom ist nach (6.) § 3:

$$J = -\varepsilon\varepsilon' \int_{w_0}^{w_1} \mathrm{S}\{X_\sigma dx + Y_\sigma dy + Z_\sigma dz\} Ds, \tag{1.}$$

wo Ds das Element des inducirten Leiters ist, dessen Coordinaten und Projectionen resp. durch x, y, z und Dx, Dy, Dz bezeichnet werden, und X_σ, Y_σ, Z_σ die Componenten der Wirkung sind, welche der galvanische Strom auf die Einheit des Stroms in Ds ausübt, und dx, dy, dz die Verrückungen, welche Ds erfährt. — Da der galvanische Strom eine geschlossene Curve bildet, kann man nach einem *Ampère*'schen Satze seine Wirkung auf Ds durch die Summe der Wirkungen von unendlich vielen unendlich kleinen Strömen ersetzen. Man hat durch seine geschlossene Curve eine durch sie begrenzte, übrigens beliebige Oberfläche zu legen, diese in Elemente zu zerlegen und jedes Element in seiner Peripherie von einem Strome umkreist zu denken, im demselben Sinne und von derselben Stärke als der gegebene galvanische Strom. Diese unendlich kleinen Ströme ersetzen in ihrer Summe den gegebenen endlichen Strom. Ich nenne $D\omega$ das Element der Oberfläche; der Strom, welcher in seiner Peripherie fliesst, wirkt auf das Leiterelement wie ein magnetisches Atom, dessen Axe die Richtung der Normale an $D\omega$ hat und dessen magnetisches Moment nach der Axe $\frac{1}{2}j\,D\omega$ ist, wenn j die Intensität des gegebenen galvanischen Stroms bedeutet. Nennt man X, Y, Z die Componenten der Wirkung, welche $D\omega$ auf die Einheit des Stroms in Ds ausübt, so ist

$$X_\sigma Ds = \sum X, \qquad Y_\sigma Ds = \sum Y, \qquad Z_\sigma Ds = \sum Z, \tag{2.}$$

wo $\sum$ die über die ganze, durch die gegebene Stromcurve begrenzte Oberfläche auszudehnende Integration bezeichnet. Die Werthe von X, Y, Z erhält man aus (2.) § 5, wenn dort von den Gliedern rechter Hand die partiellen Differentiale nach der Normale an $D\omega$, welche durch ν bezeichnet werden soll, genommen werden und $\frac{1}{2}j\,D\omega$ statt $\varkappa'$ gesetzt wird:

$$\tag{3.} \begin{cases} X = \frac{1}{2}j\,\frac{d}{d\nu}\left[\frac{1}{r^3}\{(z-\zeta_,)Dy - (y-\eta_,)Dz\}\right]D\omega, \\ Y = \frac{1}{2}j\,\frac{d}{d\nu}\left[\frac{1}{r^3}\{(x-\xi_,)Dz - (z-\zeta_,)Dx\}\right]D\omega, \\ Z = \frac{1}{2}j\,\frac{d}{d\nu}\left[\frac{1}{r^3}\{(y-\eta_,)Dx - (x-\xi_,)Dy\}\right]D\omega. \end{cases}$$

Die Vergleichung der vorstehenden Formeln (1.), (2.), (3.) mit den entsprechenden unter (1.) und (2.) in § 5 zeigt, dass hier eine ähnliche Transformation zulässig ist wie dort, und dass also J in zwei Theile zerlegt werden kann, von denen der zweite fortfällt, wenn der Leiter keine drehende Bewegung besitzt, oder wenn er eine geschlossene Curve bildet. Ich werde diese beiden Theile auch hier durch J_p und J_d bezeichnen. Dann erhält man nach Anleitung der Formeln (20.), (21.) und (29.) in § 5:

$$J = J_p + J_d,$$

$$J_p = -\tfrac{1}{2}\varepsilon\varepsilon' j \sum D\omega \frac{d}{dv}\int_{w_0}^{w_1} \{X_p d\xi + Y_p d\eta + Z_p d\zeta\}, \tag{4.}$$

$$\left\{\begin{aligned} X_p &= \mathrm{S}\,\frac{1}{r^3}\{(y_{,} - \eta) Dz_{,} - (z_{,} - \zeta) Dy_{,}\},\\ Y_p &= \mathrm{S}\,\frac{1}{r^3}\{(z_{,} - \zeta) Dx_{,} - (x_{,} - \xi) Dz_{,}\},\\ Z_p &= \mathrm{S}\,\frac{1}{r^3}\{(x_{,} - \xi) Dy_{,} - (y_{,} - \eta) Dx_{,}\},\end{aligned}\right. \tag{5.}$$

$$r^2 = (x_{,} - \xi)^2 + (y_{,} - \eta)^2 + (z_{,} - \zeta)^2,$$

$$J_d = -\tfrac{1}{2}\varepsilon\varepsilon' j \sum D\omega \frac{d}{dv}\int \left[\frac{x_{,} - \xi}{r}\cos l' + \frac{y_{,} - \eta}{r}\cos m' + \frac{z_{,} - \zeta}{r}\cos n'\right] d\psi. \tag{6.}$$

In diesen Ausdrücken wird der Leiter als ruhend gedacht; statt seiner bewegt sich der galvanische Strom und mit ihm das Flächenelement $D\omega$ in entgegengesetzter Richtung. Die von der Zeit abhängigen Coordinaten des Elements $D\omega$, nämlich ξ, η, ζ, sind durch (15.) § 5 bestimmt, wenn die gegebene Bewegung des Leiters durch (4.) daselbst ausgedrückt wird.

Wenn der Leiter eine geschlossene Curve bildet, so ist

$$J_d = 0,$$

und die Grössen X_p, Y_p, Z_p, welche die Componenten der Wirkung des Leiters auf die Einheit der in dem Punkte (ξ, η, ζ) concentrirt gedachten magnetischen Flüssigkeit vorstellen, sind die partiellen Differentialquotienten einer Function V_p nach ξ, η, ζ. Dies ist ein schon oft erwähnter *Ampère*'scher Satz; es lässt sich aber auch leicht direct aus (5.) nachweisen, dass, wenn der Leiter geschlossen ist,

$$\frac{\partial X_p}{\partial \eta} = \frac{\partial Y_p}{\partial \xi}, \qquad \frac{\partial X_p}{\partial \zeta} = \frac{\partial Z_p}{\partial \xi}, \qquad \frac{\partial Y_p}{\partial \zeta} = \frac{\partial Z_p}{\partial \eta}$$

ist. Die Function εV_p ist das Potential des Leiters, bezogen auf die Einheit der magnetischen Flüssigkeit in dem Punkte (ξ, η, ζ). Setzen wir nun in (4.)

$$X_p = \frac{\partial V_p}{\partial \xi}, \qquad Y_p = \frac{\partial V_p}{\partial \eta}, \qquad Z_p = \frac{\partial V_p}{\partial \zeta},$$

so wird die unter dem Integralzeichen $\int$ stehende Grösse das vollständige Differential von V_p. Bezeichnen wir die Grenzwerthe, die V_p am Anfang und Ende der Bewegung hat, durch V_p' und V_p'', so wird

$$(7.)\qquad J_p = \frac{1}{2}\varepsilon\varepsilon' j \sum D\omega \frac{d}{dv}(V_p' - V_p'').$$

Wir haben den galvanischen Strom als ruhend, den Leiter als bewegt vorausgesetzt. Auf diesen Fall lässt sich der umgekehrte, wo der Leiter ruht und der inducirende Strom bewegt wird, zurückführen, da nach dem Satze in § 4 statt der Bewegung des Stroms immer die entgegengesetzte des Leiters substituirt werden kann, vorausgesetzt, dass dadurch die Grenzen der Integrationen S und $\sum$ nicht geändert werden. Demnach drücken (4.) und (6.) auch die Ströme aus, welche in einem Leiter durch die Bewegung eines geschlossenen galvanischen Stroms inducirt werden, und in ihnen haben ξ, η, ζ, $d\xi$, $d\eta$, $d\zeta$ die der wirklichen Bewegung des Elements $D\omega$ entsprechenden Werthe. Ist der inducirte Leiter geschlossen, so gilt auch in diesem Falle die Gleichung (7.).

Die Grösse $\frac{1}{2}\varepsilon j \sum D\omega \frac{dV_p}{dv}$ ist das Potential des geschlossenen Leiters, bezogen auf den ganzen galvanischen Strom. Demnach ergiebt sich aus (7.) folgender Satz: *die in einem geschlossenen Leiter durch einen geschlossenen galvanischen Strom inducirte elektromotorische Kraft, sei es, dass der Leiter oder der Strom eine Ortsveränderung erfährt, ist gleich der Differenz der Werthe, welche das Potential des Leiters, bezogen auf den ganzen galvanischen Strom, am Anfang und Ende der Bewegung besitzt.*

Die Formeln (4.) und (6.) setzen voraus, dass der inducirende Strom ein geschlossener sei. Ich werde jetzt den Fall entwickeln, wo der inducirte Leiter eine geschlossene Curve bildet, und annehmen, dass der Leiter ruht und der Strom bewegt wird. Nach (7.) § 4 ist der inducirte Strom

$$(8.)\qquad J = -\varepsilon\varepsilon' \sum \int_{w_0}^{w_1} \{X_s d\xi + Y_s d\eta + Z_s d\zeta\} D\sigma,$$

wo X_s, Y_s, Z_s die Componenten der Wirkung des von der Einheit des Stroms durchströmten Leiters auf das Stromelement $D\sigma$ sind. Da der Leiter eine geschlossene Curve bildet, so lassen sich diese Componenten ganz entsprechend, wie oben in (1.) und (2.) die Componenten X_σ, Y_σ und Z_σ ausdrücken, nämlich:

$$(9.)\quad \begin{cases} X_s D\sigma = -\frac{1}{2} j \,\mathrm{S}\, \frac{d}{dn}\Big[\frac{1}{r^3}\{(z_, - \zeta) D\eta - (y_, - \eta) D\zeta\}\Big] Do, \\ Y_s D\sigma = -\frac{1}{2} j \,\mathrm{S}\, \frac{d}{dn}\Big[\frac{1}{r^3}\{(x_, - \xi) D\zeta - (z_, - \zeta) D\xi\}\Big] Do, \\ Z_s D\sigma = -\frac{1}{2} j \,\mathrm{S}\, \frac{d}{dn}\Big[\frac{1}{r^3}\{(y_, - \eta) D\xi - (x_, - \xi) D\eta\}\Big] Do, \end{cases}$$

$$r^2 = (x_, - \xi)^2 + (y_, - \eta)^2 + (z_, - \zeta)^2,$$

wo Do das Element einer beliebigen durch den Leiter begrenzten Oberfläche ist, und das Integral S über die Oberfläche ausgedehnt ist, durch $\frac{d}{dn}$ aber der nach der Normale n an dem Element Do genommene Differentialquotient bezeichnet wird. Durch Substitution dieser Werthe in (8.) kann man mit dieser Gleichung dieselben Transformationen vornehmen, durch welche aus (1.) die Gleichungen (4.), (5.), (6.) abgeleitet sind. Man erhält dann

$$J = J_p + J_d,$$

$$(10.)\quad J_p = -\frac{1}{2}\varepsilon\varepsilon' j \,\mathrm{S}\, Do \frac{d}{dn}\int_{w_0}^{w_1} (X_\pi dx + Y_\pi dy + Z_\pi dz),$$

$$(11.)\quad \begin{cases} X_\pi = -\sum \frac{1}{r^3}\{(y - \eta_,) D\zeta - (z - \zeta_,) D\eta\}, \\ Y_\pi = -\sum \frac{1}{r^3}\{(z - \zeta_,) D\xi - (x - \xi_,) D\zeta\}, \\ Z_\pi = -\sum \frac{1}{r^3}\{(x - \xi_,) D\eta - (y - \eta_,) D\xi\}, \end{cases}$$

$$r^2 = (x - \xi_,)^2 + (y - \eta_,)^2 + (z - \zeta_,)^2,$$

$$(12.)\quad J_d = -\frac{1}{2}\varepsilon\varepsilon' j \,\mathrm{S}\, Do \frac{d}{dn}\int \Big[\frac{x - \xi_,}{r}\cos l' + \frac{y - \eta_,}{r}\cos m' + \frac{z - \zeta_,}{r}\cos n'\Big] d\psi.$$

Wenn der inducirende Strom eine geschlossene Curve bildet, so ist

$$J_d = 0,$$

und die Grössen jX_π, jY_π, jZ_π sind, da sie die Componenten der Wirkung des inducirenden Stroms auf die Einheit der magnetischen Flüssigkeit in dem Punkte (x, y, z) vorstellen, die nach den Coordinaten x, y, z genommenen partiellen Differentialquotienten des Potentials des inducirenden Stroms. Ich nenne dieses Potential jV_π, so dass

$$X_\pi = \frac{\partial V_\pi}{\partial x}, \qquad Y_\pi = \frac{\partial V_\pi}{\partial y}, \qquad Z_\pi = \frac{\partial V_\pi}{\partial z}.$$

Wenn man diese Werthe in (10.) setzt, die Integration $\int$ ausführt und die beiden Endwerthe von V_π mit V'_π und V''_π bezeichnet, so erhält man

$$(13.)\quad J_p = \frac{1}{2}\varepsilon\varepsilon' j \,\mathrm{S}\, Do \frac{d}{dn}(V'_\pi - V''_\pi).$$

Die Formeln (10.), (11.), (12.) gelten auch, wenn statt des galvanischen Stromes der Leiter eine Bewegung erhält, und x, y, z, dx, dy, dz die dieser Bewegung angehörigen Werthe bekommen. Es ist also auch in Bezug auf die Formel (13.) gleichgültig, ob der Strom oder der Leiter seinen Ort verändert. Die Grösse $\frac{1}{2} j \varepsilon \mathsf{S} Do \frac{dV_\pi}{dn}$ ist das Potential des Stroms, bezogen auf den ganzen von einem Strome ε durchströmt gedachten Leiter. Hieraus geht hervor, dass man in dem oben aus (7.) abgeleiteten Satze statt des auf den Strom bezogenen Potentials des Leiters auch das auf den ganzen Leiter bezogene Potential des Stroms setzen kann. Dies sind in der That identische Bezeichnungen derselben Grösse. Da nämlich V_π das auf die Einheit der magnetischen Flüssigkeit in dem Punkte (x, y, z) bezogene Potential der Oberfläche ω ist, deren zwei Seiten von den zwei entgegengesetzten magnetischen Flüssigkeiten mit der Dichtigkeit $\frac{1}{d\nu}$ gleichförmig bedeckt gedacht werden*), so ist

$$V_\pi = \sum D\omega \frac{d\frac{1}{r}}{d\nu}.$$

Ebenso ist

$$V_p = \mathsf{S} Do \frac{d\frac{1}{r}}{dn},$$

wo

$$r^2 = (x-\mathfrak{x})^2 + (y-\eta)^2 + (z-\mathfrak{z})^2.$$

Setzt man diese Werthe respective in (13.) und (7.), und bezeichnet mit r' und r'' die Werthe von r am Anfang und Ende der Bewegung, so fallen beide Ausdrücke für J_p zusammen und geben:

$$J_p = \frac{1}{2} \varepsilon \varepsilon' j \mathsf{S} \sum Do\, D\omega \frac{d^2}{dn\, d\nu} \left\{ \frac{1}{r'} - \frac{1}{r''} \right\}. \tag{14.}$$

Die Formeln (7.), (13.), (14.) zeigen, dass die Induction, welche ein geschlossener Leiter durch einen geschlossenen galvanischen Strom erfährt, von der Bewegung an sich, sei es des Leiters oder des Stroms, unabhängig ist, und dass sie allein von der durch die Bewegung hervorgebrachten Veränderung des Werthes des auf den Leiter bezogenen Potentials des Stroms abhängt. Ich folgere hieraus, dass es überhaupt gleichgültig ist, wodurch der Werth des Potentials verändert wird, und dass jeder Umstand, der denselben verändert, die Ursache einer Induction ist. Es wird also in dem geschlossenen

*) Diese Ausdrucksweise dürfte anfechtbar sein. Jedenfalls aber wird V_π, auf Grund der nächstfolgenden Formel, zu bezeichnen sein als das Potential einer magnetischen Doppelschicht, deren Moment constant, nämlich gleich Eins ist. — *A. W.*

Leiter, auch wenn die Intensität eines in seiner Nähe befindlichen galvanischen Stroms verändert wird, ein Inductionsstrom errregt werden, und die elektromotorische Kraft dieses Stroms wird die Differenz der Werthe des auf den Leiter bezogenen Potentials des Stroms in seinen beiden Endzuständen sein. Ich werde den inducirten Strom mit $J^{(\gamma)}$ bezeichnen, und mit j' und j'' die Anfangs- und Endintensität des galvanischen Stroms; dann ist

$$(16.)\qquad J^{(\gamma)} = \frac{1}{2}\varepsilon\varepsilon'(j'-j'')\,\mathrm{S}\,Do\frac{dV_\pi}{dn} = \frac{1}{2}\varepsilon\varepsilon'(j'-j'')\sum D\omega\frac{dV_p}{d\nu},$$

oder

$$(17.)\qquad J^{(\gamma)} = \frac{1}{2}\varepsilon\varepsilon'(j'-j'')\,\mathrm{S}\sum Do\,D\omega\frac{d^2\frac{1}{r}}{dn\,d\nu}.$$

Inwieweit diese Formeln eine Anwendung auf die Fälle gestatten, in denen ein galvanischer Strom plötzlich auftritt oder unterbrochen wird, bedarf noch experimenteller Prüfung. Denn sie setzen voraus, dass die Geschwindigkeit, mit welcher die inducirende Ursache eintritt, im Verhältniss zur Fortpflanzungsgeschwindigkeit der Elektricität in den inducirten Leitern gering ist. Noch zweifelhafter wird die Anwendbarkeit dieser Formeln da, wo innerhalb einer sehr kurzen Zeit die inducirende Ursache aus dem Positiven ins Negative übergeht. Ein schönes Beispiel aber für die Anwendung der verschiedenen Formeln geben die Ströme, welche durch das im Verhältniss zur elektrischen Fortpflanzungsgeschwindigkeit langsame Anschwellen der magnetoelektrischen Ströme inducirt werden. Unter Annahme der Anwendbarkeit der Formeln (16.) oder (17.) auf die durch das plötzliche Auftreten oder Verschwinden von galvanischen Strömen erregte Induction kann man sagen: *der durch das plötzliche Auftreten eines galvanischen Stroms in einem ruhenden Leiter inducirte Strom ist derselbe, als hätte sich der Leiter aus grosser Entfernung her dem Strom bis an die Stelle, wo er sich befindet, genähert.*

§ 11.

Ebenso wie im vorigen Paragraphen (auf Seite 314) sich ein einfacher Satz ergeben hatte für einen geschlossenen linearen Leiter, — ebenso werden im gegenwärtigen Paragraphen (auf Seite 321 und 322) nicht minder merkwürdige Sätze sich ergeben für einen ungeschlossenen linearen Leiter.

Der inducirte Integralstrom hängt im Allgemeinen von einer dreifachen Integration ab, welche sich auf die Curve des inducirenden Stroms, auf die

Curve des inducirten Leiters und drittens auf die Bahn bezieht, auf welcher ein Element, sei es des inducirenden Stroms oder des inducirten Leiters, bewegt wird, und welche von der Stelle des Elements in seiner Curve abhängt. Die Einführung des Potentials der magnetischen Oberflächen, wenn Strom und Leiter geschlossene Curven bilden, erlaubt allgemein die Ausführung der dritten Integration, setzt aber an die Stelle der beiden ersten Integrationen eine vierfache über die beiden Oberflächen. Ich werde jetzt nachweisen, dass, wenn entweder die Curve des inducirenden Stroms oder des inducirten Leiters eine geschlossene ist, allgemein die dreifache Integration sich auf ein Doppelintegral zurückführen lässt. Dies Doppelintegral reducirt sich auf eine einfache Quadratur, wenn die geschlossene Curve im Verhältniss zu ihrer Entfernung von der andern Curve sehr kleine Dimensionen hat, wie dies z. B. bei einem Solenoid der Fall ist, welches ein magnetisches Atom vorstellt.

Der in einem Leiter s, welcher sich unter dem Einfluss eines galvanischen Stromes σ bewegt, inducirte Strom ist nach (6.) § 3:

$$J = -\varepsilon\varepsilon' \mathrm{S}\int_{w_0}^{w_1} \{X_\sigma dx + Y_\sigma dy + Z_\sigma dz\} Ds, \tag{1.}$$

wo die Grössen $X_\sigma Ds$ u. s. w. die Componenten der Gesammtwirkung bedeuten, welche der inducirende Strom σ auf das Element Ds des bewegten Leiters ausübt, und dx, dy, dz die Projectionen des Elements dw der Bahn sind, auf welcher Ds bewegt wird. Wenn der inducirende Strom von der Intensität j eine geschlossene Curve bildet, so lassen sich die von *Ampère* gegebenen Ausdrücke für die Componenten seiner Wirkung auf das Element Ds, dieses von der Einheit des Stroms durchströmt gedacht, so darstellen:

$$(2.)\quad \begin{cases} X_\sigma Ds = \frac{1}{2} j \sum \left\{ \left(\frac{\partial \frac{1}{r}}{\partial \xi} D\xi - \frac{\partial \frac{1}{r}}{\partial \xi} D\zeta \right) Dz - \left(\frac{\partial \frac{1}{r}}{\partial \xi} D\eta - \frac{\partial \frac{1}{r}}{\partial \eta} D\xi \right) Dy \right\}, \\ Y_\sigma Ds = \frac{1}{2} j \sum \left\{ \left(\frac{\partial \frac{1}{r}}{\partial \xi} D\eta - \frac{\partial \frac{1}{r}}{\partial \eta} D\xi \right) Dx - \left(\frac{\partial \frac{1}{r}}{\partial \eta} D\zeta - \frac{\partial \frac{1}{r}}{\partial \zeta} D\eta \right) Dz \right\}, \\ Z_\sigma Ds = \frac{1}{2} j \sum \left\{ \left(\frac{\partial \frac{1}{r}}{\partial \eta} D\zeta - \frac{\partial \frac{1}{r}}{\partial \zeta} D\eta \right) Dy - \left(\frac{\partial \frac{1}{r}}{\partial \zeta} D\xi - \frac{\partial \frac{1}{r}}{\partial \xi} D\zeta \right) Dx \right\}, \end{cases}$$

wo

$$r^2 = (x-\xi)^2 + (y-\eta)^2 + (z-\zeta)^2.$$

Substituirt man diese Werthe in (1.) und ordnet das Resultat nach $D\xi$, $D\eta$, $D\zeta$, so erhält man für den Theil desselben, welcher von $D\xi$ abhängt:

$$(3.)\qquad -\tfrac{1}{2}\varepsilon\varepsilon' j\sum \mathrm{S}\int\left\{\left(\frac{\partial\frac{1}{r}}{\partial\xi}Dx+\frac{\partial\frac{1}{r}}{\partial\eta}Dy+\frac{\partial\frac{1}{r}}{\partial\zeta}Dz\right)dx - \left(\frac{\partial\frac{1}{r}}{\partial\xi}dx+\frac{\partial\frac{1}{r}}{\partial\eta}dy+\frac{\partial\frac{1}{r}}{\partial\zeta}dz\right)Dx\right\}D\xi,$$

woraus sich die von $D\eta$ und $D\zeta$ abhängigen Theile leicht bilden lassen, indem man die ausserhalb der Parenthesen stehenden $D\xi$, Dx, dx respective mit $D\eta$, Dy, dy oder $D\zeta$, Dz, dz vertauscht. Da man statt der partiellen Differentialquotienten von $\frac{1}{r}$ nach ξ, η, ζ die negativen nach x, y, z schreiben kann, so erhält man durch partielle Integration in Bezug auf das Element Ds*):

$$(\alpha.)\qquad \mathrm{S}\left(\frac{\partial\frac{1}{r}}{\partial\xi}Dx+\frac{\partial\frac{1}{r}}{\partial\eta}Dy+\frac{\partial\frac{1}{r}}{\partial\zeta}Dz\right)dx = -\left[\frac{1}{r}\,dx\right]_{s_{,}}^{s_{,,}} + \mathrm{S}\frac{1}{r}\cdot\frac{D(dx)}{Ds}Ds,$$

und durch partielle Integration in Bezug auf das Element dw der Bahn w, welche das Element Ds beschreibt:

$$(\beta.)\qquad \int\left(\frac{\partial\frac{1}{r}}{\partial\xi}dx+\frac{\partial\frac{1}{r}}{\partial\eta}dy+\frac{\partial\frac{1}{r}}{\partial\zeta}dz\right)Dx = -\left[\frac{1}{r}\,Dx\right]_{w_{,}}^{w_{,,}} + \int\frac{1}{r}\cdot\frac{d(Dx)}{dw}dw.$$

Da nun

$$(\gamma.)\qquad \int\mathrm{S}\frac{1}{r}\cdot\frac{D(dx)}{Ds}Ds = \int\mathrm{S}\frac{1}{r}\cdot\frac{d(Dx)}{dw\,Ds}dw\,Ds = \int\mathrm{S}\frac{1}{r}\cdot\frac{d(Dx)}{dw}dw,$$

so erhält man durch Substitution der vorstehenden Ausdrücke in (3.):

$$(\delta.)\qquad \tfrac{1}{2}\varepsilon\varepsilon' j\sum\left\{\int\left[\frac{dx}{r}\right]_{s_{,}}^{s_{,,}} - \mathrm{S}\left[\frac{Dx}{r}\right]_{w_{,}}^{w_{,,}}\right\}D\xi.$$

Da hieraus die beiden andern Theile von J durch respective Vertauschung von $D\xi$, Dx, dx mit $D\eta$, Dy, dy und $D\zeta$, Dz, dz abgeleitet werden, so wird

$$(4.)\qquad J = \tfrac{1}{2}\varepsilon\varepsilon' j\left\{\sum\int\left[\frac{D\xi\,dx+D\eta\,dy+D\zeta\,dz}{r}\right]_{s_{,}}^{s_{,,}} - \sum\mathrm{S}\left[\frac{D\xi\,Dx+D\eta\,Dy+D\zeta\,Dz}{r}\right]_{w_{,}}^{w_{,,}}\right\},$$

wo $s_{,}$ und $s_{,,}$ die Grenzen von s, und $w_{,}$, $w_{,,}$ die Grenzen von w bedeuten. Die dreifache Integration in (1.) ist hierdurch auf eine doppelte zurückgeführt.

*) In (α.), (β.), (δ.) sind, ebenso wie in (4.), unter $s_{,}$, $s_{,,}$ und $w_{,}$, $w_{,,}$ die Grenzen von s und w zu verstehen. — *C. N.*

Die Form des vorstehenden Ausdrucks wird einfacher, wenn der bewegte Leiter eine geschlossene Curve bildet, oder auch wenn derselbe zwar keine geschlossene Curve bildet, aber sich auf einer geschlossenen Bahn bewegt, d. h. wenn er am Ende seiner Bewegung in seine ursprüngliche Lage zurückkehrt. Ich werde diese beiden Fälle besonders betrachten, und dann zu dem allgemeinen Falle, wo weder der Leiter noch die Bahn geschlossen ist, zurückkehren.

I. Wenn der Leiter eine geschlossene Curve bildet, fällt der von den Grenzen $s_{,}$ und $s_{,,}$ abhängige Theil in (4.) fort, und man hat:

$$J = -\tfrac{1}{2}\varepsilon\varepsilon' j \sum \mathrm{S}\left[\frac{D\xi\, Dx + D\eta\, Dy + D\zeta\, Dz}{r}\right]_{w_{,}}^{w_{,,}}. \tag{5.}$$

Wir fanden aber im vorhergehenden Paragraphen, dass die in einem geschlossenen Leiter durch einen geschlossenen Strom inducirte elektromotorische Kraft dem Unterschiede der Werthe gleich ist, welche das Potential des Stroms in Bezug auf den vom Strome ε durchströmten Leiter am Anfang und am Ende der Bewegung annimmt. Hieraus folgt, dass durch den Ausdruck

$$\tfrac{1}{2}\varepsilon j \sum \mathrm{S}\,\tfrac{1}{r}(D\xi\, Dx + D\eta\, Dy + D\zeta\, Dz) = V$$

das Potential eines geschlossenen Stroms σ von der Intensität j in Bezug auf einen andern geschlossenen Strom s von der Intensität ε dargestellt wird. *Das Potential zweier geschlossenen Ströme von der Intensität* 1 *in Bezug auf einander ist also die halbe Summe der Producte der Elemente des einen Stroms mit den Elementen des andern, jedes Product zweier Elemente multiplicirt mit dem Cosinus ihrer Neigung und dividirt durch ihre gegenseitige Entfernung.*

Dieser Satz kann auch direct aus dem Gesetz abgeleitet werden, das die Wirkung eines Elements eines geschlossenen Stroms auf ein Element eines andern geschlossenen Stroms bestimmt, und welches sich aus den *Ampère*'schen Formeln ergiebt, bisher aber noch nicht ausgesprochen zu sein scheint: *Die Anziehung, welche zwei Elemente verschiedener geschlossener Ströme auf einander ausüben, ist umgekehrt dem Quadrate ihrer Entfernung und direct dem Cosinus ihrer gegenseitigen Neigung proportional.* Man findet dies sofort aus den Ausdrücken in (2.). Man erhält z. B. aus dem ersten derselben:

$$\mathrm{S}\,X_\sigma Ds = \tfrac{1}{2} j \sum \mathrm{S}\left\{\begin{matrix}\left(\dfrac{\partial\frac{1}{r}}{\partial\xi}Dx + \dfrac{\partial\frac{1}{r}}{\partial\eta}Dy + \dfrac{\partial\frac{1}{r}}{\partial\zeta}Dz\right)D\xi \\ -(Dx\,D\xi + Dy\,D\eta + Dz\,D\zeta)\dfrac{\partial\frac{1}{r}}{\partial\xi}\end{matrix}\right\},$$

woraus sich $\left(\text{wegen } \frac{\partial \frac{1}{r}}{\partial \xi} = -\frac{\partial \frac{1}{r}}{\partial x} \text{ u. s. w.}\right)$, wenn man $r_{,}$ und $r_{,,}$ die dem Anfangs- und Endpunkte von s entsprechenden Werthe von r nennt, ergiebt

$$\mathrm{S}\, X_\sigma Ds = \tfrac{1}{2} j \sum \left(\tfrac{1}{r_{,}} - \tfrac{1}{r_{,,}}\right) D\xi - \tfrac{1}{2} j \sum \mathrm{S} \tfrac{x-\xi}{r^3} (Dx\, D\xi + Dy\, D\eta + Dz\, D\zeta).$$

Ist s eine geschlossene Curve, so ist $r_{,} = r_{,,}$, und demnach

$$\mathrm{S}\, X_\sigma Ds = -\tfrac{1}{2} j \sum \mathrm{S} \tfrac{x-\xi}{r^3} (Dx\, D\xi + Dy\, D\eta + Dz\, D\zeta).$$

Man kann also unter der Voraussetzung, dass σ und s geschlossene Curven sind und in ihnen die Stromeinheiten fliessen, die gegenseitige Wirkung zweier Elemente Ds und $D\sigma$ so ansehen, als wenn sie in der Richtung ihrer Verbindungslinie r und mit der Intensität

$$-\frac{1}{2} \frac{D\xi\, Dx + D\eta\, Dy + D\zeta\, Dz}{r^2} = -\frac{1}{2r^2} \cos(D\sigma, Ds)\, D\sigma\, Ds$$

stattfände, wo $(D\sigma,\, Ds)$ den Winkel bedeutet, unter welchem $D\sigma$ gegen Ds geneigt ist. Hieraus folgt, dass

$$\frac{1}{2} \sum \frac{1}{r} \cos(D\sigma, Ds)\, D\sigma\, Ds$$

das Potential des Stroms σ in Bezug auf das Element Ds und

$$\frac{1}{2} \mathrm{S} \sum \frac{1}{r} \cos(D\sigma, Ds)\, D\sigma\, Ds$$

das Potential von σ in Bezug auf s ist.

II. Wenn die Bahn, welche der Leiter durchlaufen hat, eine geschlossene ist, fällt in (4.) der von den Grenzen der Bahn $w_{,}$ und $w_{,,}$ abhängige Theil fort, und man hat:

$$J = \frac{1}{2} \varepsilon \varepsilon' j \sum \int \left[\frac{D\xi\, dx + D\eta\, dy + D\zeta\, dz}{r} \right]_{s_{,}}^{s_{,,}}. \tag{6.}$$

Aus dieser Formel ergiebt sich der Satz: *die in einem ungeschlossenen Leiter durch einen geschlossenen Strom inducirte elektromotorische Kraft ist, wenn der Leiter eine geschlossene Bahn durchlaufen hat, die Differenz der Werthe des Potentials des Stroms in Bezug auf die von den Endpunkten des Leiters durchlaufenen Curven, diese Curven von dem Strome ε durchströmt gedacht.* Die inducirte elektromotorische Kraft ist hier also ebenso von der Gestalt des Leiters unabhängig, wie sie im vorhergehenden Falle des geschlossenen Leiters von dem von ihm durchlaufenen Wege unabhängig war. Wenn sich ein geschlossener Leiter unter dem Einfluss eines geschlossenen Stroms in einer geschlossenen Bahn bewegt, so ist die Summe der in ihm bis zur Rückkehr zu seiner ursprünglichen Lage erregten elektromotorischen Kräfte immer gleich Null. Hieraus folgt, dass durch fortgesetzte Drehung constante Ströme, d. h. solche, deren Differentialströme in jedem Augenblick denselben Werth haben, nur in *ungeschlossenen Leitern* oder nur unter dem Einfluss *ungeschlossener Ströme* erzeugt werden können.

III. Ich will jetzt den allgemeinen Fall erörtern, wo weder der inducirte Leiter noch die Bahn, auf welcher er sich bewegt hat, geschlossene Curven sind.

Das Aggregat von vier Integralen, welches den Ausdruck von J in (4.) bildet, ist nichts anderes als das Doppelintegral, in welchem über die geschlossene Curve σ und über die Peripherie des geschlossenen Curvenvierecks integrirt wird, welches die vom Leiter in seiner Bewegung beschriebene Oberfläche begrenzt. Dieses Viereck wird von den Curven $(s_{,})$, $(e_{,})$, $(s_{,,})$, $(e_{,,})$ gebildet, von denen $(s_{,})$ und $(s_{,,})$ die Curve des inducirten Leiters selbst am Anfange und Ende seiner Bewegung und $(e_{,})$ und $(e_{,,})$ die während seiner Bewegung von seinen zwei Endpunkten beschriebenen Curven bedeuten. Man kann daher in Folge der Formel (4.) den Satz aussprechen:

Die elektromotorische Kraft, welche in einem unter dem Einfluss eines geschlossenen Stroms σ bewegten Leiter s inducirt wird, ist gleich dem Potential von σ in Bezug auf das geschlossene Viereck, welches aus der Curve des Leiters selbst in ihrer Anfangs- und Endposition und den während seiner Bewegung von seinen Endpunkten beschriebenen Curven gebildet wird, wenn dieses Viereck von einem Strome ε durchströmt gedacht wird.

Aus diesem Satze lassen sich die Resultate leicht ableiten, welche in I. und II. für geschlossene Leiter und für begrenzte Leiter, welche eine geschlossene Bahn beschrieben haben, gefunden worden sind. In den zwei Curven $(e_{,})$ und $(e_{,,})$ hat der Strom ε eine entgegengesetzte Richtung, und ebenso in den zwei Curven $(s_{,})$ und $(s_{,,})$. Ist der *Leiter* geschlossen, so fällt $(e_{,,})$ auf $(e_{,})$, die in ihnen fliessenden Theile heben sich auf und es bleiben nur die beiden geschlossenen Curven $(s_{,})$ und $(s_{,,})$, in welchen die Strömung ε eine entgegengesetzte Richtung hat. Ist die *Bahn* geschlossen, so fällt $(s_{,,})$ auf $(s_{,})$, die in ihnen fliessenden Theile des Stroms heben sich auf und es bleiben nur die entgegengesetzten Ströme in den geschlossenen Curven $(e_{,})$ und $(e_{,,})$.

Da ein Magnet als ein System von geschlossenen Strömen angesehen wird, so gilt der vorstehende Satz auch, wenn die Induction, statt durch einen geschlossenen Strom, durch einen Magnet hervorgebracht wird. Er findet auch seine Anwendung auf den Fall, wo der inducirte Leiter ruht und der inducirende geschlossene Strom bewegt wird, da man nach § 4 statt der Bewegung des letzteren immer die entgegengesetzte des inducirten Leiters substituiren kann. Wenn ferner der inducirende Strom σ sich bewegt und ungeschlossen ist, d. h. wenn ein Theil seiner Bahn an der Bewegung keinen Theil nimmt, so giebt derselbe Satz die erregte elektromotorische Kraft, im Fall der inducirte Leiter s eine geschlossene Curve bildet. Nach § 4 nämlich erhält man dieselbe elektromotorische Kraft wie früher, wo der inducirende Strom in diesem geschlossenen Leiter s strömend und der ungeschlossene Leiter σ als der inducirte Strom angenommen wurde. Endlich bestimmt auch der obige Satz für den Fall, wenn der ungeschlossene inducirende Strom σ ruht, die inducirte elektromotorische Kraft, wenn der Leiter s geschlossen ist. In diesem Falle denkt man sich wieder den inducirenden Strom in dem Leiter s fliessend, und substituirt statt der Bewegung desselben die entgegengesetzte des Leiters σ.

§ 12.

Wie sich die Theorie der durch einen Magnetpol hervorgerufenen Induction gestaltet unter Anwendung des Potentials (d. i. der Kegelöffnung).

Als Potential V eines geschlossenen Stromes σ in Bezug auf einen andern geschlossenen Strom s, beide Ströme von der Intensität 1 gesetzt, wurde im vorigen Paragraphen gefunden:

$$(1.)\qquad V = \frac{1}{2}\,\mathrm{S}\sum \frac{1}{r}(Dx\,D\xi + Dy\,D\eta + Dz\,D\zeta).$$

Es soll dieser Ausdruck unter der Voraussetzung weiter entwickelt werden, dass σ eine ebene Curve sei, deren Dimensionen im Verhältniss zu r sehr klein sind. Unter dieser Voraussetzung lässt sich der Ausdruck in eine rasch convergirende Reihe entwickeln, die nach den Potenzen der Dimensionen von σ fortschreitet, und wir nehmen diese Dimensionen so klein an, dass nur das erste Glied dieser Reihe zu berücksichtigen ist. Ich werde in (1.) statt ξ, η, ζ setzen

$$(2.)\qquad \xi + \alpha, \qquad \eta + \beta, \qquad \zeta + \gamma,$$

wo ξ, η, ζ die Coordinaten des Schwerpunkts von σ sind, welcher zum Anfangspunkt der Coordinaten α, β, γ genommen wird. Diese Coordinaten werde ich durch andere α', β', γ' ausdrücken, von denen α' und β' in der Ebene des

Stroms σ liegen, und also γ' auf dieser Ebene senkrecht ist. Es bilde γ' mit γ den Winkel ν, und eine durch γ und γ' gelegte Ebene bilde mit α den Winkel ω; in dieser Ebene und in der Ebene des Stroms liege β'. Demnach ist

$$\begin{aligned}\alpha &= \alpha' \sin\omega - \beta' \cos\nu \cos\omega + \gamma' \sin\nu \cos\omega,\\ \beta &= -\alpha' \cos\omega - \beta' \cos\nu \sin\omega + \gamma' \sin\nu \sin\omega,\\ \gamma &= \beta' \sin\nu + \gamma' \cos\nu.\end{aligned}$$

Ich beziehe die Curve σ auf Polarcoordinaten mit demselben Anfangspunkt; es sei ϱ der Radiusvector eines ihrer Punkte, welcher gegen α' unter dem Winkel φ geneigt ist, so wird

$$\alpha' = \varrho \cos\varphi, \qquad \beta' = \varrho \sin\varphi, \qquad \gamma' = 0,$$

wo ϱ eine durch die Natur der Curve σ gegebene Function von φ ist. Es wird also für jeden Punkt der Curve σ:

$$(3.)\qquad \begin{cases}\alpha = \varrho(\sin\omega \cos\varphi - \cos\nu \cos\omega \sin\varphi),\\ \beta = -\varrho(\cos\omega \cos\varphi + \cos\nu \sin\omega \sin\varphi),\\ \gamma = \varrho \sin\nu \sin\varphi.\end{cases}$$

Setzt man in (1.) für ξ, η, ζ die Werthe (2.), so erhält man

$$V = \tfrac{1}{2}\,\mathrm{S}\sum \frac{Dx\,D\alpha + Dy\,D\beta + Dz\,D\gamma}{[(x-\xi-\alpha)^2 + (y-\eta-\beta)^2 + (z-\zeta-\gamma)^2]^{\frac{1}{2}}},$$

wo α, β, γ die durch (3.) gegebenen Functionen von φ sind, und $\sum$ eine Integration in Bezug auf φ von $\varphi = 0$ bis $\varphi = 2\pi$ bezeichnet. Entwickelt man die Wurzelgrösse nach den Potenzen der im Verhältniss zu

$$\sqrt{(x-\xi)^2 + (y-\eta)^2 + (z-\zeta)^2}$$

als sehr klein vorausgesetzten Grösse ϱ, so erhält man bei Vernachlässigung der Glieder höherer Ordnung, da in den angegebenen Grenzen

$$\sum \frac{Dx\,D\alpha + Dy\,D\beta + Dz\,D\gamma}{\{(x-\xi)^2 + (y-\eta)^2 + (z-\zeta)^2\}^{\frac{1}{2}}} = 0$$

ist, folgende Formel:

$$(4.)\qquad V = \tfrac{1}{2}\,\mathrm{S}\sum \frac{(Dx\,D\alpha + Dy\,D\beta + Dz\,D\gamma)\cdot[(x-\xi)\alpha + (y-\eta)\beta + (z-\zeta)\gamma]}{[(x-\xi)^2 + (y-\eta)^2 + (z-\zeta)^2]^{\frac{3}{2}}}.$$

Aus den Werthen von α, β, γ in (3.) ergiebt sich

$$\begin{aligned}&\textstyle\sum \alpha\,D\alpha = 0, \qquad \sum \beta\,D\beta = 0, \qquad \sum \gamma\,D\gamma = 0,\\ &\textstyle\sum \alpha\,D\beta = -\sum \beta\,D\alpha = -\tfrac{1}{2}\cos\nu \cdot \sum \varrho^2\,D\varphi,\\ &\textstyle\sum \alpha\,D\gamma = -\sum \gamma\,D\alpha = \tfrac{1}{2}\sin\nu \sin\omega \cdot \sum \varrho^2\,D\varphi,\\ &\textstyle\sum \beta\,D\gamma = -\sum \gamma\,D\beta = -\tfrac{1}{2}\sin\nu \cos\omega \cdot \sum \varrho^2\,D\varphi,\end{aligned}$$

und demnach wird

$$(5.)\qquad V = \tfrac{1}{4}(\textstyle\sum \varrho^2 D\varphi)\, \mathrm{S}\, \frac{1}{r^3}\left\{\begin{array}{l} \cos\nu\,[(y-\eta)\,Dx-(x-\xi)\,Dy] \\ +\sin\nu\,\sin\omega\,[(x-\xi)\,Dz-(z-\zeta)\,Dx] \\ +\sin\nu\,\cos\omega\,[(z-\zeta)\,Dy-(y-\eta)\,Dz] \end{array}\right\}.$$

Ich werde statt $\frac{1}{2}\sum\varrho^2 D\varphi$, welches der Inhalt des kleinen von dem Strome σ umschlossenen Raumes ist, die Grösse λ setzen, und die Grössen $\cos\nu$, $\sin\nu\,\sin\omega$, $\sin\nu\,\cos\omega$ oder die Cosinus der Winkel, welche die Normale auf der Stromebene σ respective mit z, y, x bildet, als Differentialquotienten von ζ, η, ξ in Bezug auf diese Normale, welche ich durch N bezeichne, ausdrücken, also:

$$\cos\nu = \frac{d\zeta}{dN},\qquad \sin\nu\,\sin\omega = \frac{d\eta}{dN},\qquad \sin\nu\,\cos\omega = \frac{d\xi}{dN}$$

setzen. Ich werde ferner in (5.) statt $\frac{1}{r^3}[(y-\eta)\,Dx-(x-\xi)\,Dy]$ den nach ζ genommenen partiellen Differentialquotient von

$$\left(1-\frac{z-\zeta}{r}\right)\cdot\frac{(y-\eta)\,Dx-(x-\xi)\,Dy}{(y-\eta)^2+(x-\xi)^2},$$

und ebenso statt $\frac{1}{r^3}[(x-\xi)\,Dz-(z-\zeta)\,Dx]$ und $\frac{1}{r^3}[(z-\zeta)\,Dy-(y-\eta)\,Dz]$ die respective nach η und ξ genommenen partiellen Differentialquotienten der Ausdrücke

$$\left(1-\frac{y-\eta}{r}\right)\cdot\frac{(x-\xi)\,Dz-(z-\zeta)\,Dx}{(x-\xi)^2+(z-\zeta)^2},$$
$$\left(1-\frac{x-\xi}{r}\right)\cdot\frac{(z-\zeta)\,Dy-(y-\eta)\,Dz}{(z-\zeta)^2+(y-\eta)^2}$$

setzen. Dadurch verwandelt sich der Werth von V in (5.) in den folgenden:

$$(6.)\qquad V = \tfrac{1}{2}\lambda\,\mathrm{S}\left\{\begin{array}{l} \dfrac{d\xi}{dN}\cdot\dfrac{\partial}{\partial\xi}\left\{\left(1-\dfrac{x-\xi}{r}\right)\cdot\dfrac{(z-\zeta)\,Dy-(y-\eta)\,Dz}{(z-\zeta)^2+(y-\eta)^2}\right\} \\ +\dfrac{d\eta}{dN}\cdot\dfrac{\partial}{\partial\eta}\left\{\left(1-\dfrac{y-\eta}{r}\right)\cdot\dfrac{(x-\xi)\,Dz-(z-\zeta)\,Dx}{(x-\xi)^2+(z-\zeta)^2}\right\} \\ +\dfrac{d\zeta}{dN}\cdot\dfrac{\partial}{\partial\zeta}\left\{\left(1-\dfrac{z-\zeta}{r}\right)\cdot\dfrac{(y-\eta)\,Dx-(x-\xi)\,Dy}{(y-\eta)^2+(x-\xi)^2}\right\} \end{array}\right\},$$

oder wenn

$$(7.)\qquad \left\{\begin{array}{l} \mathrm{S}\left(1-\dfrac{x-\xi}{r}\right)\dfrac{(z-\zeta)\,Dy-(y-\eta)\,Dz}{(z-\zeta)^2+(y-\eta)^2} = K, \\ \mathrm{S}\left(1-\dfrac{y-\eta}{r}\right)\dfrac{(x-\xi)\,Dz-(z-\zeta)\,Dx}{(x-\xi)^2+(z-\zeta)^2} = L, \\ \mathrm{S}\left(1-\dfrac{z-\zeta}{r}\right)\dfrac{(y-\eta)\,Dx-(x-\xi)\,Dy}{(y-\eta)^2+(x-\xi)^2} = M, \end{array}\right.$$

gesetzt wird, in

$$(8.)\qquad V = \tfrac{1}{2}\lambda\left\{\frac{d\xi}{dN}\cdot\frac{\partial K}{\partial\xi}+\frac{d\eta}{dN}\cdot\frac{\partial L}{\partial\eta}+\frac{d\zeta}{dN}\cdot\frac{\partial M}{\partial\zeta}\right\}.$$

Bildet der Strom s, auf welchen sich die Integrationen in (7.) beziehen, eine geschlossene Curve, so ist

$$K = L = M,$$

weil alsdann jede dieser Grössen das Stück vorstellt, welches auf der mit dem Halbmesser $= 1$ um den Punkt (ξ, η, ζ) beschriebenen Kugelfläche durch den Kegel abgeschnitten wird, welcher aus dem Punkte (ξ, η, ζ) als Spitze durch die Curve s gelegt wird. Ich werde dieses Kugelflächenstück *die Kegelöffnung von s in Bezug auf den Punkt (ξ, η, ζ) oder in Bezug auf den Ort von λ* nennen, und dasselbe mit K bezeichnen. Hierdurch reducirt sich der Ausdruck in (8.) auf

$$V = \frac{1}{2}\lambda \frac{dK}{dN}, \tag{9.}$$

das heisst: *es ist das Potential eines Stroms, welcher den kleinen ebenen Raum λ umkreist, in Bezug auf einen geschlossenen Strom s, wenn in beiden die Stromeinheit strömt, gleich dem Product aus $\frac{1}{2}\lambda$ in den nach der Normale auf λ genommenen Differentialquotienten der Kegelöffnung von s in Bezug auf λ.*

Betrachtet man den kleinen Raum λ als den Normalschnitt eines sehr engen Kanals, dessen Axe N ist, und denkt man sich jeden der aufeinanderfolgenden Normalschnitte des Kanals von der Stromeinheit umkreist, so erhält man ein Solenoid. Es sei α die Anzahl der Stromumkreisungen, welche sich auf der Einheit der Länge befinden, so ist die Anzahl solcher Umkreisungen auf dem Elemente der Axe dN gleich αdN, und demnach das Potential des Solenoidelements in Bezug auf s:

$$\frac{1}{2}\alpha\lambda \frac{dK}{dN} dN.$$

Erstreckt sich das Solenoid von N' bis N'', und bezeichnet man die zu N' und N'' gehörigen Werthe von K durch K' und K'', so erhält man *als Potential des begrenzten Solenoids* in Bezug auf s:

$$\frac{1}{2}\alpha\lambda\{K'' - K'\}. \tag{10.}$$

Liegt das eine Ende N' unendlich weit von s, so ist $K' = 0$, und man erhält also *als Potential eines an einem Ende unbegrenzten Solenoids* in Bezug auf s:

$$\frac{1}{2}\alpha\lambda K, \tag{11.}$$

wo K die Kegelöffnung von s in Bezug auf den im Endlichen liegenden Pol des Solenoids bedeutet. Diesen Ausdruck nenne ich *das Potential des Solenoidpols.* Wenn die Intensität des Stroms in dem Solenoid gleich j ist, so sind die vorstehenden Ausdrücke noch mit j zu multipliciren. In der Terminologie der Theorie des Magnetismus heisst das Product $\frac{1}{2}\alpha\lambda j$ *die Quantität freier magnetischer Flüssigkeit* in dem Pole, welche mit $\varkappa'$ bezeichnet werden soll. Demnach ist nach (11.) das Potential eines Magnetpols

$$\varkappa' K, \tag{12.}$$

und nach (10.) das Potential eines Magneten, dessen freie magnetische Flüssigkeiten in zwei Polen concentrirt gedacht werden dürfen,

$$\varkappa'(K''-K'). \tag{13.}$$

Der Ausdruck (12.) giebt den für die Anwendung wichtigen Satz:

Das Potential eines Magnetpols, dessen freie magnetische Flüssigkeit = 1 *ist, in Bezug auf einen geschlossenen Strom s von der Intensität* 1, *ist die Kegelöffnung von s in Bezug auf den Pol.*

Der Ausdruck in (13.) ergiebt sich als ein Corollar dieses Satzes.

Aus demselben Satz lässt sich leicht das Potential eines Magneten in Bezug auf einen geschlossenen Strom s ableiten. Es bezeichne nämlich $D\omega$ das Element der Oberfläche des Magneten, und in ihm befinde sich die freie magnetische Flüssigkeit $\varkappa D\omega$, K sei die auf $D\omega$ bezogene Kegelöffnung von s, so ist das Potential des Magneten in Bezug auf s, wenn der Strom in s die Intensität 1 hat:

$$\mathrm{S}\varkappa K D\omega, \tag{14.}$$

wo das Integral über die ganze Oberfläche des Magneten auszudehnen ist. Wenden wir diesen Ausdruck des Potentials auf den in (1.) § 9 enthaltenen Satz an, so erhalten wir für den Strom, der in einem geschlossenen Leiter s dadurch inducirt wird, dass ein Magnet aus der Lage $w_{,}$ in die Lage $w_{,,}$ fortgeführt wird, den Ausdruck

$$J = \varepsilon\varepsilon' \mathrm{S}\varkappa(K'-K'')D\omega, \tag{15.}$$

wo K' und K'' die Werthe von K in der Lage $w_{,}$ und $w_{,,}$ bedeuten.

Bewegt sich ein ungeschlossener Leiter in einer geschlossenen Bahn, so wird der in ihm von dem Magneten inducirte Strom durch dieselbe Formel (15.) ausgedrückt; es bedeuten dann aber K' und K'' die auf $D\omega$ bezogenen Kegelöffnungen der zwei geschlossenen Curven, auf welchen die Endpunkte des Leiters fortgeführt werden.

Die Formel

$$J = -\varepsilon\varepsilon' \mathrm{S}\varkappa K D\omega \tag{15a.}$$

giebt den allgemeinsten Ausdruck für den in der Bewegung eines Leiters durch einen Magnet inducirten Strom, wenn durch K die auf $D\omega$ bezogene Kegelöffnung der Peripherie des Curvenvierecks bezeichnet wird, welches die von dem Leiter beschriebene Oberfläche begrenzt. Dieselben Formeln drücken auch den inducirten Strom aus, wenn statt des Leiters der Magnet in entgegengesetzter Richtung bewegt wird.

Hat der Magnet, ohne seinen Ort zu verändern, eine Aenderung in der Vertheilung seiner magnetischen Flüssigkeit erfahren, sodass sich die Quantität freier Flüssigkeit in $D\omega$ von $\varkappa' D\omega$ in $\varkappa'' D\omega$ verwandelt hat, so ist nach (4.) § 9 der dadurch in s inducirte Strom

(16.) $$J^{(\mu)} = \varepsilon\varepsilon' \mathsf{S}\, (\varkappa' - \varkappa'')\, K D\omega\,.$$

Ist der durch $\varkappa$ bezeichnete Zustand des Magneten aus dem neutralen Zustand hervorgegangen, so wird der durch die Hervorrufung dieses magnetischen Zustandes $\varkappa$ inducirte Strom

(17.) $$J_{,}^{(\mu)} = -\varepsilon\varepsilon' \mathsf{S}\, \varkappa K D\omega\,.$$

Die oben angegebene Definition von K als Kegelöffnung einer Curve s in Bezug auf einen Pol oder Punkt lässt noch unbestimmt, welches der beiden Stücke, die der aus dem Pol als Spitze durch die Curve s gelegte Kegel aus einer um den Pol mit dem Halbmesser 1 beschriebenen Kugel herausschneidet, jedesmal für K zu nehmen sei. Es bedarf deshalb, und auch wegen des Vorzeichens, welches dem Kugelflächenstück zu geben ist, noch einer näheren Discussion. Leitend in dieser Discussion ist die Bemerkung, dass K durch eine Integration entweder in Bezug auf den Weg, auf welchem der Pol sich bewegt hat, oder in Bezug auf die Axe eines Solenoids, oder endlich in Bezug auf die Oberfläche eines Magneten entstanden ist, und dass deshalb der Werth, welchen K an einem Orte $w_{,,}$ besitzt, auf eine stetige Art aus dem Werthe, welchen K an einem andern Orte $w_{,}$ besass, hervorgegangen ist. Wir werden hierbei zu dem merkwürdigen Resultat gelangen, dass der Werth von K, d. i. des Potentials eines Pols in Bezug auf den geschlossenen Strom s, im Allgemeinen zwar durch die relative Lage des Pols in Bezug auf s bestimmt ist, in besonderen Fällen aber auch von dem Wege abhängt, auf welchem er in diese Lage von einem andern Orte her gelangt ist.

Ich werde das zu discutirende Integral

$$K = \mathsf{S}\left(1 - \frac{z-\zeta}{r}\right) \frac{(y-\eta)\,Dx - (x-\xi)\,Dy}{(x-\xi)^2 + (y-\eta)^2}$$

durch

(18.) $$K = \mathsf{S}\,(1 - \cos\vartheta)\, d\varphi$$

ausdrücken, wo ϑ den Winkel bedeutet, unter welchem r, d. i. die vom Pole (ξ, η, ζ) nach dem Elemente Ds gezogene Linie, gegen z geneigt ist, und φ

den Winkel, welchen die durch r parallel mit z gelegte Ebene mit einer andern durch z gelegten festen Ebene bildet. Dies Integral ist auf alle Elemente von s auszudehnen. Ich werde der leichteren Darstellung wegen annehmen, dass die Curve s *eben* sei und von keiner Ebene öfter als zweimal geschnitten werden kann; die Erweiterung auf die Fälle, wo s doppelter Krümmung ist, oder öfter als zweimal von einer Ebene geschnitten werden kann, ergiebt sich leicht.

Wenn die durch den Pol gelegte z-Axe die Ebene von s innerhalb s trifft, sind in (18.) die Grenzen der Integration 0 und 2π. Bezeichnet man durch ϑ und ϑ' die zu φ und $180+\varphi$ gehörigen Werthe von ϑ, so kann man in diesem Falle setzen:

$$K = \int_0^{\pi} \{2 - \cos\vartheta - \cos\vartheta'\}\, d\varphi. \tag{19.}$$

Trifft hingegen die durch den Pol gelegte z-Axe die Ebene von s ausserhalb s, und bezeichnet man die beiden zu demselben φ gehörigen Werthe von ϑ durch ϑ und ϑ', so ist

$$K = \int_{\varphi_{,}}^{\varphi_{,,}} \{\cos\vartheta - \cos\vartheta'\}\, d\varphi, \tag{20.}$$

wo $\varphi_{,}$ und $\varphi_{,,}$ die Werthe von φ sind, für welche $\vartheta = \vartheta'$.

Die positive Seite der Ebene von s werde ich diejenige nennen, für welche $z-\zeta$ und also auch $\cos\vartheta$ positiv ist, die negative dagegen die, auf welcher $\cos\vartheta$ einen negativen Werth hat. Durch (K) werde ich das kleinere Stück bezeichnen, welches von der um den Pol (ξ, η, ζ) mit dem Radius 1 beschriebenen Kugelfläche von einem aus dem Pol durch die Curve s gelegten Kegel ausgeschnitten wird. Dieses (K) werde ich die spitze Kegelöffnung der Curve nennen.

Wenn der Pol in der Ebene von s und innerhalb s liegt, so ist $\cos\vartheta = -\cos\vartheta'$, und demnach zufolge (19.) $K = 2\pi$; liegt der Pol in der Ebene von s ausserhalb s, so ist $\cos\vartheta = \cos\vartheta'$, und nach (20.) also $K = 0$. Es sei nun $w_{,}$ ein Punkt auf der positiven, $w_{,,}$ auf der negativen Seite der Ebene von s; die zu $w_{,}$ und $w_{,,}$ gehörigen Werthe von K und (K) seien K', (K') und K'', (K''). Geht man von $w_{,}$ nach $w_{,,}$ ausserhalb s, so geht der Werth von $K' = (K')$ durch Null in $K'' = -(K'')$ über; wird aber, indem man von $w_{,}$ nach $w_{,,}$ geht, die Ebene von s innerhalb s geschnitten, so geht $K' = (K')$ durch 2π in $K'' = 4\pi - (K'')$ über. Geht man umgekehrt von $w_{,,}$ nach $w_{,}$ ausserhalb s, so geht $K'' = -(K'')$ durch Null in $K' = +(K')$ über;

geschieht der Durchgang durch die Ebene von s innerhalb s, so geht $K'' = -(K'')$ durch -2π in $K' = -4\pi + (K')$ über. Es ist also der Werth von K in einem Punkte $w_{,}$ auf der positiven Seite der Ebene von s durch $+(K')$, und in einem Punkte $w_{,,}$ auf der negativen Seite durch $-(K'')$ gegeben; man muss aber zu $+(K')$ noch -4π hinzufügen, wenn man nach $w_{,}$ von der negativen Seite her gelangt ist, und zwar so, dass die Ebene von s innerhalb s geschnitten wurde; und zu $-(K'')$ ist noch $+4\pi$ hinzuzufügen, wenn man nach $w_{,,}$ von einem Punkte auf der positiven Seite her gelangt, indem man die Ebene von s innerhalb s schneidet. Nach dieser Regel ist es leicht, die Veränderungen zu verfolgen, welche K erfährt, wenn man sich von einem *beliebig* gelegenen Punkte $w_{,}$ nach einem andern $w_{,,}$ auf einer Bahn bewegt, welche die Ebene von s mehreremal schneidet. Es werde diese Ebene von der Bahn $w_{,}w_{,,}$ innerhalb s eine Anzahl p mal von der positiven, und n mal von der negativen Seite her geschnitten, so ist, wenn die Werthe von K und (K) in $w_{,}$ durch K' und (K'), und in $w_{,,}$ durch K'' und (K'') bezeichnet werden:

$$K' = \pm (K'), \qquad K'' = \pm (K'') + 4p\pi - 4n\pi, \tag{21.}$$

wo das positive oder negative Vorzeichen zu nehmen ist, je nachdem der Punkt, auf welchen sich die Gleichung bezieht, auf der positiven oder negativen Seite liegt. Substituiren wir diese Werthe in die Gleichung (15.), so wird der Strom, welcher in s durch die Bewegung eines Pols von $w_{,}$ nach $w_{,,}$ inducirt worden ist, den Werth haben:

$$J = \varepsilon\varepsilon'\varkappa\{\pm(K') \mp (K'') + 4(n-p)\pi\}. \tag{22.}$$

Ist der Pol zu dem Punkte zurückgekehrt, von welchem er ausging, so ist $(K'') = (K')$ und also:

$$J = 4(n-p)\pi\varepsilon\varepsilon'\varkappa. \tag{23.}$$

Diese Gleichung giebt den Satz:

Wenn sich ein Magnetpol in einer geschlossenen Bahn bewegt hat, so ist die Summe der dadurch in einem geschlossenen Leiter s inducirten elektromotorischen Kräfte gleich Null, es sei denn, dass die Bahn des Pols die Ebene von s innerhalb s geschnitten hat. So oft die Bahn diese Ebene innerhalb s von der positiven Seite her geschnitten hat, so oft ist eine elektromotorische Kraft vom Werthe $-4\pi\varepsilon\varkappa$, *und bei jedem Durchschnitt von der negativen Seite her eine elektromotorische Kraft* $+4\pi\varepsilon\varkappa$ *inducirt worden.*

Dieser Satz ist leicht auf den Fall zu übertragen, wo der Pol ruht und der geschlossene Leiter bewegt wird; die Formeln (22.) und (23.) bestimmen auch in diesem Falle den inducirten Strom.

§ 13.

Die im letzten Paragraphen entwickelte Theorie in ihrer Anwendung auf einige specielle Fälle.

Um den Nutzen, welchen die Formeln des vorhergehenden Paragraphen gewähren, deutlicher hervortreten zu lassen, werde ich dieselben auf einige einfache specielle Fälle anwenden.

= I. =

Zuerst will ich die Ströme, welche durch den Erdmagnetismus in bewegten geschlossenen Leitern inducirt werden, unter der Voraussetzung bestimmen, dass die Leiter und ihre Bahnen von solchen Dimensionen sind, dass die Wirkung des Erdmagnetismus auf ein Element des Leiters unabhängig von seinem Orte ist und nur von seiner Richtung abhängt. Die Induction findet dann also nur in Folge der Drehung des Leiters statt. Die Wirkung, welche der Erdmagnetismus auf den Leiter s ausübt, kann durch die eines magnetischen Pols P ersetzt werden, welcher in der Richtung der Inclination in der Entfernung r liegt, wo r im Verhältniss zu den Dimensionen von s sehr gross ist. Statt des Potentials des Erdmagnetismus in Bezug auf den Leiter s kann demnach das Potential des Pols P gesetzt werden, welches, wenn $\varkappa$ die freie magnetische Flüssigkeit in P bezeichnet, nach (12.) des vorigen Paragraphen $\varkappa K$ ist, die Intensität des Stroms in s gleich 1 gesetzt. Wird der Leiter s aus der Lage $w_{,}$ in die Lage $w_{,,}$ geführt, und bezeichnet man die diesen Lagen angehörigen Werthe von K durch K' und K'', so ist der durch diese Bewegung inducirte Strom:

$$J = \varepsilon\varepsilon'\varkappa(K' - K''). \tag{1.}$$

Da der Pol P bei der Drehung des Leiters s dessen Ebene immer ausserhalb s schneidet, so wird K hier immer durch die spitze Kegelöffnung (K) ausgedrückt, welcher das positive oder negative Vorzeichen gegeben werden muss, je nachdem sich der Pol diesseits oder jenseits der Ebene von s befindet. Wegen des grossen Werthes von r ist die spitze Kegelöffnung gleich dem durch r^2 dividirten ebenen Inhalt des Leiters, multiplicirt mit dem Cosinus des Winkels, unter welchem ihre Normale gegen r geneigt ist. Dieser Winkel heisse ν, und der vom Strom umkreiste ebene Raum werde durch F bezeichnet, so ist $K = (K) = \frac{F}{r^2} \cos \nu$. Demnach verwandelt sich (1.) in

$$J = \varepsilon \varepsilon' \frac{\varkappa F}{r^2} (\cos \nu' - \cos \nu''). \tag{2.}$$

Hier ist $\frac{\varkappa}{r^2}$ die Intensität des Erdmagnetismus an dem Beobachtungsort, welche ich durch M bezeichnen werde. Die Leiterebene werde um eine Axe a gedreht, gegen welche sie unter $90^0 - c$ geneigt ist, und diese Drehungsaxe a bilde mit r den Winkel (a, r). Den Drehungswinkel bezeichne ich mit φ und wähle seinen Anfang so, dass $\varphi = 0$, wenn sich die Normale auf der Leiterebene in der durch die Drehungsaxe und r gelegten Ebene befindet. Alsdann ist

$$\cos \nu = \cos (a, r) \cos c + \sin (a, r) \sin c \cos \varphi,$$

und also, wenn der Leiter aus der Lage $\varphi_{,}$ in die Lage $\varphi_{,,}$ gedreht worden, der dadurch inducirte Strom:

$$J = \varepsilon \varepsilon' M F \sin (a, r) \sin c \{\cos \varphi_{,} - \cos \varphi_{,,}\}. \tag{3.}$$

Der Integralstrom einer geschlossenen Bahn, auf welcher sich ein geschlossener Leiter unter dem Einfluss eines Magneten bewegt hat, ist immer gleich Null; seine Wirkung, wenn sie in einem kurzen Zeitintervall stattfindet, kann deshalb nur unter Anwendung des Commutators beobachtet werden, und dieser muss die Richtung des Stroms in die entgegengesetzte jedesmal da umsetzen, wo der Differentialstrom sein Vorzeichen ändert. Dies findet, wenn die Bahn eine stetige ist, da statt, wo der Integralstrom eines unbestimmten Stücks der Bahn ein Maximum oder Minimum ist. — Der vorstehende Ausdruck des Stroms verschwindet für eine ganze Umdrehung, d. h. wenn $\varphi_{,} = \varphi_{,,}$; behufs der Beobachtung muss seine Richtung mittelst des Commutators bei den Stellungen des Leiters umgesetzt werden, für welche $\varphi = 0$, $\varphi = 180$ etc., d. i. wenn die Normale auf ihm mit r und der Drehungsaxe a in *einer* Ebene liegt. Wird der Commutator auf diese Weise angewandt, so giebt jede halbe Umdrehung einen Strom:

$$J = 2 \varepsilon \varepsilon' M F \sin (a, r) \sin c. \tag{4.}$$

Die Drehungsaxe a sei parallel mit der Ebene des Leiters, d. i. $c = 90^0$; sie stehe horizontal und sei einmal senkrecht zum Meridian und dann parallel mit ihm. Im ersten Falle ist $\sin (a, r) = 1$ und der Strom der halben Umdrehung

$$2 \varepsilon \varepsilon' M F. \tag{5.}$$

Im zweiten Falle ist $\sin(a, r) = \sin j$, wenn j die magnetische Inclination an dem Beobachtungsort bedeutet, und der Strom der halben Umdrehung

$$(6.)\qquad 2\,\varepsilon\varepsilon' MF \sin j.$$

Steht die Drehungsaxe a vertikal, so ist der Strom jeder halben Umdrehung

$$(7.)\qquad 2\,\varepsilon\varepsilon' MF \cos j.$$

Man vergleiche hiermit *Weber*'s *Abhandlung über das Inductionsinclinatorium.*

= II. =

Die Anwendung der Formeln (14.) bis (17.) des vorigen Paragraphen setzt die Kenntniss von $\varkappa$ als Function der Stelle der Oberfläche des Magneten voraus. Diese Kenntniss ist in den meisten Fällen nur angenähert zu erlangen. Ich werde in dieser Hinsicht die beiden Voraussetzungen machen, welche in vielen Fällen als angenähert richtig betrachtet werden dürfen, dass der Magnet von cylindrischer oder prismatischer Form sei und die beiden magnetischen Flüssigkeiten gleichförmig über seine Grundflächen verbreitet seien, während die Seitenflächen davon frei sind. Die Dimensionen der Grundflächen seien im Verhältniss zu ihren Entfernungen von dem Leiter so klein, dass die Werthe der zu den einzelnen Elementen df derselben Grundfläche gehörigen K als gleich angesehen werden können. Durch K_o werde ich den den Elementen der oberen Grundfläche o, durch K_u den den Elementen der unteren u gemeinschaftlichen Werth von K bezeichnen, und die Grösse der Grundflächen durch f.

Es soll der Strom bestimmt werden, welcher durch die Erregung des magnetischen Zustandes $\varkappa$ dieses Magneten in einem kreisförmigen Leiter vom Halbmesser R inducirt wird, dessen Ebene auf der Axe des Magneten senkrecht steht und dessen Mittelpunkt in dieser Axe liegt. Die Formel (17.) des vorigen Paragraphen giebt:

$$(8.)\qquad J = -\varepsilon\varepsilon' \mathrm{S}\, \varkappa K df = -\varepsilon\varepsilon' \varkappa f \{K_o - K_u\}.$$

Um K durch (K) auszudrücken, muss man die drei Fälle unterscheiden, in denen 1) beide Grundflächen des Magneten diesseits der Leiterebene, 2) die Leiterebene zwischen beiden Grundflächen, 3) beide Grundflächen jenseits der Leiterebene liegen. Der Werth von $K_o - K_u$ wird in diesen drei Fällen respective

$$(K_o) - (K_u), \qquad 4\pi - (K_o) - (K_u), \qquad -(K_o) + (K_u).$$

Diese drei Ausdrücke reduciren sich auf denselben analytischen Ausdruck. Ich nenne h die Höhe des Magneten, d. i. die Entfernung ou, und x die Entfernung der Leiterebene von o, welche ich positiv nehme, wenn der Mittelpunkt des Leiters in der Verlängerung von uo über o hinaus liegt: alsdann ist für alle Lagen der Leiterebene:

$$K_o - K_u = 2\pi\left\{\frac{h+x}{\sqrt{(h+x)^2+R^2}} - \frac{x}{\sqrt{x^2+R^2}}\right\}, \tag{9.}$$

und der durch den Act der Magnetisirung inducirte Strom:

$$J = -2\pi\varepsilon\varepsilon'\varkappa f\left\{\frac{h+x}{\sqrt{(h+x)^2+R^2}} - \frac{x}{\sqrt{x^2+R^2}}\right\}. \tag{10.}$$

Dieser Strom wird ein Maximum, wenn $x = -\frac{1}{2}h$, d. h. wenn der Leiter sich zwischen den Polen des Magneten von beiden gleichweit entfernt befindet. Der grösste Werth des Inductionsstroms wird daher

$$J_{(m)} = -\frac{4\pi\varepsilon\varepsilon'\varkappa f}{\sqrt{1+\left(\frac{2R}{h}\right)^2}}, \tag{11.}$$

während derselbe, wenn die Leiterebene durch den oberen Pol geht, den Werth $-\frac{2\pi\varepsilon\varepsilon'\varkappa f}{\sqrt{1+\left(\frac{R}{h}\right)^2}}$ hat, also wenn $\frac{R}{h}$ eine kleine Grösse ist, nur nahe halb so gross ist.

Wir wollen jetzt annehmen, der Magnet befinde sich in einer Spirale von N Windungen und von der Länge L; die Axe des Magneten falle mit der Axe der Spirale zusammen, und für die Enden der Spirale sei $x = -a$ und $x = -(a+L)$. Da auf der Länge L sich N Windungen befinden, dürfen wir uns denken, dass auf dx sich $\frac{N\,dx}{L}$ Windungen befinden. Wir haben also den Ausdruck (10.) mit $\frac{N\,dx}{L}$ zu multipliciren und zwischen den Grenzen $x = -(a+L)$ und $x = -a$ zu integriren, um den in der Spirale inducirten Strom zu erhalten. Dies giebt

$$J_s = -2\pi\varepsilon\varepsilon'\varkappa f\frac{N}{L}\left\{\begin{matrix}\sqrt{(L+a)^2+R^2} - \sqrt{(h-L-a)^2+R^2}\\ -\sqrt{a^2+R^2} \qquad\qquad + \sqrt{(h-a)^2+R^2}\end{matrix}\right\}. \tag{12.}$$

Wenn die Spirale von beiden Enden des Magneten gleich weit entfernt ist, d. h. wenn $L+a = h-a$, so wird dieser Strom

$$J_s' = -4\pi\varepsilon\varepsilon'\varkappa f\frac{N}{L}\left\{\sqrt{(h-a)^2+R^2} - \sqrt{a^2+R^2}\right\}. \tag{13.}$$

Der Ausdruck in (12.) verwandelt sich, wenn die Entfernung der Enden der Spirale von den Enden des Magneten im Verhältniss zum Durchmesser der Spirale gross ist, d. h. wenn $\frac{R}{a}$ und $\frac{R}{h-a-L}$ kleine Grössen sind, in

$$J_s = -4\pi\varepsilon\varepsilon'\varkappa f N, \tag{14.}$$

d. h. *wenn der Durchmesser der Spirale gegen ihre Entfernung von den Enden des Magneten klein ist, wird die in ihr durch den Act der Magnetisirung inducirte elektromotorische Kraft der Anzahl ihrer Windungen proportional und von ihrem Durchmesser und ihrer Stelle auf dem Magneten unabhängig.*

Wenn man in (12.) $a = 0$ und $L = h$ setzt, d. h. wenn der ganze Magnet von Windungen bedeckt wird, so verwandelt sich der vorige Ausdruck in

$$J_s = -4\pi\varepsilon\varepsilon'\varkappa f N\left\{\sqrt{1+\left(\frac{R}{L}\right)^2} - \frac{R}{L}\right\}. \tag{15.}$$

sodass der eben ausgesprochene Satz auch in diesem Falle gilt, wenn nur $\frac{R}{L}$ eine kleine Grösse ist. Hier aber sowohl als in (14.) müssen die Dimensionen von f im Verhältniss zu R klein sein. Man vergleiche die *Untersuchungen von Lenz in Pogg. Ann.* Bd. 34 und 47.

Es werde unter dem Einfluss eines Magneten von derselben Beschaffenheit wie der, auf welchen die vorstehende Betrachtung bezogen wurde, ein geschlossener kreisförmiger Leiter aus der Lage $w_{,}$ in die Lage w geführt, so ist der durch diese Bewegung in ihm inducirte Strom nach (15.) des vorigen Paragraphen:

$$J = -\varepsilon\varepsilon'\varkappa f\{K_o - K_u - (K_o' - K_u')\},$$

wo sich K_o, K_u auf die Lage w, und K_o', K_u' auf die Lage $w_{,}$ beziehen. Ist $w_{,}$ sehr weit von dem Magnet entfernt, so ist $K_o' = K_u' = 0$, und der inducirte Strom wird derselbe als in (8.). Steht in der Lage w die Ebene des Leiters auf der Axe des Magneten senkrecht, und liegt sein Mittelpunkt in dieser Axe von den Grundflächen o und u um x und $x+h$ entfernt, so ist, wenn R wieder den Halbmesser des Leiters bedeutet, der inducirte Strom durch die Gleichung (10.) gegeben. Dieser Strom ist also, wenn $x = -\frac{1}{2}h$, ein Maximum, welches durch (11.) ausgedrückt wird. Wenn statt der einfachen Windung eine cylindrische Spirale von der Länge L mit N Windungen aus einer grossen Entfernung $w_{,}$ in die Lage w gebracht worden ist, in welcher sich die Spirale zwischen beiden Magnetpolen befindet, und ihre erste und letzte Windung vom oberen Ende o des Magneten respective um $-a$ und $-(a+L)$ entfernt ist, so wird der in der Spirale inducirte Strom durch (12.) ausgedrückt. Auch gelten für die bewegte Spirale die Formeln (13.), (14.) und (15.) unter den ihnen zum Grunde liegenden Bedingungen. *Wenn daher eine Spirale aus grosser Entfernung gegen den Magnet geführt und demselben so aufgesteckt wird, dass ihre Axe mit der Magnetaxe zusammenfällt, und ihre Enden weit von den Magnetenden entfernt sind, so ist die in der Spirale inducirte elektromotorische Kraft der Anzahl ihrer Windungen proportional und von ihrem Durchmesser und ihrer Stelle unabhängig. Derselbe Satz gilt auch, wenn die Spirale den Magnet ganz bedeckt, unter der Bedingung, dass ihr Durchmesser im Verhältniss zu den Querdimensionen des Magneten gross, und im Verhältniss zu seiner Länge klein ist.*

Es bezeichne $w_{\prime\prime}$ die Mitte der Axe des Magneten, und $w_{\prime}$ einen in der Verlängerung der Axe ausserhalb des Magneten liegenden Punkt. Zwischen $w_{\prime}$ und $w_{\prime\prime}$ werde der Mittelpunkt des kreisförmigen Leiters vom Halbmesser R hin und hergeführt, während seine Ebene auf der Magnetaxe senkrecht bleibt: es ist der durch diese Bewegung inducirte Strom zu bestimmen. Soll der Integralstrom mehrerer Hin- und Hergänge beobachtet werden, so muss jedesmal in $w_{\prime}$ und $w_{\prime\prime}$ die Richtung des Stroms mittelst des Commutators umgesetzt werden, weil hier die Differentialströme ihre Richtung ändern. Auf dem Wege von $w_{\prime\prime}$ nach $w_{\prime}$ wird der Strom

$$J = -\varepsilon\varepsilon'\varkappa f\{K_o' - K_u' - (K_o'' - K_u'')\}$$

inducirt, und demnach ist, wenn der Commutator auf die angegebene Weise angewandt wird, der durch n Hingänge und n Hergänge inducirte Strom

$$J_n = -2n\varepsilon\varepsilon'\varkappa f\{K_o' - K_u' - (K_o'' - K_u'')\}. \tag{16.}$$

Wenn in $w_{\prime}$ die Richtung des Stroms statt durch den Commutator dadurch umgesetzt wird, dass der Leiter um einen seiner Durchmesser um 180^0 gedreht wird, so kommt zu diesem Strom (16.) noch der durch die Drehung inducirte hinzu. Der durch n solcher Drehungen inducirte Strom ist aber $2n\varepsilon\varepsilon' f\varkappa(K_o' - K_u')$ und daher der durch die fortschreitende und drehende Bewegung inducirte Strom

$$J_n' = 2n\varepsilon\varepsilon'\varkappa f\{K_o'' - K_u''\}.$$

Diese Anordnung hat also denselben Erfolg, als läge der Punkt $w_{\prime}$ unendlich weit von dem Magneten entfernt; auch bleibt der Erfolg derselbe, wenn sie auf eine Spirale ausgedehnt wird; es gelten demnach für diese Anordnung dieselben Folgerungen, wie vorher für den Fall, wenn $w_{\prime}$ unendlich weit entfernt ist. Man vergleiche *Weber*'s *Abhandlung über den Gauss'schen Inductor, Resultate 1838.*

= III. =

Derselbe Magnet, auf welchen sich die bisherige Betrachtung bezogen hat, sei in die Form eines Hufeisens gebogen, die Entfernung der beiden Pole o und u sei $2a$, die Mitte von ou werde mit m bezeichnet. In m befinde sich eine Drehungsaxe senkrecht auf ou, und mit ihr sei ein kreisförmiger Leiter vom Halbmesser R so verbunden, dass seine Ebene senkrecht auf dem von seinem Mittelpunkt auf die Axe gefällten Perpendikel stehe, dieses die Axe in m treffe, und der Leiter zwischen den Polen um diese Axe gedreht werden kann. Damit letzteres möglich sei, muss, wenn x die Entfernung der Leiterebene von der Drehungsaxe bezeichnet, $x^2 + R^2 < a^2$ sein. Den Drehungswinkel werde ich φ nennen und ihn von einer der Lagen der Leiterebene an rechnen, in welcher sie auf der Linie mo senkrecht stand. Der durch eine Drehung von $\varphi = 0$ bis $\varphi = \varphi$ inducirte Strom ist

$$J = -\varepsilon\varepsilon'\varkappa f\{K_o - K_u - (K_o' - K_u')\},$$

wo K_o', K_u' die zu $\varphi = 0$ gehörigen Werthe von K_o und K_u bedeuten. Die Maxima und Minima dieses Ausdrucks finden bei $\varphi = 180^0$, $\varphi = 360^0$ u. s. w. statt; an diesen Stellen muss, wenn der Strom bei fortgesetzter Drehung seine Richtung nicht ändern soll, der Commutator sie umsetzen; zwischen je zwei solchen Umsetzungen hat der Strom dieselbe Intensität, es bedarf also nur der Entwickelung seines Werths für die Werthe von φ zwischen 0 und 180^0. Es beziehe sich demnach in dem vorstehenden Ausdruck K_o und K_u auf $\varphi = 180^0$. Wir haben $K_o' = (K_o')$, und da man von o nach u auf die andere Seite der Leiterebene längs dem Magneten ausserhalb des Leiters gelangt, $K_u' = -(K_u')$. Ferner ist, da bei einer Drehung um 180^0 die Pole des Magneten die Leiterebene ausserhalb des Leiters schneiden, $K_o = -(K_o)$, $K_u = (K_u)$. Demnach wird der durch eine Drehung von $\varphi = 0$ bis $\varphi = 180^0$ inducirte Strom

$$J = \varepsilon\varepsilon'\varkappa f\{(K_o) + (K_u) + (K_o') + (K_u')\}.$$

Nun ist

$$(K_o') = (K_u) = 2\pi\left(1 - \frac{a - x}{\sqrt{(a-x)^2 + R^2}}\right),$$

$$(K_u') = (K_o) = 2\pi\left(1 - \frac{a + x}{\sqrt{(a+x)^2 + R^2}}\right),$$

also

(17.) $$J = 4\pi\varepsilon\varepsilon'\varkappa f\left\{2 - \frac{a - x}{\sqrt{(a-x)^2 + R^2}} - \frac{a + x}{\sqrt{(a+x)^2 + R^2}}\right\}.$$

Hieraus ergeben sich die Formeln für die Fälle, wenn mehrere Windungen mit der Drehungsaxe verbunden sind, und für ihre vorteilhafteste Anordnung. Man vergleiche *Weber*'s *Abhandlung über den Rotations-Inductor.*

= IV. =

Es soll nun der Strom bestimmt werden, welcher in einer Anordnung wie in der *v. Ettinghausen*'schen Maschine durch die festen Magnetpole in einem

Umgang der Spirale, welche über die Anker gelegt ist, in Folge ihrer Rotation inducirt wird. Der Magnet ist wie vorher hufeisenförmig gebogen, und in Bezug auf seine Endflächen o und u sollen dieselben Voraussetzungen wie oben gelten. Mit der durch die Mitte m der Linie $ou = 2a$ gehenden Drehungsaxe, die senkrecht auf ou steht, sei ein kreisförmiger Leiter vom Halbmesser R so verbunden, dass seine Ebene senkrecht auf der Drehungsaxe steht, und sein Mittelpunkt von derselben um a entfernt ist; die Entfernung der Pole o und u von der Leiterebene sei x. Die Maxima oder Minima des Integralstroms treten ein, wenn sich der Mittelpunkt des Leiters in der kleinsten Entfernung von o oder u befindet; hier muss seine Richtung durch den Commutator umgesetzt werden. Der Inductionsstrom einer halben Umdrehung, in welcher der Mittelpunkt des Leiters aus seiner kleinsten Entfernung von o in die kleinste Entfernung von u fortgeführt wird, ist

$$J = -\varepsilon\varepsilon'\varkappa f\{K_o - K_u - (K'_o - K'_u)\},$$

wo sich K'_o, K'_u und K_o, K_u auf diese zwei Lagen des Leiters beziehen. Es ist aber $K_o = K'_u$, $K_u = K'_o$, und da die Pole immer auf derselben Seite der Leiterebene bleiben, $K_o = (K_o)$, $K_u = (K_u)$. Hiernach wird der vorstehende Ausdruck

$$J = -2\varepsilon\varepsilon'\varkappa f\{(K_o) - (K_u)\}. \tag{18.}$$

Hier ist $(K_u) = 2\pi\left(1 - \frac{x}{\sqrt{x^2 + R^2}}\right)$ und für (K_o) kann man den angenäherten Werth $\frac{R^2\pi x}{(4a^2 + x^2)^{\frac{3}{2}}}$ setzen, sodass

$$J = -4\pi\varepsilon\varepsilon'\varkappa f\left\{1 - \frac{x}{\sqrt{x^2 + R^2}} - \frac{\frac{1}{2}R^2 x}{(4a^2 + x^2)^{\frac{3}{2}}}\right\}. \tag{19.}$$

= V. =

In allen diesen Beispielen der Anwendung der Formeln des vorigen Paragraphen bildet der inducirte Leiter eine geschlossene Curve. Ich werde mich jetzt mit einem Beispiel der Induction in einem ungeschlossenen Leiter beschäftigen. Der prismatische Magnet, auf welchen sich die obige Betrachtung bezog, in welchem die freien magnetischen Flüssigkeiten auf den Grundflächen o und u gleichförmig vertheilt gedacht werden können, rotire um seine Axe. Zwei kreisförmige Metallscheiben mit den Halbmessern R und R' seien mit der über o hinaus verlängerten Axe uo so verbunden, dass ihre Mittelpunkte a und a' in dieser verlängerten Axe liegen, und ihre Ebenen senkrecht darauf stehen. Die Scheiben stehen unter einander in einer leitenden Verbindung.

Während der Magnet mit diesen beiden Scheiben rotirt, schleifen gegen ihre Ränder zwei Metallfedern, die unter einander durch einen Leitungsdraht verbunden sind, welcher den Multiplicator eingeschaltet enthält. Die Berührungspunkte der Scheiben und der Federn sollen mit β und β' bezeichnet werden. Die Metallfedern mit ihrem verbindenden Schliessungsdraht bilden einen *ungeschlossenen* Leiter, in welchem durch die Rotation des Magneten ein Strom inducirt wird. Derselbe Strom würde auch inducirt werden, wenn der Magnet ruhte und die Metallfedern mit ihrem Schliessungsdraht in entgegengesetzter Richtung rotirten. Das Maass der inducirten elektromotorischen Kraft wird also das Potential des Magneten in Bezug auf die Peripherie der Oberfläche, welche der Leiter in dieser Bewegung beschreiben würde, diese Peripherie vom Strome ε durchströmt gedacht. Für jede ganze Umdrehung ist diese Oberfläche allein von den beiden Curven begrenzt, welche die Enden β und β' des ungeschlossenen Leiters beschreiben. Die durch eine ganze Umdrehung des Magneten inducirte elektromotorische Kraft ist demnach die Differenz der Werthe des Potentials des Magneten in Bezug auf diese beiden Curven, d. i. in Bezug auf die beiden mit den Halbmessern R und R' um a und a' beschriebenen, senkrecht auf uo stehenden Kreise. Der inducirte Strom ist also

$$J = -\varepsilon\varepsilon'\varkappa f\{K_o - K_u - (K_o' - K_u')\},$$

wo die Grössen K' die Kegelöffnungen der Pole o und u in Bezug auf den Kreis R', die Grössen K dieselben in Bezug auf den Kreis R bedeuten. Es werde oa und oa' durch x und x' bezeichnet, sowie ua und ua' durch $x+h$ und $x'+h$; liegt der Kreis R zwischen beiden Polen, so erhält x einen negativen Werth. Es ist hiernach:

$$K_o = 2\pi\left(1 - \frac{x}{\sqrt{x^2+R^2}}\right), \qquad K_o' = 2\pi\left(1 - \frac{x'}{\sqrt{x'^2+R'^2}}\right),$$
$$K_u = 2\pi\left(1 - \frac{h+x}{\sqrt{(h+x)^2+R^2}}\right), \qquad K_u' = 2\pi\left(1 - \frac{h+x'}{\sqrt{(h+x')^2+R'^2}}\right),$$

wodurch sich der vorstehende Ausdruck des Stroms in

$$(20.) \qquad J = 2\pi\varepsilon\varepsilon'\varkappa f\left\{\frac{x}{\sqrt{x^2+R^2}} - \frac{h+x}{\sqrt{(h+x)^2+R^2}} - \frac{x'}{\sqrt{x'^2+R'^2}} + \frac{h+x'}{\sqrt{(h+x')^2+R'^2}}\right\}$$

verwandelt. Setzen wir hierin $R'=0$, um die Anordnung, welche in den *Weber*'schen Experimenten der unipolaren Induction stattfindet, zu erhalten, d. h. lassen wir β' in die Axe des Magneten fallen, so wird der Strom

$$(21.) \qquad J_o = 2\pi\varepsilon\varepsilon'\varkappa f\left\{\frac{x}{\sqrt{x^2+R^2}} - \frac{h+x}{\sqrt{(h+x)^2+R^2}}\right\}.$$

In diesen Ausdrücken kann x sowohl positiv als negativ sein; in der *Weber*'schen Anordnung ist x negativ. Der günstigste Werth von x in (21.) ist $-\frac{1}{2}h$; dieser giebt:

$$J_0 = -\frac{4\pi\varepsilon\varepsilon'\varkappa f}{\sqrt{1+\left(\frac{2R}{h}\right)^2}}.$$

Zusätze der Redaction. *(C. N.)* *)

Die vorliegende *Neumann*'sche Theorie der elektrischen Induction stützt sich wesentlich auf das *Ampère'sche Gesetz,* und dürfte daher durch allerhand Bedenken, die im Laufe der letzten Decennien gegen das *Ampère*'sche Gesetz laut geworden sind, einigermaassen miterschüttert sein. Demgemäss mag es der Redaction gestattet sein, auf das *Ampère*'sche Gesetz hier näher einzugehen, und die gegen dasselbe erhobenen Bedenken (die zum Theil ganz unberechtigter Natur sind) auf ihr richtiges Maass zurückzuführen, um in solcher Weise sowohl diesem Gesetze selber wie auch der darauf basirenden *Neumann*'schen Theorie der elektrischen Induction eine grössere Festigkeit und Zuverlässigkeit zu verleihen.

Ampère hat bekanntlich in seiner berühmten Abhandlung (Théorie des Phénomènes électrodynamiques, Paris 1826) das nach ihm benannte Gesetz aus gewissen Fundamentalversuchen abgeleitet, unter ziemlich genauer Beschreibung der dabei von ihm benutzten Instrumente. Mit Bezug hierauf ist später von *W. Weber* (Elektrodynamische Maassbestimmungen, Leipzig 1846, S. 217) dargelegt worden, dass man in jenen sogenannten Fundamentalversuchen keinen ausreichenden Beweis für das *Ampère*'sche Gesetz sehen dürfe, und dass ein solcher Beweis mittelst der von *Ampère* benutzten Instrumente überhaupt nicht zu erbringen sei.

Will man also von der in Rede stehenden *Ampère*'schen Abhandlung ein der Wahrheit entsprechendes Bild haben, so wird man die Ergebnisse jener sogenannten Fundamentalversuche nicht als experimentelle Thatsachen, sondern als Hypothesen zu bezeichnen haben. Man wird also zu sagen haben, dass *Ampère* das nach ihm benannte Gesetz aus gewissen *Hypothesen* abgeleitet habe. Diese Hypothesen sind folgende:

(1.) Erste Hypothese. — Die ponderomotorische Kraft R, welche ein Stromelement JDs auf ein anderes Stromelement $J_, Ds_,$ ausübt, ist proportional mit

$$JJ_, Ds\, Ds_, ,$$

und geht daher z. B. in die ihr entgegengesetzte Kraft über, sobald man in einem der beiden Elemente die Stromrichtung umkehrt.

(2.) Zweite Hypothese. — Abgesehen vom Factor $JJ_, Ds\, Ds_,$, ist die Kraft R nur noch abhängig von der *relativen Lage* der beiden Elemente zu einander. Denkt man sich also z. B. von den drei Linien JDs, $J_, Ds_,$, R das Spiegelbild entworfen in Bezug

---

*) Ich wiederhole hier im Wesentlichen dieselben Bemerkungen, die schon beim Abdruck dieser Abhandlung in *Ostwald*'s Klassikern im Jahre 1889 von mir gemacht sind. — *C. N.*

auf irgend welche Ebene, und dieses Spiegelbild mit $JD\sigma$, $J_{,}D\sigma_{,}$, P bezeichnet, so wird, ebenso wie R die Wirkung von JDs auf $J_{,}Ds_{,}$ vorstellt, ebenso auch P die Wirkung von $JD\sigma$ auf $J_{,}D\sigma_{,}$ repräsentiren.

(3.) Dritte Hypothese. — Die Kraft R ist ersetzbar durch diejenigen Kräfte, welche die drei *Componenten* von JDs ausüben auf die drei *Componenten* von $J_{,}Ds_{,}$.

(4.) Vierte Hypothese. — Die Kraft R fällt ihrer Richtung nach zusammen mit der *Verbindungslinie* r der beiden Elemente JDs und $J_{,}Ds_{,}$.

(5.) Fünfte Hypothese. — Die Kraft R ist umgekehrt proportional mit dem Quadrat von r.

(6.) Sechste Hypothese. — Die ponderomotorische Wirkung eines *geschlossenen Stromes* auf ein einzelnes Stromelement steht gegen letzteres *senkrecht*.

Die Hypothesen (1.), (2.), (3.) haben ihrer Natur nach eine grosse innere Wahrscheinlichkeit. Auch sind dieselben durchweg von *sämmtlichen* Physikern adoptirt worden, ohne dass jemals der mindeste Zweifel gegen sie sich erhoben hätte; so dass sie kaum noch als Hypothesen zu bezeichnen sind. *Bedenklich* aber erscheinen die Hypothesen (4.), (5.). Und *ganz besonders zweifelhaft* und *in der Luft schwebend* erscheint die Hypothese (6.).

Von hier aus betrachtet, muss uns mit Nothwendigkeit ein grosses Misstrauen gegen das *Ampère*'sche Gesetz erfassen.

Eine einzige Bemerkung aber genügt, um die Dinge in ein wesentlich anderes Licht zu versetzen, nämlich die Bemerkung, dass die Hypothesen (5.) und (6.) *völlig überflüssig* sind. In der That kann man, *ohne* von diesen beiden Hypothesen (5.), (6.) Gebrauch zu machen, das *Ampère*'sche Gesetz *allein* aus den Hypothesen (1.), (2.), (3.), (4.) ableiten, falls man dabei nur noch mit in Rechnung bringt die allgemein anerkannte Thatsache der Ersetzbarkeit geschlossener elektrischer Ströme durch magnetische Flächen, d. h. die Vorstellung, dass die ponderomotorische Einwirkung zweier geschlossener Ströme auf einander identisch sei mit der gegenseitigen Einwirkung zweier magnetischer Flächen, deren jede durch einen der beiden Ströme begrenzt ist.

Dass man nämlich aus dieser Thatsache der Ersetzbarkeit geschlossener elektrischer Ströme durch magnetische Flächen und aus den Hypothesen (1.), (2.), (3.), (4.) — unter vollständiger Fortlassung der Hypothesen (5.), (6.) — die Formel des *Ampère*'schen Gesetzes mit aller Strenge abzuleiten vermag, ist vom Herausgeber dieser Abhandlung schon vor langer Zeit dargelegt worden*).

Da nun, wie schon vorhin erwähnt, Niemand die Hypothesen (1.), (2.), (3.) zu bezweifeln wagen wird, so ist also die Hypothese (4.) als der *einzige Punkt* zu bezeichnen, von welchem aus das *Ampère*'sche Gesetz angreifbar erscheint. Ob nämlich diese Hypothese (4.) der Wahrheit entspreche, ob also die ponderomotorische Wirkung zweier Stromelemente auf einander ihrer Richtung nach mit der Verbindungslinie der beiden Elemente wirklich zusammenfalle, — darüber kann man in der That verschiedener Ansicht sein.

Bemerkung zu Seite 273 und 274. — *Neumann* hat hier (vielleicht absichtlich) für den Begriff der *elektrischen Spannung* keine bestimmte Definition gegeben. Man vgl.

---

*) *C. Neumann:* Einige Notizen hinsichtlich der gegen die Gesetze von *Ampère* und *Weber* erhobenen Einwände. Leipzig, bei Teubner, 1877. Vgl. auch die Math. Annalen, Band XI, Seite 313.

übrigens *Neumann*'s Vorlesungen über elektrische Ströme, herausgegeben von *Von der Mühll*, Leipzig 1884, S. 45.

Dabei sei daran erinnert, dass im Jahre 1849 von *Kirchhoff* eine ganz bestimmte Vorstellung über die Natur der elektrischen Spannung proponirt worden ist in seinem Aufsatz: Ueber eine Ableitung der *Ohm*'schen Gesetze, welche sich der Theorie der Elektrostatik anschliesst. (Vgl. *Kirchhoff*'s Gesammelte Abhandlungen, S. 49). Daselbst wird nämlich von *Kirchhoff* die elektrische Spannung als identisch aufgefasst mit dem *elektrostatischen Potential*. An dieser Auffassung hat *Kirchhoff* auch in seinen späteren Arbeiten festgehalten. Auch ist dieselbe von andern Physikern acceptirt worden, so z. B. von *W. Weber*.

Bemerkung zu Seite 275—277. — Die Zunahme der lebendigen Kraft T eines materiellen Systems ist bekanntlich für jedes Zeitelement dt ebenso gross wie die Summe derjenigen Arbeiten, welche während dieser Zeit dt von allen auf das System einwirkenden ponderomotorischen Kräften verrichtet werden. Denkt man sich also den inducirten Leiter in Bewegung begriffen unter dem Einfluss der auf denselben von Seiten des inducirenden Stroms ausgeübten Kräfte, so gilt für den Zuwachs dT, den die lebendige Kraft T dieses Leiters während der Zeit dt erfährt, die Formel:

$$(\alpha.) \qquad dT = \mathfrak{S}\, CJDs\, dw.$$

Dabei bezeichnet dw das von irgend einem Element Ds des Leiters während der Zeit dt durchlaufene Wegelement. Ferner bezeichnet J die in dem Leiter (durch die Induction) entstandene Stromstärke, und $CJDs$ die nach der Richtung dw genommene Componente derjenigen ponderomotorischen Kraft, welche der inducirende Strom auf das Element JDs ausübt.

Bezeichnet nun v die augenblickliche Geschwindigkeit des Elements JDs, so ist $dw = v\,dt$; sodass also die Formel (α.) übergeht in:

$$(\beta.) \qquad dT = J\{\mathfrak{S}\, Cv\, Ds\}\, dt.$$

Substituirt man hier für die inducirte Stromstärke J ihren in (f.) S. 275 angegebenen Werth:

$$J = -\varepsilon\varepsilon' \mathfrak{S}\, Cv\, Ds,$$

so erhält man:

$$(\gamma.) \qquad dT = -\varepsilon\varepsilon'\{\mathfrak{S}\, Cv\, Ds\}^2 dt,$$

oder falls man nach der Zeit von $t = t_0$ bis $t = t_1$ integrirt:

$$(\delta.) \qquad T_1 - T_0 = -\varepsilon\varepsilon' \int_{t_0}^{t_1} \{\mathfrak{S}\, Cv\, Ds\}^2 dt,$$

oder was dasselbe ist:

$$(\Delta.) \qquad T_0 - T_1 = +\varepsilon\varepsilon' \int_{t_0}^{t_1} \{\mathfrak{S}\, Cv\, Ds\}^2 dt,$$

Hier repräsentirt offenbar $T_0 - T_1$ die *Abnahme* der lebendigen Kraft, d. i. den effectiven *Verlust* an lebendiger Kraft, den der Leiter in Folge der Induction während des Zeitraumes t_0 bis t_1 erlitten hat.

Diese Formel (Δ.) ist identisch mit der *Neumann*'schen Formel (4a.) Seite 277 [vgl. auch S. 261]; — *abgesehen vom Factor* 2. Dieser Unterschied kann vielleicht Folge eines Druckfehlers sein, vielleicht aber auch darin seinen Grund haben, dass in der *Neumann*'schen Abhandlung unter lebendiger Kraft nicht $\frac{1}{2}\mathfrak{S}\, m v^2$, sondern $\mathfrak{S}\, m v^2$ verstanden werden soll.

Bemerkung zu Seite 300 und 301. — Der dortige Uebergang von (13.) zu (14.), (15.), (16.) bedarf vielleicht einer kurzen Erläuterung.

Zu diesem Zwecke sind zunächst gewisse Formeln des § 5 zusammenzustellen. Substituirt man in (1.) § 5 die Werthe (2.) § 5, so folgt:

$$(\alpha.)\qquad J = -\varepsilon\varepsilon'\varkappa' \int_{w_0}^{w_1} \mathfrak{S}\frac{1}{r^3}\begin{Bmatrix}[(z-\zeta_{,})Dy-(y-\eta_{,})Dz]\,dx\\ +\cdots\cdots\cdots\cdots\\ +\cdots\cdots\cdots\cdots\end{Bmatrix}.$$

Dieses J ist nun in § 5 in zwei Theile zerlegt worden:

$$(\beta.)\qquad J = J_p + J_d.$$

Und zwar ist in (19.) § 5 für J_p der Werth gefunden worden:

$$(\gamma.)\qquad J_p = -\varepsilon\varepsilon'\varkappa' \int_{w_0}^{w_1} \mathfrak{S}\frac{1}{r^3}\begin{Bmatrix}[(y_{,}-\eta)Dz_{,}-(z_{,}-\zeta)Dy_{,}]\,d\xi\\ +\cdots\cdots\cdots\cdots\\ +\cdots\cdots\cdots\cdots\end{Bmatrix}.$$

Andererseits hat sich für J_d in (28.), (29.) § 5 der Ausdruck ergeben:

$$(\delta.)\qquad J_d = -\varepsilon\varepsilon'\varkappa' \int_{w_0}^{w_1}\left[\frac{x_{,}-\xi}{r}\cos l' + \frac{y_{,}-\eta}{r}\cos m' + \frac{z_{,}-\zeta}{r}\cos n'\right]d\psi.$$

Diesen Formeln (α.), (β.), (γ.), (δ.) parallel stehen jene hier zu besprechenden Formeln (13.), (14.), (15.), (16.). Man bemerkt nämlich, dass die rechte Seite von (α.) in die rechte Seite der Formel (13.) S. 300 übergeht, sobald man $\varkappa'$ in $-\varkappa D\omega$ verwandelt, und überdies noch das Summenzeichen $\sum$ vorsetzt. Durch genau dieselbe Operation wird man daher auch (15.) aus (γ.) und (16.) aus (δ.) ableiten können. Und in solcher Weise gelangt man zu den auf S. 301 für $J_p^{(m)}$ und $J_d^{(m)}$ gegebenen Ausdrücken.

Dabei sei noch bemerkt, dass die auf Seite 301 vorkommenden Winkel in der *Neumann*'schen Originalabhandlung nicht mit l', m', n', sondern mit λ, μ, ν bezeichnet sind. Diese Abänderung schien der Redaction erforderlich, um die Formeln Seite 301 mit den früheren Formeln Seite 293 in besseren Einklang zu bringen.

Inhaltsübersicht.

ÜBER EIN ALLGEMEINES PRINCIP DER MATHEMATISCHEN THEORIE INDUCIRTER ELEKTRISCHER STRÖME.

Aus den Abhandlungen der Berliner Akademie der Wissenschaften für das Jahr 1847.

ÜBER EIN ALLGEMEINES PRINCIP DER MATHEMATISCHEN THEORIE INDUCIRTER ELEKTRISCHER STRÖME. 1847.*)

In meiner Abhandlung über die mathematischen Gesetze der inducirten elektrischen Ströme**) habe ich die Fälle von linearen Inductionen behandelt, in welchen die gegenseitige Lage der Elemente der bewegten Stücke unverändert bleibt, diese also nicht ihre Form, nur ihre Lage verändern, die Stücke mochten übrigens dem inducirten Leitersystem oder dem inducirenden Stromsystem angehören. In der vorliegenden Abhandlung findet in Beziehung auf die Bewegung der Elemente eines jeden der beiden Systeme keine andere Beschränkung statt, als die, welche für das Zustandekommen von inducirten Strömen überhaupt nothwendig ist, nämlich dass die Elemente eines jeden der beiden Systeme während ihrer Bewegung unter einander in leitender Verbindung bleiben. Diese weitere Entwickelung des in der früheren Abhandlung zu Grunde gelegten Inductionsgesetzes hat zu einem so einfachen und allgemeinen Theorem geführt, dass dieses jetzt als ein Princip der mathematischen Theorie der inducirten elektrischen Ströme angesehen werden kann.

Dies Theorem lässt sich so aussprechen:

Wird ein geschlossenes, unverzweigtes, leitendes Bogensystem $A_{,}$ *durch eine beliebige Verrückung seiner Elemente, aber ohne Aufhebung der leitenden Verbindung derselben, in ein anderes* $A_{,,}$ *von neuer Form und Lage übergeführt, und geschieht diese Veränderung von* $A_{,}$ *in* $A_{,,}$ *unter dem Einfluss eines elektrischen Stromsystems* $B_{,}$, *welches gleichzeitig durch eine beliebige Verrückung seiner Elemente eine Veränderung in Lage, Form und Intensität von* $B_{,}$ *in* $B_{,,}$ *erfährt, so ist die Summe der elektro-*

*) Diese im Jahre 1849 in den Abhandlungen der Berliner Akademie der Wissenschaften erschienene Abhandlung wurde in der Akademie vorgelesen am 9. August 1847. Uebrigens ist der Anfang der von *Neumann* gegebenen Einleitung (umfassend Seite 347 und Anfang der Seite 348) auch erschienen in den *Berichten* der Berliner Akademie 1847, daselbst Seite 282—283. Später, im Jahre 1892, ist diese *Neumann*'sche Abhandlung von Neuem im Druck erschienen in *Ostwald*'s Klassikern (Nr. 36). — *(Red.)*

**) D. i. in der vorhergehenden Abhandlung. — *(Red.)*

motorischen Kräfte, welche in dem leitenden Bogensystem durch diese Veränderungen inducirt worden sind, gleich dem mit der Inductionsconstante ε *multiplicirten Unterschied der Potentialwerthe des Stromes* $B_{\prime\prime}$ *in Bezug auf* $A_{\prime\prime}$ *und des Stromes* $B_{\prime}$ *in Bezug auf* $A_{\prime}$, *wenn* $A_{\prime\prime}$ *und* $A_{\prime}$ *von der Stromeinheit durchströmt gedacht werden.*

Der vorstehende Ausdruck des Theorems setzt voraus, dass das inducirte Leitersystem ohne Verzweigungen ist, und dem inducirten Strome also nur eine ungetheilte Bahn bietet. Hat das Leitersystem Verzweigungen, so muss man dasselbe sich in geschlossene unverzweigte Umgänge zerlegt denken, und auf jeden dieser Umgänge, als wäre er nur allein vorhanden, das Theorem anwenden. Dadurch erhält man die Summe der in jedem dieser einfachen Umgänge inducirten elektromotorischen Kräfte, und dies ist diejenige Grösse, deren Kenntniss nöthig und hinreichend ist, um, wenn die Leitungswiderstände gegeben sind, die Stärke des inducirten Stromes in jedem Theile des Leitersystems zu bestimmen. In dieser Erweiterung giebt das vorstehende Theorem unmittelbar den Ausdruck der elektromotorischen Kräfte in allen Fällen von linearen Inductionen, welche durch Veränderungen der Stromstärke und der relativen Lage der Stromelemente in Bezug auf die Elemente eines beliebig verzweigten Leitersystems in diesem erregt werden, die Fälle nicht ausgeschlossen, in welchen durch Verrückung von Stromstücken oder Stücken des Leitersystems Elemente aus der Bahn des inducirenden oder des inducirten Stromes heraustreten, oder eintreten. Die Gesetze der Magneto-Induction sind als ein besonderer Fall in dem Theorem enthalten. Nicht unter diesem Theorem begriffen sind die Fälle, wo ein so rascher Wechsel der inducirenden Ursache stattfindet, dass in dem inducirten Strom keine gleichförmige Strömung angenommen werden darf, wie z. B. bei den elektrischen Entladungen.

Der Potentialwerth eines geschlossenen elektrischen Stromsystems in Bezug auf ein anderes geschlossenes Stromsystem ist die negative halbe Summe der Producte der Bahnelemente des einen Systems mit den Bahnelementen des andern, jedes Product zweier Elemente mit ihren Intensitäten und dem Cosinus ihrer Neigung gegen einander multiplicirt, und durch ihre gegenseitige Entfernung dividirt*).

Es sei $D\sigma_{\prime}$ ein Element der inducirenden Strombahn $B_{\prime}$ in der Anfangsposition ihrer Elemente, $j_{\prime}$ die Stromstärke in $D\sigma_{\prime}$; es sei ferner $Ds_{\prime}$ ein Element des inducirten Leiterumgangs $A_{\prime}$ in seiner Anfangsposition und

*) Siehe hinten die der Abhandlung beigefügte Note. *(Anm. des Originals.)* Unter dieser Note ist der von *Neumann* seiner Abhandlung beigefügte Anhang (Seite 405 ff.) zu verstehen. — *(Red.)*

$(D\sigma_{,} \cdot Ds_{,})$ bezeichne die Neigung von $D\sigma_{,}$ gegen $Ds_{,}$, sowie $r_{,}$ die gegenseitige Entfernung dieser Elemente. Durch $Q(\sigma_{,} \cdot s_{,})$ werde der Potentialwerth des Stromes $B_{,}$ in Bezug auf den von der Stromeinheit durchströmten Umgang $A_{,}$ bezeichnet. Für die Endpositionen $B_{,,}$ und $A_{,,}$ sollen $j_{,,}$, $D\sigma_{,,}$, $Ds_{,,}$, $r_{,,}$ die entsprechende Bedeutung haben. Dann ist

$$Q(\sigma_{,} \cdot s_{,}) = -\tfrac{1}{2} \mathrm{S} \sum j_{,} \frac{\cos(D\sigma_{,} \cdot Ds_{,})}{r_{,}} D\sigma_{,} Ds_{,},$$

$$Q(\sigma_{,,} \cdot s_{,,}) = -\tfrac{1}{2} \mathrm{S} \sum j_{,,} \frac{\cos(D\sigma_{,,} \cdot Ds_{,,})}{r_{,,}} D\sigma_{,,} Ds_{,,},$$

worin die mit S und $\sum$ bezeichneten Integrationen auf alle Elemente Ds des inducirten Leiterumganges und alle Elemente $D\sigma$ des inducirenden Stromsystems auszudehnen sind.

Die Summe der elektromotorischen Kräfte, welche, während die Strom- und Leiterelemente aus ihren Anfangszuständen in ihre Endzustände übergegangen sind, inducirt worden sind, ist nach dem vorstehenden Theorem

$$\varepsilon\{Q(\sigma_{,,} \cdot s_{,,}) - Q(\sigma_{,} \cdot s_{,})\}, \tag{1.}$$

wofür ich auch schreibe:

$$-\tfrac{1}{2} \varepsilon \mathrm{S} \sum \left[\frac{j \cos(D\sigma \cdot Ds)}{r}\right]_{,}^{,,} D\sigma Ds, \tag{2.}$$

worin die Klammer $[\,]_{,}^{,,}$ die Differenz der Werthe bezeichnen soll, welche die von ihr eingeschlossene Grösse in den Endpositionen der Strom- und Leiterelemente und in den Anfangspositionen besitzt. Diese Grenzpositionen werden durch die der Klammer oben und unten zugefügten Indices angedeutet.

Aus dem vorstehenden Ausdruck für die inducirte elektromotorische Kraft kann man leicht einen ebenso allgemeinen Ausdruck für den in dem Leiterumgang A inducirten Strom ableiten. Zu diesem Ende betrachten wir als Anfangs- und Endposition der Strom- und Leiterelemente zwei sehr wenig von einander verschiedene Positionen derselben, welche zur Zeit t und $t + dt$ stattfinden, wo dt das Zeitelement bezeichnet. Die während dieses Zeitelements inducirte elektromotorische Kraft ist nach (2.)

$$-\tfrac{1}{2} \varepsilon \mathrm{S} \sum \left[\frac{j \cos(D\sigma \cdot Ds)}{r}\right]_{t}^{t+dt} Ds D\sigma,$$

und dafür kann man schreiben:

$$-\tfrac{1}{2} \varepsilon \, dt \frac{d}{dt} \mathrm{S} \sum \frac{j \cos(Ds \cdot D\sigma)}{r} Ds D\sigma. \tag{3.}$$

Das Product dieser elektromotorischen Kraft mit dem reciproken Leitungswiderstand ε' des inducirten Leiters giebt den zur Zeit t vorhandenen inducirten *Differentialstrom* D. Wird dieses Product zwischen $t = t_{,}$ und $t = t_{,,}$ integrirt, so erhält man den in dem Zeitraum $t_{,,} - t_{,}$ inducirten *Integralstrom* J. Man hat also:

$$D = -\tfrac{1}{2}\varepsilon\varepsilon' dt \frac{d}{dt} \mathrm{S} \sum \frac{j \cos(Ds \cdot D\sigma)}{r} Ds\, D\sigma, \tag{4.}$$

$$J = -\tfrac{1}{2}\varepsilon \int dt\, \varepsilon' \frac{d}{dt} \mathrm{S} \sum \frac{j \cos(Ds \cdot D\sigma)\, Ds\, D\sigma}{r}. \tag{5.}$$

Wenn die Verrückungen der Elemente des Leiters keine merkliche Veränderung des Leitungswiderstandes des inducirten Stroms herbeiführen, also ε' constant ist, oder so angesehen werden kann, so hat der inducirte Integralstrom den Ausdruck:

$$J_{,} = -\tfrac{1}{2}\varepsilon\varepsilon' \mathrm{S} \sum \left[\frac{j \cos(Ds \cdot D\sigma)}{r}\right]_{t_{,}}^{t_{,,}} Ds\, D\sigma, \tag{6.}$$

und dieser verwandelt sich, wenn der inducirende Strom unverzweigt ist, in

$$J_{,,} = -\tfrac{1}{2}\varepsilon\varepsilon' j \mathrm{S} \sum \left[\frac{\cos(Ds \cdot D\sigma)}{r}\right]_{t_{,}}^{t_{,,}} Ds\, D\sigma. \tag{7.}$$

Die Ausdrücke der Stromstärken (4.), (5.), (6.) und (7.) setzen einen einfachen, d. h. unverzweigten inducirten Leiterumgang voraus. Ist der inducirte Leiter verzweigt, so müssen die Stromstärken in den einzelnen Zweigen nach den Sätzen von *Kirchhoff* mittelst des Ausdrucks (3.) bestimmt werden, welcher dann auf die einzelnen einfachen Umgänge, die aus den Zweigen gebildet werden können, angewandt werden muss, und die in ihnen während des Zeitelements entwickelte elektromotorische Kraft giebt.

Die Absicht der vorliegenden Abhandlung ist die Ableitung des eben ausgesprochenen Theorems über die inducirte elektromotorische Kraft aus dem in meiner früheren Abhandlung zu Grunde gelegten Inductionsgesetz. Ich habe dieselbe in fünf Paragraphen getheilt.

§ 1 behandelt die Inductionsfälle, in welchen die Leiterelemente unter dem Einfluss eines ruhenden constanten Stroms bewegt werden;

§ 2 behandelt die Fälle, in welchen in einem ruhenden Leiter durch die Bewegung von Stromelementen Ströme inducirt werden;

§ 3 behandelt die durch gleichzeitige Bewegung der Strom- und Leiterelemente erregten Inductionen;

§ 4 handelt von den durch Veränderungen der Stromstärken und gleichzeitige Bewegungen der Strom- und Leiterelemente inducirten Strömen;

§ 5 untersucht, inwieweit Uebereinstimmung stattfindet zwischen dem oben ausgesprochenen Theorem und den neuen Grundsätzen über die Wirkung bewegter Elektricität in der Ferne, welche *W. Weber* in seinen elektrodynamischen Maassbestimmungen*) gegeben hat.

---

§ 1.

Der Inducent ist in Ruhe, während die Elemente des linearen Leiters sich in Bewegung befinden.

In diesem Paragraphen soll der Ausdruck für die Intensität der Ströme entwickelt werden, welche in einem linearen geschlossenen Leiter inducirt werden, wenn die Elemente desselben unter dem Einfluss eines ruhenden constanten Stroms auf eine beliebige Weise aus einer Lage in eine andere geführt werden. Auf diesen Inductionsfall lässt sich unmittelbar derjenige zurückführen, in welchem ausser den Leiterelementen auch die Stromelemente eine Bewegung besitzen, wenn diese von der Beschaffenheit ist, dass die gegenseitige Lage der Stromelemente dadurch nicht geändert wird. Man kann in diesem Falle dem Strom- und Leitersystem eine solche gemeinschaftliche Bewegung geben, dass der Strom ruht. Diese, beiden Systemen gemeinschaftliche Bewegung erregt keine Induction.

Es seien $D\sigma$ und Ds Elemente der inducirenden Stromcurve und der inducirten Leitercurve; die Coordinaten dieser Elemente seien ξ, η, ζ und x, y, z, ihre gegenseitige Entfernung r, wo also $r^2 = (x-\xi)^2 + (y-\eta)^2 + (z-\zeta)^2$. Die Winkel, welche r mit Ds und $D\sigma$ macht, sollen mit ϑ und ϑ' bezeichnet werden, und der Winkel, unter welchen diese Elemente gegen einander geneigt sind, sei η. Die Geschwindigkeit, mit welcher Ds fortgeführt wird, sei v, sein Weg o, dessen Element do, sodass $v = \frac{do}{dt}$, wo dt das Element der Zeit bezeichnet. Die Geschwindigkeit v ist eine Function von s und t.

Nach dem in meiner früheren Abhandlung aufgestellten Inductionsprincip ist die während dt in dem Element Ds durch den Strom, unter dessen Einfluss es bewegt wird, inducirte elektromotorische Kraft $e\,Ds$ ausgedrückt durch**)

$$(1.)\qquad e\,Ds = -\,\varepsilon v\,C\,Ds\,dt,$$

---

*) Elektrodynamische Maassbestimmungen von *W. Weber*. Leipzig 1846. Besonders abgedruckt a. d. Schriften d. Königl. Sächsischen Akademie. — *(Anm. des Originals.)*

**) Vgl. in der vorigen Abhandlung die Formel (1.) Seite 272, in welcher unter $E\,dt$ das gegenwärtige e zu verstehen ist. — *C. N.*

worin CDs die nach do zerlegte Wirkung bezeichnet, welche der Strom auf das Element Ds ausübt, dieses von der Stromeinheit durchströmt gedacht, und ε die Inductionsconstante ist.

Nach *Ampère*'s Gesetz hat die Wirkung, welche das Stromelement $D\sigma$ auf Ds ausübt, die Richtung von r, und ihr Werth ist, wenn j die Stromstärke von $D\sigma$ bezeichnet:

$$-j\frac{Ds\,D\sigma}{r^2}\left\{\cos\eta-\frac{3}{2}\cos\vartheta\cos\vartheta'\right\}.$$

Das negative Vorzeichen ist dieser Wirkung gegeben, weil sie die Entfernung der Elemente zu verkleinern strebt*). Der vorstehende Ausdruck lässt sich, wie *Ampère* gezeigt hat, durch partielle Differentialquotienten von r nach s und σ ausdrücken, und verwandelt sich dadurch in**):

$$j\frac{Ds\,D\sigma}{r^2}\left\{r\frac{\partial^2 r}{\partial s\,\partial\sigma}-\frac{1}{2}\frac{\partial r}{\partial s}\frac{\partial r}{\partial\sigma}\right\}.$$

Diese Grösse ist nun, um die Componente der Wirkung von $D\sigma$ auf Ds nach do zu erhalten, mit dem Cosinus des Winkels zu multipliciren, unter welchem do gegen r geneigt ist, d. i.***) mit $\frac{\partial r}{\partial o}$. Die Summe dieser Componenten in Beziehung auf alle $D\sigma$ giebt die in (1.) mit CDs bezeichnete Grösse. Ich setze zunächst voraus, dass sowohl der inducirende Strom als der inducirte unverzweigt ist. Die Fälle, in welchen dieselben verzweigt sind, werde ich am Schlusse dieses Paragraphen berücksichtigen. In dem vorausgesetzten Falle hat j in jedem $D\sigma$ denselben Werth, und man hat also:

(2.) $$CDs=j\,Ds\sum\frac{D\sigma}{r^2}\left\{r\frac{\partial^2 r}{\partial s\,\partial\sigma}-\frac{1}{2}\frac{\partial r}{\partial s}\frac{\partial r}{\partial\sigma}\right\}\frac{\partial r}{\partial o}.$$

Substituirt man diesen Werth von C in (1.) und nimmt hierauf die Summe von $e\,Ds$ in Beziehung auf alle Ds, so erhält man die zur Zeit t während des Elements dt in dem ganzen Leiter s inducirte elektromotorische Kraft. Diese Summe, mit dem reciproken Leitungswiderstand ε' des Leiters

*) Um die Hauptsache hervorzuheben: Der angegebene Ausdruck repräsentirt den Werth der *Abstossungs*-Kraft. — *C. N.*

**) ϑ und ϑ' sind diejenigen Winkel, welche die Richtung der Linie r mit den Elementen $D\sigma$ und Ds macht. Dabei ist diese Richtung, nach Belieben, entweder von Ds nach $D\sigma$, oder umgekehrt von $D\sigma$ nach Ds laufend zu denken. Im ersteren Fall ist $\cos\vartheta=\frac{\partial r}{\partial\sigma}$ und $\cos\vartheta'=-\frac{\partial r}{\partial s}$. Im letzteren Fall hingegen wird $\cos\vartheta=-\frac{\partial r}{\partial\sigma}$ und $\cos\vartheta'=\frac{\partial r}{\partial s}$ sein. — Noch sei bemerkt, dass der obige Ausdruck, abgesehen von den Factoren Ds und $D\sigma$, identisch ist mit dem Ausdruck (8.) auf Seite 281. — *C. N.*

***) Die partiellen Differentiationen werden in dieser Abhandlung immer durch die Charakteristik ∂ bezeichnet werden. — *(Anm. des Originals.)*

multiplicirt, giebt, da der Leiter unverzweigt ist, den in ihm inducirten *Differentialstrom* D, und dieser, in Beziehung auf t von $t_{,}$ bis $t_{,,}$ integrirt, giebt den in dem Zeitintervall $t_{,,}-t_{,}$ inducirten *Integralstrom* J. Demnach ist also

(3.) $$J = -\varepsilon\int dt\,\varepsilon' j\,\mathrm{S}\sum\frac{D\sigma\,Ds}{r^2}\left\{r\frac{\partial^2 r}{\partial s\,\partial\sigma}-\frac{1}{2}\frac{\partial r}{\partial s}\frac{\partial r}{\partial\sigma}\right\}\frac{\partial r}{\partial o}v$$

oder

(4.) $$J = \int dt\,\varepsilon' j\frac{d}{dt}E,$$

wenn *)

(5.) $$E = -\varepsilon\int\mathrm{S}\sum dt\frac{Ds\,D\sigma}{r^2}\left\{r\frac{\partial^2 r}{\partial s\,\partial\sigma}-\frac{1}{2}\frac{\partial r}{\partial s}\frac{\partial r}{\partial\sigma}\right\}\frac{\partial r}{\partial o}v$$

gesetzt wird. Ich bemerke, dass der Ausdruck von J in (3.) oder (4.) nur den durch die Verrückung der Leiterelemente inducirten Strom giebt, von welchem in diesem Paragraphen überall nur die Rede ist. Es wird nämlich, wenn j eine Function der Zeit ist, ausser diesem noch ein Strom durch die Veränderung von j inducirt, von welchem später in § 4 die Rede sein wird. Wenn ε' und j unabhängig von der Zeit sind, so ist $J = \varepsilon' j E$; es ist E also die Summe der elektromotorischen Kraft, welche in dem Zeitraum von $t_{,}$ bis $t_{,,}$, wenn der inducirende Strom innerhalb desselben constant und der Einheit gleich ist, in dem ganzen Leiter inducirt wird. Die durch den constanten Strom von der Intensität j inducirte elektromotorische Kraft jE werde ich in der Folge durch F bezeichnen. Ich bemerke noch, dass, da in dem Zeitelement dt durch die Verrückung der Leiterelemente die elektromotorische Kraft $j\frac{dE}{dt}dt$ inducirt wird, j mag variabel oder constant sein, die in dem Zeitintervall von $t_{,}$ bis $t_{,,}$ inducirte elektromotorische Kraft allgemein ausgedrückt ist durch $\int_{t_{,}}^{t_{,,}} dt\,j\frac{dE}{dt}$. Die nähere Ermittelung der Grösse E, welche ich, so lange kein Missverständniss zu fürchten ist, schlechtweg die inducirte elektromotorische Kraft nennen werde, aus welcher, wie man sieht, durch einfache Differentiation und Integration sowohl die Summe der jedesmal wirklich inducirten elektromotorischen Kraft als der Differential- und Integralstrom abgeleitet werden können, ist die vorzüglichste Absicht des Folgenden.

Die durch $\sum$ in (5.) bezeichnete Integration ist auf alle $D\sigma$ der geschlossenen Bahn des inducirenden Stroms auszudehnen. Dasselbe gilt zwar von der durch S bezeichneten Integration in Beziehung auf die geschlossene

*) Der Buchstabe E wird, wie man sieht, in dieser Abhandlung in ganz anderer Bedeutung gebraucht als in der vorigen Abhandlung. Vgl. (1.) Seite 272, sowie auch die Note Seite 351. — *C. N.*

Bahn des inducirten Stroms, aber diese zerfällt, wegen der Discontinuität der bewegten Stücke, in mehrere continuirliche Leiterstücke, deren Grenzen von der Zeit abhängen können. Die durch S bezeichnete Integration ist demnach ein Aggregat von Integralen, deren jedes sich auf ein continuirliches Leiterstück bezieht. Um diese Bemerkung deutlicher durchführen zu können, werde ich der allgemeinen Betrachtung die eines speciellen Falles vorangehen lassen. Ich werde zuerst den Fall betrachten, in welchem ein Theil der Bahn des inducirten Stroms ruht, und der andere, ein continuirliches Leiterstück bildend, bewegt wird. Die Grenzen dieses bewegten Stücks sollen zunächst unabhängig von der Zeit sein, d. h. sie sollen durch dieselben Elemente während der ganzen Dauer der Bewegung gebildet werden. Um die Vorstellung zu fixiren, stelle Fig. 1 einen solchen Fall vor, wo $abcd$ die Bahn des inducirten Stroms zur Zeit t bezeichnet. Die Induction ist dadurch hervorgebracht, dass das Leiterstück bcd aus seiner anfänglichen Lage $b_, c_, d_,$ in die Lage $b_{,,} c_{,,} d_{,,}$ fortgeführt ist, und zwar so, dass dieselben Elemente b und d mit den Unterlagen $b_, b_{,,}$ und $d_, d_{,,}$ in leitender Verbindung geblieben sind, wobei die Form des bewegten Stückes eine beliebige Veränderung erlitten haben kann. Die durch S bezeichnete Integration bezieht sich in diesem Falle allein auf das bewegte Stück bcd, weil für die übrigen Theile der Bahn des inducirten Stromes $v = 0$ ist.

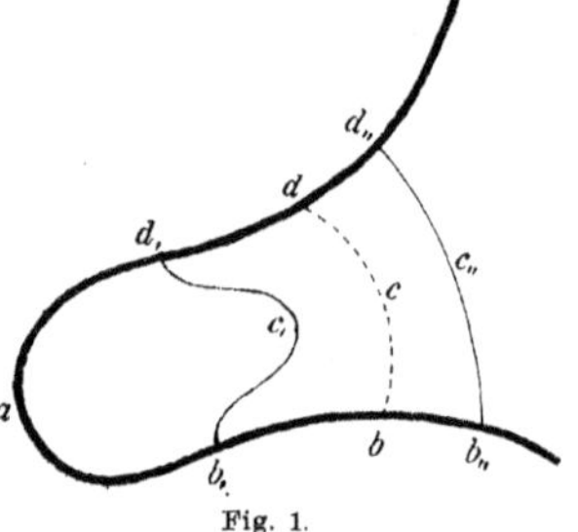

Fig. 1.

Ich setze in (5.) statt v seinen Werth $\frac{do}{dt}$, wodurch

$$(6.)\qquad E = -\varepsilon \int \mathsf{S} \sum \frac{do\, Ds\, D\sigma}{r^2} \left\{ r \frac{\partial^2 r}{\partial s\, \partial \sigma} - \frac{1}{2} \frac{\partial r}{\partial s} \frac{\partial r}{\partial \sigma} \right\} \frac{\partial r}{\partial o}$$

wird, und integrire das erste Glied rechts partiell nach s. Dadurch verwandelt sich dieser Ausdruck in

$$(7.)\quad E = -\varepsilon \int \sum do\, D\sigma \left[\frac{1}{r} \frac{\partial r}{\partial o} \frac{\partial r}{\partial \sigma} \right]_{s_,}^{s_{,,}} + \varepsilon \int \sum \mathsf{S} \frac{do\, D\sigma\, Ds}{r^2} \left\{ r \frac{\partial^2 r}{\partial o\, \partial s} - \frac{1}{2} \frac{\partial r}{\partial o} \frac{\partial r}{\partial s} \right\} \frac{\partial r}{\partial \sigma},$$

worin $\left[\frac{1}{r} \frac{\partial r}{\partial o} \frac{\partial r}{\partial \sigma} \right]_{s_,}^{s_{,,}}$ die Differenz der Werthe bezeichnet, welche die eingeschlossene Grösse in den Endpunkten des bewegten Leiterstückes, welche durch $s_{,,}$ und $s_,$ bezeichnet sind, d. i. nach der Figur in d und b besitzt.

Durch partielle Integration des Gliedes

$$\varepsilon \int \sum \mathsf{S} \frac{do\, D\sigma\, Ds}{r} \frac{\partial^2 r}{\partial o\, \partial s} \frac{\partial r}{\partial \sigma}$$

in der vorstehenden Gleichung nach o verwandelt sich dieselbe in

$$(8.)\quad \begin{aligned} E = &-\varepsilon\int\sum do\, D\sigma\left[\frac{1}{r}\frac{\partial r}{\partial o}\frac{\partial r}{\partial \sigma}\right]_{s_{,}}^{s_{,,}} + \varepsilon\sum \mathrm{S}\, Ds\, D\sigma\left[\frac{1}{r}\frac{\partial r}{\partial s}\frac{\partial r}{\partial \sigma}\right]_{o_{,}}^{o_{,,}} \\ &-\varepsilon\int\sum \mathrm{S}\frac{do\, D\sigma\, Ds}{r^2}\left\{r\frac{\partial^2 r}{\partial o\,\partial \sigma}-\frac{1}{2}\frac{\partial r}{\partial o}\frac{\partial r}{\partial \sigma}\right\}\frac{\partial r}{\partial s}, \end{aligned}$$

wo $\left[\frac{1}{r}\frac{\partial r}{\partial s}\frac{\partial r}{\partial \sigma}\right]_{o_{,}}^{o_{,,}}$ die Differenz der Werthe bezeichnet, welche die eingeschlossene Grösse in der End- und Anfangsposition des bewegten Leiterstücks besitzt, d. i. in der Lage $b_{,,}c_{,,}d_{,,}$ und $b_{,}c_{,}d_{,}$. Es sind $o_{,,}$ und $o_{,}$ die Grenzen des Weges, welchen Ds beschrieben hat.

In diesem Ausdruck für E integrire ich endlich partiell nach σ das erste Glied unter dem dreifachen Integralzeichen

$$\varepsilon\int\sum \mathrm{S}\frac{do\, D\sigma\, Ds}{r}\,\frac{\partial^2 r}{\partial o\,\partial s}\,\frac{\partial r}{\partial s}\,.$$

Ich lasse, behufs späteren Gebrauchs, die Grenzen dieser Integration zunächst unbestimmt, und bezeichne sie mit $\sigma_{,,}$ und $\sigma_{,}$. Die Gleichung (8.) verwandelt sich dadurch in

$$(9.)\quad \begin{aligned} E = &-\varepsilon\int\sum do\, D\sigma\left[\frac{1}{r}\frac{\partial r}{\partial o}\frac{\partial r}{\partial \sigma}\right]_{s_{,}}^{s_{,,}} + \varepsilon\sum \mathrm{S}\, D\sigma\, Ds\left[\frac{1}{r}\frac{\partial r}{\partial \sigma}\frac{\partial r}{\partial s}\right]_{o_{,}}^{o_{,,}} \\ &-\varepsilon\int \mathrm{S}\; do\, Ds\left[\frac{1}{r}\frac{\partial r}{\partial o}\frac{\partial r}{\partial s}\right]_{\sigma_{,}}^{\sigma_{,,}} \\ &+\varepsilon\int \mathrm{S}\sum\frac{do\, Ds\, D\sigma}{r^2}\left\{r\frac{\partial^2 r}{\partial s\,\partial \sigma}-\frac{1}{2}\frac{\partial r}{\partial s}\frac{\partial r}{\partial \sigma}\right\}\frac{\partial r}{\partial o}, \end{aligned}$$

worin die Bedeutung der Klammer mit den Indices $\sigma_{,,}$ und $\sigma_{,}$ schon aus dem Vorhergehenden klar ist.

Addirt man diesen Ausdruck für E zu demjenigen in (6.), so verschwinden die Glieder, welche von dreifachen Integrationen abhängen, und man erhält den Werth von E durch sechs Doppelintegrale ausgedrückt:

$$(10.)\quad \begin{aligned} E = &-\frac{1}{2}\varepsilon\int\sum do\, D\sigma\left[\frac{1}{r}\frac{\partial r}{\partial o}\frac{\partial r}{\partial \sigma}\right]_{s_{,}}^{s_{,,}} + \frac{1}{2}\varepsilon\sum \mathrm{S}\, D\sigma\, Ds\left[\frac{1}{r}\frac{\partial r}{\partial s}\frac{\partial r}{\partial \sigma}\right]_{o_{,}}^{o_{,,}} \\ &-\frac{1}{2}\varepsilon\int \mathrm{S}\; do\, Ds\left[\frac{1}{r}\frac{\partial r}{\partial o}\frac{\partial r}{\partial s}\right]_{\sigma_{,}}^{\sigma_{,,}}. \end{aligned}$$

In dem vorliegenden Falle, wo die Integration nach σ auf die ganze, geschlossene Bahn des inducirenden Stroms ausgedehnt werden muss, wo also $\sigma_{,,}$ und $\sigma_{,}$ zusammenfallen, verschwinden die beiden letzten Integrale, und man hat hier also

$$(11.)\quad E = \frac{1}{2}\varepsilon\,\mathrm{S}\sum Ds\, D\sigma\left[\frac{1}{r}\frac{\partial r}{\partial s}\frac{\partial r}{\partial \sigma}\right]_{o_{,}}^{o_{,,}} - \frac{1}{2}\varepsilon\int\sum do\, D\sigma\left[\frac{1}{r}\frac{\partial r}{\partial o}\frac{\partial r}{\partial \sigma}\right]_{s_{,}}^{s_{,,}}.$$

Dieser Ausdruck für die elektromotorische Kraft E, welche durch die Fortführung des Leiterstückes aus der Lage $b_, c_, d_,$ in die Lage $b_{,,} c_{,,} d_{,,}$ erregt ist, zeigt, dass dieselbe von den Wegen, welche seine Theile beschrieben haben, unabhängig ist, und also unabhängig von den Formen, welche seine Curve während der Bewegung gehabt hat. Die elektromotorische Kraft E hängt allein von der Lage und Form des bewegten Leiterstückes in seiner Anfangs- und Endposition ab und von den zwei Curven, auf welchen seine Endpunkte fortgeführt sind. Nennen wir p die Peripherie des Curvenvierecks $b_, b_{,,} c_{,,} d_{,,} d_, c_,$, welches von dem bewegten Leiterstück in seiner Anfangs- und Endposition und den zwei Curven, welche seine Endpunkte beschrieben haben, gebildet wird, und Dp ein Element dieser Peripherie, so kann man statt (11.) schreiben

$$E = \frac{1}{2}\varepsilon \mathrm{S} \sum \frac{D\sigma\, Dp}{r} \frac{\partial r}{\partial \sigma} \frac{\partial r}{\partial p}, \tag{12.}$$

wo die Integrationen nach $D\sigma$ und Dp respective auf die ganze Bahn des inducirenden Stroms σ und die ganze Peripherie p des bezeichneten Curvenvierecks ausgedehnt werden müssen. Die Richtung, in welcher man bei der Integration nach Dp, als der positiven, fortzuschreiten hat, ist die positive des bewegten Leiterstücks in seiner Endposition. Integrirt man das Integral in (12.) partiell nach σ, nachdem man unter dem Integralzeichen statt $\frac{1}{r}\frac{\partial r}{\partial p}$ gesetzt hat, $\frac{1}{2r^2}\frac{\partial (r^2)}{\partial p}$, so erhält man

$$E = -\frac{1}{4}\varepsilon \mathrm{S}\, Dp \left[\frac{1}{r}\frac{\partial (r^2)}{\partial p}\right]_{\sigma_,}^{\sigma_{,,}} + \frac{1}{4}\varepsilon \mathrm{S} \sum \frac{1}{r}\frac{\partial^2 (r^2)}{\partial \sigma\, \partial p} D\sigma\, Dp,$$

und dieser Ausdruck reducirt sich, weil $\sigma_,$ und $\sigma_{,,}$ in der geschlossenen inducirenden Stromcurve zusammenfallen, auf

$$E = \frac{1}{4}\varepsilon \mathrm{S} \sum \frac{1}{r}\frac{\partial^2 (r^2)}{\partial \sigma\, \partial p} D\sigma\, Dp.$$

Aus $r^2 = (x-\xi)^2 + (y-\eta)^2 + (z-\zeta)^2$ erhält man:

$$\frac{\partial^2 (r^2)}{\partial \sigma\, \partial p} = -2\left(\frac{\partial x\, \partial \xi + \partial y\, \partial \eta + \partial z\, \partial \zeta}{\partial \sigma\, \partial p}\right) = -2 \cos (D\sigma \cdot Dp),$$

wo $(D\sigma \cdot Dp)$ den Winkel bezeichnet, unter welchem die Elemente $D\sigma$ und Dp gegen einander geneigt sind.

Substituirt man diesen Werth von $\frac{\partial^2 (r^2)}{\partial \sigma\, \partial p}$ in E, so wird sein Ausdruck:

$$E = -\frac{1}{2}\varepsilon \mathrm{S} \sum \frac{D\sigma\, Dp}{r} \cos (D\sigma \cdot Dp). \tag{13.}$$

Hieraus geht hervor, dass die durch die Fortführung des Leiterstücks inducirte elektromotorische Kraft E gleich ist dem mit ε multiplicirten

*Potential**) der inducirenden Stromcurve in Bezug auf das Curvenviereck, welches die von dem Leiter beschriebene Fläche begrenzt, die Stromcurve sowohl als dies Viereck von der Stromeinheit durchströmt gedacht, und zwar letzteres in der positiven Richtung des bewegten Leiterstücks in seiner Endposition.

Bei der Ableitung der Gleichungen (12.) und (13.) aus (11.) ist das bewegte Leiterstück als ein unverzweigtes vorausgesetzt, d. h. von der Beschaffenheit, dass man von seinem einen Ende zu seinem andern nur auf einem Wege gelangen kann. Ohne diese Voraussetzung kann man nicht von *einem* Curvenviereck sprechen. Unter dieser Voraussetzung aber ist das Potential des inducirenden Stroms in Bezug auf das bezeichnete Curvenviereck die Differenz der Werthe, welche das Potential der Stromcurve in Bezug auf die ganze Bahncurve des inducirten Stroms in ihrer End- und Anfangsposition besitzt, diese Curven von der Stromeinheit durchströmt gedacht. Nennen wir $\mathrm{s}_{,}$ die Bahn des inducirten Stroms in ihrer Anfangsposition, $\mathrm{s}_{,,}$ in ihrer Endposition, und ς die Bahn des inducirenden Stroms**), und bezeichnen wir durch $P(\varsigma \cdot \mathrm{s}_{,})$ und $P(\varsigma \cdot \mathrm{s}_{,,})$ die Potentialwerthe von ς in Bezug auf $\mathrm{s}_{,}$ und $\mathrm{s}_{,,}$, so ist

$$E = \varepsilon\,\{P(\varsigma \cdot \mathrm{s}_{,,}) - P(\varsigma \cdot \mathrm{s}_{,})\}. \tag{14.}$$

Die Formel (11.) ist, wenn die Bedeutung der Grenzen $s_{,}$, $s_{,,}$, $o_{,}$, $o_{,,}$ gehörig berücksichtigt wird, der allgemeine Ausdruck für die elektromotorische Kraft, welche durch einen ruhenden Strom in einem bewegten Leiterstück inducirt wird. Aus ihr ergaben sich die Sätze, welche durch die Gleichungen (12.), (13.) und (14.) ausgedrückt sind, unter der Annahme, dass das bewegte Stück in denselben Endelementen während seiner Bewegung mit dem ruhenden Theile der Bahn des inducirten Stroms in leitender Verbindung bleibe. Ich werde jetzt nachweisen, dass diese Sätze auch gelten, wenn nach und nach andere Elemente des bewegten Stücks mit dem ruhenden Theile des Leiters in leitende Verbindung treten.

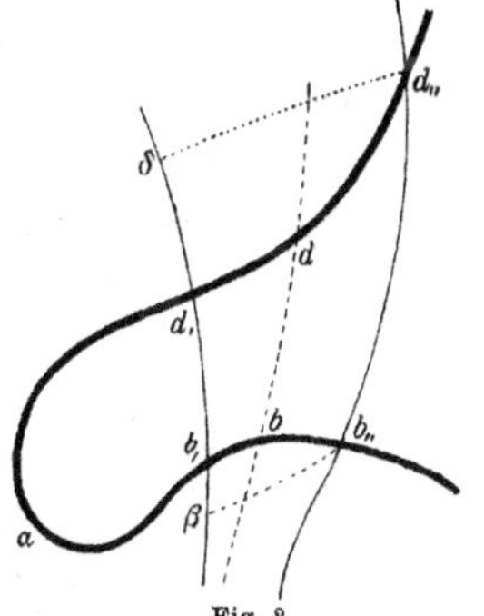

Fig. 2.

Es sei in Fig. 2, welche einen solchen Fall andeuten soll, $ab_{,}d_{,}$ der inducirte Leiter in seiner Anfangsposition, und $ab_{,,}d_{,,}$ in seiner Endposition. Die Induction ist durch die Fortführung der Elemente des Leiterstücks bd aus der Lage $b_{,}d_{,}$ in die Lage $b_{,,}d_{,,}$ erregt; bei dieser Fortführung des Stücks bd, wobei seine

*) Vgl. Seite 321 und auch den Anhang dieser Abhandlung auf Seite 405 ff. — *C. N.*

**) Fortan ist also zu unterscheiden zwischen s, σ und den hier neu eingeführten Buchstaben s, ς. Die beiden letzteren dienen eigentlich nur als *Namen* für die betreffenden Bahnen. — *C. N.*

Form sich auf eine beliebige Weise verändern kann, sind nach und nach andere Elemente desselben mit den ruhenden Unterlagen $b_{,} b_{,,}$ und $d_{,} d_{,,}$ in leitende Berührung gebracht, sodass z. B. die Elemente in β und δ, welche im Anfang der Bewegung ausserhalb der Bahn des inducirten Stroms sich befanden, erst am Schlusse derselben eingetreten sind.

Bei der Anwendung des allgemeinen Ausdrucks für E in (5.) oder in (6.) auf diesen Fall ist zu bemerken, dass die Integration $\mathbf{S}$, welche sich auf die bewegten Elemente Ds bezieht, zwischen den Grenzen b und d zu nehmen ist, welche jetzt Functionen der Zeit sind, oder wenn o wiederum den Weg bezeichnet, auf welchem Ds fortgeführt wird, Functionen von o. Man kann die hieraus sich ergebende Reihenfolge der Integrationen nach Ds und do vermeiden. Zu dem Ende ist für alle Elemente des bewegten Leiterstücks, welche sich von Anfang bis zum Ende ihrer Bewegung innerhalb der Schliessung des inducirten Stroms befinden, die Integration nach dt in (5.) von $t_{,}$ bis $t_{,,}$ oder die Integration nach do in (6.) von $o_{,}$ bis $o_{,,}$ auszudehnen, wenn $t_{,}$, $t_{,,}$ und $o_{,}$ und $o_{,,}$ die Grenzen respective der Zeit und der Bahn ihrer ganzen Bewegung sind, für *die* Elemente Ds aber, welche sich nur auf einem Theile ihrer Bahn innerhalb der Schliessung des inducirten Stroms befinden, ist die Integration nach do auf diesen Theil zu beschränken, und die Integration nach dt in (5.) auf die Zeit, während welcher sie diesen Theil ihrer ganzen Bahn beschrieben haben.

Der einfacheren Darstellung wegen will ich annehmen, ein solches Element Ds trete, nachdem es den Weg von $o_{,}$ bis q durchlaufen hat, in die Schliessung des inducirten Stroms ein, und bleibe nun bis zum Schlusse der Bewegung innerhalb derselben, beschreibe also innerhalb der Schliessung den Weg von q bis $o_{,,}$. Die Betrachtung eines solchen speciellen Falles ist hinreichend, um die zusammengesetzteren Fälle zu beurtheilen, wo das Element, ehe es das Ende seiner Bahn erreicht, aus der Schliessung wieder heraustritt, oder wo dieser Eintritt und Austritt sich wiederholt.

Mit Berücksichtigung der vorstehenden Bemerkung verwandelt sich der Ausdruck von E in (11.) im vorliegenden Falle in

$$\begin{aligned} E = {} & \tfrac{1}{2}\varepsilon \mathbf{S} \sum D\sigma\, Ds \left[\frac{1}{r}\frac{\partial r}{\partial s}\frac{\partial r}{\partial \sigma}\right]_{o_{,}}^{o_{,,}} + \tfrac{1}{2}\varepsilon \mathbf{S} \sum D\sigma\, Ds \left[\frac{1}{r}\frac{\partial r}{\partial s}\frac{\partial r}{\partial \sigma}\right]_{q}^{o_{,,}} \\ & - \tfrac{1}{2}\varepsilon \int \sum do\, D\sigma \left[\frac{1}{r}\frac{\partial r}{\partial o}\frac{\partial r}{\partial \sigma}\right]_{s_{,}}^{s_{,,}}. \end{aligned} \tag{15.}$$

Das erste Glied dieses Ausdrucks für E bezieht sich auf alle Elemente Ds, welche sich während der ganzen Dauer ihrer Bewegung innerhalb der

Schliessung des inducirten Stroms befinden, das zweite umfasst diejenigen Elemente Ds, welche erst, nachdem sie den Weg von $o_{,}$ bis q durchlaufen haben, in diese Schliessung eintreten, und nun darin bleiben. In dem dritten Gliede bezeichnen $s_{,}$ und $s_{,,}$ die Stellen der Grenzelemente des bewegten Leiterstücks, welche, nachdem sie den Weg von $o_{,}$ bis q durchlaufen haben, in die Schliessung des inducirten Stroms eingetreten sind.

Nach der Bedeutung der Klammern $\Big[\;\Big]_q^{o_{,,}}$ ist das zweite Glied in (15.) gleichbedeutend mit

$$(16.)\qquad \tfrac{1}{2}\varepsilon\,\mathrm{S}\sum Ds\,D\sigma\left(\frac{1}{r}\frac{\partial r}{\partial s}\frac{\partial r}{\partial \sigma}\right)_{o_{,,}}-\tfrac{1}{2}\varepsilon\,\mathrm{S}\sum Ds\,D\sigma\left(\frac{1}{r}\frac{\partial r}{\partial s}\frac{\partial r}{\partial \sigma}\right)_{q},$$

wo die den Parenthesen als Indices zugefügten Grössen $o_{,,}$ und q die Stellen der Bahn von Ds bezeichnen, an welchen sich dieses Element bei den nach Ds auszuführenden Integrationen befinden soll. Der erste Theil dieses Ausdrucks kann mit dem ersten Gliede rechts in (15.) zusammengefasst werden, sodass dann in diesem die Integration nach Ds ebenso auf alle Elemente des bewegten Leiterstücks, welche sich am Schlusse der Bewegung in der Schliessung befinden, auszudehnen ist, wie auf diejenigen, bei welchen dies im Anfang der Bewegung der Fall ist.

Der zweite Theil des vorstehenden Ausdrucks (16.) bezieht sich auf die Endelemente von s, welche, nachdem sie den Weg $o_{,}$ bis q durchlaufen haben, in die Schliessung eintreten; auf dieselben Elemente beziehen sich die Integrationen S in dem dritten Gliede in (15.). Zieht man das zweite Glied aus (16.) mit dem dritten Gliede in (15.) zusammen, so erhält man sowohl für die Elemente Ds in $s_{,,}$ als für die in $s_{,}$ einen Ausdruck von der Form:

$$-\tfrac{1}{2}\varepsilon\sum D\sigma\left\{\mathrm{S}\frac{Ds}{r}\frac{\partial r}{\partial s}\frac{\partial r}{\partial \sigma}+\int\frac{do}{r}\frac{\partial r}{\partial o}\frac{\partial r}{\partial \sigma}\right\},$$

worin man statt S das Zeichen $\int$ setzen kann. Dadurch verwandelt sich die Summe des dritten Gliedes in (15.) und des zweiten in (16.) in

$$-\tfrac{1}{2}\varepsilon\sum D\sigma\int\left[\frac{1}{r}\left(\frac{\partial r}{\partial s}Ds+\frac{\partial r}{\partial o}do\right)\frac{\partial r}{\partial \sigma}\right]_{s_{,}}^{s_{,,}}.$$

Die Entfernung r des Stromelements $D\sigma$ von den Elementen Ds, auf welche in diesem Ausdruck sich die Integration $\int$ bezieht, ist eine Function von s und o, sie kann aber auch als eine Function des Curvenbogens angesehen werden, welchen die Enden des bewegten Leiterstücks beschreiben. In Fig. 2

(Seite 357) sind dies die Bogen $b_, b b_{,,}$ und $d_, d d_{,,}$. Bezeichnen wir diese Curven, welche ich die *Leitcurven* nenne, durch l, und ihre Elemente durch dl, so ist

$$\frac{\partial r}{\partial l} dl = \frac{\partial r}{\partial s} Ds + \frac{\partial r}{\partial o} do.$$

Dies in den vorstehenden Ausdruck gesetzt verwandelt ihn in

$$-\tfrac{1}{2}\varepsilon \sum \int D\sigma\, dl \left[\frac{1}{r}\frac{\partial r}{\partial \sigma}\frac{\partial r}{\partial l}\right]_{s_,}^{s_{,,}}$$

und man erhält durch diese Betrachtung aus (15.) für E den Ausdruck:

$$E = \tfrac{1}{2}\varepsilon \mathrm{S} \sum Ds\, D\sigma \left[\frac{1}{r}\frac{\partial r}{\partial s}\frac{\partial r}{\partial \sigma}\right]_{o_,}^{o_{,,}} - \tfrac{1}{2}\varepsilon \sum \int D\sigma\, dl \left[\frac{1}{r}\frac{\partial r}{\partial \sigma}\frac{\partial r}{\partial l}\right]_{s_,}^{s_{,,}}. \tag{17.}$$

Derselbe wird identisch mit demjenigen von (11.), wenn von den Elementen des bewegten Leiterstücks keines während der Bewegung aus der Schliessung des inducirten Stroms heraustritt, und keines hinein, denn alsdann fallen die Leitcurven l mit den Bahnen o der Endelemente Ds des bewegten Stücks zusammen.

Bezeichnet man mit p wiederum die Peripherie des Curvenvierecks, welches von dem bewegten Leiterstück in seiner End- und Anfangsposition und den zwei Curven, welche seine variabeln Endelemente beschrieben haben, d. i. von seinen Leitcurven, begrenzt wird, und durch Dp ein Element dieser Peripherie, so ergiebt sich, wie oben der Ausdruck (12.) aus (11.), hier aus (17.) der Ausdruck

$$E = \tfrac{1}{2}\varepsilon \sum \mathrm{S} \frac{D\sigma\, Dp}{r}\frac{\partial r}{\partial \sigma}\frac{\partial r}{\partial p}, \tag{18.}$$

die Integrationen $\sum$ und S ausgedehnt auf den ganzen inducirenden Strom und das ganze Curvenviereck. Die positive Richtung von Dp wird durch die positive Richtung des bewegten Stücks in seiner Endposition bestimmt.

Aus (18.) ergiebt sich auf demselben Wege, auf welchem (13.) aus (12.) abgeleitet wurde:

$$E = -\tfrac{1}{2}\varepsilon \mathrm{S} \sum \frac{D\sigma\, Dp}{r}\cos(D\sigma \cdot Dp), \tag{19.}$$

die Integrationen gleichfalls auf die ganze Stromcurve und das ganze Viereck ausgedehnt. Das Glied dieser Gleichung rechts ist das mit ε multiplicirte Potential der Stromcurve in Bezug auf das Curvenviereck, welches von dem bewegten Leiterstück in seinen Grenzpositionen und seinen Leitcurven gebildet wird. Dies Potential ist, da das bewegte Stück als unverzweigt vorausgesetzt wird, der Unterschied der Potentialwerthe des inducirenden Stroms in Bezug auf die ganze Bahn des inducirten Stroms in ihrer End- und Anfangsposition.

Bezeichnen wir diese wiederum durch $s_{,,}$ und $s_{,}$, so erhalten wir, wie in (14.), auch hier:

(20.) $$E = \varepsilon \{ P(\varsigma \cdot s_{,,}) - P(\varsigma \cdot s_{,}) \},$$

wo $P(\varsigma \cdot s_{,})$ und $P(\varsigma \cdot s_{,,})$ die Potentiale von ς in Bezug auf $s_{,}$ und $s_{,,}$ sind. Den Beweis für die Richtigkeit dieser Gleichung auch in den Fällen, wo ein wiederholter Ein- und Austritt eines Theiles der bewegten Elemente aus der Bahn des inducirten Stroms stattfindet, hier noch besonders zu führen scheint, da dieselben Betrachtungen nur ein wenig zu verallgemeinern sind, überflüssig.

Nach Behandlung dieses speciellen Falles, wo die Elemente *eines* zusammenhängenden Leiterstücks unter dem Einfluss eines inducirenden Stroms bewegt werden, während der übrige Theil der Bahn des inducirten Stroms ruht, wende ich mich zur allgemeinen Betrachtung des Werthes von E in (6.). Aus (6.) ist durch partielle Integration der Ausdruck für E in (11.) abgeleitet; bei gehöriger Berücksichtigung der Grenzen, auf welche diese partiellen Integrationen zu beschränken sind, ist dieser Ausdruck für E in (11.) ebenso allgemein als der in (6.). Diese Grenzen werden auf eine doppelte Weise bestimmt, einmal durch die Stellen, wo die in (11.) unter den Integralzeichen stehenden Grössen in Beziehung auf das Argument, nach welchem integrirt ist, sprungweise eine endliche Veränderung erleiden, und dann durch die Stellen, in welchen ein Element des Leiters in die Schliessung des inducirten Stroms eintritt und austritt.

Betrachten wir zuerst das zweite Glied des Ausdrucks für E in (11.). Dasselbe ergab sich aus dem, wegen einer hinzuzufügenden Willkürlichen unbestimmten, durch partielle Integration nach Ds entstandenen Integral $\sum\int \frac{D\sigma\, do}{r} \frac{\partial r}{\partial \sigma} \frac{\partial r}{\partial o}$, indem dies auf das Intervall zwischen $s_{,}$ und $s_{,,}$ ausgedehnt wurde. Die nach Ds auszuführende Integration in (6.) ist auf die ganze Bahn des inducirten Stromes auszudehnen, das Intervall von $s_{,}$ bis $s_{,,}$ muss aber auf die Theile derselben beschränkt werden, innerhalb deren die Grösse $\frac{1}{r} \frac{\partial r}{\partial \sigma} \frac{\partial r}{\partial o} D\sigma\, do$ keine sprungweise Veränderung erleidet. Hieraus geht hervor, dass das Integral $\sum\int \frac{D\sigma\, do}{r} \frac{\partial r}{\partial \sigma} \frac{\partial r}{\partial o}$ auf die ganze Bahn des inducirten Stroms auszudehnen ist, wenn $\frac{1}{r} \frac{\partial r}{\partial \sigma} \frac{\partial r}{\partial o} D\sigma\, do$ an keiner, oder nur an einer Stelle derselben einen Sprung erfährt, in welcher Stelle dann Anfang und Ende des Integrals liegen muss, dass aber, wenn die partielle Integration von (6.) ein auf alle Fälle anwendbares Resultat geben soll, statt dieses Integrals ein Aggregat solcher Integrale in dem Ausdruck von E in (11.) statt seines zweiten

Gliedes zu setzen ist, von denen jedes sich auf ein Intervall von s bezieht, welches von zwei aufeinanderfolgenden Stellen, in welchen $\frac{1}{r}\frac{\partial r}{\partial \sigma}\frac{\partial r}{\partial o}D\sigma do$ eine plötzliche Veränderung erleidet, begrenzt ist. Nun ist ersichtlich, dass $\frac{1}{r}\frac{\partial r}{\partial \sigma}D\sigma$ an keiner Stelle von s einen Sprung in seinem Werthe erfahren kann; da s die geschlossene Peripherie eines Vielecks ist, dass dies aber bei $\frac{\partial r}{\partial o}do$, wofür man $\frac{\partial r}{\partial o}v\,dt$ setzen kann, der Fall ist. Diese Grösse erfährt einen solchen Sprung an den Stellen von s, in welchen zwei aufeinanderfolgende Elemente Ds einen endlichen Unterschied in der Richtung oder Grösse ihrer Geschwindigkeiten besitzen. Diese Stellen, in welchen die Elemente eines Drahtstücks über den Elementen eines andern Drahtstücks, der leitenden Verbindung wegen unter einem gewissen Druck fortgleiten, oder in welchen die Drahtenden in einer Quecksilberrinne fortgeführt werden, nenne ich, der Kürze wegen, die *Gleitstellen* des Leiters, und die Abschnitte desselben zwischen zwei aufeinanderfolgenden Gleitstellen *Leiterstücke.*

In dem ersten Gliede des Ausdrucks von E in (11.), welches durch partielle Integration nach do aus (6.) abgeleitet wurde, ist die Ausdehnung dieser Integration nicht durch Sprünge der Grösse $\frac{1}{r}\frac{\partial r}{\partial \sigma}\frac{\partial r}{\partial s}Ds\,D\sigma$, da solche für keinen Werth von o stattfinden, beschränkt, sondern durch die Stellen des von Ds beschriebenen ganzen Weges, in welchen dies Element in die Bahn des inducirten Stroms eintritt und austritt. Dieser Eintritt und Austritt aus der inducirten Strombahn kann nur in den Gleitstellen stattfinden. Man muss also die Elemente Ds, welche sich während ihrer ganzen Bewegung innerhalb der Schliessung des inducirten Stroms befinden, unterscheiden von den Elementen der Gleitstellen, bei welchen im Allgemeinen dies nur während eines Theils ihres beschriebenen Weges der Fall sein wird. Für die ersteren bleibt, wenn, wie oben, durch $o_{,}$ und $o_{,,}$ der Anfang und das Ende des von Ds beschriebenen Weges bezeichnet wird, das Glied $\frac{1}{2}\varepsilon\,\mathrm{S}\sum Ds\,D\sigma\left[\frac{1}{r}\frac{\partial r}{\partial s}\frac{\partial r}{\partial \sigma}\right]_{o_{,}}^{o_{,,}}$ unverändert, in Bezug auf die Elemente Ds der Gleitstellen aber hat man statt dessen, wenn $q_{,}$, $q_{,,}$, $q_{,,,}$, $q_{,,,,}$ etc. die aufeinanderfolgenden Stellen des von diesen Elementen beschriebenen Weges bezeichnen, in welchen sie in die inducirte Strombahn ein- und austreten, zu setzen:

$$\frac{1}{2}\varepsilon\,\mathrm{S}\sum Ds\,D\sigma\left[\frac{1}{r}\frac{\partial r}{\partial s}\frac{\partial r}{\partial \sigma}\right]_{q_{,}}^{q_{,,}}+\frac{1}{2}\varepsilon\,\mathrm{S}\sum Ds\,D\sigma\left[\frac{1}{r}\frac{\partial r}{\partial s}\frac{\partial r}{\partial \sigma}\right]_{q_{,,,}}^{q_{,,,,}}+\cdots.$$

Aus diesen Bemerkungen ergiebt sich nun, dass man auf dem Wege der partiellen Integration, auf welchem (11.) aus (6.) abgeleitet worden ist, zu einem allgemein gültigen Ausdruck von E gelangt, wenn man diese partiellen Integrationen in Beziehung auf die einzelnen Leiterstücke und in Beziehung auf die Theile der von ihren Elementen beschriebenen Wege, in welchen diese Elemente innerhalb der Schliessung des inducirten Stroms sich befanden, ausführt, und dann die Summe dieser Integrale in Beziehung auf alle Leiterstücke, welche die inducirte Strombahn enthält, bildet. Es sei E_n der Theil von E, welcher sich auf das n^{te} Leiterstück bezieht, so ist

(21.)
$$E_n = \frac{1}{2}\varepsilon \sum \mathrm{S}\, D\sigma\, Ds \left[\frac{1}{r}\frac{\partial r}{\partial s}\frac{\partial r}{\partial \sigma}\right]_{o_{,}}^{o_{,,}} + \frac{1}{2}\varepsilon \sum \mathrm{S}\, D\sigma\, Ds \left[\frac{1}{r}\frac{\partial r}{\partial s}\frac{\partial r}{\partial \sigma}\right]_{q_{,}}^{q_{,,}} + \text{etc.}$$
$$- \frac{1}{2}\varepsilon \sum \int D\sigma\, do \left[\frac{1}{r}\frac{\partial r}{\partial \sigma}\frac{\partial r}{\partial o}\right]_{s_{,}}^{s_{,,}}$$

und

(22.)
$$E = E_1 + E_2 + \cdots + E_z,$$

wenn z die Anzahl der Leiterstücke der Bahn des inducirten Stroms ist. Diese Gleichungen enthalten den allgemeinsten Ausdruck für die elektromotorische Kraft, welche von einem ruhenden Strom, dessen Stärke der Einheit gleich ist, in einem unverzweigten linearen Leiter, dessen Elemente beliebig verrückt werden, inducirt wird.

In Beziehung auf die Gleitstellen müssen die Fälle, in welchen die Unterlagen, auf welchen die Gleitung stattfindet, ruhen, unterschieden werden von den Fällen, wo diese Unterlagen selbst bewegt werden. Von den Leiterstücken, deren Enden auf ruhenden Unterlagen fortgleiten, befindet sich jedes unter solchen Umständen, die wir oben als specielle Fälle behandelt haben. Besteht also die inducirte Strombahn aus einer beliebigen Anzahl von Leiterstücken, jedes derselben mit ruhenden Unterlagen, so folgt aus den vorstehenden Untersuchungen, dass die durch eine beliebige Veränderung der Lage und Form dieser Bahn inducirte elektromotorische Kraft, wenn diese Veränderung unter dem Einfluss eines constanten, inducirenden Stroms stattgefunden hat, gleich ist dem mit ε multiplicirten Unterschied des Potentials des inducirenden Stroms in Bezug auf die von der Einheit durchströmte inducirte Strombahn in ihrer End- und Anfangsposition.

Die Beurtheilung der Fälle, wo die Unterlagen in den Gleitstellen eine Bewegung haben, erfordert eine etwas weitläufige Darstellung, wenn sie aus (21.) und (22.) abgeleitet werden soll. Ich werde deshalb diese Fälle durch eine indirecte Betrachtung auf die ersteren, in welchen die Unterlagen ruhen, zurückführen. Es wird genügen, diese Betrachtung in dem speciellen Falle, wo nur eine Gleitstelle mit bewegter Unterlage vorhanden ist, durchzuführen, da sich dieselbe leicht auf die Fälle, wo eine beliebige Anzahl solcher vorhanden ist, ausdehnen lässt. Es sei in Fig. 3 die inducirte Strombahn $abcd$; sie zerfällt in drei Leiterstücke ab, bc, cda, von denen das letzte ein ruhendes ist; durch die gleichzeitige Fortführung der beiden andern ab und bc, welche ich der Kürze wegen mit α und β bezeichnen will, aus ihren anfänglichen Lagen $\alpha_{,}$ und $\beta_{,}$ in ihre Endlagen $\alpha_{,,}$ und $\beta_{,,}$ wird die Induction erregt. Die Gleitstellen dieser Bahn sind a, b, c; und zwar ist b eine Gleitstelle mit bewegter Unterlage. Nach (5.) erhält man die inducirte elektromotorische Kraft, wenn man das Integral

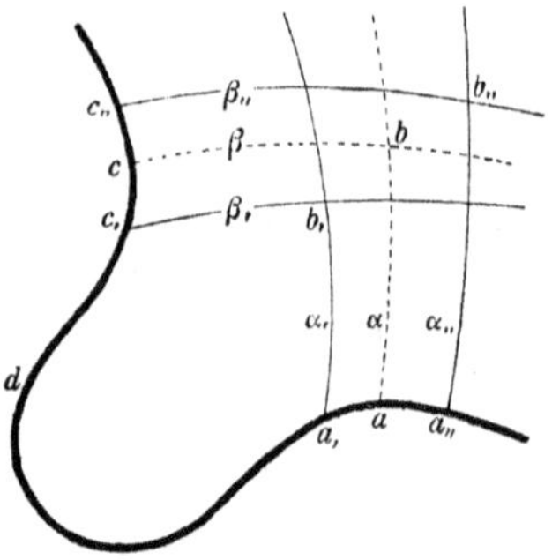

Fig. 3.

(23.) $$\mathsf{S}\sum \frac{Ds\,D\sigma}{r^2}\left\{r\frac{\partial^2 r}{\partial s\,\partial\sigma} - \frac{1}{2}\frac{\partial r}{\partial s}\frac{\partial r}{\partial\sigma}\right\}\frac{\partial r}{\partial o}v$$

mit $\varepsilon\,dt$ multiplicirt, und nach dt integrirt. Ich werde den Werth, welchen das vorstehende Doppelintegral zur Zeit $t_{,}$ in Bezug auf α besitzt, durch $A_{,}$, und in Bezug auf β durch $B_{,}$ bezeichnen; in Bezug auf das dritte Leiterstück ist, weil hier $v=0$ ist, sein Werth gleich Null. Die Veränderungen, welche $A_{,}$ und $B_{,}$ erleiden, wenn $t_{,}$ um den Zeitraum t wächst, rühren von zwei von einander unabhängigen Ursachen her, einmal von den Ortsveränderungen, welche die Elemente von α erfahren, und dann von den Ortsveränderungen der Elemente von β. Bezeichnet man durch A und B die Werthe des vorstehenden Doppelintegrals zur Zeit $t_{,}+t$ in Bezug auf α und β, so ist, wenn t sehr klein ist:

$$A = A_{,} + A_{\alpha}t + A_{\beta}t,$$
$$B = B_{,} + B_{\alpha}t + B_{\beta}t,$$

wo $A_{\alpha}t$ den Theil des Zuwachses von $A_{,}$, welcher von der Ortsveränderung der Elemente von α herrührt, bezeichnet, und $A_{\beta}t$ den andern Theil, den die Verrückungen der Elemente von β hervorbringen. Die entsprechende Bedeutung besitzen B_{α} und B_{β}. Bildet man hieraus $\varepsilon\int_0^{\tau} dt\,A + \varepsilon\int_0^{\tau} dt\,B$, so erhält man die elektromotorische Kraft E, welche durch die gleichzeitige Verrückung von α und β, welche während des kleinen Zeitraums τ stattgefunden hat, inducirt worden ist, d. i.

(24.) $$E = \varepsilon\tau\{A_{,} + B_{,} + \tfrac{1}{2}(A_{\alpha} + A_{\beta} + B_{\alpha} + B_{\beta})\tau\}.$$

Es ist nun leicht nachzuweisen, dass eine gleiche elektromotorische Kraft inducirt wird, wenn dieselben kleinen Verschiebungen von α und β nicht gleichzeitig, sondern nach einander stattfinden. Es möge α auf dieselbe Weise wie vorher verschoben werden, während β ruht. Das Doppelintegral in (23.) hat nur in Bezug auf α einen Werth, und dieser ist zur Zeit $t_, + t : A_, + A_\alpha t$; die durch die Verschiebung von α, wenn sie dieselbe Weite wie vorher erreicht hat, inducirte elektromotorische Kraft ist also

$$\varepsilon\tau\{A_, + \tfrac{1}{2}A_\alpha\tau\}.$$

Jetzt werde β verschoben. Das Integral in (23.) hat nun nur in Bezug auf β einen Werth, und dieser ist zur Zeit $t_, + \tau$, wo seine Verschiebung beginnt: $B_, + B_\alpha\tau$, und zur Zeit $t_, + \tau + t : B_, + B_\alpha\tau + B_\beta t$. Hieraus erhält man $\varepsilon\int_0^\tau B\,dt$, als die durch die Verschiebung von β inducirte elektromotorische Kraft, wenn diese Verschiebung so gross als sie vorher in der gleichzeitigen Verschiebung mit α war:

$$\varepsilon\tau\{B_, + \tfrac{1}{2}(2B_\alpha + B_\beta)\tau\}.$$

Die Summe der durch die beiden aufeinanderfolgenden Verschiebungen von α und β inducirten elektromotorischen Kräfte ist also

$$\varepsilon\tau\{A_, + B_, + \tfrac{1}{2}(A_\alpha + 2B_\alpha + B_\beta)\tau\}.$$

Wäre die Reihenfolge der Verschiebungen umgekehrt gewesen, und zuerst β und dann α um dieselben Stücke verschoben worden, so hätte als Summe der inducirten elektromotorischen Kräfte sich ergeben:

$$\varepsilon\tau\{A_, + B_, + \tfrac{1}{2}(A_\alpha + 2A_\beta + B_\beta)\tau\}.$$

Nun ist es aber gleichgültig, welche von den beiden Verschiebungen zuerst stattfindet, es wird dieselbe elektromotorische Kraft erregt, weil diese in dem einen und dem andern Falle gleich ist der mit ε multiplicirten Veränderung, welche das Potential des inducirenden Stroms in Bezug auf die inducirte von der Stromeinheit durchströmte Strombahn durch beide Verschiebungen erfährt. Hieraus folgt:

$$A_\beta = B_\alpha.$$

Dies in (24.) gesetzt, zeigt, dass dieselbe elektromotorische Kraft inducirt wird, die kleinen Verschiebungen der beiden Leiterstücke mögen gleichzeitig oder aufeinanderfolgend stattfinden, und dass also dieselbe der Veränderung proportional ist, welche das Potential der inducirenden Strombahn in Bezug auf die inducirte dadurch erfährt. Da dies Resultat für alle kleinen Verschiebungen gilt, zu welcher Zeit sie stattfinden, so gilt es auch für beliebig grosse Verschiebungen. Dass dies Resultat auch richtig ist, wenn die inducirte Strombahn eine beliebige Anzahl Gleitstellen mit bewegten Unterlagen besitzt, ergiebt sich auf demselben Wege der Betrachtung, weshalb ich die weitere Ausführung unterlasse.

Aus der bisher geführten Untersuchung ergiebt sich, dass die Gleichung für E in (20.) allgemeine Gültigkeit hat, wie gross auch die Anzahl der Gleitstellen in der inducirten Strombahn ist, die Unterlagen derselben mögen ruhen oder bewegt werden, sie setzt nur noch voraus, dass sowohl die inducirende als die inducirte Strombahn ohne Verzweigung sei. Aus dieser Gleichung folgt, wenn j die Intensität des inducirenden Stroms ist, und $F = jE$ die durch ihn inducirte elektromotorische Kraft, wenn ferner sein Potential in Bezug auf die von der Stromeinheit durchströmte inducirte Bahn durch $Q(\varsigma \cdot \mathrm{s}) = jP(\varsigma \cdot \mathrm{s})$ bezeichnet wird, dass

$$F = \varepsilon \{ Q(\varsigma \cdot \mathrm{s}_{\prime\prime}) - Q(\varsigma \cdot \mathrm{s}_{\prime}) \} \cdot \qquad (25.)$$

Diese Gleichung enthält folgenden Satz:

Wenn ein geschlossener unverzweigter linearer Leiter unter dem Einfluss eines ruhenden, constanten unverzweigten elektrischen Stroms die Veränderung erlitten hat, dass ein Theil seiner Elemente oder sämmtliche aus ihrer ursprünglichen Lage in eine zweite auf beliebigen Wegen fortgeführt sind, wobei es gleichgültig ist, ob ein Theil dieser Elemente aus dem geschlossenen Umgang des Leiters herausgetreten ist, oder andere eingetreten sind, so ist die durch diese Veränderung inducirte elektromotorische Kraft gleich dem mit ε multiplicirten Unterschied der Potentialwerthe des inducirenden Stroms in Bezug auf den geschlossenen Umgang des Leiters in seinem End- und Anfangszustand, diesen Umgang von der Stromeinheit durchströmt gedacht.

Die bisher gemachte Voraussetzung, dass der Leiter dem inducirten Strome nur einen Weg seines Umganges biete, ist gleichgültig in Beziehung auf *die* Theile der Strombahn, welche keine Veränderung in Lage und Form erfahren; diese können auf eine beliebige Weise verzweigt sein, ohne dass der Ausdruck des vorstehenden Theorems dadurch eine Aenderung erfährt. Anders verhält es sich, wenn *die* Theile der inducirten Strombahn verzweigt sind, durch deren Verrückungen die elektromotorische Kraft erregt wird. Zunächst ist zu bemerken, dass es in diesem Falle nicht hinreichend ist, um die Stärke der inducirten Ströme zu bestimmen, die Summe der elektromotorischen Kräfte, welche in dem ganzen inducirten Leiter in einem bestimmten Zeitmoment erregt sind, zu kennen, sondern dass man diese Summe für jeden der geschlossenen Umgänge, welche die Zweige der Strombahn bilden, kennen muss. Nun erhält man aber die in jedem einzelnen Umgang inducirte elektromotorische Kraft, wenn man die Integrationen in (6.) dieses Paragraphen auf ihn beschränkt, oder, was dasselbe ist, die Gleichungen in (21.) und (22.) auf diesen Umgang, als wäre er nur allein vorhanden, anwendet. Hieraus geht hervor, *dass das vorstehende Theorem, dessen Ausdruck eine unverzweigte inducirte Strombahn voraussetzt, wenn diese verzweigt ist, für jeden ihrer geschlossenen Umgänge gilt.*

Gehen wir jetzt zu dem Falle über, wo der inducirende constante Strom auf eine beliebige Weise verzweigt ist. Ein solcher verzweigter Strom kann als ein Aggregat von über einander gelagerten einfachen Stromumgängen angesehen werden. Ich bezeichne diese einfachen Stromumgänge durch α, β, etc., ihre Stromstärken durch j_α, j_β, etc. Diese Stromstärken werden mittelst der *Ohm*'schen Gesetze aus den Leitungswiderständen des Stromsystems und der elektromotorischen Kraft der Erreger bestimmt. Nennt man die Grösse, welche oben in (1.) und (2.) mit C bezeichnet wurde, in Bezug auf die einfachen Umgänge α, β, etc., d. h. wenn die Integration $\sum$ in (2.) auf diese bezogen wird: C_α, C_β, etc. und behält für C die ursprüngliche Bedeutung, die nämlich, welche dieser Buchstabe in (1.) hat, bei, so ist

$$C = C_\alpha + C_\beta + \cdots.$$

Substituirt man diesen Werth in (1.) und verfährt auf dieselbe Weise, wie man (4.) erhalten hat, so wird

$$(26.) \qquad J = \int dt\, \varepsilon' \left(j_\alpha \frac{d}{dt} E_\alpha + j_\beta \frac{d}{dt} E_\beta + \cdots \right),$$

wo E_α, E_β, etc. durch dasselbe Integral wie E in (5.) ausgedrückt sind, in welchem aber jetzt sich die Integration $\sum$ respective auf die Umgänge α, β, etc. bezieht. Es sind also einerseits $j_\alpha E_\alpha$, $j_\beta E_\beta$, etc. die durch die einzelnen Umgänge inducirten elektromotorischen Kräfte, wofür wir setzen respective F_α, F_β, etc., andererseits ist ihre Summe, wie aus (26.) erhellt, die von dem ganzen Strome inducirte elektromotorische Kraft, welche mit F bezeichnet wird, sodass

$$F = F_\alpha + F_\beta + \cdots.$$

Setzt man hierin für F_α, F_β, etc. ihre Werthe, so erhält man:

$$(27.) \qquad F = \varepsilon j_\alpha \{ P(\alpha \cdot s_{,,}) - P(\alpha \cdot s_{,}) \} + \varepsilon j_\beta \{ P(\beta \cdot s_{,,}) - P(\beta \cdot s_{,}) \} + \text{etc.},$$

worin $P(\alpha \cdot s)$ das Potential der Stromeinheit in dem Umgange α in Bezug auf die Stromeinheit in dem Umgange s bezeichnet. Die mit dem gemeinschaftlichen Factor ε multiplicirte Grösse ist die Differenz des Potentials des ganzen inducirenden, beliebig verzweigten Stroms in Bezug auf die Stromeinheit in dem inducirten Leiterumgang s in der End- und Anfangsposition seiner Elemente. Nennen wir den ganzen inducirenden Strom wie oben ς, und bezeichnen das Potential von ς in Bezug auf die Stromeinheit in s durch $Q(\varsigma \cdot \mathrm{s})$, so kann die Gleichung (27.) so geschrieben werden:

$$F = \varepsilon\{Q(\varsigma \cdot \mathrm{s}_{,,}) - Q(\varsigma \cdot \mathrm{s}_{,})\}. \tag{28.}$$

Diese Gleichung zeigt, *dass das oben aus* (25.) *abgeleitete Theorem ebenso gut gilt, der inducirende Strom mag einfach sein, oder auf eine beliebige Weise verzweigt.*

Mit Rücksicht auf die vorstehende Gleichung verwandelt sich (26.) in

$$J = \varepsilon \int dt\, \varepsilon_{,} \frac{d}{dt} Q(\varsigma \cdot \mathrm{s}), \tag{29.}$$

wenn man bei der Bildung des Differentialquotienten $\frac{d}{dt} Q(\varsigma \cdot \mathrm{s})$ allein s als Function der Zeit betrachtet, und j_α, j_β, etc. als constant.

§ 2.

Der gegebene lineare Leiter befindet sich in Ruhe, während die Elemente des inducirenden Stromes in Bewegung begriffen sind.

Es sollen in diesem Paragraphen die Ausdrücke für die elektromotorische Kraft entwickelt werden, welche in einem ruhenden linearen Leiter, der dem inducirten Strom einen geschlossenen Umgang darbietet, dadurch erregt wird, dass die Elemente eines inducirenden Stroms aus ihren ursprünglichen Lagen auf beliebigen Wegen in andere fortgeführt werden. Im Allgemeinen wirken in dieser Classe von Inductionen zwei an sich von einander unabhängige Ursachen gleichzeitig Strom erregend, einmal die Ortsveränderung der Stromelemente, und dann die durch diese Ortsveränderung hervorgebrachte Intensitätsveränderung des Inducenten. Es soll hier, wenn eine solche Intensitätsveränderung gleichzeitig stattfindet, nur der Theil der elektromotorischen Kraft bestimmt werden, welcher von der *Ortsveränderung* der Stromelemente herrührt; der durch die Intensitätsveränderung inducirte Antheil wird in § 4 in Betracht gezogen werden. Wenn ausser den Stromelementen auch der inducirte Leiter eine Bewegung hat, aber eine solche, wobei die relative Lage seiner Elemente unverändert bleibt, so kann beiden Systemen, dem Strom- und dem Leitersystem, eine gemeinschaftliche Bewegung ertheilt werden, welche keine Induction erregt und den Erfolg hat, dass der Leiter an seinem Orte bleibt, wodurch dieser Fall auf den in diesem Paragraphen zu behandelnden zurückgeführt wird.

Ich bezeichne wieder die Strom- und Leiterelemente respective durch $D\sigma$ und Ds, das Element des Weges aber, auf welchem $D\sigma$ fortgeführt wird, durch $d\omega$, sodass die Geschwindigkeit $v = \frac{d\omega}{dt}$ ist. Ich setze zunächst die Bahn sowohl des inducirenden als des inducirten Stroms ohne Verzweigung voraus. Das aus dieser Voraussetzung hervorgehende Resultat wird später auf die Fälle ausgedehnt werden, wo diese Bahnen verzweigt sind.

Die durch die Bewegung von $D\sigma$ während des Zeitelements dt in dem Leiter s inducirte elektromotorische Kraft $e\,D\sigma$ ist nach meiner früheren Abhandlung bestimmt durch die Gleichung*):

$$(1.)\qquad e\,D\sigma = -\varepsilon\, v\, \Gamma D\sigma\, dt,$$

wo $\Gamma D\sigma$ die nach der Richtung von $d\omega$ zerlegte Wirkung ist, welche die inducirte Strombahn, von der Stromeinheit durchströmt gedacht, auf $D\sigma$ ausübt.

Die Wirkung, welche Ds auf $D\sigma$ ausübt, ist dieselbe, welche $D\sigma$ auf Ds ausübt, nur der Richtung nach entgegengesetzt, und also, wenn j die Stromstärke in $D\sigma$ bezeichnet:

$$j\,\frac{Ds\,D\sigma}{r^2}\left\{\cos\eta - \frac{3}{2}\cos\vartheta\cos\vartheta'\right\}$$

oder

$$-j\,\frac{Ds\,D\sigma}{r^2}\left\{r\frac{\partial^2 r}{\partial s\,\partial\sigma} - \frac{1}{2}\frac{\partial r}{\partial s}\frac{\partial r}{\partial\sigma}\right\},$$

wo η, ϑ, ϑ' und r dieselbe Bedeutung haben, welche ihnen im Anfange des vorigen Paragraphen gegeben ist. Der vorstehende Ausdruck mit dem Cosinus der Neigung von r gegen $d\omega$, d. i. mit $-\frac{\partial r}{\partial\omega}$ multiplicirt, und nach Ds in Bezug auf die ganze inducirte Strombahn integrirt, giebt den Werth von $\Gamma D\sigma$, also

$$(2.)\qquad \Gamma D\sigma = j\,D\sigma\, S\frac{Ds}{r^2}\left\{r\frac{\partial^2 r}{\partial s\,\partial\sigma} - \frac{1}{2}\frac{\partial r}{\partial s}\frac{\partial r}{\partial\sigma}\right\}\frac{\partial r}{\partial\omega}.$$

Nimmt man von (1.) das Integral nach $D\sigma$, und dehnt dieses auf die ganze inducirende Strombahn aus, so erhält man die durch den Strom in dem Leiter zur Zeit t während dt inducirte elektromotorische Kraft. Dieses Integral giebt den inducirten Differentialstrom, wenn es mit dessen reciprokem Leitungswiderstand ε' multiplicirt wird; der Differentialstrom, nach dt zwischen $t_{,}$ und $t_{,,}$

*) Vgl. die Formel (1.) Seite 279, in welcher unter $E'dt$ das gegenwärtige e zu verstehen ist. *C. N.*

integrirt, giebt den in diesem Zeitintervall inducirten Integralstrom J. Man hat also, da ε' unabhängig von t ist, und j, weil der Strom unverzweigt angenommen wird, unabhängig von σ:

$$(3.)\qquad J = \varepsilon' \int dt\, j \frac{dE}{dt},$$

worin

$$(4.)\qquad E = -\varepsilon \int \sum \mathrm{S}\, dt \frac{Ds\, D\sigma}{r^2} \left\{ r \frac{\partial^2 r}{\partial s\, \partial \sigma} - \frac{1}{2} \frac{\partial r}{\partial s} \frac{\partial r}{\partial \sigma} \right\} \frac{\partial r}{\partial \omega} v.$$

Die Grösse E ist die Summe der in dem ganzen Leiterumgang während des Zeitraums von $t_{,}$ bis $t_{,,}$ inducirten elektromotorischen Kraft, wenn die inducirende Stromstärke innerhalb dieses Zeitraums constant und gleich der Einheit ist; diese Summe ist jE, wenn j die constante Stromstärke ist, und wird $\int_{t_{,}}^{t_{,,}} dt\, j \frac{dE}{dt}$, wenn die Stromstärke j variabel ist. Die Grösse jE und $\int dt\, j \frac{dE}{dt}$ werde ich im Folgenden durch F bezeichnen. Statt (4.) kann man schreiben, weil $v = \frac{d\omega}{dt}$ ist:

$$(5.)\qquad E = -\varepsilon \int \mathrm{S} \sum \frac{d\omega\, Ds\, D\sigma}{r^2} \left\{ r \frac{\partial^2 r}{\partial s\, \partial \sigma} - \frac{1}{2} \frac{\partial r}{\partial s} \frac{\partial r}{\partial \sigma} \right\} \frac{\partial r}{\partial \omega}.$$

Dies dreifache Integral, wodurch E bestimmt wird, unterscheidet sich von demjenigen in (6.) des vorigen Paragraphen nur darin, dass hier $d\omega$ eine Function von σ ist, während dort do eine Function von s war. Da aber zwischen dem bewegten σ hier und dem im § 1 bewegten s kein weiterer Unterschied vorhanden ist, so kann man die Discussion des Integrals (6.) § 1 unmittelbar auf das vorliegende anwenden, und erhält, mut. mut. dies Theorem:

Wenn ein constanter, unverzweigter elektrischer Strom die Veränderung erlitten hat, dass ein Theil seiner Elemente, oder sämmtliche aus ihrer ursprünglichen Lage in eine zweite auf beliebigen Wegen fortgeführt sind, gleichgültig, ob ein Theil dieser Elemente aus der Strombahn ausgetreten ist, oder andere eingetreten, so ist die durch diese Ortsveränderung der Elemente in einem in der Nähe des Stroms ruhenden einfachen Leiterumgang inducirte elektromotorische Kraft gleich dem mit ε multiplicirten Unterschied der Potentialwerthe des inducirten Leiterumganges, ihn von der Stromeinheit durchströmt gedacht, in Bezug auf den constanten inducirenden Strom in der End- und Anfangsposition seiner Elemente.

Bezeichnen wir durch $\varsigma_{,,}$ und $\varsigma_{,}$ die inducirende Strombahn in der End- und Anfangsposition ihrer Elemente, durch s die inducirte, und durch $P(\varsigma_{,,} \cdot \mathrm{s})$ und $P(\varsigma_{,} \cdot \mathrm{s})$ die Potentiale der Stromeinheiten in $\varsigma_{,,}$ und $\varsigma_{,}$ in Bezug auf die

Stromeinheit in s, nennen endlich j die constante Intensität des inducirenden Stroms, und F die durch ihn inducirte elektromotorische Kraft, so ist

$$F = \varepsilon j \{P(\varsigma_{\prime\prime} \cdot s) - P(\varsigma_{\prime} \cdot s)\}. \tag{6.}$$

Wenn der inducirte Leiter Verzweigungen besitzt, so gilt dieses Theorem für jeden einfachen Umgang, welcher aus seinen Zweigen gebildet werden kann, und giebt also die in den einzelnen Umgängen erregten elektromotorischen Kräfte, deren Kenntniss erforderlich und hinreichend ist, um die Stromstärke in jedem Zweige des inducirten Leiters zu bestimmen.

Das vorstehende Theorem gilt auch für beliebig verzweigte inducirende Ströme, unter der Bedingung, dass die Stromstärke in jedem der geschlossenen Umgänge, welche aus den Stromzweigen gebildet werden können, durch die Verrückung der Stromelemente keine Veränderung erleidet. Der verzweigte Strom ist nämlich als ein Aggregat von einfachen Stromumgängen anzusehen; einer derselben werde durch ν bezeichnet, und zwar durch $\nu_{\prime}$ und $\nu_{\prime\prime}$ in der Anfangs- und Endposition seiner Elemente; j_ν sei seine constante Stromstärke, und F_ν die durch ihn in dem ruhenden Leiterumgang s inducirte elektromotorische Kraft. Bezeichnen wir wieder durch $P(\nu \cdot s)$ das Potential der Stromeinheit in ν in Bezug auf die Stromeinheit in s, so ist

$$F_\nu = \varepsilon j_\nu \{P(\nu_{\prime\prime} \cdot s) - P(\nu_{\prime} \cdot s)\}.$$

Die elektromotorische Kraft, welche durch den ganzen inducirenden Strom erregt wird, ist die Summe der Kräfte, welche durch seine einzelnen componirenden Umgänge inducirt werden, bezeichnen wir sie mit F, so ist

$$F = \varepsilon \mathfrak{S} j_\nu \{P(\nu_{\prime\prime} \cdot s) - P(\nu_{\prime} \cdot s)\}, \tag{7.}$$

wo durch $\mathfrak{S}$ eine Summe bezeichnet wird, die auf alle einfache Umgänge, welche den gegebenen Strom zusammensetzen, auszudehnen ist. Diese Summe ist aber die Potentialdifferenz der Stromeinheit in dem Leiterumgang s in Bezug auf den ganzen inducirenden Strom in der End- und Anfangsposition seiner Elemente. Nennen wir ς den inducirenden, beliebig verzweigten Strom und $Q(s \cdot \varsigma)$ sein Potential in Bezug auf die Stromeinheit in s, so kann die vorstehende Gleichung so geschrieben werden:

$$F = \varepsilon \{Q(\varsigma_{\prime\prime} \cdot s) - Q(\varsigma_{\prime} \cdot s)\}. \tag{8.}$$

Die Bedingung der Unveränderlichkeit der Stromstärke in jedem der einfachen Umgänge der verzweigten inducirenden Strombahn erfüllt sich bei constanten Stromerregern von selbst, wenn die Bahn keine Gleitstellen besitzt, weil dann der Stromwiderstand und seine Vertheilung in den Zweigen unverändert bleibt. Diese Bedingung kann aber auch bei besonderen Anordnungen, wenn Gleitstellen vorhanden sind, erreicht werden. In Fig. 4 tritt der inducirende Strom in a ein, theilt sich in α in zwei Zweige $\alpha\beta$ und $\alpha\gamma\beta$, die sich in β wieder vereinigen, und tritt bei b aus. Die Stromtheilungsstellen α und β sind zugleich Gleitstellen. Die Fortführung des Zweiges $\alpha\beta$ aus seiner Anfangslage $\alpha_{,}\beta_{,}$ in die Endlage $\alpha_{,,}\beta_{,,}$ erregt nämlich in einem in der Nähe befindlichen Leiterumgang die Induction. Der verzweigte Strom lässt sich auf verschiedene Weise in zwei einfache Umgänge zerlegen, ich zerlege ihn in die Umgänge $a\alpha\beta b$ und $\alpha\gamma\beta$, welche ich durch α und γ der Kürze wegen bezeichne; die Stromstärken in ihnen seien j_α und j_γ. Nennt man u den Leitungswiderstand im Zweige $\alpha\beta$, und w den im Zweige $\alpha\gamma\beta$, und setzt $u = \lambda w$, so ist $j_\gamma = \frac{\lambda}{1+\lambda} j_\alpha$. Nun kann man leicht Anordnungen treffen, dass, an welcher Stelle seines Weges sich auch der bewegte Zweig $\alpha\beta$ befinde, sowohl j_α als λ denselben Werth behält. Diese Anordnungen vorausgesetzt, erhält man für die durch die Verschiebung von $\alpha\beta$ in einem Leiterumgange s inducirte elektromotorische Kraft F den Ausdruck:

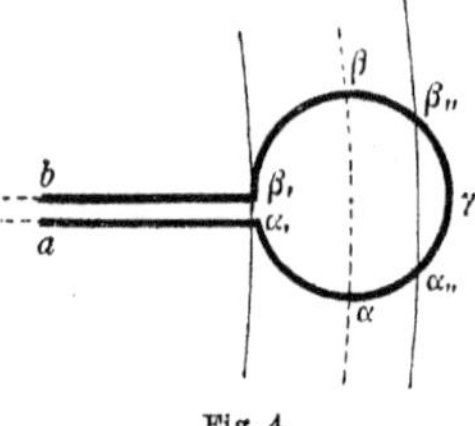

Fig. 4.

$$F = \varepsilon j_\alpha \{P(\alpha_{,,} \cdot \mathrm{s}) - P(\alpha_{,} \cdot \mathrm{s})\} + \varepsilon j_\gamma \{P(\gamma_{,,} \cdot \mathrm{s}) - P(\gamma_{,} \cdot \mathrm{s})\}. \tag{9.}$$

Dieser Ausdruck reducirt sich übrigens, wie man leicht sieht, wenn durch π die Peripherie $\alpha_{,}\alpha_{,,}\beta_{,,}\beta_{,}$ der vom bewegten Zweige beschriebenen Fläche bezeichnet wird, auf folgenden:

$$F = \varepsilon (j_\alpha - j_\gamma) P(\pi \cdot \mathrm{s}),$$

dessen Richtigkeit aus der Bemerkung erhellt, dass nach unserer Zerlegung des Inducenten in einfache Umgänge $j_\alpha - j_\gamma$ die constante Stromstärke des bewegten Zweiges $\alpha\beta$ bezeichnet.

Im Allgemeinen treten bei inducirenden Strömen mit Gleitstellen, gleichzeitig mit der Verrückung ihrer Elemente, Intensitätsveränderungen ein. Diese treten nur dann nicht ein, wenn die Veränderungen der Leitungswiderstände und ihrer Vertheilung, welche durch die Verschiebungen der *Bahnstücke* hervorgebracht werden, sich gegenseitig compensiren. *Bahnstück* nenne ich jeden zwischen zwei aufeinanderfolgenden Gleitstellen liegenden Theil der Strombahn. Es sei der inducirende Strom unverzweigt, und seine Intensität j, welche er zur Zeit t besitzt, verändere sich, in Folge der Fortführung seiner Bahnstücke, in dem Zeitintervall von $t_{,}$ bis $t_{,,}$ aus $j_{,}$ in $j_{,,}$. Wäre die Intensität j während der Zeit von $t_{,}$ bis t constant gewesen, so würde in diesem Zeitraum eine elektromotorische Kraft inducirt sein vom Werthe

$$\varepsilon j \{P(\varsigma \cdot \mathfrak{s}) - P(\varsigma_{,} \cdot \mathfrak{s})\}.$$

Die Intensität j ist aber nur zur Zeit t vorhanden gewesen, da ihr Werth zur Zeit $t + dt$ schon $j + \frac{dj}{dt}dt$ war. Man kann aber j während dt als constant ansehen, da der Zuwachs unendlich klein ist, und erhält dann für die während dt inducirte elektromotorische Kraft

$$\varepsilon j\, dt \frac{d}{dt} P(\varsigma \cdot \mathfrak{s}).$$

Nimmt man hiervon das Integral nach dt zwischen $t_{,}$ und $t_{,,}$, so erhält man die durch die Verschiebung der Stromelemente in dem Zeitraum von $t_{,}$ bis $t_{,,}$ inducirte elektromotorische Kraft F, nämlich:

$$(10.) \qquad F = \varepsilon \int_{t_{,}}^{t_{,,}} dt\, j \frac{d}{dt} P(\varsigma \cdot \mathfrak{s}).$$

Diese Gleichung erhellt übrigens unmittelbar aus (3.), wenn berücksichtigt wird, dass $\frac{dE}{dt} = \varepsilon \frac{dP(\varsigma \cdot \mathfrak{s})}{dt}$ ist. Die hier eben angestellte Betrachtung findet, wenn der inducirende Strom verzweigt ist, auf jeden seiner einfachen Umgänge Anwendung. Daher verwandelt sich für den in Fig. 4 (Seite 372) dargestellten Fall die Formel (9.), wenn j_{α} und j_{γ} während der Verschiebung der Elemente von $\alpha\beta$ variabel sind, in

$$(11.) \qquad F = \varepsilon \int dt\, j_{\alpha} \frac{d}{dt} P(\alpha \cdot \mathfrak{s}) + \varepsilon \int dt\, j_{\gamma} \frac{d}{dt} P(\gamma \cdot \mathfrak{s}),$$

und der allgemeine Ausdruck in (7.) für die durch die Verschiebung der Elemente eines beliebig verzweigten Stroms in einem Leiterumgang inducirte elektromotorische Kraft wird bei variabler Stromstärke:

$$(12.) \qquad F = \varepsilon \mathfrak{S} \int dt\, j_{\nu} \frac{d}{dt} P(\nu \cdot \mathfrak{s}),$$

wo die Summe $\mathfrak{S}$ alle einfachen Umgänge, welche den gegebenen Strom zusammensetzen, umfasst.

Die Gleichungen (10.) (11.), (12.) zeigen, dass bei variabler Stromstärke die durch die Verschiebung der Stromelemente inducirte elektromotorische Kraft *nicht* ihr Maass in dem dadurch hervorgebrachten Zuwachs des Potentialwerthes des inducirenden Stroms in Bezug auf den von der Stromeinheit durchströmten Leiterumgang hat; wir werden aber im Folgenden sehen, dass dies wieder der Fall ist, wenn der durch die gleichzeitige Intensitätsveränderung inducirte Antheil der elektromotorischen Kraft berücksichtigt wird.

§ 3.
Sowohl die Elemente des inducirenden Stromes wie auch die des gegebenen linearen Leiters sind in Bewegung.

In meiner früheren Abhandlung über die inducirten Ströme wurden drei Classen von Inductionsfällen unterschieden, nämlich zuerst Inductionen durch geschlossene Ströme in geschlossenen Leitern, und dann Inductionen durch geschlossene Ströme in ungeschlossenen Leitern, oder durch ungeschlossene Ströme in geschlossenen Leitern, und endlich Inductionen durch ungeschlossene Ströme in ungeschlossenen Leitern. Ich bemerke, dass bei dieser Eintheilung immer die Bahnen, sowohl der inducirenden als der inducirten Ströme, oder deren bewegte Theile als feste Systeme vorausgesetzt wurden. Die Vorstellung, welche mit der zweiten und dritten Classe verbunden wurde, bedarf noch einer kurzen Erklärung. Man denke sich einen Theil der inducirten Strombahn, den ich a nennen will, während der andere durch b bezeichnet werden möge, durch Isolatoren mit einem Theile α der inducirenden Strombahn verbunden, der andere Theil dieser Bahn soll β heissen. Die verbundenen Theile a und α werden bewegt, während die Theile b und β ruhen. Hier findet eine Induction durch die Bewegung des ungeschlossenen Stromstücks α in dem ungeschlossenen Leiterstück b statt. Diese Induction ist ein Fall der dritten Classe. Ebenso gehört die Induction, welche in dem ungeschlossenen Leiterstück a, das sich unter dem Einfluss des ungeschlossenen Stromstücks β bewegt, erregt wird, in die dritte Classe. Umfasste a die ganze inducirte Strombahn, und wäre also $b = 0$, so würde in dem geschlossenen Leiter a die Induction durch das ungeschlossene Stromstück β erregt; dieser Fall gehörte in die zweite Classe; dasselbe würde der Fall sein, wenn α den ganzen inducirenden Strom umfasste und $\beta = 0$ wäre.

Diese Eintheilung ist nach dem Standpunkt der vorliegenden Betrachtung nicht erschöpfend, sie ist aber auch an sich unzweckmässig. Die Trennung, um in der eben gebrauchten Bezeichnung weiter mich auszudrücken, der Induction, welche in b durch α erregt wird, von derjenigen, die in a durch β hervorgebracht wird, statt die Untersuchung zu erleichtern, erschwert dieselbe; beide Inductionen, wie sie gleichzeitig in der Wirklichkeit vorhanden sind, müssen auch gleichzeitig in Betracht gezogen werden. In der gegenwärtigen Abhandlung muss mit der Voraussetzung, dass die Strombahnen oder ihre bewegten Theile wie starre feste Curven bewegt werden, zugleich die Eintheilung in geschlossene und ungeschlossene Bahnen aufgegeben werden. Wir können hier nur so theilen: entweder findet die Induction durch einen ruhenden Strom in einem geschlossenen Leiter statt, dessen Elemente eine Ortsveränderung erfahren, oder in einem ruhenden Leiter durch einen Strom, dessen Elemente beliebig verschoben werden, oder endlich die Induction wird durch eine gleichzeitige Verschiebung der Leiter- und Stromelemente erregt. Die Bewegung der Elemente ist in allen drei Fällen soweit unbeschränkt, dass durch dieselbe die leitende Verbindung in den Strombahnen nicht aufgehoben wird. *Die beiden ersten Fälle sind in den beiden vorhergehenden Paragraphen behandelt, der dritte soll der Gegenstand des gegenwärtigen sein.* Zu ihm gehört, als ein ganz specieller Fall, der, welcher eben als eine Induction eines ungeschlossenen Leiterstücks durch ein ungeschlossenes Stromstück bezeichnet wurde. Das Specielle dieses Falles besteht darin, dass die Bewegung der Elemente in α und a von der Art ist, als gehörten diese Elemente einem festen Körper an.

Ich werde, um der Vorstellung ein bestimmteres Bild zu geben, die Untersuchung mit der Betrachtung eines besonderen, hierher gehörigen Falles beginnen, und dann zeigen, wie sich diese verallgemeinern lässt. Der inducirende Strom sei unverzweigt, und bestehe aus zwei Bahnstücken, welche in Fig. 5 durch α und β bezeichnet sind. α soll ruhen, die Elemente von β aber werden auf beliebigen Wegen aus der Position $\beta_{,}$ in die Position $\beta_{,,}$ fortgeführt. Gleichzeitig mit dieser Fortführung geschieht in dem inducirten Leiterumgang, der gleichfalls aus zwei Leiterstücken, mit a und b in der Figur bezeichnet, besteht, die Verschiebung der Elemente von b, sodass sie in derselben Zeit aus der Position in $b_{,}$ in die von $b_{,,}$ gelangen. Es soll die, durch diese gleichzeitigen, im Uebrigen von einander unabhängigen Verrückungen der Elemente in β und in b, in dem Leiterumgang $a + b$ inducirte elektromotorische Kraft bestimmt werden.

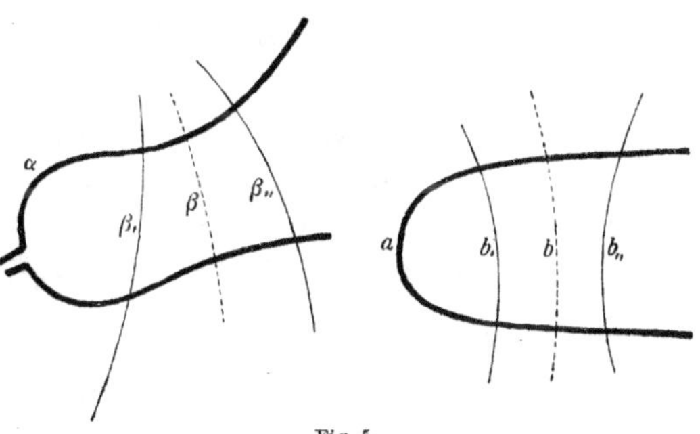

Fig. 5.

Ich bezeichne ein Element des ruhenden Bahnstücks α durch $D\alpha$, des ruhenden Leiterstücks a durch Da, und die Elemente der beweglichen Stücke β und b durch $D\beta$ und Db. Den ganzen Stromumgang $\alpha+\beta$ werde ich durch ς, und ein Element desselben, wenn nicht unterschieden werden soll, ob es zu α oder β gehöre, durch $D\sigma$ bezeichnen. Ebenso nenne ich s den ganzen Leiterumgang $a+b$, und ein Element desselben ohne Unterschied, ob es zu a oder b gehört, Ds. Der Strom in ς habe die constante Intensität j. Die Wege, auf welchen $D\alpha$ und Da fortgeführt werden, seien $d\omega$ und do, die Geschwindigkeiten dieser Elemente also $\frac{d\omega}{dt}$ und $\frac{do}{dt}$. Das Zeitintervall, während dessen die gleichzeitigen Verrückungen stattfinden, liege zwischen $t_{\prime}$ und $t_{\prime\prime}$.

Die während dt in dem Leiterumgang s inducirte elektromotorische Kraft ist, wenn C und Γ in dem Sinne genommen werden, welcher für diese Buchstaben im Anfange des § 1 und § 2 festgesetzt wurde:

$$-\varepsilon\, dt \mathsf{S}\, C\frac{do}{dt}Ds - \varepsilon\, dt \sum \Gamma \frac{d\omega}{dt}D\sigma.$$

Nimmt man hiervon das Integral nach dt zwischen $t_{\prime}$ und $t_{\prime\prime}$, um die in diesem Zeitintervall inducirte elektromotorische Kraft zu erhalten, bezeichnet diese mit F, macht $F=jE$, und setzt für C und Γ ihre Werthe aus (2.) § 1 und (2.) § 2, so wird

$$(1.)\quad \begin{aligned} E = &-\varepsilon\int dt \sum\mathsf{S}\frac{Db\,D\sigma}{r^2}\left\{r\frac{\partial^2 r}{\partial b\,\partial\sigma}-\frac{1}{2}\frac{\partial r}{\partial b}\frac{\partial r}{\partial\sigma}\right\}\frac{\partial r}{\partial o}\frac{do}{dt}\\ &-\varepsilon\int dt\sum\mathsf{S}\frac{D\beta\,Ds}{r^2}\left\{r\frac{\partial^2 r}{\partial\beta\,\partial s}-\frac{1}{2}\frac{\partial r}{\partial\beta}\frac{\partial r}{\partial s}\right\}\frac{\partial r}{\partial\omega}\frac{d\omega}{dt}.\end{aligned}$$

Von den beiden durch $\sum$ und S bezeichneten Integrationen, die im Allgemeinen auf die ganzen Umgänge respective ς und s auszudehnen sind, beschränkt sich $\sum$ in dem zweiten Gliede auf die Elemente von β, weil für die Elemente des Theils α der Factor $\frac{d\omega}{dt}=0$ ist, und S im ersten Gliede auf die Elemente von b, da für die Elemente von a hier $\frac{do}{dt}=0$ ist; aus diesem Grunde ist in diesen Gliedern respective statt $D\sigma$ und Ds geschrieben worden $D\beta$ und Db.

Ich werde das in dem ersten Gliede des vorstehenden Ausdrucks von E unter dem Integralzeichen $\int$ stehende Doppelintegral durch B bezeichnen, und in dem zweiten Gliede durch B, sodass

$$(2.)\quad \begin{aligned} B &= \sum\mathsf{S}\frac{D\sigma\,Db}{r^2}\left\{r\frac{\partial^2 r}{\partial\sigma\,\partial b}-\frac{1}{2}\frac{\partial r}{\partial\sigma}\frac{\partial r}{\partial b}\right\}\frac{\partial r}{\partial o}\frac{do}{dt},\\ \mathrm{B} &= \sum\mathsf{S}\frac{D\beta\,Ds}{r^2}\left\{r\frac{\partial^2 r}{\partial\beta\,\partial s}-\frac{1}{2}\frac{\partial r}{\partial\beta}\frac{\partial r}{\partial s}\right\}\frac{\partial r}{\partial\omega}\frac{d\omega}{dt},\end{aligned}$$

und

(3.) $$E = -\varepsilon \int dt B - \varepsilon \int dt \mathrm{B}.$$

Die Integration in dem Ausdruck von B nach $D\sigma$ erstreckt sich auf alle Elemente, welche zur Zeit t in dem Umgange ς enthalten sind, die nach Db ist von $b = b_{,}$ bis $b = b_{,,}$ auszudehnen, wo $b_{,}$ und $b_{,,}$ die zur Zeit t in den Gleitstellen liegenden Enden des bewegten Stücks b sind. Die Integration in B nach Ds ist auf alle zur Zeit t in s vorhandenen Elemente auszudehnen, die nach $D\beta$ bezieht sich nur auf die zwischen $\beta_{,}$ und $\beta_{,,}$ liegenden Elemente, wo $\beta_{,}$ und $\beta_{,,}$ die Gleitstellen des bewegten Stücks β zur Zeit t bezeichnen. Es sind also sowohl die Anzahl der Elemente, nach welchen in B und B zu integriren ist, als die Lage derselben und deshalb auch r und dessen Differentialquotienten Functionen der Zeit, und somit auch B und B. Die Functionen B und B sind in (3.) nach dt zwischen $t_{,}$ und $t_{,,}$ zu integriren.

Ich werde annehmen, das Zeitintervall $t_{,,} - t_{,} = \tau_{,}$ sei sehr klein, sodass, wenn man $t_{,} + \tau = t$ setzt, wo τ zwischen 0 und $\tau_{,}$ liegen soll, man die Functionen B und B nach den Potenzen von τ entwickeln kann, und nur die ersten Glieder dieser Entwickelung zu berücksichtigen braucht. Ich setze

$$B = B_{,} + B_{,,}\tau,$$
$$\mathrm{B} = \mathrm{B}_{,} + \mathrm{B}_{,,}\tau.$$

Hierin ist $B_{,}$ der Werth, welchen B zur Zeit $t_{,}$ besitzt. Der Zuwachs, welchen B zur Zeit $t_{,} + \tau$ erfahren hat, rührt von zwei von einander unabhängigen Ursachen her, einmal, weil die Lage und Anzahl der Elemente des Leiterstücks b sich geändert hat, und dann, weil dasselbe in Beziehung auf die Elemente der Strombahn ς stattgefunden hat. Ich werde, um die Wirkung dieser beiden Ursachen zu unterscheiden, setzen

$$B_{,,} = B_b + B_\sigma,$$

wo B_b den Theil von $B_{,,}$ bezeichnen soll, welcher von der Veränderung der Zahl und Lage der Elemente in b herrührt, und B_σ von der Veränderung der Elemente in ς.

Ebenso besteht $\mathrm{B}_{,,}$ aus zwei von einander unabhängigen Theilen, der eine rührt von der Verschiebung der Elemente des Bahnstücks β her, und dieser soll mit B_β bezeichnet werden, der andere von der Veränderung, welche der Leiterumgang s erlitten hat, und dieser soll B_s genannt werden, sodass

$$\mathrm{B}_{,,} = \mathrm{B}_s + \mathrm{B}_\beta.$$

Setzt man diese Werthe in (3.) und integrirt, nachdem man $d\tau$ statt dt geschrieben hat, nach $d\tau$ zwischen 0 und $\tau_{,}$, so erhält man für die in dem kleinen Zeitintervall $\tau_{,}$ inducirte elektromotorische Kraft E den Ausdruck

(4.) $$E = -\varepsilon\tau_{,}\{B_{,} + \mathrm{B}_{,} + \tfrac{1}{2}(B_{b} + B_{\sigma} + \mathrm{B}_{s} + \mathrm{B}_{\beta})\tau_{,}\}\cdot$$

Ich werde jetzt nachweisen, dass dieselbe elektromotorische Kraft inducirt wird, wenn man dieselben Verrückungen der Elemente der inducirenden und inducirten Strombahn nicht gleichzeitig, sondern nach einander erfolgen lässt.

Es sollen die Elemente von β in Ruhe bleiben, und die von b verrückt werden; dann ist wegen $\frac{d\omega}{dt} = 0$ auch $\mathrm{B} = 0$ und

$$B = B_{,} + B_{b}\tau.$$

Die jetzt inducirte elektromotorische Kraft, welche ich E_{b} nenne, hat den Ausdruck

$$E_{b} = -\varepsilon\tau_{,}\{B_{,} + \tfrac{1}{2}B_{b}\tau_{,}\},$$

worin, da die Verrückung der Elemente von b ebenso gross sein soll, wie vorher, $\tau_{,}$ denselben Werth als in (4.) besitzt. Jetzt, nachdem die Verschiebung von b vollendet ist, sollen die Elemente von β fortgeführt werden. Diese Fortführung geschieht in dem Zeitraum von $t_{,} + \tau_{,}$ bis $t_{,} + 2\tau_{,}$. Zur Zeit $t_{,} + \tau_{,}$ hat B den Werth $\mathrm{B}_{,} + \mathrm{B}_{s}\tau_{,}$ und zur Zeit $t_{,} + \tau_{,} + \tau$ ist also

$$\mathrm{B} = \mathrm{B}_{,} + \mathrm{B}_{s}\tau_{,} + \mathrm{B}_{\beta}\tau,$$

während in dieser Periode $B = 0$ ist, weil in ihr $\frac{do}{dt} = 0$. Nennt man die in dieser Periode inducirte elektromotorische Kraft E_{s}, so ist

$$E_{s} = -\varepsilon\tau_{,}\{\mathrm{B}_{,} + \tfrac{1}{2}(2\mathrm{B}_{s} + \mathrm{B}_{\beta})\tau_{,}\},$$

und demnach die Summe der in beiden Perioden inducirten elektromotorischen Kraft:

(5.) $$E_{b} + E_{s} = -\varepsilon\tau_{,}\{B_{,} + \mathrm{B}_{,} + \tfrac{1}{2}(B_{b} + 2\mathrm{B}_{s} + \mathrm{B}_{\beta})\tau_{,}\}\cdot$$

Wäre die Ordnung, in welcher die Elemente der Stücke b und β fortgeführt sind, die umgekehrte gewesen, und wäre also zuerst β und dann b verschoben worden, so hätte man, wenn die in der ersten Periode inducirte elektromotorische Kraft durch E_{β}, die der zweiten Periode durch E_{σ} bezeichnet wird, erhalten:

$$E_{\beta} = -\varepsilon\tau_{,}\{\mathrm{B}_{,} + \tfrac{1}{2}\mathrm{B}_{\beta}\tau_{,}\},$$
$$E_{\sigma} = -\varepsilon\tau_{,}\{B_{,} + \tfrac{1}{2}(2B_{\sigma} + B_{b})\tau_{,}\},$$

und also die Summe der in beiden Perioden inducirten elektromotorischen Kraft

$$E_{\beta} + E_{\sigma} = -\varepsilon\tau_{,}\{B_{,} + \mathrm{B}_{,} + \tfrac{1}{2}(\mathrm{B}_{\beta} + 2B_{\sigma} + B_{b})\tau_{,}\}\cdot$$

Nun muss aber $E_\beta + E_\sigma = E_b + E_s$ sein, weil jede dieser Grössen dem Unterschied der Werthe gleich ist, welche das Potential von ς in Bezug auf s in den End- und Anfangspositionen der Elemente dieser zwei von der Stromeinheit durchströmten Curven hat, und es in Beziehung auf diesen Unterschied gleichgültig ist, ob die Elemente von b zuerst und dann die von β, oder ob umgekehrt zuerst die Elemente von β und hierauf die von b fortgeführt worden sind. Hieraus folgt aber $B_\sigma = \mathrm{B}_s$ oder

$$2\mathrm{B}_s = B_\sigma + \mathrm{B}_s.$$

Setzt man diesen Werth von B_s in (5.) und vergleicht diese Gleichungen mit (4.), so sieht man, dass

$$E = E_b + E_s$$

und dass es also bei kleinen Verschiebungen der Strom- und Leiterelemente gleichgültig ist in Beziehung auf die inducirte elektromotorische Kraft, ob diese Verschiebungen gleichzeitig oder aufeinanderfolgend stattfinden. Bezeichnet man die Curven s und ς zur Zeit $t_,$ durch $s_,$ und $\varsigma_,$, zur Zeit $t_, + \tau_,$ durch $s_{,,}$ und $\varsigma_{,,}$ und durch $P(s \cdot \varsigma)$ wieder das Potential von s in Bezug auf ς, beide Curven von der Stromeinheit durchströmt gedacht, so kann man statt (4.) schreiben

$$E = \varepsilon \{ P(\varsigma_{,,} \cdot s_{,,}) - P(\varsigma_, \cdot s_,) \}.$$

Wenn die Verschiebung, und also auch $\tau_,$ unendlich klein $= dt$ ist, so ist $P(\varsigma_{,,} \cdot s_{,,}) - P(\varsigma_, \cdot s_,)$ der mit dt multiplicirte nach t genommene Differentialquotient von $P(\varsigma_, \cdot s_,)$. Mit Weglassung der Accente an ς und s hat man also für die während dt inducirte elektromotorische Kraft den Ausdruck

$$\varepsilon\, dt \frac{d}{dt} P(\varsigma \cdot s).$$

Hierbei ist die Stromstärke des Inducenten der Einheit gleich gesetzt. Ist diese j, so ist die inducirte Kraft

$$\varepsilon\, dt j \frac{d}{dt} P(\varsigma \cdot s), \tag{6.}$$

woraus folgt, dass, wenn j constant ist, auch die in jenem endlichen Zeitintervall von $t_,$ bis $t_{,,}$ inducirte elektromotorische Kraft F ausgedrückt ist durch

$$F = \varepsilon j \{ P(\varsigma_{,,} \cdot s_{,,}) - P(\varsigma_, \cdot s_,) \}, \tag{7.}$$

wo $\varsigma_,$, $\varsigma_{,,}$ und $s_,$, $s_{,,}$ die Curven ς und s in der Lage ihrer Elemente bezeichnen, die sie zur Zeit $t_,$ und $t_{,,}$ besitzen.

Durch die vorstehende Betrachtung ist die Summe der beiden dreifachen Integrale in (1.) auf die Differenz zweier Doppelintegrale zurückgeführt, nämlich, indem für $P(\varsigma \cdot s)$ sein Werth gesetzt wird:

$$F = Ej = \frac{1}{2}\varepsilon j \sum \mathrm{S} \frac{D\sigma_{,} Ds_{,}}{r_{,}} \cos(D\sigma_{,} \cdot Ds_{,}) \tag{8.}$$
$$- \frac{1}{2}\varepsilon j \sum \mathrm{S} \frac{D\sigma_{,,} Ds_{,,}}{r_{,,}} \cos(D\sigma_{,,} \cdot Ds_{,,}),$$

worin durch die den Elementen und dem r zugefügten Strichelchen die Lage und Entfernung derselben im Anfang und am Ende ihrer Verrückungen bezeichnet sind. Die Integrationen sind auf die ganzen geschlossenen Umgänge auszudehnen.

Wir haben bis jetzt einen speciellen Fall, wie er in Fig. 5 (Seite 375) vorgestellt ist, vorausgesetzt nämlich, dass die inducirende Strombahn aus einem ruhenden und einem bewegten Bahnstücke bestehe, und ebenso der inducirte Leiter nur ein ruhendes und ein bewegtes Leiterstück besitze. Die vorstehende Betrachtung erleidet aber dadurch keine Veränderung, dass wir sowohl der inducirenden als der inducirten Strombahn, wenn nur beide unverzweigt bleiben, eine beliebige Anzahl Bahn- und Leiterstücke zuertheilen. Wir brauchen nur unter α alle ruhenden Stromelemente, wenn solche vorhanden sind, zu verstehen, und unter β alle bewegten, und ebenso unter a alle ruhenden Elemente der inducirten Bahn und unter b alle bewegten. Die Gleichungen (7.) und (8.) gelten also allgemein für alle unverzweigten Strom- und Leiterumgänge. Ist die inducirte Strombahn verzweigt, so gelten sie für jeden geschlossenen Umgang, der aus ihren Zweigen gebildet werden kann. Ist der inducirende Strom verzweigt, und bleibt die Stromstärke in jedem Zweige ungeachtet der Verrückung der Stromelemente, ungeändert, so gelten die Gleichungen (7.) und (8.) für jeden der einfachen Stromumgänge, aus welchen der Inducent zusammengesetzt gedacht werden kann. Es sei ν einer dieser Umgänge, die in ihm fliessende Stromstärke sei j_{ν} und der Antheil der inducirten elektromotorischen Kraft, welcher ihm zukommt, werde durch F_{ν} bezeichnet, so ist nach (7.)

$$F_{\nu} = \varepsilon j_{\nu} \{P(\nu_{,,} \cdot \mathrm{s}_{,,}) - P(\nu_{,} \cdot \mathrm{s}_{,})\}$$

und die ganze inducirte elektromotorische Kraft also

$$F = \varepsilon \mathfrak{S} j_{\nu} \{P(\nu_{,,} \cdot \mathrm{s}_{,,}) - P(\nu_{,} \cdot \mathrm{s}_{,})\}, \tag{9.}$$

wo $\mathfrak{S}$ dieselbe Bedeutung wie in (7.) des vorigen Paragraphen hat, wofür man, wenn $Q(\varsigma \cdot \mathrm{s})$ das Potential des inducirenden, beliebig verzweigten Stroms ς in Bezug auf die Stromeinheit in s bezeichnet, schreiben kann

$$F = \varepsilon \{ Q(\varsigma_{,,} \cdot \mathrm{s}_{,,}) - Q(\varsigma_{,} \cdot \mathrm{s}_{,}) \}. \tag{10.}$$

Durch diese Gleichung ist das neue, im Eingang dieser Abhandlung aufgestellte

Inductionsprincip soweit bewiesen, als in dem Inducenten keine Veränderungen in der Stromstärke vor sich gehen.

Ist die Stromstärke j variabel, und der Inducent unverzweigt, so erhält man aus (6.) für die in dem Zeitintervall von $t_{,}$ bis $t_{,,}$ inducirte elektromotorische Kraft den Ausdruck

(11.) $$F = \varepsilon \int dt\, j \frac{d}{dt} P(\varsigma \cdot \mathrm{s}).$$

Ist der Inducent verzweigt, und seine Stromstärke veränderlich, so erhält man hieraus statt der Gleichung (9.) die folgende

(12.) $$F = \varepsilon \mathfrak{S} \int dt\, j_{\nu} \frac{d}{dt} P(\nu \cdot \mathrm{s}).$$

§ 4.

Betrachtung des ganz allgemeinen Falles, dass die Induction nicht bloss durch Bewegung, sondern auch durch Intensitätsveränderung des Inducenten entsteht.

Es bleibt noch übrig, diejenige elektromotorische Kraft auszudrücken, welche, ohne dass eine Ortsveränderung der Elemente eines inducirenden Stroms eintritt, durch die Veränderung seiner Stromstärke erregt wird, oder, wenn eine solche Ortsveränderung vorhanden ist, den Antheil der inducirten elektromotorischen Kraft zu bestimmen, welcher von der gleichzeitig eingetretenen Intensitätsveränderung herrührt. Dies ist der Gegenstand dieses Paragraphen.

Der Ausdruck für die in Rede stehende elektromotorische Kraft kann nicht aus den Principien, welche den vorigen Paragraphen zu Grunde liegen, abgeleitet werden, da diese sich nur auf die Ortsveränderungen der Strom- und Leiterelemente beziehen. In meiner früheren Abhandlung aber wurde ich durch Analogie auf ein anderes Princip geführt, durch welches die vorliegende Frage beantwortet werden kann, und das sich durch die Beobachtung als richtig bewährt hat. Dieses Princip habe ich an dem angeführten Orte so ausgesprochen*): wenn in einem ruhenden geschlossenen Strom ς die Intensität $j_{,}$ sich in $j_{,,}$ verändert, so ist die in einem in seiner Nähe befindlichen einfachen Leiterumgang s dadurch inducirte elektromotorische Kraft

(1.) $$\varepsilon (j_{,,} - j_{,}) P(\varsigma \cdot \mathrm{s}),$$

d. i. proportional mit der Potentialdifferenz des Inducenten ς in seinen zweierlei

*) Seite 316, 317.

Intensitätszuständen $j_{,}$ und $j_{,,}$ in Bezug auf die Stromeinheit in dem Leiterumgang s.

Der Grundsatz, auf welchem dies Princip beruht, ist der, dass die Induction in einem *ruhenden* geschlossenen Leiter allein durch die Veränderung der Wirkung des Inducenten nach aussen hervorgebracht wird, und dass die in einer bestimmten Zeit inducirte elektromotorische Kraft allein von dem Anfangs- und Endzustand dieser Wirkung abhängt, nicht von der Art und Weise, wie der letztere aus dem ersteren hervorgegangen ist. Ist z. B. der Endzustand dieser Wirkung gleich dem Anfangszustand, so ist die Summe der inducirten elektromotorischen Kraft immer gleich Null. Wenn dieselbe Veränderung in der Wirkung eines Stromes nach aussen, welche durch eine Veränderung seiner Intensität eingetreten ist, durch eine Verschiebung seiner Elemente hervorgebracht werden kann, so hat man in dem Ausdruck der durch diese Verschiebung inducirten elektromotorischen Kraft zugleich den für die durch die Intensitätsveränderung erregte. Die Veränderung der Stromstärke von $j_{,}$ in $j_{,,}$ eines ruhenden Inducenten bringt dieselbe Variation in seiner Wirkung nach aussen hervor, als wäre zu dem ursprünglichen Strom $j_{,}$ ein anderer von derselben Configuration mit der Intensität $j_{,,}-j_{,}$ aus unendlicher Ferne hinzugeführt und über ihn gelegt worden. Die durch den hinzugeführten Strom inducirte elektromotorische Kraft ist $F=\varepsilon(j_{,,}-j_{,})\,P(\varsigma\cdot s)$, und dies ist der in (1.) gegebene Ausdruck für die durch die Intensitätsveränderung $j_{,,}-j_{,}$ inducirte elektromotorische Kraft. — Ich werde diesen Grundsatz noch durch ein zweites Beispiel erläutern, und dazu den in § 2 behandelten Inductionsfall, auf welchen sich Fig. 4 (Seite 372) bezieht, wählen. Ich behalte die damals gebrauchte Bezeichnung bei, und füge der dort gemachten Bestimmung, dass j_{α} und λ constant sein sollen, noch die hinzu, dass λ verschwindend klein sei. Alsdann fliesst der ganze inducirende Strom in dem Umgang $a\alpha\beta b$, da jetzt die Intensität j_{γ} in dem Zweige $\alpha\gamma\beta$ unendlich klein ist. Führt man nun das bewegliche Bahnstück $\alpha\beta$ aus seiner Anfangslage $\alpha_{,}\beta_{,}$ in der Richtung nach $\alpha_{,,}\beta_{,,}$ so weit, bis es bei γ ganz aus der leitenden Verbindung mit der Strombahn heraustritt, so ist die inducirte elektromotorische Kraft $\varepsilon j_{\alpha}\,P(\pi\cdot s)$, wo π die Curve $\alpha_{,}\alpha_{,,}\gamma\beta_{,,}\beta_{,}$ bezeichnet, auf welcher die Enden des bewegten Bahnstücks fortgleiteten. Die Veränderung, die in dem inducirenden Strom hervorgebracht ist, ist aber keine andere, als die, welche durch das Eintreten des Stroms j_{α} in die mit π bezeichnete Curve, in welcher im Anfange kein Strom floss, hervorgebracht wird. Das Eintreten eines Stromes von der Intensität j_{α} in die Bahn π inducirt also in dem

Leiterumgang s eine elektromotorische Kraft, deren Ausdruck $\varepsilon j_\alpha P(\pi \cdot s)$, oder wenn für $P(\pi \cdot s)$ sein Werth gesetzt wird, und statt j_α der Buchstabe j gebraucht wird:

(2.) $$-\frac{1}{2}\varepsilon j \,\mathrm{S}\sum \frac{Ds\, D\pi}{r} \cos(Ds \cdot D\pi),$$

wo die Integrationen auf die geschlossenen Curven π und s auszudehnen sind. Da dieser Ausdruck gilt, welche Formen auch π und s haben, so schliesst man hieraus, dass jedes Stromelement $D\pi$ in jedem Leiterelement Ds, *sofern diese Elemente geschlossenen Umgängen angehören*, dadurch, dass die Stromintensität des Umganges, zu welchem $D\pi$ gehört, von 0 bis j wächst, eine elektromotorische Kraft inducirt, welche den Ausdruck:

(3.) $$-\frac{1}{2}\varepsilon j \frac{Ds\, D\pi}{r} \cos(Ds \cdot D\pi)$$

hat. Statt des Ausdrucks in (2.) kann man, zufolge der Nachweisung, welche in § 1 bei Ableitung der Gleichung (13.) aus (12.) gegeben ist, schreiben

(4.) $$\frac{1}{2}\varepsilon j \,\mathrm{S}\sum \frac{Ds\, D\pi}{r} \frac{\partial r}{\partial s} \frac{\partial r}{\partial \pi},$$

und also auch als elementare Wirkung der Induction durch Intensitätsveränderung setzen

(5.) $$\frac{1}{2}\varepsilon j \frac{Ds\, D\pi}{r} \frac{\partial r}{\partial s} \frac{\partial r}{\partial \pi}.$$

Die Absicht der Ausdrücke in (3.) und (5.) für die elementare Induction durch Intensitätsveränderung ist, durch sie den Antheil zu bestimmen, welchen ein gegebener Theil der Strombahn π an der durch die *ganze Bahn* inducirten elektromotorischen Kraft hat, oder den Theil derselben, welcher in einem gegebenen Stück des geschlossenen Leiterumganges erregt ist. Man erhält diese Theile der elektromotorischen Kraft, wenn man die Integrationen in (2.) und (4.) auf die in die Rede stehenden Stücke der Curven π und s beschränkt.

Aus dem Vorstehenden folgt, dass, wenn in einem Stromelement $D\sigma$ die Stromstärke j während dt einen Zuwachs $\frac{dj}{dt}dt$ erhält, dadurch in dem Element Ds eines geschlossenen Leiterumgangs s eine elektromotorische Kraft erregt wird, welche den Werth

(6.) $$-\frac{1}{2}\varepsilon\, dt \frac{Ds\, D\sigma}{r} \cos(Ds \cdot D\sigma) \cdot \frac{dj}{dt}$$

hat, und dass die durch den ganzen Stromumgang in dem ganzen Leiterumgang während dt inducirte elektromotorische Kraft

(7.) $$\varepsilon\, dt\, P(\varsigma \cdot s) \frac{dj}{dt}$$

ist; die Summe derselben, welche in dem Zeitraum von $t_,$ bis $t_{,,}$ erregt ist, ergiebt sich durch Integration dieses Ausdrucks nach dt zwischen $t_,$ und $t_{,,}$, und ist also

$$(8.)\qquad \varepsilon\int_{t_,}^{t_{,,}} dt\, P(\varsigma\cdot \mathrm{s})\frac{dj}{dt}\,.$$

Hierin kann $P(\varsigma\cdot\mathrm{s})$ eine Function der Zeit sein, entweder weil die Lage der Elemente von s oder die Lage der Elemente von ς von dieser Grösse abhängen oder weil beide Curven zugleich mit der Zeit sich verändern.

Die vorstehenden Ausdrücke in (7.) und (8.) gelten, wenn der Leiter verzweigt ist, für jeden einfachen Umgang desselben, und wenn der inducirende Strom verzweigt ist, für jeden seiner einfachen Umgänge, aus welchen er zusammengesetzt gedacht werden kann.

Ich werde jetzt nachweisen, dass, wenn eine Intensitätsveränderung in Folge der Verrückung der Stromelemente eintritt, die ganze inducirte elektromotorische Kraft, von der ein Theil durch die Verrückung der Elemente, der andere durch die Variation der Stromintensität erregt ist, gleich ist dem mit ε multiplicirten Unterschied der Werthe, welche das Potential des inducirenden Stroms in dem End- und Anfangszustand seiner Elemente in Bezug auf den von der Stromeinheit durchströmten Leiterumgang hat. Ich werde dies zuerst in einigen einfachen speciellen Fällen thun, von welchen aus sich das Resultat leicht verallgemeinern lassen wird.

Es sei der inducirende Strom ohne Verzweigung, und er bestehe aus einem ruhenden Bahnstück α und einem bewegten β. Die Fortführung dieses Stücks geschehe in dem Zeitraum von $t_,$ bis $t_{,,}$ und wirke inducirend auf einen ruhenden Leiterumgang s. Das Verhältniss der Leitungswiderstände in α und β sei so, dass die Stromstärke j durch die Fortführung des Bahnstücks β sich von $j_,$ in $j_{,,}$ verändert. Die von α und β gebildete geschlossene Bahn nenne ich ς und bezeichne sie durch $\varsigma_,$ und $\varsigma_{,,}$ in der Anfangs- und Endposition von β.

Der Antheil der elektromotorischen Kraft, welcher durch die Fortführung der Elemente von β inducirt wird, hat nach (10.) § 2 den Ausdruck:

$$(9.)\qquad \varepsilon\int dt\, j\frac{d}{dt}P(\varsigma\cdot\mathrm{s})$$

und der durch die Veränderung der Stromstärke inducirte Antheil ist nach (8.) dieses Paragraphen:

$$(10.)\qquad \varepsilon\int dt\, P(\varsigma\cdot\mathrm{s})\frac{dj}{dt}\,,$$

wo die Integrationen in beiden Ausdrücken auf das Intervall von $t_{,}$ bis $t_{,,}$ auszudehnen sind. Die Summe F dieser beiden Antheile, d. i. die ganze inducirte elektromotorische Kraft ist also

$$F = \varepsilon \int dt \frac{d}{dt}\Big(j\,P(\varsigma \cdot \mathfrak{s})\Big),$$

d. i.

$$F = \varepsilon\,\{j_{,,}\,P(\varsigma_{,,} \cdot \mathfrak{s}) - j_{,}\,P(\varsigma_{,} \cdot \mathfrak{s})\}. \tag{11.}$$

Dies ist für den speciellen vorliegenden Fall der Satz, welcher bewiesen werden sollte. Man sieht aber sogleich, dass man zu demselben Resultat gelangt, wenn man den Strom aus einer beliebigen Anzahl Bahnstücken bestehend voraussetzt, dass man ihren Gleitstellen ruhende oder bewegte Unterlagen geben kann, dass man endlich die Elemente des Leiterumgangs gleichzeitig mit den Stromelementen beliebig verschieben kann, ohne dass der Ausdruck für F in (11.) dadurch eine Veränderung erleidet, wenn nur Strom- und Leiterumgang unverzweigt ist. Denn da in allen diesen Fällen der durch die Verschiebung der Elemente erregte Theil der elektromotorischen Kraft durch (9.), der durch die Intensitätsveränderung erregte Antheil durch (10.) ausgedrückt ist, und F die Summe dieser beiden Theile ist, so gilt die Gleichung (11.) überhaupt für einfache Strom- und Leiterumgänge, muss nun aber, in dieser Verallgemeinerung, so geschrieben werden:

$$F = \varepsilon\,\{j_{,,}\,P(\varsigma_{,,} \cdot \mathfrak{s}_{,,}) - j_{,}\,P(\varsigma_{,} \cdot \mathfrak{s}_{,})\}. \tag{12.}$$

Es ergiebt sich ferner, dass, wenn der inducirte Leiter verzweigt ist, da in diesem Falle (9.) und (10.) die eben bezeichneten Theile der elektromotorischen Kraft, welche in jedem einzelnen Umgang, der aus seinen Zweigen gebildet werden kann, erregt wird, ausdrücken, die Gleichung (11.) für jeden solchen Umgang gilt, und durch sie die in ihm inducirte elektromotorische Kraft bestimmt wird.

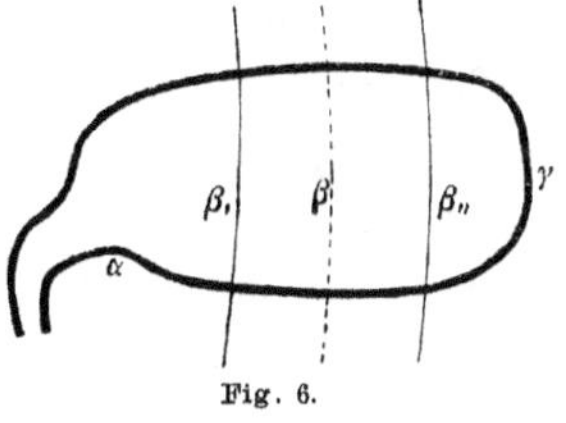

Fig. 6.

Behufs der Beurtheilung der Induction durch beliebig verzweigte Inducenten werde ich zuerst wieder ein einfaches, hierher gehöriges Beispiel behandeln. Fig. 6 stelle den inducirenden Strom dar, er besteht aus den drei Zweigen α, β, γ, von denen, während α und γ ruhen, β aus der Lage $\beta_{,}$ in die Lage $\beta_{,,}$ fortgeführt wird, wodurch in einem in der Nähe befindlichen Leiterumgang $\mathfrak{s}$ die elektromotorische Kraft F inducirt wird. Diesen verzweigten Strom sehe ich als aus zwei einfachen Strömen zusammengesetzt an, von denen der eine seine Bahn in dem aus α und β gebildeten Umgang hat, der andere in dem aus α und γ gebildeten. Die Stromstärke in dem ersteren Umgang werde ich durch j_β, in dem anderen durch j_γ bezeichnen. Die Anfangs- und Endwerthe dieser Grössen sollen $j_{\beta_,}$, $j_{\gamma_,}$ und $j_{\beta_{,,}}$, $j_{\gamma_{,,}}$ sein. Ebenso sollen α, β, γ in ihren Anfangs- und Endzuständen bezeichnet werden. Das Integral $-\frac{1}{2}\mathrm{S}\sum\frac{Ds\,D\sigma}{r}\cos(D\sigma\cdot Ds)$, ausgedehnt in Bezug aus Ds auf den ganzen Leiterumgang s und beschränkt in Bezug auf $D\sigma$ respective auf die Bahnstücke α, β, γ, will ich durch $P(\alpha\cdot \mathrm{s})$, $P(\beta\cdot \mathrm{s})$, $P(\gamma\cdot \mathrm{s})$ bezeichnen. Das Potential des ganzen inducirenden Stroms, den ich durch ς bezeichne, in Bezug auf die Stromeinheit in s soll $Q(\varsigma\cdot \mathrm{s})$ sein, sodass

$$(13.)\qquad Q(\varsigma\cdot \mathrm{s}) = j_\beta\{P(\alpha\cdot \mathrm{s})+P(\beta\cdot \mathrm{s})\}+j_\gamma\{P(\alpha\cdot \mathrm{s})+P(\gamma\cdot \mathrm{s})\}.$$

Die durch die Verschiebung der Stromelemente in s inducirte elektromotorische Kraft F ist die Summe derjenigen, welche von jedem der einfachen Umgänge, in welche der Inducent zerlegt ist, erregt wird. Also hat man mit Rücksicht auf das in (11.) in Beziehung auf einfache Umgänge erhaltene Resultat:

$$(14.)\qquad \begin{aligned} F = \varepsilon\,\{&j_{\beta_{,,}}(P(\alpha_{,,}\cdot \mathrm{s})+P(\beta_{,,}\cdot \mathrm{s}))-j_{\beta_,}(P(\alpha_,\cdot \mathrm{s})+P(\beta_,\cdot \mathrm{s}))\}\\ +\,\varepsilon\,\{&j_{\gamma_{,,}}(P(\alpha_{,,}\cdot \mathrm{s})+P(\gamma_{,,}\cdot \mathrm{s}))-j_{\gamma_,}(P(\alpha_,\cdot \mathrm{s})+P(\gamma_,\cdot \mathrm{s}))\},\end{aligned}$$

worin in dem vorliegenden Falle, wo der aus α und γ gebildete Umgang unverändert bleibt

$$P(\alpha_{,,}\cdot \mathrm{s})+P(\gamma_{,,}\cdot \mathrm{s}) = P(\alpha_,\cdot \mathrm{s})+P(\gamma_,\cdot \mathrm{s}).$$

Statt (14.) kann man mit Rücksicht auf (13.) schreiben

$$(15.)\qquad F = \varepsilon\,\{Q(\varsigma_{,,}\cdot \mathrm{s})-Q(\varsigma_,\cdot \mathrm{s})\},$$

wodurch der Satz, welcher nachgewiesen werden sollte, erreicht ist.

Jede andere Zerlegung des gegebenen Stromes, z. B. in die zwei Umgänge, welche durch $\alpha\beta$ und $\gamma\beta$ gebildet werden, führt zu demselben Resultat. Ich werde, obwohl gar keine Schwierigkeit dabei ist, die Betrachtung für diese Zerlegung noch durchführen. Ich werde die Stromstärke in dem Umgang $\alpha\beta$ jetzt durch j_α und in dem Umgang $\beta\gamma$ durch j_γ bezeichnen. Die Grösse j_γ ist dieselbe, wie vorher; dies ergiebt sich daraus, dass in jedem Zweige, also auch in γ dieselbe Stromstärke vorhanden sein muss, auf welche Art die Zerlegung auch vorgenommen wird; aus demselben Grunde ist auch j_α, die jetzige Stromstärke in α, gleich $j_\beta+j_\gamma$, welches nach der ersten Art der Zerlegung die Stromstärke in diesem Zweige war. Die Summe der von den beiden einfachen Strömen j_α und j_γ inducirten elektromotorischen Kraft ist

$$(16.)\qquad \begin{aligned} F = \varepsilon\,\{&j_{\alpha_{,,}}(P(\alpha_{,,}\cdot \mathrm{s})+P(\beta_{,,}\cdot \mathrm{s}))-j_{\alpha_,}(P(\alpha_,\cdot \mathrm{s})+P(\beta_,\cdot \mathrm{s}))\}\\ +\,\varepsilon\,\{&j_{\gamma_{,,}}(P(\gamma_{,,}\cdot \mathrm{s})-P(\beta_{,,}\cdot \mathrm{s}))-j_{\gamma_,}(P(\gamma_,\cdot \mathrm{s})-P(\beta_,\cdot \mathrm{s}))\}.\end{aligned}$$

Es ist in dem Gliede, welches sich auf den Strom j_γ bezieht, dem $P(\beta \cdot s)$ das negative Vorzeichen gegeben, weil die Richtung, nach welcher das durch diese Grösse bezeichnete Integral zu nehmen ist, entgegengesetzt ist derjenigen, nach welcher dasselbe Integral in dem Gliede genommen ist, welches sich auf den Strom j_α bezieht.

Der vorstehende Ausdruck reducirt sich, wie man sogleich sieht, auf

$$F = \varepsilon \{ Q(\varsigma_{\prime\prime} \cdot s) - Q(\varsigma_{\prime} \cdot s) \},$$

er verwandelt sich übrigens in den Ausdruck (14.), wenn man die Relationen $j_{\alpha_{\prime\prime}} = j_{\beta_{\prime\prime}} + j_{\gamma_{\prime\prime}}$, $j_{\alpha_{\prime}} = j_{\beta_{\prime}} + j_{\gamma_{\prime}}$ berücksichtigt.

Man übersieht leicht, dass, wenn wir bei dem in Fig. 6 (Seite 385) dargestellten Inductionsfall bleiben, aber während der Fortführung des Bahnstücks β, den aus α, γ gebildeten Umgang eine beliebige Formveränderung erfahren lassen, an der Gleichung für F (15.) dadurch nichts verändert wird, dass aber, wenn der inducirte Leiterumgang nicht ruht, vielmehr seine Elemente eine beliebige Verschiebung erfahren, die Gleichung (15.) sich verwandelt in

$$\text{(16.)} \qquad F = \varepsilon \{ Q(\varsigma_{\prime\prime} \cdot s_{\prime\prime}) - Q(\varsigma_{\prime} \cdot s_{\prime}) \}.$$

Nach dieser Discussion eines Beispieles eines verzweigten Inducenten variabler Intensität wird es leicht sein, die Betrachtung allgemein anzustellen. Es sei ein beliebig verzweigter Strom gegeben, dessen Elemente beliebig verschoben werden, diese Verschiebung und die dadurch hervorgebrachte Intensitätsveränderung inducirt in einem in der Nähe befindlichen einfachen Leiterumgang, dessen Elemente gleichfalls eine beliebige gleichzeitige Verschiebung erfahren, einen Strom, es soll die Summe der inducirten elektromotorischen Kraft bestimmt werden. Es werde der inducirende Strom in die einfachen Ströme zerlegt, aus deren Uebereinanderlagerung er entstanden gedacht werden kann, ihre Umgänge seien $\alpha, \beta, \ldots, \nu, \ldots$, und ihre Stromstärken $j_\alpha, j_\beta, \ldots, j_\nu, \ldots$. Die Anfangs- und Endzustände sollen wieder durch beigefügte Strichelchen bezeichnet werden. Den ganzen inducirenden Strom nenne ich ς und in seinem Anfangszustand und Endzustand: $\varsigma_{\prime}$ und $\varsigma_{\prime\prime}$. Die entsprechende Bedeutung haben s, $s_{\prime}$, $s_{\prime\prime}$ für den inducirten Leiterumgang. Das Potential von ς in Bezug auf s, diesen Umgang von der Stromeinheit durchströmt gedacht, ist $Q(\varsigma \cdot s)$, sodass

$$\text{(17.)} \qquad Q(\varsigma \cdot s) = j_\alpha P(\alpha \cdot s) + j_\beta P(\beta \cdot s) + \cdots = \mathfrak{S} j_\nu P(\nu \cdot s),$$

wo das Summenzeichen $\mathfrak{S}$ auf alle einfachen Umgänge, in welche der Inducent zerlegt ist, sich bezieht.

Die von dem Umgange ν inducirte elektromotorische Kraft ist nach (12.)

$$\varepsilon\,\{j_{\nu_{\prime\prime}}\,P(\nu_{\prime\prime}\cdot s_{\prime\prime}) - j_{\nu_{\prime}}\,P(\nu_{\prime}\cdot s_{\prime})\}.$$

Die von dem ganzen Inducenten erregte Kraft F ist die Summe der von seinen einfachen Umgängen inducirten elektromotorischen Kräfte, also:

$$(18.)\qquad F = \varepsilon\,\mathfrak{S}\,\{j_{\nu_{\prime\prime}}\,P(\nu_{\prime\prime}\cdot s_{\prime\prime}) - j_{\nu_{\prime}}\,P(\nu_{\prime}\cdot s_{\prime})\}$$

oder nach (17.):

$$(19.)\qquad F = \varepsilon\,\{Q(\varsigma_{\prime\prime}\cdot s_{\prime\prime}) - Q(\varsigma_{\prime}\cdot s_{\prime})\}.$$

Durch diese Gleichung ist der Satz, welcher im Eingange dieser Abhandlung (Seite 347) als ein neues Princip der mathematischen Theorie der Induction aufgestellt ist, in seiner ganzen Allgemeinheit bewiesen.

Ich will hier nur noch einem Bedenken begegnen, welches bei der Herleitung, die ich eben für diese Gleichung gegeben habe, entstehen könnte. Dies Bedenken bezieht sich auf den Fall, wo die Anzahl der einfachen Stromumgänge, in welche der Inducent zu zerlegen ist, vor und nach der Verrückung seiner Elemente verschieden ist. Die Discussion eines einzelnen solchen Falles wird hinreichen, zu zeigen, dass dieser Umstand, wenn er eintritt, ohne Einfluss auf die Gleichung (19.) ist. Unter Anzahl von Umgängen, in welche der Strom zu zerlegen ist, ist die kleinste, durch welche dies geschehen kann, verstanden; dies ist eine durch die Verzweigung des Stromsystems vollkommen bestimmte, und gleich der Anzahl von Wegen, welche das Stromsystem gestattet, um von einem Punkte desselben aus zu ihm zurückzukehren, ohne einen Theil des Weges doppelt zu gehen. Anschaulicher wird die kleinste Anzahl von Stromumgängen, in welche ein verzweigter Strom zerlegt werden kann, wenn man sich die Strombahn mit ihren Verzweigungen in eine Ebene, oder eine andere Fläche so gelegt denken kann, dass die Zweige sich in keinen andern Punkten als in den Stromtheilungsstellen schneiden. Dadurch wird in dieser Fläche ein Stück begrenzt, das Stromgebiet, innerhalb dessen alle Stromzweige liegen, und dasselbe in *Stromfelder* theilen. Die Anzahl dieser Stromfelder ist dann das Minimum der Anzahl von einfachen Umgängen, in welche das Stromsystem zerlegt werden kann. Jeder dieser Stromumgänge kann wieder auf verschiedene Weise zerlegt werden, z. B. kann jeder als ein Aggregat von Strömen in derselben Bahn angesehen werden. Nach dieser allgemeinen Bemerkung wende ich mich zu dem speciellen Fall.

Es sei in Fig. 7 der inducirende Strom dargestellt. Er besteht aus dem Stamm $\alpha\beta\gamma$ und den Zweigen $\beta\delta\varepsilon\gamma$ und $\beta\mu\gamma$. Die Induction wird durch die Fortführung des Bahnstücks $\beta\gamma$ in die Lage $\beta_{,}\gamma_{,}$ erregt. Vor der Fortführung des Bahnstücks besteht das Stromgebiet aus drei Feldern, nach der Fortführung aus vier, vor der Fortführung muss der Strom also wenigstens in drei, nach derselben in vier einfache Umgänge getheilt werden. Es hindert aber nichts, den Inducenten auch schon vor der Fortführung des Stücks $\beta\gamma$ in vier Stromumgänge zu zerlegen, und diese so zu wählen, dass sie denjenigen nach der Fortführung entsprechen. Ich zerlege nach der Fortführung in die Umgänge $\alpha\beta_{,}\gamma_{,}\alpha$, $\alpha\delta\varkappa\gamma_{,}\alpha$, $\alpha\delta\varepsilon\alpha$ und $\alpha\mu\alpha$, nenne diese respective β, $\varkappa$, δ und μ, und die Stromstärken in ihnen j_β, $j_\varkappa$, etc. Vor der Verrückung fallen die beiden Umgänge β und $\varkappa$ zusammen, und bilden den einen Umgang $\alpha\beta\gamma$, den ich α nennen will, in welchem also ein Strom von der Intensität $j_\beta + j_\varkappa = j_\alpha$ fliesst. Die Anwendung der Formel (18.) auf den vorliegenden Fall giebt

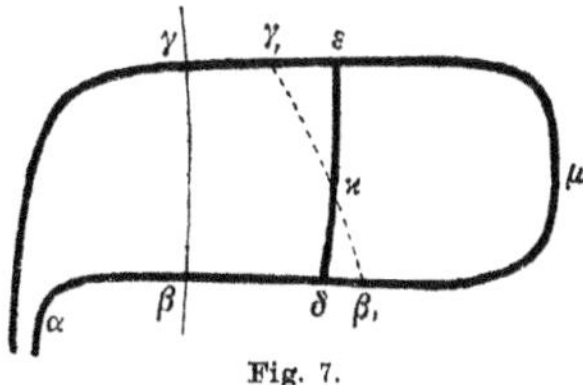

Fig. 7.

$$F = \varepsilon \{ j_{\beta_{,,}} P(\beta_{,,} \cdot s_{,,}) + j_{\varkappa_{,,}} P(\varkappa_{,,} \cdot s_{,,}) + j_{\delta_{,,}} P(\delta_{,,} \cdot s_{,,}) + j_{\mu_{,,}} P(\mu_{,,} \cdot s_{,,}) \}$$
$$- \varepsilon \{ j_{\beta_{,}} P(\beta_{,} \cdot s_{,}) + j_{\varkappa_{,}} P(\varkappa_{,} \cdot s_{,}) + j_{\delta_{,}} P(\delta_{,} \cdot s_{,}) + j_{\mu_{,}} P(\mu_{,} \cdot s_{,}) \},$$

worin man, da $P(\beta_{,} \cdot s_{,}) = P(\varkappa_{,} \cdot s_{,}) = P(\alpha_{,} \cdot s_{,})$ und $j_{\beta_{,}} + j_{\varkappa_{,}} = j_{\alpha_{,}}$ ist, statt $j_{\beta_{,}} P(\beta_{,} \cdot s_{,}) + j_{\varkappa_{,}} P(\varkappa_{,} \cdot s_{,})$ setzen kann $j_{\alpha_{,}} P(\alpha_{,} \cdot s_{,})$. Hieraus ergiebt sich, dass für die Anwendung die vermittelnde Betrachtung, nach welcher j_α vor der Verrückung des Bahnstücks in j_β und $j_\varkappa$ zerlegt wurde, unöthig ist, welches auch schon daraus erhellt, dass der vorstehende Ausdruck für F von dem in (19.) nicht verschieden ist.

§ 5.

Vergleichung der in dieser Abhandlung entwickelten Theorie mit denjenigen Resultaten, die aus dem Weber'schen Grundgesetz sich ergeben.

W. Weber hat in seiner Abhandlung: *elektrodynamische Maassbestimmungen* u. s. w. den Weg gebahnt, welcher über die Kluft in unserer Kenntniss der elektrostatischen und elektrodynamischen Wirkung der Elektricität führen wird. Er zeigt, wie die *Ampère*'schen Gesetze für die Wirkung zweier Stromelemente aus der Wirkung der positiven und negativen Elektricität des einen Elements auf die beiden Elektricitäten des anderen abgeleitet werden können. Diese Analyse der *Ampère*'schen Gesetze führte *zu dem Grundgesetz für die Wirkung zweier elektrischen Massen*, nach welchen diese nicht allein von ihrer relativen Entfernung, sondern auch relativen Geschwindigkeit und deren Veränderung abhängig ist. Dieses Grundgesetz erklärt zugleich, wie *Weber* gezeigt hat, die Inductionserscheinungen und giebt ihre Gesetze. Der Gegenstand dieses Paragraphen ist nachzuweisen, wie weit die im Vorhergehenden erhaltenen Resultate mit den aus *Weber's* Grundgesetz der elektrischen Wirkung abgeleiteten Inductionsgesetzen übereinstimmen.

Bezeichnet man mit $\eta_,$ und $e_,$ zwei elektrische Massen, jede in einem Punkt concentrirt gedacht, durch r ihre Entfernung zur Zeit t, so hat die Wirkung von $\eta_,$ auf $e_,$ nach *Weber's* Grundgesetz die Richtung von r und ihre Grösse ist ausgedrückt durch

$$(1.)\qquad \frac{f\eta_, e_,}{r^2}\left\{1-\frac{a^2}{16}\left(\left(\frac{dr}{dt}\right)^2-2r\frac{d^2r}{dt^2}\right)\right\},$$

worin f und a zwei Constanten sind, $\frac{dr}{dt}$ die relative Geschwindigkeit der Massen $\eta_,$ und $e_,$ und $\frac{d^2r}{dt^2}dt$ das Inkrement dieser Geschwindigkeit. Diese Wirkung ist abstossend, wenn $\eta_,$ und $e_,$ gleiche Vorzeichen besitzen, und anziehend bei entgegengesetzten Vorzeichen.

Um hieraus die Wirkung, welche zwei Stromelemente auf einander ausüben, abzuleiten, denkt man sich jedes von gleicher Menge positiver und negativer Elektricität in entgegengesetzter Richtung durchströmt, und summirt die vier Wirkungen, welche die zwei Elektricitäten des einen Elements auf die zwei des andern ausüben. Ich nenne $D\sigma$ und Ds die Stromelemente und bezeichne durch $\pm\eta D\sigma$ und $\pm e Ds$ ihre Elektricitätsmengen, wo $\pm\eta$ und $\pm e$ die Producte aus den Dichtigkeiten in die Querschnitte der Strombahn sind. Die Geschwindigkeiten, mit welchen $+\eta D\sigma$ und $-\eta D\sigma$ in der Strombahn σ sich bewegen, sind $+\frac{d\sigma}{dt}$ und $-\frac{d\sigma}{dt}$, und ebenso sind die Geschwindigkeiten, mit welchen $\pm e Ds$ sich in der Strombahn s bewegen, $\pm\frac{ds}{dt}$. Die Stromstärken sind mit den durch jeden Querschnitt der Strombahn durchströmenden Elektricitätsmengen proportional, sodass, wenn j und i die Stromstärken in $D\sigma$ und Ds bezeichnen, und ϑ und u die Stromgeschwindigkeiten bis auf einen constanten Factor, den man $=1$ setzen kann,

$$(2.)\qquad j=\eta\frac{d\sigma}{dt}=\eta\vartheta,\qquad i=e\frac{ds}{dt}=eu$$

ist.

Die Entfernung der Stromelemente $D\sigma$ und Ds werde ich durch $(\eta\cdot e)$ bezeichnen, wenn sie sich auf die in ihnen fliessenden $+\eta$ und $+e$ beziehen soll, durch $(-\eta\cdot e)$, wenn sie sich auf $-\eta$ und $+e$ beziehen soll, u. s. w. Diese Unterscheidungen von r in $(\pm\eta\cdot\pm e)$ ist erforderlich, weil diese Grössen, obwohl alle vier gleich r sind, doch ungleiche Differentialquotienten in Bezug auf die Zeit besitzen. Sie soll auch nur für die Bezeichnung dieser Differentialquotienten angewandt werden.

Die Wirkung der beiden Stromelemente $D\sigma$ und Ds ist die Summe von folgenden vier Ausdrücken

$$(3.)\quad \begin{aligned} &f\eta e \frac{D\sigma\, Ds}{r^2}\left\{1-\frac{a^2}{16}\left(\left(\frac{d(e\cdot\eta)}{dt}\right)^2-2r\frac{d^2(e\cdot\eta)}{dt^2}\right)\right\},\\ -&f\eta e \frac{D\sigma\, Ds}{r^2}\left\{1-\frac{a^2}{16}\left(\left(\frac{d(e\cdot-\eta)}{dt}\right)^2-2r\frac{d^2(e\cdot-\eta)}{dt^2}\right)\right\},\\ -&f\eta e \frac{D\sigma\, Ds}{r^2}\left\{1-\frac{a^2}{16}\left(\left(\frac{d(-e\cdot\eta)}{dt}\right)^2-2r\frac{d^2(-e\cdot\eta)}{dt^2}\right)\right\},\\ &f\eta e \frac{D\sigma\, Ds}{r^2}\left\{1-\frac{a^2}{16}\left(\left(\frac{d(-e\cdot-\eta)}{dt}\right)^2-2r\frac{d^2(-e\cdot-\eta)}{dt^2}\right)\right\}. \end{aligned}$$

Die Summe der beiden ersten Ausdrücke giebt die Wirkung des Elements $D\sigma$, d. i. seiner beiden Elektricitäten, auf die positive Elektricität des Elements Ds, die Summe der beiden andern Ausdrücke die Wirkung von $D\sigma$ auf die negative Elektricität in Ds. Mit der Differenz dieser beiden Summen ist die Kraft proportional, welche die beiden Elektricitäten in dem Elemente Ds in der Richtung von r zu trennen strebt. Multiplicirt man diese Differenz mit dem Cosinus des Winkels, unter welchem r gegen das Element Ds geneigt ist, so erhält man den Theil dieser Kraft, welcher die Trennung der beiden Elektricitäten in Ds in der Richtung von Ds zu bewirken strebt, d. i. *die elektromotorische Kraft, welche das Element* $D\sigma$ *auf das Element* Ds *ausübt.*

Die Summe der beiden ersten Ausdrücke in (3.) ist, wenn der Kürze wegen g statt $a^2 f$ gesetzt wird:

$$-g\eta e\frac{D\sigma\, Ds}{16\cdot r^2}\left\{\left(\frac{d(e\cdot\eta)}{dt}\right)^2-\left(\frac{d(e\cdot-\eta)}{dt}\right)^2-2r\left(\frac{d^2(e\cdot\eta)}{dt^2}-\frac{d^2(e\cdot-\eta)}{dt^2}\right)\right\}$$

und die der beiden letzten:

$$-g\eta e\frac{D\sigma\, Ds}{16\cdot r^2}\left\{\left(\frac{d(-e\cdot-\eta)}{dt}\right)^2-\left(\frac{d(-e\cdot\eta)}{dt}\right)^2-2r\left(\frac{d^2(-e\cdot-\eta)}{dt^2}-\frac{d^2(-e\cdot\eta)}{dt^2}\right)\right\}.$$

Die Summe beider vorstehenden Ausdrücke giebt die elektrodynamische Wirkung von $D\sigma$ auf Ds, und führt in ihrer weiteren Entwickelung zu den *Ampère*'schen Gesetzen. Die Differenz derselben, mit einer Constanten h multiplicirt und mit dem Cosinus der Neigung von r gegen Ds, d. i. mit $\frac{\partial r}{\partial s}$, giebt die elektromotorische Kraft, welche $D\sigma$ auf Ds ausübt. Ich bezeichne diese mit $E_\eta D\sigma\, Ds$, und setze $gh = \mathrm{a}^2$, so wird:

$$(4.)\quad \mathrm{E}_\eta = \frac{-\mathfrak{a}^2 e\eta}{16 r^2}\left\{\begin{array}{l}\left(\frac{d(e\cdot\eta)}{dt}\right)^2 + \left(\frac{d(-e\cdot\eta)}{dt}\right)^2 - \left(\frac{d(e\cdot-\eta)}{dt}\right)^2 - \left(\frac{d(-e\cdot-\eta)}{dt}\right)^2 \\ -2r\left\{\frac{d^2(e\cdot\eta)}{dt^2} + \frac{d^2(-e\cdot\eta)}{dt^2} - \frac{d^2(e\cdot-\eta)}{dt^2} - \frac{d^2(-e\cdot-\eta)}{dt^2}\right\}\end{array}\right\}\frac{\partial r}{\partial s}.$$

Um diese Formel sogleich auf den allgemeinsten Inductionsfall anzuwenden, nenne ich ω und o die Wege, auf welchen die Elemente der Strombahnen $D\sigma$ und Ds fortgeführt werden, und bezeichne mit $d\omega$ und do die Elemente dieser Wege, und mit $\frac{d\omega}{dt}$ und $\frac{do}{dt}$ die Fortführungsgeschwindigkeiten.

Die Entfernung r der Elektricitäten in den beiden Bahnelementen $D\sigma$ und Ds ist eine Function der vier von einander unabhängigen Grössen σ, s, ω, o, die ihrerseits Functionen der Zeit t sind, sodass

$$\frac{dr}{dt} = \frac{\partial r}{\partial\sigma}\frac{d\sigma}{dt} + \frac{\partial r}{\partial s}\frac{ds}{dt} + \frac{\partial r}{\partial\omega}\frac{d\omega}{dt} + \frac{\partial r}{\partial o}\frac{do}{dt}$$

und

$$\begin{aligned}\frac{d^2 r}{dt} = &\frac{d\sigma}{dt}\left\{\frac{\partial^2 r}{\partial\sigma^2}\frac{d\sigma}{dt} + \frac{\partial^2 r}{\partial s\,\partial\sigma}\frac{ds}{dt} + \frac{\partial^2 r}{\partial\omega\,\partial\sigma}\frac{d\omega}{dt} + \frac{\partial^2 r}{\partial o\,\partial\sigma}\frac{do}{dt}\right\}\\ &+\frac{ds}{dt}\left\{\frac{\partial^2 r}{\partial\sigma\,\partial s}\frac{d\sigma}{dt} + \frac{\partial^2 r}{\partial s^2}\frac{ds}{dt} + \frac{\partial^2 r}{\partial\omega\,\partial s}\frac{d\omega}{dt} + \frac{\partial^2 r}{\partial o\,\partial s}\frac{do}{dt}\right\}\\ &+\frac{d\omega}{dt}\left\{\frac{\partial^2 r}{\partial\sigma\,\partial\omega}\frac{d\sigma}{dt} + \frac{\partial^2 r}{\partial s\,\partial\omega}\frac{ds}{dt} + \frac{\partial^2 r}{\partial\omega^2}\frac{d\omega}{dt} + \frac{\partial^2 r}{\partial o\,\partial\omega}\frac{do}{dt}\right\}\\ &+\frac{do}{dt}\left\{\frac{\partial^2 r}{\partial\sigma\,\partial o}\frac{d\sigma}{dt} + \frac{\partial^2 r}{\partial s\,\partial o}\frac{ds}{dt} + \frac{\partial^2 r}{\partial\omega\,\partial o}\frac{d\omega}{dt} + \frac{\partial^2 r}{\partial o^2}\frac{do}{dt}\right\}\\ &+\frac{\partial r}{\partial\sigma}\frac{d^2\sigma}{dt^2} + \frac{\partial r}{\partial s}\frac{d^2 s}{dt^2} + \frac{\partial r}{\partial\omega}\frac{d^2\omega}{dt^2} + \frac{\partial r}{\partial o}\frac{d^2 o}{dt^2}.\end{aligned}$$

Man erhält hieraus die ersten und zweiten Differentialquotienten von $(e\cdot\eta)$, wenn man beide Stromgeschwindigkeiten $\frac{ds}{dt}$ und $\frac{d\sigma}{dt}$ und ihre Differentialquotienten $\frac{d^2 s}{dt^2}$ und $\frac{d^2\sigma}{dt^2}$ positiv nimmt, diejenigen von $(-e\cdot\eta)$, wenn dem $\frac{ds}{dt}$ und $\frac{d^2 s}{dt^2}$ das negative Vorzeichen gegeben wird, während $\frac{d\sigma}{dt}$ und $\frac{d^2\sigma}{\partial t^2}$ positiv bleiben. Allgemein erhält man diese beiden Differentialquotienten von $(\pm e\cdot\pm\eta)$, wenn man in den vorstehenden Ausdrücken von $\frac{dr}{dt}$ und $\frac{d^2 r}{dt^2}$ statt $\frac{ds}{dt}, \frac{d^2 s}{dt^2}, \frac{d\sigma}{dt}, \frac{d^2\sigma}{dt^2}$ respective setzt: $\pm\frac{ds}{dt}, \pm\frac{d^2 s}{dt^2}, \pm\frac{d\sigma}{dt}$ und $\pm\frac{d^2\sigma}{dt^2}$. Dies giebt

$$\begin{aligned}&\left(\frac{d(e\cdot\eta)}{dt}\right)^2 + \left(\frac{d(-e\cdot\eta)}{dt}\right)^2 - \left(\frac{d(e\cdot-\eta)}{dt}\right)^2 - \left(\frac{d(-e\cdot-\eta)}{dt}\right)^2\\ &= 8\left\{\frac{\partial r}{\partial o}\frac{do}{dt} + \frac{\partial r}{\partial\omega}\frac{d\omega}{dt}\right\}\frac{\partial r}{\partial\sigma}\frac{d\sigma}{dt},\end{aligned}$$

und

$$\begin{aligned}&\frac{d^2(e\cdot\eta)}{dt^2} + \frac{d^2(-e\cdot\eta)}{dt^2} - \frac{d^2(e\cdot-\eta)}{dt^2} - \frac{d^2(-e\cdot-\eta)}{dt^2}\\ &= 8\left\{\frac{\partial^2 r}{\partial o\,\partial\sigma}\frac{do}{dt} + \frac{\partial^2 r}{\partial\omega\,\partial\sigma}\frac{d\omega}{dt}\right\}\frac{d\sigma}{dt} + 4\frac{\partial r}{\partial\sigma}\frac{d^2\sigma}{dt^2}.\end{aligned}$$

Diese Werthe in (4.) substituirt geben:

$$(5.)\qquad E_\eta = \frac{a^2 e\eta}{r^2}\frac{d\sigma}{dt}\left\{\left(r\frac{\partial^2 r}{\partial\sigma\partial\omega} - \frac{1}{2}\frac{\partial r}{\partial\sigma}\frac{\partial r}{\partial\omega}\right)\frac{\partial r}{\partial s}\frac{d\omega}{dt} + \left(r\frac{\partial^2 r}{\partial\sigma\partial o} - \frac{1}{2}\frac{\partial r}{\partial\sigma}\frac{\partial r}{\partial o}\right)\frac{\partial r}{\partial s}\frac{do}{dt}\right\} + \frac{1}{2}\frac{a^2 e\eta}{r}\frac{\partial r}{\partial\sigma}\frac{\partial r}{\partial s}\frac{d^2\sigma}{dt^2}$$

oder, wenn nach (2.) $\eta\frac{d\sigma}{dt} = j$ gesetzt wird und

$$(6.)\qquad \eta\frac{d^2\sigma}{dt^2} = \frac{dj}{dt},$$

und zugleich statt $a^2 e$ der Buchstabe ε eingeführt wird:

$$(7a.)\qquad E_\eta = \frac{\varepsilon j}{r^2}\left\{\left(r\frac{\partial^2 r}{\partial\sigma\partial\omega} - \frac{1}{2}\frac{\partial r}{\partial\sigma}\frac{\partial r}{\partial\omega}\right)\frac{d\omega}{dt} + \left(r\frac{\partial^2 r}{\partial\sigma\partial o} - \frac{1}{2}\frac{\partial r}{\partial\sigma}\frac{\partial r}{\partial o}\right)\frac{do}{dt}\right\}\frac{\partial r}{\partial s} + \frac{1}{2}\frac{\varepsilon}{r}\frac{dj}{dt}\frac{\partial r}{\partial\sigma}\frac{\partial r}{\partial s}. \qquad \mathfrak{W}.$$

Man ersieht aus diesem Ausdruck*) für E_η, dass die elektromotorische Kraft, welche das Stromelement $j\,D\sigma$ auf Ds ausübt, unabhängig ist von der Stromgeschwindigkeit in Ds oder von der Stromstärke dieses Elements; deshalb denken wir uns diese $=0$, und nennen Ds das *Leiterelement*, im Gegensatz von $D\sigma$, welches das *Stromelement* genannt wird.

Die von dem Stromstück σ in dem Leiterstück s in dem Zeitraum von $t_{,}$ bis $t_{,,}$ inducirte elektromotorische Kraft, welche ich mit F bezeichne, erhält man durch die Integration von $E_\eta D\sigma Ds dt$ nach $D\sigma$, Ds und dt zwischen den Grenzen der Stücke σ, s und des Zeitintervalls $t_{,,} - t_{,}$. Es ist also:

$$(7b.)\qquad F = \sum S\int E_\eta D\sigma Ds\, dt. \qquad \mathfrak{W}.$$

Der einfachste Fall ist ersichtlich der, wo weder die Strom- noch die Leiterelemente eine Ortsveränderung erleiden, also $\frac{d\omega}{dt} = 0$ und $\frac{do}{dt} = 0$ ist, die Induction demnach allein durch eine Intensitätsveränderung des Stroms in σ hervorgebracht wird. In diesem Falle wird

$$(8.)\qquad F = \frac{1}{2}\varepsilon\sum S\int\frac{1}{r}\frac{\partial r}{\partial\sigma}\frac{\partial r}{\partial s}\frac{dj}{dt}D\sigma Ds\, dt. \qquad \mathfrak{W}.$$

Es sei σ ein einfach geschlossener Stromumgang, sodass j innerhalb desselben constant, allein von t abhängt; die nach dt ausgeführte Integration

*) Hier und im Folgenden sind die aus der *Weber*'schen Theorie abgeleiteten Ausdrücke mit $\mathfrak{W}$. bezeichnet; während die der *Neumann*'schen Theorie entsprechenden Formeln [wie z. B. in (22.) Seite 396] mit der Signatur $\mathfrak{N}$. versehen sind. Uebrigens sind weiterhin bei Anwendung der *Weber*'schen Theorie *verschiedene Möglichkeiten* neben einander in Betracht gezogen. Um diese auseinanderzuhalten, sind von der Redaction, neben der Signatur $\mathfrak{W}$., auch noch die Signaturen $\mathfrak{W}_1$. und $\mathfrak{W}_2$. angewendet [vgl. Seite 398—404]. *C. N.*

giebt dann, wenn $j_{,}$ und $j_{,,}$ die Stromstärken von σ zur Zeit $t_{,}$ und $t_{,,}$ bezeichnen:

(9.) $$F = \frac{1}{2}\varepsilon(j_{,,}-j_{,})\sum\mathrm{S}\frac{1}{r}\frac{\partial r}{\partial\sigma}\frac{\partial r}{\partial s}D\sigma Ds, \qquad \mathfrak{W}.$$

wofür man nach der Auseinandersetzung, welche in § 1 bei Ableitung der Gleichung (13.) aus (12.) gemacht ist, setzen kann:

(10.) $$F = -\frac{1}{2}\varepsilon(j_{,,}-j_{,})\sum\mathrm{S}\frac{1}{r}\cos(D\sigma\cdot Ds)D\sigma Ds. \qquad \mathfrak{W}.$$

Ist der Inducent ein verzweigter Strom, so zerlegen wir ihn in einfache Umgänge; einer dieser Umgänge sei ν, der in ihm fliessende Strom habe die Stärke j_ν, und zur Zeit $t_{,}$ und $t_{,,}$ sei diese $j_{\nu_{,}}$ und $j_{\nu_{,,}}$. Die durch ν in s inducirte elektromotorische Kraft ist:

$$F_\nu = -\frac{1}{2}\varepsilon(j_{\nu_{,,}}-j_{\nu_{,}})\sum\mathrm{S}\frac{1}{r}\cos(D\nu\cdot Ds)D\nu Ds \qquad \mathfrak{W}.$$

und die durch den ganzen Inducenten inducirte:

(11.) $$F = -\frac{1}{2}\varepsilon\mathfrak{S}(j_{\nu_{,,}}-j_{\nu_{,}})\sum\mathrm{S}\frac{1}{r}\cos(D\nu\cdot Ds)D\nu Ds, \qquad \mathfrak{W}.$$

wo die durch $\mathfrak{S}$ bezeichnete Summe über alle einfachen Umgänge, welche den Inducenten zusammensetzen, auszudehnen ist.

Da s, sofern ein inducirter Strom zu Stande kommen soll, ein geschlossener Umgang ist, irgend einer derjenigen, welche, wenn der inducirte Leiter verzweigt ist, aus seinen Zweigen gebildet werden können, so kann man statt (10.) schreiben:

(12.) $$F = \varepsilon(j_{,,}-j_{,})P(\varsigma\cdot \mathrm{s}) \qquad \mathfrak{W}.$$

und statt (11.):

(13.) $$F = \varepsilon\mathfrak{S}(j_{\nu_{,,}}-j_{\nu_{,}})P(\nu\cdot\mathrm{s}) = \varepsilon\{Q(\varsigma_{,,}\cdot\mathrm{s})-Q(\varsigma_{,}\cdot\mathrm{s})\}, \qquad \mathfrak{W}.$$

wo $P(\varsigma\cdot\mathrm{s})$ das Potential von ς in Bezug auf s bezeichnet, beide Umgänge von der Stromeinheit durchströmt gedacht, und $Q(\varsigma_{,}\cdot\mathrm{s})$ und $Q(\varsigma_{,,}\cdot\mathrm{s})$ das Potential des Inducenten im Anfangs- und Endzustand in Bezug auf den von der Stromeinheit durchströmten Leiterumgang s.

Betrachten wir jetzt den Fall, wo die Induction allein durch Ortsveränderung der Leiterelemente Ds erregt wird, die unter dem Einfluss eines ruhenden und constanten Stroms stattfindet. Da in diesem Falle $\frac{dj}{dt}=0$ und $\frac{d\omega}{dt}=0$, so erhält man aus (7a.) und (7b.), wenn statt der Integration nach dt die nach do eingeführt wird:

(14.) $$F = \varepsilon j\sum\mathrm{S}\int do\frac{Ds\,D\sigma}{r^2}\left\{r\frac{\partial^2 r}{\partial\sigma\,\partial o}-\frac{1}{2}\frac{\partial r}{\partial\sigma}\frac{\partial r}{\partial o}\right\}\frac{\partial r}{\partial s}. \qquad \mathfrak{W}.$$

Durch das entsprechende Verfahren, mittelst dessen in § 1 aus der Gleichung (6.) die Gleichung (10.) abgeleitet wurde, erhält man hieraus, wenn die Grenzen der Integration nach do, Ds und $D\sigma$ respective mit $o_{,}$, $o_{,,}$, $s_{,}$, $s_{,,}$ und $\sigma_{,}$, $\sigma_{,,}$ bezeichnet werden:

$$(15.)\quad \begin{aligned} F = \tfrac{1}{2}\varepsilon j \,\mathrm{S}\int \Big[\tfrac{1}{r}\tfrac{\partial r}{\partial o}\tfrac{\partial r}{\partial s}\Big]_{\sigma_{,}}^{\sigma_{,,}} Ds\,do + \tfrac{1}{2}\varepsilon j \sum \mathrm{S}\Big[\tfrac{1}{r}\tfrac{\partial r}{\partial \sigma}\tfrac{\partial r}{\partial s}\Big]_{o_{,}}^{o_{,,}} Ds\,D\sigma \\ - \tfrac{1}{2}\varepsilon j \sum\int \Big[\tfrac{1}{r}\tfrac{\partial r}{\partial \sigma}\tfrac{\partial r}{\partial o}\Big]_{s_{,}}^{s_{,,}} D\sigma\,do, \end{aligned} \qquad \mathfrak{W}.$$

wo die Klammern [] dieselbe Bedeutung haben als in (10.) § 1.

Da der ruhende Inducent keine Gleitstellen besitzt, so ist die Integration nach $D\sigma$ über den ganzen Stromumgang auszudehnen, sei es, dass dieser für sich den Inducenten bildet, oder, dass er einer der ihn zusammensetzenden Stromumgänge ist. Es fällt also hier immer $\sigma_{,}$ mit $\sigma_{,,}$ zusammen, und daher:

$$(16.)\quad F = \tfrac{1}{2}\varepsilon j \sum \mathrm{S}\Big[\tfrac{1}{r}\tfrac{\partial r}{\partial \sigma}\tfrac{\partial r}{\partial s}\Big]_{o_{,}}^{o_{,,}} D\sigma\,Ds - \tfrac{1}{2}\varepsilon j \sum\int\Big[\tfrac{1}{r}\tfrac{\partial r}{\partial \sigma}\tfrac{\partial r}{\partial o}\Big]_{s_{,}}^{s_{,,}} D\sigma\,do. \qquad \mathfrak{W}.$$

Erinnert man sich, dass die inducirte elektromotorische Kraft F unter der Voraussetzung, dass $j = 1$ ist, durch E in § 1 bezeichnet wurde, so sieht man, dass die vorstehende Gleichung mit der in (11.) § 1 völlig übereinstimmt*), und dass sie also auch identisch ist mit der Formel (28) § 1, d. i. mit

$$(17.)\quad F = \varepsilon\,\{\,Q(\varsigma\cdot s_{,,}) - Q(\varsigma\cdot s_{,})\,\}. \qquad \mathfrak{W}.$$

Gehen wir jetzt zur Betrachtung eines dritten Falles, in welchem der inducirte Leiter ruht, und die Induction durch die Verschiebung der Elemente eines constanten Stroms erregt wird. Da hier $\frac{do}{dt} = 0$ und $\frac{dj}{dt} = 0$, so erhält man aus (7a.) und (7b.), wenn, wie ich zunächst annehme, der Inducent unverzweigt ist:

$$(18.)\quad F = \varepsilon j \sum \mathrm{S}\int d\omega\,\frac{Ds\,D\sigma}{r^2}\Big\{r\frac{\partial^2 r}{\partial\sigma\,\partial\omega} - \frac{1}{2}\frac{\partial r}{\partial\sigma}\frac{\partial r}{\partial\omega}\Big\}\frac{\partial r}{\partial s}. \qquad \mathfrak{W}.$$

Dies dreifache Integral lässt sich wie das entsprechende in (14.) auf ein Aggregat von Doppelintegralen zurückführen, welches man aus (15.) erhält, wenn darin statt o, $o_{,}$, $o_{,,}$ gesetzt wird: ω, $\omega_{,}$, $\omega_{,,}$; aus diesem Aggregrat verschwindet das Glied $-\frac{1}{2}\varepsilon j \sum\int\Big[\frac{1}{r}\frac{\partial r}{\partial\sigma}\frac{\partial r}{\partial\omega}\Big]_{s_{,}}^{s_{,,}} D\sigma\,d\omega$, weil die Integration nach Ds in (18.) auf den geschlossenen Umgang s auszudehnen ist, da in ihm als

*) Nach der früher auf Seite 366 eingeführten Bezeichnungsweise ist $F = jE$. Substituirt man aber hier für E den damals, in (11.) Seite 355, gefundenen Werth, so gelangt man zu einer Formel, die identisch ist mit der obigen Formel (16.). — *C. N.*

einem ruhenden Umgang keine Gleitstellen vorhanden sind. Demnach ergiebt sich aus (18.):

$$(19.)\qquad F = \tfrac{1}{2}\varepsilon j \sum \mathsf{S}\Big[\frac{1}{r}\frac{\partial r}{\partial \sigma}\frac{\partial r}{\partial s}\Big]_{\omega_{,}}^{\omega_{,,}} D\sigma\, Ds + \tfrac{1}{2}\varepsilon j\, \mathsf{S}\int\Big[\frac{1}{r}\frac{\partial r}{\partial s}\frac{\partial r}{\partial \omega}\Big]_{\sigma_{,}}^{\sigma_{,,}} Ds\, d\omega. \qquad \mathfrak{W}.$$

Dieser Ausdruck verwandelt sich, wenn in σ keine Gleitstellen vorhanden sind, weil dann $\sigma_{,}$ mit $\sigma_{,,}$ zusammenfällt, in

$$(20.)\qquad F = \tfrac{1}{2}\varepsilon j \sum \mathsf{S}\Big[\frac{1}{r}\frac{\partial r}{\partial \sigma}\frac{\partial r}{\partial s}\Big]_{\omega_{,}}^{\omega_{,,}} D\sigma\, Ds, \qquad \mathfrak{W}.$$

was gleichbedeutend ist mit

$$(21.)\qquad F = \varepsilon\,\{\, Q(\mathfrak{s}_{,,}\cdot \mathfrak{s}) - Q(\mathfrak{s}_{,}\cdot \mathfrak{s})\,\}. \qquad \mathfrak{W}.$$

Zu demselben Resultat gelangt man, wenn der Inducent auf beliebige Weise verzweigt ist, unter der Voraussetzung, dass er keine Intensitätsveränderung erleidet und keine Gleitstellen besitzt. Man hat ihn in diesem Falle in einfache Umgänge zu zerlegen, für jeden derselben gilt die Gleichung (20.), und die Summe dieser Gleichungen giebt den Ausdruck (21.).

Die Uebereinstimmung der Formeln (13.), (17.) und (21.) mit denen in den früheren Paragraphen ist vollständig. Anders verhält es sich mit der Gleichung (19.), welche die von einem einfachen Stromumgang inducirte elektromotorische Kraft unter der Annahme ausdrückt, dass derselbe aus einem bewegten Leiterstück mit den Grenzen $\sigma_{,}$ und $\sigma_{,,}$ und einem ruhenden besteht. Die dieser Gleichung entsprechende, wie sie aus meinem Inductionsgesetz sich ergiebt, wird aus der Gleichung (5.) in § 2 abgeleitet, indem diese auf Doppelintegrale zurückgeführt wird. Man erhält aus derselben:

$$(22.)\qquad E = \tfrac{1}{2}\varepsilon \sum \mathsf{S}\Big[\frac{1}{r}\frac{\partial r}{\partial \sigma}\frac{\partial r}{\partial s}\Big]_{\omega_{,}}^{\omega_{,,}} D\sigma\, Ds - \tfrac{1}{2}\varepsilon\, \mathsf{S}\int\Big[\frac{1}{r}\frac{\partial r}{\partial s}\frac{\partial r}{\partial \omega}\Big]_{\sigma_{,}}^{\sigma_{,,}} Ds\, d\omega. \qquad \mathfrak{N}.$$

Die Vergleichung dieses Ausdrucks für E mit dem von $F = jE$ in (19.) zeigt *den* wesentlichen Unterschied, dass die beiden letzten Doppelintegrale das entgegengesetzte Vorzeichen haben. Dieser Unterschied tritt am reinsten hervor, wenn man die beiden Formeln auf solche Inductionsfälle anwendet, in welchen die von den Stromelementen durchlaufenen Wege geschlossene Bahnen sind, d. h. wo jedes Stromelement zur Zeit $t_{,,}$ sich an demselben Ort befindet, von welchem es zur Zeit $t_{,}$ ausging; dann fallen $\omega_{,}$ und $\omega_{,,}$ zusammen und man hat nach (19.):

$$(23.)\qquad F = \tfrac{1}{2}\varepsilon j\, \mathsf{S}\int\Big[\frac{1}{r}\frac{\partial r}{\partial s}\frac{\partial r}{\partial \omega}\Big]_{\sigma_{,}}^{\sigma_{,,}} Ds\, d\omega, \qquad \mathfrak{W}.$$

dagegen nach (22.):

$$(24.)\qquad F = jE = -\tfrac{1}{2}\varepsilon j\, \mathsf{S}\int\Big[\frac{1}{r}\frac{\partial r}{\partial s}\frac{\partial r}{\partial \omega}\Big]_{\sigma_{,}}^{\sigma_{,,}} Ds\, d\omega. \qquad \mathfrak{N}.$$

Es ist also die Summe der elektromotorischen Kraft, welche während des Umlaufs der Elemente des Inducenten erregt wird, nach beiden Formeln dieselbe, die Richtung des inducirten Stroms aber die entgegengesetzte. Die Beobachtung entscheidet für die Formel (24.). Es muss also untersucht werden, worin bei Ableitung der Formel (23.) aus *Weber*'s Grundgesetz gefehlt worden ist. Der Umstand, dass der in Rede stehende Widerspruch nur bei Inducenten mit Gleitstellen eintritt, führt die Betrachtung sogleich auf diese. Hier treten neue Elemente in die Strombahn ein, oder heraus, in welchen also die Stromstärke sich innerhalb einer sehr kurzen Zeit von 0 bis j oder von j bis 0 verändert, und die durch diese ihre Intensitätsveränderung einen inducirenden Effect ausüben, welcher in meinen Formeln schon enthalten ist, der aber bei der Anwendung des *Weber*'schen Grundgesetzes noch berücksichtigt werden muss.

Um den Erfolg dieser Berücksichtigung in einem einfachen Beispiel kennen zu lernen, werde ich die elektromotorische Kraft bestimmen, welche hiernach zu dem durch (19.) gegebenen Werth von F in dem in Fig. 8 dargestellten Inductionsfall noch hinzuzufügen ist. Hier stellt $\alpha\beta\gamma$ den inducirenden Strom vor, die Induction wird durch Fortführung des Bahnstücks $\beta\gamma$ aus der Anfangsposition $\beta_{,}\gamma_{,}$ in die Endposition $\beta_{,,}\gamma_{,,}$ erregt, wobei die Intensität des Stroms j unverändert bleiben soll. Die Endelemente dieses bewegten Stücks bei β und γ sollen dieselben bleiben, sie gleiten auf den ruhenden Unterlagen $\beta_{,}\beta_{,,}$ und $\gamma_{,}\gamma_{,,}$ und bringen deren Elemente nach und nach in die Strombahn. In jedem dieser Elemente wird in dem Augenblick seines Eintritts in diese Bahn ein Strom erregt, der in einer äusserst kurzen Zeit die Intensität j erreicht. Ich werde die Elemente von $\beta_{,}\beta_{,,}$ durch $d\beta$ und die von $\gamma_{,}\gamma_{,,}$ durch $d\gamma$ bezeichnen. Die elektromotorische Kraft, welche durch die Stromveränderung des Elements $d\beta$ von 0 bis j in dem Leiter s inducirt wird, ist $d\beta\int \mathsf{S}\, \mathrm{E}_{\eta}\, dt\, Ds$, worin der Werth von E_{η} aus (7a.) zu setzen ist mit Rücksicht darauf, dass $\frac{d\omega}{dt} = 0$ und $\frac{do}{dt} = 0$ ist. Dies giebt

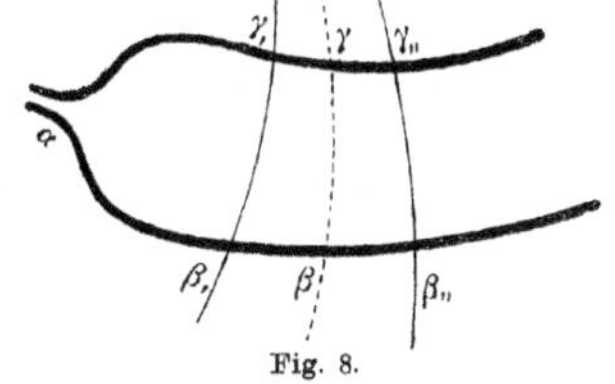

Fig. 8.

$$d\beta\int \mathsf{S}\, \mathrm{E}_{\eta}\, dt\, Ds = \tfrac{1}{2}\,\varepsilon\, d\beta\int \mathsf{S}\, \frac{1}{r}\frac{\partial r}{\partial s}\frac{\partial r}{\partial \beta}\frac{dj}{dt}\, dt\, Ds$$

oder, indem die Integration nach dt ausgeführt wird:

$$= \tfrac{1}{2}\,\varepsilon j\, d\beta\, \mathsf{S}\, \frac{1}{r}\frac{\partial r}{\partial s}\frac{\partial r}{\partial \beta} Ds.$$

Vertauscht man hierin β mit γ, so erhält man den Ausdruck für die elektromotorische Kraft, welche in s durch die Stromveränderung des Elements $d\gamma$ von 0 bis j erregt wird. Von diesen Ausdrücken sind die Summen nach $d\beta$ zwischen $\beta_{,}$ und $\beta_{,,}$ und nach $d\gamma$ zwischen $\gamma_{,,}$ und $\gamma_{,}$ zu nehmen, um die durch die Unterlagen $\beta_{,}\beta_{,,}$ und $\gamma_{,}\gamma_{,,}$ inducirte elektromotorische Kraft zu erhalten; hierbei ist angenommen, dass der inducirende Strom in dem bewegten Bahnstück von β nach γ fliesse, und er also die erste Unterlage in der Richtung von $\beta_{,}$ nach $\beta_{,,}$, die zweite in der Richtung von $\gamma_{,,}$ nach $\gamma_{,}$ durchströme. Diese Summen müssen zu dem in (19.) für F gegebenen Werthe noch hinzuaddirt werden. Dies giebt:

$$(25.)\quad \begin{aligned} F = \tfrac{1}{2}\varepsilon j \sum \mathrm{S}\Big[\frac{1}{r}\frac{\partial r}{\partial \sigma}\frac{\partial r}{\partial s}\Big]_{\omega_{,}}^{\omega_{,,}} D\sigma\, Ds + \tfrac{1}{2}\varepsilon j\, \mathrm{S}\int \Big[\frac{1}{r}\frac{\partial r}{\partial s}\frac{\partial r}{\partial \omega}\Big]_{\sigma_{,}}^{\sigma_{,,}} Ds\, d\omega \\ + \tfrac{1}{2}\varepsilon j \int_{\beta_{,}}^{\beta_{,,}} \mathrm{S}\frac{1}{r}\frac{\partial r}{\partial \beta}\frac{\partial r}{\partial s}\, d\beta\, Ds - \tfrac{1}{2}\varepsilon j \int_{\gamma_{,}}^{\gamma_{,,}} \mathrm{S}\frac{1}{r}\frac{\partial r}{\partial \gamma}\frac{\partial r}{\partial s}\, d\gamma\, Ds; \end{aligned} \qquad \mathfrak{W}_1.$$

und hieraus erhält man:

$$(26.)\quad F = \tfrac{1}{2}\varepsilon j \sum \mathrm{S}\Big[\frac{1}{r}\frac{\partial r}{\partial \sigma}\frac{\partial r}{\partial s}\Big]_{\omega_{,}}^{\omega_{,,}} D\sigma\, Ds, \qquad \mathfrak{W}_1.$$

da die übrigen Glieder sich zerstören. Denn indem man das Zeichen [ ] auflöst, ist $\mathrm{S}\int \Big[\frac{1}{r}\frac{\partial r}{\partial s}\frac{\partial r}{\partial \omega}\Big]_{\sigma_{,}}^{\sigma_{,,}} Ds\, d\omega =$

$$= \mathrm{S}\int\Big(\frac{1}{r}\frac{\partial r}{\partial s}\frac{\partial r}{\partial \omega}\Big)_{\sigma_{,,}} Ds\, d\omega - \mathrm{S}\int\Big(\frac{1}{r}\frac{\partial r}{\partial s}\frac{\partial r}{\partial \omega}\Big)_{\sigma_{,}} Ds\, d\omega;$$

und hierin ist $d\omega$ in dem ersten Gliede das Element des Weges, welchen das Ende $\sigma_{,,}$ durchläuft, in dem zweiten Gliede ist $d\omega$ das Element des Weges, auf welchem das untere Ende $\sigma_{,}$ des bewegten Bahnstücks $\beta\gamma$ bewegt wird. Diese Wegelemente sind aber respective identisch mit $d\gamma$ und $d\beta$, sodass man auch schreiben kann:

$$\mathrm{S}\int\Big[\frac{1}{r}\frac{\partial r}{\partial s}\frac{\partial r}{\partial \omega}\Big]_{\sigma_{,}}^{\sigma_{,,}} Ds\, d\omega = \mathrm{S}\int \frac{1}{r}\frac{\partial r}{\partial s}\frac{\partial r}{\partial \gamma} Ds\, d\gamma - \mathrm{S}\int \frac{1}{r}\frac{\partial r}{\partial s}\frac{\partial r}{\partial \beta} Ds\, d\beta.$$

Setzt man aber diesen Werth in (25.), so ergiebt sich die Gleichung (26.).

Wenden wir diese Gleichung (26.) auf den oben behandelten Fall an, in welchem die Elemente des bewegten Bahnstücks geschlossene Bahnen durchlaufen, so finden wir für die elektromotorische Kraft, welche während eines ganzen Umlaufs des Bahnstücks in s erregt wird, statt des Ausdrucks in (23.) diesen:

$$(27.)\quad F = 0, \qquad \mathfrak{W}_1.$$

da jetzt für alle Elemente $D\sigma$ gleichzeitig $\omega_{,}$ und $\omega_{,,}$ zusammenfallen.

Zwischen den dreierlei Ausdrücken für die in einem bestimmten Falle inducirte elektromotorische Kraft in (23.), (24.) und (27.) musste durch die Erfahrung entschieden werden. Ich sagte bereits, dass diese zu Gunsten meiner Formel in (24.) entschieden habe. Ich werde, obgleich ich die Beschreibung von Experimenten aus dieser Abhandlung ausgeschlossen habe, in diesem Falle, wegen seiner Wichtigkeit, die Vorrichtung, deren ich mich zur Prüfung der in Rede stehenden Formeln bedient habe, in kurzen Umrissen angeben.

In Fig. 9 ist ein Theil des Schliessungsdrahts einer galvanischen Kette α ringförmig $\beta\gamma\delta$ gebogen; das Ende δ dieses Ringes reicht sehr nahe an seinen Anfang β, ohne mit ihm in leitender Verbindung zu stehen. Eine im Mittelpunkt des Ringes senkrecht auf seiner Ebene stehende rotirende Axe $\varepsilon\eta$ führt das bewegliche Bahnstück $\varepsilon\gamma$ mit sich im Kreise herum und zwar so, dass sein Ende in γ auf dem Ringe schleifend fortgeführt wird. Der inducirende Strom j tritt, von α kommend, bei β in den Ring und bei γ aus ihm heraus in das bewegliche Bahnstück, aus diesem in die leitende Axe $\varepsilon\eta$, bei η kehrt er durch die ruhende Drahtleitung $\eta\zeta$ nach α zurück. Diese Richtung des Stroms ist durch die Pfeile in der Figur angedeutet. Concentrisch um den Ring liegt ein kreisförmiger Leiter $b\,c\,d$, in welchem durch die Bewegung des Bahnstücks $\varepsilon\gamma$ ein Strom inducirt wird. Wenn das bewegliche Bahnstück von β über γ bis δ fortgeführt ist, kann die *Bahn* desselben, wegen der geringen Entfernung von δ bis β, als geschlossen angesehen werden, und deshalb können die in (23.), (24.), (27.) gegebenen Formeln zur Bestimmung der während eines Umlaufs entwickelten elektromotorischen Kraft angewandt werden. In Beziehung auf die Formeln in (23.) und (24.) muss man bemerken, dass das mit $\sigma_{\prime\prime}$ bezeichnete Ende des beweglichen Bahnstücks $\gamma\varepsilon$ das in der rotirenden Axe $\varepsilon\eta$ liegende Ende ε ist, in Beziehung auf welches also $d\omega = 0$ ist. Demnach verwandelt sich (23.) in

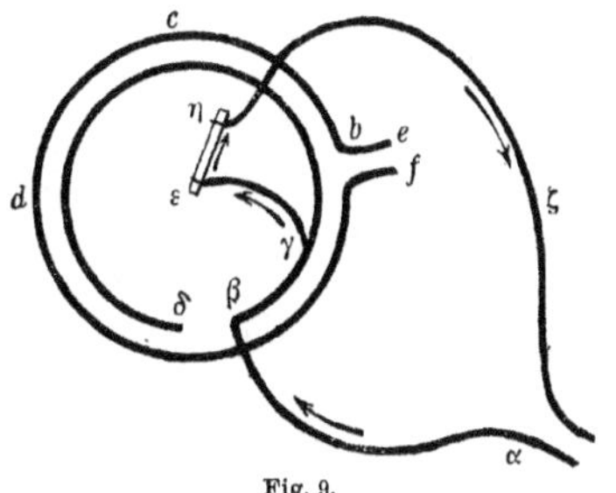

Fig. 9.

$$F = -\tfrac{1}{2}\varepsilon j \,\mathsf{S}\int \frac{1}{r}\frac{\partial r}{\partial s}\frac{\partial r}{\partial \omega} D s\, d\omega \qquad (28.) \quad \mathfrak{W}.$$

und meine Formel in (24.) in

$$F = \tfrac{1}{2}\varepsilon j \,\mathsf{S}\int \frac{1}{r}\frac{\partial r}{\partial s}\frac{\partial r}{\partial \omega} D s\, d\omega, \qquad (29.) \quad \mathfrak{N}.$$

während die Formel (27.)

$$F = 0 \qquad (29\text{a}.) \quad \mathfrak{W}_1.$$

giebt. In den vorstehenden Integralen (28.) und (29.) ist $d\omega$ das Element des Ringes $\beta\gamma\delta$, und die Integration nach diesem Element ist auf den ganzen Ring auszudehnen.

Aus der Formel (29.), welche für F das mit ε multiplicirte Potential des vom Strome j durchströmten Ringes $\beta\gamma\delta$ in Bezug auf den von der Stromeinheit durchströmten Leiter giebt, folgt eine *negative* Richtung des inducirten Stroms bcd, dessen positive Richtung in demselben Sinne wie bei dem inducirenden Strome, nämlich von b nach c gerechnet, während dagegen (28.) zwar dieselbe elektromotorische Kraft, aber die entgegengesetzte Stromrichtung giebt. Um Richtung und Grösse des inducirten Stroms zu beobachten, war folgende Einrichtung getroffen. Der inducirte kreisförmige Leiter war bei b unterbrochen, und hier mit zwei Fortsätzen e und f versehen, von denen einer unmittelbar mit dem einen Ende des Multiplicatordrahts in Verbindung stand, der andere aber zu einer Metallfeder ging, welche in schleifender Berührung mit einer Metallhülse stand, die isolirt auf die rotirende Axe $\varepsilon\eta$ gesteckt war. Der inducirende Strom ging also durch diese Feder in die Hülse, trat aus dieser durch eine zweite gegen sie drückende Metallfeder wieder heraus, und ging aus dieser zu dem andern Ende des Multiplicatordrahts. Die Hülse hatte einen Ausschnitt, der mit Holz ausgefüllt war, auf welcher die eine Feder in dem Augenblick lag, als das bewegliche Bahnstück $\gamma\varepsilon$ bei δ den Ring $\beta\gamma\delta$ verliess, um bei β von Neuem mit ihm in leitende Verbindung zu treten. In diesem Augenblick nämlich wird die Schliessung des Inducenten unterbrochen, und wieder hergestellt, es verschwindet sein Strom, und tritt wieder auf, dadurch wird aber in dem Leiter keine Induction erregt, weil er ihr, nach der eben angegebenen Vorrichtung, keine geschlossene leitende Bahn darbietet. Zum Multiplicator gelangt also nur der durch die Bewegung des Bahnstücks $\gamma\varepsilon$ inducirte Strom, und lässt, da er bei fortgesetzter Drehung der Axe $\varepsilon\eta$ immer in derselben Richtung fliesst, Richtung und Intensität beobachten. Die Beobachtung zeigte, gegen die Formel (27.) oder (29a.), einen inducirten Strom, und, was die Richtung desselben betrifft, gab sie dieselbe, so wie meine Formel in (29.) es fordert. Um zu beweisen, dass durch diese Formel nicht bloss die Richtung, sondern auch die Stärke des inducirten Stromes richtig ausgedrückt wird, wurde auf folgende Weise verfahren. Die Feder, welche die leitende Verbindung in der inducirten Strombahn unterbrach, wurde soviel höher gestellt, dass sie den mit Holz ausgefüllten Ausschnitt der Hülse, durch den eben die Unterbrechung bewirkt wurde, nicht mehr traf. Den inducirten Strömen wird jetzt immer eine geschlossene Bahn geboten. *Zum Multiplicator gelangen, bei fortgesetzter rascher Drehung der Axe* $\varepsilon\eta$, *drei Ströme innerhalb sehr kurzer Zeit*, nämlich der durch die Bewegung des Bahnstücks $\varepsilon\gamma$ inducirte, dann der durch das Verschwinden des inducirenden Stroms inducirte, in dem Moment, wo das bewegliche Bahnstück den Ring bei δ verlässt, und endlich der durch sein Wiederauftreten inducirte, sobald das Stück den Ring in β wieder erreicht. Die Kraft, welche von diesen drei Strömen während der kurzen Dauer eines Umlaufs des Bahnstücks $\varepsilon\gamma$ auf die Magnetnadel des Multiplicators ausgeübt wird, ist mit der Summe ihrer elektromotorischen Kräfte proportional; je nachdem das Vorzeichen dieser Summe positiv oder negativ ist, wird die Nadel auf der einen Seite oder der andern des Meridians ihre beinahe feste Stellung nehmen, oder sie wird, wenn jene Summe $= 0$ ist, in ihrer Stellung im Meridian verharren.

Den Ausdruck für die durch das Verschwinden des Stroms inducirte elektromotorische Kraft erhält man aus (9.), wenn darin $j_{\prime\prime} = 0$, $j_{\prime} = j$ gesetzt wird; dies giebt

$$-\frac{1}{2}\varepsilon j \sum \mathrm{S} \frac{1}{r}\frac{\partial r}{\partial \sigma}\frac{\partial r}{\partial s} D\sigma Ds.$$

Dieselbe Gleichung (9.), wenn darin $j_{\prime\prime} = j$ und $j_{\prime} = 0$ gesetzt wird, giebt die durch Wiederauftreten des inducirenden Stroms erregte elektromotorische Kraft

$$\frac{1}{2}\varepsilon j \sum \mathrm{S} \frac{1}{r}\frac{\partial r}{\partial \sigma}\frac{\partial r}{\partial s} D\sigma Ds.$$

In dem ersten Ausdruck ist die Integration nach $D\sigma$ über die ganze inducirende Strombahn, einschliesslich ihres ringförmigen Theils auszudehnen, in dem zweiten ist dieser ringförmige Theil auszuschliessen. Daher giebt die Summe dieser beiden Ausdrücke ein entsprechendes Doppelintegral, in welchem die Integration nach $D\sigma$ auf die Elemente des Ringes $\beta\gamma\delta$ zu beschränken ist. Setzt man, um dies zu bezeichnen, in dieser Summe statt $D\sigma$ und $\sum$ respective $d\omega$ und $\int$, so ist dieselbe

$$-\frac{1}{2}\varepsilon j \,\mathrm{S}\int \frac{1}{r}\frac{\partial r}{\partial s}\frac{\partial r}{\partial \omega} Ds\, d\omega. \tag{30.}$$

Addirt man diese elektromotorische Kraft zu derjenigen, welche durch die Bewegung eines Umlaufes des Bahnstücks $\varepsilon\gamma$ erregt ist, so geben die Formeln (28.), (29.) und (29a.), als Summe der elektromotorischen Kräfte der drei aufgeführten Ströme, wenn diese Summe durch $F_{\prime}$ bezeichnet wird, respective

$$F_{\prime} = -\varepsilon j \,\mathrm{S}\int \frac{1}{r}\frac{\partial r}{\partial s}\frac{\partial r}{\partial \omega} Ds\, d\omega, \qquad \mathfrak{W}.$$

$$F_{\prime} = 0, \qquad \mathfrak{N}.$$

$$F_{\prime} = -\frac{1}{2}\varepsilon j \,\mathrm{S}\int \frac{1}{r}\frac{\partial r}{\partial s}\frac{\partial r}{\partial \omega} Ds\, d\omega. \qquad \mathfrak{W}_1.$$

Die Beobachtung zeigt, dass, wenn die Drehung rasch geschieht, die Nadel im Meridian bleibt, also $F_{,} = 0$ ist, wodurch die Richtigkeit meiner Formel in (24.) sowohl in Beziehung auf die Richtung als die Stärke des inducirten Stroms erwiesen ist, da aus Beobachtungen anderer Art die Richtigkeit des Ausdrucks (30.) festgestellt ist.

Weber's Grundgesetz der elektrischen Wirkung hat sich in so vielen und verschiedenartigen Fällen bewährt, dass dasselbe durch die vorstehenden Bemerkungen nicht zweifelhaft gemacht werden kann, vielmehr muss die Art, wie es auf den vorliegenden Fall zur Anwendung gebracht ist, in Zweifel gezogen werden. Bei weiterer Reflexion über diese Anwendung erregt der Gebrauch, welcher von der Gleichung (2.) in (6.) gemacht worden ist, Verdacht.

Folgende Betrachtung, die aber weniger durch ihre Evidenz, als durch ihren Erfolg gerechtfertigt wird, führt dahin, den Theil dieser Gleichung rechter Hand zu verdoppeln, wenn sie auf die Elemente in den Gleitstellen angewandt wird. Während des Zeitelements dt, in welchem ein Element der Gleitstelle in die Bahn des inducirenden Stroms eintritt, erlangt seine Elektricität den endlichen Zuwachs an Geschwindigkeit von 0 bis ϑ. Dieser Zuwachs muss angesehen werden, als wäre er der Elektricität des Elements stetig ertheilt, sodass derselbe $\frac{1}{n}\vartheta$ nach Verlauf von $\frac{1}{n}dt$ ist, weil nach $\frac{1}{n}dt$ erst der $n$te Theil des Elements der Gleitstelle in die Strombahn eingetreten ist. Die Elektricität dieses Elements kann also angesehen werden, als durchliefe sie während dt den Weg $\frac{1}{2}\vartheta dt$. Die Stromstärke desselben Elements erfährt während dt den endlichen Zuwachs von 0 bis j. Dieser Zuwachs ist proportional mit der während dt durch das Element durchgeströmten Elektricitätsmenge, dividirt durch dt, oder proportional mit dem durch dt dividirten Wege, welchen die Elektricität des Elements während dt durchlaufen hat. Diesen Weg fanden wir $\frac{1}{2}\vartheta dt$, also ist $j = \frac{1}{2}\eta\vartheta = \frac{1}{2}\eta\frac{d\sigma}{dt}$. Demnach ist in der Gleichung (5.), sofern sie auf Elemente in den Gleitstellen angewandt wird, statt der Gleichung (6.) zu setzen: $\eta\frac{d^2\sigma}{dt^2} = 2\frac{dj}{dt}$.

Bringt man diese Bemerkung zur Anwendung auf den oben behandelten, in Fig. 8 (Seite 397) dargestellten Inductionsfall, so ist in (25.) der Theil der elektromotorischen Kraft, welcher von der Intensitätsveränderung der Elemente der Unterlage herrührt, zu verdoppeln. Dies trifft die Glieder dieser Gleichung, welche unter dem Integralzeichen die partiellen Differentiale von r nach β und γ haben. Dadurch entsteht aus (25.) statt der Gleichung (26.) die folgende:

(31.) $$F = \frac{1}{2}\varepsilon j \sum \mathrm{S}\left[\frac{1}{r}\frac{\partial r}{\partial \sigma}\frac{\partial r}{\partial s}\right]_{\omega_{,}}^{\omega_{,,}} D\sigma\, Ds + \frac{1}{2}\varepsilon j \int_{\beta_{,}}^{\beta_{,,}} \mathrm{S}\frac{1}{r}\frac{\partial r}{\partial \beta}\frac{\partial r}{\partial s} d\beta\, Ds - \frac{1}{2}\varepsilon j \int_{\gamma_{,}}^{\gamma_{,,}} \mathrm{S}\frac{1}{r}\frac{\partial r}{\partial \gamma}\frac{\partial r}{\partial s} d\gamma\, Ds,$$ $\mathfrak{W}_2$.

welche, da

$$\frac{1}{2}\varepsilon j \int_{\beta_{,}}^{\beta_{,,}} \mathrm{S}\frac{1}{r}\frac{\partial r}{\partial \beta}\frac{\partial r}{\partial s} d\beta\, Ds - \frac{1}{2}\varepsilon j \int_{\gamma_{,}}^{\gamma_{,,}} \mathrm{S}\frac{1}{r}\frac{\partial r}{\partial \gamma}\frac{\partial r}{\partial s} d\gamma\, Ds = -\frac{1}{2}\varepsilon j\, \mathrm{S}\int \left[\frac{1}{r}\frac{\partial r}{\partial s}\frac{\partial r}{\partial \omega}\right]_{\sigma_{,}}^{\sigma_{,,}} Ds\, d\omega$$

ist, mit meiner Formel in (22.) identisch ist, und also als durch die Erfahrung bestätigt angesehen werden kann.

Macht man bei der Bildung des allgemeinen Ausdrucks für die inducirte elektromotorische Kraft von der Bemerkung Gebrauch, welche der Gleichung (31.) zu Grunde liegt, so kommt dies darauf hinaus, dass in (7a.) statt des letzten Gliedes, welches den Factor $\frac{dj}{dt}$ enthält, in allen den Fällen, wo dasselbe sich auf die Elemente bezieht, welche in den Gleitstellen nach und nach in die inducirende Strombahn eintreten oder heraustreten, dessen doppelter Werth gesetzt werden muss. Geschieht dies, so wird eine vollständige Uebereinstimmung zwischen den Inductionsformeln, die sich aus dem *Weber*'schen Grundgesetz der elektrischen Wirkungen ableiten, und meinem allgemeinen Inductionstheorem herbeigeführt. Diese Behauptung soll noch gerechtfertigt werden.

Betrachten wir den in Fig. 8 (Seite 397) vorgestellten Inductionsfall mit der Erweiterung, dass bei der Fortführung des Bahnstücks $\beta\gamma$ nach und nach mehr Elemente dieses Stücks in die Strombahn eintreten, und hierauf, wie ich der Einfachheit halber annehme, darin bleiben. Dann ist in (25.), wenn das Glied $\frac{1}{2}\varepsilon j \sum \mathrm{S}\left[\frac{1}{r}\frac{\partial r}{\partial \sigma}\frac{\partial r}{\partial s}\right]_{\omega_{,}}^{\omega_{,,}} D\sigma\, Ds$ alle die Elemente des bewegten Bahnstücks umfasst, welche vom Anfange bis zum Ende ihrer Bewegung innerhalb der Strombahn sich befinden, zu diesem Gliede noch in Beziehung auf die Elemente dieses Stücks $\beta\gamma$, welche erst, nachdem sie den Weg ω beschrieben haben, in die Strombahn eintreten, zu addiren die Grösse:

$$+\frac{1}{2}\varepsilon j \sum \mathrm{S}\left[\frac{1}{r}\frac{\partial r}{\partial \sigma}\frac{\partial r}{\partial s}\right]_{\omega}^{\omega_{,,}} D\sigma\, Ds$$

und, wegen der Stromerregung in ihnen:

$$\varepsilon j \sum \mathrm{S}\left(\frac{1}{r}\frac{\partial r}{\partial \sigma}\frac{\partial r}{\partial s}\right)_{\omega} D\sigma\, Ds.$$

Die Summe dieser beiden Grössen ist:

$$\frac{1}{2}\varepsilon j \sum \mathrm{S}\left(\frac{1}{r}\frac{\partial r}{\partial \sigma}\frac{\partial r}{\partial s}\right)_{\omega_{\prime\prime}} D\sigma\, Ds + \frac{1}{2}\varepsilon j \sum \mathrm{S}\left(\frac{1}{r}\frac{\partial r}{\partial \sigma}\frac{\partial r}{\partial s}\right)_{\omega} D\sigma\, Ds.$$

Die Parenthesen () mit ihren Indices $\omega_{\prime\prime}$ und ω bezeichnen, dass die Elemente $D\sigma$, auf welche die eingeschlossene Grösse sich bezieht, respective in ihren Endpositionen sich befinden, oder eben die Gleitstellen erreicht haben. Addirt man zu dem vorstehenden Ausdruck das zweite Glied in (25.), nämlich $\frac{1}{2}\varepsilon j\, \mathrm{S}\int \left[\frac{1}{r}\frac{\partial r}{\partial s}\frac{\partial r}{\partial \omega}\right]_{\sigma_\prime}^{\sigma_{\prime\prime}} D\sigma\, d\omega$, und nennt π und $d\pi$ die Unterlage der Gleitstelle und ihr Element, so erhält man:

$$\frac{1}{2}\varepsilon j \sum \mathrm{S}\left(\frac{1}{r}\frac{\partial r}{\partial \sigma}\frac{\partial r}{\partial s}\right)_{\omega_{\prime\prime}} D\sigma\, Ds + \frac{1}{2}\varepsilon j\, \mathrm{S}\int \left[\frac{1}{r}\frac{\partial r}{\partial s}\frac{\partial r}{\partial \pi}\right]_{\sigma_\prime}^{\sigma_{\prime\prime}} Ds\, d\pi.$$

Wird hierzu endlich der doppelte Werth der beiden letzten Glieder in (25.), nämlich

$$\varepsilon j \int_{\beta_\prime}^{\beta_{\prime\prime}} \mathrm{S}\frac{1}{r}\frac{\partial r}{\partial \beta}\frac{\partial r}{\partial s} d\beta\, Ds - \varepsilon j \int_{\gamma_\prime}^{\gamma_{\prime\prime}} \mathrm{S}\frac{1}{r}\frac{\partial r}{\partial \gamma}\frac{\partial r}{\partial s} d\gamma\, Ds$$
$$= -\varepsilon j\, \mathrm{S}\int \left[\frac{1}{r}\frac{\partial r}{\partial s}\frac{\partial r}{\partial \pi}\right]_{\sigma_\prime}^{\sigma_{\prime\prime}} Ds\, d\pi$$

und das erste Glied daselbst $\frac{1}{2}\varepsilon j \sum \mathrm{S}\left[\frac{1}{r}\frac{\partial r}{\partial \sigma}\frac{\partial r}{\partial s}\right]_{\omega_\prime}^{\omega_{\prime\prime}} D\sigma\, Ds$ in der vorher angegebenen Beschränkung addirt, so erhält man

$$F = \frac{1}{2}\varepsilon j \sum \mathrm{S}\left[\frac{1}{r}\frac{\partial r}{\partial \sigma}\frac{\partial r}{\partial s}\right]_{\omega_\prime}^{\omega_{\prime\prime}} D\sigma\, Ds - \frac{1}{2}\varepsilon j\, \mathrm{S}\int \left[\frac{1}{r}\frac{\partial r}{\partial s}\frac{\partial r}{\partial \omega}\right]_{\sigma_\prime}^{\sigma_{\prime\prime}} Ds\, d\omega, \qquad \mathfrak{W}_2.$$

worin nun in $\sum \mathrm{S}\left[\frac{1}{r}\frac{\partial r}{\partial \sigma}\frac{\partial r}{\partial s}\right]_{\omega_\prime}^{\omega_{\prime\prime}} D\sigma\, Ds$ alle Elemente $D\sigma$ begriffen sind, welche bei der Anfangsposition des Bahnstücks $\beta\gamma$ und bei seiner Endposition sich innerhalb der inducirenden Strombahn befinden. Diese Gleichung ist identisch mit

$$F = j\{P(\mathfrak{s}_{\prime\prime}\cdot \mathrm{s}) - P(\mathfrak{s}_\prime \cdot \mathrm{s})\}. \qquad \mathfrak{W}_2.$$

Zu derselben Formel gelangt man, wenn die Endelemente des bewegten Bahnstücks wiederholt in die Strombahn eintreten und heraustreten. Sie giebt überhaupt den Werth der elektromotorischen Kraft, welche durch einen Strom, dessen Bahn aus einem ruhenden und einem bewegten Bahnstück besteht, inducirt wird, ist aber, wie leicht ersichtlich, unmittelbar auf einen Inducenten anwendbar, der aus einer beliebigen Anzahl von Bahnstücken zusammengesetzt ist, wenn die Unterlagen in den Gleitstellen ruhen. Durch dieselben indirecten Betrachtungen, welche in § 2 und § 3 angestellt sind, lässt sich aus der vorstehenden Formel der Werth von F in allen übrigen Fällen, nämlich in den Fällen, wo die Unterlagen in den Gleitstellen bewegt werden, und in denen, wo eine gleichzeitige Bewegung der Strom- und Leiterelemente stattfindet, ableiten, und dieses führt natürlich zu den dort erhaltenen Resultaten.

Anhang.

Ueber den Werth des Potentials zweier geschlossenen elektrischen Ströme in Bezug auf einander.

Das Potential eines Systems von Kräften in Bezug auf einen Punkt definire ich als diejenige Function der Coordinaten dieses Punktes, welche in ihren negativen nach diesen Coordinaten genommenen partiellen Differentialquotienten die mit ihnen parallelen Componenten der Wirkung der Kräfte auf diesen Punkt darstellt. Diese Componenten sind positiv gerechnet, wenn sie die Richtung der positiven Coordinaten haben. Wenn die Kräfte als Wirkungen von Massentheilen auf Massentheile gedacht werden, wie z. B. die magnetischen und elektrostatischen, so wird angenommen, dass diese, je nachdem sie gleichartig oder ungleichartig sind, d. h. mit gleichen oder entgegengesetzten Vorzeichen behaftet sind, sich abstossen oder anziehen.

Das Potential eines Systems von Kräften in Bezug auf ein festes System von Punkten ist eine Function der sechs Grössen, durch welche der Ort und die Lage dieses festen Systems bestimmt wird. Um diese Function zu definiren, nehme ich an, dass der Ort des festen Systems durch drei rechtwinklige Coordinaten a, b, c irgend eines zu dem System gehörigen Punktes A bestimmt sei, und seine Lage durch die Richtung einer durch den Punkt A gehenden geraden Linie B, welche mit dem System fest verbunden ist, und durch den Winkel φ, welchen eine durch B gelegte mit dem System fest verbundene Ebene mit einer unveränderlichen mit B parallelen Ebene bildet. Die Richtung der Linie B sei durch α und β bestimmt. Das Potential eines Kräftesystems in Bezug auf das in Rede stehende feste System ist diejenige Function der sechs Elemente a, b, c, α, β, φ, deren negative partielle Differentialquotienten nach den Coordinaten a, b, c die Summe der mit diesen parallelen Componenten der Wirkung geben, welche die Kräfte auf das System ausüben, und deren negativer partieller Differentialquotient nach φ das Drehungsmoment der Kräfte um die Axe B darstellt.

Bezeichnet man durch σ und s die geschlossenen Bahnen zweier elektrischen Ströme, durch $D\sigma$, Ds ihre Elemente und durch $(D\sigma\cdot Ds)$ den Winkel, unter welchem diese Elemente gegen einander geneigt sind, so hat man, wenn j und i die Intensitäten der Ströme σ und s sind, das Potential Π des einen Stroms in Bezug auf den andern diesen Ausdruck*):

$$(1.)\qquad \Pi = -\tfrac{1}{2}\mathrm{S}\textstyle\sum ij\cos\frac{(D\sigma\cdot Ds)}{r}DsD\sigma,$$

worin

$$(2.)\qquad r^2 = (x-\xi)^2+(y-\eta)^2+(z-\zeta)^2$$

und x, y, z und ξ, η, ζ die Coordinaten von Ds und $D\sigma$ sind. Die Integrationen in (1.) beziehen sich auf alle Elemente der geschlossenen Umgänge s und σ. Bei unverzweigten Strömen treten i und j aus den Integralzeichen heraus, weil sie hier unabhängig von s und σ sind, während sie bei verzweigten Strömen Functionen der Zweige sind. Die letzteren können aber immer in einfache Umgänge von constanter Intensität zerlegt, und die Integrationen auf diese ausgedehnt gedacht werden. Dies ist bei den partiellen Integrationen im Folgenden geschehen. Ich werde zunächst beweisen, dass, wenn X, Y, Z die Summe der mit den Coordinatenaxen parallelen Componenten der Wirkung von σ auf s sind, und der Ort und die Lage von s durch $a, b, c, \alpha, \beta, \varphi$ bestimmt sind, man hat

$$X = -\frac{\partial\Pi}{\partial a},\qquad Y = -\frac{\partial\Pi}{\partial b},\qquad Z = -\frac{\partial\Pi}{\partial c}.$$

Nach den *Ampère*'schen Formeln hat man, wenn durch $X_\sigma iDs$, $Y_\sigma iDs$, $Z_\sigma iDs$ die Componenten der Wirkung von σ auf das Element Ds bezeichnet werden:

$$X_\sigma Ds = \tfrac{1}{2}\textstyle\sum j\,\frac{\{(y-\eta)D\xi-(x-\xi)D\eta\}\,Dy}{r^3}+\tfrac{1}{2}\sum j\,\frac{\{(z-\zeta)D\xi-(x-\xi)D\zeta\}\,Dz}{r^3},$$

wofür, wie leicht zu ersehen ist, man schreiben kann

$$X_\sigma Ds = -\tfrac{1}{2}\textstyle\sum j\left\{\frac{\partial\frac{1}{r}}{\partial x}Dx+\frac{\partial\frac{1}{r}}{\partial y}Dy+\frac{\partial\frac{1}{r}}{\partial z}Dz\right\}D\xi+\tfrac{1}{2}\sum j\,\frac{\partial\frac{1}{r}}{\partial x}\cos(Ds\cdot D\sigma)\,DsD\sigma$$

oder

$$(3.)\qquad X_\sigma = -\tfrac{1}{2}\textstyle\sum j\left\{\frac{\partial\frac{1}{r}}{\partial s}D\xi-\frac{\partial\frac{1}{r}}{\partial x}\cos(Ds\cdot D\sigma)\,D\sigma\right\}.$$

---

*) In der Formel (1.) ist, an Stelle des im Original befindlichen aufrechten lateinischen P, der Buchstabe Π gesetzt worden. — *C. N.*

Ebenso erhält man

(3a.)
$$\begin{cases} Y_\sigma = -\frac{1}{2}\sum j\left\{\frac{\partial \frac{1}{r}}{\partial s} D\eta - \frac{\partial \frac{1}{r}}{\partial y}\cos(Ds\cdot D\sigma)D\sigma\right\}, \\ Z_\sigma = -\frac{1}{2}\sum j\left\{\frac{\partial \frac{1}{r}}{\partial s} D\zeta - \frac{\partial \frac{1}{r}}{\partial z}\cos(Ds\cdot D\sigma)D\sigma\right\}. \end{cases}$$

Bildet man jetzt den Werth von $X = \mathbf{S}\, X_\sigma i\, Ds$, das Integral nach den einfachen geschlossenen Umgängen von s genommen, und berücksichtigt, dass innerhalb dieser Grenzen

$$\mathbf{S}\sum \frac{\partial \frac{1}{r}}{\partial s} Ds\, D\xi = \sum \left[\frac{1}{r}\right]_{,}^{''} D\xi = 0,$$

wo die Klammer [ ] die Differenz der Werthe bezeichnet, welche die von ihr eingeschlossene Grösse in den durch die beigefügten Indices angedeuteten Grenzen, zwischen welchen integrirt ist, besitzt, so ergiebt sich

$$X = \frac{1}{2}\mathbf{S}\sum ij \frac{\partial \frac{1}{r}}{\partial x}\cos(Ds\cdot D\sigma)\, Ds\, D\sigma,$$

wofür man schreiben kann, wenn $x = a + x_,$, $y = b + y_,$, $z = c + z_,$ gesetzt wird:

$$X = \frac{1}{2}\frac{\partial}{\partial a}\mathbf{S}\sum ij \frac{\cos(Ds\cdot D\sigma)}{r} Ds\, D\sigma$$

oder in Rücksicht auf (1.)

(4.)
$$X = -\frac{\partial \Pi}{\partial a}.$$

Auf dieselbe Weise ergiebt sich: $Y = -\frac{\partial \Pi}{\partial b}$ und $Z = -\frac{\partial \Pi}{\partial c}$.

Um zu beweisen, dass $-\frac{\partial \Pi}{\partial \varphi}$ das Drehungsmoment der Wirkung von σ auf s in Bezug auf Axe B ist, welche Lage diese auch hat, ist es hinreichend, dies für die Fälle nachzuweisen, wo B mit einer der Coordinatenaxen parallel ist. Ich werde, je nachdem B mit der x-, y- oder z-Axe parallel ist, den Buchstaben φ mit λ, μ oder ν vertauschen, und φ nur für den allgemeinen Fall beibehalten. Die Drehungsmomente in Bezug auf die durch den Punkt A gehenden mit x, y oder z parallelen Axen seien L, M, N.

Es sei B parallel mit der z-Axe, so ist

$$N = \mathbf{S}\, i\{(x-a)Y_\sigma - (y-b)X_\sigma\}\, Ds$$

und hierin die Werthe für Y_σ und X_σ aus (3.) gesetzt:

$$N = -\tfrac{1}{2}\,\mathrm{S}\sum ij\left\{(x-a)\frac{\partial\eta}{\partial\sigma}-(y-b)\frac{\partial\xi}{\partial\sigma}\right\}\frac{\partial\frac{1}{r}}{\partial s}\,Ds\,D\sigma$$
$$+\tfrac{1}{2}\,\mathrm{S}\sum ij\cos(Ds\cdot D\sigma)\left\{(x-a)\frac{\partial\frac{1}{r}}{\partial y}-(y-b)\frac{\partial\frac{1}{r}}{\partial x}\right\}Ds\,D\sigma.$$

Man erhält aber, wenn man partiell nach Ds innerhalb eines einfachen geschlossenen Umgangs integrirt:

$$\mathrm{S}\sum\left\{(x-a)\frac{\partial\eta}{\partial\sigma}-(y-b)\frac{\partial\xi}{\partial\sigma}\right\}\frac{\partial\frac{1}{r}}{\partial s}\,Ds\,D\sigma$$
$$=\sum\left[\frac{(x-a)\frac{\partial\eta}{\partial\sigma}-(y-b)\frac{\partial\xi}{\partial\sigma}}{r}\right]_{s_,}^{s_{,,}}D\sigma-\mathrm{S}\sum\frac{1}{r}\left\{\frac{\partial x}{\partial s}\frac{\partial\eta}{\partial\sigma}-\frac{\partial y}{\partial s}\frac{\partial\xi}{\partial\sigma}\right\}Ds\,D\sigma,$$

worin, weil $s_,$ und $s_{,,}$ zusammenfallen, der Theil $\Big[\;\Big]_{s_,}^{s_{,,}}$ verschwindet. Demnach wird

$$N = \tfrac{1}{2}\,\mathrm{S}\sum ij\,\frac{1}{r}\left\{\frac{\partial x}{\partial s}\frac{\partial\eta}{\partial\sigma}-\frac{\partial y}{\partial s}\frac{\partial\xi}{\partial\sigma}\right\}Ds\,D\sigma$$
(5.)
$$+\tfrac{1}{2}\,\mathrm{S}\sum ij\cos(Ds\cdot D\sigma)\left\{(x-a)\frac{\partial\frac{1}{r}}{\partial y}-(y-b)\frac{\partial\frac{1}{r}}{\partial x}\right\}Ds\,D\sigma.$$

Diese Gleichung ist identisch mit

(6.) $$N = \frac{1}{2}\frac{\partial}{\partial\nu}\,\mathrm{S}\sum ij\,\frac{\cos(Ds\cdot D\sigma)}{r}\,Ds\,D\sigma$$

Dies ergiebt sich aus folgender Betrachtung.

Man hat

$$\frac{\partial\frac{1}{r}}{\partial\nu}=\frac{\partial\frac{1}{r}}{\partial x}\frac{\partial x}{\partial\nu}+\frac{\partial\frac{1}{r}}{\partial y}\frac{\partial y}{\partial\nu}+\frac{\partial\frac{1}{r}}{\partial z}\frac{\partial z}{\partial\nu};$$

und weil

$$\cos(Ds\cdot D\sigma)=\frac{\partial\xi}{\partial\sigma}\frac{\partial x}{\partial s}+\frac{\partial\eta}{\partial\sigma}\frac{\partial y}{\partial s}+\frac{\partial\zeta}{\partial\sigma}\frac{\partial z}{\partial s},$$

so ist:

$$\frac{\partial}{\partial\nu}\cos(Ds\cdot D\sigma)=\frac{\partial\xi}{\partial\sigma}\frac{\partial}{\partial s}\frac{\partial x}{\partial\nu}+\frac{\partial\eta}{\partial\sigma}\frac{\partial}{\partial s}\frac{\partial y}{\partial\nu}+\frac{\partial\zeta}{\partial\sigma}\frac{\partial}{\partial s}\frac{\partial z}{\partial\nu};$$

und hieraus, da

$$\frac{\partial x}{\partial\nu}=-(y-b),\qquad\frac{\partial y}{\partial\nu}=x-a,\qquad\frac{\partial z}{\partial\nu}=0,$$

ergiebt sich:

$$\frac{\partial \frac{1}{r}}{\partial \nu} = (x-a)\frac{\partial \frac{1}{r}}{\partial y} - (y-b)\frac{\partial \frac{1}{r}}{\partial x},$$

$$\frac{\partial}{\partial \nu}\cos(Ds \cdot D\sigma) = \frac{\partial \eta}{\partial \sigma}\frac{\partial x}{\partial s} - \frac{\partial \xi}{\partial \sigma}\frac{\partial y}{\partial s};$$

sodass also

$$\frac{\partial}{\partial \nu}\mathrm{S}\sum ij \frac{\cos(Ds\,.\,D\sigma)}{r} Ds\,D\sigma = \mathrm{S}\sum ij \frac{1}{r}\left\{\frac{\partial \eta}{\partial \sigma}\frac{\partial x}{\partial s} - \frac{\partial \xi}{\partial \sigma}\frac{\partial y}{\partial s}\right\} Ds\,D\sigma$$

$$+ \mathrm{S}\sum ij \cos(Ds \cdot D\sigma)\left\{(x-a)\frac{\partial \frac{1}{r}}{\partial y} - (y-b)\frac{\partial \frac{1}{r}}{\partial x}\right\} Ds\,D\sigma,$$

wodurch die Gleichung (5.) erwiesen ist, für welche man auch schreiben kann:

(7.)
$$N = -\frac{\partial \Pi}{\partial \nu}.$$

Giebt man der Axe B die Richtung von y oder x, so erhält man auf dem entsprechenden Wege

(8.)
$$M = -\frac{\partial \Pi}{\partial \mu}, \qquad L = -\frac{\partial \Pi}{\partial \lambda}.$$

Bildet die Axe B mit x, y, z die Winkel l, m, n, so ist, wenn das Drehungsmoment in Bezug auf dieselbe jetzt mit R bezeichnet wird, nach einem bekannten Satze

$$R = L\cos l + M\cos m + N\cos n.$$

Nennt man $d\lambda$, $d\mu$, $d\nu$ die drei Drehungen um die durch den Punkt A gelegten x-, y-, z-Axen, welche die Drehung $d\varphi$ um die Axe B ersetzen, sodass

$$d\lambda = d\varphi\cos l, \qquad d\mu = d\varphi\cos m, \qquad d\nu = d\varphi\cos n,$$

und setzt hieraus die Werthe von $\cos l$, $\cos m$, $\cos n$, sowie die vorher gefundenen Werthe für L, M, N in den vorstehenden Ausdruck für R, so erhält man

$$R = -\left\{\frac{\partial \Pi}{\partial \lambda}\frac{d\lambda}{d\varphi} + \frac{\partial \Pi}{\partial \mu}\frac{d\mu}{d\varphi} + \frac{\partial \Pi}{\partial \nu}\frac{d\nu}{d\varphi}\right\},$$

d. i.

(9.)
$$R = -\frac{\partial \Pi}{\partial \varphi}.$$

Zusätze der Redaction. *(C. N.)* *)

Die vorliegende Abhandlung enthält zwei wichtige Gesetze, nämlich das *Neumann'sche Potentialgesetz* und das *Neumann'sche Princip der inducirten Ströme*, und regt unwillkürlich die Frage an nach dem eigentlichen *Elementargesetz der elektrischen Induction.*

Des besseren Zusammenhanges willen wollen wir hier noch zwei weitere Gesetze, nämlich das *Ampère'sche Gesetz* und das *Ohm'sche Gesetz*, in den Kreis unserer Betrachtungen hineinziehen, im Ganzen also folgende fünf Gesetze ins Auge fassen, nämlich:

I. das *Ampère*'sche Gesetz,
II. das *Neumann*'sche Potentialgesetz,
III. das *Ohm*'sche Gesetz,
IV. das mehr oder weniger unbekannte Elementargesetz der inducirten Ströme,
V. das *Neumann*'sche allgemeine Princip der inducirten Ströme,

von denen die beiden ersten auf ponderomotorische, hingegen die drei letzten auf elektromotorische Kräfte Bezug haben.

Der Einfachheit halber wollen wir uns im Folgenden durchweg auf solche Fälle beschränken, in denen die Strombahnen unverzweigt, also einfach geschlossene Curven sind. Eine solche einfach geschlossene Curve wollen wir kurzweg einen *Ring* nennen, und dieses Wort auch dann anwenden, wenn die geschlossene Curve aus mehreren gegen einander verschiebbaren Theilen zusammengesetzt, also mit sogenannten Gleitstellen behaftet ist.

Das Ampère'sche Gesetz. — Dieses Gesetz lautet bekanntlich folgendermaassen: Die ponderomotorische Kraft R, mit welcher zwei Stromelemente $j\,D\sigma$ und $i\,Ds$ auf einander einwirken, fällt in die Linie r der gegenseitigen Entfernung, und besitzt, *repulsiv* gerechnet, den Werth**)

$$(1.)\qquad R = \frac{j\,i\,D\sigma\,Ds}{r^2}\left(\frac{3}{2}\cos\vartheta\cos\vartheta' - \cos\eta\right),$$

wo ϑ, ϑ', η die *Ampère*'schen Winkel vorstellen. Dabei ist zu bemerken, dass der Winkel $\eta = (D\sigma \cdot Ds)$ von *Ampère* selber mit ε bezeichnet wurde. Uebrigens ist der Ausdruck (1.) auch so darstellbar:

$$(2.)\qquad R = \frac{j\,i\,D\sigma\,Ds}{r^2}\left(r\frac{\partial^2 r}{\partial\sigma\,\partial s} - \frac{1}{2}\frac{\partial r}{\partial\sigma}\frac{\partial r}{\partial s}\right),$$

oder auch so:

$$(3.)\qquad R = j\,i\,D\sigma\,Ds\frac{2}{\sqrt{r}}\frac{\partial^2\sqrt{r}}{\partial\sigma\,\partial s},$$

wo die Charakteristik ∂ in demselben Sinne gebraucht ist, wie in der *Neumann*'schen Abhandlung***).

*) Mit einigen Abänderungen wiederhole ich hier diejenigen Bemerkungen, welche von mir schon gemacht sind beim Abdruck dieser Abhandlung in Ostwald's Klassikern, im Jahre 1892.

**) Vgl. die erste Note auf Seite 352.

***) Vgl. die dritte Note auf Seite 352. — Uebrigens findet man im Original, an Stelle von ∂, ein d, und umgekehrt, an Stelle von d den Buchstaben ∂. Wenn die Redaction eine Umkehrung im Gebrauch dieser beiden Lettern hat eintreten lassen, so ist das geschehen, um diese und die vorhergehende Abhandlung mit den übrigen *Neumann*'schen Abhandlungen, sowie auch überhaupt mit der gewöhnlichen Schreibweise in bessere Uebereinstimmung zu bringen.

Gegen das *Ampère*'sche Gesetz sind mancherlei Bedenken geäussert; und schon in den Zusätzen*) zur *vorigen* Abhandlung ist Gelegenheit genommen worden, diese Bedenken zurückzuweisen, oder wenigstens auf ihr richtiges Maass zurückzuführen; wodurch den auf diesem Gesetz basirenden *Neumann*'schen Untersuchungen der *vorigen* und der *gegenwärtigen* Abhandlung ein höherer Grad von Sicherheit und Zuverlässigkeit verliehen worden sein dürfte.

Neumann glaubte an das *Ampère*'sche Gesetz. Er hielt dasselbe für „*etwas mehr als eine blosse Hypothese*" (seine eigenen Worte bei einer mündlichen Unterhaltung über diesen Gegenstand).

Das Neumann'sche Potentialgesetz. — Dieses Gesetz ist zum ersten Mal in der hier vorliegenden Abhandlung (Seite 405—409) veröffentlicht worden. Es mag gestattet sein, dieses wichtige Gesetz hier zu verallgemeinern, und zugleich seine Ableitung zu vereinfachen.

Die ponderomotorische Arbeit $\mathfrak{a}$, welche zwei Stromelemente $jD\sigma$ und iDs bei irgend welchen Bewegungen in der Zeit dt auf einander ausüben, ist $= R\,dr = R\frac{\partial r}{\partial t}dt$, wo R die in (1.), (2.), (3.) angegebene Kraft bezeichnet, während $\frac{\partial r}{\partial t}dt$ den Zuwachs von r in der Zeit dt vorstellt. Hieraus folgt, falls man für R seinen Werth (3.) substituirt, sofort:

$$\mathfrak{a} = ji\,D\sigma\,Ds\,\frac{2}{\sqrt{r}}\,\frac{\partial^2\sqrt{r}}{\partial\sigma\,\partial s}\,\frac{\partial r}{\partial t}\,dt,$$

d. i.

$$\mathfrak{a} = 2ji\,dt\cdot D\sigma\,Ds\left\{2\,\frac{\partial^2\sqrt{r}}{\partial\sigma\,\partial s}\,\frac{\partial\sqrt{r}}{\partial t}\right\},$$

oder ein wenig anders geschrieben:

$$\mathfrak{a} = 2ji\,dt\cdot D\sigma\,Ds\left\{\frac{\partial}{\partial\sigma}\left(\frac{\partial\sqrt{r}}{\partial s}\,\frac{\partial\sqrt{r}}{\partial t}\right) + \frac{\partial}{\partial s}\left(\frac{\partial\sqrt{r}}{\partial\sigma}\,\frac{\partial\sqrt{r}}{\partial t}\right) - \frac{\partial}{\partial t}\left(\frac{\partial\sqrt{r}}{\partial\sigma}\,\frac{\partial\sqrt{r}}{\partial s}\right)\right\}.$$

Aus diesem Ausdruck ergiebt sich die von zwei *Stromringen* ς und s während der Zeit dt auf einander ausgeübte ponderomotorische Arbeit $\mathfrak{A}$ dadurch, dass man über alle Elemente $D\sigma$ und Ds derselben integrirt. Hierbei aber verschwinden die beiden ersten Glieder des Ausdrucks. Bezeichnet man also jene Integrationen mit Σ und S, so erhält man:

$$\mathfrak{A} = -\,2ji\,dt\cdot\Sigma\,\mathrm{S}\,\frac{\partial}{\partial t}\left(\frac{\partial\sqrt{r}}{\partial\sigma}\,\frac{\partial\sqrt{r}}{\partial s}\right)D\sigma\,Ds,$$

oder was dasselbe ist:

$$\mathfrak{A} = -\,\frac{d}{dt}\left\{2ji\,\Sigma\,\mathrm{S}\,\frac{\partial\sqrt{r}}{\partial\sigma}\,\frac{\partial\sqrt{r}}{\partial s}\,D\sigma\,Ds\right\}dt,$$

wobei alsdann die Differentiation nach t so auszuführen ist, als ob die Stromstärken j und i *constant*, d. i. *von der Zeit unabhängig* wären.

Zur Abkürzung setzen wir jetzt:

$$\Pi = 2ji\,\Sigma\,\mathrm{S}\,\frac{\partial\sqrt{r}}{\partial\sigma}\,\frac{\partial\sqrt{r}}{\partial s}\,D\sigma\,Ds = \frac{ji}{2}\,\Sigma\,\mathrm{S}\,\frac{1}{r}\,\frac{\partial r}{\partial\sigma}\,\frac{\partial r}{\partial s}\,D\sigma\,Ds, \tag{4.}$$

*) Vgl. Seite 340ff.

wofür wir, weil ϱ und s *Ringe* (d. i. geschlossene Curven) sein sollen, auch schreiben dürfen:

$$\Pi = \frac{ji}{2} \sum \mathrm{S} \left(\frac{1}{r} \frac{\partial r}{\partial \sigma} \frac{\partial r}{\partial s} + \frac{\partial^2 r}{\partial \sigma \partial s} \right) D\sigma\, Ds .$$

Der hier in Klammern stehende Ausdruck ist bekanntlich $= - \frac{\cos (D\sigma \cdot Ds)}{r}$; sodass wir also schreiben können:

$$\Pi = - \frac{ji}{2} \sum \mathrm{S} \frac{\cos (D\sigma \cdot Ds)}{r} D\sigma\, Ds . \tag{5.}$$

Mit Rücksicht auf (4.) gewinnt nun der für $\mathfrak{A}$ erhaltene Werth folgende ausserordentlich einfache Gestalt:

$$\mathfrak{A} = - \frac{d\Pi}{dt} dt = - d\Pi . \tag{6.}$$

Der Ausdruck Π (5.) repräsentirt das *Neumann'sche Potential* der beiden Stromringe auf einander. Vgl. Seite 406 (1.). Und die Formel (6.) liefert also folgendes Theorem:

Die ponderomotorische Arbeit, welche zwei elektrische Stromringe ϱ *und* s *bei beliebigen Bewegungen während der Zeit dt auf einander ausüben, ist* $= - d\Pi$, *wo* $d\Pi$ *denjenigen Zuwachs vorstellt, den das gegenseitige Potential* Π *der beiden Ringe während der Zeit dt annehmen würde, falls die Stromstärken während dieser Zeit constant blieben.*

Dass dieses Theorem auch dann noch gilt, wenn die beiden Stromringe *Gleitstellen* besitzen, lässt sich leicht zeigen*), worauf aber hier nicht weiter eingegangen werden soll.

Der Ring ϱ sei fest aufgestellt. Andererseits mag der Ring s sich selber parallel in der Richtung der x-Axe um eine unendlich kleine Strecke da verschoben werden. Die während dieser Verschiebung von ϱ auf s ausgeübte ponderomotorische Arbeit $\mathfrak{A}$ ist alsdann (nach allgemeinen Sätzen der Mechanik) gleich der von ϱ auf s in der Richtung der x-Axe ausgeübten Kraft X, diese noch multiplicirt mit da. Substituirt man diesen Werth $\mathfrak{A} = X da$ in (6.), so ergiebt sich: $X da = - d\Pi$, d. i.

$$X = - \frac{d\Pi}{da} , \tag{7.}$$

wo alsdann $d\Pi$ denjenigen *virtuellen* Zuwachs vorstellt, den das Potential Π annehmen würde, wenn, bei constant bleibenden Werthen von j und i, der Ring ϱ in völliger Ruhe verharren, und der Ring s sich selber parallel in der Richtung der x-Axe um die unendlich kleine Strecke da fortschreiten wollte. Kurz, wir haben hier den dieser unendlich kleinen Verschiebung entsprechenden *partiellen* Zuwachs von Π vor Augen, und werden daher die Formel (7.), falls es uns beliebt, auch so schreiben dürfen:

$$X = - \frac{\partial \Pi}{\partial a} . \tag{7a.}$$

Denkt man sich ferner den Ring s um die x-Axe um einen unendlich kleinen Winkel $d\lambda$ gedreht, so wird die von dem festliegenden Ringe ϱ auf s während dieser Drehung ausgeübte ponderomotorische Arbeit $\mathfrak{A}$ (nach allgemeinen Sätzen der Mechanik) gleich sein dem von ϱ auf s ausgeübten Drehungsmoment L, dieses noch multiplicirt

*) Vgl. C. *Neumann:* „Die elektrischen Kräfte". Leipzig, bei Teubner. Erster Band. 1873. Seite 65—67.

mit $d\lambda$. Durch Substitution dieses Werthes $\mathfrak{A} = L\,d\lambda$ ergiebt sich aus (6.) die Formel: $L\,d\lambda = -\,d\Pi$, d. i.

(8.) $$L = -\frac{d\Pi}{d\lambda}.$$

Und, ebenso wie wir vorhin der Formel (7.) die Gestalt (7a.) geben durften, in ähnlicher Weise werden wir der Formel (8.), falls es uns beliebt, folgende Gestalt geben können:

(8a.) $$L = -\frac{\partial\Pi}{\partial\lambda}.$$

Die Formeln (7.), (8.) oder (7a.), (8a.) repräsentiren zusammengenommen das *Neumann'sche Potentialgesetz.* Vgl. die vorliegende Abhandlung, Seite 407 (4.) ff. und Seite 409 (7.), (8.), (9.).

Dabei sei noch Folgendes bemerkt: Für den Fall, dass j und i beide $= 1$ sind, wird das Potential Π von *Neumann* mit P bezeichnet, sodass also P nach (4.), (5.) die Bedeutung hat:

(9.) $$\begin{cases} P = 2\sum S\frac{\partial\sqrt{r}}{\partial\sigma}\frac{\partial\sqrt{r}}{\partial s}D\sigma\,Ds = \frac{1}{2}\sum S\frac{1}{r}\frac{\partial r}{\partial\sigma}\frac{\partial r}{\partial s}D\sigma\,Ds \\ \quad = -\frac{1}{2}\sum S\frac{\cos(D\sigma\cdot Ds)}{r}D\sigma\,Ds = -\frac{1}{2}\sum S\frac{\cos\vartheta\cos\vartheta'}{r}D\sigma\,Ds. \end{cases}$$

Der letzte dieser Ausdrücke, in welchem ϑ, ϑ' die *Ampère*'schen Winkel bezeichnen, ergiebt sich sofort aus dem darüber stehenden Ausdruck. Denn es ist bekanntlich $\cos\vartheta = \xi\frac{\partial r}{\partial\sigma}$ und $\cos\vartheta' = -\,\xi\frac{\partial r}{\partial s}$, wo $\xi = \pm 1$ *).

Ist endlich $i = 1$, hingegen j beliebig, so wird das Potential Π von *Neumann* mit Q bezeichnet; sodass also die Relation stattfindet:

(10.) $$Q = jP.$$

Vgl. auf Seite 366 die dort der Formel (25.) vorangehende Zeile.

Wenn man übrigens häufig den Ausdruck

(α.) $$\frac{D\sigma\,Ds\cos(D\sigma\cdot Ds)}{r}$$

(abgesehen von gewissen noch hinzuzufügenden Factoren) das *Neumann'sche elementare Potential* zu nennen, und demgegenüber den Ausdruck

(β.) $$\frac{D\sigma\,Ds\cos\vartheta\,\cos\vartheta'}{r}$$

als das *Weber'sche elementare Potential* zu bezeichnen pflegt, so ist eine derartige Nomenclatur als durchaus unpassend und durchaus unrichtig zurückzuweisen; — wie solches z. B. schon aus den *Neumann*'schen Darlegungen auf Seite 405—409 deutlich hervorgeht. Denn man findet den Ausdruck (α.) in den dortigen Formeln immer nur unter den Summenzeichen; sodass es also ganz *einerlei* ist, ob man den Ausdruck (α.) in den dortigen Formeln beibehält, oder ihn daselbst durch den Ausdruck (β.) ersetzt.

*) Vgl. die zweite Note auf Seite 352.

Von einem *elementaren* Potential, d. i. von einem Potential zwischen Strom-*Elementen*, ist überhaupt bei *Neumann* nirgends die Rede*). Vielmehr kommen die Ausdrücke (α.) und (β.) bei *Neumann* immer nur insofern in Betracht, als sie durch Summation das gegenseitige Potential zweier *geschlossener* Ströme liefern. Charakteristisch sind in dieser Beziehung die Auseinandersetzungen *Neumann*'s auf Seite 383.

Das Ohm'sche Gesetz. — Dieses Gesetz lautet: Die in einem *Drahtringe* s vorhandene elektrische Stromstärke ist gleich der Summe aller im Ringe vorhandenen elektromotorischen Kräfte, diese Summe noch multiplicirt mit ε', wo ε' den reziproken Leitungswiderstand des Ringes bezeichnet.

Werden z. B. jene elektromotorischen Kräfte durch einen in der Nähe befindlichen *elektrischen Stromring* ς hervorgebracht, so hat die im Ringe s erzeugte Stromstärke den Werth:

(11.) $$\varepsilon' \sum S \, \eta \, D\sigma \, Ds,$$

wo $\eta \, D\sigma \, Ds$ diejenige elektromotorische Kraft vorstellt, welche ein einzelnes Element $D\sigma$ in einem einzelnen Element Ds hervorbringt.

Dabei sei bemerkt, dass man das Product

(12.) $$\eta \, D\sigma \, Ds \, dt$$

zu bezeichnen pflegt als die von $D\sigma$ in Ds *während des Zeitelementes* dt hervorgebrachte elektromotorische Kraft**). Dieser Bezeichnungsweise entsprechend wird also $\eta \, D\sigma \, Ds$ diejenige elektromotorische Kraft zu nennen sein, welche $D\sigma$ in Ds *binnen der Zeiteinheit* hervorbringen würde, falls η während einer solchen Zeiteinheit constant bliebe.

Ueber das Elementargesetz der elektrischen Induction. — Die Frage nach der von einem *einzelnen Stromelement*, theils durch seine Ortsveränderung, theils durch seine Intensitätsveränderung, hervorgebrachten inducirenden Wirkung dürfte nicht ganz von der Hand zu weisen sein. Zur Beantwortung dieser Frage liefern indessen die beiden *Neumann*'schen Abhandlungen (die vorhergehende und die gegenwärtige) keine völlig bestimmten Angaben, sondern nur einzelne Andeutungen. Immerhin dürfte es der Mühe werth sein, diese Andeutungen zusammenzufassen, und zu untersuchen, zu welcher Form jenes noch unbekannten Gesetzes man in solcher Weise gelangt.

Wir betrachten zuvörderst den speciellen Fall, dass das inducirende Stromelement $j D\sigma$ *ruht*, während das inducirte Leiterelement Ds in beliebiger Bewegung begriffen ist. Die von $j D\sigma$ in Ds während der Zeit dt erzeugte elektromotorische Kraft mag [ebenso wie in (12.)] mit

(13.) $$\eta \, D\sigma \, Ds \, dt$$

*) Vgl. *C. Neumann*: „Die elektrischen Kräfte". Leipzig, bei Teubner. Zweiter Band. 1898. Seite 68—73.

**) Das hier von der Redaction eingeführte η ist, seiner Bedeutung nach, identisch mit jenem E_η, welches in der *Neumann*'schen Abhandlung auf Seite 391, 392 und namentlich auch in der Formel (7b.) Seite 393 sich vorfindet.

bezeichnet werden. Alsdann ist nach *Neumann**):

(14.) $$\eta\, D\sigma\, Ds\, dt = -\varepsilon v (c\, D\sigma\, Ds)\, dt.$$

Hier bezeichnet ε die Inductionsconstante, und v die augenblickliche Geschwindigkeit des Elementes Ds. Ferner hat hier $c\, D\sigma\, Ds$ die Bedeutung:

$$c\, D\sigma\, Ds = R \cos(R \cdot v),$$

wo R diejenige ponderomotorische Kraft vorstellt, welche $j\, D\sigma$ auf das Element Ds ausüben würde, falls letzteres von einem elektrischen Strom von der Stärke Eins durchflossen wäre. Somit folgt aus (3.) Seite 410:

$$c\, D\sigma\, Ds = j\, D\sigma\, Ds \frac{2}{\sqrt{r}} \frac{\partial^2 \sqrt{r}}{\partial\sigma\, \partial s} \cos(R \cdot v).$$

Demgemäss ergiebt sich aus (14.):

(15.) $$\eta\, D\sigma\, Ds\, dt = -\varepsilon j\, D\sigma\, Ds \frac{2}{\sqrt{r}} \frac{\partial^2 \sqrt{r}}{\partial\sigma\, \partial s} \cdot v \cos(R \cdot v) \cdot dt.$$

Bezeichnet man nun das von Ds während der Zeit dt durchlaufene Wegelement mit do, so ist $v = \frac{do}{dt}$, mithin:

$$v \cos(R \cdot v) \cdot dt = do \cdot \cos(R \cdot v) = \frac{\partial r}{\partial t} dt,$$

wo $\frac{\partial r}{\partial t} dt$ den Zuwachs von r während der Zeit dt vorstellt**). Somit folgt aus (15.):

(16.) $$\eta\, D\sigma\, Ds\, dt = -\varepsilon j\, D\sigma\, Ds \left(\frac{2}{\sqrt{r}} \frac{\partial^2 \sqrt{r}}{\partial\sigma\, \partial s} \frac{\partial r}{\partial t}\right) dt,$$

oder was dasselbe ist:

(17.) $$\eta\, D\sigma\, Ds\, dt = -\varepsilon j\, D\sigma\, Ds \left(4 \frac{\partial^2 \sqrt{r}}{\partial\sigma\, \partial s} \frac{\partial \sqrt{r}}{\partial t}\right) dt.$$

Beachtet man nun, dass die von $j\, D\sigma$ in Ds erzeugte elektromotorische Kraft immer nur abhängig sein kann von der *relativen* Bewegung des einen Elementes in Bezug auf das andere, so erkennt man sofort, dass die Formel (17.) ganz *allgemein* gilt, einerlei ob das eine Element $j\, D\sigma$ ruht, oder ob *beide* Elemente in Bewegung begriffen sind.

Dagegen ist bei dieser Formel (17.) stillschweigend vorausgesetzt worden, dass die Stromstärke j *constant* sei. *Aendert* sich j, so ist, wie *Neumann* gezeigt hat, zum Ausdruck (17.) noch ein von $\frac{dj}{dt}$ abhängendes Glied hinzuzufügen. Dieses Glied aber ist von *Neumann* nicht mit voller Bestimmtheit angegeben. Vielmehr sind von ihm für dieses

---

*) Der von *Neumann* (auf Seite 278) angegebene Ausdruck

$$-\varepsilon v \cdot c\, D\sigma\, Ds$$

repräsentirt nämlich die während der *Zeiteinheit* hervorgebrachte elektromotorische Kraft. Und es ist dieser Ausdruck also noch mit dt zu multipliciren, wenn man die *während des Zeitelementes* dt hervorgebrachte elektromotorische Kraft haben will.

**) Dass in der That $do \cdot \cos(R \cdot v)$ gleich dem Zuwachs von r während der Zeit dt ist, kann keinem Zweifel unterliegen. Denn R ist, wie schon früher betont wurde, *repulsiv* gerechnet, und repräsentirt also hier die Richtung der über Ds hinaus verlängerten Linie r.

Glied *zwei* verschiedene Werthe proponirt, ohne bestimmte Entscheidung zu Gunsten des einen oder andern, nämlich einerseits der Werth*):

$$\text{(p.)}\qquad -\frac{\varepsilon}{2}\frac{D\sigma\, Ds}{r}\cos(D\sigma\cdot Ds)\frac{dj}{dt}dt,$$

und andererseits der Werth**):

$$\text{(q.)}\qquad +\frac{\varepsilon}{2}\frac{D\sigma\, Ds}{r}\frac{\partial r}{\partial\sigma}\frac{\partial r}{\partial s}\frac{dj}{dt}dt = -\frac{\varepsilon}{2}\frac{D\sigma\, Ds}{r}\cos\vartheta\cos\vartheta'\frac{dj}{dt}dt,$$

wo wiederum ϑ, ϑ' die *Ampère*'schen Winkel vorstellen.

Durch Zufügung dieses Gliedes (p.) oder (q.) erhält die Formel (17.) die Gestalt:

$$\text{(18.)}\qquad \eta\, D\sigma\, Ds\, dt = -\varepsilon j\, D\sigma\, Ds\left(4\frac{\partial^2\sqrt{r}}{\partial\sigma\,\partial s}\frac{\partial\sqrt{r}}{\partial t}\right)dt - \frac{\varepsilon\, D\sigma\, Ds}{2}\Psi\frac{dj}{dt}dt,$$

wo alsdann Ψ einen der beiden Werthe besitzt:

$$\text{(19.)}\qquad \Psi = \frac{\cos(D\sigma\cdot Ds)}{r},\qquad \Psi = \frac{\cos\vartheta\cos\vartheta'}{r}.$$

Nochmals sei betont, dass *dieses Elementargesetz* (18.), (19.) hier, auf Grund der *Neumann*'schen Andeutungen, von uns versuchsweise construirt, *nicht* aber von *Neumann* selber angegeben ist. — Um eine Art Controlle für die Brauchbarkeit unseres Versuches zu gewinnen, wollen wir jetzt die Consequenzen des von uns erhaltenen Resultates (18.), (19.) zu entwickeln suchen.

Es seien zwei mit Gleitstellen versehene Drahtringe ς und s gegeben; und zwar sei ς von einem Strom durchflossen, dessen Stärke j (aus irgend welchen Gründen) von Augenblick zu Augenblick in stetiger Weise sich ändert. Beide Ringe ς und s seien in beliebigen Bewegungen begriffen. Wir stellen uns die Aufgabe, die Summe derjenigen elektromotorischen Kräfte zu berechnen, welche ς während der Zeit dt im Ringe s hervorbringt.

Zur Vereinfachung wollen wir vorläufig annehmen, dass in den Gleitstellen nur Elemente in die Ringe *eintreten*, nicht aber austreten. Die während der Zeit dt in die Ringe ς und s neu eintretenden Elemente bezeichnen wir respective mit $\Delta\sigma$ und Δs, während die bereits zu *Anfang* dieses Zeitelementes dt in den Ringen enthaltenen Elemente $D\sigma$ und Ds heissen mögen. Demgemäss ist die Anzahl der $D\sigma$ *unendlich gross*, andererseits aber die Anzahl der $\Delta\sigma$ eine *endliche*, nämlich ebenso gross wie die Anzahl der im Ringe ς vorhandenen Gleitstellen. Analoges gilt selbstverständlich von den Ds und Δs.

Die von einem einzelnen Element $D\sigma$ in einem einzelnen Element Ds während der Zeit dt hervorgebrachte elektromotorische Kraft hat *nach unserem Elementargesetz* (18.), (19.) den Werth:

$$(\alpha.)\qquad \eta\, D\sigma\, Ds\, dt = -\varepsilon j\, D\sigma\, Ds\left(4\frac{\partial^2\sqrt{r}}{\partial\sigma\,\partial s}\frac{\partial\sqrt{r}}{\partial t}\right)dt - \frac{\varepsilon\, D\sigma\, Ds}{2}\Psi\, dj.$$

---

*) Man vgl. Seite 383 (6.).

**) Man vergleiche auf Seite 383 den Uebergang von (3.) zu (5.). Auch vergleiche man, was die Winkel ϑ und ϑ' anbelangt, die zweite Note auf Seite 352.

Diese Formel gilt nur für die $D\sigma$, nicht aber für die $\Delta\sigma$. Während nämlich in jedem Element $D\sigma$ die Stromstärke in der Zeit dt von j auf $j+dj$ wächst, wird sie in jedem der neu eintretenden Elemente $\Delta\sigma$ während der Zeit dt von *Null* aus bis zu $j+dj$ ansteigen. Die mit (α.) analoge Formel für ein Element $\Delta\sigma$ wird daher folgendermaassen lauten:

$$\eta\,\Delta\sigma\,Ds\,dt = -\varepsilon y\,\Delta\sigma\,Ds\left(4\frac{\partial^2\sqrt{r}}{\partial\sigma\,\partial s}\frac{\partial\sqrt{r}}{\partial t}\right)dt - \frac{\varepsilon\,\Delta\sigma\,Ds}{2}\,\Psi(j+dj),$$

wo unter y offenbar irgend ein Mittelwerth zwischen denjenigen Stromstärken 0 und $j+dj$ zu verstehen ist, welche das Element $\Delta\sigma$ zu Anfang und zu Ende des Zeitelementes dt besitzt. Glücklicherweise sind weitere Ueberlegungen über die Wahl dieses Mittelwerthes nicht erforderlich. Denn man sieht sofort, dass das mit y behaftete Glied ein Unendlichkleines *dritter* Ordnung ist, mithin verschwindet gegen das letzte Glied, dessen unendliche Kleinheit der *zweiten* Ordnung angehört. Auch ist (aus gleichem Grunde) in diesem letzten Gliede das Binom $j+dj$ ersetzbar durch j. Somit reducirt sich die Formel auf:

$$(\beta.)\qquad \eta\,\Delta\sigma\,Ds\,dt = -\frac{\varepsilon\,\Delta\sigma\,Ds}{2}\,\Psi j.$$

Denkt man sich nun die Formel (α.) für alle Elementenpaare $D\sigma$, Ds, und die Formel (β.) für alle Elementenpaare $\Delta\sigma$, Ds hingestellt, so gelangt man durch Addition all' dieser Formeln zu dem Ergebniss, dass die Summe dF aller von ς im Ringe s während der Zeit dt inducirten elektromotorischen Kräfte den Werth hat:

$$(20.)\qquad \begin{aligned} dF = &-\varepsilon j\left(\sum \mathrm{S}\, 4\frac{\partial^2\sqrt{r}}{\partial\sigma\,\partial s}\frac{\partial\sqrt{r}}{\partial t}\,D\sigma\,Ds\right)dt \\ &-\frac{\varepsilon}{2}\left(\sum \mathrm{S}\,\Psi\,D\sigma\,Ds\right)dj - \frac{\varepsilon j}{2}\left(\sum \mathrm{S}\,\Psi\,\Delta\sigma\,Ds\right),\end{aligned}$$

wo das Zeichen $\sum$ im *letzten* Ausdruck kein Integral, sondern die Summe einer *endlichen* Zahl von Gliedern andeutet. Denn es erstreckt sich diese Summe über alle während der Zeit dt in den Ring ς neu eintretenden Elemente $\Delta\sigma$; sie besteht daher aus ebenso vielen Gliedern, als Gleitstellen in ς vorhanden sind. Hieraus ergiebt sich sofort, dass die drei Theile der rechten Seite der Formel (20.) alle drei unendlich kleine Grössen *erster* Ordnung sind, und dass es also völlig unstatthaft sein würde, etwa den letzten Theil gegenüber den beiden ersten vernachlässigen zu wollen.

Bei Ableitung der Formel (20.) scheinen die in den Ring s während der Zeit dt neu eingetretenen Elemente Δs ganz vergessen zu sein. Wollte man aber diese Elemente Δs mit in Rechnung bringen, so würde, weil die Anzahl der Δs *endlich*, hingegen die Anzahl der Ds *unendlich gross* ist, zur rechten Seite der Formel (20.) nur noch ein Glied hinzutreten, welches dieser rechten Seite gegenüber verschwindend klein, mithin fortzulassen ist.

Nur der Bequemlichkeit willen ist bis jetzt vorausgesetzt, dass in den Gleitstellen der beiden Ringe nur Elemente *eintreten*, nicht aber austreten. In der That übersieht man leicht, dass die Formel (20.) ganz *allgemein* gelten wird, falls man nur in ihr unter den $\Delta\sigma$ die absoluten Längen der *neu eintretenden*, andererseits aber die mit (— 1) multiplicirten Längen der *austretenden* Elemente versteht.

Beachten wir jetzt die schon früher benutzte identische Gleichung:

$$2\frac{\partial^2\sqrt{r}}{\partial\sigma\,\partial s}\frac{\partial\sqrt{r}}{\partial t} = \frac{\partial}{\partial\sigma}\left(\frac{\partial\sqrt{r}}{\partial s}\frac{\partial\sqrt{r}}{\partial t}\right) + \frac{\partial}{\partial s}\left(\frac{\partial\sqrt{r}}{\partial\sigma}\frac{\partial\sqrt{r}}{\partial t}\right) - \frac{\partial}{\partial t}\left(\frac{\partial\sqrt{r}}{\partial s}\frac{\partial\sqrt{r}}{\partial\sigma}\right),$$

so reducirt sich die Formel (20.) auf*):

(21.)
$$dF = \varepsilon j\frac{d}{dt}\left(\sum S\,2\frac{\partial\sqrt{r}}{\partial\sigma}\frac{\partial\sqrt{r}}{\partial s}D\sigma\,Ds\right)dt - \frac{\varepsilon}{2}\left(\sum S\,\Psi D\sigma\,Ds\right)dj - \frac{\varepsilon j}{2}\left(\sum S\,\Psi\,\varDelta\sigma\,Ds\right).$$

Der eingeklammerte Ausdruck im *ersten* Gliede ist $= P$, vgl. Seite 413 (9.). Der eingeklammerte Ausdruck des *zweiten* Gliedes erhält, falls man für Ψ seine Bedeutung (19.) substituirt, entweder den Werth

$$\sum S\frac{\cos(D\sigma\cdot Ds)}{r}D\sigma\,Ds$$

oder den Werth

$$\sum S\frac{\cos\vartheta\cos\vartheta'}{r}D\sigma\,Ds.$$

Er ist daher, nach Seite 413 (9.), unter allen Umständen $= -2P$. Somit folgt aus (21.):

(22.)
$$dF = \varepsilon j\frac{dP}{dt}dt + \varepsilon P\frac{dj}{dt}dt - \frac{\varepsilon j}{2}\left(\sum S\,\Psi\,\varDelta\sigma\,Ds\right),$$

oder was dasselbe ist:

(23.)
$$dF = \varepsilon\frac{d(jP)}{dt}dt - \frac{\varepsilon j}{2}\left(\sum S\,\Psi\,\varDelta\sigma\,Ds\right).$$

Nach Seite 413 (10.) ist aber $jP = Q$. Somit folgt:

(24.)
$$dF = \varepsilon\frac{dQ}{dt}dt - \frac{\varepsilon j}{2}\left(\sum S\,\Psi\,\varDelta\sigma\,Ds\right).$$

Integrirt man endlich diese Formel über ein beliebiges Zeitintervall $t_{,}\ldots t_{,,}$, so erhält man für die während dieses Zeitintervalls von ς in s inducirte elektromotorische Kraft F den Werth:

(25.)
$$F = \varepsilon(Q_{,,} - Q_{,}) - \frac{\varepsilon}{2}\int_{t_{,}}^{t_{,,}} j\left(\sum S\,\Psi\,\varDelta\sigma\,Ds\right),$$

wo $Q_{,}$ und $Q_{,,}$ die Werthe von Q in den Augenblicken $t_{,}$ und $t_{,,}$ vorstellen.

Diese aus unserem Elementargesetz (18.), (19.) abgeleitete Formel (25.) ist nun zu vergleichen mit dem *Neumann*'schen Princip.

Das Neumann'sche allgemeine Princip der inducirten Ströme liefert aber die auf Seite 388 (19.) angegebene Formel, also eine Formel, welche wir, bei der hier von uns angewendeten Bezeichnungsweise auch so schreiben können:

(25. Pr.)
$$F = \varepsilon(Q_{,,} - Q_{,});$$

---

*) Dass der Uebergang von (20.) zu (21.) auch dann noch correct ist, wenn die Ringe mit *Gleitstellen* behaftet sind, ergiebt sich mittelst gewisser allgemeiner Sätze, auf welche hier nicht weiter eingegangen werden soll. Vgl. *C. Neumann:* „Ueber die den Kräften elektrodynamischen Ursprungs zuzuschreibenden Elementargesetze", in den Abh. d. K. Sächs. Ges. d. Wiss. 1873, Seite 446 und 447.

die Signatur (25. Pr.) soll darauf hinweisen, dass diese Formel aus jenem allgemeinen *Princip* entstanden ist.

Der Vergleich zwischen den beiden Formeln (25.) und (25. Pr.) zeigt einen erheblichen Unterschied. Das *störende* Glied, welches den Unterschied dieser beiden Formeln repräsentirt, ist behaftet mit den $\Delta\sigma$, und wird also verschwinden, falls die $\Delta\sigma$ alle $= 0$ sind, d. i. falls der inducirende Strom ς *keine* Gleitstellen besitzt.

Das von uns nach den Neumann'schen Andeutungen construirte und in (18.), (19.) *angegebene Elementargesetz führt also direct zum Neumann'schen Princip, falls der Inducent frei von Gleitstellen ist. Hingegen führt jenes Elementargesetz zu einer von diesem Princip wesentlich verschiedenen Formel, sobald Gleitstellen im Inducenten wirklich vorhanden sind.*

Betrachtet man also dieses Princip als experimentell bewiesen, als wirklich unantastbar, so würde hieraus folgen, dass jenes Elementargesetz unhaltbar sei, oder wenigstens noch irgend welcher Correction bedürfe.

Das eigentliche *Novum*, welches durch die hier von uns angestellten Betrachtungen in die Dinge hineingetragen ist, besteht in den Kräften (β.) Seite 417, und namentlich in dem Umstande, dass diese Kräfte (β.) gegenüber den Kräften (α.) Seite 416 nicht zu vernachlässigen sind.

In der *Neumann*'schen Abhandlung konnte auf Seite 369 dieser Kräfte (β.) schon deswegen nicht gedacht werden, weil dort nur derjenige Theil der elektromotorischen Kräfte betrachtet wird, welcher aus *Ortsveränderungen* entspringt. Der von *Intensitätsveränderungen* herrührende Theil dieser Kräfte kommt erst später Seite 381—389 in Betracht, und wird auf Seite 384 in (10.) durch das Integral

$$\varepsilon \int dt\, P(\varsigma \cdot s) \frac{dj}{dt}$$

ausgedrückt. Jene von *plötzlichen* Intensitätsveränderungen herrührenden elektromotorischen Kräfte (β.), die dadurch charakterisirt sind, dass sie nicht dj, sondern j selber als Factor enthalten, scheinen also ganz ausser Acht gelassen zu sein*).

Wäre eine solche Vernachlässigung der Kräfte (β.) wirklich gestattet, so würden, wie man sofort erkennt, die Formeln (25.) und (25. Pr.) unter einander identisch werden. Und es würde dann zwischen dem Elementargesetz und dem allgemeinen Princip in der That vollständiger Einklang stattfinden. Andererseits aber scheint, wie schon gesagt, nach unseren Betrachtungen [über die Kräfte (α.), (β.) Seite 417] eine solche Vernachlässigung

*) Hiermit contrastirt allerdings eine gelegentliche Aeusserung *Neumann*'s auf Seite 397, welche dahin lautet, dass in den neu eintretenden oder austretenden Elementen die Stromstärke plötzlich von 0 bis j, oder von j bis 0 sich verändere, und dass der hierdurch hervorgebrachte inducirende Effect in den von ihm gegebenen Formeln schon mit *enthalten* sei. Dieser Widerspruch hat vielleicht [wie von Seiten der Redaction in *Ostwald*'s Classikern Nr. 36 (1892, Seite 91, Note) bemerkt wurde] darin seinen Grund, dass die verschiedenen Theile der *Neumann*'schen Abhandlung zu verschiedenen Zeiten niedergeschrieben sind. Wahrscheinlicher aber dürfte sein, dass *Neumann* an der citierten Stelle (Seite 397, Zeile 11) unter *„meinen Formeln"* diejenigen verstanden wissen wollte, welche *direct* aus seinem *„allgemeinen Princip"* sich ergeben, — ohne alle Rücksicht auf allerhand frühere Formeln, welche für ihn wohl nur ein vorläufiges Gerüst zur Construction jenes allgemeinen Princips bildeten, welche aber (wenn wir *Neumann*'s Gedanken richtig erfasst haben), nachdem dieses Gerüst seine Schuldigkeit gethan hatte, zu streichen oder wenigstens nicht weiter als maassgebend zu betrachten sind.

nicht gestattet zu sein. — Um Klarheit in dieses Dunkel zu bringen, wollen wir jetzt ein von *Neumann* selber angestelltes Experiment ins Auge fassen.

Das auf Seite 399—401 angegebene Neumann'sche Experiment. — Auf Seite 400ff. heisst es: „Zum Multiplicator gelangen bei fortgesetzter rascher Drehung der Axe $\varepsilon\eta$ drei Ströme u. s. w.“ — Der dort behandelte Fall ist im Wesentlichen folgender:

Der Strom j einer bei α aufgestellten galvanischen Batterie geht (wie die in der Figur 10 angegebenen Pfeile andeuten) von α über β und γ nach ε, und von hier aus durch einen in der Figur *nicht* gezeichneten Draht nach α zurück. Mit Ausnahme des Bahnstückes $\varepsilon\gamma$ sind alle Theile der eben genannten Drahtleitung unbeweglich. Das Bahnstück $\varepsilon\gamma$ hingegen befindet sich (etwa getrieben durch ein Uhrwerk) in schneller und gleichförmiger Rotation um den Punkt ε, und zwar der Art, dass sein Ende γ längs des kreisförmigen Drahtstückes $\beta\gamma\delta$ (in der Richtung $\beta\gamma\delta$) dahinschleift. Das Ende δ dieses kreisförmigen Bahnstückes reicht sehr nahe an seinen Anfang β, *ohne* mit β in leitender Verbindung zu stehen. Der Mittelpunkt dieser zwischen β und δ vorhandenen *Lücke* mag μ heissen.

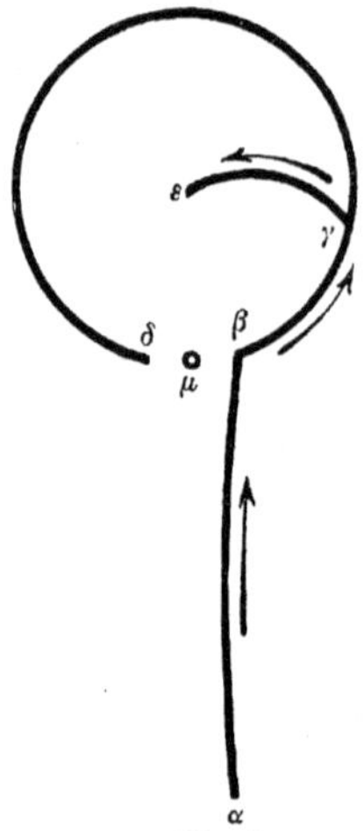

Fig. 10.

Der Widerstand des kreisförmigen Bahnstückes $\beta\gamma\delta$ mag im Vergleich mit den Widerständen der übrigen Theile der Drahtleitung so ausserordentlich klein gedacht werden, dass die Stärke j des elektrischen Stroms, während γ auf dem Wege $\beta\gamma\delta$ von β nach δ fortgleitet, *constant* bleibt.

Wir wollen, was die Rotation des Bahnstückes $\varepsilon\gamma$ betrifft, unter $\beta\gamma\delta$ diejenige *Zeit* verstehen, welche der Endpunkt dieses Bahnstückes braucht, um von β über γ nach δ zu gelangen. Ferner mag δ denjenigen *Zeitaugenblick* bezeichnen, in welchem jener Endpunkt die Stelle δ passirt, und β den unmittelbar folgenden *Zeitaugenblick*, in welchem jener Endpunkt die Stelle β passirt.

Es handelt sich darum, die Summe F derjenigen elektromotorischen Kräfte zu berechnen, welche der Strom $\alpha\beta\gamma\varepsilon\alpha$ während einer einmaligen Umdrehung des Bahnstückes $\varepsilon\gamma$ in irgend einem in der Nähe *fest aufgestellten Drahtring* s inducirt.

Diese Summe F ist zerlegbar in drei Theile:

$$F = F^{\beta} + F^{\beta\gamma\delta} + F^{\delta}. \tag{26.}$$

Denken wir uns nämlich jene Umdrehung vom Punkt μ ausgehend, und über $\beta\gamma\delta$ nach μ zurückkehrend, so wird in s zunächst im Augenblick β eine gewisse Summe F^{β} elektromotorischer Kräfte hervorgebracht durch das plötzliche Anschwellen des inducirenden Stroms von 0 auf j. Sodann wird in s während der Zeit $\beta\gamma\delta$ eine gewisse Summe $F^{\beta\gamma\delta}$ elektromotorischer Kräfte erzeugt, theils durch die Bewegung des Bahnstückes $\varepsilon\gamma$, theils auch durch die an der Gleitstelle γ in den Inducenten *neu* eintretenden Elemente (deren Stromstärke beim Eintreten von 0 auf j ansteigt). Endlich wird in s im Augenblick δ von Neuem eine gewisse Summe F^{δ} elektromotorischer Kräfte inducirt durch das plötzliche Sinken des inducirenden Stroms von j auf 0.

Das Potential des inducirenden Stroms $\alpha\beta\gamma\varepsilon\alpha$ auf den Ring s mag für den Fall, dass beide Ringe die Stromstärke Eins haben, mit P bezeichnet sein. Dieses Potential P wird offenbar während der Umdrehung des Bahnstückes $\varepsilon\gamma$ von Augenblick zu Augenblick sich ändern. Seine Werthe in den Augenblicken β und δ mögen P^β und P^δ heissen; sodass also z. B. die Differenz

$$P^\delta - P^\beta \tag{27.}$$

das Potential des *Kreisringes* $\beta\gamma\delta$ in Bezug auf den Ring s repräsentirt, beide Ringe von Strömen von der Stärke Eins durchflossen gedacht.

Auf Grund des von uns aus den *Neumann*'schen Andeutungen abgeleiteten Elementargesetzes (18.), (19.) oder vielmehr auf Grund der aus diesem Gesetz entsprungenen Formel (25.) ergeben sich alsdann für $F^{\beta\gamma\delta}$, F^β und F^δ die Werthe:

$$\tag{28.} \begin{cases} F^{\beta\gamma\delta} = \varepsilon(jP^\delta - jP^\beta) - \frac{\varepsilon j}{2}\int\limits_\beta^\delta \left(\sum \mathrm{S}\, \Psi \Delta\sigma Ds\right), \\ F^\beta \ \ = \varepsilon(jP^\beta - 0), \\ F^\delta \ \ = \varepsilon(0 - jP^\delta). \end{cases}$$

Somit geht die Formel (26.) über in:

$$F = -\frac{\varepsilon j}{2}\int\limits_\beta^\delta \left(\sum \mathrm{S}\, \Psi \Delta\sigma Ds\right). \tag{29.}$$

Der hier auftretende Ausdruck

$$\sum \mathrm{S}\, \Psi \Delta\sigma Ds = \sum \left(\Delta\sigma\, \mathrm{S}\, \Psi Ds\right)$$

kann leicht vereinfacht werden. Es enthält nämlich die Summe $\sum$ (wie schon früher bemerkt wurde) nur eine *endliche* Anzahl von Gliedern, nämlich ebenso viele Glieder als $\Delta\sigma$ vorhanden sind. Im gegenwärtigen Fall existirt nur *eine* Gleitstelle (gelegen bei γ), mithin auch nur *ein* Element $\Delta\sigma$; sodass sich also jener Ausdruck reducirt auf

$$\Delta\sigma\, \mathrm{S}\, \Psi Ds.$$

Demgemäss geht die Formel (29.) über in:

$$F = -\frac{\varepsilon j}{2}\int\limits_\beta^\delta \left(\Delta\sigma\, \mathrm{S}\, \Psi Ds\right). \tag{30.}$$

Diese Formel aber kann offenbar auch so geschrieben werden:

$$F = -\frac{\varepsilon j}{2}\sum\nolimits_{\beta\gamma\delta}\left(\Delta\sigma\, \mathrm{S}\, \Psi Ds\right) = -\frac{\varepsilon j}{2}\sum\nolimits_{\beta\gamma\delta}\left(D\sigma\, \mathrm{S}\, \Psi Ds\right), \tag{31.}$$

wo alsdann $\sum_{\beta\gamma\delta}$ eine *Integration* andeutet, und zwar eine Integration über *sämmtliche* Elemente $\Delta\sigma$ des kreisförmigen Drahtstückes $\beta\gamma\delta$. Ob man dabei diese Elemente mit $\Delta\sigma$ oder $D\sigma$ bezeichnet, ist gleichgültig.

Substituirt man jetzt für Ψ seine eigentliche Bedeutung (19.), so erhält man für F entweder den Werth:

$$F = \varepsilon j \left\{ -\frac{1}{2} \sum_{\beta\gamma\delta} S \frac{\cos(D\sigma \cdot Ds)}{r} D\sigma\, Ds \right\},$$

oder den Werth:

$$F = \varepsilon j \left\{ -\frac{1}{2} \sum_{\beta\gamma\delta} S \frac{\cos\vartheta \cos\vartheta'}{r} D\sigma\, Ds \right\}.$$

Im einen wie im andern Werth ist aber der in der Klammer stehende Ausdruck, wie man aus den Formeln (9.) Seite 413 erkennt, gleich dem Potential P des Kreises $\beta\gamma\delta$ in Bezug auf den Ring s. Somit erhält man also schliesslich:

(32.) $$F = \varepsilon j P = \varepsilon j (P^\delta - P^\beta),$$

wo P^δ und P^β dieselben Bedeutungen haben, wie in (27.).

Dieses Resultat (32.) hat sich hier ergeben auf Grund des von uns construirten Elementargesetzes (18.), (19.).

Wir wollen nun, statt dieses Elementargesetzes, das *Neumann'sche allgemeine Princip*, also, statt der Formel (25.), die Formel (25. Pr.) in Anwendung bringen. Alsdann werden wir offenbar, statt der Formeln (26.), (28.), folgende Formeln erhalten:

$$F = F^\beta + F^{\beta\gamma\delta} + F^\delta,$$

$$\begin{cases} F^{\beta\gamma\delta} = \varepsilon(j P^\delta - j P^\beta), \\ F^\beta \quad = \varepsilon(j P^\beta - 0), \\ F^\delta \quad = \varepsilon(0 - j P^\delta), \end{cases}$$

mithin zu folgendem Endresultat gelangen:

(32. Pr.) $$F = 0.$$

Der Werth von F ist nun aber von *Neumann experimentell* bestimmt worden. Und zwar ergab das Experiment:

(33.) $$F = 0;$$

vgl. die zweite Zeile auf Seite 402. Die experimentelle Beobachtung spricht also für (32. Pr.) und gegen (32.).

Kurz, das Experiment entscheidet *für* das allgemeine *Neumann*'sche Princip, und *gegen* das von uns auf Grund der *Neumann*'schen Andeutungen construirte Elementargesetz (18.), (19.). Daraus geht hervor, dass entweder jene Andeutungen von uns nicht richtig erfasst worden sind, oder aber, dass jene Andeutungen, wenn sie wirklich zu dem genannten allgemeinen Princip hinführen sollen, noch irgend welcher Modification bedürfen.

Wenn also auch das *Neumann*'sche *allgemeine Princip* durch seine Einfachheit und Schönheit, sowie durch seine Uebereinstimmung mit allen bisherigen Beobachtungen besonders ausgezeichnet ist, — so wird doch daneben im Auge zu behalten sein, dass das *eigentliche Elementargesetz* der elektrischen Induction, angesichts der *Neumann*'schen Abhandlung, immer noch mehr oder weniger in Dunkel gehüllt erscheint.

Uebrigens hat *Neumann* in späterer Zeit (gelegentlich einer mündlichen Unterredung, etwa 1873 oder später) die Frage nach der Art und Weise, wie der inducirende Effect eines linearen Inducenten auf seine einzelnen Elemente zu repartiren sei, als eine *überaus schwierige* bezeichnet, als eine Frage, die ausserhalb seines Gesichtskreises liege, und auf die er sich *nicht* getrauen möchte, irgend eine bestimmte Antwort zu geben.

Hieraus geht deutlich hervor, dass die von ihm in dieser und in der vorigen Abhandlung über das *Elementargesetz* der Induction gemachten Angaben als mehr oder weniger *provisorische* Dinge anzusehen sind.*)

Die *Neumann*'schen Untersuchungen in dieser und der vorigen Abhandlung basiren auf der Vorstellung von *Fernkräften*, also auf Vorstellungen, die — wenigstens in der Elektrodynamik — einstweilen völlig verdrängt zu sein scheinen durch die *Maxwell*'sche Theorie, von welcher man zu sagen pflegt, dass sie auf der Vorstellung von *Nahekräften* beruhe. Zum Lobe der *Maxwell*'schen Theorie hat *Poincaré* gesagt, dass sie einer elastischen Substanz (*Poincaré* braucht das Wort „*Kautschuk*") vergleichbar sei, und dass sie, eben in Folge dieser Elasticität, weitgehenden Wünschen und Anforderungen sich zu accommodiren im Stande sei. — Das ist durchaus zutreffend, und nicht in Abrede zu stellen. Jedenfalls aber ist in dieser elastischen Accommodationsfähigkeit der Theorie auch ein Zeichen ihres noch *recht unfertigen* Zustandes zu erblicken.

Mögen wir also die beiden *Neumann*'schen Abhandlungen ins Auge fassen, oder mögen wir auf die *Maxwell*'sche Theorie unsern Blick richten, — im einen wie im andern Falle tritt uns mit voller Deutlichkeit entgegen, dass wir uns in Betreff der eigentlichen Quellen, aus denen die Erklärung der elektrodynamischen Induction zu schöpfen sei, immer noch in peinlicher Unwissenheit befinden, und dass die bis jetzt in dieser Beziehung vorhandenen theoretischen Constructionen nur einen *provisorischen Zustand* der Wissenschaft repräsentiren.

Auch würde es wohl vermessen sein, schon jetzt an die Construction einer *definitiven Theorie* denken zu wollen. Wahrscheinlich werden wir zuvor noch eine lange Reihe *provisorischer Zustände* zu überwinden haben. Dabei wäre vielleicht zu wünschen, dass die Anzahl der uns zu Gebote stehenden Constructionsmittel, d. i. die Anzahl der im Laufe der Zeit errungenen Grundvorstellungen (Masse, Trägheit, Kräfte, usw.) durch Hinzutritt neuer (einstweilen noch latenter) Vorstellungen sich *vermehren* möchte. Ungereimt aber würde es sein, die Anzahl der vorhandenen Constructionsmittel, etwa durch Fallenlassen der Fernkräfte, voreilig und ohne hinreichenden Grund (etwa bloss gestützt auf irgend welche „apriorische" Einsichten) *vermindern* zu wollen. Es muß das um so ungereimter erscheinen, wenn man bedenkt, dass gerade die Vorstellung der Fernkräfte sich bisher als ein überaus mächtiges Constructionsmittel erwiesen hat, und dass diese Vorstellung z. B. in der Theorie der Bewegung der Himmelskörper, trotz vielfacher Opposition, bis zum heutigen Tage mit grösster Hartnäckigkeit sich behauptet hat.

---

*) Hiermit im Einklang ist die vorhin (in der Note auf Seite 419) von Seiten der Redaction gemachte Conjectur. Für die Richtigkeit jener Conjectur dürfte übrigens wohl auch der Umstand sprechen, dass *Neumann* in der vorliegenden Abhandlung sein „*allgemeines Princip*" an mehr als einer Stelle mit grosser Umständlichkeit und in sorgfältigster Weise formulirt hat, nirgends aber von ihm ein Versuch gemacht ist zur Formulirung des eigentlichen *Elementargesetzes*.

Inhaltsübersicht.

ÜBER EINE NEUE EIGENSCHAFT DER LAPLACE'SCHEN $Y^{(n)}$ UND IHRE ANWENDUNG ZUR ANALYTISCHEN DARSTELLUNG DERJENIGEN PHÄNOMENE, WELCHE FUNKTIONEN DER GEOGRAPHISCHEN LÄNGE UND BREITE SIND.

Aus Schumacher's Astronomischen Nachrichten.

ÜBER EINE NEUE EIGENSCHAFT DER LAPLACE'SCHEN $Y^{(n)}$ UND IHRE ANWENDUNG ZUR ANALYTISCHEN DARSTELLUNG DERJENIGEN PHÄNOMENE, WELCHE FUNCTIONEN DER GEOGRAPHISCHEN LÄNGE UND BREITE SIND. 1838.*)

Mit grossem Erfolg hat man seit längerer Zeit sich der Reihen bedient, welche nach den Sinus und Cosinus der Vielfachen eines Bogens fortschreiten, um in den periodischen Phänomenen der Natur aus einer grossen Anzahl Beobachtungen Resultate zu ziehen. Die sicheren Ergebnisse der Meteorologie beruhen fast ganz auf diesem Gebrauch. Ein vorzüglicher Vortheil, welchen die Anwendung dieser Reihen darbietet, ist der Umstand, dass der Werth der Coefficienten, welche man bestimmt hat, unabhängig von ihrer Anzahl ist. In der Physik der Erde ist es ein wichtiger Gesichtspunkt für die Phänomene, diese als Functionen ihres Ortes an der Erdoberfläche zu betrachten, d. i. als Functionen der geographischen Länge und Breite. Es würde unzweckmässig sein, diese Functionen zweier Winkel darzustellen durch ähnliche Reihen, welche nämlich nach den Sinus und Cosinus der Vielfachen zweier Winkel fortschreiten. Auch hat niemand bis jetzt z. B. die Vertheilung der Temperatur auf der Erdoberfläche, oder die Vertheilung der Intensität des Erdmagnetismus, seiner Richtung etc. auf diese Weise in eine Formel zu bringen versucht; und mit Recht, denn in diesen und andern Fällen haben die theoretischen Beschäftigungen mit diesen Phänomenen schon längst die wahre Form, in welcher sie dargestellt werden müssen, gefunden, nämlich durch Reihen, welche fortgehen nach den Functionen, welche *Laplace* in der Theorie der Attraction der Sphäroide mit $Y^{(n)}$ bezeichnet hat.

*) Diese im Jahre 1838 in *Schuhmacher's* Astronomischen Nachrichten (Bd. 15, Seite 313) publicirte Abhandlung ist im Jahre 1879 von Neuem abgedruckt worden in den Mathematischen Annalen, im Bande 14, Seite 567—576. Dabei sei bemerkt, dass derselbe Gegenstand von *Neumann* auch in seinen *Vorlesungen* behandelt worden ist. Man vgl. die Note zu Ende dieser Abhandlung auf Seite 437. —

C. N.

Das Verfahren, eine Function, für welche man *alle* Werthe kennt, durch eine Reihe, welche nach den $Y^{(n)}$ fortschreitet, darzustellen, ist bekannt. Die Absicht dieser Mittheilung ist, das Verfahren anzugeben, welches man zu befolgen hat, wenn nur *einzelne* Werthe der darzustellenden Function gegeben sind. Es ist ganz analog demjenigen, welches man bei den Reihen der Sinus und Cosinus der Vielfachen eines Bogens anwendet, und bietet dieselben Vortheile, welche dort so geschätzt werden.

Bezeichnet man die geographische Länge mit ω, und die Breite mit φ und setzt: $\sin\varphi = \mu$, bezeichnet man ferner das Glied in $Y^{(n)}$, welches unabhängig von ω ist, mit $X^{(n)}$, so ist der allgemeine Ausdruck für $Y^{(n)}$ folgender:

$$(1.)\quad \begin{cases} Y^{(n)} = B_0^{(n)} X^{(n)} + (A_1^{(n)} \sin\omega + B_1^{(n)} \cos\omega) \dfrac{(1-\mu^2)^{\frac{1}{2}}}{n} \dfrac{\partial X^{(n)}}{\partial\mu} \\ \qquad + (A_2^{(n)} \sin 2\omega + B_2^{(n)} \cos 2\omega) \dfrac{1-\mu^2}{n(n-1)} \dfrac{\partial^2 X^{(n)}}{\partial\mu^2} \\ \qquad + \cdots\cdots\cdots \\ \qquad + (A_i^{(n)} \sin i\omega + B_i^{(n)} \cos i\omega) \dfrac{(1-\mu^2)^{\frac{i}{2}}}{n(n-1)(n-2)\cdots(n-[i-1])} \dfrac{\partial^i X^{(n)}}{\partial\mu^i} \\ \qquad + \cdots\cdots\cdots, \end{cases}$$

und der Werth von $X^{(n)}$ ist dieser:

$$(2.)\quad X^{(n)} = \mu^n - \frac{n(n-1)}{2(2n-1)}\mu^{n-2} + \frac{n(n-1)(n-2)(n-3)}{2\cdot 4(2n-1)(2n-3)}\mu^{n-4} - \cdots.$$

Die Grössen $B_1^{(n)}, B_2^{(n)}, \cdots, A_1^{(n)}, A_2^{(n)}, \cdots$ sind willkürliche, welche so bestimmt werden sollen, dass, wenn man durch $V(\omega, \mu)$ den beobachteten Werth einer Function an dem durch ω und μ bezeichneten Ort darstellt, der Gleichung

$$(3.)\quad V(\omega, \mu) = Y^{(0)} + Y^{(1)} + Y^{(2)} + \cdots + Y^{(p)}$$

für alle Beobachtungen genügt wird.

Die bekannten Eigenschaften der Functionen $Y^{(n)}$, welche ihnen eine so ausgebreitete Anwendung verschafft haben, und auf welchen auch das Wesentliche der hier anzugebenden Methode beruht, sind diese:

$$\int_{-1}^{+1}\int_{0}^{2\pi} Y^{(n)} Y^{(n')} d\omega\, d\mu = 0,$$

so lange n und n' verschieden sind. Setzt man in das Doppelintegral die Werthe für die Y's aus (1.), und führt die Integration nach ω aus, so ergiebt sich sogleich:

$$\int_{-1}^{+1} X^{(n)} X^{(n')} d\mu = 0, \tag{4.}$$

oder allgemeiner:

$$\int_{-1}^{+1} (1-\mu^2)^i \frac{\partial^i X^{(n)}}{\partial \mu^i} \frac{\partial^i X^{(n')}}{\partial \mu^i} d\mu = 0, \tag{5.}$$

so lange n und n' verschieden sind. Wenn $n = n'$, so erhält man:

$$\int_{-1}^{+1} (X^{(n)})^2 d\mu = \frac{2}{2n+1} \left(\frac{1 \cdot 2 \cdot 3 \cdots\cdots n}{1 \cdot 3 \cdot 5 \cdots (2n-1)}\right)^2, \tag{6.}$$

und allgemein:

$$\left(\frac{1}{n(n-1)(n-2)\cdots(n-[i-1])}\right)^2 \int_{-1}^{+1} (1-\mu^2)^i \left(\frac{\partial^i X^{(n)}}{\partial \mu^i}\right)^2 d\mu \tag{7.}$$

$$= \frac{2}{2n+1} \left(\frac{1 \cdot 2 \cdot 3 \cdots\cdots n}{1 \cdot 3 \cdot 5 \cdots (2n-1)}\right)^2 \left(\frac{(n+1)(n+2)\cdots(n+i)}{n(n-1)(n-2)\cdots(n-[i-1])}\right).$$

Die gegebenen Werthe $V(\omega, \mu)$ mögen auf der Erdoberfläche vertheilt sein auf eine Anzahl gleich weit von einander abstehender Meridiane, und in jedem Meridian auf Breiten, für welche μ die Werthe: $\mu_1, \mu_2, \mu_3, \cdots$ hat. Um die Gleichung (3.) bis $Y^{(p)}$ inclusive darzustellen, müssen die Meridiane von einander um den Winkel $\frac{1}{p}\pi = \alpha$ entfernt sein, und in Beziehung auf die Werthe von μ will ich vorläufig annehmen, dass sie von μ_1 bis μ_{2p+1} gehen, sodass ihre Anzahl ist: $2p+1$ (ich werde später zeigen, dass bei einer schicklichen Wahl der μ die viel geringere Anzahl: $p+1$ schon hinreicht).

Das gegebene System der Beobachtungen sei also folgendes:

$$\left\{\begin{array}{lllll} V(0, \mu_1) & V(0, \mu_2) & V(0, \mu_3) & \cdots & V(0, \mu_{2p+1}) \\ V(\alpha, \mu_1) & V(\alpha, \mu_2) & V(\alpha, \mu_3) & \cdots & V(\alpha, \mu_{2p+1}) \\ V(2\alpha, \mu_1) & V(2\alpha, \mu_2) & V(2\alpha, \mu_3) & \cdots & V(2\alpha, \mu_{2p+1}) \\ \cdot\;\cdot\;\cdot & \cdot\;\cdot\;\cdot & \cdot\;\cdot\;\cdot & \cdot\;\cdot\;\cdot & \cdot\;\cdot\;\cdot \\ V((2p-1)\alpha, \mu_1) & V((2p-1)\alpha, \mu_2) & V((2p-1)\alpha, \mu_3) & \cdots & V((2p-1)\alpha, \mu_{2p+1}). \end{array}\right. \tag{8.}$$

Die horizontalen Reihen enthalten die Beobachtungen in denselben Meridianen, die verticalen diejenigen in denselben Parallelkreisen. Bringt man (3.) in die Form:

$$V(\omega, \mu) = C_0 + C_1 \cos\omega + S_1 \sin\omega + C_2 \cos 2\omega + S_2 \sin 2\omega + \cdots,$$

so erhält man nach dem bekannten Verfahren aus jeder verticalen Reihe von (8.) die numerischen Werthe von $C_0, C_1, \cdots, S_1, S_2, \cdots$, z. B. aus der ersten verticalen Reihe:

$$
(9.)\quad
\begin{aligned}
&C_0 = \frac{1}{2p}\sum_{m=0}^{m=2p-1} V(m\alpha, \mu_1),\\
&C_1 = \frac{1}{p}\ \sum \cos m\alpha\, V(m\alpha, \mu_1), \qquad S_1 = \frac{1}{p}\sum \sin m\alpha\, V(m\alpha, \mu_1),\\
&\dots\dots\dots\dots\dots\dots\dots\dots\dots\dots\\
&C_p = \frac{1}{p}\ \sum \cos pm\alpha\, V(m\alpha, \mu_1), \qquad S_p = \frac{1}{p}\sum \sin pm\alpha\, V(m\alpha, \mu_1).
\end{aligned}
$$

Man erhält, indem man für μ_1 nach und nach setzt $\mu_2, \mu_3, \cdots$, für jedes C und jedes S die Anzahl: $2p+1$ Werthe, die ich in der Bezeichnung nicht weiter unterscheiden will, um die Zeichen nicht zu sehr zu häufen. Die analytischen Werthe dieser $C_0, C_1, C_2, \cdots, S_1, S_2, \cdots$ sind folgende:

$$
(10.)\quad
\begin{cases}
C_0 = B_0^{(0)}X^{(0)} + B_0^{(1)}X^{(1)} + B_0^{(2)}X^{(2)} + B_0^{(3)}X^{(3)} + B_0^{(4)}X^{(4)} + \cdots + B_0^{(p)}X^{(p)},\\
C_1 = (1-\mu^2)^{\frac{1}{2}}\frac{\partial}{\partial\mu}\left\{B_1^{(1)}X^{(1)} + \frac{B_1^{(2)}X^{(2)}}{2} + \frac{B_1^{(3)}X^{(3)}}{3} + \frac{B_1^{(4)}X^{(4)}}{4} + \cdots + \frac{B_1^{(p)}X^{(p)}}{p}\right\},\\
C_2 = (1-\mu^2)\ \frac{\partial^2}{\partial\mu^2}\left\{\frac{B_2^{(2)}X^{(2)}}{1\cdot 2} + \frac{B_2^{(3)}X^{(3)}}{2\cdot 3} + \frac{B_2^{(4)}X^{(4)}}{3\cdot 4} + \cdots + \frac{B_2^{(p)}X^{(p)}}{(p-1)p}\right\},\\
C_3 = (1-\mu^2)^{\frac{3}{2}}\frac{\partial^3}{\partial\mu^3}\left\{\frac{B_3^{(3)}X^{(3)}}{1\cdot 2\cdot 3} + \frac{B_3^{(4)}X^{(4)}}{2\cdot 3\cdot 4} + \cdots + \frac{B_3^{(p)}X^{(p)}}{(p-2)(p-1)p}\right\},\\
C_4 = (1-\mu^2)^2\ \frac{\partial^4}{\partial\mu^4}\left\{\frac{B_4^{(4)}X^{(4)}}{1\cdot 2\cdot 3\cdot 4} + \cdots + \frac{B_4^{(p)}X^{(p)}}{(p-3)(p-2)(p-1)p}\right\},\\
\dots\dots\dots\dots\dots\dots\dots\dots\dots\dots\\
C_p = (1-\mu^2)^{\frac{p}{2}}\frac{\partial^p}{\partial\mu^p}\left\{\frac{B_p^{(p)}X^{(p)}}{1\cdot 2\cdots p}\right\}.
\end{cases}
$$

Die Werthe von $S_1, S_2, \cdots$ erhält man aus denen für $C_1, C_2, \cdots$, wenn überall statt B gesetzt wird: A. Je nachdem $C_0, C_1, C_2, \cdots S_1, S_2, \cdots$ aus der ersten, zweiten etc. verticalen Reihe der Beobachtungen (8.) bestimmt worden sind, hat man auf der rechten Seite dieser Gleichungen (10.) zu setzen: μ_1, μ_2 etc., sodass die Anzahl von jeder dieser Gleichungen $2p+1$ ist, und die Anzahl sämmtlicher Gleichungen ist $2p(2p+1)$*).

Es handelt sich nun darum, aus diesem System von Gleichungen die Coefficienten

$$
\begin{array}{llll}
B_0^{(0)}, B_0^{(1)}, B_0^{(2)}, B_0^{(3)}, \cdots & & \\
\quad B_1^{(1)}, B_1^{(2)}, B_1^{(3)}, \cdots & & A_1^{(1)}, A_1^{(2)}, A_1^{(3)}, \cdots\\
\qquad B_2^{(2)}, B_2^{(3)}, \cdots & & A_2^{(2)}, A_2^{(3)}, \cdots\\
\qquad\quad \text{etc.} & & \quad\text{etc.}
\end{array}
$$

zu bestimmen. Dies geschieht auf folgende sehr einfache Weise. Es sei $a_1, a_2, a_3, \cdots, a_{2p+1}$ ein System willkürlicher Grössen, und es werde die Summe

*) Man vgl. die Zusätze der Redaction auf Seite 438.

$a_1\mu_1^n + a_2\mu_2^n + a_3\mu_3^n + \cdots + a_{2p+1}\mu_{2p+1}^n$ bezeichnet mit $\sum a\mu^n$. Man genüge nun durch die a's und μ's folgendem System von $(2p+1)$ Gleichungen:

$$(11.)\quad \begin{cases} \sum a = 1, \\ \sum a\mu = 0, \\ \sum a\mu^2 = \frac{1}{3}, \\ \sum a\mu^3 = 0, \\ \sum a\mu^4 = \frac{1}{5}, \\ \cdots\cdots\cdots \\ \sum a\mu^{2p} = \frac{1}{2p+1}, \\ \sum a\mu^{2p+1} = 0. \end{cases}$$

In diesem Systeme, welches viel mehr Grössen, über welche man verfügen kann, enthält, als Gleichungen, können die μ's bis auf eins willkürlich gewählt, und die Bestimmung der a's von ihnen abhängig gemacht werden. Ich werde hernach zeigen, welche Werthe der μ's die vortheilhaftesten sind.

In Bezug auf (11.) gelten nun folgende Sätze:

$$(12.)\quad \sum a\, X^{(n)} X^{(n')} = 0,$$

diese Summe genommen in Beziehung auf das ganze System der μ's und respectiven a's, durch welches den Gleichungen (11.) genügt ist, so lange n und n' verschieden sind und $n+n'$ nicht grösser, als $2p+1$. Wenn $n=n'$, so hat man für diese Summe den Werth:

$$(13.)\quad \sum a(X^{(n)})^2 = \frac{1}{2n+1}\left(\frac{1\cdot 2\cdot 3\cdots n}{1\cdot 3\cdot 5\cdots(2n-1)}\right)^2.$$

Ebenso hat man, die Summe in demselben Sinne genommen, allgemein:

$$(14.)\quad \sum a(1-\mu^2)^i \frac{\partial^i X^{(n)}}{\partial\mu^i}\frac{\partial^i X^{(n')}}{\partial\mu^i} = 0,$$

so lange n und n' verschieden und ihre Summe kleiner als $2p+1$ ist. Wenn $n=n'$, so ist

$$(15.)\quad \left(\frac{1}{n(n-1)\cdots(n-[i-1])}\right)^2 \sum a(1-\mu^2)^i\left(\frac{\partial^i X^{(n)}}{\partial\mu^i}\right)^2$$
$$= \frac{1}{2n+1}\left(\frac{1\cdot 2\cdot 3\cdots n}{1\cdot 3\cdot 5\cdots(2n-1)}\right)^2\left(\frac{(n+1)(n+2)\cdots(n+i)}{n(n-1)\cdots(n-[i-1])}\right).$$

Den Beweis für diese Sätze (12.), (13.), (14.), (15.) zieht man unmittelbar aus denen in (4.), (5.), (6.), (7.). In der That substituiren wir in

$$\int_{-1}^{+1} X^{(n)} X^{(n')}\, d\mu$$

für $X^{(n)}$ und $X^{(n')}$ ihre Werthe aus (2.), führen dann die Multiplication aus, so erhalten wir eine Reihe von der Form:

$$(16.) \qquad X^{(n)}\,X^{(n')} = \mu^{n+n'} - \alpha\mu^{n+n'-2} + \beta\mu^{n+n'-4} \ldots.$$

Integriren wir diese Gleichungen nach μ zwischen -1 und $+1$, so verschwindet das Integral von selbst, wenn $n+n'$ eine ungerade Zahl ist; wenn dies aber eine gerade Zahl ist, erhalten wir

$$\int\limits_{-1}^{+1} X^{(n)}\,X^{(n')}\,d\mu = 2\left(\frac{1}{n+n'+1} - \frac{\alpha}{n+n'-1} + \frac{\beta}{n+n'-3} - \cdots\right).$$

Diese Grösse ist nach (4.) $=0$. Nehmen wir jetzt die Summe

$$\sum a\,X^{(n)}\,X^{(n')} = \sum a(\mu^{n+n'} - \alpha\mu^{n+n'-2} + \beta\mu^{n+n'-4} - \cdots)$$

in Beziehung auf das ganze System der μ's und respectiven a's, durch welches den Gleichungen (11.) Genüge geschieht, unter der Voraussetzung, dass $n+n'<2p+1$. Substituirt man auf der rechten Seite für $\sum a\mu^{n+n'}$, $\sum a\mu^{n+n'-2}$, etc. ihre Werthe aus (11.), so ergiebt sich, dass diese Summe von selbst verschwindet, wenn $n+n'$ ungerade ist, und wenn $n+n'$ gerade ist, wird sie

$$\sum a\,X^{(n)}\,X^{(n')} = \left(\frac{1}{n+n'+1} - \frac{\alpha}{n+n'-1} - \frac{\beta}{n+n'-3} + \cdots\right).$$

Diese Grösse ist aber, wie wir eben gesehen haben, $=0$.

Ganz auf dieselbe Weise beweist sich (14.) aus (5.), und man übersieht sehr leicht, dass die Summen (13.) und (15.) die *halben**) Werthe von den entsprechenden Integralen (6.) und (7.) haben.

Mittelst dieser Sätze (12.), (13.), (14.), (15.) bestimmt man die Coefficienten aus den Gleichungen (10.) und den ihnen zugehörigen ganz auf dieselbe Weise, wie bei den Sinus- und Cosinus-Reihen. Man findet

$$B_0^{(n)} = (2n+1)\left(\frac{1\cdot 3\cdot 5\cdots(2n-1)}{1\cdot 2\cdot 3\cdots n}\right)^2 \sum_{\mu=\mu_1}^{\mu=\mu_{2p+1}} a\,C_0\,X^{(n)},$$

oder wenn für C_0 sein Werth aus (9.) gesetzt wird:

$$(17\text{a.}) \qquad B_0^{(n)} = \left(\frac{2n+1}{2p}\right)\left(\frac{1\cdot 3\cdot 5\cdots(2n-1)}{1\cdot 2\cdot 3\cdots n}\right)^2 \sum_{\mu=\mu_1}^{\mu=\mu_{2p+1}} \left(\sum_{m=0}^{m=2p-1} a\,V(m\alpha,\mu)\,X^{(n)}\right)$$

und allgemein:

$$B^{(n)} = (2n+1)\left(\frac{1\cdot 3\cdot 5\cdots(2n-1)}{1\cdot 2\cdot 3\cdots n}\right)^2 \cdot \left(\frac{n(n-1)(n-2)\cdots(n-[i-1])}{(n+1)(n+2)\cdots(n+i)}\right)$$
$$\times \sum \frac{a\,C_i(1-\mu^2)^{\frac{i}{2}}}{n(n-1)\cdots(n-[i-1])}\,\frac{\partial^i X^{(n)}}{\partial\mu^i},$$

*) Man vergleiche die Zusätze der Redaction auf Seite 438.

oder, wenn für C_i sein Werth aus (9.) gesetzt wird:

$$(17b.)\quad B_i^{(n)} = \frac{2n+1}{p}\left(\frac{1\cdot 3\cdots(2n-1)}{1\cdot 2\cdots n}\right)^2\cdot\left(\frac{n(n-1)\cdots(n-[i-1])}{(n+1)(n+2)\cdots(n+i)}\right)$$

$$\times\sum_{\mu=\mu_1}^{\mu=\mu_{2p+1}}\left(\sum_{m=0}^{m=2p-1}\frac{a\cos im\alpha(1-\mu^2)^{\frac{i}{2}}}{n(n-1)\cdots(n-[i-1])}\frac{\partial^i X^{(n)}}{\partial\mu^i}V(m\alpha,\mu)\right).$$

Die Werthe der $A_i^{(n)}$ haben dieselbe Form wie die der $B_i^{(n)}$, man hat nur statt C_i zu setzen: S_i, oder statt $\cos im\alpha$ zu setzen: $\sin im\alpha$.

Ich habe bis jetzt angenommen, dass auf jedem Meridian $2p+1$ willkürlich gelegene Beobachtungen gegeben sind, und dass diese Meridiane den Aequator in $2p$ gleiche Theile theilen. Dadurch wurde zunächst der Zweck erreicht, dass alle Constanten der $Y^{(n)}$ bis $Y^{(p)}$ inclusive vollständig bestimmt wurden. Indess habe ich diese Annahme gemacht, mehr um die Vorstellung zu fixiren, als weil der Umstand, ob die $Y^{(n)}$ alle vollständig, oder ob einige nur theilweise bestimmt werden, nicht unerheblich wäre. Bei der Anwendung wird sich häufig der Fall finden, wo es sogar zweckmässig ist, von den höhern $Y^{(n)}$ nur das von ω unabhängige Glied, und die zunächst darauf folgenden zu bestimmen. Ich werde daher jetzt die Gleichungen (11.) unter dem allgemeinen Gesichtspunkt näher untersuchen, wo die Meridiane von q Parallelkreisen getheilt werden, q mag eine gerade oder ungerade Zahl sein. Diese Gleichungen, entwickelt geschrieben, sind dann folgende:

$$(18.)\quad\begin{cases}a_1+a_2+a_3+\cdots+a_q=1,\\ a_1\mu_1+a_2\mu_2+a_3\mu_3+\cdots+a_q\mu_q=0,\\ a_1\mu_1^2+a_2\mu_2^2+a_3\mu_3^2+\cdots+a_q\mu_q^2=\frac{1}{3},\\ \cdots\cdots\cdots\cdots\cdots\cdots\\ a_1\mu_1^q+a_2\mu_2^q+a_3\mu_3^q+\cdots+a_q\mu_q^q=\frac{1}{q+1}\text{ oder }0,\end{cases}$$

wo in der letzten Gleichung rechter Hand, je nachdem q gerade oder ungerade ist, zu setzen ist $\frac{1}{q+1}$ oder 0.

Die Anzahl dieser Gleichungen ist $q+1$, die Anzahl der zur Verfügung stehenden Grössen ist $2q$, die μ's sind also nicht ganz willkürlich, sondern es existirt eine Relation zwischen ihnen. Man kann aber die letzte der Gleichungen in (18.) ganz ohne erheblichen Nachtheil unberücksichtigt lassen, wodurch ihre Anzahl sich auf q reducirt, und die μ's also ganz willkürlich gewählt werden können.

Genügt man den Gleichungen auf diese Weise, so bestimmt man in (10.) die B_i, wenn q ungerade ist, bis $B^{(\frac{1}{2}(q-1))}$ inclusive, und wenn q gerade ist, bis $B^{(\frac{1}{2}q)}$ exclusive. Man kann aber statt die μ's willkürlich anzunehmen, den Gleichungen in (18.) noch $q-1$ Bedingungen hinzufügen, und man kann diese Bedingungen dahin richten, dass in (10.) alle B_i bis $B_i^{(q-1)}$ ihre Bestimmung erhalten, d. h. man kann durch eine zweckmässige Verfügung über die willkürlichen μ's dieselbe Anzahl Glieder in (10.) durch die halbe Anzahl Beobachtungen bestimmen. Diese Bedingungen werden dadurch ausgedrückt, dass man den Gleichungen (18.) noch $q-1$ ähnliche Gleichungen hinzufügt, d. h. sie fortsetzt bis zur $(2q-1)^{\text{ten}}$ Potenz der μ's. Sie verwandeln sich demnach in folgende:

$$(19.)\quad \begin{cases} a_1 + a_2 + a_3 + \cdots + a_q = 1, \\ a_1\mu_1 + a_2\mu_2 + a_3\mu_3 + \cdots + a_q\mu_q = 0, \\ a_1\mu_1^2 + a_2\mu_2^2 + a_3\mu_3^2 + \cdots + a_q\mu_q^2 = \frac{1}{3}, \\ \cdots\cdots\cdots\cdots\cdots\cdots \\ a_1\mu_1^{2q-1} + a_2\mu_2^{2q-1} + a_3\mu_3^{2q-1} + \cdots + a_q\mu_q^{2q-1} = 0, \end{cases}$$

aus welchen die μ's und a's zu bestimmen sind. Die Theile dieser Gleichungen rechter Hand haben die Form der Glieder einer recurrenten Reihe, woraus erhellt, dass die μ's die Wurzeln einer algebraischen Gleichung vom q^{ten} Grade sind. Es sei diese Gleichung:

$$(20.)\quad x^q + \alpha_1 x^{q-1} + \alpha_2 x^{q-2} + \cdots + \alpha_q = 0.$$

Unterscheiden wir vorläufig die zwei Fälle: erstens, wo q eine gerade Zahl, zweitens, wo q eine ungerade Zahl ist.

1. q sei eine gerade Zahl. Die Coefficienten aller ungeraden Potenzen von x in (20.) werden $= 0$; die Coeffizienten der geraden Potenzen werden zufolge der bekannten Eigenschaften recurrirender Reihen durch folgende Relationen bestimmt:

$$(21.)\quad \begin{cases} 0 = \frac{1}{q+1} + \frac{\alpha_2}{q-1} + \frac{\alpha_4}{q-3} + \cdots + \frac{\alpha_q}{1}, \\ 0 = \frac{1}{q+3} + \frac{\alpha_2}{q+1} + \frac{\alpha_4}{q-1} + \cdots + \frac{\alpha_q}{3}, \\ 0 = \frac{1}{q+5} + \frac{\alpha_2}{q+3} + \frac{\alpha_4}{q+1} + \cdots + \frac{\alpha_q}{5}, \\ \cdots\cdots\cdots\cdots\cdots\cdots \\ 0 = \frac{1}{2q-1} + \frac{\alpha_2}{2q-3} + \frac{\alpha_4}{2q-5} + \cdots + \frac{\alpha_q}{q-1}. \end{cases}$$

2. q sei eine ungerade Zahl. Jetzt sind in (20.) die Coefficienten aller geraden Potenzen von x gleich 0, sodass in diesem Falle eine Wurzel von (20.)

immer $=0$ ist. Für die Coefficienten der ungeraden Potenzen: $\alpha_2, \alpha_4, \cdots$ erhält man folgende Relationen:

$$(22.)\quad \begin{cases} 0 = \frac{1}{q+2} + \frac{\alpha_2}{q} + \frac{\alpha_4}{q-2} + \cdots + \frac{\alpha_{q-1}}{3}, \\ 0 = \frac{1}{q+4} + \frac{\alpha_2}{q+2} + \frac{\alpha_4}{q} + \cdots + \frac{\alpha_{q-1}}{5}, \\ 0 = \frac{1}{q+6} + \frac{\alpha_2}{q+4} + \frac{\alpha_4}{q+2} + \cdots + \frac{\alpha_{q-1}}{7}, \\ \cdot\;\cdot\;\cdot\;\cdot\;\cdot\;\cdot\;\cdot\;\cdot\;\cdot\;\cdot\;\cdot\;\cdot \\ 0 = \frac{1}{2q-1} + \frac{\alpha_2}{2q-3} + \frac{\alpha_4}{2q-5} + \cdots + \frac{\alpha_{q-1}}{q}. \end{cases}$$

Ich werde jetzt nachweisen, dass die Gleichung (20.), deren Wurzeln die durch (19.) bestimmt werdenden μ's sind, immer, q mag gerade oder ungerade sein, identisch ist mit

$$X^{(q)} = 0.$$

Aus dem Satz (4.):

$$\int_{-1}^{+1} X^{(q)} X^{(q')} d\mu = 0,$$

vorausgesetzt, dass q und q' verschieden sind, leitet man, indem für $X^{(q')}$ nach und nach $X^{(0)}, X^{(1)}, X^{(2)}, \cdots, X^{(q-1)}$ gesetzt wird, leicht ab:

$$(23.)\quad \int_{-1}^{+1} X^{(q)} \mu^{q'} d\mu = 0,$$

wenn q' irgend eine ganze Zahl, die aber kleiner sein muss als q, bedeutet. Der Umstand, dass $X^{(q)}$ eine ganze algebraische Function von der Ordnung q ist, verbunden mit der Eigenschaft (23.), bestimmt diese Function vollständig bis auf einen constanten Factor, auf den es hier nicht weiter ankommt. Es sei nun q eine gerade Zahl, $X^{(q)}$ enthält alsdann nur gerade Potenzen von μ und es sei:

$$X^{(q)} = \mu^q + A_2 \mu^{q-2} + A_4 \mu^{q-4} + \cdots + A_q.$$

Multipliciren wir diese Gleichung nach und nach mit $\mu^0, \mu^2, \mu^4, \cdots, \mu^{q-2}$ und nehmen jedesmal das Integral zwischen $\mu = -1$ und $\mu = +1$, so erhalten wir zufolge (23.):

$$\begin{cases} 0 = \frac{1}{q+1} + \frac{A_2}{q-1} + \frac{A_4}{q-3} + \cdots + \frac{A_q}{1}, \\ 0 = \frac{1}{q+3} + \frac{A_2}{q+1} + \frac{A_4}{q-1} + \cdots + \frac{A_q}{3}, \\ \cdot\;\cdot\;\cdot\;\cdot\;\cdot\;\cdot\;\cdot\;\cdot\;\cdot\;\cdot\;\cdot\;\cdot \\ 0 = \frac{1}{2q-1} + \frac{A_2}{2q-3} + \frac{A_4}{2q-4} + \cdots + \frac{A_q}{q-1}. \end{cases}$$

Dies ist aber dasselbe System Gleichungen, wie in (21.), woraus folgt, dass $X^{(q)} = 0$ identisch ist mit der Gleichung (20.).

Wenn q ungerade ist, enthält $X^{(q)}$ nur ungerade Potenzen von μ; es sei:

$$X^{(q)} = \mu^q + A_2\mu^{q-2} + \cdots + A_{q-1}\mu.$$

Multipliciren wir diese Gleichung nach und nach mit μ^1, μ^3, $\cdots$, μ^{q-2}, integriren jedesmal zwischen -1 und $+1$, so erhalten wir nach (23.) ein System Gleichungen zwischen A_2, A_4, $\cdots$, welches übereinstimmt mit (22.), sodass also auch in diesem Falle die Identität zwischen (20.) und $X^{(q)} = 0$ nachgewiesen ist.

Ich will jetzt noch bemerken, dass, wenn eine Function: $F(x)$, für welche, zwischen $x = A$ und $x = B$, q einzelne Werthe gegeben sind, zwischen diesen Grenzen A und B dargestellt werden soll, man in vielen Fällen sich der Reihe

(24.) $$F(x) = B^{(0)}X^{(0)} + B^{(1)}X^{(1)} + B^{(2)}X^{(2)} + \cdots$$

als einer sehr zweckmässigen Interpolations-Formel bedienen wird. Setzt man nämlich

$$x = \frac{A+B}{2} - \frac{A-B}{2}\mu,$$

so verwandelt sich $F(x)$ in eine Function von μ, welche zwischen $\mu = -1$ und $\mu = +1$ darzustellen ist. Wenn nun die x, in Beziehung auf welche die Werthe gegeben sind, so gewählt sind, dass die ihnen entsprechenden μ die Wurzeln der Gleichung $X^{(q)} = 0$ sind, so giebt die Anwendung der entwickelten Methode in (24.) alle Coefficienten bis $B^{(q)}$ exclusive. Die Anwendung der Methode der kleinsten Quadrate zur Bestimmung der Coefficienten in (24.) führt zu keinem andern Verfahren, und man ist also überhoben der so lästigen Auflösung der sonst durch diese Methode gegebenen Gleichungen. Wenn $F(x)$ eine algebraische ganze Function von der Ordnung $q-1$ ist, so wird sie durch (24.) vollständig bestimmt; wenn dies nicht der Fall ist, muss man sich $F\left(\frac{A+B}{2} - \frac{A-B}{2}\mu\right)$ in eine Reihe nach den steigenden Potenzen von μ entwickelt denken, die hinlänglich convergirt, um die q^{te} und die höhern Potenzen vernachlässigen zu können. Diese vernachlässigten Glieder üben einen Einfluss auf die Werthe, welche man für $B^{(0)}$, $B^{(1)}$, $B^{(2)}$, $\cdots$ erhält, aus, der aber um so geringer ist, je niedriger die Stellenzahl der B ist. So ist $B^{(0)}$ genau bis auf diejenigen Glieder, deren Exponent in der Entwickelung von $F\left(\frac{A+B}{2} - \frac{A-B}{2}\mu\right)$ gleich oder grösser als $2q$ ist, und allgemein: $B^{(m)}$ ist genau bis auf die Glieder, deren Exponent gleich oder grösser als $2q-m$ ist.

Gerade aus diesem Umstande, dass die ersten Glieder mit viel grösserer Genauigkeit bestimmt werden, lässt sich oft nicht unerheblicher Nutzen ziehen. Wenn z. B. das Integral $\int F(x)\,dx$ zwischen A und B aus den gegebenen q Beobachtungen gefunden werden soll, so ist dieses $=(B-A)\,B^{(0)}$ und also genau bis auf die Glieder in der Entwickelung von $F\left(\frac{A+B}{2}-\frac{A-B}{2}\mu\right)$ von der Ordnung $2q$, vorausgesetzt, dass die gegebenen Werthe von $F(x)$ auf Abscissen fallen, deren zugehörige μ's die Wurzeln von $X^{(q)}=0$ sind. Es seien diese gegebenen Werthe $M_1, M_2, \cdots, M_q$, so ist also:

$$\int_A^B F(x)\,dx=(B-A)\,\{a_1 M_1+a_2 M_2+\cdots+a_q M_q\},$$

wo die a's aus (18) bestimmt werden müssen. Diese Integrationsmethode, die sich hier gleichsam von selbst darbietet, ist genau dieselbe, welche Herr Hofrath *Gauss* in seiner Abhandlung: Methodus nova integralium etc. (Comm. Soc. Reg. Gött. recent. Vol. III) entwickelt hat, ausgehend gerade von der Forderung, dies Integral bis auf Glieder von der Ordnung $2q$ genau zu erhalten. In dieser Abhandlung findet man die Wurzeln der Gleichungen, von denen die μ's abhängen, bis $X^{(7)}=0$, und zugleich die Werthe der entsprechenden a's. Diese a's sind in der erwähnten Abhandlung mit $R, R', \cdots$ bezeichnet, und unsere $\mu', \mu'', \cdots$ erhält man aus den dortigen $a, a', a'', \cdots$, indem man diese a's verdoppelt und von 1 abzieht.

Ueber vortheilhafte Anordnung der Rechnung bei Anwendung der entwickelten Methode, einige Hülfstafeln u. dgl. werde ich mich in einer spätern Mittheilung, wo ich diese Methode auf die Darstellung der Vertheilung des Erdmagnetismus anwenden werde, auslassen.*)

*) Eine solche Mittheilung ist allerdings in Form einer besondern Abhandlung *nicht* erschienen. Doch ist *Neumann* auf diesen Gegenstand und überhaupt auf Anwendungen der hier von ihm gegebenen Theorie in seinen *Vorlesungen* mehrfach eingegangen. Es kommen hier in Betracht: erstens: die Vorlesungen über die *Theorie des Magnetismus*, Leipzig, bei Teubner, 1881, S. 82—101, ferner zweitens: die *Vorlesungen über Elektrische Ströme*, Leipzig, bei Teubner, 1884, Seite 183—219, und endlich drittens: die Vorlesungen über die *Theorie des Potentials und der Kugelfunctionen*, Leipzig, bei Teubner, 1887, Seite 127—154. — *C. N.*

Zusätze der Redaction. *(A. W.)*

Zu Seite 430. — Was die, speziell für $\mu = \mu_1$, für

$$C_0,\ C_1,\ C_2,\ \ldots,\ C_{p-1},\ C_p,$$
$$S_1,\ S_2,\ \ldots,\ S_{p-1},\ S_p$$

aufgestellten $2p + 1$ Formeln (9.) Seite 430 anbelangt, so lautet die *letzte* dieser $2p + 1$ Formeln folgendermaassen:

$$S_p = \frac{1}{p} \sum_{m=0}^{m=2p-1} \sin mpa\, V(m\alpha, \mu_1).$$

Nun ist aber [vgl. Seite 429]: $\alpha = \frac{\pi}{p}$, mithin z. B. $mp\alpha = m\pi$, und daher $\sin mp\alpha = 0$; sodass sich also ergiebt:

$$S_p = 0.$$

Demgemäss wird man, was mit dem Inhalt der *Neumann*'schen Abhandlung in vollem Einklange ist, dieses S_p fortzulassen haben. Hierdurch reduciren sich die in Rede stehenden $2p + 1$ Formeln auf nur $2p$ Formeln, nämlich auf die für

$$C_0,\ C_1,\ C_2,\ \ldots,\ C_{p-1},\ C_p,$$
$$S_1,\ S_2,\ \ldots,\ S_{p-1}$$

geltenden. —

Dieses gilt für $\mu = \mu_1$, ebenso aber auch für jeden der Werthe $\mu = \mu_2, \mu_3, \ldots \mu_{2p+1}$; sodass man also im Ganzen $2p(2p + 1)$ Formeln erhält. Dies aber ist die auf Seite 430 (in der neunten Zeile v. u.) angegebene Zahl.

Zu Seite 432. — Auf Seite 432 ist von *Neumann* bewiesen worden, dass die Summen (13.) und (15.) die *halben* Werthe der entsprechenden Integrale (6.) und (7.) haben. Demgemäss müssen die Formel (13.) Seite 431 und die beiden auf Seite 432 für $B_0^{(n)}$ gegebenen Formeln in der That so lauten, wie sie hier in diesem Neudruck gesetzt sind. Es musste nämlich im Original (und ebenso auch im Abdruck in den Math. Annalen) in der Formel (13.) Seite 431 der Factor $\frac{2}{2n+1}$ durch $\frac{1}{2n+1}$ ersetzt werden. Desgleichen musste in den beiden auf Seite 432 für $B_0^{(n)}$ gegebenen Formeln im Original (und in den Math. Annalen) der Factor $\frac{2n+1}{2}$ durch $2n + 1$, respective der Factor $\frac{2n+1}{4p}$ durch $\frac{2n+1}{2p}$ ersetzt werden.

ENTWICKLUNG DER IN ELLIPTISCHEN COORDINATEN AUSGEDRÜCKTEN RECIPROKEN ENTFERNUNG ZWEIER PUNKTE IN REIHEN, WELCHE NACH DEN LAPLACE'SCHEN $Y^{(n)}$ FORTSCHREITEN; UND ANWENDUNG DIESER REIHEN ZUR BESTIMMUNG DES MAGNETISCHEN ZUSTANDES EINES ROTATIONSELLIPSOIDS, WELCHER DURCH VERTHEILENDE KRÄFTE ERREGT IST.

Aus Crelle's Journal.

ENTWICKLUNG DER IN ELLIPTISCHEN COORDINATEN AUSGEDRÜCKTEN RECIPROKEN ENTFERNUNG ZWEIER PUNKTE IN REIHEN, WELCHE NACH DEN LAPLACE'SCHEN $Y^{(n)}$ FORTSCHREITEN; UND ANWENDUNG DIESER REIHEN ZUR BESTIMMUNG DES MAGNETISCHEN ZUSTANDES EINES ROTATIONS-ELLIPSOIDES, WELCHER DURCH VERTHEILENDE KRÄFTE ERREGT IST. 1847.*)

§ 1.

Allgemeine Betrachtungen über die Kugelfunctionen, namentlich über die der zweiten Art.

Herr Dr. *Heine* hat in Crelle's Journal Bd. 26, Seite 185 die Differentialgleichung, welche aus

$$\frac{\partial^2 v}{\partial x^2} + \frac{\partial^2 v}{\partial y^2} + \frac{\partial^2 v}{\partial z^2} = 0$$

entsteht, wenn darin statt der rechtwinkligen Coordinaten x, y, z die elliptischen

$$\begin{cases} x = r \sin\vartheta \cos\varphi, \\ y = r \sin\vartheta \sin\varphi, \\ z = \sqrt{r^2 - \lambda^2} \cdot \cos\vartheta. \end{cases}$$

*) Diese Abhandlung stammt, wie ihre Unterschrift (auf Seite 484) zeigt, aus dem Jahre 1847. Sie ist sodann im Druck erschienen im Jahre 1848 im Crelle'schen Journal, Bd. 37, Seite 21—50. Bei dem hier vorliegenden Neudruck der Abhandlung ist von der Redaction mehrfach Bezug genommen auf „*Neumann*'s *Beiträge zur Theorie der Kugelfunctionen*", Leipzig, bei Teubner, 1878, sowie auch auf „*Neumann*'s *Vorlesungen über die Theorie des Potentials und der Kugelfunctionen*", Leipzig, bei Teubner, 1887.

Die Funktionen $P_{nm}(x)$ und $Q_{nm}(x)$ sind in der vorliegenden Abhandlung durch dieselben Formeln definirt, wie in jenen beiden Werken. Dabei ist hier, im Neudruck der Abhandlung, Gebrauch gemacht worden von gewissen in jenen beiden Werken eingeführten *Vereinfachungen*. Diese Vereinfachungen bestehen z. B. in der Anwendung der *Gauss*'schen Function $\Pi(m)$, die bekanntlich für jede positive ganze Zahl m zu definiren ist durch die Formeln:

(α.) $\Pi(0) = 1$ und $\Pi(1) = 1$, $\Pi(2) = 1 \cdot 2$ $\Pi(3) = 1 \cdot 2 \cdot 3$, etc. etc., gesetzt werden, durch eine Reihe integriren gelehrt, welche nach den *Laplace*'schen $Y^{(n)}$ (*Kugelfunctionen*) fortschreitet. Derselbe hat gezeigt, dass diese Reihenentwicklung des Integrals von dem vollständigen Integral der Gleichung

$$(1.)\qquad \frac{\partial}{\partial\sigma}\Big((1-\sigma^2)\frac{\partial S}{\partial\sigma}\Big)+\Big[n(n+1)-\frac{m^2}{1-\sigma^2}\Big]S=0$$

abhängt. Dies ist dieselbe Differentialgleichung, deren eines particulares Integral einen charakteristischen Bestandtheil der Kugelfunction $Y^{(n)}$ bildet. Ich werde dieses particulare Integral durch $P_{nm}(\sigma)$ bezeichnen, und zwar der Art, dass die Formel stattfindet:

$$(2.)\qquad P_{nm}(\sigma)=(\sqrt{1-\sigma^2})^m\,\frac{\partial^m P_n(\sigma)}{\partial\sigma^m}=(\sqrt{1-\sigma^2})^m\,P_n^{(m)}(\sigma),$$

wo alsdann unter $P_n(\sigma)$ [d. i. $P_{n0}(\sigma)$] eine ganze rationale Function n^{ter} Ordnung zu verstehen ist, welche der [aus (1.) für $m=0$ entstehenden] Gleichung

$$(3.)\qquad \frac{\partial}{\partial\sigma}\Big((1-\sigma^2)\frac{\partial S}{\partial\sigma}\Big)+n(n+1)S=0$$

genügt, und deren Werth lautet:

$$(4.)\quad P_n(\sigma)=\frac{1\cdot3\cdot5\cdots(2n-1)}{1\cdot2\cdot3\cdots n}\Big[\sigma^n-\frac{n(n-1)}{2(2n-1)}\sigma^{n-2}+\frac{n(n-1)(n-2)(n-3)}{2\cdot4(2n-1)(2n-3)}\sigma^{n-4}-+\cdots\Big];$$

wofür man unter Anwendung der *Gauss*'schen Function Π auch schreiben kann*):

$$(4\text{a.})\quad P_n(\sigma)=\frac{\Pi(2n)}{2^n\Pi^2(n)}\Big[\sigma^n-\frac{n(n-1)}{2(2n-1)}\sigma^{n-2}+\frac{n(n-1)(n-2)(n-3)}{2\cdot4(2n-1)(2n-3)}\sigma^{n-4}-+\cdots\Big].$$

---

ferner in der Benutzung einer Zahl ε_m, die zu definiren ist durch die Formeln:

$$(\beta.)\qquad \varepsilon_0=1 \text{ und } \varepsilon_1=\varepsilon_2=\varepsilon_3=\varepsilon_4=\cdots=2,$$

ferner darin, dass die Functionen $P_{nm}(x)$, $Q_{nm}(x)$ für $m=0$ nicht mit $P_{n0}(x)$, $Q_{n0}(x)$, sondern kurzweg mit $P_n(x)$, $Q_n(x)$ bezeichnet sind, ferner darin, dass die Ableitungen dieser Functionen $P_n(x)$, $Q_n(x)$ häufig nur durch Accente angedeutet, also mit

$$(\gamma.)\qquad \begin{matrix} P_n'(x),\ P_n''(x),\ P_n'''(x),\ \cdots,\ P_n^{(m)}(x),\ \cdots \\ Q_n'(x),\ Q_n''(x),\ Q_n'''(x),\ \cdots,\ Q_n^{(m)}(x),\ \cdots \end{matrix}$$

bezeichnet sind, u. s. w.

Ist A eine positive reelle Grösse, so ist unter $\sqrt{A}$ stets der positive Werth dieser Wurzel zu verstehen. Im Uebrigen aber machen die Vorzeichen in der *Neumann*'schen Abhandlung einige Schwierigkeiten. Die Redaction wird [vgl. die Note auf Seite 464, sowie namentlich auch die von der Redaction beigefügten Zusätze Seite 485—500] diese Schwierigkeiten zu beseitigen suchen. Auch wird sie zeigen, dass ein gewisser zwischen der vorliegenden *Neumann*'schen Abhandlung und den *Neumann*'schen Vorlesungen, 1887, mit Bezug auf die Vorzeichen, zu Tage tretender Widerspruch nur ein *scheinbarer* ist. [Vgl. in den Zusätzen die erste Bemerkung auf Seite 497.] — *C. N.*

*) Vgl. *Neumann*'s Beiträge 1878, Seite 1 und *Neumann*'s Vorlesungen 1887, Seite 34 (7.). An letzterer Stelle ist ein Druckfehler vorhanden. Das dortige Product $2\Pi^2(n)$ ist nämlich zu ersetzen durch $2^n\Pi^2(n)$. — *C. N.*

Das *zweite* particulare Integral der Gleichung (1.) hat *Heine* durch Reihen dargestellt, die nach fallenden Potenzen entweder von σ oder von $\sqrt{1-\sigma^2}$ fortschreiten, mit der Bemerkung, dass diese Reihen in dem besondern Fall, wo n und m beide $=0$ sind, auf einen geschlossenen logarithmischen oder trigonometrischen Ausdruck zurückführbar sind. *Ich werde nun zeigen, dass dieses zweite particulare Integral von* (1.) *sich immer, d. i. für beliebige Werthe von n und m, durch einen geschlossenen logarithmischen oder trigonometrischen Ausdruck darstellen lässt.**) *Ich bezeichne dasselbe mit* $Q_{nm}(\sigma)$; *sodass also, wenn A und B zwei willkürliche, von σ unabhängige Grössen bezeichnen, das vollständige Integral der Differentialgleichung* (1.) *lautet:*

$$S = A\,P_{nm}(\sigma) + B\,Q_{nm}(\sigma).$$

Zugleich behaupte ich, dass jenes zweite particulare Integral $Q_{nm}(\sigma)$ *der Gleichung* (1.) *den Werth hat***):

$$\text{(5.)}\qquad Q_{nm}(\sigma) = \left(\sqrt{1-\sigma^2}\right)^m \frac{\partial^m Q_n(\sigma)}{\partial \sigma^m} = \left(\sqrt{1-\sigma^2}\right)^m Q_n^{(m)}(\sigma),$$

wobei die Function $Q_n(\sigma)$ *definirt zu denken ist durch die Formel****):

$$\text{(6.)}\qquad Q_n(\sigma) = \int_{-1}^{+1} \frac{P_n(\mu)}{\sigma-\mu}\,d\mu.$$

Ich behaupte also, dass der in (5.) *angegebene Ausdruck* $Q_{nm}(\sigma)$ *das zweite particulare Integral der Gleichung* (1.) *repräsentirt;* sodass also z. B. der aus (5.) für $m=0$ entstehende Ausdruck $Q_{n0}(\sigma) = Q_n(\sigma)$ das zweite particulare Integral jener specielleren Gleichung (3.) sein wird, deren erstes particulare Integral mit $P_{n0}(\sigma) = P_n(\sigma)$ bezeichnet wurde.

Setzt man aus (6.) den Werth von $Q_{n0}(\sigma)$ oder $Q_n(\sigma)$ in (5.), so erhält man:

$$\text{(7.)}\qquad Q_{nm}(\sigma) = (-1)^m \Pi(m)\left(\sqrt{1-\sigma^2}\right)^m \int_{-1}^{+1} \frac{P_n(\mu)}{(\sigma-\mu)^{m+1}}\,d\mu.$$

Ich werde nachweisen, dass, wenn man diesen Werth von $Q_{nm}(\sigma)$ statt S in (1.) setzt, dieser Gleichung genügt wird.

*) Man vergleiche die weiterhin folgenden Formeln (9.) und (11.). — *C. N.*

**) Die in (2.) und (5.) für $P_{nm}(\sigma)$ und $Q_{nm}(\sigma)$ gegebenen Definitionen sind identisch mit denen, die man in *Neumann*'s Vorlesungen 1887 auf Seite 322, 323 in (1.) und (2.) findet. — *C. N.*

***) Vgl. *Neumann*'s Vorlesungen 1887, Seite 314 (9.). — *C. N.*

Beweis. — Man erhält zuvörderst aus (7.) nach einigen kleinen Reductionen:

(8.)
$$\frac{\partial}{\partial\sigma}\left((1-\sigma^2)\frac{\partial Q_n(\sigma)}{\partial\sigma}\right)$$
$$= (-1)^m \Pi(m)(\sqrt{1-\sigma^2})^m \int_{-1}^{+1} \frac{P_n(\mu)}{(\sigma-\mu)^{m+1}} \left\{ \begin{array}{c} \frac{(m+1)(m+2)-2(m+1)\sigma\mu - m(m+1)\mu^2}{(\sigma-\mu)^2} \\ + \frac{m^2}{1-\sigma^2} \end{array} \right\} d\mu .$$

Nun ist aber, wie man leicht übersieht:

$$\frac{(m+1)(m+2)-2(m+1)\sigma\mu - m(m+1)\mu^2}{(\sigma-\mu)^{m+3}} = \frac{\partial}{\partial\mu}\left((1-\mu^2)\frac{\partial}{\partial\mu}\frac{1}{(\sigma-\mu)^{m+1}}\right);$$

und hierdurch und mit Rücksicht auf (7.) verwandelt sich die Formel (8.) in:

(8a.)
$$\frac{\partial}{\partial\sigma}\left((1-\sigma^2)\frac{\partial Q_{nm}(\sigma)}{\partial\sigma}\right)$$
$$= \left\{ \begin{array}{c} (-1)^m \Pi(m)(\sqrt{1-\sigma^2})^m \left(\int_{-1}^{+1} P_n(\mu)\frac{\partial}{\partial\mu}\left((1-\mu^2)\frac{\partial}{\partial\mu}\frac{1}{(\sigma-\mu)^{m+1}}\right)d\mu\right) \\ + \frac{m^2}{1-\sigma^2} Q_{nm}(\sigma) \end{array} \right\}.$$

Das hier auftretende Integralzeichen lässt sich durch partielle Integration wegschaffen. In solcher Weise nämlich erhält man für das hier in (8a.) in starke Klammern eingeschlossene Integral den Ausdruck:

$$\left[(1-\mu^2)\frac{\partial}{\partial\mu}\left(\frac{1}{(\sigma-\mu)^{m+1}}\right)\cdot P_n(\mu) - \frac{1-\mu^2}{(\sigma-\mu)^{m+1}}\frac{\partial P_n(\mu)}{\partial\mu}\right]_{\mu=-1}^{\mu=+1}$$
$$+ \int_{-1}^{+1} \frac{1}{(\sigma-\mu)^{m+1}}\frac{\partial}{\partial\mu}\left((1-\mu^2)\frac{\partial P_n(\mu)}{\partial\mu}\right)\cdot d\mu .$$

Dieser Ausdruck aber, dessen erste Zeile [in Folge des Factors $(1-\mu^2)$] offenbar $= 0$ ist, reducirt sich, weil, zufolge der Gleichung (3.),

$$-n(n+1)P_n(\mu) \quad \text{statt} \quad \frac{\partial}{\partial\mu}\left((1-\mu^2)\frac{\partial P_n(\mu)}{\partial\mu}\right)$$

gesetzt werden kann auf folgenden Ausdruck:

$$-n(n+1)\int_{-1}^{+1}\frac{P_n(\mu)}{(\sigma-\mu)^{m+1}}d\mu;$$

wofür man, nach (7.), auch schreiben kann:

$$\frac{-n(n+1)Q_{nm}(\sigma)}{(-1)^m\Pi(m)(\sqrt{1-\sigma^2})^m}.$$

Dies also ist der Werth jenes in (8a.) in den starken Klammern enthaltenen Integrals; sodass also jene Formel (8a.) sich verwandelt in:

$$\frac{\partial}{\partial\sigma}\left((1-\sigma^2)\frac{\partial Q_{nm}(\sigma)}{\partial\sigma}\right) = -n(n+1)\,Q_{nm}(\sigma) + \frac{m^2}{1-\sigma^2}Q_{nm}(\sigma), \tag{8b.}$$

d. i. in:

$$\frac{\partial}{\partial\sigma}\left((1-\sigma^2)\frac{\partial Q_{nm}(\sigma)}{\partial\sigma}\right) + \left(n(n+1) - \frac{m^2}{1-\sigma^2}\right)Q_{nm}(\sigma) = 0; \tag{8c.}$$

welches die zu beweisende Gleichung ist.

Darstellung der Functionen Q_n und Q_{nm} durch geschlossene trigonometrische oder logarithmische Ausdrücke. — Zur wirklichen Ausführung der Integration in dem Ausdruck für $Q_n(\sigma)$ in (6.) dient die Bemerkung, dass

$$\int_{-1}^{+1}\frac{\mu^p\,d\mu}{\sigma-\mu} = r - \sigma^p\log\left(\frac{\sigma-1}{\sigma+1}\right)$$

ist, worin r eine ganze rationale Function von σ vom $(p-1)^{\text{ten}}$ Grade bezeichnet, und gleich der Summe derjenigen Glieder in der Entwicklung von $\sigma^p\log\left(\frac{\sigma-1}{\sigma+1}\right)$ nach den Potenzen von $\frac{1}{\sigma}$ ist, welche mit $\sigma=\infty$ nicht verschwinden. Mit Rücksicht hierauf und mit Rücksicht auf den in (4.) angegebenen Werth von $P_n(\sigma)$ ergiebt sich nun aus (6.), dass

$$Q_n(\sigma) = \int_{-1}^{+1}\frac{P_n(\mu)\,d\mu}{\sigma-\mu} = R_n(\sigma) - P_n(\sigma)\log\left(\frac{\sigma-1}{\sigma+1}\right) \tag{9.}$$

ist, worin $R_n(\sigma)$ eine ganze rationale Function von σ vom $(n-1)^{\text{ten}}$ Grade bezeichnet, und gleich der Summe derjenigen Glieder in der Entwicklung von

$$P_n(\sigma)\log\left(\frac{\sigma-1}{\sigma+1}\right) \tag{9a.}$$

nach Potenzen von $\frac{1}{\sigma}$ ist, welche, wenn $\sigma=\infty$ wird, nicht verschwinden*).

*) Was die *Vieldeutigkeit* des log. anbelangt, so ist beim Studium der *Neumann*'schen Abhandlung zweierlei festzuhalten. *Erstens:* es soll

$$\log\left(\frac{\sigma-1}{\sigma+1}\right) = -\log\left(\frac{\sigma+1}{\sigma-1}\right) \tag{α.}$$

gedacht werden. Und *zweitens:* Es soll unter $\log\left(\frac{\sigma+1}{\sigma-1}\right)$ diejenige Function von σ verstanden werden, welche für *grosse* Werthe von σ durch folgende Reihe darstellbar ist:

$$\log\left(\frac{\sigma+1}{\sigma-1}\right) = 2\left[\frac{1}{\sigma} + \frac{1}{3}\left(\frac{1}{\sigma}\right)^3 + \frac{1}{5}\left(\frac{1}{\sigma}\right)^5 + \frac{1}{7}\left(\frac{1}{\sigma}\right)^7 + \cdots\right]. \tag{β.}$$

Dabei ist es einerlei, ob das in (α.), (β.) auftretende σ reell oder imaginär ist. — *C. N.*

Hiernach ist $R_n(\sigma)$ leicht hinzuschreiben. Uebrigens kann dieses $R_n(\sigma)$ auch bestimmt werden mittelst der Differentialgleichung:

$$\frac{\partial}{\partial\sigma}\left((1-\sigma^2)\frac{\partial R_n(\sigma)}{\partial\sigma}\right)+n(n+1)R_n(\sigma)+4\frac{\partial P_n(\sigma)}{\partial\sigma}=0, \tag{10.}$$

die man aus der Formel (3.) erhält, wenn man in ihr statt S den Werth von $Q_n(\sigma)$ aus (9.) substituirt. Man findet*):

$$R_0(\sigma)=0,\qquad R_1(\sigma)=-2,\qquad R_2(\sigma)=-3\sigma, \tag{10a.}$$
$$R_3(\sigma)=-5\left(\sigma^2-\tfrac{4}{15}\right),\quad \text{u. s. w.}$$

Aus den Formeln (5.) und (9.) ergiebt sich:

$$Q_{nm}(\sigma)=(\sqrt{1-\sigma^2})^m\frac{\partial^m}{\partial\sigma^m}\left(R_n(\sigma)-P_n(\sigma)\log\left(\frac{\sigma-1}{\sigma+1}\right)\right), \tag{11.}$$

mithin z. B. für den besonderen Fall $m=n$:

$$Q_{nn}(\sigma)=(\sqrt{1-\sigma^2})^n\frac{\partial^n}{\partial\sigma^n}\left(-P_n(\sigma)\log\left(\frac{\sigma-1}{\sigma+1}\right)\right); \tag{12.}$$

denn man hat zu beachten, dass $R_n(\sigma)$ eine ganze rationale Function $(n-1)^{\text{ten}}$ Grades von σ ist.

Ueber die Kugelfunctionen mit imaginärem Argument. — In allen vorstehenden Ausdrücken kann σ sowohl reell wie imaginär sein. Die im letztern Fall anzuwendenden Umformungen ergeben sich von selbst. Wenn z. B. σ von der Form is ist, wo $i=\sqrt{-1}$ und s reell sein soll, so ist nach (4a.):

$$P_n(is)=\frac{\Pi(2n)}{2^n\Pi^2(n)}i^n\left[s^n+\frac{n(n-1)}{2(2n-1)}s^{n-2}+\,+\cdots\right], \tag{13.}$$

---

*) Bei dieser Gelegenheit sei bemerkt, dass aus (4.) und (10a.) für $n=0,1,2$ sich folgende Formeln ergeben:

$$(\gamma.)\quad \begin{cases} P_0(\sigma)=1,\\ P_1(\sigma)=\sigma,\\ P_2(\sigma)=\dfrac{3\sigma^2-1}{2}, \end{cases}\qquad (\delta.)\quad \begin{cases} R_0(\sigma)=0,\\ R_1(\sigma)=-2,\\ R_2(\sigma)=-3\sigma, \end{cases}$$

und dass also, nach (9.), $Q_0(\sigma)$, $Q_1(\sigma)$, $Q_2(\sigma)$ folgende Werthe haben:

$$(\varepsilon.)\quad \begin{cases} Q_0(\sigma)=R_0(\sigma)+P_0(\sigma)\log\left(\dfrac{\sigma+1}{\sigma-1}\right)=\;0\;+\log\left(\dfrac{\sigma+1}{\sigma-1}\right),\\ Q_1(\sigma)=R_1(\sigma)+P_1(\sigma)\log\left(\dfrac{\sigma+1}{\sigma-1}\right)=-2+\sigma\log\left(\dfrac{\sigma+1}{\sigma-1}\right),\\ Q_2(\sigma)=R_2(\sigma)+P_2(\sigma)\log\left(\dfrac{\sigma+1}{\sigma-1}\right)=-3\sigma+\dfrac{3\sigma^2-1}{2}\log\left(\dfrac{\sigma+1}{\sigma-1}\right). \end{cases}$$

Die Redaction stellt absichtlich diese einfachen Formeln hier zusammen, weil von denselben im weiteren Verlauf der *Neumann*'schen Abhandlung vielfach Gebrauch gemacht wird. — *C. N.*

ferner nach (2.):

$$(13a.)\qquad P_{nm}(is) = (\sqrt{1+s^2})^m \frac{\partial^m P_n(is)}{i^m \partial^m s} = (\sqrt{1+s^2})^m P_n^{(m)}(is),$$

und ferner nach (9.):

$$(13b.)\qquad Q_n(is) = R_n(is) - 2i P_n(is) \operatorname{Arctg}\left(\frac{1}{s}\right),$$

wo alsdann $R_n(is)$ eine ganze rationale Function $(n-1)^{\text{ten}}$ Grades von is ist, und gleich der Summe derjenigen Glieder, welche in der Entwicklung von

$$(13c.)\qquad 2i P_n(is) \operatorname{Arctg}\left(\frac{1}{s}\right)$$

nach den Potenzen von $\frac{1}{s}$ mit $s = \infty$ nicht verschwinden*). Dabei bezeichnet R_n genau dieselbe Function wie früher; sodass z. B. nach (10a.) die Formeln zu notiren sind:

$$(13d.)\qquad R_0(is) = 0, \qquad R_1(is) = -2, \qquad R_2(is) = -3is,$$

$$R_3(is) = 5\left(s^2 + \frac{4}{15}\right), \quad \text{u. s. w.}$$

Ferner ist nach (5.):

$$(14.)\qquad Q_{nm}(is) = (\sqrt{1+s^2})^m \frac{\partial^m Q_n(is)}{i^m \partial s^m},$$

oder, falls man hier den Werth (13b.) substituirt:

$$(14a.)\qquad Q_{nm}(is) = (\sqrt{1+s^2})^m \frac{\partial^m}{i^m \partial s^m}\left(R_n(is) - 2i P_n(is) \operatorname{Arctg}\left(\frac{1}{s}\right)\right).$$

Untersuchung der Kugelfunctionen für gewisse specielle Argumente. — Bei Anwendungen ist häufig die Kenntniss der Functionen P_{nm} und Q_{nm} für einige *besondere* Werthe ihres Argumentes erforderlich. Auf solche Fälle will ich hier näher eingehen.

Erstens. — Wenn das Argument σ, es mag nun reell oder imaginär sein, unendlich gross wird, *verschwindet* $Q_{nm}(\sigma)$; wie solches aus der Definition

---

*) Was die *Vieldeutigkeit* von Arctg. anbelangt, so ist hier, in (13b.) und (13c.), unter $\operatorname{Arctg}\left(\frac{1}{s}\right)$ diejenige Function von s zu verstehen, welche für *grosse* Werthe von s durch die Reihe darstellbar ist:

$$(\zeta.)\qquad \operatorname{Arctg}\left(\frac{1}{s}\right) = \frac{1}{s} - \frac{1}{3}\left(\frac{1}{s}\right)^3 + \frac{1}{5}\left(\frac{1}{s}\right)^5 - \frac{1}{7}\left(\frac{1}{s}\right)^7 + - \cdots.$$

Hieraus und aus den vorhin [vgl. die Note auf Seite 445, namentlich die dortige Formel (β.)], über log. gemachten Angaben folgt sofort, dass

$$(\eta.)\qquad \log\left(\frac{is+1}{is-1}\right) = -2i \operatorname{Arctg}\left(\frac{1}{s}\right)$$

ist. — *C. N.*

der Function $R_n(\sigma)$ [vgl. (9.), (9a.)] sich sofort ergiebt. Hingegen wird $P_{nm}(\sigma)$ *unendlich gross,* wenn σ reell und unendlich gross ist. Ebenso wird der Modul dieser Function *unendlich gross,* wenn σ imaginär und unendlich gross ist. Ich deute dies an durch die Formeln:

$$(15.)\qquad P_{nm}(\infty) = \infty \quad \text{und} \quad Q_{nm}(\infty) = 0.$$

Zweitens. — Es soll jetzt der Grenzwerth des Productes $\alpha P_{nm}(\alpha r) Q_{nm}(\alpha r_1)$, wo α reell oder imaginär sein kann, bestimmt werden, wenn α unendlich wird. Nach (2.) und (7.) ist:

$$(A.)\qquad \alpha P_{nm}(\alpha r) Q_{nm}(\alpha r_1)$$
$$= (-1)^m \Pi(m) (\sqrt{1-\alpha^2 r^2})^m (\sqrt{1-\alpha^2 r_1^2})^m \cdot \alpha P_n^{(m)}(\alpha r) \int_{-1}^{+1} \frac{P_n(\mu)\, d\mu}{(\alpha r_1 - \mu)^{m+1}}.$$

Nun ist, wenn α sehr gross wird, zufolge (4.):

$$\alpha P_n^{(m)}(\alpha r) = \frac{1 \cdot 3 \cdots (2n-1)}{\Pi(n)} [n(n-1) \cdots (n-m+1)] \cdot \alpha (\alpha r)^{n-m},$$

wo der in den eckigen Klammern enthaltene Zahlenfactor offenbar $= \frac{\Pi(n)}{\Pi(n-m)}$ ist. Somit folgt:

$$(B.)\qquad \alpha P_n^{(m)}(\alpha r) = \frac{1 \cdot 3 \cdots (2n-1)}{\Pi(n-m)} \alpha (\alpha r)^{n-m}.$$

Beachtet man nun ferner die bekannten Formeln*):

$$(C.)\qquad \begin{cases} \int_{-1}^{+1} \mu^p P_n(\mu)\, d\mu = 0, \quad \text{für } p < n, \\ \int_{-1}^{+1} \mu^n P_n(\mu)\, d\mu = \left(\frac{2}{2n+1}\right) \frac{\Pi(n)}{1 \cdot 3 \cdots (2n-1)}, \end{cases}$$

so gelangt man, falls α sehr gross gedacht wird, zu folgender Formel**):

$$(D.)\qquad \int_{-1}^{+1} \frac{P_n(\mu)\, d\mu}{(\alpha r_1 - \mu)^{m+1}} = \left(\frac{2}{2n+1}\right) \frac{\Pi(n+m)}{1 \cdot 3 \cdots (2n-1)\, \Pi(m)} \left(\frac{1}{\alpha r_1}\right)^{n+m+1}$$

---

*) Nähere Auskunft über diese Formeln (C.) findet man z. B. in *Neumann*'s Vorlesungen, 1887, daselbst Seite 81 (5.) und Seite 82 (7.).

**) Man erhält zuvörderst:

$$\int_{-1}^{+1} \frac{P_n(\mu)\, d\mu}{(\alpha r_1 - \mu)^{m+1}} = \left(\frac{1}{\alpha r_1}\right)^{m+1} \int_{-1}^{+1} \frac{P_n(\mu)\, d\mu}{\left(1 - \frac{\mu}{\alpha r_1}\right)^{m+1}}$$
$$= \left(\frac{1}{\alpha r_1}\right)^{m+1} \int_{-1}^{+1} \left[\mathfrak{A}_0 + \mathfrak{A}_1 \left(\frac{\mu}{\alpha r_1}\right) + \cdots + \mathfrak{A}_n \left(\frac{\mu}{\alpha r_1}\right) + \mathfrak{A}_{n+1} \left(\frac{\mu}{\alpha r_1}\right)^{n+1} + \cdots\right] P_n(\mu)\, d\mu,$$

Aus (B.) und (D.) folgt durch Multiplication:

$$(E.)\qquad \alpha P_n^{(m)}(\alpha r)\int_{-1}^{+1}\frac{P_n(\mu)\,d\mu}{(\alpha r_1-\mu)^{m+1}}=\left(\frac{2}{2n+1}\right)\frac{\Pi(n+m)}{\Pi(n-m)\,\Pi(m)}\,\frac{\alpha(\alpha r)^{n-m}}{(\alpha r_1)^{n+m+1}};$$

und dies in (A.) substituirt und $\alpha=\infty$ gesetzt, erhält man:

$$(F.)\qquad \Big[\alpha P_{nm}(\alpha r)\,Q_{nm}(\alpha r_1)\Big]_{\alpha=\infty}$$

$$=\Big[(-1)^m\left(\frac{2}{2n+1}\right)\frac{\Pi(n+m)}{\Pi(n-m)}\left(\sqrt{1-\alpha^2r^2}\right)^m\left(\sqrt{1-\alpha^2r_1^2}\right)^m\frac{\alpha(\alpha r)^{n-m}}{(\alpha r_1)^{n+m+1}}\Big]_{\alpha=\infty}.$$

Ersetzt man hier die Binome $(1-\alpha^2r^2)$ und $(1-\alpha^2r_1^2)$ in Anbetracht des Umstandes, dass α unendlich gross werden soll, durch $(-\alpha^2r^2)$ und $(-\alpha^2r_1^2)$, so erhält man*):

$$(G.)\qquad \Big[\alpha P_{nm}(\alpha r)\,Q_{nm}(\alpha r_1)\Big]_{\alpha=\infty}=\Big[\left(\frac{2}{2n+1}\right)\frac{\Pi(n+m)}{\Pi(n-m)}(\alpha r)^m(\alpha r_1)^m\frac{\alpha(\alpha r)^{n-m}}{(\alpha r_1)^{n+m+1}}\Big]_{\alpha=\infty}.$$

Hier aber heben sich rechter Hand die α's fort; sodass man schliesslich erhält:

$$(16.)\qquad \Big[\alpha P_{nm}(\alpha r)\,Q_{nm}(\alpha r_1)\Big]_{\alpha=\infty}=\left(\frac{2}{2n+1}\right)\frac{\Pi(n+m)}{\Pi(n-m)}\,\frac{r^n}{r_1^{n+1}};$$

woraus*) sich z. B. für $m=0$ ergiebt:

$$(17.)\qquad \Big[\alpha P_n(\alpha r)\,Q_n(\alpha r_1)\Big]_{\alpha=\infty}=\left(\frac{2}{2n+1}\right)\frac{r^n}{r_1^{n+1}}.$$

Drittens. — Es sollen die Grenzwerthe von

$$(K.)\qquad Q_{nm}(\sigma),\qquad P_{nm}(\sigma)\,Q_{nm}(\sigma)\quad\text{und}\quad(1-\sigma^2)\frac{\partial P_{nm}(\sigma)}{\partial\sigma}\,Q_{nm}(\sigma)$$

für $\sigma=1$ bestimmt werden.

---

wo z. B. $\mathfrak{A}_n=\frac{(m+1)(m+2)\cdots(m+n)}{1\cdot2\cdots n}=\frac{\Pi(m+n)}{\Pi(m)\,\Pi(n)}$ ist. Hieraus aber folgt mit Rücksicht auf die Formeln (C.) und unter der Voraussetzung, dass α sehr gross ist:

$$\int_{-1}^{+1}\frac{P_n(\mu)\,d\mu}{(\alpha r_1-\mu)^{m+1}}=\mathfrak{A}_n\left(\frac{1}{\alpha r_1}\right)^{m+n+1}\int_{-1}^{+1}\mu^n P_n(\mu)\,d\mu,$$

oder, mit Rücksicht auf die zweite der Formeln (C.) und indem man für $\mathfrak{A}_n$ seinen Werth substituirt:

$$\int_{-1}^{+1}\frac{P_n(\mu)\,d\mu}{(\alpha r_1-\mu)^{n+1}}=\left(\frac{1}{\alpha r_1}\right)^{m+n+1}\cdot\left(\frac{2}{2n+1}\right)\frac{\Pi(m+n)}{1\cdot3\cdots(2n-1)\,\Pi(m)};$$

dies aber ist die obige Formel (D.). — *C. N.*

*) Eine etwas bequemere Methode zur Ableitung der Formel (16.) findet man in den angehängten Zusätzen. Vgl. die Note auf S. 491. — *C. N.*

In dem Integral (7.):

$$(L.)\qquad Q_{nm}(\sigma) = (-1)^m \Pi(m)(\sqrt{1-\sigma^2})^m \int_{-1}^{+1} \frac{P_n(\mu)\,d\mu}{(\sigma-\mu)^{m+1}}$$

ist, wegen des Factors $(\sqrt{1-\sigma^2})^m$, wenn σ der Einheit sich der nähert, nur allein die *obere* Grenze zu berücksichtigen. Ersetzt man nun in der Function $P_n(\mu)$ das Argument μ durch $\sigma-(\sigma-\mu)$, und ordnet diese Function nach Potenzen von $(\sigma-\mu)$, so erhält man das unbestimmte Integral

$$\int \frac{P_n(\mu)\,d\mu}{(\sigma-\mu)^{m+1}} = \frac{P_n(\sigma)}{m(\sigma-\mu)^m} - \frac{P_n'(\sigma)}{(m-1)(\sigma-\mu)^{m-1}} + \cdots;$$

wofür man, indem man die obere Grenze $\mu = 1$ einführt, wenn σ der Einheit sich nähert, auch schreiben kann:

$$\frac{P_n(\sigma)}{m(\sigma-1)^m},\quad \text{d. i.}\quad \frac{P_n(\sigma)}{m(-1)^m(1-\sigma)^m}.$$

Substituirt man aber diesen Werth in der Formel (L.), und ersetzt man dabei zugleich den Factor $(\sqrt{1-\sigma^2})^m$ durch $(\sqrt{2})^m(\sqrt{1-\sigma})^m$, so erhält man, weil $P_n(1)$ nach bekanntem Satze $=1$ ist:

$$(18.)\qquad \left[Q_{nm}(\sigma)\right]_{\sigma=1} = \left[\frac{(\sqrt{2})^m\,\Pi(m)}{m(\sqrt{1-\sigma})^m}\right]_{\sigma=1} = \infty.$$

Auch ist

(19.) $\left[Q_n(\sigma)\right]_{\sigma=1}$ ebenfalls $=\infty$; wie solches direct aus (9.) sich ergiebt.

Aus (18.) und (2.) erhält man:

$$(20.)\qquad \left[P_{nm}(\sigma)\,Q_{nm}(\sigma)\right]_{\sigma=1} = \frac{2^m\,\Pi(m)}{m}\,P_n^{(m)}(1),$$

so lange m nicht $=0$ ist. Bekanntlich ist aber*):

$$(21.)\qquad P_n^{(m)}(1) = \frac{(n-m+1)(n-m+2)\cdots n\cdots(n+m)}{2^m\,\Pi(m)}.$$

Somit ergiebt sich:

$$(22.)\qquad \left[P_{nm}(\sigma)\,Q_{nm}(\sigma)\right]_{\sigma=1} = \frac{(n-m+1)(n-m+2)\cdots n\cdots(n+m)}{m}.$$

Ferner ist:

(23.) $\left[P_n(\sigma)\,Q_n(\sigma)\right]_{\sigma=1} = \infty$; wie solches aus (9.) sich ergiebt**):

*) Vgl. die Formel (α.) der nächstfolgenden Note. — *C. N.*

**) Die Formeln (18.), (19.), ..., (22.) lauten im Original zum Theil ein wenig anders. Zur Controlle der hier in diesem Neudruck gegebenen Formeln sei hingewiesen auf *Neumann*'s *Beiträge*, 1878. Dort findet man auf Seite 77 in Tafel II die Formel:

Aus (2.) erhält man:

$$(1-\sigma^2)\frac{\partial P_{nm}(\sigma)}{\partial\sigma} = -m\sigma(\sqrt{1-\sigma^2})^m P_n^{(m)}(\sigma) + (\sqrt{1-\sigma^2})^{m+2} P_n^{(m+1)}(\sigma).$$

Hieraus aber, verbunden mit (18.) und (21.) ergiebt sich:

$$(24.)\quad \left[(1-\sigma^2)\frac{\partial P_{nm}(\sigma)}{\partial\sigma} Q_{nm}(\sigma)\right]_{\sigma=1} = -(n-m+1)(n-m+2)\cdots(n+m).$$

Hingegen ist*):

$$(25.)\quad \left[(1-\sigma^2)\frac{\partial P_n(\sigma)}{\partial\sigma} Q_n(\sigma)\right]_{\sigma=1} = 0.$$

Viertens. — Setzt man $\sigma = is$, wo $i = \sqrt{-1}$ und s reell sein soll, so geht die Formel (7.) über in:

$$(26.)\quad Q_{nm}(is) = (-1)^m \Pi(m)(\sqrt{1+s^2})^m \int_{-1}^{+1} \frac{P_n(\mu)\,d\mu}{(is-\mu)^{m+1}}.$$

Es soll der Werth dieser Function $Q_{nm}(is)$ für $s=0$ bestimmt werden.

Ich untersuche zuerst die Fälle, wo $n-m-1$ eine *ungerade* Zahl ist. Setzt man in (26.) für $P_n(\mu)$ seinen Werth aus (4.), führt die Integration aus, und setzt $s=0$, so zerstören sich alle Glieder mit Ausnahme desjenigen,

---

$$(\alpha.)\quad \left[P_n^{(m)}(\sigma)\right]_{\sigma=1} = P_n^{(m)}(1) = \frac{(n-m+1)(n-m+2)\cdots(n+m)}{2^m\Pi(m)},$$

und auf Seite 79 in der Tafel VII folgende Formel:

$$(\beta.)\quad \left[(1-\sigma^2)^m Q_n^{(m)}(\sigma)\right]_{\sigma=1} = \frac{2^m\Pi(m)}{m};$$

woraus durch Multiplication sich ergiebt:

$$(\gamma.)\quad \left[(1-\sigma^2)^m P_n^{(m)}(\sigma)\, Q_n^{(m)}(\sigma)\right]_{\sigma=1} = \frac{(n-m+1)(n-m+2)\cdots(n+m)}{m}.$$

Die Formel (α.) ist offenbar identisch mit (21.).

Sodann aber ergiebt sich, mit Hinblick auf (2.) und (5.), dass man die Formeln (β.), (γ.) auch so schreiben kann:

$$(\delta.)\quad \left[(\sqrt{1-\sigma^2})^m Q_{nm}(\sigma)\right]_{\sigma=1} = \frac{2^m\Pi(m)}{m},$$

$$(\varepsilon.)\quad \left[P_{nm}(\sigma)\, Q_{nm}(\sigma)\right]_{\sigma=1} = \frac{(n-m+1)(n-m+2)\cdots(n+m)}{m}.$$

Die Formel (δ.) aber ist in Einklang mit (18.), und die Formel (ε.) identisch mit (22.). — *C. N.*

*) Die Formel (25.) ergiebt sich direct aus der allgemeinen Formel (9.):

$$Q_n(\sigma) = R_n(\sigma) - P_n(\sigma)\log\left(\frac{\sigma-1}{\sigma+1}\right),$$

falls man nur beachtet, dass $R_n(\sigma)$ und $P_n(\sigma)$ ganze rationale Functionen von σ sind. — *C. N.*

welches von *dem* Gliede in $P_n(\mu)$ herrührt, welches μ^m enthält. Dieses Glied hat folgenden Werth*):

$$(\text{A.})\qquad (-1)^{\frac{n-m}{2}} \frac{1\cdot 3\cdots(2n-1)\cdot\mu}{\Pi(m)[2\cdot 4\cdots(n-m)][(2n-1)(2n-3)\cdots(n+m+1)]};$$

sodass also der in Rede stehende Grenzwerth lautet:

$$(\text{B.})\qquad \Big[Q_{nm}(is)\Big]_{s=0} = (-1)^{\frac{n-m}{2}} \frac{(-1)^m\cdot 1\cdot 3\cdots(2n-1)}{[2\cdot 4\cdots(n-m)][(2n-1)(2n-3)\cdots(n+m+1)]} \left[\int_{-1}^{+1} \frac{\mu^m d\mu}{(is-\mu)^{m+1}}\right]_{s=0}$$

Nun ist, wenn s sich der Null nähert:

$$(\text{C.})\qquad \left[\int_{-1}^{+1} \frac{\mu^m d\mu}{(is-\mu)^{m+1}}\right]_{s=0} = (-1)^m \left[\int_{-1}^{+1} \frac{d\mu}{is-\mu}\right]_{s=0};$$

d. i.

$$(\text{D.})\qquad = (-1)^m \pi i,$$

wo π die *Ludolf*'sche Zahl bezeichnet. Somit ergiebt sich, wenn $(n-m)$ *gerade* ist, aus (B.) die Formel:

$$(27.)\qquad \Big[Q_{nm}(is)\Big]_{s=0} = \frac{(-1)^{\frac{n-m}{2}}[1\cdot 3\cdots(2n-1)]\pi i}{[2\cdot 4\cdots(n-m)][(2n-1)(2n-3)\cdots(n+m+1)]},\ \text{für } (n-m) \text{ gerade,}$$

also z. B. für $m=0$:

$$(28.)\qquad \Big[Q_n(is)\Big]_{s=0} = \frac{(-1)^{\frac{n}{2}}[1\cdot 3\cdots(n-1)]\pi i}{2\cdot 4\cdots n},\ \text{für } n \text{ gerade.}$$

Um den Werth von $Q_{nm}(is)$ für $s=0$ in den Fällen zu bestimmen, in welchen $(n-m)$ eine *ungerade* Zahl ist, erinnere ich an den sonst schon bekannten Werth von $\int_{-1}^{+1} \mu^p P_n(\mu)\,d\mu$. Wenn n und p *gerade* sind, ist**):

$$(\text{g.})\qquad \int_{-1}^{+1} \mu^p P_n(\mu)\,d\mu = 2\frac{p(p-2)\cdots(p-n+2)}{(p+1)(p+3)\cdots(p+n+1)};$$

---

*) Der Factor $(-1)^{\frac{n-m}{2}}$ wird, weil $(n-m)$ augenblicklich *gerade* sein soll, $=\pm 1$ sein. Dieser Factor *fehlt* nun im Original in dem Ausdruck (A.), und ebenso auch in den Formeln (B.) und (27.).
C. N.

**) Diese Formeln (g.), (h.) sind völlig in Einklang mit den in *Neumann*'s Vorlesungen, 1887, gegebenen. Man vergleiche daselbst auf Seite 322 die Formeln (α.), (β.), (γ.) und auf Seite 81 den Satz (5.). — *C. N.*

und wenn n und p *ungerade* sind, hat man:

$$\text{(h.)}\qquad \int_{-1}^{+1} \mu^p P_n(\mu)\, d\mu = 2\frac{(p-1)(p-3)\cdots(p-n+2)}{(p+2)(p+4)\cdots(p+n+1)}.$$

Diese Formeln (g.), (h.) gelten für positive und negative Werthe von $(p-n)$.

Mittelst dieser Formeln (g.), (h.) erhält man aus der Formel (26.), wenn in ihr $s=0$ und $p=-(m+1)$ gesetzt wird*):

$$\text{(29.)}\qquad \Big[Q_{nm}(is)\Big]_{s=0} = 2(-1)^{\frac{n+m+1}{2}} \frac{2\cdot 4\cdots(m+n-1)}{1\cdot 3\cdots(n-m)}, \quad \text{für } (n-m) \text{ ungerade,}$$

also z. B. für $m=0$:

$$\text{(30.)}\qquad \Big[Q_n(is)\Big]_{s=0} = 2(-1)^{\frac{n+1}{2}} \frac{2\cdot 4\cdots(n-1)}{1\cdot 3\cdots n}, \quad \text{für } n \text{ ungerade.}$$

§ 2.

Reihenentwicklung der reciproken Entfernung zweier Punkte, unter Anwendung der elliptischen Coordinaten.

Die reciproke Entfernung zweier Punkte, von denen der eine innerhalb des gegebenen Rotations-Ellipsoids

$$\text{(1.)}\qquad \frac{x_0^2}{r_0^2} + \frac{y_0^2}{r_0^2} + \frac{z_0^2}{r_0^2-\lambda^2} = 1$$

liegt, der andere ausserhalb desselben, soll in eine nach den Kugelfunctionen $Y^{(n)}$ fortschreitende Reihe entwickelt werden. Es seien x, y, z die Coordinaten des *innern* Punktes, und x_1, y_1, z_1 die des *äussern* Punktes. Statt dieser rechtwinkligen Coordinaten werden drei andere eingeführt, nämlich der Aequatorradius [r, resp. r_1] desjenigen mit dem gegebenen confocalen Ellipsoides, welches durch den betrachteten Punkt [(x, y, z), resp. (x_1, y_1, z_1)] geht, und zwei Winkel [ϑ, φ, resp. ϑ_1, φ_1], durch welche die Lage des Punktes auf dieser confocalen Fläche bestimmt wird. Es wird nämlich gesetzt:

*) Die vier Formeln (27.), (28.) und (29.), (30.) sind, abgesehen vom Vorzeichen, in Einklang mit denen, die in *Neumann*'s Beiträgen, 1878, Seite 78, Tafel VI sich vorfinden. Eine Discussion der Vorzeichen ist überflüssig, weil die Formeln in der vorliegenden Abhandlung nur *einmal*, nämlich nur in § 2 Seite 459, zwischen (14.) und (14a.) gebraucht werden, an jener Stelle aber die Vorzeichen durchaus gleichgültig sind. Uebrigens würde eine solche Discussion nur möglich sein bei einer genaueren Determination der auf Seite 442, 443 in den Formeln (2.) und (5.) auftretenden Quadratwurzeln. — *C. N.*

$$(2.)\quad \begin{cases} x = r\sin\vartheta\cos\varphi, \\ y = r\sin\vartheta\sin\varphi, \\ z = \sqrt{r^2-\lambda^2}\cdot\cos\vartheta, \end{cases} \qquad \begin{cases} x_1 = r_1\sin\vartheta_1\cos\varphi_1, \\ y_1 = r_1\sin\vartheta_1\sin\varphi_1, \\ z_1 = \sqrt{r_1^2-\lambda^2}\cdot\cos\vartheta_1; \end{cases}$$

sodass also r, ϑ, φ und r_1, ϑ_1, φ_1 die neuen Coordinaten sind, während λ die schon in (1.) genannte Constante bezeichnet.

Wird die gegenseitige Entfernung der beiden Punkte (2.) mit E bezeichnet, so ist:

$$E^2 = (r^2-\lambda^2\cos^2\vartheta) + (r_1^2-\lambda^2\cos^2\vartheta_1) - 2\sqrt{r^2-\lambda^2}\sqrt{r_1^2-\lambda^2}\cos\vartheta\cos\vartheta_1$$
$$- 2rr_1\sin\vartheta\sin\vartheta_1\cos(\varphi-\varphi_1).$$

Setzt man also:

$$(3.)\qquad \frac{\lambda}{E} = v,$$

und überdies:

$$(3a.)\quad \begin{cases} \cos\vartheta = \mu, \\ r = \lambda\varrho, \\ \sigma^2+\varrho^2 = 1, \end{cases} \qquad \begin{cases} \cos\vartheta_1 = \mu_1, \\ r_1 = \lambda\varrho_1, \\ \sigma_1^2+\varrho_1^2 = 1, \end{cases}$$

so ergiebt sich:

$$(4.)\quad v = \frac{1}{\sqrt{(2-\sigma^2-\sigma_1^2-\mu^2-\mu_1^2)+2\sigma\sigma_1\mu\mu_1 - 2\sqrt{1-\sigma^2}\sqrt{1-\sigma_1^2}\sqrt{1-\mu^2}\sqrt{1-\mu_1^2}\cos(\varphi-\varphi_1)}}.$$

Diesen Ausdruck für v will ich in eine nach den $Y^{(n)}$ fortschreitende Reihe entwickeln; die $Y^{(n)}$ als Functionen von μ, φ und μ_1, φ_1 betrachtet.

Ich bemerke, dass bei *abgeplatteten* Ellipsoiden, weil für sie λ reell ist, sowohl σ als σ_1 imaginär sind, und dass hier σ zwischen 0 und $i\sqrt{\left(\frac{r_0}{\lambda}\right)^2-1}$ liegt, während σ_1 zwischen $i\sqrt{\left(\frac{r_0}{\lambda}\right)^2-1}$ und ∞ seinen Werth hat.*) Bei *ver-*

*) Ueber das abgeplattete Ellipsoid. — Nach (3a.) ist: $\sigma^2 = 1-\varrho^2 = 1-\left(\frac{r}{\lambda}\right)^2$. Nun ist beim *abgeplatteten* Ellipsoid die Variable σ *rein imaginär*, und weiterhin [vgl. 1. Seite 456] von *Neumann* mit is bezeichnet:

$$(\alpha.)\qquad \sigma = is;$$

sodass also die soeben genannte Formel $\sigma^2 = 1-\left(\frac{r}{\lambda}\right)^2$ sich in

$$(\beta.)\qquad s^2 = \left(\frac{r}{\lambda}\right)^2 - 1$$

verwandelt. Zwischen den beiden Variablen s und r findet daher die Relation statt:

$$(\gamma.)\qquad s = \sqrt{\left(\frac{r}{\lambda}\right)^2-1}.$$

Dabei bezeichnet r den *Aequatorradius* des durch den betrachteten Punkt (x, y, z) gehenden Ellipsoids, *längerten* Ellipsoiden ist λ imaginär. Daher sind hier σ und σ_1 reell; ersteres gelegen zwischen 1 und $\sqrt{1-\left(\frac{r_0}{\lambda}\right)^2}$, letzteres zwischen $\sqrt{1-\left(\frac{r_0}{\lambda}\right)^2}$ und ∞ *).

Bildet man von der in Bezug auf $\sigma, \sigma_1, \mu, \mu_1$ symmetrischen Function v (4.) den Differentialausdruck:

$$\frac{\partial}{\partial\mu}\left((1-\mu^2)\frac{\partial v}{\partial\mu}\right)+\frac{1}{1-\mu^2}\frac{\partial^2 v}{\partial\varphi^2},$$

---

während die Constante λ den *Radius der Brennkreisfläche* vorstellt. [Vgl. in den Zusätzen die Seite 485 (3f.)].

Lässt man nun den Punkt (x, y, z) von der Brennkreisfläche aus zum *gegebenen* Ellipsoid, dessen Aequatorradius von *Neumann* mit r_0 bezeichnet ist, und sodann von hier aus ins Unendliche wandern, so wird die Variable r *zunächst von* λ *bis* r_0, *und sodann von* r_0 *bis* $+\infty$ *anwachsen*. Die entsprechenden Werthveränderungen von s werden daher, nach (γ.), angedeutet sein durch folgende Formel:

$$(\delta.)\qquad s=0\;\cdots\cdots\;\sqrt{\left(\frac{r_0}{\lambda}\right)^2-1}\;\cdots\cdots\;+\infty.$$

Nun ist aber $\sigma = is$; sodass also die entsprechenden Werthveränderungen von σ angedeutet sein werden durch die Formel:

$$(\varepsilon.)\qquad \sigma=i0\;\cdots\cdots\;i\sqrt{\left(\frac{r_0}{\lambda}\right)^2-1}\;\cdots\cdots\;+i\infty;$$

was in Einklang ist mit den obigen Angaben. — *C. N.*

*) Ueber das verlängerte Ellipsoid. — Aus (3a.) ergiebt sich, wie schon zu Anfang der vorigen Note bemerkt wurde: $\sigma^2 = 1-\left(\frac{r}{\lambda}\right)^2$. Nun ist aber beim *verlängerten* Ellipsoid das λ *rein imaginär*, etwa $= il$, wo alsdann l die *Hälfte der Brennlinie* vorstellt. [Vgl. in den Zusätzen die Seite 493 (47f.)]. Somit folgt

$$(\zeta.)\qquad \sigma^2=1+\left(\frac{r}{l}\right)^2,$$

mithin:

$$(\eta.)\qquad \sigma=\sqrt{1+\left(\frac{r}{l}\right)^2};$$

und hinsichtlich dieser zwischen diesen beiden Variablen σ und r stattfindenden Relation (η.) ist wiederum zu bemerken, dass r den *Aequatorradius* des durch den betrachteten Punkt (x, y, z) gehenden Ellipsoids bezeichnet.

Lässt man nun den Punkt (x, y, z) zunächst von der Brennlinie aus zum *gegebenen* Ellipsoid, dessen Aequatorradius von *Neumann* mit r_0 bezeichnet ist, und sodann von hier aus ins Unendliche wandern, so wird die Variable r *zuerst von* 0 *bis* r_0, *und sodann von* r_0 *bis* $+\infty$ *wachsen*. Die gleichzeitigen Werthveränderungen von σ werden daher, nach (η.), angedeutet sein durch folgende Formel:

$$(\vartheta.)\qquad \sigma=1\;\cdots\cdots\;\sqrt{1+\left(\frac{r_0}{l}\right)^2}\;\cdots\cdots\;+\infty,$$

eine Formel, die man, wenn $\lambda = il$ ist, auch so schreiben kann:

$$(\varkappa.)\qquad \sigma=1\;\cdots\cdots\;\sqrt{1-\left(\frac{r_0}{\lambda}\right)^2}\;\cdots\cdots\;+\infty;$$

was mit den obigen Angaben in Einklang ist. —

Es war nothwendig, auf diese einfachen Dinge etwas ausführlicher einzugehen, weil, was die Formel ($\varkappa$.) anbelangt, im Original an Stelle von $\sqrt{1-\left(\frac{r_0}{\lambda}\right)^2}$ irrthümlicher Weise steht: $\sqrt{\left(\frac{r_0}{\lambda}\right)^2+1}$.

C. N.

so findet man, dass sein Werth (den ich nicht hinschreiben will) in Bezug auf σ, σ_1, μ, μ_1 wiederum symmetrisch ist. Der Werth dieses Ausdruckes bleibt also ungeändert, wenn man eine dieser vier Grössen gegen die andere vertauscht. Daraus folgen die drei Differentialgleichungen:

$$(5.)\quad \begin{cases} \frac{\partial}{\partial\mu}\left((1-\mu^2)\frac{\partial v}{\partial\mu}\right)+\frac{1}{1-\mu^2}\frac{\partial^2 v}{\partial\varphi^2}=\frac{\partial}{\partial\mu_1}\left((1-\mu_1^2)\frac{\partial v}{\partial\mu_1}\right)+\frac{1}{1-\mu_1^2}\frac{\partial^2 v}{\partial\varphi_1^2}\\ =\frac{\partial}{\partial\sigma}\left((1-\sigma^2)\frac{\partial v}{\partial\sigma}\right)+\frac{1}{1-\sigma^2}\frac{\partial^2 v}{\partial\varphi^2}=\frac{\partial}{\partial\sigma_1}\left((1-\sigma_1^2)\frac{\partial v}{\partial\sigma_1}\right)+\frac{1}{1-\sigma_1^2}\frac{\partial^2 v}{\partial\varphi_1^2},\end{cases}$$

in welchen φ mit φ_1, wie aus (4.) ersichtlich ist, vertauscht werden kann.

Diese Differentialgleichungen sollen zur Entwicklung des v nach den $Y^{(n}$ benutzt werden. Sie bestimmen diese Entwicklung bis auf ihre Zahlencoefficienten, deren Werthe durch anderweitige Bedingungen, welchen v zu genügen hat, ermittelt werden müssen. Folgende drei Bedingungen lassen diese Absicht vollständig erreichen:

1. Die Entwicklung muss für v einen endlichen Werth geben, wo auch der innere Punkt in dem gegebenen Ellipsoid liegen mag; also z. B. auch, wenn derselbe in der *Brennebene* des abgeplatteten Ellipsoids, oder in der *Brennlinie* des verlängerten liegt, d. h. wenn $\sigma = is$ verschwindet, resp. wenn $\sigma = 1$ wird.

2. Der partielle Differentialquotient von v nach irgend einer Richtung muss für den innern Punkt einen endlichen Werth haben; auch dann, wenn dieser Punkt in der Brennebene des abgeplatteten oder in der Brennlinie des verlängerten Ellipsoids liegt.

3. Wenn λ verschwindet, also das Ellipsoid in eine Kugel sich verwandelt, muss die Entwicklung in elliptischen Coordinaten mit der bekannten Entwicklung von $\frac{1}{E}$ in Kugelcoordinaten identisch werden.

Die erste Bedingung entspricht derjenigen, welche bei der Entwicklung der Grösse $\frac{1}{E}$, wenn sie in Kugelcoordinaten ausgedrückt ist, zur Bestimmung der Constanten angewendet wird, und wird dort so ausgesprochen, dass $\frac{1}{E}$ einen endlichen Werth haben muss, wenn der innere Punkt im Mittelpunkt der Kugel liegt. Sie gewährt für die Entwicklung in elliptischen Coordinaten denselben Nutzen, vorausgesetzt, dass das Ellipsoid ein *verlängertes* ist; sie ist aber erfolglos bei *abgeplatteten* Ellipsoiden. Bei diesen tritt an die Stelle der ersten Bedingung die zweite; welcher übrigens bei verlängerten Ellipsoiden Genüge geschieht, wenn die erste erfüllt ist.

Setzt man in die zweite der Gleichungen (5.), nämlich in

$$\frac{\partial}{\partial\mu}\left((1-\mu^2)\frac{\partial v}{\partial\mu}\right)+\frac{1}{1-\mu^2}\frac{\partial^2 v}{\partial\varphi^2}=\frac{\partial}{\partial\sigma}\left((1-\sigma^2)\frac{\partial v}{\partial\sigma}\right)+\frac{1}{1-\sigma^2}\frac{\partial^2 v}{\partial\varphi^2}$$

die Reihe

(6.) $$v=\sum_{n=0}^{\infty} Y^{(n)},$$

wo $Y^{(n)}$ der Gleichung

(7.) $$\frac{\partial}{\partial\mu}\left((1-\mu^2)\frac{\partial Y^{(n)}}{\partial\mu}\right)+\frac{1}{1-\mu^2}\frac{\partial^2 Y^{(n)}}{\partial\varphi^2}=-n(n+1)Y^{(n)}$$

genügt, so erhält man:

$$\sum_{n=0}^{\infty}\left\{\frac{\partial}{\partial\sigma}\left((1-\sigma^2)\frac{\partial Y^{(n)}}{\partial\sigma}\right)+\frac{1}{1-\sigma^2}\frac{\partial^2 Y^{(n)}}{\partial\varphi^2}+n(n+1)Y^{(n)}\right\}=0;$$

woraus folgt, dass

(8.) $$\frac{\partial}{\partial\sigma}\left((1-\sigma^2)\frac{\partial Y^{(n)}}{\partial\sigma}\right)+\frac{1}{1-\sigma^2}\frac{\partial^2 Y^{(n)}}{\partial\varphi^2}+n(n+1)Y^{(n)}=0$$

ist.

Der allgemeinste Ausdruck für $Y^{(n)}$ lautet:

(9.) $$Y^{(n)}=\sum_{n=0}^{\infty}P_{nm}(\mu)[S_{nm}\cos m\varphi+T_{nm}\sin m\varphi],$$

wo S_{nm} und T_{nm} beliebige, aber von μ, φ unabhängige Grössen sind. In dem vorliegenden Falle verwandelt sich dieser Ausdruck, weil v nur eine Function von $\cos(\varphi-\varphi_1)$ ist, in:

(10.) $$Y^{(n)}=\sum_{n=0}^{\infty}S_{nm}P_{nm}(\mu)\cos m(\varphi-\varphi_1).$$

Dies in (8.) substituiert, erhält man:

$$\sum_{n=0}^{\infty}\left\{\frac{\partial}{\partial\sigma}\left((1-\sigma^2)\frac{\partial S_{nm}}{\partial\sigma}\right)+\left[n(n+1)-\frac{m^2}{1-\sigma^2}\right]S_{nm}\right\}\cos m(\varphi-\varphi_1)=0;$$

woraus folgt:

$$\frac{\partial}{\partial\sigma}\left((1-\sigma^2)\frac{\partial S_{nm}}{\partial\sigma}\right)+\left[n(n+1)-\frac{m^2}{1-\sigma^2}\right]S_{nm}=0.$$

Das vollständige Integral dieser Gleichung ist

(11.) $$S_{nm}=A_{nm}P_{nm}(\sigma)+B_{nm}Q_{nm}(\sigma),$$

wo alsdann A_{nm} und B_{nm} nur noch Functionen von μ_1, σ_1 sind.

Setzt man nun die Reihe (6.) in die erste der Gleichungen (5.), nämlich in

$$\frac{\partial}{\partial\mu}\left((1-\mu^2)\frac{\partial v}{\partial\mu}\right)+\frac{1}{1-\mu^2}\frac{\partial^2 v}{\partial\varphi^2}=\frac{\partial}{\partial\mu_1}\left((1-\mu_1^2)\frac{\partial v}{\partial\mu_1}\right)+\frac{1}{1-\mu_1^2}\frac{\partial^2 v}{\partial\varphi_1^2},$$

so erhält man:

$$\frac{\partial}{\partial\mu_1}\left((1-\mu_1^2)\frac{\partial Y^{(n)}}{\partial\mu_1}\right)+\frac{1}{1-\mu_1^2}\frac{\partial^2 Y^{(n)}}{\partial\varphi_1^2}+n(n+1)\,Y^{(n)}=0;$$

und hier der Werth von $Y^{(n)}$ aus (10.) substituirt, ergiebt sich:

$$\frac{\partial}{\partial\mu_1}\left((1-\mu_1^2)\frac{\partial S_{nm}}{\partial\mu_1}+\left[n(n+1)-\frac{m^2}{1-\mu_1^2}\right]S_{nm}=0;\right.$$

woraus folgt, dass

$$S_{nm}=a_{nm}P_{nm}(\mu_1)+b_{nm}Q_{nm}(\mu_1)$$

ist, wo aber, weil $Q_{nm}(\mu_1)$ für $\mu_1=1$ [nach § 1 (18.)] unendlich wird, $b_{nm}=0$ sein muss*). Man erhält also:

$$S_{nm}=a_{nm}P_{nm}(\mu_1).$$

Und die Vergleichung dieses Ausdruckes von S_{nm} mit demjenigen in (11.) zeigt, dass

$$A_{nm}=\alpha_{nm}P_{nm}(\mu_1)\quad\text{und}\quad B_{nm}=\beta_{nm}P_{nm}(\mu_1)$$

sein muss. Unter Anwendung dieser Werthe von A_{nm} und B_{nm}, ergiebt sich nun aus (10.) und (11.):

$$(12.)\qquad Y^{(n)}=\sum_{m=0}^{\infty}[\alpha_{nm}P_{nm}(\sigma)+\beta_{nm}Q_{nm}(\sigma)]\,P_{nm}(\mu)\,P_{nm}(\mu_1)\cos m(\varphi-\varphi_1),$$

wo α_{nm} und β_{nm} nur noch Functionen von σ_1 sind.

Setzt man nun die Reihe für v (6.) in die dritte der Gleichungen (5.), nämlich in

$$\frac{\partial}{\partial\mu}\left((1-\mu^2)\frac{\partial v}{\partial\mu}\right)+\frac{1}{1-\mu^2}\frac{\partial^2 v}{\partial\varphi^2}=\frac{\partial}{\partial\sigma_1}\left((1-\sigma_1^2)\frac{\partial v}{\partial\sigma_1}\right)+\frac{1}{1-\sigma_1^2}\frac{\partial^2 v}{\partial\varphi_1^2},$$

so ergiebt sich:

$$\frac{\partial}{\partial\sigma_1}\left((1-\sigma_1^2)\frac{\partial Y^{(n)}}{\partial\sigma_1}\right)+\frac{1}{1-\sigma_1^2}\frac{\partial^2 Y^{(n)}}{\partial\varphi_1^2}+n(n+1)\,Y^{(n)}=0;$$

---

*) Wenn man (10.) in (6.) substituirt, erhält man:

$$v=\sum_{n=0}^{\infty}\sum_{m=0}^{\infty}S_{nm}P_{nm}(\mu)\cos m(\varphi-\varphi_1),$$

und hieraus:

$$S_{nm}\cos m\varphi_1=p\int_{-1}^{+1}\int_{0}^{2\pi}v\,P_{nm}(\mu)\cos m\varphi\cdot d\mu\,d\varphi,$$

wo p ein Zahlencoefficient ist, den ich nicht hinschreiben will. Es erhellt aus dieser Gleichung, dass, da v endlich ist, S_{nm} nicht unendlich werden darf. — *(Anm. des Originals.)*

und hier für $Y^{(n)}$ seinen Werth aus (12.) substituirt, erhält man:

$$\left\{\frac{\partial}{\partial\sigma_1}\left((1-\sigma_1^2)\frac{\partial\alpha_{nm}}{\partial\sigma_1}\right)+\left[n(n+1)-\frac{m^2}{1-\sigma_1^2}\right]\alpha_{nm}\right\}P_{nm}(\sigma)$$
$$+\left\{\frac{\partial}{\partial\sigma_1}\left((1-\sigma_1^2)\frac{\partial\beta_{nm}}{\partial\sigma_1}\right)+\left[n(n+1)-\frac{m^2}{1-\sigma_1^2}\right]\beta_{nm}\right\}Q_{nm}(\sigma)=0.$$

Da α_{nm} und β_{nm} unabhängig von σ sind, so müssen hier die Factoren von $P_{nm}(\sigma)$ und $Q_{nm}(\sigma)$ für sich verschwinden. Hieraus folgt:

$$(13.)\qquad \begin{cases}\alpha_{nm}=e_{nm}P_{nm}(\sigma_1)+f_{nm}Q_{nm}(\sigma_1),\\ \beta_{nm}=g_{nm}P_{nm}(\sigma_1)+h_{nm}Q_{nm}(\sigma_1),\end{cases}$$

wo e_{nm}, f_{nm}, g_{nm}, h_{nm} nur noch Zahlencoefficienten sind.

Dass $e_{nm}=0$ und $g_{nm}=0$ sein muss, erhellt sofort daraus, dass sonst [nach (15.) § 1] $Y^{(n)}$ und somit v unendlich gross werden würde, wenn der ausserhalb des Ellipsoides liegende Punkt unendlich weit läge. Mit Rücksicht hierauf erhält man also aus (13.), (12.) und (6.):

$$(14.)\qquad v=\sum_{n=0}^{\infty}\sum_{m=0}^{n}[f_{nm}P_{nm}(\sigma)+h_{nm}Q_{nm}(\sigma)]\,Q_{nm}(\sigma_1)P_{nm}(\mu)P_{nm}(\mu_1)\cos m(\varphi-\varphi_1).$$

Ich werde nachweisen, dass $h_{nm}=0$ ist, das gegebene Ellipsoid (1.) mag ein abgeplattetes oder verlängertes sein. Für ein *verlängertes* Ellipsoid erhellt dies sofort daraus, dass σ, welches hier reell ist, $=1$ werden kann, wenn nämlich der innere Punkt in der Brennlinie liegt, und dass [nach (18.) und (19.) § 1] $Q_{nm}(\sigma)$ für $\sigma=1$ unendlich gross wird.

Es bedarf also nur noch der Nachweisung, dass auch bei *abgeplatteten* Ellipsoiden $h_{nm}=0$ ist. Die entsprechende Betrachtung bei diesen hat den innern Punkt in die Brennebene zu legen; sie entscheidet über h_{nm} nichts, weil $Q_{nm}(is)$ bei verschwindendem s [nach (29.) und (30.) § 1] einen endlichen Werth behält. Die Anwendung der obigen zweiten Bedingung [Seite 456] entscheidet aber über den Werth dieser Grösse. Um nachzuweisen, dass der Differentialquotient von v nach einer *beliebigen* Richtung für innere Punkte einen endlichen Werth habe, ist es hinreichend, es für drei aufeinander senkrechte Richtungen zu thun. Ich wähle zu diesen Richtungen die durch den innern Punkt gelegte Normale desjenigen Ellipsoides, welches durch ihn confocal mit dem gegebenen Ellipsoide gelegt ist, seinen Meridian und seinen Parallelkreis, und nenne die in dem Punkte sich rechtwinklig schneidenden Elemente dieser drei Richtungen dn, dm, dp. Man erhält für die partiellen Differentialquotienten von v nach diesen Richtungen folgende Werthe:

$$(14a.)\qquad \begin{aligned} \frac{dv}{dn} &= \frac{\sqrt{r^2-\lambda^2}}{\sqrt{r^2-\lambda^2\sin^2\vartheta}}\,\frac{\partial v}{\partial r},\\ \frac{dv}{dm} &= \frac{(-1)}{\sqrt{r^2-\lambda^2\sin^2\vartheta}}\,\frac{\partial v}{\partial \vartheta},\\ \frac{dv}{dp} &= \frac{1}{r\sin\vartheta}\,\frac{\partial v}{\partial \varphi}, \end{aligned}$$

wofür man, weil [vgl. Seite 454 (3a.)] $r=\lambda\sqrt{1-\sigma^2}$ und $\cos\vartheta=\mu$ sein soll, auch schreiben kann*):

$$(14b.)\qquad \begin{aligned} \frac{dv}{dn} &= +\frac{i\sqrt{1-\sigma^2}}{\lambda\sqrt{\mu^2-\sigma^2}}\,\frac{\partial v}{\partial \sigma},\\ \frac{dv}{dm} &= +\frac{\sqrt{1-\mu^2}}{\lambda\sqrt{\mu^2-\sigma^2}}\,\frac{\partial v}{\partial \mu},\\ \frac{dv}{dp} &= +\frac{1}{\lambda\sqrt{1-\sigma^2}\sqrt{1-\mu^2}}\,\frac{\partial v}{\partial \varphi}. \end{aligned}$$

Dabei sind, in (14a.), wie auch in (14b.), unter n, m, p diejenigen Richtungen der genannten Linien zu verstehen, in denen die Variablen s, μ, φ im *Wachsen* sich befinden**).

Ich betrachte zuerst den Differentialquotienten $\frac{dv}{dn}$. Derselbe wird, wenn man darin $\sigma=0$ setzt:

$$(f.)\qquad \left[\frac{dv}{dn}\right]_{\sigma=0} = +\frac{i}{\lambda\mu}\left[\frac{\partial v}{\partial\sigma}\right]_{\sigma=0}$$

Hierin ist auf der rechten Seite für $\frac{\partial v}{\partial\sigma}$ sein Werth aus (14.) zu substituiren. Vor dieser Substitution bemerke man, dass aus (5.) § 1 sich ergiebt:

$$\begin{aligned} \frac{\partial Q_{nm}(\sigma)}{\partial\sigma} &= -m\sigma(1-\sigma^2)^{\frac{m-2}{2}}\frac{\partial^m Q_{n0}(\sigma)}{\partial\sigma^m} = (1-\sigma^2)^{\frac{m}{2}}\frac{\partial^{m+1}Q_{n0}(\sigma)}{\partial\sigma^{m+1}}\\ &= -\frac{m\sigma}{1-\sigma^2}Q_{nm}(\sigma)+\frac{1}{\sqrt{1-\sigma^2}}Q_{n\,m+1}(\sigma); \end{aligned}$$

woraus folgt:

$$\left[\frac{\partial Q_{nm}(\sigma)}{\partial\sigma}\right]_{\sigma=0} = \left[Q_{n\,m+1}(\sigma)\right]_{\sigma=0}.$$

---

*) Die hier folgenden Formeln (14b.) kann man ableiten aus den in den Zusätzen in (15.) Seite 487 hingestellten Formeln. Setzt man nämlich diesen letztern $F=v$, so erhält man sofort:

$$\frac{dv}{dn}=\frac{\partial v}{\partial s}\,\frac{\sqrt{1+s^2}}{\lambda\sqrt{\mu^2+s^2}},$$

also, weil $s=-i\sigma$ ist [vgl. in den Zusätzen Seite 486 (10.)]:

$$\frac{dv}{dn}=i\frac{\partial v}{\partial\sigma}\,\frac{\sqrt{1-\sigma^2}}{\lambda\sqrt{\mu^2-\sigma^2}};$$

dies aber ist die erste der obigen Formeln (14b.). U. s. w. — *C. N.*

**) Vgl. in den Zusätzen auf Seite 487 die Zeilen zwischen (14.) und (15.). — *C. N.*

Ebenso erhält man:

$$\left[\frac{\partial P_{nm}(\sigma)}{\partial \sigma}\right]_{\sigma=0} = \left[P_{nm+1}(\sigma)\right]_{\sigma=0},$$

sodass also die Gleichung (f.), unter Benutzung des Ausdruckes (14.), zu folgender Formel führt:

$$\left[\frac{dv}{dn}\right]_{\sigma=0} = +\frac{i}{\lambda}\sum_{n=0}^{\infty}\sum_{m=0}^{n}\left\{\begin{array}{l}\left(f_{nm}\left[P_{nm+1}(\sigma)\right]_{\sigma=0} + h_{nm}\left[Q_{nm+1}(\sigma)\right]_{\sigma=0}\right)\\ \times\, Q_{nm}(\sigma_1)\,\frac{P_{nm}(\mu)}{\mu}\,P_{nm}(\mu_1)\cdot\cos m(\varphi-\varphi_1)\end{array}\right\}.$$

Dieser Ausdruck wird, wenn $n-m$ eine *gerade* Zahl ist, in Folge des Factors $\frac{P_{nm}(\mu)}{\mu}$, für $\mu = 0$ unendlich gross*), wenn nicht das in den starken Klammern enthaltene Binom allgemein gleich Null ist. Nun verschwindet aber, wenn $n-m$ eine gerade Zahl ist, der Ausdruck $[P_{nm+1}(\sigma)]_{\sigma=0}$**). Es ist daher hinreichend und nothwendig, dass h_{nm} gleich Null sei, wenn $n-m$ *gerade* ist. Aus der Discussion von [vgl. (14b.)]

(g.) $$\left[\frac{dv}{dm}\right]_{\sigma=0} = +\frac{\sqrt{1-\mu^2}}{\lambda\mu}\left[\frac{\partial v}{\partial \mu}\right]_{\sigma=0}$$

folgt ebenso, dass, da $\left[\frac{dv}{dm}\right]_{\sigma=0}$ nicht für $\mu = 0$ unendlich gross werden darf, h_{nm} verschwinden muss, wenn $n-m$ *ungerade* ist. Diese Grösse h_{nm} ist also in *allen* Fällen gleich Null. — Der dritte Differentialquotient [in (14b.)]

(h.) $$\left[\frac{dv}{dp}\right]_{\sigma=0} = \frac{1}{\lambda\sqrt{1-\mu^2}}\left[\frac{\partial v}{\partial \varphi}\right]_{\sigma=0}$$

hat immer einen endlichen Werth, welches auch die Lage des innern Punktes sei.

Demnach verwandelt sich (14.), wenn statt v sein Werth aus (3.) gesetzt wird, in:

(15.) $$\frac{1}{E} = \frac{1}{\lambda}\sum_{n=0}^{\infty}\sum_{m=0}^{n} f_{nm}\,P_{nm}(\sigma)\,Q_{nm}(\sigma_1)\,P_{nm}(\mu)\,P_{nm}(\mu_1)\cos m(\varphi-\varphi_1),$$

wo jetzt nur noch die Zahlencoefficienten f_{nm} zu bestimmen sind. Diese Bestimmung findet sich, wenn in dem vorstehenden Ausdruck (15.) $\lambda = 0$ gesetzt wird; wodurch derselbe in *den* Ausdruck übergehen muss, welchen *Laplace* in der „*Méc. cél.*" für die Entwicklung von $\frac{1}{E}$ nach den $Y^{(n)}$ in *sphärischen Coordinaten* gegeben hat. Dieser ist folgender***):

---

*) Ist nämlich $n-m$ eine gerade Zahl, so wird $P_{nm}(\mu)$ für $\mu = 0$ einen endlichen und von Null verschiedenen Werth haben. Vgl. *Neumann*'s Beiträge, 1878, Seite 77, (α.), (β.). — *C. N.*

**) Vgl. *Neumann*'s Beiträge, 1878, Seite 77, (γ.). — *C. N.*

***) Man vgl. *Neumann*'s Vorlesungen, 1887, Seite 342, (A.).

(16.) $$\frac{1}{E} = \sum_{n=0}^{\infty} \sum_{m=0}^{n} \varepsilon_m \frac{\Pi(n-m)}{\Pi(n+m)} \frac{r^n}{r_1^{n+1}} P_{nm}(\mu) P_{nm}(\mu_1) \cos m(\varphi - \varphi_1),$$

wo die ε_m [vgl. Seite 442 (β.)] definirt zu denken sind durch die Formeln:

(16a.) $$\varepsilon_0 = 1 \quad \text{und} \quad \varepsilon_1 = \varepsilon_2 = \varepsilon_3 = \varepsilon_4 = \cdots = 2.$$

Aus der Vergleichung von (16.) mit (15.) folgt, dass

(17.) $$f_{nm}\left[\frac{1}{\lambda} P_{nm}(\sigma) Q_{nm}(\sigma_1)\right]_{\lambda=0} = \varepsilon_m \frac{\Pi(n-m)}{\Pi(n+m)} \frac{r^n}{r_1^{n+1}}$$

sein muss; wodurch f_{nm} seine Werthbestimmung findet.

Wenn nämlich λ der Null sich nähert, wird*) $\sigma = \frac{ir}{\lambda}$ und $\sigma_1 = \frac{ir_1}{\lambda}$, mithin:

$$\frac{1}{\lambda} P_{nm}(\sigma) Q_{nm}(\sigma_1) = \frac{1}{\lambda} P_{nm}\left(\frac{ir}{\lambda}\right) Q_{nm}\left(\frac{ir_1}{\lambda}\right),$$

also, falls man λ zu Null herabsinken lässt:

$$\left[\frac{1}{\lambda} P_{nm}(\sigma) Q_{nm}(\sigma_1)\right]_{\lambda=0} = \frac{1}{i}\left[\frac{i}{\lambda} P_{nm}\left(\frac{ir}{\lambda}\right) Q_{nm}\left(\frac{ir_1}{\lambda}\right)\right]_{\lambda=0},$$

oder wenn man den Quotienten $\frac{i}{\lambda} = \alpha$ setzt:

$$\left[\frac{1}{\lambda} P_{nm}(\sigma) Q_{nm}(\sigma_1)\right]_{\lambda=0} = \frac{1}{i}\left[\alpha P_{nm}(\alpha r) Q_{nm}(\alpha r_1)\right]_{\alpha=\infty},$$

also mit Rücksicht auf die Formel (16.) § 1:

$$\left[\frac{1}{\lambda} P_{nm}(\sigma) Q_{nm}(\sigma_1)\right]_{\lambda=0} = \frac{1}{i}\left(\frac{2}{2n+1}\right) \frac{\Pi(n+m)}{\Pi(n-m)} \frac{r^n}{r_1^{n+1}}.$$

---

*) Nach der Note auf Seite 454 ist nämlich für das *abgeplattete* Ellipsoid:

(α.) $$s = \sqrt{\left(\frac{r}{\lambda}\right)^2 - 1} \quad \text{und} \quad \sigma = is.$$

Hieraus aber folgt, wenn λ der Null sich nähert:

(β.) $$s = \frac{r}{\lambda} \quad \text{und} \quad \sigma = \frac{ir}{\lambda}.$$

Andererseits gelten für das *verlängerte* Ellipsoid, nach der Note auf Seite 455, die Formeln:

(γ.) $$\sigma = \sqrt{\left(\frac{r}{l}\right)^2 + 1} \quad \text{und} \quad \lambda = il;$$

und hieraus folgt, falls λ der Null sich nähert:

(δ.) $$\sigma = \frac{r}{l} = \frac{ir}{\lambda}.$$

Die Formeln (β.) und (δ.) geben also im einen, wie im andern Falle: $\sigma = \frac{ir}{\lambda}$. — *Q. e. d.*

C. N.

Dies in (17.) substituirt, erhält man:

$$(17a.)\qquad f_{nm}\frac{1}{i}\left(\frac{2}{2n+1}\right)\frac{\Pi(n+m)}{\Pi(n-m)}\frac{r^n}{r_1^{n+1}}=\varepsilon_m\frac{\Pi(n-m)}{\Pi(n+m)}\frac{r^n}{r_1^{n+1}},$$

folglich:

$$(17b.)\qquad f_{nm}=i\cdot\varepsilon_m\left(\frac{2n+1}{2}\right)\left(\frac{\Pi(n-m)}{\Pi(n+m)}\right)^2.$$

Hiermit ist die verlangte Entwicklung von $\frac{1}{E}$ *vollständig ausgeführt.* Substituirt man nämlich den Werth (17b.) in (15.), so erhält man:

$$(18.)\quad \frac{1}{E}=\left(\frac{i}{\lambda}\right)\sum_{n=0}^{\infty}\sum_{m=0}^{n}\varepsilon_m\left(\frac{2n+1}{2}\right)\left(\frac{\Pi(n-m)}{\Pi(n+m)}\right)^2 P_{nm}(\sigma)\,Q_{nm}(\sigma_1)\,P_{nm}(\mu)\,P_{nm}(\mu_1)\cos m(\varphi-\varphi_1).$$

Ueber das Potential. — Aus der vorstehenden Entwicklung (18.) folgt *der allgemeine Ausdruck in elliptischen Coordinaten* derjenigen Function, welcher *Gauss* den Namen *Potential* gegeben hat*). Bezeichnet k ein Massentheilchen, und E dessen Entfernung von irgend einem Punkte P, auf welchen das Potential bezogen werden soll, so wird diese Function der Coordinaten des Punktes P, die durch V bezeichnet werden möge, definirt durch:

$$(19.)\qquad V=\mathfrak{S}\frac{k}{E},$$

wenn die durch $\mathfrak{S}$ bezeichnete Summation auf alle k ausgedehnt wird.

Wir unterscheiden drei Fälle: Entweder liegen sämmtliche Massentheile k innerhalb irgend eines durch den Punkt P gehenden Rotations-Ellipsoids, oder sie liegen sämmtlich ausserhalb, oder sie liegen zum Theil innerhalb, zum Theil ausserhalb. Im ersten Falle werde das Potential durch V_a, im zweiten durch V_i bezeichnet; und für den dritten Fall bleibe das V ohne Index.

Ich werde zuerst V_a darstellen. Es seien r_1, r_1, $\sqrt{r_1^2-\lambda^2}$ die Halbaxen jenes durch P gehenden Rotations-Ellipsoids; die Lagen und Längen dieser Halbaxen können durch irgend welche *anderweitige* Rücksichten bestimmt gedacht werden. Durch μ_1 und φ_1 werde die Lage des Punktes P auf dieser Oberfläche bestimmt. Ferner werde das Massentheilchen k, seiner räumlichen Lage nach, durch ein confocales Ellipsoid mit den Halbaxen r, r, $\sqrt{r^2-\lambda^2}$ und durch μ, φ bestimmt. Substituirt man nun in (19.) statt $\frac{1}{E}$ seinen Werth aus (18.), so erhält man:

$$(20.)\qquad V_a=\sum_{n=0}^{\infty}\sum_{m=0}^{n}Q_{nm}(\sigma_1)\,P_{nm}(\mu_1)\,[A_{nm}\cos m\varphi_1+B_{nm}\sin m\varphi_1],$$

*) Nach *Heine* rührt der Name „*Potential*" nicht von *Gauss* her, sondern von *Green*. — *C. N.*

wo alsdann A_{nm} und B_{nm} folgende Bedeutungen haben:

$$(21.)\quad \begin{cases} A_{nm} = \left(\frac{i}{\lambda}\right) \varepsilon_m \left(\frac{2n+1}{2}\right) \left(\frac{\Pi(n-m)}{\Pi(n+m)}\right)^2 \mathrm{S}\, k\, P_{nm}(\sigma)\, P_{nm}(\mu) \cos m\varphi, \\ B_{nm} = \left(\frac{i}{\lambda}\right) \varepsilon_m \left(\frac{2n+1}{2}\right) \left(\frac{\Pi(n-m)}{\Pi(n+m)}\right)^2 \mathrm{S}\, k\, P_{nm}(\sigma)\, P_{nm}(\mu) \sin m\varphi. \end{cases}$$

Ebenso erhält man:

$$(22.)\quad V_i = \sum_{n=0}^{\infty} \sum_{m=0}^{n} P_{nm}(\sigma_1)\, P_{nm}(\mu_1)\, [C_{nm} \cos m\varphi_1 + D_{nm} \sin m\varphi_1],$$

und:

$$(23.)\quad \begin{cases} C_{nm} = \left(\frac{i}{\lambda}\right) \varepsilon_m \left(\frac{2n+1}{2}\right) \left(\frac{\Pi(n-m)}{\Pi(n+m)}\right)^2 \mathrm{S}\, k\, Q_{nm}(\sigma)\, P_{nm}(\mu) \cos m\varphi, \\ D_{nm} = \left(\frac{i}{\lambda}\right) \varepsilon_m \left(\frac{2n+1}{2}\right) \left(\frac{\Pi(n-m)}{\Pi(n+m)}\right)^2 \mathrm{S}\, k\, Q_{nm}(\sigma)\, P_{nm}(\mu) \sin m\varphi. \end{cases}$$

Bei diesen Formeln (22.), (23.) ist wiederum vorausgesetzt, dass $\sigma_1, \mu_1, \varphi_1$ die Coordinaten des Punktes P, und σ, μ, φ die des Massentheilchens k vorstellen.

Das Potential von Massen, welche zum Theil innerhalb des durch P gehenden Ellipsoids, zum Theil ausserhalb liegen, also irgendwie im Raume vertheilt sind, ist, wenn wiederum $\sigma_1, \mu_1, \varphi_1$ die Coordinaten des Punktes P bezeichnen:

$$(24.)\quad V = \sum_{n=0}^{\infty} \sum_{m=0}^{n} P_{nm}(\mu_1) \begin{Bmatrix} [A_{nm}\, Q_{nm}(\sigma_1) + C_{nm}\, P_{nm}(\sigma_1)] \cos m\varphi_1 \\ + [B_{nm}\, Q_{nm}(\sigma_1) + D_{nm}\, P_{nm}(\sigma_1)] \sin m\varphi_1 \end{Bmatrix};$$

wo die Constanten A, B, C, D durch (21.) und (23.) zu bestimmen sind, mit der Maassgabe, dass in (21.) die Summation auf alle innerhalb des durch P gehenden Ellipsoides liegende Massen, in (23.) auf alle ausserhalb liegende Massen auszudehnen ist.

Das Potential eines homogenen Rotations-Ellipsoides in Bezug auf äussere Punkte*). — Ich werde beispielsweise die Formel (20.) zur Be-

*) Bei den augenblicklichen Untersuchungen, sowie auch in den folgenden Theilen der vorliegenden Abhandlung, die Formeln so einrichten zu wollen, dass sie gleichzeitig für *beide* Fälle, für den Fall des abgeplatteten und auch den des verlängerten Rotations-Ellipsoides, mit voller Genauigkeit (auch hinsichtlich der Vorzeichen) gültig sind, — dürfte recht schwierig sein. *Neumann hat (wie aus einzelnen Stellen hervorgeht) vorzugsweise immer nur den Fall des abgeplatteten Ellipsoides vor Augen gehabt.* Bei dem gegenwärtigen Neudruck wird die Redaction, was die folgenden Theile (Seite 465—484) der Abhandlung anbelangt, noch einen Schritt weitergehen, nämlich diesen Fall *ausschliesslich* in Betracht ziehen, unter völliger Beiseitesetzung des *verlängerten* Ellipsoides. Demgemäß werden [vgl. (α.), (β.) in der Note auf Seite 454] σ und $\sqrt{1-\sigma^2}$ im Folgenden durchweg definirt zu denken sein durch die Formeln:

$$(\text{f.})\quad \sigma = i\sqrt{\left(\frac{r}{\lambda}\right)^2 - 1} \quad \text{und} \quad \sqrt{1-\sigma^2} = \frac{r}{\lambda}; \quad (r > \lambda);$$

stimmung des Potentials eines *homogenen Rotations-Ellipsoides* in Bezug auf einen *äussern* Punkt P anwenden. Ich nenne r_0, r_0, $\sqrt{r_0^2-\lambda^2}$ die Halbaxen des gegebenen Ellipsoids, und mache das durch P zu legende mit ihm confocal. Ich bezeichne wieder die Coordinaten dieses Punktes P mit σ_1, μ_1, φ_1; während die eines Massentheilchens k des gegebenen Ellipsoids σ, μ, φ sein sollen. Ich nehme die Dichtigkeit der Masse dieses Ellipsoids der Einheit gleich an; sodass also k geradezu gleich dem *Raumelement* des Ellipsoides sein wird. Dieses Raumelement k sei nun ein kleines Prisma, dessen Basis das Flächenelement des durch P gelegten confocalen Ellipsoides, und dessen Höhe die Entfernung desselben von einem unendlich nahen confocalen Ellipsoide ist. Es ist also*):

$$(25.)\qquad k = i\lambda^3(\sigma^2-\mu^2)\,d\sigma\,d\mu\,d\varphi;$$

und dafür kann man schreiben**):

$$(25a.)\qquad k = \frac{2i\lambda^3}{3}[P_2(\sigma)-P_2(\mu)]\,d\sigma\,d\mu\,d\varphi.$$

---

wodurch z. B. die Formeln (2.) Seite 454 übergehen in:

$$(g.)\qquad \begin{cases} x = \lambda\sqrt{1-\sigma^2}\sin\vartheta\cos\varphi, \\ y = \lambda\sqrt{1-\sigma^2}\sin\vartheta\sin\varphi, \\ z = \dfrac{\lambda\sigma\cos\vartheta}{i}. \end{cases}$$

Auch werden, in Folge dieser Beschränkung auf *abgeplattete* Ellipsoide, in den Formeln (f.), (g.), sowie überhaupt im ganzen weiteren Verlauf der Abhandlung nur Quadratwurzeln aus positiven reellen Grössen auftreten, *also Wurzeln, deren Werthe positiv zu denken sind.*

Beiläufig bemerkt, wird für einen *auf der z-Axe* liegenden Punkt (x, y, z) der Winkel $\vartheta = 0^\circ$ oder $= 180^\circ$ sein, je nachdem seine Coordinate z positiv oder negativ ist; sodass also die letzte der Formeln (g.) für einen solchen Punkt die Gestalt erhält:

$$z = \frac{\lambda\sigma(\pm 1)}{i}, \quad \text{d. i.} \quad \sigma = \frac{i(\pm z)}{\lambda},$$

wo alsdann das Zeichen + oder − gilt, je nachdem z positiv oder negativ ist. Somit wird allgemein:

$$(h.)\qquad \sigma = \frac{i\cdot \operatorname{abs} z}{\lambda};$$

immer vorausgesetzt, dass der betrachtete Punkt (x, y, z) *auf der z-Axe liegt.* Von dieser Formel (h.) ist weiterhin Gebrauch zu machen.

Was übrigens die vorhin genannte Beschränkung anbelangt, so ist dieselbe eigentlich nur eine *scheinbare.* Denn von den Formeln für das *abgeplattete* Ellipsoid kann man mit Leichtigkeit übergehen zu denen für das *verlängerte* Ellipsoid, und zwar mittelst derjenigen Regeln, von denen später in den Zusätzen die Rede sein wird. [Man vgl. Seite 494 (55.), (56.)].

*) Man vgl. in den Zusätzen die Formel (13.) Seite 487, sowie auch die Formel [13.] in der Note auf Seite 487. — *C. N.*

**) Man vgl. die Formeln (γ.) auf Seite 446. — *C. N.*

Dieser Werth von k, in (21.) substituirt, verwandelt die dortigen Summen $\mathfrak{S}$ in Integrale, und zeigt, dass alle A, B verschwinden, ausgenommen A_{00} und A_{20}. Für diese erhält man:

$$(25\text{b.})\qquad \begin{aligned} A_{00} &= -\frac{2\pi\lambda^2}{3}\sigma_0(\sigma_0^2-1),\\ A_{20} &= +\frac{2\pi\lambda^2}{3}\sigma_0(\sigma_0^2-1), \end{aligned}$$

wo $\sigma_0 = i\sqrt{\left(\frac{r_0}{\lambda}\right)^2-1}$ ist*). Dies in (20.) gesetzt, giebt:

$$(25\text{c.})\qquad V_a = -\frac{2\pi\lambda^2}{3}\sigma_0(\sigma_0^2-1)\,[Q_0(\sigma_1) - Q_2(\sigma_1)\,P_2(\mu_1)],$$

oder, wenn für die Q, P ihre Werthe**) substituirt werden:

$$(26.)\quad V_a = -\frac{2\pi\lambda^2}{3}\sigma_0(\sigma_0^2-1)\left\{\log\left(\frac{\sigma_1+1}{\sigma_1-1}\right) - \frac{9}{4}\left[\frac{3\sigma_1^2-1}{3}\log\left(\frac{\sigma_1+1}{\sigma_1-1}\right) - 2\sigma_1\right]\frac{3\mu_1^2-1}{3}\right\};$$

woraus man durch partielle Differentiation die Componenten der Anziehung erhält, welche das Ellipsoid auf den Punkt P ausübt. Nennt man X, Y, Z diese Componenten, parallel den Ellipsoidaxen, und nennt man x_1, y_1, z_1 die mit diesen Axen parallelen Coordinaten des Punktes P, so erhält man***):

$$(26\text{a.})\qquad \begin{cases} X = -\dfrac{\partial V_a}{\partial x_1} = +\dfrac{\sqrt{1-\sigma_1^2}\sqrt{1-\mu_1^2}\cos\varphi_1}{\lambda(\sigma_1^2-\mu_1^2)}\left(\sigma_1\dfrac{\partial V_a}{\partial\sigma_1} - \mu_1\dfrac{\partial V_a}{\partial\mu_1}\right),\\[2ex] Y = -\dfrac{\partial V_a}{\partial y_1} = +\dfrac{\sqrt{1-\sigma_1^2}\sqrt{1-\mu_1^2}\sin\varphi_1}{\lambda(\sigma_1^2-\mu_1^2)}\left(\sigma_1\dfrac{\partial V_a}{\partial\sigma_1} - \mu_1\dfrac{\partial V_a}{\partial\mu_1}\right),\\[2ex] Z = -\dfrac{\partial V_a}{\partial z_1} = +\dfrac{i\sigma_1\mu_1}{\lambda(\sigma_1^2-\mu_1^2)}\left(\dfrac{1-\sigma_1^2}{\sigma_1}\dfrac{\partial V_a}{\partial\sigma_1} - \dfrac{1-\mu_1^2}{\mu_1}\dfrac{\partial V_a}{\partial\mu_1}\right); \end{cases}$$

und dies giebt die bekannten Ausdrücke†):

$$(27.)\qquad \begin{cases} X = x_1(-2\pi\sigma_0)(\sigma_0^2-1)\left[\dfrac{1}{2}\log\left(\dfrac{\sigma_1+1}{\sigma_1-1}\right) - \dfrac{\sigma_1}{\sigma_1^2-1}\right],\\[2ex] Y = y_1(-2\pi\sigma_0)(\sigma_0^2-1)\left[\dfrac{1}{2}\log\left(\dfrac{\sigma_1+1}{\sigma_1-1}\right) - \dfrac{\sigma_1}{\sigma_1^2-1}\right],\\[2ex] Z = z_1(+4\pi\sigma_0)(\sigma_0^2-1)\left[\dfrac{1}{2}\log\left(\dfrac{\sigma_1+1}{\sigma_1-1}\right) - \dfrac{1}{\sigma_1}\right]. \end{cases}$$

---

*) Man vgl. die Formeln (f.) in der Note auf Seite 464. — *C. N.*

**) Die Werthe der Functionen P, Q sind angegeben in der Note auf Seite 446 in (γ.) und (ε.). *C. N.*

***) Man vgl. in den Zusätzen die Formeln Seite 488 (18.), und beachte dabei auf Seite 486 die Zeilen zwischen (11.) und (12.). — *C. N.*

†) Dabei ist Rücksicht zu nehmen auf die Formeln (g.) in der Note Seite 465. — Hervorzuheben ist, dass die obigen Schlussformeln (27.) völlig identisch mit denen im Original sind, abgesehen davon, dass die dortigen Buchstaben a, b, c hier durch x_1, y_1, z_1 ersetzt worden sind. Auch kann man diese Formeln (27.), namentlich was die Vorzeichen anbelangt, leicht controlliren durch Anwendung auf die *Kugel*, d. i. auf den Fall $\lambda = 0$. Hingegen sind in den Formeln (25b.), (25c.) und (26.), (26a.) die Vorzeichen, gegenüber denen des Originals, an einigen Stellen abgeändert worden, — *C. N.*

Das anhomogene Ellipsoid. — Wenn das Ellipsoid, dessen Potential bestimmt werden soll, *nicht homogen* ist, so ist der Ausdruck für k in (25.) noch mit einer Function von σ, μ, φ zu multipliciren, durch welche die Dichtigkeit der Masse des Ellipsoids ausgedrückt wird. Wenn das Product dieser Function mit $\sigma^2-\mu^2$ eine ganze rationale Function von σ, μ, $\sqrt{1-\mu^2}\cos\varphi$, $\sqrt{1-\mu^2}\sin\varphi$ ist, so erhält man immer einen geschlossenen logarithmischen oder trigonometrischen Ausdruck für den Werth des Potentials des nicht-homogenen Ellipsoids in Bezug auf einen ausserhalb desselben liegenden Punkt.

§ 3.

Ueber den durch Vertheilung in einem Ellipsoid entstehenden magnetischen Zustand, unter der Voraussetzung, dass diese Vertheilung hervorgebracht wird durch gegebene äussere Kräfte.

In diesem Paragraphen sollen die vorstehenden Resultate auf die Bestimmung des magnetischen Zustandes angewendet werden, der durch *Vertheilung* in einem Rotations-Ellipsoid erregt ist. Dabei wird vorausgesetzt, dass die vertheilenden Kräfte von der Art sind, dass sie sich durch die partiellen Differentialquotienten eines Potentials darstellen lassen, wie z. B. die magnetischen und galvanischen Kräfte.

Bezeichnet man die magnetischen Momente eines magnetisirte Theilchen enthaltenden Volumens v in Bezug auf die drei Coordinatenaxen x, y, z respective durch αv, βv, γv, so werden die mit den Coordinaten parallelen Componenten der Wirkung, welche v auf einen Punkt P ausübt, der in Beziehung auf die Dimensionen des Volumens v als unendlich weit entfernt betrachtet werden kann, durch die nach den Coordinaten genommenen Differentialquotienten von u ausgedrückt sein, wenn u die Bedeutung hat:

$$u = v\left(\alpha\frac{\partial\frac{1}{E}}{\partial x}+\beta\frac{\partial\frac{1}{E}}{\partial y}+\gamma\frac{\partial\frac{1}{E}}{\partial z}\right);$$

dabei ist

$$E^2=(a-x)^2+(b-y)^2+(c-z)^2$$

zu denken; hier sollen a, b, c und x, y, z die Coordinaten des Punktes P und eines Punktes des Volumens v sein. Die Grösse u ist das *magnetische Potential* des Volumens v.

Hieraus ergiebt sich, wenn man unter v das räumliche Element eines *magnetischen Körpers* versteht, und dieses Volumen v durch $dx\,dy\,dz$ ausdrückt, dass das magnetische Potential dieses Körpers in Bezug auf irgend einen ausserhalb desselben liegenden Punkt den Werth hat:

$$(1.)\qquad U_a = \iiint dx\,dy\,dz \left(\alpha \frac{\partial \frac{1}{E}}{\partial x} + \beta \frac{\partial \frac{1}{E}}{\partial y} + \gamma \frac{\partial \frac{1}{E}}{\partial z}\right),$$

die Integration ausgedehnt gedacht über den ganzen Raum des Körpers. Hierin sind α, β, γ Functionen der Coordinaten x, y, z des Elementes dx, dy, dz.

Poisson hat gezeigt *(Mém. de l'Acad. de sc. de l'Inst. T. V et T. VI)*, dass, wenn der magnetische Zustand durch vertheilende Kräfte, welche sich durch ein *Potential* darstellen lassen, hervorgerufen ist, die Grössen α, β, γ durch die partiellen Differentialquotienten nach x, y, z einer Function Φ sich darstellen lassen, welche der Gleichung

$$(2.)\qquad \frac{\partial^2 \Phi}{\partial x^2} + \frac{\partial^2 \Phi}{\partial y^2} + \frac{\partial^2 \Phi}{\partial z^2} = 0$$

genügt. Man hat alsdann:

$$(3.)\qquad \alpha = \varkappa \frac{\partial \Phi}{\partial x}, \qquad \beta = \varkappa \frac{\partial \Phi}{\partial y}, \qquad \gamma = \varkappa \frac{\partial \Phi}{\partial z},$$

wo $\varkappa$ eine Constante (die Magnetisirungsconstante) vorstellt.

Diese Werthe, in den Ausdruck (1.) eingeführt, verwandeln denselben in

$$(4.)\qquad U_a = \varkappa \int \frac{do}{E} \frac{d\Phi}{dn};$$

hier bezeichnet do das Element der Oberfläche, ferner E die Entfernung des Elementes do vom Punkte P, und $\frac{d\Phi}{dn}$ den Werth, welchen der nach der äusseren Normale von do genommene Differentialquotient von Φ in do besitzt. Diese äussere Normale des Elementes do ist mit n bezeichnet.

Die magnetischen Momente des Körpers in Bezug auf die Coordinatenaxen x, y, z, welche ich durch M, N, P bezeichne, sind:

$$(4a.)\qquad M = \varkappa \iiint dx\,dy\,dz \frac{\partial \Phi}{\partial x}, \quad N = \varkappa \iiint dx\,dy\,dz \frac{\partial \Phi}{\partial y}, \quad P = \varkappa \iiint dx\,dy\,dz \frac{\partial \Phi}{\partial z};$$

woraus durch partielle Integration, mit Rücksicht auf (2.), sich ergiebt*):

---

*) In der Formel (4a.):

$$(\alpha.)\qquad M = \varkappa \iiint dx\,dy\,dz \frac{\partial \Phi}{\partial x}$$

ist [ebenso wie z. B. in (1)] die Integration ausgedehnt über alle Volumenelemente $dx\,dy\,dz$ des gegebenen Körpers. Nach einem bekannten *Green*'schen Satz ist daher

$$(\beta.)\qquad M = \varkappa \int do\, \Phi \frac{dx}{dn},$$

(5.) $$M = \varkappa \int do\, x \frac{d\Phi}{dn}, \quad N = \varkappa \int do\, y \frac{d\Phi}{dn}, \quad P = \varkappa \int do\, z \frac{d\Phi}{dn},$$

wo x, y, z die Coordinaten des Oberflächenelementes do sind, und die Integration über die ganze Oberfläche ausgedehnt werden muss.

Aus (2.) ergiebt sich, wenn diese Gleichung mit $dx\,dy\,dz$ multiplicirt und partiell integrirt wird:

(5a.) $$\int do \frac{d\Phi}{dn} = 0;$$

und mit Rücksicht hierauf erhält man aus (4.), wenn der Punkt P, auf welchen U_a bezogen wird, sehr weit in Bezug auf die Dimensionen des Körpers von ihm entfernt ist*):

---

die Integration ausgedehnt gedacht über alle Oberflächenelemente do des Körpers; dabei bezeichnet n die auf do errichtete äussere Normale.

Um einen Schritt weiter zu thun, müssen wir nun die im Text erst später angegebenen Formeln (7.), (8.) benutzen. Nach diesen ist:

(γ.) $$\Phi = -V_i - \varkappa \int \frac{do}{E} \frac{d\Phi}{dn}.$$

Folglich ist Φ das Potential von Massen, die theils ausserhalb des Körpers, theils auf seiner Oberfläche liegen. Hieraus aber ergiebt sich nach einem bekannten *Green*'schen Satz:

(δ.) $$\int do\, \Phi \frac{dx}{dn} = \int do \cdot x \frac{d\Phi}{dn}.$$

Hierdurch geht die Formel (β.) über in:

(ε.) $$M = \varkappa \int do \cdot x \frac{d\Phi}{dn};$$

und dies ist die erste der Formeln (5.). — *C. N.*

*) In der Formel (4.):

(ζ.) $$U_a = \varkappa \int \frac{do}{E} \frac{d\Phi}{dn}$$

bezeichnet E den Abstand des äusseren Punktes (a, b, c) vom Elemente $do\,(x, y, z)$. Demgemäss ist:

(η.) $$\frac{1}{E} = \sum_0^\infty \frac{\varrho^n}{r^{n+1}} P_n(\cos\gamma),$$

wo $\cos\gamma$ die Bedeutung hat:

(ϑ.) $$\cos\gamma = \frac{ax + by + cz}{r\varrho};$$

hier soll $r = \sqrt{a^2 + b^2 + c^2}$ und $\varrho = \sqrt{x^2 + y^2 + z^2}$ sein. — Ist nun der Abstand ein äußerst grosser, so wird man in der Reihe (η.) auf die beiden ersten Glieder ($n = 0$ und $n = 1$) sich beschränken können, also erhalten:

(ι.) $$\frac{1}{E} = \frac{1}{r} + \frac{\varrho \cos\gamma}{r^2};$$

(6.) $$U_a = \frac{Ma + Nb + Pc}{(a^2 + b^2 + c^2)^{\frac{3}{2}}},$$

wo a, b, c die Coordinaten von P sind, die ihren Anfangspunkt in dem magnetischen Körper haben.

Für die Ermittelung der Function Φ hat *Poisson* a. a. O. die Gleichung

(7.) $$\Phi + U_i + V_i = 0,$$

gegeben, welche für jeden Punkt im Innern des Ellipsoids gilt. Hierin bezeichnet V_i das Potential der gegebenen Kräfte, durch welche die Vertheilung des Magnetismus hervorgerufen wird, sodass also dieses Potential V_i von Massen herstammt, die *ausserhalb* des Ellipsoids gelegen sind. Dabei ist unter U_i diejenige Function zu verstehen, welche sich bestimmt durch die Gleichung:

(8.) $$U_i = \varkappa \int \frac{do}{E} \frac{d\Phi}{dn},$$

wo die Integration über die ganze Oberfläche des Körpers auszudehnen ist, und wo E die Entfernung des Elementes do von einem Punkte im Innern des Körpers vorstellt. Bezeichnet man die Coordinaten dieses Punktes mit x, y, z, so sind U_i und V_i Functionen von x, y, z, und also auch Φ.

Poisson hat für den Fall, wo der durch Vertheilung magnetisirte Körper eine *Kugel* ist, eine vollständige Auflösung der Gleichungen (7.), (8.) gegeben. Ausser diesem allgemeinen Falle hat er noch den besondern Fall behandelt, wo der magnetisirte Körper ein *Rotations-Ellipsoid* ist, und die vertheilenden Kräfte in Bezug auf jeden Punkt desselben *constant* sind. *Ich werde hier die allgemeinen Auflösungen der Gleichungen* (7.), (8.) *für den Fall des Rotations-Ellipsoides geben.*

---

denn es ist $P_0(\cos\gamma) = 1$ und $P_1(\cos\gamma) = \cos\gamma$. [Vgl. die Formeln ($\gamma$.) in der Note auf Seite 446.] Substituirt man nun den Werth (ι.) in (ζ.), so erhält man:

($\varkappa$.) $$U_a = \frac{\varkappa}{r}\int do \frac{d\Phi}{dn} + \frac{\varkappa}{r^2}\int do \cdot \varrho \cos\gamma \frac{d\Phi}{dn},$$

also nach (5a.) und falls man für $\varrho\cos\gamma$ seinen aus (ϑ.) sich ergebenden Werth substituirt:

(λ.) $$U_a = \frac{\varkappa}{r^2}\int do \frac{ax + by + cz}{r} \frac{d\Phi}{dn},$$

d. i.

(μ.) $$U_a = \frac{\varkappa}{r^3}\left(a\int do \cdot x\frac{d\Phi}{dn} + b\int do \cdot y \frac{d\Phi}{dn} + c\int do \cdot z\frac{d\Phi}{dn}\right),$$

also mit Hinblick auf (5.):

(ν.) $$U_a = \frac{aM + bN + cP}{r^3}.$$

Dies ist aber die in (6.) angegebene Formel. — *C. N.*

Die Axen des magnetisirten Ellipsoids seien r_0, r_0, $\sqrt{r_0^2-\lambda^2}$; die Lage des Elementes do auf seiner Oberfläche sei bestimmt durch μ_0, φ_0. Es sei ferner*): $\sigma_0 = i\sqrt{\left(\frac{r_0}{\lambda}\right)^2-1}$. Die Lage eines Punktes im Innern des Ellipsoids werde durch σ, μ, φ bestimmt, die eines Punktes ausserhalb durch σ_1, μ_1, φ_1. Das Potential V_i hat, da dasselbe von Massen ausserhalb des Ellipsoids herrührt, seinen allgemeinen Ausdruck in (22.) des vorigen Paragraphen; es ist also:

$$V_i = \sum_{n=0}^{\infty}\sum_{m=0}^{n} P_{nm}(\sigma)\,P_{nm}(\mu)\,[C_{nm}\cos m\varphi + D_{nm}\sin m\varphi]. \tag{9.}$$

Die Grösse U_i ist, zufolge (8.), das Potential der mit der Masse $\varkappa\frac{d\Phi}{dn}$ belegten Oberfläche des Ellipsoids in Bezug auf einen Punkt im Innern desselben. Hieraus folgt, da nach (7.) $\Phi = - U_i - V_i$ ist, dass Φ angesehen werden kann als ein Potential in Bezug auf einen Punkt im Innern des Ellipsoids, welches von Massen ausserhalb desselben herrührt, und dass demnach in (22.) § 2 seine allgemeinste Form gegeben ist; sodass man also setzen kann:

$$\Phi = \sum_{n=0}^{\infty}\sum_{m=0}^{n} P_{nm}(\sigma)\,P_{nm}(\mu)\,[\gamma_{nm}\cos m\varphi + \delta_{nm}\sin m\varphi], \tag{10.}$$

wo alsdann die noch unbekannten Constanten γ_{nm}, δ_{nm} durch die gegebenen Werthe der C_{nm}, D_{nm} mittelst (7.), (8.) zu bestimmen sind.

Um den Werth von U_i zu bilden, muss man bemerken, dass

$$\frac{d\Phi}{dn}do = i\lambda(1-\sigma_0^2)\,d\mu_0\,d\varphi_0\frac{\partial\Phi}{\partial\sigma_0} \tag{10a.}$$

ist**); woraus durch die Substitution des Werthes (10.) sich ergiebt:

$$\frac{d\Phi}{dn}do = i\lambda(1-\sigma_0^2)\,d\mu_0\,d\varphi_0\sum_{n=0}^{\infty}\sum_{m=0}^{n}\frac{\partial P_{nm}(\sigma_0)}{\partial\sigma_0}P_{nm}(\mu_0)\,[\gamma_{nm}\cos m\varphi_0 + \delta_{nm}\sin m\varphi_0]. \tag{11.}$$

---

*) Vgl. (f.) in der Note Seite 464. — *C. N.*

**) Nach den Zusätzen Seite 487 (15a.) ist nämlich:

$$\frac{d\Phi}{dn}do = \lambda(1+s_0^2)\,d\mu_0\,d\varphi_0\frac{\partial\Phi}{\partial s_0}.$$

Nun ist aber nach Seite 486 (10.): $s_0 = -i\sigma_0$. Somit folgt

$$\frac{d\Phi}{dn}do = i\lambda(1-\sigma_0^2)\,d\mu_0\,d\varphi_0\frac{\partial\Phi}{\partial\sigma_0}.$$

und dies ist die obige Formel (10a.). — *C. N.*

Ferner ist nach (18.) § 2:

$$(12.)\quad \frac{1}{E}=\left(\frac{i}{\lambda}\right)\sum_{n=0}^{\infty}\sum_{m=0}^{n}\varepsilon_m\left(\frac{2n+1}{2}\right)\left(\frac{\Pi(n-m)}{\Pi(n+m)}\right)^2 P_{nm}(\sigma)\,Q_{nm}(\sigma_0)\,P_{nm}(\mu)\,P_{nm}(\mu_0)\cos m(\varphi-\varphi_0).$$

Man setze nun die Reihen (11.), (12.) in (8.) ein, und beachte die bekannten Formeln*):

$$(A.)\quad \int_{-1}^{+1}\int_{0}^{2\pi}[P_n(\mu_0)]^2\,d\mu_0\,d\varphi_0=\frac{4\pi}{2n+1}$$

und

$$(B.)\quad \int_{-1}^{+1}\int_{0}^{2\pi}[P_{nm}(\mu_0)]^2\cos^2 m\varphi_0\,d\mu_0\,d\varphi_0=\int_{-1}^{+1}\int_{0}^{2\pi}[P_{nm}(\mu_0)]^2\sin^2 m\varphi_0\,d\mu_0\,d\varphi_0$$

$$=\frac{1}{\varepsilon_m}\left(\frac{4\pi}{2n+1}\right)\frac{\Pi(n+m)}{\Pi(n-m)},$$

und beachte ferner, dass, wenn n und n_1 von einander verschieden sind,

$$(C.)\quad \int_{-1}^{+1}\int_{0}^{2\pi}P_{nm}(\mu_0)\,P_{n_1m}(\mu_0)\,d\mu_0=0$$

ist. Alsdann erhält man:

$$(13.)\quad U_i=-2\pi\varkappa(1-\sigma_0^2)\times$$

$$\times\sum_{n=0}^{\infty}\sum_{m=0}^{n}\frac{\Pi(n-m)}{\Pi(n+m)}\frac{\partial P_{nm}(\sigma_0)}{\partial\sigma_0}Q_{nm}(\sigma_0)\,P_{nm}(\sigma)\,P_{nm}(\mu)\,[\gamma_{nm}\cos m\varphi+\delta_{nm}\sin m\varphi].$$

Setzt man die Reihen (9.), (10.) und (13.) in (7.) ein, so ergiebt sich:

$$(13a.)\quad \frac{\gamma_{nm}}{C_{nm}}=\frac{\delta_{nm}}{D_{nm}}=\frac{-1}{1-2\pi\varkappa(1-\sigma_0^2)\dfrac{\Pi(n-m)}{\Pi(n+m)}\dfrac{\partial P_{nm}(\sigma_0)}{\partial\sigma_0}Q_{nm}(\sigma_0)},$$

und also:

$$(14.)\quad \Phi=-\sum_{n=0}^{\infty}\sum_{m=0}^{n}\frac{P_{nm}(\sigma)\,P_{nm}(\mu)\,[C_{nm}\cos m\varphi+D_{nm}\sin m\varphi]}{1-2\pi\varkappa(1-\sigma_0^2)\dfrac{\Pi(n-m)}{\Pi(n+m)}\dfrac{\partial P_{nm}(\sigma_0)}{\partial\sigma_0}Q_{nm}(\sigma_0)};$$

welches die vollständige Auflösung der Gleichungen (7.), (8.) *für den Fall eines Rotations-Ellipsoides ist. — Diesem Werthe von* Φ *kann man, wenn man*

$$P_{nm}(\sigma)\,P_{nm}(\mu)\,[C_{nm}\cos m\varphi+D_{nm}\sin m\varphi]=V_{nm}$$

---

*) Dabei sei bemerkt, dass die Formeln (A.), (B.), (C.) z. B. angegeben sind in *Neumann*'s Vorlesungen, 1887, oder dass sie wenigstens aus den dort auf Seite 79 hingestellten Formeln (I.), (II.) leicht abzuleiten sind. — *C. N.*

setzt, also die Formel (9.) *in*

$$V_i = \sum_{n=0}^{\infty} \sum_{m=0}^{n} V_{nm}$$

verwandelt, auch folgende Gestalt geben:

$$(14\text{a.})\qquad \Phi = \sum_{n=0}^{\infty} \sum_{m=0}^{n} \frac{V_{nm}}{1 - 2\pi\varkappa(1-\sigma_0^2)\frac{\Pi(n-m)}{\Pi(n+m)}\frac{\partial P_{nm}(\sigma_0)}{\partial\sigma_0} Q_{nm}(\sigma_0)}.$$

Um nun den Ausdruck des Potentials des magnetisirten Ellipsoids in Bezug auf einen *ausserhalb* desselben liegenden Punkt $(\sigma_1, \mu_1, \varphi_1)$ zu bilden, hat man in der Formel (4.) zu setzen:

$$\frac{1}{E} = \left(\frac{i}{\lambda}\right) \sum_{n=0}^{\infty} \sum_{m=0}^{n} \varepsilon_m \left(\frac{2n+1}{2}\right) \left(\frac{\Pi(n-m)}{\Pi(n+m)}\right)^2 P_{nm}(\sigma_0)\, Q_{nm}(\sigma_1)\, P_{nm}(\mu_0)\, P_{nm}(\mu_1) \cos m(\varphi_0 - \varphi_1),$$

und zugleich für $\frac{d\Phi}{dn} do$ seinen aus (14.) sich ergebenden Werth zu substituiren. Dies giebt:

$$(15.)\qquad U_a = 2\pi\varkappa(1-\sigma_0^2) \times$$

$$\times \sum_{n=0}^{\infty} \sum_{m=0}^{n} \frac{\frac{\Pi(n-m)}{\Pi(n+m)} P_{nm}(\sigma_0) \frac{\partial P_{nm}(\sigma_0)}{\partial\sigma_0} Q_{nm}(\sigma_1)\, P_{nm}(\mu_1)\, [C_{nm} \cos m\varphi_1 + D_{nm} \sin m\varphi_1]}{1 - 2\pi\varkappa(1-\sigma_0^2)\frac{\Pi(n-m)}{\Pi(n+m)}\frac{\partial P_{nm}(\sigma_0)}{\partial\sigma_0} Q_{nm}(\sigma_0)}.$$

Erdmagnetismus. — Ich werde nun diese Formel (15.) auf den von *Poisson* behandelten Fall anwenden, in welchem die Vertheilung durch den *Erdmagnetismus* hervorgebracht ist. — Wenn A, B, C die den Ellipsoidaxen parallelen Componenten des Erdmagnetismus vorstellen, so ist:

$$(16.)\qquad V_i = -(Ax + By + Cz),$$

oder, wenn, statt der rechtwinkligen Coordinaten, die elliptischen Coordinaten gesetzt werden*):

$$(16\text{a.})\qquad V_i = -\lambda\left[A\sqrt{1-\sigma^2}\sqrt{1-\mu^2}\cos\varphi + B\sqrt{1-\sigma^2}\sqrt{1-\mu^2}\sin\varphi - C\cdot i\sigma\mu\right].$$

Die Vergleichung dieses Ausdrucks mit dem allgemeinen in (9.) zeigt, dass alle C_{nm} und D_{nm} gleich Null sind, mit Ausnahme von C_{10}, C_{11} und D_{11}, und dass diese drei folgende Werthe haben:

$$(16\text{b.})\qquad C_{11} = -\lambda A, \qquad D_{11} = -\lambda B, \qquad C_{10} = +i\lambda C.$$

---

*) Vgl. die Formeln (f.), (g.) in der Note auf Seite 464. — *C. N.*

Man erhält hiernach aus (15.), wenn man zugleich berücksichtigt, dass*)

$$(16c.)\quad \begin{cases} P_1(\sigma) = \sigma, \\ P_{11}(\sigma) = \sqrt{1-\sigma^2}\,P_1'(\sigma), \end{cases} \qquad \begin{cases} Q_1(\sigma) = -2 - \sigma\log\left(\frac{\sigma-1}{\sigma+1}\right), \\ Q_{11}(\sigma) = \sqrt{1-\sigma^2}\,Q_1'(\sigma), \end{cases}$$

mithin

$$(16d.)\quad P_{11}(\sigma) = \sqrt{1-\sigma^2}, \quad \text{und} \quad Q_{11}(\sigma) = -\sqrt{1-\sigma^2}\left[\frac{2\sigma}{\sigma^2-1} + \log\left(\frac{\sigma-1}{\sigma+1}\right)\right]$$

ist, für U_a (15.) folgenden Ausdruck:

$$(16e.)\quad U_a = -4\pi\varkappa\sigma_0(\sigma_0^2-1)\left\{ \frac{\left[\frac{1}{\sigma_1} + \frac{1}{2}\log\left(\frac{\sigma_1-1}{\sigma_1+1}\right)\right]Cz_1}{1-4\pi\varkappa\sigma_0(\sigma_0^2-1)\left[\frac{1}{\sigma_0}+\frac{1}{2}\log\left(\frac{\sigma_0-1}{\sigma_0+1}\right)\right]} - \frac{\left[\frac{\sigma_1}{\sigma_1^2-1} + \frac{1}{2}\log\left(\frac{\sigma_1-1}{\sigma_1+1}\right)\right]\frac{Ax_1+By_1}{2}}{1+2\pi\varkappa\sigma_0(\sigma_0^2-1)\left[\frac{\sigma_0}{\sigma_0^2-1}+\frac{1}{2}\log\left(\frac{\sigma_0-1}{\sigma_0+1}\right)\right]} \right\},$$

wo x_1, y_1, z_1 die rechtwinkligen, und $\sigma_1, \mu_1, \varphi_1$ die elliptischen Coordinaten des Punktes a vorstellen. Dieser Ausdruck (16e.) ist in Uebereinstimmung mit dem Resultate, welches *Poisson* auf einem andern Wege gefunden hat.

Für die Vergleichung der im Vorstehenden erhaltenen Resultate mit den Beobachtungen der Wirkung nach aussen eines durch Vertheilung magnetisirten Ellipsoids ist die Kenntniss seiner *magnetischen Momente* wichtig. Man erhält für diese Momente aus den Formeln (5.), wenn in ihnen für Φ sein allgemeinster Werth (14.) und für x, y, z respective

$$\lambda\sqrt{1-\sigma_0^2}\sqrt{1-\mu_0^2}\cos\varphi_0, \quad \lambda\sqrt{1-\sigma_0^2}\sqrt{1-\mu_0^2}\sin\varphi_0, \quad -i\lambda\sigma_0\mu_0$$

gesetzt werden**) und die Integration nach der Oberfläche ausgeführt wird:

$$(17.)\quad \begin{cases} M = +\dfrac{\frac{4\pi\varkappa}{3}(i\lambda^2)\sigma_0(1-\sigma_0^2)C_{11}}{1-2\pi\varkappa\sigma_0(1-\sigma_0^2)\left[\frac{\sigma_0}{\sigma_0^2-1}+\frac{1}{2}\log\left(\frac{\sigma_0-1}{\sigma_0+1}\right)\right]}, \\[2ex] N = +\dfrac{\frac{4\pi\varkappa}{3}(i\lambda^2)\sigma_0(1-\sigma_0^2)D_{11}}{1-2\pi\varkappa\sigma_0(1-\sigma_0^2)\left[\frac{\sigma_0}{\sigma_0^2-1}+\frac{1}{2}\log\left(\frac{\sigma_0-1}{\sigma_0+1}\right)\right]}, \\[2ex] P = -\dfrac{\frac{4\pi\varkappa}{3}(\lambda^2)\sigma_0(1-\sigma_0^2)C_{10}}{1+4\pi\varkappa\sigma_0(1-\sigma_0^2)\left[\frac{1}{\sigma_0}+\frac{1}{2}\log\left(\frac{\sigma_0-1}{\sigma_0+1}\right)\right]}. \end{cases}$$

*) Vgl. die Formeln (γ.), (ε.) in der Note auf Seite 446. — *C. N.*

**) Vgl. (f.), (g.) in der Note auf Seite 464. — *C. N.*

Diese Ausdrücke (17.) kann man offenbar auch so schreiben:

(17a.)
$$\begin{cases} M = + \dfrac{\frac{4\pi\varkappa}{3}(i\lambda^3)\,\sigma_0(1-\sigma_0^2)\,C_{11}}{1 - 2\pi\varkappa\sigma_0(\sigma_0^2-1)\left[\frac{1}{2}\log\left(\frac{\sigma_0+1}{\sigma_0-1}\right) - \frac{\sigma_0}{\sigma_0^2-1}\right]}, \\ N = + \dfrac{\frac{4\pi\varkappa}{3}(i\lambda^3)\,\sigma_0(1-\sigma_0^2)\,D_{11}}{1 - 2\pi\varkappa\sigma_0(\sigma_0^2-1)\left[\frac{1}{2}\log\left(\frac{\sigma_0+1}{\sigma_0-1}\right) - \frac{\sigma_0}{\sigma_0^2-1}\right]}, \\ P = - \dfrac{\frac{4\pi\varkappa}{3}(\lambda^3)\,\sigma_0(1-\sigma_0^2)\,C_{10}}{1 + 4\pi\varkappa\sigma_0(\sigma_0^2-1)\left[\frac{1}{2}\log\left(\frac{\sigma_0+1}{\sigma_0-1}\right) - \frac{1}{\sigma_0}\right]}. \end{cases}$$

Um diese Formeln (17a.) auf den Fall anzuwenden, wo die Vertheilung durch den Erdmagnetismus hervorgebracht wird, hat man in ihnen für C_{11}, D_{11}, C_{10} die in (16b.) angegebenen Werthe

(17b.)
$$C_{11} = -\lambda A, \qquad D_{11} = -\lambda B, \qquad C_{10} = +i\lambda C$$

zu substituiren, wodurch sich ergiebt:

(17c.)
$$\begin{cases} M = \dfrac{\varkappa v A}{1 - 2\pi\varkappa\sigma_0(\sigma_0^2-1)\left[\frac{1}{2}\log\left(\frac{\sigma_0+1}{\sigma_0-1}\right) - \frac{\sigma_0}{\sigma_0^2-1}\right]}, \\ N = \dfrac{\varkappa v B}{1 - 2\pi\varkappa\sigma_0(\sigma_0^2-1)\left[\frac{1}{2}\log\left(\frac{\sigma_0+1}{\sigma_0-1}\right) - \frac{\sigma_0}{\sigma_0^2-1}\right]}, \\ P = \dfrac{\varkappa v C}{1 + 4\pi\varkappa\sigma_0(\sigma_0^2-1)\left[\frac{1}{2}\log\left(\frac{\sigma_0+1}{\sigma_0-1}\right) - \frac{1}{\sigma_0}\right]}. \end{cases}$$

wo das in den Zählern stehende v den Werth hat:

(17d.)
$$v = -\frac{4\pi}{3}(i\lambda^3)\,\sigma_0(1-\sigma_0^2).$$

Dieses v ist das *Volumen* des betrachteten Ellipsoides*).

*) Vgl. in den Zusätzen die zweite Note auf Seite 487. — Uebrigens sei bemerkt, dass die hier im Text angegebenen Formeln (17a, b, c, d) von der Redaction hinzugefügt sind. Sie sind dazu bestimmt, den Vergleich mit den weiterhin [auf Seite 478 (22.)] von *Neumann* gegebenen Formeln zu erleichtern.
C. N.

Anhang.

Ueber die magnetischen Momente des durch Vertheilung magnetisirten Ellipsoides.

Die magnetischen Momente eines durch Vertheilung magnetisirten Ellipsoides lassen sich direct, *ohne Reihenentwickelung des Potentials,* bestimmen; und diese Bestimmungsweise erstreckt sich zugleich auf die *dreiaxigen Ellipsoide.*

Aus der Gleichung (7.) erhält man:

$$\int dv \frac{\partial \Phi}{\partial x} + \int dv \frac{\partial U_i}{\partial x} + \int dv \frac{\partial V_i}{\partial x} = 0, \tag{18.}$$

wo dv ein Raumelement bezeichnen, und die Integration über das ganze Ellipsoid ausgedehnt werden soll. Nach (8.) ist:

$$\int dv \frac{\partial U_i}{\partial x} = \varkappa \int dv \frac{\partial}{\partial x}\left(\int \frac{do}{E}\frac{d\Phi}{dn}\right).$$

Geht man nun mit dem Differentiationszeichen $\frac{\partial}{\partial x}$ unter das Integralzeichen, und kehrt die Ordnung der Integrationen um, so erhält man:

$$\int dv \frac{\partial U_i}{\partial x} = \varkappa \int do \left(\frac{d\Phi}{dn}\int dv \frac{\partial \frac{1}{E}}{\partial x}\right), \tag{18a.}$$

wo die Integration nach dv über das ganze Ellipsoid, und die nach do über seine ganze Oberfläche auszudehnen ist. Durch E ist die Entfernung des Elementes $dv\,(x, y, z)$ im Innern des Ellipsoides von dem Oberflächenelemente do bezeichnet. Dieses Element do habe die Coordinaten a, b, c. Alsdann ist:

$$\frac{\partial \frac{1}{E}}{\partial x} = -\frac{\partial \frac{1}{E}}{\partial a}, \quad \text{mithin:} \quad \int dv \frac{\partial \frac{1}{E}}{\partial x} = -\frac{\partial}{\partial a}\int \frac{dv}{E}.$$

Nun ist aber $-\frac{\partial}{\partial a}\int \frac{dv}{E}$ die mit der x-Axe parallele Componente derjenigen Wirkung, welche das mit homogener Masse von der Dichtigkeit Eins angefüllte Ellipsoid in dem Punkte (a, b, c) seiner Oberfläche ausübt. Diese Componente ist bekanntlich proportional mit a; ich bezeichne sie mit $a A_0$, wo alsdann A_0 eine durch die Dimensionen des Ellipsoides bestimmte Constante vorstellt. Hiernach hat man:

$$\int dv \frac{\partial \frac{1}{E}}{\partial x} = a A_0;$$

wodurch die Formel (18a.) sich verwandelt in:

$$(18b.) \qquad \int dv \frac{\partial U_i}{\partial x} = \varkappa A_0 \int do \cdot a \frac{d\Phi}{dn}.$$

Ueberdies wird, weil Φ der Gleichung $\frac{\partial^2 \Phi}{\partial x^2} + \frac{\partial^2 \Phi}{\partial y^2} + \frac{\partial^2 \Phi}{\partial z^2} = 0$ genügt, das Integral

$$(18c.) \qquad \int dv \frac{\partial \Phi}{\partial x} = \int do \cdot a \frac{d\Phi}{dn}$$

sein*). Substituirt man nun die Ausdrücke (18b.) und (18c.) in der Formel (18.), so erhält man:

$$(18d.) \qquad (1 + \varkappa A_0) \int do \cdot a \frac{d\Phi}{dn} + \int dv \frac{\partial V_i}{\partial x} = 0.$$

Nach den Gleichungen (5.) hat aber das magnetische Moment in Bezug auf die x-Axe den Werth:

$$M = \varkappa \int do \cdot a \frac{d\Phi}{dn}.$$

Somit ergiebt sich aus (18d.):

$$M = - \frac{\varkappa}{1 + \varkappa A_0} \int dv \frac{\partial V_i}{\partial x}.$$

Hierin ist $-\int dv \frac{\partial V_i}{\partial x}$ die Summe der mit der x-Axe parallelen Componenten derjenigen Wirkung, welche die vertheilenden Kräfte auf das ganze Ellipsoid ausüben. Wird diese Summe mit $\mathfrak{A}$ bezeichnet, so ist also:

$$(19.) \qquad M = \frac{\varkappa \mathfrak{A}}{1 + \varkappa A_0};$$

und ebenso erhält man:

$$(20.) \qquad N = \frac{\varkappa \mathfrak{B}}{1 + \varkappa B_0} \quad \text{und} \quad P = \frac{\varkappa \mathfrak{C}}{1 + \varkappa C_0},$$

wo $\mathfrak{B}$ und $\mathfrak{C}$ die Summen der mit der y-Axe, respective mit der z-Axe parallelen Componenten der vertheilenden Kräfte in Bezug auf das ganze Ellipsoid sind, und bB_0 und cC_0 die mit jenen Axen parallelen Componenten derjenigen Wirkung vorstellen, welche das homogene Ellipsoid mit der Einheit der Dichtigkeit auf den Oberflächenpunkt (a, b, c) ausüben.

Erdmagnetismus. — Wenn der Mittelpunkt der vertheilenden Kräfte in Bezug auf die Dimensionen des Ellipsoides als *unendlich weit entfernt* betrachtet werden kann, wie z. B. das der Fall ist, wenn der *Erdmagnetismus*

*) Man vgl. Seite 468, nämlich in der dortigen Note den Uebergang von (α.), (β.) zu (ε.). — *C. N.*

die vertheilende Kraft ist, so erhält man, wenn J die Resultante der vertheilenden Kräfte ist, und m, n, p die Winkel sind, welche J mit den Axen x, y, z macht, aus (19.), (20.) die Formeln:

$$(21.)\qquad M = \frac{\varkappa v J \cos m}{1+\varkappa A_0}, \qquad N = \frac{\varkappa v J \cos n}{1+\varkappa B_0}, \qquad P = \frac{\varkappa v J \cos p}{1+\varkappa C_0},$$

wo v das Volumen des Ellipsoides bezeichnet.

Ist das Ellipsoid ein *Rotations-Ellipsoid*, so erhält man die Werthe A_0, B_0, C_0 aus (27.) § 2, wenn man X, Y, Z durch a, b, c, d. i. durch die dort mit x_1, y_1, z_1 bezeichneten Coordinaten dividirt und zugleich das dortige σ_1 durch σ_0 ersetzt. Dies giebt die Formeln:

$$(22.)\qquad \begin{cases} M = \dfrac{\varkappa v J \cos m}{1 - 2\pi\varkappa\sigma_0(\sigma_0^2-1)\left[\dfrac{1}{2}\log\left(\dfrac{\sigma_0+1}{\sigma_0-1}\right) - \dfrac{\sigma_0}{\sigma_0^2-1}\right]}, \\[2ex] N = \dfrac{\varkappa v J \cos n}{1 - 2\pi\varkappa\sigma_0(\sigma_0^2-1)\left[\dfrac{1}{2}\log\left(\dfrac{\sigma_0+1}{\sigma_0-1}\right) - \dfrac{\sigma_0}{\sigma_0^2-1}\right]}, \\[2ex] P = \dfrac{\varkappa v J \cos p}{1 + 4\pi\varkappa\sigma_0(\sigma_0^2-1)\left[\dfrac{1}{2}\log\left(\dfrac{\sigma_0+1}{\sigma_0-1}\right) - \dfrac{1}{\sigma_0}\right]}, \end{cases}$$

welche mit denen in (17c.) übereinstimmen, nur mit dem Unterschiede, dass die dortigen Componenten A, B, C hier mit $J\cos m$, $J\cos n$, $J\cos p$ bezeichnet sind.

Für die Berechnung der Grössen $\mathfrak{A}$, $\mathfrak{B}$, $\mathfrak{C}$ ist es oft vortheilhafter, sie als die negativen, mit den Ellipsoidaxen parallelen Componenten derjenigen Wirkung anzusehen, welche das als homogen und von der Einheit der Dichtigkeit angenommene Ellipsoid auf dasjenige Massensystem ausübt, von welchem die vertheilenden Kräfte herrühren. Man kann diese Grössen auch als die partiellen Differentialquotienten desjenigen Potentials definiren, welche das homogene Ellipsoid von der Einheit der Dichtigkeit in Bezug auf das genannte Massensystem besitzt. Es sei U dieses Potential, und es werde dasselbe als Function der (mit den Ellipsoidaxen parallelen) Coordinaten a, b, c eines Punktes des vertheilenden Massensystems betrachtet. Alsdann sind $\mathfrak{A}$, $\mathfrak{B}$, $\mathfrak{C}$ die partiellen Differentialquotienten von U nach a, b, c*); sodass also die Formeln (19.), (20.) sich verwandeln in:

$$(23.)\qquad M = \frac{\varkappa\dfrac{\partial U}{\partial a}}{1+\varkappa A_0}, \qquad N = \frac{\varkappa\dfrac{\partial U}{\partial b}}{1+\varkappa B_0}, \qquad P = \frac{\varkappa\dfrac{\partial U}{\partial c}}{1+\varkappa C_0}.$$

*) Nach der soeben für U und a, b, c gegebenen Definition repräsentiren $-\dfrac{\partial U}{\partial a}$, $-\dfrac{\partial U}{\partial b}$, $-\dfrac{\partial U}{\partial c}$ die Wirkung, welche das homogene Ellipsoid von der Einheit der Dichtigkeit auf das vertheilende

Cylindrische elektrische Spirale. — Ich werde jetzt die Formeln (19.), (20.) auf die Bestimmung der magnetischen Momente eines Rotations-Ellipsoides anwenden, wenn die vertheilenden Kräfte von einer *cylindrischen elektrischen Spirale* herrühren, deren Axe mit der z-Axe, d. i. mit der Rotationsaxe des Ellipsoides zusammenfällt.

Die Wirkung einer solchen Spirale kann in Bezug auf jeden ausserhalb derselben liegenden Punkt als von ihren *Grundflächen* ausgehend angesehen werden, von denen man sich die eine mit positiver, die andere mit negativer magnetischer Flüssigkeit gleichförmig bedeckt vorzustellen hat. Die Dicke der magnetischen Schicht auf diesen Grundflächen ist $\frac{j\eta}{\sqrt{2}}$, wenn j die Stromstärke der Spirale und η die Anzahl ihrer Windungen auf der Längeneinheit bezeichnet. Der Kürze wegen werde ich $\frac{j\eta}{\sqrt{2}} = \vartheta$ setzen.

Wenn der Punkt, auf welchen die Wirkung der Spirale bezogen wird, *innerhalb* der Spirale liegt, und man dieselbe in drei rechtwinklige Componenten zerlegt, parallel mit ihrer Axe und senkrecht darauf, so sind die beiden letztern dieselben, welche den mit der magnetischen Schicht belegten Grundflächen der Spirale zukommen; die erste aber, die parallel mit der Axe der Spirale ist, erhält man, wenn man zu der entsprechenden Componente der Grundflächen noch das Produkt aus $4\pi\vartheta$ in die Masse des Punktes, auf welchen die Wirkung gerichtet ist, addirt*). Hieraus folgt, dass wenn die Wirkung einer Spirale auf einen mit magnetischer Masse gleichmässig erfüllten Raum bezogen werden soll, zu der mit der Axe der Spirale parallelen Componente der Wirkung der magnetischen Grundflächen noch das Produkt von $4\pi\vartheta$ in die innerhalb des von der Spirale und ihren Grundflächen begrenzten Raumes liegende Masse addirt werden muss, wenn diese Grundflächen statt der Spirale bei der Berechnung ihrer Wirkung substituirt werden sollen.

Die Grundflächen der Spirale sind Kreisebenen, durch deren Mittelpunkte, senkrecht gegen die Ebenen, die Rotationsaxe z des Ellipsoides geht. Ich werde die Componenten der Wirkung des gegebenen Ellipsoides (dasselbe homogen und von der Einheit der Dichtigkeit angenommen) auf eine so gelegene Kreisebene bestimmen. Ich nenne das Element dieser Ebene $d\omega$ und seine Coordinaten α, β, γ, von denen γ parallel zur Rotationsaxe ist und also

---

Massensystem ausübt. Folglich sind $+\frac{\partial U}{\partial a}, +\frac{\partial U}{\partial b}, +\frac{\partial U}{\partial c}$ die Componenten $\mathfrak{A}, \mathfrak{B}, \mathfrak{C}$ derjenigen Wirkung, welche umgekehrt dieses Massensystem auf das Ellipsoid ausübt. — *C. N.*

*) Man vgl. die Zusätze Seite 498 (2a., b.). — *C. N.*

für alle Elemente $d\omega$ denselben Werth hat. Die Componenten der Wirkung des Ellipsoides im Punkte (α, β, γ) seien $A\alpha$, $B\beta$, $C\gamma$. Alsdann haben die negativen Componenten der Wirkung des Ellipsoides auf die Kreisebene die Werthe*):

$$-\vartheta\int A\alpha\, d\omega, \qquad -\vartheta\int B\beta\, d\omega, \qquad -\vartheta\int C\gamma\, d\omega,$$

wo die Integrationen über die ganze Kreisebene auszudehnen sind. Nennt man $\gamma_{\prime\prime}$ und $\gamma_{\prime}$ die Entfernung der positiven Grundfläche (d. i. der mit positiver magnetischer Flüssigkeit belegten) und der negativen vom Mittelpunkt des Ellipsoides, so hat man in den vorstehenden Ausdrücken einmal $\gamma_{\prime\prime}$, das andere

*) Das hier auftretende Integral $\int C\gamma\, d\omega$ wird offenbar, weil γ für alle Elemente $d\omega$ der Kreisebene constant ist, den Werth haben:

$$\int C\gamma\, d\omega = \gamma\int C\, d\omega. \tag{p.}$$

Denkt man sich nun die betrachtete Kreisebene durch concentrische Kreise in lauter *unendlich schmale Ringe* zerlegt, so wird C (in Folge der in Bezug auf die z-Axe vorhandenen Symmetrie) in allen Elementen $d\omega$ eines solchen Ringes *ein und denselben* Werth haben. Bezeichnet man daher einen solchen *Flächenring* mit $d\Omega$, so ergiebt sich:

$$\int C\gamma\, d\omega = \gamma\int C\, d\omega = \gamma\int C\, d\Omega. \tag{q.}$$

Im Original sind die $d\omega$ und die $d\Omega$ unterschiedslos beide mit dw bezeichnet.

Denkt man sich am innern Rande des *unendlich schmalen Flächenringes* $d\Omega$ irgend einen Punkt markirt, so werden die rechtwinkligen Coordinaten α, β, γ dieses Punktes zu seinen elliptischen Coordinaten σ, ϑ, φ in folgender Beziehung stehen [vgl. die Formeln (g.) in der Note auf Seite 465]:

$$\left\{\begin{aligned} \alpha &= \lambda\sqrt{1-\sigma^2}\,\sin\vartheta\,\cos\varphi, \\ \beta &= \lambda\sqrt{1-\sigma^2}\,\sin\vartheta\,\sin\varphi, \\ \gamma &= \frac{\lambda\sigma\cos\vartheta}{i}. \end{aligned}\right. \tag{r.}$$

Aus den beiden ersten Formeln folgt sofort:

$$\alpha^2+\beta^2 = \lambda^2(1-\sigma^2)\sin^2\vartheta, \tag{s.}$$

also, falls man ϑ mittelst der dritten Formel eliminirt:

$$\varrho^2 = \alpha^2+\beta^2 = -\lambda^2\sigma^2 + \frac{\gamma^2}{\sigma^2} + (\lambda^2-\gamma^2). \tag{t.}$$

Hier bezeichnet ϱ den Radius des innern Randes des Flächenringes $d\Omega$. Demgemäss ist z. B.:

$$d\Omega = 2\pi\varrho\, d\varrho = \pi\, d(\varrho^2), \tag{u.}$$

wo $d\varrho$ die Breite des Flächenringes $d\Omega$ vorstellt.

Aus (u.) folgt nun, durch Anwendung der Formel (t.), sofort:

$$d\Omega = \pi\, d\left(-\lambda^2\sigma^2 + \frac{\gamma^2}{\sigma^2}\right), \tag{v.}$$

d. i.

$$d\Omega = -2\pi\left(\lambda^2\sigma + \frac{\gamma^2}{\sigma^3}\right)d\sigma. \tag{w.}$$

Dies aber ist die von *Neumann* weiterhin, in (24d.) Seite 482, angegebene Formel. — *C. N.*

Mal $\gamma_{,}$ an Stelle von γ zu setzen und von dem Resultat der ersten Substitution das der zweiten abzuziehen. Dann erhält man, wenn kein Theil des Ellipsoides innerhalb der Spirale liegt, die Werthe von $\mathfrak{A}$, $\mathfrak{B}$, $\mathfrak{C}$. Es ist aber zu der Differenz, welche $\mathfrak{C}$ giebt, wenn das Ellipsoid theilweise oder ganz innerhalb des von der Spirale und ihren Grundflächen begrenzten Raumes liegt, noch das Produkt aus $4\pi\vartheta$ in den innerhalb dieses Raumes liegenden Theil des Ellipsoides zu addiren. Nun ist aber, wie leicht erhellt:

$$\int \alpha A\, d\omega = 0 \quad \text{und} \quad \int \beta B\, d\omega = 0,$$

also $\mathfrak{A} = 0$ und $\mathfrak{B} = 0$, mithin nach (19.), (20.) auch $M = 0$ und $N = 0$. Es bleibt also nur noch das magnetische Moment P in Bezug auf die Rotationsaxe z zu bestimmen, welches, wenn durch $C_{\gamma_{,,}}$ und $C_{\gamma_{,}}$ die Werthe von C in Bezug auf die beiden Grundflächen bezeichnet werden, den Werth hat:

$$(24.) \qquad P = \frac{-\varkappa\vartheta}{1+\varkappa C_0}\left[\gamma_{,,}\int C_{\gamma_{,,}}\, d\omega - \gamma_{,}\int C_{\gamma_{,}}\, d\omega - 4\pi\int dv\right],$$

wo $\gamma_{,,}$ und $\gamma_{,}$ constant sind. Die beiden ersten Integrale sind über die beiden Grundflächen auszudehnen. In dem dritten Integral ist dv das räumliche Element des Ellipsoides, und $\int dv$ ist auf denjenigen Theil des Ellipsoides zu beschränken, der *innerhalb* der Spirale liegt.

Denkt man sich jede der beiden Grundflächen durch concentrische Kreise in lauter *unendlich schmale Flächenringe* $d\Omega$ zerlegt*), so kann man (wie ohne Weiteres aus der in Bezug auf die z-Axe vorhandenen Symmetrie sich ergiebt) die Formel (24.) auch so schreiben:

$$(24\text{a.}) \qquad P = \frac{-\varkappa\vartheta}{1+\varkappa C_0}\left[\gamma_{,,}\int C_{\gamma_{,,}}\, d\Omega - \gamma_{,}\int C_{\gamma_{,}}\, d\Omega - 4\pi\int dv\right].$$

Ich werde zuerst den Werth des Integrals $\int C d\Omega$ entwickeln. Hierbei muss unterschieden werden, ob die Kreisfläche, auf welche sich das Integral bezieht, die Rotationsaxe z des Ellipsoides ausserhalb oder innerhalb des Ellipsoides schneidet. Im ersten Fall erhält man den Werth von C aus (27.) § 2 dadurch, dass man Z durch das dortige z_1 dividirt, und σ_1, wofür ich jetzt σ setzen werde, als eine Ordinate von $d\Omega$ betrachtet. Im zweiten Fall hat C für alle Ringe $d\Omega$, die innerhalb des Ellipsoides liegen, einen constanten Werth, den man aus (27.) § 2 dadurch erhält, dass man σ_0 in dem Ausdruck $\frac{Z}{z_1}$ statt σ_1 setzt, wo σ_0 sich auf das gegebene Ellipsoid bezieht; für die

*) Es soll also $d\Omega$ dieselbe Bedeutung haben wie in der vorigen Note. Was übrigens die Ableitung der obigen Formel (24a.) anbetrifft, so vergleiche man die Zusätze Seite 500 (15). — *C. N.*

Ringe $d\Omega$ ausserhalb des Ellipsoides gelten in diesem Falle dieselben Werthe von C, wie im ersten*).

Ich setze nun**):

$$d\Omega = \pi\, d(\alpha^2 + \beta^2), \tag{24b.}$$

und

$$\alpha^2 + \beta^2 = \lambda^2(1-\sigma^2)(1-\mu^2) \quad \text{und} \quad \gamma^2 = -\lambda^2\sigma^2\mu^2; \tag{24c.}$$

woraus sich ergiebt:

$$d\Omega = -2\pi\left(\lambda^2\sigma + \frac{\gamma^2}{\sigma^3}\right)d\sigma. \tag{24d.}$$

Schneidet also die Kreisebene die Axe z *ausserhalb* des Ellipsoides, so erhält man:

$$\int C\,d\Omega = -8\pi^2\sigma_0(\sigma_0^2-1)\int_{\frac{i\cdot\operatorname{abs}\gamma}{\lambda}}^{\sigma} d\sigma\left(\lambda^2\sigma + \frac{\gamma^2}{\sigma^3}\right)\left[\frac{1}{2}\log\left(\frac{\sigma+1}{\sigma-1}\right) - \frac{1}{\sigma}\right] = J_a. \tag{25.}$$

Hier ist, was die *untere* Integrationsgrenze $\frac{i\cdot\operatorname{abs}\gamma}{\lambda}$ anbelangt, unter abs γ der *absolute* Werth von γ zu verstehen. Andrerseits ist, was die *obere* Integrationsgrenze σ betrifft, unter σ^2 die *negative* Wurzel***) der quadratischen Gleichung

$$\frac{R^2}{1-\sigma^2} - \frac{\gamma^2}{\sigma^2} = \lambda^2 \tag{26.}$$

zu verstehen; dabei bezeichnet R den Halbmesser der Kreisebene.

---

*) Im einen wie im andern Falle wird also C für den Ring $d\Omega$ einen der beiden Werthe haben:

$$C = 4\pi\,\sigma_0(\sigma_0^2-1)\left[\frac{1}{2}\log\left(\frac{\sigma+1}{\sigma-1}\right) - \frac{1}{\sigma}\right], \tag{a.}$$

$$C = 4\pi\,\sigma_0(\sigma_0^2-1)\left[\frac{1}{2}\log\left(\frac{\sigma_0+1}{\sigma_0-1}\right) - \frac{1}{\sigma_0}\right], \tag{b.}$$

nämlich den erstern oder letztern, je nachdem der Ring $d\Omega$ *ausserhalb* oder *innerhalb* des Ellipsoides liegt. Dabei bezeichnet σ die eine elliptische Coordinate des Ringes $d\Omega$, während σ_0 den Werth von σ auf der Ellipsoidoberfläche vorstellt. — *C. N.*

**) Die hier folgenden Formeln (24b., c., d.) sind bereits hinreichend erläutert in der Note auf Seite 480.

***) Diese Angabe, es solle σ^2 die *negative* Wurzel der quadratischen Gleichung (26.) sein, lässt erkennen, dass *Neumann* hier nur allein den Fall des *abgeplatteten* Ellipsoides vor Augen hatte. Denn nur beim abgeplatteten Ellipsoid ist von den beiden Wurzeln die eine positiv, die andere negativ; während sie beim *verlängerten* Ellipsoid beide positiv sind. Die Formel (26.) kann nämlich so geschrieben werden:

$$\sigma^4 + \left(\frac{R^2+\gamma^2-\lambda^2}{\lambda^2}\right)\sigma^2 - \left(\frac{\gamma^2}{\lambda^2}\right) = 0. \tag{\alpha.}$$

Sind also σ'^2 und σ''^2 die beiden Wurzeln, so wird $\sigma'^2\sigma''^2 = -\left(\frac{\gamma^2}{\lambda^2}\right)$, mithin die eine Wurzel positiv,

Schneidet andererseits die Kreisebene die Ellipsoidaxe *innerhalb* des Ellipsoides, so erhält man:

$$(27.)\qquad \int C\,d\Omega = -8\pi^2\sigma_0(\sigma_0^2-1)\left\{\begin{aligned}&\left[\frac{1}{2}\log\left(\frac{\sigma_0+1}{\sigma_0-1}\right)-\frac{1}{\sigma_0}\right]\int\limits_{\frac{i\cdot\text{abs}\,\gamma}{\lambda}}^{\sigma_0}\left(\lambda^2\sigma+\frac{\gamma^2}{\sigma^3}\right)d\sigma\\ &+\int\limits_{\sigma_0}^{\sigma}\left[\frac{1}{2}\log\left(\frac{\sigma+1}{\sigma-1}\right)-\frac{1}{\sigma}\right]\left(\lambda^2\sigma+\frac{\gamma^2}{\sigma^3}\right)d\sigma\end{aligned}\right\} = J_i\,;$$

wobei wiederum, was in der letzten Zeile die *obere* Integrationsgrenze anbelangt, unter σ^2 die *negative* Wurzel der quadratischen Gleichung (26.) zu verstehen ist*).

Aus (25.) erhält man:

$$(27\text{a.})\qquad J_a = 4\pi^2\sigma_0(\sigma_0^2-1)\left\{\begin{aligned}&(\sigma^2-1)\left(\lambda^2+\frac{\gamma^2}{\sigma^2}\right)\left[\frac{1}{\sigma}-\frac{1}{2}\log\left(\frac{\sigma+1}{\sigma-1}\right)\right]\\ &+\frac{1}{\sigma}\left(\lambda^2+\frac{\gamma^2}{3\sigma^2}\right)-\frac{2\lambda^3}{3}\,\frac{1}{i\cdot\text{abs}\,\gamma}\end{aligned}\right\},$$

---

die andere negativ sein, — aber nur im Falle des *abgeplatteten* Ellipsoides. Im Falle des *verlängerten* Ellipsoides ist nämlich λ rein imaginär, etwa $= il$; wodurch die Formel (α.) übergeht in:

$$(\beta.)\qquad \sigma^4-\left(\frac{R^2+\gamma^2+l^2}{l^2}\right)\sigma^2+\left(\frac{\gamma^2}{l^2}\right)=0\,.$$

Dieser Gleichung aber, deren eingeklammerte Coefficienten beide positiv sind, kann ein negativer Werth von σ^2 unmöglich Genüge leisten. Die Gleichung hat also zwei positive Wurzeln. Von diesen liegt, wie leicht zu erkennen ist, die eine zwischen 0 und 1, die andere zwischen 1 und $+\infty$. Letztere ist zu nehmen; denn σ^2 muss [vgl. die Formel (ϑ.) in der Note auf Seite 455] zwischen 1 und $+\infty$ gelegen sein.

Doch wollen wir, entsprechend unserm allgemeinen Programm (Note Seite 464), hier den Fall des *verlängerten* Ellipsoides ganz bei Seite setzen. Alsdann wird mit Bezug auf das *abgeplattete* Ellipsoid noch Folgendes zu bemerken sein.

Erstens: Die *untere* Integrationsgrenze in der Formel (25.) entspricht dem *Mittelpunkt* der betrachteten Kreisebene, und wird daher, weil dieser Mittelpunkt auf der z-Axe liegt, in der That den in (25.) angegebenen Werth

$$(\gamma.)\qquad \frac{i\cdot\text{abs}\,\gamma}{\lambda}$$

haben; wie sich solches aus der Formel (h.) in der Note Seite 465 sofort ergiebt.

Zweitens: Die *obere* Integrationsgrenze in der Formel (25.) entspricht dem *Rande* der Kreisebene. Diese obere Grenze ist in (25.) kurzweg σ genannt. Genauer genommen wird sie mit

$$(\delta.)\qquad i\sqrt{-\sigma^2}$$

zu bezeichnen sein, wo σ^2 die schon genannte negative Wurzel der Gleichung (26.) ist; sodass also $-\sigma^2$ positiv ist. Dass die obere Grenze wirklich den in (δ.) genannten Werth besitzt, und nicht etwa $= -i\sqrt{-\sigma^2}$ sein kann, ergiebt sich leicht. Beim *abgeplatteten* Ellipsoid ist nämlich σ stets gleich i, multiplicirt mit einem *positiven reellen Factor* (der von *Neumann* mit s bezeichnet wird). Dieser Anforderung aber entspricht der in (δ.) für σ angegebene Werth; jener positive reelle Factor ist daselbst repräsentirt durch $\sqrt{-\sigma^2}$. — *C. N.*

*) Hier und im Folgenden ist über die Grenzen $\frac{i\cdot\text{abs}\,\gamma}{\lambda}$ und σ Gleiches zu bemerken, wie in der vorigen Note, und noch hinzuzufügen, dass die Grenze σ_0 auf denjenigen Kreis sich bezieht, in welchem die Kreisebene von der gegebenen Ellipsoidoberfläche geschnitten wird. — *C. N.*

und aus (27.):

$$(27\text{b.})\qquad J_i = 4\pi^2\sigma_0(\sigma_0^2-1)\left\{\begin{array}{l}(\sigma^2-1)\left(\lambda^2+\frac{\gamma^2}{\sigma^2}\right)\left[\frac{1}{\sigma}-\frac{1}{2}\log\left(\frac{\sigma+1}{\sigma-1}\right)\right]\\ \quad+\frac{1}{\sigma}\left(\lambda^2+\frac{\gamma^2}{3\sigma^2}\right)-\frac{1}{\sigma_0}\left(\lambda^2+\frac{\gamma^2}{3\sigma_0^2}\right)\end{array}\right\}.$$

In diesen beiden letzten Formeln (27a.) und (27b.) ist wiederum unter σ^2 die *negative* Wurzel der quadratischen Gleichung (26.) zu verstehen.

Mittelst dieser Ausdrücke ist es nun leicht, den Werth von P (24a.) wirklich zu finden. Dabei ist zu beachten, dass das Integral $\int dv$, wenn nur die *untere* Grundfläche das Ellipsoid schneidet, den Werth hat:

$$\int dv = -\pi\sigma_0(\sigma_0^2-1)\left[\frac{2\lambda^3}{3i}-\frac{\gamma_,}{\sigma_0}\left(\lambda^2+\frac{\gamma_,^2}{3\sigma_0^2}\right)\right],$$

ferner, wenn beide Grundflächen dasselbe schneiden, den Werth hat:

$$\int dv = -\pi\sigma_0(\sigma_0^2-1)\left[\frac{\gamma_{,,}}{\sigma_0}\left(\lambda^2+\frac{\gamma_{,,}^2}{3\sigma_0^2}\right)-\frac{\gamma_,}{\sigma_0}\left(\lambda^2+\frac{\gamma_,^2}{3\sigma_0^2}\right)\right],$$

endlich, wenn das Ellipsoid ganz innerhalb der Spirale liegt, den Werth hat:

$$\int dv = +\frac{4\pi}{3}\sigma_0(\sigma_0^2-1)\cdot i\lambda^3.$$

Man erhält *allgemein*, wie auch die Grundflächen der Spirale liegen mögen, wenn für ϑ seine eigentliche Bedeutung $\frac{j\eta}{\sqrt{2}}$ substituirt wird:

$$(28.)\qquad P = \frac{-\varkappa\left(\frac{j\eta}{\sqrt{2}}\right)4\pi^2\sigma_0(\sigma_0^2-1)\left\{\begin{array}{l}\gamma_{,,}\left((\sigma_{,,}^2-1)\left(\lambda^2+\frac{\gamma_{,,}^2}{\sigma_{,,}^2}\right)\left[\frac{1}{\sigma_{,,}}-\frac{1}{2}\log\left(\frac{\sigma_{,,}+1}{\sigma_{,,}-1}\right)\right]+\frac{1}{\sigma_{,,}}\left(\lambda^2+\frac{\gamma_{,,}^2}{3\sigma_{,,}^2}\right)\right)\\ -\gamma_,\left((\sigma_,^2-1)\left(\lambda^2+\frac{\gamma_,^2}{\sigma_,^2}\right)\left[\frac{1}{\sigma_,}-\frac{1}{2}\log\left(\frac{\sigma_,+1}{\sigma_,-1}\right)\right]+\frac{1}{\sigma_,}\left(\lambda^2+\frac{\gamma_,^2}{3\sigma_,^2}\right)\right)\end{array}\right\}}{1+4\pi\varkappa\sigma_0(\sigma_0^2-1)\left[\frac{1}{2}\log\left(\frac{\sigma_0+1}{\sigma_0-1}\right)-\frac{1}{\sigma_0}\right]}.$$

Hier sind $\sigma_{,,}^2$ und $\sigma_,^2$ die negativen Wurzeln derjenigen quadratischen Gleichungen, die man aus (26.) erhält, wenn man daselbst das γ durch $\gamma_{,,}$ respective durch $\gamma_,$ ersetzt.

Königsberg im August 1847.

Zusätze der Redaction. *(C. N.)*

Bezeichnet A irgend eine *positive reelle* Grösse, so ist in der vorliegenden Abhandlung unter

$$\sqrt{A} \tag{1.}$$

stets der *positive* Werth dieser Wurzel zu verstehen. Wie ist nun aber $\sqrt{A}$ zu definiren, wenn das A *negativ reell* oder *imaginär* ist? Um auf diese Frage, sowie auch andere Dinge, näher einzugehen, dürfte es zweckmässig sein, die beiden Fälle des *abgeplatteten* und des *verlängerten* Ellipsoides auseinanderzuhalten. Dabei wird die Redaction bemüht sein, die hier folgenden Zusätze so einzurichten, dass diese Zusätze (oder wenigstens die beiden ersten Theile derselben) ein einigermaassen continuirliches Ganzes bilden.

Erster Theil der Zusätze.

Das abgeplattete Rotations-Ellipsoid.

Es seien r und λ *positive reelle* Grössen, und $r > \lambda$; sodass also

$$\frac{x^2+y^2}{r^2} + \frac{z^2}{r^2-\lambda^2} = 1 \tag{2.}$$

die Gleichung eines *abgeplatteten* Rotations-Ellipsoides ist. Alsdann kann man sämmtliche Punkte (x, y, z) dieser Ellipsoidfläche dadurch erhalten, dass man setzt:

$$\left.\begin{cases} x = r\sin\vartheta\cos\varphi, \\ y = r\sin\vartheta\sin\varphi, \\ z = \sqrt{r^2-\lambda^2}\cos\vartheta, \end{cases}\right\} \quad (r \text{ zwischen } \lambda \text{ und } +\infty) \tag{3.}$$

und sodann in diesen Formeln ϑ von 0 bis π, und φ von 0 bis 2π wachsen lässt.

Das durch diese Formeln (2.), (3.) dargestellte Rotations-Ellipsoid wird nun offenbar, wenn man das λ als eine unveränderliche *Constante* ansieht, hingegen dem r andere und andere Werthe beilegt, seine Gestalt ändern. Und alle Ellipsoide, die man in solcher Weise (durch ein Anwachsen der Grösse r von λ bis $+\infty$) erhält, werden zusammengenommen ein *confocales System* bilden, dessen *Brennkreisfläche* (dem Werthe $r = \lambda$ entsprechend) dargestellt ist durch die Formeln:

$$\left.\begin{cases} x = \lambda\sin\vartheta\cos\varphi, \\ y = \lambda\sin\vartheta\sin\varphi, \\ z = 0, \end{cases}\right\} \quad (\text{die Brennkreisfläche}); \tag{3f.}$$

sodass also die gegebene Constante λ nichts Anderes ist, als der *Radius dieser Brennkreisfläche.*

Da r [nach (3.)] stets zwischen λ und $+\infty$ liegt, so kann man

$$r^2 = \lambda^2(1+s^2) \tag{4.}$$

setzen, indem man dabei unter s eine *positive reelle* Größe versteht, die stets zwischen 0 und $+\infty$ liegt. Durch diese Substitution erhält man aus (3.):

$$(5.)\qquad \left\{\begin{array}{l} x = \lambda\sqrt{1+s^2}\sin\vartheta\cos\varphi, \\ y = \lambda\sqrt{1+s^2}\sin\vartheta\sin\varphi, \\ z = \lambda s\cos\vartheta. \end{array}\right\} \quad (s \text{ zwischen } 0 \text{ und } +\infty)$$

Mittelst dieser Formeln (5.) wollen wir uns, an Stelle von x, y, z, die Variablen s, ϑ, φ als Coordinaten eingeführt denken. Lassen wir nun den betrachteten Punkt vom Orte (s, ϑ, φ) zu irgend einem benachbarten Orte $(s+ds, \vartheta+d\vartheta, \varphi+d\varphi)$ wandern, so werden dabei seine rechtwinkligen Coordinaten x, y, z folgende Zuwüchse erhalten:

$$(6.)\qquad \left\{\begin{array}{l} dx = \lambda\Big[\frac{s\sin\vartheta\cos\varphi}{\sqrt{1+s^2}}ds + \sqrt{1+s^2}\cos\vartheta\cos\varphi\, d\vartheta - \sqrt{1+s^2}\sin\vartheta\sin\varphi\, d\varphi\Big], \\ dy = \lambda\Big[\frac{s\sin\vartheta\sin\varphi}{\sqrt{1+s^2}}ds + \sqrt{1+s^2}\cos\vartheta\sin\varphi\, d\vartheta + \sqrt{1+s^2}\sin\vartheta\cos\varphi\, d\varphi\Big], \\ dz = \lambda[\cos\vartheta\, ds - s\sin\vartheta\, d\vartheta]. \end{array}\right.$$

Setzt man jetzt:

$$(7.)\qquad d\mathfrak{s}^2 = dx^2 + dy^2 + dz^2,$$

so ergiebt sich aus (6.):

$$(8.)\qquad d\mathfrak{s}^2 = \lambda^2\Big[\frac{s^2+\cos^2\vartheta}{1+s^2}ds^2 + (s^2+\cos^2\vartheta)\,d\vartheta^2 + (1+s^2)\sin^2\vartheta\, d\varphi^2\Big],$$

oder, falls man $\cos\vartheta = \mu$ setzt:

$$(9.)\qquad d\mathfrak{s}^2 = \lambda^2\Big[\frac{\mu^2+s^2}{1+s^2}ds^2 + \frac{\mu^2+s^2}{1-\mu^2}d\mu^2 + (1+s^2)(1-\mu^2)\,d\varphi^2\Big];$$

woraus durch die Substitution

$$(10.)\qquad s = -i\sigma, \quad \text{d. i.:} \quad \sigma = is$$

die *mehr symmetrische* Formel entsteht:

$$(11.)\qquad d\mathfrak{s}^2 = \lambda^2\Big[\frac{\sigma^2-\mu^2}{1-\sigma^2}d\sigma^2 + \frac{\mu^2-\sigma^2}{1-\mu^2}d\mu^2 + (1-\sigma^2)(1-\mu^2)\,d\varphi^2\Big].$$

Aus Symmetriegründen würde also der neuen Variablen σ der Vorzug zu geben sein gegenüber s. Dabei sei bemerkt, dass in der *Neumann*'schen Abhandlung, soweit dieselbe auf ein *abgeplattetes* Ellipsoid sich bezieht, der Buchstabe σ stets nur als eine *Abbreviatur* für das Product is anzusehen ist.

Aus (9.) erhält man sofort:

$$(12.)\qquad d\mathfrak{s}_s = \lambda\frac{\sqrt{\mu^2+s^2}}{\sqrt{1+s^2}}ds, \qquad d\mathfrak{s}_\mu = \lambda\frac{\sqrt{\mu^2+s^2}}{\sqrt{1-\mu^2}}d\mu, \qquad d\mathfrak{s}_\varphi = \lambda\sqrt{1+s^2}\sqrt{1-\mu^2}\,d\varphi,$$

wo z. B. $d\mathfrak{s}_s$ diejenige specielle Verschiebung $d\mathfrak{s}$ vorstellt, welche sich ergiebt, wenn man den Zuwachs ds positiv, hingegen die Zuwüchse $d\mu$ und $d\varphi$ beide $= 0$ sich denkt; während $d\mathfrak{s}_\mu$ und $d\mathfrak{s}_\varphi$ analoge Bedeutungen haben sollen. — Da die drei Flächen $s = \text{Const.}$,

$\mu =$ Const. und $\varphi =$ Const. zu einander orthogonal sind, so kann man das *Volumenelement* $dv = d\mathfrak{s}_s\, d\mathfrak{s}_\mu\, d\mathfrak{s}_\varphi$ setzen; sodass sich also aus (12.) ergiebt:

(13.) $$dv = \lambda^3(\mu^2 + s^2)\, ds\, d\mu\, d\varphi\,.$$

Demgemäss wird z. B. das *Volumen* v des von der Ellipsoidfläche $s =$ Const. umschlossenen Raumes den Werth haben*):

(13p.) $$v = 2\pi\lambda^3 \int_0^s \int_{-1}^{+1} (\mu^2 + s^2)\, ds\, d\mu\,;$$

woraus durch Ausführung der Integrationen sich ergiebt:

(13q.) $$v = \frac{4\pi\lambda^3 s(1+s^2)}{3} \;{}^{**)}.$$

Uebrigens kann man sich von der Richtigkeit der Formel (13q.) auch auf anderem Wege überzeugen. Denn aus (5.) erkennt man sofort, dass die halben Axen der Ellipsoidfläche $s =$ Const. gleich $\lambda\sqrt{1+s^2}$, $\lambda\sqrt{1+s^2}$ und λs sind; u. s. w.

Das *Flächenelement* do der betrachteten Ellipsoidfläche $s =$ Const. kann offenbar $= d\mathfrak{s}_\mu\, d\mathfrak{s}_\varphi$ gesetzt werden; sodass sich also aus (12.) ergiebt:

(14.) $$do = \lambda^2 \sqrt{\mu^2 + s^2}\sqrt{1+s^2}\cdot d\mu\, d\varphi\,.$$

Es sei nun n die im Punkte (s, μ, φ) auf der Ellipsoidfläche $s =$ Const. errichtete Normale. Ferner mögen m und p die analogen Bedeutungen haben für die durch jenen Punkt gehenden Flächen $\mu =$ Const. und $\varphi =$ Const. Und zwar mögen n, m, p diejenigen Richtungen der genannten Normalen sein, in denen die Variablen s, μ, φ *wachsen*. Alsdann werden, wie man aus (12.) leicht erkennt, für eine beliebig gegebene Function $F = F(s, \mu, \varphi)$ folgende Formeln gelten:

(15.) $$\left.\begin{cases} \dfrac{dF}{dn} = \dfrac{\partial F}{\partial s}\dfrac{ds}{dn} = \dfrac{\partial F}{\partial s}\dfrac{\sqrt{1+s^2}}{\lambda\sqrt{\mu^2+s^2}}, \\[2ex] \dfrac{dF}{dm} = \dfrac{\partial F}{\partial \mu}\dfrac{d\mu}{dm} = \dfrac{\partial F}{\partial \mu}\dfrac{\sqrt{1-\mu^2}}{\lambda\sqrt{\mu^2+s^2}}, \\[2ex] \dfrac{dF}{dp} = \dfrac{\partial F}{\partial \varphi}\dfrac{d\varphi}{dp} = \dfrac{\partial F}{\partial \varphi}\dfrac{1}{\lambda\sqrt{1+s^2}\sqrt{1-\mu^2}}, \end{cases}\right\} \quad [F = F(s, \mu, \varphi)]\,.$$

Aus (14.) und (15.) folgt z. B.:

(15a.) $$\frac{dF}{dn}\, do = \frac{\partial F}{\partial s}\lambda(1+s^2)\, d\mu\, d\varphi\,.$$

---

*) Dass die *untere* Grenze der nach s auszuführenden Integration gleich *Null* ist, erkennt man unmittelbar aus der in (5.) über die Grenzwerthe von s gemachten Angabe.

**) Nach (10.) ist $s = -i\sigma$. Dies in (13.) und (13q.) substituirt, erhält man sofort:

[13.] $$dv = i\lambda^3(\sigma^2 - \mu^2)\, d\sigma\, d\mu\, d\varphi,$$

[13q.] $$v = -\frac{4\pi\lambda^3 \cdot i\sigma(1-\sigma^2)}{3}.$$

Von diesen Formeln ist in der *Neumann*'schen Abhandlung Gebrauch gemacht, so z. B. auf Seite 465 (25.).

Offenbar ist:

$$(16.)\qquad \frac{\partial F}{\partial x} = \frac{\partial F}{\partial s}\frac{\partial s}{\partial x} + \frac{\partial F}{\partial \mu}\frac{\partial \mu}{\partial x} + \frac{\partial F}{\partial \varphi}\frac{\partial \varphi}{\partial x},$$

also z. B., wenn F von φ unabhängig ist:

$$(17.)\qquad \frac{\partial F}{\partial x} = \frac{\partial F}{\partial s}\frac{\partial s}{\partial x} + \frac{\partial F}{\partial \mu}\frac{\partial \mu}{\partial x}.$$

Auf Grund der Formeln (6.) kann man nun die Ableitungen $\frac{\partial s}{\partial x}, \frac{\partial \mu}{\partial x}, \frac{\partial \varphi}{\partial x}$ leicht berechnen, und zwar ausgedrückt durch s, μ, φ oder s, ϑ, φ. Substituirt man aber die in solcher Weise sich ergebenden Werthe in (17.), so erhält man die erste Formel folgenden Systems:

$$(18.)\qquad \left\{\begin{aligned} \frac{\partial F}{\partial x} &= \frac{\sqrt{1+s^2}\sin\vartheta\cos\varphi}{\lambda(\mu^2+s^2)}\left(s\frac{\partial F}{\partial s} - \mu\frac{\partial F}{\partial \mu}\right),\\ \frac{\partial F}{\partial y} &= \frac{\sqrt{1+s^2}\sin\vartheta\sin\varphi}{\lambda(\mu^2+s^2)}\left(s\frac{\partial F}{\partial s} - \mu\frac{\partial F}{\partial \mu}\right),\\ \frac{\partial F}{\partial z} &= \frac{s\mu}{\lambda(\mu^2+s^2)}\left(\frac{1+s^2}{s}\frac{\partial F}{\partial s} + \frac{1-\mu^2}{\mu}\frac{\partial F}{\partial \mu}\right), \end{aligned}\right\}\quad [F = F(s,\mu)],$$

dessen übrige Formeln in analoger Weise zu erhalten sind. Uebrigens kann man diesen Formeln (18.), mit Hinblick auf (5.), auch folgende Gestalt geben:

$$(19.)\qquad \left\{\begin{aligned} \frac{\partial F}{\partial x} &= \frac{x}{\lambda^2(\mu^2+s^2)}\left(s\frac{\partial F}{\partial s} - \mu\frac{\partial F}{\partial \mu}\right),\\ \frac{\partial F}{\partial y} &= \frac{y}{\lambda^2(\mu^2+s^2)}\left(s\frac{\partial F}{\partial s} - \mu\frac{\partial F}{\partial \mu}\right),\\ \frac{\partial F}{\partial z} &= \frac{z}{\lambda^2(\mu^2+s^2)}\left(\frac{1+s^2}{s}\frac{\partial F}{\partial s} + \frac{1-\mu^2}{\mu}\frac{\partial F}{\partial \mu}\right). \end{aligned}\right\}\quad [F = F(s,\mu)],$$

Die hier angegebenen Formeln (2.), (3.), ..., (19.), in denen die Wurzelgrössen durchweg der Regel (1.) unterliegen, mithin sämmtlich *positiv* sind, werden von Nutzen sein bei Ausführung vieler in der *Neumann*'schen Abhandlung fehlenden Zwischenrechnungen.

Indem wir an den bisher [nämlich in (1.), (2.), (3.), ..., (19.)] angewendeten Bezeichnungen und Vorstellungen festhalten, wollen wir jetzt zu zwei Sätzen übergehen, die in der *Neumann*'schen Abhandlung von hervorragender Wichtigkeit sind. Und zwar wollen wir diese Sätze zuvörderst mit möglichster Genauigkeit angeben, und sodann dieselben auf einem Wege beweisen, der von dem in der *Neumann*'schen Abhandlung, wenigstens theilweise, verschieden ist. Die Sätze lauten:

Erster Satz. — *Es seien irgend zwei Punkte gegeben [vgl. (3.)]*

$$(20.)\qquad \left\{\begin{aligned} x &= r\sin\vartheta\cos\varphi,\\ y &= r\sin\vartheta\sin\varphi,\\ z &= \sqrt{r^2-\lambda^2}\cos\vartheta, \end{aligned}\right. \qquad \textit{und} \qquad \left\{\begin{aligned} x_1 &= r_1\sin\vartheta_1\cos\varphi_1,\\ y_1 &= r_1\sin\vartheta_1\sin\varphi_1,\\ z_1 &= \sqrt{r_1^2-\lambda^2}\cos\vartheta_1; \end{aligned}\right.$$

wo λ eine gegebene positive Constante (nämlich den Radius der Brennkreisfläche) bezeichnet; ferner mag [vgl. (4.)] gesetzt werden: $r^2 = \lambda^2(1+s^2)$ und $r_1^2 = \lambda^2(1+s_1^2)$, und hiermit in Einklang:

$$(21.)\qquad \left\{\begin{aligned} s &= \sqrt{\left(\frac{r}{\lambda}\right)^2 - 1},\\ \sqrt{1+s^2} &= \frac{r}{\lambda}, \end{aligned}\right. \qquad \textit{und} \qquad \left\{\begin{aligned} s_1 &= \sqrt{\left(\frac{r_1}{\lambda}\right)^2 - 1},\\ \sqrt{1+s_1^2} &= \frac{r_1}{\lambda}. \end{aligned}\right.$$

Endlich mögen die Ausdrücke gebildet sein:

$$(22.)\qquad P_{nm}(is) = (\sqrt{1+s^2})^m P_n^{(m)}(is) \qquad und \qquad Q_{nm}(is_1) = (\sqrt{1+s_1^2})^m Q_n^{(m)}(is_1),$$

wo $i = \sqrt{-1}$ *sein soll.*

Alsdann wird folgende Formel gelten:

$$(23.)\qquad \left[\frac{1}{\lambda} P_{nm}(is)\, Q_{nm}(is_1)\right]_{\lambda=0} = \frac{2}{2n+1} \frac{\Pi(n+m)}{\Pi(n-m)} \left(\frac{1}{i}\right) \frac{r^n}{r_1^{n+1}}.$$

Zweiter Satz. — *Hält man fest an den durch* (20.), (21.), (22.) *angedeuteten Vorstellungen und Bezeichnungen, und denkt man sich überdies die bekannten Functionen*

$$(24.)\qquad P_{nm}(\mu) = (\sqrt{1-\mu^2})^m P_n^{(m)}(\mu) \qquad und \qquad P_{nm}(\mu_1) = (\sqrt{1-\mu_1^2})^m P_n^{(m)}(\mu_1)$$

gebildet, wo $\mu = \cos\vartheta$ *und* $\mu_1 = \cos\vartheta_1$ *sein soll, so wird für den gegenseitigen Abstand* E *der beiden Punkte* (20.) *folgende Formel gelten:*

$$(25.)\quad \frac{1}{E} = \sum_{n=0}^{\infty} \sum_{m=0}^{n} \left(\frac{i}{\lambda}\right) \varepsilon_m \left(\frac{2n+1}{2}\right) \left(\frac{\Pi(n-m)}{\Pi(n+m)}\right)^2 P_{nm}(is)\, Q_{nm}(is_1)\, P_{nm}(\mu)\, P_{nm}(\mu_1) \cos m(\varphi-\varphi_1),$$

vorausgesetzt, dass $r < r_1$ *ist. Dabei sollen* $\varepsilon_0, \varepsilon_1, \varepsilon_2, \varepsilon_3, \ldots$ *die schon früher [Seite 442 (β.)] festgesetzten Bedeutungen haben.*

Beweis des ersten Satzes. — Ist die Constante λ noch nicht $= 0$, aber doch bereits *äusserst klein*, so werden die Argumente s, s_1 (21.) *äusserst gross* sein; sodass alsdann für Ausdrücke $P_n(is)$ und $Q_n(is_1)$ folgende Entwicklungen gelten werden*):

$$(26.)\qquad P_n(is) = A(is)^n\left[1 + \frac{B}{(is)^2} + \frac{C}{(is)^4} + \cdots\right],$$

$$(27.)\qquad Q_n(is_1) = \mathsf{A}\left(\frac{1}{is_1}\right)^{n+1}\left[1 + \frac{\mathsf{B}}{(is_1)^2} + \frac{\Gamma}{(is_1)^4} + \cdots\right],$$

von denen die erstere im Endlichen abbricht, die letztere aber ins Unendliche fortschreitet. Dabei sind $A, B, C, \ldots$ und $\mathsf{A}, \mathsf{B}, \Gamma, \ldots$ gewisse Zahlencoefficienten, in Bezug auf welche die Relation zu notiren ist:

$$(28.)\qquad A\mathsf{A} = \frac{2}{2n+1}.$$

Setzt man zur augenblicklichen Abkürzung $is = \sigma$ und $is_1 = \sigma_1$, so gehen die Formeln (26.), (27.) über in:

$$(29.)\qquad P_n(\sigma) = A\sigma^n\left[1 + \frac{B}{\sigma^2} + \frac{C}{\sigma^4} + \cdots\right],$$

$$(30.)\qquad Q_n(\sigma_1) = \mathsf{A}\left(\frac{1}{\sigma_1}\right)^{n+1}\left[1 + \frac{\mathsf{B}}{\sigma_1^2} + \frac{\Gamma}{\sigma_1^4} + \cdots\right].$$

---

*) Die Formel (26.) folgt aus Seite 442 (4.), (4a.). Andrerseits aber ergiebt sich die Formel (27.) aus *Neumann*'s *Vorlesungen*, 1887, daselbst Seite 322 (9.). Auch ergiebt sich aus den soeben citirten Formeln, dass zwischen den Zahlen A und A die Relation (28.) stattfindet.

Differenzirt man jetzt die Formel (29.) nach σ, so erhält man:

$$P_n'(\sigma) = A n \sigma^{n-1}\Big[1 + \frac{B}{\sigma^2} + \frac{C}{\sigma^4} + \cdots\Big] - A \sigma^n \Big[\frac{2B}{\sigma^3} + \frac{4C}{\sigma^5} + \cdots\Big],$$

d. i.

$$P_n'(\sigma) = A n \sigma^{n-1}\Big[1 + \frac{B'}{\sigma^2} + \frac{C'}{\sigma^4} + \cdots\Big],$$

wo B', C', ... gewisse neue Zahlencoefficienten vorstellen, auf deren Werthe es hier nicht weiter ankommt. Aus der letzten Formel folgt durch nochmalige Differentiation:

$$P_n''(\sigma) = A n (n-1) \sigma^{n-2}\Big[1 + \frac{B''}{\sigma^2} + \frac{C''}{\sigma^4} + \cdots\Big];$$

u. s. w. — In solcher Weise gelangt man, auf Grund der Formeln (29.), (30.), zu folgenden Resultaten:

$$(31.)\qquad P_n^{(m)}(\sigma) = A n (n-1)(n-2)\cdots(n-m+1)\sigma^{n-m}\cdot U,$$

$$(32.)\qquad Q_n^{(m)}(\sigma_1) = \mathsf{A}(-1)^m (n+1)(n+2)\cdots(n+m)\Big(\frac{1}{\sigma_1}\Big)^{n+m+1}\cdot V,$$

wo U und V folgende mit gewissen Zahlencoefficienten b, c, ... und β, γ, ... behaftete Ausdrücke vorstellen:

$$(33.)\qquad \begin{cases} U = 1 + \frac{b}{\sigma^2} + \frac{c}{\sigma^4} + \cdots, \\ V = 1 + \frac{\beta}{\sigma_1^2} + \frac{\gamma}{\sigma_1^4} + \cdots. \end{cases}$$

Aus (31.), (32.) folgt durch Multiplication und mit Rücksicht auf die Relation (28):

$$(34.)\quad P_n^{(m)}(\sigma)\,Q_n^{(m)}(\sigma_1) = \frac{2(-1)^m}{2n+1}[(n-m+1)(n-m+2)\cdots n(n+1)\cdots(n+m)]\frac{\sigma^{n-m}}{\sigma_1^{n+m+1}}\,UV,$$

oder ein wenig anders geschrieben:

$$(35.)\qquad P_n^{(m)}(\sigma)\,Q_n^{(m)}(\sigma_1) = \frac{2(-1)^m}{2n+1}\,\frac{\Pi(n+m)}{\Pi(n-m)}\,\frac{\sigma^n}{\sigma_1^{n+1}}\Big(\frac{1}{\sigma\sigma_1}\Big)^m UV,$$

oder, falls man für σ und σ_1 ihre eigentlichen Bedeutungen: $\sigma = is$ und $\sigma_1 = is_1$ substituirt:

$$(36.)\qquad P_n^{(m)}(is)\,Q_n^{(m)}(is_1) = \frac{2(-1)^m}{2n+1}\,\frac{\Pi(n+m)}{\Pi(n-m)}\Big(\frac{1}{i}\Big)\frac{s^n}{s_1^{n+1}}\Big(\frac{-1}{ss_1}\Big)^m UV,$$

wo alsdann U, V [vgl. (33.)] die Bedeutungen haben:

$$(37.)\qquad \begin{cases} U = 1 - \frac{b}{s^2} + \frac{c}{s^4} - + \cdots, \\ V = 1 - \frac{\beta}{s_1^2} + \frac{\gamma}{s_1^4} - + \cdots. \end{cases}$$

Multiplicirt man jetzt die Formel (36.) mit $(\sqrt{1+s^2})^m(\sqrt{1+s_1^2})^m$, so erhält man mit Rücksicht auf die in (22.) festgesetzten Bezeichnungen:

$$(38.)\qquad P_{nm}(is)\,Q_{nm}(is_1) = \frac{2}{2n+1}\,\frac{\Pi(n+m)}{\Pi(n-m)}\Big(\frac{1}{i}\Big)\frac{s^n}{s_1^{n+1}}\Big(\frac{\sqrt{1+s^2}\sqrt{1+s_1^2}}{ss_1}\Big)^m UV.$$

Nach unserer augenblicklichen Annahme ist aber die Constante λ *äusserst klein*, also nach (21.)

$$(39.)\qquad \begin{cases} s = \frac{r}{\lambda}, \\ \sqrt{1+s^2} = \frac{r}{\lambda}, \end{cases} \quad \text{und} \quad \begin{cases} s_1 = \frac{r_1}{\lambda}, \\ \sqrt{1+s_1^2} = \frac{r_1}{\lambda}. \end{cases}$$

Substituirt man diese Werthe in (38.), und dividirt man zugleich durch λ, so erhält man:

$$(40.)\qquad \frac{1}{\lambda} P_{nm}(is)\, Q_{nm}(is_1) = \frac{2}{2n+1} \frac{\Pi(n+m)}{\Pi(n-m)} \left(\frac{1}{i}\right) \frac{r^n}{r_1^{n+1}}\, UV,$$

wo alsdann U und V, nach (37.), die Werthe haben:

$$(41.)\qquad \begin{cases} U = 1 - \frac{b\lambda^2}{r^2} + \frac{c\lambda^4}{r^4} - + \cdots, \\ V = 1 - \frac{\beta\lambda^2}{r_1^2} + \frac{\gamma\lambda^4}{r_1^4} - + \cdots. \end{cases}$$

Lässt man nun endlich das λ zu *Null* herabsinken, so ergiebt sich*) aus (40.), (41.):

$$(42.)\qquad \left[\frac{1}{\lambda} P_{nm}(is)\, Q_{nm}(is_1)\right]_{\lambda=0} = \frac{2}{2n+1} \frac{\Pi(n+m)}{\Pi(n-m)} \left(\frac{1}{i}\right) \frac{r^n}{r_1^{n+1}}.$$

Q. e. d.

Beweis des zweiten Satzes. — Für den gegenseitigen Abstand E der beiden Punkte (20.) hat *Neumann* durch Betrachtungen, die keiner weiteren Erläuterung bedürfen, folgende Formel gefunden [vgl. Seite 461 (15)]:

$$(43.)\qquad \frac{1}{E} = \sum_{n=0}^{\infty} \sum_{m=0}^{n} f_{nm}\left(\frac{1}{\lambda}\right) P_{nm}(\sigma)\, Q_{nm}(\sigma_1)\, P_{nm}(\mu)\, P_{nm}(\mu_1) \cos m(\varphi - \varphi_1),$$

vorausgesetzt, dass $r < r_1$ ist. Dabei ist zur Abkürzung σ für is, und σ_1 für is_1 gesetzt; sodass also die Formel (43.) in Wirklichkeit folgendermaassen lautet:

$$(44.)\qquad \frac{1}{E} = \sum_{n=0}^{\infty} \sum_{m=0}^{n} f_{nm}\left(\frac{1}{\lambda}\right) P_{nm}(is)\, Q_{nm}(is_1)\, P_{nm}(\mu)\, P_{nm}(\mu_1) \cos m(\varphi - \varphi_1).$$

Es soll nun hier näher eingegangen werden auf die Bestimmung der in (43.), (44.) vorhandenen noch unbekannten Zahlencoefficienten f_{nm}.

---

*) Uebrigens kann man die hier folgende Formel (42.), mit Hinblick auf (39.), auch so schreiben:

$$(\text{f.})\qquad \left[\frac{1}{\lambda} P_{nm}\left(\frac{ir}{\lambda}\right) Q_{nm}\left(\frac{ir_1}{\lambda}\right)\right]_{\lambda=0} = \frac{2}{2n+1} \frac{\Pi(n+m)}{\Pi(n-m)} \left(\frac{1}{i}\right) \frac{r^n}{r_1^{n+1}}.$$

Multiplicirt jetzt mit i, und setzt man sodann $\frac{i}{\lambda} = \alpha$, so ergiebt sich sofort:

$$(\text{g.})\qquad \left[\alpha P_{nm}(\alpha r)\, Q_{nm}(\alpha r_1)\right]_{\alpha=\infty} = \frac{2}{2n+1} \frac{\Pi(n+m)}{\Pi(n-m)} \frac{r^n}{r_1^{n+1}}.$$

Dies aber ist die *Neumann'sche Formel*. Man vgl. Seite 449 (16.), (17.).

Aus (44.) ergiebt sich für den Fall der *Kugel*, d. i. für $\lambda = 0$, die Formel:

$$\frac{1}{E} = \sum_{n=0}^{\infty} \sum_{m=0}^{n} f_{nm} \left[\frac{1}{\lambda} P_{nm}(is)\, Q_{nm}(is_1) \right]_{\lambda=0} P_{nm}(\mu)\, P_{nm}(\mu_1) \cos m(\varphi - \varphi_1).$$

Und diese speciellere Formel muss nun offenbar identisch sein mit der bekannten *Laplace'schen Entwicklung**):

$$\frac{1}{E} = \sum_{n=0}^{\infty} \sum_{m=0}^{n} \varepsilon_m \frac{\Pi(n-m)}{\Pi(n+m)} \frac{r^n}{r_1^{n+1}} P_{nm}(\mu)\, P_{nm}(\mu_1) \cos m(\varphi - \varphi_1).$$

Somit folgt:

$$f_{nm} \left[\frac{1}{\lambda} P_{nm}(is)\, Q_{nm}(is_1) \right]_{\lambda=0} = \varepsilon_m \frac{\Pi(n-m)}{\Pi(n+m)} \frac{r^n}{r_1^{n+1}},$$

eine Gleichung, die man, zufolge des bereits bewiesenen ersten Satzes, d. i. zufolge Formel (23.), auch so schreiben kann:

$$f_{nm} \left(\frac{2}{2n+1} \right) \frac{\Pi(n+m)}{\Pi(n-m)} \left(\frac{1}{i} \right) \frac{r^n}{r_1^{n+1}} = \varepsilon_m \frac{\Pi(n-m)}{\Pi(n+m)} \frac{r^n}{r_1^{n+1}}.$$

Hieraus ergiebt sich sofort:

$$f_{nm} = i \cdot \varepsilon_m \left(\frac{2n+1}{2} \right) \left(\frac{\Pi(n-m)}{\Pi(n+m)} \right)^2.$$

Substituirt man aber diesen Werth von f_{nm} in der allgemeinen Formel (44.), so erhält man:

$$(45.)\quad \frac{1}{E} = \sum_{n=0}^{\infty} \sum_{m=0}^{n} \left(\frac{i}{\lambda} \right) \varepsilon_m \left(\frac{2n+1}{2} \right) \left(\frac{\Pi(n-m)}{\Pi(n+m)} \right)^2 P_{nm}(is)\, Q_{nm}(is_1)\, P_{nm}(\mu)\, P_{nm}(\mu_1) \cos m(\varphi - \varphi_1);$$

und dies ist die Formel (25.) des zu beweisenden Satzes. — Q. e. d.

Zweiter Theil der Zusätze.

Das verlängerte Rotations-Ellipsoid.

Es seien r und l *positive reelle* Grössen; sodass also

$$(46.)\qquad \frac{x^2 + y^2}{r^2} + \frac{z^2}{r^2 + l^2} = 1$$

die Gleichung eines *verlängerten* Rotations-Ellipsoides ist. Alsdann wird man sämmtliche Punkte (x, y, z) dieser Ellipsoidfläche dadurch erhalten können, dass man setzt:

$$(47.)\qquad \begin{cases} x = r \sin\vartheta \cos\varphi, \\ y = r \sin\vartheta \sin\varphi, \\ z = \sqrt{r^2 + l^2} \cos\vartheta, \end{cases} \quad (r \text{ zwischen } 0 \text{ und } +\infty)$$

und sodann in diesen Formeln ϑ von 0 bis π, und φ von 0 bis 2π wachsen lässt.

Lässt man jetzt r von 0 bis $+\infty$ zunehmen, so erhält man andere und andere

*) Man findet diese *Laplace'sche Entwicklung* in obiger Gestalt z. B. angegeben in *Neumann's* Vorlesungen, 1887, daselbst Seite 342 (A.).

Ellipsoidflächen, die in ihrer Gesammtheit ein *confocales System* bilden. Und die *Brennlinie* dieses Systems wird (dem Werthe $r = 0$ entsprechend) dargestellt sein durch die Formeln:

(47f.)
$$\begin{cases} x = 0, \\ y = 0, \\ z = l \cos\vartheta, \end{cases} \quad \text{(die Brennlinie)}$$

sodass also die gegebene Constante l nichts Anderes ist als die *Hälfte der Brennlinie.*

Das r ist stets reell und positiv, und, nach (46.), stets gelegen zwischen 0 und $+\infty$. Man kann daher

(48.)
$$r^2 = l^2(\sigma^2 - 1)$$

setzen, indem man dabei unter σ eine *positive reelle* Grösse versteht, die zwischen 1 und $+\infty$ liegt. Alsdann gehen die Gleichungen (47.) über in:

(49.)
$$\begin{cases} x = l\sqrt{\sigma^2 - 1}\,\sin\vartheta\cos\varphi, \\ y = l\sqrt{\sigma^2 - 1}\,\sin\vartheta\sin\varphi, \\ z = l\sigma\cos\vartheta. \end{cases} \quad (\sigma \text{ zwischen } 1 \text{ und } +\infty)$$

Setzt man jetzt

(50.)
$$d\mathfrak{s}^2 = dx^2 + dy^2 + dz^2,$$

so ergiebt sich aus (49.) durch einfache Rechnung:

(51.)
$$d\mathfrak{s}^2 = l^2\left[\frac{\sigma^2 - \cos^2\vartheta}{\sigma^2 - 1}\,d\sigma^2 + (\sigma^2 - \cos^2\vartheta)\,d\vartheta^2 + (\sigma^2 - 1)\sin^2\vartheta\,d\varphi^2\right],$$

oder, falls $\cos\vartheta = \mu$ gesetzt wird:

(52.)
$$d\mathfrak{s}^2 = l^2\left[\frac{\sigma^2 - \mu^2}{\sigma^2 - 1}\,d\sigma^2 + \frac{\sigma^2 - \mu^2}{1 - \mu^2}\,d\mu^2 + (\sigma^2 - 1)(1 - \mu^2)\,d\varphi^2\right];$$

und hieraus folgt sofort:

(53.)
$$d\mathfrak{s}_\sigma = l\frac{\sqrt{\sigma^2 - \mu^2}}{\sqrt{\sigma^2 - 1}}\,d\sigma, \qquad d\mathfrak{s}_\mu = l\frac{\sqrt{\sigma^2 - \mu^2}}{\sqrt{1 - \mu^2}}\,d\mu, \qquad d\mathfrak{s}_\varphi = l\sqrt{\sigma^2 - 1}\sqrt{1 - \mu^2}\,d\varphi,$$

wo alsdann z. B. $d\mathfrak{s}_\sigma$ diejenige specielle Verschiebung $d\mathfrak{s}$ vorstellt, welche sich ergiebt, wenn man den Zuwachs $d\sigma$ positiv, hingegen die Zuwüchse $d\mu$ und $d\varphi$ beide $= 0$ sich denkt; während $d\mathfrak{s}_\mu$ und $d\mathfrak{s}_\varphi$ analoge Bedeutungen haben sollen. Das *Volumenelement* dv kann man nun $= d\mathfrak{s}_\sigma\,d\mathfrak{s}_\mu\,d\mathfrak{s}_\varphi$ setzen, und erhält also nach (53.):

(54.)
$$dv = l^3(\sigma^2 - \mu^2)\,d\sigma\,d\mu\,d\varphi.$$

Demgemäss wird das *Volumen* v des von der Ellipsoidfläche $\sigma =$ Const. umschlossenen Raumes den Werth haben*):

(54p.)
$$v = 2\pi l^3 \int_1^\sigma \int_{-1}^{+1} (\sigma^2 - \mu^2)\,d\sigma\,d\mu;$$

*) Die *untere* Grenze der nach σ auszuführenden Integration ist gleich *Eins*, wie sich solches ergiebt aus der in (49.) über die Grenzwerthe von σ gemachten Angabe.

woraus durch Ausführung der Integration sich ergiebt:

$$v = \frac{4\pi l^3 \sigma(\sigma^2 - 1)}{3}. \tag{54q.}$$

Uebertragungsregel. — Es würde sehr beschwerlich sein, alle beim *abgeplatteten* Ellipsoid bereits ausgeführten Rechnungen nun beim *verlängerten* Ellipsoid von Neuem zu wiederholen. Vergleicht man aber miteinander die in (5.) und (49.) gefundenen Formeln:

(für das *abgeplattete* Ellipsoid) (für das *verlängerte* Ellipsoid)

$$\begin{cases} x = \lambda\sqrt{1+s^2}\sin\vartheta\cos\varphi, \\ y = \lambda\sqrt{1+s^2}\sin\vartheta\sin\varphi, \\ z = \lambda s\cos\vartheta, \end{cases} \quad \text{und} \quad \begin{cases} x = l\sqrt{\sigma^2-1}\sin\vartheta\cos\varphi, \\ y = l\sqrt{\sigma^2-1}\sin\vartheta\sin\varphi, \\ z = l\sigma\cos\vartheta, \end{cases}$$

so erkennt man sofort, dass die einen Formeln in die andern sich verwandeln, wenn man

$$\lambda,\ s,\ \sqrt{1+s^2} \text{ respective durch } il,\ \frac{\sigma}{i},\ \frac{\sqrt{\sigma^2-1}}{i}$$

ersetzt. So ergiebt sich folgende Regel:

Von den Formeln des abgeplatteten Ellipsoides aus kann man zu denen des verlängerten Ellipsoides dadurch gelangen, dass man

$$\begin{cases} \lambda & \textit{durch} \quad il, \\ s\left(=\frac{\sigma}{i}\right) & \textit{durch} \quad \frac{\sigma}{i}, \\ \sqrt{1+s^2}\left(=\sqrt{1-\sigma^2}\right) & \textit{durch} \quad \frac{\sqrt{\sigma^2-1}}{i} \end{cases} \tag{55.}$$

ersetzt. Die hier linker Hand für das abgeplattete Ellipsoid in Klammern beigefügten Bezeichnungen sind diejenigen, welche sich sofort ergeben, wenn man sich daran erinnert, dass beim abgeplatteten Ellipsoid der Buchstabe σ als Abbreviatur eingeführt wurde für das Produkt is. [*Vgl. auf Seite 486 die Zeilen zwischen* (11.) *und* (12.)].

Diese Uebertragungsregel (55.) erweist sich für *sämtliche* Formeln als ausreichend, wenn man nur noch hinzunimmt,

(56.) dass die Variablen r, s beim *abgeplatteten* Ellipsoid und die Variablen r, σ beim *verlängerten* Ellipsoid stets *reell und positiv* sind, und dass die Spielräume dieser Variablen [vgl. die in (3.), (5.) und (47.), (49.) gemachten Angaben] durch folgende Formeln markirt sind:

(für das *abgeplattete* Ellipsoid) (für das *verlängerte* Ellipsoid)

$$\begin{cases} r = \lambda \cdots\cdots + \infty, \\ s = 0 \cdots\cdots + \infty, \end{cases} \quad \text{und} \quad \begin{cases} r = 0 \cdots\cdots + \infty, \\ \sigma = 1 \cdots\cdots + \infty. \end{cases}$$

Dass λ und l und $d\mathfrak{S}$, do, dv, v ebenfalls stets *reell und positiv* sind, versteht sich von selber, ergiebt sich nämlich unmittelbar aus der geometrischen Bedeutung dieser Grössen.

Um zu zeigen, dass diese Regeln (55.), (56.) in allen Fällen *ausreichend*, zugleich aber auch *nothwendig* sind, mögen einige Beispiele dienen.

Erstes Beispiel.

Für das *abgeplattete Ellipsoid* gilt nach (4.) Seite 485 die Formel:

$$r^2 = \lambda^2(1+s^2),$$

woraus [weil nach den in (56.) gemachten Angaben r, s, λ positiv sind und $r > \lambda$ ist] sich ergiebt:

$$s = \sqrt{\left(\frac{r}{\lambda}\right)^2 - 1}. \tag{57 A.}$$

Will man jetzt diese Formeln (57 A.) auf das *verlängerte* Ellipsoid übertragen, so erhält man zuvörderst mittelst der Substitution (55.):

$$\frac{\sigma}{i} = \sqrt{-\left(\frac{r}{l}\right)^2 - 1},$$

folglich:

$$\begin{cases} \sigma^2 = \left(\frac{r}{\lambda}\right)^2 + 1, \\ \sigma^2 - 1 = \left(\frac{r}{\lambda}\right)^2. \end{cases}$$

In diesen beiden letzten Formeln stehen aber, wie aus (56.) ersichtlich ist, links und rechts lauter *reelle positive* Grössen; sodass man also, unter Anwendung der ganz allgemeinen Regel (1.) Seite 485, zu folgenden Formeln gelangt:

$$\begin{cases} \sigma = \sqrt{\left(\frac{r}{l}\right)^2 + 1}, \\ \sqrt{\sigma^2 - 1} = \frac{r}{l}. \end{cases} \tag{57 B.}$$

Diese Formeln (57 B.) sind dieselben, zu denen man auch direct hätte gelangen können auf Grund der für das *verlängerte* Ellipsoid gefundenen Formel (48).

Zweites Beispiel.

In der Theorie des *abgeplatteten* Ellipsoides, in (13.) Seite 487, haben wir für das *Volumenelement* dv die Formel erhalten:

$$dv = \lambda^3(\mu^2 + s^2)\, ds\, d\mu\, d\varphi. \tag{58 A.}$$

Diese Formel (58 A.) verwandelt sich durch die Substitution (55.) in:

$$dv = (il)^3(\mu^2 - \sigma^2)\left(\frac{d\sigma}{i}\right) d\mu\, d\varphi,$$

d. i. in

$$dv = l^3(\sigma^2 - \mu^2)\, d\sigma\, d\mu\, d\varphi; \tag{58 B.}$$

diese Formel (58 B.) aber ist identisch mit der für das *verlängerte* Ellipsoid gefundenen Formel (54.).

Drittes Beispiel.

Für das Volumen v des *abgeplatteten* Ellipsoids hatten sich in (13p., q.) Seite 487 die Ausdrücke ergeben:

$$(59\text{A.})\quad \begin{cases} v = 2\pi\lambda^3 \int\limits_0^s \int\limits_{-1}^{+1} (\mu^2 + s^2)\, ds\, d\mu, \\ v = \dfrac{4\pi\lambda^3 s(1+s^2)}{3}. \end{cases}$$

Diese Formeln (59 A.) erhalten nun durch die Substitutionen (55.) und mit Rücksicht auf die in (56.) gemachten Angaben folgende Gestalt:

$$\begin{cases} v = 2\pi(il)^3 \int\limits_1^\sigma \int\limits_{-1}^{+1} (\mu^2 - \sigma^2) \left(\dfrac{d\sigma}{i}\right) d\mu, \\ v = \dfrac{4\pi(il)^3 \sigma(1-\sigma^2)}{3i}. \end{cases}$$

Hieraus aber ergiebt sich sofort:

$$(59\text{B.})\quad \begin{cases} v = 2\pi l^3 \int\limits_1^\sigma \int\limits_{-1}^{+1} (\sigma^2 - \mu^2)\, d\sigma\, d\mu, \\ v = \dfrac{4\pi l^3 \sigma(\sigma^2-1)}{3}. \end{cases}$$

Diese Formeln (59 B.) aber sind identisch mit denen, die sich in (54p., q.) für das *verlängerte* Ellipsoid direct ergeben hatten.

Unter Anwendung der in (55.), (56.) gegebenen Regeln ist es nun leicht, die vorhin [auf Seite 488, 489] für das *abgeplattete* Ellipsoid aufgestellten Sätze auf den Fall des *verlängerten* Ellipsoids zu übertragen*). Man gelangt in solcher Weise zu folgenden Resultaten.

Erster Satz. — *Es seien irgend zwei Punkte gegeben [vgl.* (47.)*]:*

$$(60.)\quad \begin{cases} x = r\sin\vartheta\cos\varphi, \\ y = r\sin\vartheta\sin\varphi, \\ z = \sqrt{r^2+l^2}\cos\vartheta, \end{cases} \quad \textit{und} \quad \begin{cases} x_1 = r_1\sin\vartheta_1\cos\varphi_1, \\ y_1 = r_1\sin\vartheta_1\sin\varphi_1, \\ z_1 = \sqrt{r_1^2+l^2}\cos\vartheta_1, \end{cases}$$

wo l eine gegebene positive Constante sein soll (die halbe Länge der Brennlinie); ferner mag [vgl. (48.)*] gesetzt werden:* $r^2 = l^2(\sigma^2-1)$ *und* $r_1^2 = l^2(\sigma_1^2-1)$, *und hiermit in Einklang:*

$$(61.)\quad \begin{cases} \sigma = \sqrt{\left(\dfrac{r}{l}\right)^2+1}, \\ \sqrt{\sigma^2-1} = \dfrac{r}{l}, \end{cases} \quad \textit{und} \quad \begin{cases} \sigma_1 = \sqrt{\left(\dfrac{r_1}{l}\right)^2+1}, \\ \sqrt{\sigma_1^2-1} = \dfrac{r_1}{l}. \end{cases}$$

Endlich mögen die Ausdrücke gebildet werden:

$$(62.)\quad P_{nm}(\sigma) = \left(\frac{\sqrt{\sigma^2-1}}{i}\right)^m P_n^{(m)}(\sigma) \quad \textit{und} \quad Q_{nm}(\sigma_1) = \left(\frac{\sqrt{\sigma_1^2-1}}{i}\right)^m Q_n^{(m)}(\sigma_1).$$

*) In der That werden wir die hier folgenden Sätze, d. i. die sämmtlichen Formeln (60.) bis (65.) aus unseren früheren Formeln (20.) bis (25.) dadurch ableiten, dass wir die Regeln (55.), (56.) in Anwendung bringen. Dass z. B. in solcher Weise die Formeln (61.) aus den Formeln (21.) enstehen, ergiebt sich aus dem vorhin bewerkstelligten Uebergang von (57 A.) zu (57 B.).

Alsdann wird folgende Formel gelten:

$$(63.)\qquad \left[\frac{1}{l} P_{nm}(\sigma)\, Q_{nm}(\sigma_1)\right]_{l=0} = \frac{2}{2n+1}\, \frac{\Pi(n+m)}{\Pi(n-m)}\, \frac{r^n}{r_1^{n+1}}.$$

Zweiter Satz. — *Hält man fest an den in* (60.), (61.), (62.) *angegebenen Bezeichnungen, und denkt man sich überdies die bekannten Ausdrücke gebildet:*

$$(64.)\qquad P_{nm}(\mu) = \left(\sqrt{1-\mu^2}\right)^m P_n^{(m)}(\mu) \quad \textit{und} \quad P_{nm}(\mu_1) = \left(\sqrt{1-\mu_1^2}\right)^m P_n^{(m)}(\mu_1).$$

wo $\mu = \cos\vartheta$ *und* $\mu_1 = \cos\vartheta_1$ *sein soll, so wird für den gegenseitigen Abstand* E *der beiden Punkte* (60.) *folgende Formel gelten:*

$$(65.)\qquad \frac{1}{E} = \sum_{n=0}^{\infty} \sum_{m=0}^{n} \left(\frac{1}{l}\right) \varepsilon_m \left(\frac{2n+1}{2}\right) \left(\frac{\Pi(n-m)}{\Pi(n+m)}\right)^2 P_{nm}(\sigma)\, Q_{nm}(\sigma_1)\, P_{nm}(\mu)\, P_{nm}(\mu_1) \cos m(\varphi-\varphi_1),$$

vorausgesetzt, dass $r < r_1$ *ist. Dabei haben* $\varepsilon_0, \varepsilon_1, \varepsilon_2, \cdots$ *die früher [Seite 442 (β.)] festgesetzte Bedeutung.*

Uebrigens sind, wie *a priori* zu erwarten stand, sämmtliche Glieder der Entwicklung (65.) *reell*. Denn das in dem allgemeinen Gliede der Entwicklung enthaltene Produkt $P_{nm}(\sigma)\, Q_{nm}(\sigma_1)$ hat nach (62.) den Werth:

$$(66.)\qquad P_{nm}(\sigma)\, Q_{nm}(\sigma_1) = (-1)^m \left(\sqrt{\sigma^2-1}\right)^m \left(\sqrt{\sigma_1^2-1}\right)^m P_n^{(m)}(\sigma)\, Q_n^{(m)}(\sigma_1).$$

Erste Bemerkung. — Die in *Neumann*'s Vorlesungen, 1887, für $\frac{1}{E}$ gegebene Entwicklung scheint von der in (65.) hingestellten wesentlich abzuweichen. Denn der in jenen Vorlesungen auf Seite 341 aufgestellte Satz führt, in die gegenwärtige Bezeichnungsweise übersetzt, zu folgender Formel:

$$(\mathfrak{V}.)\qquad \frac{1}{E} = \sum_{n=0}^{\infty} \sum_{m=0}^{n} \left(\frac{1}{l}\right) (-1)^m \varepsilon_m \left(\frac{2n+1}{2}\right) \left(\frac{\Pi(n-m)}{\Pi(n+m)}\right)^2 P_{nm}(\sigma)\, Q_{nm}(\sigma_1)\, P_{nm}(\mu)\, P_{nm}(\mu_1) \cos m(\varphi-\varphi_1),$$

eine Formel, die von der in (65.) erhaltenen durch den unter dem Summenzeichen stehenden Factor $(-1)^m$ sich unterscheidet.

Dieser Unterschied *verschwindet* aber, wenn man beachtet, dass dort die Bezeichnungen $P_{nm}(\sigma)$ und $Q_{nm}(\sigma_1)$ in etwas anderem Sinne als hier gebraucht sind. Denn aus einer gewissen Stelle jener Vorlesungen [Seite 343 (β.)] geht deutlich hervor, dass dort diese Ausdrücke $P_{nm}(\sigma)$ und $Q_{nm}(\sigma_1)$ in solcher Weise definirt zu denken sind, dass ihr Produkt

$$(\mathfrak{W}.)\qquad P_{nm}(\sigma)\, Q_{nm}(\sigma_1) = \left(\sqrt{\sigma^2-1}\right)^m \left(\sqrt{\sigma_1^2-1}\right)^m P_n^{(m)}(\sigma)\, Q_n^{(m)}(\sigma_1)$$

ist, wo, im Vergleich mit (66.), der Factor $(-1)^m$ fehlt. U. s. w.

Bei einer etwaigen neuen Ausgabe jener *Neumann*'schen Vorlesungen, 1887, dürfte es sich empfehlen, diesen, wenn auch nur *scheinbaren* Unterschied in den Formeln zu beseitigen; — was um so unbedenklicher geschehen könnte, als der betreffende Theil jener Vorlesungen [vgl. die dort auf Seite 310 befindliche Note] nicht von *Neumann* selber, sondern vom *Herausgeber* jener Vorlesungen herrührt.

Zweite Bemerkung. — In der *Neumann*'schen Abhandlung, soweit sie das *abgeplattete* Ellipsoid betrifft, ist der Buchstabe σ als Abbreviatur für is anzusehen [vgl.

auf Seite 486 die Zeilen zwischen (11.) und (12.)]. Andererseits aber wird man in dieser Abhandlung, soweit sie sich auf das *verlängerte* Ellipsoid bezieht, den Buchstaben λ als Abbreviatur für il anzusehen haben, wo l die Hälfte der gegebenen Brennlinie bezeichnet.

Dritter Theil der Zusätze.

Ueber die Magnetisirung eines Rotations-Ellipsoids durch eine elektrische Spirale.

Sind irgend zwei Objecte A und B gegeben, so mag die Wirkung von A auf B mit $\binom{A}{B}$, und die von B auf A mit $\binom{B}{A}$ bezeichnet werden. Auch mögen die den Coordinatenaxen entsprechenden Componenten dieser Wirkungen durch Vorsetzung der Buchstaben X, Y, Z angedeutet werden, sodass also

$$(1.)\qquad X\binom{A}{B} = -X\binom{B}{A}, \qquad Y\binom{A}{B} = -Y\binom{B}{A}, \qquad Z\binom{A}{B} = -Z\binom{B}{A}$$

sein wird.

Die auf Seite 479 betrachtete elektrische Spirale hat zur geometrischen Axe die z-Axe des Coordinatensystems. Ihre Grundflächen befinden sich in den Ebenen $z = \gamma_{,}$ und $z = \gamma_{,,}$; und zwar ist in der *Neumann*'schen Abhandlung

$$(2.)\qquad \gamma_{,} < \gamma_{,,}$$

zu denken. Denkt man sich nun diese Grundflächen $(\gamma_{,})$ und $(\gamma_{,,})$ als zwei *magnetische* Flächen respective von den magnetischen Flächendichtigkeiten $-\vartheta$ und $+\vartheta$, wo ϑ den auf Seite 479 angegebenen Werth hat, so wird die Einwirkung der elektrischen Spirale auf irgend einen magnetischen Massenpunkt μ *fast* genau dieselbe sein, wie die Einwirkung der beiden magnetischen Grundflächen auf diesen Punkt. Ein Unterschied zwischen diesen beiden Wirkungen wird nämlich nur stattfinden für die z-Componenten, und auch für diese nur dann, wenn der Punkt μ *innerhalb* der Spirale liegt. In der That sind für diese z-Componenten folgende Formeln zu notiren*):

$$(2a.)\qquad Z\binom{\text{El. Spirale}}{\text{Punkt } \mu} = Z\binom{\text{Magn. Grundflächen}}{\text{Punkt } \mu},$$

$$(2b.)\qquad Z\binom{\text{El. Spirale}}{\text{Punkt } \mu} = Z\binom{\text{Magn. Grundflächen}}{\text{Punkt } \mu} + 4\pi\vartheta\mu,$$

von denen die erste oder zweite gelten wird, je nachdem der Punkt μ *ausserhalb* oder *innerhalb* der Spirale liegt.

Das gegebene Ellipsoid hat die z-Axe zur Rotationsaxe. Und mit $\mathfrak{A}$, $\mathfrak{B}$, $\mathfrak{C}$ sind [vgl. Seite 477] die Componenten derjenigen Wirkung bezeichnet worden, welche die gegebenen vertheilenden Kräfte auf das ganze Ellipsoid ausüben würden, falls dieses erfüllt wäre von einer homogenen magnetischen Masse von der Dichtigkeit Eins. Im gegenwärtigen Fall, wo die vertheilenden Kräfte von der gegebenen elektrischen Spirale hervorgebracht werden, ist daher (aus Symmetriegründen):

$$(3.)\qquad \mathfrak{A} = 0 \quad \text{und} \quad \mathfrak{B} = 0.$$

*) Man vgl. *Neumann*'s *Vorlesungen über Elektrische Ströme*, herausgegeben von *VonderMühll*, Leipzig, bei Teubner, 1884, Seite 161, 162.

Was ferner die Componente $\mathfrak{C}$ anbelangt, so ist offenbar:

$$\mathfrak{C} = \sum Z\binom{\text{El. Spirale}}{\text{Punkt } \mu}, \tag{4.}$$

die Summation ausgedehnt gedacht über alle Massenelemente oder Massenpunkte μ, aus denen jene fingirte, das Ellipsoid erfüllende magnetische Masse von der Dichtigkeit Eins besteht. Substituirt man hier in (5.) die Werthe (2a., b.), so erhält man:

$$\mathfrak{C} = \sum Z\binom{\text{Magn. Grundflächen}}{\text{Punkt } \mu} + 4\pi\vartheta\int dv, \tag{5.}$$

wo alsdann $\int dv$ denjenigen Volumentheil des Ellipsoides vorstellt, der *innerhalb* der Spirale liegt.

Die Formel (5.) kann man auch so schreiben:

$$\mathfrak{C} = Z\binom{\text{Magn. Grundflächen}}{\text{Ellipsoid}} + 4\pi\vartheta\int dv, \tag{6.}$$

oder mit Hinblick auf (1.) auch so:

$$\mathfrak{C} = -Z\binom{\text{Ellipsoid}}{\text{Magn. Grundflächen}} + 4\pi\vartheta\int dv; \tag{7.}$$

dabei ist alsdann in (6.) und (7.) innerhalb der Klammern unter Ellipsoid das gegebene Ellipsoid zu verstehen, selbiges erfüllt gedacht von jener fingirten magnetischen Masse von der Dichtigkeit Eins.

Um die Formel (7.) weiter zu entwickeln, betrachten wir zuvörderst nur *eine* der beiden Grundflächen, und bezeichnen irgend ein Element derselben mit $d\omega$, also die diesem Element aufgelagerte magnetische Masse mit $(\pm\vartheta)d\omega$. Sind nun α, β, γ die Coordinaten dieses Elementes, so werden die Componenten der von dem Ellipsoid auf das Element ausgeübten Wirkung die Werthe besitzen:

$$A\alpha(\pm\vartheta)d\omega, \qquad B\beta(\pm\vartheta)d\omega, \qquad C\gamma(\pm\vartheta)d\omega. \tag{8.}$$

Die Grössen A, B, C sind nach Seite 466 (27.) sofort angebbar. So wird z. B. C, je nachdem das Element $(\pm\vartheta)d\omega$ *ausserhalb* oder *innerhalb* des Ellipsoides liegt, entweder den Werth haben:

$$C = 4\pi\sigma_0(\sigma_0^2 - 1)\left[\frac{1}{2}\log\left(\frac{\sigma+1}{\sigma-1}\right) - \frac{1}{\sigma}\right], \tag{9a.}$$

oder aber lauten:

$$C = 4\pi\sigma_0(\sigma_0^2 - 1)\left[\frac{1}{2}\log\left(\frac{\sigma_0+1}{\sigma_0-1}\right) - \frac{1}{\sigma_0}\right], \tag{9b.}$$

wo σ die eine elliptische Coordinate des Elementes $(\pm\vartheta)d\omega$ vorstellt, während σ_0 den Werth von σ auf der gegebenen Ellipsoidoberfläche bezeichnet. [Vgl. die erste Note auf Seite 482.]

Die in (7.) auftretende Componente $Z\binom{\text{Ellipsoid}}{\text{Magn. Grundflächen}}$ wird man offenbar dadurch erhalten, dass man die Componente $C\gamma(\pm\vartheta)d\omega$ über alle Elemente $(\pm\vartheta)d\omega$ der einen und der andern Grundfläche summirt. So ergiebt sich:

$$Z\binom{\text{Ellipsoid}}{\text{Magn. Grundflächen}} = \int \gamma_{\prime\prime} C_{\gamma_{\prime\prime}}(+\vartheta)d\omega + \int \gamma_{\prime} C_{\gamma_{\prime}}(-\vartheta)d\omega, \tag{10.}$$

wo die den beiden Grundflächen entsprechenden Werthe von C mit $C_{\gamma_{\prime\prime}}$ und $C_{\gamma_\prime}$ bezeichnet sind. Diese Formel (10.) kann man auch so schreiben:

$$(11.)\qquad Z\left(\substack{\text{Ellipsoid}\\ \text{Magn. Grundflächen}}\right) = \vartheta\left(\gamma_{\prime\prime}\int C_{\gamma_{\prime\prime}}d\omega - \gamma_{\prime}\int C_{\gamma_\prime}d\omega\right);$$

und dies in (7.) substituirt erhält man:

$$(12.)\qquad \mathfrak{C} = -\vartheta\left(\gamma_{\prime\prime}\int C_{\gamma_{\prime\prime}}d\omega - \gamma_{\prime}\int C_{\gamma_\prime}d\omega - 4\pi\int dv\right).$$

Uebrigens kann man hier, weil Alles in Bezug auf die z-Axe symmetrisch ist, an Stelle der einzelnen *Elemente* $d\omega$ der Grundflächen die aufeinander folgenden *Flächenringe* $d\Omega$ derselben einführen; jeder solcher Ring $d\Omega$ begrenzt gedacht von zwei einander unendlich nahen concentrischen Kreisen. So ergiebt sich:

$$(13.)\qquad \mathfrak{C} = -\vartheta\left(\gamma_{\prime\prime}\int C_{\gamma_{\prime\prime}}d\Omega - \gamma_{\prime}\int C_{\gamma_\prime}d\Omega - 4\pi\int dv\right).$$

Substituirt man endlich die Werthe (3.) und (13.) in den allgemeinen Formeln Seite 477 (19.), (20.), so erhält man für das durch die elektrische Spirale magnetisirte Ellipsoid, nämlich für die magnetischen Momente M, N, P dieses Ellipsoids die Werthe:

$$(14.)\qquad M = 0 \quad \text{und} \quad N = 0,$$

und

$$(15.)\qquad P = \frac{-\varkappa\vartheta}{1+\varkappa C_0}\left(\gamma_{\prime\prime}\int C_{\gamma_{\prime\prime}}d\Omega - \gamma_{\prime}\int C_{\gamma_\prime}d\Omega - 4\pi\int dv\right).$$

Dies aber ist die von *Neumann* in (24a.) Seite 481 gegebene Formel.

Inhaltsübersicht.